AF393620

RAHMENTRAGWERKE
UND DURCHLAUFTRÄGER

VON

DR. ING. HABIL. **RICHARD GULDAN**
WEILAND O. PROFESSOR AN DER TECHNISCHEN HOCHSCHULE HANNOVER

MIT 679 TEXTABBILDUNGEN, 96 TAFELN
UND 34 ZAHLENBEISPIELEN

SECHSTE ERWEITERTE AUFLAGE

AUS DEM NACHLASS DES VERFASSERS
HERAUSGEGEBEN UND BEARBEITET

VON

DR. ING. **HORST REIMANN**
WISSENSCHAFTLICHER ASSISTENT
AN DER TECHNISCHEN HOCHSCHULE HANNOVER

WIEN
SPRINGER-VERLAG
1959

ISBN-13:978-3-7091-8056-3   e-ISBN-13:978-3-7091-8055-6
DOI: 10.1007/978-3-7091-8055-6

Vorwort zur ersten Auflage

Es wird häufig die Ansicht vertreten, daß Baustatik ein Wissensgebiet sei, das derzeit schon als völlig durchforscht und abgeschlossen angesehen werden könne, weshalb auch für die praktische Anwendung keine wesentlichen Verbesserungen und Fortschritte mehr zu erwarten wären. Diese Anschauung ist jedoch grundsätzlich abzulehnen und wird auch durch das laufende Schrifttum ständig widerlegt. Bei dem gegenwärtig in allen Zweigen der Technik herrschenden Bestreben, die Leistungsfähigkeit der einzelnen Betriebe durch eine straffe und zielbewußte Organisation ständig zu steigern, erscheint es dringend notwendig, auch die Berechnungsmethoden der Baustatik und die zugehörigen Hilfsmittel immer zweckmäßiger zu gestalten, um so die Büroarbeiten auch bei der Behandlung schwieriger Konstruktionen auf ein Mindestmaß einschränken zu können.

Diesem Zwecke soll das vorliegende Buch in erster Linie dienen. Bei seinem Gesamtaufbau und seiner Gliederung war der Verfasser daher von dem Bestreben geleitet, vor allem den Wünschen der praktisch tätigen Ingenieure und Statiker gerecht zu werden, deren Ziel in der Regel eine möglichst rasche Lösung der gestellten Aufgaben sein wird. Gleichzeitig sind aber auch die Bedürfnisse der Studierenden weitgehendst berücksichtigt, denen eine anschauliche, wirklichkeitsnahe Darstellung der erforderlichen theoretischen Grundlagen in sinnvoller Verbindung mit der praktischen Anwendung und den zugehörigen Hilfsmitteln stets willkommen sein wird.

Der gesamte Inhalt des Buches ist in drei Teile gegliedert, um die Benutzung vor allem als Hand- und Hilfsbuch zu erleichtern und überall eine gute Übersicht zu erzielen. Im Ersten Teil, der dem Text gewidmet ist, werden in sechs Abschnitten die mit der Ausgestaltung und Weiterentwicklung des bekannten „Drehwinkelverfahrens" zusammenhängenden Fragen von Grund auf eingehend behandelt und für die verschiedensten Tragwerksgattungen mit und ohne Vouten gebrauchsfertige Gleichungen in einfacher und zweckmäßiger Schreibweise aufgestellt, wobei stets auf eine strenge Unterscheidung zwischen Tragwerksformen mit „verschieblichen" und „unverschieblichen" Knotenpunkten besonderer Wert gelegt wird.

Der Einfluß der Querschnittsveränderlichkeit, namentlich der Stabendverstärkungen (Vouten), wird in augenfälliger Weise unter den üblichen Voraussetzungen auch zahlenmäßig vollständig klargestellt. Gleichzeitig wurden, einem in Fachkreisen oft geäußerten Wunsch entsprechend, ausführliche und bequeme Hilfsmittel in einer solchen Ausstattung geschaffen, daß sie dem Statiker die rechnerische Erfassung der Voutenwirkung ohne nennenswerten Mehraufwand an Arbeit gestatten und dazu beitragen, die beträchtlichen konstruktiven und wirtschaftlichen Vorteile zu erschließen, die sich aus einer günstigen Anordnung solcher Schrägen bei vielen Rahmentragwerken erzielen lassen. Es kann auf diese Weise in der Regel auch eine bedeutende Stahlersparnis erreicht werden.

Weiter wird in einem eigenen Abschnitt die Ermittlung der Einflußlinien an statisch unbestimmten Tragsystemen ausführlich dargelegt, wobei wiederum besonderes Augenmerk auf die Berücksichtigung der Voutenwirkung gerichtet ist.

Die vorgeschlagenen Berechnungsverfahren gestatten unter gleichzeitiger Verwendung der im Dritten Teil des Buches enthaltenen Zahlen- und Kurventafeln eine wesentliche Vereinfachung in der zahlenmäßigen Bestimmung der Einflußlinien für Rahmentragwerke mit geraden oder parabolischen Vouten.

Die Wirkung von gleichmäßigen und ungleichmäßigen Temperaturänderungen an statisch unbestimmten Tragwerken, sowie ihre rechnerische Erfassung wird in einem solchen Umfange erläutert, wie es für das Verständnis dieses Problems notwendig und für die praktische Anwendung wünschenswert erscheint.

Im Hinblick auf die große Bedeutung, die den Durchlaufträgern mit Auflagerverstärkungen im Bauwesen zukommt, wird diese Trägerform mit allen Sonderfällen im Anschluß an die Abschnitte über Rahmentragwerke einer eingehenden Behandlung unterzogen. Die praktische Berechnung dieser Trägerart für die verschiedensten Belastungsfälle, sowie die Ermittlung der Einflußlinien wird mit Hilfe der im Dritten Teil zusammengestellten Zahlen- und Kurventafeln bedeutend erleichtert.

Da die Auflösung linearer Gleichungssysteme bei der zahlenmäßigen Berechnung von Rahmentragwerken eine große Rolle spielt, war es notwendig, auch dieser Frage einen angemessenen Raum zur Verfügung zu stellen und einige Rechenvorschriften für die abgekürzten Auflösungsverfahren in einer solchen Form auszuarbeiten, daß der Rechnungsgang auch von weniger Geübten leicht überblickt werden kann. Es schien zu diesem Zwecke eine bildmäßige Darstellung des Auflösungsvorganges am besten geeignet.

Der Zweite Teil des Buches enthält 20 Zahlenbeispiele von Tragwerken aus dem Hoch- und Brückenbau, die die praktische Anwendung der im Ersten Teil beschriebenen Verfahren unter Benutzung der im Dritten Teil des Buches enthaltenen Hilfstafeln zeigen und auch in der ganzen Art der zahlenmäßigen Durchführung als Musterbeispiele aufzufassen sind. Da ein großer Teil von diesen Beispielen sowohl mit, als auch ohne Vouten berechnet worden ist, so kann der Einfluß der Stabendverstärkungen auf die Momentenverteilung bei verschiedenen Tragwerksformen zahlenmäßig verglichen und damit auch in seinen wirtschaftlichen Auswirkungen viel besser beurteilt werden.

Im Dritten Teil des Buches sind sämtliche Hilfstafeln vereinigt. Es stehen 54 Zahlen- und Kurventafeln auf insgesamt 88 Buchseiten zur Verfügung. Sie ermöglichen eine einfache Umgehung zeitraubender und langwieriger Zahlenrechnungen und können so zu einer fühlbaren Entlastung der im Büro tätigen Ingenieure beitragen. Die meisten Tafeln erscheinen gleichzeitig als Zahlen- und Kurventafeln, um die Vorteile beider Darstellungsarten zu erreichen und dem Benutzer beim Gebrauch stets freie Wahl zu lassen.

Allen, die an der Vollendung des Werkes Anteil haben, insbesondere meinen beiden ehemaligen Konstrukteuren Dipl.-Ing. B. Püschel, Dipl.-Ing. K. Hora und meinem derzeitigen Konstrukteur Dr.-Ing. G. Šimáček für seine wertvolle Mithilfe beim Lesen der Korrekturen, spreche ich an dieser Stelle meinen herzlichen Dank aus.

Weiters danke ich der „Deutschen Gesellschaft der Wissenschaften und Künste" in Prag, die durch ihre Unterstützung die Fertigstellung der umfangreichen Arbeit gefördert hat, und schließlich dem Verlag für die Berücksichtigung aller Sonderwünsche bei der Drucklegung und für die überaus sorgfältige Ausstattung des Buches.

Prag, im Juni 1940　　　　　　　　　　　　　　　　　　　　R. Guldan

Vorwort zur zweiten Auflage

Der rasche Absatz der ersten Auflage, die seit einem Jahr vergriffen ist, und die weiterhin anhaltende rege Nachfrage machten trotz der herrschenden kriegsbedingten Schwierigkeiten eine Neuauflage des Werkes erforderlich. Die zustimmende Aufnahme, die das Buch in weitesten Fachkreisen gefunden hat, läßt deutlich erkennen, daß der eingeschlagene Weg bei der Ausarbeitung der ersten Auflage richtig war und daß damit vielen lange gehegten Wünschen aus Statikerkreisen voll entsprochen worden ist. Das offenbarte sich auch in zahlreichen Zuschriften, die dem Verfasser aus der Fachwelt zugingen und manch freundliche Anregung enthielten.

Über den Aufbau des Werkes, der sich bestens bewährt hat und daher auch weiterhin beibehalten werden konnte, ist im Vorwort zur ersten Auflage Grundsätzliches gesagt. In der neuen Auflage sind jedoch eine ganze Reihe wesentlicher Erweiterungen vorgenommen worden, die den Anwendungsbereich des Buches bedeutend vergrößern. Zunächst wurde im ersten Abschnitt ein Kapitel über die Beziehungen zwischen Belastung, Querkraft und Biegungsmoment eingeschaltet, in welchem einige grundlegende Sätze der Baustatik in anschaulicher Weise erläutert werden. Sodann sind im ersten und zweiten Abschnitt bei der Behandlung der Tragwerke mit und ohne Vouten auch gelenkige Stabanschlüsse eingehend berücksichtigt worden, um die Vorteile des Drehwinkelverfahrens auch für die Berechnung solcher Tragwerksgattungen zu erschließen und voll zur Geltung zu bringen.

Weiter treten im Ersten Teil des Buches noch zwei Abschnitte, nämlich der siebente und achte, vollkommen neu hinzu. Der siebente Abschnitt ist der vereinfachten Berechnung hochgradig statisch unbestimmter Tragwerke gewidmet. Darin wird zunächst die gewöhnliche Iteration beschrieben und einer kritischen Betrachtung unterzogen und dann ein spezielles Verfahren, die „Reduktionsmethode" mit relativer Schätzung der Nachbarunbekannten, dargelegt. Diese Methode setzt den Statiker in den Stand, auch umfangreiche Tragwerke, die bei Anwendung der üblichen Verfahren einen unvertretbar großen Zeitaufwand erfordern würden, mit ganz einfachen Hilfsmitteln zu berechnen.

Im achten Abschnitt wird zuerst die Festpunktmethode in vereinfachter Anwendung auf unverschiebliche Tragwerke behandelt. Es wird gezeigt, wie die Festpunkte für irgendeinen Rahmenstab sehr leicht aus einer Hilfstafel bestimmt werden können, ohne die Lage der Festpunkte in den benachbarten Rahmenstäben kennen zu müssen. Unter Benutzung der gebotenen neuen Hilfstafeln ergibt sich ein überaus vorteilhaftes Verfahren, das bei hinreichender Genauigkeit wohl mit zu den schnellsten Methoden zu zählen ist, die für unverschiebliche Tragwerke in Betracht kommen. Sodann gelangt in diesem Abschnitt das Momentenverteilungsverfahren für unverschiebliche und verschiebliche Tragwerke mit und ohne Vouten zur Behandlung. Es wird der einfache Zusammenhang dieser häufig nach Cross benannten Berechnungsmethode mit dem Drehwinkelverfahren klargestellt und gleichzeitig dargelegt, wie durch direkte Benutzung der zahlreichen Hilfstafeln im Dritten Teil des Buches auch diese Methode namentlich für Voutentragwerke vorteilhaft angewendet werden kann.

Im Zweiten Teil des Buches sind sieben Zahlenbeispiele vollständig neu aufgenommen worden, und zwar vier Beispiele für Tragwerke mit gelenkigen Stabanschlüssen in solcher Auswahl, daß unverschiebliche und verschiebliche Tragwerke mit und ohne Vouten vertreten sind, und schließlich drei Beispiele, die die praktische Anwendung der „Reduktionsmethode" bei hochgradig statisch unbestimmten Tragwerken zeigen.

Der Dritte Teil des Buches wurde durch vier „Hilfstafeln zur Festpunktmethode" bereichert.

So ist zu hoffen, daß das Werk auch in seiner neuen Form die gleiche freundliche Aufnahme in der Fachwelt finden wird wie die erste Auflage und daß es in gesteigertem Maße die Arbeiten der praktisch tätigen Statiker und Bauingenieure erleichtern, sowie gleichzeitig auch den Studierenden das notwendige Verständnis und die Voraussetzungen zur erfolgreichen Anwendung der neu entwickelten Berechnungsmethoden vermitteln wird.

Prag, im Juni 1943   R. GULDAN

Vorwort zur sechsten Auflage

Als der rasche Absatz der fünften Auflage das unvermindert freundliche Echo der internationalen Fachwelt bekundete, entschlossen sich Verlag und Verfasser, das auch in Übersetzungen weit verbreitete Spezialwerk über Rahmenstatik nunmehr in wesentlich erweiterter Form neu vorzulegen.

Herrn Professor Dr.-Ing. habil. Richard GULDAN war es durch einen unerwartet frühen Tod leider nicht mehr vergönnt, diese Arbeit selbst zu vollenden. Als Schüler und langjähriger Assistent des Verfassers empfand ich es als eine ehrende Verpflichtung, im Einvernehmen mit dem Verlag die Fertigstellung der neuen Auflage zu übernehmen und die Herausgabe des Werkes zu betreuen. Der bereits bewährte Gesamtaufbau des Buches, der die theoretischen Grundlagen sinnvoll mit der praktischen Anwendung verbindet, konnte bis auf geringfügige Umstellungen beibehalten werden; soweit im einzelnen Überarbeitungen und Ergänzungen vorgenommen worden sind, blieben dafür die in den nachgelassenen Aufzeichnungen des Autors festgelegten Grundzüge verbindlich.

Der *Erste* Teil des Buches, der den statischen Rechnungsgrundlagen gewidmet ist, wurde um ein Kapitel erweitert, das zum besseren Verständnis der rechnerischen Behandlung von Rahmentragwerken das Wesen der unverschieblichen und verschieblichen Tragsysteme erläutert. Anhand zahlreicher Beispiele wird darin eine anschauliche Gliederung der häufig vorkommenden geradstäbigen Rahmensysteme vorgenommen, die auch dem Anfänger einen raschen Überblick über die Verformungseigenschaften der mannigfaltigsten Tragwerkstypen vermittelt, soweit deren Kenntnis für die baustatische Untersuchung unerläßlich ist.

Die Erweiterung der theoretischen Grundlagen bezieht sich in erster Linie auf Rahmentragwerke ohne und mit Vouten, die auch gelenkige Stabanschlüsse aufweisen, ferner auf symmetrisch ausgebildete und symmetrisch bzw. antimetrisch belastete Tragwerke, deren Symmetrale durch die Stabmitte verläuft. Ihre rechnerische Behandlung hat sich gegenüber der in früheren Auflagen durchgeführten Berechnungsart erheblich vereinfacht.

Um die Vorteile des Drehwinkelverfahrens auch für die Berechnung von lotrecht verschieblichen Rahmentragwerken mit gelenkigen Stabanschlüssen voll zur Geltung zu bringen, wurden hierfür zweckmäßige Mustergleichungen aufgestellt, deren Anwendung an allgemeinen Beispielen gezeigt wird.

Für Studium und Praxis sind die gebrauchsfertigen Bedingungsgleichungen zur Berechnung der wichtigsten Tragwerksformen ohne und mit Vouten ergänzt und in Tafeln so zusammengefaßt worden, daß sich auch wertvolle Vergleichsmöglichkeiten im Aufbau der einzelnen Gleichungen bieten. Außerdem wurde die Zusammenstellung der Formeln zur Ermittlung der Stabendmomente unter Berücksichtigung der wichtigsten Sonderfälle erweitert und in Tafeln übersichtlich geordnet.

Das Kapitel über das Momentenverteilungsverfahren, das hier nur den einfachen Zusammenhang dieser Berechnungsmethode mit dem Drehwinkelverfahren darlegen soll, hat im wesentlichen eine Abstimmung der Bezeichnungsweise mit jener erfahren, die der Autor in seinem umfassenden Spezialwerk über „Die Cross-Methode und ihre praktische Anwendung" (Springer-Verlag, Wien 1955) einführte.

Der *Zweite* Teil des Buches, der sich ausschließlich mit der praktischen Anwendung der im ersten Teil behandelten Rechnungsgrundlagen befaßt, erfuhr eine durchgreifende Umgruppierung. Dabei wurde der Gesamtumfang dieses Teiles auf 34 Zahlenbeispiele erhöht und das Auflösen der Gleichungen bei den ersten Zahlenbeispielen zur Einführung ausführlicher erläutert. Während jene Zahlenbeispiele. deren rechnerische Behandlung sich gegenüber früheren Auflagen vereinfachen ließ, überarbeitet worden sind, wurden zehn Zahlenbeispiele aus dem oben genannten Werk übernommen bzw. gegen andere eingetauscht, um aufschlußreiche Vergleiche zwischen dem Berechnungsverfahren nach der Cross-Methode und dem Drehwinkelverfahren zu ermöglichen. Zwei Zahlenbeispiele für Tragwerke mit gelenkigen Stabanschlüssen sind neu hinzugefügt worden, und zwar das eine für nur lotrecht verschiebliche Tragwerke. das andere für lotrecht und waagrecht verschiebliche Tragwerke.

Der Umfang des *Dritten* Teiles, der die von allen Praktikern sehr geschätzte Zusammenstellung bequem benutzbarer Hilfstafeln enthält, wurde durch 26 Zahlen- und Kurventafeln sowie Einflußlinientafeln bereichert, deren Werte sich hauptsächlich auf „Gelenk"- und „Symmetriestäbe" beziehen.

Möge das Buch in seiner neuen Fassung sowohl dem praktisch tätigen Bauingenieur als auch dem Studierenden wie bisher Helfer und Berater sein und dazu beitragen, die Berechnung von Rahmentragwerken und Durchlaufträgern weiter zu vereinfachen.

Mein herzlicher Dank gilt allen, die in aufrichtiger Verehrung ihres Lehrers, Professor Dr.-Ing. habil. Richard Guldan, um das Weiterwirken seines wissenschaftlichen Nachlasses bemüht waren, insbesondere den Herren Dipl.-Ing. W. Riemann, cand. arch. E. Göpfert und cand. arch. J. Köhler für ihre selbstlose Mithilfe. Besonderen Dank schulde ich Herrn Professor Dr.-Ing. G. Knittel für die mir gegebenen Anregungen und für die Durchsicht des Manuskriptes.

Dem Verlag, der wie zu Lebzeiten des Verfassers die Drucklegung mit stets wohlwollendem Entgegenkommen gefördert hat, gebührt dankbare Anerkennung.

Hannover, im Juni 1959

H. REIMANN

Inhaltsverzeichnis

Seite

Zweiter Abschnitt
Rahmentragwerke mit beliebig veränderlichen Stabquerschnitten

Dritter Abschnitt

Einflußlinien für statisch unbestimmte Tragwerke

Vierter Abschnitt

Die Wirkung von Temperaturänderungen bei statisch unbestimmten Tragwerken

Fünfter Abschnitt

Der Durchlaufträger mit veränderlichen Stabquerschnitten unter Berücksichtigung aller Sonderfälle

Sechster Abschnitt

Zweckmäßige Auflösungsverfahren für lineare Gleichungssysteme

Siebenter Abschnitt

Vereinfachte Berechnung hochgradig statisch unbestimmter Tragwerke

Achter Abschnitt

Verschiedene Methoden und Näherungsverfahren zur Berechnung von Rahmentragwerken

Zweiter Teil

Zahlenbeispiele

Erster Abschnitt
Rahmentragwerke ohne Vouten

Zweiter Abschnitt

Rahmentragwerke mit Vouten

Dritter Abschnitt

Der Durchlaufträger

Vierter Abschnitt

Hochgradig statisch unbestimmte Rahmentragwerke

Dritter Teil

Hilfstafeln zur Berechnung von Rahmentragwerken und Durchlaufträgern

Zusammenstellung der wichtigsten Bezeichnungen

mit Hinweisen auf jene Gleichungen, Abbildungen und Tafeln, die näheren Aufschluß
über die statische Bedeutung und Berechnung der einzelnen Größen geben.

1. Momente

$\mathfrak{M}_1, \mathfrak{M}_2$ „Stabbelastungsglieder", d. s. die Einspannmomente *beidseitig* starr
eingespannter Stäbe: Gl. (8), (37), (228), (229), (234), (235), (237),
(239); Abb. 3a, b, 4a, b, 231, 350a; Tafel 2 bis 4, 15 bis 18, 21 bis 24.

$\mathfrak{M}^0_1$ „Stabbelastungsglied" von „Gelenkstäben", d. i. das Einspannmoment
einseitig starr eingespannter, auf der anderen Seite gelenkig angeschlossener Stäbe: Gl. (38), (230), (236), (242), (361); Abb. 232; Tafel 5,
6, 19, 20, 25, 26.

$\mathfrak{M}_{n, K}$ „Stabbelastungsglied" von Kragträgern, d. i. das Moment an der Ein-
spannstelle n: Gl. (28), (32a), (252), (257a).

$M_{1,2}, M_{2,1}$ „Stabendmomente", d. s. die Anschlußmomente des Stabes $1-2$ am
Stabende 1 bzw. 2; für Stäbe *ohne* Gelenk: Gl. (7), (10), (10a), (10b),
(180), (180a); Abb. 2c; für „*Gelenkstäbe*": Gl. (16), (17), (17a),(17b),
(192), (195); Abb. 5; *Sonderfälle*: Tafel I und Ia (S. 6f.), IV und IVa
(S. 98f.).

$M_{n, n'}$ „Stabendmoment" eines „Symmetriestabes" $n-n'$ am Stabende n
bei symmetrischer oder antimetrischer Tragwerksbelastung: Gl. (42),
(68), (224).

2. „Festwerte" von Stäben mit konstanten Querschnitten

k „Steifigkeitszahl" beidseitig fest angeschlossener Stäbe: Gl. (6), (36);
Abb. 6b, 218.

$k^0 = 0{,}75\,k$ „Steifigkeitszahl" von „Gelenkstäben": Gl. (15), (15a), (36a); Abb. 6a,
229, 230.

$k' = 0{,}5\,k$ „Steifigkeitszahl" von „Symmetriestäben" bei *symmetrischer* Tragwerksbelastung: Gl. (41); Abb. 238a.

$k'' = 1{,}5\,k$ „Steifigkeitszahl" von „Symmetriestäben" bei *antimetrischer* Tragwerksbelastung: Gl. (67); Abb. 280a.

$\bar{k} = \dfrac{3\,k}{l}$ „Steifigkeitszahl" beidseitig fest angeschlossener Stäbe mit verschieblichen Stabenden: Gl. (12), (49), (62), (143); Abb. 321b.

$\bar{k}^0 = \dfrac{2\,k^0}{l}$ „Steifigkeitszahl" für „Gelenkstäbe" mit verschieblichen Stabenden:
Gl. (18), (73), (154); Abb. 321a.

3. „Festwerte" von Stäben mit veränderlichen Querschnitten (Voutenstäbe)

a_1, a_2, b „Steifigkeitszahlen" beidseitig fest angeschlossener Stäbe: Gl. (175),
(184), (219), (220); Abb. 334, 336, 337; Tafel 7 bis 10.

a^0 „Steifigkeitszahl" eines „Gelenkstabes": Gl. (188), (221); Abb. 335,
339; Tafel 11, 12.

a' „Steifigkeitszahl" eines „Symmetriestabes" bei *symmetrischer* Tragwerksbelastung: Gl. (223), (223a); Abb. 345; Tafel 13, 14.

a'' „Steifigkeitszahl" eines „Symmetriestabes" bei *antimetrischer* Tragwerksbelastung: Gl. (226), (226a); Abb. 346.

$c_1, c_2; \bar{c}_1, \bar{c}_2$ „Steifigkeitszahlen" beidseitig fest angeschlossener Stäbe mit verschieblichen Stabenden: Gl. (178), (181), (185), (266), (337); Abb. 334,
338, 378, 384.

$\bar{\mathfrak{a}}^0 = \dfrac{\mathfrak{a}^0}{l}$	„Steifigkeitszahl" für „Gelenkstäbe" mit verschieblichen Stabenden: Gl. (194), (325b), (348); Abb. 335, 387.
$\mathfrak{a}_1,\ \mathfrak{a}_2,\ \mathfrak{b}$	$1/EJ_c$-fache Steifigkeitszahlen beidseitig fest angeschlossener Stäbe mit der Länge $l = 1$: Gl. (201), (202), (219), (220); Tafel 7 bis 10.
$\mathfrak{a}^0$	$1/EJ_c$-fache Steifigkeitszahl eines „Gelenkstabes" mit der Länge $l = 1$: Gl. (209), (221); Tafel 11, 12.
$\mathfrak{a}'$	$1/EJ_c$-fache Steifigkeitszahl eines „Symmetriestabes" mit der Länge $l = 1$ bei symmetrischer Tragwerksbelastung: Gl. (223a); Tafel 13, 14.

4. „Diagonalglieder" und „Belastungsglieder"

d_n	„Diagonalglied" der Knotengleichung, wenn in den Knoten n nur beidseitig fest angeschlossene Stäbe einmünden: Gl. (27), (45), (251); Tafel II und IIa (S. 58f.), III (S. 86), V und Va (S. 128f.), VI (S. 146).
d^0_n	„Diagonalglied" der Knotengleichung, wenn im Knoten n auch „Gelenkstäbe" fest angeschlossen sind: Gl. (31), (256), (277); Tafel II und IIa (S. 58f.), IIIa (S. 87), V und Va (S. 128f.), VIa (S. 147).
d'_n	„Diagonalglied" der Knotengleichung, wenn bei *symmetrischer* Tragwerksbelastung im Knoten n ein „Symmetriestab" fest angeschlossen ist: Gl. (40).
$d^0_n{}'$	„Diagonalglied" der Knotengleichung, wenn bei *symmetrischer* Tragwerksbelastung im Knoten n ein „Symmetriestab" und „Gelenkstäbe" fest angeschlossen sind: Gl. (40a).
d''_n	„Diagonalglied" der Knotengleichung, wenn bei *antimetrischer* Tragwerksbelastung im Knoten n ein „Symmetriestab" fest angeschlossen ist: Gl. (66).
$d^0_n{}''$	„Diagonalglied" der Knotengleichung, wenn bei *antimetrischer* Tragwerksbelastung im Knoten n ein „Symmetriestab" und „Gelenkstäbe" fest angeschlossen sind: Gl. (66a).
D	„Diagonalglied" der Verschiebungsgleichung, wenn im Stockwerk μ oder Feld ν bzw. an der verschieblichen Knotenreihe m nur beidseitig fest angeschlossene Stäbe vorhanden sind: Gl. (59), (64), (129), (150), (263), (270), (329), (343); Tafel II und IIa (S. 58f.), III (S. 86), V und Va (S. 128f.), VI (S. 146).
D^0	„Diagonalglied" der Verschiebungsgleichung, wenn im Stockwerk μ oder Feld ν bzw. an der verschieblichen Knotenreihe m auch „Gelenkstäbe" vorhanden sind: Gl. (116), (121), (138), (157), (159), (320), (325), (334), (351), (354); Tafel II und IIa (S. 58f.), IIIa (S. 87), V und Va (S. 128f.), VIa (S. 147).
s_n	„Knotenbelastungsglied" der Knotengleichung, d. i. die Summe aller „Stabbelastungsglieder" $\mathfrak{M}_{n,i}$ und $\mathfrak{M}_{n,K}$ am Knoten n: Gl. (28), (28a), (46), (46a), (252), (252a); Tafel II und IIa (S. 58f.), III (S. 86), V und Va (S. 128f.), VI (S. 146).
s^0_n	„Knotenbelastungsglied" der Knotengleichung, d. i. die Summe aller „Stabbelastungsglieder" $\mathfrak{M}_{n,i}$, $\mathfrak{M}^0_{n,g}$ und $\mathfrak{M}_{n,K}$ am Knoten n: Gl. (32), (32a), (257), (257a), (278), (278a); Tafel II und IIa (S. 58f.), IIIa (S. 87), V und Va (S. 128f.), VIa (S. 147).
S	„Belastungsglied" der Verschiebungsgleichung, wenn im Stockwerk μ oder Feld ν bzw. an der verschieblichen Knotenreihe m nur beidseitig fest angeschlossene Stäbe belastet sind: Gl. (60), (65), (130), (151), (264), (271), (330), (345); Tafel II und IIa (S. 58f.), III (S. 86), V und Va (S. 128f.), VI (S. 146).
S^0	„Belastungsglied" der Verschiebungsgleichung, wenn im Stockwerk μ oder Feld ν bzw. an der verschieblichen Knotenreihe m auch „Gelenkstäbe" belastet sind: Gl. (117), (122), (139), (158), (321), (326), (335), (353); Tafel II und IIa (S. 58f.), IIIa (S. 87), V und Va (S. 128f.), VIa (S. 147).

5. Winkelwerte

τ_n	„Endtangentenwinkel", d. i. der Winkel zwischen der Stabsehne und der Tangente an die Biegelinie am Stabende n: Gl. (4), (4a), (165), (429); Abb. 1, 444.

φ_n „Knotendrehwinkel", d. i. der Winkel, um welchen sich der Rahmenknoten n infolge der Belastung verdreht: Gl. (4), (4a), (362). (363); Abb. 1, 2b, 392, 393.

ψ „Stabdrehwinkel", d. i. der Winkel, um welchen die Stabsehne gedreht wird: Gl. (1) bis (3); Abb. 1.

$\alpha_1, \alpha_2, \beta$ „Endtangentenwinkel" des beidseitig frei drehbar gelagerten Stabes $1-2$ infolge eines Momentes $M_1 = 1$ bzw. $M_2 = 1$: Gl. (170). (173); Abb. 332 b, c, 333b; Tafel 27 bis 30.

$\alpha^0{}_1, \alpha^0{}_2$ „Endtangentenwinkel" des beidseitig frei drehbar gelagerten Stabes $1-2$ infolge der äußeren Belastung („Belastungsglieder"): Gl. (37). (38), (170), (173), (228) bis (233), (246); Abb. 231, 232, 332f. 333d. 347, 352a bis c; Tafel 31 bis 38.

$\bar{\alpha}_1, \bar{\alpha}_2, \ddot{\bar{\beta}}$ EJ_c-facher Wert des „Endtangentenwinkels" des beidseitig frei drehbar gelagerten Stabes $1-2$ mit der Länge $l = 1$ infolge eines Momentes $M_1 = 1$ bzw. $M_2 = 1$: Gl. (216), (436); Abb. 343, 343a bis c. 344; Tafel 27 bis 30.

$\bar{\alpha}^0{}_1, \bar{\alpha}^0{}_2$ EJ_c-facher Wert des „Endtangentenwinkels" des beidseitig frei drehbar gelagerten Stabes $1-2$ mit der Länge $l = 1$ infolge der äußeren Belastung: Gl. (246a); Abb. 353; Tafel 31 bis 34.

6. Verschiebungsgrößen

$\varDelta$ Die „gegenseitige" oder „relative" Verschiebung zweier Stabenden senkrecht zur Stabachse: Gl. (1), (2); Abb. 1.

δ Die „wirkliche" oder „absolute" Verschiebung eines Stabendes senkrecht zur Stabachse: Gl. (3); Abb. 1.

7. Kräfte und Belastungen

A „Auflagerkraft" eines Rahmenstabes: Gl. (53), (126), (145). (146); Abb. 268, 269a, b, 303a bis c, 304, 316, 317.

$\mathfrak{A}$ „Auflagerkraft" bezogen auf den beidseitig frei drehbar gelagerten Stab: Gl. (53), (126), (146); Abb. 269a, 304.

Q „Querkraft" eines Rahmenstabes bzw. Trägerfeldes: Gl. (52). (53). (124), (126), (384); Abb. 414.

Q_0 „Querkraft" bezogen auf den beidseitig frei drehbar gelagerten Stab: Gl. (384).

P „Einzellast" (Dimension kg oder t).

g Gleichmäßig verteilte ständige Belastung (Dimension kg/m oder t/m).

p Gleichmäßig verteilte Verkehrslast (Dimension kg/m oder t/m).

$q = g + p$ Gleichmäßig verteilte Vollbelastung (Dimension kg/m oder t/m).

8. Verschiedenes

J_c „Querschnitts-Trägheitsmoment" bei Voutenstäben im Bereich konstanter Querschnitte: Gl. (204), (219), (220), (221), (223a); Abb. 340. 341 (für Rechtecksquerschnitte Tafel 1).

J_A „Querschnitts-Trägheitsmoment" des Auflagerquerschnittes bei Voutenstäben: Gl. (204); Abb. 340, 341; (für Rechtecksquerschnitte Tafel 1).

J_0 „Vergleichs-Trägheitsmoment" bei Stäben mit veränderlichen Querschnitten: Gl. (34), (217), (435).

$\gamma_{m,n}$ „Überleitungszahl" bzw. „Übergangszahl" zur Überleitung eines Momentes $M_{m,n}$ vom Stabende m zum anderen, unverdrehbar gedachten Stabende n: Gl. (525) bis (528); Abb. 498a, b; Tafel 39 bis 42.

$\sum\limits_i, \sum\limits_e$ Summe über alle *beidseitig* fest angeschlossenen Stäbe.

$\sum\limits_g$ Summe über alle *einseitig* gelenkig angeschlossenen Stäbe, die im betrachteten Knoten n elastisch eingespannt sind.

$\sum\limits_{go}, \sum\limits_{gu}$ Summe über alle Stäbe mit Gelenk *oben* bzw. *unten*.

$\sum\limits_{gr}, \sum\limits_{gl}$ Summe über alle Stäbe mit Gelenk *rechts* bzw. *links*.

Erster Teil

Rahmentragwerke ohne Vouten

I. Rechnungsgrundlagen für das „Drehwinkelverfahren"

1. Die Beziehungen zwischen den Formänderungsgrößen des Rahmenstabes

Die Bezeichnung „Drehwinkelverfahren" ist in Statikerkreisen überall geläufig und soll deshalb auch hier beibehalten werden, obwohl dieser Ausdruck nicht ganz zutreffend ist, da als Rechnungsunbekannte neben Drehwinkeln häufig auch Verschiebungsgrößen Verwendung finden.

In Abb. 1 ist ein Rahmenstab mit den beiden anschließenden Knotenpunkten 1 und 2 vor und nach der Verformung dargestellt. Dabei wurde der allgemeine Fall vorausgesetzt, daß die Stabenden infolge der äußeren Belastung des Tragwerkes sowohl Verdrehungen als auch Verschiebungen erleiden. Die Formänderungsgrößen sind in Abb. 1 unter Berück-

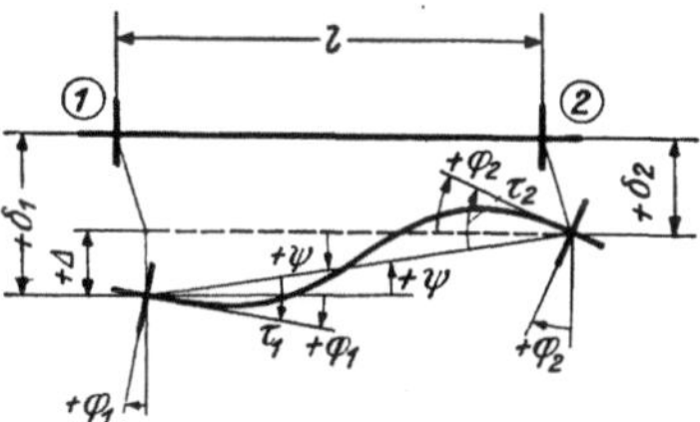

Abb. 1. Drehwinkel und Verschiebungsgrößen eines Rahmenstabes

sichtigung der im folgenden Kapitel angegebenen Vorzeichenregeln stark verzerrt wiedergegeben. Es bedeuten:

φ_1 bzw. φ_2 . . . . die Winkel, um welche die Knotenpunkte 1 bzw. 2 verdreht werden („Knotendrehwinkel"),

ψ . . . . den Winkel, um den sich die Stabsehne verdreht („Stabdrehwinkel"),

τ_1 bzw. τ_2 . . . . die Winkel, welche die Endtangenten an die Biegelinie mit der Stabsehne einschließen („Endtangentenwinkel"),

δ_1 bzw. δ_2 . . . . die absoluten Werte der senkrecht zur ursprünglichen Lage der Stabachse gemessenen Verschiebungen der Stabenden 1 bzw. 2 („absolute" oder „wirkliche" Verschiebungen),

$\varDelta = \delta_1 - \delta_2$ . . . die gegenseitige Verschiebung der beiden Stabenden senkrecht zur Stabachse („relative" oder „gegenseitige" Verschiebung).

Der Stabdrehwinkel ψ ist nach Abb. 1 gegeben durch die Beziehung

$$\operatorname{tg} \psi = \frac{\varDelta}{l} \tag{1}$$

oder, wegen der Kleinheit des Winkels, auch durch

$$\psi = \frac{\varDelta}{l}, \tag{2}$$

wobei l die Stablänge bedeutet. Setzt man anstelle der „relativen" Stabendverschiebung Δ die „absoluten" Verschiebungen δ_1 und δ_2, so erhält man

$$\psi = \frac{\delta_1 - \delta_2}{l}. \qquad (3)$$

Weiter ergeben sich aus Abb. 1 noch folgende Beziehungen:

$$\tau_1 = \varphi_1 + \psi\,; \qquad \tau_2 = \varphi_2 + \psi\,. \qquad (4)$$

In allen Fällen, wo $\psi = 0$ wird, d. h. wo die Stabsehne nur parallel zu sich selbst verschoben wird, sind die Endtangentenwinkel τ_1 und τ_2 mit den entsprechenden Knotendrehwinkeln φ_1 und φ_2 identisch. Für den Sonderfall $\psi = 0$ wird also aus (4)

$$\tau_1 = \varphi_1\,; \qquad \tau_2 = \varphi_2\,. \qquad (4\,a)$$

2. Vorzeichenregeln für Stabendmomente und Formänderungsgrößen

Für die Aufstellung von Beziehungen zwischen den Formänderungsgrößen und den Momenten ist es notwendig, diese Werte nicht nur der Größe, sondern auch der Richtung nach eindeutig festlegen zu können. Die zu diesem Zweck festzusetzenden Vorzeichenregeln sollen so beschaffen sein, daß sich die zahlenmäßige Rechnung möglichst einfach und übersichtlich gestaltet und der häufige Wechsel der Vorzeichen in den verschiedenen Gleichungsansätzen vermieden wird. Es werden daher grundsätzlich folgende Annahmen getroffen:

1. Die *Knotendrehwinkel* φ sind positiv, wenn der Knoten im Uhrzeigersinn verdreht wird (Abb. 1 und 2 b).

2. Die *Stabdrehwinkel* ψ sind positiv, wenn der Stab entgegen dem Uhrzeigersinn verdreht wird (Abb. 1).

3. Die *Stabendmomente* am herausgeschnittenen Stab sind positiv, wenn sie im Uhrzeigersinn drehen (Abb. 2 c).

4. Die *Knotenmomente* am herausgeschnittenen Knoten sind positiv, wenn sie entgegen dem Uhrzeigersinn drehen (Abb. 2 d).

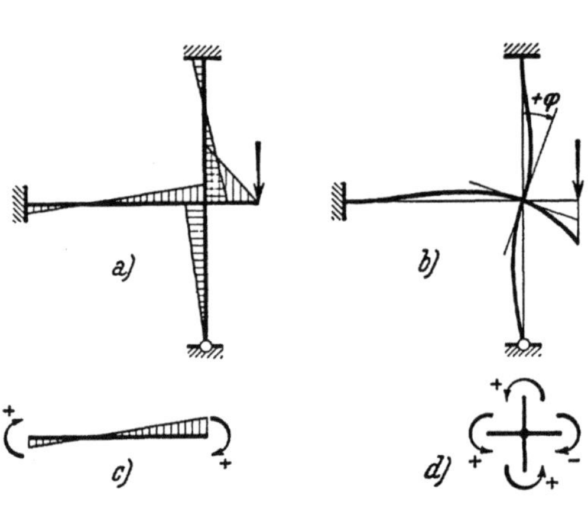

Abb. 2a bis d. Vorzeichenregeln

5. Die „*relativen*" oder „*gegenseitigen*" *Stabendverschiebungen* Δ sind positiv, wenn sie positive Stabdrehwinkel erzeugen, d. h. wenn der Stab entgegen dem Uhrzeigersinn verdreht wird (Abb. 1).

6. Die „*absoluten*" oder „*wirklichen*" *Stabendverschiebungen* δ sind positiv, wenn sie von oben nach unten oder von links nach rechts erfolgen (Abb. 1).

7. Die *Biegungsmomente* werden in den Abbildungen stets an der Zugseite angetragen (Abb. 2a).

3. Formeln für die Stabendmomente

A. Stäbe ohne Gelenk

Die Stabendmomente oder Stabanschlußmomente sind von den Formänderungsgrößen und der äußeren Belastung abhängig. Die Beziehungen können in anschaulicher Weise mit Hilfe der MOHRschen Sätze abgeleitet werden. Dies wird im zweiten

Abschnitt Seite 91 ff. für den ganz allgemeinen Fall eines Stabes mit veränderlichen Trägheitsmomenten ausführlich dargelegt. Dort ergeben sich schließlich als Sonderfall auch die bekannten vereinfachten Ausdrücke [siehe Gl. (208)] für einen Stab 1—2 mit gleichbleibendem Trägheitsmoment:

$$M_{1,2} = \frac{4\,EJ}{l}\,\varphi_1 + \frac{2\,EJ}{l}\,\varphi_2 + \frac{6\,EJ}{l}\,\psi + \mathfrak{M}_{1,2}$$

$$M_{2,1} = \frac{4\,EJ}{l}\,\varphi_2 + \frac{2\,EJ}{l}\,\varphi_1 + \frac{6\,EJ}{l}\,\psi + \mathfrak{M}_{2,1}\,. \tag{5}$$

Hierin bedeuten $M_{1,2}$ und $M_{2,1}$ die Stabendmomente bei 1 bzw. 2, E die Dehnungszahl, J das Trägheitsmoment des Stabquerschnittes und l die Stablänge.

Führt man zur weiteren Vereinfachung der Gleichungen die Bezeichnung

$$k = \frac{2\,EJ}{l} \tag{6}$$

ein, wobei der Wert k künftig als „Steifigkeitszahl" oder „Stabfestwert" bezeichnet werden soll, so erscheinen die Gl. (5) in der gebräuchlicheren Form

$$\boxed{\begin{aligned} M_{1,2} &= k\,(2\,\varphi_1 + \varphi_2 + 3\,\psi) + \mathfrak{M}_{1,2} \\ M_{2,1} &= k\,(2\,\varphi_2 + \varphi_1 + 3\,\psi) + \mathfrak{M}_{2,1} \end{aligned}} \tag{7}$$

Die statische Bedeutung der Glieder $\mathfrak{M}_{1,2}$ bzw. $\mathfrak{M}_{2,1}$, die lediglich von der unmittelbar auf den betrachteten Stab einwirkenden äußeren Belastung abhängen, ergibt

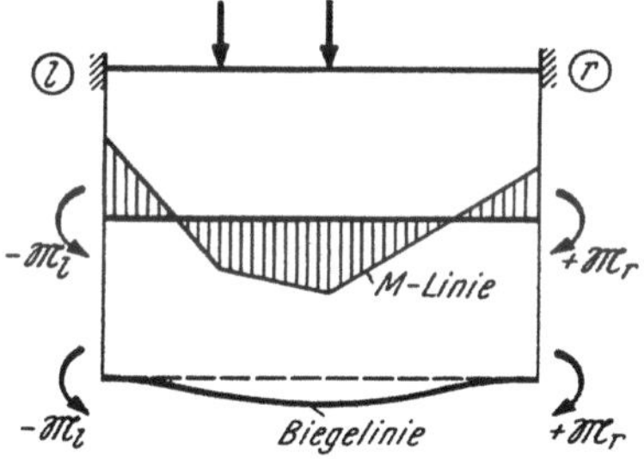

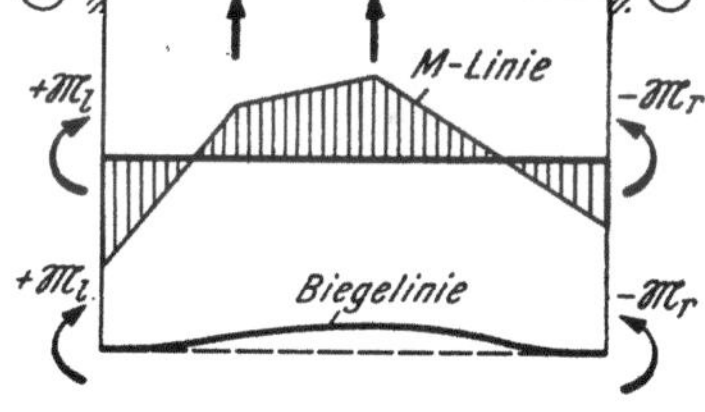

Abb. 3 a. Belastung von oben   Abb. 3 b. Belastung von unten

Abb. 3 a, b. Vorzeichen der Stabbelastungsglieder $\mathfrak{M}$ bei Belastung von oben bzw. von unten

sich, wenn man in den vorstehenden Ausdrücken $\varphi_1 = 0$, $\varphi_2 = 0$ und $\psi = 0$ setzt. Man hat es dann mit einem beiderseits vollkommen eingespannten Träger zu tun, und es wird für diesen Sonderfall nach (7)

$$M_{1,2} = \mathfrak{M}_{1,2}\,; \qquad M_{2,1} = \mathfrak{M}_{2,1}\,, \tag{8}$$

d. h. die Werte $\mathfrak{M}_{1,2}$ und $\mathfrak{M}_{2,1}$, die man am besten als „Stabbelastungsglieder" bezeichnet, sind identisch mit den Einspannmomenten für den vollkommen eingespannt gedachten Stab. Daraus ergibt sich, daß diese „Stabbelastungsglieder" auch derselben Vorzeichenregel unterliegen wie die Stabanschlußmomente.

Es ist also z. B. für einen von oben belasteten, liegenden Stab (Abb. 3a) das Stabbelastungsglied $\mathfrak{M}_{\text{links}}$ negativ (weil dieses Einspannmoment am herausgeschnittenen Stab entgegen dem Uhrzeigersinn dreht), während $\mathfrak{M}_{\text{rechts}}$ positiv ist (weil es dort im Uhrzeigersinn dreht). Für einen liegenden Stab, der von unten belastet wird (Abb. 3b), ergibt sich umgekehrt $\mathfrak{M}_{\text{links}}$ positiv und $\mathfrak{M}_{\text{rechts}}$ negativ.

Wird ein stehender Stab von **links** belastet (Abb. 4a), so wird $\mathfrak{M}_{\text{unten}}$ **negativ** (weil dieses Einspannmoment am herausgeschnittenen Stab entgegen dem Uhrzeigersinn dreht) und $\mathfrak{M}_{\text{oben}}$ **positiv**. Ist der Stab von rechts belastet (Abb. 4b), so tritt wieder das Umgekehrte ein.

In den Hilfstafeln 2 bis 4 sind gebrauchsfertige Formeln zur zahlenmäßigen Ermittlung der $\mathfrak{M}$-Werte für die wichtigsten Belastungsfälle enthalten.

Der später häufig benötigte Ansatz für die Summe der beiden Anschlußmomente eines Stabes ergibt sich unmittelbar aus (7), und zwar ist

$$M_{1,2} + M_{2,1} = 3\,k\,(\varphi_1 + \varphi_2 + 2\psi) + \mathfrak{M}_{1,2} + \mathfrak{M}_{2,1}. \tag{9}$$

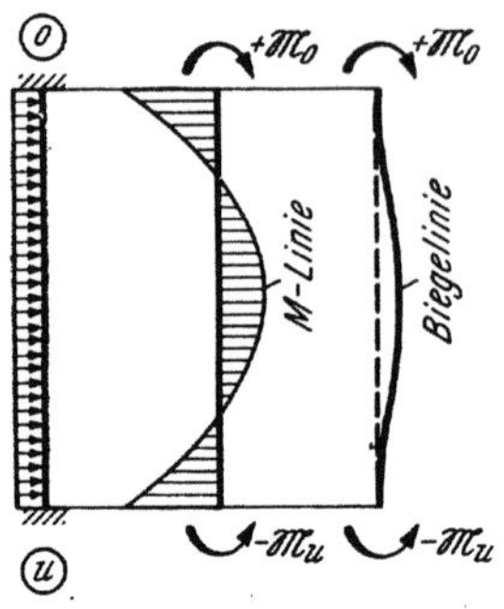

Abb. 4a. Belastung von links

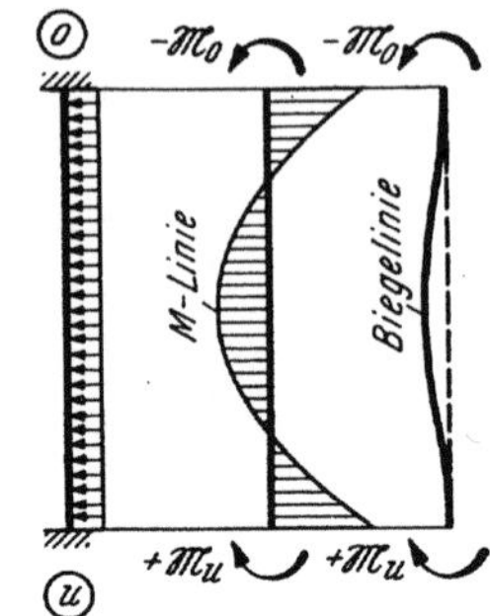

Abb. 4b. Belastung von rechts

Abb. 4a, b. Vorzeichen der Stabbelastungsglieder $\mathfrak{M}$ bei Belastung von links bzw. von rechts

Benutzt man als Unbekannte anstelle des Stabdrehwinkels ψ nach (2) die „relative" Stabendverschiebung $\varDelta$, dann lauten die Gl. (7) bzw. (9)

$$\boxed{\begin{aligned} M_{1,2} &= k\left(2\,\varphi_1 + \varphi_2 + \frac{3\,\varDelta}{l}\right) + \mathfrak{M}_{1,2} \\ M_{2,1} &= k\left(2\,\varphi_2 + \varphi_1 + \frac{3\,\varDelta}{l}\right) + \mathfrak{M}_{2,1}. \end{aligned}} \tag{10}$$

$$M_{1,2} + M_{2,1} = 3\,k\left(\varphi_1 + \varphi_2 + \frac{2\,\varDelta}{l}\right) + \mathfrak{M}_{1,2} + \mathfrak{M}_{2,1}. \tag{11}$$

Wenn in den beiden vorstehenden Gleichungen

$$\frac{3\,k}{l} = \overline{k} \tag{12}$$

gesetzt wird, so erhält man

$$\boxed{\begin{aligned} M_{1,2} &= k\,(2\,\varphi_1 + \varphi_2) + \overline{k}\varDelta + \mathfrak{M}_{1,2} \\ M_{2,1} &= k\,(2\,\varphi_2 + \varphi_1) + \overline{k}\varDelta + \mathfrak{M}_{2,1}. \end{aligned}} \tag{10a}$$

$$M_{1,2} + M_{2,1} = 3\,k\,(\varphi_1 + \varphi_2) + 2\,\overline{k}\varDelta + \mathfrak{M}_{1,2} + \mathfrak{M}_{2,1}. \tag{11a}$$

In vielen Fällen ist es vorteilhafter, anstelle von ψ nach (3) die „absoluten" Stabendverschiebungen δ_1 und δ_2 einzuführen. Wenn δ_1 die Verschiebung des linken bzw. unteren, δ_2 dagegen die des rechten bzw. oberen Stabendes bedeutet, dann nehmen die Gl. (10) und (11) folgende Form an:

$$\boxed{\begin{aligned} M_{1,2} &= k\left[2\,\varphi_1 + \varphi_2 + \frac{3\,(\delta_1 - \delta_2)}{l}\right] + \mathfrak{M}_{1,2} \\ M_{2,1} &= k\left[2\,\varphi_2 + \varphi_1 + \frac{3\,(\delta_1 - \delta_2)}{l}\right] + \mathfrak{M}_{2,1}. \end{aligned}} \tag{10b}$$

$$M_{1,2} + M_{2,1} = 3\,k\left[\varphi_1 + \varphi_2 + \frac{2\,(\delta_1 - \delta_2)}{l}\right] + \mathfrak{M}_{1,2} + \mathfrak{M}_{2,1}. \tag{11b}$$

B. Einseitig gelenkig angeschlossene Stäbe

Für einseitig gelenkig angeschlossene Stäbe ist es zweckmäßig, anstelle der allgemein gültigen Gl. (5), (7), (10) bis (10b) spezielle Formeln zu verwenden, deren Ableitung mit allen Einzelheiten im zweiten Abschnitt Seite 96 f. gegeben ist. Danach erhält man unter Bezugnahme auf Abb. 5 für einen Stab 1—2 mit Gelenk bei 2 [siehe Gl. (211)]:

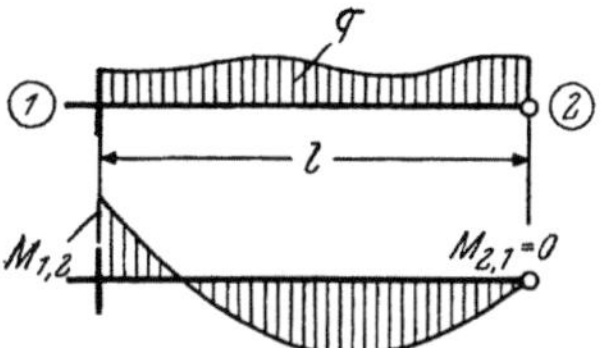

$$M_{1,2} = \frac{3\,EJ}{l}\,\varphi_1 + \frac{3\,EJ}{l}\,\psi + \mathfrak{M}^0{}_{1,2} \qquad (13)$$

$$M_{2,1} = 0.$$

Hierin bedeuten $\mathfrak{M}^0{}_{1,2}$ das Volleinspannmoment des Stabes mit Gelenk bei 2 und gedachter voller Einspannung bei 1, E die Dehnungszahl, J das Trägheitsmoment des Stabquerschnittes und l die Stablänge. Die Volleinspannmomente $\mathfrak{M}^0$ für einseitig gelenkig gelagerte

Abb. 5. M-Linie eines Rahmenstabes mit Gelenk bei 2

Stäbe sind für die wichtigsten Belastungsfälle in den Tafeln 5 und 6 zusammengestellt.

Ist der Stabdrehwinkel $\psi = 0$, so vereinfacht sich der Ausdruck (13) zu

$$M_{1,2} = \frac{3\,EJ}{l}\cdot\varphi_1 + \mathfrak{M}^0{}_{1,2}\,. \qquad (13\,\text{a})$$

Wenn der bei 2 gelenkig gelagerte Stab außerdem unbelastet ist, also $\mathfrak{M}^0{}_{1,2} = 0$ wird, so ergibt sich in weiterer Vereinfachung das Stabendmoment bei 1 mit

$$M_{1,2} = \frac{3\,EJ}{l}\,\varphi_1\,. \qquad (13\,\text{b})$$

Zum Vergleich erhält man aus (5) für einen bei 2 voll eingespannten Stab unter der Annahme, daß $\varphi_2 = 0$, $\psi = 0$, $\mathfrak{M}_{1,2} = 0$ sind,

$$M_{1,2} = \frac{4\,EJ}{l}\,\varphi_1\,. \qquad (14)$$

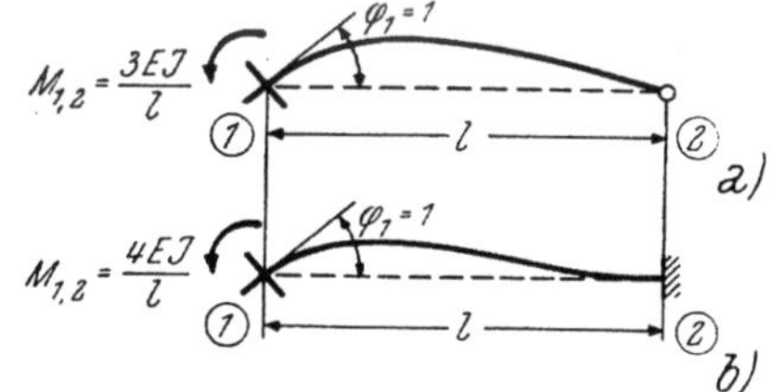

Die beiden Stabanschlußmomente in (13b) und (14) verhalten sich somit wie 3 : 4. Wenn also das Stabende 1 eines unbelasteten Stabes mit Gelenk bei 2 (Abb. 6a) und das eines unbelasteten Stabes mit voller Einspannung bei 2 (Abb. 6b) um den gleichen Winkel φ_1 verdreht wird, so beträgt das bei 1 auftretende Moment des Gelenkstabes nur 75% von jenem des bei 2 voll eingespannten Stabes. Damit ist auch die

Abb. 6a, b. Vergleich der Steifigkeit eines Gelenkstabes mit der eines bei 2 voll eingespannten Stabes 1—2

Steifigkeit des Gelenkstabes nur 75% jener des bei 2 voll eingespannten Stabes. Bezeichnet man die Steifigkeitszahl von Gelenkstäben mit k^0, so gilt die Beziehung

$$k^0 = 0{,}75\,k \qquad (15)$$

oder unter Beachtung von (6) auch

$$k^0 = 0{,}75\,\frac{2\,EJ}{l} = \frac{1{,}5\,EJ}{l}\,. \qquad (15\,\text{a})$$

Führt man die Bezeichnung k^0 in (13) ein, dann ergibt sich

$$\boxed{M_{1,2} = 2\,k^0\,(\varphi_1 + \psi) + \mathfrak{M}^0{}_{1,2}\,.} \qquad (16)$$

Tafel I. *Formeln für die Endmomente $M_{1,2}$ und $M_{2,1}$ für Stäbe konstanter Querschnitte[1] als Funktion der Knotendrehwinkel φ und der Stabdrehwinkel ψ*

Nr.	Lagerungsbedingungen		a) Allgemein (Stab belastet und verdrehbar)	b) Stab unbelastet ($\mathfrak{M}=0$; $\mathfrak{M}^0=0$)	c) Stab unverdrehbar ($\psi=0$)	d) Stab unbelastet und unverdrehbar ($\mathfrak{M}=0$; $\mathfrak{M}^0=0$; $\psi=0$)
1	Beide Stabenden elastisch eingespannt $\,\mathfrak{1}\!-\!\!-\!\!k\!\!-\!\!-\!\mathfrak{2}$	$M_{1,2}=$	$k\,(2\,\varphi_1+\varphi_2+3\,\psi)+\mathfrak{M}_{1,2}$	$k\,(2\,\varphi_1+\varphi_2+3\,\psi)$	$k\,(2\,\varphi_1+\varphi_2)+\mathfrak{M}_{1,2}$	$k\,(2\,\varphi_1+\varphi_2)$
	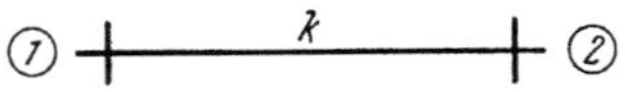	$M_{2,1}=$	$k\,(2\,\varphi_2+\varphi_1+3\,\psi)+\mathfrak{M}_{2,1}$	$k\,(2\,\varphi_2+\varphi_1+3\,\psi)$	$k\,(2\,\varphi_2+\varphi_1)+\mathfrak{M}_{2,1}$	$k\,(2\,\varphi_2+\varphi_1)$
2	Stabende 1 elastisch eingespannt, Stabende 2 fest eingespannt ($\varphi_2=0$) $\,\mathfrak{1}\!-\!\!-\!\!k\!\!-\!\!-\!\mathfrak{2}$	$M_{1,2}=$	$k\,(2\,\varphi_1+3\,\psi)+\mathfrak{M}_{1,2}$	$k\,(2\,\varphi_1+3\,\psi)$	$2\,k\,\varphi_1+\mathfrak{M}_{1,2}$	$2\,k\,\varphi_1$
		$M_{2,1}=$	$k\,(\varphi_1+3\,\psi)+\mathfrak{M}_{2,1}$	$k\,(\varphi_1+3\,\psi)$	$k\,\varphi_1+\mathfrak{M}_{2,1}$	$k\,\varphi_1$
3	Beide Stabenden fest eingespannt ($\varphi_1=\varphi_2=0$) $\,\mathfrak{1}\!-\!\!-\!\!k\!\!-\!\!-\!\mathfrak{2}$	$M_{1,2}=$	$3\,k\,\psi+\mathfrak{M}_{1,2}$	$3\,k\,\psi$	$\mathfrak{M}_{1,2}$	0
	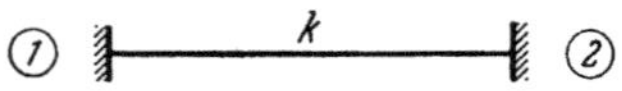	$M_{2,1}=$	$3\,k\,\psi+\mathfrak{M}_{2,1}$	$3\,k\,\psi$	$\mathfrak{M}_{2,1}$	0
4	Stabende 1 elastisch eingespannt, Stabende 2 gelenkig angeschlossen $\,\mathfrak{1}\!-\!\!-\!\!k^0\!\!-\!\!-\!\mathfrak{2}$	$M_{1,2}=$	$2\,k^0\,(\varphi_1+\psi)+\mathfrak{M}^0_{1,2}$	$2\,k^0\,(\varphi_1+\psi)$	$2\,k^0\,\varphi_1+\mathfrak{M}^0_{1,2}$	$2\,k^0\,\varphi_1$
	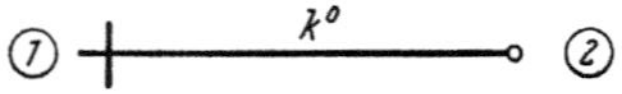	$M_{2,1}=$	0	0	0	0
5	Stabende 1 fest eingespannt ($\varphi_1=0$), Stabende 2 gelenkig angeschlossen $\,\mathfrak{1}\!-\!\!-\!\!k^0\!\!-\!\!-\!\mathfrak{2}$	$M_{1,2}=$	$2\,k^0\,\psi+\mathfrak{M}^0_{1,2}$	$2\,k^0\,\psi$	$\mathfrak{M}^0_{1,2}$	0
	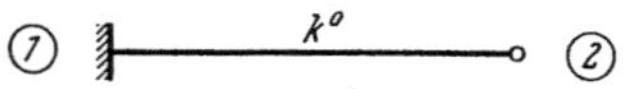	$M_{2,1}=$	0	0	0	0

[1] Für Stäbe mit veränderlichen Stabquerschnitten siehe Tafel IV, Seite 98

Tafel Ia. *Formeln für die Endmomente $M_{1,2}$ und $M_{2,1}$ für Stäbe konstanter Querschnitte[1] als Funktion der Knotendrehwinkel φ und der „relativen" Verschiebungen Δ*

Nr.	Lagerungsbedingungen		a) Allgemein (Stab belastet und verdrehbar)	b) Stab unbelastet ($\mathfrak{M}=0$; $\mathfrak{M}^0=0$)	c) Stab unverdrehbar ($\Delta=0$)	d) Stab unbelastet und unverdrehbar ($\mathfrak{M}=0$; $\mathfrak{M}^0=0$; $\Delta=0$)
1	Beide Stabenden elastisch eingespannt	$M_{1,2} =$	$k(2\varphi_1+\varphi_2)+\bar{k}\,\Delta+\mathfrak{M}_{1,2}$	$k(2\varphi_1+\varphi_2)+\bar{k}\,\Delta$	$k(2\varphi_1+\varphi_2)+\mathfrak{M}_{1,2}$	$k(2\varphi_1+\varphi_2)$
		$M_{2,1} =$	$k(2\varphi_2+\varphi_1)+\bar{k}\,\Delta+\mathfrak{M}_{2,1}$	$k(2\varphi_2+\varphi_1)+\bar{k}\,\Delta$	$k(2\varphi_2+\varphi_1)+\mathfrak{M}_{2,1}$	$k(2\varphi_2+\varphi_1)$
2	Stabende 1 elastisch eingespannt, Stabende 2 fest eingespannt ($\varphi_2 = 0$)	$M_{1,2} =$	$2k\varphi_1+\bar{k}\,\Delta+\mathfrak{M}_{1,2}$	$2k\varphi_1+\bar{k}\,\Delta$	$2k\varphi_1+\mathfrak{M}_{1,2}$	$2k\varphi_1$
		$M_{2,1} =$	$k\varphi_1+\bar{k}\,\Delta+\mathfrak{M}_{2,1}$	$k\varphi_1+\bar{k}\,\Delta$	$k\varphi_1+\mathfrak{M}_{2,1}$	$k\varphi_1$
3	Beide Stabenden fest eingespannt ($\varphi_1 = \varphi_2 = 0$)	$M_{1,2} =$	$\bar{k}\,\Delta+\mathfrak{M}_{1,2}$	$\bar{k}\,\Delta$	$\mathfrak{M}_{1,2}$	0
		$M_{2,1} =$	$\bar{k}\,\Delta+\mathfrak{M}_{2,1}$	$\bar{k}\,\Delta$	$\mathfrak{M}_{2,1}$	0
4	Stabende 1 elastisch eingespannt, Stabende 2 gelenkig angeschlossen	$M_{1,2} =$	$2k^0\varphi_1+\bar{k}^0\,\Delta+\mathfrak{M}^0_{1,2}$	$2k^0\varphi_1+\bar{k}^0\,\Delta$	$2k^0\varphi_1+\mathfrak{M}^0_{1,2}$	$2k^0\varphi_1$
		$M_{2,1} =$	0	0	0	0
5	Stabende 1 fest eingespannt ($\varphi_1 = 0$), Stabende 2 gelenkig angeschlossen	$M_{1,2} =$	$\bar{k}^0\,\Delta+\mathfrak{M}^0_{1,2}$	$\bar{k}^0\,\Delta$	$\mathfrak{M}^0_{1,2}$	0
		$M_{2,1} =$	0	0	0	0

[1] Für Stäbe mit veränderlichen Stabquerschnitten siehe Tafel IV a, Seite 99

Wenn als Unbekannte anstelle des Stabdrehwinkels ψ nach (2) die „relative" Stabendverschiebung $\varDelta$ gewählt wird, lautet die Formel (16)

$$M_{1,2} = 2\,k^0\left(\varphi_1 + \frac{\varDelta}{l}\right) + \mathfrak{M}^0_{1,2}\;; \tag{17}$$

setzt man in dieser Gleichung

$$\frac{2\,k^0}{l} = \overline{k}^0\,, \tag{18}$$

dann wird

$$M_{1,2} = 2\,k^0\,\varphi_1 + \overline{k}^0\varDelta + \mathfrak{M}^0_{1,2}\,. \tag{17 a}$$

Führt man anstelle von ψ nach (3) die „absoluten" Stabendverschiebungen δ_1 und δ_2 ein, so erhält man

$$M_{1,2} = 2\,k^0\left(\varphi_1 + \frac{\delta_1 - \delta_2}{l}\right) + \mathfrak{M}^0_{1,2}\,. \tag{17 b}$$

Wenn kein Stabdrehwinkel ψ und damit auch keine Stabendverschiebung auftritt, dann wird einfach

$$M_{1,2} = 2\,k^0\,\varphi_1 + \mathfrak{M}^0_{1,2}\,. \tag{19}$$

Anmerkung. In den Tafeln I und Ia, Seite 6 und 7, ist eine Zusammenstellung der wichtigsten Formeln für die Stabendmomente $M_{1,2}$ und $M_{2,1}$ bei verschiedenen Lagerungen der Stabenden und unter Berücksichtigung häufig auftretender Sonderfälle gegeben.

II. Allgemeine Beziehungen zwischen Belastung, Querkraft und Biegungsmoment

1. Allgemeines

Bevor die Anwendung des „Drehwinkelverfahrens" in der Rahmenberechnung näher behandelt werden soll, seien hier in Kürze von den bekannteren Sätzen der Baustatik diejenigen wiedergegeben, die zum Verständnis der späteren Erörterungen zweckdienlich sind. Dabei sollen vor allem die wichtigsten Beziehungen zwischen Belastung, Querkraft und Biegungsmoment erläutert und anhand einiger Beispiele ihre praktische Anwendung in augenfälliger Weise in Erinnerung gebracht werden. Vorausgeschickt sei zunächst eine Klarstellung der Begriffe Querkraft und Biegungsmoment am frei aufliegenden Träger.

Die Querkraft für einen bestimmten Querschnitt eines Trägers stellt die Summe der senkrecht zur Stabachse wirkenden Komponenten aller links oder rechts von diesem Querschnitt angreifenden Kräfte dar. Man bezeichnet die Querkraft als positiv, wenn sie links vom Querschnitt nach oben oder rechts vom Querschnitt nach unten gerichtet ist (Abb. 7 und 8).

Unter dem Biegungsmoment in einem bestimmten Querschnitt eines Trägers versteht man die Summe der Momente aller links oder rechts von diesem Querschnitt angreifenden Kräfte in bezug auf den Querschnittsschwerpunkt (Abb. 8).

Weiter ist bekannt, daß die erste Ableitung der Querkraft nach x den negativen Belastungswert q ergibt, d. h. es ist

$$\frac{dQ}{dx} = -q \, . \tag{20}$$

Da nun die erste Ableitung einer Funktion stets als Neigung der Kurventangente aufgefaßt werden kann, ergibt sich aus der Beziehung (20), daß die Neigung der

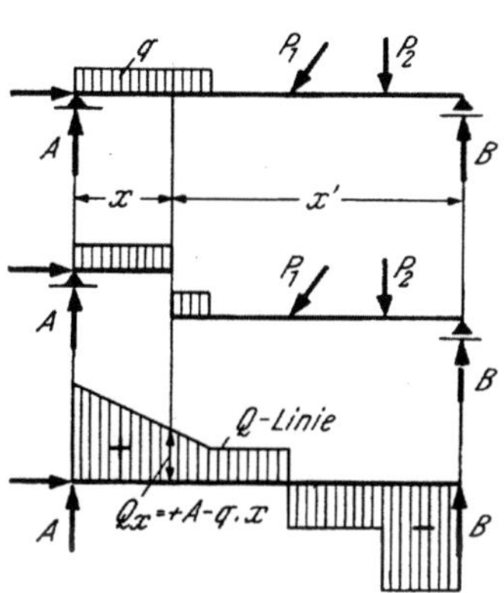

Abb. 7. Q-Linie bei beliebiger Belastung

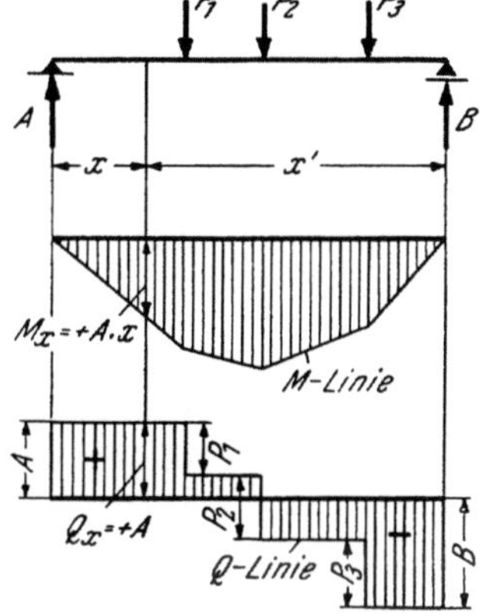

Abb. 8. M-Linie und Q-Linie bei Einzellasten

Querkraftlinie an jeder beliebigen Stelle gleich ist der Belastung $(-q)$ an dieser Stelle.

Es kann demnach aus einer gegebenen Querkraftlinie sofort auch die Art der zugehörigen Belastung mit einem Blick erfaßt werden. So zeigt z. B. die Querkraftlinie in Abb. 9 eine gleichbleibende Neigung auf der ganzen Trägerlänge, also muß auch die Belastung q auf der ganzen Länge konstant sein. In Abb. 10 ist die Neigung der Querkraftlinie am Auflager gleich Null und wächst zur Trägermitte allmählich an. Es muß somit der Belastungswert (q) am Auflager gleich Null sein und in der Trägermitte einen Größtwert erreichen. In Abb. 11 ist die Neigung der Querkraftlinie von A bis C gleich Null, also

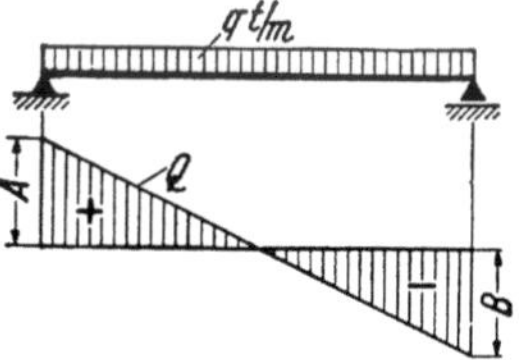

Abb. 9. Durchgehende Gleichlast

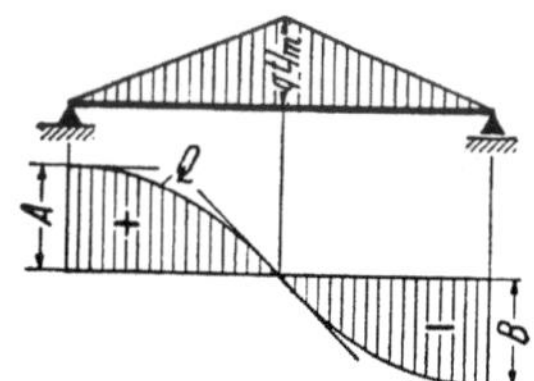

Abb. 10. Dreieckslast

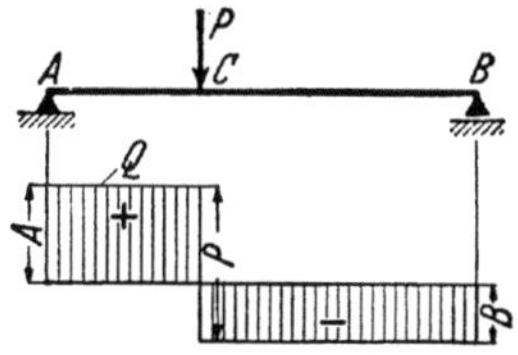

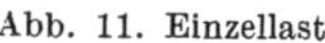

Abb. 11. Einzellast

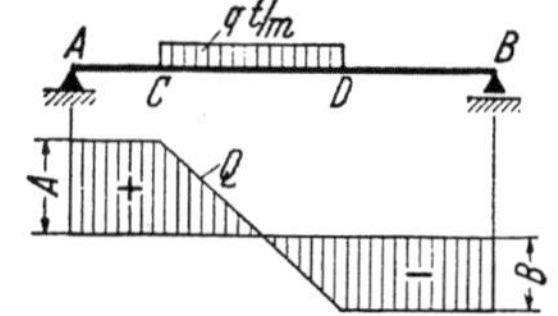

Abb. 12. Streckenlast

Abb. 9 bis 12. Beziehungen zwischen Belastung und Querkraft

kann in diesem Bereich auch keine Belastung (q) vorhanden sein. Dasselbe trifft in der Strecke zwischen C und B zu. An der Stelle C selbst ist eine Unstetigkeit, die auf eine dort wirkende Einzellast hinweist. In Abb. 12 ist die Neigung der Querkraftlinie von A bis C und von D bis B gleich Null, weshalb in diesen Bereichen keine

Belastung (q) vorhanden sein kann. Im Bereich zwischen C und D zeigt die Querkraftlinie eine konstante Neigung; daraus ergibt sich, daß dort eine gleichmäßige Belastung q wirksam sein muß.

Dieselbe Beziehung wie zwischen Querkraft und Belastung besteht zwischen Biegungsmoment und Querkraft. Es ist nämlich

$$\frac{dM}{dx} = Q. \tag{21}$$

Die Neigung der Momentenlinie gegen die Stabachse an irgendeiner Stelle gibt somit die Querkraft an dieser Stelle an. Wo also die Neigung der M-Linie gegen die Stabachse gleich Null ist, nimmt auch die Querkraft den Wert Null an und umgekehrt.

Diese wichtigen Beziehungen werden durch die Abb. 13 und 14 veranschaulicht; Abb. 13 zeigt einen frei aufliegenden Träger und Abb. 14 einen Durchlaufträger über zwei Feldern. In beiden Fällen sind Momenten- und Querkraftlinie für eine durchgehende Gleichlast gezeichnet. Die größte Querkraft tritt stets dort auf, wo die Momentenlinie gegen die Stabachse die größte Neigung aufweist, also bei den Auflagern. Die Querkraft ist an jenen Stellen gleich Null, wo die Tangenten an die Momentenlinie parallel zur Stabachse verlaufen. Bei Abb. 14 fällt sofort auf, daß die Momentenlinie bei der Mittelstütze wesentlich steiler geneigt ist als an den

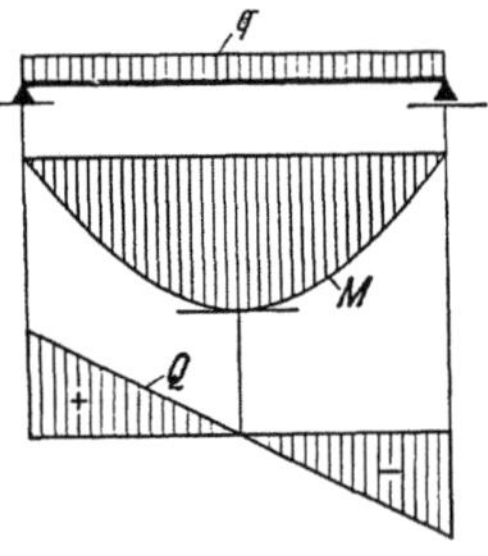

Abb. 13. M-Linie und Q-Linie für einen frei aufliegenden Träger mit durchgehender Gleichlast

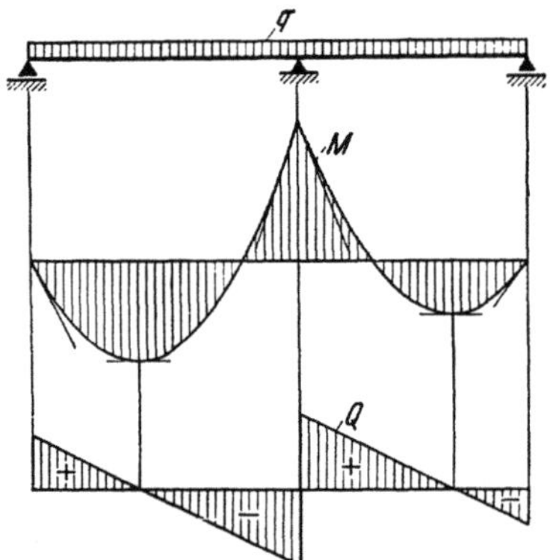

Abb. 14. M-Linie und Q-Linie für einen Zweifeldträger mit durchgehender Gleichlast

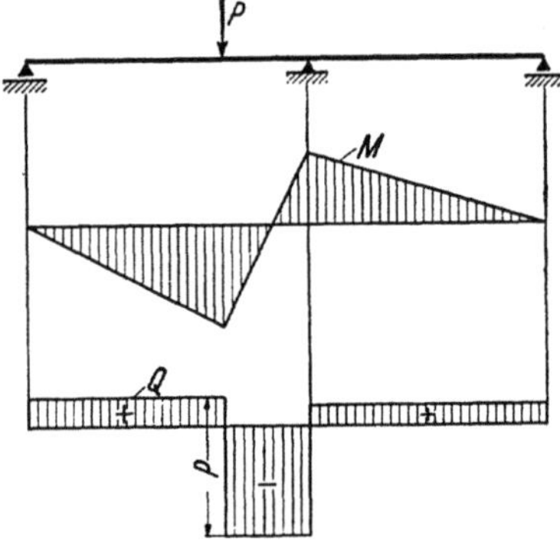

Abb. 15. M-Linie und Q-Linie für einen Zweifeldträger mit einer Einzellast

Abb. 13 bis 15. Beziehungen zwischen Belastung, Querkraft und Biegungsmoment

Randstützen. Die Querkraft muß also bei der Mittelstütze auch wesentlich größer sein als bei den Randstützen. In Abb. 15 tritt diese Erscheinung besonders deutlich zutage. Die Momentenlinie zeigt links von der Mittelstütze einen sehr steilen Verlauf; in diesem Bereich tritt auch die größte Querkraft auf.

Die hier durchgeführten Überlegungen gelten natürlich auch für jeden geraden Rahmenstab. Man kann somit selbst bei einem komplizierten Momentenbild leicht jene Stelle des Tragwerks herausfinden, wo die Querkraft einen großen bzw. den größten Wert erreicht. Das ist beim praktischen Rechnen besonders wichtig, weil die Querkraft oft nur an jenen Stellen ermittelt wird, wo sie für die Bemessung maßgebend ist.

2. Richtungsbestimmung der Querkraft aus der Momentenlinie

Auf Seite 2 wurde bereits die Regel aufgestellt, daß die Biegungsmomente grundsätzlich an jener Stelle des Stabes anzutragen sind, wo sie Zug erzeugen.

Damit ist eine Darstellungsart festgelegt, die auch gleichzeitig bei der Bestimmung der Querkraft sehr gute Dienste leistet. Aus (21) $dM/dx = Q$ gehen nämlich sowohl die Größe als auch die Richtung der Querkraft hervor, so daß aus einem vorliegenden Momentenbild für irgendein beliebiges Tragsystem rasch und sicher auch das Vorzeichen der Querkräfte bestimmt werden kann. Es gilt daher unter der Voraussetzung, daß die Momente stets an der Zugseite des Stabes angetragen werden, folgende Vorzeichenregel:

Fällt die Momentenlinie von links nach rechts ($\searrow$), so ist die Querkraft positiv, d. h. links vom Querschnitt nach oben gerichtet.

Steigt die Momentenlinie von links nach rechts ($\nearrow$), so ist die Querkraft negativ, d. h. links vom Querschnitt nach unten gerichtet.

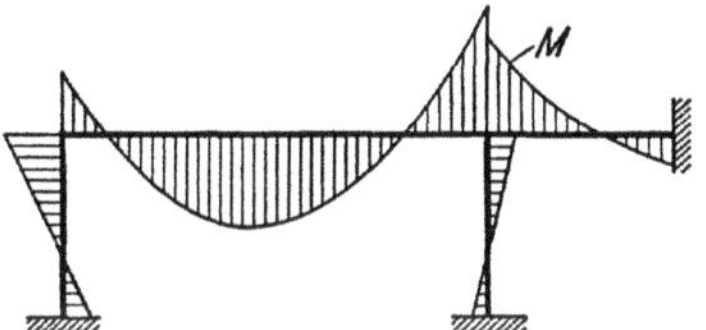

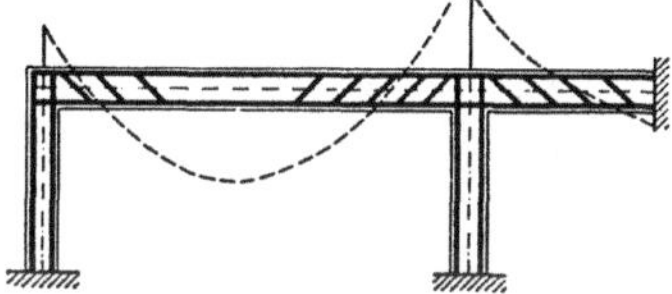

Abb. 16a. M-Linie

Abb. 16b. Bewehrungsschema

Abb. 16a, b. Richtungssinn der M-Linie und Lage der Schrägeisen bei Stahlbetontragwerken

Diese Regel gilt ganz allgemein sowohl für liegende als auch für stehende Stäbe. Auch ist es gleichgültig, ob die liegenden Stäbe von oben oder von unten und die stehenden Stäbe von links oder von rechts betrachtet werden.

Es empfiehlt sich, diese Regel an den Abb. 13 bis 15 zu erproben und dem Gedächtnis einzuprägen. Sie leistet in der Rahmenberechnung sehr gute Dienste und gibt dem Anfänger in der Stahlbetonstatik überdies ein einfaches Mittel in die Hand, die Richtung der Aufbiegungen (Hauptzugeisen) in den verschiedenen Rahmenstäben zu bestimmen bzw. zu überprüfen. Es ist nur zu beachten, daß die abgebogenen Eisen immer denselben Richtungssinn aufweisen wie die Momentenlinie. In Abb. 16a, b sind z. B. die Momentenlinie und die Lage der Aufbiegungen für einen Zweifeldrahmen mit einem sehr großen und einem sehr kleinen Feld angedeutet. Aus der Lage der M-Linie im kleinen Feld ist ersichtlich, daß die abgebogenen Eisen auf der ganzen Länge dieses Feldes dieselbe Richtung aufweisen müssen, während im großen Feld an beiden Enden die Richtung wechselt.

III. Das Wesen unverschieblicher und verschieblicher Tragwerke

Berechnungsverfahren für statisch unbestimmte Tragwerke, die als Unbekannte Formänderungsgrößen wählen, wie z. B. das Drehwinkelverfahren, die Festpunktmethode und die Cross-Methode, verlangen eine strenge Unterscheidung zwischen Tragwerken mit „unverschieblichen" und solchen mit „verschieblichen" Knotenpunkten. Die Berechnung unverschieblicher Tragwerke ist dabei stets einfacher und kürzer, während die verschieblichen Tragwerke gewisse statische Überlegungen und einen größeren Aufwand an Zahlenrechnungen erfordern. In jedem Falle ist es aber notwendig, sofort zu erkennen, ob es sich um ein unverschiebliches oder um ein verschiebliches Tragwerk handelt bzw. welche Knotenpunkte Verschiebungen erfahren. Diese Beurteilung bereitet häufig große Schwierigkeiten; daher sollen die Besonderheiten der beiden Tragwerksgruppen hier ausführlich erörtert werden.

Es ist leicht einzusehen, daß sich die Knoten nicht festgehaltener Stockwerkrahmen bei waagrechter Belastung, z. B. bei Windlast, in horizontaler Richtung verschieben. Schwerer vorstellbar ist es aber, daß solche Rahmen auch bei lotrechter Belastung seitlich ausweichen können. Dabei ist es nicht immer einfach, von vornherein festzustellen, ob sich das Tragwerk nach links oder rechts verschiebt. Ein klarer Einblick in diese Gegebenheiten ist jedoch bei der Berechnung solcher Tragwerke nach Formänderungsverfahren unerläßlich. Die wichtigsten Zusammenhänge sollen daher durch verschiedene Betrachtungen am Beispiel einfacher Rahmen im wesentlichen geklärt werden.

Der in Abb. 17a dargestellte symmetrische Rahmen sei durch eine lotrechte Einzellast unsymmetrisch belastet und durch ein gedachtes Lager im Knoten 2 gegen seitliche Verschiebungen festgehalten. Unter dieser Voraussetzung ergibt sich der in Abb. 17a eingezeichnete Momentenverlauf. Bereits aus den unterschiedlichen Steigungen der M-Linien in den Rahmenstielen ist ersichtlich, daß die Querkräfte in den beiden Stielen verschieden groß sind. Die Querkraft des Rahmen-

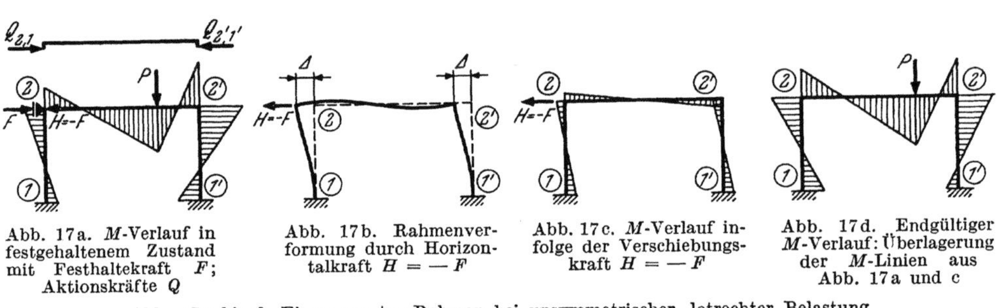

Abb. 17a. M-Verlauf in festgehaltenem Zustand mit Festhaltekraft F; Aktionskräfte Q

Abb. 17b. Rahmenverformung durch Horizontalkraft $H = -F$

Abb. 17c. M-Verlauf infolge der Verschiebungskraft $H = -F$

Abb. 17d. Endgültiger M-Verlauf: Überlagerung der M-Linien aus Abb. 17a und c

Abb. 17a bis d. Eingespannter Rahmen bei unsymmetrischer, lotrechter Belastung

stieles 1—2 trachtet den Rahmenriegel 2—2′ nach rechts, die Querkraft des Stieles 1′—2′ hingegen, ihn nach links zu verschieben. In Abb. 17a sind diese beiden auf den herausgeschnittenen Riegel 2—2′ einwirkenden Aktionskräfte angedeutet. Da im vorliegenden Fall die Querkraft im Stiel 1′—2′ größer ist als im Stiel 1—2, überwiegt die nach links gerichtete Horizontalkraft H und übt auf das gedachte Lager im Knoten 2 einen Druck aus, der gleich ist der Differenz der beiden Stielquerkräfte. Wenn der Rahmen unverschieblich bleiben soll, so muß er in dem gedachten Lager bei 2 mit einer Kraft F festgehalten werden, die der Verschiebungskraft entgegenwirkt und somit das Gleichgewicht hält.

Denkt man sich das angenommene Lager beseitigt, so entfällt auch die Festhaltekraft F. Die vorher auf das Lager ausgeübte Verschiebungskraft $H = -F$ muß nun voll vom Rahmen selbst übernommen werden. Als Folge dieser statischen Veränderung ergibt sich eine Verschiebung des Rahmenriegels 2—2′ nach links um den Betrag Δ und damit auch eine Verformung des gesamten Tragwerkes, wie aus Abb. 17b zu ersehen ist. Dabei handelt es sich um einen fingierten Belastungsfall mit einer nach links gerichteten waagrechten Einzellast von der Größe $H = -F$, die in der Rahmenecke 2 angreift und den in Abb. 17c dargestellten M-Verlauf hervorruft. Durch Überlagerung der beiden Momentenbilder aus dem Lastfall nach Abb. 17a — unter Voraussetzung unverschieblicher Knoten — und aus dem fingierten Lastfall nach Abb. 17c erhält man den endgültigen Momentenverlauf in Abb. 17d, worin also die Verschieblichkeit der Rahmenknoten 2 und 2′ berücksichtigt ist.

Beim Vergleich dieses Momentenbildes mit jenem im festgehaltenen Zustand fällt zunächst auf, daß das Moment im Knoten 2 größer und das im Knoten 2′ kleiner geworden ist. Die Steigungen der M-Linien in den Rahmenstielen müssen nun aber gemäß Abb. 17d gleich groß sein und entgegengesetzte Richtung aufweisen, denn die Gleichgewichtsbedingung $\Sigma H = 0$ für einen gedachten waagrechten Schnitt durch die Rahmenstiele ist nur dann erfüllt, wenn auch die Querkräfte in beiden Stielen gleich groß und entgegengesetzt gerichtet sind. Wäre das in Abb. 17a dargestellte symmetrische Tragwerk symmetrisch belastet, dann wären auch die beiden Stielquerkräfte von gleicher Größe, d. h. es würde dann keine Verschiebungskraft auftreten und der Rahmen wäre in diesem Zustand unverschieblich.

Für die Richtung der Verschiebung — und damit auch für die Richtung der Querkräfte bzw. Aktionskräfte an den Stabenden — läßt sich unter der Voraussetzung, daß die Momentenlinie an der Zugseite der einzelnen Stäbe angetragen ist, eine einfache Merkregel aufstellen, die in den Abb. 18 bis 21 veranschaulicht ist. Denkt man sich jeweils vom Stabende aus in der Richtung der M-Linie einen Pfeil, so gilt folgende Regel:

Zeigt der Pfeil bei stehenden Stäben nach *links*, dann ist dort auch die Aktionskraft nach *links* gerichtet und trach-

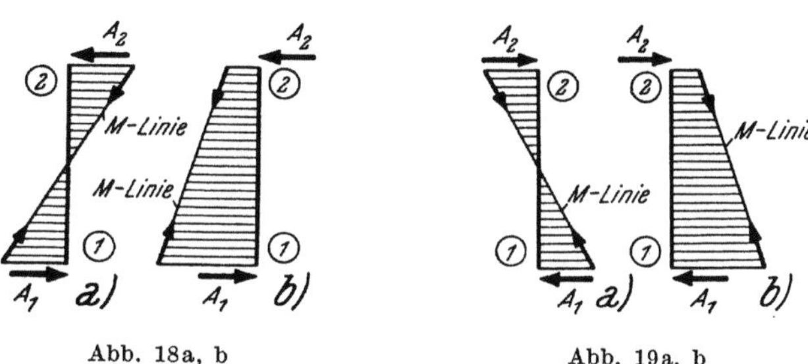

Abb. 18a, b
Abb. 19a, b

Abb. 18a, b und 19a, b. Richtungsbestimmung der „Aktionskräfte" und der Stabendverschiebungen aus der M-Linie bei *Rahmenstielen*

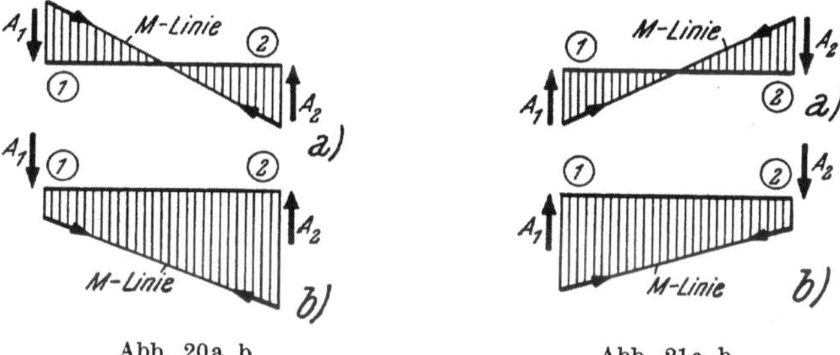

Abb. 20a, b
Abb. 21a, b

Abb. 20a, b und 21a, b. Richtungsbestimmung der „Aktionskräfte" und der Stabendverschiebungen aus der M-Linie bei *Rahmenriegeln*

tet das Stabende nach *links* zu verschieben (vgl. die Stabenden 2 in Abb. 18a, b und die Stabenden 1 in Abb. 19a, b). Das Umgekehrte tritt ein, wenn der Pfeil nach rechts gerichtet ist (vgl. die Stabenden 1 in Abb. 18a, b und die Stabenden 2 in Abb. 19a, b).

Zeigt der Pfeil in der Momentenlinie bei liegenden Stäben am Stabende nach *unten*, so ist auch die Aktionskraft nach *unten* gerichtet und trachtet dieses Stabende nach *unten* zu verschieben (vgl. die Stabenden 1 in Abb. 20a, b und die Stabenden 2 in Abb. 21a, b). Ist der Pfeil hingegen nach oben gerichtet, dann tritt das Umgekehrte ein (vgl. die Stabenden 2 in Abb. 20a, b und die Stabenden 1 in Abb. 21a, b).

Treffen in einem verschieblichen Rahmenknoten mehrere Stäbe zusammen, so sind zunächst die einzelnen Aktionskräfte mit ihrer Verschiebungsrichtung nach der vorstehenden Regel festzulegen, damit dann die Gesamtwirkung in diesem Knoten ermittelt werden kann.

Bei der Berechnung nach dem Drehwinkelverfahren ist die Verschieblichkeit der Rahmen durch eine besondere Verschiebungsgleichung zu berücksichtigen. Eine sichere Unterscheidung zwischen unverschieblichen und verschieblichen Tragwerken ist daher sehr wichtig. Die Art der Verschieblichkeit läßt sich aber nur auf Grund gewisser statischer Überlegungen feststellen, die jedoch wesentlich erleichtert werden können, wenn man die häufig vorkommenden Tragwerksarten in verschiedene Gruppen mit besonderen Merkmalen zusammenfaßt. Dabei empfiehlt es sich, die symmetrischen und unsymmetrischen Tragwerke als Haupttypen zu wählen und diese dann nach ihren Verschiebungseigenschaften weiter zu unterteilen.

1. Symmetrische Tragwerke

A. Bei jeder Belastung unverschieblich (Abb. 22 bis 53).

B. Nur bei symmetrischer Belastung unverschieblich (Abb. 54 bis 89).

C. Bei symmetrischer Belastung nur lotrecht, bei unsymmetrischer Belastung auch waagrecht verschieblich (Abb. 90 bis 114).

D. Bei jeder Belastung nur waagrecht verschieblich (Abb. 115 bis 123).

E. Bei jeder Belastung lotrecht und waagrecht verschieblich (Abb. 124 bis 132).

2. Unsymmetrische Tragwerke

A. Bei jeder Belastung unverschieblich (Abb. 133 bis 151).

B. Bei jeder Belastung nur waagrecht verschieblich (Abb. 152 bis 170).

C. Bei jeder Belastung nur lotrecht verschieblich (Abb. 171 bis 186).

D. Bei jeder Belastung waagrecht und lotrecht verschieblich (Abb. 187 bis 202).

Für jede einzelne der vorgenannten Untergruppen der symmetrischen und unsymmetrischen Tragsysteme ist auf den Seiten 15 bis 20 eine Auswahl der verschiedensten Tragwerke zusammengestellt. Auf diese Weise können die besonderen Kennzeichen und Merkmale der Untergruppen am besten veranschaulicht werden und prägen sich in dieser Gegenüberstellung auch leichter ein.

Die Unverschieblichkeit der in den Gruppen 1/A und 2/A zusammengefaßten Tragwerke wird entweder durch feste Gelenke oder durch voll eingespannte Stabenden (Abb. 22 bis 33, 133, 134, 148) oder durch „Stab-Dreiecke“ (Abb. 34 bis 53, 137, 138, 142, 146, 147, 150, 151) oder aber durch „Festhaltelager“ (Abb. 135, 136, 139 bis 141, 143 bis 145, 149) gesichert. Die Berechnung „unverschieblicher“ Tragwerke ist auf Seite 21 ff. ausführlich behandelt (siehe auch Zahlenbeispiele 1 bis 4 und 7).

Bei den symmetrischen Tragwerken der Gruppe 1/B ist nach den anhand der Abb. 17a bis d gegebenen ausführlichen Erläuterungen leicht verständlich, daß diese Rahmenformen nur bei symmetrischer Belastung unverschieblich, bei unsymmetrischer Belastung jedoch waagrecht verschieblich sind (siehe auch Zahlenbeispiele 5, 6, 8, 9, 10). Es ist aber zu beachten, daß viele symmetrische Tragwerke auch bei symmetrischer Belastung verschiebliche Knotenpunkte aufweisen, wie z. B. die in den Gruppen 1/C, 1/D und 1/E dargestellten Systeme (siehe auch Zahlenbeispiel 14). Dagegen erleiden die unsymmetrisch ausgebildeten Tragwerke der Gruppen 2/B, 2/C und 2/D bei jeder Belastung Verschiebungen (siehe auch Zahlenbeispiele 11, 12, 13, 15, 16, 17). Die Berechnung „verschieblicher“ Tragwerke ist auf Seite 34 ff. ausführlich behandelt.

Auf die hier zusammengestellten Beispiele wird bei den späteren Darlegungen der zu behandelnden Berechnungsverfahren mehrfach verwiesen werden.

1/A. Symmetrische Tragwerke, die bei jeder Belastung unverschieblich sind
(Abb. 22 bis 53)

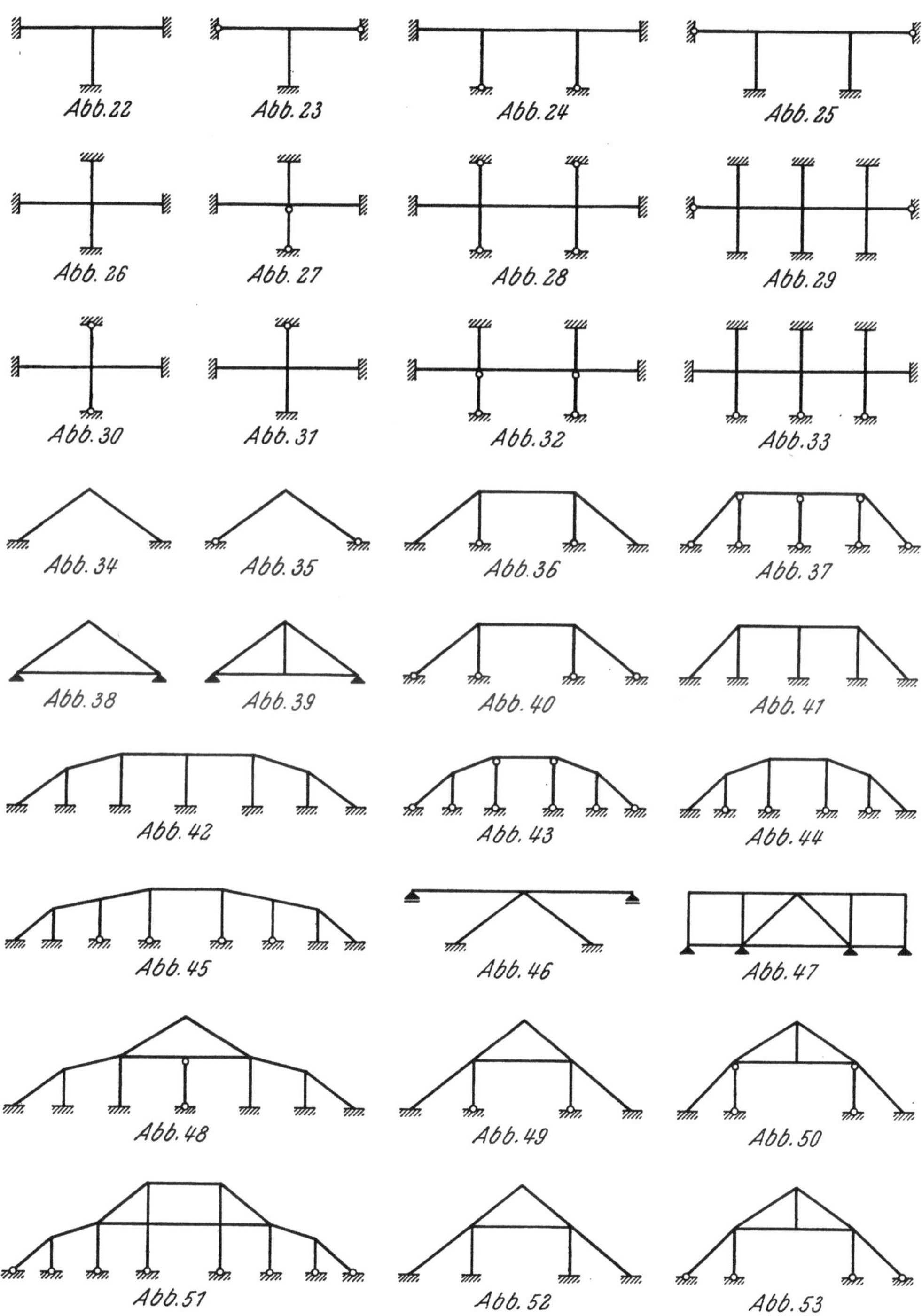

Abb. 22   Abb. 23   Abb. 24   Abb. 25

Abb. 26   Abb. 27   Abb. 28   Abb. 29

Abb. 30   Abb. 31   Abb. 32   Abb. 33

Abb. 34   Abb. 35   Abb. 36   Abb. 37

Abb. 38   Abb. 39   Abb. 40   Abb. 41

Abb. 42   Abb. 43   Abb. 44

Abb. 45   Abb. 46   Abb. 47

Abb. 48   Abb. 49   Abb. 50

Abb. 51   Abb. 52   Abb. 53

1/B. Symmetrische Tragwerke, die nur bei symmetrischer Belastung unverschieblich sind (Abb. 54 bis 89)

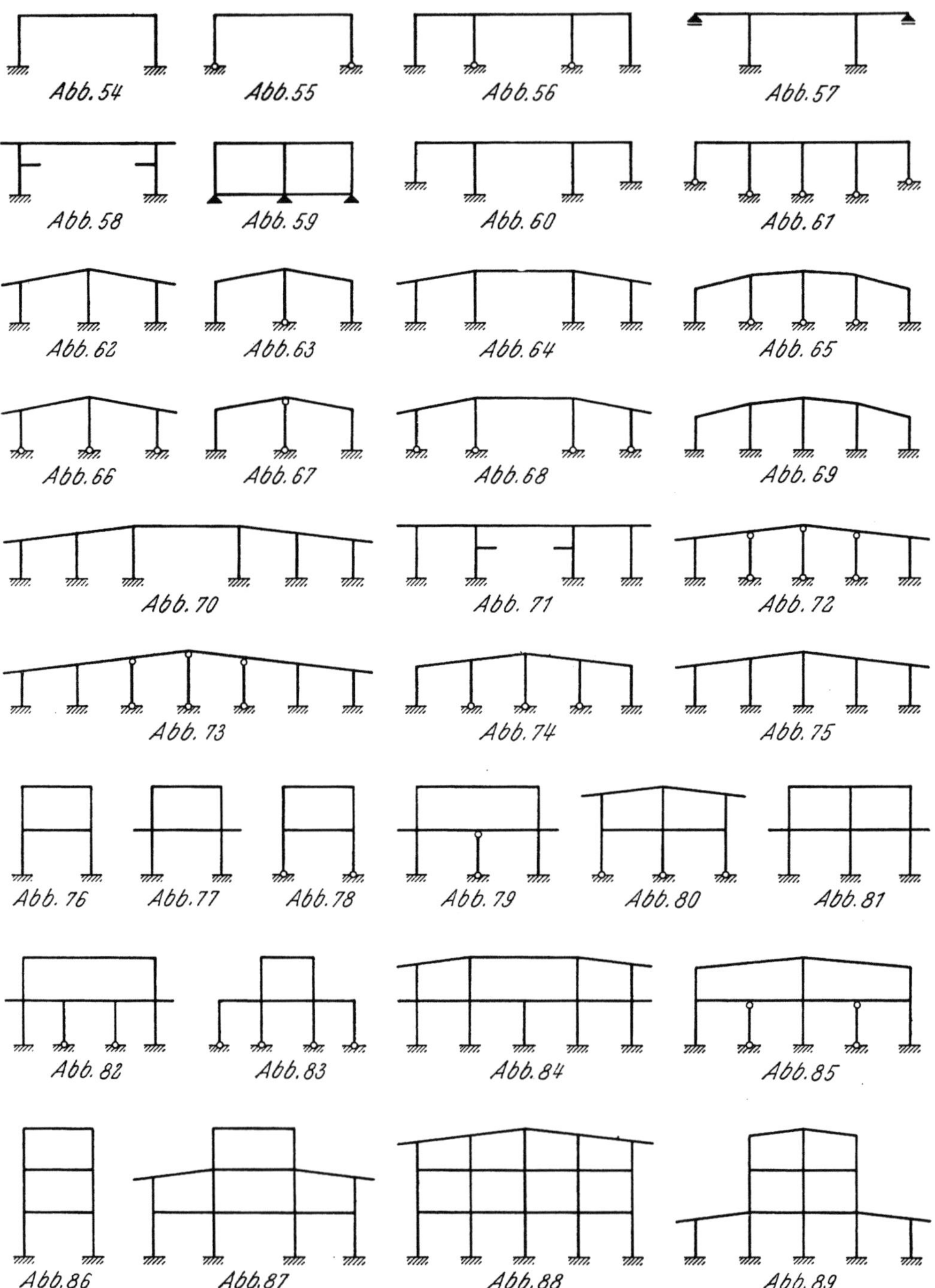

Abb. 54   Abb. 55   Abb. 56   Abb. 57
Abb. 58   Abb. 59   Abb. 60   Abb. 61
Abb. 62   Abb. 63   Abb. 64   Abb. 65
Abb. 66   Abb. 67   Abb. 68   Abb. 69
Abb. 70   Abb. 71   Abb. 72
Abb. 73   Abb. 74   Abb. 75
Abb. 76   Abb. 77   Abb. 78   Abb. 79   Abb. 80   Abb. 81
Abb. 82   Abb. 83   Abb. 84   Abb. 85
Abb. 86   Abb. 87   Abb. 88   Abb. 89

1/C. Symmetrische Tragwerke, die bei symmetrischer Belastung nur lotrecht, bei unsymmetrischer Belastung auch waagrecht verschieblich sind (Abb. 90 bis 114)

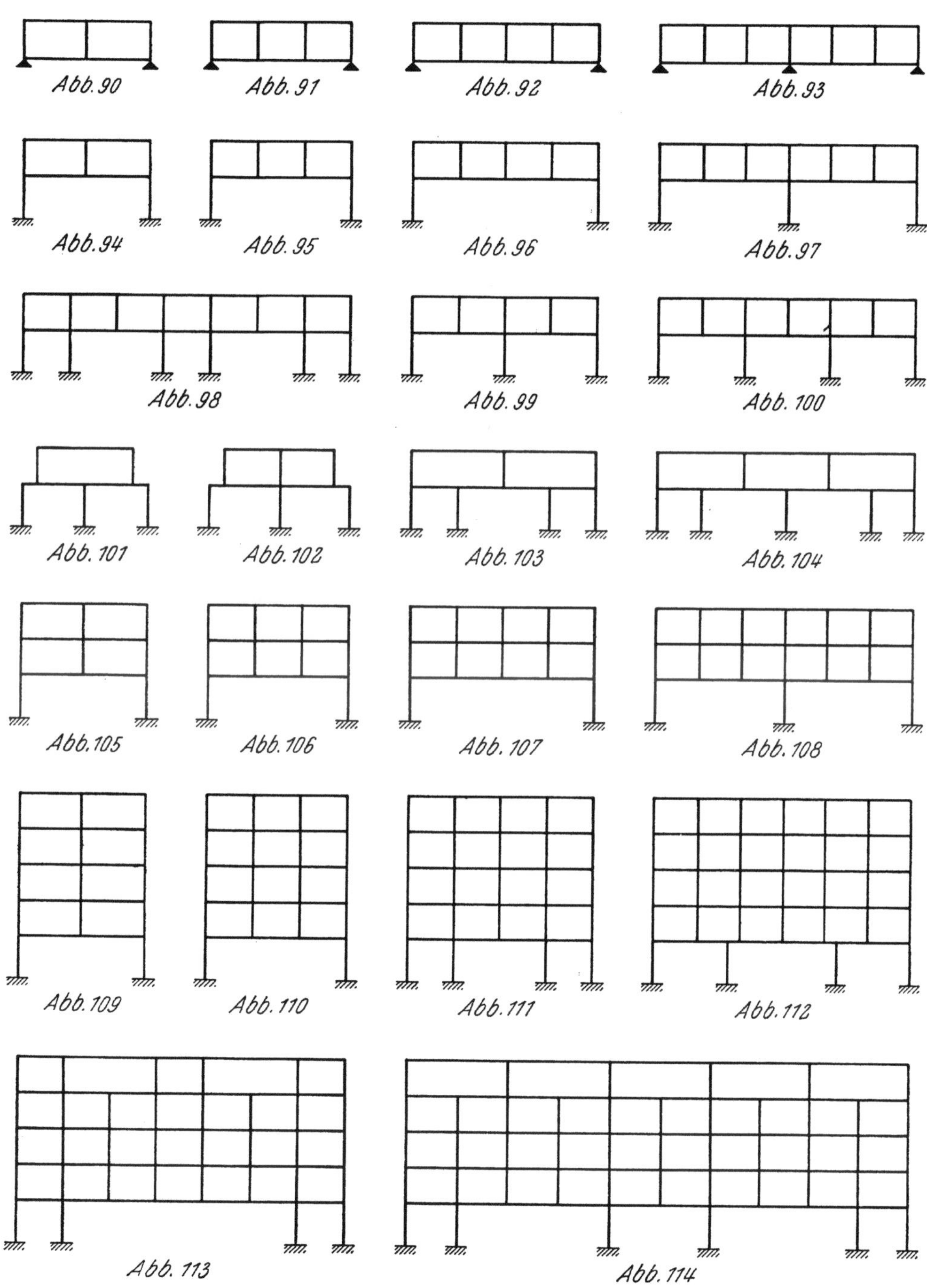

Abb. 90   Abb. 91   Abb. 92   Abb. 93

Abb. 94   Abb. 95   Abb. 96   Abb. 97

Abb. 98   Abb. 99   Abb. 100

Abb. 101   Abb. 102   Abb. 103   Abb. 104

Abb. 105   Abb. 106   Abb. 107   Abb. 108

Abb. 109   Abb. 110   Abb. 111   Abb. 112

Abb. 113   Abb. 114

1/D. Symmetrische Tragwerke, die bei jeder Belastung nur waagrecht verschieblich sind (Abb. 115 bis 123)

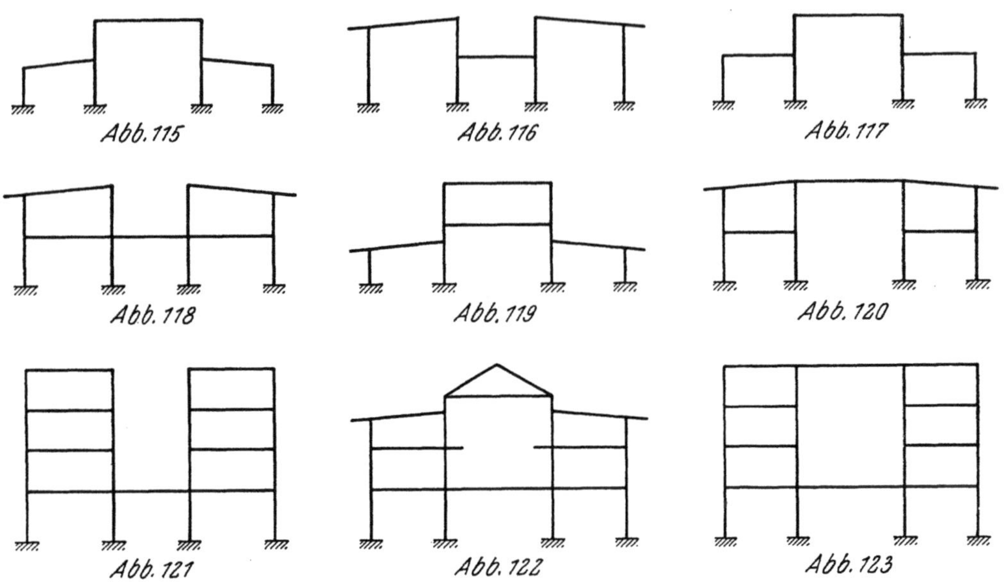

Abb. 115   Abb. 116   Abb. 117

Abb. 118   Abb. 119   Abb. 120

Abb. 121   Abb. 122   Abb. 123

1/E. Symmetrische Tragwerke, die bei jeder Belastung lotrecht und waagrecht verschieblich sind (Abb. 124 bis 132)

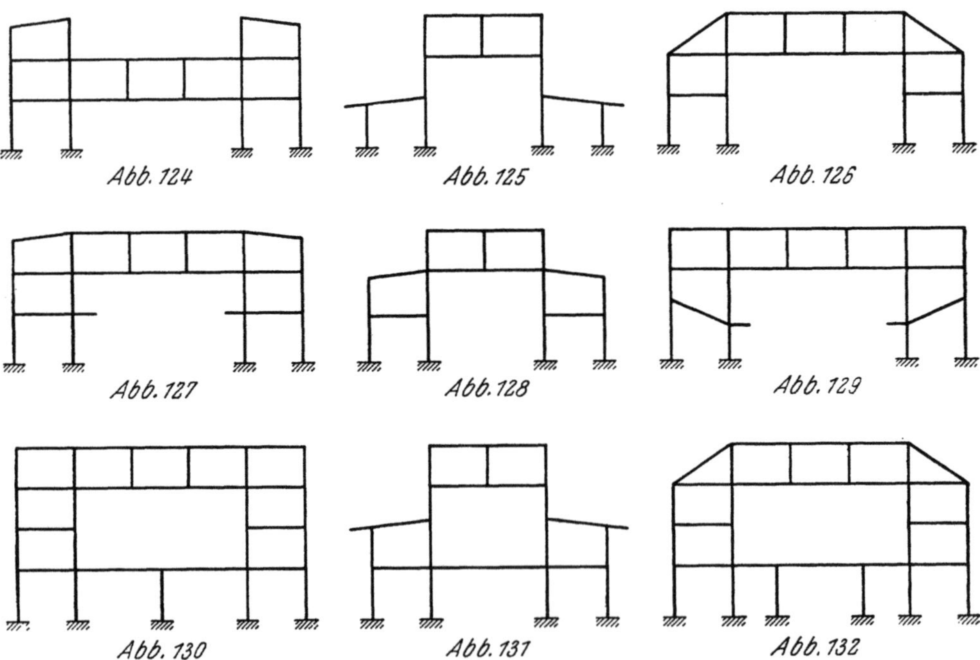

Abb. 124   Abb. 125   Abb. 126

Abb. 127   Abb. 128   Abb. 129

Abb. 130   Abb. 131   Abb. 132

2/A. Unsymmetrische Tragwerke, die bei jeder Belastung unverschieblich sind (Abb. 133 bis 151)

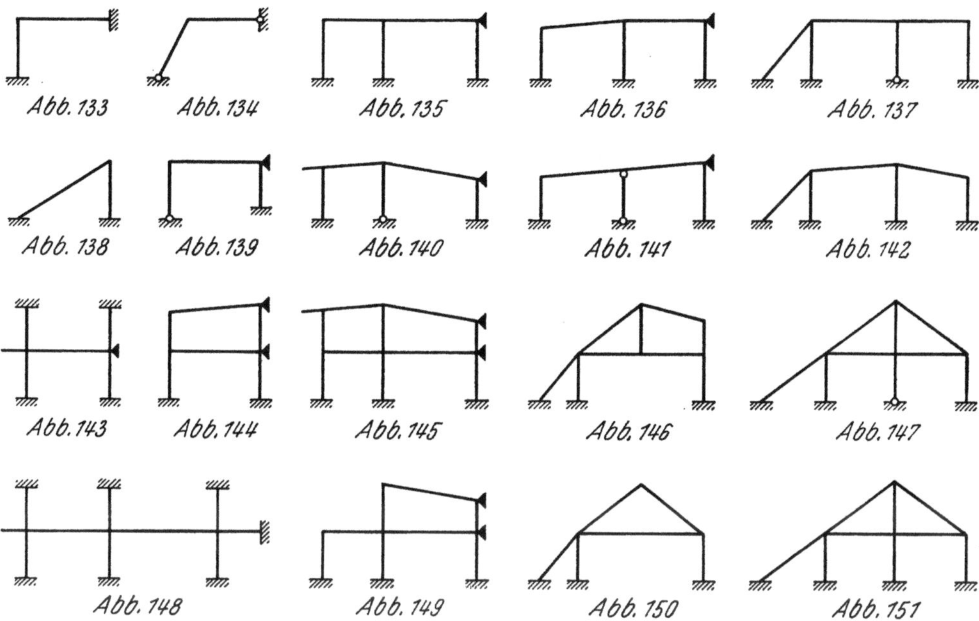

Abb. 133   Abb. 134   Abb. 135   Abb. 136   Abb. 137

Abb. 138   Abb. 139   Abb. 140   Abb. 141   Abb. 142

Abb. 143   Abb. 144   Abb. 145   Abb. 146   Abb. 147

Abb. 148   Abb. 149   Abb. 150   Abb. 151

2/B. Unsymmetrische Tragwerke, die bei jeder Belastung nur waagrecht verschieblich sind (Abb. 152 bis 170)

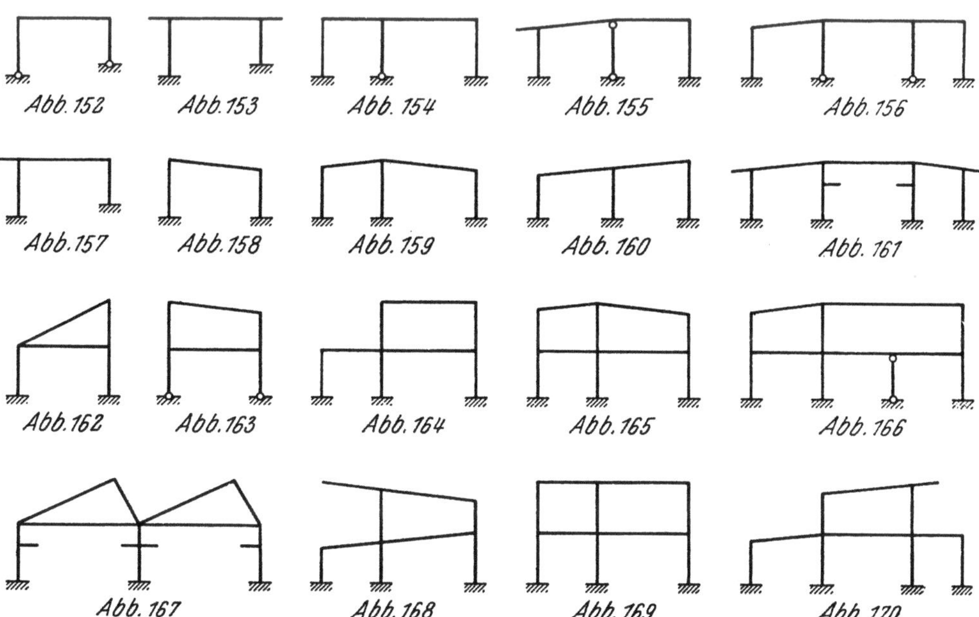

Abb. 152   Abb. 153   Abb. 154   Abb. 155   Abb. 156

Abb. 157   Abb. 158   Abb. 159   Abb. 160   Abb. 161

Abb. 162   Abb. 163   Abb. 164   Abb. 165   Abb. 166

Abb. 167   Abb. 168   Abb. 169   Abb. 170

2/C. Unsymmetrische Tragwerke, die bei jeder Belastung nur lotrecht verschieblich sind (Abb. 171 bis 186)

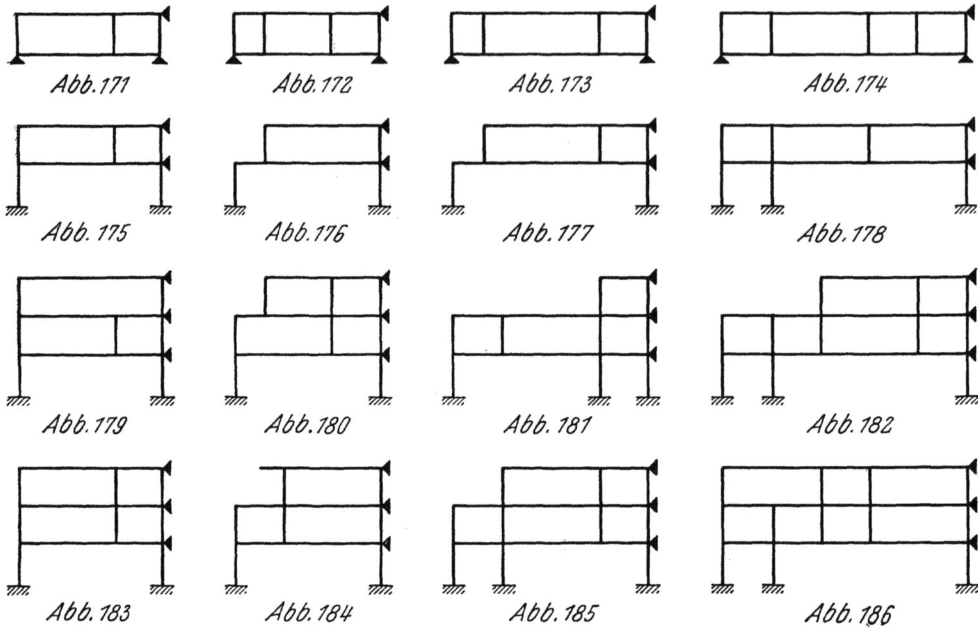

2/D. Unsymmetrische Tragwerke, die bei jeder Belastung waagrecht und lotrecht verschieblich sind (Abb. 187 bis 202)

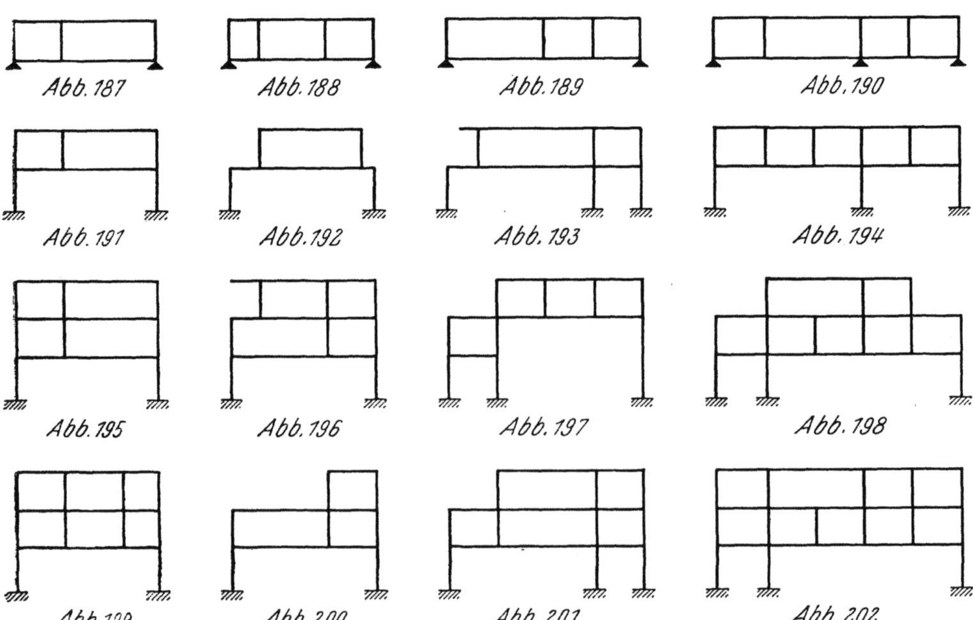

IV. Rahmentragwerke mit unverschieblichen Knotenpunkten

Der Momentenverlauf eines Tragwerkes für einen gegebenen Belastungsfall ist bestimmt, wenn sämtliche Stabendmomente bekannt sind. Die Stabendmomente können aber aus (7) bzw. (16) erst dann berechnet werden, wenn die Knoten- und Stabdrehwinkel ermittelt sind. Die eigentlichen Unbekannten der Rechnung sind daher zunächst diejenigen Größen, durch welche die Verformung eines Tragwerkes vollkommen bestimmt ist. Es sind dies entweder die Knotendrehwinkel φ und die Stabdrehwinkel ψ oder die Knotendrehwinkel φ und die Verschiebungen δ bzw. $\varDelta$.

Bei Tragwerken, deren Knotenpunkte durch die äußere Belastung nur Verdrehungen, aber keine Verschiebungen erleiden, können auch keine Stabdrehwinkel in Erscheinung treten, weshalb sich die Behandlung derartiger Systeme besonders einfach gestaltet.

1. Knotengleichungen für unverschiebliche Tragwerke ohne Gelenke

A. Allgemeines

Es ist immer zuerst festzustellen, ob bei einem Tragwerk für einen gegebenen Belastungsfall verschiebliche Knotenpunkte vorhanden bzw. wieviele unbekannte Stabdrehwinkel insgesamt zu bestimmen sind. Als Beispiel dafür werden in den Abb. 203 bis 211 eine Anzahl solcher Tragwerkstypen zusammengestellt, die bei

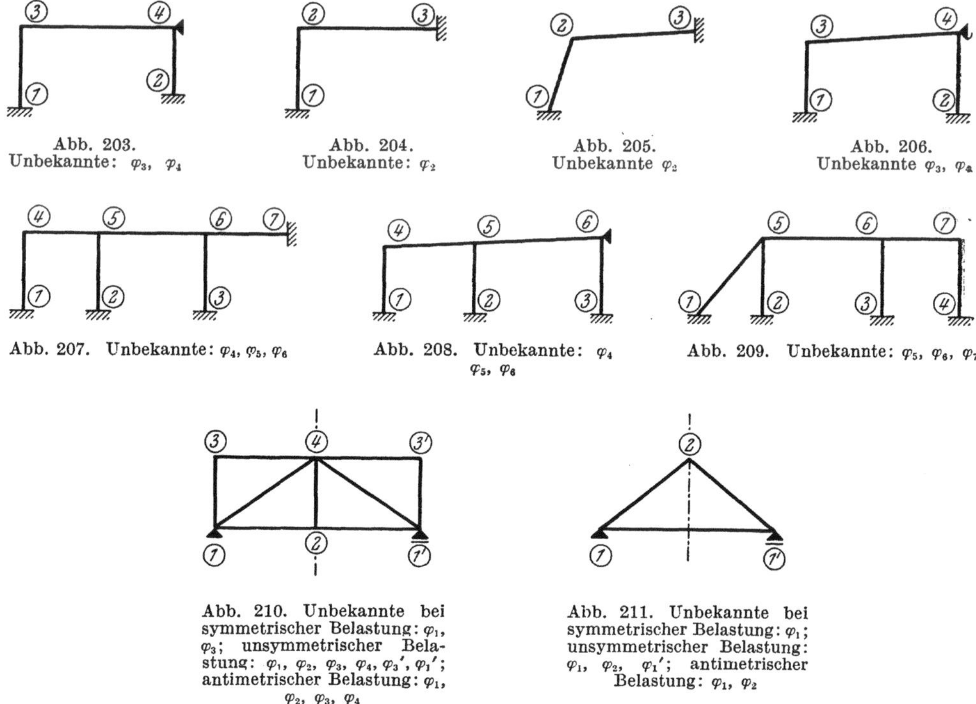

Abb. 203.
Unbekannte: φ_3, φ_4

Abb. 204.
Unbekannte: φ_2

Abb. 205.
Unbekannte φ_2

Abb. 206.
Unbekannte φ_3, φ_4

Abb. 207. Unbekannte: φ_4, φ_5, φ_6

Abb. 208. Unbekannte: φ_4, φ_5, φ_6

Abb. 209. Unbekannte: φ_5, φ_6, φ_7

Abb. 210. Unbekannte bei symmetrischer Belastung: φ_1, φ_3; unsymmetrischer Belastung: φ_1, φ_2, φ_3, φ_4, φ_3', φ_1'; antimetrischer Belastung: φ_1, φ_2, φ_3, φ_4

Abb. 211. Unbekannte bei symmetrischer Belastung: φ_1; unsymmetrischer Belastung: φ_1, φ_2, φ_1'; antimetrischer Belastung: φ_1, φ_2

Abb. 203 bis 211. Bei jeder Belastung unverschiebliche Tragwerke ohne Gelenke

jeder Belastung unverschieblich sind; die jeweils auftretenden unbekannten Knotendrehwinkel sind besonders vermerkt.

Es gibt ferner noch eine ganze Reihe von symmetrischen Tragwerksarten, die zwar an sich zu den Systemen mit verschieblichen Knotenpunkten zu rechnen sind, die aber bei symmetrischer Belastung keine Knotenverschiebungen erfahren.

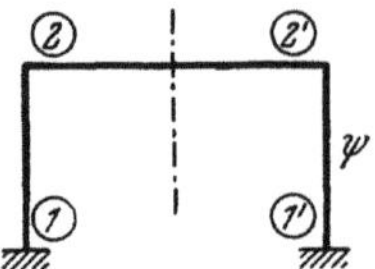

Abb. 212. Unbekannte bei symmetrischer Belastung: φ_2; unsymmetrischer Belastung: φ_2, φ_2', ψ; antimetrischer Belastung: φ_2, ψ

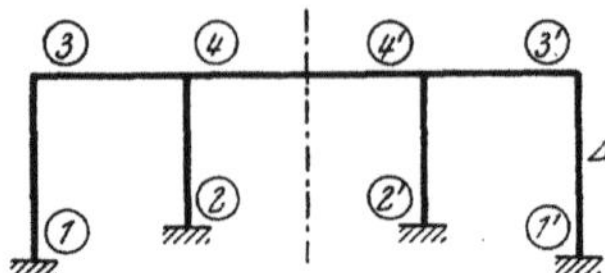

Abb. 213. Unbekannte bei symmetrischer Belastung: φ_3, φ_4; unsymmetrischer Belastung: φ_3, φ_4, φ_4', φ_3', $\varDelta$; antimetrischer Belastung: φ_3, φ_4, $\varDelta$

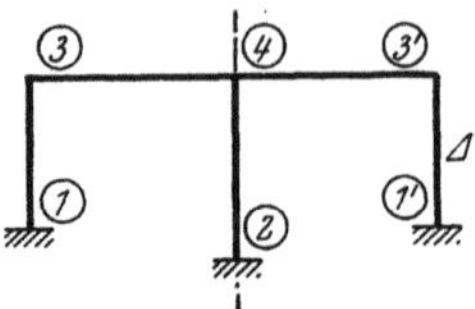

Abb. 214. Unbekannte bei symmetrischer Belastung: φ_3; unsymmetrischer Belastung: φ_3, φ_4, φ_3', $\varDelta$; antimetrischer Belastung φ_3, φ_4, $\varDelta$

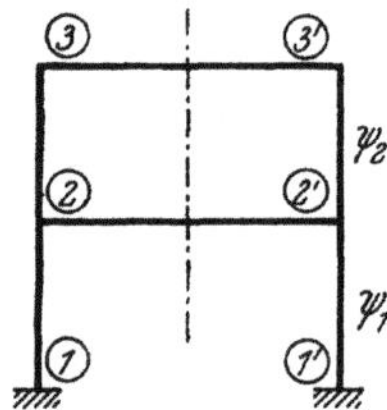

Abb. 215. Unbekannte bei symmetrischer Belastung: φ_2, φ_3; unsymmetrischer Belastung: φ_2, φ_3, φ_3', φ_2', ψ_1, ψ_2; antimetrischer Belastung: φ_2, φ_3, ψ_1, ψ_2

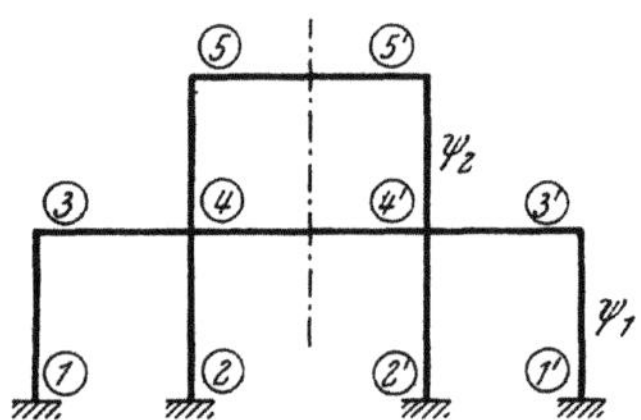

Abb. 216. Unbekannte bei symmetrischer Belastung: φ_3, φ_4, φ_5; unsymmetrischer Belastung: φ_3, φ_4, φ_5, φ_5', φ_4', φ_3', ψ_1, ψ_2; antimetrischer Belastung: φ_3, φ_4, φ_5, ψ_1, ψ_2

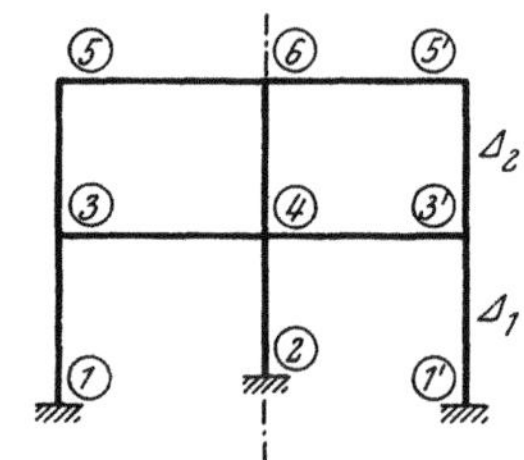

Abb. 217. Unbekannte bei symmetrischer Belastung: φ_3, φ_5; unsymmetrischer Belastung: φ_3, φ_4, φ_5, φ_6, φ_3', φ_5', $\varDelta_1$, $\varDelta_2$; antimetrischer Belastung: φ_3, φ_4, φ_5, φ_6, $\varDelta_1$, $\varDelta_2$

Abb. 212 bis 217. Symmetrische Tragwerke (ohne Gelenke), die nur bei symmetrischer Belastung unverschieblich sind

In den Abb. 212 bis 217 sind einige Vertreter solcher Systeme dargestellt, wobei die bei symmetrischer, unsymmetrischer und antimetrischer Belastung jeweils auftretenden Unbekannten getrennt angeführt sind.

B. Aufstellung der Knotengleichungen

Da bei den unverschieblichen Tragwerken keine Stabdrehwinkel ψ vorkommen, entfallen in den allgemeinen Ausdrücken (7) für die Stabanschlußmomente eines beidseitig elastisch eingespannten Stabes 1—2 die ψ-Glieder, und man erhält einfach:

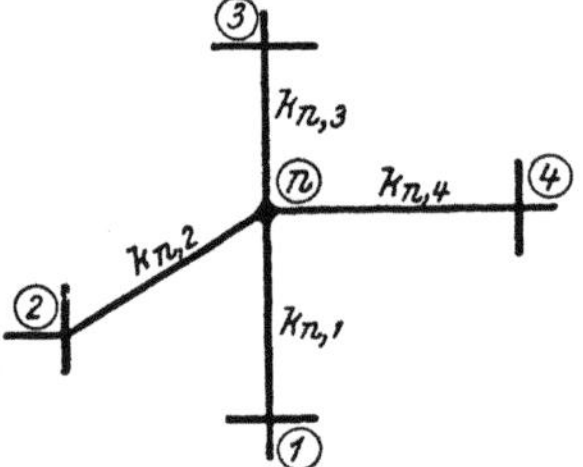

Abb. 218. Tragwerksteil mit Knoten n

$$\begin{aligned} M_{1,2} &= k\,(2\,\varphi_1 + \varphi_2) + \mathfrak{M}_{1,2} \\ M_{2,1} &= k\,(2\,\varphi_2 + \varphi_1) + \mathfrak{M}_{2,1}\,. \end{aligned} \qquad (22)$$

Es brauchen hier also nur so viele Gleichungen aufgestellt zu werden, wie unbekannte Knotendrehwinkel φ im Tragwerk vorhanden sind. Diese Gleichungen führen die Bezeichnung „Knotengleichungen" und sollen hier in allgemeiner Form aufgestellt werden.

Man denke sich aus irgendeinem unverschieblichen Rahmentragwerk einen Knotenpunkt n mit vier anschließenden, beliebig belasteten Stäben und den benachbarten Knotenpunkten 1 bis 4 herausgezeichnet (Abb. 218). In dieser Skizze sind auch die Steifigkeitszahlen k der einzelnen Rahmenstäbe, und zwar jeweils in der Stabmitte, eingetragen.

Nach (22) lauten die Ansätze für die Stabanschlußmomente im Knotenpunkt n mit den hier gewählten Bezeichnungen:

$$\begin{aligned}
M_{n,1} &= k_{n,1}\,(2\,\varphi_n + \varphi_1) + \mathfrak{M}_{n,1}\\
M_{n,2} &= k_{n,2}\,(2\,\varphi_n + \varphi_2) + \mathfrak{M}_{n,2}\\
M_{n,3} &= k_{n,3}\,(2\,\varphi_n + \varphi_3) + \mathfrak{M}_{n,3}\\
M_{n,4} &= k_{n,4}\,(2\,\varphi_n + \varphi_4) + \mathfrak{M}_{n,4}\,.
\end{aligned} \tag{23}$$

Die sogenannte „Knotengleichung" stellt die Bedingung dar, daß die Summe der in einem Knotenpunkt angreifenden Momente gleich Null ist. Durch Summieren der Ausdrücke (23) erhält man somit:

$$\sum_{i=1}^{i=4} M_{n,i} = \varphi_n \cdot 2 \sum_{i=1}^{i=4} k_{n,i} + \sum_{i=1}^{i=4} k_{n,i}\varphi_i + \sum_{i=1}^{i=4} \mathfrak{M}_{n,i} = 0. \tag{24}$$

Für den ganz allgemeinen Fall, daß beliebig viele Stäbe in den Knoten n einmünden und dort auch Kragarmmomente $\mathfrak{M}_{n,K}$ übertragen werden, lautet diese Bedingung folgendermaßen

$$\varphi_n \cdot 2 \sum_i k_{n,i} + \sum_i k_{n,i}\,\varphi_i + \sum_i \mathfrak{M}_{n,i} + \Sigma\,\mathfrak{M}_{n,K} = 0. \tag{25}$$

Diese Gleichung kann für jeden Knotenpunkt des Tragwerkes verwendet werden. Man erhält auf diese Weise ein lineares Gleichungssystem mit so vielen Gleichungen, wie unbekannte Knotendrehwinkel vorhanden sind. Ordnet man die Gleichungen nach den Unbekannten tabellarisch, so kommen die Beiwerte von φ_n in die von links nach rechts fallende Diagonale zu stehen; sie sollen daher als „Diagonalglieder" mit dem Buchstaben „d" bezeichnet werden.

Weiter soll für die nur von der äußeren Belastung abhängigen Glieder der Gl. (25), also für die Summe der „Stabbelastungsglieder" $\mathfrak{M}_{n,i}$ einschließlich der etwa vorhandenen Kragarmmomente $\mathfrak{M}_{n,K}$, die Bezeichnung „Knotenbelastungsglied" eingeführt und dafür der Buchstabe „s" gesetzt werden. Damit lautet die Knotengleichung (25) für unverschiebliche Tragwerke ohne Gelenkstäbe in einfacher Schreibweise:

$$\boxed{\,d_n\,\varphi_n + \sum_i k_{n,i}\,\varphi_i + s_n = 0.\,} \tag{26}$$

Darin bedeuten also

$$d_n = 2 \sum_i k_{n,i} \tag{27}$$

und

$$s_n = \sum_i \mathfrak{M}_{n,i} + \Sigma\,\mathfrak{M}_{n,K} \tag{28}$$

oder, wenn keine Kragarmmomente vorhanden sind, einfach

$$s_n = \sum_i \mathfrak{M}_{n,i}\,. \tag{28a}$$

Das Diagonalglied d_n für einen Knoten n ist somit gleich der doppelten Summe der Steifigkeitszahlen k aller in diesem Knoten steif angeschlossenen Stäbe.

Die Gl. (26) enthält außer dem Diagonalglied $d_n\,\varphi_n$ und dem Absolutglied s_n allgemein noch so viele Glieder $k_{n,i}\,\varphi_i$, wie steife Stabanschlüsse im Knotenpunkt n vorhanden sind. Diese Glieder stellen jeweils das Produkt dar aus dem Drehwinkel eines benachbarten Knotenpunktes und dem Steifigkeitswert des Verbindungsstabes.

Die zahlenmäßige Aufstellung der Knotengleichungen kann nun unmittelbar durch wiederholte Anwendung der Gl. (26) vorgenommen werden. Es ist hierbei vorteilhaft, vorher alle k-Werte, die am besten tabellarisch ermittelt werden, in eine besondere Tragwerksskizze einzuschreiben, die künftig kurz „Festwertskizze" genannt werden soll.

2. Knotengleichungen für unverschiebliche Tragwerke mit gelenkigen Stabanschlüssen

A. Allgemeines

In den Abb. 219 bis 228 sind verschiedene Tragwerke mit gelenkigen Stabanschlüssen zusammengestellt und dabei die jeweils zu bestimmenden Unbekannten

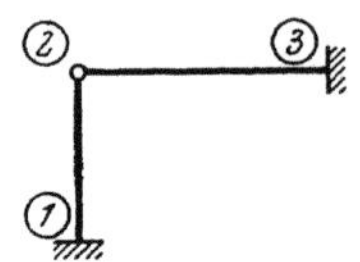

Abb. 219. Unbekannte: keine

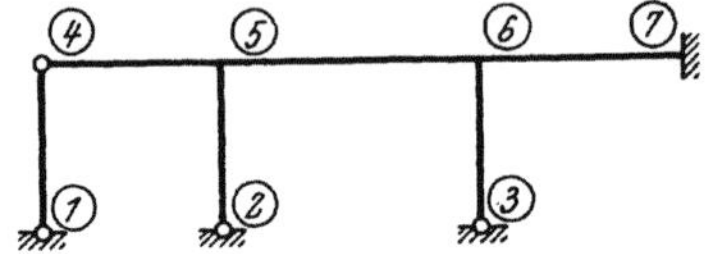

Abb. 220. Unbekannte: φ_5, φ_6

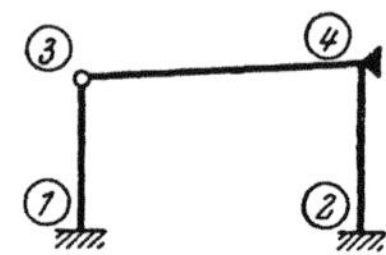

Abb. 221. Unbekannte: φ_4

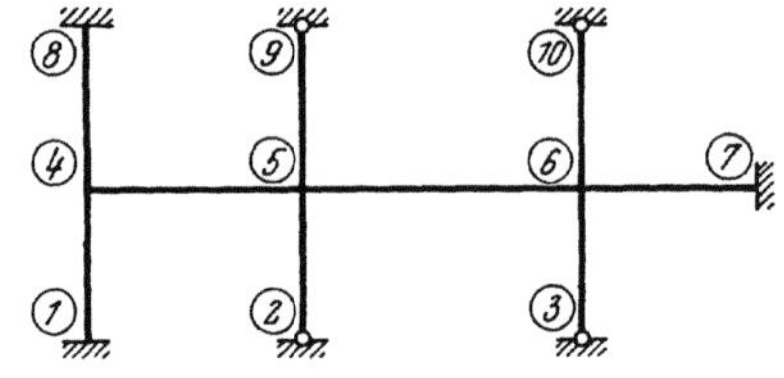

Abb. 222. Unbekannte: φ_4, φ_5, φ_6

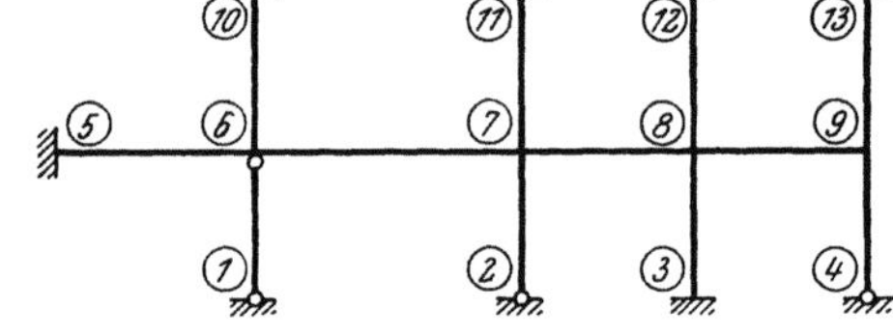

Abb. 223. Unbekannte: φ_6, φ_7, φ_8, φ_9

Abb. 219 bis 223. Bei jeder Belastung unverschiebliche Tragwerke mit gelenkigen Stabanschlüssen

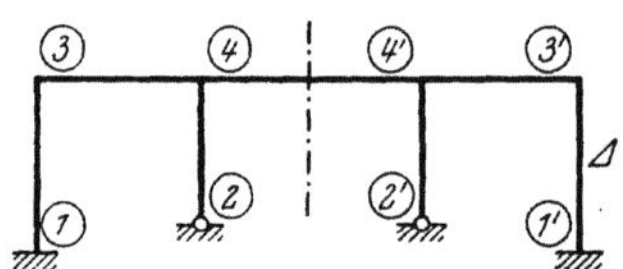

Abb. 224. Unbekannte bei symmetrischer Belastung: φ_3, φ_4; unsymmetrischer Belastung: φ_3, φ_4, $\varphi_4{}'$, $\varphi_3{}'$, $\varDelta$; antimetrischer Belastung: φ_3, φ_4, $\varDelta$

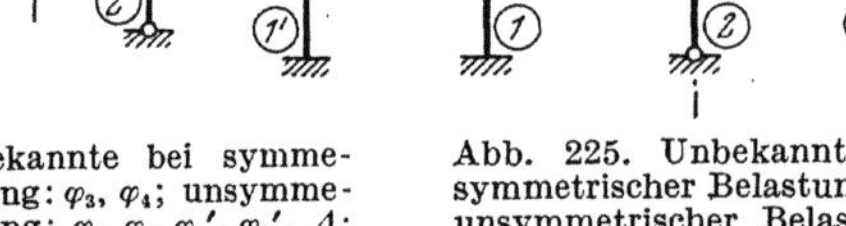

Abb. 225. Unbekannte bei symmetrischer Belastung: φ_3; unsymmetrischer Belastung: φ_3, φ_4, $\varphi_3{}'$, ψ; antimetrischer Belastung: φ_3, φ_4, ψ

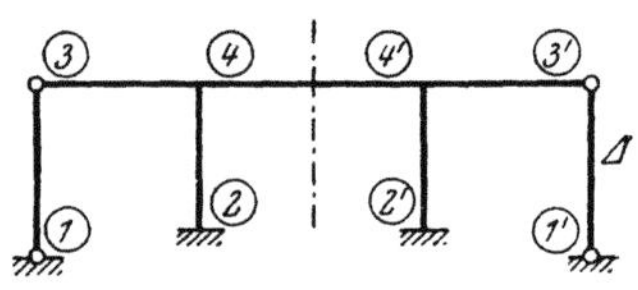

Abb. 226. Unbekannte bei symmetrischer Belastung: φ_4; unsymmetrischer Belastung: φ_4, $\varphi_4{}'$, $\varDelta$; antimetrischer Belastung: φ_4, $\varDelta$

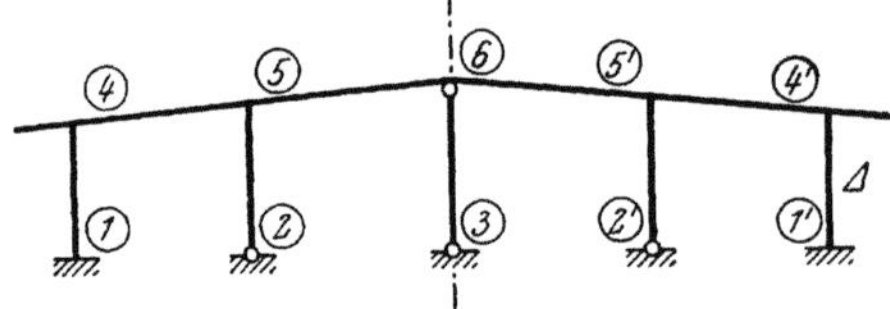

Abb. 227. Unbekannte bei symmetrischer Belastung: φ_4, φ_5; unsymmetrischer Belastung: φ_4, φ_5, φ_6, $\varphi_5{}'$, $\varphi_4{}'$, $\varDelta$; antimetrischer Belastung: φ_4, φ_5, φ_6, $\varDelta$

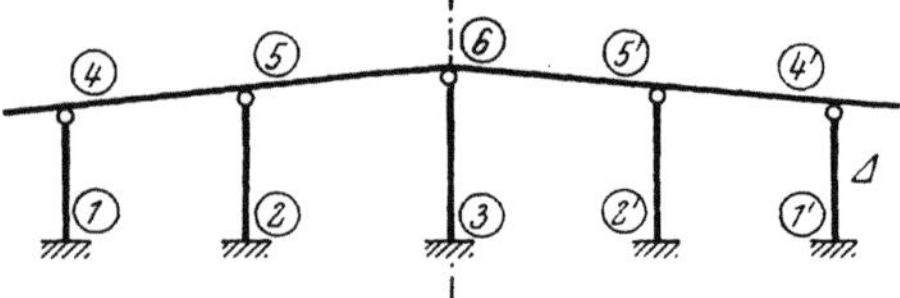

Abb. 228. Unbekannte bei symmetrischer Belastung: φ_5; unsymmetrischer Belastung: φ_5, φ_6, $\varphi_5{}'$, $\varDelta$; antimetrischer Belastung: φ_5, φ_6, $\varDelta$

Abb. 224 bis 228. Symmetrische Tragwerke (mit gelenkigen Stabanschlüssen), die nur bei symmetrischer Belastung unverschieblich sind

vermerkt. Die Tragwerke der Abb. 219 bis 223 sind bei jeder Belastung unverschieblich; in den Abb. 224 bis 228 sind dagegen einige Tragwerke dargestellt, die nur bei symmetrischer Belastung unverschieblich sind.

B. Aufstellung der Knotengleichungen

a) Rahmenknoten mit Gelenkanschlüssen

Sind von den in einem Knotenpunkt n zusammentreffenden Stäben einige steif, die anderen aber gelenkig angeschlossen, so beteiligen sich die gelenkig angeschlossenen Stäbe nicht an der durch eine Knotenverdrehung hervorgerufenen Verformung. Als Beispiel für einen solchen Fall ist in Abb. 229 ein Teil eines Rahmentragwerkes mit vier Stäben dargestellt, von welchen im Knoten n drei steif angeschlossen sind, der vierte hingegen gelenkig gelagert ist. Der im Knoten n gelenkig angeschlossene Stab liefert weder für das Diagonalglied d_n noch für das Belastungsglied s_n irgendwelche Beiträge. Es wird also gemäß (27) mit den Bezeichnungen der Abb. 229

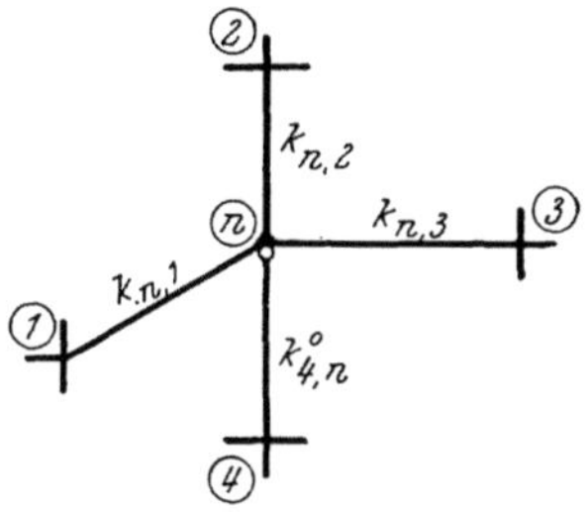

$$d_n = 2\,(k_{n,1} + k_{n,2} + k_{n,3});$$

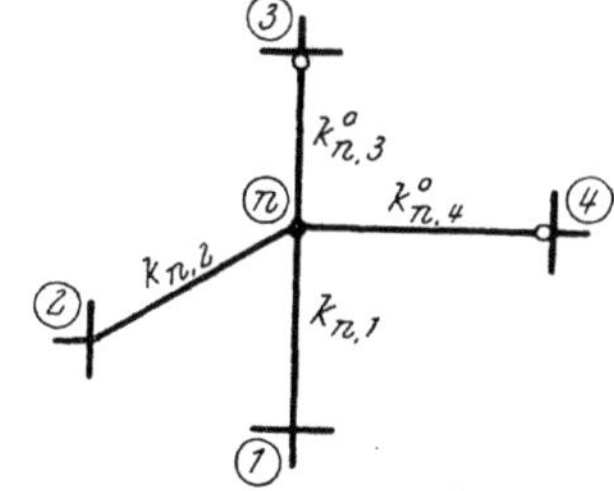

Abb. 229. Tragwerksteil mit gelenkigem Stabanschluß im Knoten n; Festwertskizze

das dazugehörige Knotenbelastungsglied wird nach (28a)

$$s_n = \mathfrak{M}_{n,1} + \mathfrak{M}_{n,2} + \mathfrak{M}_{n,3}\,.$$

Die Knotengleichung für den Knoten n lautet dann in ausführlicher Schreibweise nach (26):

$$d_n\,\varphi_n + k_{n,1}\,\varphi_1 + k_{n,2}\,\varphi_2 + k_{n,3}\,\varphi_3 + s_n = 0.$$

Die Symmetrie der tabellarisch aufgestellten Gleichungen wird hierbei nicht gestört.

Es ist also zu bemerken, daß solche Stäbe, die im betrachteten Knoten gelenkig gelagert sind, keine Beiträge für die Knotengleichungen liefern. Für einen Knoten, in dem sämtliche Stäbe gelenkig angeschlossen sind, braucht somit keine Knotengleichung aufgestellt zu werden.

b) Rahmenknoten mit gegenüberliegenden Gelenken

Die Anzahl der Knotengleichungen bei Rahmentragwerken mit gelenkigen Stabanschlüssen kann erheblich herabgesetzt werden, wenn für den Gelenkstab gemäß (15) die Steifigkeitszahl k^0 in Rechnung gestellt wird. Auf diese Weise entfällt die Bestimmung der Gelenkdrehwinkel gänzlich.

In Abb. 230 ist ein Rahmenknoten mit vier Stäben dargestellt, von denen zwei in den gegenüberliegenden Enden bei den Knoten 3 und 4 gelenkig angeschlossen sind. Die Aufstellung der Knotengleichung für den Knoten n kann in üblicher Weise nach der Bedingung $\Sigma M_{n,i} = 0$ erfolgen. Unter Verwendung der allgemeinen Gl. (22) für Stäbe mit beidseitig festen Anschlüssen und der Gl. (19) für Gelenkstäbe erhält man im vorliegenden Fall:

Abb. 230. Tragwerksteil mit gelenkigen Stabanschlüssen in den Knoten 3 und 4; Festwertskizze

$$M_{n,1} = k_{n,1}\,(2\,\varphi_n + \varphi_1) + \mathfrak{M}_{n,1}$$
$$M_{n,2} = k_{n,2}\,(2\,\varphi_n + \varphi_2) + \mathfrak{M}_{n,2}$$
$$M_{n,3} = 2\,k^0_{n,3}\,\varphi_n + \mathfrak{M}^0_{n,3} \tag{29}$$
$$M_{n,4} = 2\,k^0_{n,4}\,\varphi_n + \mathfrak{M}^0_{n,4}\,.$$

Die Summe dieser vier Stabanschlußmomente muß den Wert Null ergeben, also

$$2\,(k_{n,1} + k_{n,2} + k^0_{n,3} + k^0_{n,4})\,\varphi_n + k_{n,1}\,\varphi_1 + k_{n,2}\,\varphi_2 +$$
$$+ \mathfrak{M}_{n,1} + \mathfrak{M}_{n,2} + \mathfrak{M}^0_{n,3} + \mathfrak{M}^0_{n,4} = 0. \tag{29a}$$

Führt man gemäß (27) für die doppelte Summe aller Steifigkeitszahlen k und k^0 die Bezeichnung d^0 sowie gemäß (28a) für die Summe aller Stabbelastungsglieder $\mathfrak{M}$ und $\mathfrak{M}^0$ die Bezeichnung s^0 ein, so lautet die Knotengleichung für unverschiebliche Tragwerke mit Knotenpunkten, deren Stäbe am gegenüberliegenden Ende entweder steif oder gelenkig angeschlossen sind, in einfacher Schreibweise:

$$\boxed{d^0{}_n \varphi_n + \sum_i k_{n,i}\, \varphi_i + s^0{}_n = 0.} \tag{30}$$

Hierin bedeuten gemäß (27)

$$d^0{}_n = 2\left(\sum_i k_{n,i} + \sum_g k^0{}_{n,g}\right) \tag{31}$$

und gemäß (28a)

$$s^0{}_n = \sum_i \mathfrak{M}_{n,i} + \sum_g \mathfrak{M}^0{}_{n,g}\,. \tag{32}$$

Für Knotenpunkte mit etwa vorhandenen Kragarmmomenten $\mathfrak{M}_{n,K}$ wird analog (28)

$$s^0{}_n = \sum_i \mathfrak{M}_{n,i} + \sum_g \mathfrak{M}^0{}_{n,g} + \sum \mathfrak{M}_{n,K}\,. \tag{32a}$$

Die Knotengleichung (30) sowie der Ausdruck (31) für das Diagonalglied und die Gl. (32) bzw. (32a) für das Stabbelastungsglied zeigen also wieder denselben Aufbau wie die Gleichungen für einen unverschieblichen Knotenpunkt ohne Gelenkstäbe [vgl. Gl. (26) bis (28a)]. Es ist nur zu beachten, daß sich $\sum_i$ auf alle Stäbe mit beidseitig elastischer Einspannung und $\sum_g$ nur auf solche Stäbe bezieht, die im betrachteten Knoten n fest und im Nachbarknoten gelenkig angeschlossen sind. Wenn in einem Knoten keine Gelenkstäbe vorhanden sind, so nehmen die Gl.(30) bis (32a) von selbst die Form der Ausdrücke (26) bis (28a) an; man kann daher die Knotengleichung (30) auch als allgemeine Grundgleichung für unverschiebliche Knotenpunkte ansehen.

3. Bemerkungen über die Verwendung der Stabfestwerte k und k^0

Werden die Stabfestwerte $k^* = 2\,EJ/l$ in wahrer Größe in die Rechnung eingeführt, so ergeben sich nicht nur die Momente, sondern auch die Formänderungswerte, z. B. Durchbiegungen, Knotenverschiebungen oder Drehwinkel, in wahrer Größe. Werden nun sämtliche k-Zahlen mit dem z-fachen Wert in Rechnung gesetzt, dann erhält man alle Formänderungsgrößen $1/z$-fach verzerrt, während die Stabendmomente wiederum in wahrer Größe erscheinen.

Davon wird man bei der Rechnung immer Gebrauch machen, um allzu große Zahlenwerte in den Gleichungen zu vermeiden. Wenn aber auch die wahren Werte der Formänderungsgrößen für ein Rahmentragwerk zu ermitteln sind, so braucht man nur die unter Einführung der z-fach verzerrten k-Zahlen erhaltenen Werte der Unbekannten wieder zu entzerren. Beispielsweise gelten dann folgende Beziehungen, wenn die mit * bezeichneten Größen die **wahren** Werte und die gleichnamigen, aber ohne *, die $1/z$-fach **verzerrten** Werte bedeuten:

$$\varphi^* = \varphi \cdot z\,; \qquad \psi^* = \psi \cdot z\,; \qquad \varDelta^* = \varDelta \cdot z\,; \qquad \delta^* = \delta \cdot z\,. \tag{33}$$

Wählt man als Verzerrungsfaktor

$$z = \frac{1}{2\,EJ_0} \tag{34}$$

und für J_0 entweder ein öfter wiederkehrendes Querschnittsträgheitsmoment oder irgendeinen runden Wert, beispielsweise 0,001 m⁴, so wird

$$z = \frac{1000}{2\,E}, \tag{35}$$

und es ergeben sich die für die Rechnung zu verwendenden, verzerrten Steifigkeitszahlen k mit

$$k = k^* \cdot z = \frac{2\,EJ}{l} \cdot \frac{1000}{2\,E}$$

oder einfach

$$k = \frac{J}{l} \cdot 1000. \tag{36}$$

Für Gelenkstäbe wird in diesem Fall gemäß (15a)

$$k^0 = \frac{J}{l} \cdot 750, \tag{36a}$$

wobei J in m⁴ und l in m einzuführen sind. Die k- bzw. k^0-Zahlen können für die praktische Berechnung auf drei gültige Ziffern abgerundet werden, ohne daß damit der Genauigkeit merklich geschadet wird. Zur Erleichterung der rechnerischen Ermittlung der k-Werte kann für Rechtecksquerschnitte die Zahlentafel 1 benutzt werden.

4. Die zahlenmäßige Ermittlung der Stabbelastungsglieder $\mathfrak{M}$ und $\mathfrak{M}^0$

Die Stabbelastungsglieder $\mathfrak{M}$ bzw. $\mathfrak{M}^0$ sind, wie bereits auf Seite 3 ff. hervorgehoben, nichts anderes als die Einspannmomente, die bei gedachter voller Einspannung der beidseitig bzw. einseitig steif angeschlossenen Stäbe unter der ge-

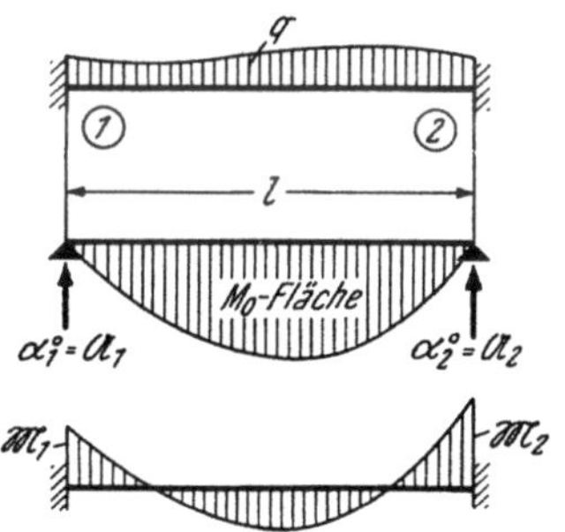

Abb. 231. Beidseitig voll eingespannter Träger

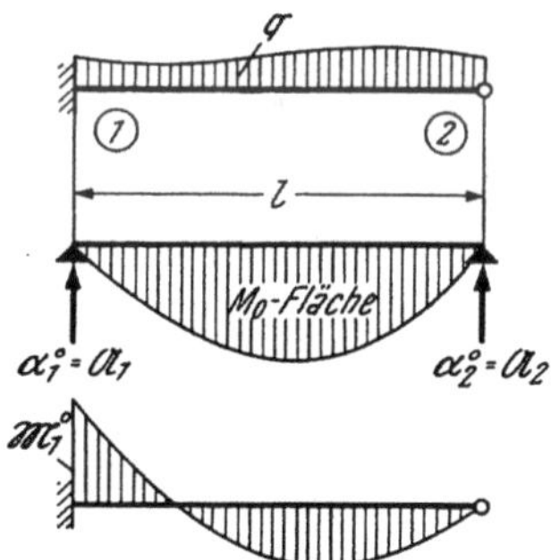

Abb. 232. Einseitig voll eingespannter Träger

Abb. 231 und 232. Ermittlung der Stabbelastungsglieder $\mathfrak{M}$ bzw. $\mathfrak{M}^0$ aus den α^0-Werten

gebenen Belastung auftreten. Es können daher zu ihrer Ermittlung ganz allgemein die für den fest eingespannten Stab geltenden Formeln Anwendung finden. Unter Berücksichtigung der auf Seite 2 festgelegten Vorzeichenregel für die Stabendmomente und unter Verwendung der in Abb. 231 gewählten Bezeichnungen lauten die für beidseitig voll eingespannte Träger allgemein gültigen Formeln

$$\mathfrak{M}_1 = -\,2\,\frac{2\,\alpha^0{}_1 - \alpha^0{}_2}{l} \quad\text{und}\quad \mathfrak{M}_2 = +\,2\,\frac{2\,\alpha^0{}_2 - \alpha^0{}_1}{l}. \tag{37}$$

Darin bedeuten $\alpha^0{}_1$ und $\alpha^0{}_2$ die EJ-fachen Endtangentenwinkel der Biegelinie des frei aufliegend gedachten Stabes 1—2 infolge der äußeren Belastung. Sie sind hier nach dem MOHRschen Satz gleich den Auflagerdrücken $\mathfrak{A}_1$ und $\mathfrak{A}_2$ der als Belastung aufgefaßten M^0-Fläche (Abb. 231). Es können also anstelle der in den Gl. (37) auftretenden Winkelwerte α^0 die entsprechenden Auflagerdrücke $\mathfrak{A}_1$ und $\mathfrak{A}_2$ der M_0-Fläche gesetzt werden.

Für die häufiger vorkommenden Belastungsfälle sind im Dritten Teil des Buches gebrauchsfertige Formeln sowohl für die α^0-Werte als auch für die $\mathfrak{M}$-Werte zusammengestellt, und zwar für gleichmäßig verteilte Streckenlasten auf Tafel 2, für verschiedene symmetrische und unsymmetrische Dreiecklasten und Trapezlasten auf Tafel 3 und für verschiedene Gruppen von Einzellasten auf Tafel 4. In diesen Tafeln sind auch stets diejenigen Ordinaten der zugehörigen M_0-Fläche — d. h. der Momentenlinie für den frei aufliegenden Träger — angegeben, die zum Aufzeichnen des endgültigen Momentenverlaufes am Rahmenstab gebraucht werden.

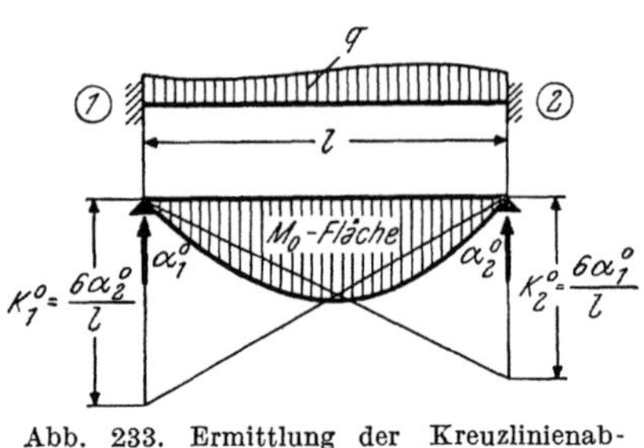

Abb. 233. Ermittlung der Kreuzlinienabschnitte K^0 aus den α^0-Werten

Für einseitig voll eingespannte Träger erhält man das Stabbelastungsglied $\mathfrak{M}^0$ für beliebige Belastung gemäß Abb. 232 nach der Formel

$$\mathfrak{M}^0{}_1 = -\frac{3\,\alpha^0{}_1}{l}, \tag{38}$$

wobei $\alpha^0{}_1$ dieselbe Bedeutung hat wie in (37).

Die Stabbelastungsglieder $\mathfrak{M}^0$ für einseitig voll eingespannte, auf der anderen Seite gelenkig gelagerte Träger sind für die üblichen Belastungsfälle aus den Tafeln 5 und 6 zu entnehmen.

In manchen Fällen wird es zweckmäßig sein, die Stabbelastungsglieder $\mathfrak{M}$ bzw. $\mathfrak{M}^0$ durch Auswertung der Einflußlinien für die Einspannmomente am fest eingespannten Träger zu ermitteln (vgl. Tafel 4 bzw. 5). Dies wird besonders dann von Vorteil sein, wenn es sich um beliebig verteilte Einzellasten oder um unregelmäßige Streckenlasten handelt, die durch eine Reihe von Einzellasten ersetzt werden können.

Die in den Tafeln 2 bis 4 angegebenen α^0-Werte werden vor allem zur Ermittlung der Belastungsglieder bei der Berechnung des Durchlaufträgers (vgl. fünfter Abschnitt, III, Seite 187 ff.) benötigt. Schließlich ergeben sich mit Hilfe der α^0-Werte aber auch sehr einfach die sogenannten „Kreuzlinienabschnitte" $K^0{}_1$ und $K^0{}_2$, die bei der Festpunktmethode verwendet werden. Es ist nämlich der Kreuzlinienabschnitt $K^0{}_1$ gleich dem sechsfachen Auflagerdrehwinkel $\alpha^0{}_2$ des frei aufliegenden Trägers, geteilt durch die Trägerspannweite l (Abb. 233), also

$$K^0{}_1 = \frac{6\,\alpha^0{}_2}{l} \quad \text{bzw.} \quad K^0{}_2 = \frac{6\,\alpha^0{}_1}{l} \tag{39}$$

und bei symmetrischer Belastung

$$K^0{}_1 = K^0{}_2 = \frac{6\,\alpha^0}{l}. \tag{39a}$$

5. Beschreibung des Rechnungsganges bei unverschieblichen Tragwerken ohne Vouten

Bei der praktischen Anwendung des „Drehwinkelverfahrens" zur Berechnung unverschieblicher Tragwerke mit stabweise konstanten Trägheitsmomenten wird zweckmäßigerweise folgender Vorgang eingehalten:

1. Feststellung der Tragwerksabmessungen, also der Stablängen und Querschnittsgrößen.

2. Ermittlung der Querschnittsträgheitsmomente J (für Rechtecksquerschnitte nach Tafel 1) und der Stabfestwerte k, und zwar bei beidseitig steif angeschlossenen Stäben nach (36) aus $k = 1000\,J/l$ oder $100\,J/l$ und bei einseitig gelenkig gelagerten Stäben nach (36a) aus $k^0 = 750\,J/l$ oder $75\,J/l$.

3. Herstellung der „Festwertskizze" und Einschreiben der k- bzw. k^0-Werte jeweils in Stabmitte.

4. Berechnung der „Diagonalglieder" d nach (27) für Knotenpunkte mit beidseitig fest angeschlossenen Stäben bzw. der „Diagonalglieder" d^0 nach (31) für Knoten mit fest angeschlossenen Stäben, die im gegenüberliegenden Ende entweder steif oder gelenkig gelagert sind.

5. Ermittlung der „Stabbelastungsglieder" $\mathfrak{M}$ für die einzelnen Stäbe aus der gegebenen Belastung nach den Tafeln 2 bis 4; bei einseitig gelenkig angeschlossenen Stäben sind die $\mathfrak{M}^0$-Werte nach den Tafeln 5 und 6 zu berechnen.

6. Berechnung der „Knotenbelastungsglieder" s nach (28) bzw. (28a) und der „Knotenbelastungsglieder" s^0 für Knotenpunkte mit Gelenkstäben nach (32) bzw. (32a).

7. Aufstellung der Gleichungstabelle nach (26) bzw. (30) unter Benutzung der Festwertskizze, wobei mit dem Anschreiben aller Glieder d bzw. d^0 und s bzw. s^0 begonnen werden kann.

8. Auflösung der Gleichungen nach Muster I oder II (siehe sechster Abschnitt, Seite 197ff.).

9. Berechnung der Stabendmomente für Stäbe mit beidseitig festen Anschlüssen nach (22) und für Gelenkstäbe nach (19).

10. Durchführung der Rechenproben $\varSigma M = 0$ für die einzelnen Rahmenknoten.

11. Maßstäbliches Aufzeichnen der endgültigen M-Linie, wobei die Momente stets an der Zugseite der einzelnen Stäbe aufzutragen sind.

Sehr häufig sind nun die Tragwerke für verschiedene Belastungsfälle, z. B. Eigengewicht, Nutzlast, Erddruck, Wind, Temperatur usw., getrennt zu behandeln, um das ungünstigste Zusammenwirken der einzelnen Belastungen besser erfassen zu können. Da aber in den Gleichungen eine Belastungsänderung nur in den Absolutgliedern zum Ausdruck kommt, während der übrige Teil des Gleichungssystems unverändert bleibt, so wird bei Berücksichtigung mehrerer Belastungsfälle immer nur die letzte Spalte der Gleichungstabelle, welche die s-Werte enthält, betroffen. Es kann somit der größte Teil der Arbeit bei der Auflösung der Gleichungen für alle Belastungsfälle gemeinsam durchgeführt werden.

Dieser Vorteil bleibt auch erhalten, wenn bei symmetrisch ausgebildeten Tragwerken das B. U.-Verfahren (siehe Seite 47ff.) zur Anwendung gelangt. Es sind dann zwei Gleichungsgruppen getrennt voneinander zu behandeln, wovon die eine alle symmetrischen, die andere alle antimetrischen Belastungsfälle enthält.

Die Aufstellung der Gleichungen in allgemeiner Form wird im folgenden an einem Beispiel gezeigt; die zahlenmäßige Durchführung der Rechnung für Tragwerke mit unverschieblichen Knotenpunkten ist in den Beispielen 1 bis 10 im Zweiten Teil des Buches gezeigt.

6. Tabellarische Aufstellung der Gleichungen

Werden die Knotengleichungen in Form einer Tabelle angeschrieben, so erzielt man damit nicht nur eine sehr gute Übersicht, sondern es ergibt sich auch eine leichte Kontrolle der meisten Glieder des gesamten Gleichungssystems. Dieses erscheint nämlich symmetrisch in bezug auf die von links nach rechts fallende Diagonale der

Gleichungstabelle. Dadurch treten etwaige Schreibfehler sofort in Erscheinung. Allerdings können auf diese Weise weder die Diagonalglieder d noch die Knotenbelastungsglieder s überprüft werden; sie sind deshalb von vornherein mit größerer Sorgfalt einzutragen.

Nach Auflösung des so erhaltenen Gleichungssystems kann dann anhand der Festwertskizze die Ermittlung der Stabendmomente nach (22) bzw. (19) vorgenommen werden. Hierzu werden auch die Stabbelastungsglieder $\mathfrak{M}$ bzw. $\mathfrak{M}^0$ benötigt, die bereits am Beginn der Rechnung bei der Ermittlung der s-Werte verwendet worden sind.

A. Anwendungsbeispiel: Dreifeldiger Rahmenteil ohne Gelenke

Die Gestalt des zu behandelnden Tragwerkes ist aus der Festwertskizze Abb. 234 ersichtlich, in der alle k-Werte eingetragen sind. Wegen voller Einspannung in den Punkten 1 bis 3 und 7 bis 10 sind dort die entsprechenden Knotendrehwinkel $\varphi = 0$, und es bleiben als Unbekannte nur φ_4, φ_5, φ_6 übrig. Um die zu ihrer Bestimmung erforderlichen drei Knotengleichungen aufstellen zu können, sind vorher die entsprechenden *Diagonalglieder* d_4, d_5, d_6 nach (27) und die zugehörigen *Knotenbelastungsglieder* s_4, s_5, s_6 nach (28a) zu ermitteln, also

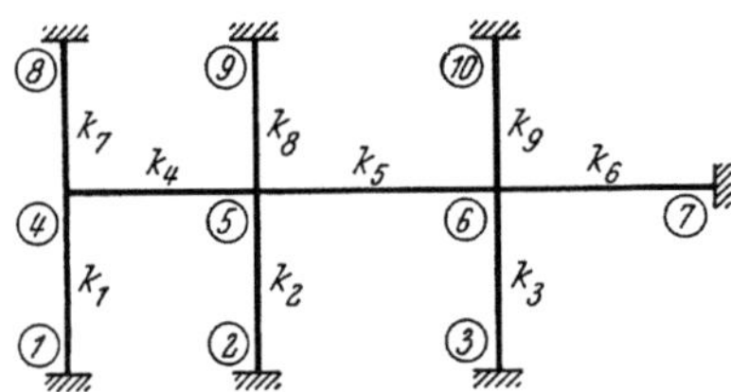

Abb. 234. Unverschiebliches Rahmentragwerk ohne Gelenke; Festwertskizze

$$d_4 = 2\,(k_1 + k_4 + k_7)$$
$$d_5 = 2\,(k_2 + k_4 + k_5 + k_8)$$
$$d_6 = 2\,(k_3 + k_5 + k_6 + k_9)$$

$$s_4 = \Sigma\mathfrak{M}_{4,i} = \mathfrak{M}_{4,1} + \mathfrak{M}_{4,5} + \mathfrak{M}_{4,8}$$
$$s_5 = \Sigma\mathfrak{M}_{5,i} = \mathfrak{M}_{5,2} + \mathfrak{M}_{5,4} + \mathfrak{M}_{5,6} + \mathfrak{M}_{5,9}$$
$$s_6 = \Sigma\mathfrak{M}_{6,i} = \mathfrak{M}_{6,3} + \mathfrak{M}_{6,5} + \mathfrak{M}_{6,7} + \mathfrak{M}_{6,10}\,.$$

Wenn verschiedene Belastungsfälle $B^{(1)}$, $B^{(2)}$ usw. getrennt behandelt werden sollen, so sind auch die s-Glieder für diese Fälle getrennt zu ermitteln.

Sodann kann durch wiederholte Anwendung der Knotengleichung (26)

$$d_n\varphi_n + \underset{i}{\Sigma}\,k_{n,i}\,\varphi_i + s_n = 0$$

die Aufstellung der *Knotengleichungen* erfolgen. Man erhält:

$$d_4\varphi_4 + k_4\varphi_5 \qquad\quad + s_4 = 0$$
$$d_5\varphi_5 + k_4\varphi_4 + k_5\varphi_6 + s_5 = 0$$
$$d_6\varphi_6 + k_5\varphi_5 \qquad\quad + s_6 = 0\,.$$

Das Anschreiben dieser Gleichungen kann aber auch sofort tabellarisch, nach den Unbekannten geordnet, vorgenommen werden, wobei die Belastungsfälle $B^{(1)}$, $B^{(2)}$ usw. nur in den letzten Spalten in Erscheinung treten (siehe Gleichungstabelle 1).

Gleichungstabelle 1

	φ_4	φ_5	φ_6	$B^{(1)}$	$B^{(2)}$	*usw.*
φ_4	d_4	k_4		s_4	—	—
φ_5	k_4	d_5	k_5	s_5	—	—
φ_6		k_5	d_6	s_6	—	—

Nach Auflösung dieser Gleichungsgruppe folgt nach (22) anhand der Festwertskizze die Ermittlung der Stabendmomente, z. B.

$$M_{1,4} = k_1 \varphi_4 + \mathfrak{M}_{1,4} \qquad\qquad M_{4,1} = 2 k_1 \varphi_4 + \mathfrak{M}_{4,1}$$
$$M_{2,5} = k_2 \varphi_5 + \mathfrak{M}_{2,5} \qquad\qquad M_{4,5} = k_4 (2 \varphi_4 + \varphi_5) + \mathfrak{M}_{4,5}$$
$$M_{3,6} = k_3 \varphi_6 + \mathfrak{M}_{3,6} \qquad\qquad M_{4,8} = 2 k_7 \varphi_4 + \mathfrak{M}_{4,8}$$

usw.

(Vgl. auch Zahlenbeispiel 2.)

B. Anwendungsbeispiel: Dreifeldiges Rahmentragwerk mit gelenkigen Stabanschlüssen

Die Benutzung der Knotengleichung (30) soll hier an dem Rahmentragwerk der Abb. 235, dessen Riegel beliebig belastet seien, gezeigt werden.

Es sind lediglich zwei Unbekannte, nämlich die Knotendrehwinkel φ_5 und φ_6, zu bestimmen. Die zugehörigen *Diagonalglieder* d^0_5 und d^0_6 erhält man nach (31) anhand der Festwertskizze (Abb. 235) folgendermaßen:

$$d^0_5 = 2 (k^0_1 + k_3 + k_4 + k^0_6)$$
$$d^0_6 = 2 (k_4 + k^0_5) \,.$$

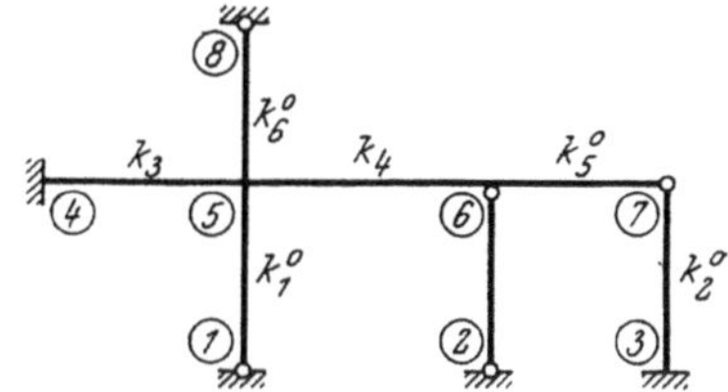

Abb. 235. Unverschiebliches Rahmentragwerk mit gelenkigen Stabanschlüssen; Festwertskizze

Die *Knotenbelastungsglieder* s^0_5 und s^0_6 ergeben sich nach (32) unter Annahme einer Riegelbelastung mit

$$s^0_5 = s_5 = \mathfrak{M}_{5,4} + \mathfrak{M}_{5,6}$$
$$s^0_6 = \mathfrak{M}_{6,5} + \mathfrak{M}^0_{6,7} \,.$$

Damit lauten die beiden *Knotengleichungen* nach (30)

$$d^0_5 \varphi_5 + k_4 \varphi_6 + s_5 = 0$$
$$d^0_6 \varphi_6 + k_4 \varphi_5 + s^0_6 = 0$$

oder in tabellarischer Form:

Gleichungstabelle 2

	φ_5	φ_6	B
φ_5	d^0_5	k_4	s_5
φ_6	k_4	d^0_6	s^0_6

$$M_{4,5} = k_3 \varphi_5 + \mathfrak{M}_{4,5}$$

$$M_{6,5} = k_4 (2 \varphi_6 + \varphi_5) + \mathfrak{M}_{6,5}$$
$$M_{6,7} = 2 k^0_5 \varphi_6 + \mathfrak{M}^0_{6,7}$$

(Vgl. auch Zahlenbeispiel 3.)

Nach Auflösung dieser beiden Gleichungen können mit den erhaltenen Werten φ_5 und φ_6 sämtliche Stabendmomente bestimmt werden. Unter Verwendung der Momentenformeln (19) bzw. (22) oder der entsprechenden Formeln der Tafel I, Seite 6, ergeben sich anhand der Festwertskizze (Abb. 235):

$$M_{5,1} = 2 k^0_1 \varphi_5$$
$$M_{5,4} = 2 k_3 \varphi_5 + \mathfrak{M}_{5,4}$$
$$M_{5,6} = k_4 (2 \varphi_5 + \varphi_6) + \mathfrak{M}_{5,6}$$
$$M_{5,8} = 2 k^0_6 \varphi_5 \,.$$

7. Symmetrische Tragwerke

Bei symmetrisch ausgebildeten und symmetrisch belasteten Tragwerken ergeben sich beträchtliche Vereinfachungen in der zahlenmäßigen Durchführung der Berechnung. Nach der Form des Tragwerkes ist dabei grundsätzlich zu unterscheiden, ob die Symmetrale Knotenpunkte trifft oder ob sie Stäbe schneidet; beide Fälle sollen anschließend getrennt behandelt werden.

A. Die Symmetrale des Tragwerkes trifft Knotenpunkte

In Abb. 236 ist ein symmetrisch ausgebildetes und symmetrisch belastetes Tragwerk dargestellt. Es ist leicht einzusehen, daß in diesem Fall die in der Symmetrale liegenden Knotenpunkte keine Verdrehungen erleiden können und damit alle dort biegungssteif angeschlossenen Stäbe sich so verhalten, als wären sie in diesen Knotenpunkten voll eingespannt. Als Unbekannte treten bei dem symmetrisch belasteten Rahmen (Abb. 236) also nur die Knotendrehwinkel φ_3, φ_5 und φ_7 auf, da infolge der festen Einspannung der Säulenfüße $\varphi_1 = \varphi_2 = \varphi_{1'} = 0$, ferner wegen der symmetrischen Verformung auch $\varphi_4 = \varphi_6 = \varphi_8 = 0$ und ebenso $\psi_1 = \psi_2 = \psi_3 = 0$ sind. Infolge Symmetrie muß weiter $\varphi_{3'} = -\varphi_3$, $\varphi_{5'} = -\varphi_5$ und $\varphi_{7'} = -\varphi_7$ sein. Das Tragwerk ist somit für symmetrische Belastung genau so zu berechnen wie der in Abb. 237 samt den Stabfestwerten k dargestellte Rahmenteil, der in den Knotenpunkten 4, 6 und 8 fest eingespannt ist. Es sind also hier nur **drei** Knotengleichungen nach (26) anzuschreiben (siehe Gleichungstabelle 3).

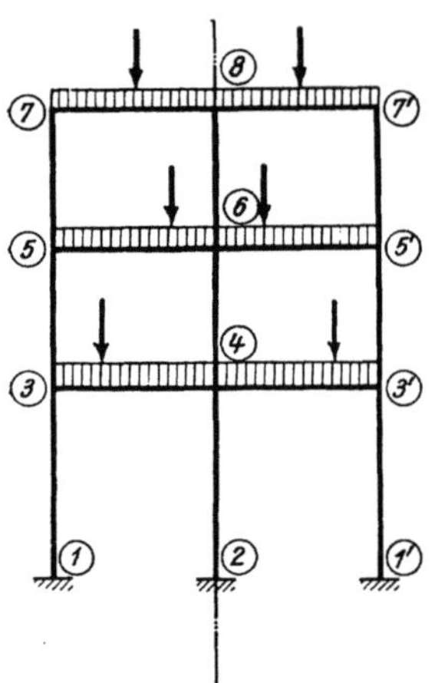

Abb. 236. Symmetrisch belasteter Stockwerkrahmen mit „Knoten-Symmetrale"

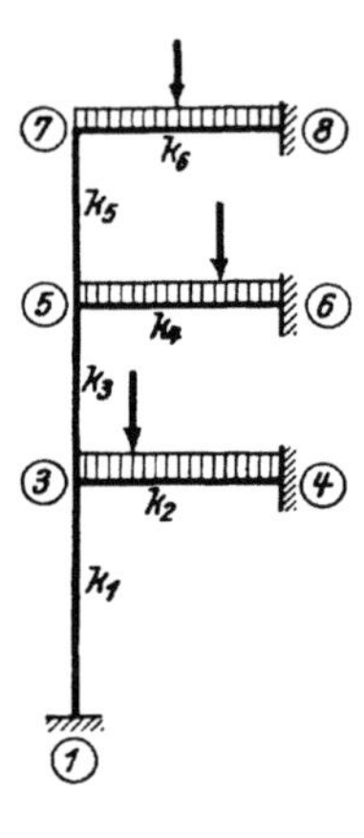

Abb. 237. Festwertskizze für den symmetrischen Lastfall

Für die Berechnung von symmetrisch ausgebildeten und symmetrisch belasteten Rahmentragwerken mit „Knoten-Symmetrale" braucht man somit nur jenen Rahmenteil in Betracht zu ziehen, der sich bei Annahme voller Einspannung der in der Symmetrale liegenden Stabenden ergibt. (Vgl. Zahlenbeispiele 4, 7 bis 10.)

Gleichungstabelle 3

	φ_3	φ_5	φ_7	B
φ_3	d_3	k_3		s_3
φ_5	k_3	d_5	k_5	s_5
φ_7		k_5	d_7	s_7

Einige weitere Beispiele von Tragwerken mit Knoten-Symmetrale zeigen die Abb. 22, 23, 26, 27, 29 bis 31, 33 bis 35, 37, 39, 41, 42, 46, 48, 50, 53, 59, 61 bis 63, 65 bis 67, 69, 72 bis 75, 80, 81, 85, 88, 89, 93, 97, 99, 102, 108, 210, 214, 217, 225, 227, 228, 252 bis 254; auch in diesen Fällen kann von den hier erläuterten Vereinfachungen Gebrauch gemacht werden. Einen Sonderfall stellen die in Abb. 90, 92, 94, 96, 100, 103, 105, 107, 109, 111, 112, 125, 128, 247, 248 gezeigten Tragwerke dar, bei denen ebenfalls Knoten-Symmetralen vorhanden sind; die bei diesen Tragwerken von der Symmetrale getroffenen Knotenpunkte sind zwar bei symmetrischer Belastung unverdrehbar, bleiben aber auch in diesem Zustand lotrecht verschieblich.

B. Die Symmetrale des Tragwerkes schneidet Stäbe

Einen solchen Fall zeigt Abb. 238, in welcher auch die Stabfestwerte k und k^0 eingetragen sind. Bei symmetrischer Belastung treten hier ebenfalls keine Stabdrehwinkel auf. Als Unbekannte sind nur die Knotendrehwinke φ_3, φ_4, φ_5, φ_6 zu bestimmen, da weder die volle Einspannung bei 1 noch die gelenkige Lagerung bei 2 Unbekannte für die Rechnung liefern. Ferner ergibt sich wegen der symmetrischen Verformung $\varphi_{4'} = -\varphi_4$ und $\varphi_{6'} = -\varphi_6$. Es wird also z. B. die Knotengleichung für Punkt 6 nach (26) lauten:

$$d_6\,\varphi_6 + k_6\,\varphi_4 + k_7\,\varphi_5 + k_8\,\varphi_{6'} + s_6 = 0 .$$

Da nun $\varphi_{6'} = -\varphi_6$ ist, so kann die vorstehende Gleichung auch in folgender Form geschrieben werden:

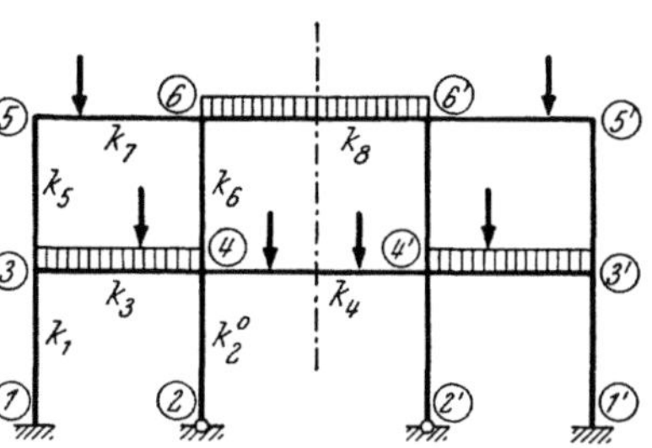

Abb. 238. Symmetrisch belasteter Stockwerkrahmen mit „Stab-Symmetrale"

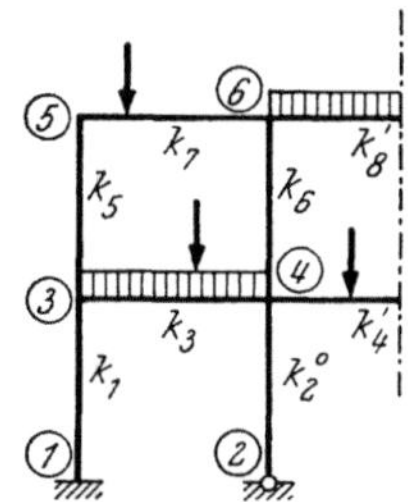

Abb. 238a. Festwertskizze für den symmetrischen Lastfall (k-, k^0- und k'-Zahlen)

$$(d_6 - k_8)\,\varphi_6 + k_6\,\varphi_4 + k_7\,\varphi_5 + s_6 = 0 .$$

Es wird also das Diagonalglied d für jeden der Symmetrale zunächst gelegenen Knotenpunkt um den Stabfestwert k jenes Stabes vermindert, der zum symmetrisch gelegenen Knotenpunkt führt. Stellt man nun die Steifigkeitszahl von symmetrisch verformten Stäben nur mit dem halben Wert in Rechnung, dann ist das Diagonalglied für Knotenpunkte, in welche auch Symmetriestäbe einmünden, gemäß (27) und (31) wieder gleich der doppelten Summe aller Steifigkeitszahlen der im betrachteten Knoten fest angeschlossenen Stäbe; für dieses Diagonalglied soll die Bezeichnung d' eingeführt werden. Es gilt somit allgemein:

$$d'_n = 2\left(\sum_i k_{n,i} + k'_{n,n'}\right) \tag{40}$$

oder unter Berücksichtigung gelenkiger Stabanschlüsse

$$d^0{}_n{}' = 2\left(\sum_i k_{n,i} + \sum_g k^0{}_{n,g} + k'_{n,n'}\right). \tag{40a}$$

In den vorstehenden Gleichungen bedeutet

$$k'_{n,n'} = 0{,}5\,k_{n,n'} \tag{41}$$

die Steifigkeitszahl des Symmetriestabes. Die Herabminderung des Stabfestwertes berücksichtigt die im Knoten n' auftretende symmetrische Verformung. Somit erhält man das Stabendmoment des Symmetriestabes $n—n'$ analog (19) aus

$$M_{n,n'} = 2\,k'\,\varphi_n + \mathfrak{M}_{n,n'} . \tag{42}$$

Wegen der Symmetrie des Tragwerkes und der Belastung braucht für die Berechnung also auch im vorliegenden Fall nur eine Tragwerkshälfte in Betracht gezogen zu werden. Damit kann anhand der Festwertskizze (Abb. 238a) nach (26) bzw. (30) die Aufstellung der Gleichungstabelle 4 vorgenommen werden. Dabei bedeutet nach (40a)

$$d^0{}_4{}' = 2\,(k^0{}_2 + k_3 + k'_4 + k_6)$$

und nach (40)

$$d'_6 = 2\,(k_6 + k_7 + k'_8)\;;$$

darin ist für die Symmetriestäbe nach (41)

$$k'_4 = 0{,}5\,k_4 \quad \text{und} \quad k'_8 = 0{,}5\,k_8\,.$$

Gleichungstabelle 4

	φ_3	φ_4	φ_5	φ_6	B
φ_3	d_3	k_3	k_5		s_3
φ_4	k_3	$d^0_4{}'$		k_6	s_4
φ_5	k_5		d_5	k_7	s_5
φ_6		k_6	k_7	d'_6	s_6

Nach der Auflösung dieser Gleichungen können anhand der Festwertskizze (Abb. 238a) die Stabendmomente nach (22) und (42) bzw. den entsprechenden Formeln der Tafel I auf Seite 6 ermittelt werden; dabei ergibt sich unter Voraussetzung der in Abb. 238 dargestellten Belastung z. B. für die Knoten 4 und 6

$$
\begin{aligned}
M_{4,2} &= 2\,k^0_2\,\varphi_4 & \qquad M_{6,4} &= k_6\,(2\,\varphi_6 + \varphi_4) \\
M_{4,3} &= k_3\,(2\,\varphi_4 + \varphi_3) + \mathfrak{M}_{4,3} & \qquad M_{6,5} &= k_7\,(2\,\varphi_6 + \varphi_5) + \mathfrak{M}_{6,5} \\
M_{4,4'} &= 2\,k'_4\,\varphi_4 + \mathfrak{M}_{4,4'} & \qquad M_{6,6'} &= 2\,k'_8\,\varphi_6 + \mathfrak{M}_{6,6'}\,. \\
M_{4,6} &= k_6\,(2\,\varphi_4 + \varphi_6)
\end{aligned}
$$

(Vgl. Zahlenbeispiele 6 und 14.)

Weitere Beispiele von symmetrischen Tragwerken, bei welchen die Symmetrale durch Stabmitten verläuft, zeigen die Abb. 24, 25, 28, 32, 36, 40, 43 bis 45, 51, 54 bis 58, 60, 64, 68, 70, 71, 76 bis 78, 82, 83, 86, 87, 91, 95, 98, 106, 110, 113, 115 bis 121, 123, 124, 126, 127, 129, 132, 212, 213, 215, 216, 224, 226, 245, 246.

Es gibt auch zahlreiche Tragwerke, deren Symmetrale sowohl durch Knotenpunkte als auch durch Stabmitten verläuft. Rahmensysteme dieser Art zeigen die Abb. 38, 47, 49, 52, 79, 84, 101, 104, 114, 122, 130, 131, 211. Bei der Berechnung solcher Tragwerke sind für die Symmetriestäbe die Steifigkeitszahlen k' nach (41) einzuführen, während bei den in der Symmetrale gelegenen Knotenpunkten volle Einspannung anzunehmen ist (vgl. Zahlenbeispiel 5). Es ist aber zu beachten, daß die von der Symmetrale getroffenen Knotenpunkte der in Abb. 114 und 131 dargestellten Tragwerke bei symmetrischer Belastung zwar unverdrehbar sind, jedoch in diesem Zustand auch lotrecht verschieblich bleiben.

V. Rahmentragwerke mit verschieblichen Knotenpunkten

Bei vielen Tragwerken treten infolge der Belastung nicht nur Knotenverdrehungen, sondern auch Knotenverschiebungen auf. In solchen Fällen sind außer den Knotendrehwinkeln φ auch die Knotenverschiebungen δ bzw. die „relativen" Stabendverschiebungen $\varDelta$ oder die Stabdrehwinkel ψ als Formänderungsgrößen zu bestimmen.

Es wird sich also zuerst immer darum handeln, bei einem vorliegenden Tragwerk festzustellen, welche Knotenpunkte verschieblich sind und wie viele verschiedene Stabdrehwinkel ψ dadurch insgesamt erzeugt werden. Allgemein kann man sagen, daß stets so viele voneinander unabhängige Stabdrehwinkel ψ bzw. „relative"

Stabendverschiebungen $\varDelta$ auftreten, wie gedachte Lager in den Knotenpunkten notwendig wären, um das gesamte Tragwerk „unverschieblich" zu machen.

1. Allgemeines

Um eine bessere Übersicht über die Tragwerksarten zu erhalten, wurde bereits auf Seite 14 eine Einteilung in verschiedene Gruppen nach besonderen Merkmalen vorgenommen; dabei sind die symmetrischen und unsymmetrischen Tragwerke als Hauptgruppen gewählt worden und diese nach ihren Verschiebungseigenschaften weiter unterteilt. Für eine raschere Beurteilung des zu erwartenden Umfanges der zahlenmäßigen Berechnung erscheint es zweckmäßig, hier an einigen weiteren Vertretern der Tragwerke mit verschieblichen Knotenpunkten die jeweils auftretenden Unbekannten anzuführen (Abb. 239 bis 259).

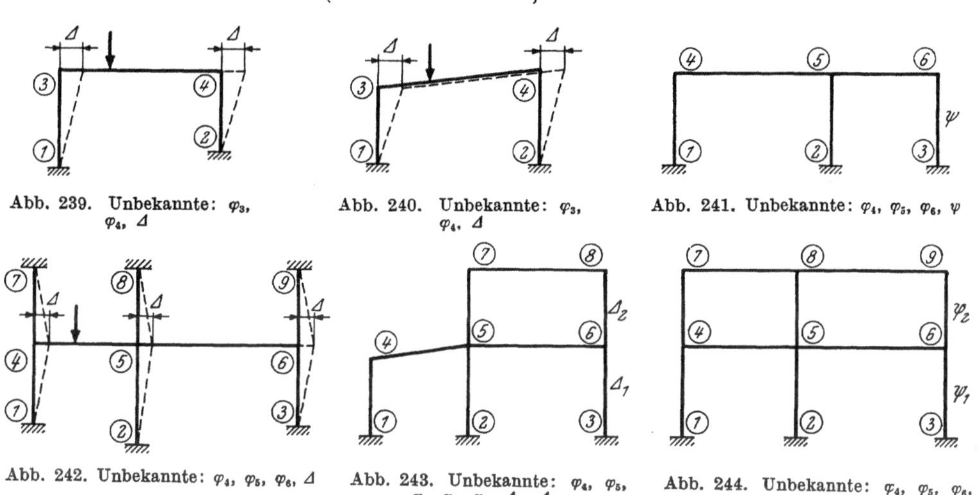

Abb. 239. Unbekannte: φ_3, φ_4, $\varDelta$

Abb. 240. Unbekannte: φ_3, φ_4, $\varDelta$

Abb. 241. Unbekannte: φ_4, φ_5, φ_6, ψ

Abb. 242. Unbekannte: φ_4, φ_5, φ_6, $\varDelta$

Abb. 243. Unbekannte: φ_4, φ_5, φ_6, φ_7, φ_8, $\varDelta_1$, $\varDelta_2$

Abb. 244. Unbekannte: φ_4, φ_5, φ_6, φ_7, φ_8, φ_9, ψ_1, ψ_2

Abb. 239 bis 244. Unsymmetrische Tragwerke, die bei jeder Belastung nur waagrecht verschieblich sind

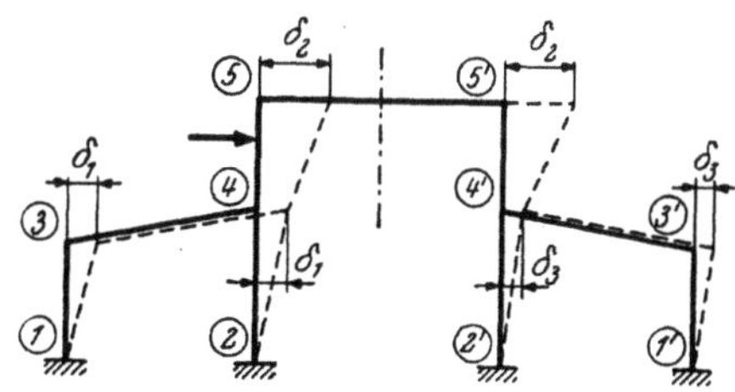

Abb. 245. Unbekannte bei symmetrischer Belastung: φ_3, φ_4, φ_5, δ_1; unsymmetrischer Belastung: φ_3, φ_4, φ_5, $\varphi_5{}'$, $\varphi_4{}'$, $\varphi_3{}'$, δ_1, δ_2, δ_3; antimetrischer Belastung: φ_3, φ_4, φ_5, δ_1, δ_2

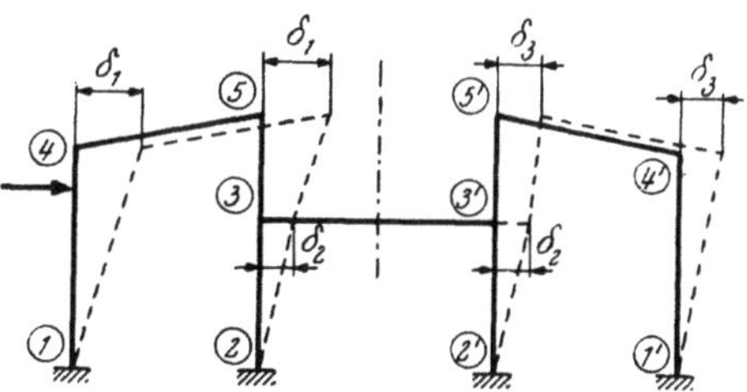

Abb. 246. Unbekannte bei symmetrischer Belastung: φ_3, φ_4, φ_5, δ_1; unsymmetrischer Belastung: φ_3, φ_4, φ_5, $\varphi_5{}'$, $\varphi_4{}'$, $\varphi_3{}'$, δ_1, δ_2, δ_3; antimetrischer Belastung: φ_3, φ_4, φ_5, δ_1, δ_2

Abb. 245 und 246. Symmetrische Tragwerke, die bei jeder Belastung nur waagrecht verschieblich sind

Die verschieblichen Rahmentragwerke kann man allgemein unterteilen in *symmetrische Tragwerke*, und zwar solche, deren Knotenpunkte bei symmetrischer Belastung unverschieblich, bei unsymmetrischer Belastung aber verschieblich sind (Abb. 54 bis 89, 212 bis 217, 224 bis 228, 252 bis 254) und solche, die auch bei symmetrischer Belastung Knotenpunktsverschiebungen erleiden (Abb. 90 bis 132,

245 bis 248), sowie in *unsymmetrische Tragwerke*, die bei jeder Belastung verschieblich sind (Abb. 152 bis 202, 239 bis 244, 249 bis 251, 255 bis 259). Die beiden Haupt-

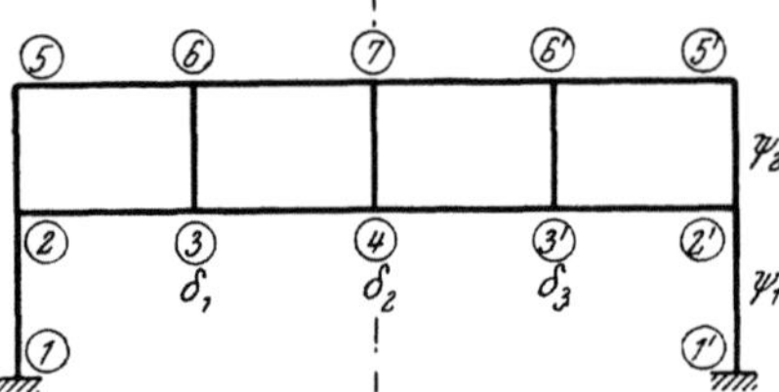

Abb. 247. Unbekannte bei symmetrischer Belastung: φ_2, φ_3, φ_5, φ_6, δ_1, δ_2; unsymmetrischer Belastung: φ_2, φ_3, φ_4, φ_5, φ_6, φ_7, φ_6', φ_5', φ_3', φ_2', ψ_1, ψ_2, δ_1, δ_2, δ_3; antimetrischer Belastung: φ_2, φ_3, φ_4, φ_5, φ_6, φ_7, ψ_1, ψ_2, δ_1

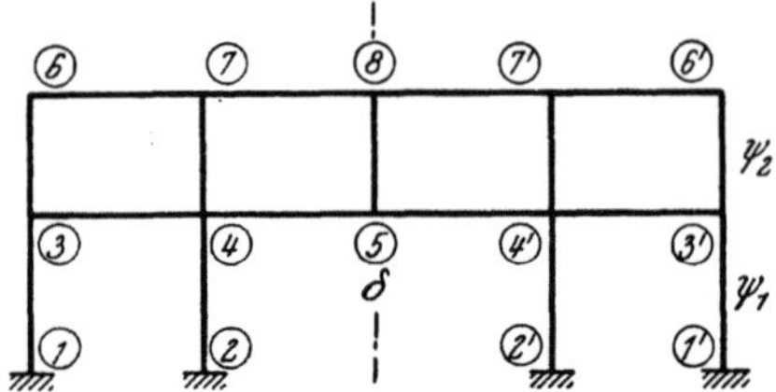

Abb. 248. Unbekannte bei symmetrischer Belastung: φ_3, φ_4, φ_6, φ_7, δ; unsymmetrischer Belastung: φ_3, φ_4, φ_5, φ_6, φ_7, φ_8, φ_7', φ_6', φ_4', φ_3', ψ_1, ψ_2, δ; antimetrischer Belastung: φ_3, φ_4, φ_5, φ_6, φ_7, φ_8, ψ_1, ψ_2

Abb. 247 und 248. Symmetrische Tragwerke, die bei symmetrischer Belastung nur lotrecht, bei unsymmetrischer Belastung auch waagrecht verschieblich sind

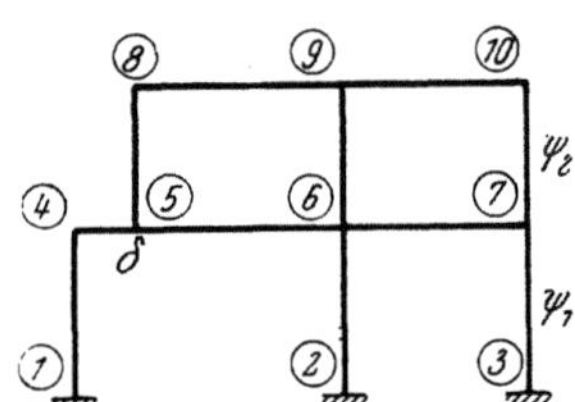

Abb. 249. Unbekannte: φ_4, φ_5, φ_6, φ_7, φ_8, φ_9, φ_{10}, ψ_1, ψ_2, δ

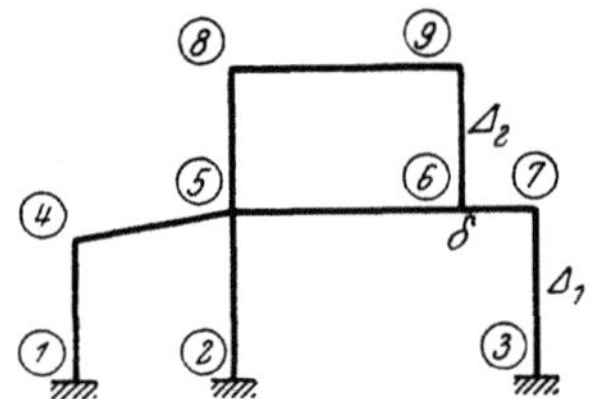

Abb. 250. Unbekannte: φ_4, φ_5, φ_6, φ_7, φ_8, φ_9, $\varDelta_1$, $\varDelta_2$, δ

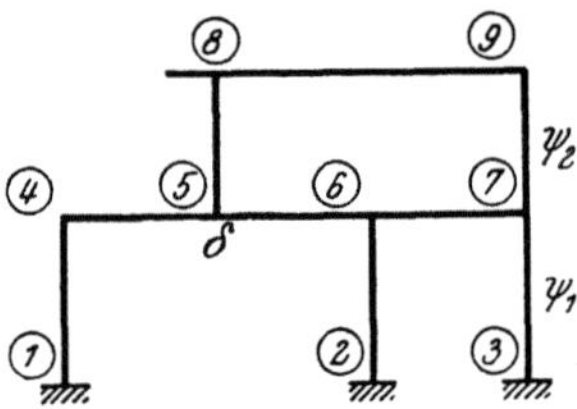

Abb. 251. Unbekannte: φ_4, φ_5, φ_6, φ_7, φ_8, φ_9, ψ_1, ψ_2, δ

Abb. 249. bis 251. Unsymmetrische Tragwerke, die bei jeder Belastung waagrecht und lotrecht verschieblich sind

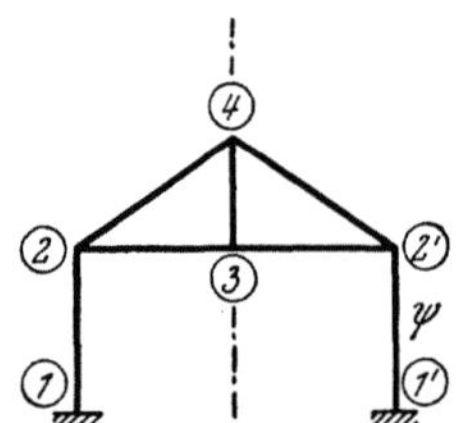

Abb. 252. Unbekannte bei symmetrischer Belastung: φ_2; unsymmetrischer Belastung: φ_2, φ_3, φ_4, φ_2', ψ; antimetrischer Belastung: φ_2, φ_3, φ_4, ψ

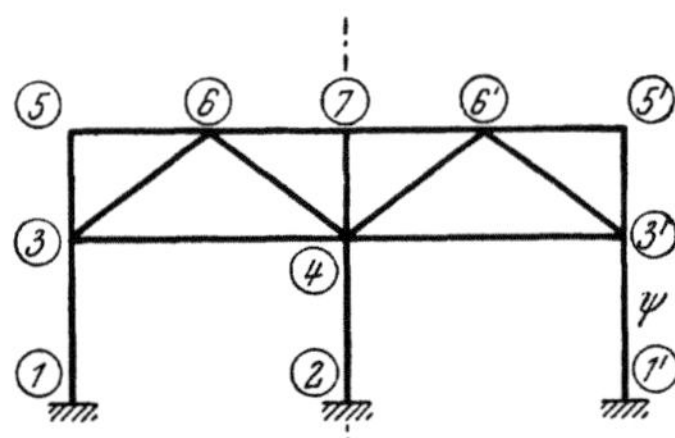

Abb. 253. Unbekannte bei symmetrischer Belastung: φ_3, φ_5, φ_6; unsymmetrischer Belastung: φ_3, φ_4, φ_5, φ_6, φ_7, φ_6', φ_5', φ_3', ψ; antimetrischer Belastung: φ_3, φ_4, φ_5, φ_6, φ_7, ψ

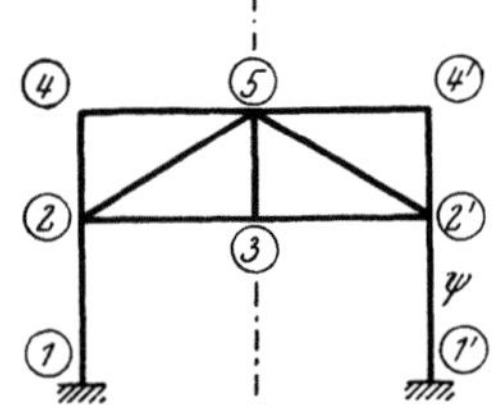

Abb. 254. Unbekannte bei symmetrischer Belastung: φ_2, φ_4; unsymmetrischer Belastung: φ_2, φ_3, φ_4, φ_5, φ_4', φ_2' ψ; antimetrischer Belastung: φ_2, φ_3, φ_4, φ_5, ψ

Abb. 252 bis 254. Symmetrische Tragwerke mit Dreieckstabzügen, die bei unsymmetrischer und antimetrischer Belastung nur waagrecht verschieblich sind

gruppen können nach ihrer geometrischen Form eine weitere Unterteilung erfahren, z. B.:

A. Tragwerke mit Dreieckstabzügen (Abb. 252 bis 259);

B. Tragwerke mit gebrochenen Stabzügen oder beliebig geneigten Stäben (Abb. 260 bis 263).

Zu den verschiedenen Tragwerksarten wäre im einzelnen noch folgendes zu sagen: Die in den Abb. 54 bis 89, 212 bis 217, 224 bis 228, 252 bis 254 dargestellten

Tragwerke werden bei unsymmetrischer Belastung in manchen Fällen nur eine verhältnismäßig geringe Verschiebung ihrer Knotenpunkte in waagrechter Richtung erleiden, so daß es in der Praxis mitunter zulässig sein wird, diese Verschieblichkeit zu vernachlässigen und derartige Tragwerke so zu behandeln, als ob sie unverschieblich wären. Auf diese Weise kann die Rechnung erheblich vereinfacht werden. Das gilt aber auch bei vielen unsymmetrischen, lotrecht belasteten Tragwerken.

Bei der zahlenmäßigen Berechnung von unsymmetrisch belasteten, aber symmetrisch ausgebildeten Tragwerken kann die Anwendung des Verfahrens

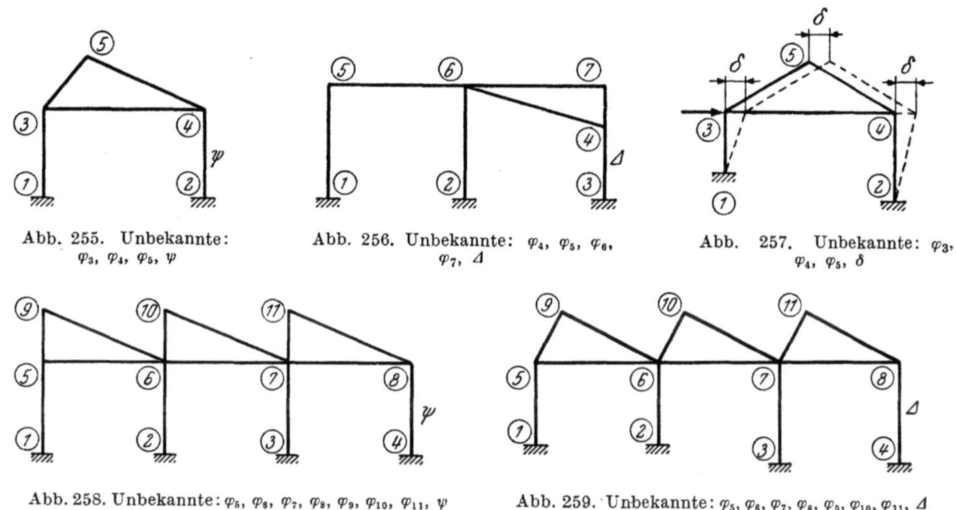

Abb. 255. Unbekannte: φ_3, φ_4, φ_5, ψ

Abb. 256. Unbekannte: φ_4, φ_5, φ_6, φ_7, $\varDelta$

Abb. 257. Unbekannte: φ_3, φ_4, φ_5, δ

Abb. 258. Unbekannte: φ_5, φ_6, φ_7, φ_8, φ_9, φ_{10}, φ_{11}, ψ

Abb. 259. Unbekannte: φ_5, φ_6, φ_7, φ_8, φ_9, φ_{10}, φ_{11}, $\varDelta$

Abb. 255 bis 259. Unsymmetrische Tragwerke mit Dreieckstabzügen, die bei jeder Belastung nur waagrecht verschieblich sind

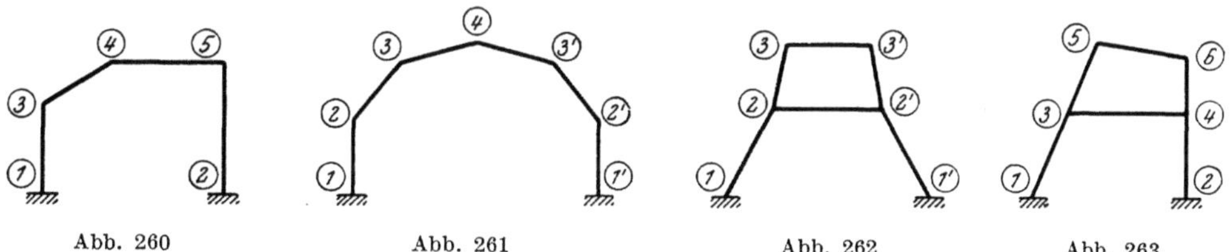

Abb. 260   Abb. 261   Abb. 262   Abb. 263

Abb. 260 bis 263. Tragwerke mit gebrochenen Stabzügen oder geneigten Stielen

der „Belastungs-Umordnung" (B. U.-Verfahren) zu bedeutenden Vereinfachungen führen (siehe Seite 47 ff.) Danach wird die gegebene unsymmetrische Belastung durch eine symmetrische und eine antimetrische ersetzt und die Berechnung für beide Belastungsarten getrennt durchgeführt. Auf diese Weise kann die Anzahl der gemeinsam zu bestimmenden Unbekannten beträchtlich herabgesetzt werden. Um darüber einen Überblick zu gewinnen, ist bei den einzelnen Abbildungen stets die Anzahl der Unbekannten vermerkt, die bei den in Betracht kommenden Belastungsfällen auftreten.

Bei Tragwerken mit Dreieckstabzügen (Abb. 252 bis 259) ist zu beachten, daß bei einer Parallelverschiebung eines Stabes stets $\varDelta = 0$ und damit auch $\psi = 0$ ist. So werden z. B. bei dem in Abb. 257 dargestellten Tragwerk die Stabdrehwinkel ψ

der Dreieckseiten gleich Null, obwohl die Knotenpunkte 3, 4, 5 bei der Verformung Verschiebungen erleiden.

Für die Behandlung der in der Gruppe B zusammengefaßten Rahmentragwerke (Abb. 260 bis 263) bringt die Verwendung des Drehwinkelverfahrens in der Regel keine Vorteile mit sich. Es sind nämlich häufig mehr Formänderungsgrößen zu bestimmen, als statisch überzählige Größen vorhanden sind. Außerdem sind Verschiebungspläne zu zeichnen, so daß es in solchen Fällen oft zweckmäßiger sein wird, auf die Verwendung des Drehwinkelverfahrens überhaupt zu verzichten und auf die Elastizitätsgleichungen zurückzugreifen, wenn nicht für die einfacheren Rahmenformen die in den verschiedenen Handbüchern enthaltenen fertigen Formeln Verwendung finden können.

2. Aufstellung der Bedingungsgleichungen für Tragwerke ohne Gelenke

Es sind hier zwei Arten von Bedingungsgleichungen zu unterscheiden, die im folgenden getrennt voneinander behandelt werden. Die erste Art ist bereits bekannt. Es sind dies die *Knotengleichungen*, deren Anzahl immer genau so groß ist, wie unbekannte Knotendrehwinkel φ vorhanden sind. Wenn nun aber noch r unbekannte Stabdrehwinkel ψ oder Verschiebungsgrößen δ bzw. $\varDelta$ dazukommen, so sind auch noch r unabhängige Gleichungen aufzustellen, die als *Verschiebungsgleichungen* bezeichnet werden sollen.

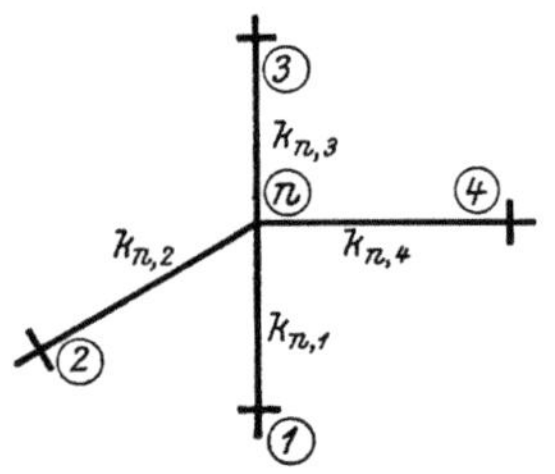

Abb. 264. Tragwerksteil mit Knoten n (Festwertskizze)

Zur Aufstellung dieser beiden Gleichungsgruppen wird man am besten wieder gebrauchsfertige Mustergleichungen verwenden, deren Ableitung am einfachsten aus den allgemeinen statischen Gleichgewichtsbedingungen erfolgt.

Knotengleichungen. Hier kann derselbe Weg eingeschlagen werden wie bei den Systemen mit unverschieblichen Knotenpunkten. Abb. 264 stellt einen Knoten n dar, der mit vier Stäben und den benachbarten Knoten 1, 2, 3, 4 aus einem Rahmentragwerk herausgeschnitten zu denken ist. Unter der Voraussetzung, daß bei allen vier Stäben Stabdrehwinkel ψ auftreten, lauten die Ausdrücke für die Stabendmomente am Knotenpunkt n nach (7) unter Beachtung der in Abb. 264 gewählten Bezeichnungen:

$$\begin{aligned}
M_{n,1} &= k_{n,1}\,(2\,\varphi_n + \varphi_1 + 3\,\psi_{n,1}) + \mathfrak{M}_{n,1}\\
M_{n,2} &= k_{n,2}\,(2\,\varphi_n + \varphi_2 + 3\,\psi_{n,2}) + \mathfrak{M}_{n,2}\\
M_{n,3} &= k_{n,3}\,(2\,\varphi_n + \varphi_3 + 3\,\psi_{n,3}) + \mathfrak{M}_{n,3}\\
M_{n,4} &= k_{n,4}\,(2\,\varphi_n + \varphi_4 + 3\,\psi_{n,4}) + \mathfrak{M}_{n,4}\,.
\end{aligned} \tag{43}$$

Die bereits bekannte Bedingung $\varSigma M = 0$ für den Knotenpunkt n ergibt durch Summieren der Ausdrücke (43)

$$\sum_{i=1}^{i=4} M_{n,i} = \varphi_n \cdot 2 \sum_{i=1}^{i=4} k_{n,i} + \sum_{i=1}^{i=4} k_{n,i}\,\varphi_i + \sum_{i=1}^{i=4} 3\,k_{n,i}\,\psi_{n,i} + \sum_{i=1}^{i=4} \mathfrak{M}_{n,i} = 0. \tag{43a}$$

Treffen im Knotenpunkt n beliebig viele Stäbe zusammen und werden außerdem dort auch angreifende Kragarmmomente $\mathfrak{M}_{n,K}$ in Betracht gezogen, so nimmt die Gl. (43a) folgende Form an:

$$\varphi_n \cdot 2 \sum_i k_{n,i} + \sum_i k_{n,i}\,\varphi_i + \sum_i 3\,k_{n,i}\,\psi_{n,i} + \sum_i \mathfrak{M}_{n,i} + \varSigma\mathfrak{M}_{n,K} = 0\,. \tag{44}$$

Zur Vereinfachung der Schreibweise kann wieder ähnlich wie in Gl. (26) gesetzt werden: für das Diagonalglied

$$d_n = 2 \sum_i k_{n,i} \, , \tag{45}$$

für das Knotenbelastungsglied

$$s_n = \sum_i \mathfrak{M}_{n,i} + \sum \mathfrak{M}_{n,K} \tag{46}$$

oder, wenn keine Kragarmmomente vorhanden sind, einfach

$$s_n = \sum_i \mathfrak{M}_{n,i} \, . \tag{46a}$$

Damit lautet die Gl. (44)

$$\boxed{d_n \varphi_n + \sum_i k_{n,i} \varphi_i + \sum_i 3 \, k_{n,i} \, \psi_{n,i} + s_n = 0.} \tag{47}$$

Vergleicht man nun diese für Tragwerke mit *verschieblichen* Knotenpunkten geltende Gl. (47) mit der für *unverschiebliche* Tragwerke aufgestellten Gl. (26), so ergibt sich, daß hier nur die Glieder $\sum_i 3 \, k_{n,i} \, \psi_{n,i}$ hinzukommen, während alle übrigen Bestandteile in der gleichen Form wie in Gl. (26) erscheinen. Die dort gegebenen Erläuterungen haben daher auch hier volle Gültigkeit.

Führt man in der Rechnung anstelle der Stabdrehwinkel ψ die „relativen" Stabendverschiebungen $\varDelta$ ein, so lautet die Knotengleichung (47), wenn nach (2)

$$\psi_{n,i} = \frac{\varDelta_{n,i}}{l_{n,i}} \tag{48}$$

und weiter gemäß (12)

$$\frac{3 \, k_{n,i}}{l_{n,i}} = \bar{k}_{n,i} \tag{49}$$

gesetzt wird,

$$\boxed{d_n \varphi_n + \sum_i k_{n,i} \varphi_i + \sum_i \bar{k}_{n,i} \, \varDelta_{n,i} + s_n = 0 \, .} \tag{50}$$

In der Knotengleichung ergeben sich somit stets so viele Glieder von der Form $3 \, k_{n,i} \, \psi_{n,i}$ bzw. $\bar{k}_{n,i} \, \varDelta_{n,i}$, wie in den betrachteten Knotenpunkt Stäbe mit Stabdrehwinkeln ψ bzw. mit „relativen" Stabendverschiebungen $\varDelta$ einmünden.

Verschiebungsgleichungen. Zur gemeinsamen Bestimmung der unbekannten Formänderungsgrößen φ und ψ bzw. φ und $\varDelta$ sind noch so viele sogenannte „Verschiebungsgleichungen" aufzustellen, wie im Tragwerk insgesamt „relative" Stabendverschiebungen $\varDelta$ oder Stabdrehwinkel ψ als Unbekannte vorkommen.

Denkt man sich durch das Tragwerk einen beliebigen Schnitt geführt und an den Trennungsstellen die Schnittkräfte M, N, Q angebracht, so können die bekannten statischen Gleichgewichtsbedingungen $\sum H = 0$ bzw. $\sum V = 0$ für den abgetrennten Tragwerksteil aufgestellt werden. Wenn hierbei die Schnittkräfte M, N, Q als Funktion der Formänderungsgrößen φ und ψ bzw. φ und $\varDelta$ ausgedrückt werden, so erhält man eine brauchbare Bedingungsgleichung. Sie bringt also stets zum Ausdruck, daß die Projektion aller auf den abgetrennten oder den übrigen Tragwerksteil einwirkenden Kräfte auf eine beliebige Richtung gleich Null sein muß.

Durch passende Wahl dieser Schnittführung an verschiedenen Stellen des Tragwerkes gewinnt man eine Reihe von unabhängigen linearen Gleichungen, die in der Regel zusammen mit den Knotengleichungen ausreichen, um sämtliche unbekannten Formänderungsgrößen gemeinsam zu ermitteln.

Es ist allerdings für die *Verschiebungsgleichungen* im Gegensatz zu den Knotengleichungen nicht möglich, eine einfache, gebrauchsfertige Form zu finden, die für alle Arten von Tragwerken Gültigkeit besitzt. Dennoch gelingt es aber, solche Verschiebungsgleichungen wenigstens für einzelne Tragwerksarten (z. B. Stockwerkrahmen, Vierendeelträger usw.) ein für allemal aufzustellen und so die Berechnung immerhin noch beträchtlich zu erleichtern. Dies soll nun im folgenden für verschiedene Tragwerksformen, die im Hochbau besonders häufig vorkommen, durchgeführt werden.

3. Der beliebig belastete, nur waagrecht verschiebliche Stockwerkrahmen mit lotrechten, geschoßweise gleich langen Ständern (ohne Gelenke)

Es können hier auch ungleiche Feldweiten und Stockwerkshöhen sowie eine beliebige Anzahl von Feldern und Stockwerken vorausgesetzt werden (vgl. Abb. 54, 58, 59, 71, 76, 77, 81, 86, 162, 164, 167, 169, 212, 215, 216, 241, 244, 252 bis 255, 258). Abb. 265 zeigt ein weiteres Beispiel dieser Rahmengattung; ein Teil des Rahmentragwerkes ist mit seiner Verformung in größerem Maßstabe in Abb. 266 herausgezeichnet. Es ist leicht einzusehen, daß unter Vernachlässigung der

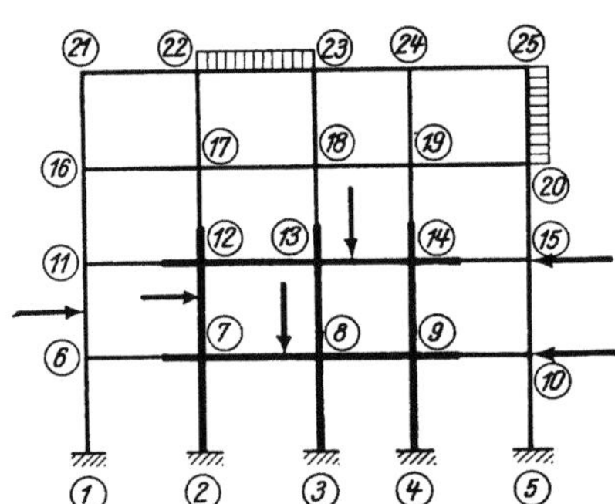

Abb. 265. Beliebig belasteter Stockwerkrahmen mit geschoßweise gleich langen Stielen

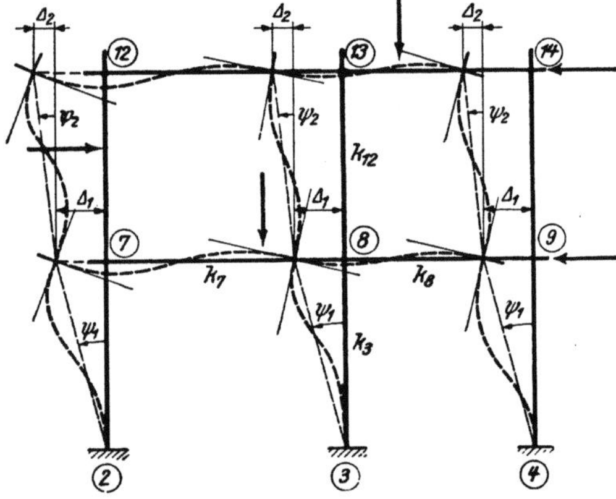

Abb. 266. Tragwerksteil aus Abb. 265 mit Verformung

Formänderung durch die Längskräfte die oberen Enden sämtlicher Stiele eines Stockwerkes gegenüber den unteren Enden durchweg die gleiche „relative" Verschiebung Δ in waagrechter Richtung erleiden, während die Stabsehnen der einzelnen Riegel parallel zur ursprünglichen Stabachse bleiben. Es erscheinen also im gesamten Tragwerk nur so viele verschiedene Stabdrehwinkel ψ, wie Stockwerke vorhanden sind.

A. Bedingungsgleichungen

Knotengleichungen. Für den vorliegenden Fall lautet die allgemeine Knotengleichung (47) in ausführlicher Schreibweise

$$d_n \varphi_n + \sum_i k_{n,i} \varphi_i + 3 k_\mu \psi_\mu + 3 k_{\mu+1} \psi_{\mu+1} + s_n = 0 . \qquad (51)$$

Es treten hier also jeweils höchstens z w e i ψ-Glieder auf, und zwar beziehen sich $3\,k_\mu\,\psi_\mu$ und $3\,k_{\mu+1}\,\psi_{\mu+1}$ auf die in den betrachteten Knoten n einmündenden Säulen des darunter- bzw. darüberliegenden Stockwerkes.

In den Gleichungen für jene Knoten des Tragwerkes, in die nur je ei n e Säule einmündet, z. B. in den oberen Knotenreihen des Tragwerkes, erscheint auch nur ein ψ-Glied.

Wendet man die Knotengleichung (51) beispielsweise für den Knoten 8 des in Abb. 265 bzw. 266 dargestellten Stockwerkrahmens an, so erhält man mit den dort ersichtlichen Bezeichnungen

$$d_8\,\varphi_8 + k_7\,\varphi_7 + k_8\,\varphi_9 + k_{12}\,\varphi_{13} + 3\,k_3\,\psi_1 + 3\,k_{12}\,\psi_2 + s_8 = 0\,.$$

Verschiebungsgleichungen. Es sind also noch so viele unabhängige Bedingungsgleichungen aufzustellen, wie unbekannte Stabdrehwinkel auftreten, d. h. wie Stockwerke vorhanden sind. Man denke sich zu diesem Zweck durch jedes Stockwerk an den oberen Säulenenden einen waagrechten Schnitt geführt und dort die Schnittkräfte M, N, Q angebracht. Für den abgetrennten Tragwerksteil kann sodann jeweils die statische Gleichgewichtsbedingung $\Sigma H = 0$ aufgestellt werden. Dies soll für den in Abb. 267 dargestellten, beliebig belasteten Stockwerkrahmen für ein Stockwerk durchgeführt werden. In Abb. 268 ist der oberhalb des Schnittes s—s befindliche Tragwerksteil mit allen auf ihn einwirkenden äußeren Kräften einschließlich der Schnittkräfte, die dort nur symbolisch angedeutet sind, gesondert herausge-

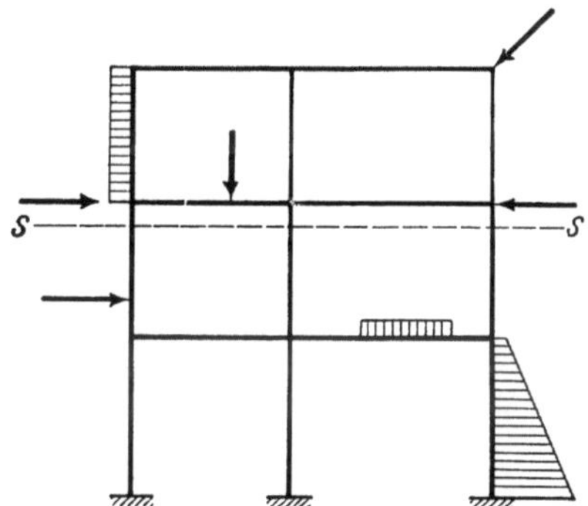

Abb. 267. Waagrecht verschieblicher Stockwerk-rahmen mit beliebiger Belastung

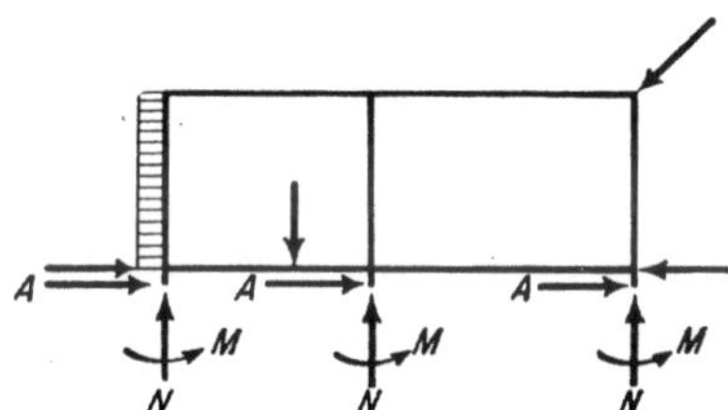

Abb. 268. Abgetrennter Tragwerksteil aus Abb. 267 mit Schnittkräften

zeichnet. Die Bedingung $\Sigma H = 0$ kann nun für diesen Rahmenteil allgemein in folgender Form geschrieben werden:

$$\Sigma P + \Sigma q \cdot e + \Sigma Q = 0\,. \tag{52}$$

Darin bedeuten:

ΣP ......die Summe der waagrechten Projektionen aller auf den abgetrennten Tragwerks-teil, also *oberhalb* der gedachten Schnittstelle einwirkenden äußeren Einzellasten,

$\Sigma q \cdot e$ ....die Summe der Resultierenden aller *oberhalb* der Schnittstelle waagrecht wirkenden Streckenlasten,

ΣQ ....die Summe der an den Schnittstellen übertragenen Querkräfte.

Der Richtungssinn dieser Kräfte P, q und Q sei prinzipiell so festgesetzt, daß die von l i n k s nach r e c h t s gerichteten Kräfte p o s i t i v ($\rightleftarrows \pm$) in die Rechnung einzuführen sind.

Die Glieder ΣQ stimmen zahlenmäßig mit den Auflagerdrücken ΣA überein, wenn man die Schnittstellen am oberen Ende der Säulen annimmt. Sie setzen sich aus z w e i Beiträgen zusammen, und zwar

1. aus den oberen Auflagerdrücken $\mathfrak{A}_o$ der frei aufliegend gedachten Stäbe infolge der auf sie direkt einwirkenden äußeren Lasten (Abb. 269 a),

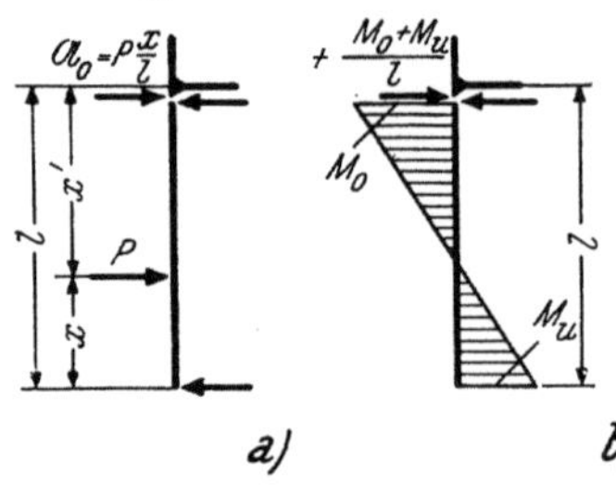

Abb. 269a, b. Querkraftanteile und Richtung der „Aktionskräfte" am oberen Stielende bei *positiven* Stabendmomenten

2. aus den durch die Stabendmomente M_o (Moment am oberen Säulenende) und M_u (Moment am unteren Säulenende) hervorgerufenen Anteilen $\dfrac{M_o + M_u}{l}$ (Abb. 269 b).

Es ist also

$$\Sigma Q = \Sigma A = \Sigma \mathfrak{A}_o + \sum \frac{M_o + M_u}{l}. \qquad (53)$$

Damit lautet die Gl. (52)

$$\Sigma P + \Sigma q \cdot e + \Sigma \mathfrak{A}_o + \sum \frac{M_o + M_u}{l} = 0 \qquad (54)$$

oder, da voraussetzungsgemäß sämtliche Säulen eines Stockwerkes dieselbe Länge l aufweisen,

$$(\Sigma P + \Sigma q \cdot e + \Sigma \mathfrak{A}_o)\, l + \Sigma (M_o + M_u) = 0 . \qquad (55)$$

Man kann nun den Ausdruck $\Sigma(M_o + M_u)$ nach (9) mit den hier gewählten Bezeichnungen als Funktion der Formänderungsgrößen und der Stabbelastungsglieder ausdrücken und erhält

$$\Sigma (M_o + M_u) = \Sigma 3\,k\,\varphi_o + \Sigma 3\,k\,\varphi_u + \Sigma 6\,k\,\psi + \Sigma (\mathfrak{M}_o + \mathfrak{M}_u) . \qquad (56)$$

Hierin bedeuten φ_o bzw. φ_u die Knotendrehwinkel des am „oberen" bzw. „unteren" Säulenende gelegenen Knotenpunktes. Führt man diesen Ausdruck in (55) ein, so ergibt sich

$$\Sigma 3\,k\,\varphi_o + \Sigma 3\,k\,\varphi_u + \Sigma 6\,k\,\psi + (\Sigma P + \Sigma q \cdot e + \Sigma \mathfrak{A}_o)\,l + \Sigma (\mathfrak{M}_o + \mathfrak{M}_u) = 0 . \qquad (57)$$

Setzt man für den Beiwert von ψ, der in der Gleichungstabelle in die Diagonale zu stehen kommt, die sinngemäße Bezeichnung D_μ (= Diagonalglied des Stockwerkes μ), ferner für die Summe aller von der äußeren Belastung abhängigen Glieder den Ausdruck S_μ (= Belastungsglied des Stockwerkes μ), so erhält man die Verschiebungsgleichung für ein beliebiges Stockwerk μ in zweckmäßiger Schreibweise

$$\boxed{\; \underset{\mu}{\Sigma} 3\,k\,\varphi_u + \underset{\mu}{\Sigma} 3\,k\,\varphi_o + D_\mu\,\psi_\mu + S_\mu = 0 . \;} \qquad \textbf{(58)}$$

Dabei ist

$$D_\mu = 6 \underset{\mu}{\Sigma} k , \qquad (59)$$

d. h. gleich der sechsfachen Summe der Steifigkeitszahlen sämtlicher Säulen des betrachteten Stockwerkes, und

$$S_\mu = \left(\Sigma P + \Sigma q \cdot e + \underset{\mu}{\Sigma} \mathfrak{A}_o \right) l_\mu + \underset{\mu}{\Sigma} (\mathfrak{M}_o + \mathfrak{M}_u). \qquad (60)$$

Das S-Glied enthält somit die Summe aller oberhalb des betrachteten Stockwerkes waagrecht wirkenden Kräfte P und $(q \cdot e)$ sowie die oberen Auflagerdrücke $\mathfrak{A}_o$ aller frei gelagert gedachten Säulen dieses Stockwerkes ($\gtrless \pm$), multipliziert mit der Stockwerkshöhe l_μ, und außerdem die Summe der oberen und unteren Stabbelastungsglieder ($\mathfrak{M}_o + \mathfrak{M}_u$) dieser Säulen. Die Vorzeichen der Auflagerdrücke $\mathfrak{A}_o$ stimmen immer mit dem Vorzeichen der Kräfte überein, aus denen sie gebildet werden.

Bei der zahlenmäßigen Bestimmung der S_μ-Glieder ergeben sich oft Vereinfachungen. Wirken z. B. nur lotrechte Kräfte auf das Tragwerk ein, so ist $S_\mu = 0$; wirken waagrechte Knotenlasten, so wird einfach $S_\mu = l_\mu \, \Sigma P$ usw.

Die φ-Glieder treten paarweise für jede Säule in der Form $3\,k\,\varphi_u$ und $3\,k\,\varphi_o$ auf. Ihre Zahl ist somit gleich der Anzahl der in dem betrachteten Stockwerk auftretenden unbekannten Drehwinkel φ_u und φ_o.

Durch die Benutzung der gebrauchsfertigen Gl. (58) unter Zuhilfenahme einer Festwertskizze werden viele Zwischenrechnungen entbehrlich, und das Anschreiben der Gleichungstabelle gestaltet sich sehr einfach.

Anschließend sei die zahlenmäßige Anwendung der Gl. (58) für das vorletzte Geschoß eines Stockwerkrahmens gezeigt. In Abb. 270 ist die Belastung mit den erforderlichen Stabfestwerten dargestellt. Es ergibt sich nach (59)

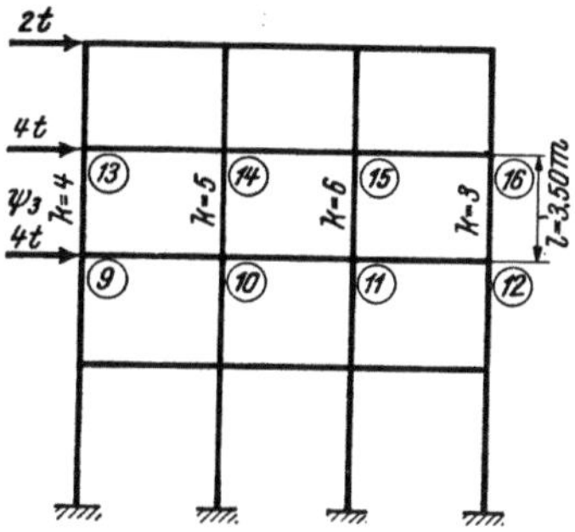

Abb. 270. Belastungs- und Festwertskizze

$$D_\mu = 6 \, \underset{\mu}{\Sigma}\, k = 6 \, (4 + 5 + 6 + 3) = 108$$

und nach (60)

$$S_\mu = l_\mu \, \Sigma P = + 3{,}50 \, (4 + 2) = + 21 \; \text{tm}\,.$$

Damit wird gemäß (58)

$$12\,\varphi_9 + 15\,\varphi_{10} + 18\,\varphi_{11} + 9\,\varphi_{12} + 12\,\varphi_{13} + 15\,\varphi_{14} + 18\,\varphi_{15} + 9\,\varphi_{16} + 108\,\psi_3 + 21 = 0\,.$$

In derselben Weise wäre bei allen übrigen Stockwerken zu verfahren.

B. Gleichungstabelle für einen unsymmetrischen, dreistieligen, zweistöckigen Rahmen

In Abb. 271 ist die Festwertskizze des Rahmentragwerkes dargestellt. Der Gang der Rechnung ist im wesentlichen derselbe wie bei unverschieblichen Tragwerken.

Für den vorliegenden Rahmen, der beliebig belastet sei, sind als Unbekannte die sechs Knotendrehwinkel φ_4 bis φ_9 und zwei Stabdrehwinkel ψ_1 und ψ_2 gemeinsam zu bestimmen. Demgemäß werden für die Aufstellung der entsprechenden Rahmengleichungen folgende Werte zu ermitteln sein:

für die Knotengleichungen: d_4 bis d_9 nach (45) und s_4 bis s_9 nach (46a);

für die Verschiebungsgleichungen: D_1, D_2 nach (59) und S_1, S_2 nach (60).

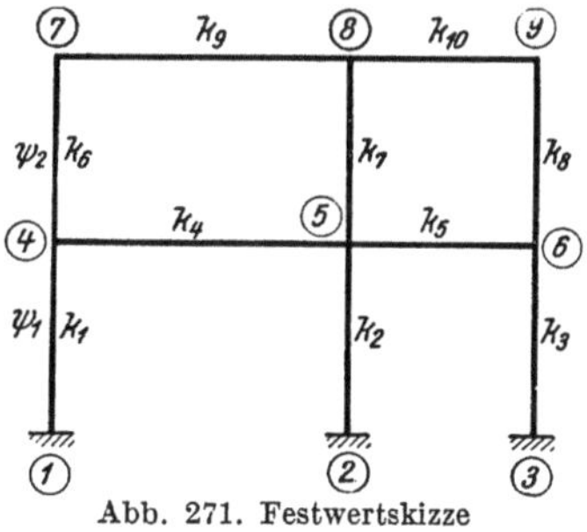

Abb. 271. Festwertskizze

Damit kann unter Zuhilfenahme der Festwertskizze die tabellarische Aufstellung der Gleichungen vorgenommen werden (siehe Gleichungstabelle 5). Man benutzt dazu die allgemeine Form der Knotengleichung (51)

$$d_n\,\varphi_n + \underset{i}{\Sigma}\,k_{n,\,i}\,\varphi_i + 3\,k_\mu\,\psi_\mu + 3\,k_{\mu+1}\,\psi_{\mu+1} + s_n = 0$$

und die Verschiebungsgleichung (58)

$$\underset{\mu}{\Sigma}\,3\,k\,\varphi_u + \underset{\mu}{\Sigma}\,3\,k\,\varphi_o + D_\mu\,\psi_\mu + S_\mu = 0\,.$$

Gleichungstabelle 5

	φ_4	φ_5	φ_6	φ_7	φ_8	φ_9	ψ_1	ψ_2	B
φ_4	d_4	k_4		k_6			$3\,k_1$	$3\,k_6$	s_4
φ_5	k_4	d_5	k_5		k_7		$3\,k_2$	$3\,k_7$	s_5
φ_6		k_5	d_6			k_8	$3\,k_3$	$3\,k_8$	s_6
φ_7	k_6			d_7	k_9			$3\,k_6$	s_7
φ_8		k_7		k_9	d_8	k_{10}		$3\,k_7$	s_8
φ_9			k_8		k_{10}	d_9		$3\,k_8$	s_9
ψ_1	$3\,k_1$	$3\,k_2$	$3\,k_3$				D_1		S_1
ψ_2	$3\,k_6$	$3\,k_7$	$3\,k_8$	$3\,k_6$	$3\,k_7$	$3\,k_8$		D_2	S_2

Nach Auflösung dieser Gleichungen erhält man nach (7) die Stabendmomente, und zwar

$$M_{1,4} = k_1\,(\varphi_4 + 3\,\psi_1) + \mathfrak{M}_{1,4} \qquad M_{4,1} = k_1\,(2\,\varphi_4 + 3\,\psi_1) + \mathfrak{M}_{4,1}$$

$$M_{2,5} = k_2\,(\varphi_5 + 3\,\psi_1) + \mathfrak{M}_{2,5} \qquad M_{4,5} = k_4\,(2\,\varphi_4 + \varphi_5) + \mathfrak{M}_{4,5}$$

$$M_{3,6} = k_3\,(\varphi_6 + 3\,\psi_1) + \mathfrak{M}_{3,6} \qquad M_{4,7} = k_6\,(2\,\varphi_4 + \varphi_7 + 3\,\psi_2) + \mathfrak{M}_{4,7}$$

usw.

(Vgl. auch Zahlenbeispiel 11.)

4. Der beliebig belastete, nur waagrecht verschiebliche Stockwerkrahmen mit lotrechten, ungleich langen Ständern (ohne Gelenke)

Solche Tragwerke kommen bei Tribünenbauten, bei Stiegenhäusern, Dachbauten usw. vor. Einen Vertreter dieser Art zeigt ganz allgemein Abb. 272. Ein Teil dieses Rahmengebildes ist in Abb. 273 mit der zu erwartenden Verformung vergrößert

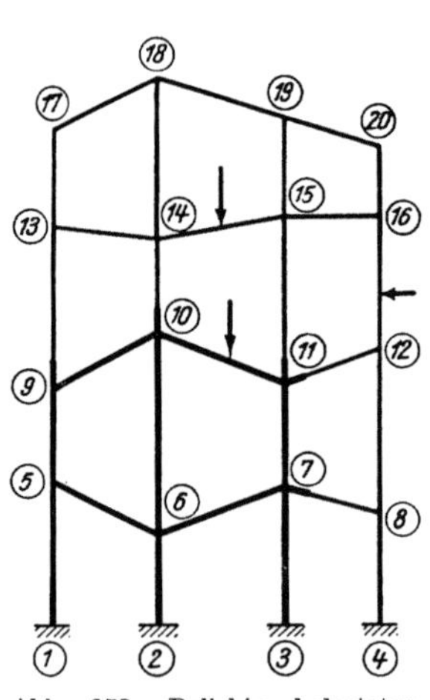

Abb. 272. Beliebig belasteter Stockwerkrahmen mit ungleich langen Stielen

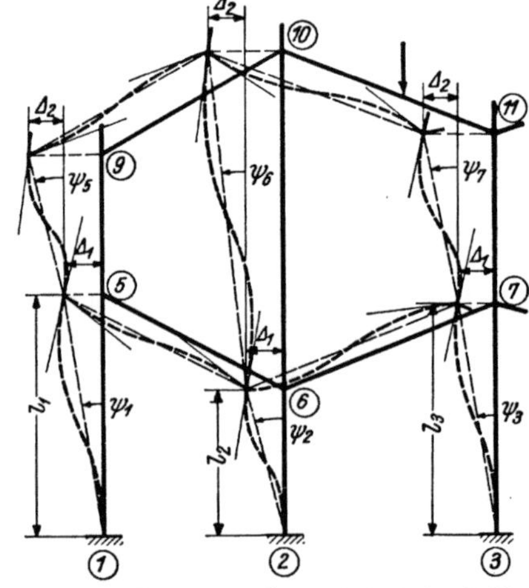

Abb. 273. Tragwerksteil aus Abb. 272 mit Verformung

dargestellt. Daraus ist ersichtlich, daß die oberen Säulenenden desselben Stockwerkes stets um das gleiche Stück Δ gegenüber den unteren Säulenenden verschoben werden. Die Stabsehnen der Riegel verschieben sich bei der Verformung nur parallel zur ursprünglichen Lage. Es sind also auch hier die Stabdrehwinkel der Riegel gleich Null.

Durch die Verschiebungsgröße Δ der Säulen eines Stockwerkes sind die Stabdrehwinkel sämtlicher Säulen dieses Stockwerkes bestimmt. Mit den Bezeichnungen der Abb. 273 ist daher z. B. im unteren Geschoß gemäß (2)

$$\psi_1 = \frac{\Delta_1}{l_1}; \quad \psi_2 = \frac{\Delta_1}{l_2}; \quad \psi_3 = \frac{\Delta_1}{l_3}; \quad \psi_n = \frac{\Delta_1}{l_n}.$$

Es erscheint somit hier zweckmäßiger, anstelle der ungleichen Stabdrehwinkel ψ die Verschiebung Δ als Unbekannte zu wählen. Damit wird erreicht, daß außer den Knotendrehwinkeln φ nur noch so viele Δ-Werte zu bestimmen sind, wie Stockwerke vorhanden sind. Die Aufstellung der Rahmengleichungen erfolgt ähnlich wie früher.

A. Bedingungsgleichungen

Knotengleichungen. Durch Einführen der obigen Beziehungen in die Knotengleichung (51) erhält man wieder in vereinfachter Schreibweise

$$d_n \varphi_n + \sum_i k_{n,i} \varphi_i + \bar{k}_\mu \Delta_\mu + \bar{k}_{\mu+1} \Delta_{\mu+1} + s_n = 0, \tag{61}$$

wobei gemäß (49)

$$\bar{k}_\mu = \frac{3 k_\mu}{l_\mu} \quad \text{und} \quad \bar{k}_{\mu+1} = \frac{3 k_{\mu+1}}{l_{\mu+1}}, \tag{62}$$

ferner Δ_μ und $\Delta_{\mu+1}$ die den übereinanderliegenden Stockwerken μ bzw. $(\mu + 1)$ zugeordneten Verschiebungsgrößen bedeuten (Abb. 274).

Verschiebungsgleichungen. Die Auswertung der Bedingung $\Sigma H = 0$ für irgendein Stockwerk μ ergibt unter Beachtung, daß hier die Säulenlängen l verschieden sind, folgende Mustergleichung [(vgl. auch Gl. (58)]:

$$\sum_\mu \bar{k} \varphi_u + \sum_\mu \bar{k} \varphi_o + D_\mu \Delta_\mu + S_\mu = 0. \tag{63}$$

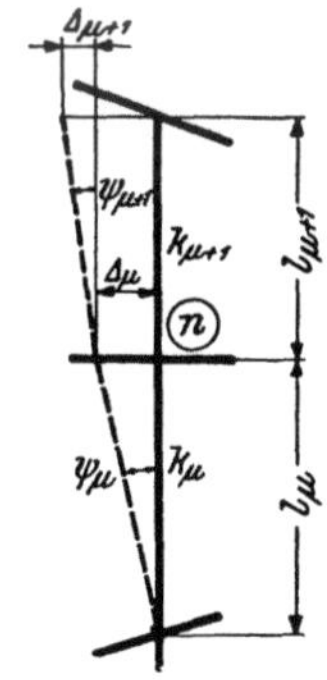

Hierin bedeuten

$$\bar{k} = \frac{3 k}{l},$$

weiter

$$D_\mu = 2 \sum_\mu \frac{\bar{k}}{l} \tag{64}$$

und

$$S_\mu = \Sigma P + \Sigma q \cdot e + \sum_\mu \mathfrak{A}_o + \sum_\mu \frac{\mathfrak{M}_o + \mathfrak{M}_u}{l}. \tag{65}$$

Abb. 274. Bezeichnungen

Die Ausdrücke $\underset{\mu}{\Sigma}$ beziehen sich auf alle Säulen des betrachteten Stockwerkes μ; die Bedeutung der Glieder P, $(q \cdot e)$, $\mathfrak{A}_o$ und $\mathfrak{M}_o$, $\mathfrak{M}_u$ ist dieselbe wie in (60).

Die Anwendung dieser Gleichung läßt sich am besten an einem Zahlenbeispiel zeigen. In Abb. 275 ist ein Zweigeschoßrahmen mit der vorhandenen waagrechten

Belastung und den erforderlichen k-Werten dargestellt. Die Säulen sind bei 1, 2, 3 fest eingespannt. Es sind die Verschiebungsgleichungen für beide Stockwerke anzuschreiben.

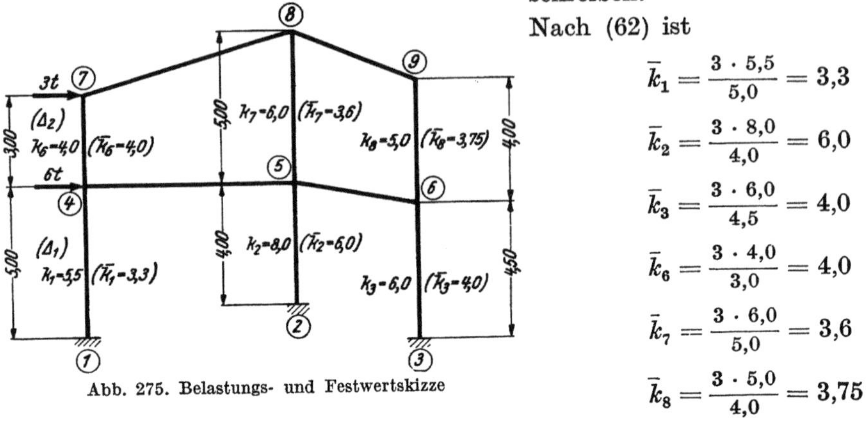

Abb. 275. Belastungs- und Festwertskizze

Nach (62) ist

$$\bar{k}_1 = \frac{3 \cdot 5{,}5}{5{,}0} = 3{,}3$$

$$\bar{k}_2 = \frac{3 \cdot 8{,}0}{4{,}0} = 6{,}0$$

$$\bar{k}_3 = \frac{3 \cdot 6{,}0}{4{,}5} = 4{,}0$$

$$\bar{k}_6 = \frac{3 \cdot 4{,}0}{3{,}0} = 4{,}0$$

$$\bar{k}_7 = \frac{3 \cdot 6{,}0}{5{,}0} = 3{,}6$$

$$\bar{k}_8 = \frac{3 \cdot 5{,}0}{4{,}0} = 3{,}75 \,.$$

Diese $\bar{k}$-Werte sind ebenfalls in Abb. 275, und zwar als Klammerwerte eingetragen. Nach (64) wird weiter

$$D_1 = 2 \sum_\mu \frac{\bar{k}}{l} = 2\left(\frac{3{,}3}{5{,}0} + \frac{6{,}0}{4{,}0} + \frac{4{,}0}{4{,}5}\right) = 6{,}10$$

$$D_2 = 2\left(\frac{4{,}0}{3{,}0} + \frac{3{,}6}{5{,}0} + \frac{3{,}75}{4{,}0}\right) = 5{,}98$$

und schließlich nach (65)

$$S_1 = +3{,}0 + 6{,}0 = +9{,}0 \, t$$

$$S_2 = +3{,}0 \, t \,.$$

Somit lauten nach (63) die Verschiebungsgleichungen für das erste Stockwerk

$$3{,}3\,\varphi_4 + 6{,}0\,\varphi_5 + 4{,}0\,\varphi_6 + 6{,}10\,\varDelta_1 + 9{,}0 = 0$$

und für das zweite Stockwerk

$$4{,}0\,\varphi_4 + 3{,}6\,\varphi_5 + 3{,}75\,\varphi_6 + 4{,}0\,\varphi_7 + 3{,}6\,\varphi_8 + 3{,}75\,\varphi_9 + 5{,}98\,\varDelta_2 + 3{,}0 = 0 \,.$$

Mit Hilfe der allgemeinen Gl. (61) und (63) können u. a. auch Tragwerksformen berechnet werden, wie sie die Abb. 60, 62, 64, 69, 70, 75, 84, 87 bis 89, 153, 157 bis 161, 165, 168, 170, 213, 214, 217, 239, 240, 242, 243, 256, 257, 259 zeigen.

B. Gleichungstabelle für einen zweistöckigen Tribünenrahmen mit lotrechten, ungleich langen Ständern

Das Rahmentragwerk ist in Abb. 276 zugleich als Festwertskizze dargestellt. Als Unbekannte sind unter Voraussetzung beliebiger Belastung die sechs Knotendrehwinkel φ_5 bis φ_{10} und die den beiden Stockwerken entsprechenden Verschiebungsgrößen $\varDelta_1$ und $\varDelta_2$ zu ermitteln. Für die Aufstellung der Rahmengleichungen werden daher folgende Werte benötigt:

für die Knotengleichungen: d_5 bis d_{10} nach (45) und s_5 bis s_{10} nach (46);

für die Verschiebungsgleichungen: D_1, D_2 nach (64) und S_1, S_2 nach (65).

Unter Zuhilfenahme der Festwertskizze, in der die k- und $\bar{k}$-Werte eingetragen sind, kann die tabellarische Aufstellung der Gleichungen vorgenommen werden, und zwar durch wiederholte Anwendung der Knotengleichung (61)

$$d_n \varphi_n + \sum_i k_{n,i} \varphi_i + \bar{k}_\mu \Delta_\mu + \bar{k}_{\mu+1} \Delta_{\mu+1} + s_n = 0$$

bzw. der Verschiebungsgleichung (63)

$$\sum_\mu \bar{k}\varphi_u + \sum_\mu \bar{k}\varphi_o + D_\mu \Delta_\mu + S_\mu = 0 .$$

(Siehe Gleichungstabelle 6.)

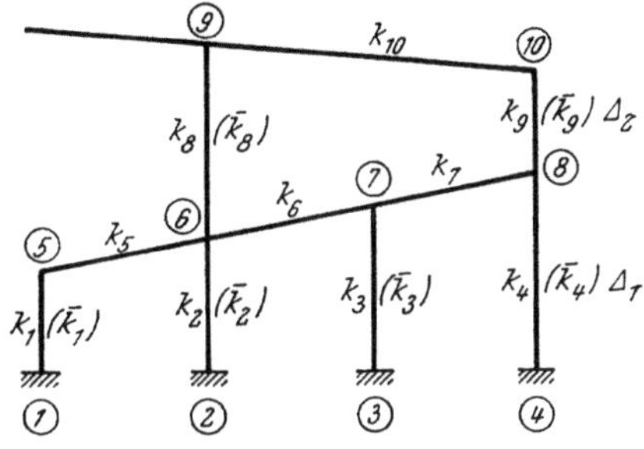

Abb. 276. Festwertskizze

Gleichungstabelle 6

	φ_5	φ_6	φ_7	φ_8	φ_9	φ_{10}	Δ_1	Δ_2	B
φ_5	d_5	k_5					$\bar{k}_1$		s_5
φ_6	k_5	d_6	k_6		k_8		$\bar{k}_2$	$\bar{k}_8$	s_6
φ_7		k_6	d_7	k_7			$\bar{k}_3$		s_7
φ_8			k_7	d_8		k_9	$\bar{k}_4$	$\bar{k}_9$	s_8
φ_9		k_8			d_9	k_{10}		$\bar{k}_8$	s_9
φ_{10}				k_9	k_{10}	d_{10}		$\bar{k}_9$	s_{10}
Δ_1	$\bar{k}_1$	$\bar{k}_2$	$\bar{k}_3$	$\bar{k}_4$			D_1		S_1
Δ_2		$\bar{k}_8$		$\bar{k}_9$	$\bar{k}_8$	$\bar{k}_9$		D_2	S_2

Nach Auflösung dieser Gleichungen erhält man nach (10a) die Stabendmomente, z. B.

$$M_{1,5} = k_1 \varphi_5 + \bar{k}_1 \Delta_1 + \mathfrak{M}_{1,5} \qquad M_{6,2} = 2 k_2 \varphi_6 + \bar{k}_2 \Delta_1 + \mathfrak{M}_{6,2}$$

$$M_{2,6} = k_2 \varphi_6 + \bar{k}_2 \Delta_1 + \mathfrak{M}_{2,6} \qquad M_{6,5} = k_5 (2 \varphi_6 + \varphi_5) + \mathfrak{M}_{6,5}$$

$$M_{3,7} = k_3 \varphi_7 + \bar{k}_3 \Delta_1 + \mathfrak{M}_{3,7} \qquad M_{6,7} = k_6 (2 \varphi_6 + \varphi_7) + \mathfrak{M}_{6,7}$$

$$M_{4,8} = k_4 \varphi_8 + \bar{k}_4 \Delta_1 + \mathfrak{M}_{4,8} \qquad M_{6,9} = k_8 (2 \varphi_6 + \varphi_9) + \bar{k}_8 \Delta_2 + \mathfrak{M}_{6,9}$$

$$M_{5,1} = 2 k_1 \varphi_5 + \bar{k}_1 \Delta_1 + \mathfrak{M}_{5,1} \qquad \text{usw.}$$

$$M_{5,6} = k_5 (2 \varphi_5 + \varphi_6) + \mathfrak{M}_{5,6} \qquad \text{(Vgl. auch Zahlenbeispiel 12.)}$$

5. Das B. U.-Verfahren bei symmetrischen Tragwerken

Sind symmetrisch ausgebildete Tragwerke unsymmetrisch belastet, so ist die Anzahl der zu bestimmenden Unbekannten genau so groß, als ob auch das Tragwerk unsymmetrisch gestaltet wäre. Durch das bekannte Verfahren der „Belastungs-Umordnung", kurz B. U.-Verfahren genannt, können auch in einem solchen Fall die Vorteile der Symmetrie ausgenutzt werden.

Diese Art der Behandlung soll an einem einfachen Beispiel kurz erläutert werden. Abb. 277 zeigt ein symmetrisches Tragwerk mit der unsymmetrisch einwirkenden Belastung P. Dieser gegebene Belastungsfall kann nun durch zwei andere ersetzt werden, die in den Abb. 277a und 277b dargestellt sind. Der Belastungsfall a besteht aus den *symmetrisch* einwirkenden Lasten $P/2$, der Belastungsfall b zeigt die Kräfte $P/2$ in *antimetrischer* Anordnung. Da die Überlagerung dieser beiden Belastungsfälle wieder die ursprüngliche Belastung ergibt, so muß auch die Über-

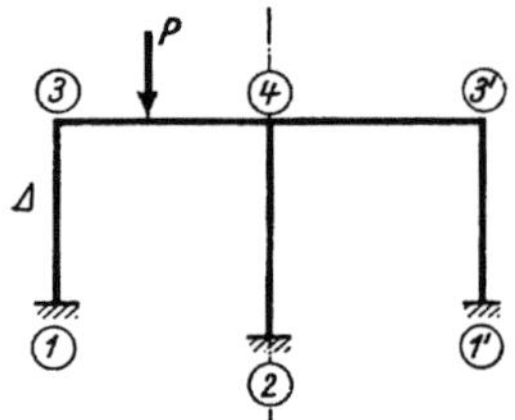

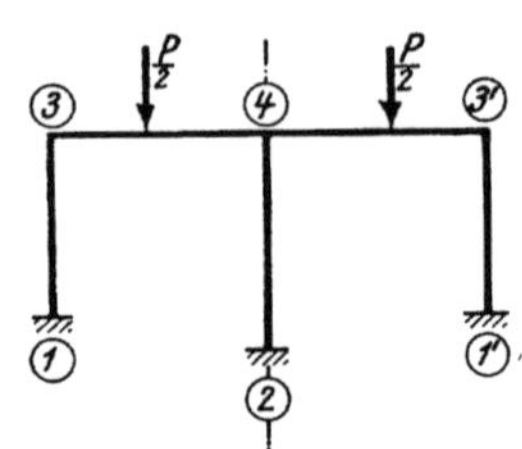

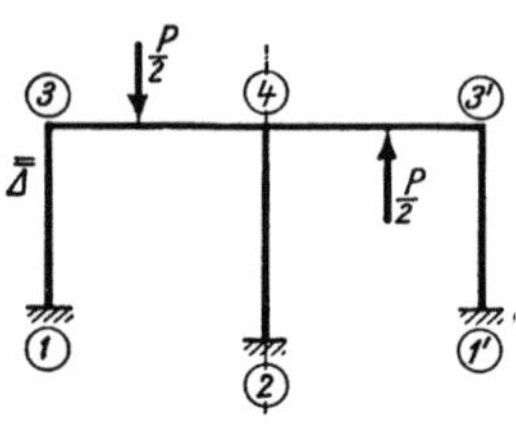

Abb. 277. Unsymmetrische Belastung P; Unbekannte: φ_3, φ_4, φ_3', $\varDelta$

Abb. 277a. Symmetrische Belastung $P/2$; Unbekannte: $\bar{\varphi}_3$

Abb. 277b. Antimetrische Belastung $P/2$; Unbekannte: $\bar{\bar{\varphi}}_3$, $\bar{\bar{\varphi}}_4$, $\bar{\bar{\varDelta}}$

lagerung der aus den Fällen a und b erhaltenen Rechnungsergebnisse die gesuchten Werte ergeben.

Der mit diesem Verfahren verbundene Vorteil ist klar. Es sind anstelle einer umfangreichen Gleichungsgruppe zwei voneinander unabhängige, kleinere Gleichungsgruppen aufzulösen und die Ergebnisse zu summieren. So wären z. B. bei der Behandlung der gegebenen unsymmetrischen Belastung nach Abb. 277 vier Unbekannte zu ermitteln, nämlich die Knotendrehwinkel φ_3, φ_4, φ_3' und die Verschiebungsgröße $\varDelta$ der Säulen. Nach dem B. U.-Verfahren ist für den Belastungsfall a nur eine Unbekannte zu bestimmen, nämlich der Knotendrehwinkel $\bar{\varphi}_3$, denn $\bar{\varDelta} = 0$, $\bar{\varphi}_4 = 0$ und $\bar{\varphi}_3' = -\bar{\varphi}_3$. Für den Belastungsfall b sind drei Unbekannte zu ermitteln, und zwar die Knotendrehwinkel $\bar{\bar{\varphi}}_3 = \bar{\bar{\varphi}}_3'$ und $\bar{\bar{\varphi}}_4$ sowie die Verschiebungsgröße $\bar{\bar{\varDelta}}$ der Säulen. Durch die Summierung der entsprechenden Formänderungswerte aus den beiden Ersatzbelastungsfällen erhält man dann bereits die gesuchten Formänderungswerte für den gegebenen Belastungsfall. Es wird hier also

$$\varphi_3 = \bar{\varphi}_3 + \bar{\bar{\varphi}}_3; \qquad \varphi_3' = -\bar{\varphi}_3 + \bar{\bar{\varphi}}_3; \qquad \varphi_4 = \bar{\bar{\varphi}}_4; \qquad \varDelta = \bar{\bar{\varDelta}}.$$

Aus den so erhaltenen Werten können nun die Stabanschlußmomente in der gewohnten Weise ermittelt werden.

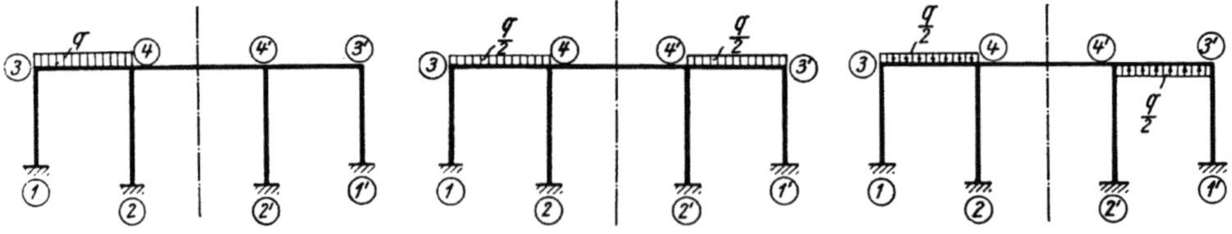

Abb. 278. Unsymmetrische Belastung q; Unbekannte: φ_3, φ_4, φ_4', φ_3', $\varDelta$

Abb. 278a. Symmetrische Belastung $q/2$; Unbekannte: φ_3, φ_4

Abb. 278b. Antimetrische Belastung $q/2$; Unbekannte: φ_3, φ_4, $\varDelta$

Ebensogut kann man zunächst die Momente für beide Belastungsfälle getrennt ermitteln und sie dann summieren.

Ähnlich ist natürlich auch bei vorhandenen Streckenlasten vorzugehen (siehe Abb. 278 und 278a, b).

Bei der Durchführung der Rechnung nach diesem Verfahren ist darauf zu achten, daß sich die beiden Gleichungssysteme für den symmetrischen und den antimetrischen Belastungsfall auch in einzelnen s-Gliedern und d-Gliedern unterscheiden.

Über symmetrische Belastungsfälle wurde auf Seite 31 ff. ausführlich gesprochen. Über die Behandlung antimetrischer Belastungsfälle ist hier noch einiges zu ergänzen.

Antimetrische Belastungsfälle. Es sind wieder zwei Möglichkeiten in Betracht zu ziehen, die anschließend gesondert erörtert werden sollen.

A. Die Symmetrale des Tragwerkes enthält Knotenpunkte

Es empfiehlt sich, in solchen Fällen bei der Aufstellung der Gleichungen nur eine Hälfte des Tragwerkes mit der entsprechenden Belastung in Betracht zu ziehen. Dabei ist zu beachten, daß bei den in der Symmetrale liegenden Säulen nur der halbe Wert der zugeordneten Steifigkeitszahl k in Rechnung zu setzen ist. Auf diese Weise ergibt sich wiederum sofort eine vollständig symmetrische Gleichungstabelle. So kann z. B. der in Abb. 277b ersichtliche Fall bei antimetrischer Belastung auch so aufgefaßt werden, wie in Abb. 279 angedeutet ist. Es kann dann die eine Hälfte mit der zugehörigen Belastung wie ein unsymmetrisches Tragwerk behandelt werden, und es ergeben sich in der vorliegenden Aufgabe als Unbekannte die Knotendrehwinkel φ_3, φ_4 und die Verschiebungsgröße $\varDelta$. Somit kann unter Benutzung der Knotengleichung (61) und der Verschiebungsgleichung (63) die Aufstellung der Gleichungstabelle 7 vorgenommen werden. Die darin enthaltenen d-Glieder sind

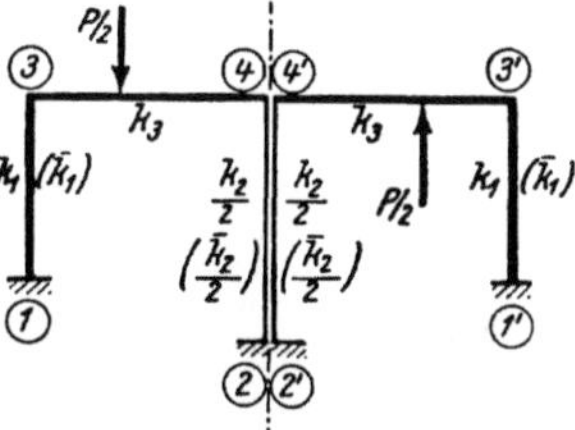

Abb. 279. Tragwerk mit „Knoten-Symmetrale" bei antimetrischer Belastung mit den der Berechnung zugrunde liegenden Tragwerkshälften; Festwertskizze

$$d_3 = 2\,(k_1 + k_3) \quad \text{und} \quad d_4 = 2\,(k_3 + 0{,}5\,k_2);$$

das D-Glied für die Verschiebungsgleichung ist nach (64)

$$D = 2\left(\frac{\bar{k}_1}{l_{1,3}} + \frac{0{,}5\,\bar{k}_2}{l_{2,4}}\right).$$

Gleichungstabelle 7

	φ_3	φ_4	$\varDelta$	B
φ_3	d_3	k_3	$\bar{k}_1$	s_3
φ_4	k_3	d_4	$0{,}5\,\bar{k}_2$	s_4
$\varDelta$	$\bar{k}_1$	$0{,}5\,\bar{k}_2$	D	S

(Siehe auch Zahlenbeispiele 8, 9, 10.)

B. Die Symmetrale des Tragwerkes geht durch die Feldmitte

Hier ist bei antimetrischer Belastung nur auf die Bildung der d-Glieder jener Knoten zu achten, die der Symmetrale benachbart sind. Im übrigen braucht wieder nur eine Hälfte des Tragwerkes in Betracht gezogen zu werden. Es ist z. B. nach (50) unter Voraussetzung einer antimetrischen Belastung die Knotengleichung für den Knoten 5 des Rahmentragwerkes der Abb. 280:

$$d_5\,\varphi_5 + k_5\,\varphi_4 + k_6\,\varphi_{5'} + \bar{k}_5\,\varDelta_2 + s_5 = 0.$$

Da $\varphi_5 = \varphi_{5'}$ ist, kann die Gleichung auch in folgender Form geschrieben werden:

$$(d_5 + k_6)\,\varphi_5 + k_5\,\varphi_4 + \bar{k}_5\,\varDelta_2 + s_5 = 0.$$

Es zeigt sich, daß bei antimetrischer Belastung das d-Glied um den Betrag der Steifigkeitszahl k des Verbindungsstabes zum symmetrisch gelegenen Knoten vergrößert wird, während bei den symmetrisch belasteten Tragwerken das Umgekehrte der Fall war. Multipliziert man den Steifigkeitswert des Symmetriestabes mit 1,5, so drückt dieser Faktor den Einfluß der im Nachbarknoten gleichzeitig wirksamen, gleichgerichteten Verformung aus. Damit kann das Diagonalglied, das für diesen Fall künftig mit d'' bezeichnet werden soll, wieder als doppelte Summe aller Steifig-

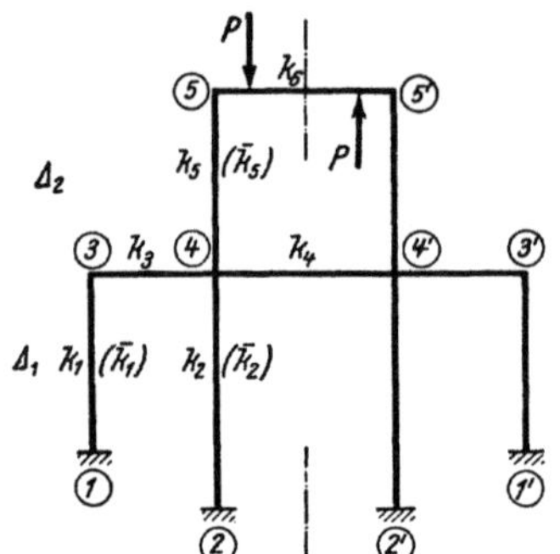

Abb. 280. Tragwerk mit „Stab-Symmetrale" bei antimetrischer Belastung; Festwertskizze

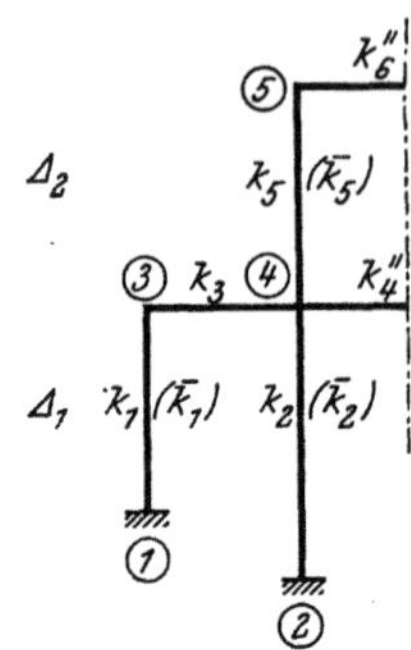

Abb. 280a. Die der Berechnung zugrunde liegende Tragwerkshälfte bei antimetrischer Belastung; Festwertskizze

keitszahlen der im Knoten n fest angeschlossenen Stäbe angeschrieben werden; es gilt also für Knotenpunkte ohne Gelenkstäbe

$$d''_n = 2\left(\sum_i k_{n,i} + k''_{n,n'}\right),$$

(66)

und im allgemeinen Fall unter Berücksichtigung gelenkiger Stabanschlüsse

$$d^0_n{}'' = 2\left(\sum_i k_{n,i} + \sum_g k^0_{n,g} + k''_{n,n'}\right);$$

(66a)

darin bedeutet

$$k''_{n,n'} = 1{,}5\,k_{n,n'}$$

(67)

die Steifigkeitszahl des antimetrisch verformten Symmetriestabes $n\!-\!n'$.

Unter Beachtung dieser Beziehungen kann anhand der Festwertskizze (Abb. 280a) die Gleichungstabelle 8 aufgestellt werden. Hierzu können wieder die Knotengleichung (61) und die Verschiebungsgleichung (63) Verwendung finden.

Gleichungstabelle 8

	φ_3	φ_4	φ_5	$\varDelta_1$	$\varDelta_2$	B
φ_3	d_3	k_3		$\bar{k}_1$		s_3
φ_4	k_3	d''_4	k_5	$\bar{k}_2$	$\bar{k}_5$	s_4
φ_5		k_5	d''_5		$\bar{k}_5$	s_5
$\varDelta_1$	$\bar{k}_1$	$\bar{k}_2$		D_1		S_1
$\varDelta_2$		$\bar{k}_5$	$\bar{k}_5$		D_2	S_2

Nach Auflösung dieser Gleichungen können die Stabendmomente nach (10) bzw. (10a) ermittelt werden; für die Anschlußmomente der Symmetriestäbe gilt analog (42)

$$M_{n,\,n'} = 2\,k''\,\varphi_n + \mathfrak{M}_{n,\,n'}\,. \qquad (68)$$

Es gibt natürlich auch Tragwerke, bei denen die Symmetrale abwechselnd durch Knoten und durch Feldmitten hindurchgeht (Abb. 281). Auch dann können bei der Aufstellung der Gleichungen die vorstehenden Erläuterungen sinngemäß Anwendung finden.

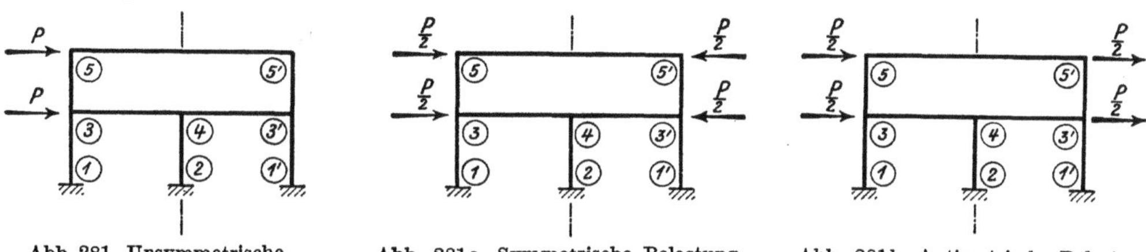

Abb. 281. Unsymmetrische Belastung P Abb. 281a. Symmetrische Belastung $P/2$ Abb. 281b. Antimetrische Belastung $P/2$

Zu beachten ist, daß der Belastungsfall in Abb. 281 für die Berechnung der Momente und Querkräfte ohne weiteres als antimetrisch (Abb. 281b) angesehen werden kann. Sein symmetrischer Anteil (Abb. 281a) ergibt nämlich nur Längskräfte in den Riegeln und kann daher bei der Ermittlung des Momenten- und Querkraftverlaufes vollständig außer acht gelassen werden.

6. Nur waagrecht verschiebliche Tragwerke mit gelenkigen Stabanschlüssen

A. Allgemeines

In den Abb. 282 bis 285 sind einige verschiebliche Tragwerke mit gelenkigen Stabanschlüssen dargestellt und gleichzeitig auch die nach dem hier behandelten Verfahren jeweils zu bestimmenden Unbekannten vermerkt. Weitere Beispiele

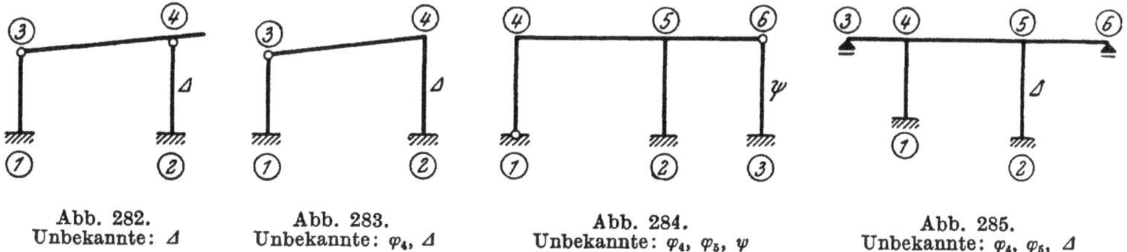

Abb. 282. Unbekannte: $\varDelta$ Abb. 283. Unbekannte: φ_4, $\varDelta$ Abb. 284. Unbekannte: φ_4, φ_5, ψ Abb. 285. Unbekannte: φ_4, φ_5, $\varDelta$

Abb. 282 bis 285. Bei jeder Belastung nur waagrecht verschiebliche Tragwerke mit gelenkigen Stabanschlüssen

solcher Rahmentragwerke zeigen die Abb. 55 bis 57, 61, 63, 65 bis 68, 72 bis 74, 78 bis 80, 82, 83, 85, 152, 154 bis 156, 163, 166, 224 bis 228.

Die Aufstellung der *Bedingungsgleichungen* für derartige Tragwerke wird im folgenden ausführlich dargelegt.

Knotengleichungen. Es soll zuerst die allgemeine Form der Knotengleichung unter der Voraussetzung aufgestellt werden, daß beliebig viele der im Knoten n

zusammentreffenden Stäbe an ihren Enden gelenkig angeschlossen sind und daß bei sämtlichen Stäben Stabdrehwinkel ψ bzw. Stabendverschiebungen $\varDelta$ auf-

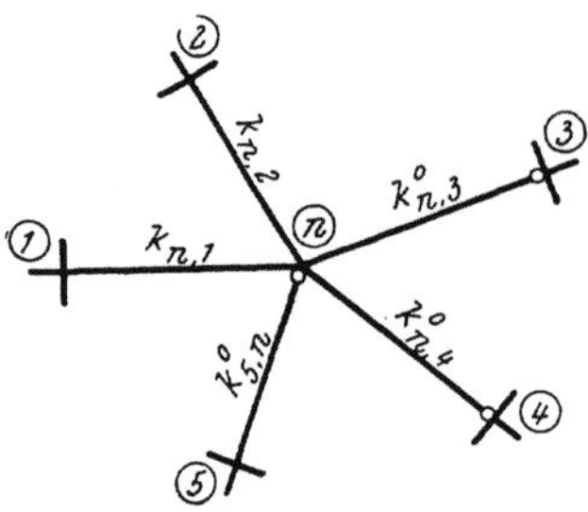

Abb. 286. Tragwerksteil mit gelenkigen Stabanschlüssen; Festwertskizze

treten; weiter sei angenommen, daß alle Stäbe belastet sind. In Abb. 286 ist ein solcher Knoten n mit den benachbarten Knotenpunkten als Teil eines beliebig gestalteten Rahmentragwerkes dargestellt. Bei der Aufstellung der Knotengleichung geht man wieder von der Bedingung aus, daß die Summe aller Stabanschlußmomente im Knoten n gleich Null sein muß. Die Anschlußmomente können für die auf der Gegenseite gelenkig angeschlossenen Stäbe nach (16) und für die beidseitig fest angeschlossenen Stäbe nach (7) angeschrieben werden. Man erhält also:

$$M_{n,1} = k_{n,1}\,(2\,\varphi_n + \varphi_1 + 3\,\psi_{n,1}) + \mathfrak{M}_{n,1}$$

$$M_{n,2} = k_{n,2}\,(2\,\varphi_n + \varphi_2 + 3\,\psi_{n,2}) + \mathfrak{M}_{n,2}$$

$$M_{n,3} = 2\,k^0_{n,3}\,(\varphi_n + \psi_{n,3}) + \mathfrak{M}^0_{n,3} \tag{69}$$

$$M_{n,4} = 2\,k^0_{n,4}\,(\varphi_n + \psi_{n,4}) + \mathfrak{M}^0_{n,4}$$

$$M_{n,5} = 0 \ \text{(Gelenk!)}.$$

Da $\varSigma M_{n,i} = 0$ sein muß, ergibt sich

$$2\,(k_{n,1} + k_{n,2} + k^0_{n,3} + k^0_{n,4})\,\varphi_n + k_{n,1}\varphi_1 + k_{n,2}\varphi_2 +$$
$$+\, 3\,k_{n,1}\,\psi_{n,1} + 3\,k_{n,2}\,\psi_{n,2} + 2\,k^0_{n,3}\,\psi_{n,3} + 2\,k^0_{n,4}\,\psi_{n,4} + \tag{69a}$$
$$+\, \mathfrak{M}_{n,1} + \mathfrak{M}_{n,2} + \mathfrak{M}^0_{n,3} + \mathfrak{M}^0_{n,4} = 0\,.$$

In vereinfachter Schreibweise lautet somit diese Knotengleichung

$$\boxed{\,d^0_n\,\varphi_n + \underset{i}{\varSigma}\,k_{n,i}\,\varphi_i + \underset{i}{\varSigma}\,3\,k_{n,i}\,\psi_{n,i} + \underset{g}{\varSigma}\,2\,k^0_{n,g}\,\psi_{n,g} + s^0_n = 0\,.\,} \tag{70}$$

Hierin haben die Werte d^0_n, s^0_n und $\underset{i}{\varSigma}\,k_{n,i}\,\varphi_i$ die gleiche Bedeutung wie in (30), und zwar ist nach (31)

$$d^0_n = 2\left(\underset{i}{\varSigma}\,k_{n,i} + \underset{g}{\varSigma}\,k^0_{n,g}\right)$$

und nach (32)

$$s^0_n = \underset{i}{\varSigma}\,\mathfrak{M}_{n,i} + \underset{g}{\varSigma}\,\mathfrak{M}^0_{n,g}$$

bzw. nach (32a)

$$s^0_n = \underset{i}{\varSigma}\,\mathfrak{M}_{n,i} + \underset{g}{\varSigma}\,\mathfrak{M}^0_{n,g} + \varSigma\,\mathfrak{M}_{n,K}\,.$$

Die Glieder $\underset{i}{\varSigma}\,k_{n,i}\,\varphi_i$ und $\underset{i}{\varSigma}\,3\,k_{n,i}\,\psi_{n,i}$ beziehen sich nur auf jene Stäbe, die beidseitig elastisch eingespannt sind, während die Glieder $\underset{g}{\varSigma}\,2\,k^0_{n,g}\,\psi_{n,g}$ für solche Stäbe gelten, die nur im Knoten n fest angeschlossen, auf der Gegenseite aber gelenkig gelagert sind.

Wählt man gemäß (2) anstelle der Stabdrehwinkel ψ die Verschiebungsgrößen $\varDelta$ als Unbekannte, so geht die Knotengleichung (70) über in

$$\boxed{\,d^0_n\,\varphi_n + \underset{i}{\varSigma}\,k_{n,i}\,\varphi_i + \underset{i}{\varSigma}\,\bar{k}_{n,i}\,\varDelta_{n,i} + \underset{g}{\varSigma}\,\bar{k}^0_{n,g}\,\varDelta_{n,g} + s^0_n = 0\,.\,} \tag{71}$$

Hierin bedeuten

$$\bar{k} = \frac{3\,k}{l} \tag{72}$$

und

$$\bar{k}^0 = \frac{2\,k^0}{l}\,. \tag{73}$$

Verschiebungsgleichungen. In gleicher Weise, wie dies in den vorangegangenen Kapiteln für Tragwerke ohne Gelenke gezeigt worden ist, lassen sich auch für die verschiedenen Tragwerksarten mit gelenkigen Stabanschlüssen gebrauchsfertige Mustergleichungen ableiten. Den Ausgangspunkt für die Aufstellung der Verschiebungsgleichungen bildet, wie auf Seite 41f. ausführlich dargelegt worden ist, auch hier die Bedingung $\Sigma H = 0$ für den durch einen gedachten Schnitt an den oberen Säulenenden abgetrennten Tragwerksteil. Die allgemeine Bedingungsgleichung (54) für waagrecht verschiebliche Rahmentragwerke lautet:

$$\Sigma P + \Sigma q \cdot e + \Sigma \mathfrak{A}_o + \sum \frac{M_o + M_u}{l} = 0 \tag{74}$$

oder, wenn sämtliche Stiele eines Stockwerkes dieselbe Länge aufweisen, gemäß (55)

$$(\Sigma P + \Sigma q \cdot e + \Sigma \mathfrak{A}_o)\, l + \Sigma\,(M_o + M_u) = 0\,. \tag{75}$$

In diesen Gleichungen bedeuten P und q die waagrechten Komponenten der auf den abgetrennten Tragwerksteil einwirkenden äußeren Kräfte und $\mathfrak{A}_o$ die oberen Auflagerdrücke der frei aufliegend gedachten Stiele des betrachteten Stockwerkes infolge der auf sie direkt einwirkenden äußeren Lasten. Für die Bildung der Ausdrücke $\sum \frac{M_o + M_u}{l}$ bzw. $\Sigma\,(M_o + M_u)$, die sich auf die Stielendmomente beziehen, sind die Lagerungsarten der einzelnen Stiele maßgebend. Es kommen hier die in Abb. 287a bis e dargestellten fünf Fälle in Betracht:

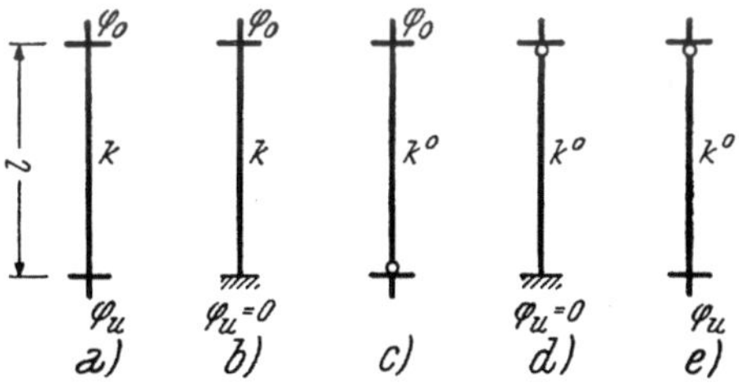

Abb. 287a bis e. Stäbe mit verschiedenen Endanschlüssen

1. Für einen beidseitig elastisch eingespannten Stiel (Abb. 287a) ist nach (10)

$$\begin{aligned} M_o &= k\left(2\,\varphi_o + \varphi_u + \frac{3\,\Delta}{l}\right) + \mathfrak{M}_o \\ M_u &= k\left(2\,\varphi_u + \varphi_o + \frac{3\,\Delta}{l}\right) + \mathfrak{M}_u\,. \end{aligned} \tag{76}$$

2. Für einen unten unverdrehbaren Stiel (Abb. 287b) wird nach (10) mit $\varphi_u = 0$

$$\begin{aligned} M_o &= k\left(2\,\varphi_o + \frac{3\,\Delta}{l}\right) + \mathfrak{M}_o \\ M_u &= k\left(\varphi_o + \frac{3\,\Delta}{l}\right) + \mathfrak{M}_u. \end{aligned} \tag{77}$$

3. Für einen unten gelenkig angeschlossenen Stiel (Abb. 287c) ist nach (17)

$$\begin{aligned} M_o &= 2\,k^0\left(\varphi_o + \frac{\Delta}{l}\right) + \mathfrak{M}^0{}_o \\ M_u &= 0\,. \end{aligned} \tag{78}$$

4. **Für einen oben gelenkig angeschlossenen und unten unverdrehbaren Stiel** (Abb. 287d) wird nach (17) mit $\varphi_u = 0$

$$M_o = 0$$

$$M_u = 2\,k^0\,\frac{\varDelta}{l} + \mathfrak{M}^0{}_u\,. \tag{79}$$

5. **Für einen oben gelenkig angeschlossenen Stiel** (Abb. 287e) ist nach (17)

$$M_o = 0$$

$$M_u = 2\,k^0\left(\varphi_u + \frac{\varDelta}{l}\right) + \mathfrak{M}^0{}_u\,. \tag{80}$$

Mit Hilfe der Formeln (76) bis (80) kann die Verschiebungsgleichung (74) bzw. (75) für verschiedene Sonderfälle ausgewertet werden; dabei wird man mit Vorteil für Rahmen mit gleich langen Stielen anstelle der Verschiebungsgröße $\varDelta$ den Stabdrehwinkel ψ als Unbekannte wählen. Das soll im folgenden für einige wichtige Fälle gezeigt werden.

B. Mehrfeldrahmen

Es erscheint zweckmäßig, hier die verschiedenen Sonderformen des einstöckigen Mehrfeldrahmens getrennt zu behandeln und gebrauchsfertige Formeln der Knotengleichungen sowie der dazugehörigen Verschiebungsgleichungen für diese Rahmentypen abzuleiten.

a) Der Mehrfeldrahmen mit ungleich langen Stielen

α) *Mehrfeldrahmen mit durchweg fest eingespannten Säulenfüßen* (Abb. 288)

Knotengleichungen. Diese lauten nach (61) unter Beachtung, daß im vorliegenden Fall immer nur ein $\varDelta$-Glied auftreten kann:

$$\boxed{d_n\varphi_n + \sum_i k_{n,i}\varphi_i + \bar{k}_s\,\varDelta + s_n = 0\,,} \tag{81}$$

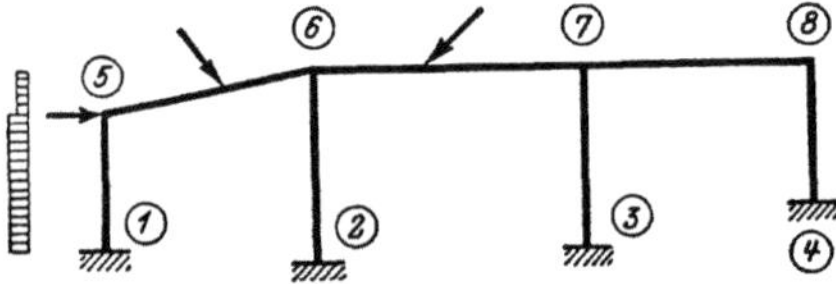

Abb. 288. Mehrfeldrahmen mit eingespannten Säulenfüßen

wobei gemäß (62)

$$\bar{k}_s = \frac{3\,k_s}{l}\,. \tag{82}$$

Die Glieder $\sum\limits_i k_{n,i}\,\varphi_i$ beziehen sich hier nur auf die im Knoten n angeschlossenen Riegel und $\bar{k}_s\,\varDelta$ auf die einmündende Säule.

Verschiebungsgleichung. Die Verschiebungsgleichung lautet nach (63) unter Beachtung, daß hier für alle Stiele $\varphi_u = 0$ ist,

$$\boxed{\sum\bar{k}_s\varphi_o + D\varDelta + S = 0\,.} \tag{83}$$

In dieser Formel ist nach (64)

$$D = 2\sum\frac{\bar{k}_s}{l} \tag{84}$$

und gemäß (65)

$$S = \sum_R P + \sum_R q\cdot e + \sum\mathfrak{A}_o + \sum\frac{\mathfrak{M}_o + \mathfrak{M}_u}{l}\,, \tag{85}$$

wobei P und q die waagrechten Komponenten der an den Riegeln angreifenden äußeren Kräfte bedeuten; die übrigen Größen gehen aus (60) hervor. (Vgl. auch Zahlenbeispiel 13.)

β) *Mehrfeldrahmen mit durchweg gelenkig angeschlossenen Säulenfüßen* (Abb. 289)

Knotengleichungen. Diese ergeben sich aus (71) und lauten:

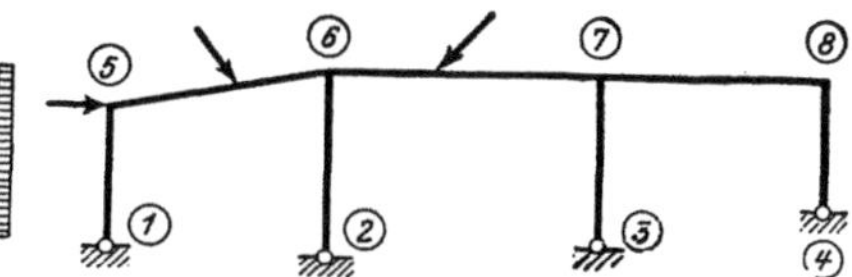

Abb. 289. Mehrfeldrahmen mit Fußgelenken

$$d^0{}_n \varphi_n + \sum_i k_{n,i} \varphi_i + \bar{k}^0{}_s \varDelta + s^0{}_n = 0 \,. \tag{86}$$

Hierin ist gemäß (31)

$$d^0{}_n = 2 \left(\sum_i k_{n,i} + k^0{}_s \right) \tag{87}$$

und gemäß (32)

$$s^0{}_n = \sum_i \mathfrak{M}_{n,i} + \mathfrak{M}^0{}_s \,; \tag{88}$$

für Knotenpunkte mit etwa vorhandenen Kragarmmomenten wird nach (32a)

$$s^0{}_n = \sum_i \mathfrak{M}_{n,i} + \mathfrak{M}^0{}_s + \sum \mathfrak{M}_{n,K} \,. \tag{88a}$$

Weiter ist in der oben aufgestellten Knotengleichung gemäß (73)

$$\bar{k}^0{}_s = \frac{2\,k^0{}_s}{l} \,. \tag{89}$$

Verschiebungsgleichung. Für den vorliegenden Fall gilt nach (74) allgemein

$$\sum_R P + \sum_R q \cdot e + \sum \mathfrak{A}_o + \sum \frac{M_o + M_u}{l} = 0 \,, \tag{90}$$

wobei sich $\sum_R$ auf die Riegel bezieht. Unter der Voraussetzung, daß sämtliche Stiele Fußgelenke aufweisen, wird überall $M_u = 0$. Man erhält daher unter Verwendung von (78) für

$$\sum \frac{M_o}{l} = \sum \frac{2\,k^0{}_s}{l} \left(\varphi_o + \frac{\varDelta}{l} \right) + \sum \frac{\mathfrak{M}^0{}_o}{l} \tag{91}$$

oder, wenn nach (89) für $2\,k^0{}_s/l = \bar{k}^0{}_s$ gesetzt wird,

$$\sum \frac{M_o}{l} = \sum \bar{k}^0{}_s \varphi_o + \sum \bar{k}^0{}_s \frac{\varDelta}{l} + \sum \frac{\mathfrak{M}^0{}_o}{l} \,. \tag{91a}$$

Führt man diesen Ausdruck in die allgemeine Verschiebungsgleichung (90) ein, so ergibt sich

$$\sum_R P + \sum_R q \cdot e + \sum \mathfrak{A}_o + \sum \bar{k}^0{}_s \varphi_o + \sum \bar{k}^0{}_s \frac{\varDelta}{l} + \sum \frac{\mathfrak{M}^0{}_o}{l} = 0 \tag{92}$$

oder in gekürzter Schreibweise

$$\sum \bar{k}^0{}_s \varphi_o + D^0 \varDelta + S^0 = 0 \,, \tag{93}$$

wobei

$$D^0 = \sum \frac{\bar{k}^0{}_s}{l} \tag{94}$$

und

$$S^0 = \underset{R}{\Sigma} P + \underset{R}{\Sigma} q \cdot e + \Sigma \mathfrak{A}_o + \sum \frac{\mathfrak{M}^0{}_o}{l} . \tag{95}$$

(Vgl. auch Zahlenbeispiel 9.)

γ) *Mehrfeldrahmen mit durchweg gelenkig ausgebildeten Säulenköpfen und voll eingespannten Säulenfüßen (Abb. 290)*

Knotengleichungen. Da in diesem Falle die Stiele für die Knotengleichungen keinen Beitrag liefern, entfällt das Δ-Glied. Der Ausdruck ist hier also völlig unabhängig von der Verschiebungsgleichung und identisch mit (30). Die Knotengleichungen lauten somit:

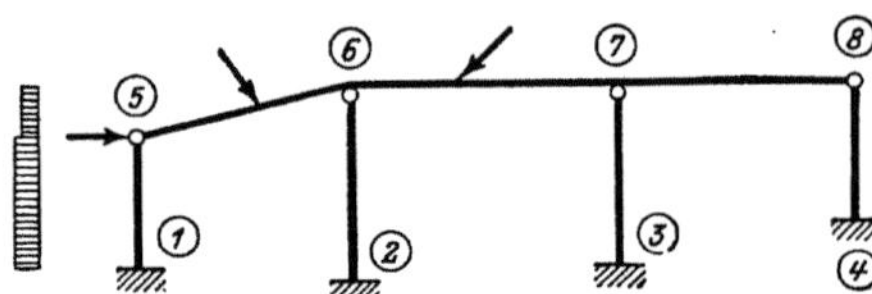

Abb. 290. Mehrfeldrahmen mit Kopfgelenken

$$\boxed{d^0{}_n \varphi_n + \underset{i}{\Sigma} k_{n,i} \varphi_i + s^0{}_n = 0 .} \tag{96}$$

Die Glieder $\Sigma k_{n,i} \varphi_i$ beziehen sich hier nur auf die Riegel.

Verschiebungsgleichung. Für den in der allgemeinen Verschiebungsgleichung (90) auftretenden Ausdruck $\sum \dfrac{M_o + M_u}{l}$ ergibt sich hier wegen $M_o = 0$ und unter Beachtung, daß bei sämtlichen Stielen $\varphi_u = 0$ ist, aus (79)

$$\sum \frac{M_u}{l} = \sum \frac{2\,k^0{}_s}{l} \cdot \frac{\Delta}{l} + \sum \frac{\mathfrak{M}^0{}_u}{l} . \tag{97}$$

Setzt man nach (89) für $2\,k^0{}_s / l = \bar{k}^0{}_s$, so wird

$$\sum \frac{M_u}{l} = \Sigma \bar{k}^0{}_s \frac{\Delta}{l} + \sum \frac{\mathfrak{M}^0{}_u}{l} . \tag{97a}$$

Nach Einführung dieses Ausdruckes in (90) erhält man

$$\underset{R}{\Sigma} P + \underset{R}{\Sigma} q \cdot e + \Sigma \mathfrak{A}_o + \Sigma \bar{k}^0{}_s \frac{\Delta}{l} + \sum \frac{\mathfrak{M}^0{}_u}{l} = 0 \tag{98}$$

oder

$$\boxed{D^0 \Delta + S^0 = 0 .} \tag{99}$$

Hierin ist

$$D^0 = \sum \frac{\bar{k}^0{}_s}{l} \tag{100}$$

und

$$S^0 = \underset{R}{\Sigma} P + \underset{R}{\Sigma} q \cdot e + \Sigma \mathfrak{A}_o + \sum \frac{\mathfrak{M}^0{}_u}{l} . \tag{101}$$

δ) *Mehrfeldrahmen mit Fuß- oder Kopfgelenken in beliebiger Anordnung (Abb. 291)*

Knotengleichungen. Diese können nach den gebrauchsfertigen Formeln (81), (86) oder (96) angeschrieben werden, je nachdem, ob die in den betrachteten Knoten einmündende Säule gelenklos ist bzw. ein Gelenk unten oder aber ein Gelenk oben aufweist. Ist eine Säule oben und unten gelenkig angeschlossen (Pendelsäule), so gilt die Gl. (96).

Verschiebungsgleichung. Da hier sowohl gelenklose Stiele als auch solche mit Gelenk unten (also $M_u = 0$) oder oben (also $M_o = 0$) vorausgesetzt sind, kann die allgemeine Verschiebungsgleichung (74) bzw. (90) folgendermaßen geschrieben werden:

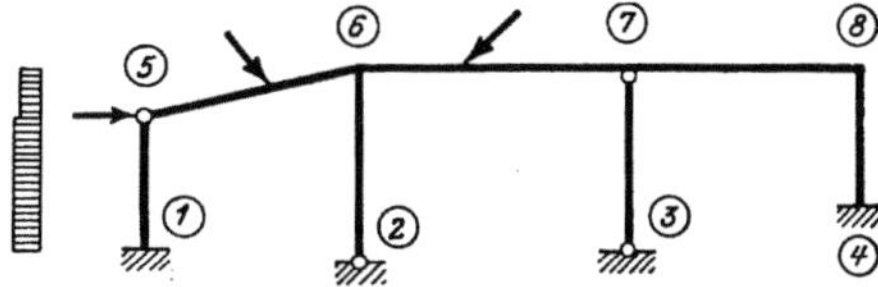

Abb. 291. Mehrfeldrahmen mit Fuß- oder Kopfgelenken

$$\sum_R P + \sum_R q \cdot e + \Sigma \mathfrak{A}_o + \sum_e \frac{M_o + M_u}{l} + \sum_{gu} \frac{M_o}{l} + \sum_{go} \frac{M_u}{l} = 0 . \tag{102}$$

Hierin beziehen sich $\sum_e$ auf alle Stiele ohne Gelenk, $\sum_{gu}$ auf alle Stiele mit Gelenk unten und $\sum_{go}$ auf alle Stiele mit Gelenk oben. Im einzelnen ergeben sich für diese Summenglieder folgende Ausdrücke:

1. Für gelenklose, unten voll eingespannte Stiele ($\varphi_u = 0$) nach (77) unter Beachtung von (82)

$$\sum_e \frac{M_o + M_u}{l} = \Sigma_e \bar{k}_s \varphi_o + \Sigma_e 2 \bar{k}_s \frac{\Delta}{l} + \sum_e \frac{\mathfrak{M}_o + \mathfrak{M}_u}{l} . \tag{103}$$

2. Für Stiele mit Gelenk unten nach (78) unter Beachtung von (89) bzw. nach (91a)

$$\sum_{gu} \frac{M_o}{l} = \Sigma_{gu} \bar{k}^0{}_s \varphi_o + \Sigma_{gu} \bar{k}^0{}_s \frac{\Delta}{l} + \sum_{gu} \frac{\mathfrak{M}^0{}_o}{l} . \tag{104}$$

3. Für Stiele mit Gelenk oben und voller Einspannung unten ($\varphi_u = 0$) nach (79) bzw. (97a)

$$\sum_{go} \frac{M_u}{l} = \Sigma_{go} \bar{k}^0{}_s \frac{\Delta}{l} + \sum_{go} \frac{\mathfrak{M}^0{}_u}{l} . \tag{105}$$

Bei Stielen mit Gelenk oben und unten (Pendelsäulen) ist $M_o = M_u = 0$.

Führt man die vorstehenden Ausdrücke (103) bis (105) in (102) ein, so erhält man die Verschiebungsgleichung nach entsprechender Ordnung der einzelnen Glieder und unter Verwendung der vereinfachenden Bezeichnungen in folgender Form:

$$\boxed{\Sigma_e \bar{k}_s \varphi_o + \Sigma_{gu} \bar{k}^0{}_s \varphi_o + D^0 \Delta + S^0 = 0 .} \tag{106}$$

In dieser Gleichung bedeuten

$$D^0 = 2 \sum_e \frac{\bar{k}_s}{l} + \sum_{gu} \frac{\bar{k}^0{}_s}{l} + \sum_{go} \frac{\bar{k}^0{}_s}{l} , \tag{107}$$

wobei nach (82) und (89)

$$\bar{k}_s = \frac{3\,k_s}{l} \quad \text{und} \quad \bar{k}^0{}_s = \frac{2\,k^0{}_s}{l} ,$$

ferner

$$S^0 = \sum_R P + \sum_R q \cdot e + \Sigma \mathfrak{A}_o + \sum_e \frac{\mathfrak{M}_o + \mathfrak{M}_u}{l} + \sum_{gu} \frac{\mathfrak{M}^0{}_o}{l} + \sum_{go} \frac{\mathfrak{M}^0{}_u}{l} . \tag{108}$$

Tafel II. *Zusammenstellung der Knoten- und Verschiebungsgleichungen für einstöckige Mehrfeldrahmen mit ungleich langen Stielen (ohne Vouten)*[1]

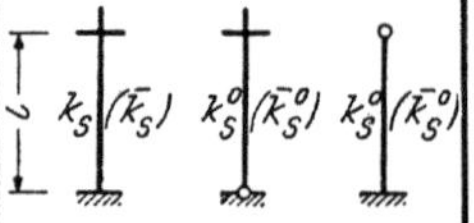

$k_s\,(\bar{k}_s)\quad k_s^0\,(\bar{k}_s^0)\quad k_s^0\,(\bar{k}_s^0)$	KG .... Knotengleichung VG .... Verschiebungsgleichung $k = \dfrac{J}{l}\cdot 1000\,;\quad k^0 = \dfrac{J}{l}\cdot 750\,;\quad \bar{k}_s = \dfrac{3\,k_s}{l}\,;\quad \bar{k}^0{}_s = \dfrac{2\,k^0{}_s}{l}$

1. Mehrfeldrahmen mit durchweg fest eingespannten Säulenfüßen (siehe auch S. 54 f.)

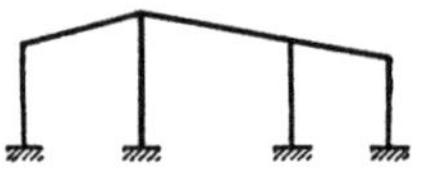

$$\text{KG} \;\ldots\; d_n\varphi_n + \underset{i}{\Sigma}\,k_{n,i}\,\varphi_i + \bar{k}_s\,\varDelta + s_n = 0$$

$$d_n = 2\,\underset{i}{\Sigma}\,k_{n,i}\,;\qquad\qquad s_n = \underset{i}{\Sigma}\,\mathfrak{M}_{n,i} + \Sigma\,\mathfrak{M}_{n,K}$$

$$\text{VG} \;\ldots\; \Sigma\,\bar{k}_s\,\varphi_o + D\varDelta + S = 0$$

$$D = 2\,\sum \frac{\bar{k}_s}{l}\,;\qquad\qquad S = \underset{R}{\Sigma}\,P + \underset{R}{\Sigma}\,q\cdot e + \Sigma\,\mathfrak{A}_o + \sum \frac{\mathfrak{M}_o + \mathfrak{M}_u}{l}$$

2. Mehrfeldrahmen mit durchweg gelenkig angeschlossenen Säulenfüßen (siehe auch S. 55 f.)

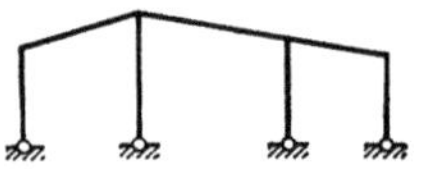

$$\text{KG} \;\ldots\; d^0{}_n\varphi_n + \underset{i}{\Sigma}\,k_{n,i}\,\varphi_i + \bar{k}^0{}_s\,\varDelta + s^0{}_n = 0$$

$$d^0{}_n = 2\left(\underset{i}{\Sigma}\,k_{n,i} + k^0{}_s\right)\,;\qquad s^0{}_n = \underset{i}{\Sigma}\,\mathfrak{M}_{n,i} + \mathfrak{M}^0{}_s + \Sigma\,\mathfrak{M}_{n,K}$$

$$\text{VG} \;\ldots\; \Sigma\,\bar{k}^0{}_s\,\varphi_o + D^0\varDelta + S^0 = 0$$

$$D^0 = \sum \frac{\bar{k}^0{}_s}{l}\,;\qquad\qquad S^0 = \underset{R}{\Sigma}\,P + \underset{R}{\Sigma}\,q\cdot e + \Sigma\,\mathfrak{A}_o + \sum \frac{\mathfrak{M}^0{}_o}{l}$$

3. Mehrfeldrahmen mit durchweg gelenkig ausgebildeten Säulenköpfen und voll eingespannten Säulenfüßen (siehe auch S. 56)

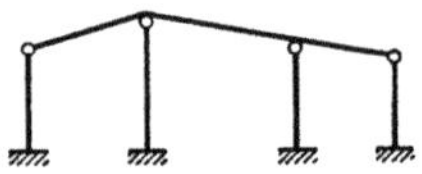

$$\text{KG} \;\ldots\; d^0{}_n\varphi_n + \underset{i}{\Sigma}\,k_{n,i}\,\varphi_i + s^0{}_n = 0$$

$$d^0{}_n = 2\left(\underset{i}{\Sigma}\,k_{n,i} + \underset{g}{\Sigma}\,k^0{}_{n,g}\right)\,;\qquad s^0{}_n = \underset{i}{\Sigma}\,\mathfrak{M}_{n,i} + \underset{g}{\Sigma}\,\mathfrak{M}^0{}_{n,g} + \Sigma\,\mathfrak{M}_{n,K}$$

$$\text{VG} \;\ldots\; D^0\varDelta + S^0 = 0$$

$$D^0 = \sum \frac{\bar{k}^0{}_s}{l}\,;\qquad\qquad S^0 = \underset{R}{\Sigma}\,P + \underset{R}{\Sigma}\,q\cdot e + \Sigma\,\mathfrak{A}_o + \sum \frac{\mathfrak{M}^0{}_u}{l}$$

4. Mehrfeldrahmen mit Fuß- oder Kopfgelenken in beliebiger Anordnung (siehe auch S. 56 f.)

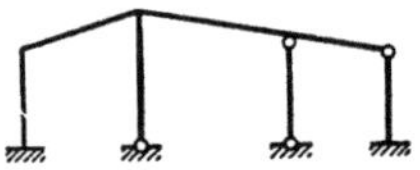

$$\text{KG} \;\ldots\; \text{Aus Zeile 1 bzw. 2 bzw. 3}$$

$$\text{VG} \;\ldots\; \underset{e}{\Sigma}\,\bar{k}_s\,\varphi_o + \underset{gu}{\Sigma}\,\bar{k}^0{}_s\,\varphi_o + D^0\varDelta + S^0 = 0$$

$$D^0 = 2\,\underset{e}{\sum}\,\frac{\bar{k}_s}{l} + \underset{gu}{\sum}\,\frac{\bar{k}^0{}_s}{l} + \underset{go}{\sum}\,\frac{\bar{k}^0{}_\varepsilon}{l}$$

$$S^0 = \underset{R}{\Sigma}\,P + \underset{R}{\Sigma}\,q\cdot e + \Sigma\,\mathfrak{A}_o + \underset{e}{\sum}\,\frac{\mathfrak{M}_o + \mathfrak{M}_u}{l} + \underset{gu}{\sum}\,\frac{\mathfrak{M}^0{}_o}{l} + \underset{go}{\sum}\,\frac{\mathfrak{M}^0{}_u}{l}$$

---

[1] Für Rahmentragwerke mit Vouten siehe Tafel V, Seite 128

Tafel IIa. *Zusammenstellung der Knoten- und Verschiebungsgleichungen für einstöckige Mehrfeldrahmen mit gleich langen Stielen (ohne Vouten)*[1]

(Figur)	KG .... Knotengleichung VG .... Verschiebungsgleichung $$k = \frac{J}{l} \cdot 1000; \qquad k^0 = \frac{J}{l} \cdot 750$$

1   Mehrfeldrahmen mit durchweg fest eingespannten Säulenfüßen

$$\text{KG} \ldots\, d_n \varphi_n + \sum_i k_{n,i}\, \varphi_i + 3\, k_s\, \psi + s_n = 0$$

$$d_n = 2 \sum_i k_{n,i}; \qquad s_n = \sum_i \mathfrak{M}_{n,i} + \sum \mathfrak{M}_{n,K}$$

$$\text{VG} \ldots\, \sum 3\, k_s\, \varphi_o + D\, \psi + S = 0$$

$$D = 6 \sum k_s; \qquad S = \left(\sum_R P + \sum_R q \cdot e + \sum \mathfrak{A}_o \right) l + \sum \left(\mathfrak{M}_o + \mathfrak{M}_u \right)$$

2   Mehrfeldrahmen mit durchweg gelenkig angeschlossenen Säulenfüßen

$$\text{KG} \ldots\, d^0{}_n \varphi_n + \sum_i k_{n,i}\, \varphi_i + 2\, k^0{}_s\, \psi + s^0{}_n = 0$$

$$d^0{}_n = 2 \left(\sum_i k_{n,i} + k^0{}_s \right); \qquad s^0{}_n = \sum_i \mathfrak{M}_{n,i} + \mathfrak{M}^0{}_s + \sum \mathfrak{M}_{n,K}$$

$$\text{VG} \ldots\, \sum 2\, k^0{}_s\, \varphi_o + D^0\, \psi + S^0 = 0$$

$$D^0 = 2 \sum k^0{}_s; \qquad S^0 = \left(\sum_R P + \sum_R q \cdot e + \sum \mathfrak{A}_o \right) l + \sum \mathfrak{M}^0{}_o$$

3   Mehrfeldrahmen mit durchweg gelenkig ausgebildeten Säulenköpfen und voll eingespannten Säulenfüßen

$$\text{KG} \ldots\, d^0{}_n \varphi_n + \sum_i k_{n,i}\, \varphi_i + s^0{}_n = 0$$

$$d^0{}_n = 2 \left(\sum_i k_{n,i} + \sum_g k^0{}_{n,g} \right); \qquad s^0{}_n = \sum_i \mathfrak{M}_{n,i} + \sum_g \mathfrak{M}^0{}_{n,g} + \sum \mathfrak{M}_{n,K}$$

$$\text{VG} \ldots\, D^0\, \psi + S^0 = 0$$

$$D^0 = 2 \sum k^0{}_s; \qquad S^0 = \left(\sum_R P + \sum_R q \cdot e + \sum \mathfrak{A}_o \right) l + \sum \mathfrak{M}^0{}_u$$

4   Mehrfeldrahmen mit Fuß- oder Kopfgelenken in beliebiger Anordnung

$$\text{KG} \ldots\, \text{Aus Zeile 1 bzw. 2 bzw. 3}$$

$$\text{VG} \ldots\, \sum_e 3\, k_s\, \varphi_o + \sum_{gu} 2\, k^0{}_s\, \varphi_o + D^0\, \psi + S^0 = 0$$

$$D^0 = 6 \sum_e k_s + 2 \sum_{gu} k^0{}_s + 2 \sum_{go} k^0{}_s$$

$$S^0 = \left(\sum_R P + \sum_R q \cdot e + \sum \mathfrak{A}_o \right) l + \sum_e \left(\mathfrak{M}_o + \mathfrak{M}_u \right) + \sum_{gu} \mathfrak{M}^0{}_o + \sum_{go} \mathfrak{M}^0{}_u$$

---

[1] Für Rahmentragwerke mit Vouten siehe Tafel Va, Seite 129

Es ist zu beachten, daß Pendelsäulen keine Beiträge für das D^0-Glied liefern. P und q bedeuten die waagrechten Komponenten der an den Riegeln angreifenden äußeren Kräfte, $\mathfrak{A}_o$ die oberen Auflagerdrücke aus der äußeren Belastung sämtlicher frei aufliegend gedachten Stiele einschließlich etwaiger Pendelstützen, $\mathfrak{M}_o$ und $\mathfrak{M}_u$ die Volleinspannmomente der gelenklosen Stiele und $\mathfrak{M}^0{}_o$ bzw. $\mathfrak{M}^0{}_u$ die Volleinspannmomente der unten bzw. oben gelenkig angeschlossenen Säulen.

Anmerkung. Für die praktische Anwendung sind die hier abgeleiteten Mustergleichungen mit den zugehörigen Ausdrücken für die Diagonalglieder und Stabbelastungsglieder in Tafel II, Seite 58, übersichtlich zusammengestellt.

b) Der Mehrfeldrahmen mit gleich langen Stielen

Für diese Tragwerksart lassen sich unter Berücksichtigung gelenkiger Stabanschlüsse sinngemäß in gleicher Weise gebrauchsfertige Mustergleichungen aufstellen, wie dies für Mehrfeldrahmen mit ungleich langen Stielen gezeigt worden ist. Da im vorliegenden Fall sämtliche Säulen dieselbe Länge l aufweisen, ist es zweckmäßig, anstelle der Verschiebungsgröße $\varDelta$ den Stabdrehwinkel ψ als Unbekannte zu wählen. Setzt man also die Formänderungsgröße $\psi = \varDelta/l$ in die entsprechenden Gleichungen ein, dann ergeben sich für die verschiedenen Sonderfälle des einstöckigen Mehrfeldrahmens mit gleich langen Stielen die in Tafel IIa, Seite 59, zusammengestellten Knoten- und Verschiebungsgleichungen. Vergleicht man diese Mustergleichungen mit den entsprechenden Formeln für Mehrfeldrahmen mit ungleich langen Stielen (vgl. Tafel II, Seite 58), so ist ersichtlich, daß hier die Ermittlung der Stabfestwerte $\bar{k}$ bzw. $\bar{k}^0$ entfällt und sich somit der Rechenaufwand vermindert.

C. Stockwerkrahmen mit gelenkigen Stabanschlüssen

a) Stockwerkrahmen mit lotrechten, geschoßweise gleich langen Ständern

Knotengleichungen. Zur Aufstellung der Knotengleichungen kann die allgemeine Formel (70) benutzt werden; sie lautet:

$$d^0{}_n \varphi_n + \sum_i k_{n,i}\,\varphi_i + \sum_i 3\,k_{n,i}\,\psi_{n,i} + \sum_g 2\,k^0{}_{n,g}\,\psi_{n,g} + s^0{}_n = 0\,. \tag{109}$$

Die in dieser Gleichung vorkommenden ψ-Glieder beziehen sich nur auf die in dem betrachteten Knoten n steif angeschlossenen Säulen. Es können also für die hier behandelten Tragwerksformen in einer Knotengleichung höchstens zwei ψ-Glieder auftreten, und zwar für die in den Knoten n einmündenden Stiele des darunter- und des darüberliegenden Stockwerkes. Zieht man außerdem den ganz allgemeinen Fall in Betracht, daß diese Stiele auf der Gegenseite gelenkig gelagert oder elastisch eingespannt sein können, so erscheint es zweckmäßig, die Knotengleichung (109) in folgender Form anzuschreiben:

$$d^0{}_n \varphi_n + \sum_i k_{n,i}\,\varphi_i + 3\,k_\mu\,\psi_\mu + 2\,k^0{}_\mu\,\psi_\mu + 3\,k_{\mu+1}\,\psi_{\mu+1} + 2\,k^0{}_{\mu+1}\,\psi_{\mu+1} + s^0{}_n = 0\,. \tag{110}$$

Unter der Voraussetzung, daß die im betrachteten Knoten n steif angeschlossenen Säulen der Stockwerke μ und $(\mu + 1)$ auf der Gegenseite gelenkig gelagert sind (Abb. 292a), lautet die Knotengleichung (110)

$$d^0{}_n \varphi_n + \sum_i k_{n,i} \varphi_i + 2 k^0{}_\mu \psi_\mu + 2 k^0{}_{\mu+1} \psi_{\mu+1} + s^0{}_n = 0 \,. \tag{110a}$$

Für den in Abb. 292b dargestellten Knotenpunkt eines waagrecht verschieblichen Stockwerkrahmens erhält man nach (110)

$$d^0{}_n \varphi_n + \sum_i k_{n,i} \varphi_i + 3 k_\mu \psi_\mu + 2 k^0{}_{\mu+1} \psi_{\mu+1} + s^0{}_n = 0 \,. \tag{110b}$$

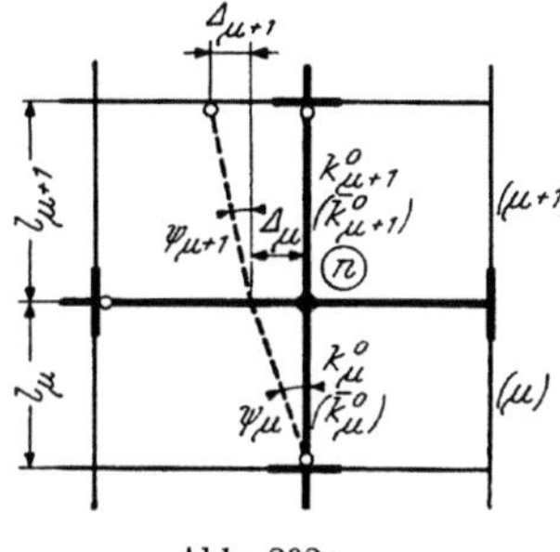

Abb. 292a

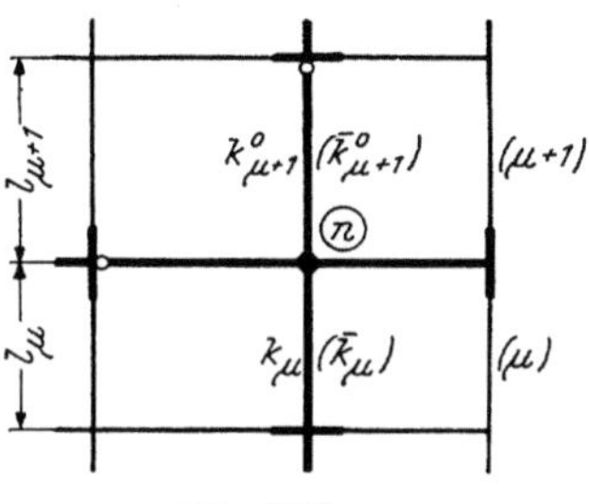

Abb. 292b

Abb. 292a, b. Tragwerksteile eines waagrecht verschieblichen Stockwerkrahmens mit gelenkigen Stabanschlüssen; Bezeichnungen

Verschiebungsgleichungen. Bei der Aufstellung der Verschiebungsgleichungen für irgendein Geschoß μ eines Stockwerkrahmens (Abb. 293) kann hier von der allgemeinen Gl. (75) ausgegangen werden; sie lautet unter Berücksichtigung der verschiedenen Lagerungsmöglichkeiten der einzelnen Stiele an deren oberem und unterem Ende:

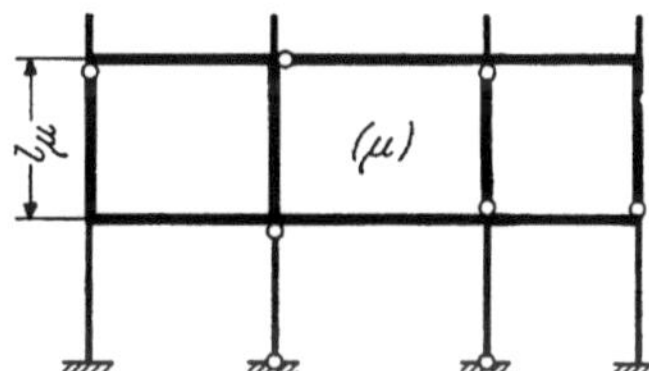

Abb. 293. Teil eines Stockwerkrahmens mit lotrechten, geschoßweise gleich langen Stielen und gelenkigen Stabanschlüssen

$$\left(\sum P + \sum q \cdot e + \sum_\mu \mathfrak{A}_o \right) l_\mu + \sum_e (M_o + M_u) +$$

$$+ \sum_{gu} M_o + \sum_{go} M_u = 0 \,. \tag{111}$$

Für die Summenglieder dieses Ausdruckes, die sich auf die Stielendmomente beziehen, kann im einzelnen geschrieben werden:

1. Für Stiele ohne Gelenk wird nach (56)

$$\sum_e (M_o + M_u) = \sum_e 3 k \varphi_o + \sum_e 3 k \varphi_u + \sum_e 6 k \psi + \sum_e (\mathfrak{M}_o + \mathfrak{M}_u) \,. \tag{112}$$

2. Für Stiele mit Gelenk unten wird nach (16)

$$\sum_{gu} M_o = \sum_{gu} 2 k^0 \varphi_o + \sum_{gu} 2 k^0 \psi + \sum_{gu} \mathfrak{M}^0{}_o \,. \tag{113}$$

3. Für Stiele mit Gelenk oben ist nach (16)

$$\sum_{go} M_u = \sum_{go} 2 k^0 \varphi_u + \sum_{go} 2 k^0 \psi + \sum_{go} \mathfrak{M}^0{}_u \,. \tag{114}$$

Durch Einführung der Gl. (112) bis (114) in (111) erhält man nach Vereinfachung und unter Verwendung der abgekürzten Bezeichnungen die Verschiebungsgleichung für das Stockwerk μ in folgender Form:

$$\boxed{ \sum_e 3 k \varphi_u + \sum_{go} 2 k^0 \varphi_u + \sum_e 3 k \varphi_o + \sum_{gu} 2 k^0 \varphi_o + D^0{}_\mu \psi_\mu + S^0{}_\mu = 0 \,. } \tag{115}$$

Die Bedeutung der einzelnen Ausdrücke geht aus den vorstehenden Erläuterungen bzw. sinngemäß aus den Ausführungen zu (106) hervor. Es ist also hier

$$D^0{}_\mu = 6 \sum_e k + 2 \sum_{gu} k^0 + 2 \sum_{go} k^0 \qquad (116)$$

und

$$S^0{}_\mu = \left(\Sigma P + \Sigma q \cdot e + \sum_\mu \mathfrak{A}_o\right) l_\mu + \sum_e (\mathfrak{M}_o + \mathfrak{M}_u) + \sum_{gu} \mathfrak{M}^0{}_o + \sum_{go} \mathfrak{M}^0{}_u . \qquad (117)$$

Hierin bedeuten ΣP und $\Sigma q \cdot e$ die Summe aller oberhalb des betrachteten Stockwerkes waagrecht angreifenden äußeren Lasten und $\sum\limits_\mu \mathfrak{A}_o$ die Summe der oberen Auflagerdrücke sämtlicher frei gelagert gedachten Stiele des Stockwerkes μ einschließlich der Pendelstützen infolge der auf sie direkt einwirkenden äußeren Belastung.

b) Stockwerkrahmen mit lotrechten, ungleich langen Ständern

Knotengleichungen. Es kann die allgemeine Form der Gl. (71) Verwendung finden:

$$d^0{}_n \varphi_n + \sum_i k_{n,i} \varphi_i + \sum_i \bar{k}_{n,i} \Delta_{n,i} + \sum_g \bar{k}^0{}_{n,g} \Delta_{n,g} + s^0{}_n = 0 . \qquad (118)$$

Die darin enthaltenen Δ-Glieder beziehen sich hier nur auf die im betrachteten Knoten n steif angeschlossenen Säulen; somit können im vorliegenden Fall in einer Knotengleichung höchstens zwei Δ-Glieder auftreten (vgl. Abb. 292a, b). Unter Berücksichtigung der verschiedenen Lagerungsmöglichkeiten der einzelnen Stiele kann die Gl. (118) auch in folgender Form geschrieben werden:

$$\boxed{\,d^0{}_n \varphi_n + \sum_i k_{n,i} \varphi_i + \bar{k}'_\mu \Delta_\mu + \bar{k}'_{\mu+1} \Delta_{\mu+1} + s^0{}_n = 0 .\,} \qquad (119)$$

Hierin bedeuten $\bar{k}'_\mu$ bzw. $\bar{k}'_{\mu+1}$ die erweiterte Steifigkeitszahl des Stieles im Stockwerk μ bzw. $(\mu + 1)$, und zwar entweder $\bar{k}$ oder $\bar{k}^0$, je nachdem, ob es sich um einen beidseitig fest angeschlossenen Stab handelt oder um einen Gelenkstab, der im Knoten n elastisch eingespannt ist.

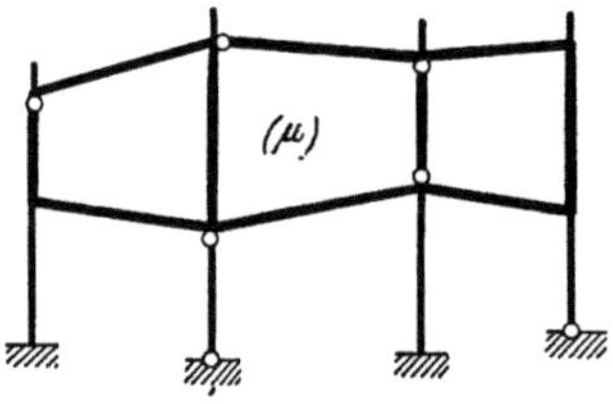

Die Anwendung dieser Knotengleichung soll anschließend an einem allgemeinen Beispiel gezeigt werden.

Verschiebungsgleichungen. Die Ableitung der Verschiebungsgleichung für irgendein Geschoß μ eines Stockwerkrahmens (Abb. 294) kann sinngemäß in gleicher Weise erfolgen wie die Aufstellung der Gl. (115). Sie lautet mit der Verschiebungsgröße Δ:

Abb. 294. Teil eines Stockwerkrahmens mit lotrechten, ungleich langen Stielen und gelenkigen Stabanschlüssen

$$\boxed{\,\sum_e \bar{k} \varphi_u + \sum_{go} \bar{k}^0 \varphi_u + \sum_e \bar{k} \varphi_o + \sum_{gu} \bar{k}^0 \varphi_o + D^0{}_\mu \Delta_\mu + S^0{}_\mu = 0 ,\,} \qquad (120)$$

wobei gemäß (107)

$$D^0{}_\mu = 2 \sum_e \frac{\bar{k}}{l} + \sum_{gu} \frac{\bar{k}^0}{l} + \sum_{go} \frac{\bar{k}^0}{l} . \qquad (121)$$

Hierin beziehen sich $\sum\limits_e$ auf die gelenklosen Säulen, hingegen $\sum\limits_{gu}$ und $\sum\limits_{go}$ auf die einseitig gelenkig angeschlossenen Säulen. Pendelsäulen liefern für diese Glieder keine Beiträge.

Nach (72) und (73) bedeuten

$$\bar{k} = \frac{3\,k}{l} \quad \text{und} \quad \bar{k}^0 = \frac{2\,k^0}{l}\,.$$

Weiter ist im Sinne von (108)

$$S^0_{\,\mu} = \varSigma P + \varSigma q \cdot e + \sum_\mu \mathfrak{A}_o + \sum_e \frac{\mathfrak{M}_o + \mathfrak{M}_u}{l} + \sum_{gu} \frac{\mathfrak{M}^0_{\,o}}{l} + \sum_{go} \frac{\mathfrak{M}^0_{\,u}}{l}\,. \tag{122}$$

Für $\varSigma P$ und $\varSigma q \cdot e$ sind die oberhalb des betrachteten Stockwerkes waagrecht angreifenden äußeren Lasten zu setzen und für $\underset{\mu}{\varSigma \mathfrak{A}_o}$ ist die Summe der oberen Auflagerdrücke sämtlicher Säulen einschließlich der Pendelstützen zu nehmen. Die Bedeutung der übrigen Glieder geht sinngemäß aus den Erläuterungen zu (108) hervor.

c) Anwendungsbeispiel

Die praktische Anwendung der allgemeinen Knotengleichung (119) und der Verschiebungsgleichung (120) soll für das in Abb. 295 dargestellte Rahmentragwerk ausführlich gezeigt werden. Unter Voraussetzung beliebiger Belastung sind die vier Knotendrehwinkel φ_4, $\varphi_5, \varphi_6 \cdot \varphi_8$ und die den beiden Stockwerken entsprechenden Verschiebungsgrößen $\varDelta_1$ und $\varDelta_2$ zu ermitteln. Die allgemeine Knotengleichung (119) lautet:

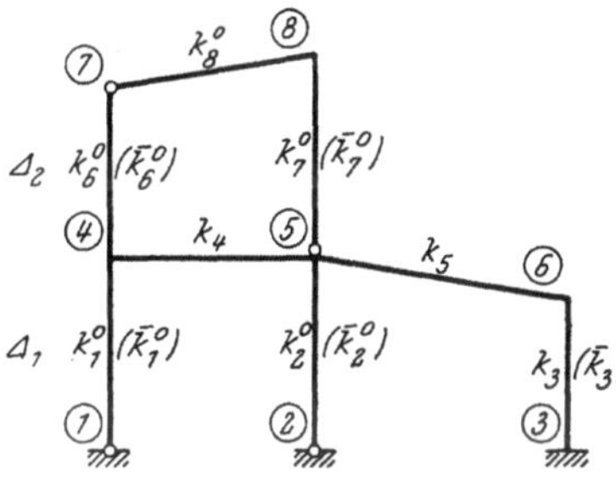

$$d^0_{\,n} \varphi_n + \varSigma_i k_{n,i} \varphi_i + \bar{k}'_\mu \varDelta_\mu + \bar{k}'_{\mu+1} \varDelta_{\mu+1} +$$
$$+ s^0_{\,n} = 0\,.$$

Abb. 295. Nur waagrecht verschieblicher Stockwerkrahmen mit gelenkigen Stabanschlüssen; Festwertskizze

Die vier *Diagonalglieder* ergeben sich hier nach (31) mit

$$d^0_{\,n} = 2 \left(\varSigma_i k_{n,i} + \varSigma_g k^0_{\,n,g} \right).$$

Somit wird

$$d^0_{\,4} = 2\,(k^0_{\,1} + k_4 + k^0_{\,6}) \qquad\qquad d^0_{\,6} = d_6 = 2\,(k_3 + k_5)$$
$$d^0_{\,5} = 2\,(k^0_{\,2} + k_4 + k_5) \qquad\qquad d^0_{\,8} = 2\,(k^0_{\,7} + k^0_{\,8})\,.$$

Die zugehörigen *Knotenbelastungsglieder* sind gemäß (32)

$$s^0_{\,n} = \varSigma_i \mathfrak{M}_{n,i} + \varSigma_g \mathfrak{M}^0_{\,n,g}\,.$$

Man erhält also

$$s^0_{\,4} = \mathfrak{M}^0_{\,4,1} + \mathfrak{M}_{4,5} + \mathfrak{M}_{4,7} \qquad\qquad s^0_{\,6} = s_6 = \mathfrak{M}_{6,3} + \mathfrak{M}_{6,5}$$
$$s^0_{\,5} = \mathfrak{M}^0_{\,5,2} + \mathfrak{M}_{5,4} + \mathfrak{M}_{5,6} \qquad\qquad s^0_{\,8} = \mathfrak{M}^0_{\,8,5} + \mathfrak{M}^0_{\,8,7}\,.$$

Die *$\varDelta$-Glieder* für die einzelnen Knotengleichungen sind

für Knoten 4: $\bar{k}^0_{\,1} \varDelta_1$ und $\bar{k}^0_{\,6} \varDelta_2$ $\qquad\qquad$ für Knoten 6: $\bar{k}_3 \varDelta_1$

,,   ,,   5: $\bar{k}^0_{\,2} \varDelta_1$ $\qquad\qquad\qquad\qquad$,,   ,,   8: $\bar{k}^0_{\,7} \varDelta_2$.

Beachtet man, daß sich die Glieder $\sum\limits_{i} k_{n,i}\,\varphi_i$ nur auf solche Stäbe des betrachteten Knotens beziehen, die auch auf der Gegenseite elastisch eingespannt sind, so erhält man nach (119) die *Knotengleichungen* anhand der Festwertskizze (Abb. 295) mit

$$d^0{}_4\,\varphi_4 + k_4\,\varphi_5 + \bar{k}^0{}_1\,\varDelta_1 + \bar{k}^0{}_6\,\varDelta_2 + s^0{}_4 = 0$$

$$d^0{}_5\,\varphi_5 + k_4\,\varphi_4 + k_5\,\varphi_6 + \bar{k}^0{}_2\,\varDelta_1 + s^0{}_5 = 0$$

$$d_6\,\varphi_6 + k_5\,\varphi_5 + \bar{k}_3\,\varDelta_1 + s_6 = 0$$

$$d^0{}_8\,\varphi_8 + \bar{k}^0{}_7\,\varDelta_2 + s^0{}_8 = 0 \, .$$

Die allgemeine Verschiebungsgleichung (120) lautet:

$$\sum_e \bar{k}\,\varphi_u + \sum_{go} \bar{k}^0\,\varphi_u + \sum_e \bar{k}\,\varphi_o + \sum_{gu} \bar{k}^0\,\varphi_o + D^0{}_\mu\,\varDelta_\mu + S^0{}_\mu = 0 \, .$$

Die *Diagonalglieder* $D^0{}_\mu$ erhält man nach (121), und zwar

für das 1. Stockwerk: $D^0{}_1 = 2\,\dfrac{\bar{k}_3}{l_{3,6}} + \dfrac{\bar{k}^0{}_1}{l_{1,4}} + \dfrac{\bar{k}^0{}_2}{l_{2,5}}$

für das 2. Stockwerk: $D^0{}_2 = \dfrac{\bar{k}^0{}_6}{l_{4,7}} + \dfrac{\bar{k}^0{}_7}{l_{5,8}} \, .$

Die zugehörigen *Belastungsglieder* $S^0{}_1$ und $S^0{}_2$ ergeben sich aus (122). Somit lauten die *Verschiebungsgleichungen* für die beiden Stockwerke:

$$\bar{k}^0{}_1\,\varphi_4 + \bar{k}^0{}_2\,\varphi_5 + \bar{k}_3\,\varphi_6 + D^0{}_1\,\varDelta_1 + S^0{}_1 = 0$$

$$\bar{k}^0{}_6\,\varphi_4 + \bar{k}^0{}_7\,\varphi_8 + D^0{}_2\,\varDelta_2 + S^0{}_2 = 0 \, .$$

Schreibt man sämtliche Gleichungen in Tabellenform an, so erhält man die

Gleichungstabelle 9

	φ_4	φ_5	φ_6	φ_8	$\varDelta_1$	$\varDelta_2$	B
φ_4	$d^0{}_4$	k_4			$\bar{k}^0{}_1$	$\bar{k}^0{}_6$	$s^0{}_4$
φ_5	k_4	$d^0{}_5$	k_5		$\bar{k}^0{}_2$		$s^0{}_5$
φ_6		k_5	d_6		$\bar{k}_3$		s_6
φ_8				$d^0{}_8$		$\bar{k}^0{}_7$	$s^0{}_8$
$\varDelta_1$	$\bar{k}^0{}_1$	$\bar{k}^0{}_2$	$\bar{k}_3$		$D^0{}_1$		$S^0{}_1$
$\varDelta_2$	$\bar{k}^0{}_6$			$\bar{k}^0{}_7$		$D^0{}_2$	$S^0{}_2$

Anmerkung. Schon an diesem allgemeinen Beispiel kann man im Vergleich mit der in den früheren Auflagen durchgeführten Berechnungsart die wesentlichen Vereinfachungen erkennen, die sich bei Verwendung der k^0- und $\mathfrak{M}^0$-Werte ergeben.

7. Rahmentragwerke mit nur lotrecht verschieblichen Knotenpunkten

Derartige Tragwerke treten im Hochbau ziemlich häufig auf, vor allem die im Fachschrifttum unter der Bezeichnung „Vierendeel-Rahmen" bekannten Pfostenrahmentragwerke (Abb. 296, 297) und die Dachrahmen mit zurückgesetzten Außensäulen (Abb. 298). Weiter gehören zu dieser Gruppe solche Rahmentragwerke, bei denen einzelne Säulen nicht bis zum Fundament reichen (Abb. 299, 300). Bei allen diesen Rahmengebilden soll vorläufig vorausgesetzt werden, daß die waagrechte Verschieblichkeit ihrer Knoten verhindert sei, was in den Abbildungen durch seitliche Lager angedeutet ist (vgl. auch Abb. 171 bis 186).

Sind solche Tragwerke s y m m e t r i s c h ausgebildet (vgl. Abb. 90 bis 114, 247, 248), so ergeben sich bei symmetrischer Belastung in der Berechnung verschiedene Vereinfachungen. Dieser Sonderfall soll zuerst behandelt werden.

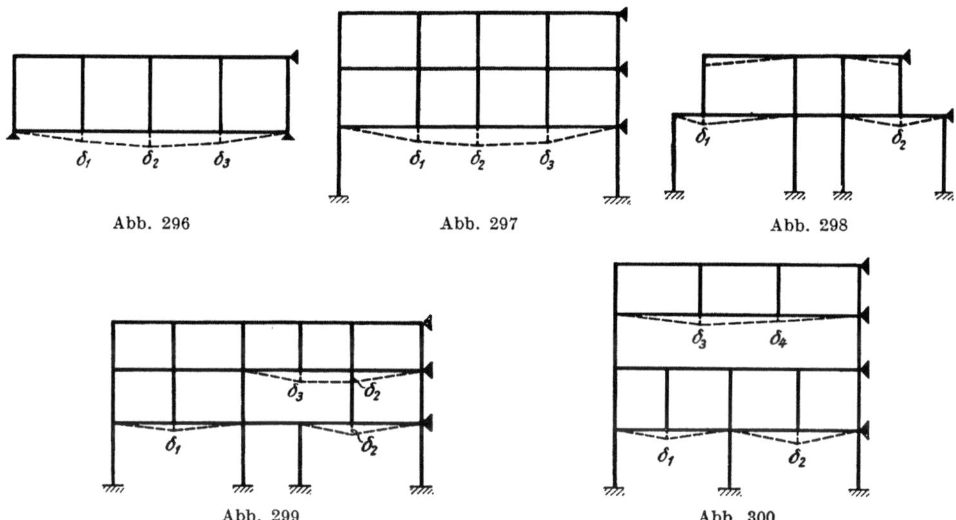

Abb. 296   Abb. 297   Abb. 298

Abb. 299   Abb. 300

Abb. 296 bis 300. Rahmentragwerke mit nur lotrecht verschieblichen Knotenpunkten

A. Symmetrisch ausgebildete und symmetrisch belastete Vierendeel-Rahmentragwerke ohne Gelenke

In Abb. 301 ist ein Vertreter dieser Tragwerksgattung mit dem zugehörigen Stabsehnenbild nach der Verformung infolge einer s y m m e t r i s c h angeordneten Belastung dargestellt. Es ist leicht festzustellen, daß die Knotenreihen 3—7—11, 4—8—12, 5—9—13 und die symmetrisch gelegenen Knoten 4′—8′—12′, 3′—7′—11′ nur lotrecht verschieblich sind und daß infolge Symmetrie der Verformung nur drei verschiedene Knotenverschiebungen δ_1, δ_2, δ_3 auftreten. Diese drei Verschiebungen bringen insgesamt d r e i verschiedene Stabdrehwinkel ψ_1, ψ_2, ψ_3 hervor,

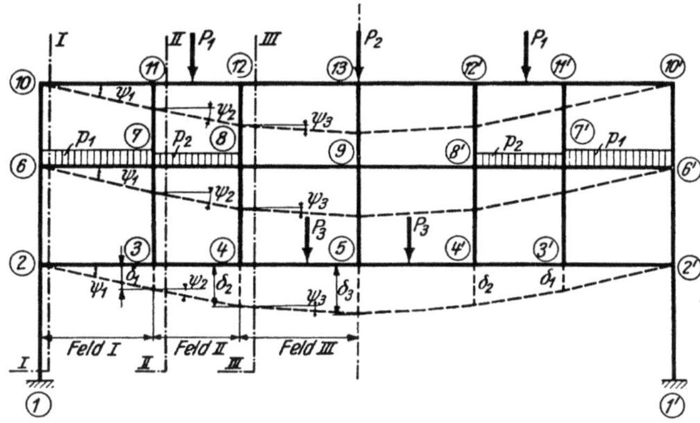

Abb. 301. Symmetrisches Vierendeel-Rahmentragwerk mit Verformung infolge einer symmetrischen Belastung

die den Feldern I, II, III zugeordnet sind. Außerdem sind n e u n Knotendrehwinkel zu bestimmen, nämlich $\varphi_{2,3,4}$, $\varphi_{6,7,8}$ und $\varphi_{10,11,12}$. Die jeweils symmetrisch gelegenen

Knoten erleiden gleich große, aber entgegengesetzt gerichtete Verdrehungen, z. B. $\varphi_{2'} = -\varphi_2$; $\varphi_{3'} = -\varphi_3$; $\varphi_{4'} = -\varphi_4$ usw. Ferner ist infolge Symmetrie $\varphi_5 = \varphi_9 = \varphi_{13} = 0$ und bei Annahme einer vollkommenen Einspannung auch $\varphi_1 = \varphi_{1'} = 0$.

a) Bedingungsgleichungen

Knotengleichungen. Es kann hier die für Stockwerkrahmen aufgestellte Form (51) Verwendung finden, wenn der Index μ, der sich auf die Stockwerke bezieht, durch den Buchstaben ν ersetzt wird, der nunmehr als Ordnungsziffer für die Rahmenfelder gelten soll. Die Gleichung lautet dann:

$$d_n \varphi_n + \sum_i k_{n,i} \varphi_i + 3 k_\nu \psi_\nu + 3 k_{\nu+1} \psi_{\nu+1} + s_n = 0 . \qquad (123)$$

Darin bedeuten:

ψ_ν und $\psi_{\nu+1}$ .... die Stabdrehwinkel der Riegel im Feld ν bzw. $(\nu + 1)$, also die Stabdrehwinkel im Feld links bzw. rechts vom betrachteten Knoten n,

k_ν und $k_{\nu+1}$ .... die Steifigkeitszahlen der Riegel links bzw. rechts vom Knoten n.

Die zahlenmäßige Anwendung dieser Gleichung soll nun für den Knoten 7 des Tragwerkes der Abb. 301 gezeigt werden, der zur besseren Übersicht mit den zugehörigen Stäben und den benachbarten Knoten in Abb. 302 als Festwertskizze samt der vorhandenen Belastung gesondert dargestellt ist. Man kann sofort das Diagonalglied d_7 berechnen, und zwar ist nach (45)

$$d_7 = 2 \sum_i k_{7,i} = 2 (8,5 + 3,5 + 4,0 + 8,0) = 48,0 .$$

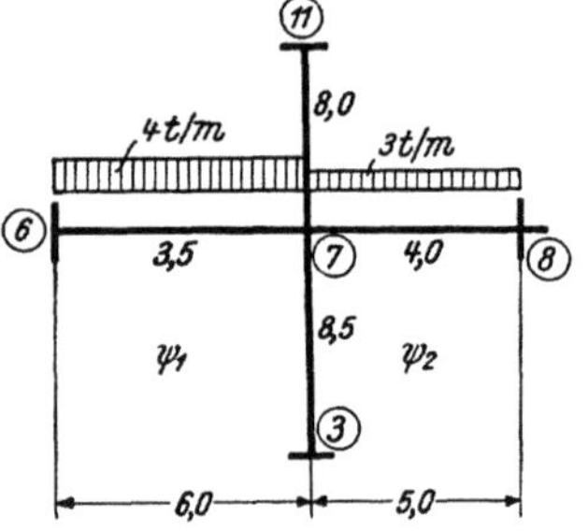

Abb. 302. Herausgetrennter Tragwerksteil aus Abb. 301; Belastungs- und Festwertskizze

Die zur Ermittlung des Knotenbelastungsgliedes s_7 erforderlichen Stabbelastungsglieder $\mathfrak{M}_{7,6}$ und $\mathfrak{M}_{7,8}$ erhält man nach Tafel 2:

$$\mathfrak{M}_{7,6} = + \frac{q l^2}{12} = + \frac{4,0 \cdot 6,0^2}{12} = + 12,00 \text{ tm};$$

$$\mathfrak{M}_{7,8} = - \frac{3,0 \cdot 5,0^2}{12} = - 6,25 \text{ tm};$$

damit wird nach (46a)

$$s_7 = \sum_i \mathfrak{M}_{7,i} = + 12,00 - 6,25 = + 5,75 \text{ tm} .$$

Anhand der Festwertskizze kann nun bereits die Gleichung für den Knoten 7 nach (123) angeschrieben werden; sie lautet:

$$48,0 \varphi_7 + 8,5 \varphi_3 + 3,5 \varphi_6 + 4,0 \varphi_8 + 8,0 \varphi_{11} + 10,5 \psi_1 + 12,0 \psi_2 + 5,75 = 0 .$$

Verschiebungsgleichungen. Man denke sich der Reihe nach in Abb. 301 die Schnitte I—I, II—II, III—III in den einzelnen Feldern links in unmittelbarer Nähe der Knoten durchgeführt und dort die Schnittkräfte M, N, Q angebracht. Für die auf diese Weise abgetrennten Tragwerksteile, die in den Abb. 303a bis c mit den symbolisch angedeuteten Schnittkräften gesondert herausgezeichnet sind, muß nun die Gleichgewichtsbedingung $\Sigma V = 0$ erfüllt sein, d. h. es muß die Summe der lotrechten Komponenten aller auf den abgeschnittenen Tragwerksteil einwirkenden Kräfte Null ergeben. Die lotrechte Teilkraft V im Punkt 1 kann für den vorliegenden Sonderfall eines symmetrischen Tragwerkes mit symmetrischer Belastung immer schon von vornherein zahlenmäßig angegeben werden, und zwar ist sie gleich dem halben Betrag der lotrecht wirkenden Gesamtbelastung des Tragwerkes.

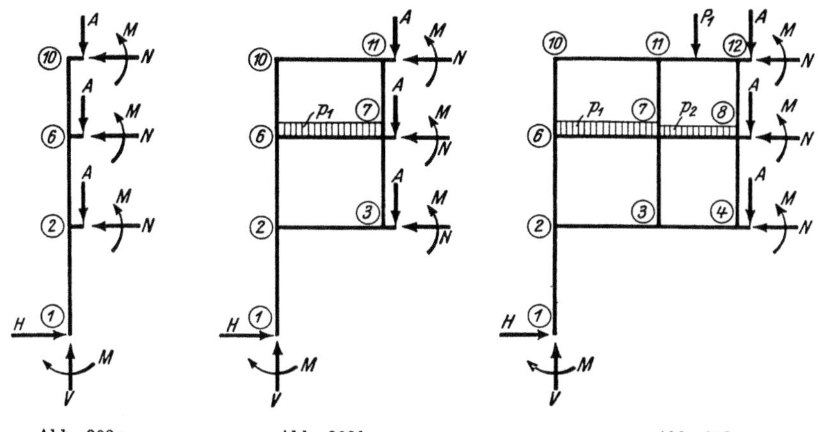

Abb. 303a.   Abb. 303b.   Abb. 303c.
Abb. 303a bis 303c. Abgetrennte Teile des Tragwerks aus Abb. 301 mit Schnittkräften

Die Bedingungsgleichung $\Sigma V = 0$ kann unter Bezugnahme auf die verschiedenartigen Kräftegruppen etwas ausführlicher in folgender Form geschrieben werden:

$$V + \Sigma P' + \Sigma q' \cdot e' + \Sigma Q = 0 \, . \tag{124}$$

Hierin bedeuten:

V .... den lotrechten Anteil der Stützkraft im Punkt 1 infolge der Gesamtbelastung,

$\Sigma P'$ .... die Summe aller *links* vom Schnitt einwirkenden Einzellasten,

$\Sigma q' \cdot e'$ .... die Summe der Resultierenden aller *links* vom Schnitt einwirkenden Streckenlasten,

ΣQ .... die Summe der im Schnitt übertragenen Querkräfte.

Es ist

$$V = \frac{1}{2}(\Sigma P + \Sigma q \cdot e) \, . \tag{125}$$

Die Werte für P' und q' sind jeweils unmittelbar aus der Belastungsskizze zu entnehmen. Im übrigen kann ähnlich wie bei der Weiterentwicklung der Gl. (52) verfahren werden. Es können auch anstelle der Querkräfte Q an den Stabenden die Auflagerdrücke A gesetzt werden, so daß unter Beachtung des Richtungssinnes der Kräfte $\left(\overset{+}{\uparrow} \; \overset{-}{\downarrow}\right)$

$$\Sigma Q = \Sigma A = -\sum_{v} \mathfrak{A}_l + \sum_{v} \frac{M_l + M_r}{l_v} \tag{126}$$

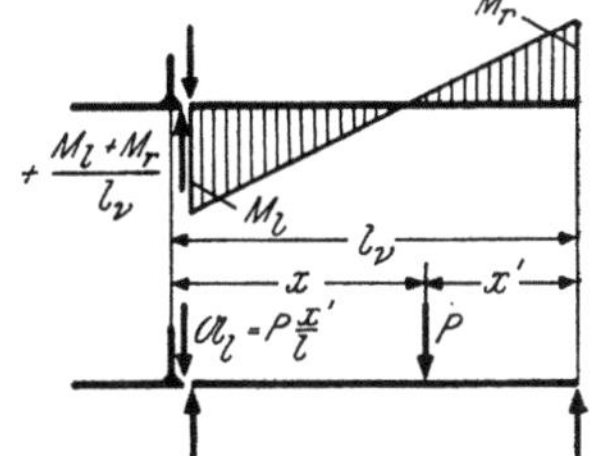

Abb. 304. Querkraftanteile und Richtung der „Aktionskräfte" am linken Riegelende bei *positiven* Stabendmomenten

geschrieben werden kann, wobei M_l und M_r die Momente am linken bzw. rechten Stabende des betrachteten Feldes v bedeuten (Abb. 304). Die Summenzeichen beziehen sich auf jene Stäbe des Feldes v, durch die der Schnitt geführt ist.

Die Beiträge $\sum_{v} \mathfrak{A}_l$, das sind also die Auflagerdrücke auf der *linken* Seite der frei aufliegend gedachten Riegel, haben denselben Richtungssinn wie die Lasten, aus denen sie gebildet werden.

Überträgt man (126) und (125) in (124), so ergibt sich für eine von oben nach unten gerichtete Belastung mit der angegebenen Vorzeichenregel und unter Beachtung, daß die Stäbe des Feldes v stets die gleiche Länge l_v aufweisen,

$$\frac{1}{2}\left(\Sigma P + \Sigma q \cdot e\right) - \Sigma P' - \Sigma q' \cdot e' - \underset{v}{\Sigma}\mathfrak{A}_l + \frac{1}{l_v}\underset{v}{\Sigma}\left(M_l + M_r\right) = 0 \,. \qquad (127)$$

Ersetzt man nun nach (56) unter sinngemäßer Abänderung der Bezeichnungen die Summe der Stabendmomente durch die Formänderungsgrößen und Stabbelastungsglieder, so erhält man schließlich die Verschiebungsgleichung für symmetrische parallelgurtige Vierendeeltragwerke in folgender Form:

$$\boxed{\underset{v}{\Sigma}3\,k\,\varphi_l + \underset{v}{\Sigma}3\,k\,\varphi_r + D_v\,\psi_v + S_v = 0\,,} \qquad \textbf{(128)}$$

wobei

$$D_v = 6\,\underset{v}{\Sigma}\,k \qquad (129)$$

und weiter

$$S_v = \left[\frac{1}{2}\left(\Sigma P + \Sigma q \cdot e\right) - \Sigma P' - \Sigma q' \cdot e' - \underset{v}{\Sigma}\mathfrak{A}_l\right]l_v + \underset{v}{\Sigma}\left(\mathfrak{M}_l + \mathfrak{M}_r\right)\,. \qquad (130)$$

Die in diesem Ausdruck vorhandenen Vorzeichen von P, q, P', q', $\mathfrak{A}_l$ gelten unter der Voraussetzung, daß die Belastung von oben nach unten gerichtet ist.

Die Verschiebungsgleichung (128) enthält also vier Arten von Gliedern:

$\underset{v}{\Sigma}3\,k\,\varphi_l$ ..... die Summe der Produkte aus dem dreifachen Stabfestwert k und dem zugehörigen *linken* Knotendrehwinkel φ_l für alle Stäbe des Feldes v,

$\underset{v}{\Sigma}3\,k\,\varphi_r$ .... die Summe der Produkte aus dem dreifachen Stabfestwert k und dem zugehörigen *rechten* Knotendrehwinkel φ_r für alle Stäbe des Feldes v,

$D_v\,\psi_v$ ...... das *Diagonalglied*, wobei D_v nach (129) gleich der sechsfachen Summe der k-Werte des Feldes v ist,

S_v .... das *Belastungsglied*, das nach (130) zu berechnen ist, wobei $\Sigma P'$ und $\Sigma q' \cdot e'$ jeweils nur die Summe der *links* vom gedachten Schnitt auf das Tragwerk einwirkenden Einzellasten bzw. Resultierenden der Streckenlasten bedeuten, während unter ΣP und $\Sigma q \cdot e$ *sämtliche* Lasten zu verstehen sind. $\underset{v}{\Sigma}\mathfrak{A}_l$ bedeutet die Summe der an der Schnittstelle übertragenen Auflagerdrücke der frei aufliegend gedachten Stäbe des Feldes v.

Anmerkung. Die Verschiebungsgleichung (128) kann u. a. auch für Tragwerke von der Form, wie sie Abb. 305 zeigt, unmittelbar benutzt werden. Bei der Bestimmung der Belastungsglieder S nach (130) kann dabei eine Vereinfachung in Anwendung kommen, indem für die in der Formel auftretenden Belastungswerte P, q usw. nur jene in Rechnung gestellt werden, die sich innerhalb der Öffnung des eigentlichen Vierendeelträgers befinden (siehe Abb. 306), denn die außerhalb dieser Öffnung wirkenden Lasten würden sich aus der Formel ohnehin herauskürzen.

Es ergeben sich z. B. die Belastungsglieder S_1 und S_2 für das erste und zweite Feld des mit seiner Belastung in Abb. 305 ersichtlichen Tragwerkes nach Formel (130) mit

$$S_1 = \left[\frac{1}{2}\left(12 + 5 \cdot 20\right) - \frac{5 \cdot 6}{2}\right] \cdot 6 = +246 \text{ tm}$$

und

$$S_2 = \left[\frac{1}{2}\left(12 + 5 \cdot 20\right) - 4 - 5 \cdot 6 - \frac{5 \cdot 4}{2}\right] \cdot 4 = +48 \text{ tm}\,.$$

Das letzte Glied der Gl. (130) liefert hier keinen Beitrag, da wegen der vorhandenen symmetrischen Stabbelastung stets $\mathfrak{M}_l = - \mathfrak{M}_r$ wird, so daß die Summe beider Werte Null ergibt.

Die Anwendung der Mustergleichungen (123) und (128) wird im folgenden an einem Beispiel gezeigt.

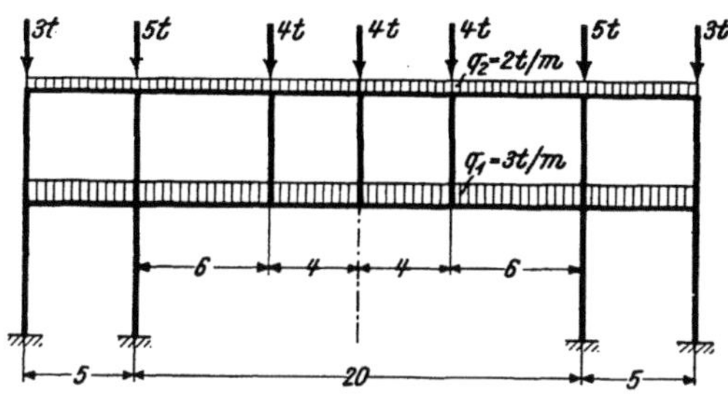

Abb. 305. Symmetrisches Rahmentragwerk mit symmetrischer Belastung

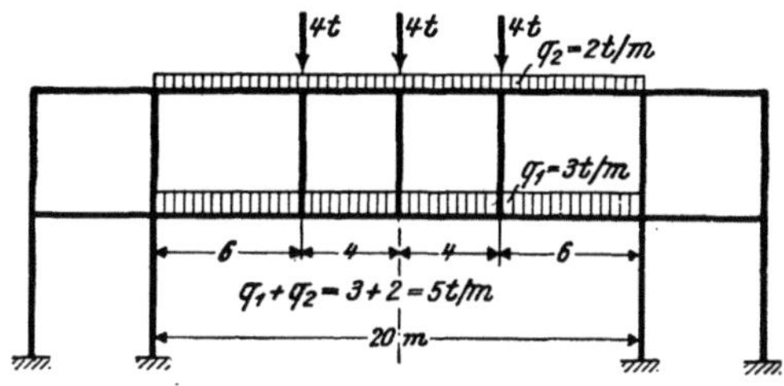

Abb. 306. Die der Berechnung des Belastungsgliedes S zugrunde liegende Belastung aus Abb. 305

b) Gleichungstabelle für ein symmetrisches Vierendeel-Rahmentragwerk ohne Gelenke

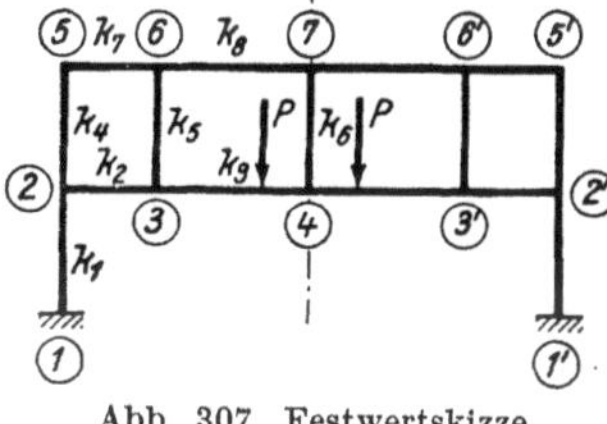

Abb. 307. Festwertskizze

Das Tragwerk ist in Abb. 307 zugleich als Festwertskizze dargestellt. Wird symmetrische Belastung vorausgesetzt, so verbleiben als Unbekannte die vier Knotendrehwinkel φ_2, φ_3, φ_5, φ_6 und die zwei Stabdrehwinkel ψ_1 und ψ_2. Die in der Symmetrieachse gelegenen Knoten 4 und 7 erleiden zwar eine Verschiebung in lotrechter Richtung, aber keine Verdrehung, so daß $\varphi_4 = \varphi_7 = 0$ ist. Weiter wird auch $\varphi_1 = \varphi_{1'} = 0$, wenn die Stützenfüße voll eingespannt sind.

Unter wiederholter Benutzung der Knotengleichung (123) und der Verschiebungsgleichung (128) können die Bedingungsgleichungen anhand der Festwertskizze in tabellarischer Form angeschrieben werden (siehe Gleichungstabelle 10).

Gleichungstabelle 10

	φ_2	φ_3	φ_5	φ_6	ψ_1	ψ_2	B
φ_2	d_2	k_2	k_4		$3\,k_2$		s_2
φ_3	k_2	d_3		k_5	$3\,k_2$	$3\,k_3$	s_3
φ_5	k_4		d_5	k_7	$3\,k_7$		s_5
φ_6		k_5	k_7	d_6	$3\,k_7$	$3\,k_8$	s_6
ψ_1	$3\,k_2$	$3\,k_2$	$3\,k_7$	$3\,k_7$	D_1		S_1
ψ_2		$3\,k_3$		$3\,k_8$		D_2	S_2

Die Gl. (123) und (128) können aber auch für anders gestaltete symmetrische Rahmengebilde, wie sie z. B. in den Abb. 308 und 309 angedeutet sind, unmittelbar verwendet werden, wenn symmetrische Belastung vorliegt (vgl. auch Abb. 90 bis 114, 247, 248 und Zahlenbeispiel 14). Hingegen treten in dem symmetrischen

Tragwerk der Abb. 310 bei symmetrischer Belastung nicht nur lotrechte, sondern im oberen Stockwerk auch waagrechte Knotenverschiebungen auf.

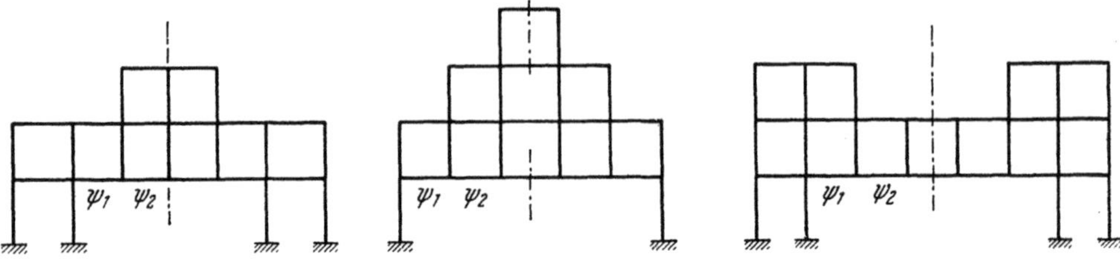

Abb. 308.   Abb. 309.

Abb. 308 und 309. Bei symmetrischer Belastung nur lotrecht
verschiebliche Rahmentragwerke

Abb. 310. Lotrecht und waagrecht
verschiebliches, symmetrisches
Rahmentragwerk

B. Symmetrisch ausgebildete und symmetrisch belastete Vierendeel-Rahmentragwerke mit gelenkigen Stabanschlüssen

a) Bedingungsgleichungen

Knotengleichungen. Es kann von der allgemeinen Form (70)

$$d^0{}_n \varphi_n + \sum_i k_{n,i} \varphi_i + \sum_i 3\, k_{n,i} \psi_{n,i} + \sum_g 2\, k^0{}_{n,g}\, \psi_{n,g} + s^0{}_n = 0 \qquad (131)$$

ausgegangen werden. Die darin vorkommenden ψ-Glieder beziehen sich hier nur auf die im betrachteten Knoten n steif angeschlossenen Riegel; somit können im vorliegenden Fall in einer Knotengleichung wiederum nur zwei ψ-Glieder auftreten. Es muß daher die für Stockwerkrahmen aufgestellte Gl. (110) auch hier Gültigkeit haben, wenn die Stockwerksbezeichnung μ durch die Felderbezeichnung ν ersetzt wird. Die Gl. (110) lautet dann für den allgemeinen Fall

$$\boxed{d^0{}_n \varphi_n + \sum_i k_{n,i} \varphi_i + 3\, k_\nu \psi_\nu + 2\, k^0{}_\nu \psi_\nu + 3\, k_{\nu+1} \psi_{\nu+1} + 2\, k^0{}_{\nu+1} \psi_{\nu+1} + s^0{}_n = 0\,.}$$

$$(132)$$

Wertet man diese Gleichung für den in Abb. 311a dargestellten Knotenpunkt aus, so lautet sie mit den hier gewählten Bezeichnungen

$$d^0{}_n \varphi_n + \sum_i k_{n,i} \varphi_i + 2\, k^0{}_\nu \psi_\nu +$$
$$+ 2\, k^0{}_{\nu+1} \psi_{\nu+1} + s^0{}_n = 0;$$
$$(132\,\text{a})$$

für den Knotenpunkt in Abb. 311b erhält man

$$d^0{}_n \varphi_n + \sum_i k_{n,i} \varphi_i + 3\, k_\nu \psi_\nu +$$
$$+ 2 k^0{}_{\nu+1} \psi_{\nu+1} + s^0{}_n = 0. \quad (132\,\text{b})$$

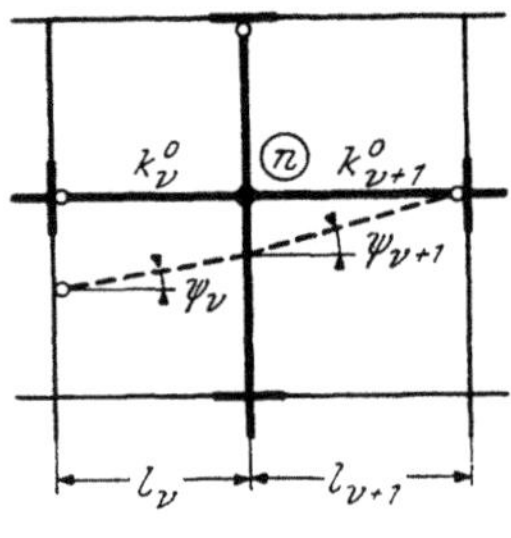

Abb. 311a

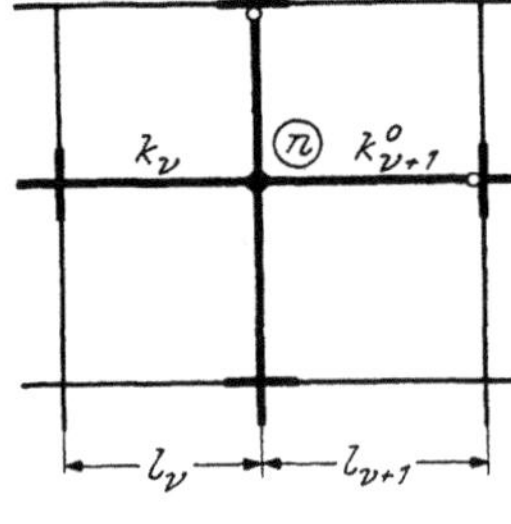

Abb. 311b

Abb. 311a, b. Lotrecht verschiebliche Tragwerksteile mit gelenkigen Stabanschlüssen; Bezeichnungen

Verschiebungsgleichungen. Anhand der allgemeinen Gl. (127), die auch hier gelten muß, kann für irgendein Feld ν analog (111) geschrieben werden

$$\left[\tfrac{1}{2}\left(\Sigma P + \Sigma q \cdot e\right) - \Sigma P' - \Sigma q' \cdot e' - \sum_\nu \mathfrak{A}_l\right] l_\nu +$$
$$+ \sum_e (M_l + M_r) + \sum_{gr} M_l + \sum_{gl} M_r = 0\,. \qquad (133)$$

Für die einzelnen Summenglieder erhält man mit den hier gewählten Bezeichnungen gemäß (112)

$$\sum_e (M_l + M_r) = \sum_e 3\, k\, \varphi_l + \sum_e 3\, k\, \varphi_r + \sum_e 6\, k\, \psi + \sum_e (\mathfrak{M}_l + \mathfrak{M}_r) \qquad (134)$$

und gemäß (113) und (114)

$$\sum_{gr} M_l = \sum_{gr} 2\, k^0\, \varphi_l + \sum_{gr} 2\, k^0\, \psi + \sum_{gr} \mathfrak{M}^0{}_l \qquad (135)$$

$$\sum_{gl} M_r = \sum_{gl} 2\, k^0\, \varphi_r + \sum_{gl} 2\, k^0\, \psi + \sum_{gl} \mathfrak{M}^0{}_r \,. \qquad (136)$$

Führt man diese Ausdrücke (134) bis (136) in (133) ein, so erhält man unter Verwendung der vereinfachten Bezeichnungen analog (115)

$$\boxed{\;\sum_e 3\, k\, \varphi_l + \sum_{gr} 2\, k^0\, \varphi_l + \sum_e 3\, k\, \varphi_r + \sum_{gl} 2\, k^0\, \varphi_r + D^0{}_\nu\, \psi_\nu + S^0{}_\nu = 0 \,.\;} \qquad (137)$$

Hierin bedeuten gemäß (116)

$$D^0{}_\nu = 6\, \sum_e k + 2\, \sum_{gr} k^0 + 2\, \sum_{gl} k^0 \qquad (138)$$

und

$$S^0{}_\nu = \left[\frac{1}{2}\, (\sum P + \sum q \cdot e) - \sum P' - \sum q' \cdot e' - \sum_\nu \mathfrak{A}_l \right] l_\nu +$$
$$+ \sum_e (\mathfrak{M}_l + \mathfrak{M}_r) + \sum_{gr} \mathfrak{M}^0{}_l + \sum_{gl} \mathfrak{M}^0{}_r \,. \qquad (139)$$

Die Bedeutung von P, q, P', q' und $\mathfrak{A}_l$ ist bei (124) bis (126) ausführlich erläutert; die Vorzeichen dieser Größen gelten unter der Voraussetzung, daß die Belastung von oben nach unten wirkt.

b) Gleichungstabelle für ein symmetrisches Vierendeel-Rahmentragwerk mit gelenkigen Stabanschlüssen

Die praktische Anwendung der allgemeinen Knotengleichung (132) und der Verschiebungsgleichung (137) soll hier für das in Abb. 312 zugleich als Festwertskizze dargestellte Tragwerk gezeigt werden. Unter Voraussetzung einer symmetrischen Belastung treten als Unbekannte die fünf Knotendrehwinkel φ_2, φ_3, φ_5, φ_6, φ_9 und die zwei Stabdrehwinkel ψ_1 und ψ_2 auf. Die in der Symmetrieachse gelegenen Knoten 4, 7 und 10 erleiden zwar eine Verschiebung in lotrechter Richtung, aber keine Verdrehungen, so daß $\varphi_4 = \varphi_7 = \varphi_{10} = 0$ ist. Weiter ergibt sich bei Annahme einer vollen Einspannung der Säulenfüße $\varphi_1 = \varphi_{1'} = 0$.

Zur Aufstellung der *Knotengleichungen* nach (132) werden die Diagonalglieder d^0 gemäß (31) und die Knotenbelastungsglieder s^0 gemäß (32) benötigt.

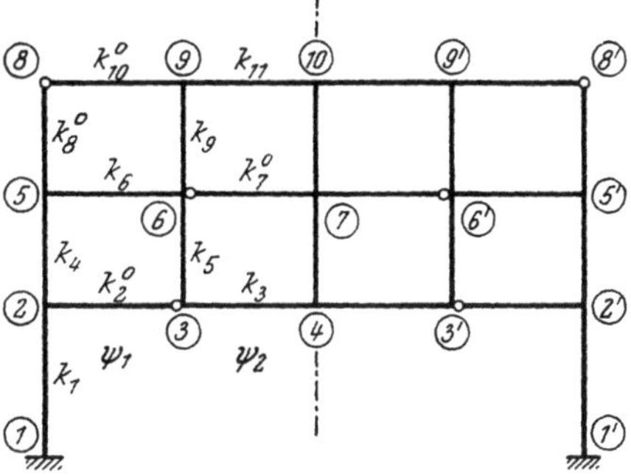

Abb. 312. Festwertskizze

Für Knotenpunkte mit beidseitig fest angeschlossenen Stäben oder solchen Stäben, die im betrachteten Knoten gelenkig gelagert sind, kann auch die Knotengleichung (123) Verwendung finden; diese ergibt sich aber auch von selbst aus der Knotengleichung (132).

Vor dem Anschreiben der *Verschiebungsgleichungen* nach (137) sind zunächst die Diagonalglieder D^0 nach (138) sowie die Belastungsglieder S^0 nach (139) zu ermitteln.

Damit kann bei wiederholter Benutzung der Knotengleichung (132) und der Verschiebungsgleichung (137) unter gleichzeitiger Zuhilfenahme der Festwertskizze (Abb. 312) das gesamte Gleichungssystem sofort in Form einer Tabelle angeschrieben werden (siehe Gleichungstabelle 11).

Gleichungstabelle 11

	φ_2	φ_3	φ_5	φ_6	φ_9	ψ_1	ψ_2	B
φ_2	$d^0{}_2$		k_4			$2\,k^0{}_2$		$s^0{}_2$
φ_3		d_3		k_5			$3\,k_3$	s_3
φ_5	k_4		$d^0{}_5$	k_6		$3\,k_6$		$s^0{}_5$
φ_6		k_5	k_6	d_6	k_9	$3\,k_6$		s_6
φ_9				k_9	$d^0{}_9$	$2\,k^0{}_{10}$	$3\,k_{11}$	$s^0{}_9$
ψ_1	$2\,k^0{}_2$		$3\,k_6$	$3\,k_6$	$2\,k^0{}_{10}$	$D^0{}_1$		$S^0{}_1$
ψ_2		$3\,k_3$			$3\,k_{11}$		$D^0{}_2$	$S^0{}_2$

C. Unsymmetrisch ausgebildete, seitlich festgehaltene Vierendeel-Rahmentragwerke ohne Gelenke

In Abb. 313 ist ein Tragwerk dieser Art dargestellt (vgl. auch Abb. 171 bis 186). Es ist durch Lager in den Knoten 7 und 12 in waagrechter Richtung unverschieblich

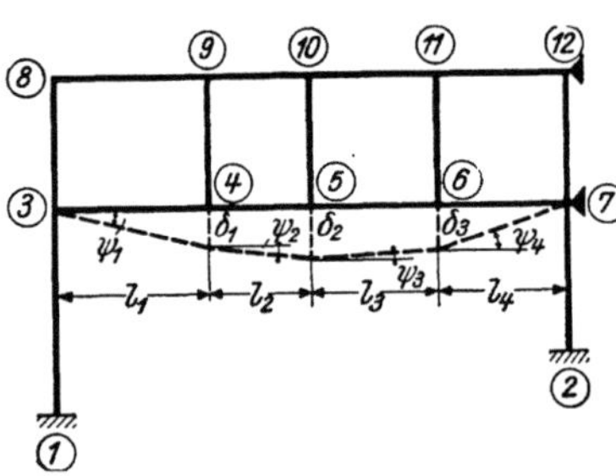

Abb. 313. Unsymmetrisches, nur lotrecht verschiebliches Rahmentragwerk

festgehalten, so daß die Knotenreihen 4—9, 5—10, 6—11 nur in lotrechter Richtung verschieblich sind. Unter der Annahme fester Einspannung in den Punkten 1 und 2 bleiben noch zehn Knotendrehwinkel φ und vier Stabdrehwinkel ψ als Unbekannte übrig.

Im Gegensatz zu den vorher behandelten symmetrischen Tragwerken sind hier die in den Punkten 1 und 2 auftretenden lotrechten Auflagerteilkräfte V zunächst zahlenmäßig nicht bekannt. Daher muß bei der Aufstellung der Verschiebungsgleichungen ein anderer Weg eingeschlagen werden. Es ist vor allem zweckmäßig, anstelle der Stabdrehwinkel ψ der waagrechten Riegel die „absoluten" Verschiebungen δ der Knoten in lotrechter Richtung in die Rechnung einzuführen. Man erreicht damit zunächst, daß die vier Stabdrehwinkel ψ durch drei Verschiebungsgrößen δ ausgedrückt werden können, wodurch die Gesamtzahl der Unbekannten um eins geringer wird. Außerdem ergibt sich auf diese Weise wieder ein vollständig symmetrisches Gleichungssystem.

a) Bedingungsgleichungen

Knotengleichungen. Man kann hier von dem allgemeinen Ansatz in der Form (123) ausgehen, welcher lautet:

$$d_n\,\varphi_n + \sum_i k_{n,\,i}\,\varphi_i + 3\,k_\nu\,\psi_\nu + 3\,k_{\nu+1}\,\psi_{\nu+1} + s_n = 0\,. \tag{140}$$

Die Bedeutung der einzelnen Größen ist bei (123) ausführlich beschrieben und geht auch aus der Abb. 314 hervor. Darin ist ein Teil eines lotrecht verschieblichen Tragwerkes dargestellt, wobei die „absoluten" Verschiebungen der Knotenreihen $(m-1)$, (m) und $(m+1)$ mit δ_{m-1}, δ_m und δ_{m+1} bezeichnet sind.

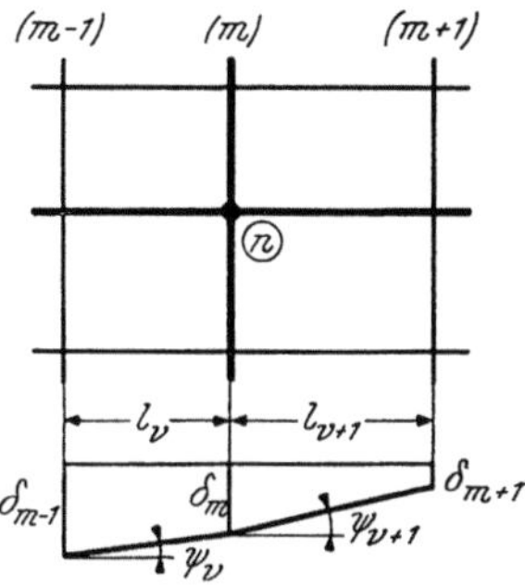

Abb. 314. Lotrecht verschieblicher Tragwerksteil; Bezeichnungen

Der Knoten n, für welchen die Knotengleichung angeschrieben werden soll, gehört der Knotenreihe m an. Die benachbarten Felder haben die Längen l_ν und $l_{\nu+1}$. Die zugehörigen Stabdrehwinkel sind somit ψ_ν und $\psi_{\nu+1}$.

In der obigen Gl. (140) kann man nun nach (3) anstelle der Stabdrehwinkel die „absoluten" Verschiebungen einführen. Mit den gewählten Bezeichnungen wird also

$$\psi_\nu = \frac{\delta_{m-1}-\delta_m}{l_\nu} \; ; \qquad \psi_{\nu+1} = \frac{\delta_m-\delta_{m+1}}{l_{\nu+1}} \, . \qquad (141)$$

Damit nimmt die Knotengleichung (140) nach kurzer Umformung folgende Gestalt an:

$$\boxed{\; d_n \varphi_n + \sum_i k_{n,i}\, \varphi_i + \bar{k}_\nu\, \delta_{m-1} + \varkappa_n\, \delta_m - \bar{k}_{\nu+1}\, \delta_{m+1} + s_n = 0 \, . \;} \qquad (142)$$

Hierin bedeuten nach Abb. 314:

δ_m . . . . die lotrechte Verschiebung jener Knotenreihe, die den Knoten n enthält,

δ_{m-1} und δ_{m+1} . . . . die lotrechten Verschiebungen der *links* bzw. *rechts* von n befindlichen Knotenreihen.

Ferner ist gemäß (62)

$$\bar{k}_\nu = \frac{3\,k_\nu}{l_\nu} \quad \text{bzw.} \quad \bar{k}_{\nu+1} = \frac{3\,k_{\nu+1}}{l_{\nu+1}} \qquad (143)$$

und weiter bedeutet

$$\varkappa_n = \bar{k}_{\nu+1} - \bar{k}_\nu \, . \qquad (144)$$

Es beziehen sich also:

$\bar{k}_\nu\, \delta_{m-1}$ . . . . . auf den *links* in den Knoten n einmündenden Stab $(+)$,

$\bar{k}_{\nu+1}\, \delta_{m+1}$ . . . . auf den *rechts* in den Knoten n einmündenden Stab $(-)$,

$\varkappa_n\, \delta_m$ . . . . . . auf den betrachteten Knoten n $(\pm)$.

Als Beispiel soll die Anwendung der Knotengleichung (142) für die Knotenpunkte 5 und 10 der Abb. 313 gezeigt werden. Zu diesem Zwecke benötigt man die Festwertskizze Abb. 315, in welcher die erforderlichen k-Werte und die vorhandene Belastung eingetragen sind.

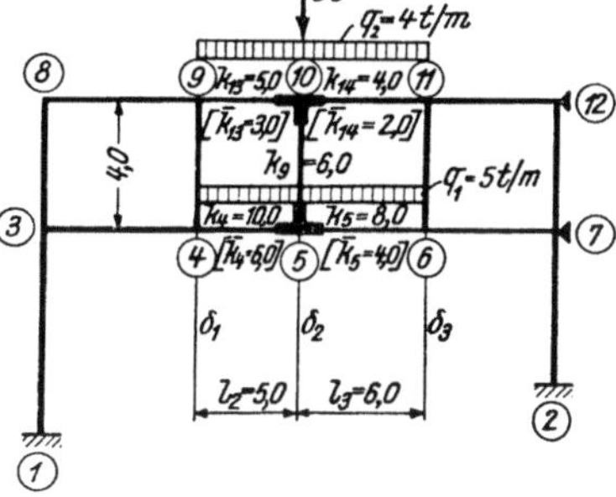

Abb. 315. Belastungs- und Festwertskizze

Nach (143) wird

$$\bar{k}_4 = \frac{3\cdot 10,0}{5,0} = 6,0 \qquad \bar{k}_{13} = \frac{3\cdot 5,0}{5,0} = 3,0$$

$$\bar{k}_5 = \frac{3\cdot 8,0}{6,0} = 4,0 \qquad \bar{k}_{14} = \frac{3\cdot 4,0}{6,0} = 2,0$$

und nach (144)

$$\varkappa_5 = \bar{k}_5 - \bar{k}_4 = 4,0 - 6,0 = -2,0$$

$$\varkappa_{10} = \bar{k}_{14} - \bar{k}_{13} = 2,0 - 3,0 = -1,0 \, .$$

Weiter erhält man nach (45) $d_n = 2 \sum\limits_i k_{n,i}$

$$d_5 = 2\,(10{,}0 + 8{,}0 + 6{,}0) = 48{,}0$$

$$d_{10} = 2\ (6{,}0 + 5{,}0 + 4{,}0) = 30{,}0\ .$$

Die zur Ermittlung der Knotenbelastungsglieder s erforderlichen Stabbelastungsglieder $\mathfrak{M}$ ergeben sich nach Tafel 2:

$$\mathfrak{M}_{5,4} = + \frac{5{,}0 \cdot 5{,}0^2}{12} = + 10{,}42\ \text{tm}\,; \qquad \mathfrak{M}_{5,6} = - \frac{5{,}0 \cdot 6{,}0^2}{12} = - 15{,}00\ \text{tm}$$

$$s_5 = + 10{,}42 - 15{,}00 = - 4{,}58\ \text{tm}$$

$$\mathfrak{M}_{10,9} = + \frac{4{,}0 \cdot 5{,}0^2}{12} = + 8{,}33\ \text{tm}\,; \qquad \mathfrak{M}_{10,11} = - \frac{4{,}0 \cdot 6{,}0^2}{12} = - 12{,}00\ \text{tm}$$

$$s_{10} = + 8{,}33 - 12{,}00 = - 3{,}67\ \text{tm}\ .$$

Damit können nach (142) unter Zuhilfenahme der Festwertskizze die *Knotengleichungen* angeschrieben werden. Sie lauten für den Knoten 5

$$48{,}0\,\varphi_5 + 10{,}0\,\varphi_4 + 8{,}0\,\varphi_6 + 6{,}0\,\varphi_{10} + 6{,}0\,\delta_1 - 2{,}0\,\delta_2 - 4{,}0\,\delta_3 - 4{,}58 = 0$$

und für den Knoten 10

$$30{,}0\,\varphi_{10} + 6{,}0\,\varphi_5 + 5{,}0\,\varphi_9 + 4{,}0\,\varphi_{11} + 3{,}0\,\delta_1 - 1{,}0\,\delta_2 - 2{,}0\,\delta_3 - 3{,}67 = 0\ .$$

Verschiebungsgleichungen. Man denke sich aus dem Tragwerk eine Knotenreihe m, der die Knotenverschiebung δ_m zugeordnet ist, herausgeschnitten und sowohl die äußeren Kräfte als auch sämtliche Schnittkräfte angebracht (Abb. 316). Die Gleichgewichtsbedingung $\Sigma V = 0$ lautet für den herausgeschnittenen Stabzug ganz allgemein, wenn der

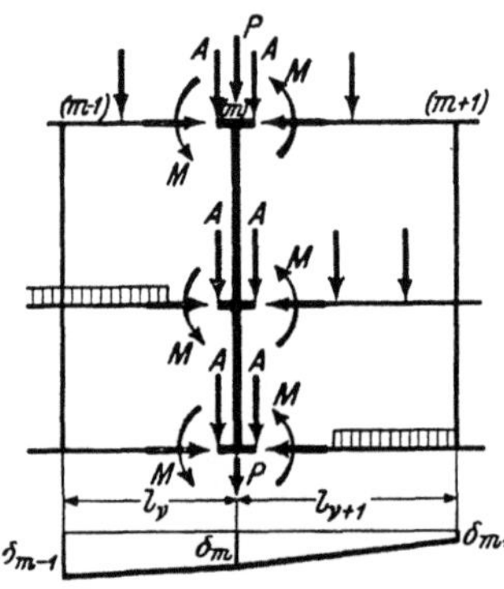

Abb. 316. Lotrecht verschiebliche Knotenreihe m mit Schnittkräften

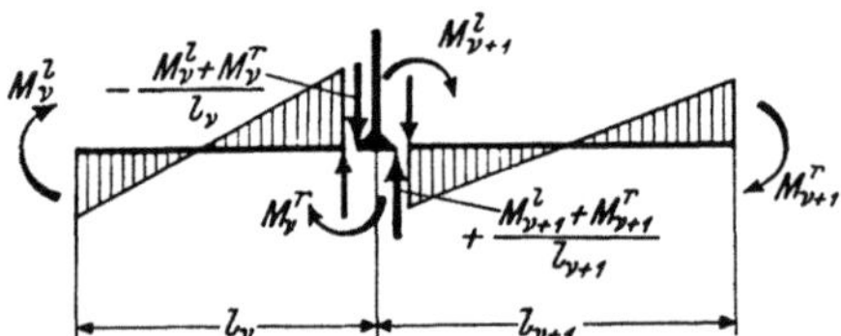

Abb. 317. Querkraftanteile und Richtung der „Aktionskräfte" bei *positiven* Stabendmomenten

Schnitt in unmittelbarer Nähe der Knoten geführt wird,

$$\Sigma P + \sum\limits_\nu A^r_\nu + \sum\limits_{\nu+1} A^l_{\nu+1} = 0\ . \tag{145}$$

Darin bedeuten:

ΣP .... die Summe der *lotrecht* wirkenden Anteile aller am herausgeschnittenen Stabzug angreifenden äußeren Kräfte,

$\sum\limits_\nu A^r_\nu$ und $\sum\limits_{\nu+1} A^l_{\nu+1}$ .... die Summe der *rechten* Auflagerdrücke aller Stäbe im Feld ν bzw. der *linken* Auflagerdrücke aller Stäbe im Feld $(\nu+1)$.

Die in Gl. (145) auftretenden Auflagerdrücke ergeben sich unter der Voraussetzung von positiven Stabendmomenten nach Abb. 317 wie folgt $\left(\overset{+}{\uparrow}\ \overset{-}{\downarrow}\right)$:

$$\sum_{\nu} A^r_{\nu} = -\sum_{\nu} \mathfrak{A}^r_{\nu} - \sum_{\nu} \frac{M^l_{\nu} + M^r_{\nu}}{l_{\nu}}$$

$$\sum_{\nu+1} A^l_{\nu+1} = -\sum_{\nu+1} \mathfrak{A}^l_{\nu+1} + \sum_{\nu+1} \frac{M^l_{\nu+1} + M^r_{\nu+1}}{l_{\nu+1}}.$$

(146)

Es bedeuten sinngemäß wie vorher:

$\sum_{\nu} \mathfrak{A}^r_{\nu}$ und $\sum_{\nu+1} \mathfrak{A}^l_{\nu+1}$ .... die Summe der *rechten* Auflagerdrücke aller frei aufliegend gedachten Stäbe im Feld ν bzw. der *linken* Auflagerdrücke aller frei aufliegend gedachten Stäbe im Feld $(\nu + 1)$,

M^l_{ν} und M^r_{ν} .... die *linken* bzw. *rechten* Anschlußmomente der Stäbe im Feld ν,
$M^l_{\nu+1}$ und $M^r_{\nu+1}$ ..... die *linken* bzw. *rechten* Anschlußmomente der Stäbe im Feld $(\nu + 1)$.

Führt man (146) in (145) ein, so ergibt sich unter Beachtung des Richtungssinnes $\left(\overset{+}{\uparrow}\ \overset{-}{\downarrow}\right)$

$$-\sum P - \sum_{\nu} \mathfrak{A}^r_{\nu} - \sum_{\nu+1} \mathfrak{A}^l_{\nu+1} - \sum_{\nu} \frac{1}{l_{\nu}}(M^l_{\nu} + M^r_{\nu}) + \sum_{\nu+1} \frac{1}{l_{\nu+1}}(M^l_{\nu+1} + M^r_{\nu+1}) = 0. \quad (147)$$

Ersetzt man in (147) die Summen der Stabendmomente nach (11 b) unter Benutzung der hier gewählten Bezeichnungsweise, so erhält man nach kurzer Umformung die Verschiebungsgleichung für irgendeine Knotenreihe m in einfacher Schreibweise:

$$\boxed{-\sum_{\nu} \bar{k}_{\nu}\, \varphi_{m-1} + \sum \varkappa_m\, \varphi_m + \sum_{\nu+1} \bar{k}_{\nu+1}\, \varphi_{m+1} - K_{\nu}\, \delta_{m-1} + D_m\, \delta_m - K_{\nu+1}\, \delta_{m+1} + S_m = 0\,.}$$

(148)

Hierin bedeuten unter Voraussetzung jeweils gleich langer Riegel in den Feldern ν und $(\nu+1)$:

$$K_{\nu} = \frac{2}{l_{\nu}} \sum_{\nu} \bar{k}_{\nu} \quad \text{und} \quad K_{\nu+1} = \frac{2}{l_{\nu+1}} \sum_{\nu+1} \bar{k}_{\nu+1} \tag{149}$$

$$D_m = K_{\nu} + K_{\nu+1} \tag{150}$$

$$S_m = -\sum P - \sum_{\nu} \mathfrak{A}^r_{\nu} - \sum_{\nu+1} \mathfrak{A}^l_{\nu+1} - \frac{1}{l_{\nu}} \sum_{\nu} (\mathfrak{M}^l_{\nu} + \mathfrak{M}^r_{\nu}) + \frac{1}{l_{\nu+1}} \sum_{\nu+1} (\mathfrak{M}^l_{\nu+1} + \mathfrak{M}^r_{\nu+1}). \tag{151}$$

Es beziehen sich also K_{ν} (= Beiwert von δ_{m-1}) auf das Feld **links** und $K_{\nu+1}$ (= Beiwert von δ_{m+1}) auf das Feld **rechts** von der betrachteten Knotenreihe m.

Das *Diagonalglied* D_m für die verschiebliche Knotenreihe m ergibt sich stets als Summe der K-Werte der beiden anschließenden Felder. Das *Belastungsglied* S_m wird nach (151) bestimmt. Die nähere Bedeutung der einzelnen Glieder ist bei (145) und (146) erläutert. Die in (151) angegebenen Vorzeichen von P und $\mathfrak{A}$ gelten unter der Voraussetzung, daß diese Kräfte von oben nach unten wirken.

Die Beiwerte $\bar{k}_{\nu}$, $\bar{k}_{\nu+1}$ und $\varkappa_m$ (identisch mit $\varkappa_n$ von früher) werden nach (143) bzw. (144) ermittelt. Die $\varkappa$-Werte brauchen aber nur für die lotrecht verschieblichen Knoten aufgestellt zu werden.

Über die Gliederzahl der vorstehenden Gleichung kann zusammenfassend gesagt werden:

1. Die Zahl der φ_{m-1}-Glieder ist gleich der Anzahl der **links** in die betrachtete Knotenreihe einmündenden Stäbe.

2. Die Zahl der φ_{m+1}-Glieder ist gleich der Anzahl der im Felde **rechts** von der betrachteten Knotenreihe vorhandenen Stäbe.

3. Die Zahl der φ_{m}-Glieder ist im allgemeinen gleich der Anzahl der Knoten in der betrachteten Knotenreihe m. Wenn jedoch für einen Knoten $\bar{k}_\nu = \bar{k}_{\nu+1}$ ist, so wird nach (144) $\varkappa = \bar{k}_{\nu+1} - \bar{k}_\nu = 0$, wodurch dann das diesem Knoten zugeordnete φ_{m}-Glied entfällt.

4. Die δ-Glieder treten in jeder Gleichung nur je **einmal** auf.

Die praktische Anwendung der Gl. (148) soll hier sofort an einem Beispiel zahlenmäßig vorgeführt werden, und zwar für die Knotenreihe 5—10 des in Abb. 315 mit Belastung und Festwerten ersichtlichen Tragwerkes. Es sind noch zu ermitteln

nach (144): $\varkappa_5 = 4{,}0 - 6{,}0 = -2{,}0;$ $\varkappa_{10} = 2{,}0 - 3{,}0 = -1{,}0$

nach (149): $K_2 = \dfrac{2}{5{,}0}\,(6{,}0 + 3{,}0) = 3{,}6;$ $K_3 = \dfrac{2}{6{,}0}\,(4{,}0 + 2{,}0) = 2{,}0$

nach (150): $D_2 = K_2 + K_3 = 3{,}6 + 2{,}0 = 5{,}6$

nach (151): $S_2 = -3{,}0 - (5+4)\,\dfrac{5{,}0}{2} - (5+4)\,\dfrac{6{,}0}{2} = -52{,}5\ \text{t}\,.$

Damit kann nach (148) die Gleichung für die Knotenreihe 5—10 mit der Verschiebung δ_2 angeschrieben werden:

$$-6{,}0\,\varphi_4 - 3{,}0\,\varphi_9 - 2{,}0\,\varphi_5 - 1{,}0\,\varphi_{10} + 4{,}0\,\varphi_6 + 2{,}0\,\varphi_{11} - 3{,}6\,\delta_1 + 5{,}6\,\delta_2 - 2{,}0\,\delta_3 - 52{,}5 = 0\,.$$

(Siehe auch die Zahlenbeispiele 16 und 17.)

b) Gleichungstabelle für ein unsymmetrisches, nur lotrecht verschiebliches Rahmentragwerk ohne Gelenke

Dieses Beispiel soll nur eine Übersicht über den Gang der gesamten Rechnung bieten, weshalb hier auf zahlenmäßige Angaben verzichtet werden kann; Abb. 318 zeigt die Festwertskizze mit allen erforderlichen Eintragungen. Unter der Voraussetzung, daß das Rahmentragwerk in den Knoten 7 und 12 bzw. 3 und 8 gegen waagrechte Verschiebungen gesichert ist, treten bei beliebiger Belastung nur die lotrechten Verschiebungen δ_1, δ_2 und δ_3 auf. Weiter ergibt sich bei Annahme einer festen Einspannung in den Säulenfüßen $\varphi_1 = \varphi_2 = 0$; es verbleiben also **zehn** unbekannte Knotendrehwinkel φ_3 bis φ_{12}.

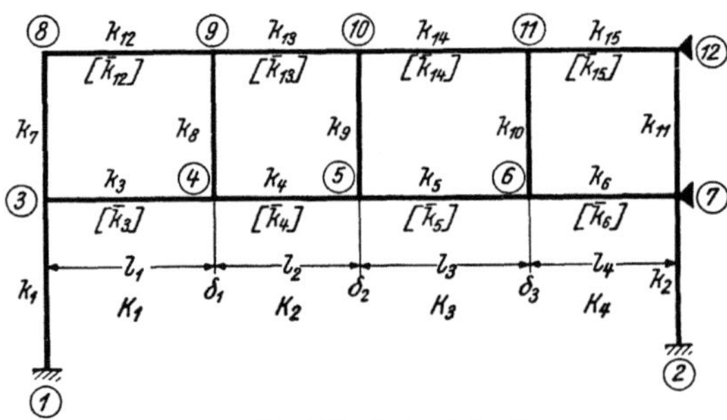
Abb. 318. Festwertskizze

Vor dem Anschreiben der *Knotengleichungen* nach (142) sind zunächst zu ermitteln: die Diagonalglieder d_3 bis d_{12} nach (45), ferner die Beiwerte $\varkappa_4$, $\varkappa_5$, $\varkappa_6$, $\varkappa_9$, $\varkappa_{10}$, $\varkappa_{11}$ für die verschieblichen Knoten nach (144) und schließlich die Knotenbelastungsglieder s_3 bis s_{12} nach (46a).

Für die Aufstellung der *Verschiebungsgleichungen* nach (148) werden benötigt: die Diagonalglieder D_1, D_2, D_3 nach (150), ferner die Beiwerte K_2 und K_3 nach

(149) sowie die Belastungsglieder S_1, S_2, S_3 nach (151). Damit kann bei wiederholter Anwendung der Knotengleichung (142) und der Verschiebungsgleichung (148) unter gleichzeitiger Zuhilfenahme der Festwertskizze das gesamte Gleichungssystem unmittelbar in Form einer Tabelle angeschrieben werden (siehe Gleichungstabelle 12).

Gleichungstabelle 12

	φ_3	φ_4	φ_5	φ_6	φ_7	φ_8	φ_9	φ_{10}	φ_{11}	φ_{12}	δ_1	δ_2	δ_3	B
φ_3	d_3	k_3				k_7					$-\bar{k}_3$			s_3
φ_4	k_3	d_4	k_4				k_8				$\varkappa_4$	$-\bar{k}_4$		s_4
φ_5		k_4	d_5	k_5				k_9			$\bar{k}_4$	$\varkappa_5$	$-\bar{k}_5$	s_5
φ_6			k_5	d_6	k_6				k_{10}			$\bar{k}_5$	$\varkappa_6$	s_6
φ_7				k_6	d_7					k_{11}			$\bar{k}_6$	s_7
φ_8	k_7					d_8	k_{12}				$-\bar{k}_{12}$			s_8
φ_9		k_8				k_{12}	d_9	k_{13}			$\varkappa_9$	$-\bar{k}_{13}$		s_9
φ_{10}			k_9				k_{13}	d_{10}	k_{14}		$\bar{k}_{13}$	$\varkappa_{10}$	$-\bar{k}_{14}$	s_{10}
φ_{11}				k_{10}				k_{14}	d_{11}	k_{15}		$\bar{k}_{14}$	$\varkappa_{11}$	s_{11}
φ_{12}					k_{11}				k_{15}	d_{12}			$\bar{k}_{15}$	s_{12}
δ_1	$-\bar{k}_3$	$\varkappa_4$	$\bar{k}_4$			$-\bar{k}_{12}$	$\varkappa_9$	$\bar{k}_{13}$			D_1	$-K_2$		S_1
δ_2		$-\bar{k}_4$	$\varkappa_5$	$\bar{k}_5$			$-\bar{k}_{13}$	$\varkappa_{10}$	$\bar{k}_{14}$		$-K_2$	D_2	$-K_3$	S_2
δ_3			$-\bar{k}_5$	$\varkappa_6$	$\bar{k}_6$			$-\bar{k}_{14}$	$\varkappa_{11}$	$\bar{k}_{15}$		$-K_3$	D_3	S_3

Anmerkung. Die allgemeinen Mustergleichungen (142) und (148) gelten beispielsweise zur Berechnung von Tragwerken nach der in Abb. 319 dargestellten Art (vgl. auch Abb. 171 bis 186); ferner für symmetrisch ausgebildete, aber un-

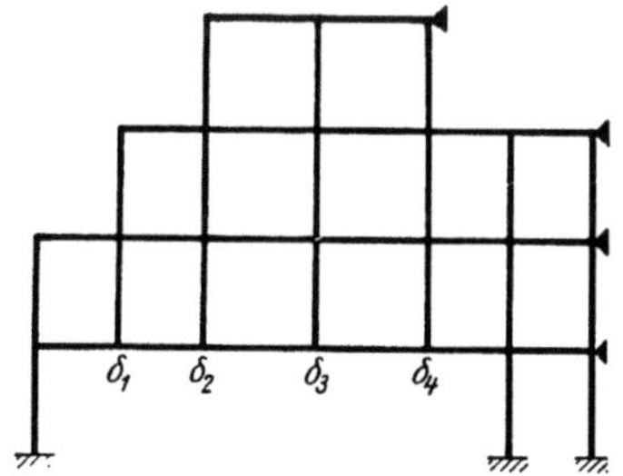

Abb. 319. Unsymmetrisches, nur lotrecht verschiebliches Tragwerk

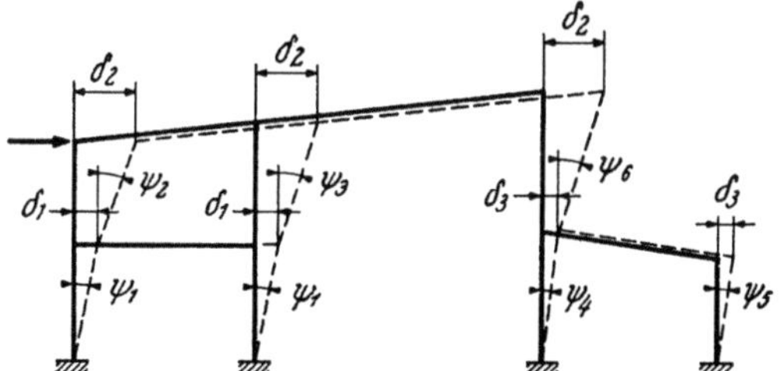

Abb. 320. Unsymmetrisches, nur waagrecht verschiebliches Tragwerk mit Riegelunterbrechung

symmetrisch belastete Vierendeel-Rahmentragwerke unter der Voraussetzung, daß der Rahmen durch Lager an der waagrechten Verschiebung verhindert ist.

Sinngemäß sind diese Gleichungen auch anwendbar bei der Berechnung von waagrecht verschieblichen Tragwerken, bei denen die Riegel in einzelnen Feldern fehlen (vgl. Abb. 320); dabei ist zu beachten, daß die Horizontalverschiebung links und rechts von der Riegelunterbrechung verschieden groß ist. Weitere Beispiele dieser Art, jedoch für symmetrische Tragwerke, zeigen die Abb. 115 bis 123, 245 und 246. In allen diesen Fällen ist es zweckmäßig, als Unbekannte die waagrechte

Verschiebung δ der einzelnen Knotenreihen zu wählen. Für diese Tragwerksart lauten die Bedingungsgleichungen (142) und (148) unter sinngemäßer Abänderung der Bezeichnungen mit den für horizontal verschiebliche Rahmen eingeführten Indizes:

$$d_n\,\varphi_n + \sum_i k_{n,i}\,\varphi_i + \bar{k}_\mu\,\delta_{m-1} + \varkappa_n\,\delta_m - \bar{k}_{\mu+1}\,\delta_{m+1} + s_n = 0 \qquad (142\,\mathrm{a})$$

$$-\sum_\mu \bar{k}_\mu\,\varphi_{m-1} + \sum \varkappa_m\,\varphi_m + \sum_{\mu+1}\bar{k}_{\mu+1}\,\varphi_{m+1} - K_\mu\,\delta_{m-1} + D_m\,\delta_m - K_{\mu+1}\,\delta_{m+1} + S_m = 0.$$

$$(148\,\mathrm{a})$$

Hierin bedeuten unter Berücksichtigung des allgemeinen Falles, daß in eine horizontal verschiebliche Knotenreihe m ungleich lange Stiele einmünden:

$$\varkappa_n = \varkappa_m = \bar{k}_{\mu+1} - \bar{k}_\mu \qquad (144\,\mathrm{a})$$

$$K_\mu = 2\sum_\mu{}'\frac{\bar{k}_\mu}{l} \qquad \text{und} \qquad K_{\mu+1} = 2\sum_{\mu+1}{}'\frac{\bar{k}_{\mu+1}}{l} \qquad (149\,\mathrm{a})$$

$$D_m = K_\mu + K_{\mu+1} \qquad (150\,\mathrm{a})$$

$$S_m = -\sum P - \sum_\mu \mathfrak{A}_o - \sum_{\mu+1}\mathfrak{A}_u - \sum_\mu{}'\frac{\mathfrak{M}_o + \mathfrak{M}_u}{l} + \sum_{\mu+1}{}'\frac{\mathfrak{M}_o + \mathfrak{M}_u}{l}. \qquad (151\,\mathrm{a})$$

Dabei ist zu beachten, daß sich die Bezeichnungen $(m-1)$ und $(m+1)$ auf die waagrecht verschieblichen Knoten unmittelbar **unterhalb** bzw. **oberhalb** der Reihe m beziehen, die den Knoten n enthält. Die K- bzw. D-Werte sind also stets nur aus den Steifigkeitszahlen derjenigen Stäbe zu bestimmen, welche in die betrachtete Knotenreihe m einmünden; weiter gelten die angegebenen Vorzeichen für P und $\mathfrak{A}$ in (151a) unter der Voraussetzung, daß die Belastung von links nach rechts wirkt.

Diese Anmerkung hat sinngemäß auch für die Bedingungsgleichungen des folgenden Abschnittes volle Gültigkeit.

D. Unsymmetrisch ausgebildete, seitlich festgehaltene Vierendeel-Rahmentragwerke mit gelenkigen Stabanschlüssen

a) Bedingungsgleichungen

Knotengleichungen. Es ist auch hier zweckmäßig, anstelle der Stabdrehwinkel ψ nach Abb. 314 und Gl. (141) die „absoluten" Verschiebungen δ der einzelnen Knotenpunkte in Rechnung zu stellen. Die Knotengleichung (142) nimmt dann unter Annahme beliebig vieler Gelenkstäbe nach kurzer Umformung folgende Gestalt an:

$$d^0{}_n\,\varphi_n + \sum_i k_{n,\,i}\,\varphi_i + \bar{k}'{}_\nu\,\delta_{m-1} + \varkappa'{}_n\,\delta_m - \bar{k}'{}_{\nu+1}\,\delta_{m+1} + s^0{}_n = 0, \qquad (152)$$

wobei gemäß (144)

$$\varkappa'{}_n = \bar{k}'{}_{\nu+1} - \bar{k}'{}_\nu. \qquad (153)$$

In diesen Gleichungen bedeutet

$\bar{k}'{}_\nu$ bzw. $\bar{k}'{}_{\nu+1}$ .... die erweiterte Steifigkeitszahl des Stabes ν bzw. $(\nu+1)$, und zwar entweder $\bar{k}_\nu$ oder $\bar{k}^0{}_\nu$ bzw. $\bar{k}_{\nu+1}$ oder $\bar{k}^0{}_{\nu+1}$, je nachdem, ob es sich um einen beidseitig eingespannten Stab oder um einen im Knoten n fest angeschlossenen Gelenkstab handelt.

Die Beiwerte $\bar{k}_\nu$ und $\bar{k}_{\nu+1}$ sind nach (143) zu bestimmen; die Werte $\bar{k}^0{}_\nu$ und $\bar{k}^0{}_{\nu+1}$ erhält man gemäß (73) aus

$$\bar{k}^0{}_\nu = \frac{2\,k^0{}_\nu}{l_\nu} \quad \text{und} \quad \bar{k}^0{}_{\nu+1} = \frac{2\,k^0{}_{\nu+1}}{l_{\nu+1}} \,. \tag{154}$$

In der Knotengleichung (152) ergeben sich die $\varkappa'{}_n$-Werte, die nur für lotrecht verschiebliche Knoten benötigt werden, gemäß (153) stets als Differenz der $\bar{k}$- bzw. $\bar{k}^0$-Werte der beiden im betrachteten Knoten n fest angeschlossenen Stäbe ν und $(\nu+1)$. Es wird also

$\varkappa'{}_n = \varkappa_n = \bar{k}_{\nu+1} - \bar{k}_\nu\;\;\dots$ wenn beide Stäbe beidseitig elastisch eingespannt sind,

$\varkappa'{}_n = \bar{k}^0{}_{\nu+1} - \bar{k}^0{}_\nu\;\;\dots$ wenn beide Stäbe auf der Gegenseite gelenkig angeschlossen sind,

$\varkappa'{}_n = \bar{k}_{\nu+1} - \bar{k}^0{}_\nu\;\;\dots$ wenn der Stab $(\nu+1)$ beidseitig fest, der Stab ν jedoch auf der Gegenseite gelenkig angeschlossen ist,

$\varkappa'{}_n = \bar{k}^0{}_{\nu+1} - \bar{k}_\nu\;\;\dots$ wenn der Stab $(\nu+1)$ auf der Gegenseite gelenkig, der Stab ν hingegen beidseitig fest angeschlossen ist.

Dabei ist zu beachten, daß solche Stäbe, die im betrachteten Knoten n gelenkig gelagert sind, für die Knotengleichung keine Beiträge liefern. Wenn also z. B. die beiden Stäbe ν und $(\nu+1)$ im Knoten n Gelenke aufweisen, so entfallen in der Knotengleichung (152) sämtliche δ-Glieder, deren Bedeutung bereits auf Seite 73 ausführlich beschrieben wurde.

Zur besseren Übersicht soll die Auswertung der Gl. (152) an den in Abb. 321a, b dargestellten Knotenpunkten näher erläutert werden. Mit

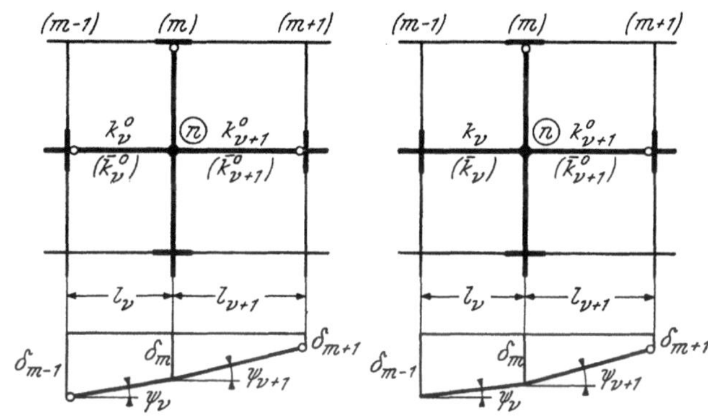

Abb. 321a   Abb. 321b

Abb. 321a, b. Lotrecht verschiebliche Tragwerksteile mit gelenkigen Stabanschlüssen; Bezeichnungen

den hier gewählten Bezeichnungen erhält man für den Knoten n in Abb. 321a die Knotengleichung

$$d^0{}_n\varphi_n + \sum_i k_{n,i}\varphi_i + \bar{k}^0{}_\nu\,\delta_{m-1} + \varkappa'{}_n\,\delta_m - \bar{k}^0{}_{\nu+1}\,\delta_{m+1} + s^0{}_n = 0\,, \tag{152a}$$

wobei gemäß (153)

$$\varkappa'{}_n = \bar{k}^0{}_{\nu+1} - \bar{k}^0{}_\nu\,. \tag{153a}$$

Für den Knotenpunkt n in Abb. 321b wird sinngemäß

$$d^0{}_n\varphi_n + \sum_i k_{n,i}\varphi_i + \bar{k}_\nu\,\delta_{m-1} + \varkappa'{}_n\,\delta_m - \bar{k}^0{}_{\nu+1}\,\delta_{m+1} + s^0{}_n = 0\,, \tag{152b}$$

wobei nach (153)

$$\varkappa'{}_n = \bar{k}^0{}_{\nu+1} - \bar{k}_\nu\,. \tag{153b}$$

Anschließend soll die zahlenmäßige Anwendung der Knotengleichung (152) für die Knotenpunkte 5 und 10 des in Abb. 322 dargestellten Tragwerkes gezeigt werden. Dieser Rahmen unterscheidet sich von dem der Abb. 315 nur dadurch, daß im vorliegenden Fall die Riegel des dritten Rahmenfeldes im Knoten 6 und 10 gelenkig angeschlossen sind. Die k- und k^0-Werte sind in Abb. 322 eingetragen. Werden die übrigen Beiwerte aus dem bereits auf Seite 73f. behandelten Fall übernommen, so sind für die Aufstellung der Knotengleichungen noch folgende Werte zu ermitteln:

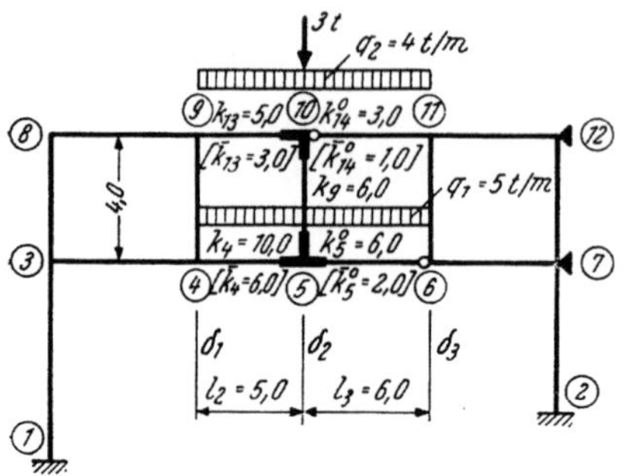

Abb. 322. Belastungs- und Festwertskizze

Nach (154) wird

$$\bar{k}^0{}_5 = \frac{2 \cdot 6,0}{6,0} = 2,0$$

und gemäß (153) bzw. (153b)

$$\varkappa'_5 = \bar{k}^0{}_5 - \bar{k}_4 = 2,0 - 6,0 = -4,0$$

$$\varkappa'_{10} = -\bar{k}_{13} = -3,0 .$$

Die Diagonalglieder erhält man nach (31) bzw. (45) mit

$$d^0{}_5 = 2\,(10,0 + 6,0 + 6,0) = 44,0$$

$$d^0{}_{10} = d_{10} = 2\,(6,0 + 5,0) = 22,0 ,$$

und die zur Ermittlung der Knotenbelastungsglieder s^0 erforderlichen Stabbelastungsglieder $\mathfrak{M}$ bzw. $\mathfrak{M}^0$ ergeben sich nach Tafel 2 bzw. 5:

$$\mathfrak{M}_{5,4} = +\frac{5,0 \cdot 5,0^2}{12} = +10,42 \text{ tm}; \qquad \mathfrak{M}^0_{5,6} = -\frac{5,0 \cdot 6,0^2}{8} = -22,50 \text{ tm}$$

$$s^0{}_5 = +10,42 - 22,50 = -12,08 \text{ tm}$$

$$s^0{}_{10} = s_{10} = \mathfrak{M}_{10,9} = +8,33 \text{ tm} .$$

Nun können nach (152) anhand der Festwertskizze (Abb. 322) die Knotengleichungen angeschrieben werden, und zwar erhält man für Knoten 5

$$44,0\,\varphi_5 + 10,0\,\varphi_4 + 6,0\,\varphi_{10} + 6,0\,\delta_1 - 4,0\,\delta_2 - 2,0\,\delta_3 - 12,08 = 0$$

und für Knoten 10

$$22,0\,\varphi_{10} + 6,0\,\varphi_5 + 5,0\,\varphi_9 + 3,0\,\delta_1 - 3,0\,\delta_2 + 8,33 = 0 .$$

Verschiebungsgleichungen. In Anlehnung an (148) kann die Verschiebungsgleichung für den Fall beliebig vieler Gelenkstäbe in folgender Form Verwendung finden:

$$-\sum_{\nu} \bar{k}'_{\nu}\varphi_{m-1} + \sum \varkappa'_m\varphi_m + \sum_{\nu+1} \bar{k}'_{\nu+1}\varphi_{m+1} - K^0_{\nu}\delta_{m-1} + D^0_m\delta_m - K^0_{\nu+1}\delta_{m+1} + S^0_m = 0 .$$

$$(155)$$

Hierin sind

$$K^0{}_{\nu} = \frac{2}{l_\nu} \sum_e \bar{k}_\nu + \frac{1}{l_\nu} \sum_{gr} \bar{k}^0{}_\nu + \frac{1}{l_\nu} \sum_{gl} \bar{k}^0{}_\nu ,$$

$$K^0{}_{\nu+1} = \frac{2}{l_{\nu+1}} \sum_e \bar{k}_{\nu+1} + \frac{1}{l_{\nu+1}} \sum_{gr} \bar{k}^0{}_{\nu+1} + \frac{1}{l_{\nu+1}} \sum_{gl} \bar{k}^0{}_{\nu+1}$$

$$(156)$$

und

$$D^0{}_m = K^0{}_\nu + K^0{}_{\nu+1}$$

$$(157)$$

$$S^0{}_m = - \Sigma P - \underset{\nu}{\Sigma} \mathfrak{A}^r{}_\nu - \underset{\nu+1}{\Sigma} \mathfrak{A}^l{}_{\nu+1} - \frac{1}{l_\nu} \underset{e}{\Sigma} (\mathfrak{M}^l{}_\nu + \mathfrak{M}^r{}_\nu) - \frac{1}{l_\nu} \underset{gr}{\Sigma} \mathfrak{M}^{0,l}{}_\nu - \frac{1}{l_\nu} \underset{gl}{\Sigma} \mathfrak{M}^{0,r}{}_\nu +$$

$$+ \frac{1}{l_{\nu+1}} \underset{e}{\Sigma} (\mathfrak{M}^l{}_{\nu+1} + \mathfrak{M}^r{}_{\nu+1}) + \frac{1}{l_{\nu+1}} \underset{gr}{\Sigma} \mathfrak{M}^{0,l}{}_{\nu+1} + \frac{1}{l_{\nu+1}} \underset{gl}{\Sigma} \mathfrak{M}^{0,r}{}_{\nu+1} . \tag{158}$$

In der oben aufgestellten Verschiebungsgleichung (155) haben die Beiwerte $\bar{k}'_\nu$, $\bar{k}'_{\nu+1}$ und $\varkappa'_m$ (identisch mit $\varkappa'_n$) die gleiche Bedeutung wie in der Knotengleichung (152); sie wurden bereits auf Seite 78f. näher erläutert. Gemäß (153) ist also

$\varkappa'_m = \bar{k}'_{\nu+1} - \bar{k}'_\nu \ldots$ die Differenz der Werte $\bar{k}$ bzw. $\bar{k}^0$ der in einem Knoten n fest angeschlossenen Riegel, und zwar ist für beidseitig elastisch eingespannte Stäbe $\bar{k}$ und für Gelenkstäbe $\bar{k}^0$ einzusetzen.

Weiterhin bedeuten:

$\underset{\nu}{\Sigma} \bar{k}'_\nu \varphi_{m-1} \ldots$ die Summe der Produkte aus dem Stabfestwert $\bar{k}$ bzw. $\bar{k}^0$ und dem *linken* Knotendrehwinkel φ für alle im Feld ν *links* fest angeschlossenen Stäbe,

$\underset{\nu+1}{\Sigma} \bar{k}'_{\nu+1} \varphi_{m+1} \ldots$ die Summe der Produkte aus dem Stabfestwert $\bar{k}$ bzw. $\bar{k}^0$ und dem *rechten* Knotendrehwinkel φ für alle im Feld $(\nu + 1)$ *rechts* fest angeschlossenen Stäbe.

Zur näheren Erläuterung der einzelnen Glieder in der vorstehenden Verschiebungsgleichung sei noch folgendes gesagt:

Der Wert $K^0{}_\nu$ ($=$ Beiwert von δ_{m-1}) bezieht sich stets auf das Feld **links** der betrachteten Knotenreihe m; er wird gebildet aus der $2/l_\nu$-fachen Summe der $\bar{k}$-Werte aller beidseitig fest angeschlossenen Stäbe und der $1/l_\nu$-fachen Summe der $\bar{k}^0$-Werte aller Gelenkstäbe dieses Feldes. Das gleiche gilt sinngemäß für $K^0{}_{\nu+1}$ ($=$ Beiwert von δ_{m+1}), der sich auf das Feld **rechts** der betrachteten Knotenreihe bezieht.

Das *Diagonalglied* $D^0{}_m$ für die verschiebliche Knotenreihe m ergibt sich stets als Summe der K- bzw. K^0-Werte der beidseitig anschließenden Felder, also z. B. gemäß (157)

$$D^0{}_m = K_\nu + K^0{}_{\nu+1} \quad \text{oder} \quad D^0{}_m = K^0{}_\nu + K_{\nu+1} . \tag{159}$$

Das *Belastungsglied* $S^0{}_m$ ist abhängig von den Werten P und $\mathfrak{A}$, deren Bedeutung bei (145) und (146) ausführlich erläutert ist, sowie von den verschiedenen Belastungsgliedern $\mathfrak{M}$ bzw. $\mathfrak{M}^0$, und zwar bedeuten:

$\frac{1}{l_\nu} \underset{e}{\Sigma} (\mathfrak{M}^l{}_\nu + \mathfrak{M}^r{}_\nu) \ldots$ die $1/l_\nu$-fache Summe der *linken* und *rechten* Belastungsglieder $\mathfrak{M}$ der im Feld ν beidseitig elastisch eingespannten Stäbe,

$\frac{1}{l_\nu} \underset{gr}{\Sigma} \mathfrak{M}^{0,l}{}_\nu \ldots$ die $1/l_\nu$-fache Summe der Belastungsglieder $\mathfrak{M}^0$ aller im Feld ν *rechts* gelenkig angeschlossenen Stäbe,

$\frac{1}{l_\nu} \underset{gl}{\Sigma} \mathfrak{M}^{0,r}{}_\nu \ldots$ die $1/l_\nu$-fache Summe der Belastungsglieder $\mathfrak{M}^0$ aller im Feld ν *links* gelenkig angeschlossenen Stäbe,

$\frac{1}{l_{\nu+1}} \underset{e}{\Sigma} (\mathfrak{M}^l{}_{\nu+1} + \mathfrak{M}^r{}_{\nu+1}) \ldots$ die $1/l_{\nu+1}$-fache Summe der *linken* und *rechten* Belastungsglieder $\mathfrak{M}$ der im Feld $(\nu + 1)$ beidseitig elastisch eingespannten Stäbe,

$\frac{1}{l_{\nu+1}} \underset{gr}{\Sigma} \mathfrak{M}^{0,l}{}_{\nu+1} \ldots$ die $1/l_{\nu+1}$-fache Summe der Belastungsglieder $\mathfrak{M}^0$ aller im Feld $(\nu + 1)$ *rechts* gelenkig angeschlossenen Stäbe,

$\frac{1}{l_{\nu+1}} \underset{gl}{\Sigma} \mathfrak{M}^{0,r}{}_{\nu+1} \ldots$ die $1/l_{\nu+1}$-fache Summe der Belastungsglieder $\mathfrak{M}^0$ aller im Feld $(\nu + 1)$ *links* gelenkig angeschlossenen Stäbe.

Über die Anzahl der Glieder in der Verschiebungsgleichung (155) gilt das zu (148) Gesagte, jedoch mit der Einschränkung, daß sich die Zahl der φ_{m-1}- bzw. φ_{m+1}-Glieder um die Anzahl der im Feld ν links bzw. im Feld $(\nu + 1)$ **rechts** gelenkig gelagerten Stäbe vermindert. Das φ_m-Glied für die verschiebliche Knotenreihe m entfällt, wenn für deren Knoten entweder $\bar{k}'_\nu = \bar{k}'_{\nu+1}$ ist oder sämtliche Riegel in der Reihe m gelenkig angeschlossen sind.

Die praktische Anwendung der Gl. (152) und (155) soll anschließend an einem Beispiel gezeigt werden (siehe auch Zahlenbeispiel 15).

b) Gleichungstabelle für ein unsymmetrisches, nur lotrecht verschiebliches Rahmentragwerk mit gelenkigen Stabanschlüssen

Die Gestalt des Tragwerkes und die Lage der Gelenke ist aus Abb. 323 ersichtlich, die zugleich als Festwertskizze dient. Unter der Voraussetzung, daß der Rahmen in den Knoten 8 und 13 gegen seitliche Verschiebungen gesichert ist, treten bei beliebiger Belastung nur die lotrechten Verschiebungen δ_1 und δ_2 auf. Infolge fester Einspannung der Säulenfüße ist $\varphi_1 = \varphi_2 = \varphi_3 = 0$, und es verbleiben die zehn unbekannten Knotendrehwinkel φ_4 bis φ_{13}.

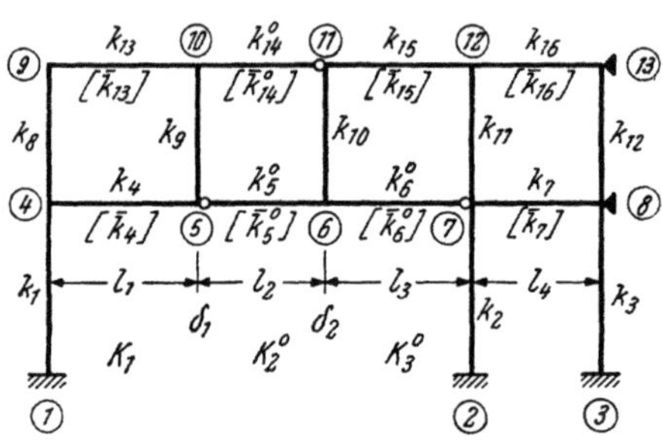

Abb. 323. Festwertskizze

Vor dem Anschreiben der *Knotengleichungen* nach (152) sind zunächst folgende Rechnungsgrößen zu ermitteln: Für die Knotenpunkte 4 bis 13 die Diagonalglieder d^0 bzw. d nach (31) bzw. (45) und die Knotenbelastungsglieder s^0 bzw. s nach (32) bzw. (46a), ferner gemäß (153) die Beiwerte $\varkappa'_5$, $\varkappa'_6$, $\varkappa'_{10}$, $\varkappa'_{11}$ für die verschieblichen Knotenpunkte.

Bevor die *Verschiebungsgleichungen* nach (155) angeschrieben werden können, werden noch folgende Werte benötigt: Die Beiwerte $K^0_1 = K_1$, K^0_2, K^0_3 nach (156) bzw. (149), weiter die Diagonalglieder D^0_1 und D^0_2 nach (157) bzw. (159) und schließlich die Belastungsglieder S^0_1 und S^0_2 nach (158).

Anhand der Festwertskizze (Abb. 323) kann nun die Gleichungstabelle 13 unter Benutzung der Mustergleichungen unmittelbar angeschrieben werden.

Gleichungstabelle 13

	φ_4	φ_5	φ_6	φ_7	φ_8	φ_9	φ_{10}	φ_{11}	φ_{12}	φ_{13}	δ_1	δ_2	B
φ_4	d_4	k_4				k_8					$-\bar{k}_4$		s_4
φ_5	k_4	d_5					k_9				$\varkappa'_5$		s_5
φ_6			d^0_6					k_{10}			$\bar{k}^0_5$	$\varkappa'_6$	s^0_6
φ_7				d_7	k_7				k_{11}				s_7
φ_8				k_7	d_8					k_{12}			s_8
φ_9	k_8					d_9	k_{13}				$-\bar{k}_{13}$		s_9
φ_{10}		k_9				k_{13}	d^0_{10}				$\varkappa'_{10}$	$-\bar{k}^0_{14}$	s^0_{10}
φ_{11}			k_{10}					d_{11}	k_{15}			$\varkappa'_{11}$	s_{11}
φ_{12}				k_{11}				k_{15}	d_{12}	k_{16}		$\bar{k}_{15}$	s_{12}
φ_{13}					k_{12}				k_{16}	d_{13}			s_{13}
δ_1	$-\bar{k}_4$	$\varkappa'_5$	$\bar{k}^0_5$			$-\bar{k}_{13}$	$\varkappa'_{10}$				D^0_1	$-K^0_2$	S^0_1
δ_2			$\varkappa'_6$				$-\bar{k}^0_{14}$	$\varkappa'_{11}$	$\bar{k}_{15}$		$-K^0_2$	D^0_2	S^0_2

8. Rahmentragwerke mit lotrecht und waagrecht verschieblichen Knotenpunkten ohne Gelenke

In den Abb. 124 bis 132 und 310 sind als Beispiel verschiedene symmetrische und in Abb. 187 bis 202, 249 bis 251 einige unsymmetrische Tragwerke aufgezeichnet, die bei jeder Belastung waagrecht und lotrecht verschieblich sind.

Als Ausgangspunkt für die hier anzustellenden Betrachtungen soll wieder das in Abb. 313 dargestellte Tragwerk dienen, das dort in waagrechter Richtung unverschieblich festgehalten war.

Denkt man sich diese Lager entfernt, so werden die Knoten 3—4—5—6—7 und 8—9—10—11—12 infolge der äußeren Belastung in waagrechter Richtung um die Beträge δ_4 bzw. δ_5 verschoben, während gleichzeitig die Knoten 4—9, 5—10, 6—11 die Verschiebungen δ_1, δ_2, δ_3 in lotrechter Richtung erleiden (Abb. 324).

Knotengleichungen. Man kann hier die Form (142) benutzen, die für nur lotrecht verschiebliche Tragwerke gilt, wenn man noch eine kleine Ergänzung anbringt. Diese Ergänzung besteht für den allgemeinen Fall, daß in dem betrachteten Knotenpunkt sowohl aus dem darunterliegenden Stockwerk μ als auch aus dem darüberliegenden Stockwerk ($\mu + 1$) je ein lotrechter Stab einmündet, aus zwei Gliedern von der Form [vgl. Gl. (51)]

$$3\,k_\mu\,\psi_\mu + 3\,k_{\mu+1}\,\psi_{\mu+1} \qquad (160)$$

bzw. [vgl. Gl. (61)]

$$\bar{k}_u\,\Delta_\mu + \bar{k}_{\mu+1}\,\Delta_{\mu+1}\,. \qquad (160\,\mathrm{a})$$

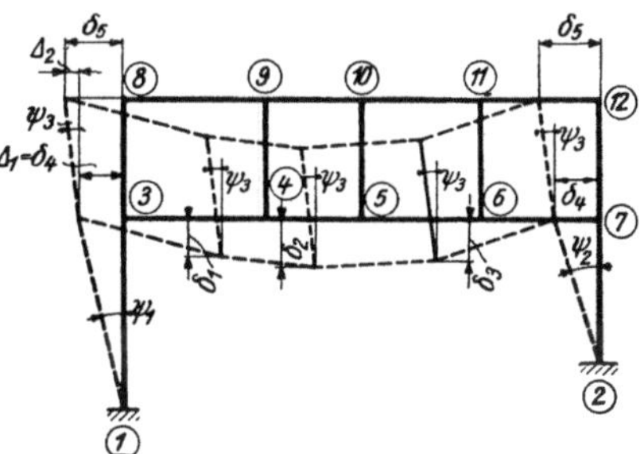

Abb. 324. Lotrecht und waagrecht verschiebliches Rahmentragwerk

Damit wird dem Umstand Rechnung getragen, daß in diesem Fall auch die lotrechten Stäbe Verdrehungen mitmachen und daher je ein ψ-Glied (bzw. Δ-Glied) in die Gleichung bringen (Abb. 325). Dabei bedeuten wie früher

$$\bar{k}_\mu = \frac{3\,k_\mu}{l_\mu} \quad \text{und} \quad \bar{k}_{\mu+1} = \frac{3\,k_{\mu+1}}{l_{\mu+1}}\,.$$

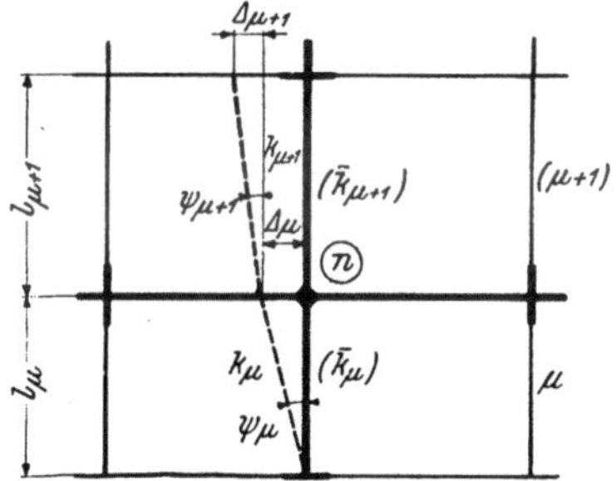

Abb. 325. Waagrecht verschieblicher Tragwerksteil; Bezeichnungen

Somit ergibt sich die Knotengleichung für lotrecht und waagrecht verschiebliche Tragwerke, indem zur Gl. (142) der Ausdruck (160) bzw. (160a) hinzugefügt wird. Sie lautet dann:

$$\boxed{d_n\varphi_n + \sum_i k_{n,i}\varphi_i + \bar{k}_\nu\,\delta_{m-1} + \varkappa_n\,\delta_m - \bar{k}_{\nu+1}\,\delta_{m+1} + 3\,k_\mu\,\psi_\mu + 3\,k_{\mu+1}\,\psi_{\mu+1} + s_n = 0}$$

$$(161)$$

bzw.

$$\boxed{d_n\varphi_n + \sum_i k_{n,i}\varphi_i + \bar{k}_\nu\,\delta_{m-1} + \varkappa_n\,\delta_m - \bar{k}_{\nu+1}\,\delta_{m+1} + \bar{k}_\mu\,\Delta_\mu + \bar{k}_{\mu+1}\,\Delta_{\mu+1} + s_n = 0\,.}$$

$$(161\,\mathrm{a})$$

Die Bedeutung der einzelnen Glieder ist bei (142) in allen Einzelheiten angegeben.

Die zahlenmäßige Anwendung dieser Gleichung kann am besten an dem bereits behandelten Fall der Abb. 315 gezeigt werden, wenn im Gegensatz zu früher das Tragwerk auch in waagrechter Richtung verschieblich angenommen wird. Um die Knotengleichungen für die Knoten 5 und 10 aufstellen zu können, ist nach (160a) noch der Wert

$$\bar{k}_9 = \frac{3 \cdot 6,0}{4,0} = 4,5$$

zu ermitteln. Es mündet also hier nur ein lotrechter Stab 9 im Stockwerk 2 in die betrachteten Knoten ein, so daß nur je ein Δ-Glied, nämlich $4,5\,\Delta_2$, in den Gleichungen vorkommt. Werden die übrigen Festwerte aus Abb. 315 übernommen, so ergeben sich nach (161a) für Knoten 5

$$48,0\,\varphi_5 + 10,0\,\varphi_4 + 8,0\,\varphi_6 + 6,0\,\varphi_{10} + 6,0\,\delta_1 - 2,0\,\delta_2 - 4,0\,\delta_3 + 4,5\,\Delta_2 - 4,58 = 0$$

und für Knoten 10

$$30,0\,\varphi_{10} + 6,0\,\varphi_5 + 5,0\,\varphi_9 + 4,0\,\varphi_{11} + 3,0\,\delta_1 - 1,0\,\delta_2 - 2,0\,\delta_3 + 4,5\,\Delta_2 - 3,67 = 0\,.$$

Die hier aufgestellten Gleichungen unterscheiden sich also von denen auf Seite 74 für das seitlich festgehaltene Tragwerk lediglich durch das Δ-Glied.

Verschiebungsgleichungen. Es sind immer so viele unabhängige Verschiebungsgleichungen aufzustellen, wie insgesamt voneinander unabhängige Verschiebungsgrößen Δ bzw. δ vorhanden sind. Zu diesem Zweck stehen die beiden Gleichgewichtsbedingungen $\Sigma V = 0$ und $\Sigma H = 0$ zur Verfügung.

Die Bedingung $\Sigma V = 0$ ist für jede lotrecht verschiebliche Knotenreihe des Tragwerkes aufzustellen. Hierfür kann die allgemeine Gl. (148) in unveränderter Form übernommen werden.

Die Bedingung $\Sigma H = 0$ ist hier wie bei allen waagrecht verschieblichen Tragwerken für jedes Stockwerk gesondert anzuschreiben. Es kann dazu die allgemeine Gl. (63) Verwendung finden, die mit den hier gewählten Bezeichnungen für das Stockwerk μ folgende Form annimmt:

$$\boxed{\sum_\mu \bar{k}_\mu \varphi_u + \sum_\mu \bar{k}_\mu \varphi_o + D_\mu \Delta_\mu + S_\mu = 0\,.} \tag{162}$$

Die Bedeutung der einzelnen Glieder ist ausführlich bei (63) erläutert.

Auf die Durchführung eines Beispieles kann hier verzichtet werden, da die Anwendung der vorstehenden Gleichungen nichts Neues bringt.

9. Rahmentragwerke mit lotrecht und waagrecht verschieblichen Knotenpunkten sowie gelenkigen Stabanschlüssen

Die notwendige Erläuterung wird unter Bezugnahme auf Abb. 326 gegeben. Dabei handelt es sich um dasselbe Tragwerk wie in Abb. 324, nur sind jetzt in beliebiger Anordnung Gelenke eingefügt.

Knotengleichungen. Hier kann man von der Knotengleichung (152) für nur lotrecht verschiebliche Tragwerke ausgehen. Man braucht lediglich die infolge waagrechter Verschieblichkeit erforderlichen ψ- oder Δ-Glieder für die Rahmenstiele hinzuzufügen, je nachdem, ob die Stiellängen l geschoßweise gleich groß oder innerhalb eines Stockwerkes verschieden sind. Zieht man den ganz allgemeinen Fall in Betracht, daß die Stiele gelenkig gelagert oder elastisch eingespannt sein können, so erhält man als zusätzliche Gleichungsglieder [vgl. Gl. (110)]

$$3\,k_\mu\,\psi_\mu + 2\,k^0{}_\mu\,\psi_\mu + 3\,k_{\mu+1}\,\psi_{\mu+1} + 2\,k^0{}_{\mu+1}\,\psi_{\mu+1} \tag{163}$$

bzw. [vgl. Gl. (119)]

$$\bar{k}'{}_\mu\,\varDelta_\mu + \bar{k}'{}_{\mu+1}\,\varDelta_{\mu+1}\,. \tag{163a}$$

Damit ergeben sich die Knotengleichungen für lotrecht und waagrecht verschiebliche Tragwerke mit gelenkigen Stabanschlüssen in beliebiger Anordnung mit

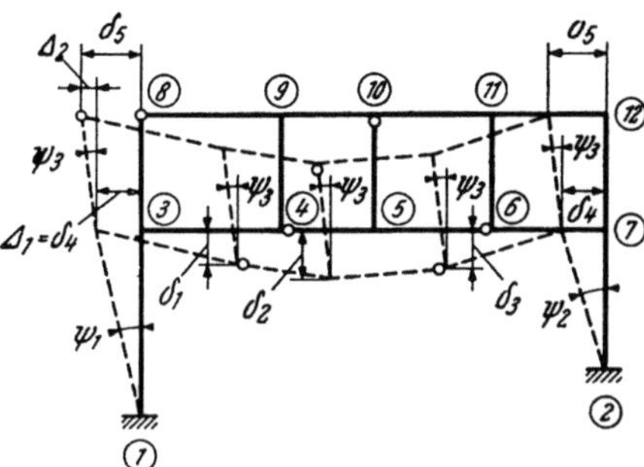

Abb. 326. Lotrecht und waagrecht verschiebliches Tragwerk mit gelenkigen Stabanschlüssen

$$d^0{}_n\,\varphi_n + \sum_i k_{n,i}\,\varphi_i + \bar{k}'{}_\nu\,\delta_{m-1} + \varkappa'{}_n\,\delta_m - \bar{k}'{}_{\nu+1}\,\delta_{m+1} + \\ + 3\,k_\mu\,\psi_\mu + 2\,k^0{}_\mu\,\psi_\mu + 3\,k_{\mu+1}\,\psi_{\mu+1} + 2\,k^0{}_{\mu+1}\,\psi_{\mu+1} + s^0{}_n = 0 \tag{164}$$

bzw.

$$d^0{}_n\,\varphi_n + \sum_i k_{n,i}\,\varphi_i + \bar{k}'{}_\nu\,\delta_{m-1} + \varkappa'{}_n\,\delta_m - \bar{k}'{}_{\nu+1}\,\delta_{m+1} + \\ + \bar{k}'{}_\mu\,\varDelta_\mu + \bar{k}'{}_{\mu+1}\,\varDelta_{\mu+1} + s^0{}_n = 0\,. \tag{164a}$$

Die Bedeutung der $\bar{k}'$-Werte ist bei den Formeln (119) und (152) eingehend erläutert. Es wird für den Fall, daß die Stiele der Stockwerke μ und $(\mu + 1)$ beidseitig elastisch eingespannt sind, das Gleichungsglied (163) in der Knotengleichung (164)

$$3\,k_\mu\,\psi_\mu + 3\,k_{\mu+1}\,\psi_{\mu+1}$$

bzw. für den Ausdruck (163a) in (164a)

$$\bar{k}_\mu\,\varDelta_\mu + \bar{k}_{\mu+1}\,\varDelta_{\mu+1}\,.$$

Unter der Voraussetzung, daß beide Stiele im betrachteten Knoten n fest und auf der Gegenseite gelenkig angeschlossen sind, ist für (163)

$$2\,k^0{}_\mu\,\psi_\mu + 2\,k^0{}_{\mu+1}\,\psi_{\mu+1}$$

bzw. für (163a)

$$\bar{k}^0{}_\mu\,\varDelta_\mu + \bar{k}^0{}_{\mu+1}\,\varDelta_{\mu+1}$$

in (164) bzw. (164a) einzusetzen. Für Stiele, die im Knoten n ein Gelenk aufweisen, entfällt das betreffende ψ- bzw. $\varDelta$-Glied. Die Bedeutung der übrigen Glieder der Knotengleichung (164) bzw. (164a) ist bei (142) und (152) ausführlich erläutert.

Verschiebungsgleichungen. Es sind hier zwei Arten von unabhängigen Verschiebungsgleichungen aufzustellen, und zwar die eine aus der Bedingung $\varSigma V = 0$ für jede lotrecht verschiebliche Knotenreihe des Tragwerkes und die andere aus der Bedingung $\varSigma H = 0$ für alle waagrecht verschieblichen Knoten des Rahmens. Dazu sind aber keine neuen Ableitungen der Gleichungen erforderlich, denn die schon bekannten gebrauchsfertigen Formeln können unmittelbar benutzt werden: für die lotrecht verschiebliche Knotenreihe kann die Gl. (155) in unver-

Tafel III. *Zusammenstellung der wichtigsten Knoten- und Verschiebungsgleichungen für mehr stöckige Rahmen ohne Vouten (ohne Gelenke)* [1]

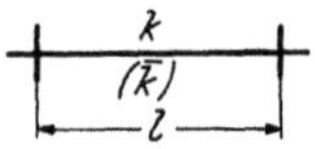

$\dfrac{k}{(\bar k)}$; l	**KG.... Knotengleichung**　　　　　　**VG.... Verschiebungsgleichung** $d_n = 2\,\sum\limits_i k_{n,i};$ 　　　　 $k = \dfrac{J}{l}\cdot 1000;$ 　　 $\bar k = \dfrac{3\,k}{l}$ $s_n = \sum\limits_i \mathfrak{M}_{n,i} + \sum \mathfrak{M}_{n,K};$ 　　 $\varkappa_n = \varkappa_m = \bar k_{\nu+1} - \bar k_\nu$
Unverschiebliche Rahmentragwerke (siehe auch S. 21 ff.)	$\text{KG}\dots d_n\,\varphi_n + \sum\limits_i k_{n,i}\,\varphi_i + s_n = 0$
Stockwerkrahmen mit lotrechten, geschoßweise gleich langen Ständern (siehe auch S. 40 ff.)	$\text{KG}\dots d_n\,\varphi_n + \sum\limits_i k_{n,i}\,\varphi_i + 3\,k_\mu\,\psi_\mu + 3\,k_{\mu+1}\,\psi_{\mu+1} + s_n = 0$ $\text{VG}\dots \sum\limits_\mu 3\,k\,\varphi_u + \sum\limits_\mu 3\,k\,\varphi_o + D_\mu\,\psi_\mu + S_\mu = 0$ $D_\mu = 6\,\sum\limits_\mu k$ $S_\mu = \left(\Sigma P + \Sigma q\cdot e + \sum\limits_\mu \mathfrak{A}_o\right) l_\mu + \sum\limits_\mu (\mathfrak{M}_o + \mathfrak{M}_u)$
Stockwerkrahmen mit lotrechten, ungleich langen Ständern (siehe auch S. 44 ff.)	$\text{KG}\dots d_n\,\varphi_n + \sum\limits_i k_{n,i}\,\varphi_i + \bar k_\mu\,\varDelta_\mu + \bar k_{\mu+1}\,\varDelta_{\mu+1} + s_n = 0$ $\text{VG}\dots \sum\limits_\mu \bar k\,\varphi_u + \sum\limits_\mu \bar k\,\varphi_o + D_\mu\,\varDelta_\mu + S_\mu = 0$ $D_\mu = 2\,\sum\limits_\mu \dfrac{\bar k}{l}$ $S_\mu = \Sigma P + \Sigma q\cdot e + \sum\limits_\mu \mathfrak{A}_o + \sum\limits_\mu \dfrac{\mathfrak{M}_o + \mathfrak{M}_u}{l}$
Symmetrisch ausgebildete und symmetrisch belastete Vierendeel-Rahmentragwerke (siehe auch S. 65 ff.)	$\text{KG}\dots d_n\,\varphi_n + \sum\limits_i k_{n,i}\,\varphi_i + 3\,k_\nu\,\psi_\nu + 3\,k_{\nu+1}\,\psi_{\nu+1} + s_n = 0$ $\text{VG}\dots \sum\limits_\nu 3\,k\,\varphi_l + \sum\limits_\nu 3\,k\,\varphi_r + D_\nu\,\psi_\nu + S_\nu = 0$ $D_\nu = 6\,\sum\limits_\nu k$ $S_\nu = \left[\dfrac{1}{2}(\Sigma P + \Sigma q\cdot e) - \Sigma P' - \Sigma q'\cdot e' - \sum\limits_\nu \mathfrak{A}_l\right] l_\nu + \sum\limits_\nu (\mathfrak{M}_l + \mathfrak{M}_r)$
Unsymmetrisch ausgebildete — oder symmetrisch ausgebildete, aber unsymmetrisch belastete — seitlich festgehaltene Vierendeel-Rahmentragwerke (siehe auch S. 72 ff.)	$\text{KG}\dots d_n\,\varphi_n + \sum\limits_i k_{n,i}\,\varphi_i + \bar k_\nu\,\delta_{m-1} + \varkappa_n\,\delta_m - \bar k_{\nu+1}\,\delta_{m+1} + s_n = 0$ $\text{VG}\dots - \sum\limits_\nu \bar k_\nu\,\varphi_{m-1} + \Sigma\,\varkappa_m\,\varphi_m + \sum\limits_{\nu+1} \bar k_{\nu+1}\,\varphi_{m+1} -$ $\qquad\qquad - K_\nu\,\delta_{m-1} + D_m\,\delta_m - K_{\nu+1}\,\delta_{m+1} + S_m = 0$ $K_\nu = \dfrac{2}{l_\nu}\,\sum\limits_\nu \bar k_\nu;$ 　　　　 $K_{\nu+1} = \dfrac{2}{l_{\nu+1}}\,\sum\limits_{\nu+1} \bar k_{\nu+1}$ $D_m = K_\nu + K_{\nu+1}$ $S_m = -\,\Sigma P - \sum\limits_\nu \mathfrak{A}^r_\nu - \sum\limits_{\nu+1} \mathfrak{A}^l_{\nu+1} - \dfrac{1}{l_\nu}\,\sum\limits_\nu (\mathfrak{M}^l_\nu + \mathfrak{M}^r_\nu) + \dfrac{1}{l_{\nu+1}}\,\sum\limits_{\nu+1} (\mathfrak{M}^l_{\nu+1} + \mathfrak{M}^r_{\nu+1})$

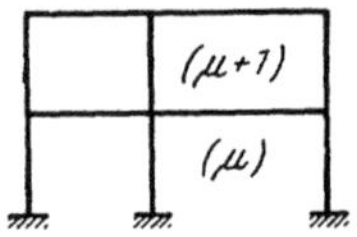

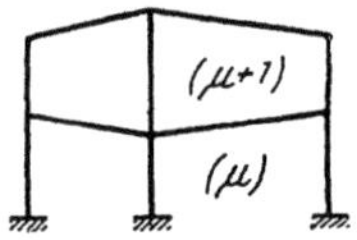

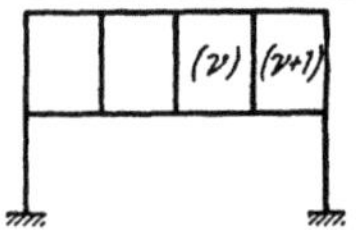

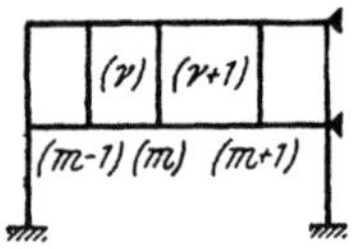

[1] Für Rahmentragwerke mit Vouten siehe Tafel VI, Seite 146

Tafel III a. *Zusammenstellung der wichtigsten Knoten- und Verschiebungsgleichungen für mehrstöckige Rahmen ohne Vouten (mit Gelenken)*[1]

k^0 $(\bar{k}^0)$ l	KG....Knotengleichung $\qquad$ VG....Verschiebungsgleichung $d^0{}_n = 2\left(\sum_i k_{n,i} + \sum_g k^0{}_{n,g}\right);\qquad k^0 = \dfrac{J}{l}\cdot 750;\quad \bar{k} = \dfrac{3k}{l};\quad \bar{k}^0 = \dfrac{2k^0}{l}$ $s^0{}_n = \sum_i \mathfrak{M}_{n,i} + \sum_g \mathfrak{M}^0{}_{n,g} + \sum \mathfrak{M}_{n,K};\qquad \bar{k}'\ldots\bar{k}$ bzw. $\bar{k}^0;\ \varkappa'_n = \varkappa'_m = \bar{k}'_{\nu+1} - \bar{k}'_\nu$
Unverschiebliche Rahmentragwerke (siehe auch S. 24 ff.)	KG.... $d^0{}_n\,\varphi_n + \sum_i k_{n,i}\,\varphi_i + s^0{}_n = 0$
Stockwerkrahmen mit lotrechten, geschoßweise gleich langen Ständern (siehe auch S. 60 ff.)	KG.... $d^0{}_n\varphi_n + \sum_i k_{n,i}\varphi_i + 3k_\mu\,\psi_\mu + 2k^0{}_\mu\,\psi_\mu + 3k_{\mu+1}\,\psi_{\mu+1} + 2k^0{}_{\mu+1}\,\psi_{\mu+1} + s^0{}_n = 0$ VG.... $\sum_e 3k\,\varphi_u + \sum_{go} 2k^0\,\varphi_u + \sum_e 3k\,\varphi_o + \sum_{gu} 2k^0\,\varphi_o + D^0{}_\mu\,\psi_\mu + S^0{}_\mu = 0$ $D^0{}_\mu = 6\sum_e k + 2\sum_{gu} k^0 + 2\sum_{go} k^0$ $S^0{}_\mu = \left(\sum P + \sum q\cdot e + \sum_\mu \mathfrak{A}_o\right)l_\mu + \sum_e (\mathfrak{M}_o + \mathfrak{M}_u) + \sum_{gu} \mathfrak{M}^0{}_o + \sum_{go} \mathfrak{M}^0{}_u$
Stockwerkrahmen mit lotrechten, ungleich langen Ständern (siehe auch S. 62 f.)	KG.... $d^0{}_n\varphi_n + \sum_i k_{n,i}\,\varphi_i + \bar{k}'_\mu\,\varDelta_\mu + \bar{k}'_{\mu+1}\,\varDelta_{\mu+1} + s^0{}_n = 0$ VG.... $\sum_e \bar{k}\,\varphi_u + \sum_{go} \bar{k}^0\,\varphi_u + \sum_e \bar{k}\,\varphi_o + \sum_{gu} \bar{k}^0\,\varphi_o + D^0{}_\mu\,\varDelta_\mu + S^0{}_\mu = 0$ $D^0{}_\mu = 2\sum_e \dfrac{\bar{k}}{l} + \sum_{gu} \dfrac{\bar{k}^0}{l} + \sum_{yo} \dfrac{\bar{k}^0}{l}$ $S^0{}_\mu = \sum P + \sum q\cdot e + \sum_\mu \mathfrak{A}_o + \sum_e \dfrac{\mathfrak{M}_o + \mathfrak{M}_u}{l} + \sum_{gu} \dfrac{\mathfrak{M}^0{}_o}{l} + \sum_{go} \dfrac{\mathfrak{M}^0{}_u}{l}$
Symmetrisch ausgebildete und symmetrisch belastete Vierendeel-Rahmentragwerke (s. auch S. 70 f.)	KG.... $d^0{}_n\varphi_n + \sum_i k_{n,i}\varphi_i + 3k_\nu\,\psi_\nu + 2k^0{}_\nu\,\psi_\nu + 3k_{\nu+1}\,\psi_{\nu+1} + 2k^0{}_{\nu+1}\,\psi_{\nu+1} + s^0{}_n = 0$ VG.... $\sum_e 3k\,\varphi_l + \sum_{gr} 2k^0\,\varphi_l + \sum_e 3k\,\varphi_r + \sum_{gl} 2k^0\,\varphi_r + D^0{}_\nu\,\psi_\nu + S^0{}_\nu = 0$ $D^0{}_\nu = 6\sum_e k + 2\sum_{gr} k^0 + 2\sum_{gl} k^0$ $S^0{}_\nu = \left[\dfrac{1}{2}(\sum P + \sum q\cdot e) - \sum P' - \sum q'\cdot e' - \sum_\nu \mathfrak{A}_l\right]l_\nu + \sum_e (\mathfrak{M}_l + \mathfrak{M}_r) + \sum_{gr} \mathfrak{M}^0{}_l + \sum_{gl} \mathfrak{M}^0{}_r$
Unsymmetrisch ausgebildete — oder symmetrisch ausgebildete, aber unsymmetrisch belastete — seitlich festgehaltene Vierendeel-Rahmentragwerke (siehe auch S. 78 ff.)	KG.... $d^0{}_n\varphi_n + \sum_i k_{n,i}\varphi_i + \bar{k}'_\nu\,\delta_{m-1} + \varkappa'_n\,\delta_m - \bar{k}'_{\nu+1}\,\delta_{m+1} + s^0{}_n = 0$ VG.... $- \sum_\nu \bar{k}'_\nu\,\varphi_{m-1} + \sum \varkappa'_m\,\varphi_m + \sum_{\nu+1} \bar{k}'_{\nu+1}\,\varphi_{m+1} -$ $\qquad\qquad\qquad - K^0{}_\nu\,\delta_{m-1} + D^0{}_m\,\delta_m - K^0{}_{\nu+1}\,\delta_{m+1} + S^0{}_m = 0$ $K^0{}_\nu = \dfrac{2}{l_\nu}\sum_e \bar{k}_\nu + \dfrac{1}{l_\nu}\sum_{gr} \bar{k}^0{}_\nu + \dfrac{1}{l_\nu}\sum_{gl} \bar{k}^0{}_\nu \qquad\qquad D^0{}_m = K^0{}_\nu + K^0{}_{\nu+1}$ $K^0{}_{\nu+1} = \dfrac{2}{l_{\nu+1}}\sum_e \bar{k}_{\nu+1} + \dfrac{1}{l_{\nu+1}}\sum_{gr} \bar{k}^0{}_{\nu+1} + \dfrac{1}{l_{\nu+1}}\sum_{gl} \bar{k}^0{}_{\nu+1}$ $S^0{}_m = -\sum P - \sum_\nu \mathfrak{A}^r{}_\nu - \sum_{\nu+1} \mathfrak{A}^l{}_{\nu+1} - \dfrac{1}{l_\nu}\sum_e (\mathfrak{M}^l{}_\nu + \mathfrak{M}^r{}_\nu) - \dfrac{1}{l_\nu}\sum_{gr} \mathfrak{M}^{0,l}{}_\nu - \dfrac{1}{l_\nu}\sum_{gl} \mathfrak{M}^{0,r}{}_\nu +$ $\qquad\qquad + \dfrac{1}{l_{\nu+1}}\sum_e (\mathfrak{M}^l{}_{\nu+1} + \mathfrak{M}^r{}_{\nu+1}) + \dfrac{1}{l_{\nu+1}}\sum_{gr} \mathfrak{M}^{0,l}{}_{\nu+1} + \dfrac{1}{l_{\nu+1}}\sum_{gl} \mathfrak{M}^{0,r}{}_{\nu+1}$

[1] Für Rahmentragwerke mit Vouten siehe Tafel VI a, Seite 147

änderter Form verwendet werden; ebenso hat die für Stockwerkrahmen mit waagrecht verschieblichen Knotenpunkten aus der Bedingung $\Sigma H = 0$ abgeleitete Verschiebungsgleichung (115) bzw. (120) auch hier volle Gültigkeit.

Schlußbemerkung. Zum praktischen Gebrauch sind in den Tafeln III und IIIa auf Seite 86 f. die wichtigsten Knoten- und Verschiebungsgleichungen für mehrstöckige Rahmentragwerke ohne Vouten zusammengestellt. Vergleicht man die entsprechenden Mustergleichungen für Tragwerke ohne Gelenke (Tafel III) mit denen für Tragwerke mit Gelenken (Tafel IIIa), so erkennt man, daß die Bedingungsgleichungen denselben Aufbau zeigen; die gelenkigen Stabanschlüsse finden nur durch zusätzliche Gleichungsglieder Berücksichtigung. Sind z. B. in einem Knoten n bzw. Stockwerk μ keine Gelenkstäbe vorhanden, dann nehmen die Gleichungen der Tafel IIIa von selbst die Form der Ausdrücke in Tafel III an. Man kann daher die Knoten- und Verschiebungsgleichungen für Tragwerke mit gelenkigen Stabanschlüssen auch als allgemeine Grundgleichungen ansehen.

Zweiter Abschnitt

Rahmentragwerke mit beliebig veränderlichen Stabquerschnitten

I. Vorbemerkung

Es ist zwar bekannt, daß die Veränderlichkeit der Stabquerschnitte, insbesondere die als „Vouten" oder „Schrägen" bezeichneten Auflagerverstärkungen, auf die Momentenverteilung bei statisch unbestimmten Tragwerken einen großen Einfluß ausüben.[1] Dennoch kann man beobachten, daß in vielen Fällen die Ausbildung der unter Umständen sehr günstig wirkenden Vouten entweder überhaupt vermieden oder der durch ihre Ausführung bedingte wirtschaftliche Vorteil nicht genügend ausgenutzt wird. Das hat wohl in erster Linie seinen Grund darin, daß man häufig bei Berücksichtigung der Querschnittsveränderungen eine weniger übersichtliche und schwerer kontrollierbare Rechnung erwartet, als dies bei Außerachtlassung der Voutenwirkung der Fall ist.

Bei Anwendung zweckmäßiger Rechenverfahren und geeigneter Hilfsmittel, die in diesem Abschnitt zur Behandlung gelangen, treten aber solche Nachteile kaum in Erscheinung. Durch Benutzung der im Dritten Teil enthaltenen Zahlen- und Kurventafeln wird auch der Mehraufwand an Arbeit und Zeit, der mit der Berücksichtigung der Voutenwirkung verbunden ist, auf ein Mindestmaß beschränkt, so daß damit die notwendige Voraussetzung für eine weitgehende Anwendung in der Praxis gegeben ist.

II. Allgemeines über die Wirkung veränderlicher Stabquerschnitte

In welcher Weise sich der Einfluß der Querschnittsveränderlichkeit bei Rahmentragwerken geltend macht und wie durch eine zweckmäßige Querschnittsgestaltung der Momentenverlauf günstig beeinflußt werden kann, darüber herrschen vielfach

---

[1] STRASSNER: Neuere Methoden, 3. Aufl., Berlin 1925. — SUTER-TRAUB: Methode der Festpunkte, 3. Aufl., Berlin 1951. — MANN: Theorie der Rahmenwerke, Berlin 1927. — BEYER: Die Statik im Stahlbetonbau, 2. Aufl., Berlin 1956 u. a. m.

noch recht unklare Vorstellungen. Man kann aber verhältnismäßig rasch Einblick in die Wirkungsweise veränderlicher Stabquerschnitte gewinnen, wenn man zunächst bei einfacheren Tragwerken einige Grenzfälle ins Auge faßt. Zu diesem Zweck soll vor allem der beiderseits fest eingespannte Träger näher betrachtet werden. Besitzt der Stab auf seiner ganzen Länge denselben Querschnitt, so hat der Momentenverlauf für eine durchgehende Gleichlast die in Abb. 327 in voller Linie gezeichnete Form. Es ist dann an den Einspannstellen

$$M_E = \frac{q\,l^2}{12} \quad \text{und im Feld} \quad M_F = \frac{q\,l^2}{24}\,.$$

Denkt man sich nun an den beiden Trägerenden gleichartige Auflagerverstärkungen, sogenannte ,,Vouten'', angeordnet, so werden sich unter der gleichen Belastung wie vorher die Stützenmomente größer, die Feldmomente hingegen kleiner ergeben, wie dies in Abb. 327 in schwächeren vollen Linien angedeutet ist. Der Unterschied wird um so größer sein, je kräftiger die Vouten ausgebildet sind.

Setzt man eine symmetrische Trägerausbildung, also symmetrische Vouten, voraus, so wird sich die M-Linie bei durchgehender Gleichlast ebenfalls symmetrisch ergeben. Das Anwachsen der Stützenmomente und die Abnahme des Feldmomentes kann im Grenzfall so weit gehen, daß

$$M_E = \frac{q\,l^2}{8} \quad \text{und} \quad M_F = 0$$

wird, wie aus dem stark strichliert gezeichneten Momentenverlauf der Abb. 327 zu entnehmen ist. Dieser Fall würde dann eintreten, wenn die Auflagerverstärkungen bis zur Stabmitte reichen würden und der Verhältniswert

$$n = \frac{J_c}{J_A} = 0$$

wäre, wobei J_c das Trägheitsmoment in der Stabmitte und J_A das Trägheits-

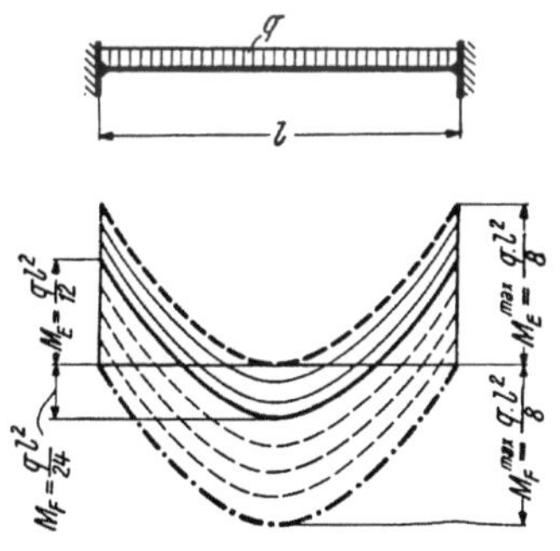

Abb. 327. Einfluß der Querschnittsveränderlichkeit auf den Momentenverlauf

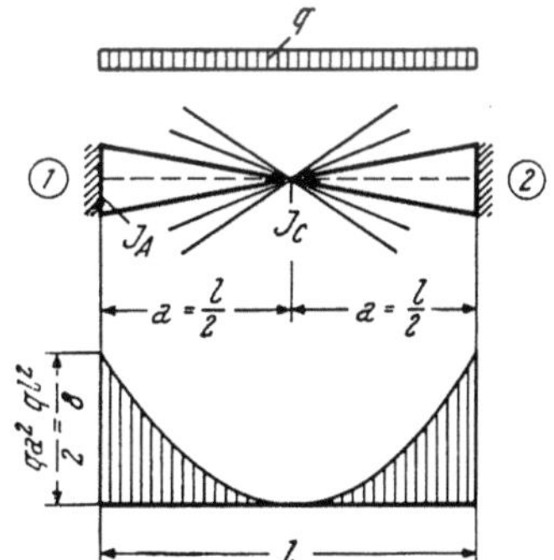

Abb. 328. Grenzfall bei symmetrischen Vouten

moment am Auflager bedeuten. Es würde dann der beiderseits vollkommen eingespannte Träger genau so wirken wie zwei aneinanderstoßende, durch ein Gelenk verbundene Kragträger, deren Spannweite je $l/2$ beträgt (Abb. 328).

Aus dieser Überlegung ergibt sich, daß die Einspannmomente des beiderseits fest eingespannten Trägers bei Anordnung symmetrischer Auflagerverstärkungen im Grenzfall um 50% größer sein können als bei demselben Träger ohne Vouten.

Nun soll aber dieser Gedankengang auch noch in der anderen Richtung ergänzt werden. Würde man nämlich umgekehrt an den Enden des fest eingespannten

Trägers statt Verstärkungen Verjüngungen vornehmen, so würden die Stützenmomente an Größe abnehmen, während aber gleichzeitig das Feldmoment in demselben Maß zunehmen würde, wie in Abb. 327 die schwach strichlierten Linien
zeigen, die allmählich in die stark strichpunktierte Grenzlage übergehen. Dieser
Grenzfall tritt ein, wenn

$$n = \frac{J_c}{J_A} = \infty$$

ist. Es werden dann die Stützenmomente $M_E = 0$, und das zugehörige größte
Feldmoment erreicht den Wert

$$M_F = \frac{q\,l^2}{8}\,,$$

d. h. es wirkt ein solcher „fest eingespannter" Träger dann genau so wie ein beiderseits gelenkig angeschlossener Balken.

Der Einfluß der Querschnittsveränderlichkeit kann also ziemlich bedeutend
sein. Noch krasser liegen die Verhältnisse bei dem fest eingespannten Träger, der
nur an einer Seite eine Voute besitzt. Diese bewirkt ein beträchtliches Ansteigen

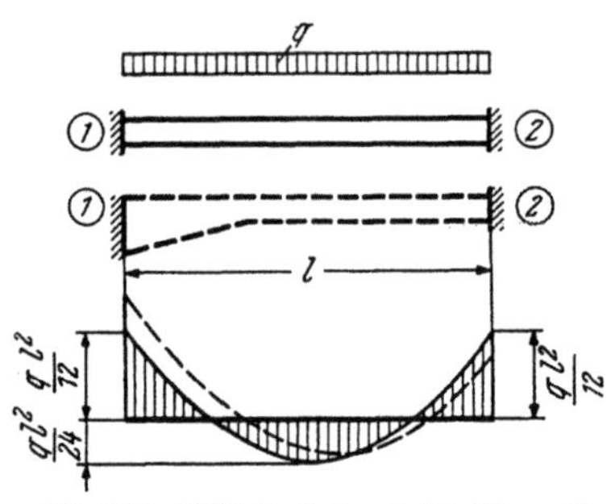

Abb. 329. M-Verlauf eines beidseitig voll
eingespannten Trägers ohne Vouten
(- - -) und mit einseitiger Voute (- - -)

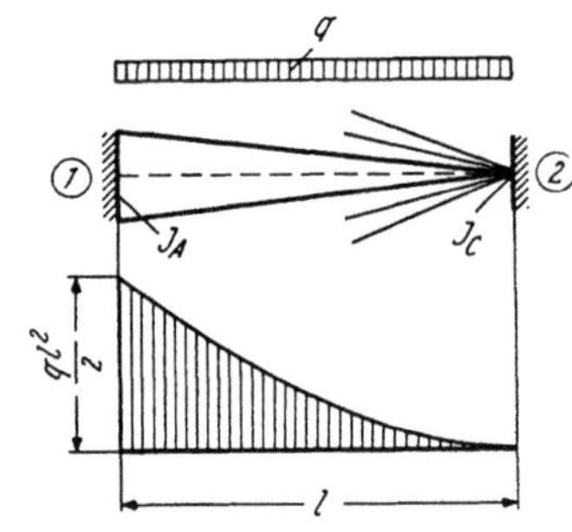

Abb. 330. Grenzfall bei einseitigen Vouten

des an der Voutenseite gelegenen Einspannmomentes, während das der Gegenseite
zugehörige Einspannmoment gleichzeitig verkleinert wird (Abb. 329). Im Grenzfalle,
wenn also die Auflagerverstärkung über die ganze Trägerlänge reicht und wiederum
so bemessen ist, daß

$$n = \frac{J_c}{J_A} = 0$$

wird (Abb. 330), wirkt der beiderseits eingespannte Stab wie ein einseitig eingespannter Kragträger von derselben Länge l. Es wird das der Voutenseite zugehörige Stützenmoment

$$M_1 = \frac{q\,l^2}{2}\,,$$

während das andere Stützenmoment den Wert $M_2 = 0$ annimmt, wie aus Abb. 330
ersichtlich ist. Es ergibt sich also hier im Grenzfall ein Anwachsen des Stützen-
momentes auf den sechsfachen Betrag jenes Wertes, der sich bei eingespannten
Trägern ohne Vouten einstellt.

Obwohl nun bei den praktisch vorkommenden Fällen diese theoretischen Grenzwerte kaum erreicht werden, so ist doch eine Vernachlässigung der Voutenwirkung
bei der Berechnung von statisch unbestimmten Tragwerken nicht zu empfehlen.

Einen besonderen Ansporn zur Berücksichtigung der Querschnittsveränderlichkeit
bildet aber vor allem die Tatsache, daß eine richtige und zweckmäßige Anordnung
von Vouten einen außerordentlich günstigen Einfluß auf die Momentenverteilung
zur Folge hat. Man vergleiche z. B. die in Abb. 331 eingetragene Momentenverteilung
für durchgehende Gleichlast bei einem Durchlaufträger mit und ohne Vouten.

Der voll gezeichnete Linienzug stellt
die Momente für den Träger ohne
Vouten dar, die strichlierte Linie
gibt den Momentenverlauf für den
Träger mit Vouten wieder. Denkt
man an die Bemessung eines solchen
Trägers, so ist es wohl einleuchtend,
daß die vergrößerten Stützenmomente von den durch die Vouten
beträchtlich erhöhten Querschnitten

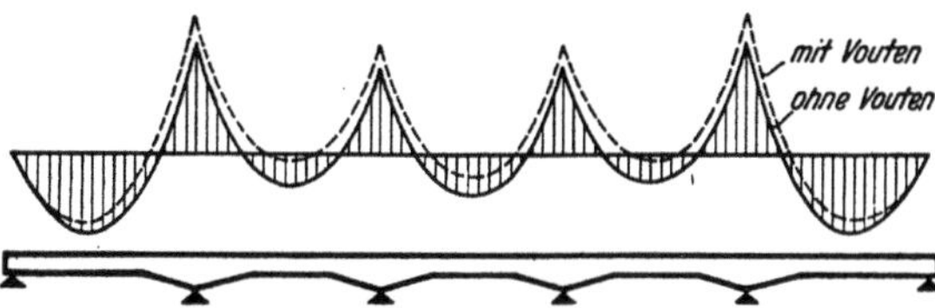

Abb. 331. M-Verlauf eines Durchlaufträgers mit und ohne
Vouten

im Bereich der Stützen verhältnismäßig leicht aufzunehmen sind. Weiter wird die
Verringerung der Feldmomente stets besonders willkommen sein, da im Feld in
der Regel ein möglichst niedriger Querschnitt gefordert wird und außerdem,
besonders bei weitgespannten Platten oder Balken, eine nicht unbeträchtliche
Gewichtsverringerung erzielt wird. Schließlich kommt noch hinzu, daß die Auflagerverstärkungen auch für die Aufnahme der Querkräfte, die dort einen Größtwert erreichen, sehr vorteilhaft sind.

III. Rechnungsgrundlagen

1. Endtangentenwinkel der Biegelinie des Rahmenstabes mit ver-
änderlichen Querschnitten

A. Stäbe ohne Gelenk

Es sei der Momentenverlauf für eine bestimmte Belastung eines Rahmenstabes
mit beliebigen Auflagerverstärkungen gegeben (Abb. 332a); gesucht sind die zugehörigen Endtangentenwinkel τ_1 und τ_2 der Biegelinie in bezug auf die Stabsehne.
Zur Lösung dieser Aufgabe können verschiedene Wege eingeschlagen wer-
den. Hier erscheint es der Anschaulichkeit wegen zweckmäßig, den bekannten
Mohrschen Satz anzuwenden, der für den Stab mit gleichbleibender Dehnungszahl E und veränderlichem Trägheitsmoment J bei Annahme eines Vergleichs-
wertes J_c lautet:

„Die EJ_c-fach verzerrten Endtangentenwinkel der Biegelinie sind gleich den
Auflagerdrücken A_1 und A_2 der als Belastung aufgefaßten J_c/J-fach verzerrten
M-Fläche."

Es wird also, wenn τ_1 und τ_2 die wahren Werte der Endtangentenwinkel bedeuten,

$$EJ_c\,\tau_1 = A_1$$
$$EJ_c\,\tau_2 = A_2\,. \qquad (165)$$

Um nun diesen Satz von Mohr auf den vorliegenden Fall in übersichtlicher
Weise anwenden zu können, ist es zweckmäßig, den gegebenen Momentenverlauf
in folgende drei Bestandteile zu zerlegen, die am frei aufliegend gedachten Stab
angreifen:

1. Momentenverlauf infolge $+ M_1$ am Stabende 1 (Abb. 332d),
2.   ,,   ,, $+ M_2$,,   ,,   2 (Abb. 332e),
3.   ,,   ,,   der äußeren Belastung (Abb. 332f).

Für diese drei Fälle können die Endtangentenwinkel als Auflagerdrücke der jeweils J_c/J-fach verzerrten M-Flächen getrennt bestimmt werden, und man erhält der Reihe nach folgende drei Anteile:

$$\text{Für den ersten Fall} \ldots \tau'_1, \ \tau'_2$$
$$\text{,, \ ,, zweiten \ ,,} \ldots \tau''_1, \ \tau''_2$$
$$\text{,, \ ,, dritten \ ,,} \ldots \alpha^0_1, \ \alpha^0_2.$$

Durch Überlagerung dieser drei Fälle (vgl. Abb. 332g) erhält man nach (165) unter Beachtung der aus den Abbildungen sich ergebenden Vorzeichen aller Winkelwerte (im Uhrzeigersinn positiv):

$$EJ_c \, \tau_1 = + \tau'_1 - \tau''_1 + \alpha^0_1$$
$$EJ_c \, \tau_2 = - \tau'_2 + \tau''_2 - \alpha^0_2 . \tag{166}$$

Die Belastungsfälle 1 und 2, die sich auf die Stabendmomente $+ M_1$ und $+ M_2$ beziehen, können unter Anwendung des Proportionalitätsgesetzes so behandelt

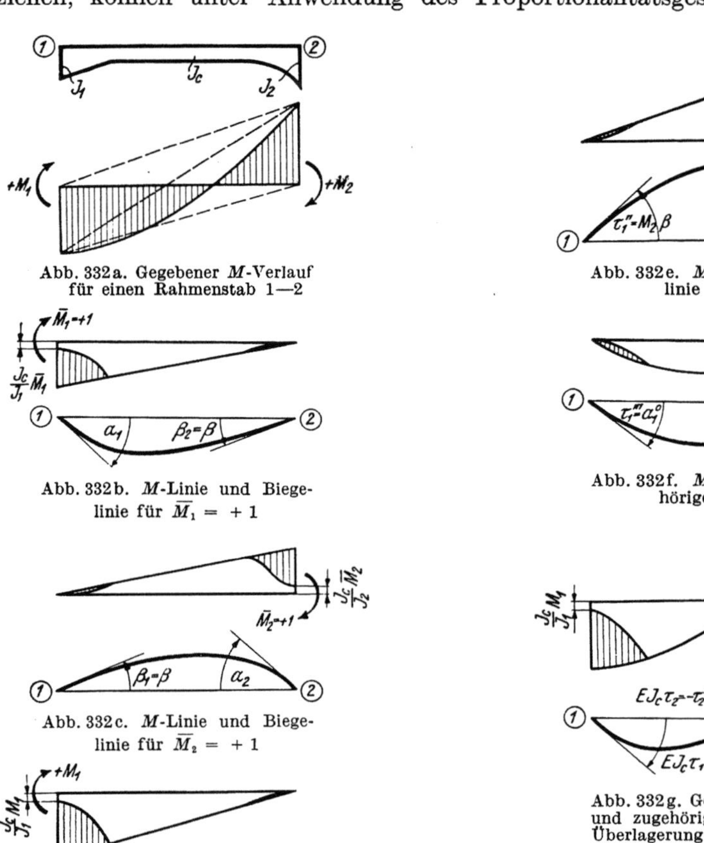

Abb. 332a. Gegebener M-Verlauf
für einen Rahmenstab 1—2

Abb. 332b. M-Linie und Biegelinie für $\overline{M}_1 = + 1$

Abb. 332c. M-Linie und Biegelinie für $\overline{M}_2 = + 1$

Abb. 332d. M-Linie und Biegelinie für $+ M_1$

Abb. 332e. M-Linie und Biegelinie für $+ M_2$

Abb. 332f. M_0-Linie und zugehörige Biegelinie

Abb. 332g. Gegebener M-Verlauf
und zugehörige Biegelinie durch
Überlagerung von Abb. 332d, e, f

Abb. 332a bis g. Beziehungen zwischen Endtangentenwinkeln
und M-Linien bei Rahmenstäben mit veränderlichen Querschnitten

werden, daß man zunächst die Einheitsmomente angreifen läßt, also im ersten Fall das Moment $\overline{M}_1 = +1$ (Abb. 332b) und im zweiten Fall das Moment $\overline{M}_2 = +1$ (Abb. 332c). Die diesen Einheitsmomenten zugeordneten EJ_c-fach verzerrten Endtangentenwinkel α_1 und β_2 bzw. α_2 und β_1 können wieder nach MOHR als Auflagerdrücke der entsprechenden J_c/J-fach verzerrten $\overline{M}$-Flächen bestimmt werden. Dieser Gedankengang ist in den Abb. 332b und 332c veranschaulicht, in welchen auch die jeweils zugehörigen Biegelinien angedeutet sind.

Nach dem MAXWELLschen Satz von der Gegenseitigkeit der Formänderungen muß aber $\beta_1 = \beta_2$ sein. Für die Rechnung braucht daher der Wert β nur einmal ermittelt zu werden, weshalb künftig einfach

$$\beta_1 = \beta_2 = \beta \tag{167}$$

geschrieben wird. Es ist darunter immer jener EJ_c-fach verzerrte Endtangentenwinkel zu verstehen, der bei der Belastung des e i n e n Stabendes mit dem Einheitsmoment $\overline{M} = +1$ am e n t g e g e n g e s e t z t e n Stabende auftritt.

Es ergeben sich also, wie auch in Abb. 332d ersichtlich gemacht ist, bei dem Belastungsfall 1 für ein beliebiges Moment M_1 die EJ_c-fach verzerrten Endtangentenwinkel nach dem Proportionalitätsgesetz mit

$$\tau'_1 = M_1 \alpha_1 \quad \text{und} \quad \tau'_2 = M_1 \beta \, ; \tag{168}$$

ebenso werden beim Belastungsfall 2 (Abb. 332e) für ein beliebiges Moment M_2

$$\tau''_1 = M_2 \beta \quad \text{und} \quad \tau''_2 = M_2 \alpha_2 \, . \tag{169}$$

Führt man diese Ausdrücke in (166) ein, so erhält man schließlich:

$$\boxed{\begin{aligned} EJ_c \, \tau_1 &= + M_1 \alpha_1 - M_2 \beta + \alpha^0_1 \\ EJ_c \, \tau_2 &= - M_1 \beta + M_2 \alpha_2 - \alpha^0_2 \, . \end{aligned}} \tag{170}$$

Hiermit sind die gesuchten Endtangentenwinkel τ_1 und τ_2 als Funktion der Stabendmomente M_1, M_2, der äußeren Belastung (α^0_1 und α^0_2) und der nur von der Stabform abhängigen Winkelwerte α_1, α_2, β dargestellt (Abb. 332a bis g).

B. Einseitig gelenkig angeschlossene Stäbe

In Abb. 333a ist der Momentenverlauf für einen beliebig belasteten Stab 1—2 mit Gelenk bei 2 gegeben. Um den zugehörigen Endtangentenwinkel τ_1 der Biegelinie am Stabende 1 zu bestimmen, kann man im Prinzip genau so vorgehen wie bei der Ableitung der Formel (170). Man denkt sich den in Abb. 333a gegebenen M-Verlauf in folgende z w e i Anteile zerlegt:

1. Momentenverlauf infolge $+ M_1$ am Stabende 1 (Abb. 333c),
2.   ,,   ,,   der äußeren Belastung (Abb. 333d).

Es ergibt sich nach dem MOHRschen Satz für den ersten Fall τ'_1 und für den zweiten Fall α^0_1. Durch Überlagerung dieser beiden Werte erhält man gemäß (165) für das Stabende 1 unter Beachtung der aus den Abbildungen sich ergebenden Vorzeichen (im Uhrzeigersinn positiv):

$$EJ_c \, \tau_1 = + \tau'_1 + \alpha^0_1 \, . \tag{171}$$

In Abb. 333e ist dieses Ergebnis dargestellt.

Unter Verwendung des Proportionalitätsgesetzes kann der Belastungsfall $+ M_1$ am Stabende 1 aus dem Lastfall $\overline{M}_1 = +1$ gemäß Abb. 333b entwickelt werden. Es wird also, wenn α_1 den von $\overline{M}_1 = +1$ hervorgerufenen Winkel bei 1 bedeutet,

$$\tau'_1 = M_1\,\alpha_1 \,. \tag{172}$$

Damit lautet die Gl. (171) für den gesuchten Endtangentenwinkel τ_1:

$$\boxed{E J_c\,\tau_1 = M_1\,\alpha_1 + \alpha^0{}_1 \,.} \tag{173}$$

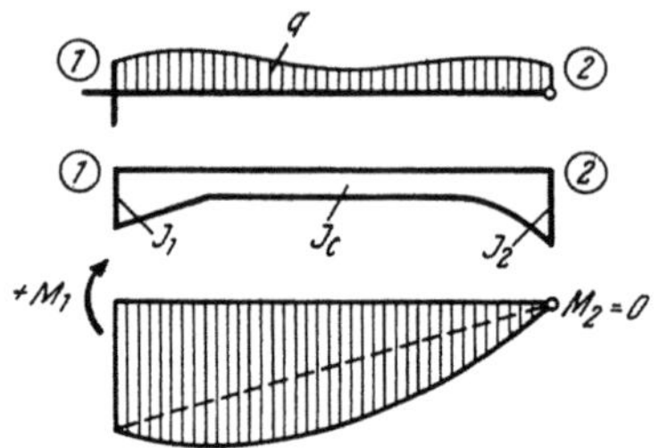

Abb. 333a. Gegebener M-Verlauf für einen Rahmenstab 1—2 mit Gelenk bei 2

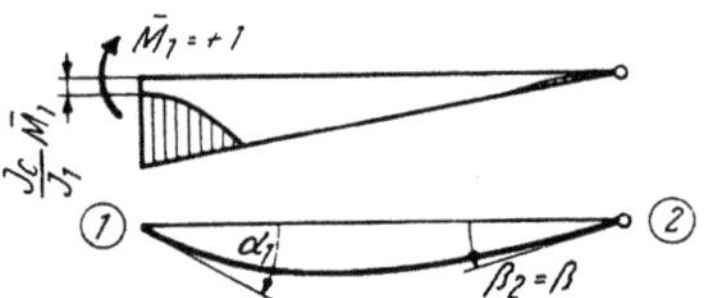

Abb. 333b. M-Linie und Biegelinie für $\overline{M}_1 = +1$

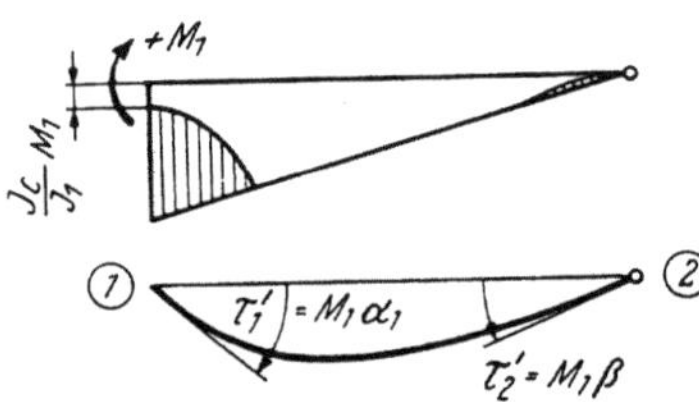

Abb. 333c. M-Linie und Biegelinie für $+M_1$

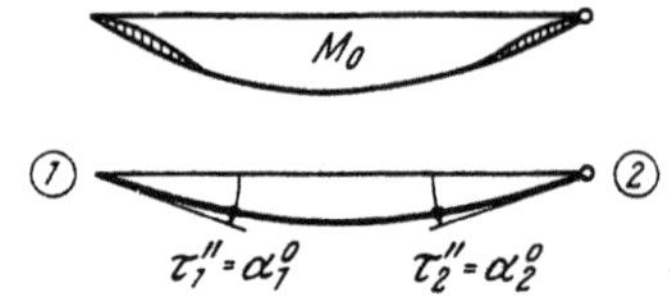

Abb. 333d. M_0-Linie und zugehörige Biegelinie

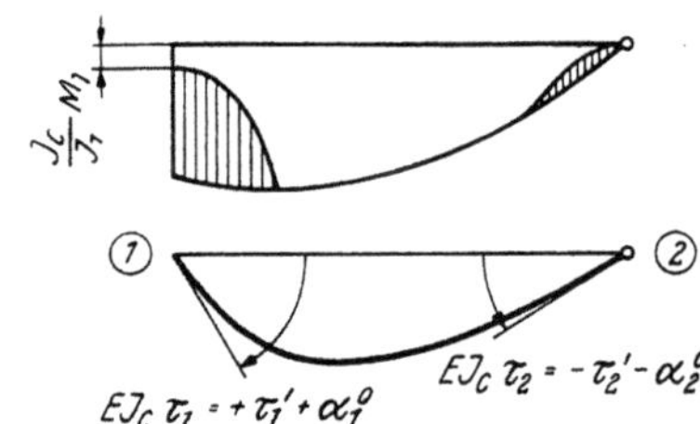

Abb. 333e. Gegebener M-Verlauf und zugehörige Biegelinie durch Überlagerung von Abb. 333c und d

Abb. 333a bis e. Beziehungen zwischen Endtangentenwinkeln und M-Linien bei einseitig gelenkig gelagerten Rahmenstäben mit veränderlichen Querschnitten

2. Formeln für die Stabendmomente

A. Stäbe ohne Gelenk

In den Ausdrücken (170) sind bereits die wichtigsten Beziehungen zwischen Formänderungsgrößen, Stabendmomenten und äußerer Belastung enthalten. Sie können deshalb auch als Ausgangspunkt für weitere Ableitungen benutzt werden. Löst man z. B. diese beiden Gleichungen nach M_1 und M_2 auf, so erscheinen die Stabendmomente als Funktion der Endtangentenwinkel τ_1, τ_2, der Stabbelastung ($\alpha^0{}_1$ und $\alpha^0{}_2$) und der Winkelwerte α_1, α_2 und β. Es ergeben sich

$$
\begin{aligned}
M_1 &= \frac{E J_c\,\alpha_2}{\alpha_1\,\alpha_2 - \beta^2}\cdot\tau_1 + \frac{E J_c\,\beta}{\alpha_1\,\alpha_2 - \beta^2}\cdot\tau_2 - \frac{\alpha_2}{\alpha_1\,\alpha_2 - \beta^2}\cdot\alpha^0{}_1 + \frac{\beta}{\alpha_1\,\alpha_2 - \beta^2}\cdot\alpha^0{}_2 \\
M_2 &= \frac{E J_c\,\beta}{\alpha_1\,\alpha_2 - \beta^2}\cdot\tau_1 + \frac{E J_c\,\alpha_1}{\alpha_1\,\alpha_2 - \beta^2}\cdot\tau_2 - \frac{\beta}{\alpha_1\,\alpha_2 - \beta^2}\cdot\alpha^0{}_1 + \frac{\alpha_1}{\alpha_1\,\alpha_2 - \beta^2}\cdot\alpha^0{}_2
\end{aligned}
\tag{174}
$$

Für die in den vorstehenden Ausdrücken immer wiederkehrenden Festwerte, die nur von den Stababmessungen abhängen, können vereinfachende Bezeichnungen eingeführt werden, und zwar

$$a_1 = \frac{E J_c \, \alpha_2}{\alpha_1 \alpha_2 - \beta^2} \; ; \qquad a_2 = \frac{E J_c \, \alpha_1}{\alpha_1 \alpha_2 - \beta^2} \; ; \qquad b = \frac{E J_c \beta}{\alpha_1 \alpha_2 - \beta^2} \; . \tag{175}$$

Damit lauten die Gl. (174) etwas übersichtlicher:

$$M_1 = a_1 \, \tau_1 + b \, \tau_2 - \frac{1}{E J_c} (a_1 \, \alpha^0_{\,1} - b \, \alpha^0_{\,2})$$
$$M_2 = b \, \tau_1 + a_2 \, \tau_2 - \frac{1}{E J_c} (b \, \alpha^0_{\,1} - a_2 \, \alpha^0_{\,2}) \; . \tag{176}$$

Um nun diese Ansätze in eine für die Berechnung von Rahmentragwerken geeignetere Form zu bringen, ist es zweckmäßig, anstelle der Endtangentenwinkel τ_1 und τ_2 die Knotendrehwinkel φ und Stabdrehwinkel ψ einzuführen. Nach den schon im ersten Abschnitt aufgestellten Beziehungen (4) ist allgemein

$$\tau_1 = \varphi_1 + \psi \quad \text{und} \quad \tau_2 = \varphi_2 + \psi \, ,$$

so daß damit (176) überführt werden kann in

$$M_1 = a_1 \, \varphi_1 + b \, \varphi_2 + (a_1 + b) \, \psi - \frac{1}{E J_c} (a_1 \, \alpha^0_{\,1} - b \, \alpha^0_{\,2})$$
$$M_2 = a_2 \, \varphi_2 + b \, \varphi_1 + (a_2 + b) \, \psi - \frac{1}{E J_c} (b \, \alpha^0_{\,1} - a_2 \, \alpha^0_{\,2}) \; . \tag{177}$$

Setzt man

$$a_1 + b = c_1 \quad \text{und} \quad a_2 + b = c_2 \, , \tag{178}$$

ferner

$$- \frac{1}{E J_c} (a_1 \, \alpha^0_{\,1} - b \, \alpha^0_{\,2}) = \mathfrak{M}_1 \quad \text{und} \quad - \frac{1}{E J_c} (b \, \alpha^0_{\,1} - a_2 \, \alpha^0_{\,2}) = \mathfrak{M}_2 \, , \tag{179}$$

so erhält man die Ausdrücke für die Anschlußmomente M_1 und M_2 eines Rahmenstabes 1—2 mit beliebig veränderlichen Querschnitten in übersichtlicher Form:

$$M_1 = a_1 \, \varphi_1 + b \, \varphi_2 + c_1 \, \psi + \mathfrak{M}_1$$
$$M_2 = a_2 \, \varphi_2 + b \, \varphi_1 + c_2 \, \psi + \mathfrak{M}_2 \; . \tag{180}$$

Bei Verwendung von $\varDelta$ als Rechnungsunbekannte anstelle von ψ lauten diese Ausdrücke unter Beachtung, daß nach (2) $\psi = \varDelta / l$ ist,

$$M_1 = a_1 \, \varphi_1 + b \, \varphi_2 + \bar{c}_1 \, \varDelta + \mathfrak{M}_1$$
$$M_2 = a_2 \, \varphi_2 + b \, \varphi_1 + \bar{c}_2 \, \varDelta + \mathfrak{M}_2 \, , \tag{180a}$$

wobei

$$\bar{c}_1 = \frac{c_1}{l} \quad \text{und} \quad \bar{c}_2 = \frac{c_2}{l} \; . \tag{181}$$

Die Anwendung dieser Gleichungen in der Rahmenberechnung macht es erforderlich, sowohl für die Momente als auch für die Festwerte eine genauere Bezeichnung einzuführen, um Verwechslungen zu vermeiden und Irrtümer tunlichst auszuschalten. Zu diesem Zweck schreibt man die Gl. (180) in allgemeiner Form für einen Stab ν mit den Endpunkten m und n (Abb. 334) am besten folgendermaßen:

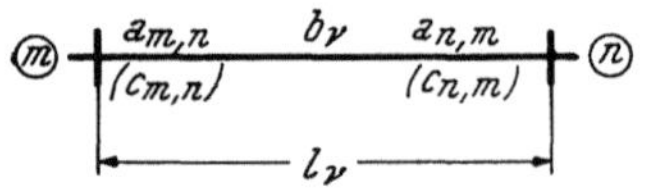

Abb. 334. Festwerte eines Rahmenstabes m—n

$$\boxed{\begin{aligned} M_{m,\,n} &= a_{m,\,n}\,\varphi_m + b_\nu\,\varphi_n + c_{m,\,n}\,\psi_\nu + \mathfrak{M}_{m,\,n} \\ M_{n,\,m} &= a_{n,\,m}\,\varphi_n + b_\nu\,\varphi_m + c_{n,\,m}\,\psi_\nu + \mathfrak{M}_{n,\,m}\,. \end{aligned}} \qquad (182)$$

Diese Formeln vereinfachen sich bei Stäben mit dem Stabdrehwinkel $\psi = 0$ zu

$$\boxed{\begin{aligned} M_{m,\,n} &= a_{m,\,n}\,\varphi_m + b_\nu\,\varphi_n + \mathfrak{M}_{m,\,n} \\ M_{n,\,m} &= a_{n,\,m}\,\varphi_n + b_\nu\,\varphi_m + \mathfrak{M}_{n,\,m}\,. \end{aligned}} \qquad (183)$$

Darin bedeuten:

$$a_{m,\,n} = \frac{E J_c \cdot \alpha_{n,\,m}}{\alpha_{m,\,n} \cdot \alpha_{n,\,m} - \beta_\nu^2}\;; \quad \text{(Festwert } a \text{ für das Stabende } m)$$

$$a_{n,\,m} = \frac{E J_c \cdot \alpha_{m,\,n}}{\alpha_{m,\,n} \cdot \alpha_{n,\,m} - \beta_\nu^2}\;; \quad \text{(Festwert } a \text{ für das Stabende } n) \qquad (184)$$

$$b_\nu = \frac{E J_c \cdot \beta_\nu}{\alpha_{m,\,n} \cdot \alpha_{n,\,m} - \beta_\nu^2}\;; \quad \text{(Festwert } b \text{ des Stabes } \nu)$$

$$\begin{aligned} c_{m,\,n} &= a_{m,\,n} + b_\nu\;; \quad \text{(Festwert } c \text{ für das Stabende } m) \\ c_{n,\,m} &= a_{n,\,m} + b_\nu\;; \quad \text{(Festwert } c \text{ für das Stabende } n) \end{aligned} \qquad (185)$$

Schließlich sei noch der Ausdruck für die Summe der beiden Stabendmomente angeschrieben, der bei späteren Ableitungen öfter gebraucht wird. Durch Summieren der beiden Gl. (182) ergibt sich:

$$M_{m,\,n} + M_{n,\,m} = c_{m,\,n}\,\varphi_m + c_{n,\,m}\,\varphi_n + (c_{m,\,n} + c_{n,\,m})\,\psi_\nu + \mathfrak{M}_{m,\,n} + \mathfrak{M}_{n,\,m}\,. \qquad (186)$$

B. Einseitig gelenkig angeschlossene Stäbe (Gelenkstäbe)

Die gebrauchsfertige Formel für das Stabanschlußmoment M_1 eines Rahmenstabes mit Gelenk bei 2 ergibt sich unmittelbar aus (173) mit

$$M_1 = \frac{E J_c}{\alpha_1}\,\tau_1 - \frac{\alpha^0_1}{\alpha_1}\,. \qquad (187)$$

Die Bedeutung der einzelnen Winkelwerte geht aus den Abb. 333b bis e hervor.

Auch bei Gelenkstäben ist es zweckmäßig, gleich den entsprechenden Steifigkeitswert in die Rechnung einzuführen, der zum Unterschied von den gewöhnlichen a-Werten mit a^0 bezeichnet werden soll. Setzt man also

$$\boxed{a^0_1 = \frac{E J_c}{\alpha_1}\,,} \qquad (188)$$

so wird

$$M_1 = a^0_1\,\tau_1 - \frac{\alpha^0_1}{\alpha_1}\,. \qquad (189)$$

Für einen bei 1 voll eingespannten Stab wird $\tau_1 = 0$; das dabei auftretende Volleinspannmoment $\mathfrak{M}^0_1$ ergibt sich aus (189) mit

$$\mathfrak{M}^0_1 = -\frac{\alpha^0_1}{\alpha_1}. \tag{190}$$

Die Gl. (189) kann also auch in folgender Form geschrieben werden:

$$M_1 = a^0_1\,\tau_1 + \mathfrak{M}^0_1, \tag{191}$$

wobei a^0_1 nach (188) zu bestimmen ist und $\mathfrak{M}^0_1$ das Volleinspannmoment des bei 1 voll eingespannten Gelenkstabes bedeutet.

Führt man nach (4) für $\tau_1 = \varphi_1 + \psi$ ein, so geht die Gl. (191) in folgende für die Rahmenberechnung besser geeignete Form über:

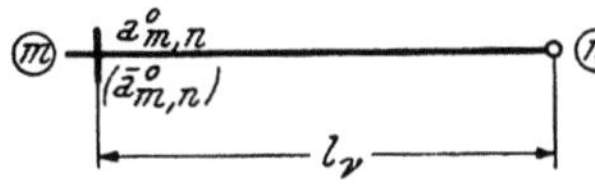

$$\boxed{M_1 = a^0_1\,(\varphi_1 + \psi) + \mathfrak{M}^0_1.} \tag{192}$$

Abb. 335. Festwerte eines Rahmenstabes m—n mit Gelenk bei n

Hierin ist φ_1 der Knotendrehwinkel bei 1 und ψ der Stabdrehwinkel. Mit den allgemeinen Bezeichnungen der Abb. 335 lautet die Gl. (192) für einen Stab m—n mit Gelenk bei n

$$\boxed{M_{m,n} = a^0_{m,n}\,(\varphi_m + \psi_\nu) + \mathfrak{M}^0_{m,n}.} \tag{193}$$

Setzt man nach (2) für $\psi_\nu = \dfrac{\varDelta_\nu}{l_\nu}$, so geht mit

$$\bar{a}^0_{m,n} = \frac{a^0_{m,n}}{l_\nu} \tag{194}$$

die Gl. (193) über in die Form

$$\boxed{M_{m,n} = a^0_{m,n}\,\varphi_m + \bar{a}^0_{m,n}\,\varDelta_\nu + \mathfrak{M}^0_{m,n}.} \tag{195}$$

Wenn kein Stabdrehwinkel ψ und damit auch keine Stabendverschiebung $\varDelta$ auftritt, dann vereinfacht sich die Gl. (193) bzw. (195) zu

$$\boxed{M_{m,n} = a^0_{m,n}\,\varphi_m + \mathfrak{M}^0_{m,n}.} \tag{196}$$

Anmerkung. Die Tafeln IV und IV a, Seite 98 f., enthalten eine Zusammenstellung der Formeln für die Stabendmomente $M_{1,2}$ und $M_{2,1}$ bei verschiedenen Lagerungsbedingungen und unter Berücksichtigung häufig auftretender Sonderfälle. Die dort angeführten Ausdrücke gelten allgemein für unsymmetrisch ausgebildete Stäbe. Bei symmetrischen Stäben ist $a_1 = a_2 = a$ und $c_1 = c_2 = c$ zu setzen.

Tafel IV. *Formeln für die Endmomente $M_{1,2}$ und $M_{2,1}$ für Stäbe mit veränderlichen Querschnitten[1] als Funktion der Knotendrehwinkel φ und der Stabdrehwinkel ψ*

Nr.	Lagerungsbedingungen		a) Allgemein (Stab belastet und verdrehbar)	b) Stab unbelastet ($\mathfrak{M}=0;\ \mathfrak{M}^0=0$)	c) Stab unverdrehbar ($\psi=0$)	d) Stab unbelastet und unverdrehbar ($\mathfrak{M}=0;\ \mathfrak{M}^0=0;\ \psi=0$)
1	Beide Stabenden elastisch eingespannt	$M_{1,2}=$	$a_1\varphi_1 + b\varphi_2 + c_1\psi + \mathfrak{M}_{1,2}$	$a_1\varphi_1 + b\varphi_2 + c_1\psi$	$a_1\varphi_1 + b\varphi_2 + \mathfrak{M}_{1,2}$	$a_1\varphi_1 + b\varphi_2$
	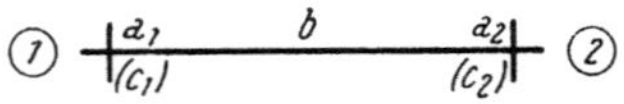	$M_{2,1}=$	$a_2\varphi_2 + b\varphi_1 + c_2\psi + \mathfrak{M}_{2,1}$	$a_2\varphi_2 + b\varphi_1 + c_2\psi$	$a_2\varphi_2 + b\varphi_1 + \mathfrak{M}_{2,1}$	$a_2\varphi_2 + b\varphi_1$
2	Stabende 1 elastisch eingespannt, Stabende 2 fest eingespannt ($\varphi_2 = 0$)	$M_{1,2}=$	$a_1\varphi_1 + c_1\psi + \mathfrak{M}_{1,2}$	$a_1\varphi_1 + c_1\psi$	$a_1\varphi_1 + \mathfrak{M}_{1,2}$	$a_1\varphi_1$
	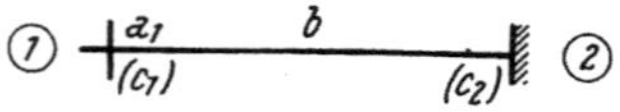	$M_{2,1}=$	$b\varphi_1 + c_2\psi + \mathfrak{M}_{2,1}$	$b\varphi_1 + c_2\psi$	$b\varphi_1 + \mathfrak{M}_{2,1}$	$b\varphi_1$
3	Beide Stabenden fest eingespannt ($\varphi_1 = \varphi_2 = 0$)	$M_{1,2}=$	$c_1\psi + \mathfrak{M}_{1,2}$	$c_1\psi$	$\mathfrak{M}_{1,2}$	0
	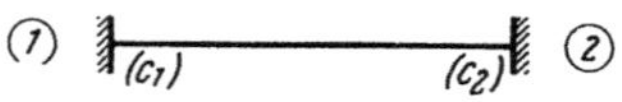	$M_{2,1}=$	$c_2\psi + \mathfrak{M}_{2,1}$	$c_2\psi$	$\mathfrak{M}_{2,1}$	0
4	Stabende 1 elastisch eingespannt, Stabende 2 gelenkig angeschlossen	$M_{1,2}=$	$a^0_1(\varphi_1 + \psi) + \mathfrak{M}^0_{1,2}$	$a^0_1(\varphi_1 + \psi)$	$a^0_1\varphi_1 + \mathfrak{M}^0_{1,2}$	$a^0_1\varphi_1$
		$M_{2,1}=$	0	0	0	0
5	Stabende 1 fest eingespannt ($\varphi_1 = 0$), Stabende 2 gelenkig angeschlossen	$M_{1,2}=$	$a^0_1\psi + \mathfrak{M}^0_{1,2}$	$a^0_1\psi$	$\mathfrak{M}^0_{1,2}$	0
		$M_{2,1}=$	0	0	0	0

[1] Vergleiche auch Tafel I, Seite 6, für Stäbe mit konstanten Querschnitten

Tafel IV a. *Formeln für die Endmomente $M_{1,2}$ und $M_{2,1}$ für Stäbe mit veränderlichen Querschnitten[1] als Funktion der Knotendrehwinkel φ und der „relativen" Verschiebungen $\varDelta$*

Nr.	Lagerungsbedingungen		a) Allgemein (Stab belastet und verdrehbar)	b) Stab unbelastet ($\mathfrak{M}=0$; $\mathfrak{M}^0=0$)	c) Stab unverdrehbar ($\varDelta=0$)	d) Stab unbelastet und unverdrehbar ($\mathfrak{M}=0$; $\mathfrak{M}^0=0$; $\varDelta=0$)
1	Beide Stabenden elastisch eingespannt	$M_{1,2}=$	$a_1\varphi_1 + b\varphi_2 + \bar{c}_1\varDelta + \mathfrak{M}_{1,2}$	$a_1\varphi_1 + b\varphi_2 + \bar{c}_1\varDelta$	$a_1\varphi_1 + b\varphi_2 + \mathfrak{M}_{1,2}$	$a_1\varphi_1 + b\varphi_2$
	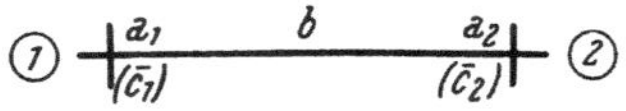	$M_{2,1}=$	$a_2\varphi_2 + b\varphi_1 + \bar{c}_2\varDelta + \mathfrak{M}_{2,1}$	$a_2\varphi_2 + b\varphi_1 + \bar{c}_2\varDelta$	$a_2\varphi_2 + b\varphi_1 + \mathfrak{M}_{2,1}$	$a_2\varphi_2 + b\varphi_1$
2	Stabende 1 elastisch eingespannt, Stabende 2 fest eingespannt ($\varphi_2 = 0$)	$M_{1,2}=$	$a_1\varphi_1 + \bar{c}_1\varDelta + \mathfrak{M}_{1,2}$	$a_1\varphi_1 + \bar{c}_1\varDelta$	$a_1\varphi_1 + \mathfrak{M}_{1,2}$	$a_1\varphi_1$
	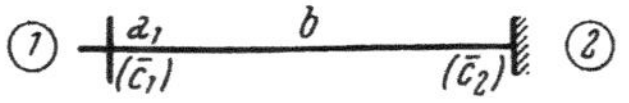	$M_{2,1}=$	$b\varphi_1 + \bar{c}_2\varDelta + \mathfrak{M}_{2,1}$	$b\varphi_1 + \bar{c}_2\varDelta$	$b\varphi_1 + \mathfrak{M}_{2,1}$	$b\varphi_1$
3	Beide Stabenden fest eingespannt ($\varphi_1 = \varphi_2 = 0$)	$M_{1,2}=$	$\bar{c}_1\varDelta + \mathfrak{M}_{1,2}$	$\bar{c}_1\varDelta$	$\mathfrak{M}_{1,2}$	0
		$M_{2,1}=$	$\bar{c}_2\varDelta + \mathfrak{M}_{2,1}$	$\bar{c}_2\varDelta$	$\mathfrak{M}_{2,1}$	0
4	Stabende 1 elastisch eingespannt, Stabende 2 gelenkig angeschlossen	$M_{1,2}=$	$a^0_1\varphi_1 + \bar{a}^0_1\varDelta + \mathfrak{M}^0_{1,2}$	$a^0_1\varphi_1 + \bar{a}^0_1\varDelta$	$a^0_1\varphi_1 + \mathfrak{M}^0_{1,2}$	$a^0_1\varphi_1$
		$M_{2,1}=$	0	0	0	0
5	Stabende 1 fest eingespannt ($\varphi_1 = 0$), Stabende 2 gelenkig angeschlossen	$M_{1,2}=$	$\bar{a}^0_1\varDelta + \mathfrak{M}^0_{1,2}$	$\bar{a}^0_1\varDelta$	$\mathfrak{M}^0_{1,2}$	0
		$M_{2,1}=$	0	0	0	0

[1] Vergleiche auch Tafel I a, Seite 7, für Stäbe mit konstanten Querschnitten

7*

IV. Stabfestwerte bei Stäben mit veränderlichen Querschnitten

1. Statische Deutung der Stabfestwerte a. b, c und a^0

Über die Frage der Dimension und statischen Bedeutung der Stabfestwerte, die zugleich ein Maß der Stabsteifigkeit darstellen, geben unmittelbar die Ausdrücke (182) und (193) für die Stabendmomente Auskunft. Es ist daraus zunächst ersichtlich, daß die Festwerte a, b, c und a^0 die Dimension eines Momentes haben müssen, da die Drehwinkel φ_m, φ_n, ψ_ν unbenannte Zahlen vorstellen. Die nähere statische Bedeutung der einzelnen Glieder und Festwerte ergibt sich schließlich, wenn jeweils alle übrigen Glieder zum Verschwinden gebracht werden.

Setzt man beispielsweise in (182) $\varphi_n = 0$, $\psi_\nu = 0$, $\mathfrak{M}_{m,n} = 0$, $\mathfrak{M}_{n,m} = 0$, so erhält man

$$M_{m,n} = a_{m,n}\,\varphi_m \quad \text{und} \quad M_{n,m} = b_\nu\,\varphi_m \,. \tag{197}$$

Für $\varphi_m = 1$ wird weiter

$$M_{m,n} = a_{m,n} \quad \text{und} \quad M_{n,m} = b_\nu \,, \tag{197a}$$

d. h. der Stabfestwert $a_{m,n}$ kann statisch als jenes Moment $M_{m,n}$ gedeutet werden, das bei einer Verdrehung $\varphi_m = 1$ auftritt, wenn gleichzeitig alle übrigen Formänderungsgrößen gleich Null sind und der Stab unbelastet ist. Ebenso kann der Stabfestwert b_ν als jenes Moment aufgefaßt werden, das unter denselben Voraussetzungen am entgegengesetzten Stabende, also am fest eingespannten Ende auftritt (Abb. 336). Für den Stabfestwert $a_{n,m}$ gilt sinngemäß die gleiche Überlegung (Abb. 337).

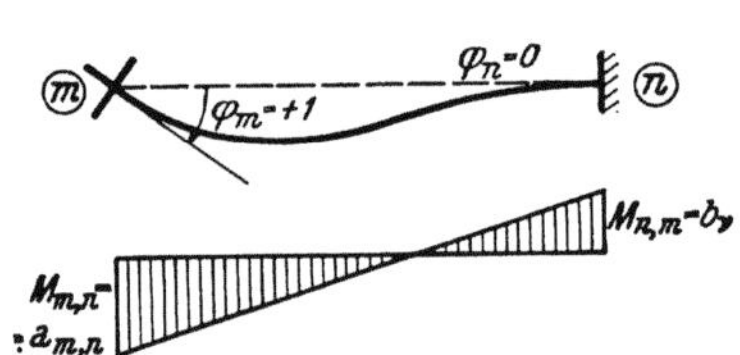

Abb. 336. Biegelinie und M-Linie
für $\varphi_m = +1$ und $\varphi_n = 0$

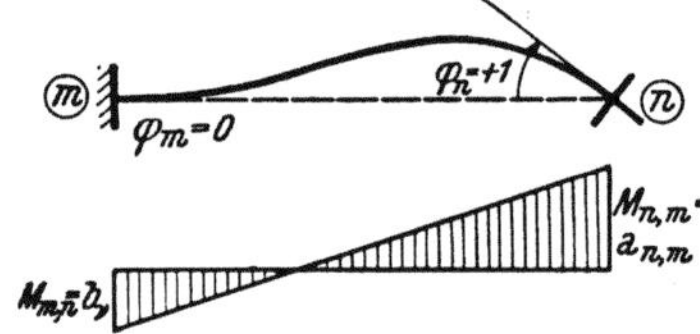

Abb. 337. Biegelinie und M-Linie
für $\varphi_m = 0$ und $\varphi_n = +1$

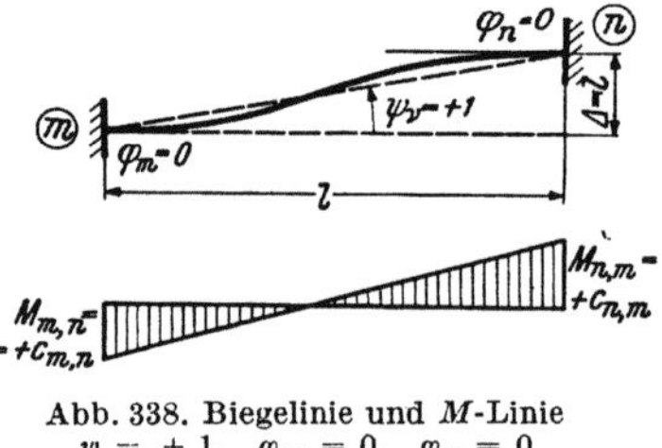

Abb. 338. Biegelinie und M-Linie
$\psi = +1$, $\varphi_m = 0$, $\varphi_n = 0$

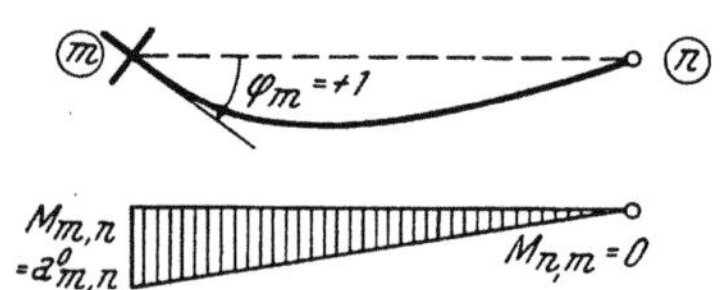

Abb. 339. Biegelinie und M-Linie
eines Voutenstabes mit Gelenk
bei n für $\varphi_m = +1$

Abb. 336 bis 339. Statische Deutung der Stabfestwerte a, b, c und a^0

Um über die Bedeutung der c-Werte Aufschluß zu erhalten, setzt man $\varphi_m = 0$, $\varphi_n = 0$, $\mathfrak{M}_{m,n} = 0$, $\mathfrak{M}_{n,m} = 0$. Für diesen Fall lauten die Gl. (182)

$$M_{m,n} = c_{m,n}\,\psi_\nu \quad \text{und} \quad M_{n,m} = c_{n,m}\,\psi_\nu \,; \tag{198}$$

für $\psi_\nu = 1$ ergibt sich schließlich

$$M_{m,n} = c_{m,n} \quad \text{und} \quad M_{n,m} = c_{n,m} \,, \tag{198a}$$

d. h. die Festwerte $c_{m,\,n}$ bzw. $c_{n,\,m}$ können statisch als die Stabendmomente $M_{m,\,n}$ bzw. $M_{n,\,m}$ aufgefaßt werden, die bei einer Stabverdrehung $\psi_\nu = 1$ an dem Stabende m bzw. n auftreten, wenn gleichzeitig die übrigen Formänderungsgrößen verschwinden und der Stab unbelastet ist (Abb. 338).

Die Stabfestwerte a_1, a_2, b sind kennzeichnend für die Steifigkeit eines Stabes mit beliebig veränderlichen Querschnitten und können daher auch als „Steifigkeitszahlen" bezeichnet werden.

Die Bedeutung des Festwertes a^0 ergibt sich aus (193), wenn $\mathfrak{M}^0_{m,\,n} = 0$ und $\psi_\nu = 0$ gesetzt wird. Man erhält dann

$$M_{m,\,n} = a^0_{m,\,n}\,\varphi_m \tag{199}$$

und weiter für $\varphi_m = 1$

$$M_{m,\,n} = a^0_{m,\,n}\,, \tag{199a}$$

d. h. der Stabfestwert $a^0_{m,\,n}$ kann statisch als jenes Moment $M_{m,\,n}$ gedeutet werden, das bei einem unbelasteten Gelenkstab am gelenklosen Ende eine Verdrehung $\varphi_m = +1$ hervorbringt (vgl. Abb. 339), wenn gleichzeitig der Stabdrehwinkel $\psi_\nu = 0$ ist. Man kann somit $a^0_{m,\,n}$ auch als „Steifigkeitszahl" eines Gelenkstabes bezeichnen.

2. Zahlenmäßige Ermittlung der Stabfestwerte a, b, c und a^0

A. Bei Stäben mit beliebig veränderlichen Querschnitten

In solchen Fällen müssen zunächst die Winkelwerte α_1, α_2, β für die Belastung $\overline{M}_1 = +1$ bzw. $\overline{M}_2 = +1$ am frei aufliegend gedachten Stab nach dem MOHRschen Satz ermittelt werden. Sodann erhält man aus den Formeln (175) bzw. (184) und (185) sowie (188) die endgültigen Werte. Sind die Stäbe symmetrisch ausgebildet, so wird bei gelenklosen Stäben

$$a_{m,\,n} = a_{n,\,m} \quad \text{und} \quad c_{m,\,n} = c_{n,\,m}\,. \tag{200}$$

B. Bei Stäben mit einseitig oder beidseitig geraden oder parabolischen Vouten

Diese Stabformen treten im Bauwesen am häufigsten auf, weshalb sie eine eingehende Behandlung erfordern. Unter der Annahme, daß sich die Trägheitsmomente der verschiedenen Querschnitte im gleichen Verhältnis ändern wie die dritten Potenzen der Querschnittshöhen, lassen sich für die Stabsteifigkeitswerte a_1, a_2 und b sowie a^0_1 gebrauchsfertige Zahlentafeln aufstellen, in denen die verschiedensten Voutenlängen und Voutenhöhen berücksichtigt sind. Dies ist hier in der Weise geschehen, daß zunächst unter teilweiser Benutzung der in STRASSNERS „Neuere Methoden" entwickelten analytischen Ausdrücke die Endtangentenwinkel α_1, α_2 und β für alle in Betracht kommenden Voutenformen berechnet und sodann mit Hilfe der Ausdrücke (175) bzw. (188) die Stabfestwerte a_1, a_2 und b bzw. a^0_1 ermittelt worden sind.

Es wurden auf diese Weise für gelenklose Stäbe *vier* verschiedene Zahlen- und Kurventafeln geschaffen, und zwar für folgende Stabformen[1]:

1. Stäbe mit einseitig geraden Vouten (Zahlentafel 7, Kurventafel 7a).

2. Stäbe mit einseitig parabolischen Vouten (Zahlentafel 8, Kurventafel 8a).

3. Stäbe mit beidseitig geraden, zur Stabmitte symmetrisch ausgebildeten Vouten (Zahlentafel 9, Kurventafel 9a).

---

[1] Vgl. GULDAN: Beitrag zur Berechnung von Rahmentragwerken mit veränderlichen Stabquerschnitten, Prag 1933, und H. D. I.-Mitteilungen, Jg. 1934

4. Stäbe mit beidseitig parabolischen, zur Stabmitte symmetrisch ausgebildeten Vouten (Zahlentafel 10, Kurventafel 10a).

In sämtlichen Tafeln sind die a- und b-Werte in $1/EJ_c$-facher Verzerrung für einen Einheitsstab von der Länge $l = 1$ enthalten. Um die Zuordnung dieser verzerrten Tafelwerte zu den wahren a^*- und b^*-Werten eindeutig zum Ausdruck zu bringen und doch eine Verwechslung zu vermeiden, sind die Tafelwerte mit den entsprechenden deutschen Buchstaben $\mathfrak{a}_1$, $\mathfrak{a}_2$ und $\mathfrak{b}$ bezeichnet. Es bestehen sonach folgende Beziehungen:

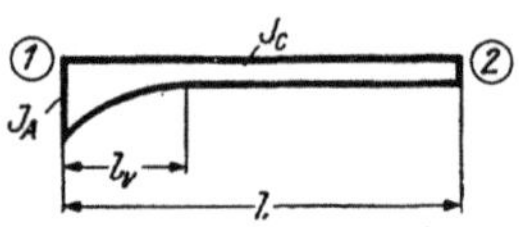

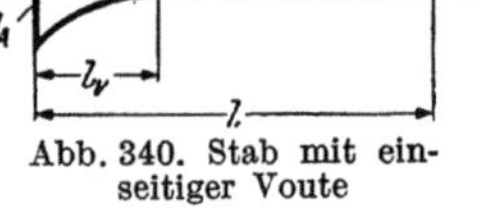

Abb. 340. Stab mit einseitiger Voute

1. Bei Stäben mit einseitigen Vouten (Abb. 340):

$$a_1^* = \frac{EJ_c}{l} \cdot \mathfrak{a}_1 \; ; \quad a_2^* = \frac{EJ_c}{l} \cdot \mathfrak{a}_2 \; ; \quad b^* = \frac{EJ_c}{l} \cdot \mathfrak{b} \; . \tag{201}$$

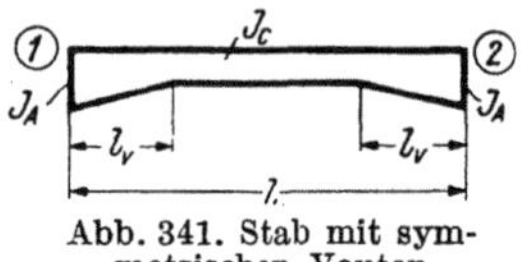

Abb. 341. Stab mit symmetrischen Vouten

2. Bei Stäben mit beidseitig symmetrisch angeordneten Vouten (Abb. 341):

$$a^* = \frac{EJ_c}{l} \cdot \mathfrak{a} \; ; \quad b^* = \frac{EJ_c}{l} \cdot \mathfrak{b} \; . \tag{202}$$

Darin bedeuten J_c das Trägheitsmoment im unveränderlichen Stabbereich und l die wirkliche Länge des Stabes. Die verschiedenen Voutenformen und Voutengrößen kommen in den Tafeln durch die Verhältniszahlen λ und n zum Ausdruck. Es ist

$$\lambda = \frac{l_v}{l} = \frac{\text{Voutenlänge}}{\text{Stablänge}} \; , \tag{203}$$

$$n = \frac{J_c}{J_A} = \frac{\text{Trägheitsmoment im unveränderlichen Stabbereich}}{\text{Trägheitsmoment des Auflagerquerschnittes}} \tag{204}$$

Zwischenwerte von n bzw. λ sind in die Tafeln einzuschalten, was naturgemäß in den Kurventafeln bequemer durchzuführen ist. Die Anordnung der Kurventafeln 7a bzw. 8a für Stäbe mit einseitigen Vouten ist aus der schematischen Abb. 342 ersichtlich, in der nur eine λ-Kurve eingezeichnet ist. Die Werte $\mathfrak{a}_1$, $\mathfrak{a}_2$, $\mathfrak{b}$ sind der Reihe nach für gegebene n- und λ-Werte aus den drei aufeinanderfolgenden Tafeln zu entnehmen. Jede einzelne dieser drei Tafeln, die eine Schar von λ-Kurven enthalten, ist so eingerichtet, daß die n-Werte als Abszissen und die Stabfestwerte $\mathfrak{a}$ bzw. $\mathfrak{b}$ als Ordinaten erscheinen. (Siehe Einführungsbeispiele 1, 2, 4 auf Seite 294 ff.)

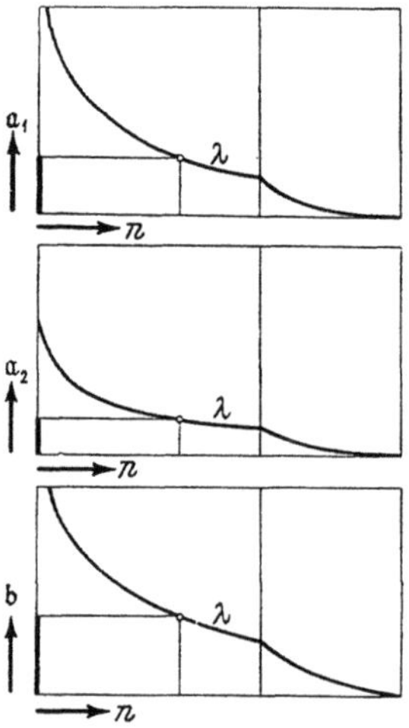

Bei dem Sonderfall, daß $\lambda = 0$ oder $n = 1$ wird, handelt es sich um einen Stab mit unveränderlichem Trägheitsmoment. Die Zahlen- und Kurventafeln liefern für diesen Fall stets

$$\mathfrak{a}_1 = \mathfrak{a}_2 = \mathfrak{a} = 4 \quad \text{und} \quad \mathfrak{b} = 2 \; . \tag{205}$$

Damit wird nach (201) oder (202)

$$a^* = \frac{4\,EJ_c}{l} \quad \text{und} \quad b^* = \frac{2\,EJ_c}{l} \; , \tag{206}$$

ferner nach (178) oder (185)

$$c^* = a^* + b^* = \frac{6\,EJ_c}{l} \; . \tag{207}$$

Abb. 342. Schema der Kurventafeln 7a und 8a zur Ermittlung der Stabfestwerte a_1, a_2, b bei Voutenstäben

In diesem Sonderfall gehen die allgemeinen Gl. (182) für die Stabendmomente in die bereits im ersten Abschnitt benutzte Form (5) für Stäbe mit unveränderlichem Querschnitt über und lauten:

$$M_{1,2} = \frac{4\,E\,J_c}{l}\,\varphi_1 + \frac{2\,E\,J_c}{l}\,\varphi_2 + \frac{6\,E\,J_c}{l}\,\psi + \mathfrak{M}_{1,2}$$

$$M_{2,1} = \frac{4\,E\,J_c}{l}\,\varphi_2 + \frac{2\,E\,J_c}{l}\,\varphi_1 + \frac{6\,E\,J_c}{l}\,\psi + \mathfrak{M}_{2,1}\,.$$

(208)

Die Zahlen- und Kurventafeln ermöglichen auch die Berücksichtigung der sprunghaft ansteigenden Trägheitsmomente an den Stabkreuzungspunkten. Es kann dort eine sehr steil abfallende Voute angenommen und im Grenzfall $n = J_c/J_A = 0$ gesetzt werden (siehe Zahlenbeispiele 19, 21, 23, 25, 27, 28).

Zur Ermittlung der Stabfestwerte a^0 bei Gelenkstäben mit Vouten stehen im Dritten Teil des Buches ebenfalls Hilfstafeln zur Verfügung, und zwar für

1. Stäbe mit einseitig geraden Vouten (Zahlentafel 11, Kurventafel 11a).

2. Stäbe mit einseitig parabolischen Vouten (Zahlentafel 12, Kurventafel 12a).

Auch in diesen Tafeln sind die a^0-Werte in $1/E\,J_c$-facher Verzerrung für einen Einheitsstab mit $l = 1$ enthalten; sie werden zur Unterscheidung von den wahren Werten $a^0{*}$ mit $\mathfrak{a}^0$ bezeichnet (siehe auch Einführungsbeispiel 3 auf Seite 297f.). Es besteht somit die Beziehung:

$$a^0{}_1{*} = \frac{E\,J_c}{l} \cdot \mathfrak{a}^0{}_1\,.$$

(209)

Für Stäbe mit $\lambda = 0$ oder $n = 1$, also für Stäbe ohne Vouten, ergeben die Zahlen- und Kurventafeln den Wert $\mathfrak{a}^0{}_1 = 3$. Damit wird nach (209)

$$a^0{}_1{*} = \frac{3\,E\,J_c}{l}\,.$$

(210)

Führt man diesen Ausdruck in die Momentengleichung (192) ein, so erhält man die bereits im ersten Abschnitt, Seite 5, benutzte Gl. (13) für einseitig gelenkig angeschlossene Rahmenstäbe mit konstanten Querschnitten:

$$M_{1,2} = \frac{3\,E\,J_c}{l}\,\varphi_1 + \frac{3\,E\,J_c}{l}\,\psi + \mathfrak{M}^0{}_{1,2}\,.$$

(211)

C. Bei Stäben mit ungleichen Vouten

Besitzen die auf beiden Seiten eines gelenklosen Stabes vorhandenen Vouten verschiedene Formen, so können die Stabfestwerte zwar nicht direkt aus den Tafeln entnommen werden, jedoch ist ihre Bestimmung unter Zuhilfenahme der Tafeln 27, 28 bzw. 27a, 28a für die Winkelwerte α_1, α_2 und β noch verhältnismäßig einfach. Diesem Ermittlungsverfahren liegt folgender Gedankengang zugrunde[1].

Soll z. B. für den in Abb. 343 dargestellten Einheitsstab der $E\,J_c$-fach verzerrte Winkelwert α_1 bestimmt werden, so kann dies bekanntlich nach MOHR in der Weise

---

[1] Vgl. auch DAŠEK, Beton und Eisen, Jg. 1936, wo unabhängig von den bereits weiter zurückliegenden Arbeiten des Verfassers ebenfalls auf diesen Zusammenhang hingewiesen worden ist

erfolgen, daß man den Auflagerdruck A_1 der J_c/J-fach verzerrten $\overline{M}$-Linie ermittelt. Nun kann man aber die vorliegende Stabform durch andere Stäbe ersetzen, für welche die gesuchten Winkelwerte aus den vorhandenen Tafeln unmittelbar zu entnehmen sind. Man denkt sich also anstelle des gegebenen Stabes mit zwei verschiedenen Vouten (Abb. 343) drei Ersatzstäbe, und zwar zwei Stäbe mit nur je **einer** Voute von der jeweils gleichen Form wie beim gegebenen Stab (Abb. 343a, b) und einen Stab **ohne** Voute (Abb. 343c). Für jeden dieser Stäbe können nun die zugehörigen Auflagerdrehwinkel α_1, α_2 und β in der bekannten Weise als Auflagerdrücke bestimmt werden. Es ist weiter unschwer festzustellen, daß der in Abb. 343 dargestellte Fall mit ungleichen Vouten durch eine entsprechende Überlagerung der drei in Abb. 343a bis c dargestellten Fälle erhalten werden kann. Wenn zugleich beachtet wird, daß in Übereinstimmung mit dem Aufbau der Zahlen- und Kurventafeln das Stabende auf der Voutenseite stets mit „1" und das entgegengesetzte, also voutenfreie Ende mit „2" bezeichnet ist, so kann unter Bezug auf die Abbildungen geschrieben werden:

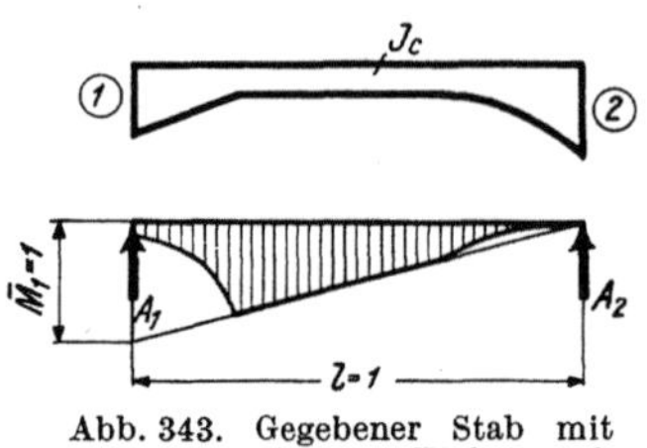

Abb. 343. Gegebener Stab mit ungleichen Vouten; Einheitsstab

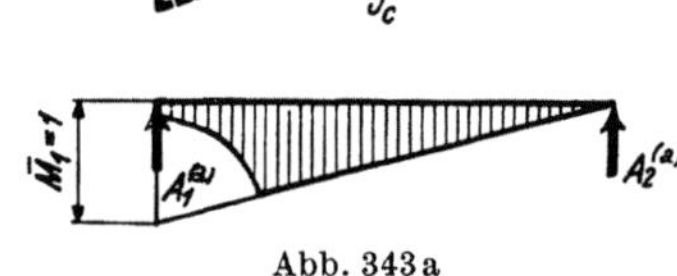

Abb. 343a

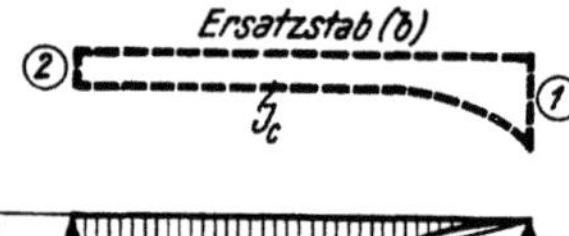

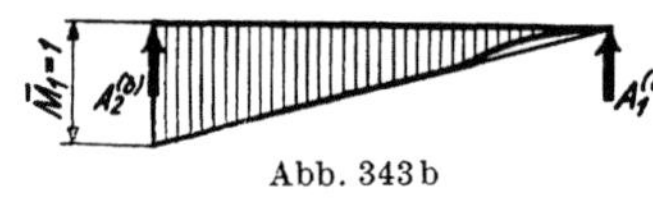

Abb. 343 b

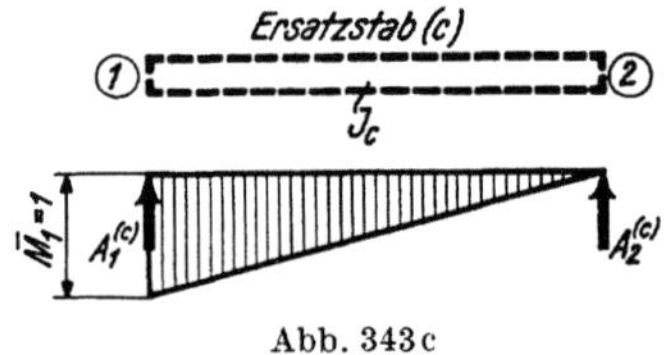

Abb. 343 c

Abb. 343a bis c. Ersatzstäbe (a), (b), (c) zur Bestimmung der Winkelwerte α_1, α_2, β bei Stäben mit ungleichen Vouten

$$A_1 = A_1^{(a)} + A_2^{(b)} - A_1^{(c)}$$
$$A_2 = A_2^{(a)} + A_1^{(b)} - A_2^{(c)}. \qquad (212)$$

Hierin bedeuten sämtliche A-Werte jeweils die Auflagerdrücke der in den Abbildungen schraffierten $\overline{M}$-Flächen, wobei sich die Kopfzeiger (a), (b) und (c) auf die Ersatzstäbe beziehen.

Setzt man in (212) an die Stelle der Auflagerdrücke A die entsprechenden Auflagerdrehwinkel und beachtet man, daß

$$A_1^{(c)} = \frac{1}{3} \quad \text{und} \quad A_2^{(c)} = \frac{1}{6} \qquad (213)$$

ist, so wird

$$\alpha_1 = \alpha_1^{(a)} + \alpha_2^{(b)} - \frac{1}{3}; \quad \beta_2 = \beta_2^{(a)} + \beta_1^{(b)} - \frac{1}{6}. \quad (214)$$

Für die letzte Gleichung kann, da nach dem MAXWELLschen Satz $\beta_1 = \beta_2 = \beta$ sein muß, auch geschrieben werden:

$$\beta = \beta^{(a)} + \beta^{(b)} - \frac{1}{6}. \qquad (215)$$

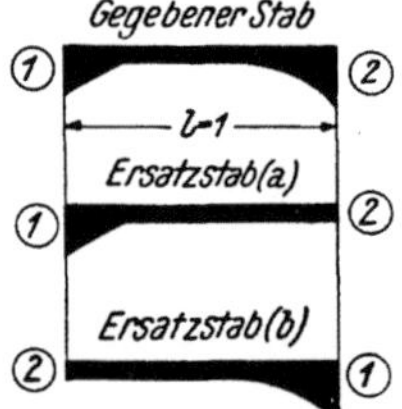

Abb. 344. Ersatzstäbe (a) und (b) eines gegebenen Stabes mit ungleichen Vouten

Dieselbe Überlegung führt natürlich zum Ziel, wenn es sich um die Ermittlung von α_2 handelt. Zwecks besserer Übersicht werden die drei entsprechenden Formeln zur Ermittlung von α_1, α_2 und β bei Stäben mit ungleichen Vouten noch einmal gemeinsam angeschrieben, wobei die in den Hilfstafeln verwendeten Bezeichnungen $\bar{\alpha}_1$, $\bar{\alpha}_2$, $\bar{\beta}$ für den „Einheitsstab" verwendet werden:

$$\boxed{\begin{aligned} \bar{\alpha}_1 &= \bar{\alpha}_1{}^{(a)} + \bar{\alpha}_2{}^{(b)} - \frac{1}{3} \\[1mm] \bar{\alpha}_2 &= \bar{\alpha}_2{}^{(a)} + \bar{\alpha}_1{}^{(b)} - \frac{1}{3} \\[1mm] \bar{\beta} &= \bar{\beta}^{(a)} + \bar{\beta}^{(b)} - \frac{1}{6} \, . \end{aligned}}\tag{216}$$

Die Bedeutung der Zeiger ist aus der schematischen Abb. 344 ersichtlich.

Die praktische Verwendung ist damit hinreichend klar. Die Winkelwerte für die Ersatzstäbe (a) und (b) sind bei geraden Vouten aus Tafel 27 bzw. 27a, bei parabolischen Vouten aus Tafel 28 bzw. 28a zu entnehmen. Damit können aus den Formeln (216) die gesuchten Winkelwerte leicht ermittelt werden. Die Stabfestwerte $a_{1,2}$, $a_{2,1}$ und b ergeben sich dann aus den Formeln (175); (siehe auch Einführungsbeispiel 5, Seite 300f.).

3. Verwendung der Stabfestwerte a, b, c und a^0 in der Rahmenberechnung

Für die Verwendung der Stabfestwerte a, b, c und a^0 bei der zahlenmäßigen Berechnung von Rahmentragwerken gilt im wesentlichen dasselbe, was bereits im ersten Abschnitt auf Seite 26f. über die Steifigkeitszahlen k und k^0 gesagt worden ist. Führt man die „absoluten", also wirklichen Werte der Stabfestwerte a^*, b^*, c^* und a^{0*} nach (175) bzw. (188) in die Rechnung ein, so erhält man auch die Momente und die Formänderungswerte in wahrer Größe. Führt man hingegen sämtliche Stabfestwerte z-fach verzerrt in die Rechnung ein, so ergeben sich die Momente wieder in wahrer Größe, obwohl die Formänderungswerte durchweg $1/z$-fach verzerrt erscheinen. Als Verzerrungsfaktor kann hier

$$z = \frac{1}{EJ_0}\tag{217}$$

gewählt werden, wobei J_0 ein in der Rechnung öfter wiederkehrendes Trägheitsmoment oder einen willkürlich gewählten runden Wert bedeutet. So kann z. B. für $J_0 = 0{,}001$ m⁴ gesetzt werden, womit der Verzerrungsfaktor

$$z = \frac{1000}{E}\tag{218}$$

wird. Es würde also z. B. der für die praktische Berechnung bequemer verwendbare „relative" Stabfestwert sein:

$$a_1 = a_1{}^* \cdot z = \frac{EJ_c}{l} \cdot \mathfrak{a}_1 \cdot z = \frac{EJ_c}{l} \cdot \mathfrak{a}_1 \cdot \frac{1000}{E} = \frac{1000\, J_c}{l} \cdot \mathfrak{a}_1 \, .$$

Es bestehen sonach folgende Beziehungen:

1. Bei Stäben mit einseitigen Vouten

$$\boxed{a_1 = \frac{1000\, J_c}{l} \cdot \mathfrak{a}_1 \; ; \quad a_2 = \frac{1000\, J_c}{l} \cdot \mathfrak{a}_2 \; ; \quad b = \frac{1000\, J_c}{l} \cdot \mathfrak{b} \, .}\tag{219}$$

2. Bei Stäben mit beidseitig symmetrisch angeordneten Vouten

$$\boxed{a = \frac{1000\, J_c}{l} \cdot \mathfrak{a} \; ; \quad b = \frac{1000\, J_c}{l} \cdot \mathfrak{b} \, .}\tag{220}$$

3. Bei Gelenkstäben mit einseitigen Vouten

$$a^0_1 = \frac{1000\,J_c}{l} \cdot \mathfrak{a}^0_1 \,.$$

(221)

Darin bedeuten J_c das Trägheitsmoment im unveränderlichen Stabbereich und l die Länge des Stabes.

Sollen ausnahmsweise auch die Formänderungswerte in ihrer wahren Größe bestimmt werden, so sind die aus der Rechnung erhaltenen verzerrten Größen nachträglich durch Multiplikation mit z wieder zu entzerren [siehe auch Gl. (33) des ersten Abschnittes].

4. Stabfestwerte von „Symmetriestäben"

A. Stabfestwerte a' bei symmetrischer Belastung

Wenn bei symmetrisch ausgebildeten Tragwerken die Symmetrale Stabmitten schneidet, so kann für die Symmetriestäbe ein besonderer Steifigkeitswert verwendet werden, um die gesamte Berechnung bei symmetrischen Lastfällen auf das halbe Tragwerk beschränken zu können. Dieser Steifigkeitswert, der mit a' bezeichnet wird, ist gemäß Abb. 345 gleich den an beiden Stabenden m und n symmetrisch wirkenden Momenten $M_{m,n} = -M_{n,m}$, die am unbelasteten Stab die Verdrehung $\varphi_m = +1$ und $\varphi_n = -1$ hervorrufen.

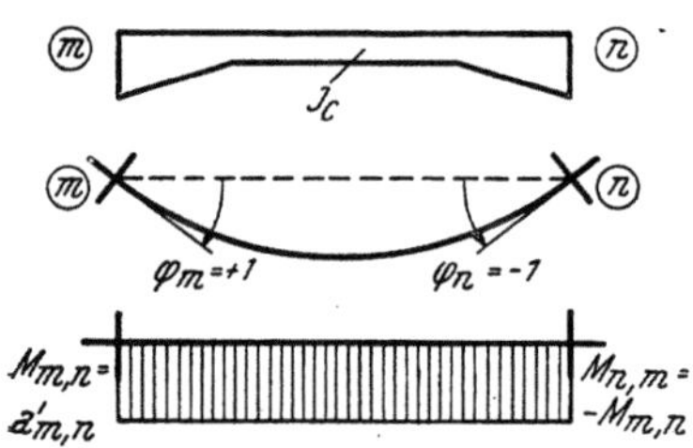

Abb. 345. Biegelinie und M-Linie eines Symmetriestabes mit symmetrisch wirkenden Stabendmomenten $M_{m,n} = -M_{n,m}$ bei $\varphi_m = +1$ und $\varphi_n = -1$

Mit Hilfe der allgemeinen Gl. (170) läßt sich unter dieser Annahme für a' eine gebrauchsfertige Formel ableiten. Die erste dieser beiden Gleichungen lautet:

$$E J_c \tau_1 = + M_1 \alpha_1 - M_2 \beta + \alpha^0_1 \,.$$

Setzt man darin $\tau_1 = 1$, die beiden gleichzeitig an den Stabenden symmetrisch einwirkenden Momente $M_2 = -M_1$ und, weil der Stab unbelastet ist, $\alpha^0_1 = 0$, so erhält man

$$E J_c = M_1 \alpha_1 + M_1 \beta \tag{222}$$

oder

$$M_1 = \frac{E J_c}{\alpha_1 + \beta} \,. \tag{222a}$$

Dieser Wert ist identisch mit dem „wahren" Wert der Steifigkeitszahl a'^* symmetrisch ausgebildeter und symmetrisch belasteter Stäbe. Da in diesem Fall $\alpha_1 = \alpha_2 = \alpha$ geschrieben werden kann, ergeben sich die „absoluten" Steifigkeitswerte für Symmetriestäbe bei symmetrischer Belastung mit

$$a'^* = \frac{E J_c}{\alpha + \beta} \,.$$

(223)

Unter Benutzung der Tafeln 13 und 14 bzw. 13a und 14a erhält man die für praktische Berechnungen verwendeten „relativen" Stabfestwerte gemäß (219) bis (221) aus

$$a' = \frac{1000\,J_c}{l} \cdot \mathfrak{a}' \,,$$

(223a)

wenn als Verzerrungsfaktor nach (218) wieder $z = 1000/E$ angenommen wird.

Das Stabendmoment des Symmetriestabes $n—n'$ erhält man bei symmetrischer Belastung dann analog (196) aus

$$M_{n,n'} = a'_{n,n'}\,\varphi_n + \mathfrak{M}_{n,n'}. \qquad (224)$$

(Siehe auch Zahlenbeispiele 20, 21, 22.)

B. Stabfestwerte a'' von Symmetriestäben bei antimetrischer Belastung

Auch bei antimetrischen Belastungsfällen braucht die Berechnung nur für eine Tragwerkshälfte durchgeführt zu werden, wenn für die Symmetriestäbe der entsprechende Steifigkeitswert in Rechnung gestellt wird. Dieser Stabfestwert soll mit a'' bezeichnet werden und ist gemäß Abb. 346 gleich den beiden an den Stabenden m und n antimetrisch wirkenden Momenten $M_{m,n} = M_{n,m}$, die am unbelasteten Stab (also $\alpha^0_m = 0$) die Verdrehungswinkel $\varphi_m = +1$ und $\varphi_n = +1$ erzeugen.

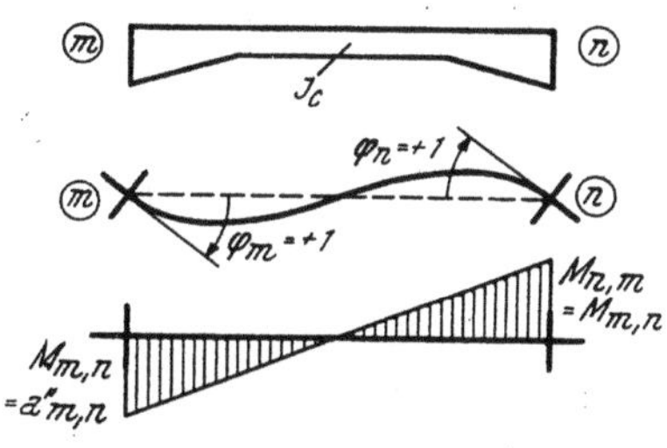

Unter dieser Annahme läßt sich aus der ersten der beiden Gl. (170) eine gebrauchsfertige Formel aufstellen; es wird

$$EJ_c = +\,M_1\,\alpha_1 - M_1\,\beta \qquad (225)$$

und weiter

$$M_1 = \frac{EJ_c}{\alpha_1 - \beta}. \qquad (225\,\mathrm{a})$$

Abb. 346. Biegelinie und M-Linie eines Symmetriestabes mit antimetrisch wirkenden Stabendmomenten $M_{m,n} = M_{n,m}$ bei $\varphi_m = \varphi_n = +1$

Infolge Symmetrie ist auch hier wieder $\alpha_1 = \alpha_2 = \alpha$, und es ist somit der „absolute" Steifigkeitswert

$$a''^* = \frac{EJ_c}{\alpha - \beta}. \qquad (226)$$

Unter den gleichen Voraussetzungen wie bei (223 a) erhält man den „relativen" Steifigkeitswert mit

$$a'' = \frac{1000\,J_c}{\alpha - \beta}. \qquad (226\,\mathrm{a})$$

Das Stabendmoment des antimetrisch belasteten Symmetriestabes kann nach (224) berechnet werden, wenn anstatt $a'_{n,n'}$ der Festwert $a''_{n,n'}$ gesetzt wird.

V. Zahlenmäßige Ermittlung der Stabbelastungsglieder $\mathfrak{M}$ und $\mathfrak{M}^0$

1. Bei Stäben mit beliebig veränderlichen Querschnitten und beliebiger Belastung

Da die Stabbelastungsglieder mit den Einspannmomenten des fest eingespannten Trägers identisch sind, so unterliegen sie derselben Vorzeichenregel, die bereits auf Seite 2 für die Stabendmomente festgelegt worden ist. Im übrigen kann die Berechnung allgemein nach den Ausdrücken (179) erfolgen, die mit der neuen Bezeichnungsweise lauten:

$$\mathfrak{M}_1 = -\frac{1}{EJ_c}\,(a_1{}^*\,\alpha^0_1 - b^*\,\alpha^0_2)\;; \qquad \mathfrak{M}_2 = -\frac{1}{EJ_c}\,(b^*\,\alpha^0_1 - a_2{}^*\,\alpha^0_2). \qquad (227)$$

Ersetzt man nach (201) die wahren Stabfestwerte $a_1{}^*$, $a_2{}^*$, b^* durch die auf den Einheitsstab bezogenen Werte $\mathfrak{a}_1$, $\mathfrak{a}_2$, $\mathfrak{b}$, so erhält man bei unsymmetrisch ausgebildeten Stäben oder auch bei symmetrisch ausgebildeten Stäben mit unsymmetrischer Belastung

$$\mathfrak{M}_1 = -\frac{1}{l}\,(\mathfrak{a}_1\,\alpha^0{}_1 - \mathfrak{b}\,\alpha^0{}_2)\,;\quad \mathfrak{M}_2 = +\frac{1}{l}\,(\mathfrak{a}_2\,\alpha^0{}_2 - \mathfrak{b}\,\alpha^0{}_1). \tag{228}$$

Die in dieser Formel enthaltenen Werte $\alpha^0{}_1$ und $\alpha^0{}_2$ können am einfachsten nach MOHR als Auflagerdrücke $A^0{}_1$ und $A^0{}_2$ der J_c/J-fach verzerrten M_0-Fläche am frei aufliegend gedachten Träger bestimmt werden (Abb. 347).

Bei symmetrisch ausgebildeten und symmetrisch belasteten Voutenstäben wird $\alpha^0{}_1 = \alpha^0{}_2 = \alpha^0$ und $\mathfrak{a}_1 = \mathfrak{a}_2 = \mathfrak{a}$, so daß die Formeln (228) dann einfach lauten:

$$\mathfrak{M}_1 = -\frac{\alpha^0}{l}\,(\mathfrak{a} - \mathfrak{b})\,;\quad \mathfrak{M}_2 = +\frac{\alpha^0}{l}\,(\mathfrak{a} - \mathfrak{b}). \tag{229}$$

Das Volleinspannmoment $\mathfrak{M}^0$ für einen einseitig eingespannten, auf der anderen Seite gelenkig angeschlossenen Stab erhält man aus (190) mit

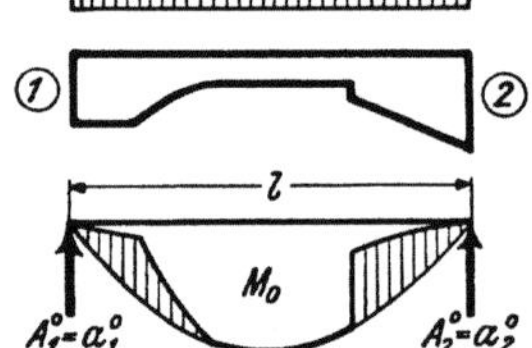

Abb. 347. Bestimmung der α^0-Werte

$$\mathfrak{M}^0{}_1 = -\frac{\alpha^0{}_1}{\alpha_1}. \tag{230}$$

Befindet sich das Gelenk auf Seite 1 des Stabes, so wird sinngemäß

$$\mathfrak{M}^0{}_2 = +\frac{\alpha^0{}_2}{\alpha_2}. \tag{230a}$$

Hierin bedeuten z. B. $\alpha^0{}_1$ den Auflagerdrehwinkel infolge der äußeren Belastung am frei aufliegend gedachten Träger (vgl. Abb. 333d) und α_1 den Auflagerdrehwinkel bei 1 infolge des Momentes $\overline{M}_1 = +1$ an dieser Stelle (vgl. Abb. 333b). Beide Winkelwerte können mit Hilfe des MOHRschen Satzes ermittelt werden.

2. Bei Stäben ohne Vouten

In diesem Falle wird für Stäbe ohne Gelenk nach (205) $\mathfrak{a}_1 = \mathfrak{a}_2 = 4$ und $\mathfrak{b} = 2$, womit die Gl. (228) übergehen in

$$\mathfrak{M}_1 = -2\,\frac{2\,\alpha^0{}_1 - \alpha^0{}_2}{l} \quad\text{und}\quad \mathfrak{M}_2 = +2\,\frac{2\,\alpha^0{}_2 - \alpha^0{}_1}{l}. \tag{231}$$

Bei symmetrischer Belastung wird überdies $\alpha^0{}_1 = \alpha^0{}_2 = \alpha^0$ und damit

$$\mathfrak{M}_1 = -\frac{2\,\alpha^0}{l} \quad\text{und}\quad \mathfrak{M}_2 = +\frac{2\,\alpha^0}{l}. \tag{232}$$

Die $\mathfrak{M}$-Werte für gelenklose Stäbe ohne Vouten sind für verschiedene Belastungsfälle in den Tafeln 2 bis 4 zusammengestellt.

Für Stäbe mit Gelenk wird mit $\alpha_1 = l/3$ aus (230)

$$\mathfrak{M}^0{}_1 = -\frac{3\,\alpha^0{}_1}{l}\,, \qquad (233)$$

wobei $\alpha^0{}_1$ dieselbe Bedeutung hat wie in (230) und (231).

In den Tafeln 5 und 6 sind zur Ermittlung der $\mathfrak{M}^0$-Werte gebrauchsfertige Formeln für verschiedene Belastungsfälle enthalten.

3. Bei Stäben mit geraden oder parabolischen Vouten

Für die Belastungsfälle, mit denen es der praktisch tätige Ingenieur am häufigsten zu tun hat, wurde eine Reihe von Zahlen- und Kurventafeln aufgestellt, um die sonst allzu zeitraubende Ermittlung der Stabbelastungsglieder einfacher zu gestalten. Einrichtung und Gebrauch dieser Hilfstafeln, die nach den verschiedenen Stabformen und Belastungsfällen geordnet sind, seien hier kurz beschrieben.

A. Hilfstafeln für durchgehende Gleichlast

Hierbei sind für Stäbe ohne Gelenke folgende Fälle berücksichtigt:

1. Stäbe mit einseitig geraden Vouten (Zahlentafel 15, Kurventafel 15a).

2. Stäbe mit einseitig parabolischen Vouten (Zahlentafel 16, Kurventafel 16a).

3. Stäbe mit beidseitig geraden, zur Stabmitte symmetrisch ausgebildeten Vouten (Zahlentafel 17, Kurventafel 17a).

4. Stäbe mit beidseitig parabolischen, zur Stabmitte symmetrisch ausgebildeten Vouten (Zahlentafel 18, Kurventafel 18a).

Die Ausgangswerte für die Benutzung der Hilfstafeln sind stets die von der Voutenform abhängigen Werte

$$n = \frac{J_c}{J_A} \quad \text{und} \quad \lambda = \frac{l_v}{l}\,,$$

deren Bedeutung aus (203) und (204) hervorgeht.

Sämtliche Tafeln sind so aufgebaut, daß sich die gesuchten Belastungsglieder $\mathfrak{M}$, also die Einspannmomente des voll eingespannten Trägers, aus folgenden Formeln ergeben:

Bei Stäben mit einseitigen Vouten aus

$$\mathfrak{M}_1 = -\varkappa_1 \frac{q\,l^2}{12}\,; \quad \mathfrak{M}_2 = +\varkappa_2 \frac{q\,l^2}{12}\,, \qquad (234)$$

bei Stäben mit beidseitig symmetrisch ausgebildeten Vouten aus

$$\mathfrak{M}_1 = -\varkappa \frac{q\,l^2}{12}\,; \quad \mathfrak{M}_2 = +\varkappa \frac{q\,l^2}{12}\,. \qquad (235)$$

Zur Entnahme der $\varkappa$-Werte können die Zahlen- und Kurventafeln Verwendung finden. Die Kurventafeln für Stäbe mit einseitigen Vouten sind als Doppeltafeln eingerichtet, und zwar ergibt der obere Teil den Wert $\varkappa_1$ und der untere Teil $\varkappa_2$. Sämtliche Kurventafeln zur Ermittlung der Belastungsglieder für durchgehende Gleichlast enthalten die n-Werte als Kurvenschar, während die λ-Werte als Abszissen und die gesuchten $\varkappa$-Werte als Ordinaten erscheinen. In Abb. 348 ist die

Anordnung der Doppeltafeln für Stäbe mit einseitigen Vouten schematisch dargestellt, während die Abb. 349 die Anlage der Kurventafeln für Stäbe mit beidseitig symmetrisch ausgebildeten Vouten zeigt. (Siehe Einführungsbeispiele 1, 2, 4 auf Seite 294 ff.)

Die Größe des Einflusses der verschieden geformten Vouten tritt bei den Kurventafeln besonders klar hervor, weshalb sie auch für die Gestaltung der verschiedenen Rahmenstäbe und namentlich bei fest eingespannten Trägern wertvolle Anhaltspunkte liefern können.

Für Gelenkstäbe sind zur Ermittlung der $\mathfrak{M}^0$-Werte für durchgehende Gleichlasten folgende Tafeln aufgestellt:

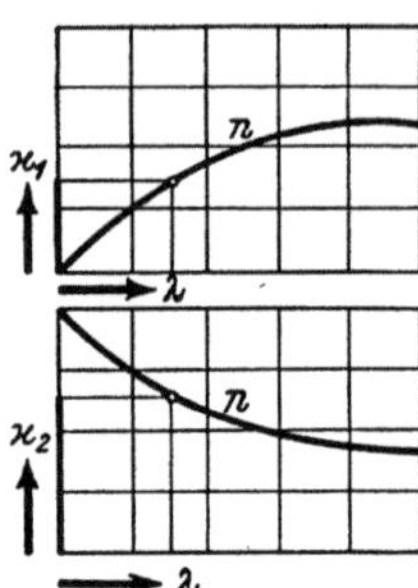

Abb. 348. Schema der Kurventafeln 15a und 16a zur Ermittlung der $\mathfrak{M}$-Werte bei Stäben mit einseitigen Vouten

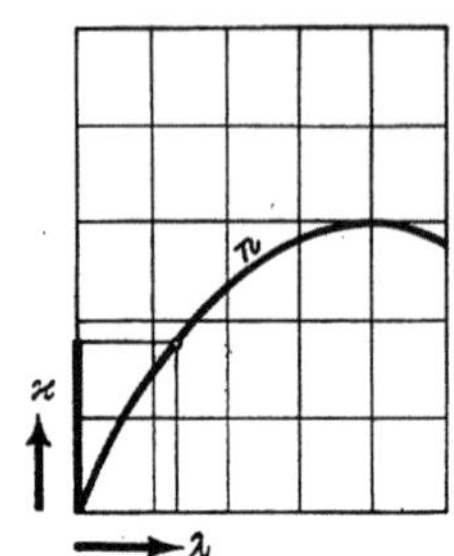

Abb. 349. Schema der Kurventafeln 17a und 18a zur Ermittlung der $\mathfrak{M}$-Werte bei Stäben mit beidseitigen Vouten

1. Stäbe mit einseitig geraden Vouten (Zahlentafel 19 und Kurventafel 19a).

2. Stäbe mit einseitig parabolischen Vouten (Zahlentafel 20 und Kurventafel 20a).

Die $\mathfrak{M}^0{}_1$-Werte ergeben sich daraus unter der Voraussetzung, daß sich das Gelenk bei dem voutenfreien Ende 2 befindet, mit

$$\mathfrak{M}^0{}_1 = - \varkappa\, q\, l^2 . \tag{236}$$

(Siehe auch Einführungsbeispiel 3, Seite 297 f.)

B. Hilfstafeln für Einzellasten bzw. Streckenlasten

Um allen Laststellungen Rechnung zu tragen, wurden für die wichtigsten Voutenformen die Einflußlinien für die Einspannmomente des voll eingespannten Trägers ermittelt und in den Hilfstafeln 21 bis 26 und 21a bis 26a zusammengestellt.

Die Zahlentafeln 21 bis 24 enthalten jeweils die Werte für die *zwölf*teiligen Einflußlinien für Stäbe ohne Gelenk und eignen sich wegen der größeren Genauigkeit besonders zum Auftragen, während die graphischen Tafeln 21a bis 24a als *zehn*teilige Einflußlinien dargestellt sind und dadurch vorteilhaft zur direkten Auswertung, also zur unmittelbaren Bestimmung der Stabbelastungsglieder $\mathfrak{M}_1$ und $\mathfrak{M}_2$ benutzt werden können. Die Einrichtung dieser Tafel ist so getroffen, daß immer eine Gruppe von Einflußlinien für einen bestimmten Wert λ und die zugeordneten Werte $n = (0), (0{,}03), (0{,}05), (0{,}10), (0{,}20), (0{,}50), (1{,}0)$ in einem Feld gezeichnet ist. Dadurch ist die Einschaltung zwischen verschiedenen n-Werten, die häufiger vorkommt, leicht durchführbar.

Da in jedem Falle sowohl die Einflußlinien für $\mathfrak{M}_1$ als auch für $\mathfrak{M}_2$ gezeichnet sind, wird die Auswertung besonders einfach, wie auch aus der Abb. 350a hervorgeht. Es wird für irgendeine von oben nach unten wirkende Last P an der Stelle x unter Beachtung der Vorzeichenregel Seite 2

$$\mathfrak{M}_1 = - \eta_1\, P\, l \quad \text{und} \quad \mathfrak{M}_2 = + \eta_2\, P\, l . \tag{237}$$

Für mehrere gleich große Einzellasten wird

$$\mathfrak{M}_1 = - P\,l\,\Sigma\eta_1 \quad \text{und} \quad \mathfrak{M}_2 = + P\,l\,\Sigma\eta_2\,. \tag{238}$$

Handelt es sich um gleichmäßig verteilte Streckenlasten, so können ebenfalls die Einflußlinien vorteilhaft zur Auswertung verwendet werden. Es ergibt sich dann nach Abb. 350 b

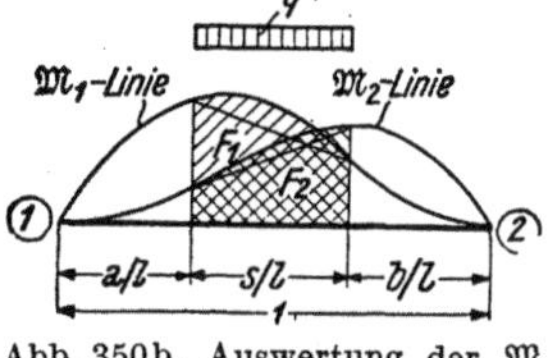

Abb. 350 a. Auswertung der 𝔐-Einflußlinien für Einzellasten

Abb. 350 b. Auswertung der 𝔐-Einflußlinien für Streckenlasten

$$\boxed{\mathfrak{M}_1 = - F_1\,q\,l^2 \quad \text{und} \quad \mathfrak{M}_2 = + F_2\,q\,l^2\,,} \tag{239}$$

wobei F_1 und F_2 die der belasteten Strecke entsprechenden Flächen der Einflußlinien für $\mathfrak{M}_1$ bzw. $\mathfrak{M}_2$ eines Trägers mit $l = 1$ bedeuten (siehe Einführungsbeispiele 1 und 2 auf Seite 294 ff.).

Ist der Stab völlig unregelmäßig belastet, so geschieht die Ermittlung der Belastungsglieder $\mathfrak{M}_1$ und $\mathfrak{M}_2$ am zweckmäßigsten in der Art, daß die gegebene Belastung durch eine Reihe von Einzellasten ersetzt wird, womit dann die Auswertung der Einflußlinien durch Summieren der einzelnen Einflüsse erfolgen kann.

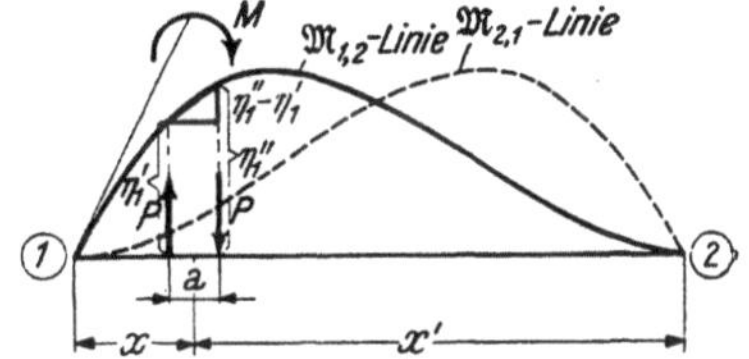

Abb. 351. Auswertung der 𝔐-Einflußlinien für äußere Momente

Schließlich können diese Tafeln auch zur Ermittlung der Stabbelastungsglieder Verwendung finden, wenn die äußere Belastung aus einem Biegungsmoment besteht.

Denkt man sich dieses Angriffsmoment M durch ein Kräftepaar mit dem Hebelarm a ersetzt, dann ist

$$M = P \cdot a, \quad \text{also} \quad P = \frac{M}{a}\,. \tag{240}$$

Werden für dieses Kräftepaar die 𝔐-Einflußlinien ausgewertet, so erhält man nach Abb. 351 für ein rechtsdrehendes Angriffsmoment (⤵)

$$\mathfrak{M}_{1,2} = - M\,\frac{\eta_1'' - \eta_1'}{a} \quad \text{und} \quad \mathfrak{M}_{2,1} = + M\,\frac{\eta_2'' - \eta_2'}{a}\,. \tag{241}$$

Hingegen erhält man für ein linksdrehendes Angriffsmoment (⤳)

$$\mathfrak{M}_{1,2} = + M\,\frac{\eta_1'' - \eta_1'}{a} \quad \text{und} \quad \mathfrak{M}_{2,1} = - M\,\frac{\eta_2'' - \eta_2'}{a}\,. \tag{241a}$$

Die vorstehenden Formeln liefern natürlich auch für den Sonderfall, daß das äußere Moment M am Stabende angreift, die entsprechenden Stabbelastungsglieder 𝔐 mit dem richtigen Vorzeichen. Greift z. B. das rechtsdrehende Moment 𝔐 am Stabende 1 an, so wird, da die Neigung der $\mathfrak{M}_{1,2}$-Einflußlinie an dieser Stelle bekanntlich gleich 1 ist $\left(\text{also } \frac{\eta_1'' - \eta_1'}{a} = 1\right)$, nach (241) $\mathfrak{M}_{1,2} = - M$. Gleichzeitig wird für diesen Fall $\mathfrak{M}_{2,1} = 0$, weil die Neigung der $\mathfrak{M}_{2,1}$-Einflußlinie an dieser

Stelle gleich Null ist $\left(\text{also } \dfrac{\eta_2{}'' - \eta_2{}'}{a} = 0\right)$. Der Einfluß der Vouten oder einer anderen Veränderlichkeit der Stabquerschnitte tritt also bei der Bestimmung der Belastungsglieder $\mathfrak{M}$ in diesem Sonderfall nicht in Erscheinung.

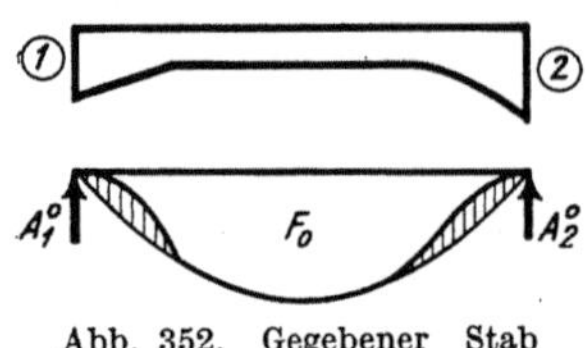

Abb. 352. Gegebener Stab mit ungleichen Vouten

Für Stäbe mit einseitigen Vouten und einem Gelenk an dem voutenfreien Ende stehen ebenfalls Einflußlinientafeln zur Verfügung, und zwar für einseitig gerade Vouten die Zahlentafel 25 und die Kurventafel 25a; für einseitig parabolische Vouten die Zahlentafel 26 und die Kurventafel 26a.

Man erhält daraus das Volleinspannmoment $\mathfrak{M}^0{}_1$ auf der Voutenseite aus der Formel

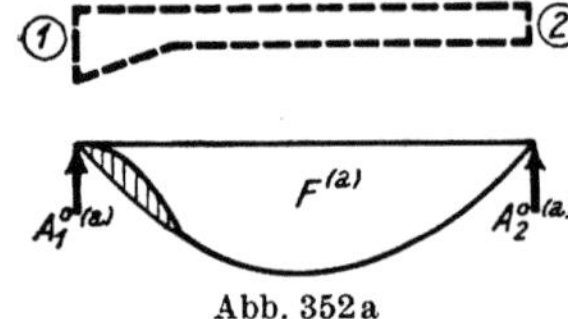

Ersatzstab (a)

$$\boxed{\mathfrak{M}^0{}_1 = -\,\eta_1\,P\,l\,.}\qquad(242)$$

Abb. 352a

(Siehe auch Einführungsbeispiel 3, Seite 297 f.)

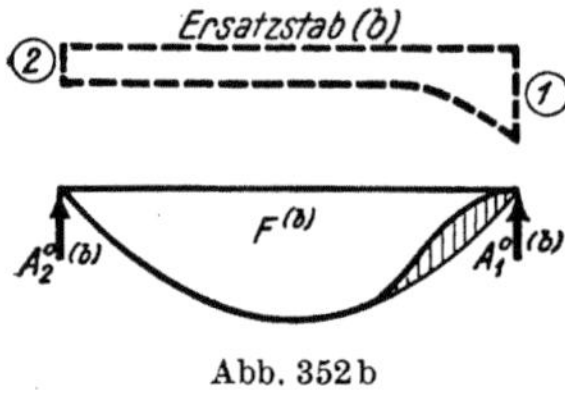

Ersatzstab (b)

C. Stäbe mit ungleichen Vouten

Hier gelten ähnliche Überlegungen wie bei der Ermittlung der Stabfestwerte $\mathfrak{a}_1$, $\mathfrak{a}_2$ und $\mathfrak{b}$ für solche Stäbe; damit gestaltet sich die Berechnung wieder verhältnismäßig einfach. Zur Verwendung gelangen die allgemeinen Formeln (228), welche lauten:

Abb. 352b

$$\mathfrak{M}_1 = -\frac{1}{l}(\mathfrak{a}_1\,\alpha^0{}_1 - \mathfrak{b}\,\alpha^0{}_2); \qquad \mathfrak{M}_2 = +\frac{1}{l}(\mathfrak{a}_2\,\alpha^0{}_2 - \mathfrak{b}\,\alpha^0{}_1)\,.$$
$$(243)$$

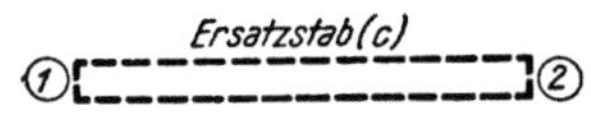

Ersatzstab (c)

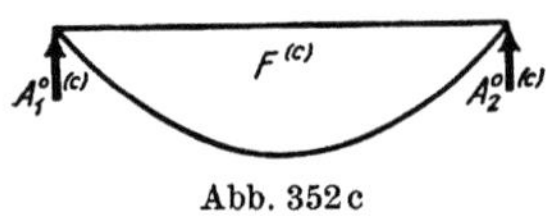

Abb. 352c

Abb. 352a bis c. Ersatzstäbe (a), (b), (c) zur Bestimmung der Winkelwerte $\alpha^0{}_1$ und $\alpha^0{}_2$ bei Stäben mit ungleichen Vouten

Die in diesen Ausdrücken enthaltenen Werte $\mathfrak{a}_1$, $\mathfrak{a}_2$ und $\mathfrak{b}$ sind nach den Erläuterungen auf Seite 103ff. zu ermitteln, während für die Bestimmung der Auflagerdrehwinkel $\alpha^0{}_1$ und $\alpha^0{}_2$, die von der äußeren Belastung abhängen, sinngemäß zu verfahren ist, wie bei der auf Seite 103ff. ausführlich behandelten Ermittlung der Winkelwerte α_1, α_2 und β. Hier sind die gesuchten EJ_c-fachen Auflagerdrehwinkel $\alpha^0{}_1$ und $\alpha^0{}_2$ identisch mit den entsprechenden Auflagerdrücken der J_c/J-fach verzerrten M_0-Fläche am frei aufliegenden Träger. Wie aus Abb. 352 hervorgeht, läßt sich diese verzerrte M_0-Fläche F_0 durch die drei darunter gezeichneten M-Flächen $F^{(a)}$, $F^{(b)}$, $F^{(c)}$ in der Art ersetzen, daß

$$F_0 = F^{(a)} + F^{(b)} - F^{(c)}\qquad(244)$$

wird. Dieselbe Beziehung muß auch für die Auflagerdrücke der verzerrten M_0-Fläche gelten, so daß mit den Bezeichnungen der Abb. 352a bis c geschrieben werden kann:

$$A_1{}^0 = A_1{}^{0\,(a)} + A_2{}^{0\,(b)} - A_1{}^{0\,(c)}\qquad(245)$$

oder

$$\boxed{\begin{aligned}\alpha_1{}^0 &= \alpha_1{}^{0\,(a)} + \alpha_2{}^{0\,(b)} - \alpha_1{}^{0\,(c)}\\ \alpha_2{}^0 &= \alpha_2{}^{0\,(a)} + \alpha_1{}^{0\,(b)} - \alpha_2{}^{0\,(c)}\,.\end{aligned}}\qquad(246)$$

Diese Formeln entsprechen in ihrem Aufbau und auch in ihrer Bedeutung sinngemäß den Formeln (216). Die Werte $\alpha_1^{0\,(a)}$, $\alpha_1^{0\,(b)}$, $\alpha_2^{0\,(a)}$, $\alpha_2^{0\,(b)}$ und $\alpha_1^{0\,(c)}$, $\alpha_2^{0\,(c)}$ beziehen sich wieder auf die Ersatzstäbe (a), (b), (c), wie aus der schematischen Skizze in Abb. 353 klar hervorgeht.

Verwendet man auch hier die in den Hilfstafeln gewählten Bezeichnungen $\bar{\alpha}_1^{0\,(a)}$, $\bar{\alpha}_1^{0\,(b)}$ usw. für die auf den Stab mit der Länge $l = 1$ bezogenen Auflagerdrehwinkel, so lauten die vorstehenden Formeln (246)

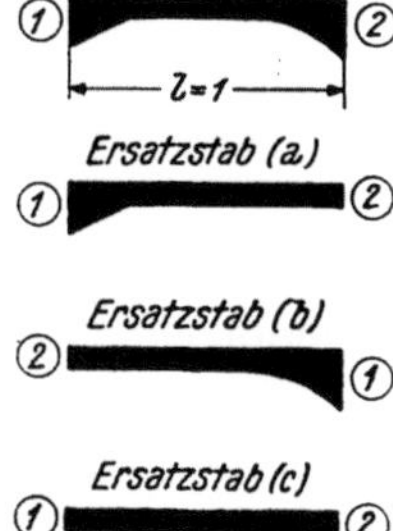

Abb. 353. Ersatzstäbe (a), (b), (c) eines gegebenen Stabes mit ungleichen Vouten

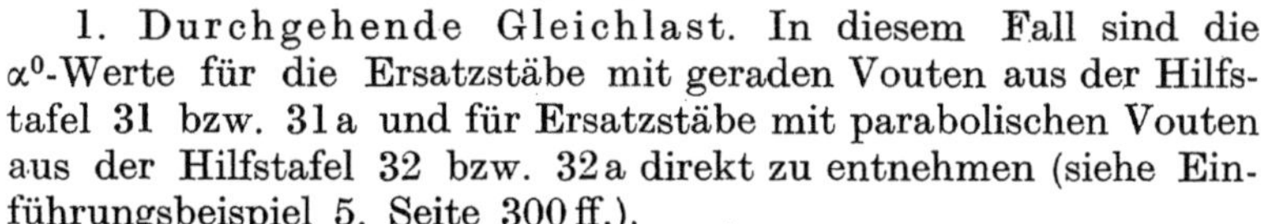

$$\bar{\alpha}_1^{0} = \bar{\alpha}_1^{0\,(a)} + \bar{\alpha}_2^{0\,(b)} - \bar{\alpha}_1^{0\,(c)}; \qquad \bar{\alpha}_2^{0} = \bar{\alpha}_2^{0\,(a)} + \bar{\alpha}_1^{0\,(b)} - \bar{\alpha}_2^{0\,(c)}.$$

$$(246\,\text{a})$$

Für die zahlenmäßige Auswertung der Ausdrücke (246) sind nach der Art der Belastung folgende Fälle zu unterscheiden:

1. **Durchgehende Gleichlast.** In diesem Fall sind die α^0-Werte für die Ersatzstäbe mit geraden Vouten aus der Hilfstafel 31 bzw. 31a und für Ersatzstäbe mit parabolischen Vouten aus der Hilfstafel 32 bzw. 32a direkt zu entnehmen (siehe Einführungsbeispiel 5, Seite 300 ff.).

2. **Einzellasten.** Für diesen Fall stehen wieder Einflußlinien zur Verfügung, und zwar für Stäbe mit geraden Vouten in Tafel 35, für Stäbe mit parabolischen Vouten in Tafel 36.

3. **Streckenlasten oder beliebige Belastung.** Bei gleichmäßig verteilten Streckenlasten kann die Auswertung der unter 2 erwähnten Einflußlinien in ähnlicher Weise erfolgen, wie dies anhand der Abb. 350b für die Ermittlung der $\mathfrak{M}$-Werte beschrieben worden ist. Etwaige unregelmäßige Belastungen sind durch Einzellasten zu ersetzen, so daß wieder die Einflußlinien zur Auswertung herangezogen werden können.

Die $\alpha^{0\,(c)}$-Werte beziehen sich auf den Ersatzstab mit konstantem Querschnitt und können für die verschiedensten Belastungsfälle mit den gebrauchsfertigen Formeln aus den Tafeln 2 bis 4 ermittelt werden.

VI. Rahmentragwerke mit unverschieblichen Knotenpunkten

In allen folgenden Ableitungen wird stets auf die entsprechenden Ausführungen des ersten Abschnittes Bezug genommen. Dadurch werden einerseits überflüssige Wiederholungen vermieden, andererseits ergeben sich direkte Vergleichsmöglichkeiten, die auch gewisse Unterschiede in den Einzelheiten der Berechnungen in Erscheinung treten lassen.

1. Aufstellung der Knotengleichungen

A. Für Tragwerke ohne Gelenke

Für die Ableitung einer gebrauchsfertigen Mustergleichung kann naturgemäß genau derselbe Weg eingeschlagen werden wie im ersten Abschnitt Seite 21 ff. für den gleichen Fall. Man betrachte auch hier wieder einen Rahmenknotenpunkt n, in welchen vier Stäbe mit beliebig veränderlichen Trägheitsmomenten einmünden, die weder hier noch bei den Nachbarknoten Gelenke aufweisen (Abb. 354). Die zugehörigen Stabfestwerte a und b der einzelnen Stäbe seien bekannt. Sie sind in dieser Skizze eingetragen, und zwar die a-Werte jeweils an den Stabenden und die b-Werte in der Stabmitte.

Zur Aufstellung der Knotengleichgewichtsbedingung, welche besagt, daß die Summe aller im Knoten n angreifenden Momente gleich Null sein muß, werden zunächst die Ausdrücke für die Stabanschlußmomente im Knoten n angeschrieben. Unter der Voraussetzung, daß hier ψ für alle Stäbe Null ist, wird nach (183) mit den Bezeichnungen in Abb. 354:

$$
\begin{aligned}
M_{n,1} &= a_{n,1}\varphi_n + b_{n,1}\varphi_1 + \mathfrak{M}_{n,1} \\
M_{n,2} &= a_{n,2}\varphi_n + b_{n,2}\varphi_2 + \mathfrak{M}_{n,2} \\
M_{n,3} &= a_{n,3}\varphi_n + b_{n,3}\varphi_3 + \mathfrak{M}_{n,3} \\
M_{n,4} &= a_{n,4}\varphi_n + b_{n,4}\varphi_4 + \mathfrak{M}_{n,4} \, .
\end{aligned}
\tag{247}
$$

Entsprechend (24) erhält man auch hier durch Summieren der Ausdrücke (247)

$$
\sum_{i=1}^{i=4} M_{n,i} = \varphi_n \sum_{i=1}^{i=4} a_{n,i} + \sum_{i=1}^{i=4} b_{n,i}\varphi_i + \sum_{i=1}^{i=4} \mathfrak{M}_{n,i} = 0 \, .
\tag{248}
$$

In allgemeiner Schreibweise für beliebig viele in einem Knoten n zusammentreffende Stäbe und unter der Annahme, daß dort außerdem Kragarmmomente $\mathfrak{M}_{n,K}$ angreifen, lautet die Gl. (248) [vgl. Gl. (25)]:

$$
\varphi_n \sum_i a_{n,i} + \sum_i b_{n,i}\varphi_i + \sum_i \mathfrak{M}_{n,i} + \sum \mathfrak{M}_{n,K} = 0 \, .
\tag{249}
$$

Durch Einführung der von früher bereits bekannten vereinfachenden Bezeichnungen ergibt sich die endgültige Form der *Knotengleichung* für Rahmentragwerke mit unverschieblichen Knotenpunkten [vgl. Gl. (26)]

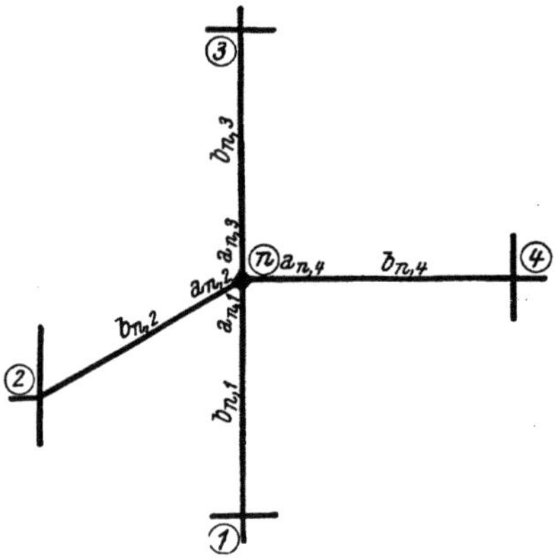

$$
\boxed{\; d_n \varphi_n + \sum_i b_{n,i}\varphi_i + s_n = 0 \, . \;}
\tag{250}
$$

Abb. 354. Unverschieblicher Tragwerksteil mit Knoten n; Festwertskizze

Hierin bedeuten [vgl. Gl. (27) und (28)]

$$
d_n = \sum_i a_{n,i}
\tag{251}
$$

und

$$
s_n = \sum_i \mathfrak{M}_{n,i} + \sum \mathfrak{M}_{n,K}
\tag{252}
$$

oder, wenn kein Kragarmmoment auftritt, einfach

$$
s_n = \sum_i \mathfrak{M}_{n,i} \, .
\tag{252a}
$$

Das *Diagonalglied* d_n stellt somit die Summe der am betrachteten Knoten n liegenden a-Werte aller dort steif angeschlossenen Stäbe dar.

Das *Knotenbelastungsglied* s_n ist die Summe der nach Seite 107 ff. zahlenmäßig zu ermittelnden Stabbelastungsglieder $\mathfrak{M}_{n,i}$, einschließlich der Summe etwa vorhandener, direkt im Knoten angreifender Kragarmmomente.

Die Glieder $\sum_i b_{n,i}\varphi_i$ treten in einer Knotengleichung in solcher Anzahl auf, wie in dem betrachteten Knoten Stäbe steif angeschlossen sind. Sind jedoch einzelne dieser Stäbe im gegenüberliegenden Knoten fest eingespannt, so daß dort $\varphi_i = 0$ wird, so entfallen auch die diesen Stäben zugeordneten Glieder $b_{n,i}\varphi_i$.

B. Für Tragwerke mit gelenkigen Stabanschlüssen

Für Tragwerke mit veränderlichen Stabquerschnitten gilt bei gelenkigen Stabanschlüssen im wesentlichen dasselbe, was bereits im ersten Abschnitt, Seite 24ff., ganz allgemein gesagt worden ist.

In Abb. 355 ist ein Tragwerksteil mit dem Knoten n und vier Rahmenstäben dargestellt; die Stabenden sind bei 1 und 2 elastisch eingespannt, bei 3 und 4 hingegen gelenkig gelagert. Mit Hilfe der eingetragenen Stabfestwerte können die Stabanschlußmomente im Knoten n angeschrieben werden, und zwar unter Beachtung, daß hier überall $\psi = 0$ ist, für die gelenklosen Stäbe nach (183) und für die Gelenkstäbe nach (196).

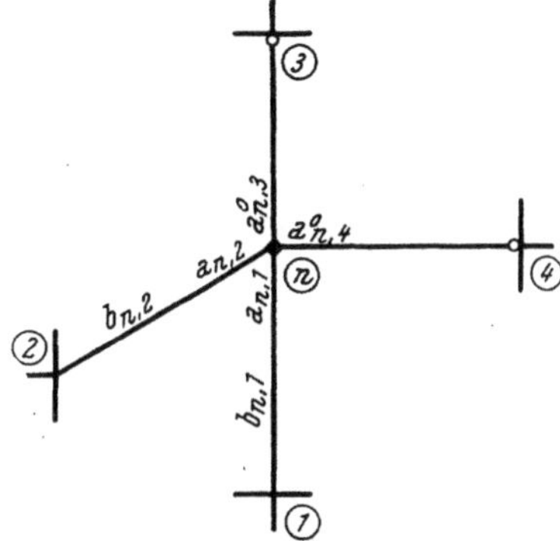

Abb. 355. Unverschieblicher Tragwerksteil mit gelenkigen Stabanschlüssen in den Knoten 3 und 4; Festwertskizze

$$M_{n,1} = a_{n,1}\varphi_n + b_{n,1}\varphi_1 + \mathfrak{M}_{n,1}$$
$$M_{n,2} = a_{n,2}\varphi_n + b_{n,2}\varphi_2 + \mathfrak{M}_{n,2}$$
$$M_{n,3} = a^0{}_{n,3}\varphi_n + \mathfrak{M}^0{}_{n,3} \qquad (253)$$
$$M_{n,4} = a^0{}_{n,4}\varphi_n + \mathfrak{M}^0{}_{n,4} \, .$$

Die Gleichgewichtsbedingung $\Sigma M_{n,i} = 0$ für den Knoten n ergibt sich somit aus den vorstehenden Ausdrücken in ausführlicher Schreibweise mit

$$\varphi_n (a_{n,1} + a_{n,2} + a^0{}_{n,3} + a^0{}_{n,4}) + b_{n,1}\varphi_1 + b_{n,2}\varphi_2 +$$
$$+ \mathfrak{M}_{n,1} + \mathfrak{M}_{n,2} + \mathfrak{M}^0{}_{n,3} + \mathfrak{M}^0{}_{n,4} = 0 \, . \qquad (254)$$

Diese Gleichung kann wieder auf eine allgemeine Form gebracht werden, in der beliebig viele gelenkige Stabanschlüsse berücksichtigt sind [vgl. Gl. (30)]:

$$\boxed{d^0{}_n \varphi_n + \sum_i b_{n,i}\varphi_i + s^0{}_n = 0 \, .} \qquad (255)$$

Darin bedeuten [vgl. Gl. (31) und (32)]:

$$d^0{}_n = \sum_i a_{n,i} + \sum_g a^0{}_{n,g} \qquad (256)$$

und

$$s^0{}_n = \sum_i \mathfrak{M}_{n,i} + \sum_g \mathfrak{M}^0{}_{n,g} \qquad (257)$$

oder, wenn Kragarmmomente vorhanden sind,

$$s^0{}_n = \sum_i \mathfrak{M}_{n,i} + \sum_g \mathfrak{M}^0{}_{n,g} + \Sigma\mathfrak{M}_{n,K} \, , \qquad (257\,\text{a})$$

wobei sich $\sum\limits_i$ auf alle beidseitig elastisch eingespannten Stäbe bezieht und $\sum\limits_g$ auf solche Stäbe, die im betrachteten Knoten n fest und auf der Gegenseite gelenkig angeschlossen sind. Die Glieder $\sum\limits_i b_{n,i}\varphi_i$ beziehen sich nur auf die beidseitig elastisch eingespannten Stäbe des Knotens n.

Man erhält also das *Diagonalglied* $d^0{}_n$ für einen Knoten n, dessen steif angeschlossene Stäbe zum Teil in den Nachbarknoten gelenkig gelagert sind, durch Summieren sämtlicher zum Knoten n gehörenden a- und a^0-Werte, und das *Knotenbelastungsglied* $s^0{}_n$ durch Summieren sämtlicher zum Knoten n gehörenden Volleinspannmomente $\mathfrak{M}$ und $\mathfrak{M}^0$ einschließlich der Summe etwa vorhandener, direkt im Knoten n angreifender Kragarmmomente.

Die Anwendung der Knotengleichung (255) wird Seite 117f. durch ein allgemeines Beispiel noch ausführlicher dargelegt.

2. Beschreibung des Rechnungsganges bei unverschieblichen Tragwerken mit Vouten

Der Arbeitsgang bei Aufstellung der Rahmengleichungen ist der gleiche wie bei der Berechnung von Tragwerken ohne Vouten (siehe Seite 28 f.). Im einzelnen ergeben sich hier folgende Abschnitte:

1. Feststellung der Tragwerksabmessungen, also der Stablängen, der Querschnittsgrößen und der Voutenformen.

2. Ermittlung der Querschnittsträgheitsmomente J_c und J_A (für Rechtecksquerschnitte nach Tafel 1) sowie der Voutenwerte $\lambda = l_v/l$ und $n = J_c/J_A$.

3. Ermittlung der „relativen" Stabfestwerte a_1, a_2, b (für alle beidseitig steif angeschlossenen Voutenstäbe nach den Zahlentafeln 7 bis 10 bzw. den Kurventafeln 7a bis 10a) sowie der a^0-Werte (für alle einseitig gelenkig angeschlossenen Voutenstäbe nach den Zahlentafeln 11 und 12 bzw. den Kurventafeln 11a und 12a). Nähere Erläuterungen siehe Seite 101ff.

4. Eintragung der a- und b- bzw. a^0-Werte in eine gesonderte „Festwertskizze".

5. Ermittlung der „Diagonalglieder" d nach (251) bzw. d^0 nach (256).

6. Berechnung der „Stabbelastungsglieder" $\mathfrak{M}$ bzw. $\mathfrak{M}^0$ nach V dieses Abschnittes (Seite 107ff.): Bei durchgehender Gleichlast für beidseitig fest angeschlossene Voutenstäbe aus den Zahlentafeln 15 bis 18 bzw. den Kurventafeln 15a bis 18a, für einseitig gelenkig angeschlossene Voutenstäbe aus den Zahlentafeln 19 und 20 bzw. den Kurventafeln 19a und 20a; bei Einzellasten für Voutenstäbe aus den Einflußlinientafeln 21 bis 26 bzw. 21a bis 26a, für Stäbe mit beliebig veränderlichen Stabquerschnitten nach (228) und für Stäbe ohne Vouten nach den gebrauchsfertigen Formeln aus den Tafeln 2 bis 6.

7. Ermittlung der „Knotenbelastungsglieder" s nach (252) bzw. (252a) und der „Knotenbelastungsglieder" s^0 für Knoten mit fest angeschlossenen Gelenkstäben nach (257) bzw. (257a).

8. Tabellarische Aufstellung der Gleichungen nach (250) bzw. (255) unter Benutzung der „Festwertskizze".

9. Auflösung des Gleichungssystems nach Muster I oder II (siehe sechster Abschnitt).

10. Ermittlung der Stabendmomente unter Zuhilfenahme der Festwertskizze für Stäbe mit beidseitig festen Anschlüssen nach (183) und für Gelenkstäbe nach (196).

11. Durchführung der Rechenproben $\Sigma M = 0$ für die einzelnen Knotenpunkte.

(Siehe auch Zahlenbeispiele 18 bis 24.)

3. Tabellarische Aufstellung der Gleichungen für unverschiebliche Tragwerke

A. Anwendungsbeispiel: Vierfeldiger Rahmenteil ohne Gelenke

In Abb. 356 ist die Gestalt des Tragwerkes mit der zugehörigen Belastung ersichtlich, während Abb. 357 die Festwertskizze darstellt.

Es sind hier insgesamt **vier** Knotendrehwinkel, nämlich φ_6, φ_7, φ_8, φ_9, gemeinsam zu bestimmen, also vier Gleichungen aufzustellen. Nach Ermittlung von d_6, d_7,

d_8, d_9 nach (251) und s_6, s_7, s_8, s_9 nach (252a) kann anhand der Festwertskizze die Aufstellung der Gleichungsgruppe bzw. der Gleichungstabelle 14 durch wiederholte Anwendung der Mustergleichung (250) vorgenommen werden.

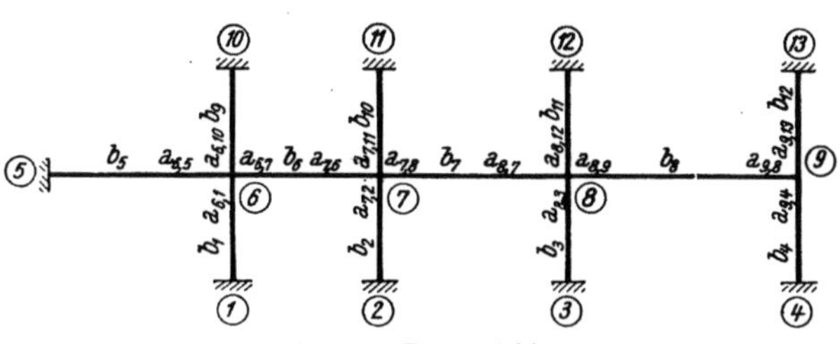

Abb. 356. Unsymmetrischer vierstieliger, zweigeschossiger Rahmenteil; Belastungsskizze

Abb. 357. Festwertskizze

Gleichungsgruppe

$$d_6\,\varphi_6 + b_6\,\varphi_7 \qquad\qquad + s_6 = 0$$
$$d_7\,\varphi_7 + b_6\,\varphi_6 + b_7\,\varphi_8 + s_7 = 0$$
$$d_8\,\varphi_8 + b_7\,\varphi_7 + b_8\,\varphi_9 + s_8 = 0$$
$$d_9\,\varphi_9 + b_8\,\varphi_8 \qquad\qquad + s_9 = 0 .$$

Nach Auflösung dieser Gleichungen können anhand der Festwertskizze die Stabendmomente nach (183) bestimmt werden. Man erhält z. B.

$$M_{1,6} = b_1\,\varphi_6; \qquad M_{6,1} = a_{6,1}\,\varphi_6$$
$$M_{2,7} = b_2\,\varphi_7; \qquad M_{6,5} = a_{6,5}\,\varphi_6 + \mathfrak{M}_{6,5}$$
$$M_{3,8} = b_3\,\varphi_8; \qquad M_{6,7} = a_{6,7}\,\varphi_6 + b_6\,\varphi_7 + \; \mathfrak{M}_{6,7}$$
$$M_{4,9} = b_4\,\varphi_9; \qquad M_{6,10} = a_{6,10}\,\varphi_6 .$$

(Siehe auch Zahlenbeispiele 18, 19, 20, 22, 24.)

Gleichungstabelle 14

	φ_6	φ_7	φ_8	φ_9	B
φ_6	d_6	b_6			s_6
φ_7	b_6	d_7	b_7		s_7
φ_8		b_7	d_8	b_8	s_8
φ_9			b_8	d_9	s_9

B. Anwendungsbeispiel: Dreifeldiger Rahmenteil mit gelenkigen Stabanschlüssen

Für das in Abb. 358 ersichtliche Tragwerk, dessen Riegel und Säulen beliebig belastet seien, sind unter Annahme gelenkiger Stabanschlüsse bei 2, 6 und 7 die Knotengleichungen anzuschreiben. Als Unbekannte treten hier nur die Knotendrehwinkel φ_4 und φ_5 auf. Die Knotengleichungen lauten nach (255)

$$d^0{}_n\,\varphi_n + \sum_i b_{n,i}\,\varphi_i + s^0{}_n = 0 .$$

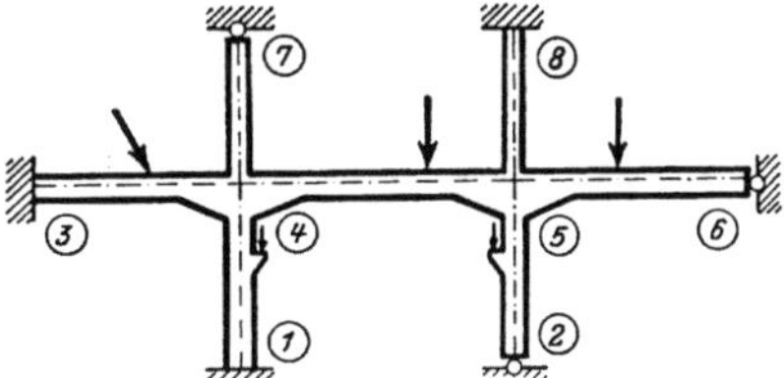

Abb. 358. Unsymmetrischer Tragwerksteil mit gelenkigen Stabanschlüssen

Nach (256) erhält man anhand der Festwertskizze (Abb. 359) die *Diagonalglieder*

$$d^0{}_4 = \sum_i a_{n,i} + \sum_g a^0{}_{n,g} = a_{4,1} + a_{4,3} + a_{4,5} + a^0{}_{4,7}$$
$$d^0{}_5 = a^0{}_{5,2} + a_{5,4} + a^0{}_{5,6} + a_{5,8}$$

und nach (257) die zugehörigen *Knotenbelastungsglieder*

$$s^0{}_4 = \sum_i \mathfrak{M}_{n,i} + \sum_g \mathfrak{M}^0{}_{n,g} = \mathfrak{M}_{4,1} + \mathfrak{M}_{4,3} + \mathfrak{M}_{4,5} + \mathfrak{M}^0{}_{4,7}$$
$$s^0{}_5 = \mathfrak{M}^0{}_{5,2} + \mathfrak{M}_{5,4} + \mathfrak{M}^0{}_{5,6} + \mathfrak{M}_{5,8} .$$

Damit ergeben sich anhand der Festwertskizze die *Knotengleichungen* in gewöhnlicher Schreibweise bzw. in Tabellenform mit

$$d^0_4 \varphi_4 + b_3 \varphi_5 + s^0_4 = 0$$
$$d^0_5 \varphi_5 + b_3 \varphi_4 + s^0_5 = 0.$$

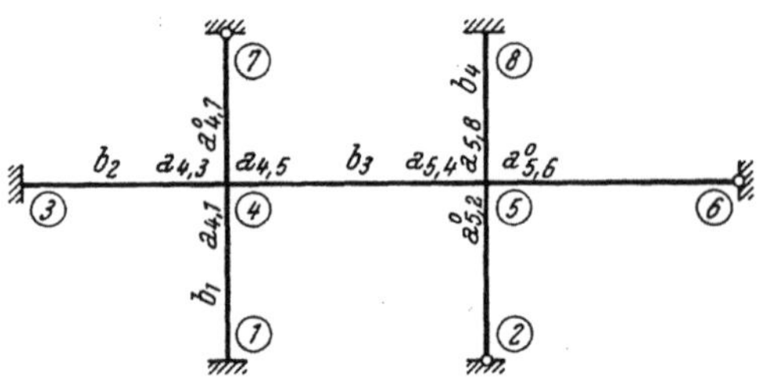

Abb. 359. Festwertskizze

Gleichungstabelle 15

	φ_4	φ_5	B
φ_4	d^0_4	b_3	s^0_4
φ_5	b_3	d^0_5	s^0_5

Nach Auflösung dieser beiden Gleichungen können die Stabendmomente nach den entsprechenden Momentenformeln (183) für gelenklose Stäbe bzw. (196) für Gelenkstäbe angeschrieben werden. Man erhält hier mit den Bezeichnungen der Festwertskizze

$$M_{1,4} = b_1 \varphi_4 + \mathfrak{M}_{1,4}$$
$$M_{3,4} = b_2 \varphi_4 + \mathfrak{M}_{3,4}$$

$$M_{4,1} = a_{4,1} \varphi_4 + \mathfrak{M}_{4,1}$$
$$M_{4,3} = a_{4,3} \varphi_4 + \mathfrak{M}_{4,3}$$
$$M_{4,5} = a_{4,5} \varphi_4 + b_3 \varphi_5 + \mathfrak{M}_{4,5}$$
$$M_{4,7} = a^0_{4,7} \varphi_4 + \mathfrak{M}^0_{4,7}$$

$$M_{5,2} = a^0_{5,2} \varphi_5 + \mathfrak{M}^0_{5,2}$$
$$M_{5,4} = a_{5,4} \varphi_5 + b_3 \varphi_4 + \mathfrak{M}_{5,4}$$
$$M_{5,6} = a^0_{5,6} \varphi_5 + \mathfrak{M}^0_{5,6}$$
$$M_{5,8} = a_{5,8} \varphi_5 + \mathfrak{M}_{5,8}$$

$$M_{8,5} = b_4 \varphi_5 + \mathfrak{M}_{8,5}.$$

(Siehe auch Zahlenbeispiele 21 und 23.)

VII. Rahmentragwerke mit verschieblichen Knotenpunkten

1. Allgemeines

Wie schon im ersten Abschnitt ausführlich dargelegt wurde, versteht man darunter solche Tragwerke, bei welchen nicht allein Knotenverdrehungen, sondern auch Stabverdrehungen vorkommen. Als Unbekannte in der Rechnung treten in solchen Fällen die Knotendrehwinkel φ und die Stabdrehwinkel ψ bzw. die „relativen" Verschiebungen Δ oder die Knotenverschiebungen δ auf. Demgemäß sind zwei Arten von Bedingungsgleichungen zur Bestimmung dieser Unbekannten zu unterscheiden.

Knotengleichungen. In Abb. 360 ist der Knotenpunkt n irgendeines verschieblichen Tragwerkes mit vier Stäben und den benachbarten Knotenpunkten 1, 2, 3, 4 herausgezeichnet. Ferner sind darin die Festwerte a, b und c der einzelnen Stäbe in ordnungsgemäßer Bezeichnung so eingetragen, wie es für eine Festwertskizze zweckmäßig ist. Es sei zunächst vorausgesetzt, daß alle vier im Knoten-

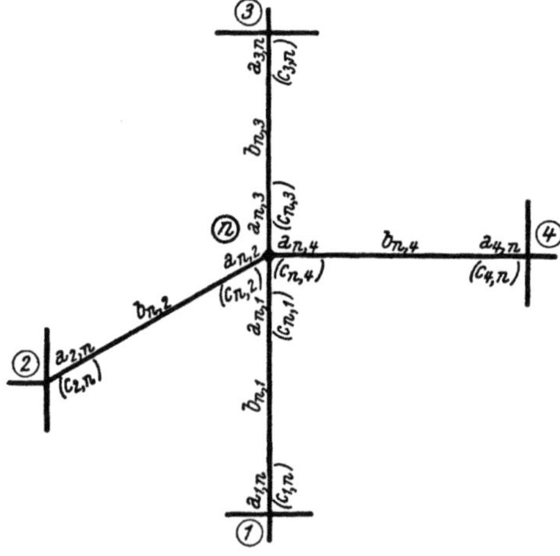

Abb. 360. Verschieblicher Tragwerksteil mit veränderlichen Stabquerschnitten; Festwertskizze

punkt n zusammentreffenden Stäbe verdrehbar sind.

Durch Auswertung der Bedingung $\sum_i M_{n,i} = 0$ ergibt sich sodann unter Benutzung von (182) in derselben Weise wie früher [vgl. Gl. (47)] die allgemeine Form der Knotengleichung

$$d_n \varphi_n + \sum_i b_{n,i} \varphi_i + \sum_i c_{n,i} \psi_{n,i} + s_n = 0 \,. \qquad (258)$$

Die Werte d_n und s_n sind nach (251) und (252) zu ermitteln.

Die Glieder $c_{n,i}\,\psi_{n,i}$ treten nur bei Stäben in Erscheinung, die eine Verdrehung erleiden, wobei unter $c_{n,i}$ stets der am Knoten n gelegene c-Wert zu verstehen ist. Es ergeben sich also in einer Knotengleichung immer nur so viele ψ-Glieder, wie in dem betrachteten Knoten Stäbe mit Verdrehungen vorhanden sind.

Verschiebungsgleichungen. Wie im ersten Abschnitt, so können auch hier für die verschiedenen Tragwerkstypen gebrauchsfertige Mustergleichungen aufgestellt werden. Das soll in den folgenden Kapiteln gezeigt werden.

2. Der beliebig belastete, nur waagrecht verschiebliche Stockwerkrahmen mit lotrechten, geschoßweise gleich langen Ständern (ohne Gelenke)

A. Bedingungsgleichungen

Knotengleichungen. Zieht man in Betracht, daß für die hier behandelten Tragwerksformen in einer Knotengleichung höchstens zwei ψ-Glieder auftreten können, und zwar für die oberhalb und unterhalb in den betrachteten Knoten einmündenden Stiele, so kann in (258) anstelle von

$$\sum_i c_{n,i}\,\psi_{n,i} = c_{n,\mu}\,\psi_\mu + c_{n,\mu+1}\,\psi_{\mu+1} \qquad (259)$$

gesetzt werden. Hierin bedeuten ψ_μ bzw. $\psi_{\mu+1}$ die Stabdrehwinkel in den unterhalb

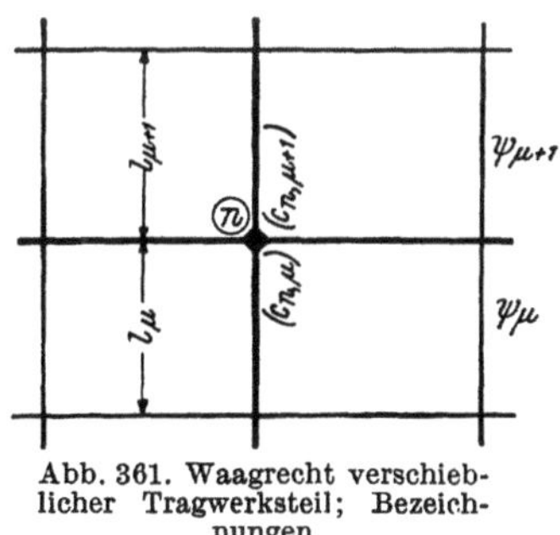

Abb. 361. Waagrecht verschieblicher Tragwerksteil; Bezeichnungen

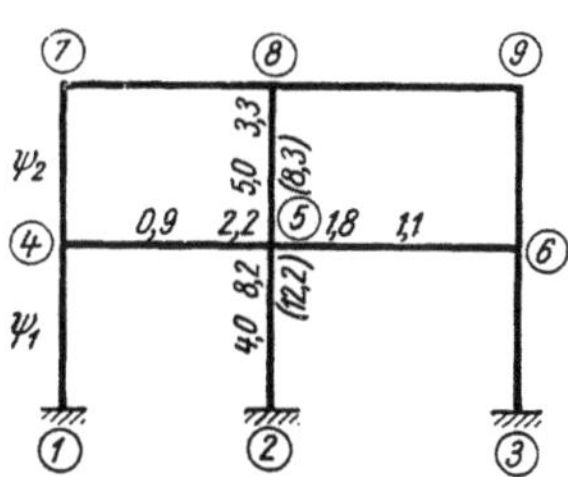

Abb. 362. Festwertskizze

bzw. oberhalb des Knotens n liegenden Stockwerken und $c_{n,\mu}$ bzw. $c_{n,\mu+1}$ die am Knoten n gelegenen c-Werte der Stiele im Stockwerk μ bzw. $(\mu + 1)$ (Abb. 361). Damit lautet die Knotengleichung (258) [vgl. Gl. (51)] präziser:

$$d_n \varphi_n + \sum_i b_{n,i} \varphi_i + c_{n,\mu}\,\psi_\mu + c_{n,\mu+1}\,\psi_{\mu+1} + s_n = 0 \,. \qquad (260)$$

Die zahlenmäßige Anwendung dieser Gleichung sei am folgenden Beispiel für einen Knoten gezeigt. In Abb. 362 ist die Festwertskizze für einen Tragwerksteil dargestellt. Darin sind nur die Stabfestwerte enthalten, die für die Aufstellung dieser einen Gleichung benötigt werden. Es sind dies die am Knoten 5 gelegenen a-Werte sowie die zugehörigen Klammerwerte c und schließlich die in der Stabmitte eingetragenen b-Werte für jene Stäbe, die am Knoten 5 zusammentreffen. Dabei ist zu beachten, daß nach (185) die c-Werte immer als Summe der entsprechenden Werte a und b des betrachteten Stabes erhalten werden. Das Diagonalglied für den Knoten 5 ergibt sich nach (251) mit

$$d_5 = \sum_i a_{5,\,i} = 8{,}2 + 2{,}2 + 1{,}8 + 5{,}0 = 17{,}2 \;.$$

Damit lautet die Gleichung für den Knoten 5 nach (260):

$$17{,}2\,\varphi_5 + 0{,}9\,\varphi_4 + 1{,}1\,\varphi_6 + 3{,}3\,\varphi_8 + 12{,}2\,\psi_1 + 8{,}3\,\psi_2 + s_5 = 0\;.$$

Verschiebungsgleichungen. Für die Aufstellung und weitere Auswertung der statischen Gleichgewichtsbedingung $\Sigma H = 0$ für irgendein Stockwerk kann auch hier von der allgemeinen Gl. (55) ausgegangen werden, da dort dieselben Voraussetzungen vorliegen wie hier. Diese Gleichung lautet:

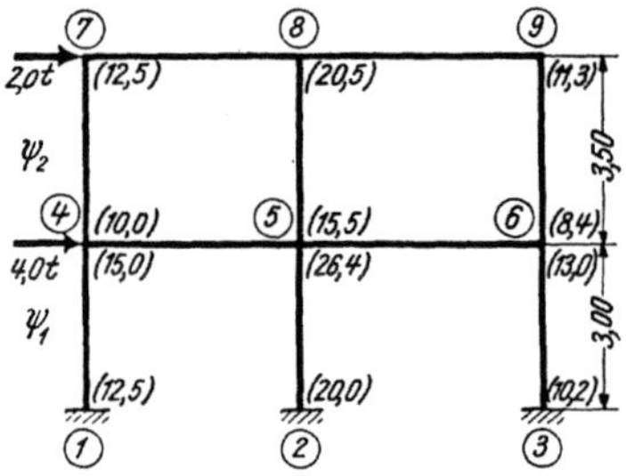

$$(\Sigma P + \Sigma q \cdot e + \Sigma \mathfrak{A}_o)\,l + \Sigma\,(M_o + M_u) = 0\;. \qquad (261)$$

Drückt man den Summenausdruck $(M_o + M_u)$ nach (186) als Funktion der Formänderungsgrößen und der Stabbelastung aus, so erhält man die Verschiebungsgleichung für ein Stockwerk μ mit den hier gewählten Bezeichnungen:

$$\boxed{\;\sum_\mu c_u\,\varphi_u + \sum_\mu c_o\,\varphi_o + D_\mu\,\psi_\mu + S_\mu = 0\,,\;} \qquad (262)$$

wobei

$$D_\mu = \sum_\mu (c_o + c_u) \qquad (263)$$

und

$$S_\mu = \left(\Sigma P + \Sigma q \cdot e + \sum_\mu \mathfrak{A}_o\right) l_\mu + \sum_\mu (\mathfrak{M}_o + \mathfrak{M}_u)\;. \qquad (264)$$

Vorzeichen: $\left(\dfrac{\longrightarrow +}{\longleftarrow -}\right)$.

Die Verschiebungsgleichung enthält somit:

1. Die Glieder $\sum_\mu c_u\,\varphi_u$, d. h. die Summe der Produkte aus den unteren Drehwinkeln und den unteren c-Werten aller Stäbe des Stockwerkes μ.

2. Die Glieder $\sum_\mu c_o\,\varphi_o$, d. h. die Summe der Produkte aus den oberen Drehwinkeln und den oberen c-Werten aller Stäbe des Stockwerkes μ.

3. Das Diagonalglied $D_\mu\,\psi_\mu$, wobei nach (263) D_μ die Summe der oberen und unteren c-Werte sämtlicher Stäbe des Stockwerkes μ bedeutet.

4. Das Belastungsglied S_μ, das nach (264) aus der äußeren Belastung zu ermitteln ist. (Genauere Angaben siehe Seite 41 ff.)

Die praktische Anwendung der Verschiebungsgleichung (262) wird anschließend an einem Beispiel gezeigt. In Abb. 363 sind nur die erforderlichen Festwerte c der Säulen eingetragen. Nach (263) werden die Diagonalglieder

Abb. 363. Belastungs- und Festwertskizze (c-Werte)

$$D_1 = \underset{(1)}{\Sigma}\,(c_o + c_u) = 15{,}0 + 12{,}5 + 26{,}4 + 20{,}0 + 13{,}0 + 10{,}2 = 97{,}1$$
$$D_2 = \underset{(2)}{\Sigma}\,(c_o + c_u) = 12{,}5 + 10{,}0 + 20{,}5 + 15{,}5 + 11{,}3 + \;\;8{,}4 = 78{,}2$$

und nach (264) die Belastungsglieder
$$S_1 = (4{,}0 + 2{,}0)\cdot 3{,}0 = +\,18{,}0\ \text{tm}$$
$$S_2 = 2{,}0\cdot 3{,}5 \qquad\quad = +\;\;7{,}0\ \text{tm}.$$

Somit lauten die Verschiebungsgleichungen nach (262) für das erste Stockwerk
$$15{,}0\,\varphi_4 + 26{,}4\,\varphi_5 + 13{,}0\,\varphi_6 + 97{,}1\,\psi_1 + 18{,}0 = 0$$
und für das zweite Stockwerk
$$10{,}0\,\varphi_4 + 15{,}5\,\varphi_5 + 8{,}4\,\varphi_6 + 12{,}5\,\varphi_7 + 20{,}5\,\varphi_8 + 11{,}3\,\varphi_9 + 78{,}2\,\psi_2 + 7{,}0 = 0\,.$$

B. Gleichungstabelle für ein dreistöckiges, unsymmetrisches Rahmentragwerk

Die Gestalt des Tragwerkes ist aus Abb. 364 ersichtlich, die zugleich als Festwertskizze dient. Es seien beliebige Belastung und verschiedene Feldweiten und Geschoßhöhen vorausgesetzt.

Insgesamt sind 13 Unbekannte zu bestimmen, und zwar die Knotendrehwinkel φ_5 bis φ_{14} und die Stabdrehwinkel ψ_1, ψ_2, ψ_3. Mit Hilfe der Festwertskizze sind nach (251) die Diagonalglieder d_5 bis d_{14} der Knotengleichungen und nach (263) die Diagonalglieder D_1, D_2, D_3 der Verschiebungsgleichungen zu bestimmen. Weiter sind noch die Belastungsglieder s_5 bis s_{14} nach (252a) sowie S_1, S_2, S_3 nach (264) zu ermitteln. Damit kann die tabellarische Aufstellung der Knotengleichungen nach (260) und der Verschiebungsgleichungen nach (262) vorgenommen werden (siehe Gleichungstabelle 16).

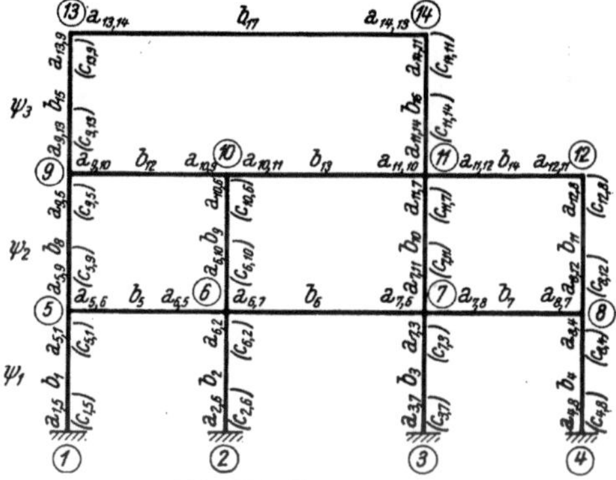

Abb. 364. Festwertskizze

Gleichungstabelle 16

	φ_5	φ_6	φ_7	φ_8	φ_9	φ_{10}	φ_{11}	φ_{12}	φ_{13}	φ_{14}	ψ_1	ψ_2	ψ_3	B
φ_5	d_5	b_5			b_8						$c_{5,1}$	$c_{5,9}$		s_5
φ_6	b_5	d_6	b_6			b_9					$c_{6,2}$	$c_{6,10}$		s_6
φ_7		b_6	d_7	b_7			b_{10}				$c_{7,3}$	$c_{7,11}$		s_7
φ_8			b_7	d_8				b_{11}			$c_{8,4}$	$c_{8,12}$		s_8
φ_9	b_8				d_9	b_{12}			b_{15}			$c_{9,5}$	$c_{9,13}$	s_9
φ_{10}		b_9			b_{12}	d_{10}	b_{13}					$c_{10,6}$		s_{10}
φ_{11}			b_{10}			b_{13}	d_{11}	b_{14}		b_{16}		$c_{11,7}$	$c_{11,14}$	s_{11}
φ_{12}				b_{11}			b_{14}	d_{12}				$c_{12,8}$		s_{12}
φ_{13}					b_{15}				d_{13}	b_{17}			$c_{13,9}$	s_{13}
φ_{14}							b_{16}		b_{17}	d_{14}			$c_{14,11}$	s_{14}
ψ_1	$c_{5,1}$	$c_{6,2}$	$c_{7,3}$	$c_{8,4}$							D_1			S_1
ψ_2	$c_{5,9}$	$c_{6,10}$	$c_{7,11}$	$c_{8,12}$	$c_{9,5}$	$c_{10,6}$	$c_{11,7}$	$c_{12,8}$				D_2		S_2
ψ_3					$c_{9,13}$		$c_{11,14}$		$c_{13,9}$	$c_{14,11}$			D_3	S_3

3. Der beliebig belastete, nur waagrecht verschiebliche Stockwerkrahmen mit lotrechten, ungleich langen Ständern (ohne Gelenke)

Es ist hier zweckmäßig, als Unbekannte anstelle der ψ-Werte die Verschiebungsgrößen $\varDelta$ einzuführen (vgl. auch die Seite 44f. anhand der Abb. 273 gegebenen näheren Erläuterungen).

A. Bedingungsgleichungen

Knotengleichungen. Führt man für die in (260) enthaltenen ψ-Werte, die nach den Stockwerken benannt sind, nach (2) die entsprechenden $\varDelta$-Werte ein, so ergibt sich die Knotengleichung in übersichtlicher Form [vgl. Gl. (61)]:

$$d_n\,\varphi_n + \sum_i b_{n,i}\,\varphi_i + \bar{c}_{n,\mu}\,\varDelta_\mu + \bar{c}_{n,\mu+1}\,\varDelta_{\mu+1} + s_n = 0 . \tag{265}$$

Hierin bedeuten gemäß (181)

$$\bar{c}_{n,\mu} = \frac{c_{n,\mu}}{l_\mu} \quad \text{und} \quad \bar{c}_{n,\mu+1} = \frac{c_{n,\mu+1}}{l_{\mu+1}} . \tag{266}$$

Bei der Ermittlung der Stabendmomente aus den Formänderungsgrößen empfiehlt es sich, die bereits in der Festwerttabelle nach (266) enthaltenen $\bar{c}$-Werte zu verwenden. Die entsprechenden Formeln lauten dann gemäß (180a) für eine Säule m—n des Stockwerkes μ:

$$\begin{aligned}
M_{m,n} &= a_{m,n}\,\varphi_m + b\,\varphi_n + \bar{c}_{m,n}\,\varDelta_\mu + \mathfrak{M}_{m,n} \\
M_{n,m} &= a_{n,m}\,\varphi_n + b\,\varphi_m + \bar{c}_{n,m}\,\varDelta_\mu + \mathfrak{M}_{n,m} .
\end{aligned} \tag{267}$$

Der häufig benötigte Summenausdruck der beiden Stabendmomente ergibt sich unmittelbar aus (267), und zwar wird

$$M_{m,n} + M_{n,m} = c_{m,n}\,\varphi_m + c_{n,m}\,\varphi_n + (\bar{c}_{m,n} + \bar{c}_{n,m})\,\varDelta_\mu + \mathfrak{M}_{m,n} + \mathfrak{M}_{n,m}. \tag{268}$$

Verschiebungsgleichungen. Die allgemeine Form der Verschiebungsgleichung für das Stockwerk μ ergibt sich wieder durch Auswertung der Bedingung $\sum H = 0$ und lautet in übersichtlicher Schreibweise [vgl. Gl. (63)]:

$$\sum_\mu \bar{c}_u\,\varphi_u + \sum_\mu \bar{c}_o\,\varphi_o + D_\mu\,\varDelta_\mu + S_\mu = 0 . \tag{269}$$

Hierin bedeuten

$$D_\mu = \sum_\mu \frac{\bar{c}_o + \bar{c}_u}{l} , \tag{270}$$

$$S_\mu = \sum P + \sum q \cdot e + \sum_\mu \mathfrak{A}_o + \sum_\mu \frac{\mathfrak{M}_o + \mathfrak{M}_u}{l} . \tag{271}$$

Vorzeichen: $\left(\begin{array}{c} \longrightarrow + \\ \longleftarrow - \end{array} \right)$.

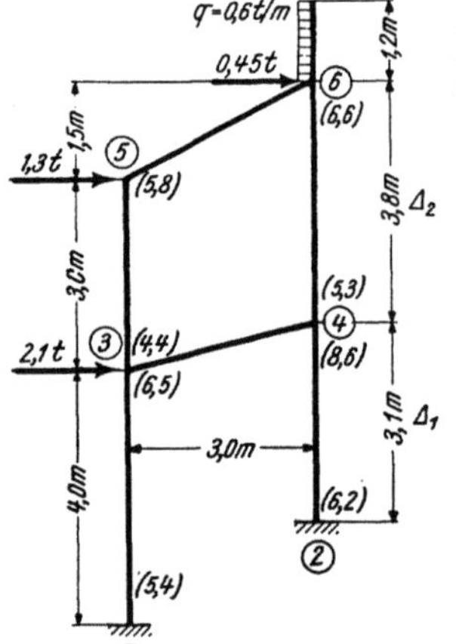

Es folgt ein Zahlenbeispiel, in dem die Anwendung der Gl. (269) gezeigt wird. In Abb. 365 sind nur die zur Aufstellung der Verschiebungsgleichung erforderlichen $\bar{c}$-Werte der einzelnen Stiele eingetragen. Nach (270) ergibt sich

$$D_1 = \frac{6,5 + 5,4}{4,0} + \frac{8,6 + 6,2}{3,1} = 7,75$$

$$D_2 = \frac{5,8 + 4,4}{3,0} + \frac{6,6 + 5,3}{3,8} = 6,53 \,,$$

und nach (271) ist

$$S_1 = 2,1 + 1,3 + 0,45 + 0,6 \cdot 1,2 = + 4,57 \text{ t}$$

$$S_2 = 1,3 + 0,45 + 0,6 \cdot 1,2 \qquad = + 2,47 \text{ t}\,.$$

Damit erhält man nach (269) die Verschiebungsgleichung für das untere Stockwerk

$$6,5\,\varphi_3 + 8,6\,\varphi_4 + 7,75\,\varDelta_1 + 4,57 = 0$$

und ebenso für das zweite Stockwerk

$$4,4\,\varphi_3 + 5,3\,\varphi_4 + 5,8\,\varphi_5 + 6,6\,\varphi_6 + 6,53\,\varDelta_2 + 2,47 = 0\,.$$

(Siehe auch die Zahlenbeispiele 24 und 25.)

B. Gleichungstabelle für einen unsymmetrischen, zweistieligen Stockwerkrahmen

Unter Voraussetzung beliebiger Belastung sind für das in Abb. 366 zugleich als Festwertskizze dargestellte Rahmentragwerk als Unbekannte die vier Knotendrehwinkel φ_3, φ_4, φ_5, φ_6 und die den beiden Stockwerken entsprechenden Verschiebungsgrößen $\varDelta_1$ und $\varDelta_2$ zu bestimmen. Anhand der Festwertskizze erhält man nach (251) die Diagonalglieder d_3 bis d_6 der Knotengleichungen und nach (270) die Diagonalglieder D_1 und D_2 der Verschiebungsgleichungen. Die Belastungsglieder s_3 und s_4 sind nach (252a) und die Glieder s_5 und s_6 unter Berücksichtigung der Kragarmmomente nach (252) zu ermitteln; die Belastungsglieder S_1 und S_2 der Verschiebungsgleichungen ergeben sich aus (271). Durch wiederholte Anwendung der Knotengleichung (265) und der Verschiebungsgleichung (269) kann damit die tabellarische Aufstellung der Gleichungen vorgenommen werden (siehe Gleichungstabelle 17).

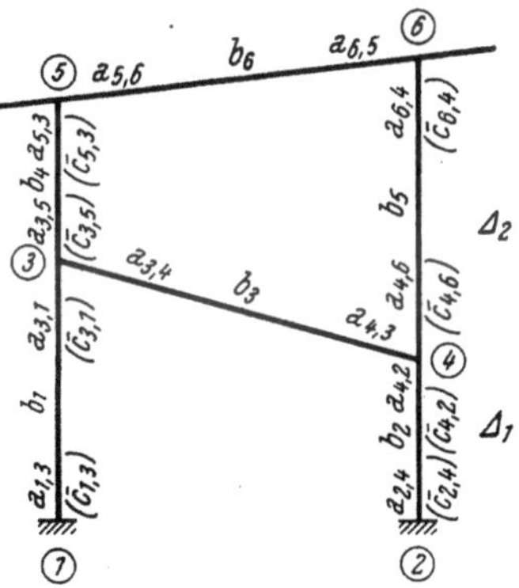

Abb. 366. Festwertskizze

Gleichungstabelle 17

	φ_3	φ_4	φ_5	φ_6	$\varDelta_1$	$\varDelta_2$	B
φ_3	d_3	b_3	b_4		$\bar c_{3,1}$	$\bar c_{3,5}$	s_3
φ_4	b_3	d_4		b_5	$\bar c_{4,2}$	$\bar c_{4,6}$	s_4
φ_5	b_4		d_5	b_6		$\bar c_{5,3}$	s_5
φ_6		b_5	b_6	d_6		$\bar c_{6,4}$	s_6
$\varDelta_1$	$\bar c_{3,1}$	$\bar c_{4,2}$			D_1		S_1
$\varDelta_2$	$\bar c_{3,5}$	$\bar c_{4,6}$	$\bar c_{5,3}$	$\bar c_{6,4}$		D_2	S_2

4. Nur waagrecht verschiebliche Tragwerke mit gelenkigen Stabanschlüssen

A. Allgemeines

Knotengleichungen. In Abb. 367 ist ein Tragwerksteil mit zwei gelenklosen
und zwei in den Knoten 3 und 4 gelenkig ange-
schlossenen Stäben dargestellt. Unter der Annahme,
daß bei allen vier Stäben Stabdrehwinkel ψ auftreten, können die Anschlußmomente im Knoten n
bei den gelenklosen Stäben nach (182) und bei
den Gelenkstäben nach (193) angeschrieben werden;
man erhält somit

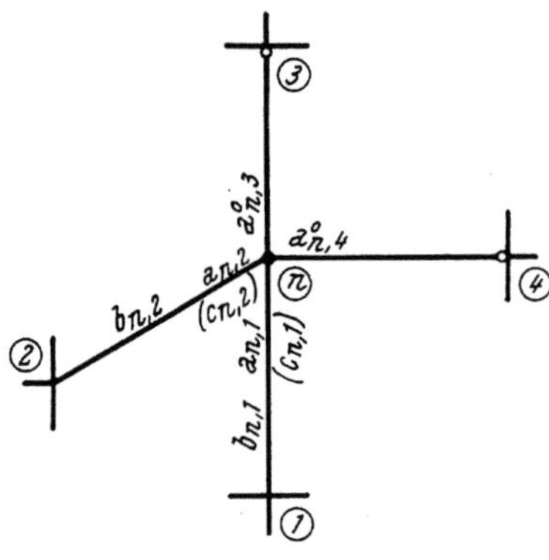

$$M_{n,1} = a_{n,1}\,\varphi_n + b_{n,1}\,\varphi_1 + c_{n,1}\,\psi_1 + \mathfrak{M}_{n,1}$$

$$M_{n,2} = a_{n,2}\,\varphi_n + b_{n,2}\,\varphi_2 + c_{n,2}\,\psi_2 + \mathfrak{M}_{n,2}$$

$$M_{n,3} = a^0{}_{n,3}\,(\varphi_n + \psi_3) + \mathfrak{M}^0{}_{n,3} \tag{272}$$

$$M_{n,4} = a^0{}_{n,4}\,(\varphi_n + \psi_4) + \mathfrak{M}^0{}_{n,4}\,.$$

Abb. 367. Verschieblicher Tragwerksteil mit gelenkigen Stabanschlüssen
in den Knoten 3 und 4; Festwertskizze

Die Summe dieser Anschlußmomente muß den
Wert Null ergeben, also wird

$$\varphi_n\,(a_{n,1} + a_{n,2} + a^0{}_{n,3} + a^0{}_{n,4}) + b_{n,1}\,\varphi_1 + b_{n,2}\,\varphi_2 + c_{n,1}\,\psi_1 + c_{n,2}\,\psi_2 +$$

$$+ a^0{}_{n,3}\,\psi_3 + a^0{}_{n,4}\,\psi_4 + \mathfrak{M}_{n,1} + \mathfrak{M}_{n,2} + \mathfrak{M}^0{}_{n,3} + \mathfrak{M}^0{}_{n,4} = 0 \tag{273}$$

oder mit den allgemeinen Bezeichnungen

$$\boxed{d^0{}_n\,\varphi_n + \sum_i b_{n,i}\,\varphi_i + \sum_i c_{n,i}\,\psi_{n,i} + \sum_g a^0{}_{n,g}\,\psi_{n,g} + s^0{}_n = 0\,.} \tag{274}$$

Setzt man $\psi = \dfrac{\varDelta}{l}$ sowie nach (266) $\bar{c} = \dfrac{c}{l}$ und

$$\bar{a}^0 = \frac{a^0}{l}\,, \tag{275}$$

so kann die Gl. (274) auch in folgender Form geschrieben werden:

$$\boxed{d^0{}_n\,\varphi_n + \sum_i b_{n,i}\,\varphi_i + \sum_i \bar{c}_{n,i}\,\varDelta_{n,i} + \sum_g \bar{a}^0{}_{n,g}\,\varDelta_{n,g} + s^0{}_n = 0\,.} \tag{276}$$

Hierin bedeuten wie vorher [vgl. Gl. (256) bis (257a)]

$$d^0{}_n = \sum_i a_{n,i} + \sum_g a^0{}_{n,g} \tag{277}$$

$$s^0{}_n = \sum_i \mathfrak{M}_{n,i} + \sum_g \mathfrak{M}^0{}_{n,g}\,. \tag{278}$$

Unter Berücksichtigung etwa vorhandener Kragarmmomente wird

$$s^0{}_n = \sum_i \mathfrak{M}_{n,i} + \sum_g \mathfrak{M}^0{}_{n,g} + \sum \mathfrak{M}_{n,K}\,. \tag{278a}$$

Die Bezeichnung $\sum\limits_g$ bezieht sich auf jene Gelenkstäbe, die im betrachteten

Knoten n elastisch eingespannt und im benachbarten Knoten gelenkig gelagert sind, während $\underset{i}{\Sigma}$ für alle beidseitig steif angeschlossenen Stäbe gilt.

Verschiebungsgleichungen. Die allgemeine Bedingungsgleichung $\Sigma H = 0$ zur Aufstellung der Verschiebungsgleichungen für die verschiedenen Sonderformen der waagrecht verschieblichen Rahmentragwerke mit ungleich langen Säulen lautet nach (54)

$$\Sigma P + \Sigma q \cdot e + \Sigma \mathfrak{A}_o + \sum \frac{M_o + M_u}{l} = 0 \tag{279}$$

und für Tragsysteme mit geschoßweise gleich langen Stielen nach (55)

$$(\Sigma P + \Sigma q \cdot e + \Sigma \mathfrak{A}_o)\, l + \Sigma (M_o + M_u) = 0 \,. \tag{280}$$

Für die Auswertung der Glieder $\sum \frac{M_o + M_u}{l}$ bzw. $\Sigma (M_o + M_u)$ werden die Formeln für die Anschlußmomente der Rahmenstiele unter Berücksichtigung der verschiedenen Lagerungsarten benötigt. Es kommen hier fünf Fälle in Betracht, die in den Abb. 368a bis e dargestellt sind, und zwar

1. Für einen **beidseitig elastisch eingespannten** Stiel (Abb. 368a) ist nach (180a)

$$M_o = a_o \varphi_o + b \varphi_u + \bar{c}_o \varDelta + \mathfrak{M}_o$$
$$M_u = a_u \varphi_u + b \varphi_o + \bar{c}_u \varDelta + \mathfrak{M}_u \,. \tag{281}$$

2. Für einen **unten unverdrehbaren** Stiel (Abb. 368b) wird nach (180a) mit $\varphi_u = 0$

$$M_o = a_o \varphi_o + \bar{c}_o \varDelta + \mathfrak{M}_o$$
$$M_u = b \varphi_o + \bar{c}_u \varDelta + \mathfrak{M}_u \,. \tag{282}$$

3. Für einen **unten gelenkig** angeschlossenen Stiel (Abb. 368c) ist nach (195)

$$M_o = a^0{}_o \varphi_o + \bar{a}^0{}_o \varDelta + \mathfrak{M}^0{}_o$$
$$M_u = 0 \,. \tag{283}$$

4. Für einen **oben gelenkig** angeschlossenen und **unten unverdrehbaren** Stiel (Abb. 368d) wird nach (195) mit $\varphi_u = 0$

$$M_o = 0$$
$$M_u = \bar{a}^0{}_u \varDelta + \mathfrak{M}^0{}_u \,. \tag{284}$$

5. Für einen **oben gelenkig** angeschlossenen Stiel (Abb. 368e) ist nach (195)

$$M_o = 0$$
$$M_u = a^0{}_u \varphi_u + \bar{a}^0{}_u \varDelta + \mathfrak{M}^0{}_u \,. \tag{285}$$

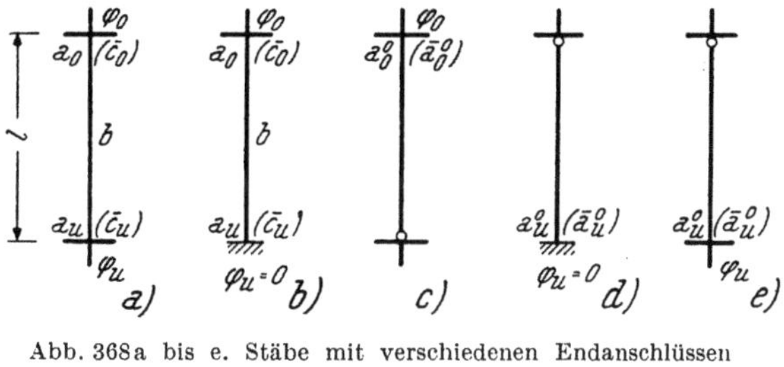

Abb. 368a bis e. Stäbe mit verschiedenen Endanschlüssen

Mit Hilfe der Gl. (281) bis (285) kann nun die allgemeine Verschiebungsgleichung (279) bzw. (280) für die verschiedenen Sonderfälle waagrecht verschieblicher Rahmentragwerke ausgewertet werden. Ähnlich wie im ersten Abschnitt Seite 54ff. sollen die Verschiebungsgleichungen mit den zugehörigen Knotengleichungen auch hier zuerst für die verschiedenen Formen des Mehrfeldrahmens und anschließend für den Stockwerkrahmen angeschrieben werden.

B. Mehrfeldrahmen

a) Der Mehrfeldrahmen mit ungleich langen Stielen

α) Mehrfeldrahmen mit durchweg fest eingespannten Säulenfüßen (Abb. 369)

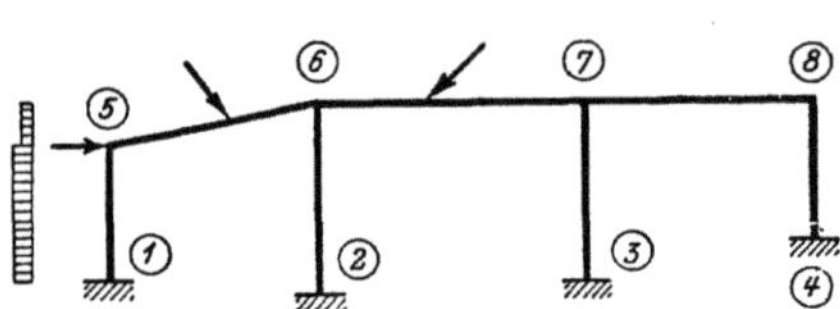

Abb. 369. Mehrfeldrahmen mit eingespannten Säulenfüßen

Knotengleichungen. Diese ergeben sich für die vorliegende Tragwerksform aus (265) unter Beachtung, daß hier nur ein Δ-Glied auftreten kann, mit

$$d_n \varphi_n + \sum_i b_{n,i} \varphi_i + \bar{c}_o \Delta + s_n = 0 \,, \qquad (286)$$

wobei $\bar{c}_o$ den **oberen** $\bar{c}$-Wert des zum Knoten n gehörigen Stieles bedeutet; es ist gemäß (266)

$$\bar{c}_o = \frac{c_o}{l} \,. \qquad (287)$$

Die Ausdrücke d_n und s_n sind in üblicher Weise nach (251) und (252) zu bestimmen.

Verschiebungsgleichung. Nach (269) lautet die Verschiebungsgleichung unter Berücksichtigung, daß hier durchweg $\varphi_u = 0$ ist:

$$\Sigma \bar{c}_o \varphi_o + D\Delta + S = 0 \,. \qquad (288)$$

Hierin bedeutet nach (270)

$$D = \sum{}' \frac{\bar{c}_o + \bar{c}_u}{l} \qquad (289)$$

und nach (85)

$$S = \sum_R P + \sum_R q \cdot e + \Sigma \mathfrak{A}_o + \sum{}' \frac{\mathfrak{M}_o + \mathfrak{M}_u}{l} \,. \qquad (290)$$

β) Mehrfeldrahmen mit durchweg gelenkig angeschlossenen Säulenfüßen (Abb. 370)

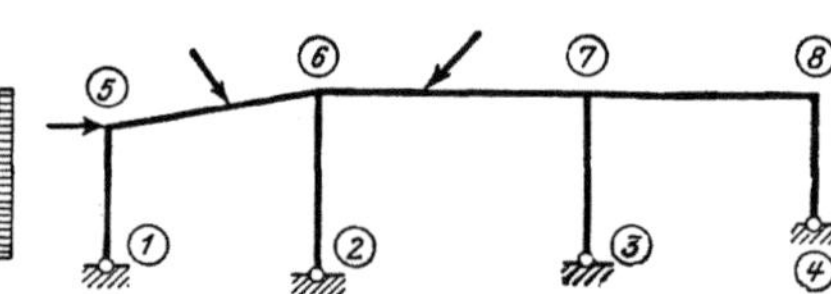

Abb. 370. Mehrfeldrahmen mit Fußgelenken

Knotengleichungen. Diese erhält man aus der allgemeinen Form (276) unter Beachtung, daß hier die Glieder $\sum_i \bar{c}_{n,i} \Delta_{n,i}$ entfallen, weil sämtliche Stiele gelenkig gelagert sind; somit wird

$$\qquad (291)$$

$$d^0{}_n \varphi_n + \sum_i b_{n,i} \varphi_i + \bar{a}^0{}_o \Delta + s^0{}_n = 0 \,.$$

Hierin beziehen sich die Glieder $\sum_i b_{n,i} \varphi_i$ auf die Riegel und das Glied $\bar{a}^0{}_o \Delta$ nur auf den Stiel des betreffenden Knotens; gemäß (275) ist

$$\bar{a}^0{}_o = \frac{a^0{}_o}{l} \,, \qquad (292)$$

weiter bedeuten nach (277)

$$d^0{}_n = \sum_i a_{n,i} + a^0{}_o \qquad (293)$$

und gemäß (278)

$$s^0{}_n = \sum_i \mathfrak{M}_{n,i} + \mathfrak{M}^0{}_s \; ; \qquad (294)$$

für Knotenpunkte mit etwa vorhandenen Kragarmmomenten wird nach (278a)

$$s^0{}_n = \sum_i \mathfrak{M}_{n,i} + \mathfrak{M}^0{}_s + \sum \mathfrak{M}_{n,K} \; . \qquad (294\,a)$$

Verschiebungsgleichung. Nach (279) ist allgemein

$$\sum_R P + \sum_R q \cdot e + \sum \mathfrak{A}_o + \sum \frac{M_o + M_u}{l} = 0 \,, \qquad (295)$$

wobei sich $\sum_R$ auf die Riegel bezieht. Der Ausdruck $\sum \dfrac{M_o + M_u}{l}$ vereinfacht sich hier zu $\sum \dfrac{M_o}{l}$, da wegen der vorausgesetzten Fußgelenke überall $M_u = 0$ ist. Somit wird nach (283)

$$\sum \frac{M_o}{l} = \sum \frac{a^0{}_o}{l} \varphi_o + \sum \frac{\bar{a}^0{}_o}{l} \varDelta + \sum \frac{\mathfrak{M}^0{}_o}{l} \; . \qquad (296)$$

Setzt man diesen Ausdruck in die allgemeine Bedingungsgleichung (295) ein, so erhält man unter Verwendung der vereinfachten Bezeichnungsart

$$\boxed{\sum \bar{a}^0{}_o \, \varphi_o + D^0 \varDelta + S^0 = 0 \; .} \qquad (297)$$

Darin bedeuten

$$D^0 = \sum \frac{\bar{a}^0{}_o}{l} \qquad (298)$$

und nach (95)

$$S^0 = \sum_R P + \sum_R q \cdot e + \sum \mathfrak{A}_o + \sum \frac{\mathfrak{M}^0{}_o}{l} \; . \qquad (299)$$

(Siehe auch Zahlenbeispiel 23.)

γ) *Mehrfeldrahmen mit durchweg gelenkig ausgebildeten Säulenköpfen und voll ein-gespannten Säulenfüßen* (Abb. 371)

Knotengleichungen. Die Knotengleichungen sind hier identisch mit der für den gewöhnlichen Durchlaufträger geltenden Form. Sie ergeben sich aus (276) durch Fortlassung der $\varDelta$-Glieder und lauten:

$$\boxed{d^0{}_n \varphi_n + \sum_i b_{n,i} \varphi_i + s^0{}_n = 0 \; .} \qquad (300)$$

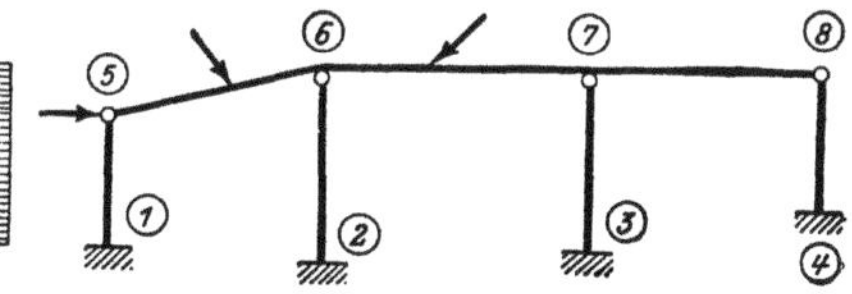

Abb. 371. Mehrfeldrahmen mit Kopfgelenken

In diesem Fall liefern die Stiele keinen Beitrag für die Knotengleichungen, die hier von der Verschiebungsgleichung völlig unabhängig sind und daher getrennt von dieser aufgestellt und aufgelöst werden können.

Verschiebungsgleichung. Da sämtliche Stiele oben gelenkig angeschlossen sind, ist hier $M_o = 0$; der Ausdruck $\sum \dfrac{M_o + M_u}{l}$ in der allgemeinen Verschiebungsgleichung (279) geht daher im vorliegenden Fall über in $\sum \dfrac{M_u}{l}$. Nach (284) erhält man

$$\sum \frac{M_u}{l} = \sum \frac{\bar{a}^0{}_u}{l} \varDelta + \sum \frac{\mathfrak{M}^0{}_u}{l} \; . \qquad (301)$$

Tafel V. *Zusammenstellung der Knoten- und Verschiebungsgleichungen für einstöckige Meh feldrahmen mit ungleich langen Stielen (mit Vouten)*[1]

	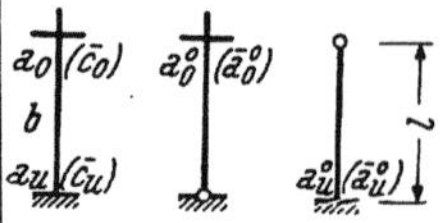	KG .... Knotengleichung a-, b-Werte: Tafel 7 bis 10 VG .... Verschiebungsgleichung a^0-Werte: Tafel 11 und 12 $c_o = a_o + b;\; c_u = a_u + b;\; \bar{c}_o = \frac{c_o}{l};\; \bar{c}_u = \frac{c_u}{l};\; \bar{a}^0{}_o = \frac{a^0{}_o}{l};\; \bar{a}^0{}_u = \frac{a^0{}_u}{l}$
1	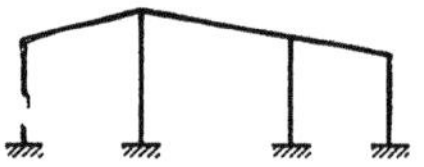 Mehrfeldrahmen mit durchweg fest eingespannten Säulenfüßen (siehe auch S. 126)	KG .... $d_n \varphi_n + \sum_i b_{n,i} \varphi_i + \bar{c}_o \Delta + s_n = 0$ $d_n = \sum_i a_{n,i};\qquad s_n = \sum_i \mathfrak{M}_{n,i} + \Sigma \mathfrak{M}_{n,K}$ VG .... $\Sigma \bar{c}_o \varphi_o + D\Delta + S = 0$ $D = \sum \frac{\bar{c}_o + \bar{c}_u}{l};\quad S = \sum_R P + \sum_R q \cdot e + \Sigma \mathfrak{A}_o + \sum \frac{\mathfrak{M}_o + \mathfrak{M}_u}{l}$
2	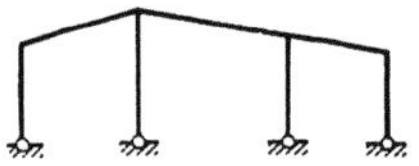 Mehrfeldrahmen mit durchweg gelenkig angeschlossenen Säulenfüßen (siehe auch S. 126f.)	KG .... $d^0{}_n \varphi_n + \sum_i b_{n,i} \varphi_i + \bar{a}^0{}_o \Delta + s^0{}_n = 0$ $d^0{}_n = \sum_i a_{n,i} + a^0{}_o;\qquad s^0{}_n = \sum_i \mathfrak{M}_{n,i} + \mathfrak{M}^0{}_s + \Sigma \mathfrak{M}_{n,K}$ VG .... $\Sigma \bar{a}^0{}_o \varphi_o + D^0 \Delta + S^0 = 0$ $D^0 = \sum \frac{\bar{a}^0{}_o}{l};\qquad S^0 = \sum_R P + \sum_R q \cdot e + \Sigma \mathfrak{A}_o + \sum \frac{\mathfrak{M}^0{}_o}{l}$
3	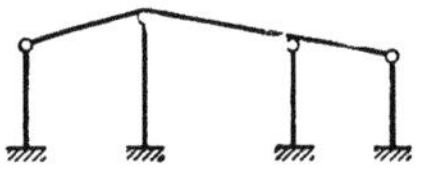 Mehrfeldrahmen mit durchweg gelenkig ausgebildeten Säulenköpfen und voll eingespannten Säulenfüßen (siehe auch S. 127ff.)	KG .... $d^0{}_n \varphi_n + \sum_i b_{n,i} \varphi_i + s^0{}_n = 0$ $d^0{}_n = \sum_i a_{n,i} + \sum_g a^0{}_{n,g};\quad s^0{}_n = \sum_i \mathfrak{M}_{n,i} + \sum_g \mathfrak{M}^0{}_{n,g} + \Sigma \mathfrak{M}_{n,K}$ VG .... $D^0 \Delta + S^0 = 0$ $D^0 = \sum \frac{\bar{a}^0{}_u}{l};\qquad S^0 = \sum_R P + \sum_R q \cdot e + \Sigma \mathfrak{A}_o + \sum \frac{\mathfrak{M}^0{}_u}{l}$
4	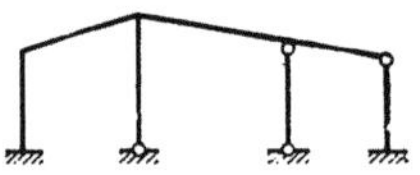 Mehrfeldrahmen mit Fuß- oder Kopfgelenken in beliebiger Anordnung (siehe auch S. 130f.)	KG .... Aus Zeile 1 bzw. 2 bzw. 3 VG .... $\sum_e \bar{c}_o \varphi_o + \sum_{gu} \bar{a}^0{}_o \varphi_o + D^0 \Delta + S^0 = 0$ $D^0 = \sum_e \frac{\bar{c}_o + \bar{c}_u}{l} + \sum_{gu} \frac{\bar{a}^0{}_o}{l} + \sum_{go} \frac{\bar{a}^0{}_u}{l}$ $S^0 = \sum_R P + \sum_R q \cdot e + \Sigma \mathfrak{A}_o + \sum_e \frac{\mathfrak{M}_o + \mathfrak{M}_u}{l} + \sum_{gu} \frac{\mathfrak{M}^0{}_o}{l} + \sum_{go} \mathfrak{M}$

[1] Für Rahmentragwerke ohne Vouten siehe Tafel II, Seite 58

Tafel Va. *Zusammenstellung der Knoten- und Verschiebungsgleichungen für einstöckige Mehrfeldrahmen mit gleich langen Stielen (mit Vouten)*[1]

KG .... Knotengleichung a-, b-Werte: Tafel 7 bis 10

VG ..... Verschiebungsgleichung a^0-Werte: Tafel 11 und 12

$$c_o = a_o + b \qquad\qquad c_u = a_u + b$$

---

1. Mehrfeldrahmen mit durchweg fest eingespannten Säulenfüßen

KG .... $d_n \varphi_n + \sum\limits_i b_{n,i}\varphi_i + c_o\,\psi + s_n = 0$

$$d_n = \sum\limits_i a_{n,i}; \qquad\qquad s_n = \sum\limits_i \mathfrak{M}_{n,i} + \sum \mathfrak{M}_{n,K}$$

VG .... $\sum c_o\varphi_o + D\,\psi + S = 0$

$$D = \sum (c_o + c_u); \qquad S = \left(\sum\limits_R P + \sum\limits_R q\cdot e + \sum\mathfrak{A}_o\right) l + \sum(\mathfrak{M}_o + \mathfrak{M}_u)$$

---

2. Mehrfeldrahmen mit durchweg gelenkig angeschlossenen Säulenfüßen

KG .... $d^0_n \varphi_n + \sum\limits_i b_{n,i}\varphi_i + a^0_o\,\psi + s^0_n = 0$

$$d^0_n = \sum\limits_i a_{n,i} + a^0_o; \qquad s^0_n = \sum\limits_i \mathfrak{M}_{n,i} + \mathfrak{M}^0_s + \sum \mathfrak{M}_{n,K}$$

VG .... $\sum a^0_o\varphi_o + D^0\,\psi + S^0 = 0$

$$D^0 = \sum a^0_o; \qquad\qquad S^0 = \left(\sum\limits_R P + \sum\limits_R q\cdot e + \sum\mathfrak{A}_o\right) l + \sum\mathfrak{M}^0_o$$

---

3. Mehrfeldrahmen mit durchweg gelenkig ausgebildeten Säulenköpfen und voll eingespannten Säulenfüßen

KG .... $d^0_n \varphi_n + \sum\limits_i b_{n,i}\varphi_i + s^0_n = 0$

$$d^0_n = \sum\limits_i a_{n,i} + \sum\limits_g a^0_{n,g}; \qquad s^0_n = \sum\limits_i \mathfrak{M}_{n,i} + \sum\limits_g \mathfrak{M}^0_{n,g} + \sum \mathfrak{M}_{n,K}$$

VG .... $D^0\,\psi + S^0 = 0$

$$D^0 = \sum a^0_u; \qquad\qquad S^0 = \left(\sum\limits_R P + \sum\limits_R q\cdot e + \sum\mathfrak{A}_o\right) l + \sum\mathfrak{M}^0_u$$

---

4. Mehrfeldrahmen mit Fuß- oder Kopfgelenken in beliebiger Anordnung

KG .... Aus Zeile 1 bzw. 2 bzw. 3

VG .... $\sum\limits_e c_o\varphi_o + \sum\limits_{gu} a^0_o\varphi_o + D^0\,\psi + S^0 = 0$

$$D^0 = \sum\limits_e (c_o + c_u) + \sum\limits_{gu} a^0_o + \sum\limits_{go} a^0_u$$

$$S^0 = \left(\sum\limits_R P + \sum\limits_R q\cdot e + \sum\mathfrak{A}_o\right) l + \sum\limits_e (\mathfrak{M}_o + \mathfrak{M}_u) + \sum\limits_{gu} \mathfrak{M}^0_o + \sum\limits_{go} \mathfrak{M}^0_u$$

---

[1] Für Rahmentragwerke ohne Vouten siehe Tafel IIa, Seite 59

Führt man diesen Ausdruck in (279) ein, so erhält man unter Verwendung der gekürzten Bezeichnungsart

$$\boxed{D^0 \varDelta + S^0 = 0\,,} \tag{302}$$

wobei

$$D^0 = \sum \frac{\bar{a}^0{}_u}{l} \tag{303}$$

und weiter gemäß (292)

$$\bar{a}^0{}_u = \frac{a^0{}_u}{l} \tag{304}$$

sowie nach (101)

$$S^0 = \underset{R}{\varSigma} P + \underset{R}{\varSigma} q \cdot e + \varSigma \mathfrak{A}_o + \sum \frac{\mathfrak{M}^0{}_u}{l}\,. \tag{305}$$

δ) Mehrfeldrahmen mit Fuß- und Kopfgelenken in beliebiger Anordnung (Abb. 372)

Knotengleichungen. Für den vorliegenden Fall können die Knotengleichungen nach den gebrauchsfertigen Formeln (286), (291) und (300) aufgestellt werden, und zwar je nachdem, ob der zugehörige Rahmenstiel fest angeschlossen ist oder aber unten bzw. oben gelenkig gelagert ist.

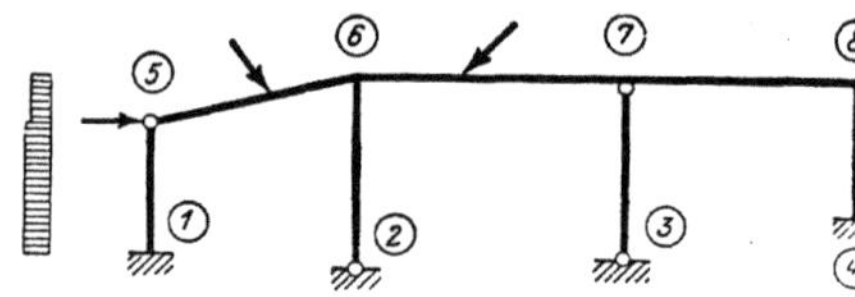

Abb. 372. Mehrfeldrahmen mit Fuß- oder Kopfgelenken

Verschiebungsgleichung. Die allgemeine Verschiebungsgleichung (279) lautet unter Berücksichtigung der verschiedenen Lagerungsmöglichkeiten einzelner Stiele an ihrem oberen und unteren Ende ausführlich:

$$\underset{R}{\varSigma} P + \underset{R}{\varSigma} q \cdot e + \varSigma \mathfrak{A}_o + \underset{e}{\sum} \frac{M_o + M_u}{l} + \underset{gu}{\sum} \frac{M_o}{l} + \underset{go}{\sum} \frac{M_u}{l} = 0\,. \tag{306}$$

Ersetzt man die in (306) auftretenden Summenausdrücke für die Stabendmomente durch (282) bis (284), so erhält man zunächst im einzelnen mit den hier gewählten Bezeichnungen unter Beachtung, daß $\varphi_u = 0$ ist, nach (282)

$$\underset{e}{\sum} \frac{M_o + M_u}{l} = \varSigma \bar{c}_o \varphi_o + \underset{e}{\sum} \frac{\bar{c}_o + \bar{c}_u}{l} \varDelta + \underset{e}{\sum} \frac{\mathfrak{M}_o + \mathfrak{M}_u}{l} \tag{307}$$

und nach (283) bzw. (296)

$$\underset{gu}{\sum} \frac{M_o}{l} = \underset{gu}{\sum} \frac{a^0{}_o}{l} \varphi_o + \underset{gu}{\sum} \frac{\bar{a}^0{}_o}{l} \varDelta + \underset{gu}{\sum} \frac{\mathfrak{M}^0{}_o}{l} \tag{308}$$

und schließlich nach (284) bzw. (301)

$$\underset{go}{\sum} \frac{M_u}{l} = \underset{go}{\sum} \frac{\bar{a}^0{}_u}{l} \varDelta + \underset{go}{\sum} \frac{\mathfrak{M}^0{}_u}{l}\,. \tag{309}$$

Damit ergibt sich für den vorliegenden Fall die Verschiebungsgleichung aus (306) unter Anwendung der vereinfachten Bezeichnungsweise in folgender Form:

$$\boxed{\underset{e}{\Sigma}\,\bar{c}_o\,\varphi_o + \underset{gu}{\Sigma}\,\bar{a}^0{}_o\,\varphi_o + D^0\,\varDelta + S^0 = 0\,.}$$

(310)

Hierin bedeuten

$$D^0 = \underset{e}{\sum}\frac{\bar{c}_o + \bar{c}_u}{l} + \underset{gu}{\sum}\frac{\bar{a}^0{}_o}{l} + \underset{go}{\sum}\frac{\bar{a}^0{}_u}{l}$$

(311)

und gemäß (108)

$$S^0 = \underset{R}{\Sigma}P + \underset{R}{\Sigma}q\cdot e + \Sigma\mathfrak{A}_o + \underset{e}{\sum}\frac{\mathfrak{M}_o + \mathfrak{M}_u}{l} + \underset{gu}{\sum}\frac{\mathfrak{M}^0{}_o}{l} + \underset{go}{\sum}\frac{\mathfrak{M}^0{}_u}{l}\,,$$

(312)

wobei sich $\underset{e}{\Sigma}$ auf alle Stiele o h n e Gelenk und $\underset{gu}{\Sigma}$ bzw. $\underset{go}{\Sigma}$ auf die Stiele mit Gelenk unten bzw. oben beziehen.

Zu dem Ausdruck (312) für S^0 sei bemerkt, daß dieser für den allgemeinsten Fall beliebiger Säulenbelastung gilt. Sehr häufig sind aber die Stiele selbst unbelastet; dann wird einfach $S^0 = P$, wenn in der Rahmenecke eine waagrechte Last P wirkt. Entfällt auch diese Last, so ist $S^0 = 0$.

Anmerkung. Für die praktische Anwendung sind die hier aufgestellten Mustergleichungen mit den zugehörigen Ausdrücken für die Diagonalglieder und Stabbelastungsglieder in Tafel V, Seite 128, übersichtlich zusammengestellt.

b) Der Mehrfeldrahmen mit gleich langen Stielen

Die Ableitung der Knoten- und Verschiebungsgleichungen für die verschiedenen Sonderfälle dieser Tragwerksart bietet nichts Neues. Es kann dabei sinngemäß in gleicher Weise vorgegangen werden, wie dies im vorangehenden Abschnitt für Mehrfeldrahmen mit ungleich langen Stielen gezeigt wurde; nur wird man hier anstelle der Verschiebungsgröße $\varDelta$ mit Vorteil den Stabdrehwinkel $\psi = \varDelta/l$ als Unbekannte verwenden. Die so erhaltenen Mustergleichungen sind mit den zugehörigen Diagonal- und Stabbelastungsgliedern auf Tafel Va, Seite 129, zusammengestellt. Dabei zeigt sich, daß die Werte $\bar{u}$, $\bar{c}$ bzw. $\bar{a}^0$ nicht ermittelt zu werden brauchen, wodurch sich der Rechenaufwand vermindert. (Vgl. auch Tafel II und IIa auf Seite 58f.)

C. Stockwerkrahmen mit gelenkigen Stabanschlüssen

a) Stockwerkrahmen mit lotrechten, geschoßweise gleich langen Ständern

Knotengleichungen. Sie können für den vorliegenden Fall nach der allgemeinen Form (274) aufgestellt werden; die Gleichung lautet

$$d^0{}_n\varphi_n + \underset{i}{\Sigma}b_{n,i}\varphi_i + \underset{i}{\Sigma}c_{n,i}\psi_{n,i} + \underset{g}{\Sigma}a^0{}_{n,g}\psi_{n,g} + s^0{}_n = 0\,.$$

(313)

Dabei ist zu beachten, daß sich die ψ-Glieder hier nur auf die im betrachteten Knoten fest angeschlossenen S t i e l e beziehen und somit in einer Knotengleichung höchstens z w e i ψ-Glieder auftreten können. Berücksichtigt man ferner die verschiedenen Lagerungsmöglichkeiten der einzelnen Stiele im Stockwerk μ bzw. $(\mu + 1)$, so kann die Gl. (313) für den allgemeinen Fall auch folgendermaßen geschrieben werden [vgl. auch Gl. (110)]:

(314)

$$\boxed{d^0{}_n\varphi_n + \underset{i}{\Sigma}b_{n,i}\varphi_i + c_{n,\mu}\,\psi_\mu + a^0{}_{n,\mu}\,\psi_\mu + c_{n,\mu+1}\,\psi_{\mu+1} + a^0{}_{n,\mu+1}\,\psi_{\mu+1} + s^0{}_n = 0\,.}$$

Damit erhält man für den in Abb. 373 dargestellten Knotenpunkt eines waagrecht verschieblichen Stockwerkrahmens gemäß (314) folgende Knotengleichung:

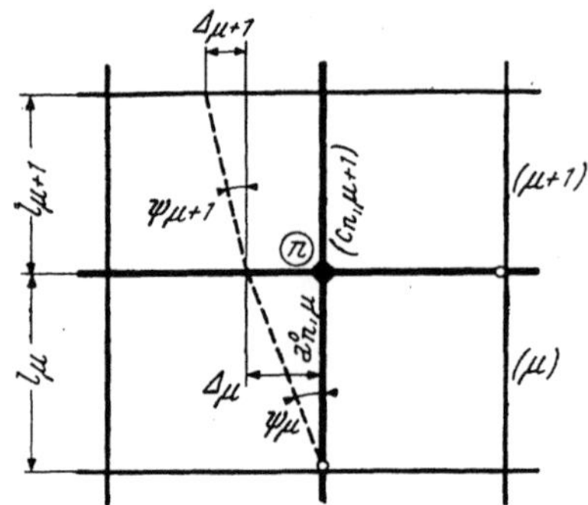

Abb. 373. Waagrecht verschieblicher Tragwerksteil mit gelenkigen Stabanschlüssen; Bezeichnungen

$$d^0{}_n \varphi_n + \sum_i b_{n,i} \varphi_i + a^0{}_{n,\mu} \psi_\mu + c_{n,\mu+1} \psi_{\mu+1} +$$
$$+ s^0{}_n = 0 . \qquad (314\,\text{a})$$

Verschiebungsgleichungen. Man kann hier von der allgemeinen Verschiebungsgleichung (280) ausgehen, und zwar lautet sie unter der Voraussetzung, daß der Stockwerkrahmen sowohl gelenklose Stiele als auch solche mit Gelenk oben (also $M_o = 0$) oder unten (also $M_u = 0$) aufweist:

$$(\Sigma P + \Sigma q \cdot e + \Sigma \mathfrak{A}_o) l + \sum_e (M_o + M_u) +$$
$$+ \sum_{gu} M_o + \sum_{go} M_u = 0 . \qquad (315)$$

Für die Summenausdrücke, die sich auf die Stabendmomente beziehen, erhält man im einzelnen nach (186)

$$\sum_e (M_o + M_u) = \sum_e c_o \varphi_o + \sum_e c_u \varphi_u + \sum_e (c_o + c_u) \psi + \sum_e (\mathfrak{M}_o + \mathfrak{M}_u) \qquad (316)$$

sowie gemäß (193)

$$\sum_{gu} M_o = \sum_{gu} a^0{}_o \varphi_o + \sum_{gu} a^0{}_o \psi + \sum_{gu} \mathfrak{M}^0{}_o \qquad (317)$$

und

$$\sum_{go} M_u = \sum_{go} a^0{}_u \varphi_u + \sum_{go} a^0{}_u \psi + \sum_{go} \mathfrak{M}^0{}_u . \qquad (318)$$

Durch Einführung der Gl. (316) bis (318) in (315) ergibt sich die Verschiebungsgleichung für ein beliebiges Geschoß μ eines Stockwerkrahmens (Abb. 374) schließlich in folgender Form:

$$\boxed{\sum_e c_u \varphi_u + \sum_{go} a^0{}_u \varphi_u + \sum_e c_o \varphi_o + \sum_{gu} a^0{}_o \varphi_o + D^0{}_\mu \psi_\mu + S^0{}_\mu = 0 .} \qquad \textbf{(319)}$$

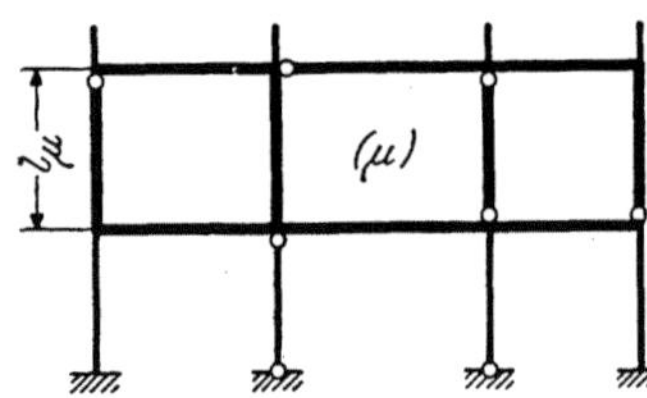

Abb. 374. Teil eines Stockwerkrahmens mit geschoßweise gleich langen Stielen und gelenkigen Stabanschlüssen

Hierin bedeuten

$$D^0{}_\mu = \sum_e (c_o + c_u) + \sum_{gu} a^0{}_o + \sum_{go} a^0{}_u \qquad (320)$$

und im Sinne von (117)

$$S^0{}_\mu = \left(\Sigma P + \Sigma q \cdot e + \sum_\mu \mathfrak{A}_o \right) l_\mu +$$
$$+ \sum_e (\mathfrak{M}_o + \mathfrak{M}_u) + \sum_{gu} \mathfrak{M}^0{}_o + \sum_{go} \mathfrak{M}^0{}_u . \qquad (321)$$

Für P und q sind die waagrechten Komponenten aller oberhalb des betrachteten Stockwerkes μ auf das Tragwerk einwirkenden Einzellasten und Streckenlasten zu setzen, während für $\mathfrak{A}_o$ die oberen Auflagerdrücke aus der äußeren Belastung sämtlicher frei aufliegend gedachten Säulen einschließlich etwaiger Pendelstützen des betrachteten Stockwerkes μ einzuführen sind. Die Bedeutung von $\sum\limits_e, \sum\limits_{gu}$ und $\sum\limits_{go}$ ist bei (312) erläutert.

b) Stockwerkrahmen mit lotrechten, ungleich langen Ständern

Knotengleichungen. Hier kann die allgemeine Form (276) Anwendung finden, und zwar gilt

$$d^0{}_n \varphi_n + \sum_i b_{n,i} \varphi_i + \sum_i \bar{c}_{n,i} \varDelta_{n,i} + \sum_g \bar{a}^0{}_{n,g} \varDelta_{n,g} + s^0{}_n = 0 \, . \qquad (322)$$

Dabei tritt noch insofern eine Vereinfachung ein, als sich die $\varDelta$-Glieder nur auf die in den betrachteten Knoten einmündenden **Säulen** des darunter- bzw. darüberliegenden Stockwerkes beziehen. Die Gl. (322) kann also in folgender Form geschrieben werden [vgl. auch Gl. (119)]:

$$\boxed{d^0{}_n \varphi_n + \sum_i b_{n,i} \varphi_i + \bar{c}'{}_{n,\mu} \varDelta_\mu + \bar{c}'{}_{n,\mu+1} \varDelta_{\mu+1} + s^0{}_n = 0 \, .} \qquad (323)$$

Hierin sind für $\bar{c}'{}_{n,\mu}$ bzw. $\bar{c}'{}_{n,\mu+1}$ die erweiterten Stabfestwerte des Stieles im Stockwerk μ bzw. $(\mu + 1)$ zu setzen, und zwar für $\bar{c}'{}_{n,\mu}$ der am Knoten n gelegene Wert $\bar{c}_{n,\mu}$ oder $\bar{a}^0{}_{n,\mu}$, je nachdem, ob es sich um einen beidseitig elastisch eingespannten Stab oder um einen Gelenkstab handelt, der im Knoten n fest angeschlossen ist. Sinngemäß ist für $\bar{c}'{}_{n,\mu+1}$ der entsprechende Wert $\bar{c}_{n,\mu+1}$ oder $\bar{a}^0{}_{n,\mu+1}$ einzuführen.

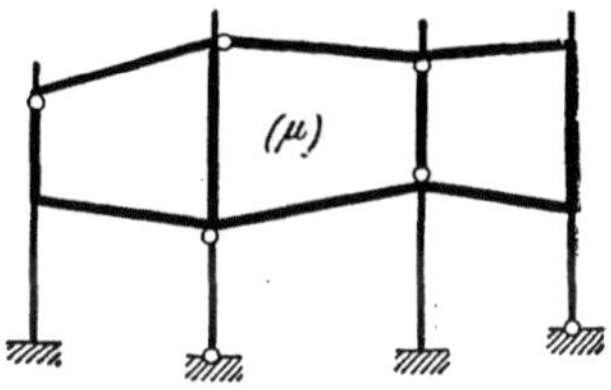

Für den in Abb. 373 dargestellten Knotenpunkt lautet also die Knotengleichung (323) mit der Verschiebungsgröße $\varDelta$ als Unbekannte

Abb. 375. Teil eines Stockwerkrahmens mit ungleich langen Stielen und gelenkigen Stabanschlüssen

$$d^0{}_n \varphi_n + \sum_i b_{n,i} \varphi_i + \bar{a}^0{}_{n,\mu} \varDelta_\mu + \bar{c}_{n,\mu+1} \varDelta_{\mu+1} + s^0{}_n = 0 \, . \qquad (323\,\text{a})$$

Verschiebungsgleichungen. Die Ableitung der Verschiebungsgleichung für irgendein Stockwerk μ des vorliegenden Tragwerkes (Abb. 375) kann sinngemäß in gleicher Weise vorgenommen werden wie die Aufstellung der Gl. (319). Sie lautet in gekürzter Schreibweise:

$$\boxed{\sum_e \bar{c}_u \varphi_u + \sum_{go} \bar{a}^0{}_u \varphi_u + \sum_e \bar{c}_o \varphi_o + \sum_{gu} \bar{a}^0{}_o \varphi_o + D^0{}_\mu \varDelta_\mu + S^0{}_\mu = 0 \, .} \qquad (324)$$

Hierin bedeutet nach (311)

$$D^0{}_\mu = \sum_e \frac{\bar{c}_o + \bar{c}_u}{l} + \sum_{gu} \frac{\bar{a}^0{}_o}{l} + \sum_{go} \frac{\bar{a}^0{}_u}{l} \, , \qquad (325)$$

wobei nach (266)

$$\bar{c}_o = \frac{c_o}{l} \quad \text{und} \quad \bar{c}_u = \frac{c_u}{l} \qquad (325\,\text{a})$$

und gemäß (275)

$$\bar{a}^0{}_o = \frac{a^0{}_o}{l} \quad \text{und} \quad \bar{a}^0{}_u = \frac{a^0{}_u}{l} \, . \qquad (325\,\text{b})$$

Weiter ist im Sinne von (312) bzw. (122)

$$S^0{}_\mu = \sum P + \sum q \cdot e + \sum_\mu \mathfrak{A}_o + \sum_e \frac{\mathfrak{M}_o + \mathfrak{M}_u}{l} + \sum_{gu} \frac{\mathfrak{M}^0{}_o}{l} + \sum_{go} \frac{\mathfrak{M}^0{}_u}{l} \, . \qquad (326)$$

Die Bedeutung der übrigen Glieder geht sinngemäß aus den Erläuterungen zu (321) hervor.

c) Gleichungstabelle für einen dreigeschossigen Stockwerkrahmen mit gelenkigen Stabanschlüssen

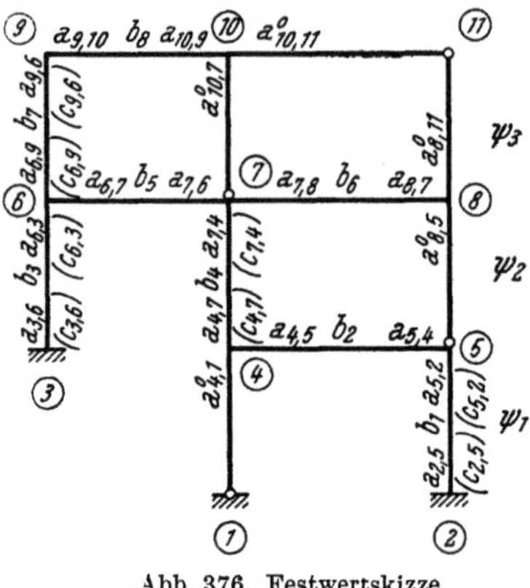

Abb. 376. Festwertskizze

Die praktische Anwendung der Bedingungsgleichungen (314) und (319) soll für das in Abb. 376 zugleich als Festwertskizze dargestellte Tragwerk gezeigt werden. Unter Voraussetzung beliebiger Belastung treten hier folgende Unbekannte auf: Die sieben Knotendrehwinkel φ_4 bis φ_{10} und die den drei Stockwerken entsprechenden Stabdrehwinkel ψ_1, ψ_2, ψ_3.

Zur Aufstellung der Knotengleichungen sind zunächst die sieben Diagonalglieder nach (277) und die Belastungsglieder nach (278) zu bestimmen. Für die Verschiebungsgleichungen sind die Diagonalglieder D^0_1, D^0_2, D^0_3 nach (320) und die Belastungsglieder S^0_1, S^0_2, S^0_3 nach (321) zahlenmäßig festzustellen. Anhand der Festwertskizze Abb. 376 und bei wiederholter Benutzung der Mustergleichungen (314) und (319) kann dann die Gleichungstabelle 18 unmittelbar angeschrieben werden.

Gleichungstabelle 18

	φ_4	φ_5	φ_6	φ_7	φ_8	φ_9	φ_{10}	ψ_1	ψ_2	ψ_3	B
φ_4	d^0_4	b_2		b_4				$a^0_{4,1}$	$c_{4,7}$		s^0_4
φ_5	b_2	d_5						$c_{5,2}$			s_5
φ_6			d_6	b_5		b_7			$c_{6,3}$	$c_{6,9}$	s_6
φ_7	b_4		b_5	d_7	b_6				$c_{7,4}$		s_7
φ_8				b_6	d^0_8				$a^0_{8,5}$	$a^0_{8,11}$	s^0_8
φ_9			b_7			d_9	b_8			$c_{9,6}$	s_9
φ_{10}						b_8	d^0_{10}			$a^0_{10,7}$	s^0_{10}
ψ_1	$a^0_{4,1}$	$c_{5,2}$						D^0_1			S^0_1
ψ_2	$c_{4,7}$		$c_{6,3}$	$c_{7,4}$	$a^0_{8,5}$				D^0_2		S^0_2
ψ_3			$c_{6,9}$		$a^0_{8,11}$	$c_{9,6}$	$a^0_{10,7}$			D^0_3	S^0_3

5. Rahmentragwerke mit nur lotrecht verschieblichen Knotenpunkten

A. Symmetrisch ausgebildete und symmetrisch belastete Vierendeel-Rahmentragwerke ohne Gelenke

a) Bedingungsgleichungen

Knotengleichungen. Es kann hier die für Stockwerkrahmen aufgestellte Gl. (260) übernommen werden, wenn die Stockwerksbezeichnung μ durch die Felderbezeichnung ν ersetzt wird (Abb. 377). Sie lautet dann:

$$d_n \varphi_n + \sum_i b_{n,i} \varphi_i + c_{n,\nu}\, \psi_\nu + c_{n,\nu+1}\, \psi_{\nu+1} + s_n = 0. \qquad (327)$$

Wie aus Abb. 378 hervorgeht, bedeuten

ψ_ν bzw. $\psi_{\nu+1}$ .... die Stabdrehwinkel im Feld ν bzw. $(\nu + 1)$, also in den Feldern links bzw. rechts von dem betrachteten Knoten,

$c_{n,\nu}$ bzw. $c_{n,\nu+1}$ ..... die am betrachteten Knoten n gelegenen c-Werte der links bzw. rechts einmündenden Riegel.

Verschiebungsgleichungen. Da die allgemeinen Ausführungen im ersten Abschnitt, Seite 66 ff., auch hier volle Gültigkeit haben, sind weitere Erläuterungen an dieser Stelle entbehrlich. Durch Auswertung der statischen

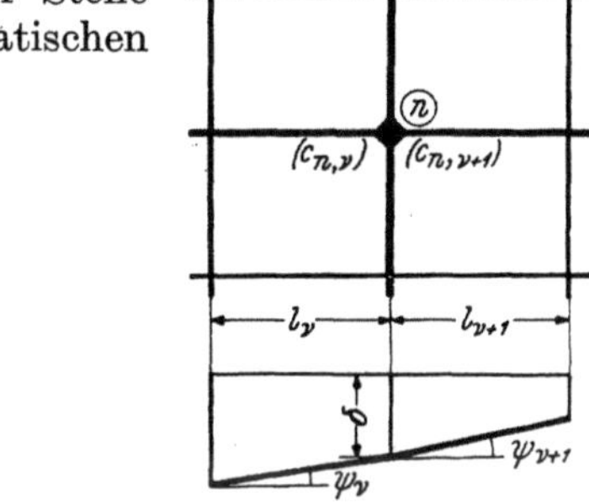

Abb. 378. Teil eines nur lotrecht verschieblichen Tragwerkes; Bezeichnungen

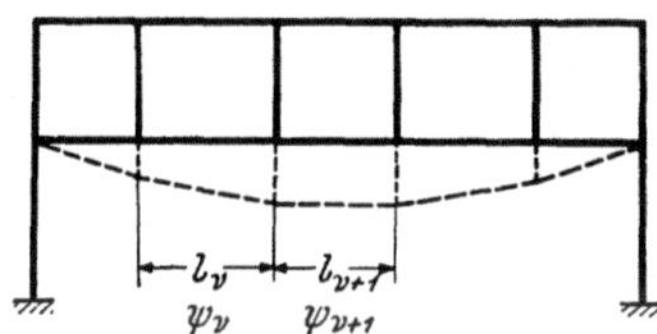

Abb. 377. Symmetrisches, bei symmetrischer Belastung nur lotrecht verschiebliches Rahmentragwerk

Gleichgewichtsbedingung $\Sigma V = 0$ erhält man die Verschiebungsgleichung für ein Feld ν in übersichtlicher Darstellung mit [vgl. Gl. (128)]

$$\sum_\nu c_l \varphi_l + \sum_\nu c_r \varphi_r + D_\nu \psi_\nu + S_\nu = 0, \qquad (328)$$

wobei

$$D_\nu = \sum_\nu (c_l + c_r) \qquad (329)$$

und

$$S_\nu = \left[\frac{1}{2}(\Sigma P + \Sigma q \cdot e) - \Sigma P' - \Sigma q' \cdot e' - \sum_\nu \mathfrak{A}_l \right] l_\nu + \sum_\nu (\mathfrak{M}_l + \mathfrak{M}_r). \qquad (330)$$

Die in diesem Ausdruck vorhandenen Vorzeichen von P, q, P', q', $\mathfrak{A}_l$ gelten unter der Voraussetzung, daß diese Kräfte von oben nach unten wirken.

Nähere Erläuterungen über die Bedeutung der einzelnen Werte in (330) sind bei (124) gegeben.

Die Gl. (328) enthält somit vier Arten von Gliedern:

$\sum_\nu c_l \varphi_l$ .... die Summe der Produkte aus den *linken* c-Werten und den *linken* Knotendrehwinkeln aller Stäbe des betrachteten Feldes ν,

$\sum_\nu c_r \varphi_r$ .... die Summe der Produkte aus den *rechten* c-Werten und den *rechten* Knotendrehwinkeln aller Stäbe des betrachteten Feldes ν,

$D_\nu \psi_\nu$ .... das *Diagonalglied*, wobei D_ν nach (329) die Summe der linken und rechten c-Werte sämtlicher Stäbe des Feldes ν bedeutet,

S_ν .... das *Belastungsglied*, das nach (330) zu bestimmen ist.

b) Gleichungstabelle für ein symmetrisches dreigurtiges Vierendeel-Rahmentragwerk

Die Gestalt des Tragwerkes ist aus Abb. 379 ersichtlich. Dort sind auch die wichtigsten Festwerte eingetragen, nämlich die a- und b-Werte für sämtliche Stäbe und außerdem für die waagrechten Riegel die c-Werte. Als Unbekannte sind sechs Knotendrehwinkel zu ermitteln, und zwar φ_2, φ_3, φ_5, φ_6, φ_8, φ_9 sowie die zwei Stabdrehwinkel ψ_1 und ψ_2. Infolge Symmetrie wird $\varphi_4 = \varphi_7 = \varphi_{10} = 0$ und wegen fester Einspannung der Säulenfüße auch $\varphi_1 = \varphi_{1'} = 0$.

Nach Ermittlung der Diagonalglieder d und D gemäß (251) und (329) sowie der Belastungsglieder s und S nach (252 a) und (330) kann die Aufstellung der Gleichungstabelle 19 anhand der Festwertskizze durch wiederholte Anwendung der Knotengleichung (327) und der Verschiebungsgleichung (328) erfolgen.

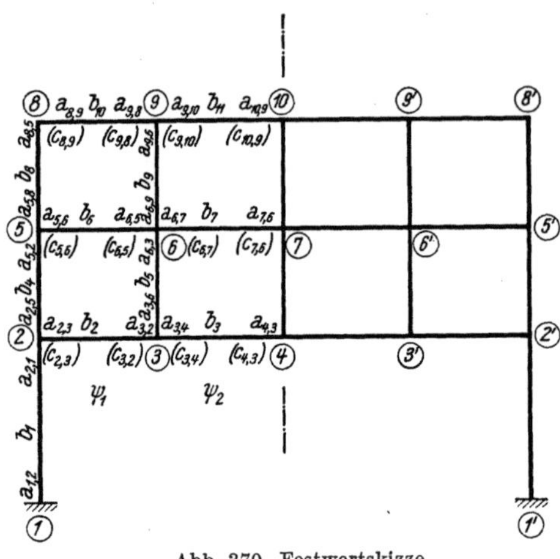

Abb. 379. Festwertskizze

Gleichungstabelle 19

	φ_2	φ_3	φ_5	φ_6	φ_8	φ_9	ψ_1	ψ_2	B
φ_2	d_2	b_2	b_4				$c_{2,3}$		s_2
φ_3	b_2	d_3		b_5			$c_{3,2}$	$c_{3,4}$	s_3
φ_5	b_4		d_5	b_6	b_8		$c_{5,6}$		s_5
φ_6		b_5	b_6	d_6		b_9	$c_{6,5}$	$c_{6,7}$	s_6
φ_8			b_8		d_8	b_{10}	$c_{8,9}$		s
φ_9				b_9	b_{10}	d_9	$c_{9,8}$	$c_{9,10}$	s_9
ψ_1	$c_{2,3}$	$c_{3,2}$	$c_{5,6}$	$c_{6,5}$	$c_{8,9}$	$c_{9,8}$	D_1		S_1
ψ_2		$c_{3,4}$		$c_{6,7}$		$c_{9,10}$		D_2	S_2

B. Symmetrisch ausgebildete und symmetrisch belastete Vierendeel-Rahmentragwerke mit gelenkigen Stabanschlüssen

a) Bedingungsgleichungen

Knotengleichungen. Ausgehend von der auch hier gültigen allgemeinen Gl. (274)

$$d^0{}_n \varphi_n + \sum_i b_{n,i} \varphi_i + \sum_i c_{n,i} \psi_{n,i} + \sum_g a^0{}_{n,g} \psi_{n,g} + s^0{}_n = 0 \qquad (331)$$

kann im vorliegenden Fall die für waagrecht verschiebliche Stockwerkrahmen aufgestellte Gl. (314) übernommen werden; nach Einsetzen der Felderbezeichnung ν anstelle der Stockwerksbezeichnung μ wird

$$d^0{}_n \varphi_n + \sum_i b_{n,i}\,\varphi_i + c_{n,\nu}\,\psi_\nu + a^0{}_{n,\nu}\,\psi_\nu + c_{n,\nu+1}\,\psi_{\nu+1} + a^0{}_{n,\nu+1}\,\psi_{\nu+1} + s^0{}_n = 0\,.$$

$$(332)$$

In einer Knotengleichung können hier höchstens **zwei** ψ-Glieder auftreten; sie beziehen sich auf die im Knoten n fest angeschlossenen Riegel. Unter der Annahme, daß gemäß Abb. 380 die beiden in den Knoten n einmündenden Riegel auf der Gegenseite gelenkig gelagert sind, lautet die Gl. (332):

$$d^0{}_n \varphi_n + \sum_i b_{n,i}\,\varphi_i + a^0{}_{n,\nu}\,\psi_\nu + a^0{}_{n,\nu+1}\,\psi_{\nu+1} + s^0{}_n = 0\,.$$

$$(332\,\mathrm{a})$$

Ist z. B. der Riegel im Feld ν beidseitig elastisch eingespannt, so tritt anstelle des Gliedes $a^0{}_{n,\nu}\,\psi_\nu$ das Glied $c_{n,\nu}\,\psi_\nu$, und nach (332) wird dann

$$d^0{}_n \varphi_n + \sum_i b_{n,i}\,\varphi_i + c_{n,\nu}\,\psi_\nu + a^0{}_{n,\nu+1}\,\psi_{\nu+1} + s^0{}_n = 0\,.$$

$$(332\,\mathrm{b})$$

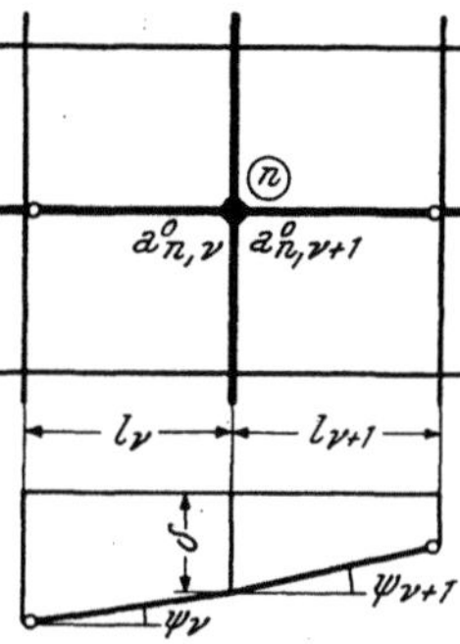

Abb. 380. Lotrecht verschieblicher Tragwerksteil mit gelenkigen Stabanschlüssen; Bezeichnungen

Verschiebungsgleichungen.
Auf eine ausführliche Ableitung der Verschiebungsgleichung wird hier verzichtet, denn sie kann für diese Tragwerksart (Abb. 381a) durch Auswertung der statischen Gleichgewichtsbedingung $\Sigma V = 0$ so durchgeführt werden wie bei (137). Drückt man in der allgemeinen Verschiebungsgleichung (133) gemäß (316) bis (318) die Summen der Stabendmomente als Funktion der Formänderungsgrößen und Stabbelastungsglieder aus, dann erhält man mit den Bezeichnungen der Abb. 381b für ein Feld ν

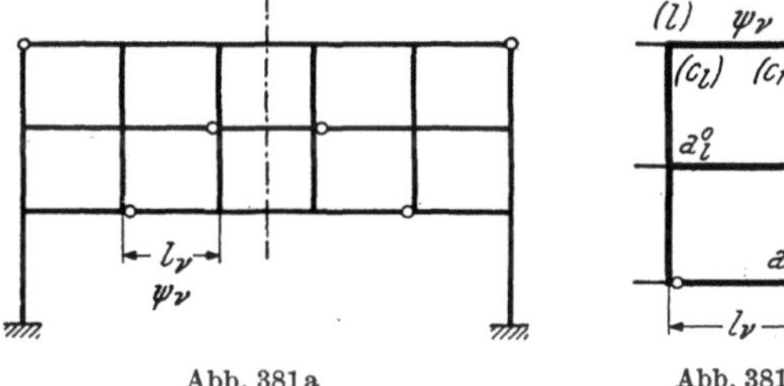

Abb. 381a

Abb. 381b

Abb. 381a, b. Bei symmetrischer Belastung nur lotrecht verschiebliches, symmetrisches Tragwerk mit gelenkigen Stabanschlüssen; Bezeichnungen

$$\sum_e c_l\,\varphi_l + \sum_{gr} a^0{}_l\,\varphi_l + \sum_e c_r\,\varphi_r + \sum_{gl} a^0{}_r\,\varphi_r + D^0{}_\nu\,\psi_\nu + S^0{}_\nu = 0\,, \qquad (333)$$

wobei gemäß (320)

$$D^0{}_\nu = \sum_e (c_l + c_r) + \sum_{gr} a^0{}_l + \sum_{gl} a^0{}_r \qquad (334)$$

und nach (139)

$$S^0{}_\nu = \left[\frac{1}{2}\,(\Sigma P + \Sigma q \cdot e) - \Sigma P' - \Sigma q' \cdot e' - \sum_\nu \mathfrak{A}_l \right] l_\nu +$$

$$+ \sum_e (\mathfrak{M}_l + \mathfrak{M}_r) + \sum_{gr} \mathfrak{M}^0{}_l + \sum_{gl} \mathfrak{M}^0{}_r\,. \qquad (335)$$

Die Bedeutung der Werte P, q, P', q' und $\mathfrak{A}_l$ ist bei (124) und (125) ausführlich erläutert.

b) Gleichungstabelle für ein symmetrisches dreigurtiges Vierendeel-Rahmentragwerk mit gelenkigen Stabanschlüssen

Als Beispiel für die tabellarische Aufstellung der Gleichungen soll hier das in Abb. 379 dargestellte Tragwerk dienen, das dort jedoch keine gelenkigen Stabanschlüsse aufweist. Abb. 382 zeigt die Festwertskizze mit allen erforderlichen Eintragungen. Unter Voraussetzung einer symmetrischen Belastung sind als Unbekannte die fünf Knotendrehwinkel φ_2, φ_3, φ_5, φ_6, φ_9 und die zwei Stabdrehwinkel ψ_1 und ψ_2 zu bestimmen. Die Diagonalglieder d^0 und D^0 werden nach (277) und (334), die Belastungsglieder s^0 und S^0 nach (278) und (335) ermittelt. Nun kann die Aufstellung der Gleichungstabelle 20 unter Benutzung der Knotengleichung (332) und der Verschiebungsgleichung (333) anhand der Festwertskizze unmittelbar erfolgen.

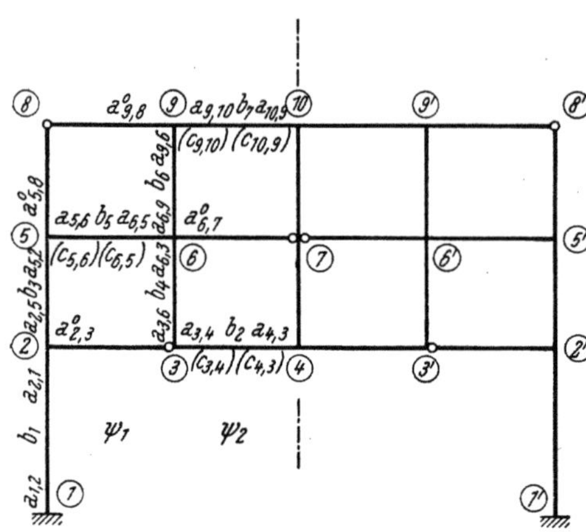

Abb. 382. Festwertskizze

Gleichungstabelle 20

	φ_2	φ_3	φ_5	φ_6	φ_9	ψ_1	ψ_2	B
φ_2	d^0_2		b_3			$a^0_{2,3}$		s^0_2
φ_3		d_3		b_4			$c_{3,4}$	s_3
φ_5	b_3		d^0_5	b_5		$c_{5,6}$		s^0_5
φ_6		b_4	b_5	d^0_6	b_6	$c_{6,5}$	$a^0_{6,7}$	s^0_6
φ_9				b_6	d^0_9	$a^0_{9,8}$	$c_{9,10}$	s^0_9
ψ_1	$a^0_{2,3}$		$c_{5,6}$	$c_{6,5}$	$a^0_{9,8}$	D^0_1		S^0_1
ψ_2		$c_{3,4}$		$a^0_{6,7}$	$c_{9,10}$		D^0_2	S^0_2

C. Unsymmetrisch ausgebildete, seitlich festgehaltene Vierendeel-Rahmentragwerke ohne Gelenke

a) Bedingungsgleichungen

Knotengleichungen. Bei solchen Tragwerken ist es vorteilhafter, anstelle der Stabdrehwinkel ψ die Knotenverschiebungen δ in Rechnung zu stellen (Abb. 383). Ersetzt man also in Gl. (327), die auch hier Gültigkeit haben muß, nach (3) ψ durch δ, so erhält man nach entsprechender Umformung die Knotengleichung wieder in zweckmäßiger Schreibart, und zwar

$$d_n \varphi_n + \sum_i b_{n,i}\, \varphi_i + \bar{c}_{n,\nu}\, \delta_{m-1} + \varkappa_n\, \delta_m - \bar{c}_{n,\nu+1}\, \delta_{m+1} + s_n = 0. \qquad (336)$$

Hierin bedeuten sinngemäß wie früher

$$\bar{c}_{n,\nu} = \frac{c_{n,\nu}}{l_\nu} \quad \text{und} \quad \bar{c}_{n,\nu+1} = \frac{c_{n,\nu+1}}{l_{\nu+1}}, \qquad (337)$$

$$\varkappa_n = \bar{c}_{n,\nu+1} - \bar{c}_{n,\nu} \,. \tag{338}$$

Ein Vergleich mit der Knotengleichung (327) ergibt, daß anstelle der dort enthaltenen zwei ψ-Glieder hier drei δ-Glieder auftreten, deren Bedeutung aus Abb. 384 hervorgeht. Es bezieht sich δ_m immer auf die Knotenreihe, in welcher der betrachtete Knoten n liegt, während δ_{m-1} und δ_{m+1} die Verschiebungen der links bzw. rechts von n befindlichen Knotenreihen bedeuten. Ist einer der drei δ-Werte Null, so verschwindet das entsprechende δ-Glied der Gleichung. Das Glied $\varkappa_n \delta_m$ entfällt aber auch, wenn $\bar{c}_{n,\nu} = \bar{c}_{n,\nu+1}$ wird, denn dann ist nach (338) der Beiwert $\varkappa_n = 0$.

Die in der Knotengleichung auftretenden Festwerte $\bar{c}_{n,\nu}$ und $\bar{c}_{n,\nu+1}$ sind stets die am betrachteten Knoten n gelegenen $\bar{c}$-Werte der links bzw. rechts einmündenden Stäbe.

Anschließend soll die zahlenmäßige Anwendung der zuletzt gewonnenen Knotengleichung für den Knoten 10 des in Abb. 383 dargestellten Rahmens als Beispiel

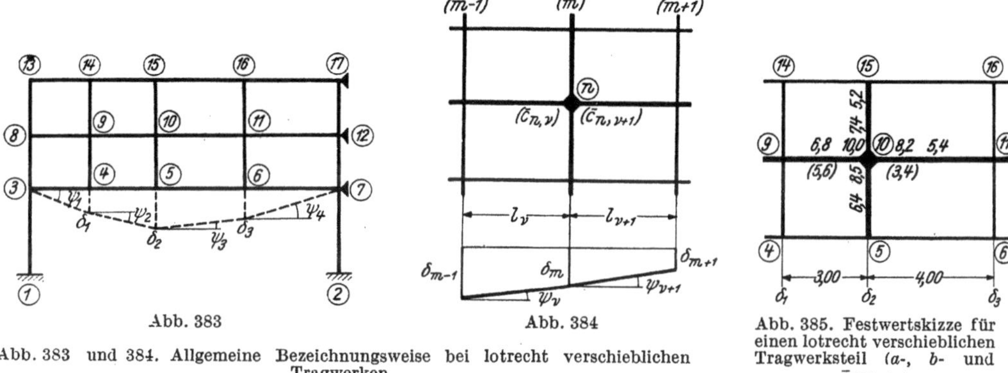

Abb. 383

Abb. 384

Abb. 385. Festwertskizze für einen lotrecht verschieblichen Tragwerksteil (a-, b- und $\bar{c}$-Werte)

Abb. 383 und 384. Allgemeine Bezeichnungsweise bei lotrecht verschieblichen Tragwerken

gezeigt werden. In Abb. 385 sind die erforderlichen Festwerte a, b, $\bar{c}$, die zur Aufstellung dieser Gleichung benötigt werden, eingetragen, wobei die $\bar{c}$-Werte zur besseren Unterscheidung von den a-Werten in Klammer gesetzt sind. Es wird also nach (337)

$$\bar{c}_{10,9} = \frac{16,8}{3,0} = 5,6 \quad \text{und} \quad \bar{c}_{10,11} = \frac{13,6}{4,0} = 3,4$$

sowie nach (338)

$$\varkappa_{10} = \bar{c}_{10,11} - \bar{c}_{10,9} = 3,4 - 5,6 = -2,2 \,.$$

Weiter wird das Diagonalglied

$$d_{10} = \Sigma a_{10,\,i} = 8,5 + 10,0 + 7,4 + 8,2 = 34,1 \,.$$

Damit kann bereits nach (336) die Knotengleichung für den Knoten 10 aufgestellt werden. Sie lautet:

$$34,1\,\varphi_{10} + 6,4\,\varphi_5 + 6,8\,\varphi_9 + 5,4\,\varphi_{11} + 5,2\,\varphi_{15} + 5,6\,\delta_1 - 2,2\,\delta_2 - 3,4\,\delta_3 + s_{10} = 0\,.$$

Verschiebungsgleichungen. Für eine aus dem Tragwerk herausgeschnittene Reihe übereinanderliegender Knotenpunkte (vgl. Abb. 316 und 317) kann nach (147) die statische Gleichgewichtsbedingung $\Sigma V = 0$ in folgender Form geschrieben werden $\left(\begin{smallmatrix} + \\ \uparrow \end{smallmatrix} \begin{smallmatrix} - \\ \downarrow \end{smallmatrix} \right)$:

$$-\Sigma P - \Sigma \underset{\nu}{\mathfrak{A}^r_\nu} - \Sigma \underset{\nu+1}{\mathfrak{A}^l_{\nu+1}} - \sum_\nu \frac{1}{l_\nu}(M^l_\nu + M^r_\nu) + \sum_{\nu+1} \frac{1}{l_{\nu+1}}(M^l_{\nu+1} + M^r_{\nu+1}) = 0\,. \tag{339}$$

Drückt man nach (186) die Summen der Stabendmomente wieder als Funktion der Formänderungsgrößen und der Stabbelastungsglieder aus und berücksichtigt man außerdem unter Bezugnahme auf Abb. 384, daß

$$\psi_\nu = \frac{\delta_{m-1} - \delta_m}{l_\nu} \quad \text{und} \quad \psi_{\nu+1} = \frac{\delta_m - \delta_{m+1}}{l_{\nu+1}}, \tag{340}$$

so ergibt sich nach entsprechender Umformung die Verschiebungsgleichung für irgendeine Knotenreihe m mit der hier gewählten Bezeichnungsweise in folgender Form:

$$\boxed{\begin{aligned} &- \sum_\nu \bar{c}_{m-1,\,m}\, \varphi_{m-1} + \sum \varkappa_m\, \varphi_m + \sum_{\nu+1} \bar{c}_{m+1,\,m}\, \varphi_{m+1} - \\ &- C_\nu\, \delta_{m-1} + D_m\, \delta_m - C_{\nu+1}\, \delta_{m+1} + S_m = 0 \,. \end{aligned}} \tag{341}$$

Hierin sind

$$C_\nu = \sum_\nu \frac{\bar{c}_{m-1,\,m} + \bar{c}_{m,\,m-1}}{l_\nu}, \tag{342}$$

d. i. der Beiwert von δ_{m-1} und bedeutet die Summe aller $\bar{c}$-Werte im Felde ν (also im Felde links der betrachteten Knotenpunktreihe m), geteilt durch l_ν;

$$C_{\nu+1} = \sum_{\nu+1} \frac{\bar{c}_{m+1,\,m} + \bar{c}_{m,\,m+1}}{l_{\nu+1}}, \tag{342a}$$

d. i. der Beiwert von δ_{m+1} und bedeutet die Summe aller $\bar{c}$-Werte im Felde $(\nu + 1)$ (also im Felde rechts der betrachteten Knotenpunktreihe m), geteilt durch $l_{\nu+1}$;

$$D_m = C_\nu + C_{\nu+1}, \tag{343}$$

d. i. das Diagonalglied (Beiwert von δ_m) und bedeutet die Summe der C-Werte der links und rechts von der betrachteten Knotenpunktreihe m gelegenen Felder ν und $(\nu + 1)$;

$$\varkappa_m = \bar{c}_{m,\,m+1} - \bar{c}_{m,\,m-1}, \tag{344}$$

d. s. die Beiwerte von φ_m; sie bedeuten jeweils die Differenz der rechts und links von der betrachteten Knotenpunktreihe m gelegenen $\bar{c}$-Werte;

$$S_m = - \sum_\nu P - \sum_\nu \mathfrak{A}^r_\nu - \sum_{\nu+1} \mathfrak{A}^l_{\nu+1} - \frac{1}{l_\nu} \sum_\nu (\mathfrak{M}^l_\nu + \mathfrak{M}^r_\nu) + \frac{1}{l_{\nu+1}} \sum_{\nu+1} (\mathfrak{M}^l_{\nu+1} + \mathfrak{M}^r_{\nu+1}), \tag{345}$$

d. i. das Belastungsglied für die Knotenpunktreihe m unter Voraussetzung jeweils gleich langer Riegel im Feld ν bzw. $(\nu + 1)$. Die Bedeutung der einzelnen Glieder wurde bereits bei (145) und (146) erläutert.

Die in obigem Ausdruck vorhandenen Vorzeichen von P und $\mathfrak{A}$ gelten unter der Voraussetzung, daß diese Kräfte von oben nach unten wirken.

Zur Beschreibung der Gl. (341) sei noch folgendes bemerkt:

Die Zahl der φ_{m-1}-Glieder ist gleich der Anzahl der auf der linken Seite der betrachteten Knotenreihe m einmündenden Stäbe.

Ebenso ist die Anzahl der φ_{m+1}-Glieder gleich der Anzahl der rechts in die betrachtete Knotenreihe m einmündenden Stäbe.

Die Anzahl der φ_m-Glieder ist allgemein gleich der Anzahl der Knotenpunkte in der betrachteten Knotenreihe m. Wenn jedoch für einen Knoten $\varkappa = 0$ ist, was dann zutrifft, wenn $\bar{c}_{m,\,m+1} = \bar{c}_{m,\,m-1}$ ist, so entfällt das zugehörige φ_m-Glied. Die δ-Glieder treten in jeder Gleichung nur je einmal auf.

b) Gleichungstabelle für ein unsymmetrisches Vierendeel-Rahmentragwerk mit nur lotrecht verschieblichen Knotenpunkten

In Abb. 386 ist die Festwertskizze eines derartigen Tragwerkes ersichtlich. Es ist in den Knotenpunkten 6 und 10 in waagrechter Richtung unverschieblich festgehalten und bei 1 und 2 fest eingespannt, so daß als Unbekannte insgesamt die acht Knotendrehwinkel φ_3 bis φ_{10} und die zwei Verschiebungsgrößen in lotrechter Richtung δ_1 und δ_2 gemeinsam zu bestimmen sind.

Mit Hilfe der Festwerte aus Abb. 386 sind zunächst folgende Rechnungsgrößen zu ermitteln: d_3 bis d_{10} in der bekannten Art, $\varkappa_4$, $\varkappa_5$, $\varkappa_8$, $\varkappa_9$ nach (338) bzw. (344),

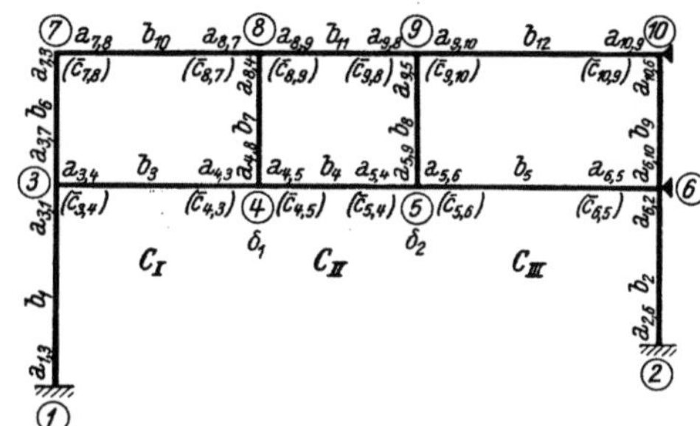

sodann C_I, C_{II}, C_{III} nach (342) und D_1, D_2 nach (343), wobei $D_1 = C_I + C_{II}$ und $D_2 = C_{II} + C_{III}$. Schließlich sind noch die Belastungsglieder s_3 bis s_{10} und nach (345) S_1 und S_2 zu bestimmen. Dann kann die Aufstellung der Gleichungstabelle 21 unter Benutzung der Knotengleichung (336) und der Verschiebungsgleichung (341) anhand der Festwertskizze unmittelbar erfolgen (siehe auch Zahlenbeispiel 26).

Gleichungstabelle 21

	φ_3	φ_4	φ_5	φ_6	φ_7	φ_8	φ_9	φ_{10}	δ_1	δ_2	B
φ_3	d_3	b_3			b_6				$-\bar{c}_{3,4}$		s_3
φ_4	b_3	d_4	b_4			b_7			$\varkappa_4$	$-\bar{c}_{4,5}$	s_4
φ_5		b_4	d_5	b_5			b_8		$\bar{c}_{5,4}$	$\varkappa_5$	s_5
φ_6			b_5	d_6				b_9		$\bar{c}_{6,5}$	s_6
φ_7	b_6				d_7	b_{10}			$-\bar{c}_{7,8}$		s_7
φ_8		b_7			b_{10}	d_8	b_{11}		$\varkappa_8$	$-\bar{c}_{8,9}$	s_8
φ_9			b_8			b_{11}	d_9	b_{12}	$\bar{c}_{9,8}$	$\varkappa_9$	s_9
φ_{10}				b_9			b_{12}	d_{10}		$\bar{c}_{10,9}$	s_{10}
δ_1	$-\bar{c}_{3,4}$	$\varkappa_4$	$\bar{c}_{5,4}$		$-\bar{c}_{7,8}$	$\varkappa_8$	$\bar{c}_{9,8}$		D_1	$-C_{II}$	S_1
δ_2		$-\bar{c}_{4,5}$	$\varkappa_5$	$\bar{c}_{6,5}$		$-\bar{c}_{8,9}$	$\varkappa_9$	$\bar{c}_{10,9}$	$-C_{II}$	D_2	S_2

D. Unsymmetrisch ausgebildete, seitlich festgehaltene Vierendeel-Rahmentragwerke mit gelenkigen Stabanschlüssen

a) Bedingungsgleichungen

Knotengleichungen. Ersetzt man in der auch hier gültigen Gl. (332) die Stabdrehwinkel ψ nach (340) durch die „absoluten" Knotenverschiebungen δ, so lautet die Knotengleichung unter Annahme beliebig vieler Gelenkstäbe in gekürzter Schreibweise analog (152) bzw. (336) folgendermaßen:

$$d^0{}_n \varphi_n + \sum_i b_{n,i} \varphi_i + \bar{c}'{}_{n,\nu} \delta_{m-1} + \varkappa'{}_n \delta_m - \bar{c}'{}_{n,\nu+1} \delta_{m+1} + s^0{}_n = 0 \ . \qquad (346)$$

Darin ist gemäß (338)

$$\varkappa'{}_n = \bar{c}'{}_{n,\nu+1} - \bar{c}'{}_{n,\nu} \ . \qquad (347)$$

Für die Werte $\bar{c}'{}_{n,\nu}$ und $\bar{c}'{}_{n,\nu+1}$ sind die erweiterten Stabfestwerte des Stabes ν bzw. $(\nu + 1)$ zu setzen, und zwar für $\bar{c}'{}_{n,\nu}$ der Wert $\bar{c}_{n,\nu}$ oder $\bar{a}^0{}_{n,\nu}$, je nachdem, ob es sich um einen beidseitig elastisch eingespannten Stab oder um einen im Knoten n fest angeschlossenen Gelenkstab handelt. Sinngemäß ist für $\bar{c}'{}_{n,\nu+1}$ der entsprechende Wert $\bar{c}_{n,\nu+1}$ oder $\bar{a}^0{}_{n,\nu+1}$ einzuführen. Die Festwerte $\bar{c}$ erhält man aus (337), und gemäß (275) ist

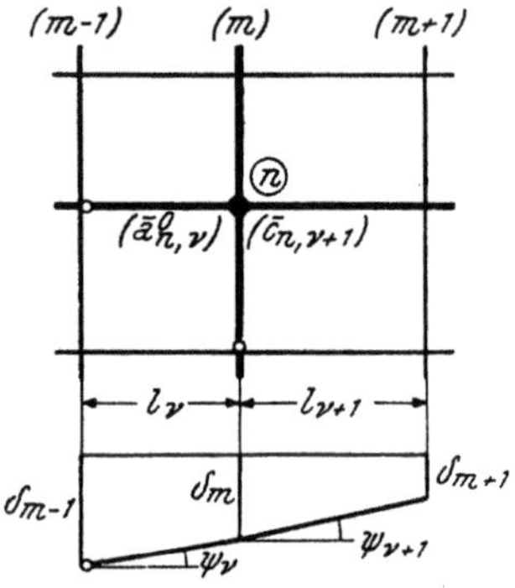

$$\bar{a}^0{}_{n,\nu} = \frac{a^0{}_{n,\nu}}{l_\nu} \quad \text{und} \quad \bar{a}^0{}_{n,\nu+1} = \frac{a^0{}_{n,\nu+1}}{l_{\nu+1}} \ . \qquad (348)$$

Abb. 387. Lotrecht verschieblicher Tragwerksteil mit gelenkigen Stabanschlüssen; Bezeichnungen

Das Glied $\varkappa'{}_n \delta_m$ tritt in der oben aufgestellten Knotengleichung (346) nur dann auf, wenn der betrachtete Knoten n in einer lotrecht verschieblichen Knotenreihe m liegt. Der Beiwert $\varkappa'{}_n$ wird stets gebildet aus der Differenz der am Knoten n gelegenen $\bar{c}'$-Werte; es ist also gemäß (347)

$$\varkappa'{}_n = \varkappa_n = \bar{c}_{n,\nu+1} - \bar{c}_{n,\nu} \ \dots$$ wenn die in den Knoten n einmündenden Stäbe ν und $(\nu + 1)$ auch in den Nachbarknoten elastisch eingespannt sind,

$$\varkappa'{}_n = \bar{a}^0{}_{n,\nu+1} - \bar{a}^0{}_{n,\nu} \ \dots$$ wenn beide Stäbe auf der Gegenseite gelenkig angeschlossen sind,

$$\varkappa'{}_n = \bar{c}_{n,\nu+1} - \bar{a}^0{}_{n,\nu} \ \dots$$ wenn der Stab $(\nu + 1)$ beidseitig fest, der Stab ν jedoch auf der Gegenseite gelenkig angeschlossen ist,

$$\varkappa'{}_n = \bar{a}^0{}_{n,\nu+1} - \bar{c}_{n,\nu} \ \dots$$ wenn der Stab $(\nu + 1)$ auf der Gegenseite gelenkig, der Stab ν hingegen beidseitig fest angeschlossen ist.

Somit lautet die Knotengleichung (346) für den in Abb. 387 dargestellten Knotenpunkt n eines lotrecht verschieblichen Tragwerkes

$$d^0{}_n \varphi_n + \sum_i b_{n,i} \varphi_i + \bar{a}^0{}_{n,\nu} \delta_{m-1} + \varkappa'{}_n \delta_m - \bar{c}_{n,\nu+1} \delta_{m+1} + s^0{}_n = 0 \ , \qquad (346\,\text{a})$$

wobei gemäß (347)

$$\varkappa'{}_n = \bar{c}_{n,\nu+1} - \bar{a}^0{}_{n,\nu} \ . \qquad (347\,\text{a})$$

Bei der Aufstellung der Knotengleichungen ist zu beachten, daß solche Stäbe, die im betrachteten Knoten n gelenkig gelagert sind, für die Gl. (346) keine Beiträge liefern. Weisen z. B. die beiden Stäbe ν und $(\nu + 1)$ im Knoten n Gelenke auf, so entfallen in der Knotengleichung (346) sämtliche δ-Glieder.

Verschiebungsgleichungen. Gemäß (155) und (341) kann man die Verschiebungsgleichung für unsymmetrische, lotrecht verschiebliche Tragwerke mit gelenkigen Stabanschlüssen in folgender Form schreiben:

$$-\sum_\nu \bar{c}'{}_{m-1,m} \varphi_{m-1} + \sum \varkappa'{}_m \varphi_m + \sum_{\nu+1} \bar{c}'{}_{m+1,m} \varphi_{m+1} - \\ - C^0{}_\nu \delta_{m-1} + D^0{}_m \delta_m - C^0{}_{\nu+1} \delta_{m+1} + S^0{}_m = 0 \ . \qquad (349)$$

Hierin bedeuten

$$C^0{}_\nu = \sum_e \frac{\bar{c}_{m-1,\,m} + \bar{c}_{m,\,m-1}}{l_\nu} + \sum_{gr} \frac{\bar{a}^0{}_{m-1,\,m}}{l_\nu} + \sum_{gl} \frac{\bar{a}^0{}_{m,\,m-1}}{l_\nu}\,, \qquad (350)$$

$$C^0{}_{\nu+1} = \sum_e \frac{\bar{c}_{m+1,\,m} + \bar{c}_{m,\,m+1}}{l_{\nu+1}} + \sum_{gr} \frac{\bar{a}^0{}_{m,\,m+1}}{l_{\nu+1}} + \sum_{gl} \frac{\bar{a}^0{}_{m+1,\,m}}{l_{\nu+1}}\,, \qquad (350\,\text{a})$$

wobei sich $\sum\limits_e$ auf sämtliche **beidseitig elastisch eingespannten** Riegel, $\sum\limits_{gr}$ auf alle Stäbe mit **Gelenk rechts** und $\sum\limits_{gl}$ auf alle Stäbe mit **Gelenk links** beziehen. Weiter ist das Diagonalglied

$$D^0{}_m = C^0{}_\nu + C^0{}_{\nu+1}\,, \qquad (351)$$

der Beiwert $\varkappa'_m$ gemäß (344)

$$\varkappa'_m = \bar{c}'_{m,\,m+1} - \bar{c}'_{m,\,m-1} \qquad (352)$$

und schließlich das Belastungsglied für die verschiebliche Knotenreihe m nach (158)

$$S^0{}_m = - \sum P - \sum_\nu \mathfrak{A}^r{}_\nu - \sum_{\nu+1} \mathfrak{A}^l{}_{\nu+1} - \frac{1}{l_\nu} \sum_e{}' (\mathfrak{M}^l{}_\nu + \mathfrak{M}^r{}_\nu) - \frac{1}{l_\nu} \sum_{gr} \mathfrak{M}^{0,\,l}{}_\nu - \frac{1}{l_\nu} \sum_{gl} \mathfrak{M}^{0,\,r}{}_\nu +$$

$$+ \frac{1}{l_{\nu+1}} \sum_e (\mathfrak{M}^l{}_{\nu+1} + \mathfrak{M}^r{}_{\nu+1}) + \frac{1}{l_{\nu+1}} \sum_{gr} \mathfrak{M}^{0,\,l}{}_{\nu+1} + \frac{1}{l_{\nu+1}} \sum_{gl} \mathfrak{M}^{0,\,r}{}_{\nu+1}\,. \qquad (353)$$

Über die einzelnen Glieder in der Verschiebungsgleichung (349) kann noch folgendes gesagt werden:

Die Beiwerte $\bar{c}'_{m-1,\,m}$, $\bar{c}'_{m+1,\,m}$ und $\varkappa'_m$ (identisch mit $\varkappa'_n$) haben hier die gleiche Bedeutung wie in der Knotengleichung (346).

Der Wert $C^0{}_\nu$ ($=$ Beiwert von δ_{m-1}) wird gebildet aus der Summe aller $\bar{c}$- und $\bar{a}^0$-Werte im Feld ν ($=$ **linkes** Feld der betrachteten Knotenreihe), geteilt durch l_ν. Das gleiche gilt sinngemäß für $C^0{}_{\nu+1}$ ($=$ Beiwert von δ_{m+1}), der sich auf das **rechte** Feld der betrachteten Knotenreihe m bezieht.

Das Diagonalglied $D^0{}_m$ für die verschiebliche Knotenreihe m ergibt sich stets als Summe der C- und C^0-Werte der beiderseits anschließenden Felder. Treten z. B. im Feld ν bzw. $(\nu+1)$ keine Gelenkstäbe auf, so wird gemäß (351)

$$D^0{}_m = C_\nu + C^0{}_{\nu+1} \quad \text{bzw.} \quad D^0{}_m = C^0{}_\nu + C_{\nu+1}\,. \qquad (354)$$

Die einzelnen Beiträge für das Belastungsglied $S^0{}_m$ sind bei (145) und (158) eingehend erläutert.

Über die Anzahl der Glieder in der Verschiebungsgleichung (349) hat das zu (341) Gesagte auch hier Gültigkeit, jedoch mit der Einschränkung, daß sich die Zahl der φ_{m-1}- bzw. φ_{m+1}-Glieder um die Anzahl der im Feld ν links bzw. im Feld $(\nu+1)$ **rechts** gelenkig angeschlossenen Stäbe vermindert. Ergänzend sei noch bemerkt, daß das φ_m-Glied eines Knotens entfällt, wenn dort beide Riegel gelenkig gelagert sind oder wenn $\bar{c}'_{m,\,m+1} = \bar{c}'_{m,\,m-1}$ ist.

b) Gleichungstabelle für ein unsymmetrisches Vierendeel-Rahmentragwerk mit nur lotrecht verschieblichen Knotenpunkten

Das zugleich als Festwertskizze dargestellte Tragwerk in Abb. 388 unterscheidet sich von jenem in Abb. 386 nur dadurch, daß im ersten Feld der Untergurt im

Knoten 3 und im zweiten Feld der Obergurt im Knoten 9 gelenkig angeschlossen sind. Als Unbekannte treten auch hier die **acht** Knotendrehwinkel φ_3 bis φ_{10} und die **zwei** Verschiebungsgrößen δ_1 und δ_2 auf.

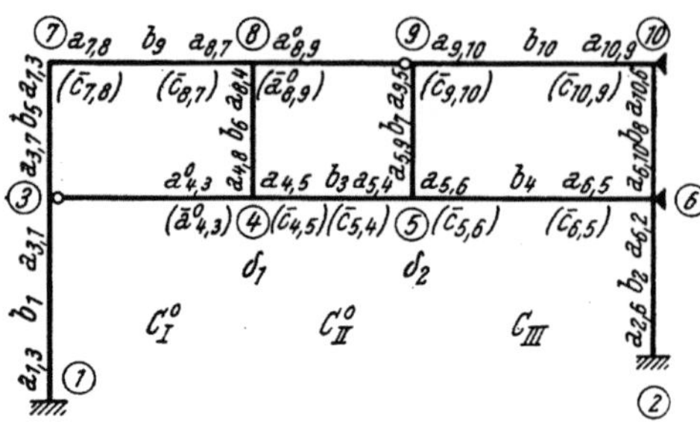

Abb. 388. Festwertskizze

Zur Aufstellung der Knotengleichungen nach (346) sind zunächst die Diagonalglieder d_3 bis d_{10} nach (277) und die Belastungsglieder s_3 bis s_{10} nach (278) sowie nach (347) die $\varkappa'$-Werte für die lotrecht verschieblichen Knoten 4, 5, 8, 9 zu bestimmen. Weiter werden für die Verschiebungsgleichungen nach (349) benötigt: C^0_I, C^0_{II}, C_{III} nach (350) bzw. (342) und D^0_1, D^0_2 nach (351) bzw. (354) sowie S^0_1 und S^0_2 nach (353).

Anhand der Festwertskizze Abb. 388 kann nun die Gleichungstabelle 22 unter Benutzung der Mustergleichungen aufgestellt werden.

Gleichungstabelle 22

	φ_3	φ_4	φ_5	φ_6	φ_7	φ_8	φ_9	φ_{10}	δ_1	δ_2	B
φ_3	d_3				b_5						s_3
φ_4		d^0_4	b_3			b_6			$\varkappa'_4$	$-\bar{c}_{4,5}$	s^0_4
φ_5		b_3	d_5	b_4			b_7		$\bar{c}_{5,4}$	$\varkappa_5$	s_5
φ_6			b_4	d_6				b_8		$\bar{c}_{6,5}$	s_6
φ_7	b_5				d_7	b_9			$-\bar{c}_{7,8}$		s_7
φ_8		b_6			b_9	d^0_8			$\varkappa'_8$	$-\bar{a}^0_{8,9}$	s^0_8
φ_9			b_7				d_9	b_{10}		$\varkappa'_9$	s_9
φ_{10}				b_8			b_{10}	d_{10}		$\bar{c}_{10,9}$	s_{10}
δ_1		$\varkappa'_4$	$\bar{c}_{5,4}$		$-\bar{c}_{7,8}$	$\varkappa'_8$			D^0_1	$-C^0_{II}$	S^0_1
δ_2		$-\bar{c}_{4,5}$	$\varkappa_5$	$\bar{c}_{6,5}$		$-\bar{a}^0_{8,9}$	$\varkappa'_9$	$\bar{c}_{10,9}$	$-C^0_{II}$	D^0_2	S^0_2

Anmerkung. Auf Seite 77 f. wurde bereits darauf hingewiesen, daß die für unsymmetrische, nur lotrecht verschiebliche Tragwerke aufgestellten Bedingungsgleichungen (142) und (148) unter sinngemäßer Abänderung der Bezeichnungen auch zur Berechnung von **waagrecht** verschieblichen Tragwerken benutzt werden können, deren Riegeln in einzelnen Feldern fehlen [siehe Gl. (142 a) und (148 a)]. Die gleichen Überlegungen gelten ebenfalls für die Mustergleichungen (336) und (341) bzw. (346) und (349).

6. Rahmentragwerke mit lotrecht und waagrecht verschieblichen Knotenpunkten

Allgemeine Betrachtungen über die Eigenart dieser Tragwerksgattung finden sich im ersten Abschnitt auf Seite 83 f. Es ist danach lediglich bei den Knotengleichungen eine kleine Erweiterung der bereits bekannten Ansätze für nur lotrecht verschiebliche Systeme vorzunehmen, während für die Verschiebungsgleichungen die früher aufgestellten Gleichungsformen unverändert übernommen werden können.

a) Bedingungsgleichungen

Knotengleichungen. Der bei Rahmentragwerken mit nur lotrecht verschieblichen Knotenpunkten aufgestellten Knotengleichung liegt die Voraussetzung zugrunde, daß höchstens zwei Stäbe, und zwar die waagrecht in den betrachteten Knotenpunkt n einmündenden Riegel, eine Stabverdrehung erleiden. Es kommen daher in dieser Gleichung auch nur zwei ψ-Glieder vor. Zieht man nun in Betracht, daß in dem vorliegenden Fall, wo die Knotenpunkte in lotrechter und waagrechter Richtung verschieblich sind, auch die lotrechten Stäbe Verdrehungen mitmachen, so müssen in der Knotengleichung noch zwei weitere ψ-Glieder oder $\varDelta$-Glieder von derselben Art hinzutreten, wie sie von den Stockwerkrahmen her bereits bekannt sind. Diese Glieder haben die Form [vgl. Gl. (260)]

$$c_{n,\mu}\,\psi_\mu + c_{n,\mu+1}\,\psi_{\mu+1}\,, \tag{355}$$

wenn als Unbekannte die Stabdrehwinkel der lotrechten Stäbe gewählt werden, oder [vgl. Gl. (265)]

$$\bar{c}_{n,\mu}\,\varDelta_\mu + \bar{c}_{n,\mu+1}\,\varDelta_{\mu+1}\,, \tag{355a}$$

wenn die relativen Stabendverschiebungen der lotrechten Stäbe als Unbekannte Verwendung finden. Fügt man also den Ausdruck (355) bzw. (355a) zur Gl. (336) hinzu, so erhält man die Knotengleichung für beliebig verschiebliche Tragwerke:

$$\boxed{\begin{aligned} &d_n\varphi_n + \sum_i b_{n,i}\varphi_i + \bar{c}_{n,\nu}\delta_{m-1} + \varkappa_n\delta_m - \bar{c}_{n,\nu+1}\delta_{m+1} + \\ &\quad + c_{n,\mu}\,\psi_\mu + c_{n,\mu+1}\,\psi_{\mu+1} + s_n = 0 \end{aligned}} \tag{356}$$

bzw.

$$\boxed{\begin{aligned} &d_n\varphi_n + \sum_i b_{n,i}\varphi_i + \bar{c}_{n,\nu}\delta_{m-1} + \varkappa_n\delta_m - \bar{c}_{n,\nu+1}\delta_{m+1} + \\ &\quad + \bar{c}_{n,\mu}\,\varDelta_\mu + \bar{c}_{n,\mu+1}\,\varDelta_{\mu+1} + s_n = 0\,. \end{aligned}} \tag{356a}$$

Die Zeiger ν beziehen sich auf die Felder, die Zeiger μ auf die Stockwerke des Tragwerkes.

Verschiebungsgleichungen. Hier kommen beide Arten der bekannten statischen Gleichgewichtsbedingungen $\varSigma V = 0$ und $\varSigma H = 0$ zur Anwendung. Es sind aber dafür keine neuen Ableitungen erforderlich, da die bereits bekannten gebrauchsfertigen Gleichungen unmittelbar benutzt werden können. So hat z. B. die aus der Bedingung $\varSigma V = 0$ für Tragwerke mit nur lotrecht verschieblichen Knotenpunkten aufgestellte Gl. (341) auch hier volle Gültigkeit. Ebenso kann die für Stockwerkrahmen mit waagrecht verschieblichen Knotenpunkten aus der Bedingung $\varSigma H = 0$ abgeleitete Verschiebungsgleichung (262) bzw. (269) in unveränderter Form übernommen werden.

b) Gleichungstabelle für ein unsymmetrisches, lotrecht und waagrecht verschiebliches Rahmentragwerk

Ein solches Tragwerk zeigt Abb. 389. Es treten hier folgende Unbekannte auf: Die sechs Knotendrehwinkel φ_3 bis φ_8, die eine Verschiebung δ_1 der Knotenreihe 4—7 in lotrechter Richtung sowie die den zwei Stockwerken entsprechenden Verschiebungsgrößen $\varDelta_I$ und $\varDelta_{II}$. Zur Aufstellung der Knotengleichungen nach (356a) sind vorher die Diagonalglieder d_3 bis d_8 und die Belastungsglieder s_3 bis s_8 sowie

Tafel VI. *Zusammenstellung der wichtigsten Knoten- und Verschiebungsgleichungen für mel stöckige Rahmen mit Vouten (ohne Gelenke)* [1]

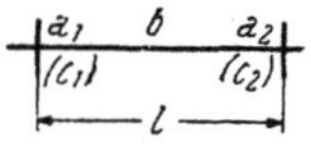 a- und b-Werte: Tafel 7 bis 10	KG .... Knotengleichung $$d_n = \sum_i a_{n,i};$$ $$s_n = \sum_i \mathfrak{M}_{n,i} + \Sigma \mathfrak{M}_{n,K};$$	VG .... Verschiebungsgleichung $$c_1 = a_1 + b; \quad c_2 = a_2 + b; \quad \bar{c} = \frac{c}{l}$$ $$\varkappa_n = \varkappa_m = \bar{c}_{n,\nu+1} - \bar{c}_{n,\nu}$$
Unverschiebliche Rahmentragwerke (siehe auch S. 113 f.)	KG .... $d_n \varphi_n + \sum_i b_{n,i} \varphi_i + s_n = 0$	
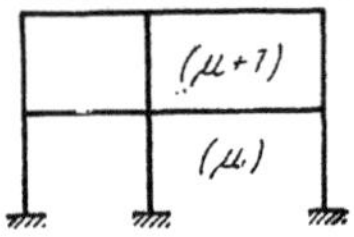 **Stockwerkrahmen mit lotrechten, geschoßweise gleich langen Ständern** (siehe auch S. 119 ff.)	KG .... $d_n \varphi_n + \sum_i b_{n,i} \varphi_i + c_{n,\mu} \psi_\mu + c_{n,\mu+1} \psi_{\mu+1} + s_n = 0$ $$\text{VG} \ldots \sum_\mu c_u \varphi_u + \sum_\mu c_o \varphi_o + D_\mu \psi_\mu + S_\mu = 0$$ $$D_\mu = \sum_\mu (c_o + c_u)$$ $$S_\mu = \left(\Sigma P + \Sigma q \cdot e + \sum_\mu \mathfrak{A}_o \right) l_\mu + \sum_\mu (\mathfrak{M}_o + \mathfrak{M}_u)$$	
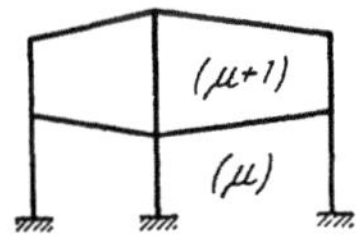 **Stockwerkrahmen mit lotrechten, ungleich langen Ständern** (siehe auch S. 122 f.)	KG .... $d_n \varphi_n + \sum_i b_{n,i} \varphi_i + \bar{c}_{n,\mu} \varDelta_\mu + \bar{c}_{n,\mu+1} \varDelta_{\mu+1} + s_n = 0$ $$\text{VG} \ldots \sum_\mu \bar{c}_u \varphi_u + \sum_\mu \bar{c}_o \varphi_o + D_\mu \varDelta_\mu + S_\mu = 0$$ $$D_\mu = \sum_\mu \frac{\bar{c}_o + \bar{c}_u}{l}$$ $$S_\mu = \Sigma P + \Sigma q \cdot e + \sum_\mu \mathfrak{A}_o + \sum_\mu \frac{\mathfrak{M}_o + \mathfrak{M}_u}{l}$$	
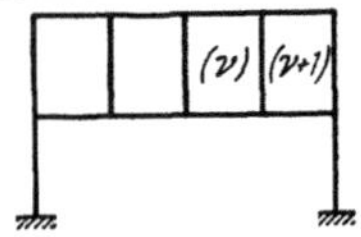 **Symmetrisch ausgebildete und symmetrisch belastete Vierendeel-Rahmentragwerke** (siehe auch S. 134 f.)	KG .... $d_n \varphi_n + \sum_i b_{n,i} \varphi_i + c_{n,\nu} \psi_\nu + c_{n,\nu+1} \psi_{\nu+1} + s_n = 0$ $$\text{VG} \ldots \sum_\nu c_l \varphi_l + \sum_\nu c_r \varphi_r + D_\nu \psi_\nu + S_\nu = 0$$ $$D_\nu = \sum_\nu (c_l + c_r)$$ $$S_\nu = \left[\frac{1}{2} (\Sigma P + \Sigma q \cdot e) - \Sigma P' - \Sigma q' \cdot e' - \sum_\nu \mathfrak{A}_l \right] l_\nu + \sum_\nu (\mathfrak{M}_l + \mathfrak{M}_r)$$	
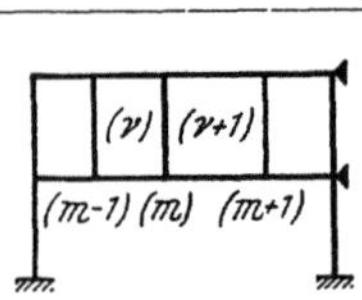 **Unsymmetrisch ausgebildete — oder symmetrisch ausgebildete, aber unsymmetrisch belastete — seitlich festgehaltene Vierendeel-Rahmentragwerke** (siehe auch S. 138 ff.)	KG .... $d_n \varphi_n + \sum_i b_{n,i} \varphi_i + \bar{c}_{n,\nu} \delta_{m-1} + \varkappa_n \delta_m - \bar{c}_{n,\nu+1} \delta_{m+1} + s_n = 0$ $$\text{VG} \ldots - \sum_\nu \bar{c}_{m-1,m} \varphi_{m-1} + \Sigma \varkappa_m \varphi_m + \sum_{\nu+1} \bar{c}_{m+1,m} \varphi_{m+1} -$$ $$- C_\nu \delta_{m-1} + D_m \delta_m - C_{\nu+1} \delta_{m+1} + S_m =$$ $$C_\nu = \sum_\nu \frac{\bar{c}_{m-1,m} + \bar{c}_{m,m-1}}{l_\nu}; \qquad C_{\nu+1} = \sum_{\nu+1} \frac{\bar{c}_{m+1,m} + \bar{c}_{ni,m+1}}{l_{\nu+1}}$$ $$D_m = C_\nu + C_{\nu+1}$$ $$S_m = - \Sigma P - \sum_\nu \mathfrak{A}^r_\nu - \sum_{\nu+1} \mathfrak{A}^l_{\nu+1} - \frac{1}{l_\nu} \sum_\nu (\mathfrak{M}^l_\nu + \mathfrak{M}^r_\nu) + \frac{1}{l_{\nu+1}} \sum_{\nu+1} (\mathfrak{M}^l_{\nu+1} + \mathfrak{M}^r_{\nu+1})$$	

[1] Für Rahmentragwerke ohne Vouten siehe Tafel III, Seite 86

Tafel VIa. *Zusammenstellung der wichtigsten Knoten- und Verschiebungsgleichungen für mehrstöckige Rahmen mit Vouten (mit Gelenken)*[1]

---

a^0-Werte: Tafel 11 und 12

KG .... Knotengleichung $\qquad$ VG .... Verschiebungsgleichung

$$d^0{}_n = \sum_i a_{n,i} + \sum_g a^0{}_{n,g};\qquad\qquad \bar{a}^0 = \frac{a^0}{l};\ \ \bar{c} = \frac{c}{l};\ \ \bar{c}' \dots \bar{c}\ \text{bzw.}\ \bar{a}^0$$

$$s^0{}_n = \sum_i \mathfrak{M}_{n,i} + \sum_g \mathfrak{M}^0{}_{n,g} + \sum \mathfrak{M}_{n,K};\qquad\qquad \varkappa'_n = \varkappa'_m = \bar{c}'_{n,\nu+1} - \bar{c}'_{n,\nu}$$

Unverschiebliche Rahmentragwerke (siehe auch S. 115 f.)

$$\text{KG} \dots\ d^0{}_n \varphi_n + \sum_i b_{n,i}\varphi_i + s^0{}_n = 0$$

Stockwerkrahmen mit lotrechten, geschoßweise gleich langen Ständern (siehe auch S. 131 f.)

$$\text{KG} \dots\ d^0{}_n \varphi_n + \sum_i b_{n,i}\varphi_i + c_{n,\mu}\psi_\mu + a^0{}_{n,\mu}\psi_\mu + c_{n,\mu+1}\psi_{\mu+1} + a^0{}_{n,\mu+1}\psi_{\mu+1} + s^0{}_n = 0$$

$$\text{VG} \dots\ \sum_e c_u \varphi_u + \sum_{go} a^0{}_u \varphi_u + \sum_e c_o \varphi_o + \sum_{gu} a^0{}_o \varphi_o + D^0{}_\mu \psi_\mu + S^0{}_\mu = 0$$

$$D^0{}_\mu = \sum_e (c_o + c_u) + \sum_{gu} a^0{}_o + \sum_{go} a^0{}_u$$

$$S^0{}_\mu = \left(\sum P + \sum q \cdot e + \sum_\mu \mathfrak{A}_o\right) l_\mu + \sum_e (\mathfrak{M}_o + \mathfrak{M}_u) + \sum_{gu} \mathfrak{M}^0{}_o + \sum_{go} \mathfrak{M}^0{}_u$$

Stockwerkrahmen mit lotrechten, ungleich langen Ständern (siehe auch S. 133 f.)

$$\text{KG} \dots\ d^0{}_n \varphi_n + \sum_i b_{n,i}\varphi_i + \bar{c}'_{n,\mu}\Delta_\mu + \ddot{c}'_{n,\mu+1}\Delta_{\mu+1} + s^0{}_n = 0$$

$$\text{VG} \dots\ \sum_e \bar{c}_u \varphi_u + \sum_{go} \bar{a}^0{}_u \varphi_u + \sum_e \bar{c}_o \varphi_o + \sum_{gu} \bar{a}^0{}_o \varphi_o + D^0{}_\mu \Delta_\mu + S^0{}_\mu = 0$$

$$D^0{}_\mu = \sum_e \frac{\bar{c}_o + \bar{c}_u}{l} + \sum_{gu} \frac{\bar{a}^0{}_o}{l} + \sum_{go} \frac{\bar{a}^0{}_u}{l}$$

$$S^0{}_\mu = \sum P + \sum q \cdot e + \sum_\mu \mathfrak{A}_o + \sum_e \frac{\mathfrak{M}_o + \mathfrak{M}_u}{l} + \sum_{gu} \frac{\mathfrak{M}^0{}_o}{l} + \sum_{go} \frac{\mathfrak{M}^0{}_u}{l}$$

Symmetrisch ausgebildete und symmetrisch belastete Vierendeel-Rahmentragwerke (siehe auch S. 136 f.)

$$\text{KG} \dots\ d^0{}_n \varphi_n + \sum_i b_{n,i}\varphi_i + c_{n,\nu}\psi_\nu + a^0{}_{n,\nu}\psi_\nu + c_{n,\nu+1}\psi_{\nu+1} + a^0{}_{n,\nu+1}\psi_{\nu+1} + s^0{}_n = 0$$

$$\text{VG} \dots\ \sum_e c_l \varphi_l + \sum_{gr} a^0{}_l \varphi_l + \sum_e c_r \varphi_r + \sum_{gl} a^0{}_r \varphi_r + D^0{}_\nu \psi_\nu + S^0{}_\nu = 0$$

$$D^0{}_\nu = \sum_e (c_l + c_r) + \sum_{gr} a^0{}_l + \sum_{gl} a^0{}_r$$

$$S^0{}_\nu = \left[\frac{1}{2}\left(\sum P + \sum q \cdot e\right) - \sum P' - \sum q' \cdot e' - \sum_\nu \mathfrak{A}_l\right] l_\nu +$$
$$+ \sum_e (\mathfrak{M}_l + \mathfrak{M}_r) + \sum_{gr} \mathfrak{M}^0{}_l + \sum_{gl} \mathfrak{M}^0{}_r$$

Unsymmetrisch ausgebildete — oder symmetrisch ausgebildete, aber unsymmetrisch belastete — seitlich festgehaltene Vierendeel-Rahmentragwerke (siehe auch S. 141 ff.)

$$\text{KG} \dots\ d^0{}_n \varphi_n + \sum_i b_{n,i}\varphi_i + \bar{c}'_{n,\nu}\delta_{m-1} + \varkappa'_n \delta_m - \bar{c}'_{n,\nu+1}\delta_{m+1} + s^0{}_n = 0$$

$$\text{VG} \dots\ -\sum_\nu \bar{c}'_{m-1,m}\varphi_{m-1} + \sum \varkappa'_m \varphi_m + \sum_{\nu+1} \bar{c}'_{m+1,m}\varphi_{m+1} -$$
$$- C^0{}_\nu \delta_{m-1} + D^0{}_m \delta_m - C^0{}_{\nu+1}\delta_{m+1} + S^0{}_m = 0$$

$$C^0{}_\nu = \sum_e \frac{\bar{c}_{m-1,m} + \bar{c}_{m,m-1}}{l_\nu} + \sum_{gr} \frac{\bar{a}^0{}_{m-1,m}}{l_\nu} + \sum_{gl} \frac{\bar{a}^0{}_{m,m-1}}{l_\nu}$$

$$C^0{}_{\nu+1} = \sum_e \frac{\bar{c}_{m+1,m} + \bar{c}_{m,m+1}}{l_{\nu+1}} + \sum_{gr} \frac{\bar{a}^0{}_{m,m+1}}{l_{\nu+1}} + \sum_{gl} \frac{\bar{a}^0{}_{m+1,m}}{l_{\nu+1}}$$

$$D^0{}_m = C^0{}_\nu + C^0{}_{\nu+1}$$

$$S^0{}_m = -\sum P - \sum_\nu \mathfrak{A}^r{}_\nu - \sum_{\nu+1} \mathfrak{A}^l{}_{\nu+1} - \frac{1}{l_\nu}\sum_e (\mathfrak{M}^l{}_\nu + \mathfrak{M}^r{}_\nu) - \frac{1}{l_\nu}\sum_{gr}\mathfrak{M}^{0,l}{}_\nu - \frac{1}{l_\nu}\sum_{gl}\mathfrak{M}^{0,r}{}_\nu +$$
$$+ \frac{1}{l_{\nu+1}}\sum_e (\mathfrak{M}^l{}_{\nu+1} + \mathfrak{M}^r{}_{\nu+1}) + \frac{1}{l_{\nu+1}}\sum_{gr}\mathfrak{M}^{0,l}{}_{\nu+1} + \frac{1}{l_{\nu+1}}\sum_{gl}\mathfrak{M}^{0,r}{}_{\nu+1}$$

---

[1] Für Rahmentragwerke ohne Vouten siehe Tafel IIIa, Seite 87

die Werte $\varkappa_4$ und $\varkappa_7$ nach (338) zu ermitteln. Für die Verschiebungsgleichung (341), welche die Bedingung $\Sigma V = 0$ zum Ausdruck bringt, sind das Diagonalglied D_1 und das Belastungsglied S_1 und schließlich für die Verschiebungsgleichung (269),

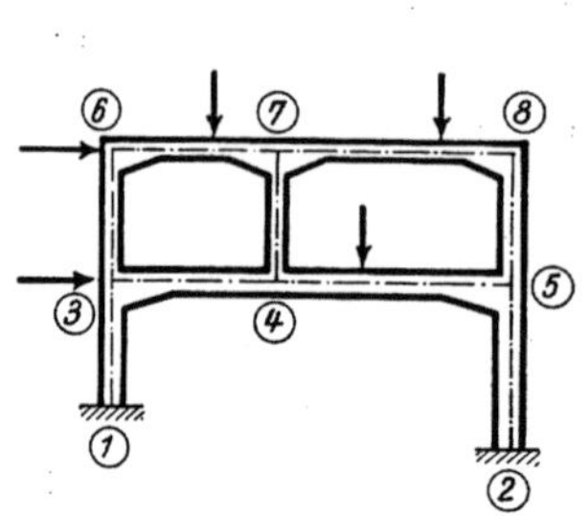

Abb. 389. Lotrecht und waagrecht verschiebliches Tragwerk

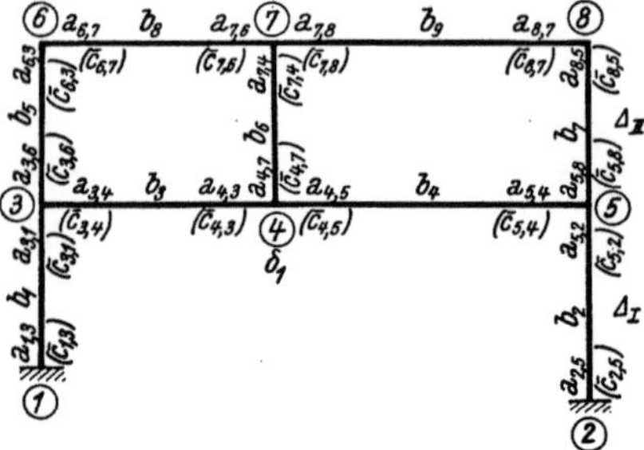

Abb. 390. Festwertskizze

welche aus der Bedingung $\Sigma H = 0$ abgeleitet worden ist, die Diagonalglieder D_I und D_{II} sowie die Belastungsglieder S_I und S_{II} zahlenmäßig festzulegen.

Anhand der Festwertskizze Abb. 390 kann dann die Gleichungstabelle 23 unter Benutzung der Mustergleichungen unmittelbar angeschrieben werden.

Gleichungstabelle 23

	φ_3	φ_4	φ_5	φ_6	φ_7	φ_8	δ_1	Δ_I	Δ_{II}	B
φ_3	d_3	b_3		b_5			$-\bar{c}_{3,4}$	$\bar{c}_{3,1}$	$\bar{c}_{3,6}$	s_3
φ_4	b_3	d_4	b_4		b_6		$\varkappa_4$		$\bar{c}_{4,7}$	s_4
φ_5		b_4	d_5			b_7	$\bar{c}_{5,4}$	$\bar{c}_{5,2}$	$\bar{c}_{5,8}$	s_5
φ_6	b_5			d_6	b_8		$-\bar{c}_{6,7}$		$\bar{c}_{6,3}$	s_6
φ_7		b_6		b_8	d_7	b_9	$\varkappa_7$		$\bar{c}_{7,4}$	s_7
φ_8			b_7		b_9	d_8	$\bar{c}_{8,7}$		$\bar{c}_{8,5}$	s_8
δ_1	$-\bar{c}_{3,4}$	$\varkappa_4$	$\bar{c}_{5,4}$	$-\bar{c}_{6,7}$	$\varkappa_7$	$\bar{c}_{8,7}$	D_1			S_1
Δ_I	$\bar{c}_{3,1}$		$\bar{c}_{5,2}$					D_I		S_I
Δ_{II}	$\bar{c}_{3,6}$	$\bar{c}_{4,7}$	$\bar{c}_{5,8}$	$\bar{c}_{6,3}$	$\bar{c}_{7,4}$	$\bar{c}_{8,5}$			D_{II}	S_{II}

Anmerkung. Für lotrecht und waagrecht verschiebliche Rahmentragwerke mit g e l e n k i g e n Stabanschlüssen kann in gleicher Weise die Knotengleichung (346) Verwendung finden, wenn jene ψ- oder Δ-Glieder hinzugefügt werden, die sich auf die Verdrehung der lotrechten Stäbe beziehen. Diese Glieder lauten [vgl. Gl. (314)]

$$c_{n,\mu}\,\psi_\mu + a^0{}_{n,\mu}\,\psi_\mu + c_{n,\mu+1}\,\psi_{\mu+1} + a^0{}_{n,\mu+1}\,\psi_{\mu+1} \qquad (357)$$

oder, wenn als Unbekannte die Verschiebungsgröße Δ gewählt wird [vgl. Gl. (323)],

$$\bar{c}'{}_{n,\mu}\,\Delta_\mu + \bar{c}'{}_{n,\mu+1}\,\Delta_{\mu+1}\,. \qquad (357\,\mathrm{a})$$

Für die beiden Arten der voneinander unabhängigen Verschiebungsgleichungen ($\Sigma V = 0$, $\Sigma H = 0$) können die Gl. (349) für Tragwerke mit lotrecht verschieblichen Knotenpunkten und die Gl. (319) bzw. (324) für waagrecht verschiebliche Stockwerkrahmen in unveränderter Form angewendet werden. (Vgl. auch Zahlenbeispiel 27.)

Schlußbemerkung. Aus der Zusammenstellung der wichtigsten Knoten- und Verschiebungsgleichungen auf Seite 146f. für die verschiedenen Sonderfälle mehrstöckiger Rahmentragwerke mit Vouten erkennt man, daß sich die Mustergleichungen für Tragwerke mit Gelenken (Tafel VIa) von denen für Tragwerke ohne Gelenke (Tafel VI) nur durch zusätzliche Gleichungsglieder unterscheiden, die sich auf die gelenkigen Stabanschlüsse beziehen. Diese Glieder entfallen, wenn in einem Knoten n bzw. Stockwerk μ oder Feld ν keine Gelenkstäbe auftreten; die Gleichungen der Tafel VIa nehmen dann von selbst die Form der entsprechenden Ausdrücke in Tafel VI an.

Außerdem sind im Vergleich mit der in früheren Auflagen durchgeführten Berechnungsart von Tragwerken mit gelenkigen Stabanschlüssen aus den Gleichungen der Tafel VIa die wesentlichen Vereinfachungen ersichtlich, die sich bei Verwendung der a^0- bzw. $\bar{a}^0$-Werte und der $\mathfrak{M}^0$-Werte ergeben.

Dritter Abschnitt

Einflußlinien für statisch unbestimmte Tragwerke

I. Vorbemerkung

In diesem Abschnitt soll hauptsächlich die Ermittlung der Momenteneinflußlinien eingehend behandelt werden, da diese in der Regel die Grundlage zur Berechnung der übrigen inneren Kräfte, also der Quer- und Längskräfte, bilden. Es gelangen hier zwei verschiedene Verfahren zur Darstellung. Die zu lösenden Aufgaben werden dabei immer auf einen ruhenden Belastungsfall zurückgeführt, so daß die bisher erläuterten Berechnungsmethoden für Rahmentragwerke auch hier unmittelbar zur Anwendung kommen können.

Da die M-Einflußlinien für beliebig gelegene Feldquerschnitte eines Rahmenstabes leicht bestimmbar sind, wenn die Einflußlinien für die Stabendmomente bekannt sind, so werden diese in der Regel stets zuerst ermittelt und dann die übrigen daraus abgeleitet (siehe auch Kapitel IV dieses Abschnittes, Seite 161f.).

II. Ermittlung der M-Einflußlinien als Biegelinien am $(n-1)$-fach statisch unbestimmten Tragwerk nach Verfahren A („Gelenkmethode")

1. Grundlagen des Verfahrens

Auf Grund des Maxwellschen Satzes kann die M-Einflußlinie bei statisch unbestimmten Tragwerken für einen beliebigen Querschnitt in folgender Weise ermittelt werden: Man schaltet an dieser Stelle ein Gelenk ein, wodurch der Grad der statischen Unbestimmtheit um 1 vermindert wird, und läßt dort zwei gleich große, aber entgegengesetzt gerichtete Momente von solcher Größe angreifen, daß sie eine gegenseitige Verdrehung der beiden Gelenkquerschnitte um den Winkel $\gamma = 1$ hervorrufen (Abb. 391a bis c). Die Biegelinie für diesen Belastungszustand ist dann bereits die gesuchte M-Einflußlinie für den Gelenkquerschnitt.

Unter Voraussetzung der Gültigkeit des Proportionalitätsgesetzes ist nun ohne weiteres klar, daß man die M-Einflußlinie auch erhalten kann, wenn in dem Gelenkquerschnitt zunächst zwei Momente von der Größe $M = 1$ angreifen. Es wird dann allgemein eine Verdrehung der beiden Gelenkquerschnitte um den Winkel $\gamma \lessgtr 1$ hervorgerufen. In diesem Fall stellt die zugehörige Biegelinie die γ-fach verzerrte

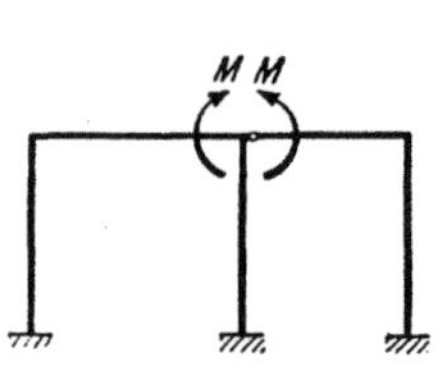

Abb. 391a. Momentenpaar im eingeschalteten Gelenk

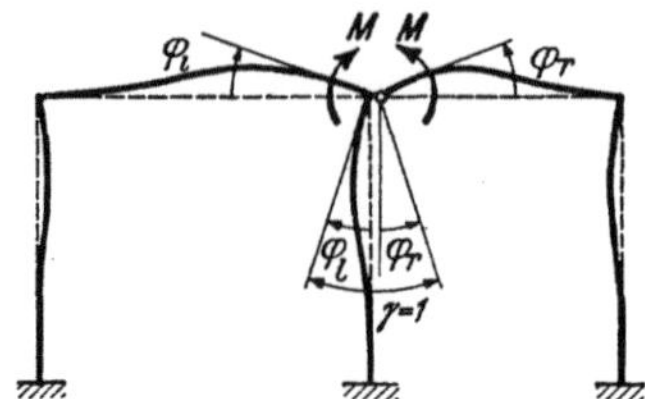

Abb. 391b. Biegelinien für einen Gelenkwinkel $\gamma = 1$

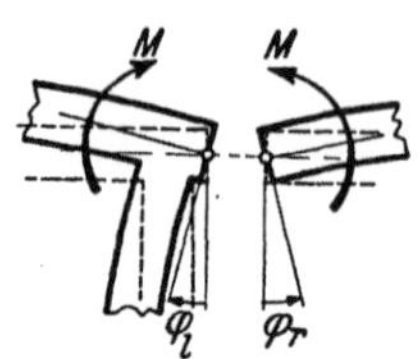

Abb. 391c. Verformung des Tragwerkes im Bereich des Gelenks

Abb. 391a bis c. Ermittlung der M-Einflußlinie als Biegelinie für $\gamma = 1$ im Gelenkquerschnitt

M-Einflußlinie dar. Das Verzerrungsmaß ist also durch den Winkelwert γ gegeben, der deshalb stets zahlenmäßig ermittelt werden muß. Die wirklichen Einflußlinienordinaten η ergeben sich somit aus

$$\boxed{\eta = \frac{y}{\gamma},} \qquad (358)$$

wobei y die für $M = 1$ erhaltenen Biegelinienordinaten und γ den zugehörigen Öffnungswinkel der Gelenkquerschnitte bedeuten.

Bei der zahlenmäßigen Ermittlung des Winkelwertes γ denkt man sich diesen in zwei Teile φ_r und φ_l gespalten. Unter Berücksichtigung der Vorzeichenregel für Knotendrehwinkel ergibt sich

$$\gamma = \varphi_l - \varphi_r , \qquad (359)$$

wobei nach Abb. 391b, c φ_l bzw. φ_r den Drehwinkel des links bzw. rechts vom Gelenk liegenden Querschnitts bedeutet. Diese beiden Werte sind also identisch mit den in der Rahmenberechnung auftretenden Knotendrehwinkeln.

Für den Sonderfall, daß bei einem Stab an der Voutenseite ein Gelenk eingeschaltet wird, sind der Stabfestwert $a^0{}_n$ und das Stabbelastungsglied $\mathfrak{M}^0{}_n$ des einseitig gelenkig gelagerten Voutenstabes aus den Werten des beidseitig fest angeschlossenen gemäß

$$a^0{}_n = a_n - \frac{b_v{}^2}{a_g} \qquad (360)$$

bzw.

$$\mathfrak{M}^0{}_n = \mathfrak{M}_{n,g} - \frac{b_v}{a_g} \mathfrak{M}_{g,n} \qquad (361)$$

zu errechnen (vgl. Abb. 392) und in die betreffenden Bedingungsgleichungen einzusetzen. Bei der praktischen Anwendung ergibt sich für die Gl. (361) noch eine wesentliche Vereinfachung, denn es können anstelle des Ausdruckes b_v/a_g die in den Tafeln 39 bis 42 bzw. 39a bis 42a zusammengestellten Überleitungszahlen mit Vorteil in Anwendung kommen [siehe Gl. (527), Seite 231].

Nach Ermittlung der Formänderungsgrößen φ und ψ in gewohnter Art kann der Gelenkdrehwinkel für Stäbe mit Vouten unter Benutzung der Bezeichnungen in Abb. 392 allgemein nach

$$\boxed{\varphi_g = -\frac{1}{a_g}(b_v \varphi_n + c_g \psi_v + \mathfrak{M}_{g,n})} \qquad (362)$$

bestimmt werden. Dieser Ausdruck ergibt sich mit den hier gewählten Bezeichnungen aus (180), wenn darin $M = 0$ gesetzt wird.

In gleicher Weise kann der Gelenkdrehwinkel für Rahmenstäbe **ohne Vouten** aus (7) gewonnen werden. Setzt man dort $M = 0$, so wird nach entsprechender Umformung mit den Bezeichnungen in Abb. 393 allgemein

$$\varphi_g = -\frac{1}{2}\left(\varphi_n + 3\,\psi_\nu + \frac{\mathfrak{M}_{g,n}}{k_\nu}\right), \tag{363}$$

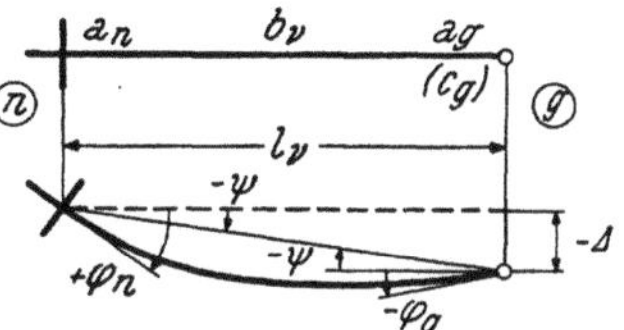

Abb. 392. Gelenkstab mit Vouten; Bezeichnungen

wobei zu beachten ist, daß sich das Glied $\mathfrak{M}_{g,\,n}/k_\nu$ hier auf einen beidseitig elastisch eingespannten Stab ν bezieht. Im übrigen ist noch folgendes zu bemerken:

Wenn die in der Rahmenberechnung verwendeten Stabfestwerte a, b, c bzw. a^0 (bei Stäben mit veränderlichen Querschnitten) oder k bzw. k^0 (bei Stäben mit konstanten Querschnitten) z-fach verzerrt werden, so ergeben sich bekanntlich sämtliche Formänderungsgrößen (φ, ψ, $\varDelta$, δ, y, γ usw.) stets $1/z$-fach verzerrt. Bezeichnet man die wahren Werte mit *, so ergibt sich nach (358)

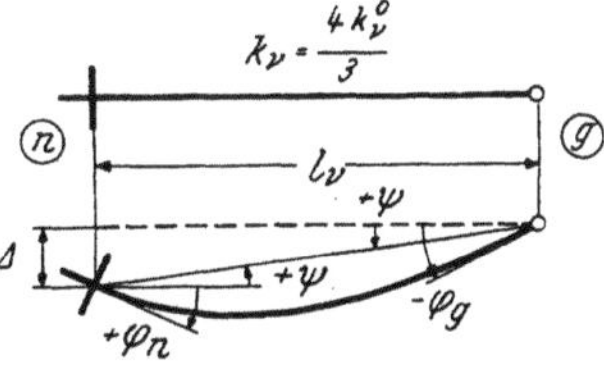

Abb. 393. Gelenkstab ohne Vouten; Bezeichnungen

$$\eta = \frac{y^*}{\gamma^*} = \frac{y \cdot z}{\gamma \cdot z} = \frac{y}{\gamma}, \tag{364}$$

d. h. die wahren Werte η der Einflußlinienordinaten erhält man auch bei Verwendung der aus der Rechnung erhaltenen **verzerrten** Formänderungswerte y und γ bzw. φ_r und φ_l.

2. Ermittlung der Biegelinie aus den Knotendrehwinkeln φ und den Knotenverschiebungen δ

Die Form der Biegelinie eines unbelasteten Rahmenstabes 1—2 ist bekanntlich bestimmt, wenn die Stabendverschiebungen δ_1 und δ_2 sowie die Endtangentenwinkel τ_1 und τ_2 gegeben sind, wobei nach (4)

$$\tau_1 = \varphi_1 + \psi \quad \text{und} \quad \tau_2 = \varphi_2 + \psi. \tag{365}$$

Wie aus der Abb. 394 hervorgeht, setzen sich die Biegelinienordinaten y allgemein aus den zwei Beiträgen y_1 und y_2 zusammen. Es gilt somit für eine beliebige Stelle

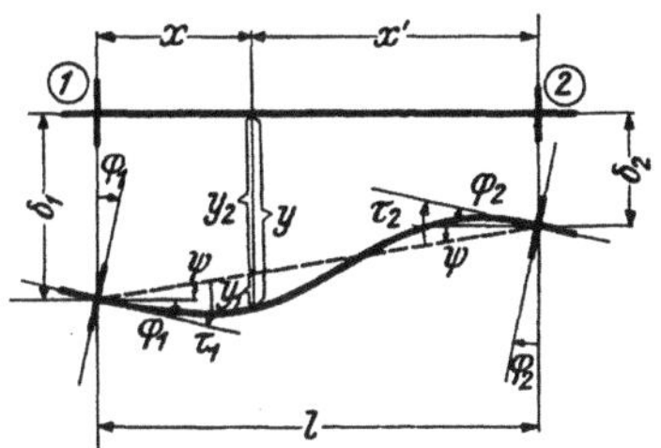

Abb. 394. Biegelinie eines Rahmenstabes

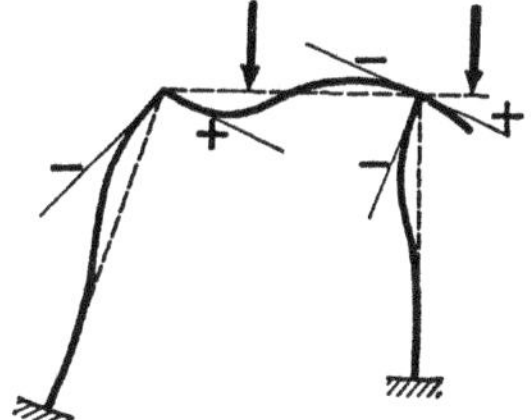

Abb. 395. Vorzeichen der Biegelinienordinaten

des Stabes, wenn y senkrecht zur ursprünglichen Stabachse gemessen wird,

$$y = y_1 + y_2. \tag{366}$$

Hierin bedeuten y_1 den Beitrag infolge der Stabkrümmung und y_2 den Beitrag infolge der Stabendverschiebungen. Beide Werte können getrennt voneinander ermittelt werden.

Es soll hier folgende Vorzeichenregel gelten: Eine Durchbiegung ist *positiv*, wenn in bezug auf die Stabsehne ein liegender Stab nach *unten*, ein stehender nach *rechts* durchgebogen wird (Abb. 395). Demgemäß wird auch eine Knotenverschiebung positiv eingeführt, wenn sie von oben nach unten oder von links nach rechts erfolgt.

Die Werte y_1 sind nur von der Stabkrümmung, also nur von den Endtangentenwinkeln τ_1 und τ_2 abhängig. Man könnte sie bei Stäben mit konstantem Querschnitt in der bekannten Weise mit Hilfe der ω-Zahlen[1] ermitteln. Es soll hier aber ein anderer Weg gezeigt werden, der auch bei Stäben mit geraden und parabolischen Vouten verhältnismäßig rasch zum Ziele führt. Der Gedankengang ist dabei folgender:

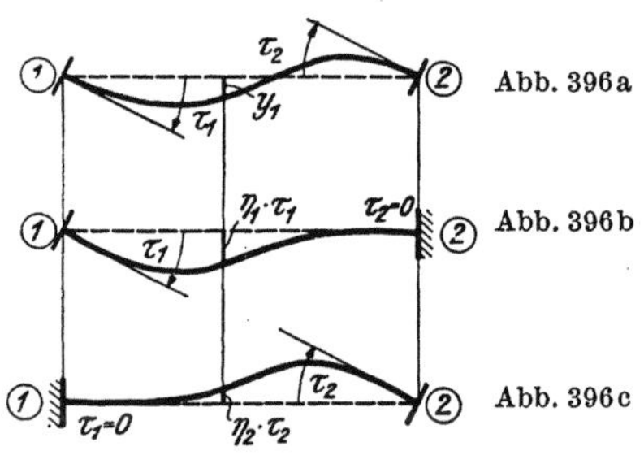

Abb. 396a bis c. Ermittlung der Biegelinie eines Stabes mit den Endtangentenwinkeln τ_1 und τ_2 aus den $\mathfrak{M}$-Einflußlinien

Die Biegelinie für einen Stab mit den gegebenen Endtangentenwinkeln τ_1 und τ_2 (Abb. 396a) kann durch Überlagerung von zwei Biegelinien erhalten werden, bei welchen abwechselnd $\tau_2 = 0$ bzw. $\tau_1 = 0$ ist (Abb. 396b, c). Wenn also für irgendeinen Stab mit geraden oder parabolischen Vouten für bestimmte Werte τ_1 und τ_2 die Biegelinie zu ermitteln ist, so können hierzu die in den Tafeln 21 bis 24 bzw. 21a bis 24a festgelegten Einflußlinien für die Einspannmomente $\mathfrak{M}$ des vollkommen eingespannten Trägers verwendet werden; denn diese Einflußlinien sind nichts anderes als Biegelinien mit den Randbedingungen $\tau_1 = 1$ und $\tau_2 = 0$ bzw. $\tau_1 = 0$ und $\tau_2 = 1$.

Da auch hier das Proportionalitätsgesetz Gültigkeit hat, können diese Linien auch für den vorliegenden Fall benutzt werden, wo $\tau_1 \neq 1$ und $\tau_2 = 0$ bzw. $\tau_1 = 0$ und $\tau_2 \neq 1$ ist. Es brauchen die einzelnen Ordinaten η der $\mathfrak{M}$-Einflußlinien nur entsprechend verzerrt zu werden. So ergibt sich z. B.

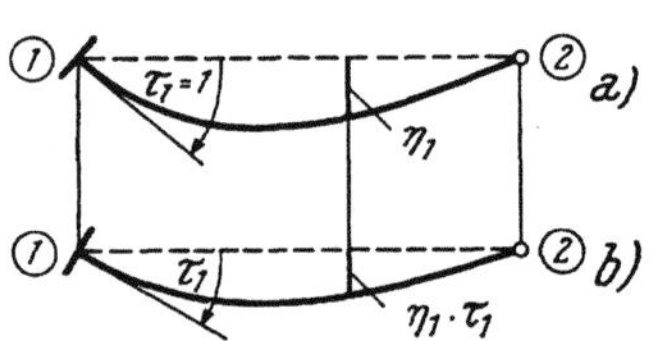

Abb. 397a, b. Ermittlung der Biegelinie eines Gelenkstabes mit dem Endtangentenwinkel τ_1 aus der $\mathfrak{M}^0$-Einflußlinie

die in Abb. 396b dargestellte Biegelinie durch τ_1-fache Verzerrung der $\mathfrak{M}_1$-Einflußlinie für die entsprechende Stabform und sinngemäß die in Abb. 396c angedeutete Einflußlinie durch τ_2-fache Verzerrung der zugehörigen $\mathfrak{M}_2$-Einflußlinie. Durch Überlagerung beider Linien erhält man die gesuchten Einflußlinienordinaten y_1. Dabei ist nur noch zu berücksichtigen, daß die $\mathfrak{M}$-Einflußlinien für Stäbe mit $l = 1$ aufgestellt sind, so daß diese Ordinaten noch mit der wirklichen Stablänge l zu multiplizieren sind. Es wird also

$$\boxed{y_1 = (\eta_1 \tau_1 - \eta_2 \tau_2)\, l\,.} \tag{367}$$

Bei Stäben mit gelenkigem Anschluß vereinfacht sich diese Gleichung bei Verwendung der $\mathfrak{M}^0$-Einflußlinien (Tafel 25, 26 bzw. 25a, 26a) noch wesentlich. Es wird dann unter Bezugnahme auf die Abb. 397a, b für einen Stab 1—2 mit Gelenk bei 2

$$\boxed{y_1 = \eta_1 \tau_1\, l\,.} \tag{367a}$$

---

[1] Siehe u. a. BEYER (Fußnote Seite 88) und DOMKE: Handbuch für Eisenbetonbau, 4. Aufl., Bd. I, Berlin 1930

Durch das hier angegebene Verfahren zur Ermittlung der Biegelinien aus den Endtangentenwinkeln τ und insbesondere durch Verwendung der im Dritten Teil zur Verfügung stehenden $\mathfrak{M}$- bzw. $\mathfrak{M}^0$-Einflußlinien für verschiedene Stabformen wird die Ermittlung der M-Einflußlinien für Rahmentragwerke beträchtlich vereinfacht (siehe Zahlenbeispiel 28).

Die Ermittlung von y_2, das nur von den senkrecht zur ursprünglichen Stabachse gemessenen Verschiebungen δ_1 und δ_2 der beiden Stabenden abhängig ist, beruht auf einer rein geometrischen Beziehung. Nach Abb. 394 wird

$$y_2 = \frac{\delta_1 - \delta_2}{l} \cdot x' + \delta_2 \quad \text{oder} \quad y_2 = \frac{\delta_2 - \delta_1}{l} \cdot x + \delta_1 \,. \tag{368}$$

Sind die beiden Stabendverschiebungen gleich Null, so ist auch $y_2 = 0$, und es wird nach (366) für diesen Fall

$$y = y_1 \,. \tag{366a}$$

3. Vorzeichenregeln für Einflußlinien und Momente

Unter der Voraussetzung, daß die zur Erzeugung der Einflußlinie im Gelenk angebrachten Momente bei liegenden Stäben den in Abb. 398a, bei stehenden Stäben den in Abb. 398b dargestellten Richtungssinn aufweisen, gelten folgende Regeln:

1. Die Vorzeichen eines Einflußlinienzweiges sind *positiv*, wenn er bei einem liegenden Stab *unterhalb*, bei einem stehenden Stab *rechts* von der Stabachse liegt (Abb. 399).

2. Die Vorzeichen der durch die Auswertung eines Einflußlinienzweiges erhaltenen

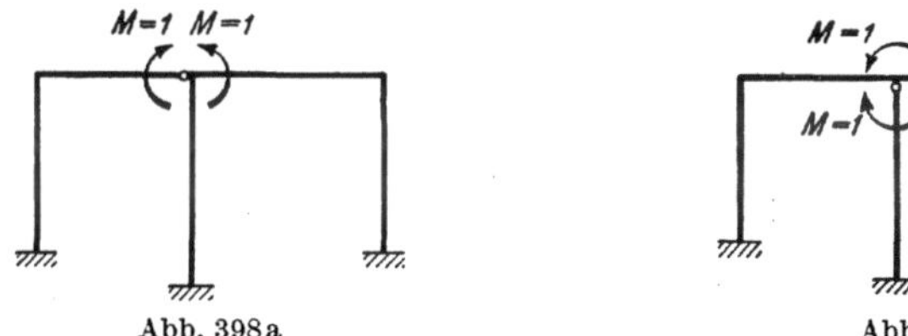

Abb. 398a   Abb. 398b

Abb. 398a, b. Richtungssinn der Doppelmomente $M = 1$ im Gelenk

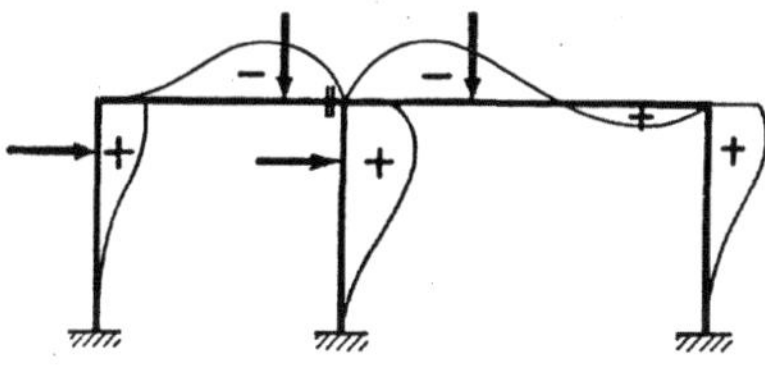

Abb. 399. Vorzeichen der Biegelinienordinaten

Abb. 400. Vorzeichen der Biegungsmomente

Momentenwerte stimmen mit den Vorzeichen dieses Einflußlinienzweiges überein, wenn die Belastung bei liegenden Stäben von oben nach unten, bei stehenden Stäben von links nach rechts wirkt. Im umgekehrten Fall ergeben sich die entgegengesetzten Vorzeichen.

3. *Positive* Momente erzeugen bei liegenden Stäben *unten* Zug und oben Druck, bei stehenden Stäben *rechts* Zug und links Druck (Abb. 400).

Anmerkung. Die hier festgesetzte Vorzeichenregel für die Momente weicht zwar von der im ersten Abschnitt auf Seite 2 für die Stabendmomente angegebenen ab, ist aber für das hier behandelte Verfahren der *M*-Einflußlinienermittlung und auch für die Auswertung zweckmäßiger.

4. Beschreibung des Rechnungsganges bei Verwendung von Verfahren A („Gelenkmethode")

Der Rechnungsgang für die Ermittlung der *M*-Einflußlinie nach der „Gelenkmethode" gliedert sich in folgende vier Abschnitte:

1. Ermittlung der Formänderungsgrößen φ und ψ bzw. $\varDelta$, δ für das im eingeschalteten Gelenk wirkende Doppelmoment $M = 1$.

2. Berechnung des Verdrehungswinkels γ der Gelenkquerschnitte gemäß (359) unter Benutzung von (362) bzw. (363).

3. Ermittlung der Biegelinienordinaten y gemäß (366) bis (368) für jeden Stab gesondert unter gleichzeitiger Benutzung der Hilfstafeln 21 bis 26 bzw. 21a bis 26a zur Entnahme der Ordinaten η_1 und η_2.

4. Berechnung der einzelnen Ordinaten η der gesuchten *M*-Einflußlinie nach (358).

III. Ermittlung der *M*-Einflußlinien als Biegelinien am *n*-fach statisch unbestimmten Tragwerk nach Verfahren B mit „ideeller" Belastung

Der wesentlichste Unterschied gegenüber dem vorher behandelten Verfahren besteht darin, daß diesmal das gegebene Tragwerk vollständig unverändert bleibt, also die statische Unbestimmtheit nicht vermindert wird.[1] Dadurch ergibt sich ein bedeutender Vorteil, da die Gleichungstabelle nur einmal angeschrieben werden muß und die Auflösung für alle ideellen Belastungsfälle gleichzeitig vorgenommen werden kann. Außerdem ist die Möglichkeit gegeben, in derselben Gleichungstabelle auch beliebig viele wirkliche Belastungsfälle, z. B. eine etwa vorhandene ruhende Belastung, Vollbelastung, Eigengewicht usw., gleichzeitig mit zu erledigen.

1. Grundlagen des Verfahrens

Das Anschlußmoment $M_{m,\,n}$ eines Rahmenstabes $m{-}n$ mit beliebig veränderlichen Stabquerschnitten kann bei verschieblichen Tragwerken als Funktion der beiden Knotendrehwinkel φ_m und φ_n, des Stabdrehwinkels ψ und der auf den Stab einwirkenden äußeren Belastung ausgedrückt werden. Es ist also nach (182)

$$\boxed{M_{m,\,n} = a_{m,\,n}\varphi_m + b_\nu\varphi_n + c_{m,\,n}\psi_\nu + \mathfrak{M}_{m,\,n}} \tag{369}$$

und bei einem Stab mit Gelenk bei n gemäß (193)

$$\boxed{M_{m,\,n} = a^0{}_{m,\,n}(\varphi_m + \psi_\nu) + \mathfrak{M}^0{}_{m,\,n}\,.} \tag{369a}$$

In Gl. (369) ist das Stabendmoment $M_{m,\,n}$ allgemein durch vier Teilbeträge dargestellt. Wenn es also ohne besondere Schwierigkeiten möglich ist, die Einflußlinien für diese vier Teilbeträge zu ermitteln, so ergibt sich damit ein brauchbares

---

[1] Siehe auch L. MANN: Theorie der Rahmenwerke, Berlin 1927. — BEYER: Statik im Stahlbetonbau, 2. Aufl., Berlin 1956.

Verfahren zur Bestimmung der M-Einflußlinien. Diese Forderung kann nun tatsächlich mit Hilfe des Maxwellschen Satzes von der Gegenseitigkeit der Verschiebungen erfüllt werden. Danach ist die Einflußlinie des Knotendrehwinkels φ_m identisch mit der Biegelinie infolge der Belastung durch ein Moment $M = 1$ im Knotenpunkt m. Sinngemäß ist die Einflußlinie für φ_n gleich der Biegelinie für $M = 1$ im Knotenpunkt n. In ähnlicher Weise erhält man die Einflußlinie für ψ_ν als Biegelinie, wenn auf den Stab ν ein Kräftepaar $M = 1$ als Belastung wirkt. Da im vorliegenden Fall aber die algebraische Summe der durch die Festwerte $a_{m,n}$, b_ν, $c_{m,n}$ verzerrten Einflußwerte der Formänderungsgrößen gebraucht wird, so ist es zweckmäßig, schon von vornherein die Einflußlinie für diesen Summenausdruck

$$\overline{M}_{m,n} = a_{m,n}\,\varphi_m + b_\nu\,\varphi_n + c_{m,n}\,\psi_\nu \qquad (370)$$

zu ermitteln; bei Gelenkstäben wird sinngemäß

$$\overline{M}_{m,n} = a^0{}_{m,n}\,\varphi_m + a^0{}_{m,n}\,\psi_\nu \,. \qquad (370\,\mathrm{a})$$

Dies ist leicht zu erreichen, wenn man im gegebenen Tragwerk gleichzeitig folgende Belastungen anbringt und dafür die Biegelinie ermittelt:

$$\begin{aligned}
\text{Im Knoten } m \text{ das Moment } & M_m = a_{m,n}\cdot 1 = a_{m,n}\,,\\
\text{,, \quad,, \quad} n \text{ ,,\quad,,\quad} & M_n = b_\nu\;\cdot 1 = b_\nu\,,\\
\text{am Stab } \nu \text{ ,,\quad,,\quad} & M_\nu = c_{m,n}\cdot 1 = c_{m,n}\,.
\end{aligned} \qquad (371)$$

Bei Gelenkstäben wirken

$$\begin{aligned}
\text{im Knoten } m \text{ das Moment } & M_m = a^0{}_{m,n}\cdot 1 = a^0{}_{m,n}\,,\\
\text{am Stab } \nu \text{ ,,\quad,,\quad} & M_\nu = a^0{}_{m,n}\cdot 1 = a^0{}_{m,n}\,.
\end{aligned} \qquad (371\,\mathrm{a})$$

Die Biegelinie für die „ideelle" Belastung nach (371) bzw. (371a) stellt also bereits die „Summeneinflußlinie" für $\overline{M}$ nach (370) bzw. (370a) dar.

Das am Stab ν anzubringende Moment $M_\nu = c_{m,n}$ bzw. $M_\nu = a^0{}_{m,n}$ ist als Kräftepaar mit dem Hebelarm l_ν in der Weise wirkend zu denken, daß an beiden Enden des Stabes, der den zu untersuchenden Querschnitt enthält, die gleich großen, aber entgegengesetzt gerichteten Kräfte

$$P = \frac{c_{m,n}}{l_\nu} = \bar c_{m,n} \quad \text{bzw.} \quad P = \frac{a^0{}_{m,n}}{l_\nu} = \bar a^0{}_{m,n} \qquad (372)$$

angreifen. An dieser „ideellen" Belastung braucht auch dann nichts geändert zu werden, wenn als Unbekannte anstelle von ψ die gegenseitige Verschiebung $\varDelta$ in Rechnung gestellt wird.

Läßt man die in den Knotenpunkten angreifenden Momente $a_{m,n}$ und b_ν bzw. $a^0{}_{m,n}$ im Uhrzeigersinn, das Kräftepaar entgegen dem Uhrzeigersinn drehen, so

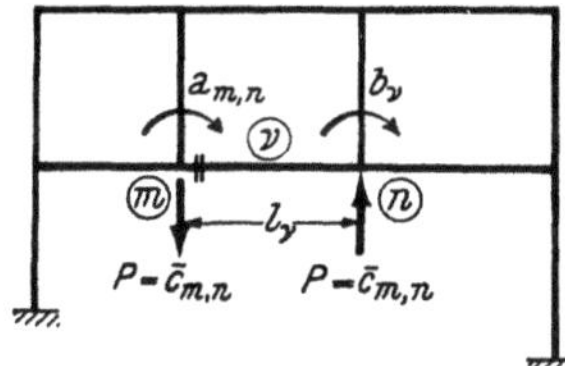

Abb. 401a

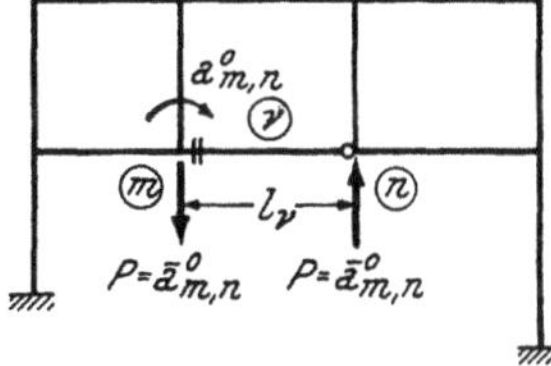

Abb. 401b

Abb. 401a, b. „Ideelle Belastungen" zur Ermittlung der $\overline{M}_{m,n}$-Einflußlinien für Tragwerke mit Vouten

behalten die im ersten Abschnitt auf Seite 2 festgelegten Vorzeichen für die Formänderungsgrößen und Stabendmomente auch hier volle Gültigkeit.

In den Abb. 401 a, b sind nun diese „ideellen" Belastungen, die zur Bestimmung der Einflußlinie von $\overline{M}_{m,\,n}$ erforderlich sind, im angegebenen Richtungssinn eingetragen. Damit sind die ersten drei bzw. zwei Beiträge summarisch erfaßt; es fehlt somit noch der vierte bzw. dritte Anteil, nämlich die Einflußlinie für $\mathfrak{M}_{m,\,n}$ bzw. für $\mathfrak{M}^0{}_{m,\,n}$ bei Gelenkstäben. Diese erstreckt sich jedoch nur über den Bereich jenes Stabes, in welchem sich der zu untersuchende Querschnitt befindet, denn die Einflußlinie für $\mathfrak{M}_{m,\,n}$ bzw. $\mathfrak{M}^0{}_{m,\,n}$ bezieht sich nur auf den beidseitig bzw. einseitig voll eingespannt gedachten Stab m—n. Durch Überlagerung der beiden entsprechenden Einflußlinien für $\overline{M}_{m,\,n}$ und $\mathfrak{M}_{m,\,n}$ bzw. $\mathfrak{M}^0{}_{m,\,n}$ erhält man schließlich die gesuchte Einflußlinie für $M_{m,\,n}$.

2. Sonderfälle

Kommen in dem zu untersuchenden Tragwerke nur solche Stäbe vor, deren Querschnitte zwar feldweise verschieden sind, innerhalb eines Feldes jedoch gleich-

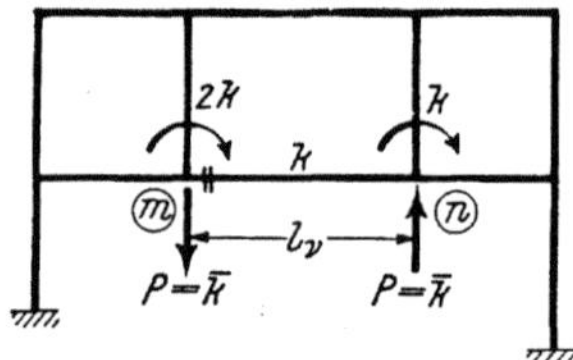

Abb. 402 a

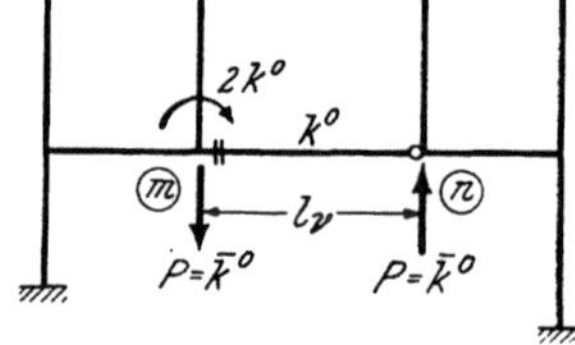

Abb. 402 b

Abb. 402 a, b. „Ideelle Belastungen" zur Ermittlung der $\overline{M}_{m,\,n}$-Einflußlinien für Tragwerke ohne Vouten

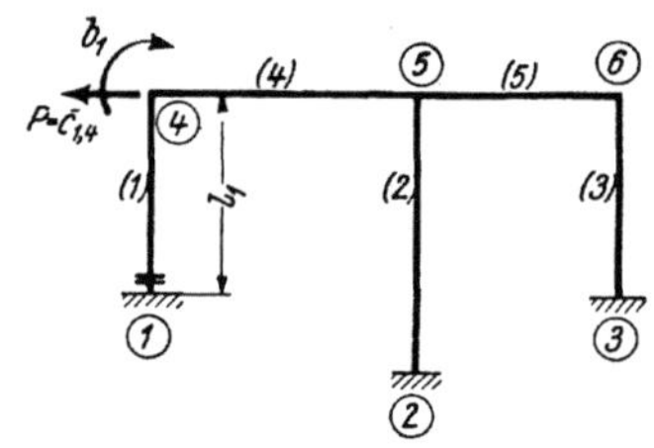

Abb. 403

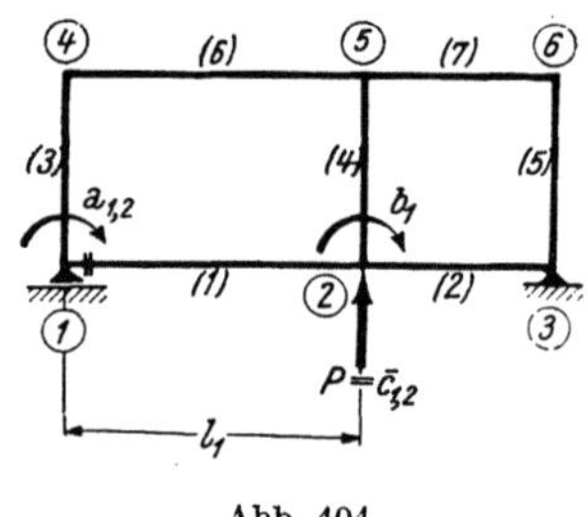

Abb. 404

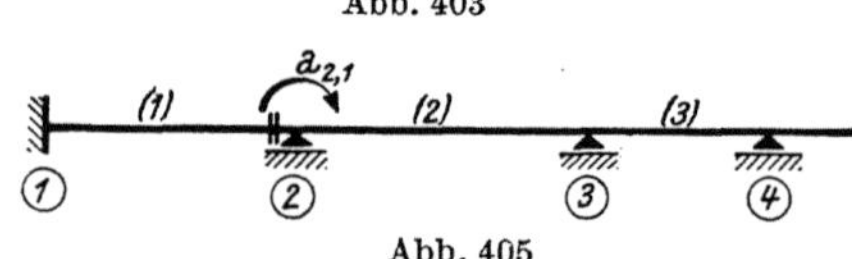

Abb. 405

Abb. 403 bis 405. „Ideelle Belastungen" zur Ermittlung der $\overline{M}$-Einflußlinien

bleiben, so können auch die Formeln und Gleichungen des ersten Abschnittes Verwendung finden. Der Ausdruck für das Stabendmoment lautet dann nach (7) für einen beiderseits fest angeschlossenen Stab zwischen den Knotenpunkten m und n

$$M_{m,\,n} = k\,(2\,\varphi_m + \varphi_n + 3\,\psi_\nu) + \mathfrak{M}_{m,\,n} = 2\,k\,\varphi_m + k\,\varphi_n + 3\,k\,\psi_\nu + \mathfrak{M}_{m,\,n} \tag{373}$$

bzw. für einen Stab mit Gelenk bei n gemäß (16)

$$M_{m,\,n} = 2\,k^0\,(\varphi_m + \psi_\nu) + \mathfrak{M}^0{}_{m,\,n} = 2\,k^0\,\varphi_m + 2\,k^0\,\psi_\nu + \mathfrak{M}^0{}_{m,\,n}\,. \tag{373a}$$

Der Summenausdruck $\overline{M}$ gemäß (370) ergibt sich für diesen Sonderfall mit

$$\overline{M}_{m,\,n} = 2\,k\,\varphi_m + k\,\varphi_n + 3\,k\,\psi_\nu \tag{374}$$

und für den Gelenkstab [vgl. Gl. (370 a)]

$$\bar{M}_{m,\,n} = 2\,k^0\,\varphi_m + 2\,k^0\,\psi_\nu\,. \tag{374a}$$

Damit ist die „ideelle" Belastung zur Ermittlung der Einflußlinie für $\bar{M}_{m,\,n}$ bestimmt [vgl. auch Gl. (371) bzw. (371 a)]:

$$M_m = 2\,k; \quad M_n = k; \quad M_\nu = 3\,k\,. \tag{375}$$

Für Gelenkstäbe wird

$$M_m = 2\,k^0; \quad M_\nu = 2\,k^0\,. \tag{375a}$$

Das Moment $M_\nu = 3\,k$ bzw. $M_\nu = 2\,k^0$ kann hier durch das Kräftepaar

$$P = \frac{3\,k}{l_\nu} = \bar{k} \quad \text{bzw.} \quad P = \frac{2\,k^0}{l_\nu} = \bar{k}^0 \tag{376}$$

mit dem Hebelarm l_ν ersetzt werden [vgl. auch Gl. (372)]. In den Abb. 402 a, b sind für diesen Sonderfall die „ideellen" Belastungen zur Bestimmung der $\bar{M}_{m,\,n}$-Einflußlinien dargestellt.

In vielen Fällen ergeben sich bei der Annahme der „ideellen" Belastung verschiedene Vereinfachungen. Ist z. B. der zu untersuchende Stab im Knotenpunkt m bzw. n fest eingespannt, so ist der zugehörige Knotendrehwinkel φ_m bzw. φ_n für jeden Belastungsfall gleich Null. Die „ideelle" Belastung am fest eingespannten Stabende bringt im Tragwerk keine Formänderungen hervor und kann daher entfallen. Ebenso entfällt bei einem Stab, für den $\psi = 0$ ist, die „ideelle" Belastung durch das Kräftepaar.

In den Abb. 403 bis 405 ist für einige Tragwerke die „ideelle" Belastung zur Bestimmung der $\bar{M}$-Einflußlinie für den jeweils besonders bezeichneten Querschnitt eingetragen.

3. Bemerkungen über die praktische Durchführung der Rechnung

Bei diesem Verfahren wird also das Stabanschlußmoment $M_{m,\,n}$ zunächst in zwei Bestandteile $\bar{M}_{m,\,n}$ [siehe Gl. (370) bzw. (370 a)] und $\mathfrak{M}_{m,\,n}$ bzw. $\mathfrak{M}^0_{m,\,n}$ gespalten, die vollkommen unabhängig voneinander bestimmt werden können. Für den Ausdruck (369) kann daher auch geschrieben werden:

$$M_{m,\,n} = \bar{M}_{m,\,n} + \mathfrak{M}_{m,\,n} \tag{377}$$

bzw. für (369 a) bei Gelenkstäben

$$M_{m,\,n} = \bar{M}_{m,\,n} + \mathfrak{M}^0_{m,\,n}\,. \tag{377a}$$

Bezeichnet man die Ordinaten der $\bar{M}_{m,\,n}$-Einflußlinie mit y und die Ordinaten der Einflußlinie für $\mathfrak{M}_{m,\,n}$ bzw. $\mathfrak{M}^0_{m,\,n}$ mit $y^{(\mathfrak{M})}_{m,\,n}$, so ergeben sich die Ordinaten $\eta^*_{m,\,n}$ der gesuchten $M_{m,\,n}$-Einflußlinie mit

$$\boxed{\eta^*_{m,\,n} = y + y^{(\mathfrak{M})}_{m,\,n}\,.} \tag{378}$$

Da sich nun, wie bereits hervorgehoben wurde, die Einflußlinie für $\mathfrak{M}_{m,\,n}$ bzw. $\mathfrak{M}^0_{m,\,n}$ nur über jenes Feld erstreckt, das den zu untersuchenden Querschnitt enthält, so wird außerhalb dieses Feldes überall $y^{(\mathfrak{M})}_{m,\,n} = 0$ und damit nach (378) einfach

$$\boxed{\eta^*_{m,\,n} = y\,.} \tag{379}$$

In Abb. 406 ist die Anwendung der beiden Formeln (378) und (379) an einem unverschieblich festgehaltenen Mehrfeldrahmen veranschaulicht. Es sind darin gezeichnet:

1. Die Einflußlinie für $\bar{M}_{7,8}$ (volle Linie);
2. die Einflußlinie für $\mathfrak{M}_{7,8}$ (strichliert);
3. in dem Feld 7—8 der nach (378) durch Überlagerung der $\bar{M}_{7,8}$- und $\mathfrak{M}_{7,8}$-Linie erhaltene Einflußlinienzweig von $M_{7,8}$ (strichpunktiert).

Der strichpunktiert gezeichnete Linienzug im Felde 7—8 in Verbindung mit dem außerhalb dieses Feldes gelegenen Linienzug $\bar{M}_{7,8}$ stellt die gesuchte Einflußlinie $M_{7,8}$ dar (siehe Zahlenbeispiel 28).

Über die zahlenmäßige Durchführung der Rechnung ist noch folgendes zu sagen: Die „ideelle" Belastung besteht nach (371) bzw. (371a) sowie nach (375) bzw. (375a) aus den Festwerten a, b, c bzw. a^0 sowie k bzw. k^0, die in der Rahmenrechnung als Stabfestwerte vorkommen. Wie nun im ersten und zweiten Abschnitt auf Seite 26 f. bzw. Seite 105 f. dargelegt worden ist, verwendet man zur Aufstellung der Rahmengleichungen nicht die wahren Steifigkeitswerte a, b, c bzw. a^0 sowie

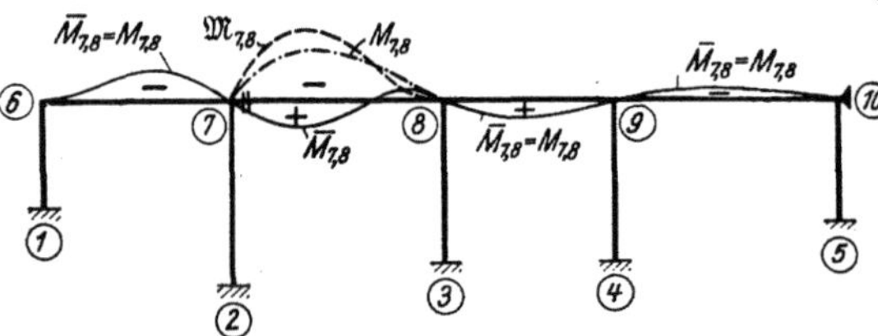

Abb. 406. Entwicklung der Einflußlinie für $M_{7,8}$

k bzw. k^0, sondern aus Zweckmäßigkeitsgründen entsprechend verzerrte Werte. Wenn nun dieselben verzerrten Werte auch als „ideelle" Belastung zur Ermittlung der $\bar{M}_{m,n}$-Einflußlinie angebracht werden, so ergeben sich sämtliche damit errechneten Formänderungswerte φ, ψ, $\varDelta$, δ, y usw. wieder in wahrer Größe, so daß daraus ohne weiteres die Biegelinie bestimmt werden kann, die zugleich die Einflußlinie für $\bar{M}_{m,n}$ darstellt.

Zur Ermittlung der Einflußlinie für $\mathfrak{M}_{m,n}$ bzw. $\mathfrak{M}^0_{m,n}$ stehen für Stäbe mit geraden oder parabolischen Vouten zwölfteilige Einflußlinien als Zahlentafeln (21 bis 26) und zehnteilige Einflußlinien als graphische Tafeln (21a bis 26a) zur Verfügung. In jeder dieser Tafeln sind stets auch die Einflußlinien für den Stab ohne Vouten ($n = 1$) berücksichtigt; außerdem sind die $\mathfrak{M}$- bzw. $\mathfrak{M}^0$-Einflußlinien für Stäbe mit konstantem Querschnitt auf den Tafeln 4 und 5 gesondert enthalten.

4. Bemerkungen über Vorzeichen der Einflußlinien

Im Hinblick auf die hier geltende Vorzeichenregel aus dem ersten Abschnitt auf Seite 2 ist bei der Benutzung der $\mathfrak{M}$-Einflußlinientafeln 21a bis 24a des Dritten Teiles noch folgendes zu beachten: Um an Raum zu sparen, sind dort sowohl die $\mathfrak{M}_1$- als auch die $\mathfrak{M}_2$-Linien ohne Rücksicht auf das Vorzeichen nach oben gezeichnet. Unter Beachtung des Vorzeichens sollten aber nur die $\mathfrak{M}_1$-Linien nach oben aufgetragen werden, weil sie negativ sind, hingegen die $\mathfrak{M}_2$-Linien nach unten, weil sie positiv sind (Abb. 407). Bei Überlagerung der $\bar{M}_{m,n}$-Linie mit der $\mathfrak{M}_{m,n}$-Linie ist daher diesem Umstande Rechnung zu tragen. Abb. 408a zeigt z. B., wie die $\bar{M}_{5,4}$- und $\mathfrak{M}_{5,4}$-Linien für einen unverschieblich festgehaltenen Zweifeldrahmen den Vorzeichen gemäß aufzutragen und zu überlagern wären. Die endgültige Einflußlinie für $M_{5,4}$ ist in Abb. 408b zwischen den Punkten 4 bis 6 aufgetragen. Die Einflußlinie für $M_{5,6}$ würde sich, wie aus Abb. 409a, b hervorgeht, zwar in ähnlicher Form, jedoch mit negativen Vorzeichen ergeben.

In dieser Art müßten also die Einflußlinien gezeichnet werden, wenn man folgerichtig die früheren Vorzeichenregeln für die Stabendmomente beibehalten will.

Beim Vergleich der Einflußlinien für $M_{5,4}$ und $M_{5,6}$ in den Abb. 408b und 409b fällt das ungewohnte Aussehen der $M_{5,4}$-Linie auf, da sie nach der früheren Vorzeichenregel positiv erscheint und daher nach unten aufgetragen ist. Im Fachschrifttum findet man aber häufiger die M-Einflußlinien für Stützenmomente als negative Zweige nach oben aufgetragen, wie das auch in dem früher

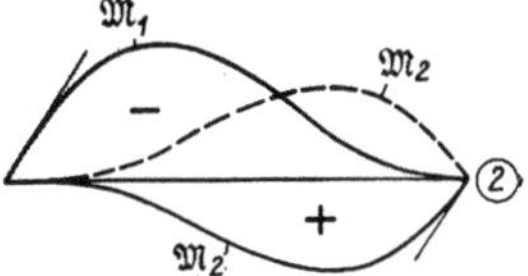

Abb. 407. $\mathfrak{M}$-Einflußlinien

besprochenen Verfahren der Einflußlinienermittlung geschehen ist. Zur Wahrung der Einheitlichkeit ist es daher zu empfehlen, die fertigen Einflußlinien für die Auswertung ebenfalls in der gebräuchlicheren Art darzustellen. Um dies zu erreichen, braucht

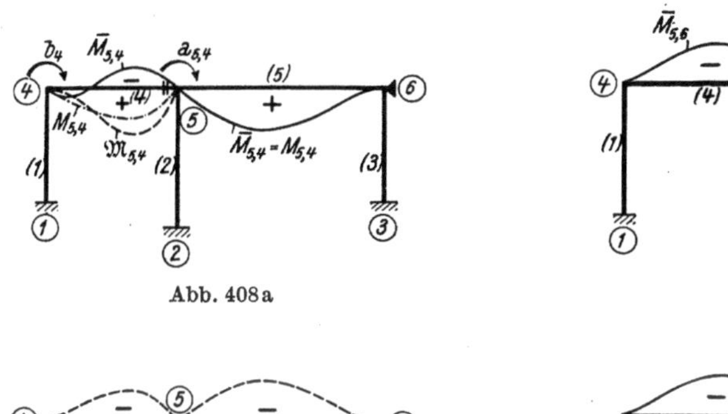

Abb. 408a

Abb. 409a

Abb. 408b

Abb. 409b

Abb. 408a, b. Einflußlinie für $M_{5,4}$

Abb. 409a, b. Einflußlinie für $M_{5,6}$

man nur beim Aufzeichnen der M-Einflußlinie für einen Querschnitt links eines Knotenpunktes einen Vorzeichenwechsel vorzunehmen, wie dies in Abb. 408b strichliert angedeutet ist. Damit haben für die Auswertung auch hier die auf Seite 153 angegebenen Vorzeichenregeln Gültigkeit (siehe Zahlenbeispiel 28).

5. Beschreibung des Rechnungsganges bei Verwendung von Verfahren B (mit „ideeller" Belastung)

Die Durchführung der Rechnung zur Ermittlung der M-Einflußlinie nach Verfahren B kann in sechs Hauptabschnitte gegliedert werden:

1. Ermittlung der Stabfestwerte in üblicher Weise für das gesamte Tragwerk.

2. Festlegung der „ideellen" Belastung a, b, $\bar{c}$ bei Voutentragwerken bzw. $2k$, k, $\bar{k}$ bei Tragwerken ohne Vouten gemäß (371) bzw. (375); bei Stäben mit einem Gelenk sind als „ideelle" Belastung die Steifigkeitswerte a^0, $\bar{a}^0$ bzw. $2k^0$, $\bar{k}^0$ nach (371a) bzw. (375a) zu verwenden. Die erweiterten Stabfestwerte $\bar{c}$, $\bar{a}^0$ bzw. $\bar{k}$, $\bar{k}^0$ sind nach (372) bzw. (376) zu bestimmen.

3. Ermittlung der Formänderungsgrößen φ und ψ bzw. $\varDelta$, δ für die „ideelle" Belastung in bekannter Art.

4. Berechnung der Ordinaten y gemäß (366) bis (368) für die Biegelinie infolge der „ideellen" Belastung unter Benutzung der Hilfstafeln 21 bis 26 bzw. 21a bis 26a zur Entnahme der Ordinaten η_1 und η_2.

5. Ermittlung der Einflußlinienordinaten $y^{(\mathfrak{M})}{}_{m,\,n}$ für $\mathfrak{M}_{m,\,n}$ bzw. $\mathfrak{M}^0{}_{m,\,n}$ jenes Stabes, der den zu untersuchenden Querschnitt enthält. Diese Ordinaten, die für Stäbe mit und ohne Vouten unter Zuhilfenahme der Tafeln 21 bis 26 bzw. 21a bis 26a leicht bestimmt werden können, sind positiv einzuführen, wenn sich der zu untersuchende Querschnitt am rechten und negativ, wenn er sich am linken Stabende befindet. Es ist also

$$\boxed{y^{(\mathfrak{M})}{}_{m,\,n} = \pm\,\eta^{(\mathfrak{M})}\,l\,.}\qquad(380)$$

6. Ermittlung der endgültigen Einflußlinienordinaten $\eta^*_{m,\,n}$ durch Überlagerung der nach Ziffer 4 und 5 bestimmten Einflußlinie für $\bar{M}_{m,\,n}$ mit der Ordinate y und für $\mathfrak{M}_{m,\,n}$ bzw. $\mathfrak{M}^0{}_{m,\,n}$ mit den Ordinaten $y^{(\mathfrak{M})}{}_{m,\,n}$. Somit ist gemäß (378) unter Beachtung von (380)

$$\boxed{\eta^*_{m,\,n} = y \pm y^{(\mathfrak{M})}{}_{m,\,n}\,.}\qquad(381)$$

Für alle übrigen Stäbe, die außerhalb des Feldes mit dem zu untersuchenden Querschnitt liegen, ist einfach

$$\eta^*_{m,\,n} = y\,.\qquad(381\,\mathrm{a})$$

Die Auswertung der einzelnen Formeln geschieht am besten tabellarisch für jeden Stab gesondert (vgl. Zahlenbeispiel 28).

6. Beispiel: Einflußlinien für einen Zweifeldrahmen

Die Gestalt des Tragwerkes ist aus der Festwertskizze Abb. 410 ersichtlich. Es sollen die M-Einflußlinien gleichzeitig für alle vier Riegelendquerschnitte ermittelt werden. Die „ideelle" Belastung besteht hier nach (371) für die einzelnen $\bar{M}$-Einflußlinien aus folgenden Beiträgen:

Für $\bar{M}_{4,5}$ aus $a_{4,5}$ und b_4 (siehe Abb. 411a) $\ldots\ldots\ldots\ldots$ Belastungsfall $B^{(I)}$.

,, $\bar{M}_{5,4}$,, $a_{5,4}$,, b_4 (,, ,, 411b) $\ldots\ldots\ldots\ldots$,, $B^{(II)}$.

,, $\bar{M}_{5,6}$,, $a_{5,6}$,, b_5 (,, ,, 411c) $\ldots\ldots\ldots\ldots$,, $B^{(III)}$.

,, $\bar{M}_{6,5}$,, $a_{6,5}$,, b_5 (,, ,, 411d) $\ldots\ldots\ldots\ldots$,, $B^{(IV)}$.

Für die „ideelle" Belastung entfällt im Riegel überall das Kräftepaar nach (372), da bei den Riegeln keine Stabdrehwinkel auftreten können.

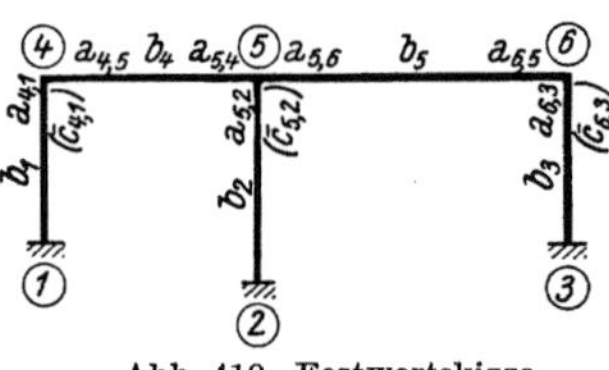

Abb. 410. Festwertskizze

Zur Aufstellung der Gleichungstabelle 24 können auch hier die Knotengleichungen (265) und die Verschiebungsgleichungen (269) benutzt werden. Als Unbekannte ergeben sich die drei Knotendrehwinkel φ_4, φ_5 und φ_6 sowie die Verschiebungsgröße Δ der Säulen. Die Knotenbelastungsglieder s_n sind hier unmittelbar gegeben durch die in den Knotenpunkten angreifende „ideelle" Belastung. Ihre Vorzeichen sind durchweg negativ, weil die als äußere Belastung in den Knotenpunkten wirkenden Momente im Uhrzeigersinn drehen. Es sind insgesamt die in den Abb. 411a bis d ersichtlichen vier Belastungsfälle $B^{(I)}$ bis $B^{(IV)}$ zu behandeln, die gemeinsam in einer Gleichungstabelle mitgeführt werden können.

Gleichungstabelle 24

	φ_4	φ_5	φ_6	Δ	$B(I)$	$B(II)$	$B(III)$	$B(IV)$
φ_4	d_4	b_4		$\bar{c}_{4,1}$	$-\,a_{4,5}$	$-\,b_4$	—	—
φ_5	b_4	d_5	b_5	$\bar{c}_{5,2}$	$-\,b_4$	$-\,a_{5,4}$	$-\,a_{5,6}$	$-\,b_5$
φ_6		b_5	d_6	$\bar{c}_{6,3}$	—	—	$-\,b_5$	$-\,a_{6,5}$
Δ	$\bar{c}_{4,1}$	$\bar{c}_{5,2}$	$\bar{c}_{6,3}$	D	—	—	—	—

Nach Auflösung des Gleichungssystems und der getrennten Ermittlung der unbekannten Formänderungsgrößen für die vier verschiedenen Belastungsfälle kann die Ermittlung der Biegelinien bzw. der Einflußlinien in der auf Seite 157 ff. angegebenen Weise erfolgen (siehe auch Zahlenbeispiel 28).

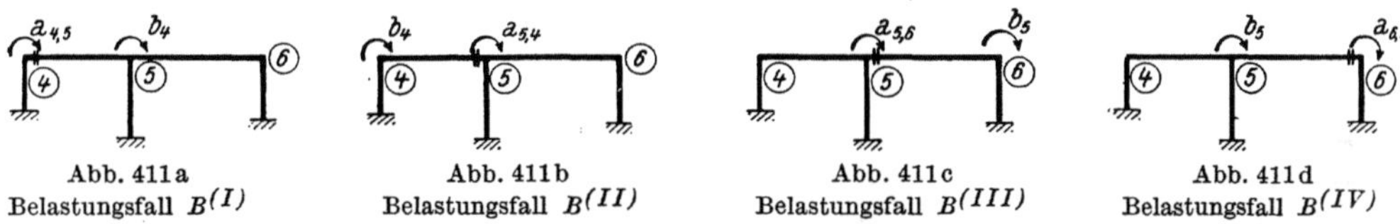

<table>
<tr><td align="center">Abb. 411a
Belastungsfall $B^{(I)}$</td><td align="center">Abb. 411b
Belastungsfall $B^{(II)}$</td><td align="center">Abb. 411c
Belastungsfall $B^{(III)}$</td><td align="center">Abb. 411d
Belastungsfall $B^{(IV)}$</td></tr>
</table>

Abb. 411a bis d. „Ideelle Belastungen" zur Ermittlung der $\overline{M}$-Einflußlinien für die Riegelendquerschnitte

IV. M-Einflußlinien für Feldquerschnitte

Nach Abb. 412 ergibt sich das Feldmoment an der Stelle x für einen Stab 1—2 mit den Stabendmomenten M_1 und M_2 wie folgt:

$$M_x = M_1\,\frac{x'}{l} + M_2\,\frac{x}{l} + M_0^{(x)} \qquad (382)$$

oder

$$M_x = M_1 + (M_2 - M_1)\,\frac{x}{l} + M_0^{(x)}, \qquad (383)$$

wobei $M_0^{(x)}$ das an der Stelle x am frei aufliegend gedachten Träger auftretende Moment infolge der äußeren Belastung bedeutet. Wirkt auf den Stab selbst keine Belastung ein, so vereinfachen sich die beiden Formeln zu

$$M_x = M_1\,\frac{x'}{l} + M_2\,\frac{x}{l} \qquad (382\,\mathrm{a})$$

oder

$$M_x = M_1 + (M_2 - M_1)\,\frac{x}{l}. \qquad (383\,\mathrm{a})$$

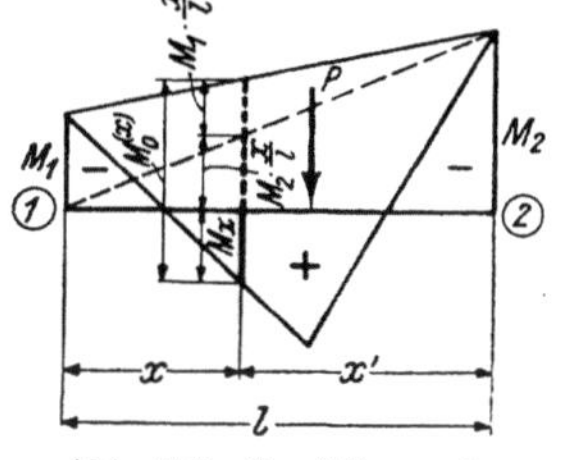

Abb. 412. Ermittlung des Feldmomentes M_x eines Rahmenstabes

Die Vorzeichen der M-Werte sind in den vorstehenden Formeln nach der üblichen Vorzeichenregel für „Biegungsmomente" einzusetzen, also gemäß der allgemein gebräuchlichen Art positiv, wenn der Stab unten, und negativ, wenn er oben gezogen wird. Mit Hilfe dieser Formeln können nun auch die Ordinaten der M-Einflußlinien für Feldquerschnitte aus den Ordinaten der Einflußlinien für die benachbarten Stützenmomente errechnet werden. Die Zahlenrechnung wird am besten tabellarisch durchgeführt; sie besteht bei Benutzung der Formel (382) im wesentlichen aus einer x'/l- bzw.

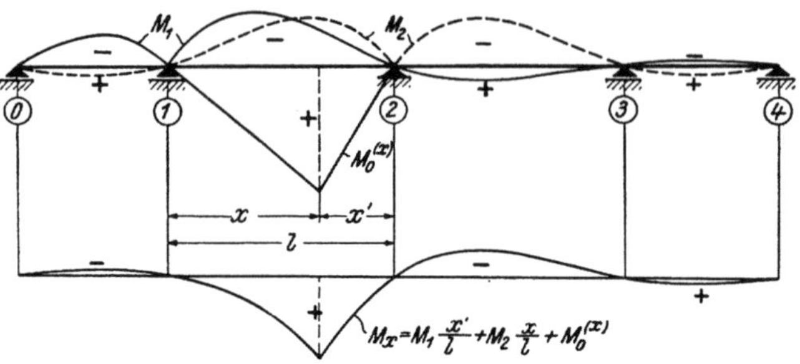

Abb. 413. Entwicklung der Einflußlinie für ein Feldmoment M_x

x/l-fachen Verzerrung der Einflußwerte für M_1 bzw. M_2, die dann einfach zu addieren sind. Bei Benutzung der Gl. (383) ist zuerst die Differenz der Einflußordinaten $(M_2 - M_1)$ zu bilden und dann x/l-fach zu verzerren. Die allgemeine Formel (382) bzw. (383) ist nur für die Ermittlung der Ordinaten in dem einen Feld zu verwenden, in welchem der Querschnitt selbst liegt, da hier die wandernde Einzellast den Betrag M_0 liefert. Die Ordinaten in den übrigen Feldern können mit der vereinfachten Gl. (382a) bzw. (383a) berechnet werden. Dieser Vorgang ist in Abb. 413 für die Entwicklung der M_x-Einflußlinie bei einem durchlaufenden Träger angedeutet.

V. Ermittlung der Einflußlinien für Querkräfte

Für einen Rahmenstab zwischen den Knotenpunkten m und n erhält man nach Abb. 414 unter Berücksichtigung der auf Seite 153 angegebenen Vorzeichenregel an der Stelle x die Querkraft

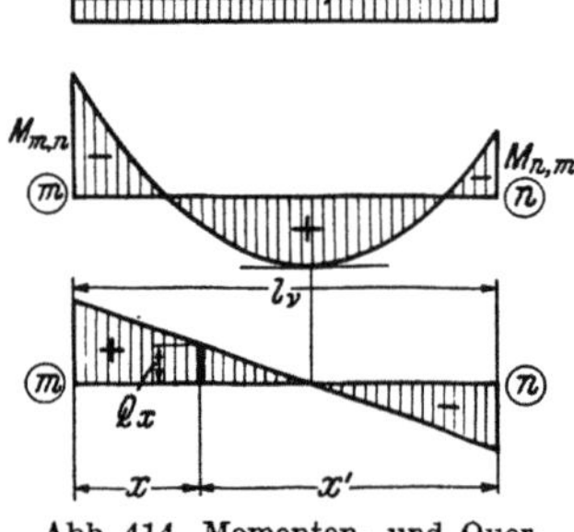

Abb. 414. Momenten- und Querkraftlinie eines Rahmenstabes

$$Q_x = Q_0^{(x)} + \frac{M_{n,m} - M_{m,n}}{l_\nu} . \qquad (384)$$

Dabei ist, wie allgemein üblich, angenommen, daß eine positive Querkraft *links* vom betrachteten Querschnitt nach *oben* bzw. rechts vom Schnitt nach unten gerichtet ist. $Q_0^{(x)}$ bedeutet die Querkraft an der Stelle x des frei aufliegend gedachten Stabes infolge der äußeren Belastung. Sind für irgendein Rahmentragwerk die Einflußlinien der Anschlußmomente $M_{m,n}$ und $M_{n,m}$ eines Stabes m—n bekannt, so kann die Ermittlung der Q_x-Einflußlinie nach (384) durchgeführt werden. Um nun bei einer vorwiegend zeichnerischen Durchführung der Aufgabe ein bequemes Auftragen der einzelnen Ordinaten zu ermöglichen, empfiehlt es sich, die Gl. (384) in folgender Form zu benutzen:

$$Q_x = \frac{1}{l_\nu} [Q_0^{(x)} l_\nu + (M_{n,m} - M_{m,n})] \qquad (385)$$

oder

$$Q_x = \frac{1}{l_\nu} (\eta_1 + \eta_2) . \qquad (385a)$$

Hierin bedeuten

$\eta_1 = Q_0^{(x)} l_\nu$ .... die l_ν-fach verzerrten Ordinaten der $Q_0^{(x)}$-Einflußlinie, die sich nur über das Feld erstreckt, in welchem der zu untersuchende Querschnitt liegt,

$\eta_2 = M_{n,m} - M_{m,n}$ .... die Ordinatendifferenz der Einflußlinien für die benachbarten Stabendmomente,

l_ν .... die Länge des Stabes, dem der zu untersuchende Querschnitt angehört.

Wird jedoch die Ermittlung der Q_x-Einflußlinie rechnerisch in Tabellenform vorgezogen, so geschieht dies am besten nach (384), wie es in Abb. 415a bis c für

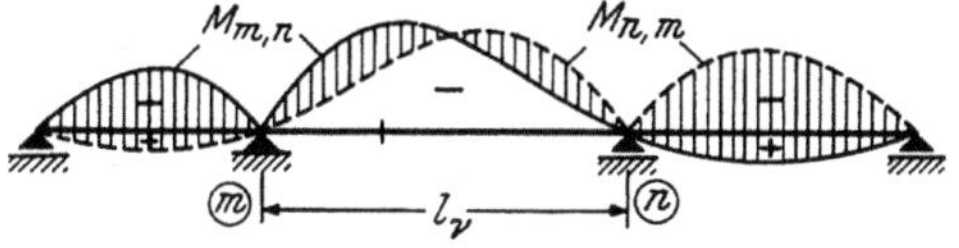

Abb. 415a. Differenz der Einflußlinie für $M_{n,m}$ und $M_{m,n}$

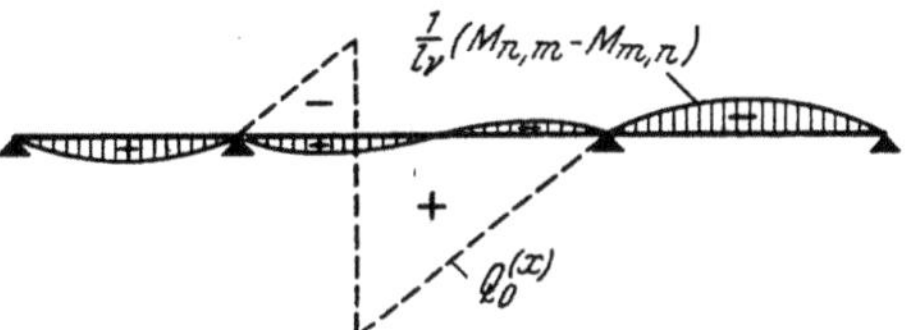

Abb. 415b. Einflußlinie für $\dfrac{1}{l_\nu}(M_{n,m} - M_{m,n})$ und für $Q_0^{(x)}$

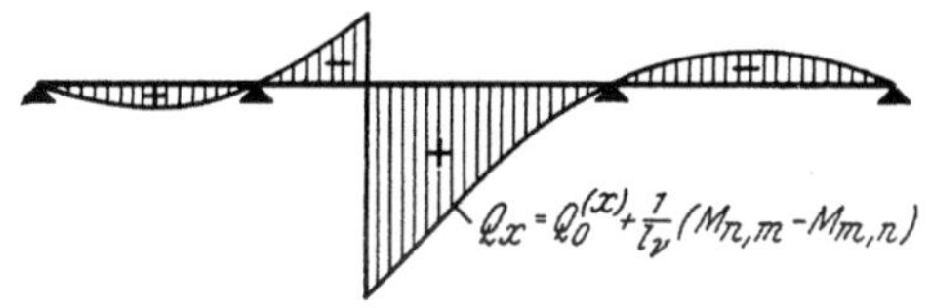

Abb. 415c. Überlagerung der Einflußlinien aus Abb. 415b

Abb. 415a bis c. Entwicklung der Einflußlinie für Q_x

einen Dreifeldträger veranschaulicht ist. Abb. 415a zeigt die Einflußlinien für $M_{m,n}$ und $M_{n,m}$, deren Differenz durch Schraffieren besonders hervorgehoben ist. In Abb. 415b ist die $1/l_\nu$-fach verzerrte Differenz der M-Einflußlinien aufgetragen, und zwar auf die Waagrechte bezogen. Gleichzeitig ist auch die $Q_0^{(x)}$-Einflußlinie im Feld m—n gestrichelt eingezeichnet. Abb. 415c zeigt schließlich die endgültige Einflußlinie für Q_x, die durch Überlagerung der beiden in Abb. 415b ersichtlichen Linienzüge erhalten wird.

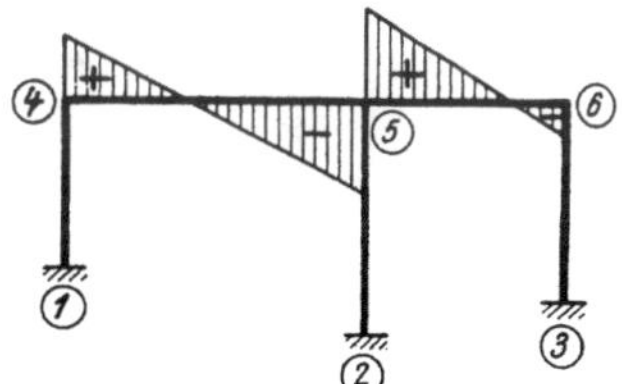

Abb. 416. Q-Verlauf im Riegel

Es sei an dieser Stelle noch kurz etwas über die Ermittlung der Einflußlinien für die Längskräfte und für die Auflagerdrücke gesagt. Da die Längskräfte und Auflagerdrücke als Funktion der Querkräfte in Erscheinung treten, so ergeben sich auch die zugehörigen Einflußlinien durch eine entsprechende Überlagerung von Querkrafteinflußlinien. Man erhält also z. B. die Längskraft in der Säule 2—5 des in Abb. 416 ersichtlichen Rahmentragwerkes unter Beachtung der Vorzeichen mit

$$N_{2,5} = Q_{5,6} - Q_{5,4} .$$

Man wird aber nur in seltenen Fällen Einflußlinien für die Längskräfte wirklich zeichnen, da es in der Regel wegen der einfachen Beziehung zwischen Quer- und Längskräften genügen wird, durch entsprechende Auswertung der Querkrafteinflußlinien auch die gesuchten Größtwerte der Längskräfte zu ermitteln.

Vierter Abschnitt

Die Wirkung von Temperaturänderungen bei statisch unbestimmten Tragwerken

In diesem Abschnitt wird der Einfluß der Temperaturänderungen untersucht, die sich entweder über das ganze Tragwerk oder nur über einzelne seiner Teile erstrecken. Zunächst soll vorausgesetzt werden, daß sich diese Temperaturänderungen in allen Querschnitten eines Stabes gleichmäßig vollziehen. Die Berücksichtigung einer über den Querschnitt ungleichmäßig, jedoch linear verlaufenden Temperaturzunahme oder -abnahme wird auf Seite 176 ff. behandelt.

I. Tragwerke, die durch eine gleichmäßige Temperaturänderung keine Spannungsänderung erfahren

Auch bei statisch unbestimmten Tragwerken kann eine Temperaturänderung ohne Einfluß auf die Spannungsverteilung sein. Das ist dann der Fall, wenn bei einer Temperaturänderung die Stäbe des Tragwerkes nur Verschiebungen erleiden, ohne daß an irgendeiner Stelle dieser Gestaltsänderung ein Widerstand entgegengesetzt wird. Es treten

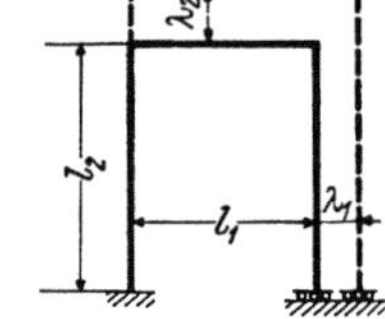

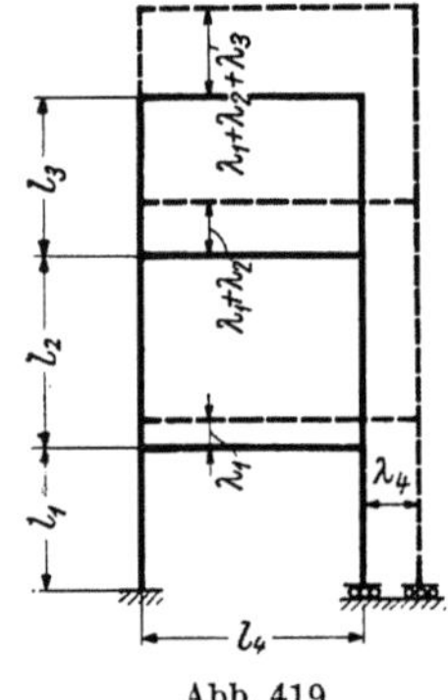

dann nirgends Stabkrümmungen und daher auch nirgends Biegungsmomente auf.

Einige solcher Tragwerke, die bei gleichmäßigen Temperaturänderungen spannungslos bleiben, sind in den Abb. 417 bis 420 dargestellt, worin auch die Gestaltsänderung strichliert angedeutet ist.

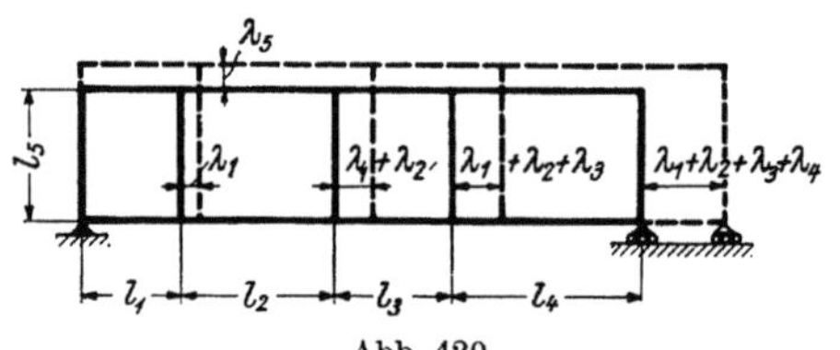

Abb. 417   Abb. 418   Abb. 419   Abb. 420

Abb. 417 bis 420. Tragwerke, die einer gleichmäßigen Wärmeänderung keinen Widerstand entgegensetzen

II. Tragwerke, bei welchen die durch Temperaturänderungen hervorgerufenen Knotenverschiebungen aus geometrischen Beziehungen allein bestimmbar sind

1. Vorbemerkung

Bei den folgenden Ableitungen soll grundsätzlich angenommen werden, daß die einzelnen Stäbe der Tragwerke beliebig veränderliche Stabquerschnitte (Vouten) aufweisen und auch die Temperaturänderungen der einzelnen Rahmenstäbe verschieden sein können.

In den meisten Fällen können bei „unverschieblichen" Tragwerken die durch Temperaturänderung bewirkten gegenseitigen Stabendverschiebungen $\varDelta$ sofort aus den Stablängenänderungen λ durch Ausnutzung geometrischer Beziehungen bestimmt werden. Diese Längenänderungen λ eines Stabes ν von der Länge l_ν sind nach der Formel

$$\lambda_\nu = \omega \cdot t^0 \cdot l_\nu \qquad (386)$$

zu ermitteln, wobei ω die Wärmeausdehnungszahl des Stabmaterials und t^0 die Temperaturänderung bedeuten. Mit den $\varDelta$-Werten sind aber auch die Stabdrehwinkel ψ von vornherein gegeben, so daß nur noch die Knotendrehwinkel φ berechnet zu werden brauchen.

Auf diese Weise können bei vielen **symmetrischen** Tragwerksformen die Knotenverschiebungen $\varDelta$ bzw. die Stabdrehwinkel ψ aus den Stablängenänderungen λ auch dann unmittelbar bestimmt werden, wenn die Temperaturänderung bei einzelnen Stäben zwar verschieden, aber in symmetrisch gelegenen Stäben gleich groß ist. Als Beispiele hierfür können die Rahmenformen in Abb. 421 bis 425 ange-

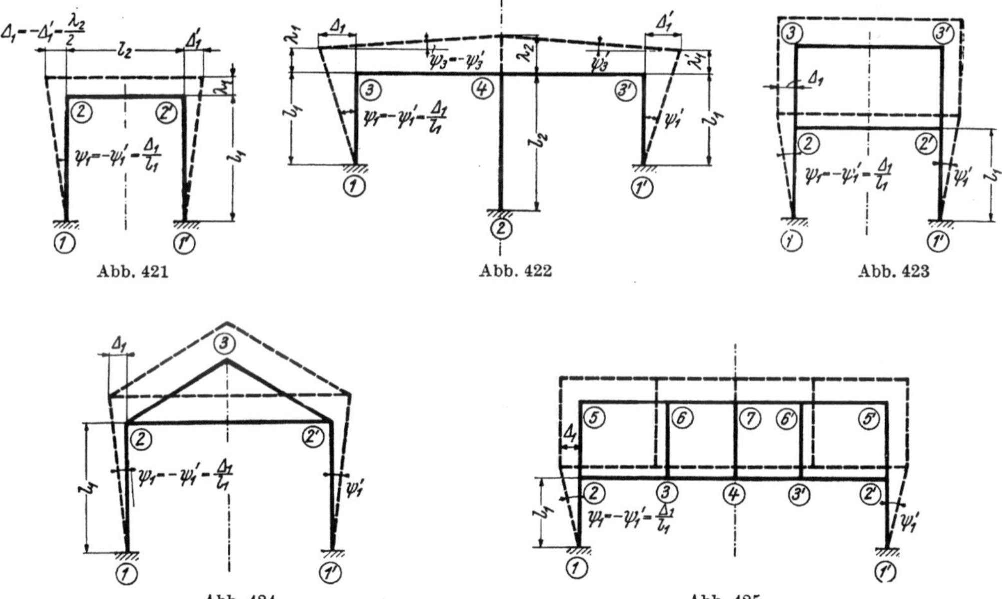

Abb. 421   Abb. 422   Abb. 423

Abb. 424   Abb. 425

Abb. 421 bis 425. Symmetrische Tragwerke mit geometrisch bestimmbaren $\varDelta$-Werten bei gleichmäßigen Temperaturänderungen

sehen werden, in welchen auch die zu erwartenden Knotenverschiebungen infolge einer gleichmäßigen Temperaturerhöhung angedeutet sind. In ähnlicher Art können die $\varDelta$-Werte bei den symmetrischen Tragwerken in den Abb. 54 bis 89, 212 bis 217 und 224 bis 228 geometrisch bestimmt werden.

Aber auch bei den meisten **unsymmetrischen** Systemen der „unverschieblichen" Tragwerke können die $\varDelta$-Werte aus den Stablängenänderungen λ auf Grund geometrischer Überlegungen ermittelt werden. In den Abb. 426 und 427 sind solche Tragwerke mit den Werten λ und $\varDelta$ dargestellt, für welche nur die Knotengleichungen $\Sigma M = 0$ aufzustellen sind. Weitere Vertreter dieser Tragwerksart zeigen die Abb. 133 bis 142, 144 bis 146, 149, 150, 203 bis 209, 219 bis 221 sowie 431 und 432; bei diesen Rahmentragwerken können die $\varDelta$-Werte allein aus geometrischen Beziehungen auch dann bestimmt werden, wenn in den einzelnen Stäben verschiedene Temperaturänderungen auftreten, vorausgesetzt, daß die seitlichen Festhaltelager lotrecht verschieblich sind.

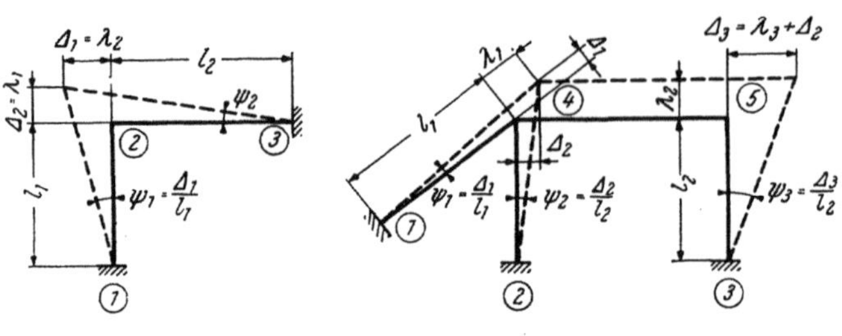

Abb. 426   Abb. 427

Abb. 426 und 427. Unsymmetrische Tragwerke mit geometrisch bestimmbaren $\varDelta$-Werten bei Temperaturänderungen

Anmerkung. Bei manchen symmetrischen und unsymmetrischen Rahmenformen erzeugen die durch Temperaturwirkung hervorgerufenen Längenänderungen in den einzelnen Rahmenstäben vorwiegend Längskräfte. Die $\varDelta$-Werte sind daher nicht einfach geometrisch bestimmbar. Das trifft z. B. für die Tragwerke in den Abb. 428 und 429 zu, bei denen im Falle einer Temperaturerhöhung die Ausdehnung des Stabes 3—3' bzw. 3—4 durch die in den Dreieckstäben hervorgerufenen Achsialkräfte behindert wird. Ähnlich verhält es sich bei den Systemen in Abb. 36, 37, 40 bis 45 und 48 bis 53. Das Maß dieser Behinderung ist abhängig von der Form des Tragwerkes sowie von der Länge und den Querschnittsabmessungen der einzelnen Stäbe. Mithin sind bei der Ermittlung der tatsächlichen Verschiebungswerte $\varDelta$ auch die Formänderungen (Stauchungen bzw. Dehnungen) infolge der Längskräfte in den einzelnen Stäben zu berücksichtigen; daher wird die Berechnung bei solchen Tragwerken wesentlich umständlicher.

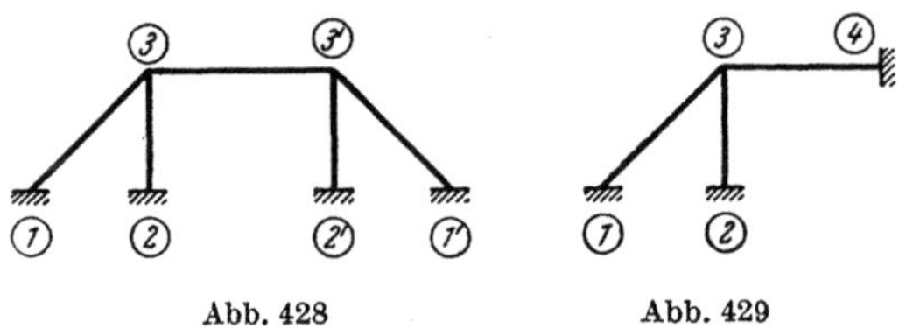

Abb. 428   Abb. 429

Abb. 428 und 429. Tragwerke mit geometrisch nicht bestimmbaren $\varDelta$-Werten

2. Knotengleichungen für „unverschiebliche" Tragwerke

Denkt man sich aus einem unbelasteten Tragwerk, das einer Temperaturänderung ausgesetzt ist, einen Knotenpunkt n herausgeschnitten, so kann unter der Annahme, daß bei allen im Knotenpunkte n zusammentreffenden Stäben verschiedene Stabdrehwinkel ψ auftreten, für die Stabanschlußmomente nach (182) geschrieben werden:

$$M_{n,1} = a_{n,1}\varphi_n + b_{n,1}\varphi_1 + c_{n,1}\psi_{n,1}$$

$$M_{n,2} = a_{n,2}\varphi_n + b_{n,2}\varphi_2 + c_{n,2}\psi_{n,2} \tag{387}$$

$$M_{n,i} = a_{n,i}\varphi_n + b_{n,i}\varphi_i + c_{n,i}\psi_{n,i}\,.$$

Die Bedingung $\sum\limits_i M_{n,i} = 0$ ergibt somit für diesen Fall

$$\sum_i M_{n,i} = \varphi_n \sum_i a_{n,i} + \sum_i b_{n,i}\varphi_i + \sum_i c_{n,i}\psi_{n,i} = 0\,. \tag{388}$$

Nun liegen aber voraussetzungsgemäß die Stabdrehwinkel ψ hier für jeden Stab bekannt vor und können deshalb in die vorstehenden Gleichungen zahlenmäßig eingeführt werden. Dadurch erhält das dritte Glied in (387) die Bedeutung eines *Belastungsgliedes*; es wird daher künftig mit $\mathfrak{M}^t$ bezeichnet.

Damit lauten im vorliegenden Fall die Ausdrücke für die Anschlußmomente eines Stabes v zwischen den Knotenpunkten m und n

$$M_{m,n} = a_{m,n}\,\varphi_m + b_v\,\varphi_n + \mathfrak{M}^t_{m,n}$$
$$M_{n,m} = a_{n,m}\,\varphi_n + b_v\,\varphi_m + \mathfrak{M}^t_{n,m}\,,$$

(389)

wobei

$$\mathfrak{M}^t_{m,n} = c_{m,n}\,\psi_v = \frac{c_{m,n}}{l_v}\cdot \varDelta_v = \bar{c}_{m,n}\,\varDelta_v$$
$$\mathfrak{M}^t_{n,m} = c_{n,m}\,\psi_v = \frac{c_{n,m}}{l_v}\cdot \varDelta_v = \bar{c}_{n,m}\,\varDelta_v\,.$$

(390)

Die „Temperaturbelastungsglieder" $\mathfrak{M}^t_{m,n}$ und $\mathfrak{M}^t_{n,m}$ bedeuten nichts anderes als die Stabanschlußmomente eines beidseitig fest eingespannt gedachten Stabes ($\varphi_m = 0$, $\varphi_n = 0$), der um den Winkel ψ verdreht wird bzw. dessen Endpunkte eine gegenseitige Verschiebung um den Betrag $\varDelta$ erfahren (Abb. 430). Die Vorzeichen von $\mathfrak{M}^t$ sind jeweils durch das Vorzeichen von ψ bzw. $\varDelta$ bestimmt.

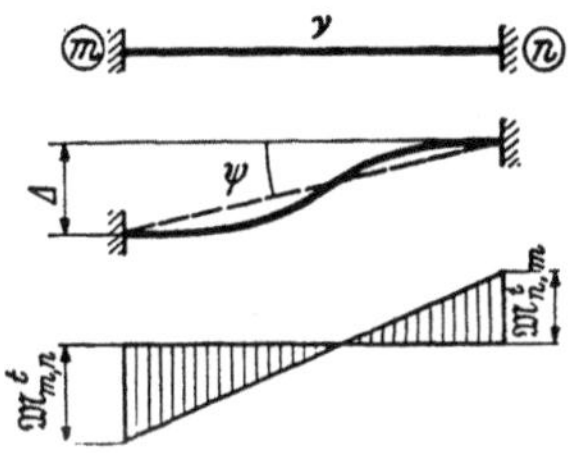

Für Stäbe, die symmetrisch zur Stabmitte ausgebildet sind, ist $c_{m,n} = c_{n,m}$, so daß dann $\mathfrak{M}^t_{m,n} = \mathfrak{M}^t_{n,m}$ wird.

Setzt man in der Gl. (388) in Anlehnung an die früheren Ableitungen für das Diagonalglied

$$d_n = \sum_i a_{n,i}$$

(391)

Abb. 430. „Temperaturbelastungsglieder" $\mathfrak{M}^t_{m,n}$ und $\mathfrak{M}^t_{n,m}$

und für das Knotenbelastungsglied

$$s^t_n = \sum_i \mathfrak{M}^t_{n,i} = \sum_i c_{n,i}\,\psi_{n,i}\,,$$

(392)

so erscheint die *Knotengleichung* in derselben äußeren Form wie bei den Tragwerken mit unverschieblichen Knotenpunkten [vgl. Gl. (250)]:

$$d_n\,\varphi_n + \sum_i b_{n,i}\,\varphi_i + s^t_n = 0\,.$$

(393)

In Anlehnung an (389) erhält man sinngemäß das Anschlußmoment für einen Stab v, der im Knotenpunkt n **gelenkig** angeschlossen ist, nach (193) mit

$$M_{m,n} = a^0_{m,n}\,\varphi_m + \mathfrak{M}^t_{m,n}\,,$$

(394)

wobei

$$\mathfrak{M}^t_{m,n} = a^0_{m,n}\,\psi_v = \frac{a^0_{m,n}}{l_v}\cdot \varDelta_v = \bar{a}^0_{m,n}\,\varDelta_v\,.$$

(395)

Die *Knotengleichung* lautet für diesen Fall ähnlich wie bei den unverschieblichen Tragwerken mit gelenkigen Stabanschlüssen [vgl. Gl. (255)]

$$d^0_n\,\varphi_n + \sum_i b_{n,i}\,\varphi_i + s^0{}^t_n = 0\,.$$

(396)

Darin bedeuten

$$d^0_n = \sum_i a_{n,i} + \sum_g a^0_{n,g}$$

(397)

und

$$s^0{}^t_n = \sum_i \mathfrak{M}^t_{n,i} + \sum_g \mathfrak{M}^t_{n,g} = \sum_i c_{n,i}\,\psi_{n,i} + \sum_g a^0_{n,g}\,\psi_{n,g}\,.$$

(398)

Anmerkung. Wird das Rahmentragwerk nach den Gleichungen des ersten Abschnittes berechnet, so lauten die Ausdrücke (389) für die Stabendmomente entsprechend (7) sinngemäß unter den hier getroffenen Voraussetzungen für den Temperaturbelastungsfall:

$$\boxed{\begin{aligned} M_{m,\,n} &= 2\,k\,\varphi_m + k\,\varphi_n + \mathfrak{M}^t{}_{m,\,n} \\ M_{n,\,m} &= 2\,k\,\varphi_n + k\,\varphi_m + \mathfrak{M}^t{}_{n,\,m}, \end{aligned}} \qquad (389\,\text{a})$$

wobei die „Temperaturbelastungsglieder" folgende Werte annehmen:

$$\mathfrak{M}^t{}_{m,\,n} = \mathfrak{M}^t{}_{n,m} = 3\,k\,\psi_\nu = \frac{3\,k}{l_\nu} \cdot \varDelta_\nu = \bar{k}\,\varDelta_\nu\,. \qquad (390\,\text{a})$$

Die *Knotengleichung* lautet in diesem Fall [vgl. Gl. (26)]:

$$\boxed{d_n\,\varphi_n + \underset{i}{\varSigma}\,k_{n,\,i}\,\varphi_i + s^t{}_n = 0\,;} \qquad (393\,\text{a})$$

hierin bedeutet

$$s^t{}_n = \underset{i}{\varSigma}\,\mathfrak{M}^t{}_{n,\,i} = \underset{i}{\varSigma}\,3\,k_{n,\,i}\,\psi_{n,\,i}\,. \qquad (392\,\text{a})$$

Der Ausdruck für das Anschlußmoment eines Stabes ν mit Gelenk bei n nimmt für den Temperaturbelastungsfall im Sinne von (16) folgende Form an:

$$\boxed{M_{m,\,n} = 2\,k^0\,\varphi_m + \mathfrak{M}^t{}_{m,\,n};} \qquad (394\,\text{a})$$

darin ist

$$\mathfrak{M}^t{}_{m,\,n} = 2\,k^0\,\psi_\nu = \frac{2\,k^0}{l_\nu} \cdot \varDelta_\nu = \bar{k}^0\,\varDelta_\nu\,. \qquad (395\,\text{a})$$

Die *Knotengleichung* lautet dann [vgl. Gl. (30)]:

$$\boxed{d^0{}_n\,\varphi_n + \underset{i}{\varSigma}\,k_{n,\,i}\,\varphi_i + s^0{}_n{}^t = 0\,,} \qquad (396\,\text{a})$$

wobei

$$s^0{}_n{}^t = \underset{i}{\varSigma}\,\mathfrak{M}^t{}_{n,\,i} + \underset{g}{\varSigma}\,\mathfrak{M}^t{}_{n,g} = \underset{i}{\varSigma}\,3\,k_{n,\,i}\,\psi_{n,\,i} + \underset{g}{\varSigma}\,2\,k^0{}_{n,g}\,\psi_{n,g}\,. \qquad (398\,\text{a})$$

3. Zahlenmäßige Ermittlung der „Temperaturbelastungsglieder"

Um die zahlenmäßige Ermittlung der Belastungsglieder $\mathfrak{M}^t$ und s^t einfach und übersichtlich gestalten zu können, muß vorerst wieder eine klare Bezeichnungsweise und eine geeignete Vorzeichenregel für die verschiedenen Größen festgesetzt werden. Es bedeuten:

λ_ν .... die „wirkliche" Längenänderung des Stabes ν;

$\varDelta_\nu$ .... die „relative" Verschiebung der Endpunkte des Stabes ν senkrecht zur Stabachse;

$\psi_\nu = \dfrac{\varDelta_\nu}{l_\nu}$ .... den durch die gegenseitige Verschiebung $\varDelta_\nu$ hervorgerufenen Stabdrehwinkel.

Vorzeichenregel:

λ_ν .... wird als Verlängerung *positiv*, als Verkürzung negativ eingeführt;

$\varDelta_\nu$ .... wird *positiv* angenommen, wenn es einen positiven Stabdrehwinkel ψ_ν hervorruft, d. h. wenn es eine Stabverdrehung *entgegen* dem Uhrzeigersinn erzeugt.

Man erhält also z. B. für das in Abb. 431 ersichtliche Tragwerk

$$\Delta_1 = \lambda_3; \qquad \Delta_2 = 0; \qquad \Delta_3 = \lambda_2 - \lambda_1$$

und damit

$$\psi_1 = \frac{\lambda_3}{l_1}; \qquad \psi_2 = 0; \qquad \psi_3 = \frac{\lambda_2 - \lambda_1}{l_3}.$$

Für das in Abb. 432 dargestellte Tragwerk ergeben sich die Δ-Werte der einzelnen Stäbe aus den bekannt vorausgesetzten Stablängenänderungen folgendermaßen:

$$\Delta_1 = -\lambda_5 \qquad\qquad\qquad \Delta_5 = \lambda_1$$
$$\Delta_2 = -(\lambda_5 + \lambda_6) \qquad\qquad \Delta_6 = \lambda_2 - \lambda_1$$
$$\Delta_3 = -(\lambda_5 + \lambda_6 + \lambda_7) \qquad \Delta_7 = \lambda_3 - \lambda_2$$
$$\Delta_4 = -(\lambda_5 + \lambda_6 + \lambda_7 + \lambda_8) \qquad \Delta_8 = \lambda_4 - \lambda_3.$$

Sind auf diese Weise die Werte Δ bzw. ψ für die einzelnen Stäbe ermittelt, so erhält man damit unmittelbar aus den Formeln (390) die gesuchten „Temperaturbelastungsglieder" $\mathfrak{M}^t$.

Es muß hier ausdrücklich hervorgehoben werden, daß bei der zahlenmäßigen Ermittlung der $\mathfrak{M}^t$-Glieder die wahren Werte von k, k^0 bzw. $\bar{k}$, $\bar{k}^0$ und c, a^0 bzw.

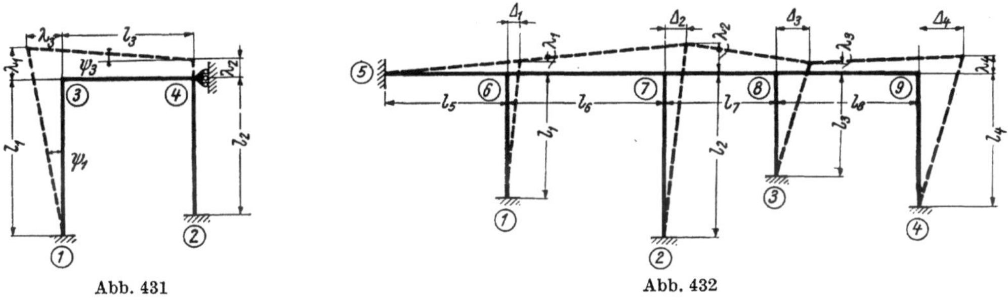

Abb. 431

Abb. 432

Abb. 431 und 432. Bestimmung der Verschiebungen Δ aus den Stablängenänderungen λ

$\bar{c}$, $\bar{a}^0$ benutzt werden müssen, um auch die Momente infolge der Temperaturwirkung in wahrer Größe zu erhalten. Es empfiehlt sich daher, gleich in der Stabfestwerttabelle auch die wahren Werte k^*, k^{0*} bzw. $\bar{k}^*$, $\bar{k}^{0*}$ oder c^*, a^{0*} bzw. $\bar{c}^*$, $\bar{a}^{0*}$ mitzuführen. Dabei ist z. B.

$$\bar{k}^* = \frac{\bar{k}}{z}; \qquad \bar{k}^{0*} = \frac{\bar{k}^0}{z} \qquad \text{oder} \qquad \bar{c}^* = \frac{\bar{c}}{z}; \qquad \bar{a}^{0*} = \frac{\bar{a}^0}{z},$$

wenn $\bar{k}$ bzw. $\bar{k}^0$ oder $\bar{c}$ bzw. $\bar{a}^0$ die z-fach verzerrten Stabfestwerte bedeuten. Es ist weiter zu beachten, daß die Dimension der aus der Rechnung erhaltenen Momente mit der Dimension der zur Ermittlung der „Temperaturbelastungsglieder" $\mathfrak{M}^t$ benutzten wahren Werte $\bar{k}^*$, $\bar{k}^{0*}$ bzw. $\bar{c}^*$, $\bar{a}^{0*}$ übereinstimmt. Will man also die Momente in tm erhalten, so sind auch E in t/m², J in m⁴ und l in m einzusetzen.

III. Tragwerke, bei welchen die Knotenverschiebungen aus geometrischen Beziehungen allein nicht bestimmbar sind

1. Allgemeines

Die bisher behandelten Fälle, in denen von der Annahme ausgegangen worden ist, daß sämtliche Verschiebungsgrößen Δ bzw. Stabdrehwinkel ψ mit Hilfe von geometrischen Beziehungen aus den Stablängenänderungen unabhängig von den Knotendrehwinkeln φ zu ermitteln sind, werden in der Praxis seltener vorkommen. Hingegen wird es sich sehr oft ergeben, daß zwar die Δ- und ψ-Werte einzelner Stäbe auf diese Art bestimmt werden können, daß aber die übrigen Stabdrehwinkel gemeinsam mit den Knotendrehwinkeln durch Auflösen des gesamten Gleichungssystems berechnet werden müssen. Bei derartigen Tragwerken müssen also zur Ermittlung der noch fehlenden Formänderungsgrößen ψ bzw. Δ wieder die schon bekannten Verschiebungsgleichungen herangezogen werden. Diese Art der Behandlung soll im folgenden ausführlich an einer Tragwerksform gezeigt werden, die im Bauwesen häufig auftritt.

2. Der unsymmetrische Mehrfeldrahmen mit waagrechten Riegeln und beliebig veränderlichen Stabquerschnitten (ohne Gelenke)

A. Ansätze für die Verschiebungsgrößen Δ der Rahmenstäbe

In Abb. 433 ist das Stabsehnenbild eines solchen Tragwerkes infolge einer Temperaturerhöhung gezeichnet. Aus den bekannt anzunehmenden Längenänderungen der einzelnen Stäbe können hier nur die gegenseitigen Verschiebungen Δ_5, Δ_6, Δ_7 der Riegel unmittelbar berechnet werden, und zwar ist mit den Bezeichnungen der Abb. 433

$$\left.\begin{array}{lll} \Delta_5 = \lambda_2 - \lambda_1; & \Delta_6 = \lambda_3 - \lambda_2; & \Delta_7 = \lambda_4 - \lambda_3 \\[2mm] \psi_5 = \dfrac{\lambda_2 - \lambda_1}{l_5}; & \psi_6 = \dfrac{\lambda_3 - \lambda_2}{l_6}; & \psi_7 = \dfrac{\lambda_4 - \lambda_3}{l_7}. \end{array}\right\} \tag{399}$$

und damit

Mit Hilfe dieser Werte ergeben sich dann aus (390) bzw. (390a) die $\mathfrak{M}^t$-Glieder der Riegel.

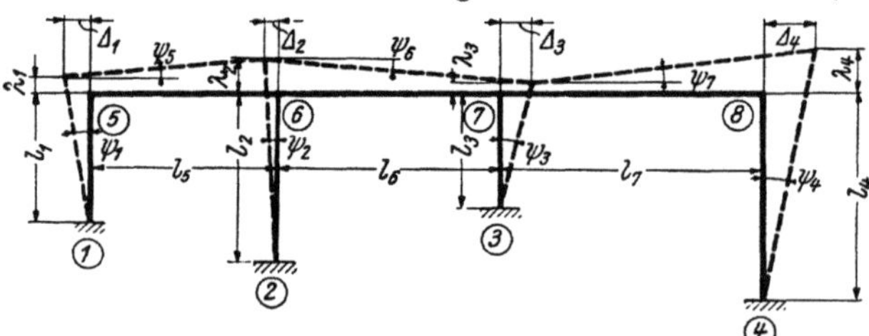

Abb. 433. Tragwerk, dessen Knotenverschiebungen bei Temperaturänderungen geometrisch nicht bestimmbar sind

Die Verschiebungsgrößen Δ_1, Δ_2, Δ_3, Δ_4 der Stiele sind deshalb nicht sofort zu ermitteln, weil der Ruhepunkt im Riegel 5—8, von welchem die Ausdehnung nach beiden Seiten fortschreitet, wegen der Unsymmetrie des Tragwerkes nicht von vornherein angegeben werden kann.

Es steht aber nur eine Verschiebungsgleichung zur Verfügung, da nur ein Stockwerk vorhanden ist. Es kann damit auch nur eine Verschiebungsgröße, etwa Δ_1, bestimmt werden, alle übrigen ergeben sich dann aus geometrischen Beziehungen. Mit den Bezeichnungen der Abb. 433 und unter Beachtung der angenommenen Vorzeichenregel gilt

$$\begin{aligned}
\varDelta_2 &= \varDelta_1 - \lambda_5 \\
\varDelta_3 &= \varDelta_2 - \lambda_6 = \varDelta_1 - (\lambda_5 + \lambda_6) \\
\varDelta_4 &= \varDelta_3 - \lambda_7 = \varDelta_1 - (\lambda_5 + \lambda_6 + \lambda_7) \,.
\end{aligned} \tag{400}$$

Wenn bei der zahlenmäßigen Auswertung dieser Ausdrücke die Längenänderungen λ gemäß der angenommenen Vorzeichenregel als Verlängerung positiv und als Verkürzung negativ eingeführt werden, so ergeben sich auch die $\varDelta$-Werte mit dem richtigen Vorzeichen.

B. Gleichungsansätze für die Stabendmomente

Die Ausdrücke für die Stabendmomente in einem unbelasteten Tragwerk, das einer Temperaturänderung ausgesetzt ist, lauten nach (389) bzw. (390) allgemein:

$$\begin{aligned}
M_{m,\,n} &= a_{m,\,n}\,\varphi_m + b_\nu\,\varphi_n + \bar{c}_{m,\,n}\,\varDelta_\nu \\
M_{n,\,m} &= a_{n,\,m}\,\varphi_n + b_\nu\,\varphi_m + \bar{c}_{n,\,m}\,\varDelta_\nu;
\end{aligned} \tag{401}$$

dabei bedeuten wie früher

$$\bar{c}_{m,\,n} = \frac{c_{m,\,n}}{l_\nu} \quad \text{und} \quad \bar{c}_{n,\,m} = \frac{c_{n,\,m}}{l_\nu}\,.$$

Bei Anwendung dieser Ausdrücke (401) auf die einzelnen Stäbe des Tragwerkes sind drei Fälle zu unterscheiden:

1. Die Verschiebungsgrößen $\varDelta$ sind aus den Längenänderungen allein berechenbar. Die $\varDelta$-Werte können daher unabhängig von den φ-Werten gesondert bestimmt und in die vorstehenden Gleichungen eingeführt werden. Die Gleichungen sind dann identisch mit den Ausdrücken (389).

2. Die $\varDelta$-Werte sind als Unbekannte mitzuführen, da sie aus geometrischen Beziehungen nicht bestimmt werden können. In diesem Fall bleiben die Gleichungen in der Form (401) bestehen.

3. Die $\varDelta$-Werte sind im Sinne von (400) als lineare Funktion einer unbekannten Stabendverschiebung $\varDelta_p$ und einer Reihe von gesondert bestimmbaren Verschiebungen λ (Stablängenänderungen) im Gesamtwert λ_s in Rechnung zu setzen. Dieser Fall trifft beispielsweise für das in Abb. 433 dargestellte Rahmentragwerk bei den Verschiebungen $\varDelta_2$, $\varDelta_3$, $\varDelta_4$ zu. Allgemein kann man schreiben

$$\varDelta_\nu = f\left(\varDelta_p,\ \lambda_s^{(\nu)}\right) \,. \tag{402}$$

Bedeutet $\varDelta_p$ die relative Verschiebung des äußeren linken Ständers, so lautet der vorstehende Ausdruck

$$\varDelta_\nu = \varDelta_p - \lambda_s^{(\nu)} \,. \tag{402a}$$

Hierin ist λ_s die Summe der Längenänderungen des Riegels zwischen den Knotenpunkten, denen die Verschiebungsgrößen $\varDelta_\nu$ und $\varDelta_p$ zugeordnet sind. Führt man die Beziehung (402a) in (401) ein, so ergibt sich

$$\begin{aligned}
M_{m,\,n} &= a_{m,\,n}\,\varphi_m + b_\nu\,\varphi_n + \bar{c}_{m,\,n}\left(\varDelta_p - \lambda_s^{(\nu)}\right) \\
M_{n,\,m} &= a_{n,\,m}\,\varphi_n + b_\nu\,\varphi_m + \bar{c}_{n,\,m}\left(\varDelta_p - \lambda_s^{(\nu)}\right) \,.
\end{aligned} \tag{403}$$

Nun kann man, da der Summenwert $\lambda_s^{(\nu)}$ jeweils bekannt ist, für

$$\begin{aligned}
-\,\bar{c}_{m,\,n} \cdot \lambda_s^{(\nu)} &= \mathfrak{M}^t_{m,\,n} \\
-\,\bar{c}_{n,\,m} \cdot \lambda_s^{(\nu)} &= \mathfrak{M}^t_{n,\,m}
\end{aligned} \tag{404}$$

setzen. Dieser Wert hat auch hier wieder die Bedeutung eines Stabbelastungsgliedes. Damit erhalten die Ausdrücke (403) für die Stabendmomente auch bei Temperaturwirkung wieder denselben Aufbau wie für gewöhnliche Belastung. Sie lauten:

$$M_{m,n} = a_{m,n}\,\varphi_m + b_\nu\,\varphi_n + \bar c_{m,n}\,\varDelta_p + \mathfrak{M}^t_{m,n}$$
$$M_{n,m} = a_{n,m}\,\varphi_n + b_\nu\,\varphi_m + \bar c_{n,m}\,\varDelta_p + \mathfrak{M}^t_{n,m}\,.$$

(405)

Nach diesen vorbereitenden Arbeiten kann die Aufstellung der allgemeinen Rahmengleichungen für die vorliegende Tragwerksgattung erfolgen.

C. Bedingungsgleichungen für „verschiebliche" Tragwerke

a) Knotengleichungen

In Abb. 434 ist ein Teil eines Mehrfeldrahmens unter Verwendung einer allgemeinen Bezeichnungsart der Stäbe und Knotenpunkte dargestellt. Die Ansätze zur Berechnung der Stabanschlußmomente im Knoten n lauten für den Riegel nach (389)

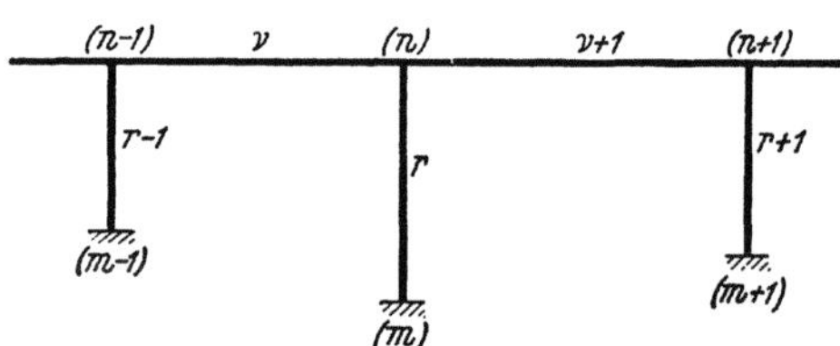

Abb. 434. Knoten- und Stabbezeichnung bei Mehrfeldrahmen

$$M_{n,n-1} = a_{n,n-1}\,\varphi_n + b_\nu\;\varphi_{n-1} + \mathfrak{M}^t_{n,n-1}$$
$$M_{n,n+1} = a_{n,n+1}\,\varphi_n + b_{\nu+1}\,\varphi_{n+1} + \mathfrak{M}^t_{n,n+1}$$

und für den Stiel nach (405)

$$M_{n,m} = a_{n,m}\,\varphi_n + b_r\,\varphi_m + \bar c_{n,m}\,\varDelta_p + \mathfrak{M}^t_{n,m}\,.$$

Damit erhält man die Bedingung $\sum_i M_{n,i} = 0$ im Knotenpunkt n in der üblichen Schreibweise:

$$d_n\,\varphi_n + b_\nu\,\varphi_{n-1} + b_r\,\varphi_m + b_{\nu+1}\,\varphi_{n+1} + \bar c_{n,m}\,\varDelta_p + s^t_n = 0\,.$$

(406)

Hierbei ist $s^t_n = \sum_i \mathfrak{M}^t_{n,i}$ [siehe auch Gl. (392)].

Im vorliegenden Fall ist φ_m durch die Randbedingungen gegeben. Bei voller Einspannung der Säulenfüße wird $\varphi_m = 0$; die Knotengleichung nimmt dann folgende Form an:

$$d_n\,\varphi_n + b_\nu\,\varphi_{n-1} + b_{\nu+1}\,\varphi_{n+1} + \bar c_{n,m}\,\varDelta_p + s^t_n = 0\,.$$

(406 a)

b) Verschiebungsgleichungen

Wenn außer der Temperaturänderung keine andere Belastung auf das Tragwerk einwirkt, so ergibt sich für den Tragwerksteil in Abb. 434 die Verschiebungsgleichung $\sum H = 0$ nach (54) in vereinfachter Form, nämlich

$$\sum_r \frac{M_o + M_u}{l_r} = 0\,,$$

(407)

wobei l_r jeweils die Länge der Säule r bedeutet.

Es sind nun wieder die Stabendmomente durch die Formänderungsgrößen zu ersetzen. Das geschieht nach (186); man erhält mit den hier gewählten Bezeichnungen anstelle von Gl. (407)

$$\sum_r \frac{c_o}{l_r}\,\varphi_o + \sum_r \frac{c_u}{l_r}\,\varphi_u + \sum_r \frac{c_o + c_u}{l_r}\,\psi_r = 0\,.$$

(408)

Weiter ist unter Beachtung von (402a)

$$\psi_r = \frac{\Delta_r}{l_r} = \frac{\Delta_p - \lambda_s^{(r)}}{l_r} \, .$$ (409)

Damit ergibt sich unter gleichzeitiger Einführung der $\bar{c}$-Werte:

$$\sum_r \bar{c}_o \varphi_o + \sum_r \bar{c}_u \varphi_u + \sum_r \frac{\bar{c}_o + \bar{c}_u}{l_r} \cdot \Delta_p - \sum_r \frac{\bar{c}_o + \bar{c}_u}{l_r} \cdot \lambda_s^{(r)} = 0 \, .$$ (410)

Die Ausdrücke $\sum\limits_r$ beziehen sich auf alle Säulen des Rahmens. Der letzte Summenausdruck der vorstehenden Gleichung enthält nur bekannte Größen und kann sofort zahlenmäßig ermittelt werden. Er stellt somit das Belastungsglied der Verschiebungsgleichung bei Temperaturwirkung dar. Man setzt also wie früher:

$$D = \sum_r \frac{\bar{c}_o + \bar{c}_u}{l_r}$$ (411)

und

$$S^t = - \sum_r \frac{\bar{c}_o + \bar{c}_u}{l_r} \cdot \lambda_s^{(r)} \, .$$ (412)

Damit lautet die Verschiebungsgleichung in brauchbarer und übersichtlicher Form:

$$\boxed{\sum_r \bar{c}_u \varphi_u + \sum_r \bar{c}_o \varphi_o + D\Delta_p + S^t = 0 \, .}$$ (413)

Diese Gleichung stimmt der Form nach überein mit der allgemeinen Verschiebungsgleichung (269) für Stockwerkrahmen mit lotrechten, ungleich hohen Ständern.

Sind die Säulenfüße fest eingespannt, so wird $\varphi_u = 0$ und die Gleichung vereinfacht sich noch weiter zu

$$\boxed{\sum_r \bar{c}_o \varphi_o + D\Delta_p + S^t = 0 \, .}$$ (413a)

Anmerkung. In gleicher Weise können für Mehrfeldrahmen mit gelenkigen Stabanschlüssen gebrauchsfertige Formeln aufgestellt werden. Dabei ist zu erwähnen, daß die Bedingungsgleichungen auch unter Berücksichtigung der Temperaturwirkung grundsätzlich denselben Aufbau zeigen wie jene für die in den vorangehenden Abschnitten ausführlich behandelten Belastungsfälle.

3. Beschreibung des Rechnungsganges

Zur besseren Übersicht sei hier die Reihenfolge der Rechenarbeiten bei Berücksichtigung der Temperaturwirkung nochmals kurz zusammengefaßt.

1. Ermittlung der Längenänderung λ jedes einzelnen Stabes nach (386).

2. Berechnung der Stabfestwerte a, b, c bzw. $\bar{c}$ unter Zuhilfenahme der Zahlen- oder Kurventafeln des Dritten Teiles.

3. Herstellung der Festwertskizze.

4. Feststellung derjenigen „relativen" Verschiebungen Δ, die aus den Längenänderungen der Stäbe allein bestimmbar sind, und ihre Ermittlung nach (399).

5. Wahl einer Säulenverschiebung Δ_p (am besten die der linken Säule) als Rechnungsunbekannte, durch welche alle übrigen Säulenverschiebungen ausgedrückt werden.

6. Berechnung der $\mathfrak{M}^t$-Glieder für jede einzelne Säule nach (404) und für jeden Riegel nach (390) mit Hilfe von (399).

7. Ermittlung der für die Knotengleichungen bzw. Verschiebungsgleichung erforderlichen Werte, und zwar d_n in der üblichen Weise und s^t_n nach (392), ferner D nach (411) und S^t nach (412).

8. Aufstellung der Bedingungsgleichungen nach (406) und (413) und deren Auflösung.

9. Ermittlung der Stabendmomente nach (401) bzw. (405).

4. Gleichungstabelle für einen unsymmetrischen Dreifeldrahmen mit veränderlichen Stabquerschnitten bei Temperaturwirkung

Die Form des Tragwerkes ist in Abb. 435 dargestellt; die zugehörige Festwertskizze zeigt Abb. 436. Bei Annahme fester Einspannung der Säulenfüße werden φ_1 bis φ_4 gleich Null, so daß als Unbekannte nur die vier Knotendrehwinkel φ_5, φ_6, φ_7, φ_8 und die Verschiebungsgröße Δ_1 zu bestimmen sind. Zunächst wären die

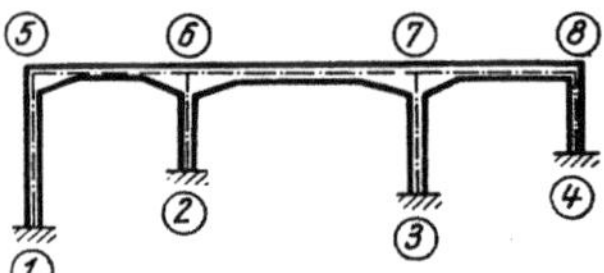

Abb. 435. Unsymmetrischer Dreifeldrahmen mit Vouten

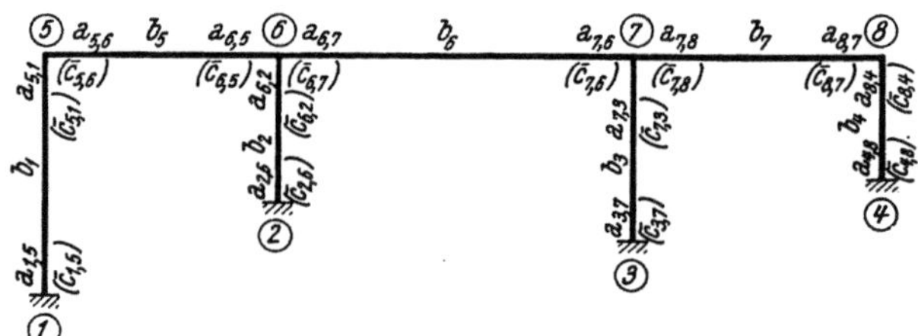

Abb. 436. Festwertskizze

Längenänderungen λ_1 bis λ_7 aus $\lambda_\nu = \omega \cdot t^0 \cdot l_\nu$ zu berechnen, worauf die Ansätze für die Δ-Werte der einzelnen Stäbe aufgestellt werden können, und zwar sei die gewählte Rechnungsunbekannte . . . . Δ_1 .

Nach (400) bzw. (402a) ist dann . . . .
$$\Delta_2 = \Delta_1 - \lambda_5$$
$$\Delta_3 = \Delta_1 - (\lambda_5 + \lambda_6)$$
$$\Delta_4 = \Delta_1 - (\lambda_5 + \lambda_6 + \lambda_7)$$

und nach (399) . . . .
$$\Delta_5 = \lambda_2 - \lambda_1$$
$$\Delta_6 = \lambda_3 - \lambda_2$$
$$\Delta_7 = \lambda_4 - \lambda_3 \, .$$

Nach (392) ergeben sich die „Knotenbelastungsglieder" s^t_n wie folgt:

$$s^t_5 = \mathfrak{M}^t_{5,1} + \mathfrak{M}^t_{5,6}; \quad s^t_6 = \mathfrak{M}^t_{6,2} + \mathfrak{M}^t_{6,5} + \mathfrak{M}^t_{6,7}; \quad s^t_7 = \Sigma \mathfrak{M}^t_7; \quad s^t_8 = \Sigma \mathfrak{M}^t_8 \, .$$

Die $\mathfrak{M}^t$-Glieder erhält man für die **Stiele** nach (404)

$$\mathfrak{M}^t_{5,1} = -\bar{c}_{5,1} \cdot \lambda_s^{(1)} = 0 \qquad (\text{weil } \lambda_s^{(1)} = 0)$$
$$\mathfrak{M}^t_{6,2} = -\bar{c}_{6,2} \cdot \lambda_s^{(2)} = -\bar{c}_{6,2} \cdot \lambda_5$$
$$\mathfrak{M}^t_{7,3} = -\bar{c}_{7,3} \cdot \lambda_s^{(3)} = -\bar{c}_{7,3} (\lambda_5 + \lambda_6)$$
$$\mathfrak{M}^t_{8,4} = -\bar{c}_{8,4} \cdot \lambda_s^{(4)} = -\bar{c}_{8,4} (\lambda_5 + \lambda_6 + \lambda_7)$$

und für die **Riegel**, wenn diese unsymmetrisch ausgebildet sind (also $\bar{c}_{m,n} \neq \bar{c}_{n,m}$), nach (390)

$$\mathfrak{M}^t_{5,6} = \bar{c}_{5,6}\, \Delta_5 \qquad\qquad \mathfrak{M}^t_{6,5} = \bar{c}_{6,5}\, \Delta_5$$
$$\mathfrak{M}^t_{6,7} = \bar{c}_{6,7}\, \Delta_6 \qquad\qquad \mathfrak{M}^t_{7,6} = \bar{c}_{7,6}\, \Delta_6$$
$$\mathfrak{M}^t_{7,8} = \bar{c}_{7,8}\, \Delta_7 \qquad\qquad \mathfrak{M}^t_{8,7} = \bar{c}_{8,7}\, \Delta_7 \, .$$

Sind die Stäbe symmetrisch ausgebildet, so wird, weil dann $\bar{c}_{m,\,n} = \bar{c}_{n,\,m}$, immer auch $\mathfrak{M}^t_{m,\,n} = \mathfrak{M}^t_{n,\,m}$.

Weiter sind die Diagonalglieder zu ermitteln, und zwar für die Knotengleichungen

$$d_5 = \sum_i a_{5,i}; \quad d_6 = \sum_i a_{6,i}; \quad d_7 = \sum_i a_{7,i}; \quad d_8 = \sum_i a_{8,i}$$

und für die Verschiebungsgleichung nach (411)

$$D_1 = \sum_r \frac{\bar{c}_o + \bar{c}_u}{l_r},$$

ferner nach (412) das Belastungsglied

$$S^t_1 = - \sum_r \frac{\bar{c}_o + \bar{c}_u}{l_r} \cdot \lambda_s^{(r)}.$$

Nach diesen Vorbereitungen kann die Aufstellung der Gleichungstabelle 25 vorgenommen werden. Dazu wird die Knotengleichung (406a) und die Verschiebungsgleichung (413a) benutzt.

Nach Auflösen der Gleichungen können nach (400) auch die Verschiebungsgrößen Δ_2, Δ_3, Δ_4 der Stiele 2, 3, 4 ermittelt werden, so daß dann die Stabendmomente nach den bekannten Formeln bestimmbar sind (siehe Zahlenbeispiel 13).

Gleichungstabelle 25

	φ_5	φ_6	φ_7	φ_8	Δ_1	B^t
φ_5	d_5	b_5			$\bar{c}_{5,1}$	s^t_5
φ_6	b_5	d_6'	b_6		$\bar{c}_{6,2}$	s^t_6
φ_7		b_6	d_7	b_7	$\bar{c}_{7,3}$	s^t_7
φ_8			b_7	d_8	$\bar{c}_{8,4}$	s^t_8
Δ_1	$\bar{c}_{5,1}$	$\bar{c}_{6,2}$	$\bar{c}_{7,3}$	$\bar{c}_{8,4}$	D_1	S^t_1

5. Schlußbemerkung

Nun wären auf ähnliche Weise auch noch andere Tragwerksarten, z. B. die Stockwerkrahmen mit schiefen Riegeln oder die Vierendeelrahmen usw. zu untersuchen und dafür gebrauchsfertige Gleichungen aufzustellen. Zu diesem Zwecke wäre im wesentlichen genau so vorzugehen, wie das bisher gezeigt worden ist. Es werden oft Verschiebungspläne erforderlich sein, um die Δ-Werte zur Ermittlung der „Temperaturbelastungsglieder" $\mathfrak{M}^t$ bestimmen zu können. Grundsätzlich haben bei allen Rahmentypen die Gleichungen auch unter Berücksichtigung der Temperaturwirkung denselben Aufbau wie jene für gewöhnliche Belastungsfälle, die in den früheren Abschnitten ja bereits ausführlich behandelt worden sind. Praktisch liefert also die Untersuchung des Temperatureinflusses lediglich mehr Belastungsfälle, während im übrigen aber dieselben Rahmengleichungen Verwendung finden können.

IV. Wirkung der ungleichmäßigen Temperaturänderungen

1. Voraussetzungen

1. Es werden hier nur solche Tragwerke in Betracht gezogen, bei welchen die verschiedenen Stäbe zwar ungleiche Trägheitsmomente aufweisen können, jeder einzelne Stab aber auf seiner ganzen Länge einen **gleichbleibenden** Querschnitt besitzt.

2. Die Temperaturänderung kann für jeden Stab verschieden sein, für ein und denselben Stab soll sie aber in allen seinen Querschnitten denselben Verlauf haben.

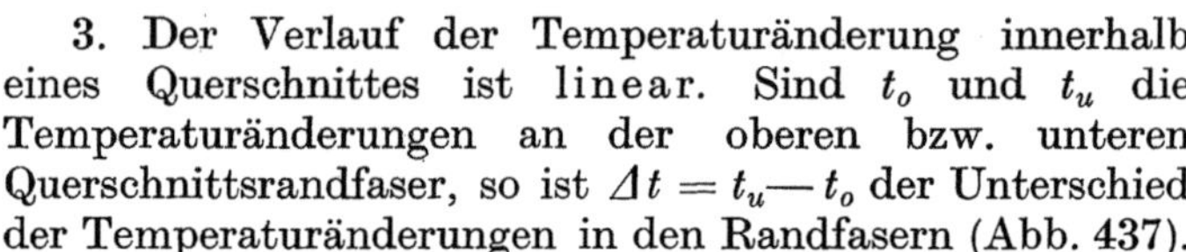

Abb. 437. Temperaturverteilung im Querschnitt

3. Der Verlauf der Temperaturänderung innerhalb eines Querschnittes ist **linear**. Sind t_o und t_u die Temperaturänderungen an der oberen bzw. unteren Querschnittsrandfaser, so ist $\Delta t = t_u - t_o$ der Unterschied der Temperaturänderungen in den Randfasern (Abb. 437).

4. Die durch die Temperaturänderungen eintretenden Verformungen sind so klein, daß die infolge der Krümmung der Stabachse auftretenden Stabverkürzungen vernachlässigt werden können.

2. Belastungsglieder

Es sind hier **zwei** Beiträge zu unterscheiden:

A. Der Anteil infolge **Längenänderung** der Stabachse.

B. Der Anteil infolge **Krümmung** der Stabachse durch die ungleichen Temperaturänderungen in den verschiedenen Querschnittsfasern.

A. Anteil infolge Längenänderung der Stabachse

Die Temperaturänderung t_m in der Stabachse wird unter der Annahme, daß diese in der halben Querschnittshöhe liegt,

$$t_m = \frac{t_u + t_o}{2} \tag{414}$$

betragen, wenn t_u und t_o die Temperaturänderungen am unteren bzw. oberen Querschnittsrand bedeuten (Abb. 437). Damit ergibt sich die Verlängerung der Stabachse gemäß (386) und (414) aus

$$\lambda_m = \omega \cdot t_m \cdot l = \omega \cdot l \cdot \frac{t_u + t_o}{2} \, . \tag{415}$$

Mit den so ermittelten Verlängerungen λ_m der Stabachsen sind die Δ-Werte der einzelnen Stäbe zu bestimmen und dann in der bereits früher angegebenen Weise die $\mathfrak{M}^t$-Glieder zu berechnen.

B. Anteil infolge Krümmung der Stabachse

Dieser Beitrag wird nur in Ausnahmefällen zu berücksichtigen sein. Er ist dadurch gekennzeichnet, daß er für irgendeinen Stab nur infolge des Temperaturunterschiedes in der oberen und unteren Querschnittsfaser dieses Stabes hervorgerufen werden kann. Um die statische Deutung der einer solchen Temperaturwirkung entsprechenden Belastungsglieder richtig erfassen zu können, sei auf die

Ansätze (7) für die Stabendmomente bei Stäben mit gleichen Trägheitsmomenten zurückgegriffen. Sie lauten:

$$M_{1,2} = k\,(2\,\varphi_1 + \varphi_2 + 3\,\psi) + \mathfrak{M}_{1,2}$$
$$M_{2,1} = k\,(2\,\varphi_2 + \varphi_1 + 3\,\psi) + \mathfrak{M}_{2,1}\,.$$

Die in diesen Ausdrücken enthaltenen Belastungsglieder $\mathfrak{M}_{1,2}$ und $\mathfrak{M}_{2,1}$ sind die Volleinspannmomente am beiderseits fest eingespannt gedachten Träger und ergeben sich nach (231) allgemein aus den Formeln

$$\mathfrak{M}_{1,2} = -\,2\,\frac{2\,\alpha^0{}_1 - \alpha^0{}_2}{l}\,; \quad \mathfrak{M}_{2,1} = +\,2\,\frac{2\,\alpha^0{}_2 - \alpha^0{}_1}{l}\,, \tag{416}$$

wenn die Werte $\alpha^0{}_1$ und $\alpha^0{}_2$ die EJ-fach verzerrten Tangentenwinkel der Biegelinie an den Enden des frei aufliegend gedachten Stabes infolge der äußeren Belastung bedeuten (Abb. 438).

Dieselben Ausdrücke können nun benutzt werden, um die Belastungsglieder bei ungleichmäßiger Temperaturänderung zahlenmäßig zu berechnen. Zu diesem Zwecke sind lediglich die infolge der ungleichartigen Temperaturwirkung hervorgerufenen Verdrehungen der Endquerschnitte des frei aufliegend gedachten Stabes zu ermitteln, EJ-fach zu verzerren und dann in die Formeln (416) einzuführen.

Die Abb. 439 zeigt die Verformung eines frei aufliegenden Trägers von der Höhe h und der Länge l infolge ungleichartiger Temperaturänderung in starker Verzerrung. Aus Symmetriegründen müssen die Tangentenwinkel an beiden Stabenden gleich groß sein, also $\alpha^0{}_1 = \alpha^0{}_2$. Nach den vorangegangenen Erläuterungen ist, wenn $\alpha_1{}^{0*}$ und $\alpha_2{}^{0*}$ die wahren Winkelwerte bedeuten,

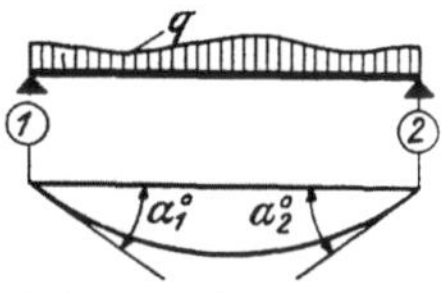

$$\alpha^0{}_1 = EJ\,\alpha_1{}^{0*} \quad \text{und} \quad \alpha^0{}_2 = EJ\,\alpha_2{}^{0*}\,. \tag{417}$$

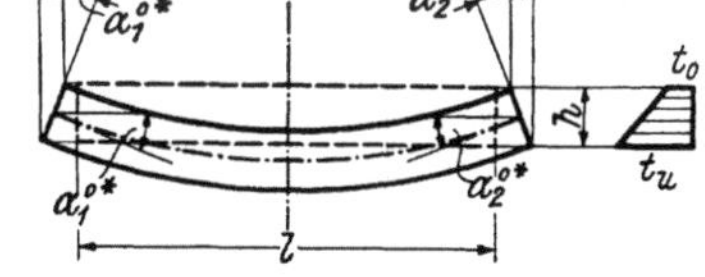

Abb. 438. Bestimmung der α^0-Werte

Die zahlenmäßige Größe der Winkel $\alpha_1{}^{0*}$ und $\alpha_2{}^{0*}$ ergibt sich nach Abb. 439 aus einfachen geometrischen Beziehungen. Die Längenänderung der oberen Faser in bezug auf die untere beträgt

$$\lambda_o = \omega \cdot \Delta t \cdot l\,. \tag{418}$$

Es verschiebt sich also an den beiden Stabenden der obere Querschnittsrand in bezug auf den unteren um den Betrag $\lambda_o/2$. Somit ist

$$\operatorname{tg}\alpha_1{}^{0*} = \operatorname{tg}\alpha_2{}^{0*} = \frac{\lambda_o}{2\,h} = \frac{\omega \cdot \Delta t \cdot l}{2\,h} \tag{419}$$

oder wegen der Kleinheit des Winkels auch

Abb. 439. Ermittlung der Winkelwerte $\alpha_1{}^{0*}$ und $\alpha_2{}^{0*}$

$$\alpha_1{}^{0*} = \alpha_2{}^{0*} = \frac{\omega \cdot \Delta t \cdot l}{2\,h}\,. \tag{420}$$

Damit wird nach (417)

$$\boxed{\;\alpha^0{}_1 = \alpha^0{}_2 = \frac{EJ \cdot \omega \cdot \Delta t \cdot l}{2\,h}\,.\;} \tag{421}$$

Setzt man diesen Ausdruck in die allgemeinen Formeln (416) für die Volleinspannmomente ein, so erhält man nach entsprechender Kürzung

$$\boxed{\;\mathfrak{M}^t{}_{1,2} = -\,\frac{EJ \cdot \omega \cdot \Delta t}{h} \quad \text{und} \quad \mathfrak{M}^t{}_{2,1} = +\,\frac{EJ \cdot \omega \cdot \Delta t}{h}\,,\;} \tag{422}$$

wobei

$$\Delta t = t_u - t_o .$$ (423)

Sind nun die „Temperaturbelastungsglieder" aus beiden Anteilen zahlenmäßig festgestellt, so werden sie zusammengefaßt; die weitere Berechnung erfolgt dann in der bekannten Weise. Auch hier wird an der Form der Gleichungstabelle nichts geändert, so daß der Temperaturbelastungsfall gemeinsam mit den übrigen Belastungsfällen berechnet werden kann.

Bei Stäben mit veränderlichen Querschnittshöhen würden sich bei der Ermittlung des Anteiles infolge Krümmung der Stabachse gewisse Schwierigkeiten ergeben, wenn dieser Einfluß genau berücksichtigt werden sollte. Zur Vereinfachung der Rechnung wird es aber in den meisten Fällen zulässig sein, diesen Beitrag unter Annahme einer konstanten Querschnittshöhe zu ermitteln oder den Einfluß der ungleichmäßigen Temperaturänderung überhaupt zu vernachlässigen.

V. Verschiedene Nebeneinflüsse bei Rahmentragwerken

1. Einfluß des Schwindens bei Stahlbetontragwerken

Unter der Voraussetzung, daß sich das Schwinden innerhalb der Stabmasse in der Längsrichtung vollkommen gleichmäßig vollzieht, ist die Wirkung einer solchen Stabverkürzung in derselben Weise rechnungsmäßig zu verfolgen wie etwa der Einfluß einer gleichmäßigen Temperaturerniedrigung. Tatsächlich gestatten bis heute die Vorschriften der meisten Staaten, die Schwindwirkungen bei Stahlbetontragwerken genau so zu behandeln wie eine Temperaturwirkung, die die gleiche Stabverkürzung hervorruft. Nach diesen vereinfachenden Annahmen bietet die Berücksichtigung der Schwindwirkung bei Stahlbetontragwerken nichts Neues, und es kann auf die Kapitel I bis III dieses Abschnittes verwiesen werden.

2. Berücksichtigung der durch die Längskräfte hervorgerufenen Formänderungen

Bekanntlich treten die Einflüsse der Formänderungen durch die Längs- und Querkräfte im Verhältnis zu denen, die durch die Momente verursacht werden, bei Rahmentragwerken stark zurück. Es ist daher üblich, diese Nebeneinflüsse, namentlich die infolge Formänderung durch Querkräfte, in den meisten Fällen zu vernachlässigen. Es kann sich aber doch in Ausnahmefällen die Notwendigkeit ergeben, die durch die Formänderung infolge von Längskräften hervorgerufenen „Zusatzmomente" zu bestimmen.

Man wird sich wohl in fast allen Fällen mit einer nachträglichen Ermittlung dieser Zusatzbeanspruchungen begnügen können. Liegt also die Berechnung der Momente ohne Berücksichtigung der Stablängenänderung durch die Längskräfte vor, so werden mit diesen Momenten die Längskräfte berechnet, die natürlich in Wirklichkeit nur Näherungswerte darstellen. Mit diesen Näherungswerten bestimmt man nach dem HOOKEschen Gesetz die Längenänderungen der einzelnen Rahmenstäbe. Für einen Stab mit gleichbleibendem Querschnitt F und der Länge l ergibt sich somit bei einer Stablängskraft P die Längenänderung

$$\lambda = \frac{P \cdot l}{E F} ,$$ (424)

wobei E die Dehnungszahl bedeutet.

Ist die Querschnittsfläche des untersuchten Stabes nicht durchweg gleich, so wird, wenn man die Spannung in jedem Querschnitt gleichmäßig verteilt annimmt, die gesamte Längenänderung

$$\lambda = \int_0^l \frac{P \cdot dx}{EF} = \frac{P}{E} \int_0^l \frac{dx}{F} \tag{425}$$

oder auch

$$\lambda = \frac{P}{E} \sum \frac{\Delta x}{F}, \tag{425a}$$

wenn man sich den Stab in einzelne Teile von der Länge Δx zerlegt denkt und F jeweils die mittlere Querschnittsfläche dieses Stabteiles bedeutet.

Sind auf diese Weise sämtliche Längenänderungen ermittelt, so können in der gleichen Art wie bei der Berücksichtigung von Temperaturänderungen die Belastungsglieder $\mathfrak{M}$ aus diesen Längenänderungen berechnet werden. Unter Verwendung derselben Gleichungstabelle, aus welcher die ersten Momente bestimmt worden sind, ergeben sich durch Auswerten des neuen Belastungsfalles die Zusatzmomente, die durch die Formänderung infolge der Stablängskräfte verursacht werden. Fügt man die so erhaltenen Werte zu den zuerst ermittelten hinzu, so ergeben sich angenähert die gesuchten endgültigen Werte. Auf eine Wiederholung dieser Rechnung unter Berücksichtigung der neuen Längskräfte zur Verbesserung der Ergebnisse kann wegen des geringfügigen Einflusses in der Regel verzichtet werden.

3. Wirkung der Stützen- und Auflagerverschiebungen

Wenn ein Tragwerk den auftretenden Stützensenkungen oder Auflagerverschiebungen einen inneren Widerstand entgegensetzt, so werden sich Formänderungen einstellen, die im Tragwerk Spannungen erzeugen. Die unter diesem Einfluß entstehenden Momente sind in ähnlicher Weise zu ermitteln wie bei einer Temperaturwirkung, wo diese Stützen- und Auflagerverschiebungen durch Längenände-

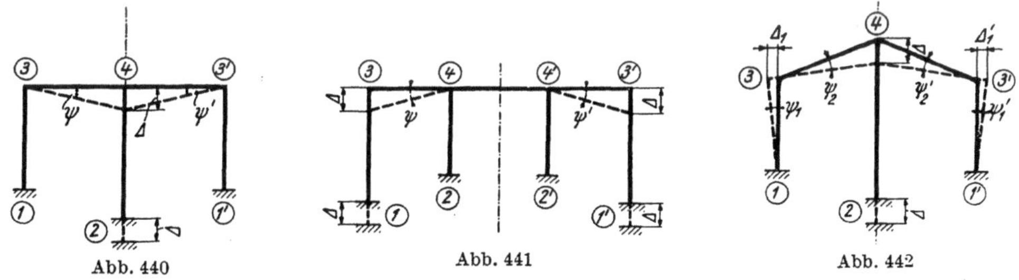

Abb. 440   Abb. 441   Abb. 442

Abb. 440 bis 442. Symmetrische Stützensenkungen bei Rahmentragwerken

rungen in den einzelnen Stäben hervorgerufen werden. Es hängt auch hier von der Beschaffenheit des Tragwerkes ab, ob die durch Auflagerverschiebungen bewirkten übrigen Knotenverschiebungen aus geometrischen Beziehungen, also aus Verschiebungsplänen allein bestimmt werden können. Ist dies der Fall, so brauchen wiederum nur die Knotengleichungen aufgestellt und aufgelöst zu werden. Dies trifft bei vielen symmetrischen Tragwerken zu, wenn auch die Auflagersenkungen symmetrisch erfolgen (Abb. 440 bis 442). In der Regel wird jedoch mit solchen Fällen zu rechnen sein, wo zur Bestimmung der Unbekannten auch Verschiebungsgleichungen herangezogen werden müssen. Dabei können stets beliebig viele Stützensenkungen gleichzeitig in Rechnung gesetzt werden.

Die Größe der Stützensenkungen muß naturgemäß als bekannt vorausgesetzt werden. Es wird freilich in den meisten Fällen sehr schwierig sein, namentlich wenn es sich um Fundamentsetzungen handelt, auch nur annähernd richtige Annahmen zu treffen. Einfacher ist diese Aufgabe, wenn etwa nur die Zusammendrückung von schlanken Stützen (z. B. bei Pendelstützen) zu berücksichtigen ist oder wenn ein Tragwerk aus Stahlbeton zum Teil auf einer Stahlkonstruktion aufgesetzt ist. In solchen Fällen kann die Senkung der Stützen aus dem HOOKEschen Gesetz für bekannte Auflagerkräfte ermittelt werden. Die Aufgabe unterscheidet sich dann aber nicht mehr von der in dem vorhergehenden Kapitel behandelten, und es gilt daher die dort angestellte Betrachtung auch hier.

Fünfter Abschnitt

Der Durchlaufträger mit veränderlichen Stabquerschnitten unter Berücksichtigung aller Sonderfälle

I. Allgemeines

Die Behandlung dieser Tragwerksform, die eine große Rolle im Bauwesen spielt, bietet an sich keine besonderen Schwierigkeiten. Sie stellt eigentlich nur den Sonderfall eines Rahmentragwerkes dar, dessen Knotenpunkte sich bei den Stützen befinden. Unter der Voraussetzung, daß keine Stützensenkungen auftreten, können die durchlaufenden Träger als „unverschiebliche" Tragwerke in dem Sinne aufgefaßt werden, wie sie im ersten Abschnitt auf Seite 21ff. bzw. im zweiten Abschnitt auf Seite 113ff. ausführlich besprochen worden sind. Es ergeben sich also keine Stabdrehwinkel, so daß wiederum nur Knotengleichungen aufzustellen sind. Ihre Anzahl ist allgemein gleich der Zahl der Innenstützen.

Ein Durchlaufträger mit Stützensenkungen stellt hingegen ein „verschiebliches" Tragwerk dar. Wenn aber die Verschiebungen von vornherein zahlenmäßig bekannt sind, so lassen sich daraus die Stabdrehwinkel sofort unabhängig von den Knotendrehwinkeln bestimmen. Es wären daher auch in diesem Falle nur Knotengleichungen aufzustellen, deren Anzahl wieder gleich der Zahl der Innenstützen ist.

Die Berechnung könnte also allgemein in der Weise erfolgen, daß die Knotendrehwinkel als Unbekannte gewählt werden, nach deren Ermittlung die Berechnung der gesuchten Stützenmomente aus den bekannten Formeln für die Stabendmomente durchzuführen wäre. Dieses Verfahren bietet hier aber keine Vorteile. Es ist hingegen zweckmäßiger, sofort die Stützenmomente als Unbekannte in die Rechnung einzuführen. Damit ergibt sich eine Gruppe von Gleichungen, die unter der Bezeichnung „Dreimomentengleichungen" bekannt sind. In der Regel treten darin nur so viele unbekannte Momente auf, wie Mittelstützen vorhanden sind. Im übrigen zeigt die Gleichungstabelle der „Dreimomentengleichungen" äußerlich denselben Aufbau und dieselben Eigenschaften wie jene der entsprechenden Knotengleichungen. Die Auflösung des Gleichungssystems liefert aber bereits die gesuchten Momente, weshalb der gesamte Rechnungsaufwand natürlich wesentlich geringer ist als bei der Wahl der Formänderungsgrößen als Unbekannten. Daher soll hier bei der Besprechung des durchlaufenden Trägers den „Dreimomentengleichungen" der Vorzug gegeben werden.

Nach diesen Gesichtspunkten wird nun im folgenden der Durchlaufträger zuerst in der allgemeinsten Art behandelt, indem sowohl verschiedene Feldweiten als auch innerhalb eines jeden Feldes beliebig veränderliche Stabquerschnitte (Vouten) vorausgesetzt sind. Anschließend daran wird auch auf die häufig auftretenden Sonderfälle Rücksicht genommen.

II. Der Durchlaufträger mit beliebig veränderlichen Trägheitsmomenten in allen Feldern

1. Gleichungsansätze für die Endtangentenwinkel der Biegelinie

Ausgehend von den Gl. (170), in welchen die Endtangentenwinkel der Biegelinie eines Rahmenstabes als Funktion der Stabendmomente und der äußeren Belastung dargestellt sind, kann geschrieben werden:

$$EJ_c \, \tau_1 = M_1 \alpha_1 - M_2 \beta + \alpha^0_1$$
$$EJ_c \, \tau_2 = M_2 \alpha_2 - M_1 \beta - \alpha^0_2 \, . \tag{426}$$

Die in diesen Ausdrücken auftretenden Winkelwerte beziehen sich durchweg auf den frei aufliegend gedachten Stab, und zwar bedeuten

α_1 .... den EJ_c-fachen Tangentenwinkel der Biegelinie im Endpunkte 1, wenn dort ein Moment $M = +1$ angreift (Abb. 443a),

α_2 .... den EJ_c-fachen Tangentenwinkel der Biegelinie im Endpunkte 2, wenn dort ein Moment $M = +1$ angreift (Abb. 443b),

β .... den EJ_c-fachen Tangentenwinkel der Biegelinie, der bei der Belastung des *einen* Stabendes mit dem Moment $M = +1$ am *anderen* Stabende auftritt (Abb. 443a, b),

α^0_1 bzw. α^0_2 ...... die EJ_c-fachen Endtangentenwinkel der Biegelinie am Stabende 1 bzw. 2 infolge der äußeren Belastung (Abb. 443c).

Weiter sind unter M_1 und M_2 die endgültigen Stabanschlußmomente zu ver-

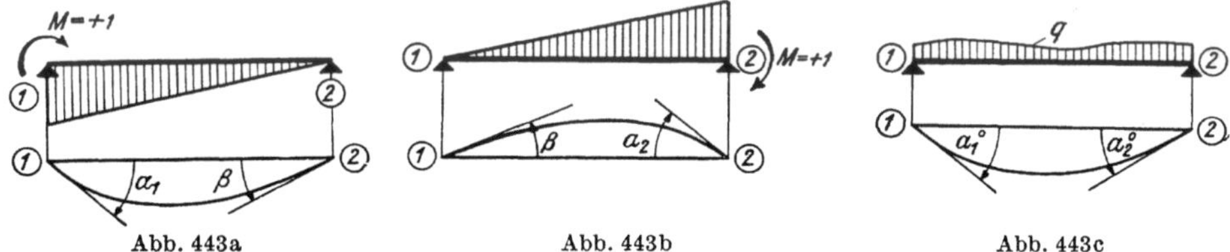

Abb. 443a bis c. Bestimmung der Endtangentenwinkel α_1, α_2, β bzw α^0_1, α^0_2

stehen, während J_c ein beliebig zu wählendes Vergleichsträgheitsmoment darstellt.

Diese Gleichungen sollen jetzt auf den durchlaufenden Träger angewendet werden. Unter der Voraussetzung, daß keine Stabdrehwinkel auftreten, sind die Endtangentenwinkel τ nach (4) identisch mit den entsprechenden Knotendrehwinkeln. Man kann nun beim durchlaufenden Träger alle Knotendrehwinkel für die Mittelstützen auf zweifache Art durch die Endtangentenwinkel ausdrücken. Mit den Bezeichnungen der

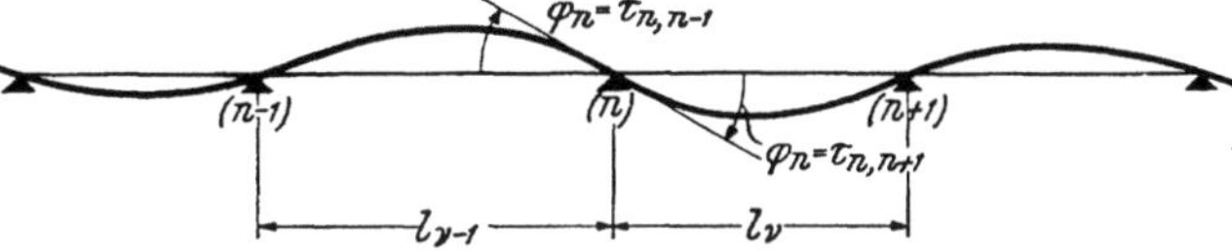

Abb. 444. Bezeichnung der Stützen und Felder bei Durchlaufträgern

Art durch die Endtangentenwinkel ausdrücken. Mit den Bezeichnungen der Abb. 444 ergibt sich z. B., daß der Knotendrehwinkel φ_n als Endtangentenwinkel $\tau_{n,\,n-1}$ an der rechten Seite des Stabes $(\nu-1)$ und auch als Endtangentenwinkel $\tau_{n,\,n+1}$ an der linken Seite des Stabes ν in Erscheinung tritt.

Durch sinngemäße Anwendung der Ausdrücke (426) kann also mit Bezug auf Abb. 444 für diese beiden Endtangentenwinkel geschrieben werden:

$$EJ_c^{(\nu-1)}\,\tau_{n,\,n-1} = M_{n,\,n-1}\cdot\alpha_{n,\,n-1} - M_{n-1,\,n}\cdot\beta_{\nu-1} - \alpha^0_{\,n,\,n-1}$$
$$EJ_c^{(\nu)}\;\;\tau_{n,\,n+1} = M_{n,\,n+1}\cdot\alpha_{n,\,n+1} - M_{n+1,\,n}\cdot\beta_\nu\;\; + \alpha^0_{\,n,\,n+1}\,.$$

$$(427)$$

Hierin bedeuten $J_c^{(\nu-1)}$ bzw. $J_c^{(\nu)}$ die Vergleichsträgheitsmomente in den Feldern $(\nu-1)$ bzw. ν.

Da nun die Stabanschlußmomente links und rechts einer jeden Stütze gleich groß sind, ergeben sich in den vorstehenden Gleichungen noch einige Vereinfachungen. Es ist jedoch zu beachten, daß nach der Vorzeichenregel, welche den hier benutzten Ausdrücken zugrunde liegt, die Momente im vorliegenden Falle links und rechts einer jeden Stütze mit verschiedenen Vorzeichen erscheinen. Dieser Nachteil ist jedoch leicht zu beseitigen, wenn in den Gl. (427) jeweils nur das rechts von jeder Stütze gelegene Moment in Rechnung gesetzt wird. Es ergibt sich dann auch sofort eine Übereinstimmung mit der sonst im Fachschrifttum bei durchlaufenden Trägern üblichen Vorzeichenwahl für die Momente. Weiter kann die Bezeichnung der Stützenmomente vereinfacht werden, indem nur je ein Zeiger verwendet wird, der angibt, zu welcher Stütze das Moment gehört. Es soll also künftig geschrieben werden:

$$M_{n,\,n-1} = -\,M_{n,\,n+1} = -M_n;\qquad M_{n,\,n+1} = M_n$$
$$M_{n-1,\,n} = M_{n-1};\qquad\qquad M_{n+1,\,n} = -M_{n+1,\,n+2} = -M_{n+1}\,.$$

$$(428)$$

Damit erscheinen die Gl. (427) in folgender Form:

$$\boxed{\begin{aligned}\tau_{n,\,n-1} &= \frac{1}{EJ_c^{(\nu-1)}}\left(-\,M_n\,\alpha_{n,\,n-1} - M_{n-1}\,\beta_{\nu-1} - \alpha^0_{\,n,\,n-1}\right)\\[2mm]\tau_{n,\,n+1} &= \frac{1}{EJ_c^{(\nu)}}\left(M_n\,\alpha_{n,\,n+1} + M_{n+1}\,\beta_\nu + \alpha^0_{\,n,\,n+1}\right).\end{aligned}}$$

$$(429)$$

2. Übergang zu den Dreimomentengleichungen

Da die beiden Endtangentenwinkel $\tau_{n,\,n-1}$ und $\tau_{n,\,n+1}$, die durch die Ausdrücke (429) festgelegt sind, sowohl der Größe als auch der Richtung nach übereinstimmen müssen, so können diese beiden Ausdrücke gleichgesetzt werden. Man erhält

$$M_{n-1}\,\frac{\beta_{\nu-1}}{EJ_c^{(\nu-1)}} + M_n\left(\frac{\alpha_{n,\,n-1}}{EJ_c^{(\nu-1)}} + \frac{\alpha_{n,\,n+1}}{EJ_c^{(\nu)}}\right) + M_{n+1}\,\frac{\beta_\nu}{EJ_c^{(\nu)}} +$$
$$+\,\frac{\alpha^0_{\,n,\,n-1}}{EJ_c^{(\nu-1)}} + \frac{\alpha^0_{\,n,\,n+1}}{EJ_c^{(\nu)}} = 0\,.$$

$$(430)$$

Diese Gleichung stellt eine Beziehung zwischen drei aufeinanderfolgenden Stützenmomenten eines Durchlaufträgers dar; man bezeichnet sie deshalb als „Dreimomentengleichung".

Um für die einzelnen Beiwerte und Absolutgrößen der Dreimomentengleichungen bei praktischen Rechnungen stets eine günstige Größenordnung zu erhalten, multipliziert man die allgemeine Gl. (430) mit einem geeigneten Verzerrungsfaktor z und erhält dann:

$$M_{n-1}\,\frac{\beta_{\nu-1}}{EJ_c^{(\nu-1)}}\cdot z + M_n\left(\frac{\alpha_{n,\,n-1}}{EJ_c^{(\nu-1)}}\cdot z + \frac{\alpha_{n,\,n+1}}{EJ_c^{(\nu)}}\cdot z\right) + M_{n+1}\,\frac{\beta_\nu}{EJ_c^{(\nu)}}\cdot z +$$
$$+\,\frac{\alpha^0_{\,n,\,n-1}}{EJ_c^{(\nu-1)}}\cdot z + \frac{\alpha^0_{\,n,\,n+1}}{EJ_c^{(\nu)}}\cdot z = 0\,.$$

$$(430\,\mathrm{a})$$

Führt man nun ähnlich wie bei der Rahmenberechnung auch in der vorstehenden Gleichung vereinfachende Bezeichnungen ein, so erhält man die Dreimomentengleichung in übersichtlicher Form mit

$$\boxed{b_{\nu-1}\,M_{n-1} + d_n\,M_n + b_\nu\,M_{n+1} + S_n = 0\,.} \tag{431}$$

Hierin bedeuten

$$b_{\nu-1} = \frac{\beta_{\nu-1}}{E J_c^{(\nu-1)}} \cdot z = \beta^*_{\nu-1} \cdot z\,; \qquad b_\nu = \frac{\beta_\nu}{E J_c^{(\nu)}} \cdot z = \beta_\nu^* \cdot z \tag{432}$$

$$d_n = \frac{\alpha_{n,\,n-1}}{E J_c^{(\nu-1)}} \cdot z + \frac{\alpha_{n,\,n+1}}{E J_c^{(\nu)}} \cdot z = \alpha^*_{n,\,n-1} \cdot z + \alpha^*_{n,\,n+1} \cdot z = a_{n,\,n-1} + a_{n,\,n+1} \tag{433}$$

$$S_n = \frac{\alpha^0_{n,\,n-1}}{E J_c^{(\nu-1)}} \cdot z + \frac{\alpha^0_{n,\,n+1}}{E J_c^{(\nu)}} \cdot z = \alpha^{0*}_{n,\,n-1} \cdot z + \alpha^{0*}_{n,\,n+1} \cdot z\,. \tag{434}$$

Die mit * bezeichneten Größen stellen jeweils die wahren Winkelwerte dar (Abb. 443a bis c). Der Verzerrungsfaktor z ist beliebig wählbar, aber für das gesamte System konstant. Man setzt am besten

$$z = E J_0\,, \tag{435}$$

worin J_0 ein öfter vorkommendes Trägheitsmoment oder irgendein geeigneter runder Wert ist.

Der Beiwert d_n, der nach (433) die Summe der links und rechts von der betrachteten Stütze gelegenen z-fach verzerrten α^*-Werte bedeutet, erscheint in der Gleichungstabelle in der Diagonale, weshalb er auch hier wieder als „Diagonalglied" bezeichnet werden soll.

Die Gl. (431) kann in dieser Form so oft aufgestellt werden, wie Innenstützen vorhanden sind. Die so erhaltene Gleichungsanzahl genügt aber nur dann, wenn der Träger in seinen Endstützen frei gelagert ist. Bei fester Einspannung der Trägerenden müssen noch zwei Bestimmungsgleichungen für die Einspannmomente hinzutreten (näheres siehe Seite 185f.).

Bei der zahlenmäßigen Berechnung von Durchlaufträgern mit Hilfe der Dreimomentengleichungen (431) sind als Vorbereitung die Festwerte b nach (432) und für die Mittelstützen die Diagonalglieder d_n nach (433) sowie die Belastungsglieder S_n nach (434) zu bestimmen. Die Bedeutung und Herkunft dieser Werte geht aus den angeführten Formeln hervor. Die darin enthaltenen Winkelwerte α, β und α^0 müßten für Felder mit beliebig veränderlichem Trägheitsmoment unter Zuhilfenahme des MOHRschen Satzes ermittelt werden. Hingegen sind für Felder mit geraden oder parabolischen Vouten alle diese Werte aus den Tafeln 27 bis 38 bzw. 27a bis 34a im Dritten Teil zu entnehmen. Dort sind beispielsweise die $E J_c$-fach verzerrten Winkelwerte $\bar{\alpha}_1$, $\bar{\alpha}_2$, $\bar{\beta}$ für Voutenstäbe von der Länge $l = 1$ angegeben. Die wahren Werte α_1^*, α_2^*, β^* für einen Stab mit der Länge l ergeben sich daher wie folgt:

$$\alpha_1^* = \bar{\alpha}_1 \cdot \frac{l}{E J_c}\,; \qquad \alpha_2^* = \bar{\alpha}_2 \cdot \frac{l}{E J_c}\,; \qquad \beta^* = \bar{\beta} \cdot \frac{l}{E J_c}\,. \tag{436}$$

Damit erhält man nach (432) den *Stabfestwert*

$$b = \bar{\beta} \cdot \frac{l}{E J_c} \cdot z \tag{437}$$

und nach (433) das *Diagonalglied*

$$d_n = a_{n,\,n-1} + a_{n,\,n+1} = \bar{\alpha}_{n,\,n-1} \cdot \frac{l}{EJ_c} \cdot z + \bar{\alpha}_{n,\,n+1} \cdot \frac{l}{EJ_c} \cdot z \,. \qquad (438)$$

Bei der Ermittlung der Belastungsglieder ist sinngemäß vorzugehen. (Vgl. Zahlenbeispiele 30 und 31.)

Die Benutzung der Hilfstafeln für Stäbe mit ungleichen Vouten ist im zweiten Abschnitt auf Seite 103 ff. und 112 f. ausführlich behandelt. Es gelten dann vor allem die Formeln (216) und (246).

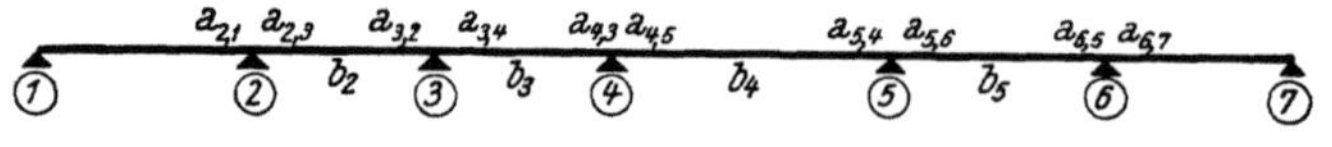

Abb. 445. Festwertskizze

Um Irrtümer beim Aufstellen der Gleichungen zu vermeiden, empfiehlt es sich auch hier, eine Festwertskizze anzulegen, in welcher sowohl die b-Werte als auch die a-Werte einzutragen sind. Eine solche Festwertskizze zeigt z. B. Abb. 445; dort erscheinen die b-Werte jeweils in der Stabmitte und die a-Werte an den zugehörigen Stabenden. Anhand dieser Skizze sind nach (433) die Diagonalglieder der Mittelstützen sehr leicht zu ermitteln. So wird z. B.

$$d_2 = a_{2,1} + a_{2,3}; \qquad d_3 = a_{3,2} + a_{3,4} \quad \text{usw.}$$

3. Beschreibung des Rechnungsganges

Der Gang der Berechnung ist im wesentlichen derselbe wie bei den Rahmentragwerken, wo die Formänderungsgrößen als Unbekannte auftreten. Er läßt sich in folgende Abschnitte zusammenfassen:

1. Feststellung der Tragwerksabmessungen, also der Stablängen, Querschnittsgrößen, Voutenlängen und Trägheitsmomente.

2. Ermittlung der Winkelwerte α und β (bei Vouten unter Benutzung der Tafeln 27 bis 30 bzw. 27 a bis 30 a des Dritten Teiles) und der Stabfestwerte a und b nach (432) und (433).

3. Herstellung der Festwertskizze und Berechnung der Diagonalglieder d nach (433).

4. Ermittlung der Winkelwerte α^0 (bei Vouten unter Benutzung der Zahlentafeln 31 bis 38 oder der Kurventafeln 31 a bis 34 a des Dritten Teiles) und der Belastungsglieder S_n nach (434).

5. Tabellarische Aufstellung der Dreimomentengleichungen nach (431) und deren Auflösung.

(Siehe auch Zahlenbeispiele 29 bis 31).

Es ist auch hier vorteilhaft, sämtliche in Betracht kommenden Belastungsfälle in einer einzigen Gleichungstabelle zu vereinigen und gemeinsam zu behandeln.

4. Tabellarische Aufstellung der Dreimomentengleichungen für einen Fünffeldträger

Die Tragwerksform ist aus Abb. 446a ersichtlich; Abb. 446b zeigt die zugehörige Festwertskizze. Durch wiederholte Anwendung des Gleichungsansatzes (431) können die den vier Innenstützen entsprechenden Dreimomentengleichungen tabellarisch angeschrieben werden (siehe Gleichungstabelle 26). In den letzten Spalten erscheinen die Belastungsglieder für die verschiedenen Belastungsfälle, die zur Unterscheidung mit $B^{(I)}$, $B^{(II)}$ ... usw. bezeichnet sind.

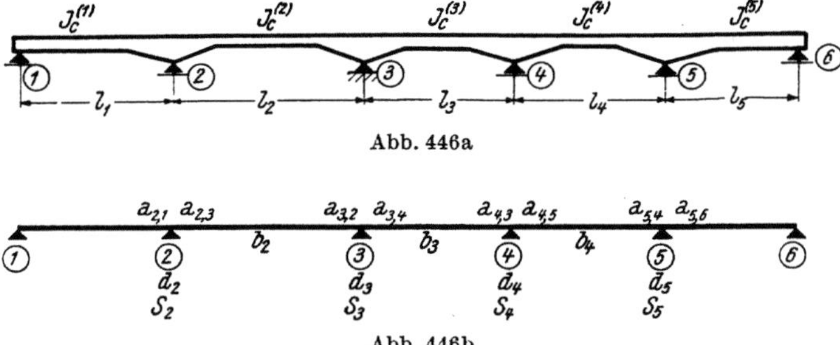

Abb. 446a

Abb. 446b

Abb. 446a, b. Fünffeldträger mit Festwertskizze

Gleichungstabelle 26

	M_2	M_3	M_4	M_5	$B^{(I)}$	$B^{(II)}$	usw.
M_2	d_2	b_2			$S_2^{(I)}$	$S_2^{(II)}$	—
M_3	b_2	d_3	b_3		$S_3^{(I)}$	$S_3^{(II)}$	—
M_4		b_3	d_4	b_4	$S_4^{(I)}$	$S_4^{(II)}$	—
M_5			b_4	d_5	$S_5^{(I)}$	$S_5^{(II)}$	—

5. Der Durchlaufträger mit eingespannten Enden

A. Gleichungsansätze

Der Unterschied gegenüber dem soeben behandelten Fall, wo eine freie Lagerung in den Endstützen vorausgesetzt worden ist, besteht lediglich darin, daß hier zwei Gleichungen mehr aufgestellt werden müssen, weil auch die Einspannmomente in den Randstützen gemeinsam mit den übrigen Stützenmomenten zu bestimmen sind. Zur Aufstellung dieser neu hinzutretenden Gleichungen kann wiederum die allgemeine Form (431) sinngemäß Verwendung finden. Für die linke Randstütze lautet sie mit den Bezeichnungen der Abb. 447a:

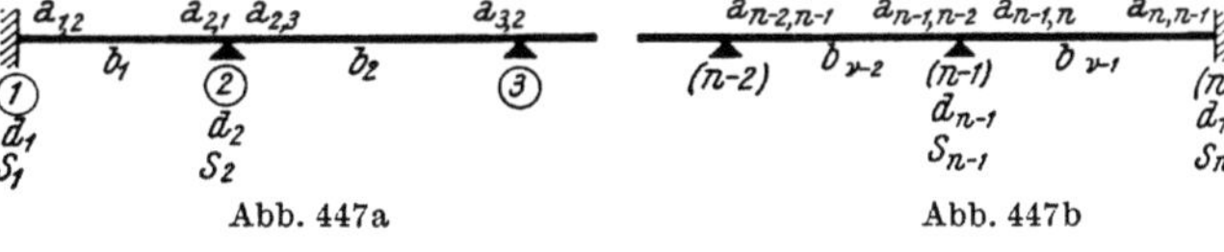

Abb. 447a

Abb. 447b

Abb. 447a, b. Teile eines Durchlaufträgers mit eingespannten Randstützen; Festwertskizzen

$$d_1 M_1 + b_1 M_2 + S_1 = 0 , \tag{439}$$

d. h. es entfällt hier das Glied $b_{\nu-1} M_{n-1}$, weil links von der betrachteten Stütze überhaupt kein Feld vorhanden ist. Das zugehörige Diagonalglied vereinfacht sich in diesem Falle gemäß (433) zu

$$d_1 = \frac{\alpha_{1,2}}{E J_c^{(1)}} \cdot z = \alpha^*_{1,2} \cdot z = a_{1,2} , \tag{440}$$

ebenso das Belastungsglied nach (434) zu

$$S_1 = \frac{\alpha^0{}_{1,2}}{EJ_c{}^{(1)}} \cdot z = \alpha^0{}^*{}_{1,2} \cdot z \, . \qquad (441)$$

Bei voller Einspannung der **rechten** Endstütze lautet die Gl. (431) für diese Stütze mit den Bezeichnungen der Abb. 447 b

$$\boxed{\; b_{\nu-1}\, M_{n-1} + d_n\, M_n + S_n = 0 \, . \;} \qquad (442)$$

Hier entfällt das Glied $b_\nu\, M_{n+1}$, weil **rechts** von der betrachteten Stütze kein Feld mehr vorhanden ist. Das zugeordnete Diagonalglied ergibt sich daher gemäß (433) mit

$$d_n = \frac{\alpha_{n,\,n-1}}{EJ_c{}^{(\nu-1)}} \cdot z = \alpha^*{}_{n,\,n-1} \cdot z = a_{n,\,n-1} \qquad (443)$$

und das Belastungsglied nach (434) mit

$$S_n = \frac{\alpha^0{}_{n,\,n-1}}{EJ_c{}^{(\nu-1)}} \cdot z = \alpha^0{}^*{}_{n,\,n-1} \cdot z \, . \qquad (444)$$

Bei der Beurteilung des Umfanges der Rechnung muß hier beachtet werden, daß so viele Gleichungen gemeinsam aufzulösen sind, wie insgesamt Stützen vorhanden sind. Würde man in einem solchen Falle den Durchlaufträger wie ein Rahmentragwerk mit den Formänderungsgrößen als Unbekannten berechnen, so würden sich zwei Gleichungen **weniger** ergeben. Allerdings müßten dann die gesuchten Momente nach Auflösung des Gleichungssystems noch aus den bekannten Formeln ermittelt werden. Dennoch bietet für die Berechnung des durchlaufenden Trägers mit eingespannten Enden auch das Drehwinkelverfahren beachtenswerte Vorteile.

B. Tabellarische Aufstellung der Dreimomentengleichungen für einen Fünffeldträger mit eingespannten Enden

Die Abb. 448 zeigt die Festwertskizze, in welcher auch für die Endstützen die entsprechenden Werte eingetragen sind. Damit kann nach (431) die tabellarische Aufstellung der Dreimomentengleichungen vorgenommen werden (siehe Gleichungstabelle 27). Die erste und letzte Gleichung in der Tabelle ergeben sich unter Benutzung von (439) bzw. (442).

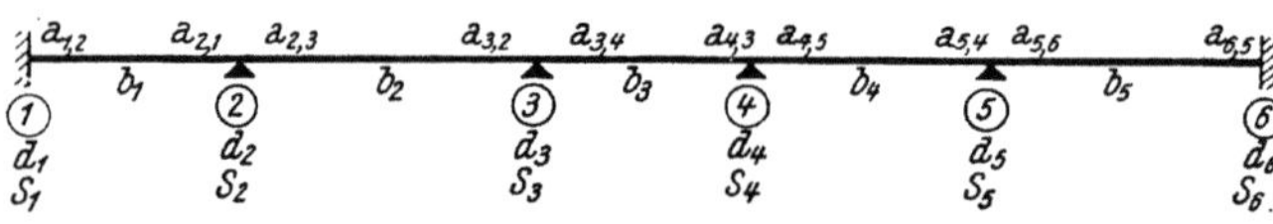

Abb. 448. Festwertskizze

Gleichungstabelle 27

	M_1	M_2	M_3	M_4	M_5	M_6	B
M_1	d_1	b_1					S_1
M_2	b_1	d_2	b_2				S_2
M_3		b_2	d_3	b_3			S_3
M_4			b_3	d_4	b_4		S_4
M_5				b_4	d_5	b_5	S_5
M_6					b_5	d_6	S_6

6. Der Durchlaufträger mit auskragenden Enden

Der Einfluß der belasteten Kragarme kommt in der Gleichungstabelle für die zweite und die vorletzte Stütze zur Geltung, und zwar nur in den Belastungsgliedern. Wendet man die allgemeine Gl. (431) auf die zweite Stütze des Durchlaufträgers (Abb. 449 a) an, so erhält man

$$b_1\,M_1 + d_2\,M_2 + b_2\,M_3 + S_2 = 0\,. \qquad (445)$$

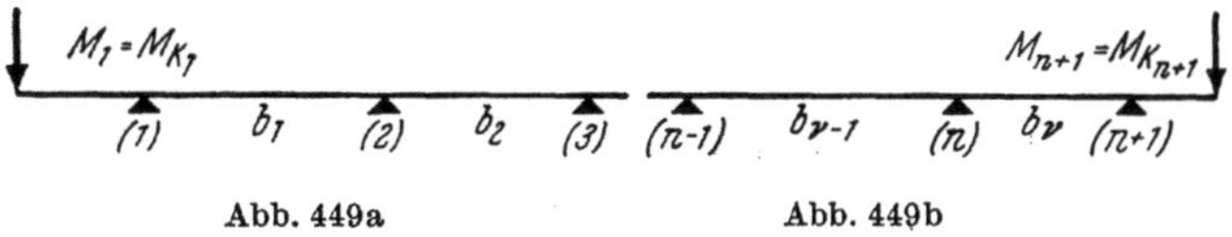

Abb. 449a

Abb. 449b

Abb. 449a, b. Teile eines Durchlaufträgers mit auskragenden Enden; Festwertskizzen

Nun ist das Moment M_1 von vornherein bekannt, da es gleich ist dem Moment M_K des Kragarmes. Also kann gesetzt werden:

$$M_1 = M_{K_1}\,.$$

Es ist somit das erste Glied der Gl. (445) zahlenmäßig bestimmt und kann mit dem ebenfalls zahlenmäßig gegebenen Belastungsglied S_2 vereinigt werden. Damit erhält man ein neues Belastungsglied

$$S_2' = S_2 + b_1\,M_{K_1}\,; \qquad (446)$$

die Gleichung für die zweite Stütze lautet dann

$$\boxed{d_2\,M_2 + b_2\,M_3 + S_2' = 0\,.} \qquad (447)$$

Ähnlich ergibt sich für die vorletzte Stütze n (Abb. 449 b)

$$\boxed{b_{\nu-1}\,M_{n-1} + d_n\,M_n + S_n' = 0\,,} \qquad (448)$$

wobei

$$S_n' = S_n + b_\nu\,M_{K_{n+1}}\,. \qquad (449)$$

Die äußere Form der Gleichungstabelle hat also für den Durchlaufträger mit Kragarmen dasselbe Aussehen wie für einen solchen ohne Kragarme.

III. Sonderfälle

In den bisherigen Ausführungen wurde allgemein angenommen, daß die Querschnitte des Durchlaufträgers entweder beliebig veränderlich sind oder daß bei den Stützen sogenannte Vouten als Auflagerverstärkungen vorkommen. Da nun sämtliche Zahlentafeln, die zur Ermittlung der Festwerte und Belastungsglieder für Stäbe mit verschiedenen Voutenformen im Dritten Teil zur Verfügung stehen, stets auch den Sonderfall „Stäbe ohne Vouten" (d. h. $n = 1$ oder $\lambda = 0$) enthalten, so sind natürlich die bisher angegebenen Gleichungen unter Benutzung dieser Hilfstafeln auch dann vorteilhaft zu verwenden, wenn die zu behandelnden Durchlaufträger gleichzeitig Felder mit und ohne Vouten aufweisen.

Es würde sich also erübrigen, auf einzelne Sonderfälle näher einzugehen. Sie sollen aber trotzdem in den folgenden Kapiteln zur Sprache kommen, um den genauen Zusammenhang zwischen der allgemeinen Form der Dreimomentengleichungen (431) und den für die verschiedenen Sonderfälle im Fachschrifttum gebräuchlichen Gleichungsformen, welche verhältnismäßig häufig Verwendung finden, zu zeigen.

1. Der Durchlaufträger mit feldweise verschiedenen, innerhalb der Felder jedoch konstanten Trägheitsmomenten

Die in Gl. (430) auftretenden EJ_c-fach verzerrten Winkelwerte α und β können für Stäbe mit konstanten Trägheitsmomenten $J_c^{(v-1)}$ bzw. $J_c^{(v)}$ nach dem bekannten Satz von MOHR als Auflagerdrücke der in Abb. 450a angedeuteten M-Flächen sehr einfach bestimmt werden, und zwar ergeben sich

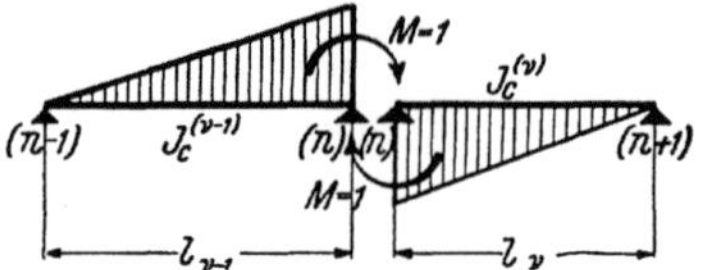

Abb. 450a. M-Flächen infolge $M = 1$

$$\alpha_{n,\,n-1} = \frac{l_{v-1}}{3}\,; \qquad \beta_{v-1} = \frac{l_{v-1}}{6}$$

$$\alpha_{n,\,n+1} = \frac{l_v}{3}\,; \qquad \beta_v = \frac{l_v}{6}\,. \tag{450}$$

Führt man die vorstehenden Ausdrücke für α und β in die allgemeine Gl. (430) ein, so erhält man, wenn der als konstant angenommene Wert E fortgelassen wird, die Gleichung für eine Stütze n (siehe Abb. 450b) mit

$$M_{n-1}\frac{l_{v-1}}{J^{(v-1)}} + 2\,M_n\left(\frac{l_{v-1}}{J^{(v-1)}} + \frac{l_v}{J^{(v)}}\right) + M_{n+1}\frac{l_v}{J^{(v)}} + 6\left(\frac{\alpha^0_{n,\,n-1}}{J^{(v-1)}} + \frac{\alpha^0_{n,\,n+1}}{J^{(v)}}\right) = 0\,.$$

$$\tag{451}$$

Die Werte α^0 sind für Stäbe mit unveränderlichen Querschnitten mit Hilfe der in den Tafeln 2 bis 4 für verschiedene Belastungsfälle angegebenen Formeln zu berechnen. Für Einzellasten können auch die Einfluß-linien auf Tafel 4 benutzt werden.

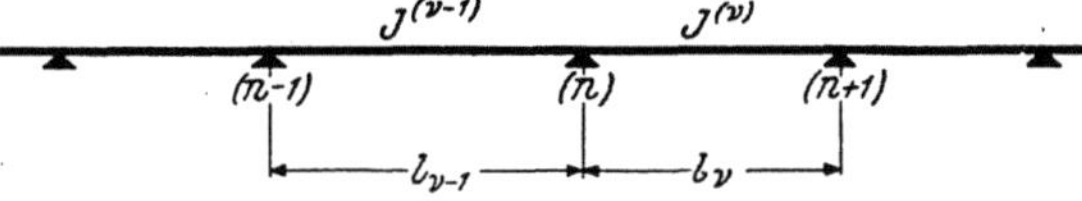

Abb. 450b. Teil eines Durchlaufträgers mit den Stützen $(n-1)$, (n), $(n+1)$; Bezeichnungen

Der Zusammenhang zwischen den Werten α^0 und $\mathfrak{M}$ auf den Tafeln 2 bis 4 geht aus den Gl. (231) und (232) hervor.

2. Der Durchlaufträger mit gleichen Trägheitsmomenten in allen Feldern

Hier kann in Gl. (451) $J^{(v-1)} = J^{(v)}$ gesetzt werden, und man erhält nach Kürzung dieser Werte

$$M_{n-1}\,l_{v-1} + 2\,M_n\,(l_{v-1} + l_v) + M_{n+1}\,l_v + 6\,(\alpha^0_{n,\,n-1} + \alpha^0_{n,\,n+1}) = 0\,. \tag{452}$$

3. Der Durchlaufträger mit gleichem Verhältnis J/l in allen Feldern

In diesem Fall kann man in Gl. (451) $\dfrac{l_{v-1}}{J^{(v-1)}} = \dfrac{l_v}{J^{(v)}}$ setzen, und es ergibt sich nach entsprechender Vereinfachung

$$M_{n-1} + 4\,M_n + M_{n+1} + 6\left(\frac{\alpha^0_{n,\,n-1}}{l_{v-1}} + \frac{\alpha^0_{n,\,n+1}}{l_v}\right) = 0\,. \tag{453}$$

4. Der Durchlaufträger mit gleichen Trägheitsmomenten und gleichen Längen in allen Feldern

Unter dieser Voraussetzung kann in Gl. (451) $l_{\nu-1} = l_\nu = l$, ferner $J^{(\nu-1)} = J^{(\nu)} = J$ gesetzt werden; man erhält nach Multiplikation mit J/l

$$M_{n-1} + 4\,M_n + M_{n+1} + \frac{6}{l}\,(\alpha^0{}_{n,\,n-1} + \alpha^0{}_{n,\,n+1}) = 0.$$
(454)

IV. Temperatureinflüsse beim Durchlaufträger

1. Allgemeines

Da der durchlaufende Träger nur ein festes Auflager besitzt, werden die infolge einer gleichmäßigen Temperaturänderung entstehenden gleich großen Längenänderungen aller Fasern in keiner Weise behindert, so daß auch keine Spannungen im Träger auftreten können. Sind jedoch die Temperaturänderungen nicht gleichmäßig über die Trägerquerschnitte verteilt, so zeigt der Träger das Bestreben, sich wegen der ungleichen Längenänderungen der einzelnen Fasern zu krümmen. Diese Krümmungen können sich aber nicht ungehindert einstellen, da die Stützen sowohl ein Durchsenken als auch ein Abheben des Trägers von den Lagern nicht zulassen, wodurch dort Auflagerkräfte wirksam werden.

Es treten also beim Durchlaufträger infolge ungleichmäßig über den Querschnitt verteilter Temperaturänderungen sowohl Biegungsmomente als auch Querkräfte auf.

2. Voraussetzungen

Die Behandlung der vorliegenden Aufgabe erfolgt unter Zugrundelegung folgender Annahmen:

1. Die Querschnitte ändern sich nur von Feld zu Feld, innerhalb eines Feldes sind sie stets gleich.

2. Die Temperaturänderungen sind nur feldweise verschieden, innerhalb eines Feldes sind sie für alle Querschnitte gleichartig.

3. Die Temperaturänderungen gehen innerhalb eines jeden Querschnittes so vor sich, daß sie der Breite nach gleichmäßig und der Höhe nach linear erfolgen.

4. Die Elastizitätszahl E ist für den gesamten Träger gleich groß.

3. Ermittlung der Belastungsglieder

Nach der im ersten Punkt enthaltenen Voraussetzung gelten hier die Dreimomentengleichungen (451), wo das Belastungsglied in der Form

$$S_n = 6\left(\frac{\alpha^0{}_{n,\,n-1}}{J^{(\nu-1)}} + \frac{\alpha^0{}_{n,\,n+1}}{J^{(\nu)}}\right) \qquad (455)$$

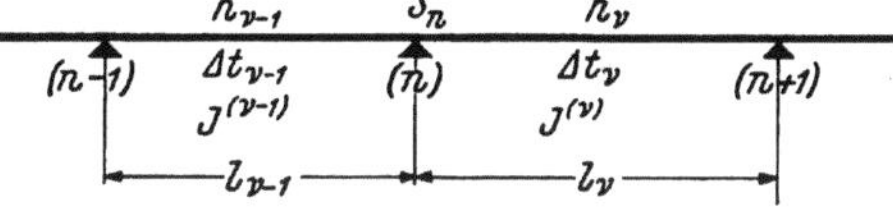

Abb. 451. Allgemeine Bezeichnungen

erscheint. Um nun dieses Belastungsglied in eine unmittelbare Beziehung zur Temperaturänderung zu bringen, können die bei der Untersuchung der Temperaturwirkung an Rahmentragwerken angestellten Betrachtungen verwertet werden. Es ergeben sich mit den hier gewählten Bezeichnungen (Abb. 451) die $E\,J_c$-fachen

Werte von $\alpha^0{}_1$ und $\alpha^0{}_2$ nach (421) für das Feld $(\nu-1)$ mit der Trägerhöhe $h_{\nu-1}$ und der Temperaturänderung $\Delta t_{\nu-1}$

$$\alpha^0{}_{n,\,n-1} = \frac{E\,J(\nu-1)\cdot\omega\cdot\Delta t_{\nu-1}\cdot l_{\nu-1}}{2\,h_{\nu-1}} \tag{456}$$

und für das Feld ν mit der Trägerhöhe h_ν und dem Temperaturunterschied Δt_ν

$$\alpha^0{}_{n,\,n+1} = \frac{E\,J(\nu)\cdot\omega\cdot\Delta t_\nu\cdot l_\nu}{2\,h_\nu}\,. \tag{456a}$$

Damit wird nach (455) das „Temperaturbelastungsglied"

$$\boxed{S^t{}_n = 3\,E\,\omega\left(\frac{\Delta t_{\nu-1}\cdot l_{\nu-1}}{h_{\nu-1}} + \frac{\Delta t_\nu\cdot l_\nu}{h_\nu}\right),} \tag{457}$$

wobei gemäß (423)

$$\Delta t = t_u - t_o\,. \tag{458}$$

Sind die Trägerhöhen in allen Feldern gleich, also $h_{\nu-1} = h_\nu = h$, so wird

$$S^t{}_n = \frac{3\,E\,\omega}{h}\,(\Delta t_{\nu-1}\cdot l_{\nu-1} + \Delta t_\nu\cdot l_\nu)\,; \tag{457a}$$

wenn außerdem auch die Temperaturänderungen in benachbarten Feldern gleich sind, so ergibt sich für die dazwischenliegende Stütze n

$$S^t{}_n = \frac{3\,E\,\omega\cdot\Delta t}{h}\,(l_{\nu-1} + l_\nu)\,. \tag{457b}$$

Nach Ermittlung der „Temperaturbelastungsglieder" kann somit die zahlenmäßige Durchrechnung unter den hier zugrunde gelegten Voraussetzungen nach der Form (451) der Dreimomentengleichungen durchgeführt werden (siehe Zahlenbeispiel 29).

V. Der Durchlaufträger mit nachgiebigen Stützen

1. Voraussetzungen

1. Die Trägerquerschnitte sind beliebig veränderlich.

2. Die Nachgiebigkeit kann bei beliebig vielen Stützen eintreten, sie kann aus Hebungen und Senkungen bestehen.

3. Die Verschiebungen senkrecht zur Trägerachse sind so klein, daß sie nur elastische Formänderungen im Tragwerk hervorrufen.

4. Die Senkungen bzw. Hebungen der Stützen sind zahlenmäßig gegeben.

2. Ansatz für die Dreimomentengleichungen

In Abb. 452 ist die Verformung eines beliebig belasteten Durchlaufträgers mit positiven Stützenverschiebungen, also Stützensenkungen, dargestellt. Darin sind folgende Winkelwerte besonders bezeichnet:

1. Die Winkel $\tau_{n,\,n-1}$ und $\tau_{n,\,n+1}$, welche die gemeinsame Tangente $T - T$ an die Biegelinie in der verschobenen Stütze n' mit den endgültigen Stabsehnen $(n') - (n'-1)$ und $(n') - (n'+1)$ einschließt.

2. Die Stabdrehwinkel $\psi_{\nu-1}$ bzw. ψ_ν, also die Winkel, um welche die Stabsehnen im Felde $(\nu-1)$ bzw. ν durch die Stützensenkungen gedreht werden (nach der gewählten Vorzeichenregel entgegen dem Uhrzeigersinn positiv).

3. Der Knotendrehwinkel φ_n des Knotenpunktes n, der als Scheitelwinkel zweimal in Erscheinung tritt, und zwar

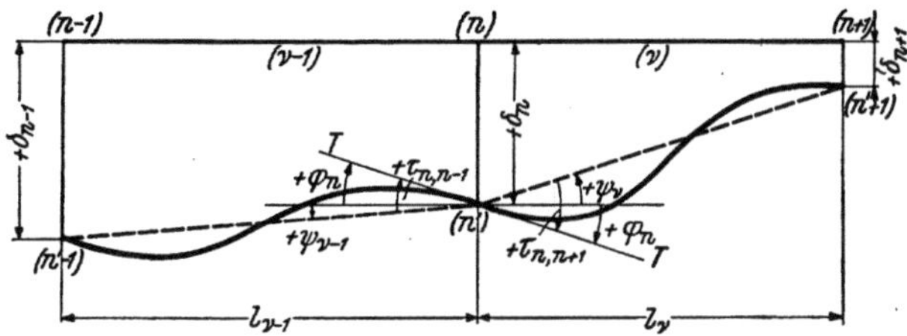

Abb. 452. Durchlaufträger mit Stützensenkungen; Bezeichnungen

$$\text{im Feld } (\nu-1) \ldots\ldots\ldots \varphi_n = \tau_{n,\,n-1} - \psi_{\nu-1}$$
$$\text{und im Feld } \nu \ldots\ldots\ldots \varphi_n = \tau_{n,\,n+1} - \psi_\nu .$$
(459)

Ersetzt man nun in (459) die Endtangentenwinkel τ durch die Gl. (429), so ergibt sich

$$\varphi_n = \frac{1}{EJ_c^{(\nu-1)}}\left(-M_n \alpha_{n,\,n-1} - M_{n-1}\beta_{\nu-1} - \alpha^0_{n,\,n-1}\right) - \psi_{\nu-1}$$

$$\varphi_n = \frac{1}{EJ_c^{(\nu)}}\left(M_n \alpha_{n,\,n+1} + M_{n+1}\beta_\nu + \alpha^0_{n,\,n+1}\right) - \psi_\nu .$$
(460)

Durch Gleichsetzen dieser beiden Ausdrücke erhält man nach entsprechender Vereinfachung und unter Annahme eines bei jedem Glied auftretenden Verzerrungsfaktors z:

$$M_{n-1}\frac{\beta_{\nu-1}}{EJ_c^{(\nu-1)}}\cdot z + M_n\left(\frac{\alpha_{n,\,n-1}}{EJ_c^{(\nu-1)}}\cdot z + \frac{\alpha_{n,\,n+1}}{EJ_c^{(\nu)}}\cdot z\right) + M_{n+1}\frac{\beta_\nu}{EJ_c^{(\nu)}}\cdot z +$$

$$+ \frac{\alpha^0_{n,\,n-1}}{EJ_c^{(\nu-1)}}\cdot z + \frac{\alpha^0_{n,\,n+1}}{EJ_c^{(\nu)}}\cdot z + (\psi_{\nu-1} - \psi_\nu)\cdot z = 0 .$$
(461)

Setzt man anstelle des nur von der Stützenverschiebung abhängigen Gliedes

$$(\psi_{\nu-1} - \psi_\nu)\cdot z = S_n'$$
(462)

und anstelle des von der äußeren Belastung abhängigen Belastungsgliedes [vgl. auch Gl. (434)]

$$\frac{\alpha^0_{n,\,n-1}}{EJ_c^{(\nu-1)}}\cdot z + \frac{\alpha^0_{n,\,n+1}}{EJ_c^{(\nu)}}\cdot z = S_n ,$$
(462a)

so kann man die Gl. (461) ähnlich wie (431) in gekürzter Form schreiben:

$$\boxed{b_{\nu-1}M_{n-1} + d_n M_n + b_\nu M_{n+1} + S_n + S_n' = 0 .}$$
(463)

Hierin bedeuten in Übereinstimmung mit (432) und (433)

$$b_{\nu-1} = \frac{\beta_{\nu-1}}{EJ_c^{(\nu-1)}}\cdot z \quad \text{und} \quad b_\nu = \frac{\beta_\nu}{EJ_c^{(\nu)}}\cdot z ;$$
(464)

$$d_n = \frac{\alpha_{n,\,n-1}}{EJ_c^{(\nu-1)}}\cdot z + \frac{\alpha_{n,\,n+1}}{EJ_c^{(\nu)}}\cdot z = a_{n,\,n-1} + a_{n,\,n+1} .$$
(465)

Die zahlenmäßige Ermittlung der Beiwerte b und d und die Wahl des Verzerrungsfaktors z wurde bereits auf Seite 183f. besprochen.

Über die Auswertung der Formel (462) zur Ermittlung des Belastungsgliedes S_n' infolge Nachgiebigkeit der Stützen ist folgendes zu sagen: Da voraussetzungsgemäß die Stützensenkungen δ zahlenmäßig gegeben sind, so sind auch die Stabdrehwinkel ψ von vornherein bekannt, und zwar ist (vgl. auch Abb. 452)

$$\psi_{\nu-1} = \frac{\delta_{n-1} - \delta_n}{l_{\nu-1}} \quad \text{und} \quad \psi_\nu = \frac{\delta_n - \delta_{n+1}}{l_\nu}. \tag{466}$$

Führt man diese Werte in (462) ein, so erhält man

$$S_n' = \left(\frac{\delta_{n-1} - \delta_n}{l_{\nu-1}} + \frac{\delta_{n+1} - \delta_n}{l_\nu} \right) \cdot z. \tag{467}$$

In diesen Ausdruck ist δ **positiv** einzuführen, wenn es sich um eine **Stützensenkung** handelt.

Sonderfälle. Auf eine eingehende Behandlung der verschiedenen Sonderfälle kann hier verzichtet werden, da sie nichts Neues bringen. Es können die auf Seite 188 f. zusammengestellten Dreimomentengleichungen, die durch das von der Stützenverschiebung abhängige Belastungsglied S' sinngemäß zu ergänzen sind, unmittelbar übernommen werden. Wird aber der Einfluß von Stützensenkungen allein untersucht, so entfallen die von der äußeren Belastung stammenden α^0-Glieder, und man erhält in ausführlicher Schreibweise:

1. Für Durchlaufträger mit **feldweise verschiedenen**, innerhalb der Felder jedoch **konstanten** Trägheitsmomenten [vgl. Gl. (451)]

$$M_{n-1} \frac{l_{\nu-1}}{J_{(\nu-1)}} + 2 M_n \left(\frac{l_{\nu-1}}{J_{(\nu-1)}} + \frac{l_\nu}{J_{(\nu)}} \right) + M_{n+1} \frac{l_\nu}{J_{(\nu)}} +$$
$$+ 6 E \left(\frac{\delta_{n-1} - \delta_n}{l_{\nu-1}} + \frac{\delta_{n+1} - \delta_n}{l_\nu} \right) = 0. \tag{463a}$$

2. Für Durchlaufträger mit **gleichem** J in allen Feldern [vgl. Gl. (452)]

$$M_{n-1} l_{\nu-1} + 2 M_n (l_{\nu-1} + l_\nu) + M_{n+1} l_\nu + 6 E J \left(\frac{\delta_{n-1} - \delta_n}{l_{\nu-1}} + \frac{\delta_{n+1} - \delta_n}{l_\nu} \right) = 0. \tag{463b}$$

3. Für Durchlaufträger mit **gleichem Verhältnis** J/l in allen Feldern [vgl. Gl. (453)]

$$M_{n-1} + 4 M_n + M_{n+1} + 6 E \left[(\delta_{n-1} - \delta_n) \frac{J_{(\nu-1)}}{l_{\nu-1}^2} + (\delta_{n+1} - \delta_n) \frac{J_{(\nu)}}{l_\nu^2} \right] = 0. \tag{463c}$$

4. Für Durchlaufträger mit **gleichem** J und l in allen Feldern [vgl. Gl. (454)]

$$M_{n-1} + 4 M_n + M_{n+1} + \frac{6 E J}{l^2} (\delta_{n-1} - 2 \delta_n + \delta_{n+1}) = 0. \tag{463d}$$

VI. Ermittlung der Einflußlinien für den Durchlaufträger

1. Vorbemerkung

Im dritten Abschnitt wurden zur Bestimmung der Einflußlinien für Rahmentragwerke zwei verschiedene Verfahren behandelt, die auch für den durchlaufenden Träger Verwendung finden können. Besonders geeignet erscheint hier das erste, bei dem die Ermittlung der Einflußlinien als Biegelinien am $(n-1)$-fach statisch unbestimmten Tragwerk erfolgt. Zu diesem Verfahren werden im folgenden noch einige für den Durchlaufträger wichtige Betrachtungen hinzugefügt.

2. Die M-Einflußlinien als Biegelinien am $(n-1)$-fach statisch unbestimmten Tragwerk nach Verfahren A („Gelenkmethode")

A. Allgemeines

Es bestehen beim durchlaufenden Träger zunächst zwei Möglichkeiten zur rechnerischen Lösung der gestellten Aufgabe:

1. Die Anwendung des Drehwinkelverfahrens.
2. Die Anwendung der Dreimomentengleichungen.

Über den ersten Fall ist nichts Neues zu sagen, die Behandlung erfolgt in derselben Art, wie dies für Rahmentragwerke auf Seite 149 ff. ausführlich erläutert worden ist. Wesentlich anders gestaltet sich hingegen die Benutzung der Dreimomentengleichungen, die bei Durchlaufträgern mit gelenkig gelagerten Enden verschiedene Vorteile mit sich bringt. Durch die Einschaltung des Gelenkes über einer Stütze ergeben sich zwei voneinander unabhängige, einfachere Tragwerke, wobei für jedes immer nur so viele unbekannte Momente zu ermitteln sind, wie jeweils Zwischenstützen übrig bleiben. So wird z. B. durch Einschaltung eines Gelenkes der Zweifeldbalken in Abb. 453 in zwei frei aufliegende Träger zerlegt und der Dreifeldbalken der Abb. 454 für die Ermittlung der M_2-Einflußlinie in einen frei aufliegenden Träger und einen Zweifeldträger. Weiter wird der Vierfeldbalken der Abb. 455 für die Ermittlung der M_2-Einflußlinie in einen frei aufliegenden Träger und in einen Dreifeldbalken gespalten (Abb. 455a) und für die Bestimmung der M_3-Einflußlinie in zwei Zweifeldträger (Abb. 455b).

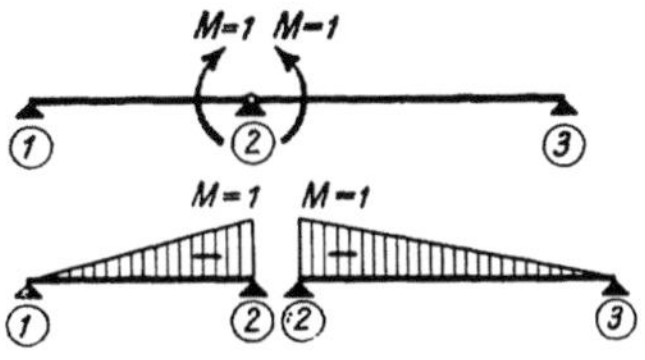

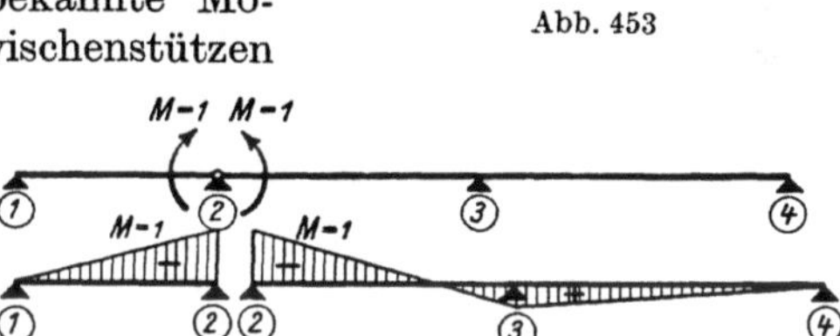

Abb. 453

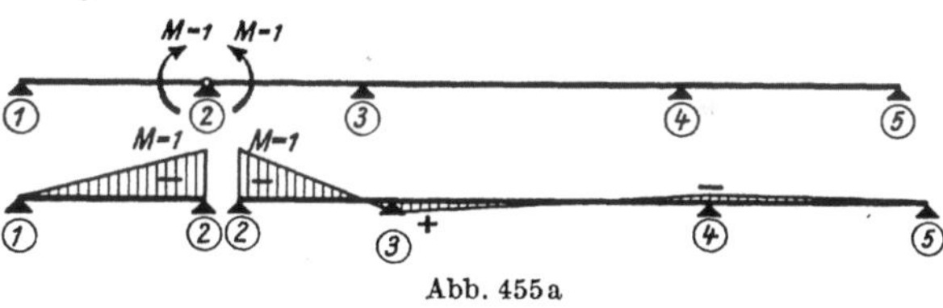

Abb. 454

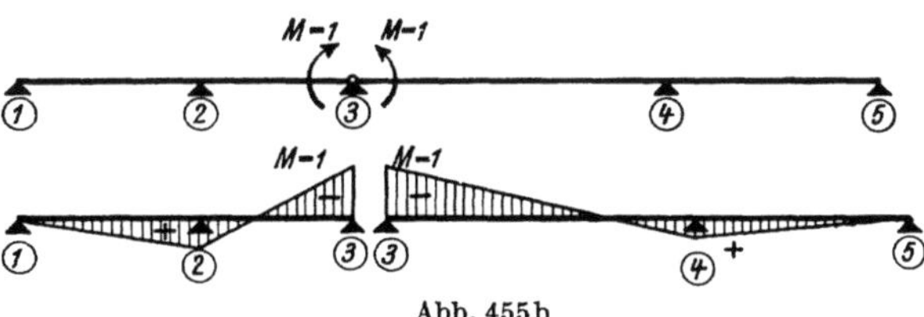

Abb. 455a

Die zahlenmäßige Durchrechnung dieser „ideellen" Belastungsfälle geschieht zunächst nach den in diesem Abschnitt angegebenen Gleichungen. Sind auf diese Weise die Momente bestimmt, so folgt der zweite Teil der Rechnung, nämlich die Ermittlung der Biegelinien für die einzelnen

Abb. 455b

Abb. 453 bis 455a, b. Ermittlung der M-Einflußlinien durch Gelenkeinschaltung

„ideellen" Belastungsfälle und der zugehörigen Drehwinkel φ_l und φ_r der Gelenkquerschnitte.

B. Ermittlung der Biegelinien aus den Momentenlinien

Diese Aufgabe kann in der bekannten Weise mit Hilfe des MOHRschen Satzes gelöst werden, indem man die entsprechend verzerrten M-Flächen als Belastung in Rechnung stellt. Diese Art ist aber ziemlich zeitraubend und kann bei durchlaufenden Trägern mit geraden oder parabolischen Vouten unter Zuhilfenahme der Zahlen- und Kurventafeln des Dritten Teiles durch ein rascheres Verfahren ersetzt werden.

Die Aufgabe besteht darin, für einen Stab mit gegebenem M-Verlauf die zugehörige Biegelinie zu ermitteln. Dieser M-Verlauf kann nach Abb. 456 durch zwei dreieckförmige M-Flächen ersetzt werden. Die Ordinaten der Biegelinien für jede dieser beiden Teilbelastungsflächen können nach dem Proportionalitätsgesetz aus den Biegelinienordinaten η_1 bzw. η_2 für $M = 1$ bestimmt werden, die für verschiedene Stabformen mit $l = 1$ in den Zahlentafeln 35 bis 38 enthalten sind. Die in diesen Tafeln dargestellten Einflußlinien für die Endtangentenwinkel $\alpha^0{}_1$ bzw. $\alpha^0{}_2$ sind nämlich nichts anderes als Biegelinien des frei aufliegenden Trägers von der Länge $l = 1$, wenn abwechselnd an beiden Stabenden ein Moment $M = 1$ angreift.

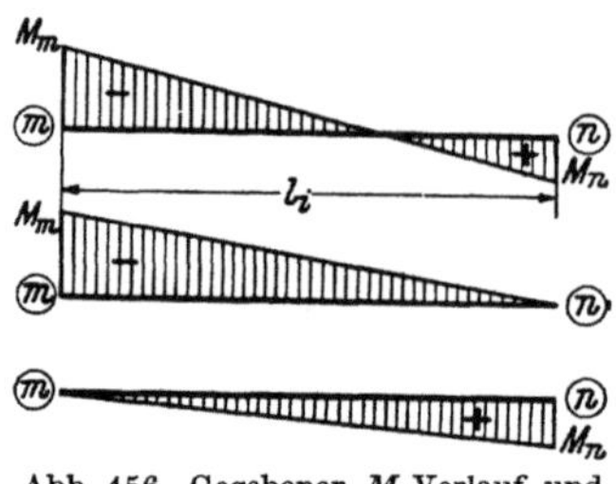
Abb. 456. Gegebener M-Verlauf und Ersatzmomenten-Dreiecke

Es ergeben sich also unter Benutzung dieser Hilfstafeln die wahren Werte $y_i{}^*$ der Biegelinienordinaten in einem Trägerfeld i von der Länge l_i durch Überlagerung der den beiden M-Dreiecken zugeordneten Beiträge, also

$$y_i{}^* = (M_m\,\eta_1 + M_n\,\eta_2)\,\frac{l_i{}^2}{E\,J_c{}^{(i)}}\,, \tag{468}$$

wobei J_c das Trägheitsmoment der Stabquerschnitte im unveränderten Bereich darstellt.

Wird M_m oder M_n gleich Null, was bei der ersten und letzten Stütze des durchlaufenden Trägers gewöhnlich der Fall ist, so verschwindet für diese Felder im Ausdruck (468) das entsprechende M-Glied. Die Vorzeichen von M_m und M_n sind in der üblichen Art anzunehmen, also positiv, wenn das Moment unten Zug erzeugt, und negativ, wenn es oben Zug erzeugt.

Um die wahren Werte der gesuchten M-Einflußlinienordinaten η_M zu erhalten, sind die aus (468) zu bestimmenden Biegelinienordinaten noch nach (358) durch den Öffnungswinkel γ der Gelenkquerschnitte zu dividieren. Die zahlenmäßige Ermittlung dieses Wertes γ bei Trägern mit geraden oder parabolischen Vouten soll im nächsten Kapitel behandelt werden.

C. Bestimmung des Verdrehungswinkels γ der Gelenkquerschnitte

Nach (359) ist

$$\gamma = \varphi_l - \varphi_r\,. \tag{469}$$

Hierin bedeuten φ_l die Verdrehung des linken und φ_r die des rechten Gelenkquerschnittes. Bei durchlaufenden Trägern mit unnachgiebigen Stützen werden infolge der im Gelenk angebrachten gleich großen, aber entgegengesetzt gerichteten Momente die beiden Drehwinkel φ_l und φ_r stets entgegengesetztes Vorzeichen aufweisen, was bei den früher behandelten Tragwerken mit verschieblichen Knotenpunkten nicht immer der Fall sein muß. Es kann also hier im weiteren Verlauf der Rechnung der Wert γ, der den Öffnungswinkel im Gelenk darstellt, der Einfachheit halber als die Summe der Absolutwerte von φ_l und φ_r aufgefaßt werden; man kann somit ohne Rücksicht auf ihr Vorzeichen einfach schreiben:

$$\gamma = |\varphi_l| + |\varphi_r|\,. \tag{469a}$$

Die Werte φ_l und φ_r, welche mit den Auflagerdrehwinkeln bzw. Endtangentenwinkeln links und rechts vom Gelenk identisch sind, könnten nach MOHR als Auflagerdrücke der entsprechend verzerrten M-Flächen ermittelt werden. Für Stäbe mit geraden oder parabolischen Vouten gibt es aber auch hier einen einfacheren Weg, indem wieder die Hilfstafeln des Dritten Teiles herangezogen werden.

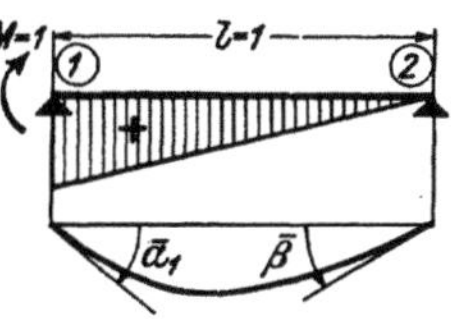

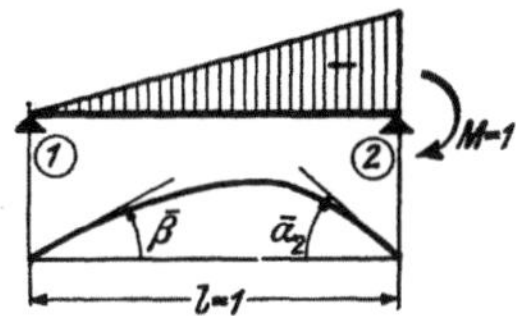

Abb. 457a. Auflagerdrehwinkel $\bar{\alpha}_1$ und $\bar{\beta}$

Abb. 457b. Auflagerdrehwinkel $\bar{\alpha}_2$ und $\bar{\beta}$

Abb. 457a, b. Auflagerdrehwinkel infolge $M = 1$ am Trägerende (1) bzw. (2) bei $l = 1$

In den Tafeln 27 bis 30 bzw. 27a bis 30a sind die Auflagerdrehwinkel $\bar{\alpha}$ und $\bar{\beta}$ für einen frei aufliegenden Träger von der Länge $l = 1$ infolge eines am Trägerende angreifenden Momentes $M = 1$ enthalten. Die diesen Tafeln zugrunde liegenden Bezeichnungen sind in den Abb. 457a, b schematisch dargestellt.

Nun können z. B. die in der Abb. 458a gegebenen M-Flächen in beiden Feldern durch je zwei einfache Dreieckflächen ersetzt werden, von welchen stets eine positiv und eine negativ erscheint (Abb. 458b). Durch Anwendung des Proportionalitätsgesetzes lassen sich somit aus den zahlenmäßig gegebenen $\bar{\alpha}$- und $\bar{\beta}$-Werten die gesuchten wahren

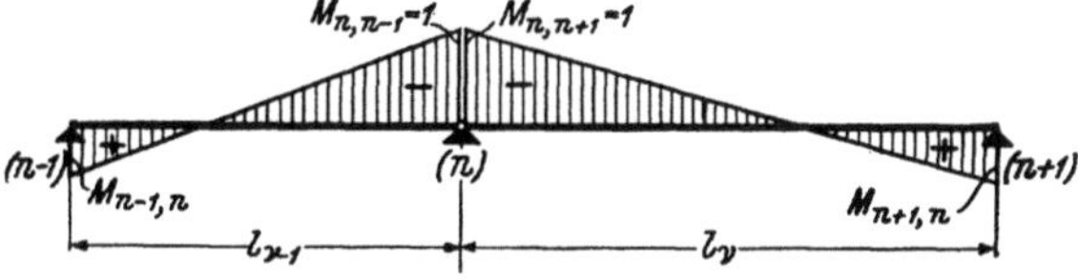

Abb. 458a. M-Verlauf für das Doppelmoment $M = 1$ im Gelenk; allgemeine Bezeichnungen

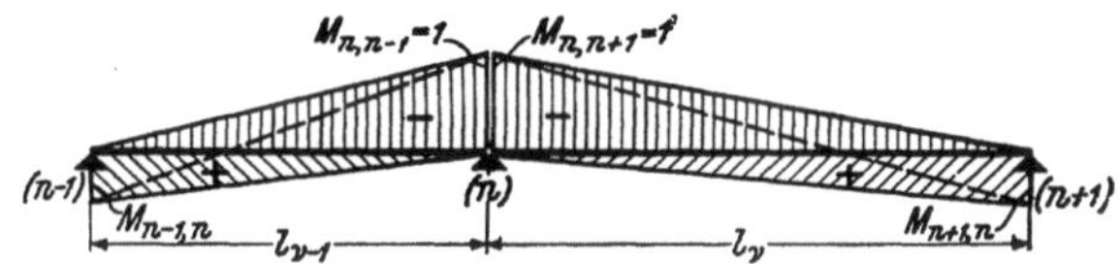

Abb. 458b. Ersatzmomenten-Dreiecke für die M-Flächen aus Abb. 458a

Winkelwerte $\varphi_l{}^*$ und $\varphi_r{}^*$ für Stäbe mit verschiedenen Voutenformen leicht ermitteln. Es werden also mit den Bezeichnungen der Abb. 457a, b und 458a, b

$$\varphi_l{}^* = \varphi^*{}_{n,\,n-1} = (M_{n,\,n-1} \cdot \bar{\alpha}_{n,\,n-1} - M_{n-1,\,n} \cdot \bar{\beta}_{\nu-1})\frac{l_{\nu-1}}{E J_c{}^{(\nu-1)}} \qquad (470)$$

oder, da $M_{n,\,n-1} = 1$,

$$\varphi^*{}_{n,\,n-1} = (\bar{\alpha}_{n,\,n-1} - M_{n-1,\,n} \cdot \bar{\beta}_{\nu-1})\frac{l_{\nu-1}}{E J_c{}^{(\nu-1)}} ; \qquad (470a)$$

ferner

$$\varphi_r{}^* = \varphi^*{}_{n,\,n+1} = (M_{n,\,n+1} \cdot \bar{\alpha}_{n,\,n+1} - M_{n+1,\,n} \cdot \bar{\beta}_{\nu})\frac{l_{\nu}}{E J_c{}^{(\nu)}} \qquad (471)$$

oder, da $M_{n,\,n+1} = 1$,

$$\varphi^*{}_{n,\,n+1} = (\bar{\alpha}_{n,\,n+1} - M_{n+1,\,n} \cdot \bar{\beta}_{\nu})\frac{l_{\nu}}{E J_c{}^{(\nu)}} . \qquad (471a)$$

Man erhält also unter Anwendung von (470a) und (471a) den wahren Wert des Öffnungswinkels mit

$$\gamma^* = |\varphi^*{}_{n,\,n-1}| + |\varphi^*{}_{n,\,n+1}| \qquad (472)$$

bzw.

$$\gamma^* = \frac{1}{E}\left[(\bar{\alpha}_{n,\,n-1} - M_{n-1,\,n} \cdot \bar{\beta}_{\nu-1})\frac{l_{\nu-1}}{J_c{}^{(\nu-1)}} + (\bar{\alpha}_{n,\,n+1} - M_{n+1,\,n} \cdot \bar{\beta}_{\nu})\frac{l_{\nu}}{J_c{}^{(\nu)}}\right]. \qquad (473)$$

Bezeichnet man der Einfachheit halber den Klammerausdruck, der den E-fachen Wert von γ^* bedeutet, mit γ, so kann auch geschrieben werden

$$\gamma^* = \frac{\gamma}{E}, \tag{473a}$$

wobei also

$$\dot{\gamma} = (\overline{\alpha}_{n,\,n-1} - M_{n-1,\,n} \cdot \overline{\beta}_{\nu-1}) \frac{l_{\nu-1}}{J_c^{(\nu-1)}} + (\overline{\alpha}_{n,\,n+1} - M_{n+1,\,n} \cdot \overline{\beta}_\nu) \frac{l_\nu}{J_c^{(\nu)}}. \tag{473b}$$

Die endgültigen Ordinaten $\eta_M^{(i)}$ der M-Einflußlinienzweige in irgendeinem Trägerfeld i ergeben sich schließlich nach (358) unter Beachtung von (468) mit

$$\eta_M^{(i)} = \frac{y_i^*}{\gamma^*} = (M_m\,\eta_1 + M_n\,\eta_2) \frac{l_i^2}{E J_c^{(i)}} \cdot \frac{E}{\gamma}$$

oder

$$\boxed{\eta_M^{(i)} = \frac{1}{\gamma} (M_m\,\eta_1 + M_n\,\eta_2) \frac{l_i^2}{J_c^{(i)}}.} \tag{474}$$

Hierin bedeuten η_1 und η_2 die aus den Tafeln 35 bis 38 zu entnehmenden Ordinaten der α^0-Einflußlinien, M_m und M_n die Endmomente des Stabes m—n, $J_c^{(i)}$ das Trägheitsmoment im unveränderlichen Stabbereich und l_i die Stablänge irgendeines Trägerfeldes i; der Wert γ ist nach (473b) zu ermitteln.

Nach dieser Formel können die M-Einflußlinienzweige der Reihe nach für sämtliche Feldstäbe am einfachsten tabellarisch ermittelt werden.

In der zahlenmäßigen Berechnung der vorstehenden Ausdrücke ergibt sich noch eine Vereinfachung, wenn J_c in allen Feldern des Durchlaufträgers gleich groß ist. Es kann dann in (473) $J_c^{(\nu-1)} = J_c^{(\nu)} = J_c$ gesetzt werden, so daß die Beziehung (473a) auch in der Form

$$\gamma^* = \frac{\gamma}{E J_c} \tag{475}$$

geschrieben werden kann, worin aber

$$\gamma = (\overline{\alpha}_{n,\,n-1} - M_{n-1,\,n} \cdot \overline{\beta}_{\nu-1}) \, l_{\nu-1} + (\overline{\alpha}_{n,\,n+1} - M_{n+1,\,n} \cdot \overline{\beta}_\nu) \, l_\nu \tag{476}$$

zu setzen ist. Damit ergeben sich die gesuchten Einflußlinienordinaten $\eta_M^{(i)}$ für irgendein Trägerfeld i

$$\boxed{\eta_M^{(i)} = \frac{y_i^*}{\gamma^*} = (M_m\,\eta_1 + M_n\,\eta_2) \frac{l_i^2}{\gamma}.} \tag{477}$$

D. Beschreibung des Rechnungsganges bei Verwendung von Verfahren A („Gelenkmethode")

Der Rechnungsgang zur Ermittlung der M-Einflußlinie nach der „Gelenkmethode" kann in folgende drei Abschnitte gegliedert werden:

1. Ermittlung des M-Verlaufes für das im gedachten Gelenk wirkende Momentenpaar $M = 1$, und zwar für Durchlaufträger mit Vouten nach (431) bzw. für durchlaufende Träger ohne Vouten nach (451) bzw. (452).

2. Ermittlung des Verdrehungswinkels γ der Gelenkquerschnitte gemäß (473b) bzw. (476) unter Benutzung der Hilfstafeln 27 bis 30 bzw. 27a bis 30a zur Entnahme der Einheitsdrehwinkel $\overline{\alpha}$ und $\overline{\beta}$.

3. Berechnung der einzelnen Ordinaten η_M der gesuchten M-Einflußlinie nach (474) bzw. (477), und zwar gesondert für jeden Stab unter gleichzeitiger Benutzung der Hilfstafeln **35** bis **38** zur Entnahme der Biegelinienordinaten η_1 und η_2. (Vgl. Zahlenbeispiele 30, 31.)

Sechster Abschnitt

Zweckmäßige Auflösungsverfahren für lineare Gleichungssysteme

Abgekürzte Eliminationsverfahren

1. Allgemeines

Die Auflösung eines Systems linearer Gleichungen spielt bei der rechnerischen Behandlung statisch unbestimmter Tragwerke eine wichtige Rolle. Es herrschen aber über den erforderlichen Zeitaufwand zur Auflösung einer Gleichungsgruppe vielfach noch recht irrige Anschauungen, und zwar vor allem in dem Sinne, daß die damit verbundene Arbeit weit ü b e r s c h ä t z t wird.

Es ist hier besonders hervorzuheben, daß die Gleichungssysteme, die sich nach dem Drehwinkelverfahren ergeben, im allgemeinen einen für die Auflösung sehr günstigen Aufbau zeigen, da die Diagonalglieder zahlenmäßig gegenüber allen übrigen Gliedern in der Regel bedeutend überwiegen. Man erzielt in diesem Fall selbst bei Verwendung des gewöhnlichen Rechenschiebers hinreichend genaue Ergebnisse.

Von den gebräuchlichen Verfahren zur Auflösung linearer Gleichungssysteme bietet das aus der Ausgleichsrechnung der Geodäsie[1] bekannte „GAUSSsche Eliminationsverfahren", namentlich bei Anwendung der abgekürzten Form, die meisten Vorteile, so daß diesem auch hier der Vorzug gegeben wird.

Das Wesen der hier zu besprechenden abgekürzten Verfahren läßt sich am besten durch folgende Überlegungen veranschaulichen. Wäre z. B. ein System von f ü n f Gleichungen mit den Unbekannten X_1 bis X_5 gegeben, so könnte man im Wege der Elimination zunächst aus sämtlichen Gleichungen die Unbekannte X_1 beseitigen und erhielte so ein System von v i e r Gleichungen mit den Unbekannten X_2 bis X_5. In derselben Art kann man aus diesen vier Gleichungen X_2 eliminieren und erhält so eine weitere Gruppe von d r e i Gleichungen mit den Unbekannten X_3 bis X_5. Setzt man diesen Weg fort, so gelangt man in der letzten Rechenstufe zu e i n e r Gleichung mit e i n e r Unbekannten.

Dieser Vorgang ist in Abb. 459, wo die gegebenen fünf Gleichungen und auch die Gleichungen der einzelnen Rechenstufen durch einfache Striche angedeutet sind, schematisch dargestellt. Die erste Gleichung jeder Gruppe ist durch einen starken Strich besonders hervorgehoben und mit einer römischen Ziffer versehen. Aus diesen Gleichungen (I) bis (V), die als H a u p t g l e i c h u n g e n bezeichnet werden sollen, kann man sodann rückläufig, bei (V) beginnend, die einzelnen Unbekannten ermitteln. Bei den abgekürzten Eliminationsverfahren verzichtet man nun darauf, sämtliche Gleichungen jeder Rechenstufe anzuschreiben, und stellt jeweils nur die „Hauptgleichungen" auf.

Zur zahlenmäßigen Durchführung der Berechnung eignet sich besonders die Tabellenform. Es sollen darin a l l e Rechenoperationen enthalten sein, so daß außer-

---

[1] W. JORDAN: Handbuch der Vermessungskunde, 7. Aufl., Bd. 1, Stuttgart 1920

halb derselben keine besonderen Nebenrechnungen zur Auflösung des gesamten Gleichungssystems erforderlich sind. Diese Rechenvorschriften sind in der Ausgleichsrechnung der Geodäsie schon längst eingebürgert und finden in letzter Zeit auch bei der Lösung der Aufgaben der Statik immer mehr Verbreitung.

Für die allgemeine Darstellung des Auflösungsvorganges wurde bisher auch in Statiklehrbüchern vorwiegend die aus der Ausgleichsrechnung der Geodäsie übernommene Bezeichnungsweise nach GAUSS verwendet. Da diese Art aber den praktisch tätigen Ingenieuren und Statikern nicht immer hinreichend geläufig ist, wird hier eine bildmäßige Darstellung gewählt, bei welcher der Gang der Rechnung einprägsamer erscheint und auch die Reihenfolge der einzelnen Rechenoperationen leichter zu überblicken ist.

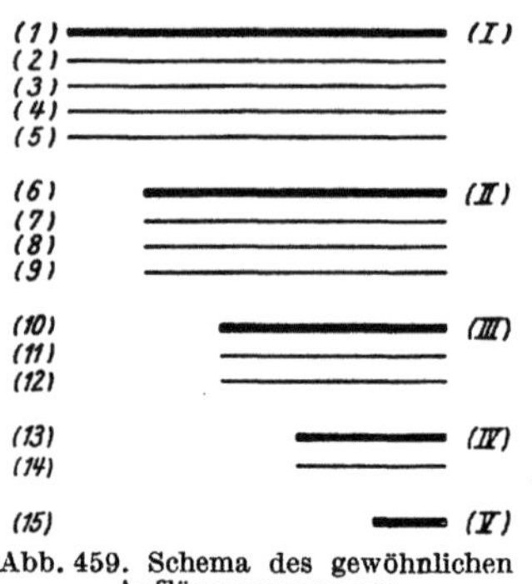

Abb. 459. Schema des gewöhnlichen Auflösungsvorganges

Der Grundgedanke dieser bildmäßigen Darstellung der abgekürzten Gleichungsauflösung, die in den Mustern I, II, III auf den Tafeln 43, 44, 45 zur Anwendung gelangt, ist kurz folgender: Anstelle der Zahlenwerte werden einfache Zeichen gesetzt, und zwar so, daß in jeder Gleichung nur ein solches Zeichen vorkommt, also z. B. in der ersten Gleichung ein ☐, in der zweiten ein ◯, in der dritten ein △ usw. Um aber die Verschiedenheit der einzelnen Beiwerte in ein und derselben Gleichung anzudeuten, werden Ziffern verwendet, die mit den Ordnungszahlen der Unbekannten übereinstimmen. So wird z. B. der Beiwert von X_4 in der ersten Gleichung mit ▣, in der zweiten Gleichung mit ⊙, in der dritten Gleichung mit △ usw. bezeichnet.

2. Beschreibung der einzelnen Rechenvorschriften

A. Muster I für symmetrische Gleichungssysteme

Der Auflösungsvorgang nach dieser Rechenvorschrift ist aus der bildmäßigen Darstellung auf der Tafel 43 unmittelbar ersichtlich. Es soll hier aber anhand dieser Tafel noch eine ausführliche Beschreibung gegeben werden.

In der ersten Spalte der Tabelle ist die Benennung der Gleichungen bzw. Zeilen nach den Unbekannten durchgeführt, die den Diagonalgliedern D zugeordnet sind, während auf der rechten Seite die Zeilen fortlaufend beziffert sind.

Bei der Durchführung der einzelnen Rechnungsstufen bleiben die Bildzeichen der ursprünglichen Gleichungen erhalten. Die Verschiedenheit der Zahlenwerte wird nur durch Punkte über den Figuren zum Ausdruck gebracht. So wird z. B. auf Tafel 43 zunächst die Gl. (I) der Reihe nach mit $-\dfrac{\boxed{2}}{D_1}\,,\ -\dfrac{\boxed{3}}{D_1}\,,\ \ldots\ldots\,,\ -\dfrac{\boxed{5}}{D_1}$ multipliziert. Demgemäß ist die der ersten Umformung entsprechende Zeile (6) mit einem Punkt, die der zweiten Umformung entsprechende Zeile (7) mit zwei Punkten bezeichnet usw. Man erhält auf diese Weise die Zeilen (6) bis (9). Wegen der Symmetrie des gegebenen Gleichungssystems brauchen die Zeilen (6) bis (9) nicht vollständig angeschrieben zu werden, sondern es genügen die Glieder rechts von der neuen Diagonale.

Die „Hauptgleichung" (II) ergibt sich sodann durch einfaches Summieren aller in der ersten Spalte mit (X_2) bezeichneten Gleichungen. Auch hier bleiben die Zeichen der ursprünglichen Gleichung für (X_2) erhalten. Um den wertmäßigen Unterschied gegenüber dieser Gleichung auszudrücken, ist aber die Schraffur der Zeichen fortgelassen und statt D_2 und B_2 jetzt d_2 bzw. b_2 gesetzt [siehe Zeile (10)].

Der weitere Gang der Rechnung ist nur eine Wiederholung des bisherigen Vorganges, und zwar wird nun die Gl. (II) der Reihe nach mit $-\dfrac{③}{d_2}$, $-\dfrac{④}{d_2}$, $-\dfrac{⑤}{d_2}$ multipliziert, was in den Zeilen (11) bis (13) durchgeführt ist. Auch hier sind die Zeilen nicht vollständig angeschrieben, sondern nur die Glieder rechts der Diagonale.

Die „Hauptgleichung" (III) erhält man durch einfaches Summieren aller in der ersten Spalte mit (X_3) bezeichneten Gleichungen. Sie ist in der Zeile (14) angeschrieben und enthält dieselben Zeichen wie die ursprüngliche Gleichung (X_3), jedoch ohne Schraffur.

In derselben Weise werden auch die „Hauptgleichungen" (IV) und (V) ermittelt, wie aus Tafel 43 ersichtlich ist. So kann schließlich die rückläufige Ermittlung der Unbekannten X_5 bis X_1 aus den „Hauptgleichungen" (V) bis (I) erfolgen.

Anschließend wird der Rechnungsgang nach Muster I in Schlagworten zusammengefaßt:

1. Anschreiben der Gleichungen ohne die Glieder links der Diagonale [siehe Zeile (1) bis (5)].

2. Anschreiben der Umwandlungsfaktoren $-\dfrac{z_1}{D_1}$, wobei für z_1 der Reihe nach die Glieder der „Hauptgleichung" (I) zu setzen sind.

3. Multiplikation der „Hauptgleichung" (I) mit diesen Faktoren [siehe Zeile (6) bis (9)].

4. Ermittlung der „Hauptgleichung" (II) durch Summieren aller Gleichungen (X_2) [siehe Zeile (10)].

5. Anschreiben der Umwandlungsfaktoren $-\dfrac{z_2}{d_2}$, wobei für z_2 der Reihe nach die Glieder der „Hauptgleichung" (II) zu setzen sind.

6. Multiplikation der „Hauptgleichung" (II) mit diesen Faktoren [siehe Zeile (11) bis (13)].

7. Ermittlung der „Hauptgleichung" (III) durch Summieren aller Gleichungen (X_3) [siehe Zeile (14)] usw. bis zur Aufstellung der letzten „Hauptgleichung".

8. Rückläufige Ermittlung der Unbekannten, beginnend bei der letzten „Hauptgleichung".

(Vgl. auch Zahlenbeispiele 2, 3 und auf Tafel 43a.)

B. Muster II für symmetrische Gleichungssysteme

Diese Rechenvorschrift, die auf Tafel 44 schematisch dargestellt ist, zeigt im Vergleich mit jener auf Tafel 43 nur eine andere Reihenfolge der einzelnen Rechenoperationen.

Es wird hier zunächst die gegebene Gl. (1*) als „Hauptgleichung" (I) in unveränderter Form in Zeile (1) nochmals angeschrieben. Sodann wird, wieder in unveränderter Form, die gegebene Gl. (2*) in Zeile (2) angeschrieben und darunter die mit $-\dfrac{②}{D_1}$ multiplizierte „Hauptgleichung" (I) als Zeile (3). Durch Summieren der Zeilen (2) und (3) erhält man die „Hauptgleichung" (II) als Zeile (4).

Es werden hier also immer nur jene Rechenoperationen durchgeführt, die zur Ermittlung der nächsten „Hauptgleichung" erforderlich sind. Dadurch kommen die zu summierenden Zeilen unmittelbar untereinander zu stehen.

Zur Aufstellung der „Hauptgleichung" (III) schreibt man die gegebene Gl. (3*) unverändert als Zeile (5) an, setzt darunter die mit $-\dfrac{③}{D_1}$ multiplizierte „Hauptgleichung" (I) als Zeile (6) und schließlich die mit $-\dfrac{\boxed{3}}{d_2}$ multiplizierte „Hauptgleichung" (II) als Zeile (7). Die Summe der Zeilen (5) bis (7) ergibt bereits die „Hauptgleichung" (III) als Zeile (8). In derselben Weise ist die Ermittlung der übrigen „Hauptgleichungen" vorzunehmen, wie aus dem Auflösungsschema selbst ersichtlich ist.

In Schlagworten läßt sich der Rechnungsgang nach Muster II wie folgt zusammenfassen:

1. Anschreiben der gegebenen Gl. (1*) bis (5*) ohne die Glieder links der Diagonale.

2. Anschreiben der unveränderten Gl. (1*) als „Hauptgleichung" (I) [siehe Zeile (1)].

3. Anschreiben der gegebenen Gl. (2*) als Zeile (2).

4. Multiplikation der „Hauptgleichung" (I) mit dem Faktor $-\dfrac{\boxed{2}}{D_1}$ [siehe Zeile (3)].

5. Ermittlung der „Hauptgleichung" (II) durch Summieren der Zeilen (2) und (3) [siehe Zeile (4)].

6. Anschreiben der gegebenen Gl. (3*) als Zeile (5).

7. Multiplikation der „Hauptgleichung" (I) mit dem Faktor $-\dfrac{\boxed{3}}{D_1}$ und der „Hauptgleichung" (II) mit dem Faktor $-\dfrac{\boxed{3}}{d_2}$ [siehe Zeile (6) und (7)].

8. Ermittlung der „Hauptgleichung" (III) durch Summieren der Zeilen (5) bis (7) [siehe Zeile (8)] usw. bis zur Aufstellung der letzten „Hauptgleichung".

9. Rückläufige Ermittlung der Unbekannten X_5 bis X_1, beginnend bei der letzten „Hauptgleichung".

(Vgl. auch Zahlenbeispiel auf Tafel 44a.)

Ein Vergleich der Tafeln 43 und 44 zeigt den Zusammenhang der beiden Rechenvorschriften und auch die Unterschiede in der Reihenfolge der einzelnen Rechenoperationen klar auf. Für den praktischen Gebrauch sind wohl beide Arten nahezu gleichwertig.

C. Muster III für unsymmetrische Gleichungssysteme

Der Unterschied gegenüber der Auflösung von symmetrischen Gleichungssystemen besteht nur darin, daß hier die Umrechnungsfaktoren in der zweiten Spalte nicht einfach aus den einzelnen Gliedern der zuletzt erhaltenen „Hauptgleichungen" jeweils direkt zu entnehmen sind, sondern wegen der fehlenden Symmetrie gesondert ermittelt werden müssen. Aber auch dieser Vorgang kann nach dem Muster III auf Tafel 45 vollständig mechanisiert werden. Der dabei einzuhaltende Rechnungsgang ist wieder in der zweiten Spalte der Tafel ersichtlich. Die Faktoren zur Umwandlung der „Hauptgleichung" (I) können noch unmittelbar aus den gegebenen Gleichungen übernommen werden. Diese Umwandlungsfaktoren haben auch hier den gemeinsamen Nenner D_1, während als Zähler der Reihe nach die übrigen Beiwerte von X_1 aus den gegebenen Gleichungen auftreten. Es ergeben sich damit die Zeilen (6) bis (9), die aber hier wegen der Unsymmetrie des Gleichungssystems stets vollständig anzuschreiben sind. Die „Hauptgleichung" (II) erhält man durch einfaches Summieren aller (X_2)-Gleichungen.

Die Faktoren zur Umwandlung der „Hauptgleichung" (II) haben wie bei der Auflösung eines symmetrischen Gleichungssystems durchweg den gemeinsamen

Nenner d_2. Der jeweilige Zähler ergibt sich der Reihe nach mit $\Sigma\,(X_{3,2})$, $\Sigma\,(X_{4,2})$, $\Sigma\,(X_{5,2})$. Hierin bezieht sich der erste Zeiger auf die in der ersten Spalte angegebene *Benennung* der einzelnen *Gleichungen*, der zweite Zeiger auf die Spalte der *Unbekannten*. Es bedeutet also z. B. $\Sigma\,(X_{4,2})$ die Summe jener Glieder der Gleichungen (X_4), welche in der Spalte unter X_2 vorkommen.

Die „Hauptgleichung" (III) erhält man wie früher als Summe aller (X_3)-Gleichungen.

Der weitere Rechnungsgang geht ähnlich vor sich wie der bisher beschriebene. Die Faktoren zur Umwandlung der „Hauptgleichung" (III) haben wieder durchweg den gleichen Nenner, und zwar d_3. Die Zähler ergeben sich der Reihe nach mit $\Sigma\,(X_{4,3})$, $\Sigma\,(X_{5,3})$. Es ist also wieder z. B. $\Sigma\,(X_{5,3})$ die Summe jener Glieder der Gleichungen (X_5), welche in der Spalte unter X_3 stehen.

Die „Hauptgleichung" (IV) ergibt sich als Summe aller (X_4)-Gleichungen.

In derselben Weise erhält man die „Hauptgleichung" (V). Die Ermittlung der einzelnen Unbekannten X_5 bis X_1 kann dann in der üblichen Weise rückläufig aus (V) bis (I) erfolgen.

Zusammenfassend ergibt sich folgender Rechnungsgang nach Muster III für unsymmetrische Gleichungssysteme:

1. Anschreiben des gesamten Gleichungssystems [siehe Zeile (1) bis (5)].

2. Anschreiben der Umwandlungsfaktoren $-\dfrac{z_1}{D_1}$, wobei für z_1 der Reihe nach die Beiwerte X_1 aus den gegebenen Gleichungen zu setzen sind.

3. Multiplikation der „Hauptgleichung" (I) mit diesen Faktoren [siehe Zeile (6) bis (9)].

4. Ermittlung der „Hauptgleichung" (II) durch Summieren aller Gleichungen (X_2) [siehe Zeile (10)].

5. Anschreiben der Umwandlungsfaktoren $-\dfrac{z_2}{d_2}$. Für z_2 sind der Reihe nach die Werte $\Sigma\,(X_{3,2})$, $\Sigma\,(X_{4,2})$, $\Sigma\,(X_{5,2})$ zu setzen, wobei z. B. $\Sigma\,(X_{3,2})$ die Summe jener Glieder der Gleichungen (X_3) bedeutet, die in der Spalte X_2 vorkommen.

6. Multiplikation der „Hauptgleichung" (II) mit diesen Faktoren [siehe Zeile (11) bis (13)].

7. Ermittlung der „Hauptgleichung" (III) durch Summieren aller Gleichungen (X_3) [siehe Zeile (14)] usw. bis zur Aufstellung der letzten „Hauptgleichung".

8. Rückläufige Ermittlung der Unbekannten, beginnend bei der letzten „Hauptgleichung".

(Vgl. auch Zahlenbeispiel auf Tafel 45 a.)

Siebenter Abschnitt

Vereinfachte Berechnung hochgradig statisch unbestimmter Tragwerke

I. Vorbemerkung

Die bisher behandelten Verfahren zur Berechnung der verschiedenen Rahmentragwerke bestehen in ihrer praktischen Durchführung im wesentlichen aus zwei Teilen, und zwar aus der zahlenmäßigen Aufstellung der Bedingungsgleichungen in Form einer Gleichungstabelle und aus der Auflösung dieses Gleichungssystems.

Zur Durchführung des ersten Teiles sind noch gewisse Vorbereitungsarbeiten zu leisten, die mit der Ermittlung der Stabfestwerte und der Belastungsglieder zusammenhängen. Diese Arbeiten werden jedoch durch die im Dritten Teil des Buches enthaltenen Hilfstafeln bedeutend erleichtert und vereinfacht. Aber auch die eigentliche Aufstellung der Gleichungstabellen bietet in der Regel keinerlei Schwierigkeiten, da hierzu die für verschiedene Tragwerksgattungen ein für allemal abgeleiteten, gebrauchsfertigen Mustergleichungen zur Verfügung stehen, so daß auch dieser Teil der Berechnung in den meisten Fällen nahezu mechanisch erfolgen kann.

Was nun den zweiten Teil der Rechenarbeiten, nämlich die Auflösung der Gleichungen anbelangt, so wird man in der Regel bei Anwendung der auf Tafel 43 bis 45 angegebenen gekürzten Eliminationsverfahren wohl am schnellsten zum Ziel gelangen. Wird aber, wie dies bei hochgradig statisch unbestimmten Tragwerken der Fall ist, die Zahl der Gleichungen sehr groß, so kann die Rechenarbeit selbst bei Benutzung dieser gekürzten Auflösungsschemen noch ziemlich umfangreich werden. In solchen Fällen empfiehlt es sich daher, auch Möglichkeiten in Erwägung zu ziehen, die gestatten, eine direkte Auflösung des vorliegenden Gleichungssystems zu umgehen.

Die einfachste Art wäre natürlich, sofern es sich mit der Beschaffenheit des Tragwerkes vereinbaren läßt, dieses für die Berechnung in mehrere Teile zu zerlegen. Auf diese Weise wären anstelle des gegebenen umfangreichen Gleichungssystems mehrere kleinere Gleichungsgruppen aufzulösen. Von einer derartigen Spaltung kann namentlich bei Rahmentragwerken mit vollkommen festgehaltenen oder nur wenig verschieblichen Knotenpunkten Gebrauch gemacht werden, da in solchen Fällen die Einflüsse benachbarter Tragwerksteile in der Regel leichter abzuschätzen sind. Hingegen ist eine solche Trennung bei stark verschieblichen Tragwerken nicht so leicht durchführbar, weshalb bei diesen Tragwerksgattungen vereinfachende Maßnahmen mit einer gewissen Vorsicht zu treffen sind. In diesem Abschnitt soll nun grundsätzlich vorausgesetzt werden, daß sämtliche Formänderungswerte für das gesamte Tragwerk mit der für praktische Zwecke ausreichenden Genauigkeit gemeinsam zu bestimmen sind.

Hier kommen zunächst die aus der Mathematik und der Ausgleichsrechnung der Geodäsie bekannten sogenannten „Iterationsverfahren" in Betracht, die in letzter Zeit auch in Statikerkreisen stärkere Beachtung gefunden haben und vielfach angewendet worden sind. Es läßt sich nämlich in Anlehnung an diese bekannten Iterationsverfahren besonders für die Auflösung der Rahmengleichungen durch ganz einfache Maßnahmen eine bedeutende Beschleunigung der sonst üblichen Berechnungsverfahren erzielen, wie auf Seite 205 ff. gezeigt wird.

Vorerst soll jedoch noch ganz kurz über die Zweckmäßigkeit und Brauchbarkeit der gewöhnlichen Iterationsverfahren gesprochen werden.

II. Die gewöhnlichen Iterationsverfahren

1. Allgemeines

Die wichtigste Voraussetzung für eine vorteilhafte Anwendung der verschiedenen Iterationsverfahren[1] ist ein günstiger Aufbau des zu lösenden Gleichungssystems. Je mehr die Beiwerte der Diagonalglieder zahlenmäßig gegenüber den übrigen Beiwerten des Gleichungssystems überwiegen, um so besser ist die Konvergenz, d. h. um so weniger Rechnungswiederholungen sind erforderlich, um die wahren Werte der Unbekannten zu ermitteln. Überhaupt ist eine gute Konvergenz nur dann zu erwarten, wenn in jeder Gleichung der Beiwert des Diagonalgliedes größer ist als die Summe der Beiwerte aller übrigen Unbekannten derselben Gleichung.

---

[1] Vgl. u. a. BEYER, DOMKE (Fußnoten S. 88 und 152), TAKABEYA, Rahmentafeln, Berlin 1930

Der Sinn aller Iterationsverfahren besteht im wesentlichen ganz einfach darin, zunächst nur ungefähre Näherungswerte für die Unbekannten zu beschaffen und damit der Reihe nach aus jeder einzelnen Gleichung unter Verwendung dieser ersten Näherungswerte die verbesserten zweiten Näherungswerte zu ermitteln. Durch Wiederholung dieses Vorganges mit den jeweils zuletzt erhaltenen Werten kann die Genauigkeit gesteigert werden, bis sich schließlich keiner der neu erhaltenen Werte mehr ändert und diese somit als die gesuchten wahren Werte der Unbekannten angesehen werden können.

Der ganze Rechenvorgang kann also vollständig mechanisiert werden. Ein nicht entdeckter Rechenfehler während des Auflösungsvorganges wirkt sich nur in der Weise aus, daß die Zahl der notwendigen Rechnungswiederholungen größer wird, weil eben dieser Fehler, der natürlich auch einen Teil der übrigen Unbekannten beeinflußt, erst allmählich wieder getilgt werden kann.

2. Die Anwendung der Iteration in der Baustatik

Da mit Hilfe des Iterationsverfahrens die Auflösung eines Gleichungssystems, sofern es einen geeigneten Aufbau zeigt, selbst bei Verwendung von sehr groben ersten Näherungswerten möglich ist, so kann man diese auch in ganz einfacher Weise ermitteln. Das geschieht z. B. so, daß in der ersten Gleichung alle Unbekannten X_1 bis X_n vorerst gleich X_1' angenommen werden und daraus als erste grobe Annäherung dieser Wert X_1' zahlenmäßig ermittelt wird. Ähnlich kann man aus der zweiten Gleichung X_2' ermitteln, wobei natürlich für X_1 der bereits bekannte Näherungswert X_1' Verwendung finden kann.

Ein anderer Weg zur Gewinnung der ersten rohen Näherungswerte ist der, daß zunächst in jeder Gleichung alle Glieder mit Ausnahme des Diagonalgliedes $d_n X_n$ und des Absolutgliedes s_n (also des Belastungsgliedes) gestrichen werden, so daß sich die ersten rohen Näherungswerte X' der einzelnen Unbekannten der Reihe nach aus den willkürlich vereinfachten Gleichungen mit

$$X_n' = \frac{-s_n}{d_n} \tag{478}$$

ergeben. Selbstverständlich können diese ersten Näherungswerte auch nach irgendeiner beliebigen anderen Art ermittelt werden, jedoch ist zu beachten, daß naturgemäß die Zahl der erforderlichen Rechnungswiederholungen um so geringer sein wird, je genauer diese ersten Näherungswerte sind.

Wenn nun im folgenden wieder auf das Drehwinkelverfahren Bezug genommen wird, so kann man sagen, daß die für Tragwerke mit unverschieblichen Knotenpunkten aufgestellten Gleichungen wohl immer ohne besondere Schwierigkeiten mittels Iteration gelöst werden können, da die Beiwerte der Diagonalglieder stets gegenüber jenen der übrigen Glieder ausreichend überwiegen. Im Gegensatz dazu werden aber Tragwerke mit verschieblichen Knotenpunkten vorsichtiger zu behandeln sein, weil bei ihnen die Voraussetzungen für eine gute Konvergenz wesentlich ungünstiger liegen. So wird z. B. in jenen Knotengleichungen, in welchen ψ-Glieder auftreten, der Beiwert des Diagonalgliedes gegenüber der Summe aller übrigen Beiwerte der Gleichung meist nicht mehr überwiegen. Dieselbe Erscheinung tritt aber auch in den Verschiebungsgleichungen auf, namentlich, wenn als Unbekannte Δ oder δ verwendet wird.

Um auch in solchen Gleichungssystemen eine günstigere Konvergenz zu erzwingen, können verschiedene Umformungen vorgenommen werden, die aber selbst wieder eine Vermehrung der gesamten Rechenarbeit bedeuten. Man könnte also beispielsweise vorerst die ψ-Glieder bzw. Δ- oder δ-Glieder aus dem gesamten

Gleichungssystem zum Verschwinden bringen. Dies gelingt verhältnismäßig leicht, wenn in jeder Verschiebungsgleichung nur je ein Glied mit ψ bzw. Δ oder δ vorkommt. Man kann dann der Reihe nach diese Werte aus den Verschiebungsgleichungen als Funktion der dort vorhandenen Knotendrehwinkel φ ermitteln und damit auch in den Knotengleichungen diese die Konvergenz störenden Glieder eliminieren. Gleichzeitig wird damit die ursprüngliche Zahl der Gleichungen um soviel verringert, wie unbekannte Stabdrehwinkel bzw. Verschiebungsgrößen zu bestimmen sind.

Diese Art versagt aber dort, wo in den einzelnen Verschiebungsgleichungen mehrere ψ- bzw. Δ- oder δ-Glieder auftreten, wie z. B. bei unsymmetrischen, lotrecht verschieblichen Tragwerken, die für das gewöhnliche Iterationsverfahren weniger gut geeignet sind.

3. Vor- und Nachteile der gewöhnlichen Iterationsverfahren

Es wäre hier vor allem zu prüfen, in welchen Fällen das Iterationsverfahren einer direkten Auflösung vorzuziehen ist. Bei der Behandlung dieser Frage spielen selbst unter der Voraussetzung einer sichergestellten Konvergenz des Iterationsverfahrens noch zwei andere Umstände, die gleichzeitig in Betracht zu ziehen sind, eine wichtige Rolle, nämlich die Anzahl der vorhandenen Gleichungen und die Anzahl der zu behandelnden Belastungsfälle. Denn es ist hier vor allem zu beachten, daß bei Verwendung der Iteration das gesamte Verfahren für jeden Belastungsfall getrennt und vollständig neu durchzuführen ist, während die direkte Auflösung es gestattet, beliebig viele Lastfälle gleichzeitig mitzuführen.

Man wird nun freilich gerade bei hochgradig statisch unbestimmten Tragwerken die rechnungsmäßig zu behandelnden Belastungsfälle auf eine Mindestzahl beschränken. Die Anzahl der Gleichungen, die natürlich von der Beschaffenheit des Tragwerkes abhängt, wird wohl in den weitaus meisten Fällen nicht mehr als 10 betragen, in Ausnahmefällen aber auch 20 übersteigen, hingegen nur selten größer als 30 sein.

Es ist natürlich sehr schwer, allgemeine Regeln dafür anzugeben, wann das eine oder andere Verfahren den Vorzug verdient, weil hier auch die persönliche Einstellung des Rechners mitbestimmend ist. Um aber doch einen gewissen Anhaltspunkt für die Wahl zwischen den beiden Verfahren zu haben, könnte man auf Grund der bisherigen Erläuterungen sagen, daß die direkte Auflösung nach dem gekürzten Eliminationsverfahren in folgenden Fällen dem gewöhnlichen Iterationsverfahren noch vorzuziehen wäre:

1. Wenn nur 8 bis 10 Gleichungen vorhanden sind.

2. Wenn etwa 10 bis 15 Gleichungen mit mindestens zwei Belastungsfällen vorliegen.

3. Wenn etwa 15 bis 20 Gleichungen mit mindestens drei Belastungsfällen zu behandeln sind.

Es wird also das gewöhnliche Iterationsverfahren nur in Ausnahmefällen dem direkten Auflösungsverfahren ebenbürtig oder gar überlegen sein. Der Grund hierfür ist leicht zu finden. Vergleicht man die Anzahl aller Rechenoperationen, also Multiplikationen, Divisionen, Additionen usw., die erforderlich sind, um beispielsweise ein Gleichungssystem von 5 Unbekannten nach dem Iterationsverfahren zu lösen, mit der Anzahl aller Rechenoperationen bei Auflösung desselben Gleichungssystems nach dem gekürzten Eliminationsverfahren (Tafel 43 bis 45), so ist unschwer zu erkennen, daß bei diesem die gesamte Rechenarbeit wesentlich kleiner ist. Dazu kommt aber noch, daß hierbei auch die Gefahr von Irrtümern in den Vorzeichen viel geringer ist, da in den einzelnen Zeilen stets sämtliche Vorzeichen gleich oder sämtliche Vorzeichen entgegengesetzt jenen der vorangegangenen Hauptgleichung sein müssen und daher immer leicht zu überblicken und zu überprüfen sind. Beim Iterationsverfahren werden etwaige Fehler als solche wohl meist nicht entdeckt, sie bewirken aber naturgemäß eine Verlängerung des Auflösungsverfahrens, weil dadurch die Anzahl der notwendigen Rechnungswiederholungen anwächst.

III. Methode der „reduzierten Systeme" mit relativer Schätzung der Nachbarunbekannten (Reduktionsmethode)

1. Vorbemerkung

Die Mathematiker waren schon frühzeitig bemüht, Maßnahmen zu finden, die auch dort zu einer Beschleunigung der Konvergenz des gewöhnlichen Iterationsverfahrens führen, wo ein ungünstiger Bau der Gleichungen vorliegt. So hat vor allem bereits C. F. GAUSS[1] gezeigt, wie durch Einführung von Hilfsunbekannten dieses Ziel erreicht werden kann. Diese Verfahren beziehen sich jedoch in der Regel ganz allgemein auf solche Gleichungssysteme, über deren Unbekannte weder in bezug auf ihre Größe noch auf ihre Vorzeichen von vornherein eine Auskunft gegeben werden kann.

Nun treffen aber gerade diese erschwerenden Umstände bei den Gleichungen in der Baustatik häufig nicht zu. Unter Ausnutzung dieser Tatsache lassen sich für verschiedene Rahmentypen auf Grund statischer Überlegungen sowie durch geschickte Verbindung des direkten Auflösungsverfahrens mit dem Iterationsverfahren unter gleichzeitiger Anwendung einer „relativen Schätzung" einiger Unbekannten oft bedeutende Abkürzungen des gesamten Rechenaufwandes erzielen. Dieses kombinierte Rechenverfahren, das der Verfasser bereits in seiner Dissertation[2] entwickelt hat und das gewissermaßen ein abgekürztes Iterationsverfahren darstellt, soll weiterhin zur besonderen Kennzeichnung seiner Eigenart kurz als „Reduktionsmethode" bezeichnet werden. Es eignet sich namentlich für hochgradig statisch unbestimmte Tragwerke und soll im folgenden kurz dargelegt werden.

2. Allgemeine Erläuterung der Reduktionsmethode

Es sei, wie in Abb. 460 schematisch angedeutet ist, irgendein umfangreiches Gleichungssystem gegeben, in dem die Beiwerte der Diagonalglieder (=) gegenüber denen der übrigen Glieder (—) überwiegen. Würde man nun aus diesem Gleichungssystem eine kleine Gruppe herausgreifen, also z. B. die Gleichungen 1 bis 5, so treten darin natürlich mehr Unbekannte auf, als Gleichungen vorhanden sind (Abb. 461). Die in den Spalten 6 bis n stehenden Unbekannten X_6 bis X_n sind also überzählig und müssen zum Verschwinden gebracht werden, wenn diese Gleichungsgruppe zur Auflösung geeignet sein soll. Würde man nun diese Glieder einfach streichen, so wäre das gleichbedeutend einer vorläufigen Annahme von $X_6 = X_7 = = X_8 = \ldots = X_n = 0$ bzw. der Annahme $f(X_6, X_7, \ldots, X_n) = 0$ in den Ausgangsgleichungen. Die unter dieser willkürlichen Voraussetzung erfolgende Auflösung der kleinen Gleichungsgruppe (Abb. 462) würde Näherungswerte für X_1 bis X_5 ergeben, die um so ungenauer wären, je größer der durch die Streichung begangene Fehler war. Es ist wohl ohne weiteres einleuchtend, daß es vorteilhafter sein wird,

---

[1] JORDAN: Handbuch der Vermessungskunde, I. Bd., Stuttgart 1920

[2] GULDAN: Ein Beitrag zur Vereinfachung der Berechnung hochgradig statisch unbestimmter Tragwerke. HDI-Mitteilungen, Jg. 1931

für die überzähligen Unbekannten in irgendeiner Form brauchbare Schätzungswerte einzuführen, als sie einzeln oder in Verbindung mit ihren Beiwerten als Summe kurzerhand gleich Null zu setzen.

GlNr.	X_1	X_2	X_3	X_4	X_5	X_6		X_{n-1}	X_n	B
1	=	–	–	–	–	–		–	–	B_1
2	–	=	–	–	–	–		–	–	B_2
3	–	–	=	–	–	–		–	–	B_3
4	–	–	–	=	–	–		–	–	B_4
5	–	–	–	–	=	–		–	–	B_5
6	–	–	–	–	–	=		–	–	B_6
$n-1$	–	–	–	–	–	–		=	–	B_{n-1}
n	–	–	–	–	–	–		–	=	B_n

Abb. 460. Schema eines Gleichungssystems mit den Unbekannten X_1 bis X_n

GlNr.	X_1	X_2	X_3	X_4	X_5	X_6		X_{n-1}	X_n	B
1	=	–	–	–	–	–		–	–	B_1
2	–	=	–	–	–	–		–	–	B_2
3	–	–	=	–	–	–		–	–	B_3
4	–	–	–	=	–	–		–	–	B_4
5	–	–	–	–	=	–		–	–	B_5

Abb. 461. Gleichungsgruppe aus Abb. 460]

GlNr.	X_1	X_2	X_3	X_4	X_5	B
1	=	–	–	–	–	B_1
2	–	=	–	–	–	B_2
3	–	–	=	–	–	B_3
4	–	–	–	=	–	B_4
5	–	–	–	–	=	B_5

Abb. 462. Gleichungsgruppe aus Abb. 461 nach Beseitigung der überzähligen Unbekannten

Hier liegt nun der wesentliche Unterschied in der Behandlung solcher Gleichungssysteme, über deren Unbekannte zunächst weder der Größe noch dem Vorzeichen nach etwas ausgesagt werden kann, und den Gleichungssystemen der Baustatik, wo es oft sogar sehr leicht ist, wenigstens ungefähre Angaben zu machen. Es ist dabei aber gar nicht notwendig, eine Annahme über die „absoluten" Werte dieser überzähligen Unbekannten zu treffen; es genügt vollkommen, wenn ihre Größen im Verhältnis zu einer der Unbekannten geschätzt werden, die in der Gleichung verbleiben. Diese „relative Schätzung" hat nicht nur den Vorteil, daß sie viel leichter durchführbar ist, sie wirkt sich auch in der Rechnung selbst bedeutend günstiger aus als eine Schätzung der „absoluten" Werte.

Enthält somit z. B. das hier vorliegende Gleichungssystem Formänderungswerte, also Drehwinkel und Verschiebungsgrößen als Unbekannte, so kommt es zunächst nur darauf an, die überzähligen Unbekannten X_6 bis X_n ganz roh im Verhältnis zu den Ausgangsunbekannten X_1 bis X_5 abzuschätzen. Zur Erleichterung dieser Schätzung werden später für die häufiger auftretenden Fälle einfache Regeln und Vorschläge angegeben.

Auf diese Weise gelingt es also, durch Auflösung einer kleinen Gleichungsgruppe bereits sehr gute Näherungswerte für die Ausgangsunbekannten zu gewinnen, die eine verläßliche Grundlage zur Berechnung der übrigen Unbekannten bilden. Diese werden dann der Reihe nach immer aus je einer Gleichung ermittelt, in welche die bereits bekannten Werte einzuführen sind, während für die dort noch vorhandenen überzähligen Unbekannten wieder eine „relative Schätzung" vorgenommen werden kann. Nach jeder neu erhaltenen Unbekannten kann auch flüchtig die zu ihrer Ermittlung verwendete „relative Schätzung" überprüft werden, um allzu grobe Versehen rechtzeitig festzustellen und zu berichtigen.

Damit ist der erste Rechnungsgang abgeschlossen. Die Verbesserung der erhaltenen Werte ist auf verschiedene Weise zu erreichen. Entweder man geht nun so vor, wie es beim gewöhnlichen Iterationsverfahren üblich ist, oder man leitet auch den zweiten Rechnungsgang in der Weise ein, daß zunächst wieder eine kleinere Gleichungsgruppe für sich aufgelöst wird. Für die darin vorhandenen überzähligen Unbekannten können entweder die Werte aus dem ersten Rechnungsgang direkt eingeführt werden, oder aber es kann in gewissen Fällen wiederum eine „relative Schätzung" zur Anwendung kommen, die mit Hilfe der bereits vorliegenden Werte viel leichter durchzuführen ist, als dies für den ersten Rechnungsgang möglich war. Nach der gemeinsamen Ermittlung der neuen Ausgangsunbekannten kann weiterhin wie im ersten Rechnungsgang verfahren werden. In ähnlicher Weise wären sodann eventuell erforderliche weitere Rechnungsgänge durchzuführen.

3. Statische Deutung

In statischer Hinsicht ergibt sich für die in ihrem Wesen bereits erläuterte "Reduktionsmethode" eine ganz einfache Deutung. Man denkt sich vorerst aus dem gegebenen Tragwerk einen kleinen Teil herausgetrennt, der künftig einfach als "reduziertes System" bezeichnet werden soll. Das ist z. B. bei dem in Abb. 463 dargestellten Tragwerk veranschaulicht, wobei als "reduziertes System" der stark betonte Teil des Tragwerkes gewählt sei, der in Abb. 464 in größerem Maßstab gesondert herausgezeichnet ist. Die Bedingungsgleichungen für dieses "reduzierte System" werden zunächst so angesetzt, daß der Zusammenhang mit dem übrigen Tragwerk in keiner Weise gestört wird, so daß diese Gleichungen vorläufig noch identisch sind mit den

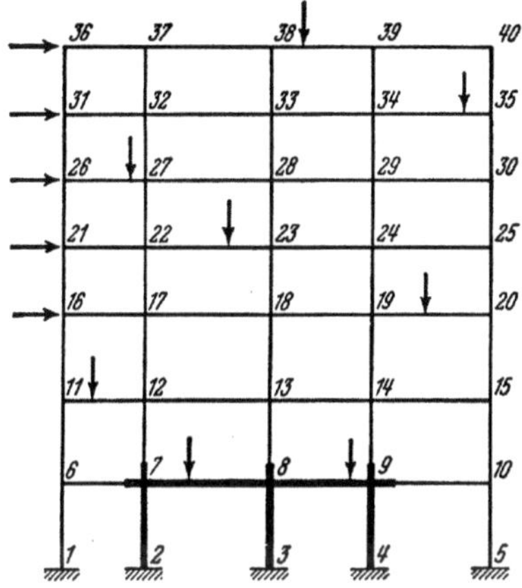

Abb. 463. Tragwerk mit "reduziertem System"

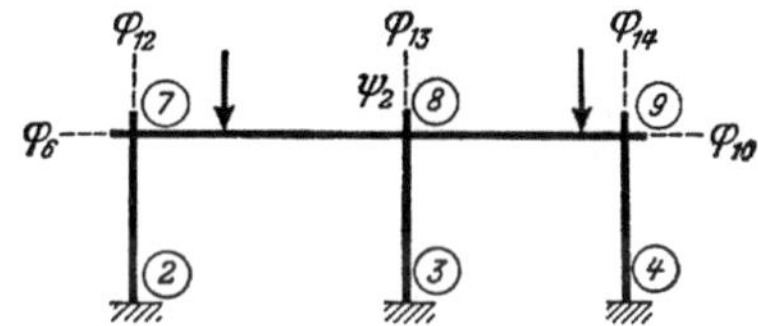

Abb. 464. "Reduziertes System" aus Abb. 463; Ausgangsunbekannte: φ_7, φ_8, φ_9, ψ_1

entsprechenden Gleichungen für das Gesamtsystem. Die so erhaltene Gleichungsgruppe enthält jedoch mehr Unbekannte als Gleichungen. Die überzähligen Unbekannten, nämlich die Drehwinkel φ_6, φ_{10}, φ_{12}, φ_{13}, φ_{14} der benachbarten Knotenpunkte und der Stabdrehwinkel ψ_2 sind in Abb. 464 besonders vermerkt. Es wären somit vier Ausgangsunbekannte, und zwar φ_7, φ_8, φ_9, ψ_1 gemeinsam zu bestimmen. Der Stabdrehwinkel ψ_2 des anschließenden Stockwerkes könnte allerdings ebensogut als Ausgangsunbekannte in das "reduzierte Gleichungssystem" einbezogen werden (vgl. Zahlenbeispiel 33).

Die vorhandenen überzähligen Unbekannten sind durch Anwendung der "relativen Schätzung" in bezug auf die im "reduzierten System" auftretenden Ausgangsunbekannten zu beseitigen. Die zahlenmäßige Durchführung dieser Schätzung, die allgemein sowohl von der Gestalt des Tragwerkes als auch von der Art der Belastung abhängt, wird später noch ausführlicher behandelt.

Die Auflösung des "reduzierten Gleichungssystems" und die anschließende stufenweise Ermittlung der übrigen Unbekannten aus je einer Gleichung des Gesamtsystems stellt den ersten Rechnungsgang dar, dem je nach Empfindlichkeit des Tragwerkes und der angestrebten Genauigkeit einige weitere Rechnungsgänge folgen.

Es entsteht die Frage, nach welchen Gesichtspunkten die Wahl des "reduzierten Systems" getroffen werden soll, um möglichst rasch zum Ziel zu gelangen. Auch hier sind naturgemäß Art und Belastung des zu behandelnden Tragwerkes in erster Linie maßgebend. Bei Tragwerken mit unverschieblichen Knotenpunkten werden weniger Ausgangsunbekannte erforderlich sein als bei verschieblichen Tragwerken. Die Wahl ist jedoch in keinem Falle an bestimmte Regeln gebunden. Es wird aber oft von Vorteil sein, das "reduzierte System" so zu wählen, daß die Randbedingungen des Tragwerkes mit erfaßt werden, weil man auf diese Weise mit der geringsten Anzahl von Schätzungen auskommt.

Es ist klar, daß die „Reduktionsmethode" auch dann anwendbar ist, wenn **Momente** als Unbekannte in den Gleichungen auftreten, z. B. bei den Dreimomentengleichungen für Durchlaufträger und verwandte Systeme.

4. Anwendung der Methode bei unverschieblichen Tragwerken

Es ist auch bei der praktischen Anwendung der „Reduktionsmethode" stets zweckmäßig, vorerst die Bedingungsgleichungen für das gesamte Tragwerk vollständig anzuschreiben und dann die Wahl des „reduzierten Systems" sowie die Schätzung der in den zugehörigen Ausgangsgleichungen vorhandenen überzähligen Unbekannten vorzunehmen.

A. Wahl des „reduzierten Systems"

Bei **unverschieblichen** Tragwerken wird man in der Regel von sehr einfachen „reduzierten Systemen" ausgehen können, die nur zwei bis drei Ausgangsunbekannte aufweisen. Zeigt jedoch das Tragwerk stellenweise besondere Unregelmäßigkeiten in Gestalt oder Belastung, in deren Bereich die Durchführung von Schätzungen der Unbekannten erschwert ist, so ist zu empfehlen, diesen Teil des Tragwerkes mit in das „reduzierte System" einzubeziehen.

B. Durchführung der „relativen Schätzung"

Je nach der Beschaffenheit des Tragwerkes und seiner Belastung sind hier verschiedene Wege gangbar. Grundsätzlich wird jedoch die Aufgabe immer darin bestehen, einen Knotendrehwinkel φ_r in bezug auf einen benachbarten Knotendrehwinkel φ_n ungefähr zu schätzen. Das kann allgemein in der Form geschehen, daß man

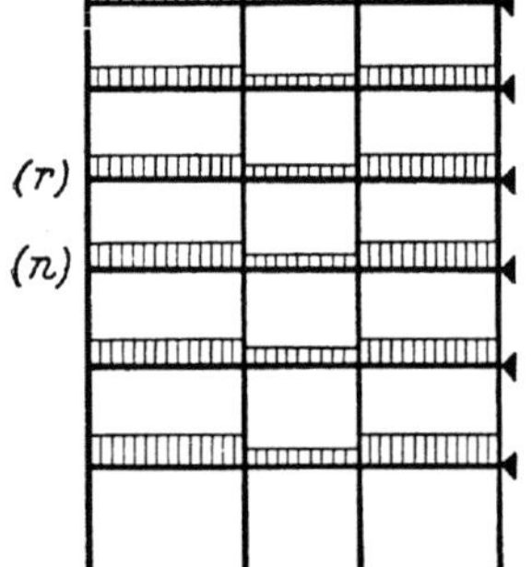

Abb. 465. Unverschiebliches Tragwerk

$$\varphi_r \doteq \varkappa\, \varphi_n \tag{479}$$

oder

$$\varkappa \doteq \frac{\varphi_r}{\varphi_n} \tag{479a}$$

setzt.

Es soll nun zuerst gezeigt werden, wie zur Schätzung des Verhältniswertes $\varkappa$ aus den einzelnen Gleichungen selbst brauchbare Ansätze gewonnen werden können. Der Einfachheit wegen sei von einem regelmäßig gebauten Stockwerkrahmen (Abb. 465) ausgegangen, dessen Riegelbelastungen in benachbarten Geschossen keine allzu krassen Unterschiede zeigen. Die Knotengleichungen für die beiden übereinanderliegenden Knoten n und r lauten nach (26):

$$d_n \varphi_n + \sum_i k_{n,i}\varphi_i + s_n = 0$$
$$d_r\, \varphi_r + \sum_i k_{r,i}\varphi_i + s_r = 0 \,. \tag{480}$$

Unter den hier getroffenen Voraussetzungen werden die Knotendrehwinkel φ_n und φ_r in erster Linie von ihren zugehörigen Knotenbelastungsgliedern s_n bzw. s_r und den Knotensteifigkeiten d_n bzw. d_r abhängig sein, während die übrigen Gleichungsglieder in solchen Fällen von geringerer Bedeutung sein werden. Man könnte daher für die Ermittlung der ersten rohen Näherungswerte von φ_n und φ_r in den beiden

Knotengleichungen (480) die Glieder $\sum\limits_i k_{n,i}\,\varphi_i$ und $\sum\limits_i k_{r,i}\,\varphi_i$ streichen und erhielte in sinngemäßer Übereinstimmung mit (478) die einfachen Formeln:

$$\varphi_n \doteq \frac{-s_n}{d_n} \quad \text{und} \quad \varphi_r \doteq \frac{-s_r}{d_r}\,. \tag{481}$$

Diese Werte würden dann als völlig genau anzusehen sein, wenn die vernachlässigten Summenwerte $\sum\limits_i k_{n,i}\,\varphi_i = 0$ bzw. $\sum\limits_i k_{r,i}\,\varphi_i = 0$ wären. Je mehr diese Werte aber von Null verschieden sind bzw. je mehr sie im Verhältnis zu s_n bzw. s_r ins Gewicht fallen, um so weniger zutreffend wird diese Schätzung sein. Dagegen wird das Verhältnis

$$\frac{\varphi_r}{\varphi_n} = \frac{d_n}{d_r} \cdot \frac{s_r}{s_n} \tag{482}$$

oder

$$\boxed{\varphi_r \doteq \frac{d_n}{d_r} \cdot \frac{s_r}{s_n} \cdot \varphi_n} \tag{483}$$

unter den eingangs angeführten Voraussetzungen mit einem weit geringeren Fehler behaftet sein.

Der Grund hierfür ergibt sich aus einem Vergleich der Näherung (482) mit dem genauen Ausdruck, den man aus (480) erhält, nämlich

$$\frac{\varphi_r}{\varphi_n} = \frac{d_n}{d_r} \cdot \frac{s_r + \sum\limits_i k_{r,i}\,\varphi_i}{s_n + \sum\limits_i k_{n,i}\,\varphi_i}\,. \tag{484}$$

Nach den getroffenen Annahmen werden s_r und s_n für die beiden übereinanderliegenden Knoten r und n ungefähr von der gleichen Größenordnung sein und ebenso werden die Summen $\sum\limits_i k_{n,i}\,\varphi_i$ und $\sum\limits_i k_{r,i}\,\varphi_i$ keine allzu großen Unterschiede aufweisen. Wenn also diese beiden Summenwerte im Zähler und Nenner der Gl. (484) gestrichen werden, wodurch dieser Ausdruck in (482) übergeht, so ändert sich dadurch der Wert des Bruches nur wenig. Die Schätzung nach Formel (482) bzw. (483) wird daher in solchen Fällen in der Regel den wirklichen Werten recht gut entsprechen.

Hingegen versagen diese Formeln aber dort, wo das Glied s_n gleich Null oder sehr klein gegenüber s_r ist. Es wird dann, wie überhaupt bei unregelmäßigen Tragwerken, zweckmäßig sein, eine andere Art der Schätzung zu wählen. Ein einfacher Weg hierzu ist der, die zu erwartende Verformung des Tragwerkes nach der Vorstellung unter Beachtung der verschiedenen Knotensteifigkeiten ungefähr einzuzeichnen und danach eine grobe Schätzung der gesuchten Größenverhältnisse benachbarter Knotendrehwinkel vorzunehmen. Geht man also wieder von der allgemeinen Form (479) aus, nämlich

$$\varphi_r \doteq \varkappa\,\varphi_n\,,$$

so wird es ausreichend sein, auf Grund dieser Überlegungen einen runden Wert für $\varkappa$ anzunehmen. Man wird also z. B. einfach $\varkappa = 1$, d. h.

$$\varphi_r \doteq \varphi_n \tag{485}$$

setzen, wenn zwischen φ_r und φ_n kein größerer Unterschied wahrscheinlich ist. Sind jedoch für die Schätzung von $\varkappa$ in (479) keine hinreichenden Anhaltspunkte vorhanden, so daß nicht einmal die Vorzeichen von φ_r bzw. φ_n sicher festliegen, dann empfiehlt es sich, $\varkappa \doteq 0$, d. h. auch

$$\varphi_r \doteq 0 \tag{486}$$

zu setzen. In anderen Fällen wird sich natürlich auch

$$0 < \varkappa < 1 \tag{487}$$

oder

$$\varkappa > 1 \tag{488}$$

ergeben. Etwaige Fehler derartiger Schätzungen wirken sich wenig aus, da sie ja immer nur untergeordnete Glieder von geringem Einfluß in der Gleichung treffen.

Strebt man auch in solchen Fällen, wo das Knotenbelastungsglied s_r gleich Null oder doch sehr klein ist, eine größere Genauigkeit der $\varkappa$-Schätzung an, so ist noch folgende Überlegung zweckdienlich: Ist der Stab n—r unbelastet und der Drehwinkel φ_r in bezug auf φ_n zu schätzen, so wäre bei fester Einspannung dieses Stabes in r der Drehwinkel $\varphi_r = 0$, hingegen bei gelenkiger Lagerung $\varphi_r = -\,0{,}5\,\varphi_n$. Ist der Stab in r jedoch elastisch eingespannt, so wird der Wert φ_r zwischen 0 und $-\,0{,}5\,\varphi_n$ liegen, d. h. man wird für

$$\varphi_r = -\,0{,}2\,\varphi_n \text{ bis } -\,0{,}3\,\varphi_n \tag{489}$$

annehmen können, wenn der Knoten r nicht auch durch die anderen dort einmündenden Stäbe noch erheblich in seiner Verdrehung beeinflußt wird. Wenn das der Fall ist und dieser Umstand mit berücksichtigt werden soll, so ist zu prüfen, ob dieser Einfluß dem zuerst betrachteten gleich- oder entgegengerichtet ist. Davon wird es abhängen, ob für die endgültige Schätzung von φ_r der Wert nach (489) entsprechend zu vergrößern bzw. zu verkleinern oder aber in Zweifelsfällen, bei entgegengerichteten Einflüssen, einfach $\varphi_r = 0$ zu setzen ist, wie dies auch in (486) angegeben wurde.

C. Beschreibung des Rechnungsganges

Der Gang der Berechnung nach dem „Reduktionsverfahren" gliedert sich im Prinzip in folgende Abschnitte:

1. Aufstellung sämtlicher Bedingungsgleichungen.

2. Wahl des „reduzierten Systems" und Übernahme der zugehörigen Ausgangsgleichungen.

3. „Relative Schätzung" der darin auftretenden überzähligen Unbekannten.

4. Auflösung der Ausgangsgleichungen und stufenweise Berechnung der übrigen Unbekannten aus je einer Gleichung.

5. Durchführung des zweiten und, wenn notwendig, der weiteren Rechnungsgänge.

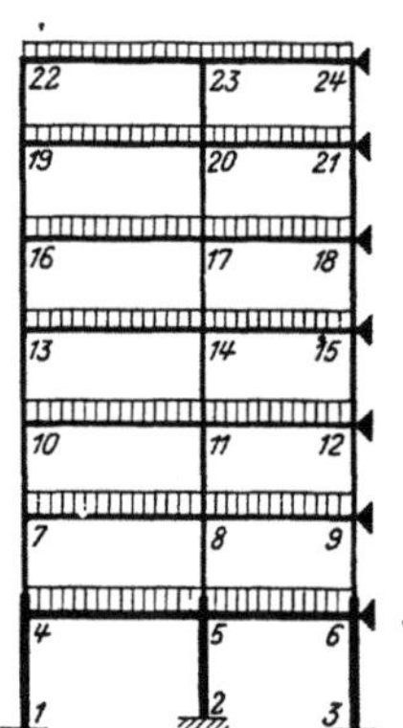

Abb. 466. Unverschiebliches Tragwerk mit „reduziertem System"

Würde man beispielsweise für das in Abb. 466 ersichtliche Tragwerk den stark gezeichneten Teil als „reduziertes System" wählen, so wären die Knotendrehwinkel φ_4, φ_5 und φ_6 als Ausgangsunbekannte gemeinsam aus den zugehörigen Knotengleichungen zu bestimmen. In diesen Gleichungen treten aber als benachbarte Unbekannte noch die überzähligen Knotendrehwinkel φ_7, φ_8, φ_9 auf, die mit Hilfe „relativer Schätzungen" in bezug auf die Ausgangsunbekannten zu beseitigen sind. Unter Anwendung von (483) würde man also z. B. annehmen:

$$\varphi_7 \doteq \frac{d_4}{d_7} \cdot \frac{s_7}{s_4} \cdot \varphi_4; \qquad \varphi_8 \doteq \frac{d_5}{d_8} \cdot \frac{s_8}{s_5} \cdot \varphi_5; \qquad \varphi_9 \doteq \frac{d_6}{d_9} \cdot \frac{s_9}{s_6} \cdot \varphi_6$$

oder gegebenenfalls auch:

$$\varphi_8 = \varphi_5 \, .$$

Führt man diese Schätzungen, die natürlich immer abgerundet werden können, zahlenmäßig in die Ausgangsgleichungen ein, so verschwinden darin die überzähligen Unbekannten, während gleichzeitig nur die Beiwerte der Diagonalglieder, im vorliegenden Beispiel d_4, d_5, d_6, eine zahlenmäßige Änderung erfahren. Damit ist auch im „reduzierten Gleichungssystem" die Symmetrie wieder vollständig hergestellt. Nach seiner Auflösung erfolgt die Ermittlung der übrigen Unbekannten in passender Reihenfolge aus je e i n e r Gleichung, wobei auch da die Schätzung der jeweils überzähligen Unbekannten im Verhältnis zu dem gesuchten Knotendrehwinkel nach (483), (485) bzw. (486) geschehen kann.

Der zweite Rechnungsgang wird meist nur noch geringe Änderungen bringen. Er kann in der Weise durchgeführt werden, daß die einzelnen Unbekannten der Reihe nach aus je einer Gleichung ermittelt werden, wobei auch die zuletzt erhaltenen Werte des z w e i t e n Rechnungsganges bereits mit Verwendung finden. In der gleichen Art wären, wenn notwendig, die weiteren Rechnungsgänge durchzuführen, die sich auch nur über einzelne Teile des Tragwerkes erstrecken können (vgl. Zahlenbeispiel 32).

5. Anwendung bei waagrecht verschieblichen Tragwerken

A. Allgemeines

Als häufigste Vertreter dieser Art von Tragwerken sind vor allem die Stockwerkrahmen zu nennen. Bei ihnen macht sich namentlich bei Windbelastung der Einfluß der waagrechten Verschieblichkeit stark geltend. Das kommt schon durch den Bau der Knoten- und Verschiebungsgleichungen zum Ausdruck, in welchen

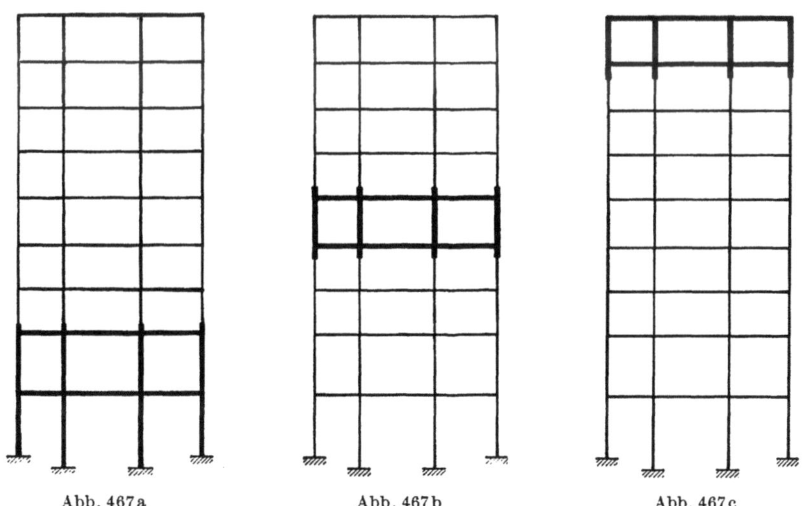

Abb. 467a   Abb. 467b   Abb. 467c

Abb. 467a bis c. Stockwerkrahmen; Wahl des „reduzierten Systems"

neben den Diagonalgliedern auch die ψ- bzw. $\varDelta$-Glieder stark hervortreten. Beim gewöhnlichen Iterationsverfahren ist dies der Konvergenz stark abträglich. Bei der „Reduktionsmethode" kann dagegen durch geeignete Wahl des „reduzierten Systems" sowie durch Anwendung der „relativen Schätzung" der ungünstige Einfluß dieser Glieder weitgehend ausgeschaltet werden. Im übrigen ist der Gang der Rechnung hier ähnlich wie bei den unverschieblichen Tragwerken.

Was die Wahl des „reduzierten Systems" anbelangt, so bestehen im wesentlichen die drei Möglichkeiten, dieses entweder am unteren Ende des Tragwerkes (Abb. 467a), in der Tragwerksmitte (Abb. 467b) oder aber am oberen Ende des Tragwerkes (Abb. 467c) anzunehmen.

Das „reduzierte Gleichungssystem" enthält hier sowohl Knotengleichungen als auch Verschiebungsgleichungen, die zunächst wieder aus dem gesamten Gleichungssystem unverändert entnommen werden können. Die Beseitigung der darin enthaltenen überzähligen φ- und ψ- bzw. Δ-Werte erfolgt dann wieder mit Hilfe der „relativen Schätzung", die jedoch für solche Tragwerke anders vorzunehmen ist als bei unverschieblichen Systemen.

B. Durchführung der „relativen Schätzung" der φ- und ψ-Werte

Grundsätzlich sollen für die Durchführung der Schätzung möglichst einfache Ansätze gewählt werden, deren Anwendung nur ganz geringe Rechenarbeit erfordert.

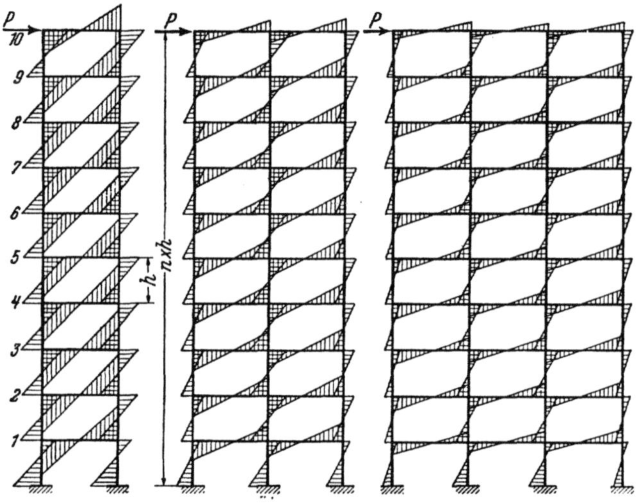

Um solche Ansätze beschaffen zu können, ist es nützlich, über die zu erwartende Verformung des zu behandelnden Tragwerkes von vornherein eine annähernd richtige Vorstellung zu besitzen. In dieser Beziehung ergibt sich ein recht guter Einblick, wenn man zunächst nur idealisierte Rahmentypen als Sonderfälle in Betracht zieht und ihr Verhalten bei verschiedenen Belastungsfällen vergleicht. Daraus können dann für ähnliche Tragwerksarten, die sich von diesem Sonderfall in ihrer Bauart nur wenig unterscheiden, wertvolle Schlüsse gezogen werden.

Abb. 468a   Abb. 468b   Abb. 468c

Abb. 468a bis c. M-Verlauf bei Stockwerkrahmen mit konstanten k-Werten für waagrechte Einzellast P in der obersten Rahmenecke

Sind also z. B. die in den Abb. 468a bis c dargestellten vielstöckigen Rahmen, bei welchen zunächst die Steifigkeitszahlen sämtlicher Stäbe und auch die Stock-

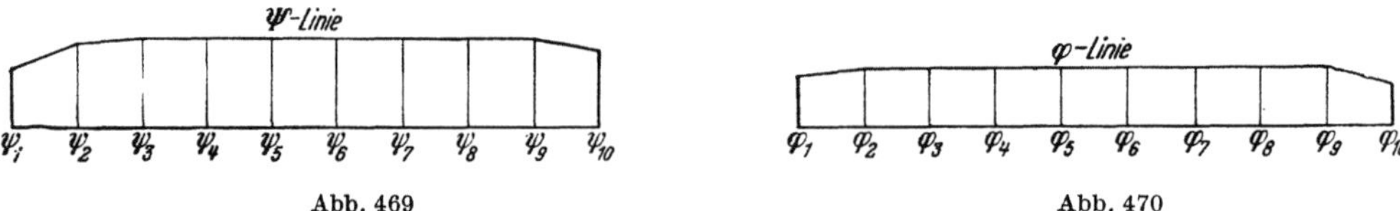

Abb. 469   Abb. 470

Abb. 469 und 470. ψ- und φ-Linie für den Stockwerkrahmen der Abb. 468a

werkshöhen durchweg gleich groß angenommen seien, in der obersten Rahmenecke durch eine waagrechte Kraft P belastet, so stellt sich der in diesen Abbildungen eingetragene Momentenverlauf ein.

Die „relative Schätzung" der Stabdrehwinkel ψ in zwei übereinanderliegenden Stockwerken gestaltet sich für diesen Fall besonders einfach. Denn mit Ausnahme der obersten und untersten Geschosse, die noch im Bereich der Randeinflüsse liegen, werden die ψ-Werte in den übrigen Stockwerken einen nahezu konstanten Wert annehmen. Würde man also zur besseren Veranschaulichung die Stabdrehwinkel ψ bzw. Knotendrehwinkel φ für den in Abb. 468a dargestellten Idealfall der Reihe nach von einer Grundlinie aus als Ordinaten mit gleichen Abständen in einem passenden Maßstab auftragen, so würde man ungefähr die in den Abb. 469 bzw. 470 ersichtlichen Linienzüge erhalten. Ähnliche Bilder würden sich auch ergeben, wenn

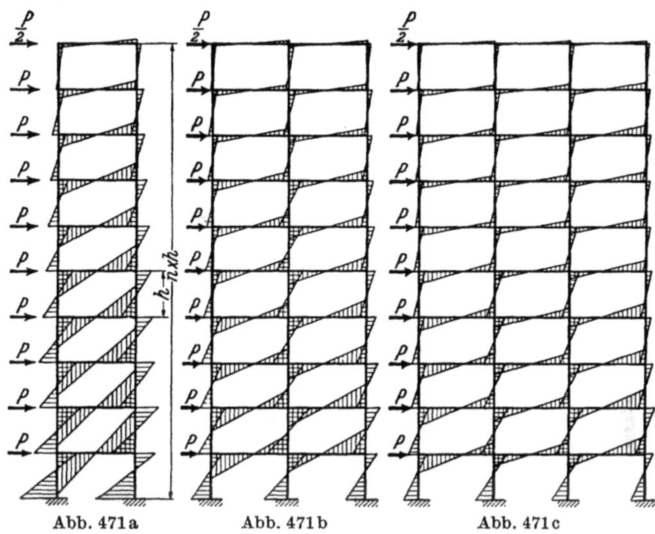

Abb. 471a   Abb. 471b   Abb. 471c

Abb. 471a bis c. M-Verlauf bei Stockwerkrahmen mit konstanten k-Werten für waagrechte Knotenlasten P

man in derselben Weise die den Belastungsfällen Abb. 468b, c entsprechenden Stabdrehwinkel ψ und, getrennt für Rand- und Mittelstiele, die Knotendrehwinkel φ der Reihe nach zeichnerisch darstellen würde.

Abb. 472   Abb. 473

Abb. 472 und 473. ψ- und φ-Linie für den Stockwerkrahmen der Abb. 471a

Die bisher angestellten Betrachtungen sollen nun auf die in den Abb. 471a bis c ersichtlichen Belastungsfälle erweitert werden, wo im obersten Knotenpunkt die Kraft $P/2$ und in den darunterliegenden Knoten je eine Kraft P angreift. Die übrigen Voraussetzungen in bezug auf die Steifigkeit der einzelnen Stäbe bleiben vorläufig noch unverändert. Der diesen Annahmen entsprechende Momentenverlauf ist in den Abb. 471a bis c angedeutet. Die Abb. 472 und 473 zeigen ungefähr den Verlauf der ψ- bzw. φ-Linie für den zweistieligen Stockwerkrahmen der Abb. 471a. Bemerkenswert ist hier, daß — abgesehen vom obersten und untersten Tragwerksbereich — die ψ- und φ-Werte ungefähr linear von unten nach oben abnehmen. Dasselbe trifft auch für die Formänderungswerte und

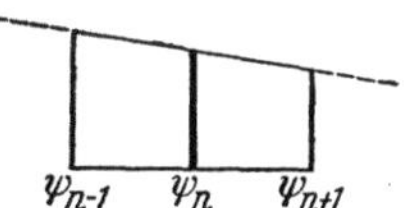

Abb. 474. Beziehung zwischen drei aufeinanderfolgenden ψ-Werten; Sonderfall

die Stabendmomente der in Abb. 471b, c dargestellten mehrstieligen Stockwerkrahmen zu. Es wäre somit auch für diesen Belastungsfall, der den Einfluß der Windwirkung darstellt, die „relative Schätzung" sehr leicht durchzuführen.

Im mittleren Bereich eines solchen Tragwerkes müßte also unter Bezugnahme auf Abb. 474 gelten

$$\psi_n \doteq \frac{\psi_{n-1} + \psi_{n+1}}{2} \qquad (490)$$

oder

$$\boxed{\psi_{n+1} = 2\,\psi_n - \psi_{n-1}} \qquad \textbf{(491)}$$

und ähnlich auch

$$\boxed{\varphi_{n+1} \doteq 2\,\varphi_n - \varphi_{n-1}\,.} \qquad \textbf{(491 a)}$$

Wenn also die stufenweise Berechnung von unten nach oben erfolgt, so kann im vorliegenden Falle die Vorausschätzung der Winkelwerte nach den Formeln (491) bzw. (491 a) vorgenommen werden. Es ist einleuchtend, daß diese Art der Schätzung sinngemäß auch direkt für die Stabendmomente Anwendung finden kann.

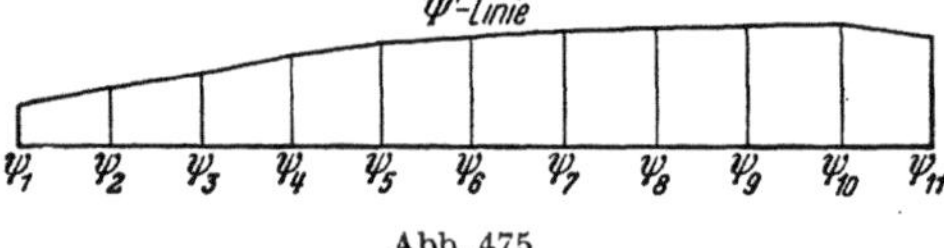

Abb. 475

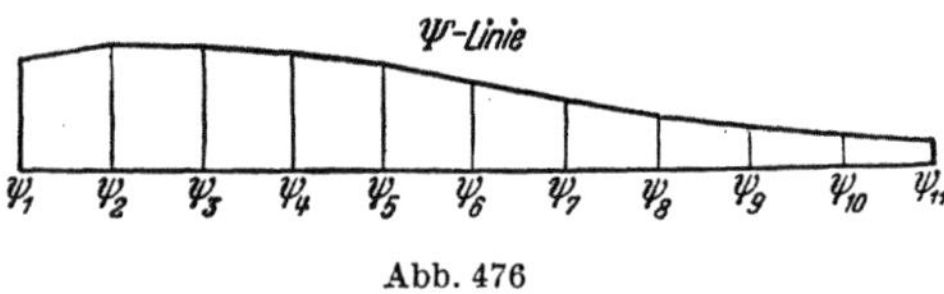

Abb. 476

Abb. 475 und 476. Verschiedene Formen der ψ-Linie bei Stockwerkrahmen mit ungleichen k-Werten

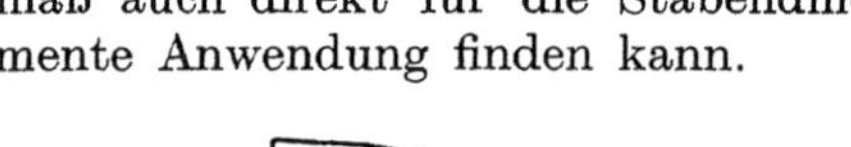

Abb. 477a. Beziehung zwischen drei aufeinanderfolgenden ψ-Werten; allgemeiner Fall

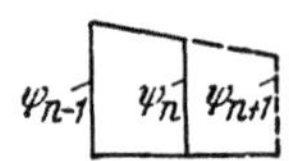

Abb. 477b. Vorausschätzung von ψ_{n+1} aus ψ_n und ψ_{n-1}

Es fragt sich nun, welche Form die Linienzüge für die einzelnen Formänderungswerte bei Rahmentragwerken annehmen, deren Stäbe nicht durchweg die gleichen Steifigkeiten besitzen, wie das bisher angenommen worden ist, und ob auch da so einfache und zugleich brauchbare Ansätze für eine „relative Schätzung" der benachbarten Winkelwerte gefunden werden können. Denn bei den Stockwerkrahmen der Skelettbauten sind in der Regel die Säulenquerschnitte in den unteren Stockwerken größer als in den oberen, und auch die Querschnitte der Rahmenriegel können verschieden sein. Dadurch ergeben sich naturgemäß verschiedenartige Formen der ψ- bzw. φ-Linien. Es können also z. B. die Stabdrehwinkel eines durch waagrechte Kräfte belasteten Stockwerkrahmens den in Abb. 475 ersichtlichen Linienzug ergeben, wenn die Steifigkeit der Säulen in den oberen Stockwerken sehr stark abnimmt. Einen ähnlichen Verlauf kann auch die „φ-Linie" zeigen. Diese Linienzüge nehmen aber mitunter, wie in Abb. 476 angedeutet, auch eine leichte S-Form an.

Selbst für diese Fälle kann jedoch die in den Formeln (491) und (491 a) zum Ausdruck gebrachte Schätzungsart Anwendung finden. Der Fehler, der dabei unter Umständen begangen werden kann, läßt sich anhand der Abb. 477a bzw. 477b leicht veranschaulichen. Um den Schätzungsfehler besonders deutlich in Erscheinung treten zu lassen, ist dort die ψ-Linie in stark gekrümmter Form angenommen. Wird also der Wert ψ_{n+1} mittels der Formel (491) aus den beiden vorangehenden Werten ψ_n und ψ_{n-1} geschätzt, so ist der Fehler dieser Schätzung ungefähr f. Der wirkliche Fehler hängt natürlich auch von der Genauigkeit der bereits ermittelten

Werte ψ_n und ψ_{n-1} ab. Naturgemäß wird die Schätzung um so zutreffender sein, je weniger der Linienzug gekrümmt ist. Der Einfluß eines Fehlers wird jedoch in der Regel verhältnismäßig klein bleiben, da sich die Schätzung stets nur über ein Intervall erstreckt. Die Gerade, nach welcher jeweils geschätzt wird, schmiegt sich immer wieder dem tatsächlichen Linienzug an. Stehen also gute Ausgangswerte zur Verfügung, die man durch die gemeinsame Bestimmung mehrerer Unbekannten erhält, so führt dieses Verfahren auch in solchen Fällen außerordentlich rasch zum Ziel, wo das gewöhnliche Iterationsverfahren entweder überhaupt versagt oder eine große Zahl von Rechnungswiederholungen erfordern würde.

Durch örtlich nicht ganz zutreffende Schätzungen wird der Grad der Genauigkeit nicht wesentlich beeinflußt, falls nicht sehr grobe Versehen vorkommen. Diese treten aber sofort zutage, wenn man sich laufend durch Stichproben überzeugt, ob die neu erhaltenen Werte annähernd in dem ursprünglich geschätzten Verhältnis zueinander stehen. Wichtig erscheint hier auch der Umstand, daß die Rechnung durch keine ungünstige Fehlerfortpflanzung gefährdet ist. Das ergibt sich schon daraus, daß nie aus einem geschätzten Wert ein weiterer geschätzt wird, sondern immer aus einem errechneten, der also bereits um einen Grad genauer ist als die vorangegangene Schätzung.

Die bisher gebrachten Überlegungen sollen nur zeigen, in welcher Weise man zu einfachen Ansätzen von brauchbaren Schätzungen gelangen kann. Sie können natürlich für den jeweils vorliegenden Fall abgeändert, erweitert oder auch verfeinert werden. Es wird auf diese Weise auch bei Tragwerken, die durch örtliche Unregelmäßigkeiten in der Gestaltung oder Belastung gekennzeichnet sind, möglich sein, dieser Störung entweder durch geschickte Wahl des „reduzierten Systems" oder durch eine mehr gefühlsmäßige „relative Schätzung" Rechnung zu tragen.

C. Durchführung der Rechnung

Die praktische Durchführung des ersten Rechnungsganges erfolgt im wesentlichen nach den Erläuterungen, die bereits bei der Behandlung der unverschieblichen Tragwerke gegeben worden sind.

Es sei hier nur noch darauf hingewiesen, daß sich bei manchen verschieblichen Tragwerken, die sich durch einen regelmäßigeren Bau auszeichnen, auch im zweiten Rechnungsgang die Anwendung einer „relativen Schätzung" vorteilhaft auswirkt. Diese kann sehr leicht nach den bereits bekannten Werten aus dem ersten Rechnungsgang erfolgen. Würde man also z. B. den Knotendrehwinkel $\varphi_r{}''$ für den zweiten Rechnungsgang im Verhältnis zu dem benachbarten Drehwinkel $\varphi_n{}''$ zu schätzen haben, so könnte man schreiben:

$$\varphi_n{}'' : \varphi_r{}'' \doteq \varphi_n{}' : \varphi_r{}' \tag{492}$$

oder allgemein in Worten: die im neuen Rechnungsgang zu erwartenden Werte von benachbarten Knotendrehwinkeln werden sich bei solchen Tragwerken wieder meist ungefähr so verhalten, wie im vorhergehenden Rechnungsgang. Damit würde sich also ergeben

$$\boxed{\varphi_r{}'' \doteq \varphi_n{}'' \cdot \frac{\varphi_r{}'}{\varphi_n{}'} \cdot} \tag{493}$$

Auf diese Weise wird die sich vermutlich einstellende weitere Änderung der benachbarten Unbekannten und auch ihre Auswirkung auf die übrigen Unbekannten gewissermaßen „vorausgeschätzt". Die Konvergenz des Verfahrens kann dadurch oft außerordentlich günstig beeinflußt werden (siehe Zahlenbeispiel 33).

D. Zahlenbeispiel

Es soll nun ein zehnstöckiger, vierstieliger, symmetrischer Rahmen für waagrechte Belastung (Abb. 478) auf Grund der vorangegangenen Ausführungen zahlenmäßig durchgerechnet werden. Die Rechnung selbst ist im Zweiten Teil des Buches als Zahlenbeispiel 33 durchgeführt, während hier nur der Rechnungsgang kurz beschrieben werden soll.

Nach Ermittlung der Steifigkeitszahlen, die in der Festwertskizze Abb. 671 eingetragen sind, können die Gleichungen für das gesamte Tragwerk aufgestellt werden. Es ergeben sich 20 Knotengleichungen und 10 Verschiebungsgleichungen. Sie sind,

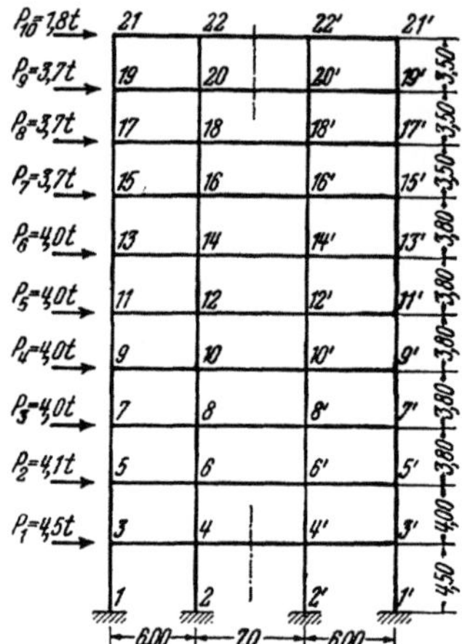

Abb. 478. Stockwerkrahmen; Tragwerksabmessungen und Belastungsangaben

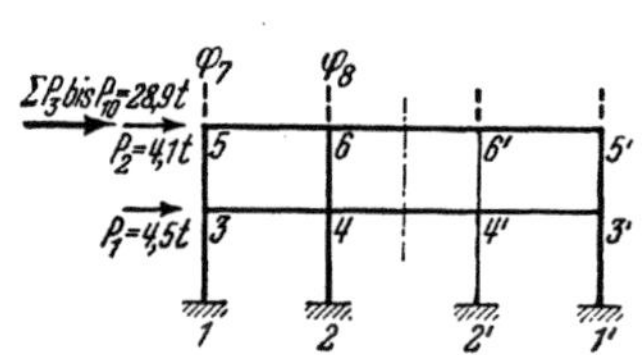
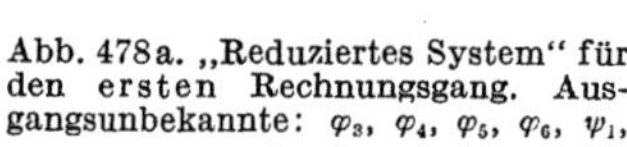

Abb. 478a. „Reduziertes System" für den ersten Rechnungsgang. Ausgangsunbekannte: φ_3, φ_4, φ_5, φ_6, ψ_1, ψ_2, ψ_3

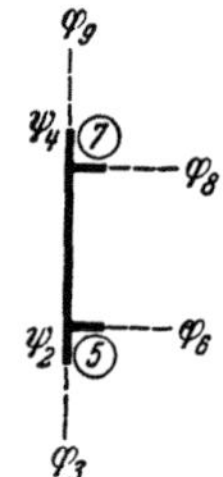

Abb. 478b. „Reduziertes System" für den zweiten Rechnungsgang. Ausgangsunbekannte: φ_5, φ_7, ψ_3

um Raum zu sparen, nicht in Tabellenform, sondern untereinander angeschrieben. Als „reduziertes System" werden die unteren zwei Stockwerke (Abb. 478a) mit den Ausgangsunbekannten φ_3, φ_4, φ_5, φ_6 und ψ_1, ψ_2, ψ_3 gewählt, die also gemeinsam aus dem „reduzierten Gleichungssystem" zu ermitteln sind. Als überzählige Unbekannte sind hierbei nur die benachbarten Knotendrehwinkel φ_7 und φ_8 zu schätzen. Dafür empfiehlt sich hier der einfache Ansatz:

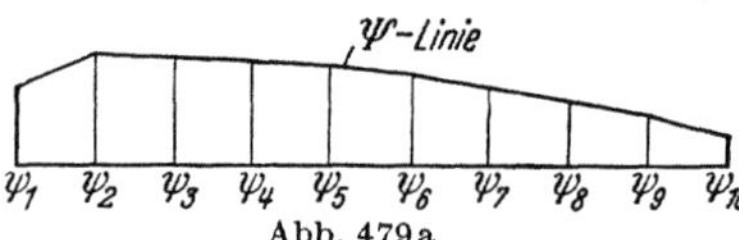

Abb. 479a

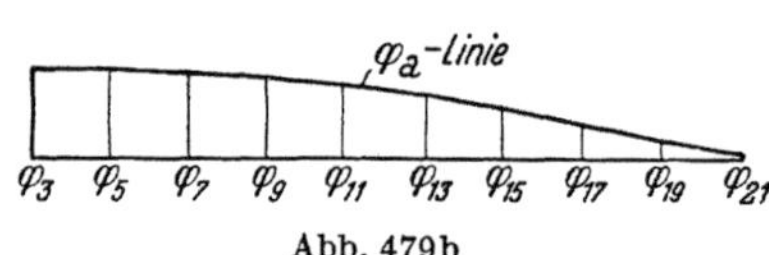

Abb. 479b

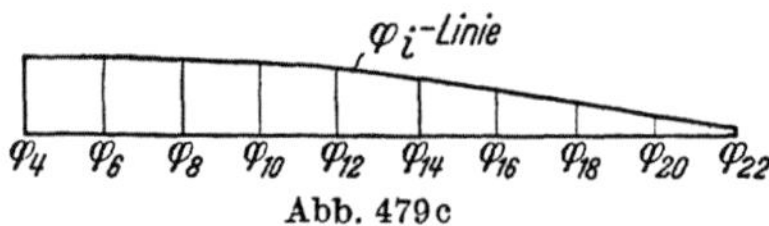

Abb. 479c

Abb. 479a bis c. ψ- und φ-Linien für die äußeren und inneren Knotenreihen des Tragwerkes aus Abb. 478

$$\varphi_7 \doteq \varphi_5; \quad \varphi_8 \doteq \varphi_6 . \qquad (494)$$

Es wird bei den Ausgangsgleichungen absichtlich nicht die Schätzung nach den Ansätzen (491) bzw. (491a) verwendet, weil sich hier noch der Einfluß der Randbedingungen störend bemerkbar macht und außerdem die Symmetrie der Ausgangsgleichungen verlorenginge. Mit der Annahme (494) dagegen wird das gesamte „reduzierte Gleichungssystem" vollkommen symmetrisch, wenn man die Verschiebungsgleichung für das dritte Stockwerk (ψ_3) noch durch 2 dividiert.

Nach Auflösung dieses Gleichungssystems schließt sich die stufenweise Berechnung der übrigen Unbekannten unter ausschließlicher Anwendung der Ansätze (491) bzw. (491a) für die vorauszuschätzenden Nachbarunbekannten an.

Für die Durchführung des zweiten Rechnungsganges wird hier das „reduzierte System" nach Abb. 478b mit den drei Ausgangsunbekannten φ_5, φ_7 und ψ_3 gewählt.

Die benachbarten Unbekannten φ_3, φ_6, φ_8, φ_9 und ψ_2, ψ_4 werden nach dem Ansatz (493) mit Hilfe der Ergebnisse des ersten Rechnungsganges als Funktion der Ausgangswerte geschätzt. Nach Auflösung der kleinen Gleichungsgruppe werden die übrigen Unbekannten wieder stufenweise aus je einer Gleichung ermittelt. Hierbei werden stets die aus dem zweiten Rechnungsgang bereits vorliegenden Werte direkt verwendet, während die übrigen wieder nach (493) im Verhältnis zur jeweils gesuchten Unbekannten eingeführt werden. Die dazu erforderlichen Verhältniswerte können aber sofort für den gesamten zweiten Rechnungsgang gleichzeitig ermittelt werden.

Zum Vergleich wurden auch noch ein dritter und vierter Rechnungsgang durchgeführt, wobei jedoch kein „reduziertes System" mehr zur Anwendung kam. Die Ergebnisse zeigen nur noch geringfügige Abweichungen. In Abb. 479a bis c sind die ψ-Linie und die φ-Linien für dieses Rahmentragwerk dargestellt. Der Linienzug Abb. 479b zeigt die Knotendrehwinkel an den äußeren Stielen, während Abb. 479c die Knotendrehwinkel an den inneren Stielen enthält.

Die aus den Ergebnissen des vierten Rechnungsganges ermittelten Momente sind in Abb. 674 aufgetragen.

6. Anwendung bei lotrecht verschieblichen Tragwerken

Zahlenbeispiel

Die bisherigen Ausführungen über die Vereinfachung der Berechnung hochgradig statisch unbestimmter Tragwerke können sinngemäß auch auf Systeme mit lotrecht verschieblichen Knotenpunkten Anwendung finden. Dies soll hier an einem Zahlenbeispiel anschaulich erläutert werden.

In Abb. 480 ist ein Stockwerkrahmen wiedergegeben, der vor allem dadurch bemerkenswert erscheint, daß das stark gezeichnete Portal als genietete Stahlkonstruktion ausgeführt worden ist, während der übrige Teil aus Stahlbeton besteht.

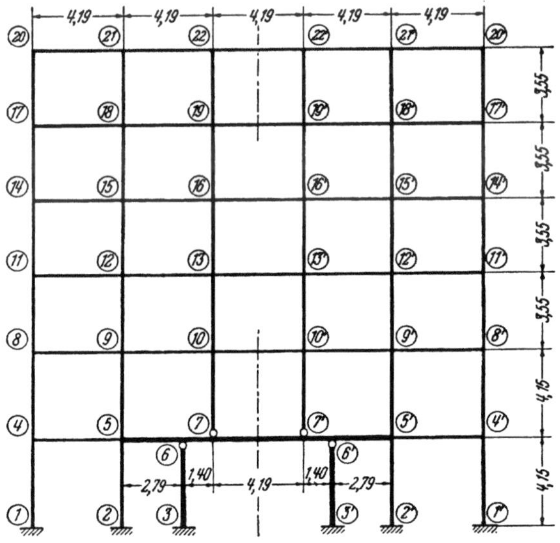

Abb. 480. Tragwerksabmessungen

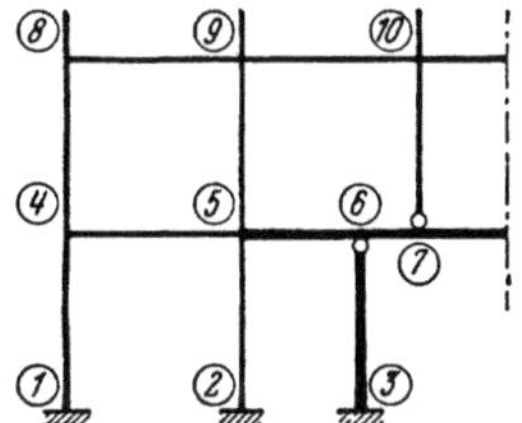

Abb. 480a. „Reduziertes System" für den ersten Rechnungsgang

Bei diesem Tragwerk wird sich der Einfluß der Verschiebung der Knotenpunktreihe 7—22 bzw. 7'—22' auf das gesamte Tragwerk auswirken. Die Verschiedenheit der Dehnungszahlen E_b und E_e der beiden Baustoffe muß in der Berechnung selbstverständlich beachtet werden.

Im Zweiten Teil des Buches ist dieses Tragwerk als Zahlenbeispiel 34 durchgerechnet, während an dieser Stelle nur der Gang der gesamten Rechnung eingehend besprochen werden soll.

Infolge der symmetrischen Belastung (siehe Abb. 675) ergeben sich insgesamt nur 19 Knotengleichungen und eine Verschiebungsgleichung, die bei Zahlenbeispiel 34 vollständig angeschrieben sind. Ihre Auflösung nach dem gewöhnlichen Iterationsverfahren würde hier nur schwer zum Ziele führen, da das Gleichungssystem einen hierfür ungünstigen Aufbau zeigt und keine gute Konvergenz verspricht. Hingegen kann bei Anwendung der „Reduktionsmethode" die störende Unregelmäßigkeit in der Tragwerksgestaltung vorteilhaft durch ein „reduziertes System" nach Abb. 480a erfaßt werden, das gleichzeitig auch die Randbedingungen enthält. Als Ausgangsunbekannte sind die sieben Knotendrehwinkel φ_4, φ_5, φ_6, φ_7, φ_8, φ_9, φ_{10} und die Verschiebung δ der Knotenpunktreihe 7—22 gemeinsam zu bestimmen. Man braucht also nur die entsprechenden acht Gleichungen aus dem Gesamtsystem herauszugreifen. Von diesen kommen in den Gleichungen für φ_4, φ_5, φ_6, φ_7 überhaupt nur Ausgangswerte vor. In den Gleichungen für φ_8, φ_9, φ_{10} tritt je ein Wert auf, der geschätzt werden muß, während aber in der Verschiebungsgleichung für δ eine größere Anzahl solcher Werte erscheint, die im Verhältnis zu den Ausgangsunbekannten zu schätzen sind.

Das Größenverhältnis der Werte φ_8, φ_{11}, φ_{14}, φ_{17}, φ_{20} (Knotendrehwinkel am äußeren Rahmenstiel) kann nach (481) bzw. (482) in der Weise bestimmt werden, daß in den zugeordneten Knotengleichungen nur das Absolutglied und das Diagonalglied in Betracht gezogen werden, während alle übrigen Glieder zunächst zu streichen sind.

Danach erhält man:

$$\varphi_8 : \varphi_{11} : \varphi_{14} : \varphi_{17} : \varphi_{20} \doteq \frac{5{,}27}{13{,}56} : \frac{5{,}56}{8{,}66} : \frac{5{,}56}{8{,}46} : \frac{5{,}56}{8{,}02} : \frac{3{,}66}{3{,}50}$$

oder

$$\doteq 1 : 1{,}65 : 1{,}69 : 1{,}78 : 2{,}69. \tag{495}$$

Bei der „relativen Schätzung" der übereinanderliegenden Knotendrehwinkel φ_9, φ_{12}, φ_{15}, φ_{18}, φ_{21} am benachbarten Stiel, die sehr stark von der Verschiebung δ beeinflußt werden, kann man einfach so vorgehen, daß in den zugeordneten Knotengleichungen nur das δ-Glied und das Diagonalglied berücksichtigt werden. Die gleichartigen Vernachlässigungen in den verwendeten Gleichungen haben auf die gesuchten *Verhältniszahlen* nur einen geringfügigen Einfluß.

Es ergibt sich somit:

$$\varphi_9 : \varphi_{12} : \varphi_{15} : \varphi_{18} : \varphi_{21} \doteq \frac{2{,}51}{20{,}56} : \frac{1{,}34}{12{,}40} : \frac{1{,}34}{12{,}20} : \frac{1{,}34}{11{,}76} : \frac{0{,}57}{5{,}08}$$

oder

$$\doteq 1 : 0{,}89 : 0{,}90 : 0{,}93 : 0{,}92, \tag{496}$$

d. h. es verhalten sich die Drehwinkel der übereinanderliegenden Knotenpunkte ungefähr so wie die Quotienten aus den Beiwerten der δ-Glieder und der Diagonalglieder der zugehörigen Knotengleichungen.

In ähnlicher Weise erhält man für den Drehwinkel der nächsten Knotenreihe:

$$\varphi_{10} : \varphi_{13} : \varphi_{16} : \varphi_{19} : \varphi_{22} \doteq \frac{2{,}51}{16{,}06} : \frac{1{,}34}{10{,}53} : \frac{1{,}34}{10{,}33} : \frac{1{,}34}{9{,}89} : \frac{0{,}57}{4{,}29}$$

oder

$$\doteq 1 : 0{,}81 : 0{,}83 : 0{,}87 : 0{,}85. \tag{497}$$

Somit können nun bereits die überzähligen Glieder in den Knotengleichungen ersetzt werden:

In der Knotengleichung (φ_8) : $1{,}28\,\varphi_{11} = 1{,}28 \cdot 1{,}65 \cdot \varphi_8 = 2{,}11\,\varphi_8$,

„ „ „ (φ_9) : $1{,}28\,\varphi_{12} = 1{,}28 \cdot 0{,}89 \cdot \varphi_9 = 1{,}14\,\varphi_9$,   (498)

„ „ „ (φ_{10}) : $1{,}28\,\varphi_{13} = 1{,}28 \cdot 0{,}81 \cdot \varphi_{10} = 1{,}04\,\varphi_{10}$.

In derselben Weise sind auch die überzähligen Glieder der Verschiebungsgleichung zu ersetzen. Damit ergibt sich das „reduzierte Gleichungssystem", aus dem die Ausgangsunbekannten durch direkte Auflösung zu ermitteln sind. Die Bestimmung der übrigen Unbekannten erfolgt in der gewohnten Weise aus je einer Gleichung unter Benutzung der Verhältniswerte nach (495) bis (497).

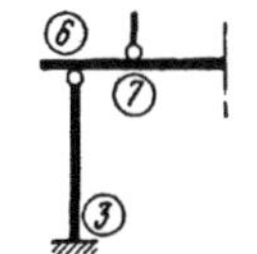

Abb. 480b. „Reduziertes System" für den zweiten Rechnungsgang

Für die Durchführung des zweiten Rechnungsganges kann ein einfacheres „reduziertes System" gewählt werden (Abb. 480b), für welches nur drei Unbekannte gemeinsam zu bestimmen sind, und zwar die Knotendrehwinkel φ_6, φ_7 und die Verschiebung δ. Im zweiten Rechnungsgang wurden die Werte des ersten Rechnungsganges direkt verwendet, ohne von einer „relativen Schätzung" im Sinne von (493) Gebrauch zu machen. Die Ergebnisse sind, wie aus den einzelnen Proben hervorgeht, durchaus befriedigend. Das Momentenbild ist in Abb. 679 dargestellt.

Achter Abschnitt

Verschiedene Methoden und Näherungsverfahren zur Berechnung von Rahmentragwerken

In diesem Abschnitt gelangen zwei Verfahren zur Behandlung, die einander in mancher Hinsicht ähnlich sind und in gleicher Weise als praktisch genaue Methoden und als Näherungsberechnungen Anwendung finden können. Es sind dies die Festpunktmethode, die wohl zu den bekanntesten Berechnungsmethoden der Praxis zu zählen ist, und das in der Literatur öfter besprochene sogenannte Momentenverteilungsverfahren[1]. Allerdings wird die Anwendung der Festpunktmethode nur für unverschiebliche Tragwerke ohne Vouten gezeigt, da ihre Vorzüge auch nur in solchen Fällen zur Geltung kommen, während bei der Erläuterung des Momentenverteilungsverfahrens auch verschiebliche Tragwerke mit veränderlichen Querschnitten bzw. mit Vouten berücksichtigt werden.

I. Die Festpunktmethode in vereinfachter Anwendung auf unverschiebliche Tragwerke

Es kann hier darauf verzichtet werden, die theoretischen Grundlagen der Festpunktmethode ausführlich zu behandeln, da dies bereits in vielen einschlägigen Werken und Abhandlungen mit großer Gründlichkeit geschehen ist[2]. Es sollen daher im folgenden nur jene Beziehungen kurz dargelegt werden, deren Kenntnis für die vereinfachte Anwendung dieser Methode notwendig erscheint.

1. Ermittlung der Festpunkte

A. Allgemeines

Der Festpunkt F_1 eines Stabes 1—2 ist identisch mit dem Momentennullpunkt und Biegelinienwendepunkt dieses Stabes, wenn am Stabende 2 ein Moment $M_{2,1}$ angreift bzw. dort eine Verdrehung $\tau_{2,1}$ erfolgt. In Abb. 481 sind diese Beziehungen

---

[1] M. FORNEROD: Berechnung mehrstöckiger Rahmen durch die Methode der algebraischen Momentenverteilung, Schweizerische Bauzeitung 1933. — W. DERNEDDE: Näherungsweise Berechnung von durchlaufenden Trägern und Rahmen, Bauingenieur 1938; u. a. m.

[2] R. GULDAN: Elementare Baustatik für Studium und Praxis, Wien 1956. — E. SUTER-TRAUB, STRASSNER u. a. m. (Fußnote S. 88)

veranschaulicht. Die Lage des Festpunktes ist lediglich vom Verhältnis der Steifigkeit k des Stabes zum Verdrehungswiderstand seines „Widerlagers" bei 1 abhängig.

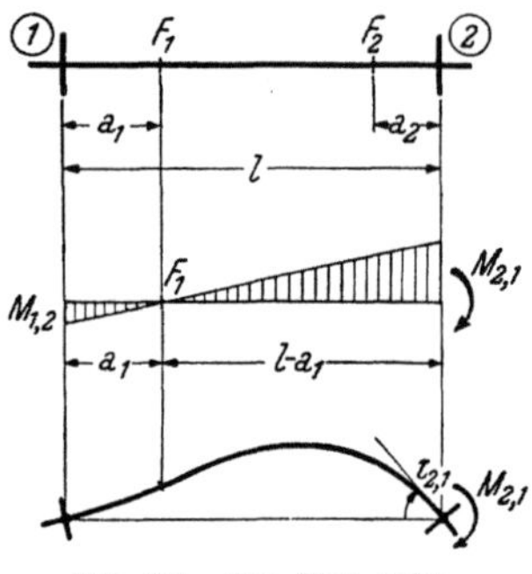

Abb. 481. Der Festpunkt F_1 als Momentennullpunkt und Biegelinienwendepunkt

Für diesen Verdrehungswiderstand ist aber nicht nur die Steifigkeit der „Widerlagerstäbe" im Knoten 1 maßgebend, sondern auch der Einspanngrad an ihren gegenüberliegenden Stabenden. Für Stäbe mit konstantem Querschnitt tritt die Größe dieses Einflusses auf den Festpunktabstand a_1 am besten in Erscheinung, wenn zwei Grenzfälle ins Auge gefaßt werden.

Sind z. B. sämtliche im Knoten 1 zusammentreffenden „Widerlagerstäbe" des Rahmenstabes 1—2 auf ihrer Gegenseite fest eingespannt (Abb. 482a), dann wird

$$a_1 = \frac{l}{3} \cdot \frac{1}{1 + \dfrac{0,5\,k}{K}} \cdot \tag{499}$$

Sind hingegen alle im Knoten 1 zusammentreffenden „Widerlagerstäbe" des Stabes 1—2 auf ihrer Gegenseite gelenkig angeschlossen (Abb. 482b), so wird unter

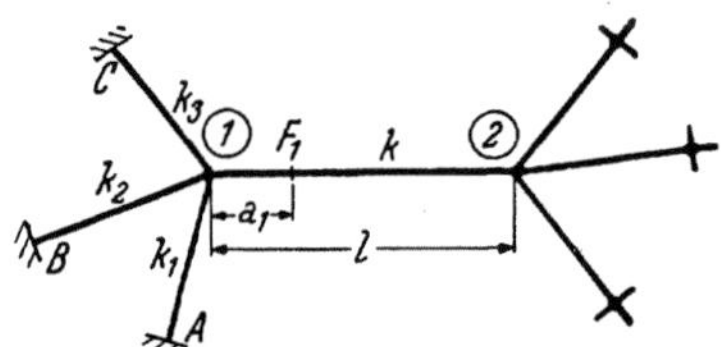

Abb. 482a. Rahmenstab 1—2 mit fest eingespannten Widerlagerstäben bei A, B, C

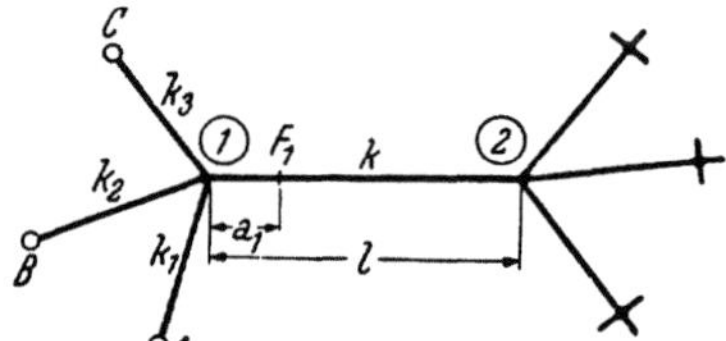

Abb. 482b. Rahmenstab 1—2 mit gelenkig angeschlossenen Widerlagerstäben bei A, B, C

Beachtung, daß die Steifigkeit eines Gelenkstabes 75% jener des eingespannten Stabes beträgt,

$$a_1 = \frac{l}{3} \cdot \frac{1}{1 + \dfrac{0,6\,k}{K}} \cdot \tag{500}$$

Hierin bedeuten l die Länge des Stabes, dessen Festpunktabstand a_1 gesucht wird, k seine Steifigkeitszahl und $K = k_1 + k_2 + k_3$ bzw. allgemein

$$K = \Sigma k_w \tag{501}$$

die Summe der Stabfestwerte k der bei 1 steif angeschlossenen „Widerlagerstäbe". Für die Stabfestwerte k brauchen im allgemeinen nicht die wahren Werte $2\,EJ/l$ gesetzt zu werden, sondern es kann hierfür wie früher wieder $1000\,J/l$ oder einfach J/l Verwendung finden.

Durch die beiden Formeln (499) und (500) sind somit die größtmöglichen Schwankungen des Festpunktabstandes a_1 für jedes beliebige Steifigkeitsverhältnis k/K bei verschiedenen Einspanngraden auf der Gegenseite der „Widerlagerstäbe" festgelegt.

B. Hilfstafeln zur Bestimmung der Festpunkte

In der Zahlentafel 46 bzw. Kurventafel 46a sind durch Auswertung von (499) und (500) diese beiden Grenzwerte in der Form a/l für verschiedene Steifigkeitsverhältnisse k/K dargestellt. Gleichzeitig sind in diesen Tafeln auch die Mittelwerte zwischen den beiden Grenzfällen festgehalten. Diese Mittelwerte entsprechen etwa jenen Fällen, wo ein Teil der Widerlagerstäbe (mit dem Steifigkeitsanteil $K/2$) auf der Gegenseite fest eingespannt, der andere hingegen dort gelenkig angeschlossen ist oder aber, wo sämtliche Widerlagerstäbe auf der anderen Seite eine „mittlere" elastische Einspannung zeigen usw. In Abb. 483 ist die Anlage der Kurventafel 46a schematisch dargestellt. Es erscheinen dort das Steifigkeitsverhältnis k/K als Abszisse und die a/l-Werte als Ordinaten. Diese Tafel kann auch zur Ermittlung der Überleitungszahl γ benutzt werden (vgl. Seite 222).

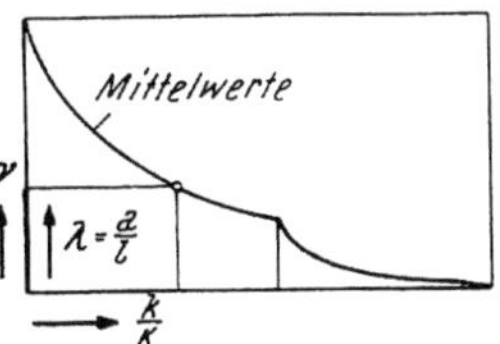

Abb. 483. Schema der Kurventafel 46a zur Bestimmung der Werte λ bzw. γ

C. Anwendung der Hilfstafeln

Mit Hilfe der Tafeln 46 oder 46a kann man die Festpunktabstände für beliebige Stäbe eines Rahmentragwerkes mit hinreichender Genauigkeit sehr rasch bestimmen, ohne die Festpunkte der benachbarten Stäbe kennen zu müssen. Man braucht hierzu lediglich die Werte k/K. Wenn nicht einer der beiden Grenzfälle nach Gl. (499) oder (500) vorliegt, wird es in der Regel genügen, die gesuchten Werte a/l einfach als „Mittelwerte" zu entnehmen. Doch kann beim Ablesen dieser Werte ohne weiteres auch darauf Rücksicht genommen werden, ob die Einspanngrade der Widerlagerstäbe in ihrer Gesamtheit diesem Mittelwert ungefähr entsprechen oder ob die Ablesung mehr gegen den oberen bzw. den unteren Grenzwert zu verlegen ist.

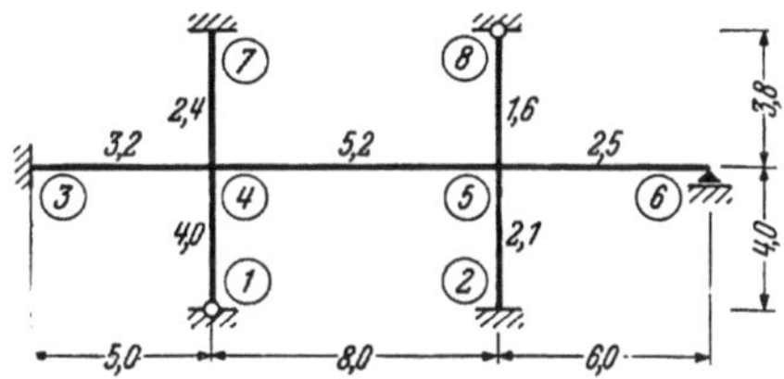

Abb. 484. Festwertskizze

Die praktische Anwendung dieser Tafeln soll für den Stab 4—5 des in Abb. 484 ersichtlichen Tragwerkes gezeigt werden. Es sind dort alle erforderlichen Längenabmessungen und auch die Stabfestwerte k eingetragen, die hier völlig unabhängig von der Lagerungsart der Stabenden stets gemäß (36) zu bestimmen sind. Zur Ermittlung von $a_{4,5}$ braucht man den Steifheitssummenwert $K_{4,5}$ der Widerlagerstäbe für Stab 4—5, also nach (501)

$$K_{4,5} = 4,0 + 3,2 + 2,4 = 9,6 \; ;$$

damit wird

$$\frac{k_{4,5}}{K_{4,5}} = \frac{5,2}{9,6} = 0,54 \; .$$

Die richtige Ablesung würde um ein geringes über dem Mittelwert liegen, da hier die Stäbe mit überwiegender Steifigkeitszahl fest eingespannt sind. Doch sind die Unterschiede der Grenzwerte in diesem Bereich sehr gering, so daß auch der der Mittellage entsprechende Wert $a/l = 0,254$ verwendet werden kann. Der genaue Wert beträgt 0,256.

Zur Bestimmung des rechten Festpunktabstandes $a_{5,4}$ benötigt man

$$K_{5,4} = 2,1 + 2,5 + 1,6 = 6,2$$

und

$$\frac{k_{5,4}}{K_{5,4}} = \frac{5,2}{6,2} = 0,84 \; .$$

Die Ablesung in der Mittellage ergibt hier $a/l = 0{,}224$. Der genaue Wert beträgt 0,222 und befindet sich also etwas unter der Mittellage, da die Stäbe mit überwiegenden Steifigkeitszahlen gelenkig angeschlossen sind.

Zum Vergleich seien im folgenden die der Mittellage entsprechenden a/l-Werte für alle übrigen Stäbe angeführt und den wahren Werten (in Klammern) gegenübergestellt:

$$\frac{a_{4,1}}{l_{4,1}} = 0.274\ (0{,}278); \qquad \frac{a_{4,3}}{l_{4,3}} = 0{,}287\ (0{,}287); \qquad \frac{a_{4,7}}{l_{4,7}} = 0{,}300\ (0{,}300);$$

$$\frac{a_{5,2}}{l_{5,2}} = 0{,}295\ (0{,}294); \qquad \frac{a_{5,6}}{l_{5,6}} = 0{,}287\ (0{,}288); \qquad \frac{a_{5,8}}{l_{5,8}} = 0{,}304\ (0{,}305).$$

Die Abweichungen der einzelnen Werte sind also geringfügig.

2. Ermittlung der Überleitungszahlen γ

Wird auf den Rahmenstab 1—2 bei 2 ein Moment $M_{2,1}$ übertragen, so stellt sich der in Abb. 485a ersichtliche Momentenverlauf mit dem Nullpunkt in F_1 ein. Zwischen dem eingetragenen Moment $M_{2,1}$ und dem am anderen Stabende 1 entstehenden Moment $M_{1,2}$ besteht demnach folgende Beziehung:

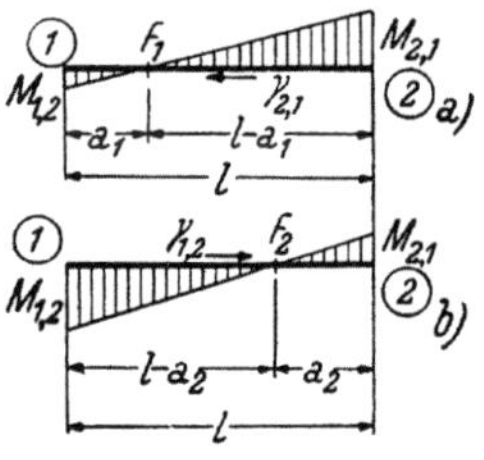

$$M_{1,2} : M_{2,1} = a_1 : (l - a_1) \quad \text{bzw.} \quad M_{1,2} = \frac{a_1}{l - a_1} \cdot M_{2,1} \tag{502}$$

oder

$$\boxed{M_{1,2} = \gamma_{2,1} \cdot M_{2,1},} \tag{503}$$

wobei

$$\gamma_{2,1} = \frac{a_1}{l - a_1}. \tag{504}$$

Abb. 485a, b. Bestimmung der „Überleitungszahlen" γ

Analog erhält man für die Überleitung eines Momentes in entgegengesetzter Richtung (Abb. 485b)

$$\gamma_{1,2} = \frac{a_2}{l - a_2}. \tag{504a}$$

Diese „Überleitungszahlen" γ der Rahmenstäbe hängen also nur von der Lage der Festpunkte ab.

Geht man von den aus der Tafel 46 bzw. 46a zu entnehmenden Werten $a/l = \lambda$ aus, so kann die Formel (504) auch folgendermaßen geschrieben werden:

$$\gamma_{2,1} = \frac{\lambda_1 \cdot l}{l - \lambda_1 \cdot l} = \frac{\lambda_1}{1 - \lambda_1}$$

bzw.

$$\gamma_{1,2} = \frac{\lambda_2}{1 - \lambda_2}. \tag{504b}$$

Die „Überleitungszahlen" γ können also sehr einfach aus den Festpunktabständen a oder den Werten $\lambda = a/l$ bestimmt werden. Sie können aber auch sofort für die jeweiligen Steifheitsverhältnisse k/K aus der Kurventafel 46a entnommen werden.

3. Bestimmung der Knotenverteilungszahlen μ

Wird in einen unverschieblichen Rahmenknoten n durch einen belasteten Stab oder durch einen Kragarm (Abb. 486) ein Moment M übertragen, so treten in den

übrigen dort steif angeschlossenen Stäben Gegenmomente auf, die in ihrer Summe
dem Ausgangsmoment das Gleichgewicht halten. Die Verteilung des Ausgangs-
moments auf die einzelnen Stäbe hängt von deren
Verdrehungswiderständen ab. Sind alle diese Stäbe auf
der Gegenseite fest eingespannt oder alle Stäbe dort gelenkig angeschlossen oder aber alle in gleichem Maße
elastisch eingespannt, so erfolgt diese Verteilung einfach im Verhältnis ihrer Steifigkeitswerte k. Es wird
sich in solchen Fällen also z. B. die Verteilung des
Kragmomentes M in Abb. 486 auf die drei am anderen
Ende fest eingespannt angenommenen „Widerlagerstäbe"
mit den Steifigkeitszahlen k_1, k_2, k_3 folgendermaßen ergeben:

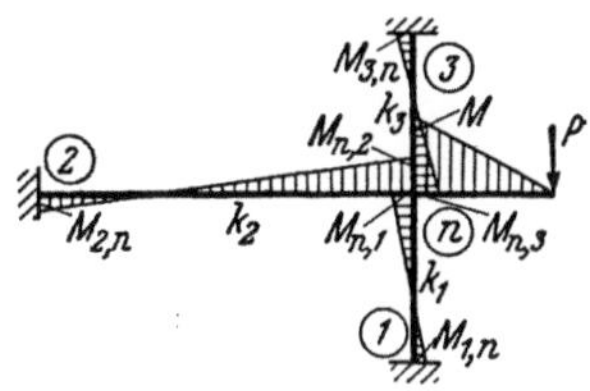

Abb. 486. Verteilung des Momentes M im Knoten n

$$M_{n,1} = -\frac{k_1}{K} \cdot M; \qquad M_{n,2} = -\frac{k_2}{K} \cdot M; \qquad M_{n,3} = -\frac{k_3}{K} \cdot M, \qquad (505)$$

wobei

$$K = k_1 + k_2 + k_3 \qquad (506)$$

wie in (501) die Summe der Steifigkeitszahlen der Widerlagerstäbe bedeutet.

Es entfällt somit allgemein von dem zu verteilenden Moment $M_{n,m}$ auf einen
Widerlagerstab n—r der Anteil

$$\boxed{M_{n,r} = \mu_{n,r} \cdot M_{n,m}.} \qquad \textbf{(507)}$$

Hierin bedeutet $\mu_{n,r}$ die „Knotenverteilungszahl" für den Stab n—r, und zwar ist

$$\mu_{n,r} = \frac{k_{n,r}}{K_{n,m}}, \qquad (508)$$

wobei unter $K_{n,m}$ die Summe der k-Werte der Widerlagerstäbe des belasteten
Stabes n—m zu verstehen ist.

Sind jedoch die Einspanngrade der einzelnen Widerlagerstäbe an ihren gegenüberliegenden Stabenden nicht durchweg gleich, so liefert die in (507) angegebene
Verteilung nicht mehr die streng genauen Ergebnisse. Der Fehler, der bei ihrer
Anwendung begangen wird, ist um so größer, je mehr die einzelnen Einspanngrade
voneinander verschieden sind. Er wird also am größten sein, wenn einzelne
Stäbe gelenkig gelagert, die anderen aber fest eingespannt sind, und zwar ergeben
sich dabei die Momente der fest eingespannten Stäbe etwas zu klein und die der
gelenkig angeschlossenen etwas zu groß. Führt man in solchen Fällen jedoch bei
Benutzung der Formeln (507) und (508) für die k-Werte der gelenkigen Stäbe
gemäß (15) die Werte $k^0 = 0{,}75\,k$ in die Rechnung ein, so erhält man wieder fehler-
freie Ergebnisse.

Da nun aber die Fehler in normalen Fällen, wo die eben besprochenen Grenzfälle nicht vorliegen, nur verhältnismäßig gering sind, so wird man bei der Ermittlung der Knotenverteilungszahlen in der Regel auf die hier angedeutete Möglichkeit
zur Verbesserung der Genauigkeit verzichten können.

Die auf Seite 2 festgelegte Vorzeichenregel für die Stabanschlußmomente
kann auch hier mit Vorteil angewendet werden. Demnach erhalten also stets die
Momentenanteile in einem Knoten das entgegengesetzte Vorzeichen des zu verteilenden Moments, das weitergeleitete Moment auf dem anderen Stabende jedoch
durchweg das gleiche Vorzeichen wie das überzuleitende. So ist z. B. in Abb. 486
das Kragmoment negativ, während die Momentenanteile $M_{n,1}$, $M_{n,2}$, $M_{n,3}$ positiv

sein müssen. Ebenso sind auch alle durch Überleitung zu den anderen Stabenden erhaltenen Momente ($M_{1,n}$, $M_{2,n}$, $M_{3,n}$) positiv.

4. Ermittlung der Ausgangsmomente des belasteten Rahmenstabes

Bei der praktischen Anwendung der Festpunktmethode ist der Momentenverlauf im Tragwerk für jedes belastete Feld gesondert zu ermitteln. Zu diesem Zwecke müssen zunächst die „Ausgangsmomente" im belasteten Feld bestimmt werden, die dann nach (507) auf die anschließenden Stäbe zu verteilen und nach (503) zu den benachbarten Knoten weiterzuleiten sind, dort wiederum verteilt werden usw. Die Ausgangsmomente eines von oben belasteten Rahmenstabes 1—2 ergeben sich mit den Bezeichnungen der Abb. 487 allgemein aus den bekannten Festpunktabständen a_1, a_2 und den Kreuzlinienabschnitten K^0_1, K^0_2 wie folgt:

$$M_1 = -\frac{a_1}{c\,l}\,(K^0_2\,e_2 - K^0_1\,a_2) = -\frac{a_1}{c}\left[K^0_2 - \frac{a_2}{l}\,(K^0_1 + K^0_2)\right]$$

$$M_2 = +\frac{a_2}{c\,l}\,(K^0_1\,e_1 - K^0_2\,a_1) = +\frac{a_2}{c}\left[K^0_1 - \frac{a_1}{l}\,(K^0_1 + K^0_2)\right].$$

(509)

Für eine symmetrische Belastung, wo also $K^0_1 = K^0_2 = K^0$ ist, vereinfachen sich diese Formeln zu

$$M_1 = -\frac{a_1\,K^0}{c\,l}\,(l - 2\,a_2)$$

$$M_2 = +\frac{a_2\,K^0}{c\,l}\,(l - 2\,a_1).$$

(510)

Die zur Auswertung der vorstehenden Ausdrücke erforderlichen Kreuzlinien-

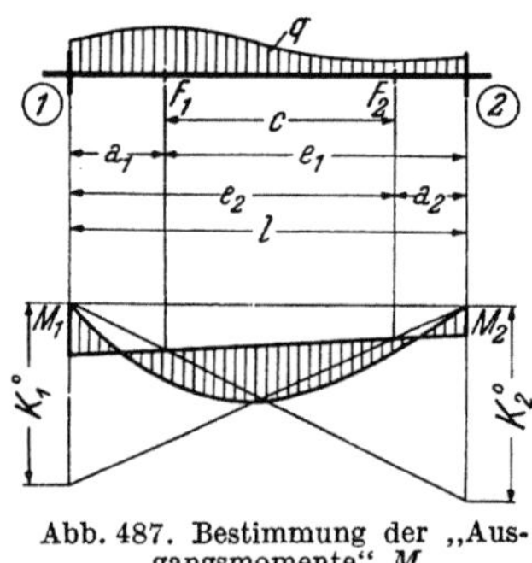

Abb. 487. Bestimmung der „Ausgangsmomente" M

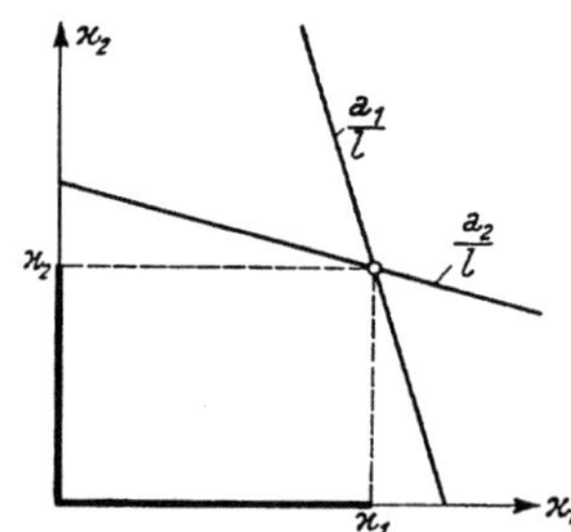

Abb. 488. Schema der graphischen Tafel 47a zur Bestimmung der „Ausgangsmomente" bei symmetrischer Belastung

abschnitte K^0_1 und K^0_2 bzw. K^0 für die verschiedenen Belastungsfälle sind in den Tafeln 2 bis 4 enthalten.

Zur Bestimmung der Einspannmomente bei symmetrisch belasteten Stäben kann jedoch mit Vorteil anstelle der Formeln (510) die Zahlentafel 47 oder die graphische Tafel 47a benutzt werden. Man entnimmt z. B. aus der Zahlentafel 47 für die beiden bekannten Festpunktabstände (a_1/l) und (a_2/l) im Kreuzungspunkt der entsprechenden (a/l)-Spalten und -Zeilen die Werte $\varkappa_1$ und $\varkappa_2$ und erhält damit sofort für einen von oben belasteten Rahmenstab 1—2

$$M_1 = -\frac{\varkappa_1\,K^0}{100} \;;\quad M_2 = +\frac{\varkappa_2\,K^0}{100}.$$

(511)

In gleicher Weise können die $\varkappa$-Werte aus der graphischen Tafel 47a im Schnittpunkt der entsprechenden (a/l)-Geraden als Koordinaten abgelesen werden, wie aus der schematischen Skizze Abb. 488 hervorgeht.

Die Ermittlung der Ausgangsmomente kann natürlich auch sehr rasch auf graphischem Wege erfolgen, indem die Festpunkte in die Kreuzlinien eingelotet werden (vgl. Abb. 487). Die verlängerte Verbindungslinie beider Schnittpunkte schneidet dann auf den Knoten-Lotrechten die gesuchten Ausgangsmomente M_1 und M_2 heraus.

5. Beschreibung des Rechnungsganges bei Anwendung der Festpunktmethode auf unverschiebliche Rahmentragwerke und Durchlaufträger

Nach den vorangegangenen Darlegungen kann die Anwendung der Festpunktmethode bei Benutzung der entsprechenden Hilfstafeln in folgende Abschnitte gegliedert werden:

1. Ermittlung der Stabfestwerte k und der Summenwerte K nach (501).

2. Ermittlung der Festpunktabstände (a/l) und der Überleitungszahlen γ aus der Zahlentafel 46 bzw. Kurventafel 46a mit Hilfe der Verhältniswerte k/K.

3. Bestimmung der Knotenverteilungszahlen μ nach (508).

4. Ermittlung der „Ausgangsmomente", und zwar bei unsymmetrischer Belastung nach (509), bei symmetrischer Belastung nach (510) oder aus der Zahlentafel 47 bzw. der Kurventafel 47a, oder aber auf graphischem Wege durch Einzeichnen der Kreuzlinien.

5. Verteilung der „Ausgangsmomente" nach (507) und Weiterleitung der Teilbeträge auf rechnerischem Wege nach (503) oder graphisch.

6. Ermittlung des endgültigen Momentenverlaufes durch Zusammenfassung der einzelnen Belastungsfälle.

Anmerkung. Bei Durchlaufträgern ist stets nur ein Widerlagerstab vorhanden; der Verhältniswert vereinfacht sich damit zu

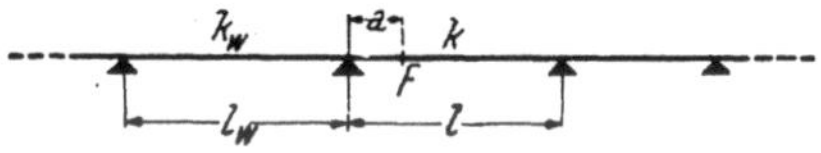

Abb. 489. Festpunktbestimmung am Durchlaufträger

$$\frac{k}{K} = \frac{k}{k_w}.\tag{512}$$

Sind die Querschnitte in allen Feldern durchgehend konstant, so wird weiter einfach

$$\frac{k}{k_w} = \frac{l_w}{l},\tag{513}$$

wobei nach Abb. 489 k_w die Steifigkeitszahl und l_w die Länge des jeweiligen Widerlagerstabes bedeuten, während sich k und l auf den Stab beziehen, dessen Festpunkt ermittelt werden soll.

Diese Methode eignet sich auch für flüchtige Näherungsberechnungen besonders gut. Wenn es z. B. darum geht, in einem umfangreichen unverschieblichen Tragwerk für irgendeinen Stab, der durch große Spannweiten oder Belastungen gekennzeichnet ist, den Momentenverlauf zu ermitteln, so kommt man damit sehr rasch zum Ziel. Das soll im folgenden an zwei Beispielen gezeigt werden.

6. Anwendungsbeispiele

A. Unverschiebliches Rahmentragwerk

Es soll für das in Abb. 490 ersichtliche unverschiebliche Rahmentragwerk der Momentenverlauf im Stab 6—7 für die angegebene Belastung näherungsweise ermittelt werden. Die Steifigkeitszahlen k der einzelnen Stäbe sind in der Skizze bereits eingetragen. Nach (501) ergibt sich für den Stab 6—7

$$K_{6,7} = 5,8 + 9,0 + 3,5 = 18,3; \quad K_{7,6} = 3,2 + 2,3 + 2,8 = 8,3;$$

somit wird gemäß (508)

$$\frac{k_{6,7}}{K_{6,7}} = \frac{3,6}{18,3} = 0,197; \quad \frac{k_{7,6}}{K_{7,6}} = \frac{3,6}{8,3} = 0,434.$$

Mit diesen Werten können aus der Kurventafel 46a die Festpunktabstände in der Form

$$\frac{a_1}{l} = 0,299 \quad \text{und} \quad \frac{a_2}{l} = 0,266$$

entnommen werden. Damit erhält man aus der Tafel 47a: $\varkappa_1 = 32,2$ und $\varkappa_2 = 24,6$. Die gesuchten Stabendmomente sind daher mit den aus Tafel 2 entnommenen Kreuzlinienabschnitten

$$K^0 = \frac{q\,l^2}{4} = \frac{8 \cdot 10^2}{4} = 200 \text{ tm}$$

nach (511)

$$M_{6,7} = -\frac{\varkappa_1 K^0}{100} = -\frac{32,2 \cdot 200}{100} = -64,4 \text{ tm}$$

$$M_{7,6} = +\frac{\varkappa_2 K^0}{100} = +\frac{24,6 \cdot 200}{100} = +49,2 \text{ tm}.$$

Wollte man diese Ausgangsmomente auf die Widerlagerstäbe in den Knoten 6 und 7 verteilen, so könnte dies näherungsweise nach (507) geschehen.

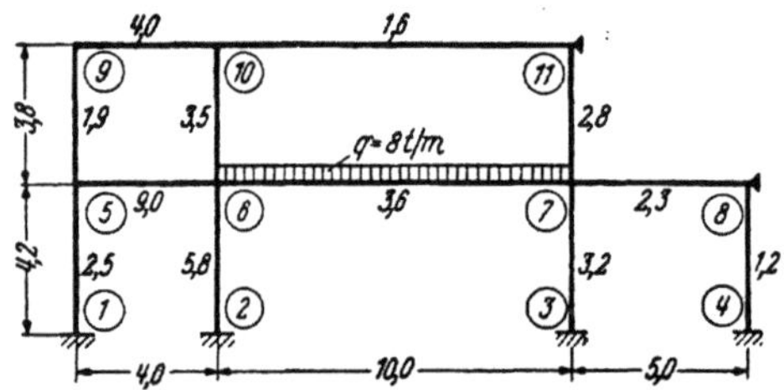

Abb. 490. Festwertskizze und Belastungsangaben

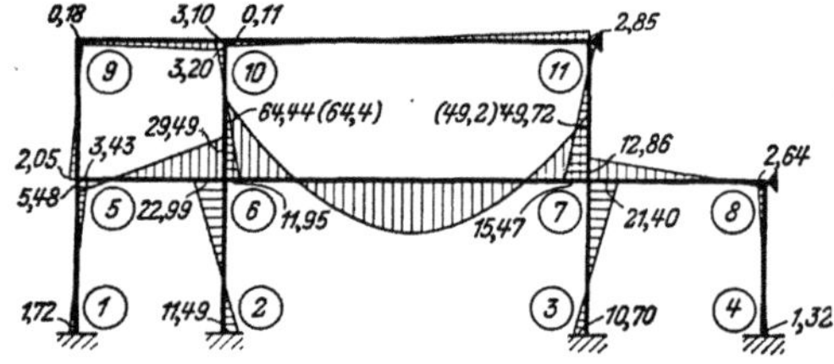

Abb. 491. M-Verlauf

Zum Vergleich sind in Abb. 491 die hier ermittelten Näherungswerte (in Klammern) den nach einer genauen Berechnung erhaltenen Momenten gegenübergestellt.

B. Durchlaufträger

Für den in Abb. 492 dargestellten Fünffeldträger sind unter Voraussetzung durchgehend konstanter Trägheitsmomente die Stützenmomente $M_{3,4}$ und $M_{4,3}$ für die angegebene Belastung näherungsweise zu bestimmen. Die Lösung der Aufgabe gestaltet sich im vorliegenden Fall besonders einfach, denn es kann auf die Ermittlung der Stabfestwerte verzichtet werden; gemäß (512) und (513) erhält man für den Stab 3—4

$$\frac{k_{3,4}}{k_{3,2}} = \frac{l_{3,2}}{l_{3,4}} = \frac{5,0}{9,0} = 0,556; \quad \frac{k_{4,3}}{k_{4,5}} = \frac{l_{4,5}}{l_{4,3}} = \frac{3,0}{9,0} = 0,333.$$

Mit diesen Werten ergeben sich aus der Kurventafel 46a die Festpunktabstände

$$\frac{a_1}{l} = 0{,}252 \quad \text{und} \quad \frac{a_2}{l} = 0{,}279.$$

Damit wird aus Tafel 47a: $\varkappa_1 = 23{,}8$ und $\varkappa_2 = 29{,}5$. Mit Hilfe der aus Tafel 2 entnommenen Kreuzlinienabschnitte

$$K^0 = \frac{q\,l^2}{4} = \frac{4{,}8 \cdot 9{,}0^2}{4} = 97{,}2 \text{ tm}$$

erhält man nach (511) bereits die gesuchten Stabendmomente

$$M_{3,4} = -\frac{\varkappa_1 K^0}{100} = -\frac{23{,}8 \cdot 97{,}2}{100} = -23{,}13 \text{ tm}$$

$$M_{4,3} = +\frac{\varkappa_2 K^0}{100} = +\frac{29{,}5 \cdot 97{,}2}{100} = +28{,}67 \text{ tm}.$$

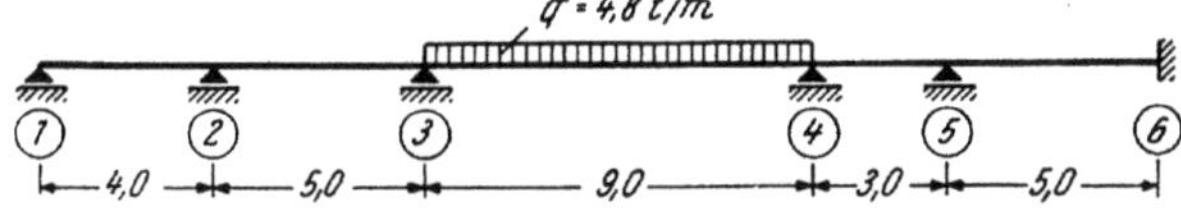

Abb. 492. Tragwerksabmessungen und Belastungsangaben

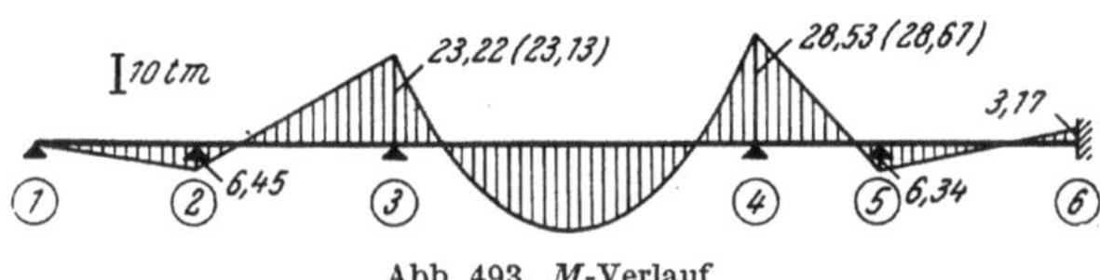

Abb. 493. M-Verlauf

In Abb. 493 sind die hier ermittelten Näherungswerte (in Klammern) den nach einer genauen Berechnung erhaltenen M-Werten gegenübergestellt.

II. Das Momentenverteilungsverfahren (Cross-Methode)

Dieses Verfahren, das in den letzten Jahren in der Literatur auch unter der Bezeichnung Cross-Methode oft behandelt worden ist[1], hat für die Berechnung von Rahmentragwerken gegenwärtig neben dem Drehwinkelverfahren in der Praxis weiteste Verbreitung gefunden. Obwohl der Verfasser in einem umfassenden Spezialbuch[2] diese Berechnungsmethode für unverschiebliche und verschiebliche Tragwerke mit und ohne Vouten eingehend dargelegt hat, sollen hier die einfachen Zusammenhänge dieser nach Cross benannten Methode mit dem Drehwinkelverfahren klargestellt werden.

Das Momentenverteilungsverfahren stellt eigentlich ein Iterationsverfahren dar, bei dem die statische Deutung der einzelnen Rechenoperationen in allen Phasen stets klar sichtbar bleibt. Obwohl in der Rechnung selbst keine Formänderungsgrößen Verwendung finden, bestehen doch recht einfache und anschauliche Zusammenhänge mit dem Drehwinkelverfahren, so daß die ausführlichen Zahlen- und Kurventafeln im Dritten Teil dieses Buches besonders bei Tragwerken mit Voutenstäben auch für das Momentenverteilungsverfahren unmittelbar verwendet

---

[1] Siehe Fußnote Seite 219

[2] R. GULDAN: „Die Cross-Methode und ihre praktische Anwendung", Wien 1955

werden können. Auf diese Weise ergeben sich wieder bedeutende Vereinfachungen
in der sonst ziemlich zeitraubenden Ermittlung aller zur Durchführung der zahlenmäßigen Berechnung erforderlichen Hilfswerte, wie im folgenden noch dargelegt
wird.

1. Allgemeine Beschreibung des Verfahrens

A. Unverschiebliche Tragwerke

Man denkt sich zunächst sämtliche biegungssteif angeschlossenen Stäbe des
Tragwerkes voll eingespannt, also alle Knoten unverdrehbar festgehalten. Für
diesen Zustand ermittelt man für die gegebene Belastung die Stabanschlußmomente,
die mit den beim „Drehwinkelverfahren" verwendeten Stabbelastungsgliedern $\mathfrak{M}$
bzw. $\mathfrak{M}^0$ ($=$ Stabendmomente bei voller Einspannung) identisch sind. Nun denkt
man sich die Verdrehungsbehinderung irgendeines Knotens n (am besten dort, wo
die Momentensumme $\Sigma \mathfrak{M}_{n,i}$ von Null sehr verschieden ist) beseitigt, während die
volle Einspannung der Stäbe in allen übrigen Knoten zunächst unverändert bleibt.

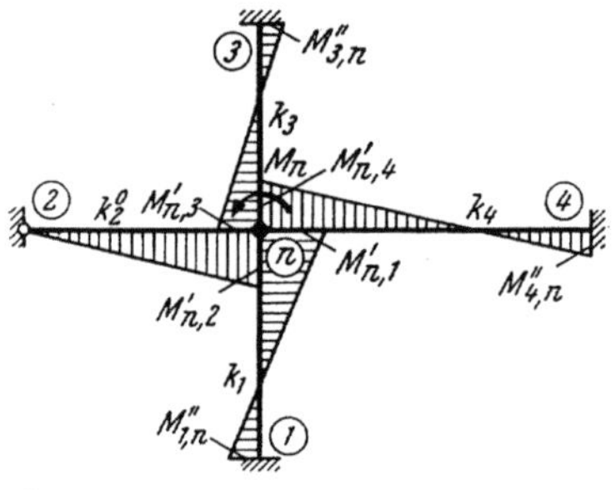

Abb. 494. Verteilung des Momentes M_n
im Knoten n

Es ergibt sich dann z. B. der in Abb. 494 schematisch dargestellte Fall, daß ein Rahmenknoten n,
dessen Stäbe bei 1, 3, 4 voll eingespannt und bei
2 gelenkig gelagert sind, durch einen Momenten-
überschuß

$$M_n = \Sigma \mathfrak{M}_{n,i} \qquad (514)$$

belastet wird. Dieses „Restmoment" M_n, das mit
dem beim Drehwinkelverfahren verwendeten
Knotenbelastungsglied s_n bzw. $s^0{}_n$ identisch ist,
verteilt sich nun im Verhältnis der Verdrehungs-
widerstände auf die einzelnen im Knoten n ange-
schlossenen Stäbe ($M'_{n,i} = $ „Verteilungsmomente") und pflanzt sich bis zu deren
Einspannstellen 1, 3, 4 fort ($M''_{i,n} = $ „Übergangsmomente").

Nun denkt man sich den zuerst betrachteten Knoten n, in dem die Momente
soeben verteilt bzw. ausgeglichen wurden, wieder unverdrehbar festgehalten und
einen anderen Knoten losgelassen. Es wiederholt sich derselbe Vorgang, wobei aber
zu beachten ist, daß beim neuen Knoten der eventuell durch Weiterleitung bereits
ermittelte Momentenanteil M'' mit zu verteilen ist, und zwar gilt

$$M_n = \Sigma \mathfrak{M}_{n,i} + \Sigma M''_{n,i} \,. \qquad (515)$$

In dieser Weise wird fortgeschritten, bis alle Momente, einschließlich der weiter-
geleiteten, in allen Knoten ausgeglichen sind. Durch algebraische Addition der
einzelnen Beiträge für die Stabendmomente zu den entsprechenden Stabbelastungsgliedern $\mathfrak{M}$ bzw. $\mathfrak{M}^0$ erhält man schließlich die endgültigen Momente für das unverschiebliche Tragwerk. Es wird also z. B. das Stabanschlußmoment $M_{n,i}$ eines
Stabes n—i:

$$M_{n,i} = \mathfrak{M}_{n,i} + \Sigma M'_{n,i} + \Sigma M''_{n,i} \,. \qquad (516)$$

Die praktische Durchführung der Rechnung kann zur Erzielung einer besseren Übersicht in der Weise erfolgen, daß alle Zwischenwerte in einer Rahmenskizze an die Stabenden geschrieben werden.

B. Verschiebliche Tragwerke

In diesem Fall denkt man sich die einzelnen Knoten des Tragwerkes zunächst so festgehalten, daß sie weder Verdrehungen noch Verschiebungen erleiden können (Abb. 495a, b). Für diesen Zustand können die Momente in der gleichen Art wie früher durch stufenweise Verteilung und Weiterleitung ermittelt und anschließend die Auflagerkräfte in den gedachten Lagern bestimmt werden. Diese „Festhaltekräfte" können nun mit umgekehrtem Richtungssinn als äußere Kräfte auf das Tragwerk einwirkend angenommen werden. Der diesem Lastfall entsprechende

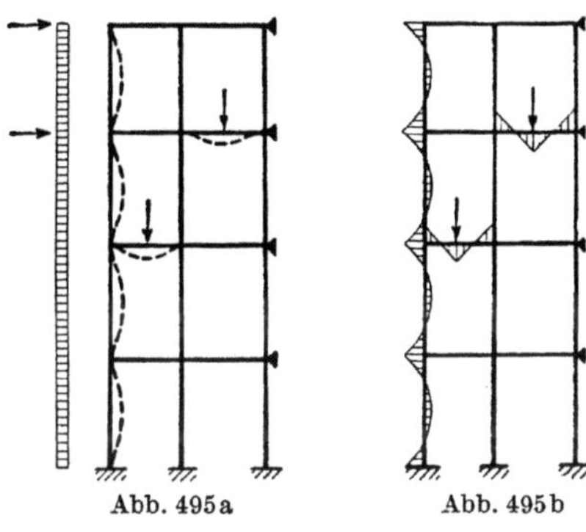

Abb. 495a   Abb. 495b

Abb. 495a, b. Tragwerksverformung und M-Verlauf bei unverdrehbaren und unverschieblich festgehaltenen Knotenpunkten

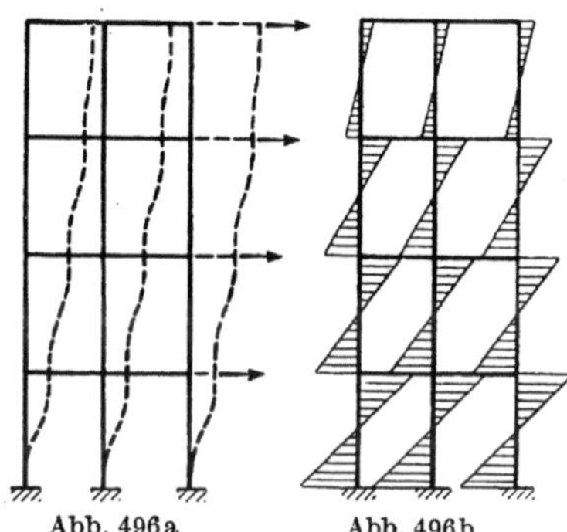

Abb. 496a   Abb. 496b

Abb. 496a, b. Tragwerksverformung und M-Verlauf infolge der umgekehrten „Festhaltekräfte" bei unverdrehbaren, aber verschieblichen Knotenpunkten

M-Verlauf kann wieder schrittweise erhalten werden, indem man zunächst nur Verschiebungen, aber keine Verdrehungen der Knoten zuläßt (Abb. 496a, b). Die dabei auftretenden Stabendmomente M_o und M_u in den Säulen der einzelnen Stockwerke sind nur abhängig vom „Stockwerkschub" der äußeren Kräfte, also z. B. bei Stockwerkrahmen von der Summe der oberhalb des betreffenden Stockwerkes angreifenden waagrechten Kräfte, und von der Steifigkeit der einzelnen Säulen.

Nach der Ermittlung sämtlicher Säulenendmomente ist die Gleichgewichtsbedingung $\Sigma M = 0$ in den einzelnen Knoten allerdings wieder gestört. Der vorzunehmende Ausgleich und die Weiterleitung der Momente geschieht nun abermals in der Weise, daß sämtliche Knoten neuerdings unverschieblich festgehalten werden und, wie anfangs beschrieben, nacheinander einzeln verdrehbar gemacht werden (Abb. 494). Nach Beendigung dieses Vorganges können die neuen, nun schon bedeutend kleineren Festhaltekräfte ermittelt werden. Durch Wiederholung des Verfahrens kann bei entsprechend sorgfältiger Rechnung die Genauigkeit der Ergebnisse beliebig gesteigert werden. Die Werte der so erhaltenen Momente sind dann als genau anzusehen, wenn sich keine Festhaltekräfte mehr ergeben und in allen Knotenpunkten die Bedingung $\Sigma M = 0$ erfüllt ist.

Es bestehen auch hier verschiedene Möglichkeiten zur Beschleunigung der bei verschieblichen Tragwerken mitunter langsamen Konvergenz dieses Verfahrens. Darauf wird jedoch hier nicht näher eingegangen; hingegen sollen im folgenden die zur Durchführung der Berechnung erforderlichen Formeln, Gleichungen und Hilfswerte entwickelt und zusammengestellt werden, und zwar sowohl für Tragwerke mit beliebig veränderlichen Stabquerschnitten als auch für solche mit feldweise konstanten Querschnitten.

2. Bestimmung der Momentenverteilungszahlen μ

Die hier zu lösende Aufgabe besteht darin, ein im Knoten n angreifendes äußeres Moment M_n auf die dort steif angeschlossenen, in den gegenüberliegenden Enden fest eingespannten oder gelenkig gelagerten Stäbe mit bekannten Steifigkeitszahlen zu verteilen (Abb. 497).

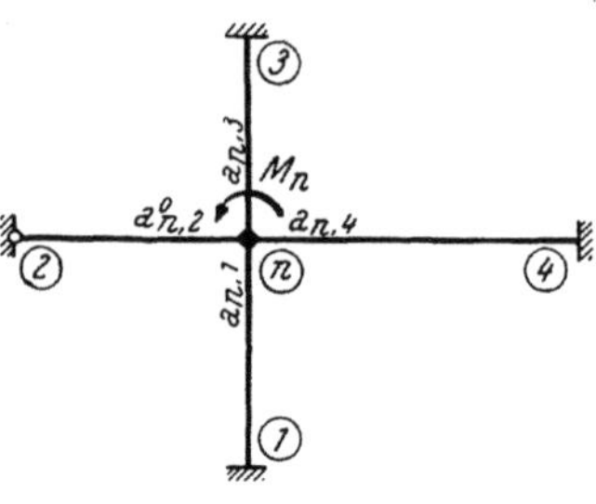

Abb. 497. Verteilung von M_n im Knoten n

Greift man auf die Knotengleichung (255) für unverschiebliche Tragwerke mit veränderlichen Stabquerschnitten zurück, so wird hier wegen $s^0{}_n = M_n$ und $\varphi_i = 0$

$$d^0{}_n \varphi_n + M_n = 0 \quad \text{und} \quad \varphi_n = -\frac{M_n}{d^0{}_n}. \qquad (517)$$

Damit erhält man nach Tafel IV (Nr. 2d und 4d), Seite 98, die Stabanschlußmomente bzw. Verteilungsmomente M' im Knoten n:

$$M'{}_{n,1} = a_{n,1} \varphi_n = -\frac{a_{n,1}}{d^0{}_n} \cdot M_n$$

$$M'{}_{n,2} = a^0{}_{n,2} \varphi_n = -\frac{a^0{}_{n,2}}{d^0{}_n} \cdot M_n \qquad (518)$$

usw.

oder, wenn in Anlehnung an (256) für die Summe sämtlicher Steifigkeitszahlen a bzw. a^0 aller im Knoten n fest angeschlossenen Stäbe vereinfacht $d^0{}_n = \Sigma a_{n,i}$ gesetzt wird, gilt allgemein für einen Stab $n—i$:

$$\boxed{M'{}_{n,i} = -\frac{a_{n,i}}{\Sigma a_{n,i}} \cdot M_n = -\mu_{n,i} \cdot M_n,} \qquad (519)$$

wobei

$$\mu_{n,i} = \frac{a_{n,i}}{\Sigma a_{n,i}}. \qquad (520)$$

Die Momentenverteilungszahl μ für einen bestimmten Stab ist also gleich dem Quotienten aus der Steifigkeitszahl a bzw. a^0 dieses Stabes und der Summe der Steifigkeitszahlen aller in dem betrachteten Knoten biegungssteif angeschlossenen Stäbe. Die Verteilung des Momentes M_n in einem Knoten n erfolgt somit bei Stäben mit veränderlichen Stabquerschnitten im Verhältnis der Steifigkeitszahlen $a_{n,i}$. Diese Stabfestwerte a bzw. a^0 können für Stäbe mit geraden oder parabolischen Vouten aus den Zahlentafeln 7 bis 12 oder den Kurventafeln 7a bis 12a entnommen werden.

Für Stäbe mit konstanten Querschnitten kann gemäß (31) für die doppelte Summe aller Stabfestwerte k bzw. k^0 vereinfacht $d^0{}_n = 2\,\Sigma k_{n,i}$ geschrieben werden. Sonach sind mit Gl. (517) nach Tafel I (Nr. 2d und 4d), Seite 6, die Stabanschlußmomente bzw. Verteilungsmomente M' (vgl. Abb. 494)

$$M'{}_{n,1} = -\frac{2\,k_{n,1}}{2\,\Sigma k_{n,i}} \cdot M_n = -\frac{k_{n,1}}{\Sigma k_{n,i}} \cdot M_n$$

$$M'{}_{n,2} = -\frac{2\,k^0{}_{n,2}}{2\,\Sigma k_{n,i}} \cdot M_n = -\frac{k^0{}_{n,2}}{\Sigma k_{n,i}} \cdot M_n \qquad (521)$$

usw.

oder allgemein für einen Stab $n\!-\!i$:

$$M'_{n,i} = -\,\frac{k_{n,i}}{\Sigma k_{n,i}}\cdot M_n = -\,\mu_{n,i}\cdot M_n\,. \qquad (522)$$

Es ist hier also

$$\mu_{n,i} = \frac{k_{n,i}}{\Sigma k_{n,i}}\,, \qquad (523)$$

d. h. die Momentenverteilung auf die im Knoten n angeschlossenen Stäbe mit konstanten Querschnitten erfolgt im Verhältnis ihrer Steifigkeitszahlen k bzw. k^0.

3. Ermittlung der Überleitungszahlen γ

Um nun die im Knoten n nach (519) bzw. (522) ermittelten Verteilungsmomente M' bis zu den gegenüberliegenden, voll eingespannten Stabenden weiterzuleiten, benötigt man die sogenannten „Überleitungszahlen" γ. Bei Stäben mit k o n s t a n t e n Querschnitten ist stets

$$\gamma = 0,5\,, \qquad (524)$$

da die Momentenlinie durch den in $l/3$ liegenden Festpunkt verläuft. Es ist also für einen Stab $m\!-\!n$ gemäß Abb. 498a das vom drehbaren Stabende m zum voll eingespannten Ende n übergeleitete Moment

$$M''_{n,m} = 0,5\,M'_{m,n}\,. \qquad (525)$$

Handelt es sich nach Abb. 498b um beliebig v e r ä n d e r l i c h e Stabquerschnitte,

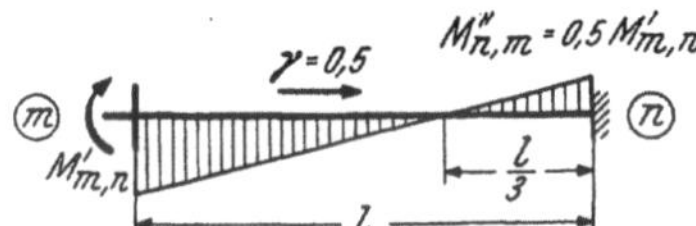

Abb. 498a. Stab mit konstantem Querschnitt

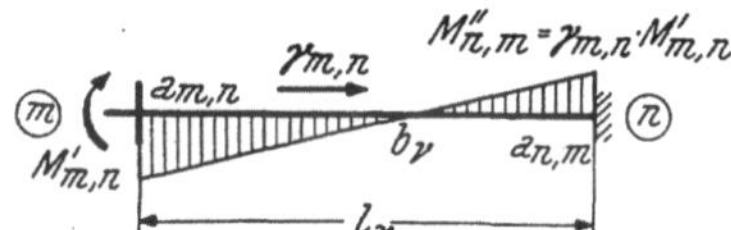

Abb. 498b. Stab mit veränderlichen Querschnitten

so verhalten sich nach (197) für einen Stab ν mit einem drehbaren Ende m und einem fest eingespannten Ende n die beiden Endmomente

$$M'_{m,n} : M''_{n,m} = a_{m,n} : b_\nu\,.$$

Es ist somit

$$M''_{n,m} = \frac{b_\nu}{a_{m,n}}\cdot M'_{m,n} = \gamma_{m,n}\cdot M'_{m,n}\,. \qquad (526)$$

Wenn also ein Verteilungsmoment $M'_{m,n}$ zum voll eingespannten Stabende n weiterzuleiten ist, so beträgt die Überleitungszahl bei veränderlichen Stabquerschnitten

$$\gamma_{m,n} = \frac{b_\nu}{a_{m,n}} \qquad (527)$$

bzw. unter Beachtung von (184) auch

$$\gamma_{m,n} = \frac{\beta_\nu}{\alpha_{n,m}}\,. \qquad (527\,\text{a})$$

Bei symmetrisch ausgebildeten Stäben ist

$$\gamma_{m,\,n} = \gamma_{n,\,m} = \frac{b}{a} \qquad (528)$$

bzw. auch

$$\gamma_{m,\,n} = \frac{\beta}{\alpha}. \qquad (528\,\mathrm{a})$$

Für Tragwerke mit geraden oder parabolischen Vouten können die Überleitungszahlen γ aus den Tafeln 39 bis 42 oder 39a bis 42a entnommen werden.

4. Ermittlung der Ausgangsmomente $\mathfrak{M}$ bzw. $\mathfrak{M}^0$

Es sind dies die Stabanschlußmomente, welche bei gedachter voller Einspannung sämtlicher biegungssteif angeschlossener Stäbe unter der gegebenen Belastung auftreten. Sie sind identisch mit den „Stabbelastungsgliedern" $\mathfrak{M}$ bzw. $\mathfrak{M}^0$, die auch beim Drehwinkelverfahren benötigt werden. Zu ihrer Ermittlung dienen für Stäbe mit konstantem Querschnitt die Tafeln 2 bis 6, für Voutenstäbe mit durchgehender Gleichlast die Tafeln 15 bis 20 oder 15a bis 20a, für Voutenstäbe mit Einzellasten die Einflußlinientafeln 21 bis 26 oder 21a bis 26a.

5. Bestimmung der Verschiebungsmomente $\bar{M}$ für $\varDelta = 1$ bei unverdrehbaren Knoten

Für Stäbe mit veränderlichen Stabquerschnitten ist dieser Fall bereits in (198) erfaßt. Setzt man darin noch $\psi = \varDelta/l$ und weiter $\varDelta = 1$, so erhält man die Verschiebungsmomente $\bar{M}$ bei unbelastetem Stab (vgl. Abb. 499a) mit

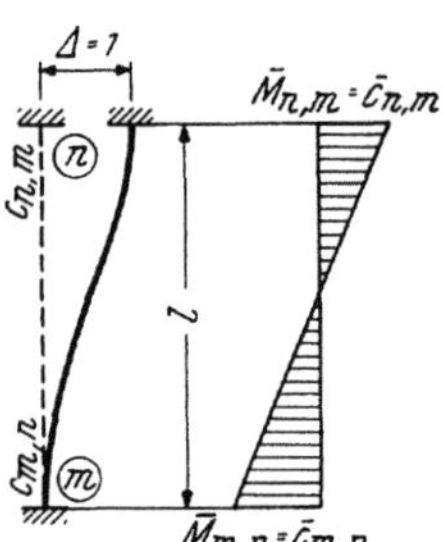

Abb. 499a. Verschiebungsmomente $\bar{M}_{m,\,n}$ und $\bar{M}_{n,\,m}$ eines beidseitig voll eingespannten Stabes für $\varDelta = 1$

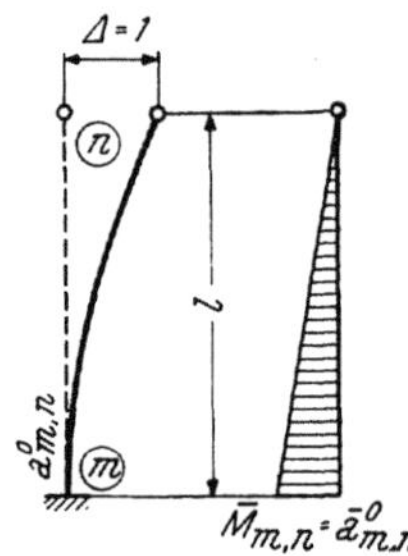

Abb. 499b. Verschiebungsmoment $\bar{M}_{m,n}$ eines einseitig voll eingespannten Gelenkstabes für $\varDelta = 1$

$$\bar{M}_{m,\,n} = \frac{c_{m,\,n}}{l} = \bar{c}_{m,\,n}$$
$$\bar{M}_{n,\,m} = \frac{c_{n,\,m}}{l} = \bar{c}_{n,\,m}. \qquad (529)$$

Die c-Werte ergeben sich nach (178) bzw. (185) mit

$$c_{m,\,n} = a_{m,\,n} + b_\nu$$
$$c_{n,\,m} = a_{n,\,m} + b_\nu \qquad (530)$$

und können mit Hilfe der Tafeln 7 bis 10 oder 7a bis 10a leicht bestimmt werden.

In ähnlicher Weise erhält man für einen unbelasteten Stab, der an einem Ende unverdrehbar festgehalten, auf der Gegenseite jedoch *gelenkig* angeschlossen ist, das Verschiebungsmoment $\bar{M}$ für $\varDelta = 1$ aus (195), wenn darin $\mathfrak{M}^0_{m,\,n} = 0$ und $\varphi_m = 0$ gesetzt werden; somit wird (vgl. Abb. 499b)

$$\bar{M}_{m,\,n} = \bar{a}^0_{m,\,n}, \qquad (531)$$

wobei gemäß (194)

$$\bar{a}^0_{m,\,n} = \frac{a^0_{m,\,n}}{l}.$$

Die a^0-Werte können aus den Tafeln 11 und 12 bzw. 11a und 12a entnommen werden.

Für Stäbe mit **konstantem** Querschnitt wird für $\Delta = 1$, $\varphi_m = \varphi_n = 0$ und $\mathfrak{M} = 0$ aus (10)

$$\boxed{\overline{M}_{m,\,n} = \overline{M}_{n,\,m} = \frac{3\,k}{l} = \overline{k}} \qquad (532)$$

und für einen unbelasteten Stab, der auf einer Seite unverdrehbar, auf der anderen Seite *gelenkig* angeschlossen ist, erhält man das Verschiebungsmoment für $\Delta = 1$ aus (17) bzw. (17a) mit

$$\boxed{\overline{M}_{m,\,n} = \frac{2\,k^0}{l} = \overline{k}^0 \, .} \qquad (533)$$

6. Ermittlung der Verteilungszahlen ω für die durch den Stockwerkschub S hervorgerufenen Volleinspannmomente $\overline{M}$ bei unverdrehbaren Knoten

Zur Berechnung der durch einen waagrechten Stockwerkschub S in den unverdrehbar festgehaltenen oberen und unteren Stielenden hervorgerufenen Volleinspannmomente $\overline{M}_o$ und $\overline{M}_u$ im Stockwerk μ können sehr einfache Ausdrücke gewonnen werden, wenn die für das Drehwinkelverfahren entwickelten allgemeinen Verschiebungsgleichungen für die verschiedenen Sonderfälle ausgewertet werden. Dabei ist es zweckmäßig, zwei Fälle zu unterscheiden, und zwar Stockwerke mit gleich langen Stielen und solche mit ungleich langen Stielen. Unter Annahme beliebig veränderlicher Stabquerschnitte und unverdrehbarer Knoten wird für

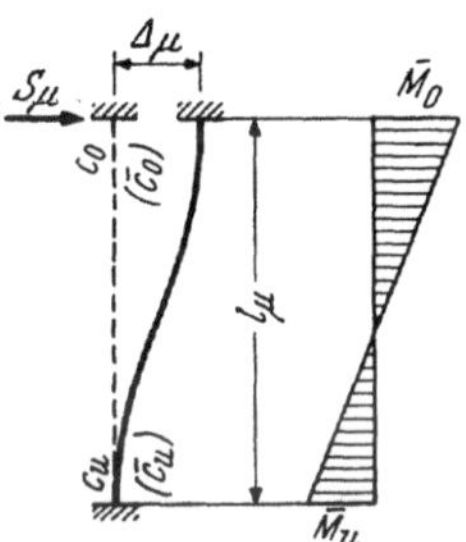

Abb. 500a. Oben und unten unverdrehbar angeschlossener Stiel

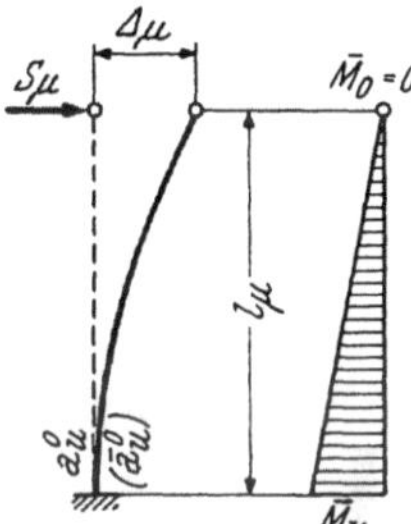

Abb. 500b. Oben gelenkig, unten unverdrehbar angeschlossener Stiel

Abb. 500a, b. Verformung und Momente durch den Stockwerkschub S_μ

a) **Stockwerke mit gleich langen Stielen** aus (262) in Verbindung mit (180) und unter Beachtung, daß $\varphi_u = \varphi_o = 0$ ist,

$$\boxed{\overline{M}_o = \omega_o \cdot S_\mu \text{ und } \overline{M}_u = \omega_u \cdot S_\mu \, ,} \qquad (534)$$

wobei für oben und unten unverdrehbare Stiele (Abb. 500a)

$$\omega_o = \frac{c_o\, l_\mu}{\underset{\mu}{\Sigma}\,(c_o + c_u)} \quad \text{und} \quad \omega_u = \frac{c_u\, l_\mu}{\underset{\mu}{\Sigma}\,(c_o + c_u)} \, . \qquad (535)$$

Die Summe bezieht sich auf alle Stäbe des betrachteten Stockwerkes μ, und l_μ bedeutet die Geschoßhöhe.

Sind z. B. sämtliche Stiele eines Stockwerkes μ oben *gelenkig* angeschlossen, unten aber unverdrehbar festgehalten (vgl. Abb. 500b), so wird

$$\omega_u = \frac{a^0{}_u\, l_\mu}{\underset{\mu}{\Sigma} a^0{}_u} . \tag{536}$$

b) Stockwerke mit **verschieden** langen Stielen: In diesem Fall erhält man für Stockwerke mit oben und unten unverdrehbaren Stielen (Abb. 500a)

$$\omega_o = \frac{\bar{c}_o}{\underset{\mu}{\sum'} \dfrac{\bar{c}_o + \bar{c}_u}{l}} \quad \text{und} \quad \omega_u = \frac{\bar{c}_u}{\underset{\mu}{\sum} \dfrac{\bar{c}_o + \bar{c}_u}{l}} . \tag{535a}$$

Für symmetrisch ausgebildete Stäbe wird jeweils $\omega_o = \omega_u$ und damit auch $\bar{M}_o = \bar{M}_u$.

Unter der Voraussetzung, daß sämtliche Stiele eines Stockwerkes μ oben *gelenkig* und unten unverdrehbar festgehalten sind (vgl. Abb. 500b), wird

$$\omega_u = \frac{\bar{a}^0{}_u}{\underset{\mu}{\sum'} \dfrac{\bar{a}^0{}_u}{l}} . \tag{536a}$$

Die Bedeutung der c- bzw. $\bar{c}$- und $\bar{a}^0$-Werte ergibt sich aus (529) bis (531).
Bei Stäben mit **konstantem** Querschnitt erhält man
a) für Stockwerke mit **gleich** langen Stielen

$$\omega_o = \omega_u = \frac{k\, l_\mu}{2\,\underset{\mu}{\Sigma k}} \tag{537}$$

bzw. unter gleichen Voraussetzungen wie zu (536)

$$\omega_u = \frac{k^0\, l_\mu}{\underset{\mu}{\Sigma k^0}} ; \tag{538}$$

b) für Stockwerke mit **verschieden** langen Stielen

$$\omega_o = \omega_u = \frac{\bar{k}}{2 \underset{\mu}{\sum'} \dfrac{\bar{k}}{l}} \tag{537a}$$

bzw.

$$\omega_u = \frac{\bar{k}^0}{\underset{\mu}{\sum} \dfrac{\bar{k}^0}{l}} . \tag{538a}$$

Für Tragwerke mit lotrecht verschieblichen Knotenpunkten gelten bei bekanntem S analoge Beziehungen.

7. Anwendungsbeispiel für ein unverschiebliches Tragwerk

Für das in Abb. 501 ersichtliche Tragwerk soll der Momentenverlauf für die gleichzeitig wirkenden Belastungen $q_1 = 5\,\text{t/m}$ und $q_2 = 4\,\text{t/m}$ mit Hilfe des Momentenverteilungsverfahrens bestimmt werden.

Für *Stab 1—3* mit der angenommenen starren Strecke bei 3 ist $J_c = 0,009$ m⁴; $J_A = \infty$, also $n = 0$; $\lambda = 0,10$, daher nach Tafel 7: $\mathfrak{a}_1 = 6,09$; $\mathfrak{a}_2 = 4,44$; $\mathfrak{b} = 2,96$, somit nach (219) $a_1 = 13,70$; $a_2 = 9,99$; $b = 6,66$.

Für *Stab 2—3* ist $J_c = 0,0072$ m⁴; $J_A = 0,0576$ m⁴, also $n = 0,125$; $\lambda = 0,25$, daher nach Tafel 9a: $\mathfrak{a} = 9,24$; $\mathfrak{b} = 6,33$, somit nach (220) $a = 8,32$; $b = 5,70$; und nach Tafel 17a: $\varkappa = 1,22$, daher $\mathfrak{M}_{2,3} = -32,53$ tm; $\mathfrak{M}_{3,2} = +32,53$ tm.

Für *Stab 3—4* mit Gelenk bei 4 ist $J_c = 0,0072$ m⁴; $J_A = 0,0576$ m⁴, also $n = 0,125$; $\lambda = 0,30$, daher nach Tafel 11a: $\mathfrak{a}^0_1 = 5,34$, somit nach (221) $a^0_1 = 6,41$; und nach Tafel 19a: $\varkappa = 0,181$, daher $\mathfrak{M}^0_{3,4} = -26,06$ tm.

Für *Stab 3—5* ist $J_c = J_A = 0,00521$ m⁴, also $n = 1$; $\lambda = 0$, und damit nach Tafel 7: $\mathfrak{a} = 4,0$; $\mathfrak{b} = 2,0$, somit nach (220) $a = 5,95$; $b = 2,98$.

Die Stabfestwerte sind in der Festwertskizze Abb. 502 eingetragen.

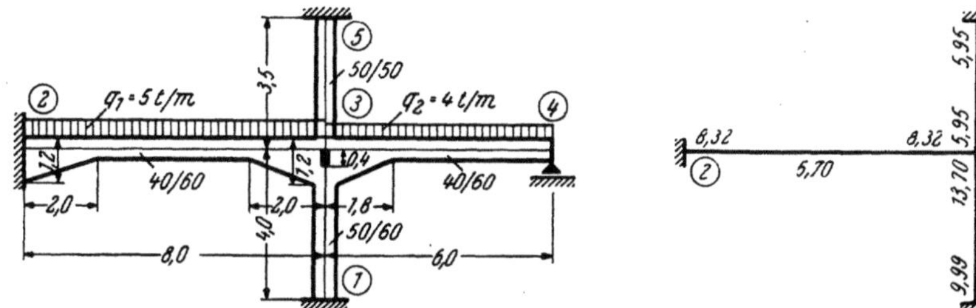

Abb. 501. Tragwerksabmessungen und Belastungsangaben   Abb. 502. Festwertskizze (k- und k^0-Zahlen)

Das im Knoten 3 zu verteilende Restmoment ist somit hier nach (514)

$$M_3 = s^0_3 = \Sigma\mathfrak{M}_{3,i} = +32,53 - 26,06 = +6,47 \text{ tm} .$$

Nach (519) erhält man mit

$$\Sigma(a_{3,i} + a^0_{3,i}) = d^0_3 = 13,70 + 8,32 + 6,41 + 5,95 = 34,38$$

folgende Verteilungsmomente:

$$M'_{3,1} = -\mu_{3,1} M_3 = -\frac{a_{3,1}}{d^0_3} \cdot M_3 = -\frac{13,70}{34,38} \cdot 6,47 = -2,57 \text{ tm}$$

$$M'_{3,2} = -\mu_{3,2} M_3 = -\frac{a_{3,2}}{d^0_3} \cdot M_3 = -\frac{8,32}{34,38} \cdot 6,47 = -1,57 \text{ ,,}$$

$$M'_{3,4} = -\mu_{3,4} M_3 = -\frac{a^0_{3,4}}{d^0_3} \cdot M_3 = -\frac{6,41}{34,38} \cdot 6,47 = -1,21 \text{ ,,}$$

$$M'_{3,5} = -\mu_{3,5} M_3 = -\frac{a_{3,5}}{d^0_3} \cdot M_3 = -\frac{5,95}{34,38} \cdot 6,47 = -1,12 \text{ ,, } .$$

Diese Momentenanteile sind nun jeweils auf das andere Stabende mit Hilfe der Überleitungszahlen γ weiterzuleiten. Nach (526) erhält man unter Zuhilfenahme der Tafeln 39 bzw. 41a

$$M''_{1,3} = \frac{b_{3,1}}{a_{3,1}} \cdot M'_{3,1} = \gamma_{3,1} \cdot M'_{3,1} = 0,486 \cdot (-2,57) = -1,25 \text{ tm}$$

$$M''_{2,3} = \frac{b_{3,2}}{a_{3,2}} \cdot M'_{3,2} = \gamma_{3,2} \cdot M'_{3,2} = 0,685 \cdot (-1,57) = -1,07 \text{ ,,}$$

$$M''_{5,3} = \frac{b_{3,5}}{a_{3,5}} \cdot M'_{3,5} = \gamma_{3,5} \cdot M'_{3,5} = 0,500 \cdot (-1,12) = -0,56 \text{ ,, } .$$

Die Weiterleitung von $M'_{3,4}$ zum Gelenk entfällt. Durch Addition der bisher erhaltenen Teilbeträge der einzelnen Stabendmomente zu den jeweiligen Stabbelastungsgliedern $\mathfrak{M}$ bzw. $\mathfrak{M}^0$ ergeben sich hier gemäß (516) bereits die endgültigen Werte:

$$M_{1,3} = \qquad\qquad = -\ 1{,}25\ \text{tm} \qquad\qquad M_{3,1} = \qquad\qquad = -\ 2{,}57\ \text{tm}$$
$$M_{2,3} = -\ 32{,}53 - 1{,}07 = -\ 33{,}60\ ,, \qquad M_{3,2} = +\ 32{,}53 - 1{,}57 = +\ 30{,}96\ ,,$$
$$M_{5,3} = \qquad\qquad = -\ 0{,}56\ ,, \qquad\qquad M_{3,4} = -\ 26{,}06 - 1{,}21 = -\ 27{,}27\ ,,$$
$$M_{3,5} = \qquad\qquad = -\ 1{,}12\ ,, \ .$$

In Abb. 503 sind diese Momente maßstäblich aufgetragen.

Zur Probe und zum Vergleich sollen anschließend die Momente für den vorliegenden Fall auch nach dem Drehwinkelverfahren berechnet werden. Es erscheinen dadurch auch die direkten Zusammenhänge der beiden Berechnungsarten besonders augenfällig. Nach (255) lautet die Knotengleichung für den vorliegenden Fall

$$d^0_3\,\varphi_3 + s^0_3 = 0 \quad \text{oder} \quad \varphi_3 = -\,\frac{s^0_3}{d^0_3} = -\,\frac{6{,}47}{34{,}38} = -\,0{,}188\ .$$

Damit ergeben sich nach (183) bzw. (196) die Stabendmomente:

$$M_{1,3} = -\ 6{,}66 \cdot 0{,}188 \qquad = -\ 1{,}25\ \text{tm};\ M_{3,1} = -\ 13{,}70 \cdot 0{,}188 \qquad = -\ 2{,}57\ \text{tm}$$
$$M_{2,3} = -\ 5{,}70 \cdot 0{,}188 - 32{,}53 = -\ 33{,}60\ ,,\ ;\ M_{3,2} = -\ 8{,}32 \cdot 0{,}188 + 32{,}53 = +\ 30{,}96\ ,,$$
$$M_{5,3} = -\ 2{,}98 \cdot 0{,}188 \qquad = -\ 0{,}56\ ,,\ ;\ M_{3,4} = -\ 6{,}41 \cdot 0{,}188 - 26{,}06 = -\ 27{,}27\ ,,$$
$$M_{3,5} = -\ 5{,}95 \cdot 0{,}188 \qquad = -\ 1{,}12\ ,,\ .$$

Ein Vergleich der beiden Rechnungsarten zeigt, daß in beiden Fällen zwar ähnliche Rechenoperationen zur Anwendung kommen, daß man aber nach dem Drehwinkelverfahren die Endergebnisse mit einem geringeren Aufwand an statischen Überlegungen und Zahlenrechnungen erhalten kann.

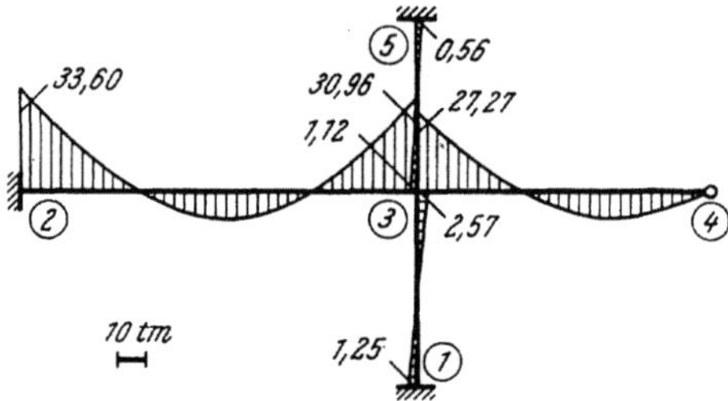

Abb. 503. M-Verlauf für lotrechte Belastung

Zweiter Teil

Zahlenbeispiele

Vorbemerkung

Bei der Auswahl der Zahlenbeispiele wurde stets darauf Bedacht genommen, daß zunächst die einfacheren Rahmentragwerke zur Behandlung gelangen und dann allmählich die schwierigeren Fälle folgen. Es soll dabei vor allem gezeigt werden, wie die im Ersten Teil des Buches beschriebenen Berechnungsverfahren praktisch anzuwenden sind und wie die zahlenmäßige Durchführung der Berechnung am zweckmäßigsten und am vorteilhaftesten erfolgt.

Um auch den zahlenmäßigen Einfluß der Vouten auf die Momentenverteilung bei den im Bauwesen gebräuchlichen Tragwerken zu veranschaulichen und gleichzeitig die Art und den Umfang der Berechnungsweise mit und ohne Voutenwirkung gegenüberstellen und vergleichen zu können, wurden in den folgenden zwei Abschnitten einzelne Rahmenformen mit denselben Belastungen zuerst ohne Vouten und dann mit Vouten behandelt.

Alle Vorarbeiten für die eigentliche Berechnung, also die Ermittlung der Steifigkeitswerte sowie der Diagonal-, Stabbelastungs- und Knotenbelastungsglieder, werden stets unter Hinweis auf die zu verwendenden Formeln des Textes im Ersten Teil bzw. auf die Zahlen- und Kurventafeln im Dritten Teil des Buches durchgeführt. Die Ermittlung der Stabfestwerte geschieht am besten in einer Tabelle, in der alle hierzu erforderlichen Werte, nämlich die Querschnittsabmessungen der einzelnen Stäbe, die zugehörigen Trägheitsmomente und die Stablängen, übersichtlich zusammengestellt werden.

Die notwendigen Erläuterungen des Rechnungsganges werden nur in Schlagworten gegeben, um die Übersicht über die eigentliche Zahlenrechnung nicht durch allzu viel Text zu stören. Da jedoch größter Wert darauf gelegt wird, überall den Zusammenhang mit dem Ersten Teil des Buches zu wahren, wird bei allen zur Anwendung gelangenden Gleichungen und Formeln durch Angabe der Nummern auf den Textteil hingewiesen. Wo es wünschenswert erscheint, wird außerdem auf einschlägige Abschnitte besonders aufmerksam gemacht, um ein Nachschlagen im Text zu erleichtern und ein eingehenderes Studium der mit den Beispielen zusammenhängenden allgemeinen Fragen anzuregen.

Es sei ausdrücklich betont, daß man bei sämtlichen Rechenoperationen, also sowohl bei der zahlenmäßigen Bestimmung der Werte k, a_1, a_2, b, $\mathfrak{M}$, M usw. als auch bei der Auflösung der Gleichungen, mit dem gewöhnlichen Rechenstab in der Regel hinreichend genaue Ergebnisse erzielt.

Erster Abschnitt

Rahmentragwerke ohne Vouten

Bei allen folgenden Beispielen, die dem Stahlbetonbau entlehnt sind, wird für die Ermittlung der Trägheitsmomente J vorwiegend die Hilfstafel 1 benutzt. Auch bei anderen Querschnittsformen, die z. B. bei Rahmentragwerken aus Stahl und Holz vorkommen, können die Werte J in der Regel aus Tabellen der gebräuchlichen Handbücher entnommen werden; nur in Ausnahmefällen sind sie gesondert zu berechnen.

Die Steifigkeitszahlen werden nicht mit dem **wahren** Wert, sondern nach (36) mit dem „relativen" Wert, z. B. $k = 1000\,J/l$ oder $10\,000\,J/l$, in Rechnung gestellt, um übersichtlichere Zahlen zu erhalten. Die Steifigkeitswerte k^0 etwa vorhandener „Gelenkstäbe" und k' von Symmetriestäben oder k'' von antimetrisch belasteten Stäben werden in der Regel unter Angabe der zu benutzenden Formeln außerhalb der Tabelle gesondert ermittelt. Die Berechnung der Stabbelastungsglieder $\mathfrak{M}$ für beidseitig voll eingespannte Stäbe erfolgt je nach der vorliegenden Belastung aus den Tafeln 2 bis 4; die Stabbelastungsglieder $\mathfrak{M}^0$ für einseitig gelenkig angeschlossene Stäbe werden nach den für die verschiedensten Belastungsfälle zusammengestellten Formeln der Tafeln 5 und 6 bestimmt.

I. Unverschiebliche Tragwerke

Zahlenbeispiel 1 (vgl. auch Nr. 18)

Rahmenteil mit Kragarm. Volle Einspannung in den Knotenpunkten 1, 3, 4; daher $\varphi_1 = \varphi_3 = \varphi_4 = 0$. Es ist somit nur **eine** Unbekannte zu bestimmen, nämlich φ_2. Die Stablängen und Querschnittsabmessungen sind aus Abb. 504, die Belastungsangaben aus Abb. 505 zu entnehmen. Für die Durchführung der Rechnung können die Anweisungen Seite 28f. benutzt werden. Die k-Zahlen werden in der Festwerttabelle ermittelt und in die Festwertskizze (Abb. 506) übertragen.

Festwerttabelle

Stab	Querschnitt b/h (cm)	Trägheitsmoment J (m⁴)	Länge l (m)	$k = 1000\,J/l$
1—2	40/60	0,00720	4,00	1,80
2—3	40/70	0,01143	7,50	1,52
2—4	40/40	0,00213	3,50	0,61

Diagonalglied d_2

Nach (27) ist allgemein

$$d_n = 2 \sum_i k_{n,\,i}\,,$$

daher laut Festwertskizze (Abb. 506)

$$d_2 = 2\,(1,80 + 1,52 + 0,61) = 7,86\,.$$

Stabbelastungsglieder $\mathfrak{M}$

Nach Tafel 2 bzw. 4 erhält man anhand der Belastungsskizze (Abb. 505) *für Stab 2—3:*

$$\mathfrak{M}_{2,3} = -\frac{q_2\,l^2}{12} - \frac{2\,P_3\,l}{9} = -\frac{3,0\cdot 7,5^2}{12} - \frac{2\cdot 5\cdot 7,5}{9} = -22,39 \text{ tm}$$

$$\mathfrak{M}_{3,2} = +22,39 \text{ tm},$$

für den Kragarm:

$$\mathfrak{M}_{2,K} = +\frac{2,0\cdot 5,0^2}{2} + 2,5\cdot 5,0 + 5\cdot 2,5 = +50,00 \text{ tm}.$$

Knotenbelastungsglied s_2

Nach (28) ist allgemein

$$s_n = \sum_i \mathfrak{M}_{n,i} + \sum \mathfrak{M}_{n,K}\,,$$

daher

$$s_2 = \mathfrak{M}_{2,3} + \mathfrak{M}_{2,K} = -22,39 + 50,00 =$$
$$= +27,61 \text{ tm}.$$

Knotengleichung

Nach (26) ist allgemein

$$d_n\varphi_n + \sum_i k_{n,i}\varphi_i + s_n = 0.$$

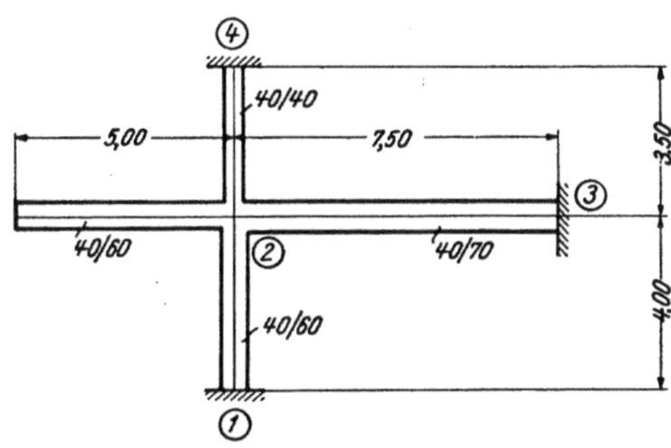

Abb. 504. Tragwerksabmessungen

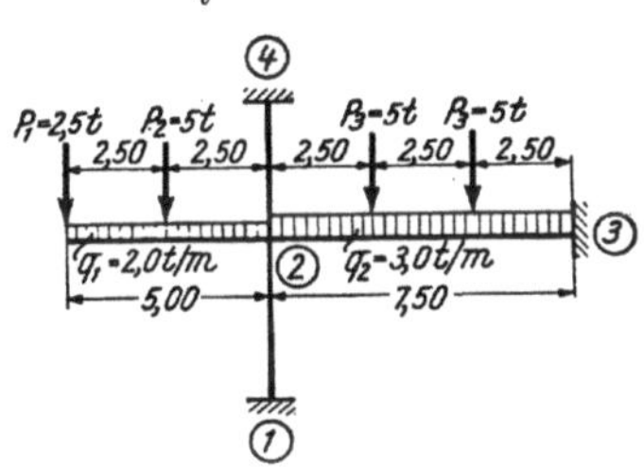

Abb. 505. Belastungsangaben

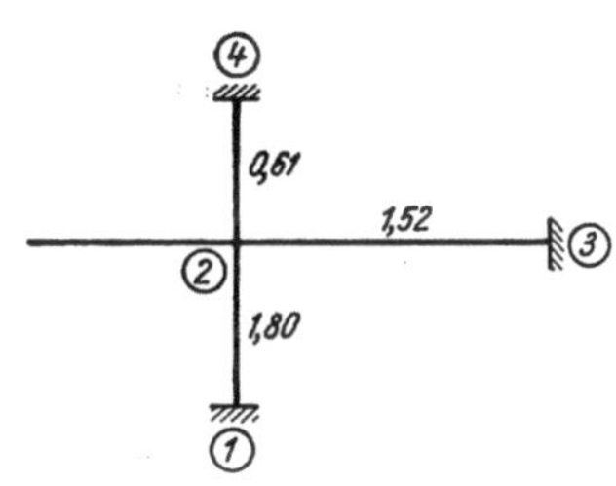

Abb. 506. Festwertskizze (k-Zahlen)

Da sämtliche dem Knoten 2 benachbarten Knotendrehwinkel Null sind, ergibt sich einfach

$$d_2\varphi_2 + s_2 = 0 \quad \text{oder} \quad 7,86\,\varphi_2 + 27,61 = 0$$

und daraus

$$\varphi_2 = -\frac{27,61}{7,86} = -3,51.$$

Stabendmomente

Nach (22) ist für einen Stab 1—2

$$M_{1,2} = k\,(2\,\varphi_1 + \varphi_2) + \mathfrak{M}_{1,2}.$$

Damit erhält man unter Zuhilfenahme der Festwertskizze (Abb. 506):

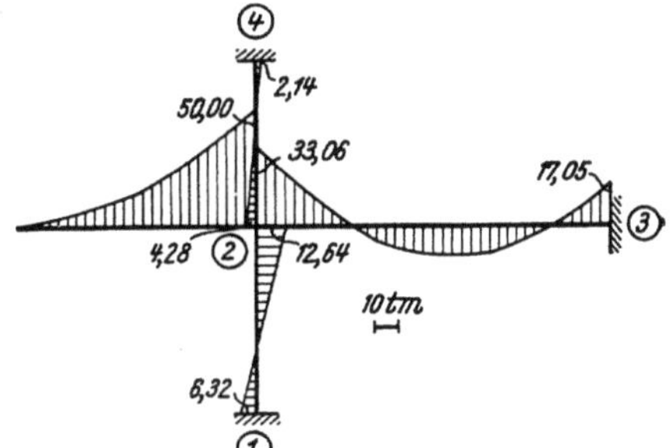

Abb. 507. M-Verlauf für lotrechte Belastung

$$\begin{aligned}
M_{1,2} &= -1,80\cdot 3,51 & &= -\;\;6,32 \text{ tm}\\
M_{2,1} &= -1,80\cdot 2\cdot 3,51 & &= -12,64 \text{ ,,}\\
M_{2,3} &= -1,52\cdot 2\cdot 3,51 - 22,39 & &= -33,06 \text{ ,,}\\
M_{2,4} &= -0,61\cdot 2\cdot 3,51 & &= -\;\;4,28 \text{ ,,}\\
M_{2,K} &= & &= +50,00 \text{ ,,}\\
M_{3,2} &= -1,52\cdot 3,51 + 22,39 & &= +17,05 \text{ ,,}\\
M_{4,2} &= -0,61\cdot 3,51 & &= -\;\;2,14 \text{ ,,}
\end{aligned}$$

In Abb. 507 sind diese Momente maßstäblich aufgetragen.

Zahlenbeispiel 2 (vgl. auch Nr. 19)

Unsymmetrischer, dreistieliger, zweigeschossiger Rahmenteil. Volle Einspannung in den Knotenpunkten 1, 2, 3, 7, 8, 9. Rahmen im Knoten 6 unverschieblich festgehalten, daher nur **drei** Unbekannte, und zwar φ_4, φ_5, φ_6. Tragwerksabmessungen und Belastungsangaben siehe Abb. 508 und 509. Die Durchführung der Rechnung erfolgt wieder nach den Anweisungen Seite 28 f. Die k-Zahlen ergeben sich aus der Festwerttabelle

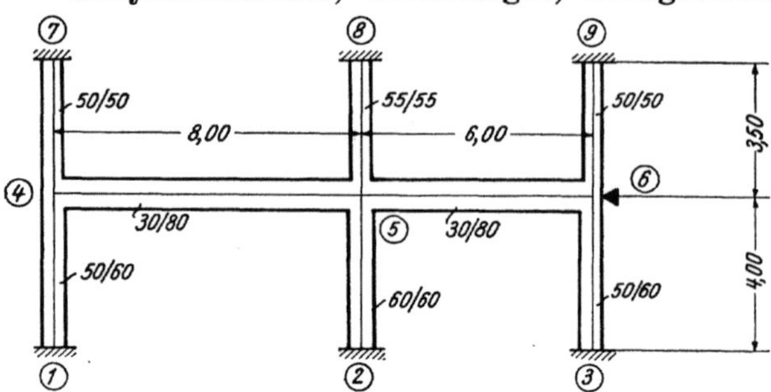

Abb. 508. Tragwerksabmessungen

und sind in die Festwertskizze (Abb. 510) zu übertragen.

Festwerttabelle

Stab	Querschnitt b/h (cm)	Trägheitsmoment J (m⁴)	Länge l (m)	$k = 1000\, J/l$
1—4, 3—6	50/60	0,00900	4,00	2,25
2—5	60/60	0,01080	4,00	2,70
4—5	30/80	0,01280	8,00	1,60
5—6	30/80	0,01280	6,00	2,13
4—7, 6—9	50/50	0,00521	3,50	1,49
5—8	55/55	0,00763	3,50	2,18

Diagonalglieder d

Nach (27) ist allgemein

$$d_n = 2 \sum_i k_{n,i}\,.$$

Damit erhält man unter Zuhilfenahme der Festwertskizze (Abb. 510)

$$d_4 = 2\,(2,25 + 1,60 + 1,49) \qquad = 10,68$$
$$d_5 = 2\,(2,70 + 1,60 + 2,13 + 2,18) = 17,22$$
$$d_6 = 2\,(2,25 + 2,13 + 1,49) \qquad = 11,74\,.$$

Stabbelastungsglieder $\mathfrak{M}$

Mit den Belastungsangaben in Abb. 509 ergeben sich nach Tafel 2 und 4

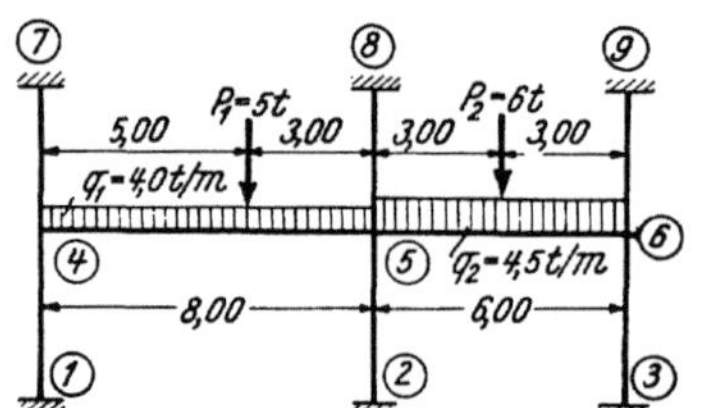

Abb. 509. Belastungsangaben

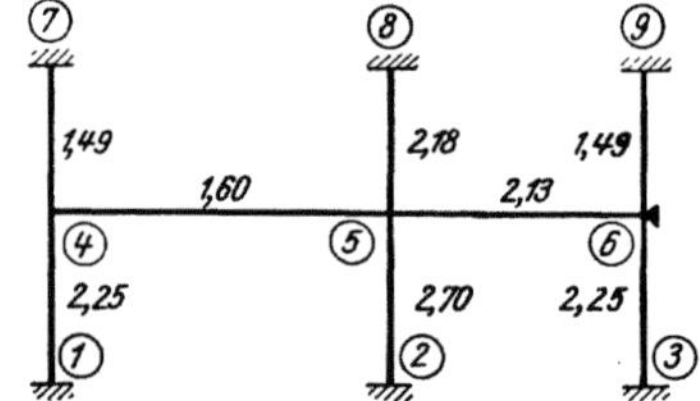

Abb. 510. Festwertskizze (k-Zahlen)

für Stab 4—5:

$$\mathfrak{M}_{4,5} = -\frac{q_1 l^2}{12} - \frac{P_1 a b^2}{l^2} = -\frac{4,0 \cdot 8,0^2}{12} - \frac{5 \cdot 5,0 \cdot 3,0^2}{8,0^2} = -24,81 \text{ tm}$$

$$\mathfrak{M}_{5,4} = +\frac{q_1 l^2}{12} + \frac{P_1 a^2 b}{l^2} = +\frac{4,0 \cdot 8,0^2}{12} + \frac{5 \cdot 5,0^2 \cdot 3,0}{8,0^2} = +27,17 \text{ ,, ,}$$

für Stab 5—6:

$$\mathfrak{M}_{5,6} = -\frac{q_2\, l^2}{12} - \frac{P_2\, l}{8} = -\frac{4,5 \cdot 6,0^2}{12} - \frac{6 \cdot 6,0}{8} = -18,00\ \mathrm{tm}$$

$$\mathfrak{M}_{6,5} = +18,00\ \mathrm{tm}\ .$$

Knotenbelastungsglieder s

Nach (28a) ist allgemein

$$s_n = \sum_i \mathfrak{M}_{n,i}\ ,$$

daher wird

$$
\begin{aligned}
s_4 &= \mathfrak{M}_{4,5} = && = -24,81\ \mathrm{tm}\\
s_5 &= \mathfrak{M}_{5,4} + \mathfrak{M}_{5,6} = +27,17 - 18,00 &&= +\ \ 9,17\ \text{,,}\\
s_6 &= \mathfrak{M}_{6,5} = && = +18,00\ \text{,,}\ .
\end{aligned}
$$

Knotengleichungen

Nach (26) ist allgemein

$$d_n \varphi_n + \sum_i k_{n,i}\, \varphi_i + s_n = 0\ .$$

Damit können unter gleichzeitiger Benutzung der Festwertskizze (Abb. 510) die Gleichungen für die drei Knotenpunkte 4, 5, 6 unmittelbar in Form einer Tabelle angeschrieben werden.

Gleichungstabelle

	φ_4	φ_5	φ_6	B
Für Knoten 4: φ_4	+ 10,68	+ 1,60		— 24,81
Für Knoten 5: φ_5	+ 1,60	+ 17,22	+ 2,13	+ 9,17
Für Knoten 6: φ_6		+ 2,13	+ 11,74	+ 18,00

Auflösung der Gleichungen

	Rechnungsgang	φ_4	φ_5	φ_6	B
(φ_4)	**(I)**	+ 10,68	+ 1,60		— 24,81
(φ_5)		+ 1,60	+ 17,22	+ 2,13	+ 9,17
(φ_6)			+ 2,13	+ 11,74	+ 18,00
(φ_5)	$-\dfrac{1,60}{10,68} \cdot$ (I)	— 1,60	— 0,24		+ 3,72
	(II) $= \Sigma\,(\varphi_5)$	0	+ 16,98	+ 2,13	+ 12,89
(φ_6)	$-\dfrac{2,13}{16,98} \cdot$ (II)		— 2,13	— 0,27	— 1,62
	(III) $= \Sigma\,(\varphi_6)$		0	+ 11,47	+ 16,38

Ermittlung der Knotendrehwinkel: Die rückläufige Ermittlung der Unbekannten ergibt aus

„Hauptgleichung" (III):
$$\varphi_6 = \frac{-16,38}{11,47} = -1,43$$

„ (II):
$$\varphi_5 = \frac{-12,89 + 2,13 \cdot 1,43}{16,98} = -0,58$$

„ (I):
$$\varphi_4 = \frac{+24,81 + 1,60 \cdot 0,58}{10,68} = +2,41\ .$$

Erläuterungen zur Gleichungsauflösung: Die Auflösung der Gleichungen ist hier in ausführlicher Art vorgenommen. Der Vorgang ist folgender: Man multipliziert die „Hauptgleichung" (I) mit — 1,60/10,68 und erhält damit für φ_4 den gleichen Koeffizienten wie im ersten Glied der Knotengleichung für Knoten 5, jedoch mit entgegengesetztem Vorzeichen. Dieser Vorgang kann mit einer Rechenschieberstellung durchgeführt werden. Durch Addition der beiden Gleichungen (φ_5) entfällt das erste Glied mit der Unbekannten φ_4, und es bleiben in der „Hauptgleichung" (II) nur die zwei Unbekannten φ_5 und φ_6. Nun multipliziert man die „Hauptgleichung" (II) mit — 2,13/16,98; damit erhält man jetzt für φ_5 den gleichen Koeffizienten wie im ersten Glied der Knotengleichung für Knoten 6, jedoch wieder mit entgegengesetztem Vorzeichen. Durch Addition der Gleichungen

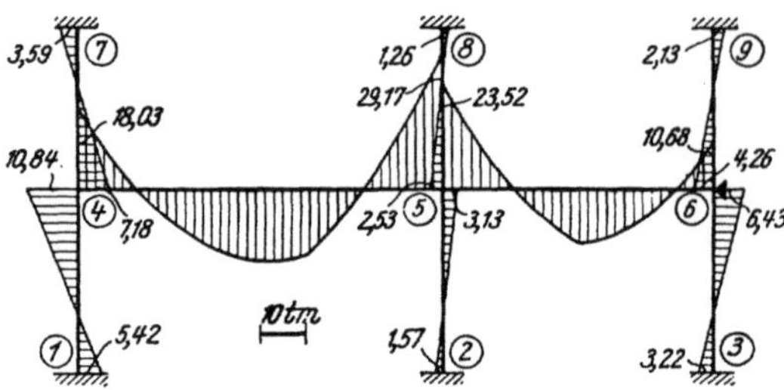

Abb. 511. *M*-Verlauf für lotrechte Belastung

(φ_6) entfällt somit dieses Glied, und in der „Hauptgleichung" (III) tritt nur noch die Unbekannte φ_6 auf, die nun aus dieser Gleichung berechnet werden kann. Mit dem bekannten Wert φ_6 ergibt sich aus der „Hauptgleichung" (II) der Knotendrehwinkel φ_5, und durch Einsetzen von φ_5 in die „Hauptgleichung" (I) erhält man den Knotendrehwinkel φ_4.

In diesem Beispiel ist veranschaulicht, daß beim Auflösen symmetrischer Gleichungssysteme in den „Hauptgleichungen" alle Glieder links der Diagonale entfallen; es brauchen daher nur die Glieder rechts der Diagonale angeschrieben zu werden. Damit kann das Auflösen der Gleichungen nach den Anweisungen Seite 198 ff. in gekürzter Form noch rationeller vorgenommen werden (vgl. Zahlenbeispiel 3).

Stabendmomente

Nach (22) ist allgemein für einen Stab 1—2:

$$M_{1,2} = k\,(2\,\varphi_1 + \varphi_2) + \mathfrak{M}_{1,2}\,.$$

Entnimmt man die entsprechenden k-Werte aus der Festwertskizze, so erhält man durch wiederholte Anwendung dieser Formel:

$$
\begin{aligned}
M_{1,4} &= + \ 2,25 \cdot 2,41 & &= + \ \ 5,42 \ \text{tm}\\
M_{2,5} &= - \ 2,70 \cdot 0,58 & &= - \ \ 1,57 \ ,,\\
M_{3,6} &= - \ 2,25 \cdot 1,43 & &= - \ \ 3,22 \ ,,\\[4pt]
M_{4,1} &= + \ 2,25 \cdot 2 \cdot 2,41 & &= + \ 10,84 \ ,,\\
M_{4,5} &= + \ 1,60\,(2 \cdot 2,41 - 0,58) - 24,81 & &= - \ 18,03 \ ,,\\
M_{4,7} &= + \ 1,49 \cdot 2 \cdot 2,41 & &= + \ \ 7,18 \ ,,\\[4pt]
M_{5,2} &= - \ 2,70 \cdot 2 \cdot 0,58 & &= - \ \ 3,13 \ ,,\\
M_{5,4} &= + \ 1,60\,(- 2 \cdot 0,58 + 2,41) + 27,17 & &= + \ 29,17 \ ,,\\
M_{5,6} &= + \ 2,13\,(- 2 \cdot 0,58 - 1,43) - 18,00 & &= - \ 23,52 \ ,,\\
M_{5,8} &= - \ 2,18 \cdot 2 \cdot 0,58 & &= - \ \ 2,53 \ ,,\\[4pt]
M_{6,3} &= - \ 2,25 \cdot 2 \cdot 1,43 & &= - \ \ 6,43 \ ,,\\
M_{6,5} &= + \ 2,13\,(- 2 \cdot 1,43 - 0,58) + 18,00 & &= + \ 10,68 \ ,,\\
M_{6,9} &= - \ 1,49 \cdot 2 \cdot 1,43 & &= - \ \ 4,26 \ ,,\\[4pt]
M_{7,4} &= + \ 1,49 \cdot 2,41 & &= + \ \ 3,59 \ ,,\\
M_{8,5} &= - \ 2,18 \cdot 0,58 & &= - \ \ 1,26 \ ,,\\
M_{9,6} &= - \ 1,49 \cdot 1,43 & &= - \ \ 2,13 \ ,, \ .
\end{aligned}
$$

In Abb. 511 ist der gesamte Momentenverlauf maßstäblich aufgetragen.

Zahlenbeispiel 3

Dreifeldiger, zweigeschossiger Rahmenteil mit Gelenken. Volle Einspannung bei 3, 8, 10; gelenkige Stabanschlüsse bei 2, 4, 9; Pendelstütze bei 1. Es sind somit nur **drei** Unbekannte zu ermitteln, nämlich φ_5, φ_6, φ_7. Die Tragwerksabmessungen und Belastungsangaben sind aus den Abb. 512 und 513 zu entnehmen. Durchführung der Rechnung nach den Anweisungen Seite 28 f. Die Ermittlung der Stabfestwerte geschieht tabellarisch, für die „Gelenkstäbe" ergeben sich hierbei die k^0-Werte nach (15) aus $k^0 = 0,75\,k$.

Festwerttabelle

Stab	Querschnitt b/h (cm)	Trägheitsmoment J (m⁴)	Länge l (m)	$k = 1000\,J/l$	$k^0 = 750\,J/l$
2—6	40/50	0,00417	4,50	—	0,70
3—7	40/45	0,00304	3,40	0,89	—
4—5	40/70	0,01143	5,00	—	1,71
5—6	40/70	0,01143	9,60	1,19	—
6—7	40/70	0,01143	6,20	1,84	—
5—8	40/50	0,00417	3,60	1,16	—
6—9	40/40	0,00213	3,60	—	0,44
7—10	40/45	0,00304	3,60	0,84	—

Sämtliche k- und k^0-Werte werden in die Festwertskizze (Abb. 514) eingetragen.

Diagonalglieder d bzw. d^0

Nach (31) ist allgemein

$$d^0{}_n = 2 \left(\sum_i k_{n,i} + \sum_g k^0{}_{n,g} \right) ;$$

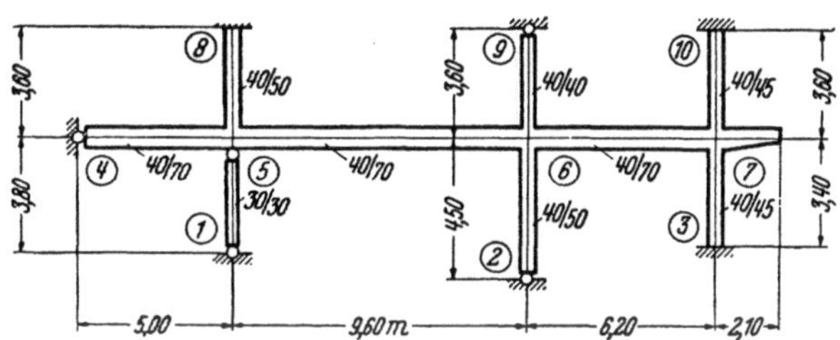

Abb. 512. Tragwerksabmessungen

dieser Ausdruck nimmt für Knoten ohne „Gelenkstäbe" von selbst die Form der Gl. (27) an, und zwar

$$d^0{}_n = d_n = 2 \sum_i k_{n,i} .$$

Somit wird unter Zuhilfenahme der Festwertskizze

$$d^0{}_5 = 2\,(1,19 + 1,16 + 1,71) \qquad\quad = 8,12$$
$$d^0{}_6 = 2\,(1,19 + 1,84 + 0,70 + 0,44) = 8,34$$
$$d_7 = 2\,(0,89 + 1,84 + 0,84) \qquad\quad = 7,14 .$$

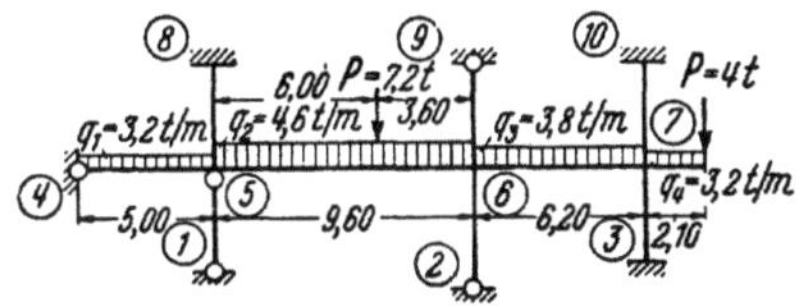

Abb. 513. Belastungsangaben

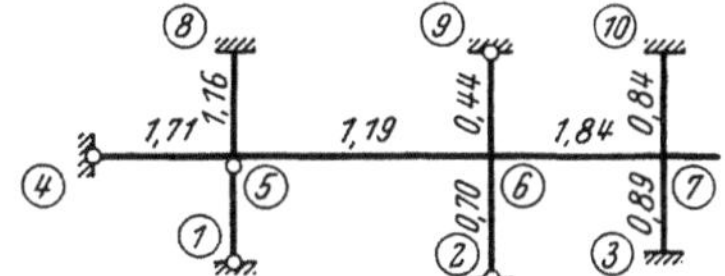

Abb. 514. Festwertskizze (k- und k^0-Zahlen)

Stabbelastungsglieder $\mathfrak{M}$ bzw. $\mathfrak{M}^0$

Man erhält mit den Belastungsangaben in Abb. 513

für Stab 4—5 (siehe Tafel 5):

$$\mathfrak{M}^0{}_{5,4} = + \frac{q_1 l^2}{8} = + \frac{3,2 \cdot 5,0^2}{8} = + 10,00 \text{ tm} ,$$

für Stab 5—6 (siehe Tafel 2 und 4):

$$\mathfrak{M}_{5,6} = - \frac{q_2 l^2}{12} - \frac{P\,a\,b^2}{l^2} = - \frac{4,6 \cdot 9,6^2}{12} - \frac{7,2 \cdot 6,0 \cdot 3,6^2}{9,6^2} = -41,41 \text{ tm}$$

$$\mathfrak{M}_{6,5} = + \frac{q_2 l^2}{12} + \frac{P\,a^2\,b}{l^2} = + \frac{4,6 \cdot 9,6^2}{12} + \frac{7,2 \cdot 6,0^2 \cdot 3,6}{9,6^2} = + 45,46 \text{ ,, ,}$$

für Stab 6—7 (siehe Tafel 2):

$$\mathfrak{M}_{6,7} = -\frac{q_3\,l^2}{12} = -\frac{3,8 \cdot 6,2^2}{12} = -12,17 \text{ tm} \; ; \quad \mathfrak{M}_{7,6} = +12,17 \text{ tm} ,$$

für den Kragarm:

$$\mathfrak{M}_{7,K} = -\frac{q_4\,l^2}{2} - P\,l = -\frac{3,2 \cdot 2,1^2}{2} - 4 \cdot 2,1 = -15,46 \text{ tm} .$$

Knotenbelastungsglieder s bzw. s⁰

Nach (32a) ist allgemein

$$s^0{}_n = \sum_i \mathfrak{M}_{n,i} + \sum_g \mathfrak{M}^0{}_{n,g} + \sum \mathfrak{M}_{n,K} \; ;$$

daraus wird für Knoten mit unbelasteten „Gelenkstäben" gemäß (28)

$$s^0{}_n = s_n = \sum_i \mathfrak{M}_{n,i} + \sum \mathfrak{M}_{n,K} \cdot$$

Somit erhält man

$$s^0{}_5 = \mathfrak{M}_{5,6} + \mathfrak{M}^0{}_{5,4} = -41,41 + 10,00 = -31,41 \text{ tm}$$
$$s_6 = \mathfrak{M}_{6,5} + \mathfrak{M}_{6,7} = +45,46 - 12,17 = +33,29 \;\; ,,$$
$$s_7 = \mathfrak{M}_{7,6} + \mathfrak{M}_{7,K} = +12,17 - 15,46 = -3,29 \;\; ,, \; .$$

Knotengleichungen

Nach (30) gilt allgemein

$$d^0{}_n \varphi_n + \sum_i k_{n,i} \varphi_i + s^0{}_n = 0 \; .$$

Damit können unter Benutzung der Festwertskizze die Gleichungen für die drei Knotenpunkte 5, 6, 7 unmittelbar in Form einer Tabelle angeschrieben werden.

Gleichungstabelle

	φ_5	φ_6	φ_7	B
Für Knoten 5: φ_5	+ 8,12	+ 1,19		— 31,41
Für Knoten 6: φ_6	+ 1,19	+ 8,34	+ 1,84	+ 33,29
Für Knoten 7: φ_7		+ 1,84	+ 7,14	— 3,29

Auflösung der Gleichungen

Die gekürzte Auflösung des symmetrischen Gleichungssystems soll hier mit allen Einzelheiten nach den Anweisungen Seite 198f. gezeigt werden.

	Rechnungsgang	φ_5	φ_6	φ_7	B
(φ_5)	**(I)**	+ 8,12	+ 1,19		— 31,41
(φ_6)			+ 8,34	+ 1,84	+ 33,29
(φ_7)				+ 7,14	— 3,29
(φ_6)	$-\dfrac{1,19}{8,12} \cdot$ (I)		— 0,17		+ 4,60
	(II) $= \Sigma\,(\varphi_6)$		+ 8,17	+ 1,84	+ 37,89
(φ_7)	$-\dfrac{1,84}{8,17} \cdot$ (II)			— 0,41	— 8,53
	(III) $= \Sigma\,(\varphi_7)$			+ 6,73	— 11,82

Ermittlung der Knotendrehwinkel: Durch die rückläufige Ermittlung der Unbekannten erhält man aus

$$\text{,,Hauptgleichung`` (III):}\quad \varphi_7 = \frac{+\,11{,}82}{6{,}73} = +\,1{,}76$$

$$\text{,,}\qquad\qquad\text{(II):}\quad \varphi_6 = \frac{-\,37{,}89 - 1{,}84\cdot 1{,}76}{8{,}17} = -\,5{,}03$$

$$\text{,,}\qquad\qquad\text{(I):}\quad \varphi_5 = \frac{+\,31{,}41 + 1{,}19\cdot 5{,}03}{8{,}12} = +\,4{,}61\;.$$

Stabendmomente

Für einen Stab 1—2 ohne Gelenk ist nach (22)

$$M_{1,2} = k\,(2\,\varphi_1 + \varphi_2) + \mathfrak{M}_{1,2}\;.$$

Für einen Stab 1—2 mit Gelenk bei 2 ist nach (19)

$$M_{1,2} = 2\,k^0\,\varphi_1 + \mathfrak{M}^0_{1,2}\;.$$

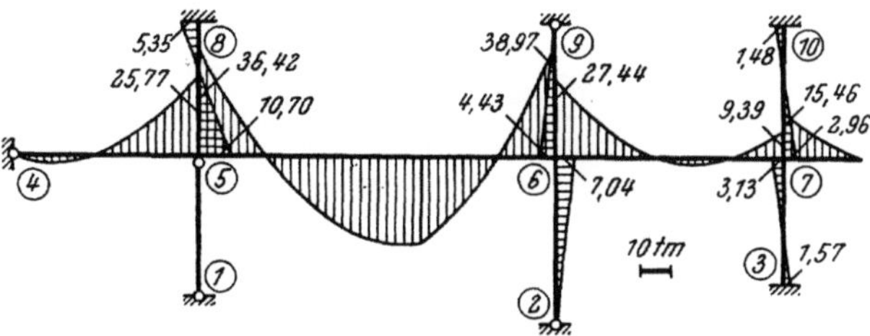

Abb. 515. *M*-Verlauf für lotrechte Belastung

Unter entsprechender Anwendung dieser beiden Formeln erhält man anhand der Festwertskizze (Abb. 514)

$$
\begin{aligned}
M_{3,7} &= +\,0{,}89\cdot 1{,}76 & &= +\;\;\,1{,}57\text{ tm}\\
M_{5,4} &= +\,2\cdot 1{,}71\cdot 4{,}61 + 10{,}00 & &= +\,25{,}77\text{ ,,}\\
M_{5,6} &= +\,1{,}19\,(2\cdot 4{,}61 - 5{,}03) - 41{,}41 & &= -\,36{,}42\text{ ,,}\\
M_{5,8} &= +\,1{,}16\cdot 2\cdot 4{,}61 & &= +\,10{,}70\text{ ,,}\\
M_{6,2} &= -\,2\cdot 0{,}70\cdot 5{,}03 & &= -\;\;\,7{,}04\text{ ,,}\\
M_{6,5} &= +\,1{,}19\,(-\,2\cdot 5{,}03 + 4{,}61) + 45{,}46 & &= +\,38{,}97\text{ ,,}\\
M_{6,7} &= +\,1{,}84\,(-\,2\cdot 5{,}03 + 1{,}76) - 12{,}17 & &= -\,27{,}44\text{ ,,}\\
M_{6,9} &= -\,2\cdot 0{,}44\cdot 5{,}03 & &= -\;\;\,4{,}43\text{ ,,}\\
M_{7,3} &= +\,0{,}89\cdot 2\cdot 1{,}76 & &= +\;\;\,3{,}13\text{ ,,}\\
M_{7,6} &= +\,1{,}84\,(2\cdot 1{,}76 - 5{,}03) + 12{,}17 & &= +\;\;\,9{,}39\text{ ,,}\\
M_{7,10} &= +\,0{,}84\cdot 2\cdot 1{,}76 & &= +\;\;\,2{,}96\text{ ,,}\\
M_{7,K} &= & &= -\,15{,}46\text{ ,,}\\
M_{8,5} &= +\,1{,}16\cdot 4{,}61 & &= +\;\;\,5{,}35\text{ ,,}\\
M_{10,7} &= +\,0{,}84\cdot 1{,}76 & &= +\;\;\,1{,}48\text{ ,, }.
\end{aligned}
$$

Der zugehörige Momentenverlauf ist aus Abb. 515 ersichtlich.

Zahlenbeispiel 4[1]

Symmetrischer Mansarden-Dachbinder. Volle Einspannung bei 1, 1′, 2, 2′. Tragwerksabmessungen und Belastungsangaben siehe Abb. 516. Wegen Symmetrie des Tragwerkes und der Belastung braucht man nur die in Abb. 517 dargestellte Tragwerkshälfte mit gedachter Einspannung bei 4 und 5 in Betracht zu ziehen; daher nur **eine** Unbekannte, nämlich φ_3. Durchführung der Rechnung nach den Anweisungen Seite 28f.

Festwerttabelle

Stab	b/h (cm)	J (m⁴)	l (m)	$k = 10000\,J/l$
1—3	25/40	0,00133	5,41	2,46
2—3	30/30	0,00068	4,50	1,51
3—4	25/45	0,00190	5,00	3,80
3—5	25/40	0,00133	5,83	2,28

---

[1] Vgl. R. Guldan: Die Cross-Methode und ihre praktische Anwendung, Wien 1955; Seite 215ff., Zahlenbeispiel 9

Die tabellarisch ermittelten k-Zahlen überträgt man in die Festwertskizze (Abb. 517).

Diagonalglied d_3

Anhand der Festwertskizze wird nach (27)

$$d_3 = 2 \sum_i k_{3,i} = 2\,(2,46 + 1,51 + 3,80 + 2,28) = 20,10\,.$$

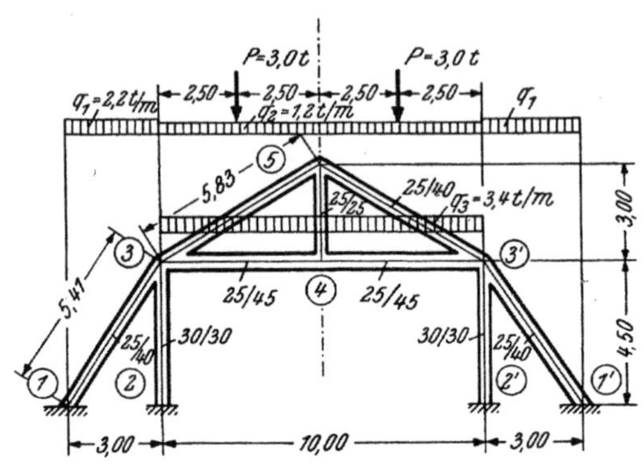

Abb. 516. Tragwerksabmessungen und Belastungsangaben

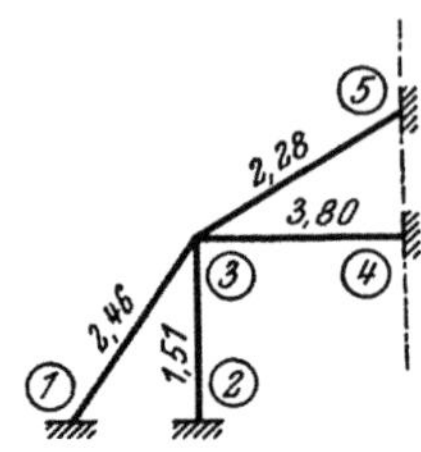

Abb. 517. Festwertskizze
(k-Zahlen)

Stabbelastungsglieder $\mathfrak{M}$

Mit der in Abb. 516 angegebenen Belastung erhält man nach Tafel 2 und 4

$$\mathfrak{M}_{1,3} = -\frac{q_1\,l^2}{12} = -\frac{2,2 \cdot 3,0^2}{12} = -1,65\,\text{tm}; \qquad \mathfrak{M}_{3,1} = +1,65\,\text{tm}$$

$$\mathfrak{M}_{3,4} = -\frac{q_3\,l^2}{12} = -\frac{3,4 \cdot 5,0^2}{12} = -7,08\,\text{tm}; \qquad \mathfrak{M}_{4,3} = +7,08\,\text{tm}$$

$$\mathfrak{M}_{3,5} = -\frac{q_2\,l^2}{12} - \frac{P\,l}{8} = -\frac{1,2 \cdot 5,0^2}{12} - \frac{3,0 \cdot 5,0}{8} = -2,50 - 1,88 = -4,38\,\text{tm}$$

$$\mathfrak{M}_{5,3} = +4,38\,\text{tm}\,.$$

Knotenbelastungsglied s_3

Nach (28a) ergibt sich für

$$s_3 = \sum_i \mathfrak{M}_{3,i} = +1,65 - 7,08 - 4,38 = -9,81\,\text{tm}\,.$$

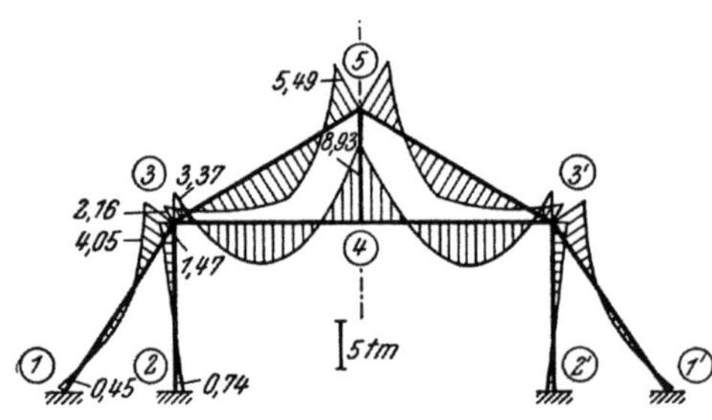

Abb. 518. M-Verlauf für lotrechte Belastung

Knotengleichung

Nach (26) erhält man für Knoten 3

$$d_3\,\varphi_3 + s_3 = 0$$

oder mit den entsprechenden Zahlenwerten

$$20,10\,\varphi_3 - 9,81 = 0\,.$$

Damit wird

$$\varphi_3 = +\frac{9,81}{20,10} = +0,488\,.$$

Stabendmomente

Nach (22) ist allgemein für einen Stab 1—2

$$M_{1,2} = k\,(2\,\varphi_1 + \varphi_2) + \mathfrak{M}_{1,2}\,;$$

somit erhält man für den vorliegenden Fall

$$M_{1,3} = +\,2{,}46 \cdot 0{,}488 - 1{,}65 \qquad = -\,0{,}45 \text{ tm}$$
$$M_{2,3} = +\,1{,}51 \cdot 0{,}488 \qquad\qquad = +\,0{,}74 \text{ ,,}$$
$$M_{3,1} = +\,2{,}46 \cdot 2 \cdot 0{,}488 + 1{,}65 = +\,4{,}05 \text{ ,,}$$
$$M_{3,2} = +\,1{,}51 \cdot 2 \cdot 0{,}488 \qquad = +\,1{,}47 \text{ ,,}$$
$$M_{3,4} = +\,3{,}80 \cdot 2 \cdot 0{,}488 - 7{,}08 = -\,3{,}37 \text{ ,,}$$
$$M_{3,5} = +\,2{,}28 \cdot 2 \cdot 0{,}488 - 4{,}38 = -\,2{,}16 \text{ ,,}$$
$$M_{4,3} = +\,3{,}80 \cdot 0{,}488 + 7{,}08 \qquad = +\,8{,}93 \text{ ,,}$$
$$M_{5,3} = +\,2{,}28 \cdot 0{,}488 + 4{,}38 \qquad = +\,5{,}49 \text{ ,, } .$$

In Abb. 518 sind diese Momente maßstäblich aufgezeichnet.

Zahlenbeispiel 5[1] (vgl. auch Nr. 20)

Symmetrischer, dreistieliger Rahmenbinder mit Kragarmen. Volle Einspannung bei 1, 1′, 2. Tragwerksabmessungen und Belastungsangaben siehe Abb. 519 und Abb. 520. Infolge Symmetrie des Tragwerkes und der Belastung ist $\varphi_4 = 0$. Somit braucht nur eine Tragwerkshälfte gemäß Abb. 521 mit gedachter Einspannung

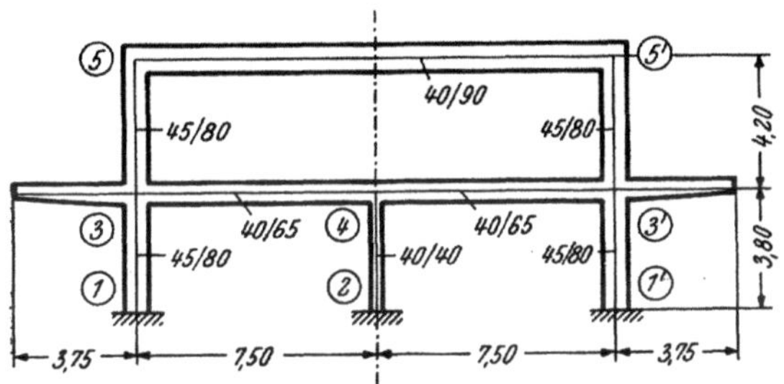

Abb 519. Tragwerksabmessungen

Abb. 520. Belastungsangaben

bei 4 in Betracht gezogen zu werden; daher sind nur zwei Unbekannte zu ermitteln, nämlich φ_3 und φ_5. Die Symmetrale ist hier zugleich Knoten- und Stab-Symmetrale; für den Symmetriestab 5—5′ ist also die Steifigkeitszahl k' in Rechnung zu stellen. Im übrigen gelten die Anweisungen Seite 28f.

Festwerttabelle

Stab	b/h (cm)	J (m⁴)	l (m)	$k = 1000\,J/l$
1—3	45/80	0,01920	3,80	5,05
3—4	40/65	0,00915	7,50	1,22
3—5	45/80	0,01920	4,20	4,57
5—5′	40/90	0,02430	15,00	1,62[1]

[1] Für den Symmetriestab 5—5′ gilt nach (41) $k'_{5,5'} = 0{,}5\,k_{5,5'} = 0{,}5 \cdot 1{,}62 = 0{,}81$

Sämtliche k- bzw. k'-Zahlen werden in die Festwertskizze (Abb. 521) eingetragen.

Diagonalglieder d bzw. d′

Anhand der Festwertskizze erhält man nach (27) für Knoten 3

$$d_3 = 2\,\sum_i k_{3,i} = 2\,(5{,}05 + 1{,}22 + 4{,}57) = 21{,}68 .$$

Abb. 521. Festwertskizze (k- und k'-Zahlen)

---

[1] Vgl. R. GULDAN: Die CROSS-Methode und ihre praktische Anwendung, Wien 1955; Seite 211ff., Zahlenbeispiel 7

Für Knoten 5 wird wegen des dort einmündenden Symmetriestabes 5—5′ nach (40)

$$d_5 = d_5' = 2\,(k_{5,3} + k_{5,5'}') = 2\,(4{,}57 + 0{,}81) = 10{,}76\;.$$

Stabbelastungsglieder $\mathfrak{M}$

Für die Belastung in Abb. 520 erhält man nach Tafel 2 und 4

$$\mathfrak{M}_{3,4} = -\frac{q_2\,l^2}{12} - \frac{P_2\,l}{8} = -\frac{5{,}4 \cdot 7{,}5^2}{12} - \frac{12{,}0 \cdot 7{,}5}{8} = -\,36{,}55\;\text{tm}$$

$$\mathfrak{M}_{4,3} = +\,36{,}55\;\text{tm}$$

$$\mathfrak{M}_{5,5'} = -\frac{q_3\,l^2}{12} = -\frac{3{,}85 \cdot 15{,}0^2}{12} = -\,72{,}20\;\text{tm}$$

$$\mathfrak{M}_{3,K} = +\frac{q_1\,l^2}{2} + P_1\,l = +\frac{2{,}5 \cdot 3{,}75^2}{2} + 3{,}0 \cdot 3{,}75 = +\,28{,}83\;\text{tm}\;.$$

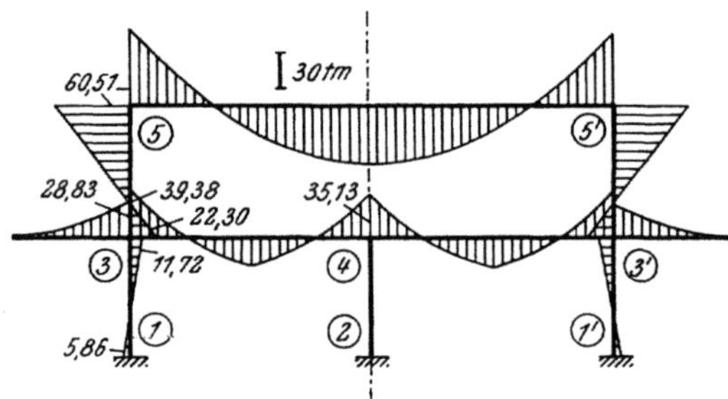

Abb. 522. *M*-Verlauf für lotrechte Belastung

Knotenbelastungsglieder s

Nach (28) wird

$$s_3 = \mathfrak{M}_{3,4} + \mathfrak{M}_{3,K} = -\,36{,}55 + 28{,}83 = -\,7{,}72\;\text{tm}$$

$$s_5 = \mathfrak{M}_{5,5'} = -\,72{,}20\;\text{tm}\;.$$

Knotengleichungen

Nach (26) ist allgemein

$$d_n\,\varphi_n + \sum_i k_{n,i}\,\varphi_i + s_n = 0\;.$$

Damit erhält man unter Verwendung der Festwertskizze (Abb. 521)

$$\text{für Knoten 3:}\quad 21{,}68\,\varphi_3 + 4{,}57\,\varphi_5 - 7{,}72 = 0$$

$$\text{für Knoten 5:}\quad 4{,}57\,\varphi_3 + 10{,}76\,\varphi_5 - 72{,}20 = 0\;.$$

Die Auflösung ergibt

$$\varphi_3 = -\,1{,}16 \quad \text{und} \quad \varphi_5 = +\,7{,}20\;.$$

Stabendmomente

Für einen Stab 1—2 ohne Gelenk ist nach (22)

$$M_{1,2} = k\,(2\,\varphi_1 + \varphi_2) + \mathfrak{M}_{1,2}$$

und für den Symmetriestab 5—5′ gilt nach (42)

$$M_{5,5'} = 2\,k'\,\varphi_5 + \mathfrak{M}_{5,5'}\;.$$

Damit erhält man anhand der Festwertskizze (Abb. 521)

$$M_{1,3} = - 5{,}05 \cdot 1{,}16 = - 5{,}86 \text{ tm}$$
$$M_{3,1} = - 5{,}05 \cdot 2 \cdot 1{,}16 = -11{,}72 \text{ ,,}$$
$$M_{3,4} = - 1{,}22 \cdot 2 \cdot 1{,}16 - 36{,}55 = -39{,}38 \text{ ,,}$$
$$M_{3,5} = + 4{,}57 (- 2 \cdot 1{,}16 + 7{,}20) = + 22{,}30 \text{ ,,}$$
$$M_{3,K} = = + 28{,}83 \text{ ,,}$$
$$M_{4,3} = - 1{,}22 \cdot 1{,}16 + 36{,}55 = + 35{,}13 \text{ ,,}$$
$$M_{5,3} = + 4{,}57 (2 \cdot 7{,}20 - 1{,}16) = + 60{,}51 \text{ ,,}$$
$$M_{5,5'} = + 2 \cdot 0{,}81 \cdot 7{,}20 - 72{,}20 = - 60{,}54 \text{ ,, } .$$

In Abb. 522 sind diese Momente maßstäblich aufgezeichnet.

Zahlenbeispiel 6[1] (vgl. auch Nr. 22)

Symmetrischer, dreifeldiger, zweigeschossiger Rahmenbinder mit auskragenden Riegeln. Volle Einspannung bei 1, 1′, 2, 2′. Tragwerksabmessungen und Belastungsangaben siehe Abb. 523. Wegen Symmetrie des Tragwerkes und der Belastung braucht man nur eine Tragwerkshälfte gemäß Abb. 524 in Betracht zu ziehen; es sind also vier Unbekannte zu berechnen, und zwar φ_3, φ_4, φ_5, φ_6. Dabei ist zu beachten, daß für die Symmetriestäbe 4—4′

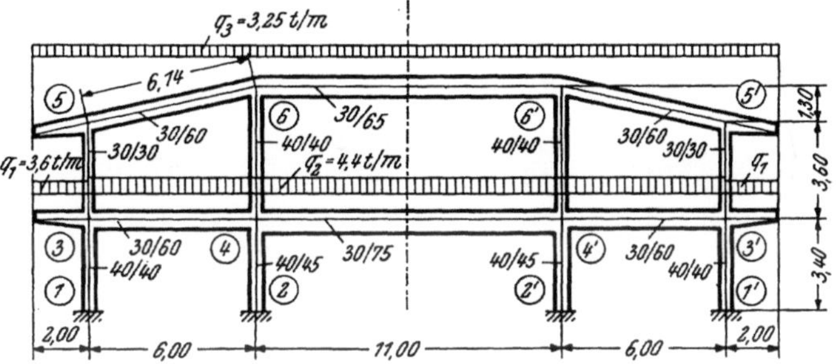

Abb. 523. Tragwerksabmessungen und Belastungsangaben

und 6—6′ die Steifigkeitswerte k' zu verwenden sind. Die übrige Berechnung kann nach den Anweisungen Seite 28 f. vorgenommen werden.

Festwerttabelle

Stab	b/h (cm)	J (m⁴)	l (m)	$k = 10000\, J/l$
1—3	40/40	0,00213	3,40	6,26
2—4	40/45	0,00304	3,40	8,94
3—4	30/60	0,00540	6,00	9,00
4—4′	30/75	0,01055	11,00	9,59[1]
3—5	30/30	0,00068	3,60	1,89
4—6	40/40	0,00213	4,90	4,35
5—6	30/60	0,00540	6,14	8,79
6—6′	30/65	0,00687	11,00	6,25[1]

[1] Für die Symmetriestäbe 4—4′ und 6—6′ wird nach (41) $k'_{4,4'} = 0{,}5\, k_{4,4'} = 4{,}80$ und $k'_{6,6'} = 0{,}5\, k_{6,6'} = 3{,}12$

Die k- und k'-Zahlen überträgt man in die Festwertskizze (Abb. 524).

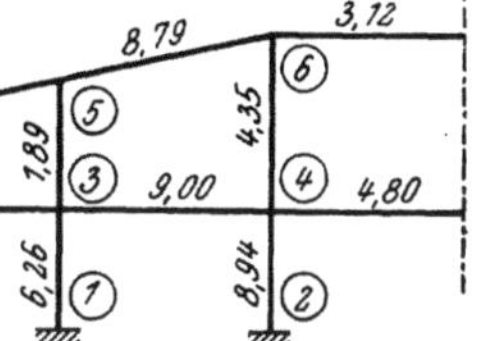

Abb. 524. Festwertskizze (k- und k'-Zahlen)

Diagonalglieder d bzw. d′

Die Diagonalglieder d_3 und d_5 ergeben sich nach (27), während die d-Glieder für die Knoten 4 und 6 wegen der Symmetriestäbe

---

[1] Vgl. R. GULDAN: Die CROSS-Methode und ihre praktische Anwendung, Wien 1955; Seite 228 ff., Zahlenbeispiel 14

4—4' bzw. 6—6' nach (40) zu bestimmen sind. Somit erhält man anhand der Festwertskizze

$$d_3 = 2\,(6{,}26 + 9{,}00 + 1{,}89) = 34{,}30; \qquad d_5 = 2\,(1{,}89 + 8{,}79) = 21{,}36$$
$$d'_4 = 2\,(8{,}94 + 9{,}00 + 4{,}35 + 4{,}80) = 54{,}18; \qquad d'_6 = 2\,(4{,}35 + 8{,}79 + 3{,}12) = 32{,}52\,.$$

Stabbelastungsglieder $\mathfrak{M}$

Mit der Belastung in Abb. 523 ergeben sich

$$\mathfrak{M}_{3,4} = -\frac{q_2\,l^2}{12} = -\frac{4{,}4\cdot 6{,}0^2}{12} = -13{,}20\ \text{tm}; \qquad \mathfrak{M}_{4,3} = +13{,}20\ \text{tm}$$

$$\mathfrak{M}_{3,K} = +\frac{q_1\,l^2}{2} = +\frac{3{,}6\cdot 2{,}0^2}{2} = +7{,}20\ \text{,,}$$

$$\mathfrak{M}_{4,4'} = -\frac{q_2\,l^2}{12} = -\frac{4{,}4\cdot 11{,}0^2}{12} = -44{,}4\ \text{,,}$$

$$\mathfrak{M}_{5,6} = -\frac{q_3\,l^2}{12} = -\frac{3{,}25\cdot 6{,}0^2}{12} = -9{,}75\ \text{,,}\ ; \qquad \mathfrak{M}_{6,5} = +9{,}75\ \text{tm}$$

$$\mathfrak{M}_{5,K} = +\frac{q_3\,l^2}{2} = +\frac{3{,}25\cdot 2{,}0^2}{2} = +6{,}50\ \text{,,}$$

$$\mathfrak{M}_{6,6'} = -\frac{q_3\,l^2}{12} = -\frac{3{,}25\cdot 11{,}0^2}{12} = -32{,}8\ \text{,,}\ .$$

Knotenbelastungsglieder s

Nach (28) erhält man

$$s_3 = -13{,}20 + 7{,}20 = -6{,}00\ \text{tm}; \qquad s_5 = -9{,}75 + 6{,}50 = -3{,}25\ \text{tm}$$
$$s_4 = +13{,}20 - 44{,}4 = -31{,}20\ \text{,,}\ ; \qquad s_6 = +9{,}75 - 32{,}8 = -23{,}05\ \text{,,}\ .$$

Knotengleichungen

Nach (26) ist allgemein

$$d_n\,\varphi_n + \sum_i k_{n,i}\,\varphi_i + s_n = 0\,.$$

Damit kann anhand der Festwertskizze (Abb. 524) die Gleichungstabelle angeschrieben werden.

Gleichungstabelle

	φ_3	φ_4	φ_5	φ_6	B
φ_3	+ 34,30	+ 9,00	+ 1,89		— 6,00
φ_4	+ 9,00	+ 54,18		+ 4,35	— 31,20
φ_5	+ 1,89		+ 21,36	+ 8,79	— 3,25
φ_6		+ 4,35	+ 8,79	+ 32,52	— 23,05

Die Auflösung ergibt:

$$\varphi_3 = +0{,}047\ ; \qquad \varphi_4 = +0{,}514\ ; \qquad \varphi_5 = -0{,}130\ ; \qquad \varphi_6 = +0{,}675\,.$$

Stabendmomente

Nach (22) ist allgemein für einen Stab 1—2

$$M_{1,2} = k\,(2\,\varphi_1 + \varphi_2) + \mathfrak{M}_{1,2}$$

und nach (42) für einen Symmetriestab 1—1'

$$M_{1,1'} = 2\,k'\,\varphi_1 + \mathfrak{M}_{1,1'}\,.$$

Anhand der Festwertskizze (Abb. 524) erhält man somit

$$
\begin{aligned}
M_{1,3} &= +\,6{,}26 \cdot 0{,}047 & &= +\ 0{,}29 \text{ tm}\\
M_{2,4} &= +\,8{,}94 \cdot 0{,}514 & &= +\ 4{,}60 \text{ ,,}\\
M_{3,1} &= +\,6{,}26 \cdot 2 \cdot 0{,}047 & &= +\ 0{,}59 \text{ ,,}\\
M_{3,4} &= +\,9{,}00 \,(2 \cdot 0{,}047 + 0{,}514) - 13{,}20 & &= -\ 7{,}73 \text{ ,,}\\
M_{3,5} &= +\,1{,}89 \,(2 \cdot 0{,}047 - 0{,}130) & &= -\ 0{,}07 \text{ ,,}\\
M_{3,K} &= & &= +\ 7{,}20 \text{ ,,}\\
M_{4,2} &= +\,8{,}94 \cdot 2 \cdot 0{,}514 & &= +\ 9{,}19 \text{ ,,}\\
M_{4,3} &= +\,9{,}00 \,(2 \cdot 0{,}514 + 0{,}047) + 13{,}20 & &= +\,22{,}88 \text{ ,,}\\
M_{4,4'} &= +\,2 \cdot 4{,}80 \cdot 0{,}514 - 44{,}4 & &= -\,39{,}47 \text{ ,,}\\
M_{4,6} &= +\,4{,}35 \,(2 \cdot 0{,}514 + 0{,}675) & &= +\ 7{,}41 \text{ ,,}\\
M_{5,3} &= +\,1{,}89 \,(-\,2 \cdot 0{,}130 + 0{,}047) & &= -\ 0{,}40 \text{ ,,}\\
M_{5,6} &= +\,8{,}79 \,(-\,2 \cdot 0{,}130 + 0{,}675) - 9{,}75 & &= -\ 6{,}10 \text{ ,,}\\
M_{5,K} &= & &= +\ 6{,}50 \text{ ,,}\\
M_{6,4} &= +\,4{,}35 \,(2 \cdot 0{,}675 + 0{,}514) & &= +\ 8{,}11 \text{ ,,}\\
M_{6,5} &= +\,8{,}79 \,(2 \cdot 0{,}675 - 0{,}130) + 9{,}75 & &= +\,20{,}47 \text{ ,,}\\
M_{6,6'} &= +\,2 \cdot 3{,}12 \cdot 0{,}675 - 32{,}8 & &= -\,28{,}59 \text{ ,, .}
\end{aligned}
$$

Diese Momente sind in Abb. 525 maßstäblich aufgetragen.

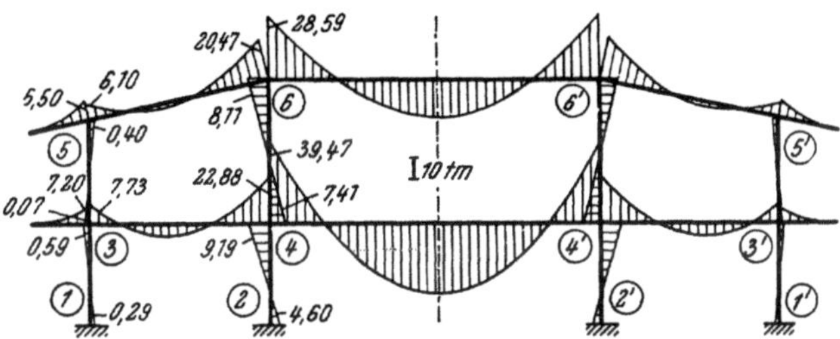

Abb. 525. M-Verlauf für lotrechte Belastung

Zahlenbeispiel 7[1]

Symmetrischer, siebenschiffiger, zweigeschossiger Hallenbinder. Volle Einspannung bei 1, 2, 3, 4; Kragarm bei 7. Tragwerksabmessungen und Belastungsangaben siehe Abb. 526. Wegen Symmetrie des Tragwerkes und der Belastung kann die Rechnung auf den in Abb. 527 dargestellten Tragwerksteil mit gedachter voller Einspannung bei 9 beschränkt werden; somit sind nur vier Unbekannte zu berechnen, und zwar $\varphi_5, \varphi_6, \varphi_7, \varphi_8$. Die k-Werte werden mit den aus Abb. 526 zu ent-

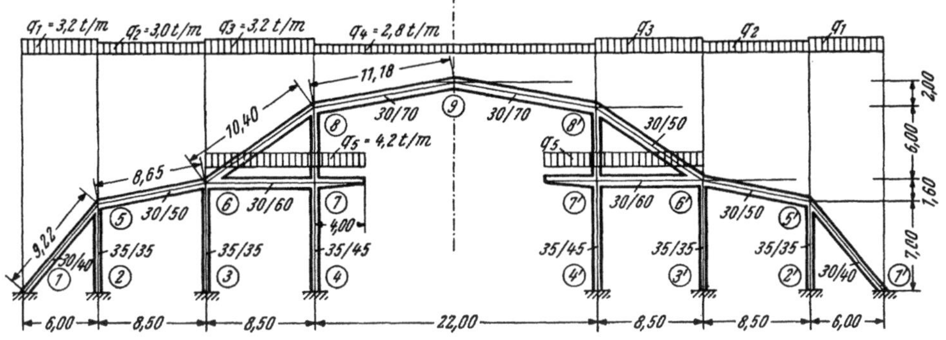

Abb. 526. Tragwerksabmessungen und Belastungsangaben

---

[1] Vgl. R. GULDAN: Die CROSS-Methode und ihre praktische Anwendung, Wien 1955; Seite 219 ff., Zahlenbeispiel 11

nehmenden Stablängen und Querschnittsabmessungen in üblicher Weise tabellarisch ermittelt und in die Festwertskizze (Abb. 527) eingetragen. Durchführung der Rechnung erfolgt nach den Anweisungen Seite 28f.

Festwerttabelle

Stab	b/h (cm)	J (m⁴)	l (m)	$k = 10000\,J/l$
1—5	30/40	0,00160	9,22	1,74
2—5	35/35	0,00125	7,00	1,79
3—6	35/35	0,00125	8,60	1,45
4—7	35/45	0,00266	8,60	3,09
5—6	30/50	0,00313	8,65	3,62
6—7	30/60	0,00540	8,50	6,35
6—8	30/50	0,00313	10,40	3,01
7—8	35/45	0,00266	6,00	4,43
8—9	30/70	0,00858	11,18	7,67

Diagonalglieder d

Anhand der Festwertskizze (Abb. 527) erhält man nach (27)

$$d_5 = 2\,(1,74 + 1,79 + 3,62) = 14,30; \qquad d_7 = 2\,(3,09 + 6,35 + 4,43) = 27,74$$
$$d_6 = 2\,(1,45 + 3,62 + 6,35 + 3,01) = 28,86; \qquad d_8 = 2\,(3,01 + 4,43 + 7,67) = 30,22\,.$$

Stabbelastungsglieder 𝔐

Mit der Belastung aus Abb. 526 erhält man nach Tafel 2

$$\mathfrak{M}_{1,5} = -\frac{q_1\,l^2}{12} = -\frac{3,2 \cdot 6,0^2}{12} = -\,9,60\;\text{tm}; \qquad \mathfrak{M}_{5,1} = +\,9,60\;\text{tm}$$

$$\mathfrak{M}_{5,6} = -\frac{q_2\,l^2}{12} = -\frac{3,0 \cdot 8,5^2}{12} = -\,18,06\;,,\;; \qquad \mathfrak{M}_{6,5} = +\,18,06\;,,$$

$$\mathfrak{M}_{6,8} = -\frac{q_3\,l^2}{12} = -\frac{3,2 \cdot 8,5^2}{12} = -\,19,27\;,,\;; \qquad \mathfrak{M}_{8,6} = +\,19,27$$

$$\mathfrak{M}_{8,9} = -\frac{q_4\,l^2}{12} = -\frac{2,8 \cdot 11,0^2}{12} = -\,28,25\;,,\;; \qquad \mathfrak{M}_{9,8} = +\,28,25\;,,$$

$$\mathfrak{M}_{6,7} = -\frac{q_5\,l^2}{12} = -\frac{4,2 \cdot 8,5^2}{12} = -\,25,30\;,,\;; \qquad \mathfrak{M}_{7,6} = +\,25,30\;,,$$

$$\mathfrak{M}_{7,K} = -\frac{q_5\,l^2}{2} = -\frac{4,2 \cdot 4,0^2}{2} = -\,33,60\;,,\;.$$

Knotenbelastungsglieder s

Nach (28) bzw. (28a) ergeben sich

$$s_5 = +\,9,60 - 18,06 = -\,8,46\;\text{tm}; \qquad s_7 = +\,25,30 - 33,60 = -\,8,30\;\text{tm}$$
$$s_6 = +\,18,06 - 25,30 - 19,27 = -\,26,51\;,,\;; \qquad s_8 = +\,19,27 - 28,25 = -\,8,98\;,,\;.$$

Knotengleichungen

Nach (26) ist allgemein

$$d_n\varphi_n + \sum_i k_{n,i}\,\varphi_i + s_n = 0.$$

Damit kann anhand der Festwertskizze (Abb. 527) die Gleichungstabelle aufgestellt werden.

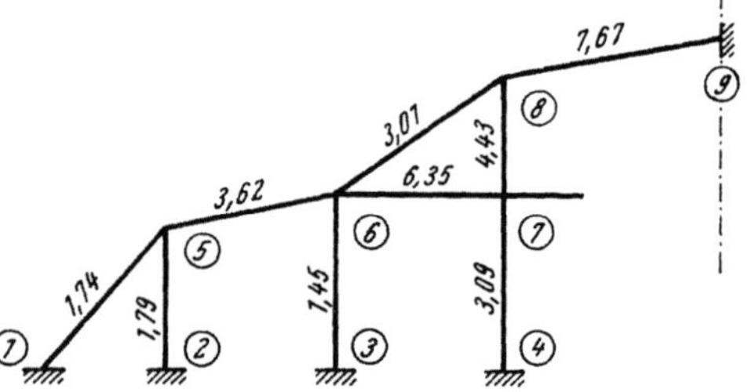

Abb. 527. Festwertskizze (k-Zahlen)

Gleichungstabelle

	φ_5	φ_6	φ_7	φ_8	B
φ_5	$+\ 14{,}30$	$+\ 3{,}62$			$-\ 8{,}46$
φ_6	$+\ 3{,}62$	$+\ 28{,}86$	$+\ 6{,}35$	$+\ 3{,}01$	$-26{,}51$
φ_7		$+\ 6{,}35$	$+\ 27{,}74$	$+\ 4{,}43$	$-\ 8{,}30$
φ_8		$+\ 3{,}01$	$+\ 4{,}43$	$+\ 30{,}22$	$-\ 8{,}98$

Die Auflösung ergibt:

$$\varphi_5 = +\ 0{,}381 ; \quad \varphi_6 = +\ 0{,}833 ; \quad \varphi_7 = +\ 0{,}076 ; \quad \varphi_8 = +\ 0{,}203 .$$

Stabendmomente

Nach (22) ist allgemein für einen Stab 1—2

$$M_{1,2} = k\,(2\,\varphi_1 + \varphi_2) + \mathfrak{M}_{1,2} .$$

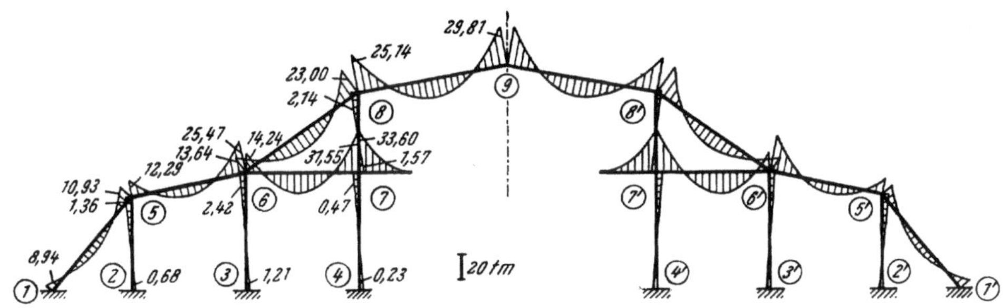

Abb. 528. M-Verlauf für lotrechte Belastung

Durch wiederholte Anwendung dieser Gleichung erhält man anhand der Festwertskizze (Abb. 527)

$$
\begin{aligned}
M_{1,5} &= +\ 1{,}74 \cdot 0{,}381 - 9{,}60 & &= -\ 8{,}94 \text{ tm}\\
M_{2,5} &= +\ 1{,}79 \cdot 0{,}381 & &= +\ 0{,}68 \text{ ,,}\\
M_{3,6} &= +\ 1{,}45 \cdot 0{,}833 & &= +\ 1{,}21 \text{ ,,}\\
M_{4,7} &= +\ 3{,}09 \cdot 0{,}076 & &= +\ 0{,}23 \text{ ,,}\\
M_{5,1} &= +\ 1{,}74 \cdot 2 \cdot 0{,}381 + 9{,}60 & &= +\ 10{,}93 \text{ ,,}\\
M_{5,2} &= +\ 1{,}79 \cdot 2 \cdot 0{,}381 & &= +\ 1{,}36 \text{ ,,}\\
M_{5,6} &= +\ 3{,}62\,(2 \cdot 0{,}381 + 0{,}833) - 18{,}06 & &= -\ 12{,}29 \text{ ,,}\\
M_{6,3} &= +\ 1{,}45 \cdot 2 \cdot 0{,}833 & &= +\ 2{,}42 \text{ ,,}\\
M_{6,5} &= +\ 3{,}62\,(2 \cdot 0{,}833 + 0{,}381) + 18{,}06 & &= +\ 25{,}47 \text{ ,,}\\
M_{6,7} &= +\ 6{,}35\,(2 \cdot 0{,}833 + 0{,}076) - 25{,}30 & &= -\ 14{,}24 \text{ ,,}\\
M_{6,8} &= +\ 3{,}01\,(2 \cdot 0{,}833 + 0{,}203) - 19{,}27 & &= -\ 13{,}64 \text{ ,,}\\
M_{7,4} &= +\ 3{,}09 \cdot 2 \cdot 0{,}076 & &= +\ 0{,}47 \text{ ,,}\\
M_{7,6} &= +\ 6{,}35\,(2 \cdot 0{,}076 + 0{,}833) + 25{,}30 & &= +\ 31{,}55 \text{ ,,}\\
M_{7,8} &= +\ 4{,}43\,(2 \cdot 0{,}076 + 0{,}203) & &= +\ 1{,}57 \text{ ,,}\\
M_{7,K} &= & &= -\ 33{,}60 \text{ ,,}\\
M_{8,6} &= +\ 3{,}01\,(2 \cdot 0{,}203 + 0{,}833) + 19{,}27 & &= +\ 23{,}00 \text{ ,,}\\
M_{8,7} &= +\ 4{,}43\,(2 \cdot 0{,}203 + 0{,}076) & &= +\ 2{,}14 \text{ ,,}\\
M_{8,9} &= +\ 7{,}67 \cdot 2 \cdot 0{,}203 - 28{,}25 & &= -\ 25{,}14 \text{ ,,}\\
M_{9,8} &= +\ 7{,}67 \cdot 0{,}203 + 28{,}25 & &= +\ 29{,}81 \text{ ,, } .
\end{aligned}
$$

In Abb. 528 sind diese Momente maßstäblich aufgezeichnet.

Zahlenbeispiel 8

Vierteiliger Zellensilo mit Rechtecksgrundriß. Tragwerksabmessungen siehe Abb. 529. Es sind die waagrecht wirkenden Momente für den in Abb. 530 ersichtlichen Belastungsfall zu ermitteln. Die Berechnung erfolgt für einen Zellenstreifen von 100 cm Höhe und 20 cm Dicke unter der Annahme unverschieblicher Knotenpunkte. Infolge Symmetrie des Tragwerkes kann dieser Fall sehr einfach mit Hilfe des B. U.-Verfahrens behandelt werden (siehe Seite 47 ff.).

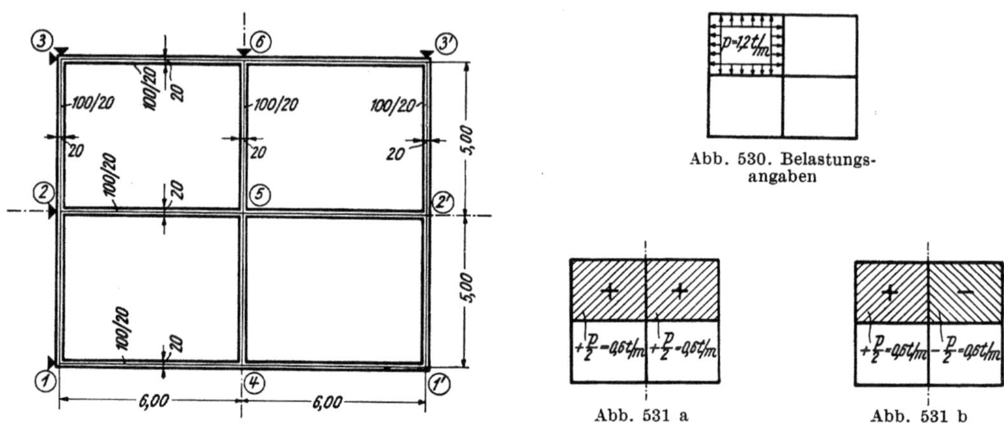

Abb. 529. Tragwerksabmessungen

Abb. 530. Belastungsangaben

Abb. 531 a, b. Symmetrische und antimetrische Ersatzlasten

Die gegebene unsymmetrische Belastung p (Abb. 530) wird ersetzt durch eine symmetrische mit $+p/2$ (Abb. 531 a) und eine antimetrische mit $\pm p/2$ (Abb. 531 b). Für den symmetrischen Lastfall werden $\varphi_4 = \varphi_5 = \varphi_6 = 0$, so daß nur drei Unbekannte, und zwar $\varphi_1 = -\varphi_{1'}$, $\varphi_2 = -\varphi_{2'}$, $\varphi_3 = -\varphi_{3'}$ gemeinsam zu bestimmen sind. Für den antimetrischen Lastfall sind jedoch sechs Unbekannte, nämlich $\varphi_1 = \varphi_{1'}$, $\varphi_2 = \varphi_{2'}$, $\varphi_3 = \varphi_{3'}$, φ_4, φ_5, φ_6, gemeinsam zu ermitteln.

Festwerttabelle

Stab	b/h (cm)	J (m⁴)	l (m)	$k = 10/l$
1—2, 2—3, 4—5, 5—6	100/20	0,00067	5,00	2,00
1—4, 2—5, 3—6	100/20	0,00067	6,00	1,6̇6

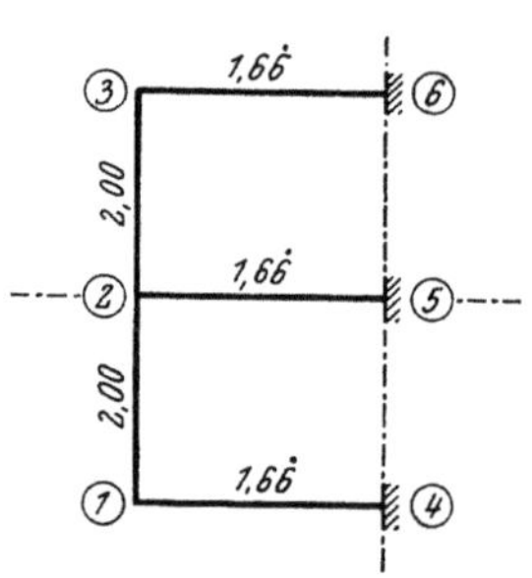

Abb. 532. Festwertskizze für den symmetrischen Lastfall

a) Symmetrische Ersatzlast $p/2$ (Abb. 531 a)

Für diesen Fall braucht nur das halbe Tragwerk in Rechnung gestellt zu werden, wobei in den Knoten 4, 5, 6 volle Einspannung anzunehmen ist. Die entsprechenden k-Werte aus der Tabelle sind in der Festwertskizze (Abb. 532) eingetragen; dabei ist sinngemäß nach (34) $z = 10/2\,EJ$.

Diagonalglieder d

Anhand der Festwertskizze ergibt sich nach (27)

$$d_1 = d_3 = 2\,(2,00 + 1,6̇6) = 7,33$$

$$d_2 = 2\,(2,00 + 2,00 + 1,6̇6) = 11,33 \,.$$

Stabbelastungsglieder $\mathfrak{M}$

Für die Ersatzlast $p/2 = 0,6\ \text{t/m}$ wird nach Tafel 2

$$\mathfrak{M}_{2,3} = + \frac{0,5\ p\ l^2}{12} = + \frac{0,6 \cdot 5,0^2}{12} = + 1,25\ \text{tm}\ ; \qquad\qquad \mathfrak{M}_{3,2} = - 1,25\ \text{tm}$$

$$\mathfrak{M}_{2,5} = - \frac{0,5\ p\ l^2}{12} = - \frac{0,6 \cdot 6,0^2}{12} = - 1,80\ \text{,,}\ ; \qquad\qquad \mathfrak{M}_{5,2} = + 1,80\ \text{,,}$$

$$\mathfrak{M}_{3,6} = + \frac{0,5\ p\ l^2}{12} = + \frac{0,6 \cdot 6,0^2}{12} = + 1,80\ \text{,,}\ ; \qquad\qquad \mathfrak{M}_{6,3} = - 1,80\ \text{,,}\ .$$

Knotenbelastungsglieder s

Nach (28a) erhält man

$$s_2 = + 1,25 - 1,80 = - 0,55\ \text{tm}$$
$$s_3 = - 1,25 + 1,80 = + 0,55\ \text{,,}\ .$$

Knotengleichungen

Nach (26) ist allgemein

$$d_n \varphi_n + \sum_i k_{n,i}\,\varphi_i + s_n = 0\ .$$

Anhand der Festwertskizze (Abb. 532) kann durch wiederholte Anwendung dieses Ausdruckes die Gleichungstabelle für den symmetrischen Lastfall angeschrieben werden.

Gleichungstabelle
(Symmetrischer Lastfall Abb. 531a)

	φ_1	φ_2	φ_3	B
φ_1	+ 7,33	+ 2,00		—
φ_2	+ 2,00	+ 11,33	+ 2,00	— 0,55
φ_3		+ 2,00	+ 7,33	+ 0,55

Daraus erhält man:

$$\varphi_1 = - 0,0186\ ; \qquad \varphi_2 = + 0,0683\ ; \qquad \varphi_3 = - 0,0936\ .$$

b) Antimetrische Ersatzlast $p/2$ (Abb. 531b)

Auch hier bleibt die Rechnung auf das halbe Tragwerk gemäß Abb. 533 beschränkt (nähere Erläuterungen siehe Seite 47ff.). Als Steifigkeitszahl ist für die in der Symmetrale gelegenen Stäbe 4—5 und 5—6 nur der halbe Wert einzusetzen; also $\ 0,5\ k_{4,5} = 0,5\ k_{5,6} = 0,5 \cdot 2,00 = 1,00$.

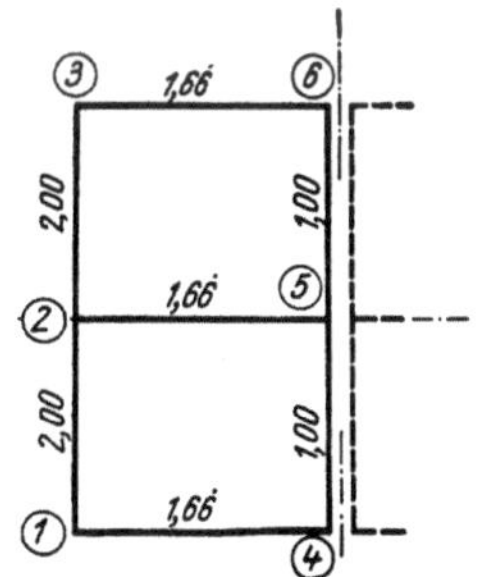

Abb. 533. Festwertskizze für den antimetrischen Lastfall

Diagonalglieder d

Aus der Festwertskizze (Abb. 533) ist ersichtlich, daß d_1, d_2, d_3 gegenüber früher unverändert bleiben:

$$d_1 = d_3 = 7,33\ ; \qquad d_2 = 11,33\ .$$

Neu zu bestimmen sind daher nur d_4, d_5, d_6. Nach (27) wird

$$d_4 = d_6 = \ 2\ (1,\dot{6}6 + 1,00) = 5,33$$
$$d_5 = 2\ (1,\dot{6}6 + 1,00 + 1,00) = 7,33\ .$$

Stabbelastungsglieder $\mathfrak{M}$

Nach der Belastungsskizze (Abb. 531b) erhält man unter Beachtung, daß nur eine Tragwerkshälfte in Betracht zu ziehen ist, dieselben Werte wie in der vorangehenden Berechnung für die symmetrische Ersatzlast, nämlich

$$\mathfrak{M}_{2,3} = +\,1{,}25 \text{ tm}; \qquad \mathfrak{M}_{2,5} = -\,1{,}80 \text{ tm}; \qquad \mathfrak{M}_{3,6} = +\,1{,}80 \text{ tm}; \qquad \mathfrak{M}_{5,6} = -\,1{,}25 \text{ tm};$$

$$\mathfrak{M}_{3,2} = -\,1{,}25 \;,,\; ; \qquad \mathfrak{M}_{5,2} = +\,1{,}80 \;,,\; ; \qquad \mathfrak{M}_{6,3} = -\,1{,}80 \;,,\; ; \qquad \mathfrak{M}_{6,5} = +\,1{,}25 \;,,\; .$$

Knotenbelastungsglieder s

Nach (28a) erhält man für eine Tragwerkshälfte:

$$s_2 = -\,0{,}55 \text{ tm}; \qquad s_5 = +\,1{,}80 - 1{,}25 = +\,0{,}55 \text{ tm}$$
$$s_3 = +\,0{,}55 \;,,\; ; \qquad s_6 = -\,1{,}80 + 1{,}25 = -\,0{,}55 \;,,$$

Knotengleichungen

Anhand der Festwertskizze Abb. 533 können wie früher die Gleichungen nach (26) in Tabellenform angeschrieben werden.

Gleichungstabelle
(Antimetrischer Lastfall Abb. 531b)

	φ_1	φ_2	φ_3	φ_4	φ_5	φ_6	B
φ_1	$+\,7{,}33$	$+\,2{,}00$		$+\,1{,}6\dot{6}$			$-$
φ_2	$+\,2{,}00$	$+\,11{,}33$	$+\,2{,}00$		$+\,1{,}6\dot{6}$		$-\,0{,}55$
φ_3		$+\,2{,}00$	$+\,7{,}33$			$+\,1{,}6\dot{6}$	$+\,0{,}55$
φ_4	$+\,1{,}6\dot{6}$			$+\,5{,}33$	$+\,1{,}00$		$-$
φ_5		$+\,1{,}6\dot{6}$		$+\,1{,}00$	$+\,7{,}33$	$+\,1{,}00$	$+\,0{,}55$
φ_6			$+\,1{,}6\dot{6}$		$+\,1{,}00$	$+\,5{,}33$	$-\,0{,}55$

Daraus ergeben sich

$$\varphi_1 = -\,0{,}0344 \qquad \varphi_3 = -\,0{,}1404 \qquad \varphi_5 = -\,0{,}1252$$
$$\varphi_2 = +\,0{,}0978 \qquad \varphi_4 = +\,0{,}0342 \qquad \varphi_6 = +\,0{,}1704 .$$

c) Stabendmomente für die Gesamtbelastung p (Abb. 530)

Durch Addition der für den symmetrischen Lastfall gemäß Abb. 531a und der für den antimetrischen Lastfall gemäß Abb. 531b ermittelten Unbekannten erhält man die gesuchten φ-Werte für den unsymmetrischen Lastfall gemäß Abb. 530. Diese Rechnung wird in der folgenden Tabelle durchgeführt:

	φ_1	φ_2	φ_3	φ_4	φ_5	φ_6	$\varphi_{1'}$	$\varphi_{2'}$	$\varphi_{3'}$
Symmetr. Belastung	$-0{,}0186$	$+0{,}0683$	$-0{,}0936$	$-$	$-$	$-$	$+0{,}0186$	$-0{,}0683$	$+0{,}0936$
Antimetr. Belastung	$-0{,}0344$	$+0{,}0978$	$-0{,}1404$	$+0{,}0342$	$-0{,}1252$	$+0{,}1704$	$-0{,}0344$	$+0{,}0978$	$-0{,}1404$
Gesamtbelastung ...	$-0{,}0530$	$+0{,}1661$	$-0{,}2340$	$+0{,}0342$	$-0{,}1252$	$+0{,}1704$	$-0{,}0158$	$+0{,}0295$	$-0{,}0468$

Nach (22) ist

$$M_{1,2} = k\,(2\,\varphi_1 + \varphi_2) + \mathfrak{M}_{1,2}.$$

Da die bisher verwendeten Stabbelastungsglieder $\mathfrak{M}$ nur für $p/2 = 0{,}6$ t/m berechnet waren, sind diese zur Momentenermittlung für $p = 1{,}2$ t/m zu verdoppeln. Es ergeben sich durch wiederholte Anwendung der vorstehenden Formel unter Beachtung, daß hier $k_{4,5} = k_{5,6} = 2{,}00$:

$$M_{1,2} = + 0{,}120 \text{ tm} \qquad M_{4,1} = + 0{,}026 \text{ tm} \qquad M_{1',2'} = - 0{,}004 \text{ tm}$$
$$M_{1,4} = - 0{,}120 \text{ „} \qquad M_{4,1'} = + 0{,}088 \text{ „} \qquad M_{1',4} = + 0{,}004 \text{ „}$$
$$M_{2,1} = + 0{,}558 \text{ „} \qquad M_{4,5} = - 0{,}114 \text{ „} \qquad M_{2',1'} = + 0{,}086 \text{ „}$$
$$M_{2,3} = + 2{,}696 \text{ „} \qquad M_{5,2} = + 3{,}459 \text{ „} \qquad M_{2',3'} = + 0{,}024 \text{ „}$$
$$M_{2,5} = - 3{,}255 \text{ „} \qquad M_{5,2'} = - 0{,}368 \text{ „} \qquad M_{2',5} = - 0{,}110 \text{ „}$$
$$M_{3,2} = - 3{,}104 \text{ „} \qquad M_{5,4} = - 0{,}432 \text{ „} \qquad M_{3',2'} = - 0{,}128 \text{ „}$$
$$M_{3,6} = + 3{,}104 \text{ „} \qquad M_{5,6} = - 2{,}660 \text{ „} \qquad M_{3',6} = + 0{,}128 \text{ „} \; .$$
$$M_{6,3} = - 3{,}422 \text{ „}$$
$$M_{6,3'} = + 0{,}490 \text{ „}$$
$$M_{6,5} = + 2{,}931 \text{ „}$$

In Abb. 534 sind diese Momente maßstäblich aufgetragen.

Aus den Ergebnissen des hier behandelten Belastungsfalles können sehr einfach die Momente für beliebige andere Belastungsfälle ermittelt werden. Sind z. B. gleichzeitig zwei anliegende Zellen belastet, so erhält man den zugehörigen Momentenverlauf durch einfache Spiegelung und Überlagerung der in Abb. 534 dargestellten Momente. Sind zwei diagonal gegenüberliegende Zellen belastet, so denkt man sich das in Abb. 534 ersichtliche Momentenbild in der Zeichenebene um 180° gedreht und überlagert es wiederum mit dem ursprünglichen Momentenverlauf.

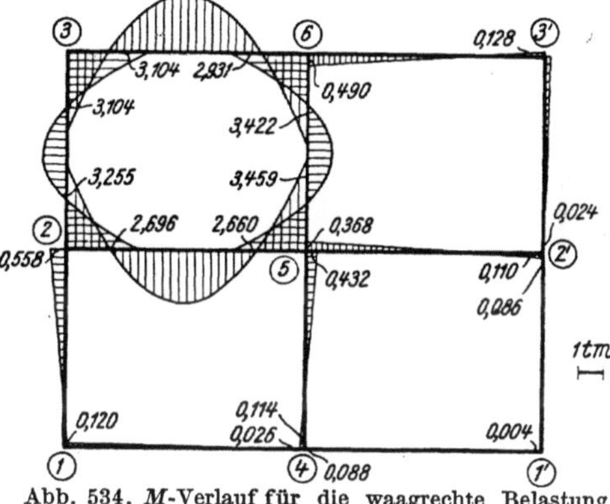

Abb. 534. *M*-Verlauf für die waagrechte Belastung aus Abb. 530

II. Verschiebliche Tragwerke

Zahlenbeispiel 9 (vgl. auch Nr. 23)

Vierschiffiger, symmetrischer Hallenrahmen mit Fußgelenken. Tragwerksabmessungen siehe Abb. 535. Es sind zwei Lastfälle zu untersuchen:

a) Lotrechte Belastung (Abb. 536a),

b) Windbelastung (Abb. 536b).

Die Stabfestwerte k, k^0 und $\bar{k}^0$ werden in der nachstehenden Festwerttabelle in üblicher Weise nach (36), (36a) und (89) ermittelt.

Festwerttabelle

Stab	b/h (cm)	J (m⁴)	l (m)	$k = 1000\,J/l$	$k^0{}_s = 750\,J/l$	$\bar{k}^0{}_s = 2\,k^0{}_s/l$
1—4	55/55	0,00763	8,00	—	0,715	0,1788
2—5	55/55	0,00763	9,80	—	0,584	0,1192
3—6	55/55	0,00763	12,00	—	0,477	0,0795
4—5	35/125	0,05697	20,00	2,85	—	—
5—6	35/125	0,05697	25,00	2,28	—	—

Für die Längen der schiefen Stäbe wurden die runden Werte $l_{4,5} = 20,00$ m und $l_{5,6} = 25,00$ m verwendet.

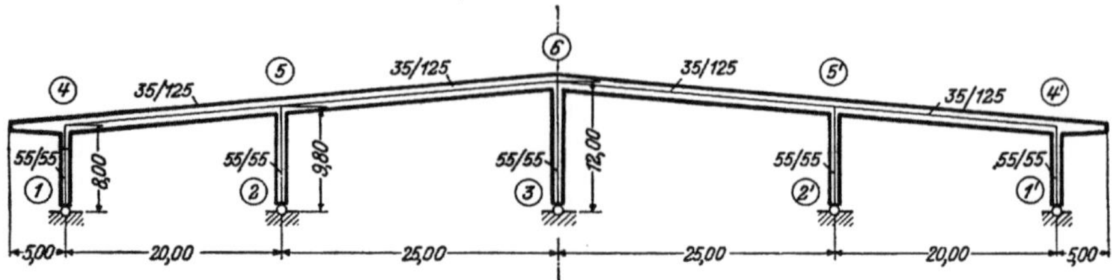

Abb. 535. Tragwerksabmessungen

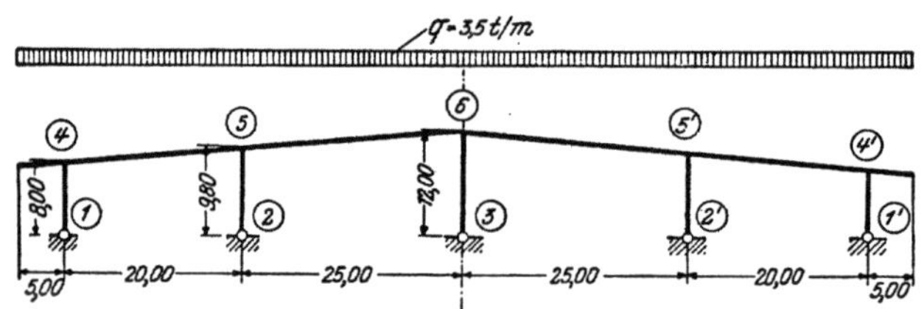

Abb. 536 a. Lotrechte Belastung

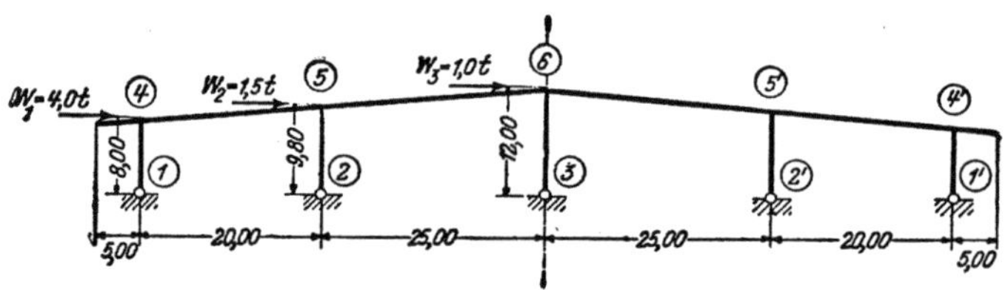

Abb. 536 b. Windbelastung

a) Lotrechte Belastung (Abb. 536 a)

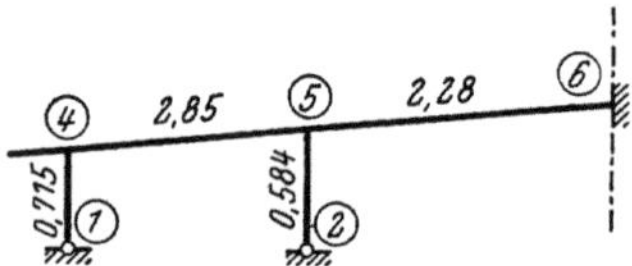

Abb. 537. Festwertskizze für den symmetrischen Lastfall

Das vorliegende Tragwerk ist bei der gegebenen symmetrischen Belastung unverschieblich; man braucht daher nur das halbe Tragwerk gemäß Abb. 537 mit gedachter Einspannung bei 6 in Rechnung zu stellen. Somit sind zwei Unbekannte zu bestimmen, und zwar φ_4 und φ_5. Die in der Festwerttabelle ermittelten k- und k^0-Werte sind in der Festwertskizze (Abb. 537) eingetragen.

Diagonalglieder d^0

Mit Rücksicht auf die gelenkigen Stabanschlüsse ist nach (31)

$$d^0{}_n = 2\left(\sum_i k_{n,i} + \sum_g k^0{}_{n,g}\right).$$

Damit erhält man unter Zuhilfenahme der Festwertskizze

$$d^0{}_4 = 2\,(2,85 + 0,715) \qquad\quad = 7,13$$

$$d^0{}_5 = 2\,(2,85 + 2,28 + 0,584) = 11,43\,.$$

Stabbelastungsglieder $\mathfrak{M}$

Nach Tafel 2 erhält man anhand der Belastung in Abb. 536a

$$\mathfrak{M}_{4,5} = -\frac{q\,l^2}{12} = -\frac{3,5 \cdot 20,0^2}{12} = -116,7 \text{ tm} ; \qquad \mathfrak{M}_{5,4} = +116,7 \text{ tm}$$

$$\mathfrak{M}_{5,6} = -\frac{q\,l^2}{12} = -\frac{3,5 \cdot 25,0^2}{12} = -182,3 \text{ ,, } ; \qquad \mathfrak{M}_{6,5} = +182,3 \text{ ,,}$$

$$\mathfrak{M}_{4,K} = +\frac{q\,l^2}{2} = +\frac{3,5 \cdot 5,0^2}{2} = +43,8 \text{ ,, } .$$

Knotenbelastungsglieder s

Da alle gelenkig angeschlossenen Stäbe unbelastet sind, wird nach (32a) $s^0{}_n = s_n$, also

$$s^0{}_4 = s_4 = -116,7 + 43,8 = -72,9 \text{ tm}$$
$$s^0{}_5 = s_5 = +116,7 - 182,3 = -65,6 \text{ ,, } .$$

Knotengleichungen

Nach (30) ist allgemein

$$d^0{}_n \varphi_n + \sum_i k_{n,i} \varphi_i + s^0{}_n = 0 .$$

Damit erhält man die beiden Gleichungen für die Knotenpunkte 4 und 5:

$$7,13\,\varphi_4 + 2,85\,\varphi_5 - 72,9 = 0$$
$$2,85\,\varphi_4 + 11,43\,\varphi_5 - 65,6 = 0 .$$

Ihre Auflösung ergibt:

$$\varphi_4 = +8,81 \quad \text{und} \quad \varphi_5 = +3,54 .$$

Stabendmomente

Für einen gelenklosen Stab 1—2 ist nach (22)

$$M_{1,2} = k\,(2\,\varphi_1 + \varphi_2) + \mathfrak{M}_{1,2}$$

bzw. nach Tafel I auf Seite 6, Formel 4d, für einen unbelasteten Stab mit Gelenk bei 2

$$M_{1,2} = 2\,k^0\,\varphi_1 .$$

Damit erhält man anhand der Festwertskizze (Abb. 537)

$$
\begin{aligned}
M_{4,1} &= +2 \cdot 0,715 \cdot 8,81 & &= +12,6 \text{ tm} \\
M_{4,5} &= +2,85\,(2 \cdot 8,81 + 3,54) - 116,7 & &= -56,4 \text{ ,,} \\
M_{4,K} &= & &= +43,8 \text{ ,,} \\
M_{5,2} &= +2 \cdot 0,584 \cdot 3,54 & &= +4,1 \text{ ,,} \\
M_{5,4} &= +2,85\,(2 \cdot 3,54 + 8,81) + 116,7 & &= +162,0 \text{ ,,} \\
M_{5,6} &= +2,28 \cdot 2 \cdot 3,54 - 182,3 & &= -166,2 \text{ ,,} \\
M_{6,5} &= +2,28 \cdot 3,54 + 182,3 & &= +190,4 \text{ ,, } .
\end{aligned}
$$

Der zugehörige Momentenverlauf ist in Abb. 538 maßstäblich aufgetragen.

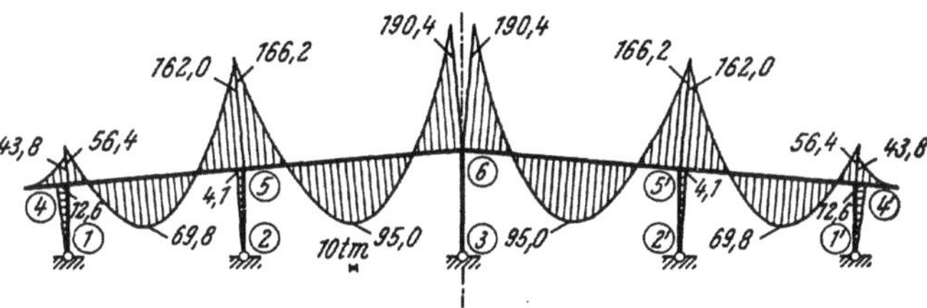

Abb. 538. *M*-Verlauf für die lotrechte Belastung aus Abb. 536 a

b) Windbelastung (Abb. 536 b)

Dieser Lastfall kann am vorliegenden Tragwerk für die Berechnung der Momente durch die antimetrische Belastung (Abb. 539) ersetzt werden (nähere Erläuterungen siehe Seite 49 ff.). Es sind dann vier Unbekannte, nämlich φ_4, φ_5, φ_6 und Δ, gemeinsam zu bestimmen. Die in der Festwerttabelle ermittelten Werte k, k^0 und $\bar{k}^0$ werden in die neue Festwertskizze (Abb. 540) übertragen; dabei ist zu beachten, daß die Steifigkeitszahlen k^0 und $\bar{k}^0$ für den in der Symmetrale liegenden Stab 3—6 zu halbieren sind.

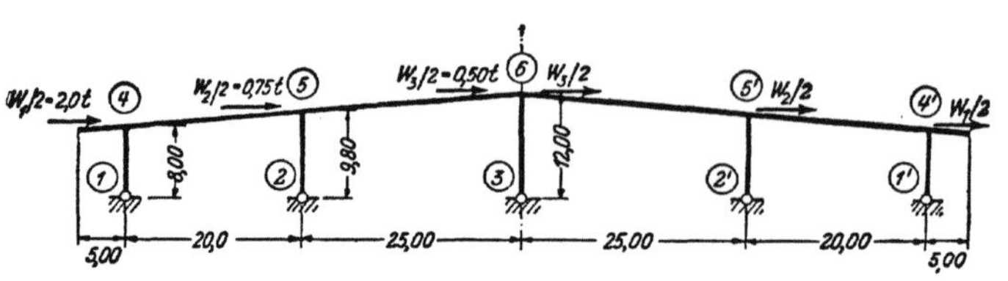

Abb. 539. Antimetrischer Lastfall

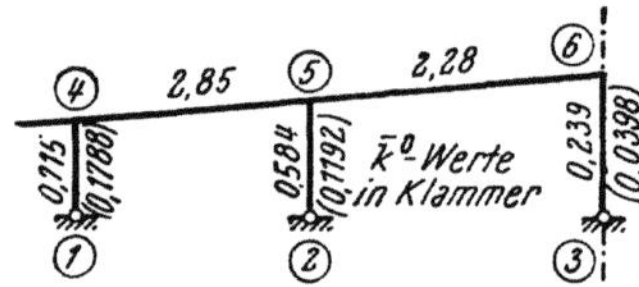

Abb. 540. Festwertskizze für den antimetrischen Lastfall

Diagonalglieder d^0 und D^0

Aus Lastfall a können unverändert übernommen werden:

$$d^0_4 = 7,13 \quad \text{und} \quad d^0_5 = 11,43 \,.$$

Das Diagonalglied für den Knoten 6 ergibt sich anhand der Festwertskizze (Abb. 540) nach (31) bzw. (87) mit

$$d^0_6 = 2\,(2,28 + 0,239) \doteq 5,04.$$

Nach (94) ist

$$D^0 = \sum \frac{\bar{k}^0_s}{l} \,,$$

somit hier

$$D^0 = \frac{0,1788}{8,0} + \frac{0,1192}{9,8} + \frac{0,0398}{12,0} = 0,0378 \,.$$

Belastungsglied S^0 der Verschiebungsgleichung

Nach (95) ist allgemein

$$S^0 = \underset{R}{\Sigma} P + \underset{R}{\Sigma} q \cdot e + \Sigma \mathfrak{A}_o + \sum \frac{\mathfrak{M}^0_o}{l} \,.$$

Da hier alle Stiele unbelastet sind, wird einfach (vgl. Abb. 539)

$$S^0 = \underset{R}{\Sigma} P = +\,2,0 + 0,75 + 0,5 = +\,3,25 \,\text{t} \,.$$

Aufstellung der Gleichungen

Die *Knotengleichungen* lauten nach (86) unter Beachtung, daß hier durchweg $s^0_n = 0$ ist,

$$d^0_n \varphi_n + \underset{i}{\Sigma} k_{n,i}\,\varphi_i + \bar{k}^0_s \Delta = 0 \,;$$

für die *Verschiebungsgleichung* gilt nach (93)

$$\bar{k}^0_s \varphi_o + D^0 \Delta + S^0 = 0 \,.$$

Damit kann anhand der Festwertskizze (Abb. 540) die Aufstellung der Gleichungstabelle vorgenommen werden.

Gleichungstabelle

	φ_4	φ_5	φ_6	$\varDelta$	B
φ_4	+ 7,13	+ 2,85		+ 0,1788	—
φ_5	+ 2,85	+ 11,43	+ 2,28	+ 0,1192	—
φ_6		+ 2,28	+ 5,04	+ 0,0398	—
$\varDelta$	+ 0,1788	+ 0,1192	+ 0,0398	+ 0,0378	+ 3,25

Die Auflösung ergibt:

$$\varphi_4 = + 2,350 \,; \qquad \varphi_5 = + 0,317 \,; \qquad \varphi_6 = + 0,637 \,; \qquad \varDelta = - 98,78 \,.$$

Stabendmomente

Da im vorliegenden Fall nur Knotenlasten vorhanden sind, also für sämtliche Stäbe $\mathfrak{M} = 0$ ist, gilt für die Riegelanschlußmomente nach (22)

$$M_{1,2} = k \, (2 \, \varphi_1 + \varphi_2)$$

und für die Säulenkopfmomente gemäß (17a)

$$M_{1,2} = 2 \, k^0 \, \varphi_1 + \bar{k}^0{}_s \, \varDelta \,.$$

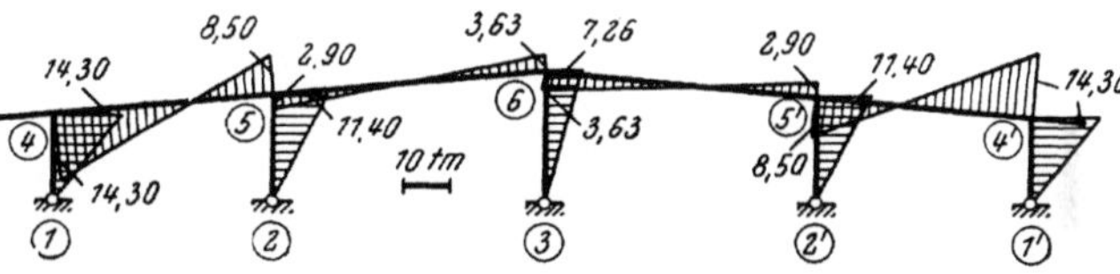

Abb. 541. M-Verlauf für die waagrechte Belastung aus Abb. 536b

Unter entsprechender Anwendung dieser Formeln erhält man anhand der Festwertskizze (Abb. 540)

$$
\begin{aligned}
M_{4,1} &= + 2 \cdot 0,715 \cdot 2,350 - 0,1788 \cdot 98,78 &&= - 14,30 \text{ tm} \\
M_{4,5} &= + 2,85 \, (2 \cdot 2,350 + 0,317) &&= + 14,30 \text{ ,,} \\
M_{5,2} &= + 2 \cdot 0,584 \cdot 0,317 - 0,1192 \cdot 98,78 &&= - 11,40 \text{ ,,} \\
M_{5,4} &= + 2,85 \, (2 \cdot 0,317 + 2,350) &&= + 8,50 \text{ ,,} \\
M_{5,6} &= + 2,28 \, (2 \cdot 0,317 + 0,637) &&= + 2,90 \text{ ,,} \\
M_{6,3} &= + 2 \cdot 0,239 \cdot 0,637 - 0,0398 \cdot 98,78 &&= - 3,63 \text{ ,,} \\
M_{6,5} &= + 2,28 \, (2 \cdot 0,637 + 0,317) &&= + 3,63 \text{ ,, } .
\end{aligned}
$$

Diese Momente beziehen sich auf die linke Tragwerkshälfte unter der Wirkung der halben Belastung. Für das gesamte Tragwerk unter der Wirkung der gesamten waagrechten Belastung (vgl. Abb. 536b) ist daher das Moment für den Stab 3—6 in der Symmetrale zu verdoppeln, also

$$M_{6,3} = - 2 \cdot 3,63 = - 7,26 \text{ tm} \,.$$

In Abb. 541 sind diese Momente maßstäblich aufgezeichnet.

Zahlenbeispiel 10[1] (vgl. auch Nr. 24)

Symmetrischer, dreigeschossiger, im unteren Stockwerk fünfstieliger Rahmenbinder. Volle Einspannung bei 1, 1', 2, 2', 3; Tragwerksabmessungen siehe Abb. 542. Es sind zwei Belastungsfälle zu untersuchen:

a) Lotrechte Belastung q_1, q_2, q_3, q_4 (Abb. 543a),

b) Waagrechte Knotenlasten P_1, P_2, P_3, P_4 (Abb. 543b).

Bei verschieblichen Tragwerken mit geschoßweise ungleich langen Stielen benötigt man für die Ermittlung der Momente die erweiterten Steifigkeitszahlen $\bar{k}$ sämtlicher Stiele (siehe Seite 44ff.); diese $\bar{k}$-Werte werden in der Festwerttabelle gemäß (62) ermittelt.

---

[1] Vgl. R. Guldan: Die Cross-Methode und ihre praktische Anwendung, Wien 1955; Seite 250ff., Zahlenbeispiel 19

Festwerttabelle

Stab	b/h (cm)	J (m⁴)	l (m)	$k = 10\,000\,J/l$	$\bar{k} = 3\,k/l$
1—4	40/45	0,00304	4,50	6,76	4,51
2—5, 3—6	50/50	0,00521	5,40	9,65	5,36
4—5	40/85	0,02047	12,03	17,02	—
5—6	40/80	0,01707	10,00	17,07	—
5—7, 6—8	45/45	0,00342	4,50	7,60	5,07
7—8	35/80	0,01493	10,00	14,93	—
7—9	40/45	0,00304	4,20	7,24	5,17
8—10	40/40	0,00213	5,70	3,74	1,97
9—10	30/70	0,00858	10,11	8,49	—

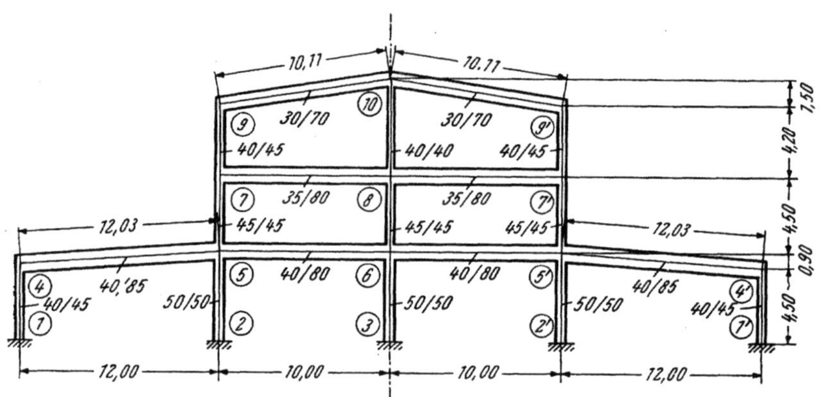

Abb. 542. Tragwerksabmessungen

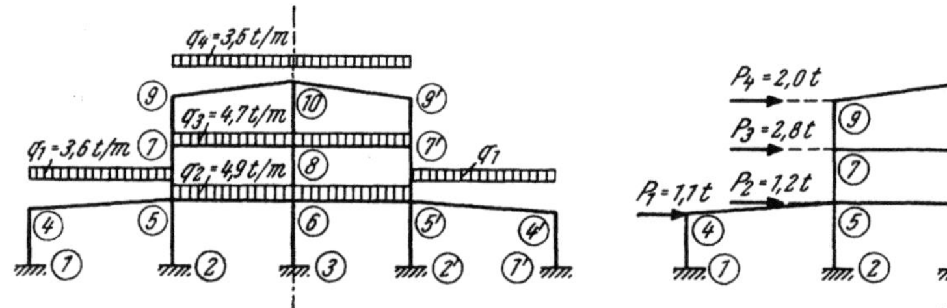

Abb. 543 a. Lotrechte Belastung   Abb. 543 b. Waagrechte Belastung

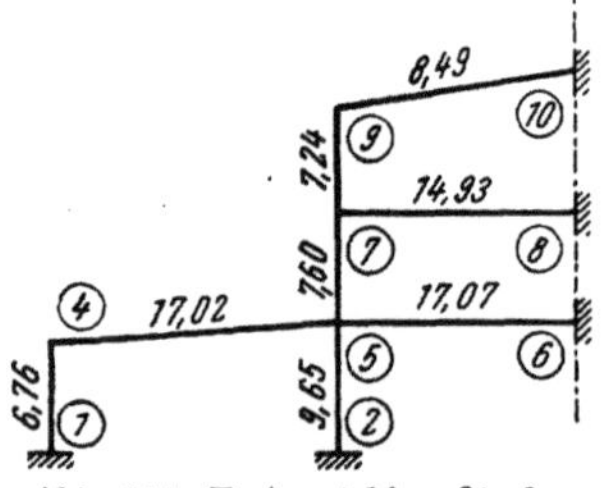

Abb. 544. Festwertskizze für den symmetrischen Lastfall (k-Zahlen)

a) Lotrechte Belastung q_1, q_2, q_3, q_4 (Abb. 543 a)

Infolge Symmetrie des Tragwerkes und der Belastung ist das System unverschieblich, und es genügt, nur eine Tragwerkshälfte gemäß Abb. 544 mit gedachter Einspannung bei 6, 8, 10 in Betracht zu ziehen. Es sind somit vier Unbekannte zu berechnen, nämlich φ_4, φ_5, φ_7, φ_9. Die entsprechenden k-Zahlen werden in die Festwertskizze (Abb. 544) eingetragen.

Diagonalglieder d

Anhand der Festwertskizze (Abb. 544) erhält man nach (27)

$$d_4 = 2\,(6{,}76 + 17{,}02) \qquad\qquad\qquad = 47{,}56$$
$$d_5 = 2\,(9{,}65 + 17{,}02 + 17{,}07 + 7{,}60) = 102{,}68$$
$$d_7 = 2\,(7{,}60 + 14{,}93 + 7{,}24) \qquad = 59{,}54$$
$$d_9 = 2\,(7{,}24 + 8{,}49) \qquad\qquad\qquad = 31{,}46\,.$$

Stabbelastungsglieder $\mathfrak{M}$

Mit der Belastung in Abb. 543a wird nach Tafel 2

$$\mathfrak{M}_{4,5} = -\frac{q_1\,l^2}{12} = -\frac{3{,}6\cdot 12{,}0^2}{12} = -43{,}20 \text{ tm}\,; \qquad \mathfrak{M}_{5,4} = +43{,}20 \text{ tm}$$

$$\mathfrak{M}_{5,6} = -\frac{q_2\,l^2}{12} = -\frac{4{,}9\cdot 10{,}0^2}{12} = -40{,}80 \text{ ,, }\,; \qquad \mathfrak{M}_{6,5} = +40{,}80 \text{ ,,}$$

$$\mathfrak{M}_{7,8} = -\frac{q_3\,l^2}{12} = -\frac{4{,}7\cdot 10{,}0^2}{12} = -39{,}20 \text{ ,, }\,; \qquad \mathfrak{M}_{8,7} = +39{,}20 \text{ ,,}$$

$$\mathfrak{M}_{9,10} = -\frac{q_4\,l^2}{12} = -\frac{3{,}5\cdot 10{,}0^2}{12} = -29{,}15 \text{ ,, }\,; \qquad \mathfrak{M}_{10,9} = +29{,}15 \text{ ,,}\,.$$

Knotenbelastungsglieder s

Nach (28a) ergeben sich

$$s_4 = \qquad\qquad = -43{,}20 \text{ tm} \qquad\qquad s_7 = -39{,}20 \text{ tm}$$
$$s_5 = +43{,}20 - 40{,}80 = +2{,}40 \text{ ,,} \qquad\qquad s_9 = -29{,}15 \text{ ,,}\,.$$

Knotengleichungen

Nach (26) ist für unverschiebliche Tragwerke allgemein

$$d_n\varphi_n + \sum_i k_{n,i}\varphi_i + s_n = 0\,.$$

Damit können anhand der Festwertskizze (Abb. 544) die Gleichungen tabellarisch aufgestellt werden:

Gleichungstabelle

	φ_4	φ_5	φ_7	φ_9	B
φ_4	$+ 47{,}56$	$+ 17{,}02$			$- 43{,}20$
φ_5	$+ 17{,}02$	$+ 102{,}68$	$+ 7{,}60$		$+ 2{,}40$
φ_7		$+ 7{,}60$	$+ 59{,}54$	$+ 7{,}24$	$- 39{,}20$
φ_9			$+ 7{,}24$	$+ 31{,}46$	$- 29{,}15$

Die Auflösung ergibt:

$$\varphi_4 = +0{,}991\,; \qquad \varphi_5 = -0{,}231\,; \qquad \varphi_7 = +0{,}592\,; \qquad \varphi_9 = +0{,}790\,.$$

Stabendmomente

Nach (22) ist allgemein für einen Stab 1—2

$$M_{1,2} = k\,(2\,\varphi_1 + \varphi_2) + \mathfrak{M}_{1,2}\,.$$

Damit erhält man

$$
\begin{aligned}
M_{1,4} &= + 6{,}76 \cdot 0{,}991 &&= + 6{,}70 \text{ tm}\\
M_{2,5} &= - 9{,}65 \cdot 0{,}231 &&= - 2{,}23 \text{ ,,}\\
M_{4,1} &= + 6{,}76 \cdot 2 \cdot 0{,}991 &&= + 13{,}40 \text{ ,,}\\
M_{4,5} &= + 17{,}02\,(2 \cdot 0{,}991 - 0{,}231) - 43{,}20 &&= - 13{,}40 \text{ ,,}\\
M_{5,2} &= - 9{,}65 \cdot 2 \cdot 0{,}231 &&= - 4{,}46 \text{ ,,}\\
M_{5,4} &= + 17{,}02\,(- 2 \cdot 0{,}231 + 0{,}991) + 43{,}20 &&= + 52{,}20 \text{ ,,}\\
M_{5,6} &= - 17{,}07 \cdot 2 \cdot 0{,}231 - 40{,}80 &&= - 48{,}69 \text{ ,,}\\
M_{5,7} &= + 7{,}60\,(- 2 \cdot 0{,}231 + 0{,}592) &&= + 0{,}99 \text{ ,,}\\
M_{6,5} &= - 17{,}07 \cdot 0{,}231 + 40{,}80 &&= + 36{,}86 \text{ ,,}\\
M_{7,5} &= + 7{,}60\,(2 \cdot 0{,}592 - 0{,}231) &&= + 7{,}24 \text{ ,,}\\
M_{7,8} &= + 14{,}93 \cdot 2 \cdot 0{,}592 - 39{,}20 &&= - 21{,}52 \text{ ,,}\\
M_{7,9} &= + 7{,}24\,(2 \cdot 0{,}592 + 0{,}790) &&= + 14{,}29 \text{ ,,}\\
M_{8,7} &= + 14{,}93 \cdot 0{,}592 + 39{,}20 &&= + 48{,}04 \text{ ,,}\\
M_{9,7} &= + 7{,}24\,(2 \cdot 0{,}790 + 0{,}592) &&= + 15{,}73 \text{ ,,}\\
M_{9,10} &= + 8{,}49 \cdot 2 \cdot 0{,}790 - 29{,}15 &&= - 15{,}74 \text{ ,,}\\
M_{10,9} &= + 8{,}49 \cdot 0{,}790 + 29{,}15 &&= + 35{,}86 \text{ ,, .}
\end{aligned}
$$

In Abb. 545 sind diese Momente maßstäblich aufgezeichnet.

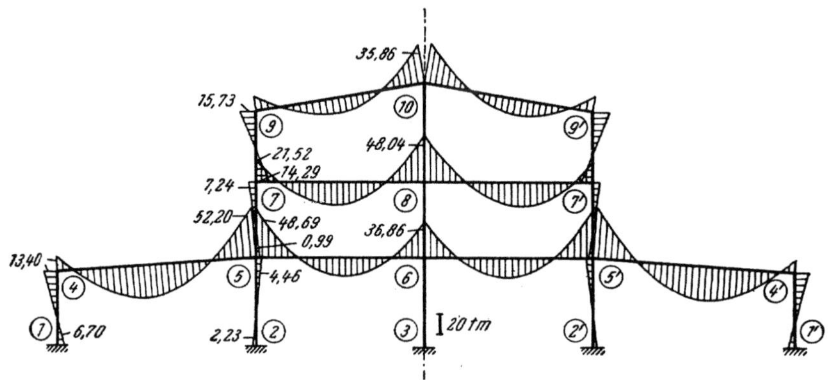

Abb. 545. M-Verlauf für die lotrechte Belastung aus Abb. 543a

b) Waagrechte Belastung P_1, P_2, P_3, P_4 (Abb. 543b)

Die waagrechte Belastung kann für die Ermittlung der Momente als antimetrisch wirkend angenommen werden. Es braucht dann nur eine Tragwerkshälfte gemäß

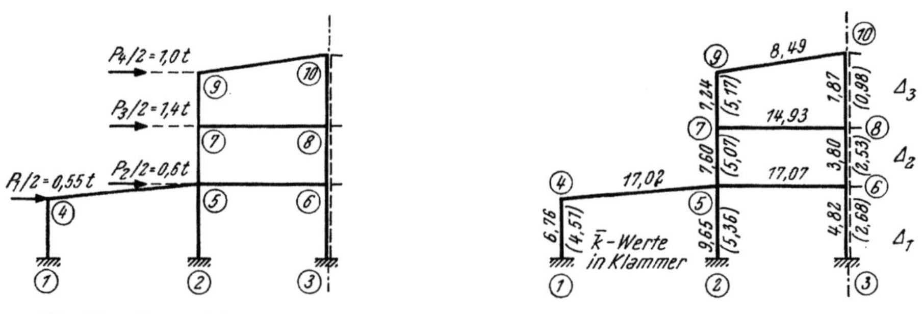

Abb. 546. Tragwerkshälfte mit halber waagrechter Belastung

Abb. 547. Festwertskizze für den antimetrischen Lastfall

Abb. 546 mit der halben Belastung behandelt zu werden, wobei in diesem Fall für die in der Symmetrale liegenden Stäbe 3—6, 6—8, 8—10 sämtliche Stabfestwerte k und $\bar{k}$ zu halbieren sind (nähere Erläuterungen siehe Seite 49). Alle übrigen

Stabfestwerte bleiben unverändert. Die entsprechenden Werte k und $\bar{k}$ (in Klammern) sind in der Festwertskizze (Abb. 547) eingetragen. Es sind sieben unbekannte Knotendrehwinkel φ_4 bis φ_{10} und drei Verschiebungsgrößen $\varDelta_1$, $\varDelta_2$, $\varDelta_3$ gemeinsam zu ermitteln.

Diagonalglieder d und D

Für die Knotengleichungen gemäß (61) können aus der vorangehenden Berechnung unverändert übernommen werden:

$$d_4 = 47,56 \; ; \qquad d_5 = 102,68 \; ; \qquad d_7 = 59,54 \; ; \qquad d_9 = 31,46 \; .$$

Weiter erhält man nach (27) bzw. (45) anhand der Festwertskizze (Abb. 547)

$$d_6 = 2\,(4,82 + 17,07 + 3,80) = 51,38$$
$$d_8 = 2\,(3,80 + 14,93 + 1,87) = 41,20$$
$$d_{10} = 2\,(1,87 + 8,49) \qquad = 20,72 \; .$$

Die Diagonalglieder der Verschiebungsgleichungen erhält man nach (64) mit

$$D_\mu = 2 \sum_\mu \frac{\bar{k}}{l} \, .$$

Somit wird hier unter Zuhilfenahme der Festwertskizze

$$\text{für das 1. Stockwerk:} \quad D_1 = 2\left(\frac{4,51}{4,5} + \frac{5,36}{5,4} + \frac{2,68}{5,4}\right) = 4,982$$

$$\text{,, ,, 2. ,,} \quad : D_2 = 2\left(\frac{5,07}{4,5} + \frac{2,53}{4,5}\right) \qquad = 3,378$$

$$\text{,, ,, 3. ,,} \quad : D_3 = 2\left(\frac{5,17}{4,2} + \frac{0,98}{5,7}\right) \qquad = 2,806 \; .$$

Belastungsglieder S der Verschiebungsgleichungen

Für die Belastungsglieder S der Verschiebungsgleichungen gilt hier gemäß (65) unter der Voraussetzung, daß nur Knotenlasten vorhanden sind,

$$S = \varSigma P \, .$$

Damit erhält man anhand der Belastungsskizze (Abb. 546)

$$\text{für das 1. Stockwerk:} \quad S_1 = +\, 1,0 + 1,4 + 0,6 + 0,55 = +\, 3,55 \; \text{t}$$
$$\text{,, ,, 2. ,,} \quad : S_2 = +\, 1,0 + 1,4 \qquad = +\, 2,40 \; \text{t}$$
$$\text{,, ,, 3. ,,} \quad : S_3 = \qquad\qquad = +\, 1,00 \; \text{t} \, .$$

Aufstellung der Gleichungen

Da alle Stäbe unbelastet sind, ist hier durchweg $s_n = 0$; damit vereinfacht sich die allgemeine *Knotengleichung* (61) zu

$$d_n \varphi_n + \varSigma_i k_{n,i}\, \varphi_i + \bar{k}_\mu\, \varDelta_\mu + \bar{k}_{\mu+1}\, \varDelta_{\mu+1} = 0 \, .$$

Für die *Verschiebungsgleichungen* gilt (63):

$$\varSigma_\mu \bar{k}\, \varphi_u + \varSigma_\mu \bar{k}\, \varphi_o + D_\mu\, \varDelta_\mu + S_\mu = 0 \, .$$

Damit können die Bedingungsgleichungen mit Hilfe der Festwertskizze (Abb. 547) tabellarisch aufgestellt werden.

Gleichungstabelle

	φ_4	φ_5	φ_6	φ_7	φ_8	φ_9	φ_{10}	Δ_1	Δ_2	Δ_3	B
φ_4	$+47{,}56$	$+17{,}02$						$+4{,}51$			—
φ_5	$+17{,}02$	$+102{,}68$	$+17{,}07$	$+7{,}60$				$+5{,}36$	$+5{,}07$		—
φ_6		$+17{,}07$	$+51{,}38$		$+3{,}80$			$+2{,}68$	$+2{,}53$		—
φ_7		$+7{,}60$		$+59{,}54$	$+14{,}93$	$+7{,}24$			$+5{,}07$	$+5{,}17$	—
φ_8			$+3{,}80$	$+14{,}93$	$+41{,}20$		$+1{,}87$		$+2{,}53$	$+0{,}98$	—
φ_9				$+7{,}24$		$+31{,}46$	$+8{,}49$			$+5{,}17$	—
φ_{10}					$+1{,}87$	$+8{,}49$	$+20{,}72$			$+0{,}98$	—
Δ_1	$+4{,}51$	$+5{,}36$	$+2{,}68$					$+4{,}982$			$+3{,}55$
Δ_2		$+5{,}07$	$+2{,}53$	$+5{,}07$	$+2{,}53$				$+3{,}378$		$+2{,}40$
Δ_3				$+5{,}17$	$+0{,}98$	$+5{,}17$	$+0{,}98$			$+2{,}806$	$+1{,}00$

Die Auflösung nach den Anweisungen Seite 198f. ergibt:

$$\varphi_4 = +0{,}059; \qquad \varphi_6 = +0{,}075; \qquad \varphi_8 = +0{,}031; \qquad \varphi_{10} = -0{,}007; \qquad \Delta_2 = -1{,}093;$$
$$\varphi_5 = +0{,}068; \qquad \varphi_7 = +0{,}134; \qquad \varphi_9 = +0{,}103; \qquad \Delta_1 = -0{,}880; \qquad \Delta_3 = -0{,}801.$$

Stabendmomente

Die Riegelmomente erhält man unter Beachtung, daß keine Stabbelastungen vorhanden sind, also überall $\mathfrak{M} = 0$ ist, aus Gl. (22); sie lautet im vorliegenden Fall allgemein für einen unbelasteten Stab 1—2:

$$M_{1,2} = k\,(2\,\varphi_1 + \varphi_2)\,.$$

Die Stielmomente ergeben sich nach (10a) mit $\mathfrak{M} = 0$ für einen Stab 1—2 aus

$$M_{1,2} = k\,(2\,\varphi_1 + \varphi_2) + \bar{k}\,\Delta\,.$$

Damit erhält man anhand der Festwertskizze (Abb. 547):

$$
\begin{aligned}
M_{1,4} &= +\ 6{,}76 \cdot 0{,}059 - 4{,}51 \cdot 0{,}880 & &= -3{,}57 \text{ tm}\\
M_{2,5} &= +\ 9{,}65 \cdot 0{,}068 - 5{,}36 \cdot 0{,}880 & &= -4{,}06 \text{ ,,}\\
M_{3,6} &= +\ 4{,}82 \cdot 0{,}075 - 2{,}68 \cdot 0{,}880 & &= -2{,}00 \text{ ,,}\\
M_{4,1} &= +\ 6{,}76 \cdot 2 \cdot 0{,}059 - 4{,}51 \cdot 0{,}880 & &= -3{,}17 \text{ ,,}\\
M_{4,5} &= +\ 17{,}02\,(2 \cdot 0{,}059 + 0{,}068) & &= +3{,}17 \text{ ,,}\\
M_{5,2} &= +\ 9{,}65 \cdot 2 \cdot 0{,}068 - 5{,}36 \cdot 0{,}880 & &= -3{,}40 \text{ ,,}\\
M_{5,4} &= +\ 17{,}02\,(2 \cdot 0{,}068 + 0{,}059) & &= +3{,}32 \text{ ,,}\\
M_{5,6} &= +\ 17{,}07\,(2 \cdot 0{,}068 + 0{,}075) & &= +3{,}60 \text{ ,,}\\
M_{5,7} &= +\ 7{,}60\,(2 \cdot 0{,}068 + 0{,}134) - 5{,}07 \cdot 1{,}093 & &= -3{,}49 \text{ ,,}\\
M_{6,3} &= +\ 4{,}82 \cdot 2 \cdot 0{,}075 - 2{,}68 \cdot 0{,}880 & &= -1{,}63 \text{ ,,}\\
M_{6,5} &= +\ 17{,}07\,(2 \cdot 0{,}075 + 0{,}068) & &= +3{,}72 \text{ ,,}\\
M_{6,8} &= +\ 3{,}80\,(2 \cdot 0{,}075 + 0{,}031) - 2{,}53 \cdot 1{,}093 & &= -2{,}08 \text{ ,,}\\
M_{7,5} &= +\ 7{,}60\,(2 \cdot 0{,}134 + 0{,}068) - 5{,}07 \cdot 1{,}093 & &= -2{,}99 \text{ ,,}\\
M_{7,8} &= +\ 14{,}93\,(2 \cdot 0{,}134 + 0{,}031) & &= +4{,}46 \text{ ,,}\\
M_{7,9} &= +\ 7{,}24\,(2 \cdot 0{,}134 + 0{,}103) - 5{,}17 \cdot 0{,}801 & &= -1{,}46 \text{ ,,}\\
M_{8,6} &= +\ 3{,}80\,(2 \cdot 0{,}031 + 0{,}075) - 2{,}53 \cdot 1{,}093 & &= -2{,}25 \text{ ,,}\\
M_{8,7} &= +\ 14{,}93\,(2 \cdot 0{,}031 + 0{,}134) & &= +2{,}93 \text{ ,,}\\
M_{8,10} &= +\ 1{,}87\,(2 \cdot 0{,}031 - 0{,}007) - 0{,}98 \cdot 0{,}801 & &= -0{,}68 \text{ ,,}\\
M_{9,7} &= +\ 7{,}24\,(2 \cdot 0{,}103 + 0{,}134) - 5{,}17 \cdot 0{,}801 & &= -1{,}68 \text{ ,,}\\
M_{9,10} &= +\ 8{,}49\,(2 \cdot 0{,}103 - 0{,}007) & &= +1{,}69 \text{ ,,}\\
M_{10,8} &= +\ 1{,}87\,(-2 \cdot 0{,}007 + 0{,}031) - 0{,}98 \cdot 0{,}801 & &= -0{,}75 \text{ ,,}\\
M_{10,9} &= +\ 8{,}49\,(-2 \cdot 0{,}007 + 0{,}103) & &= +0{,}76 \text{ ,,} \; .
\end{aligned}
$$

Diese Momente beziehen sich auf die linke Tragwerkshälfte unter der Wirkung der halben waagrechten Belastung. Da in der rechten Tragwerkshälfte das antimetrische Momentenbild auftritt, ergeben sich für das gesamte Tragwerk unter der Wirkung der gesamten waagrechten Belastung in den Stielen der Symmetrale die doppelten Werte der vorstehenden Rechnung, also

$$M_{3,6} = -2 \cdot 2{,}00 = -4{,}00 \text{ tm} \qquad M_{6,8} = -2 \cdot 2{,}08 = -4{,}16 \text{ tm}$$
$$M_{6,3} = -2 \cdot 1{,}63 = -3{,}26 \text{ ,,} \qquad M_{8,6} = -2 \cdot 2{,}25 = -4{,}50 \text{ ,,}$$
$$M_{8,10} = -2 \cdot 0{,}68 = -1{,}36 \text{ tm}$$
$$M_{10,8} = -2 \cdot 0{,}75 = -1{,}50 \text{ ,, } .$$

In Abb. 548 ist der gesamte Momentenverlauf maßstäblich aufgetragen.

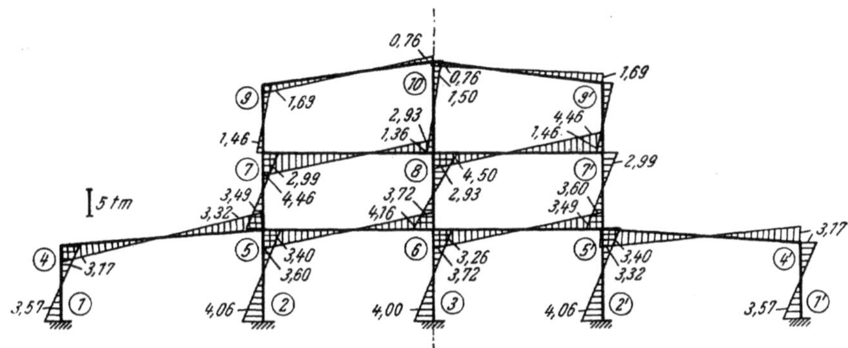

Abb. 548. M-Verlauf für die waagrechte Belastung aus Abb. 543 b

Zahlenbeispiel 11[1]

Zweischiffiger Shedrahmen mit Kranbahnkonsolen. Tragwerksabmessungen siehe Abb. 549. Volle Einspannung bei 1, 2, 3. Es sind folgende drei Belastungsfälle zu untersuchen:

a) Lotrechte Belastung (Abb. 550a),
b) Belastung durch Kranbahnkonsolen (Abb. 550b),
c) Waagrechte Belastung (Abb. 550c).

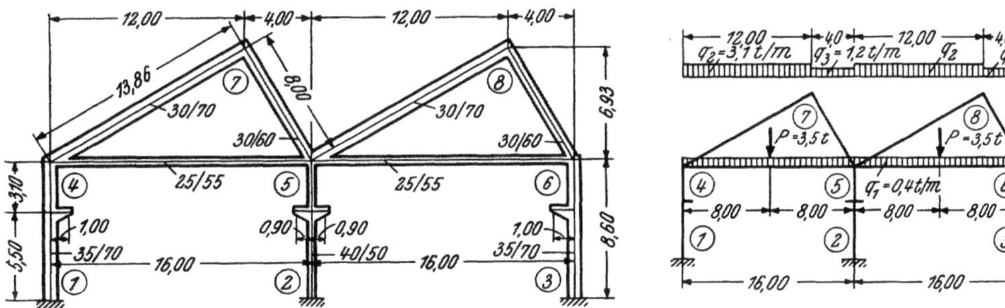

Abb. 549. Tragwerksabmessungen   Abb. 550a. Lotrechte Belastung

Wegen fester Einspannung der Säulenfüße ist $\varphi_1 = \varphi_2 = \varphi_3 = 0$. Es sind somit für jeden Lastfall insgesamt **sechs** Unbekannte zu bestimmen, nämlich die fünf Knotendrehwinkel φ_4 bis φ_8 und der Stabdrehwinkel ψ für die Stiele. Da sich die Bedingungsgleichungen der zu untersuchenden Belastungen nur durch die Be-

---

[1] Vgl. R. GULDAN: Die CROSS-Methode und ihre praktische Anwendung, Wien 1955; Seite 270ff., Zahlenbeispiel 21

lastungsglieder unterscheiden, können die drei Lastfälle gemeinsam in einer Gleichungstabelle behandelt werden.

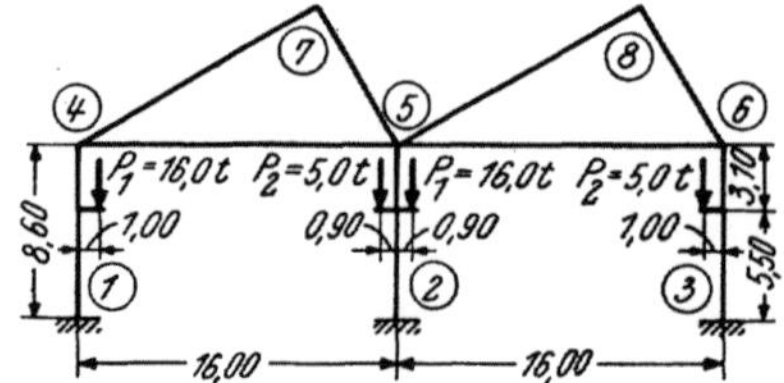

Abb. 550b. Belastung durch Kranbahnkonsolen

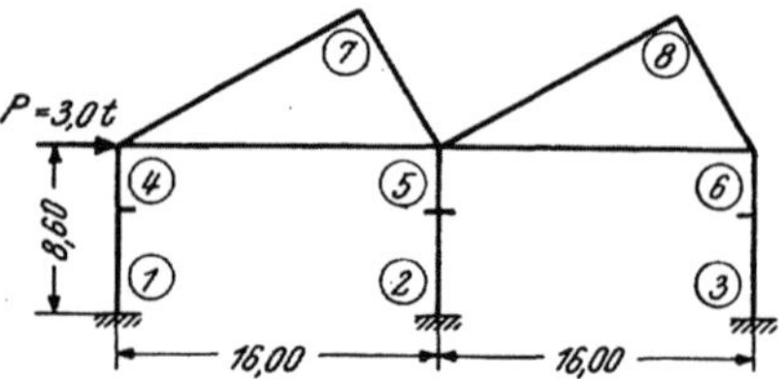

Abb. 550c. Waagrechte Belastung

Festwerttabelle

Stab	b/h (cm)	J (m⁴)	l (m)	$k = 10\,000\,J/l$
1—4, 3—6	35/70	0,01000	8,60	11,63
2—5	40/50	0,00417	8,60	4,85
4—5, 5—6	25/55	0,00347	16,00	2,17
4—7, 5—8	30/70	0,00858	13,86	6,19
5—7, 6—8	30/60	0,00540	8,00	6,75

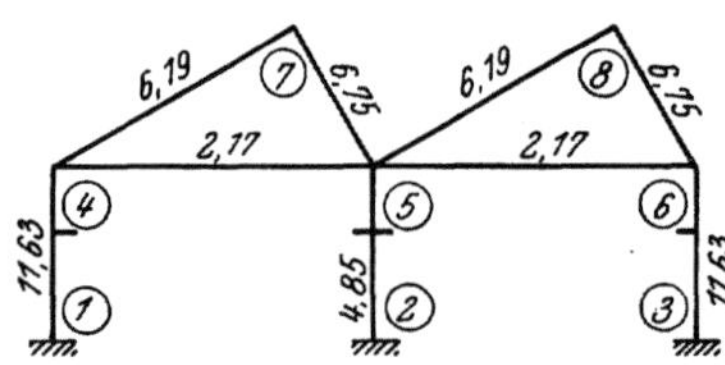

Abb. 551. Festwertskizze (k-Zahlen)

Sämtliche k-Werte sind in der Festwertskizze (Abb. 551) eingetragen.

Diagonalglieder d und D

Das Diagonalglied der Knotengleichungen ist allgemein nach (45)

$$d_n = 2 \sum_i k_{n,i} \, .$$

Damit erhält man anhand der Festwertskizze (Abb. 551)

$$d_4 = 2\,(11{,}63 + 2{,}17 + 6{,}19) = 39{,}98$$
$$d_5 = 2\,(\,4{,}85 + 2{,}17 + 2{,}17 + 6{,}75 + 6{,}19) = 44{,}26$$
$$d_6 = 2\,(11{,}63 + 2{,}17 + 6{,}75) = 41{,}10$$
$$d_7 = d_8 = 2\,(6{,}19 + 6{,}75) = 25{,}88 \, .$$

Nach (59) ist das Diagonalglied der Verschiebungsgleichung

$$D_\mu = 6 \sum_\mu k \, ,$$

somit hier

$$D = 6\,(11{,}63 + 4{,}85 + 11{,}63) = 168{,}7 \, .$$

a) Lotrechte Belastung (Abb. 550a)

Stabbelastungsglieder $\mathfrak{M}$

Nach Tafel 2 und 4 erhält man

$$\mathfrak{M}_{4,5} = \mathfrak{M}_{5,6} = -\frac{q_1 l^2}{12} - \frac{P\,l}{8} = -\frac{0{,}4 \cdot 16{,}0^2}{12} - \frac{3{,}5 \cdot 16{,}0}{8} = -15{,}53 \text{ tm}$$

$$\mathfrak{M}_{5,4} = \mathfrak{M}_{6,5} = +15{,}53 \text{ tm}$$

$$\mathfrak{M}_{4,7} = \mathfrak{M}_{5,8} = -\frac{q_2 l^2}{12} = -\frac{3{,}1 \cdot 12{,}0^2}{12} = -37{,}20 \text{ tm}; \qquad \mathfrak{M}_{7,4} = \mathfrak{M}_{8,5} = +37{,}20 \text{ tm}$$

$$\mathfrak{M}_{7,5} = \mathfrak{M}_{8,6} = -\frac{q_3 l^2}{12} = -\frac{1{,}2 \cdot 4{,}0^2}{12} = -1{,}60 \text{ tm}; \qquad \mathfrak{M}_{5,7} = \mathfrak{M}_{6,8} = +1{,}60 \text{ tm} \, .$$

Knotenbelastungsglieder s

Nach (46a) ist allgemein

$$s_n = \sum_i \mathfrak{M}_{n,i} .$$

Damit wird

$$s_4 = -15{,}53 - 37{,}20 \qquad\qquad = -52{,}73 \text{ tm}$$
$$s_5 = +15{,}53 + 1{,}60 - 37{,}20 - 15{,}53 = -35{,}60 \text{ ,,}$$
$$s_6 = +15{,}53 + 1{,}60 \qquad\qquad = +17{,}13 \text{ ,,}$$
$$s_7 = s_8 = +37{,}20 - 1{,}60 \qquad\quad = +35{,}60 \text{ ,, } .$$

Das Belastungsglied S der Verschiebungsgleichung ist hier gleich Null, da nur lotrechte Kräfte auf das Tragwerk einwirken.

b) Belastung durch Kranbahnkonsolen (Abb. 550b)

Stabbelastungsglieder $\mathfrak{M}$

Nach Tafel 3 erhält man mit den Abständen $a = 5{,}50$ m und $b = 3{,}10$ m

für Stab 1—4 mit dem Konsolmoment $M_K = +16{,}0 \cdot 1{,}0 = +16{,}0$ tm

$$\mathfrak{M}_{1,4} = +M_K \cdot \frac{b}{l}\left(2 - \frac{3b}{l}\right) = +16{,}0 \cdot \frac{3{,}1}{8{,}6}\left(2 - \frac{3 \cdot 3{,}1}{8{,}6}\right) = +5{,}30 \text{ tm}$$

$$\mathfrak{M}_{4,1} = +M_K \cdot \frac{a}{l}\left(2 - \frac{3a}{l}\right) = +16{,}0 \cdot \frac{5{,}5}{8{,}6}\left(2 - \frac{3 \cdot 5{,}5}{8{,}6}\right) = +0{,}83 \text{ ,, } ,$$

für Stab 2—5 mit dem Konsolmoment $M_K = +16{,}0 \cdot 0{,}9 - 5{,}0 \cdot 0{,}9 = +9{,}9$ tm

$$\mathfrak{M}_{2,5} = +9{,}9 \cdot \frac{3{,}1}{8{,}6}\left(2 - \frac{3 \cdot 3{,}1}{8{,}6}\right) = +3{,}28 \text{ tm}$$

$$\mathfrak{M}_{5,2} = +9{,}9 \cdot \frac{5{,}5}{8{,}6}\left(2 - \frac{3 \cdot 5{,}5}{8{,}6}\right) = +0{,}51 \text{ ,,}$$

für Stab 3—6 mit dem Konsolmoment $M_K = -5{,}0 \cdot 1{,}0 = -5{,}0$ tm

$$\mathfrak{M}_{3,6} = -5{,}0 \cdot \frac{3{,}1}{8{,}6}\left(2 - \frac{3 \cdot 3{,}1}{8{,}6}\right) = -1{,}66 \text{ tm}$$

$$\mathfrak{M}_{6,3} = -5{,}0 \cdot \frac{5{,}5}{8{,}6}\left(2 - \frac{3 \cdot 5{,}5}{8{,}6}\right) = -0{,}26 \text{ ,, } .$$

Knotenbelastungsglieder s

Nach (46a) ergeben sich

$$s_4 = +0{,}83 \text{ tm} ; \qquad s_5 = +0{,}51 \text{ tm} ; \qquad s_6 = -0{,}26 \text{ tm} .$$

Belastungsglied S der Verschiebungsgleichung

Gemäß (60) oder nach Tafel IIa, Zeile 1 auf Seite 59 erhält man hier unter Beachtung, daß $P = 0$ und $q = 0$ sind,

$$S_\mu = \sum_\mu \mathfrak{A}_o\, l_\mu + \sum_\mu (\mathfrak{M}_o + \mathfrak{M}_u) .$$

Somit gilt in ausführlicher Schreibweise für den vorliegenden Fall:

$$S = (\mathfrak{A}_{4,1} + \mathfrak{A}_{5,2} + \mathfrak{A}_{6,3}) \cdot l + (\mathfrak{M}_{4,1} + \mathfrak{M}_{1,4}) + (\mathfrak{M}_{5,2} + \mathfrak{M}_{2,5}) + (\mathfrak{M}_{6,3} + \mathfrak{M}_{3,6}) .$$

Die $\mathfrak{A}$-Werte ergeben sich aus den oben berechneten Konsolmomenten M_K, und zwar wird

$$\mathfrak{A}_{4,1} = +\frac{16{,}0}{8{,}6} = +1{,}860 \text{ t} ; \quad \mathfrak{A}_{5,2} = +\frac{9{,}9}{8{,}6} = +1{,}151 \text{ t} ; \quad \mathfrak{A}_{6,3} = -\frac{5{,}0}{8{,}6} = -0{,}581 \text{ t} .$$

Durch Einsetzen dieser Werte und der bereits ermittelten zugehörigen Stabbelastungsglieder $\mathfrak{M}$ erhält man

$$S = (+1{,}860 + 1{,}151 - 0{,}581) \cdot 8{,}6 + 0{,}83 + 5{,}30 + 0{,}51 + 3{,}28 - 0{,}26 - 1{,}66 = +28{,}90 \text{ tm} .$$

c) Waagrechte Belastung (Abb. 550c)

Belastungsglied S der Verschiebungsgleichung

Hier sind sämtliche Stabbelastungsglieder $\mathfrak{M}$ und damit auch sämtliche Knotenbelastungsglieder s gleich Null. Das Belastungsglied S für die Verschiebungsgleichung erhält man gemäß (60) einfach mit

$$S = P \cdot l = +\, 3{,}0 \cdot 8{,}6 = +\, 25{,}80 \text{ tm} \, .$$

Aufstellung der Gleichungen

Gemäß (51) lauten die *Knotengleichungen* unter Beachtung, daß hier nur jeweils ein unbekannter Stabdrehwinkel vorkommt, (vgl. auch Tafel IIa, Zeile 1 auf Seite 59)

$$d_n \varphi_n + \sum_i k_{n,i} \varphi_i + 3\,k\,\psi + s_n = 0 \, .$$

Die *Verschiebungsgleichung* ergibt sich nach (58) unter Beachtung, daß im vorliegendem Fall wegen der eingespannten Säulenfüße stets $\varphi_u = 0$ ist (vgl. auch Tafel IIa, Zeile 1 auf Seite 59),

$$\sum 3\,k\,\varphi_o + D\,\psi + S = 0 \, .$$

Damit kann die Gleichungstabelle für sämtliche Belastungsfälle gemeinsam aufgestellt werden·

Gleichungstabelle

	φ_4	φ_5	φ_6	φ_7	φ_8	ψ	$B^{(a)}$	$B^{(b)}$	$B^{(c)}$
φ_4	$+39{,}98$	$+2{,}17$		$+6{,}19$		$+34{,}89$	$-52{,}73$	$+0{,}83$	$-$
φ_5	$+2{,}17$	$+44{,}26$	$+2{,}17$	$+6{,}75$	$+6{,}19$	$+14{,}55$	$-35{,}60$	$+0{,}51$	$-$
φ_6		$+2{,}17$	$+41{,}10$		$+6{,}75$	$+34{,}89$	$+17{,}13$	$-0{,}26$	$-$
φ_7	$+6{,}19$	$+6{,}75$		$+25{,}88$			$+35{,}60$	$-$	$-$
φ_8		$+6{,}19$	$+6{,}75$		$+25{,}88$		$+35{,}60$	$-$	$-$
ψ	$+34{,}89$	$+14{,}55$	$+34{,}89$			$+168{,}7$	$-$	$+28{,}90$	$+25{,}80$

Die Auflösung nach den Anweisungen Seite 198 f. ergibt:

Für Lastfall a) Lotrechte Belastung ($B^{(a)}$) gemäß Abb. 550a

$$\begin{aligned}
\varphi_4 &= +\,2{,}157 & \varphi_6 &= +\,0{,}355 & \varphi_8 &= -\,1{,}826 \\
\varphi_5 &= +\,1{,}498 & \varphi_7 &= -\,2{,}282 & \psi &= -\,0{,}649 \, .
\end{aligned}$$

Für Lastfall b) Belastung durch Kranbahnkonsolen ($B^{(b)}$) gemäß Abb. 550b

$$\begin{aligned}
\varphi_4 &= +\,0{,}2288 & \varphi_6 &= +\,0{,}2516 & \varphi_8 &= -\,0{,}0846 \\
\varphi_5 &= +\,0{,}0795 & \varphi_7 &= -\,0{,}0754 & \psi &= -\,0{,}2775 \, .
\end{aligned}$$

Für Lastfall c) Waagrechte Belastung ($B^{(c)}$) gemäß Abb. 550c

$$\begin{aligned}
\varphi_4 &= +\,0{,}2288 & \varphi_6 &= +\,0{,}2239 & \varphi_8 &= -\,0{,}0785 \\
\varphi_5 &= +\,0{,}0839 & \varphi_7 &= -\,0{,}0766 & \psi &= -\,0{,}2538 \, .
\end{aligned}$$

Stabendmomente

Nach (7) ist allgemein für einen Stab 1—2

$$M_{1,2} = k\,(2\,\varphi_1 + \varphi_2 + 3\,\psi) + \mathfrak{M}_{1,2} \, .$$

Damit erhält man mit den ermittelten Unbekannten:

a) Für lotrechte Belastung ($B^{(a)}$) gemäß Abb. 550a

$$\begin{aligned}
M_{1,4} &= +\,11{,}63\,(2{,}157 - 3 \cdot 0{,}649) & &= +\ \ 2{,}44 \text{ tm} \\
M_{2,5} &= +\ \ 4{,}85\,(1{,}498 - 3 \cdot 0{,}649) & &= -\ \ 2{,}18 \text{ ,,} \\
M_{3,6} &= +\,11{,}63\,(0{,}355 - 3 \cdot 0{,}649) & &= -\,18{,}51 \text{ ,,}
\end{aligned}$$

$$M_{4,1} = +\ 11{,}63\ (2 \cdot 2{,}157 - 3 \cdot 0{,}649) \qquad\qquad = +\ 27{,}53\ \text{tm}$$
$$M_{4,5} = +\ 2{,}17\ (2 \cdot 2{,}157 + 1{,}498) - 15{,}53 \qquad = -\ 2{,}92\ \text{,,}$$
$$M_{4,7} = +\ 6{,}19\ (2 \cdot 2{,}157 - 2{,}282) - 37{,}20 \qquad = -\ 24{,}62\ \text{,,}$$

$$M_{5,2} = +\ 4{,}85\ (2 \cdot 1{,}498 - 3 \cdot 0{,}649) \qquad\qquad = +\ 5{,}09\ \text{,,}$$
$$M_{5,4} = +\ 2{,}17\ (2 \cdot 1{,}498 + 2{,}157) + 15{,}53 \qquad = +\ 26{,}71\ \text{,,}$$
$$M_{5,6} = +\ 2{,}17\ (2 \cdot 1{,}498 + 0{,}355) - 15{,}53 \qquad = -\ 8{,}26\ \text{,,}$$
$$M_{5,7} = +\ 6{,}75\ (2 \cdot 1{,}498 - 2{,}282) +\ 1{,}60 \qquad = +\ 6{,}42\ \text{,,}$$
$$M_{5,8} = +\ 6{,}19\ (2 \cdot 1{,}498 - 1{,}826) - 37{,}20 \qquad = -\ 29{,}96\ \text{,,}$$

$$M_{6,3} = +\ 11{,}63\ (2 \cdot 0{,}355 - 3 \cdot 0{,}649) \qquad\qquad = -\ 14{,}39\ \text{,,}$$
$$M_{6,5} = +\ 2{,}17\ (2 \cdot 0{,}355 + 1{,}498) + 15{,}53 \qquad = +\ 20{,}32\ \text{,,}$$
$$M_{6,8} = +\ 6{,}75\ (2 \cdot 0{,}355 - 1{,}826) +\ 1{,}60 \qquad = -\ 5{,}93\ \text{,,}$$

$$M_{7,4} = +\ 6{,}19\ (-\ 2 \cdot 2{,}282 + 2{,}157) + 37{,}20 = +\ 22{,}30\ \text{,,}$$
$$M_{7,5} = +\ 6{,}75\ (-\ 2 \cdot 2{,}282 + 1{,}498) -\ 1{,}60 = -\ 22{,}30\ \text{,,}$$

$$M_{8,5} = +\ 6{,}19\ (-\ 2 \cdot 1{,}826 + 1{,}498) + 37{,}20 = +\ 23{,}87\ \text{,,}$$
$$M_{8,6} = +\ 6{,}75\ (-\ 2 \cdot 1{,}826 + 0{,}355) -\ 1{,}60 = -\ 23{,}85\ \text{,,}\ .$$

Die Momente sind in Abb. 552 maßstäblich aufgetragen.

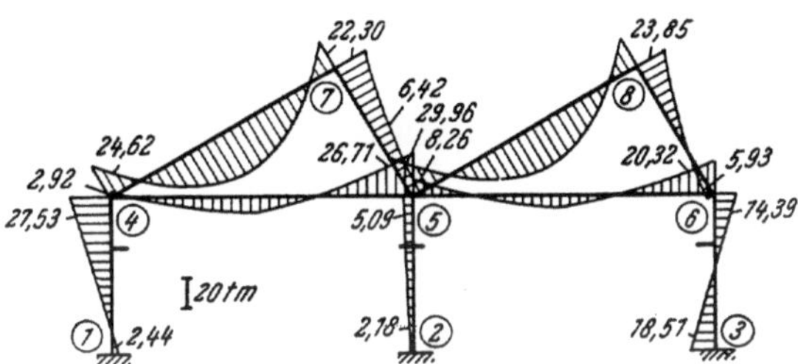

Abb. 552. M-Verlauf für die lotrechte Belastung

b) **Für Belastung durch Kranbahnkonsolen ($B^{(b)}$) gemäß Abb. 550 b**

$$M_{1,4} = +\ 11{,}63\ (0{,}2288 - 3 \cdot 0{,}2775) + 5{,}30 \qquad = -\ 1{,}72\ \text{tm}$$
$$M_{2,5} = +\ 4{,}85\ (0{,}0795 - 3 \cdot 0{,}2775) + 3{,}28 \qquad = -\ 0{,}37\ \text{,,}$$
$$M_{3,6} = +\ 11{,}63\ (0{,}2516 - 3 \cdot 0{,}2775) - 1{,}66 \qquad = -\ 8{,}42\ \text{,,}$$

$$M_{4,1} = +\ 11{,}63\ (2 \cdot 0{,}2288 - 3 \cdot 0{,}2775) + 0{,}83 = -\ 3{,}53\ \text{,,}$$
$$M_{4,5} = +\ 2{,}17\ (2 \cdot 0{,}2288 + 0{,}0795) \qquad\qquad = +\ 1{,}17\ \text{,,}$$
$$M_{4,7} = +\ 6{,}19\ (2 \cdot 0{,}2288 - 0{,}0754) \qquad\qquad = +\ 2{,}37\ \text{,,}$$

$$M_{5,2} = +\ 4{,}85\ (2 \cdot 0{,}0795 - 3 \cdot 0{,}2775) + 0{,}51 = -\ 2{,}76\ \text{,,}$$
$$M_{5,4} = +\ 2{,}17\ (2 \cdot 0{,}0795 + 0{,}2288) \qquad\qquad = +\ 0{,}84\ \text{,,}$$
$$M_{5,6} = +\ 2{,}17\ (2 \cdot 0{,}0795 + 0{,}2516) \qquad\qquad = +\ 0{,}89\ \text{,,}$$
$$M_{5,7} = +\ 6{,}75\ (2 \cdot 0{,}0795 - 0{,}0754) \qquad\qquad = +\ 0{,}56\ \text{,,}$$
$$M_{5,8} = +\ 6{,}19\ (2 \cdot 0{,}0795 - 0{,}0846) \qquad\qquad = +\ 0{,}46\ \text{,,}$$

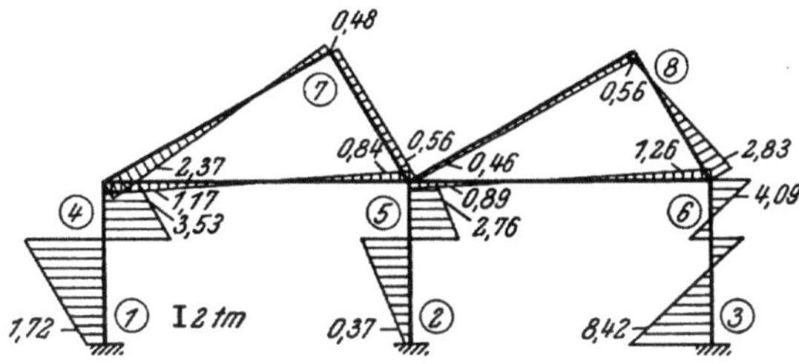

Abb. 553. M-Verlauf für die Belastung durch die Kranbahnkonsolen

$$M_{6,3} = +\ 11{,}63\ (2 \cdot 0{,}2516 - 3 \cdot 0{,}2775) - 0{,}26 = -\ 4{,}09\ \text{tm}$$
$$M_{6,5} = +\ 2{,}17\ (2 \cdot 0{,}2516 + 0{,}0795) \qquad\qquad = +\ 1{,}26\ \text{,,}$$
$$M_{6,8} = +\ 6{,}75\ (2 \cdot 0{,}2516 - 0{,}0846) \qquad\qquad = +\ 2{,}83\ \text{,,}$$

$$M_{7,4} = +\ 6{,}19\,(-\,2 \cdot 0{,}0754 + 0{,}2288) \qquad = +\,0{,}48\ \text{tm}$$
$$M_{7,5} = +\ 6{,}75\,(-\,2 \cdot 0{,}0754 + 0{,}0795) \qquad = -\,0{,}48\ ,,$$
$$M_{8,5} = +\ 6{,}19\,(-\,2 \cdot 0{,}0846 + 0{,}0795) \qquad = -\,0{,}56\ ,,$$
$$M_{8,6} = +\ 6{,}75\,(-\,2 \cdot 0{,}0846 + 0{,}2516) \qquad = +\,0{,}56\ ,, \ .$$

Die Momente sind in Abb. 553 maßstäblich aufgetragen.

c) Für waagrechte Belastung ($B^{(c)}$) gemäß Abb. 550c

$$M_{1,4} = +\ 11{,}63\,(0{,}2288 - 3 \cdot 0{,}2538) \qquad = -\,6{,}19\ \text{tm}$$
$$M_{2,5} = +\ \ 4{,}85\,(0{,}0839 - 3 \cdot 0{,}2538) \qquad = -\,3{,}29\ ,,$$
$$M_{3,6} = +\ 11{,}63\,(0{,}2239 - 3 \cdot 0{,}2538) \qquad = -\,6{,}25\ ,,$$

$$M_{4,1} = +\ 11{,}63\,(2 \cdot 0{,}2288 - 3 \cdot 0{,}2538) = -\,3{,}53\ ,,$$
$$M_{4,5} = +\ \ 2{,}17\,(2 \cdot 0{,}2288 + 0{,}0839) \qquad = +\,1{,}18\ ,,$$
$$M_{4,7} = +\ \ 6{,}19\,(2 \cdot 0{,}2288 - 0{,}0766) \qquad = +\,2{,}36\ ,,$$

$$M_{5,2} = +\ \ 4{,}85\,(2 \cdot 0{,}0839 - 3 \cdot 0{,}2538) \ = -\,2{,}88\ ,,$$
$$M_{5,4} = +\ \ 2{,}17\,(2 \cdot 0{,}0839 + 0{,}2288) \qquad = +\,0{,}86\ ,,$$
$$M_{5,6} = +\ \ 2{,}17\,(2 \cdot 0{,}0839 + 0{,}2239) \qquad = +\,0{,}85\ ,,$$
$$M_{5,7} = +\ \ 6{,}75\,(2 \cdot 0{,}0839 - 0{,}0766) \qquad = +\,0{,}62\ ,,$$
$$M_{5,8} = +\ \ 6{,}19\,(2 \cdot 0{,}0839 - 0{,}0785) \qquad = +\,0{,}55\ ,,$$

$$M_{6,3} = +\ 11{,}63\,(2 \cdot 0{,}2239 - 3 \cdot 0{,}2538) = -\,3{,}65\ ,,$$
$$M_{6,5} = +\ \ 2{,}17\,(2 \cdot 0{,}2239 + 0{,}0839) \qquad = +\,1{,}15\ ,,$$
$$M_{6,8} = +\ \ 6{,}75\,(2 \cdot 0{,}2239 - 0{,}0785) \qquad = +\,2{,}49\ ,,$$

$$M_{7,4} = +\ \ 6{,}19\,(-\,2 \cdot 0{,}0766 + 0{,}2288) = +\,0{,}47\ ,,$$
$$M_{7,5} = +\ \ 6{,}75\,(-\,2 \cdot 0{,}0766 + 0{,}0839) = -\,0{,}47\ ,,$$

$$M_{8,5} = +\ \ 6{,}19\,(-\,2 \cdot 0{,}0785 + 0{,}0839) = -\,0{,}45\ ,,$$
$$M_{8,6} = +\ \ 6{,}75\,(-\,2 \cdot 0{,}0785 + 0{,}2239) = +\,0{,}45\ ,, \ .$$

Die Momente sind in Abb. 554 maßstäblich aufgetragen.

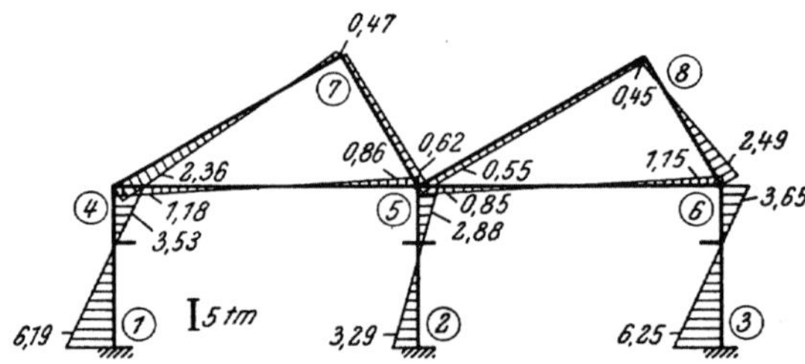

Abb. 554. M-Verlauf für die waagrechte Belastung

Zahlenbeispiel 12 (vgl. auch Nr. 25)

Zweigeschossiger, im unteren Stockwerk dreistieliger Tribünenrahmen mit auskragendem Dachriegel (Abb. 555). Volle Einspannung bei 1, 2, 3; daher $\varphi_1 = \varphi_2 = \varphi_3 = 0$. Es sind somit nur fünf unbekannte Knotendrehwinkel φ_4 bis φ_8 und zwei Verschiebungsgrößen $\varDelta_I$ und $\varDelta_{II}$ gemeinsam zu bestimmen. Tragwerksabmessungen siehe Abb. 555. Zu behandeln sind zwei Fälle:

a) Lotrechte Belastung (Abb. 556a),

b) Windbelastung (Abb. 556b).

Das vorliegende Tragwerk ist bei jeder Belastung waagrecht verschieblich. Die Bedingungsgleichungen für die zu untersuchenden Lastfälle unterscheiden sich daher nur durch die Belastungsglieder; beide Lastfälle können somit gleichzeitig in einer Gleichungstabelle behandelt werden.

Festwerttabelle

Stab	b/h (cm)	J (m⁴)	l (m)	$k = 1000\,J/l$	$\bar{k} = 3\,k/l$
1—4	45/45	0,00342	4,00	0,86	0,645
2—5	45/50	0,00469	6,00	0,78	0,390
3—6	45/55	0,00624	9,00	0,69	0,230
4—5	45/70	0,01286	5,38	2,39	—
5—6	45/70	0,01286	8,55	1,50	—
5—7	30/30	0,00068	7,80	0,09	0,035
6—8	45/55	0,00624	4,00	1,56	1,170
7—8	43/85	0,02201	8,03	2,74	—

Die tabellarisch ermittelten Werte k und $\bar{k}$ (in Klammern) sind in der Festwertskizze (Abb. 557) eingetragen.

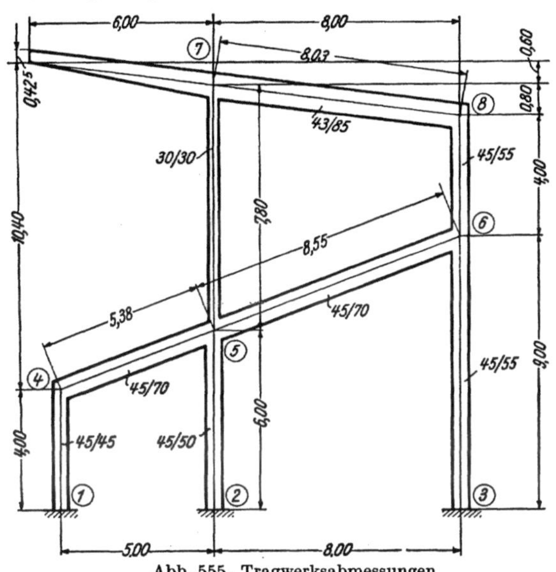

Abb. 555. Tragwerksabmessungen

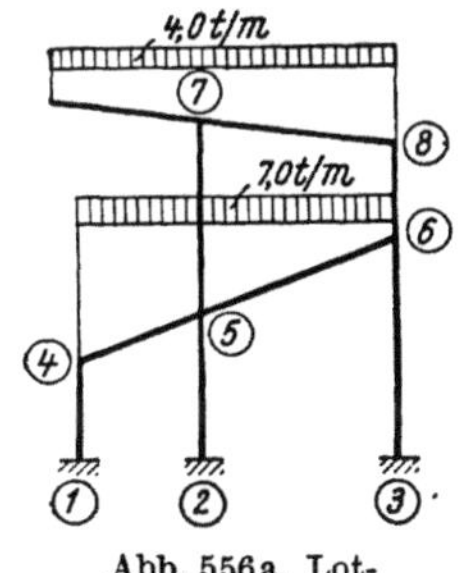

Abb. 556a. Lotrechte Belastung

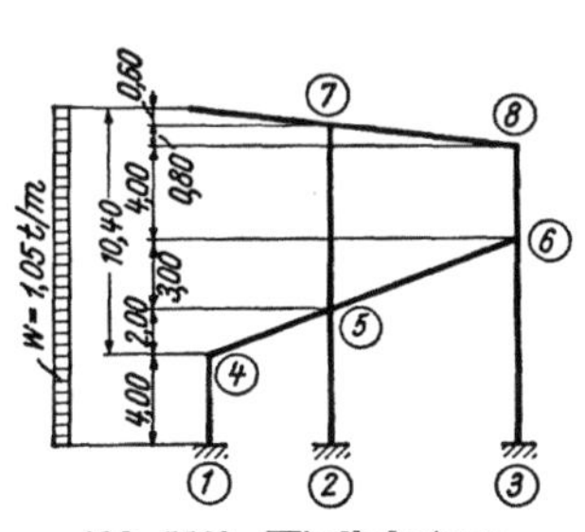

Abb. 556b. Windbelastung

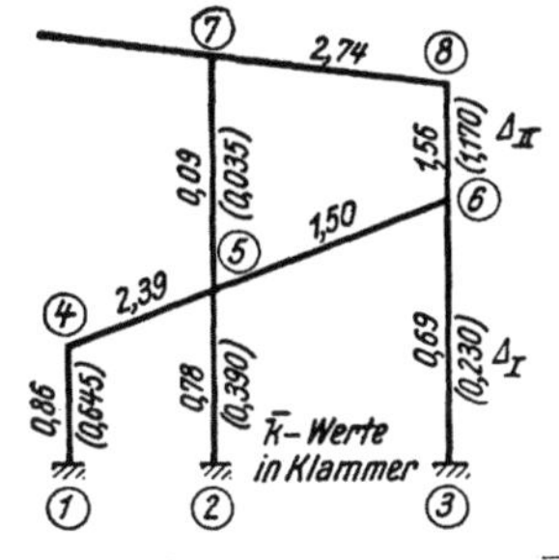

Abb. 557. Festwertskizze (k- und $\bar{k}$-Zahlen)

Diagonalglieder d und D

Nach (45) erhält man anhand der Festwertskizze (Abb. 557)

$$d_4 = 2\,(0,86 + 2,39) = 6,50$$
$$d_5 = 2\,(0,78 + 2,39 + 1,50 + 0,09) = 9,52$$
$$d_6 = 2\,(0,69 + 1,50 + 1,56) = 7,50$$
$$d_7 = 2\,(0,09 + 2,74) = 5,66$$
$$d_8 = 2\,(1,56 + 2,74) = 8,60\,.$$

Guldan, Rahmentragwerke, 6. Aufl.   18

Nach (64) ist allgemein

$$D_\mu = 2 \sum_\mu \frac{\bar{k}}{l} \, ,$$

also sind unter Zuhilfenahme der Festwertskizze

für das 1. Stockwerk: $D_I = 2\left(\dfrac{0,645}{4,0} + \dfrac{0,390}{6,0} + \dfrac{0,230}{9,0}\right) = 0,504$

„   „   2.   „   : $D_{II} = 2\left(\dfrac{0,035}{7,8} + \dfrac{1,170}{4,0}\right) \qquad = 0,594\, .$

a) Lotrechte Belastung (Abb. 556a)

Stabbelastungsglieder $\mathfrak{M}$

Mit der Belastung in Abb. 556a erhält man nach Tafel 2

$$\mathfrak{M}_{4,5} = -\frac{7,0 \cdot 5,0^2}{12} = -14,58 \text{ tm} ; \qquad \mathfrak{M}_{5,4} = +14,58 \text{ tm}$$

$$\mathfrak{M}_{5,6} = -\frac{7,0 \cdot 8,0^2}{12} = -37,33 \text{ „} ; \qquad \mathfrak{M}_{6,5} = +37,33 \text{ „}$$

$$\mathfrak{M}_{7,8} = -\frac{4,0 \cdot 8,0^2}{12} = -21,33 \text{ „} ; \qquad \mathfrak{M}_{8,7} = +21,33 \text{ „}$$

$$\mathfrak{M}_{7,K} = +\frac{4,0 \cdot 6,0^2}{2} = +72,00 \text{ „} \, .$$

Knotenbelastungsglieder s

Nach (46) bzw. (46a) ergibt sich für

$$s_4 = \qquad\qquad\qquad = -14,58 \text{ tm} \qquad s_7 = -21,33 + 72,00 = +50,67 \text{ tm}$$
$$s_5 = +14,58 - 37,33 = -22,75 \text{ „} \qquad s_8 = \qquad\qquad = +21,33 \text{ „} \, .$$
$$s_6 = \qquad\qquad\qquad = +37,33 \text{ „}$$

Die Belastungsglieder S für die Verschiebungsgleichungen sind hier gleich Null, da nur lotrecht wirkende Belastungen vorhanden sind.

b) Windbelastung (Abb. 556b)

Stabbelastungsglieder $\mathfrak{M}$

Für die Windbelastung $w = 1,05$ t/m erhält man nach Tafel 2

$$\mathfrak{M}_{1,4} = -\frac{1,05 \cdot 4,0^2}{12} = -1,40 \text{ tm}; \qquad \mathfrak{M}_{4,1} = +1,40 \text{ tm}$$

$$\mathfrak{M}_{4,5} = -\frac{1,05 \cdot 2,0^2}{12} = -0,35 \text{ „} ; \qquad \mathfrak{M}_{5,4} = +0,35 \text{ „}$$

$$\mathfrak{M}_{5,6} = -\frac{1,05 \cdot 3,0^2}{12} = -0,79 \text{ „} ; \qquad \mathfrak{M}_{6,5} = +0,79 \text{ „}$$

$$\mathfrak{M}_{6,8} = -\frac{1,05 \cdot 4,0^2}{12} = -1,40 \text{ „} ; \qquad \mathfrak{M}_{8,6} = +1,40 \text{ „}$$

$$\mathfrak{M}_{7,8} = +\frac{1,05 \cdot 0,8^2}{12} = +0,06 \text{ „} ; \qquad \mathfrak{M}_{8,7} = -0,06 \text{ „}$$

$$\mathfrak{M}_{7,K} = -\frac{1,05 \cdot 0,6^2}{2} = -0,19 \text{ „} \, .$$

Knotenbelastungsglieder s

Für die Knoten 4 bis 8 wird nach (46) bzw. (46a)

$$s_4 = + 1{,}40 - 0{,}35 = + 1{,}05 \text{ tm} \qquad s_7 = + 0{,}06 - 0{,}19 = - 0{,}13 \text{ tm}$$

$$s_5 = + 0{,}35 - 0{,}79 = - 0{,}44 \;,, \qquad\qquad s_8 = + 1{,}40 - 0{,}06 = + 1{,}34 \;,, \;.$$

$$s_6 = + 0{,}79 - 1{,}40 = - 0{,}61 \;,,$$

Belastungsglieder S der Verschiebungsgleichungen

Nach (65) gilt hier unter Beachtung, daß $P = 0$ und stets $\mathfrak{M}_o = - \mathfrak{M}_u$ ist,

$$S_\mu = \Sigma q \cdot e + \underset{\mu}{\Sigma} \mathfrak{A}_o .$$

Damit erhält man anhand der Belastungsskizze (Abb. 556b)

$$\text{für das 1. Stockwerk:}\quad S_I = + 1{,}05 \cdot 10{,}4 + \frac{1{,}05 \cdot 4{,}0}{2} = + 13{,}02 \text{ t}$$

$$\text{,,} \quad \text{,,} \quad 2. \quad \text{,,} \quad : S_{II} = + 1{,}05 \cdot 1{,}4 + \frac{1{,}05 \cdot 4{,}0}{2} = + 3{,}57 \text{ t} .$$

Aufstellung der Gleichungen

Die *Knotengleichungen* lauten nach (61) allgemein

$$d_n \varphi_n + \underset{i}{\Sigma} k_{n,i} \varphi_i + \overline{k}_\mu \varDelta_\mu + \overline{k}_{\mu+1} \varDelta_{\mu+1} + s_n = 0$$

und die *Verschiebungsgleichungen* nach (63)

$$\underset{\mu}{\Sigma} \overline{k} \varphi_u + \underset{\mu}{\Sigma} \overline{k} \varphi_o + D_\mu \varDelta_\mu + S_\mu = 0 .$$

Durch wiederholte Anwendungen dieser allgemeinen Gleichungen kann unter gleichzeitiger Benutzung der Festwertskizze (Abb. 557) die Gleichungstabelle angeschrieben werden. Die beiden Belastungsfälle unterscheiden sich nur durch die letzten zwei Spalten dieser Tabelle

Gleichungstabelle

	φ_4	φ_5	φ_6	φ_7	φ_8	$\varDelta_I$	$\varDelta_{II}$	$B^{(a)}$	$B^{(b)}$
φ_4	+ 6,50	+ 2,39				+ 0,645		—14,58	+ 1,05
φ_5	+ 2,39	+ 9,52	+ 1,50	+ 0,09		+ 0,390	+ 0,035	—22,75	— 0,44
φ_6		+ 1,50	+ 7,50		+ 1,56	+ 0,230	+ 1,170	+ 37,33	— 0,61
φ_7		+ 0,09		+ 5,66	+ 2,74		+ 0,035	+ 50,67	— 0,13
φ_8			+ 1,56	+ 2,74	+ 8,60		+ 1,170	+ 21,33	+ 1,34
$\varDelta_I$	+ 0,645	+ 0,390	+ 0,230			+ 0,504		—	+ 13,02
$\varDelta_{II}$		+ 0,035	+ 1,170	+ 0,035	+ 1,170		+ 0,594	—	+ 3,57

Durch Auflösung nach den Anweisungen Seite 198f. erhält man:

Für Lastfall a) Lotrechte Belastung ($B^{(a)}$) gemäß Abb. 556a

$$\varphi_4 = + 0{,}979 \qquad \varphi_6 = - 8{,}34 \qquad \varDelta_I = - 0{,}153$$
$$\varphi_5 = + 3{,}48 \qquad \varphi_7 = - 8{,}84 \qquad \varDelta_{II} = + 17{,}90 .$$
$$\varphi_8 = - 0{,}588$$

Für Lastfall b) Windbelastung ($B^{(b)}$) gemäß Abb. 556b

$$\varphi_4 = + 2{,}846 \qquad \varphi_6 = + 3{,}001 \qquad \varDelta_I = - 31{,}02$$
$$\varphi_5 = + 0{,}191 \qquad \varphi_7 = - 0{,}631 \qquad \varDelta_{II} = - 14{,}91 .$$
$$\varphi_8 = + 1{,}529$$

Stabendmomente

Nach (10) ist allgemein für einen Stab 1—2

$$M_{1,2} = k\left(2\,\varphi_1 + \varphi_2 + \frac{3\,\varDelta}{l}\right) + \mathfrak{M}_{1,2}$$

oder nach (10a) unter Verwendung der in Abb. 557 eingetragenen $\bar{k}$-Werte

$$M_{1,2} = k\,(2\,\varphi_1 + \varphi_2) + \bar{k}\,\varDelta + \mathfrak{M}_{1,2}\,.$$

Damit erhält man:

a) Für die lotrechte Belastung ($B^{(a)}$) gemäß Abb. 556a

$M_{1,4} = + 0{,}75$ tm	$M_{5,2} = +\ 5{,}37$ tm	$M_{7,5} = -\ \ 0{,}66$ tm
$M_{2,5} = + 2{,}65$,,	$M_{5,4} = + 33{,}55$,,	$M_{7,8} = - 71{,}36$,,
$M_{3,6} = - 5{,}79$,,	$M_{5,6} = - 39{,}40$,,	$M_{7,K} = + 72{,}00$,,
$M_{4,1} = + 1{,}58$,,	$M_{5,7} = +\ \ 0{,}45$,,	$M_{8,6} = +\ \ 6{,}10$,,
$M_{4,5} = - 1{,}58$,,	$M_{6,3} = - 11{,}54$,,	$M_{8,7} = -\ \ 6{,}10$,, .
	$M_{6,5} = + 17{,}53$,,	
	$M_{6,8} = -\ \ 6{,}00$,,	

Diese Momente sind in Abb. 558 maßstäblich aufgetragen.

b) Für die Windbelastung ($B^{(b)}$) gemäß Abb. 556b

$M_{1,:} = - 18{,}96$ tm	$M_{5,2} = - 11{,}80$ tm	$M_{7,5} = -\ 0{,}61$ tm
$M_{2,5} = - 11{,}95$,,	$M_{5,4} = +\ \ 8{,}06$,,	$M_{7,8} = +\ 0{,}79$,,
$M_{3,6} = -\ \ 5{,}06$,,	$M_{5,6} = +\ \ 4{,}28$,,	$M_{7,K} = -\ 0{,}19$,,
$M_{4,1} = - 13{,}71$,,	$M_{5,7} = -\ \ 0{,}54$,,	$M_{8,6} = -\ 6{,}59$,,
$M_{4,5} = + 13{,}71$,,	$M_{6,3} = -\ \ 2{,}99$,,	$M_{8,7} = +\ 6{,}59$,, .
	$M_{6,5} = + 10{,}08$,,	
	$M_{6,8} = -\ \ 7{,}10$,,	

Aus Abb. 559 ist der zugehörige Momentenverlauf ersichtlich.

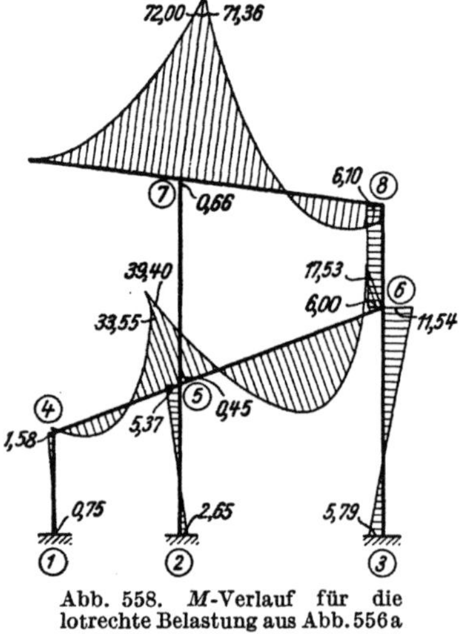

Abb. 558. *M*-Verlauf für die lotrechte Belastung aus Abb. 556a

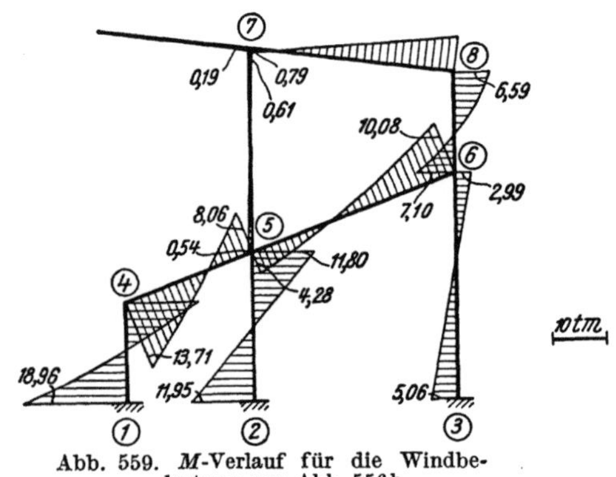

Abb. 559. *M*-Verlauf für die Windbelastung aus Abb. 556b

Zahlenbeispiel 13

Unsymmetrischer Dreifeldrahmen mit fest eingespannten Säulenfüßen (Abb. 560);
daher $\varphi_1 = \varphi_2 = \varphi_3 = \varphi_4 = 0$. Es sind insgesamt fünf Unbekannte gemeinsam zu
bestimmen, und zwar die vier Knotendrehwinkel $\varphi_5, \varphi_6, \varphi_7, \varphi_8$ und die Verschiebungsgröße $\varDelta_1$. Tragwerksabmessungen siehe Abb. 560. Zu behandeln sind zwei Fälle:

a) Durchgehende Riegelbelastung q (Abb. 561a),

b) Temperaturerhöhung (Abb. 561b).

Für den Lastfall b kann die Rechnung im Sinne der Anweisungen Seite 173f. durchgeführt werden. Die Stabfestwerte k sämtlicher Stäbe und $\bar{k}$ für die Stiele sowie die zur Berechnung der Temperaturbelastungsglieder benötigten wahren Werte $\bar{k}^* = 3\,k^*/l = 6\,EJ/l^2$ für alle Stäbe werden in der folgenden Tabelle ermittelt ($E = 2\,100\,000$ t/m²).

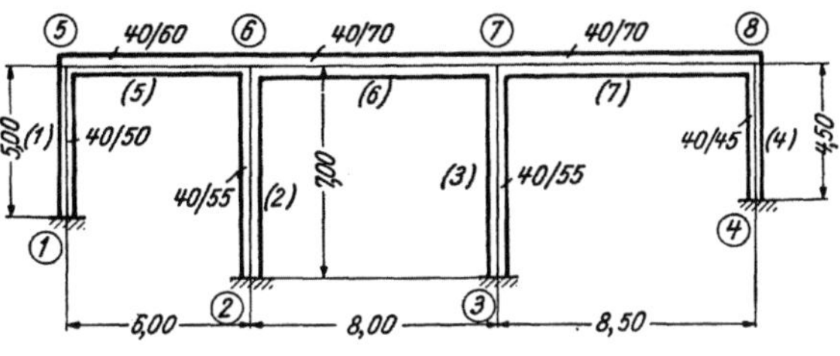

Abb. 560. Tragwerksabmessungen

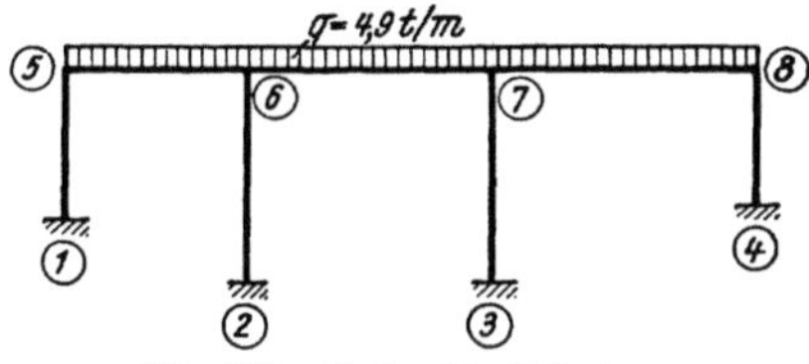

Abb. 561a. Lotrechte Belastung

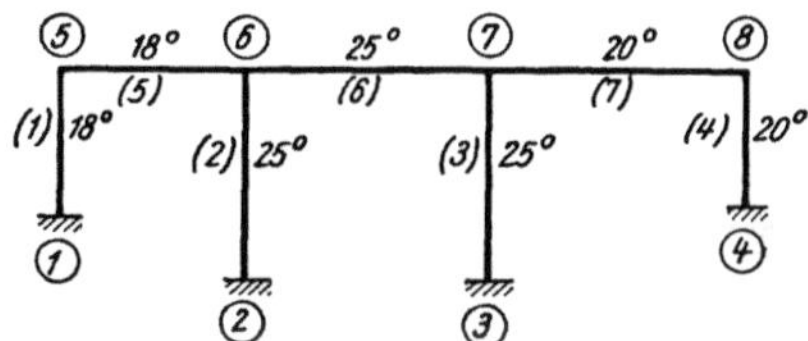

Abb. 561b. Temperaturerhöhung

Festwerttabelle

Stab	b/h (cm)	J (m⁴)	l (m)	$k = 1000\,J/l$	$\bar{k} = 3\,k/l$	$\bar{k}^* = 6\,EJ/l^2$
1—5	40/50	0,00417	5,00	0,83	0,498	2100
2—6, 3—7	40/55	0,00555	7,00	0,79	0,339	1426
4—8	40/45	0,00304	4,50	0,68	0,453	1891
5—6	40/60	0,00720	6,00	1,20	—	2520
6—7	40/70	0,01143	8,00	1,43	—	2251
7—8	40/70	0,01143	8,50	1,35	—	1994

Die Werte k und $\bar{k}$ (in Klammern) sind in der Festwertskizze Abb. 562 eingetragen.

Diagonalglieder d und D

Nach (45)

$$d_n = 2\,\sum_i k_{n,i}$$

erhält man anhand der Festwertskizze

Abb. 562. Festwertskizze (k- und $\bar{k}$-Zahlen)

$$d_5 = 2\,(0{,}83 + 1{,}20) = 4{,}06;$$
$$d_6 = 2\,(0{,}79 + 1{,}20 + 1{,}43) = 6{,}84;$$
$$d_7 = 2\,(0{,}79 + 1{,}43 + 1{,}35) = 7{,}14;$$
$$d_8 = 2\,(0{,}68 + 1{,}35) = 4{,}06\,.$$

Nach (64) ist allgemein

$$D_\mu = 2\,\sum_\mu \frac{\bar{k}}{l}\,,$$

somit hier

$$D_1 = 2\left(\frac{0{,}498}{5{,}0} + \frac{0{,}339}{7{,}0} + \frac{0{,}339}{7{,}0} + \frac{0{,}453}{4{,}5}\right) = 0{,}594.$$

a) Durchgehende Riegelbelastung q (Abb. 561a)

Stabbelastungsglieder $\mathfrak{M}$

Anhand der Belastungsskizze (Abb. 561a) wird unter Zuhilfenahme der Abb. 560 nach Tafel 2

$$\mathfrak{M}_{5,6} = -\frac{4{,}9 \cdot 6{,}0^2}{12} = -14{,}7\ \text{tm}; \qquad \mathfrak{M}_{6,5} = +14{,}7\ \text{tm}$$

$$\mathfrak{M}_{6,7} = -\frac{4{,}9 \cdot 8{,}0^2}{12} = -26{,}1\ \text{,, }; \qquad \mathfrak{M}_{7,6} = +26{,}1\ \text{,,}$$

$$\mathfrak{M}_{7,8} = -\frac{4{,}9 \cdot 8{,}5^2}{12} = -29{,}5\ \text{,, }; \qquad \mathfrak{M}_{8,7} = +29{,}5\ \text{,, }.$$

Knotenbelastungsglieder s

Nach (46a)

$$s_n = \sum_i \mathfrak{M}_{n,i}$$

wird

$$s_5 = \phantom{+14{,}7 - 26{,}1} = -14{,}7\ \text{tm} \qquad s_7 = +26{,}1 - 29{,}5 = -3{,}4\ \text{tm}$$
$$s_6 = +14{,}7 - 26{,}1 = -11{,}4\ \text{,,} \qquad s_8 = \phantom{+14{,}7 - 26{,}1} = +29{,}5\ \text{,, }.$$

Stab	t^0	l (m)	$\lambda_\nu\,(\text{m}) = \omega \cdot t^0 \cdot l_\nu$
1—5	18°	5,00	0,001080
2—6, 3—7	25°	7,00	0,002100
4—8	20°	4,50	0,001080
5—6	18°	6,00	0,001296
6—7	25°	8,00	0,002400
7—8	20°	8,50	0,002040

b) Temperaturerhöhung (Abb. 561b)

Stablängenänderungen λ

Die Ermittlung der Längenänderungen λ_ν der einzelnen Stäbe ν für die in Abb. 561b angegebene Temperaturerhöhung t^0 erfolgt nach (386) am besten tabellarisch, wobei $\omega = 0{,}000012$ angenommen wird.

Ermittlung der $\varDelta$-Werte

Die „relativen" Verschiebungen $\varDelta_\nu$ der einzelnen Stiele ν sind allgemein nach (402a)

$$\varDelta_\nu = \varDelta_n - \lambda_s^{(\nu)}\,.$$

Wählt man $\varDelta_1$ als Unbekannte, so erhält man der Reihe nach unter Bezugnahme auf Abb. 561b für die Stiele gemäß (400)

$$\varDelta_2 = \varDelta_1 - \lambda_5 \hspace{5.5cm} = \varDelta_1 - 0{,}001296$$
$$\varDelta_3 = \varDelta_1 - (\lambda_5 + \lambda_6) = \varDelta_1 - (0{,}001296 + 0{,}002400) = \varDelta_1 - 0{,}003696$$
$$\varDelta_4 = \varDelta_1 - (\lambda_5 + \lambda_6 + \lambda_7) \hspace{3cm} = \varDelta_1 - 0{,}005736\,;$$

für die Riegel wird nach (399):

$$\varDelta_5 = \lambda_2 - \lambda_1 = 0{,}002100 - 0{,}001080 = +0{,}001020$$
$$\varDelta_6 = \lambda_3 - \lambda_2 = 0{,}002100 - 0{,}002100 = 0$$
$$\varDelta_7 = \lambda_4 - \lambda_3 = 0{,}001080 - 0{,}002100 = -0{,}001020\,.$$

Stabbelastungsglieder $\mathfrak{M}^t$

Für die Rahmenstiele gilt nach (404), wenn anstelle von $\bar{c}$ das Zeichen für den wahren Wert $\bar{c}^*$ gesetzt wird,

$$\mathfrak{M}^t_{m,n} = \mathfrak{M}^t_{n,m} = -\bar{c}^* \cdot \lambda_s^{(\nu)}\,.$$

Nun ist nach (207) für einen Stab ohne Vouten $c^* = 6\,EJ/l$ und weiter gemäß (266) $\bar{c}^* = c^*/l$; also für den vorliegenden Fall

$$\bar{c}^* = \frac{6\,EJ}{l^2} = \bar{k}^*\,.$$

Diese Werte sind für die einzelnen Stäbe in der letzten Spalte der Festwerttabelle enthalten. Es wird also hier für die Stiele

$$\mathfrak{M}^t_{m,n} = \mathfrak{M}^t_{n,m} = -\bar{k}^* \cdot \lambda_s^{(\nu)}\,.$$

Damit erhält man für

Stab 1—5: $\mathfrak{M}^t_{1,5} = \mathfrak{M}^t_{5,1} = -\bar{k}*_{1,5} \cdot \lambda_s^{(1)} = \quad 0$ (weil $\lambda_s(1) = 0$)

Stab 2—6: $\mathfrak{M}^t_{2,6} = \mathfrak{M}^t_{6,2} = -\bar{k}*_{2,6} \cdot \lambda_s^{(2)} = -1426 \cdot 0{,}001296 = -\quad 1{,}85$ tm

Stab 3—7: $\mathfrak{M}^t_{3,7} = \mathfrak{M}^t_{7,3} = -\bar{k}*_{3,7} \cdot \lambda_s^{(3)} = -1426 \cdot 0{,}003696 = -\quad 5{,}27$,,

Stab 4—8: $\mathfrak{M}^t_{4,8} = \mathfrak{M}^t_{8,4} = -\bar{k}*_{4,8} \cdot \lambda_s^{(4)} = -1891 \cdot 0{,}005736 = -10{,}85$,, .

Für die **Rahmenriegel** ist nach (390a), wenn wieder für $\bar{k}$ der wahre Wert $\bar{k}*$ gesetzt wird,

$$\mathfrak{M}^t_{m,\,n} = \mathfrak{M}^t_{n,m} = \bar{k}* \, \Delta_\nu .$$

Damit erhält man für

Stab 5—6: $\mathfrak{M}^t_{5,6} = \mathfrak{M}^t_{6.5} = \bar{k}*_{5,6} \cdot \Delta_5 = +2520 \cdot 0{,}001020 = +2{,}57$ tm

Stab 6—7: $\mathfrak{M}^t_{6,7} = \mathfrak{M}^t_{7,6} = \bar{k}*_{6,7} \cdot \Delta_6 = \qquad\qquad = 0$

Stab 7—8: $\mathfrak{M}^t_{7,8} = \mathfrak{M}^t_{8,7} = \bar{k}*_{7,8} \cdot \Delta_7 = -1994 \cdot 0{,}001020 = -2{,}03$ tm .

Knotenbelastungsglieder s^t

Gemäß (392a)

$$s^t_n = \sum_i \mathfrak{M}^t_{n,i}$$

wird

$s^t_5 = \qquad\qquad = +2{,}57$ tm $\qquad\qquad s^t_7 = -\;5{,}27 - 2{,}03 = -\;7{,}30$ tm

$s^t_6 = -1{,}85 + 2{,}57 = +0{,}72$,, $\qquad\qquad s^t_8 = -10{,}85 - 2{,}03 = -12{,}88$,, .

Belastungsglied S^t der Verschiebungsgleichung

Nach (412) ist unter denselben Voraussetzungen wie bisher

$$S^t = -\sum_r \frac{\bar{c}_o* + \bar{c}_u*}{l_r} \cdot \lambda_s^{(r)} = -2 \sum_r \frac{\bar{k}*}{l_r} \cdot \lambda_s^{(r)},$$

denn

$$\bar{c}_o* = \bar{c}_u* = \bar{k}*.$$

Damit ergibt sich hier

$$S^t = -2 \left(\frac{\bar{k}*_{2,6}}{l_{2,6}} \cdot \lambda_s^{(2)} + \frac{\bar{k}*_{3,7}}{l_{3,7}} \cdot \lambda_s^{(3)} + \frac{\bar{k}*_{4,8}}{l_{4,8}} \cdot \lambda_s^{(4)} \right) =$$

$$= -2 \left(\frac{1426}{7{,}0} \cdot 0{,}001296 + \frac{1426}{7{,}0} \cdot 0{,}003696 + \frac{1891}{4{,}5} \cdot 0{,}005736 \right) = -6{,}85 \text{ t.}$$

Aufstellung der Gleichungen

Die *Knotengleichungen* lauten nach (81)

$$d_n \varphi_n + \sum_i k_{n,i} \varphi_i + \bar{k}_s \Delta + s_n = 0 .$$

Die *Verschiebungsgleichung* lautet nach (83)

$$\sum \bar{k}_s \varphi_o + D\Delta + S = 0.$$

Damit kann unter Verwendung der Festwertskizze (Abb. 562) die Gleichungstabelle für beide Belastungsfälle gemeinsam angeschrieben werden.

Gleichungstabelle

	φ_5	φ_6	φ_7	φ_8	Δ_1	$B^{(a)}$	$B^{(b)}$
φ_5	$+4{,}06$	$+1{,}20$			$+0{,}498$	$-14{,}7$	$+\;2{,}57$
φ_6	$+1{,}20$	$+6{,}84$	$+1{,}43$		$+0{,}339$	$-11{,}4$	$+\;0{,}72$
φ_7		$+1{,}43$	$+7{,}14$	$+1{,}35$	$+0{,}339$	$-\;3{,}4$	$-\;7{,}30$
φ_8			$+1{,}35$	$+4{,}06$	$+0{,}453$	$+29{,}5$	$-12{,}88$
Δ_1	$+0{,}498$	$+0{,}339$	$+0{,}339$	$+0{,}453$	$+0{,}594$	$-$	$-\;6{,}85$

Die Auflösung nach den Anweisungen Seite 198 ff. ergibt:

Für Lastfall a) Durchgehende Riegelbelastung ($B^{(a)}$) gemäß Abb. 561a

$$\varphi_5 = +\,3{,}172 \qquad \varphi_7 = +\,1{,}778 \qquad \varDelta_1 = +\,2{,}135\,.$$
$$\varphi_6 = +\,0{,}633 \qquad \varphi_8 = -\,8{,}095$$

Für Lastfall b) Temperaturerhöhung ($B^{(b)}$) gemäß Abb. 561b

$$\varphi_5 = -\,1{,}985 \qquad \varphi_7 = +\,0{,}197 \qquad \varDelta_1 = +\,11{,}96\,.$$
$$\varphi_6 = -\,0{,}392 \qquad \varphi_8 = +\,1{,}772$$

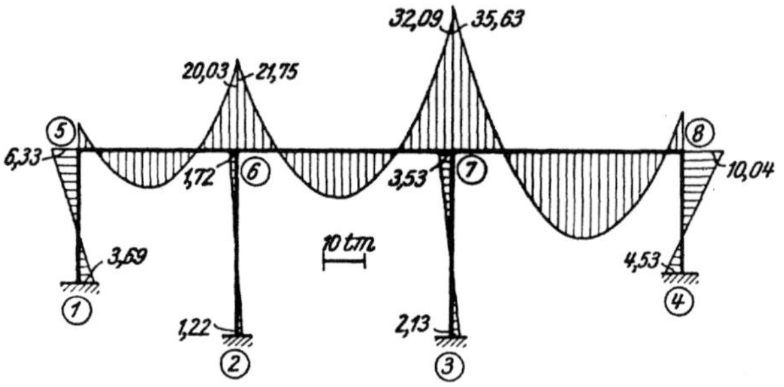

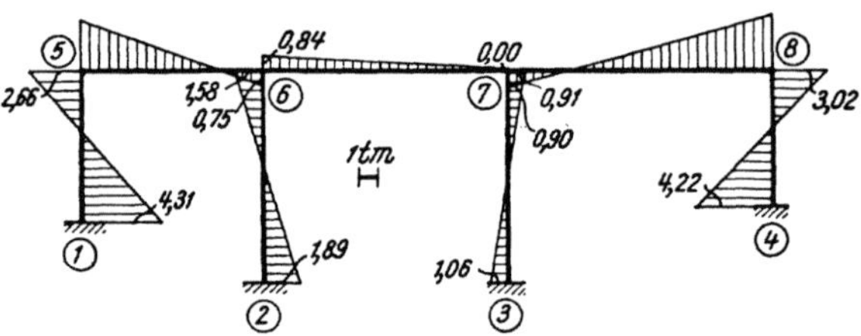

Abb. 563. M-Verlauf für die lotrechte Belastung aus Abb. 561a

Stabendmomente

Nach (10) ist für einen Stab 1—2

$$M_{1,2} = k\left(2\,\varphi_1 + \varphi_2 + \frac{3\,\varDelta}{l}\right) + \\ + \mathfrak{M}_{1,2}$$

oder nach (10a) unter Verwendung der $\bar{k}$-Werte

$$M_{1,2} = k\,(2\,\varphi_1 + \varphi_2) + \bar{k}\,\varDelta + \mathfrak{M}_{1,2}\,.$$

Damit erhält man anhand der Festwertskizze (Abb. 562) sämtliche Stabendmomente für beide Belastungsfälle:

a) Durchgehende Riegelbelastung ($B^{(a)}$) gemäß Abb. 561a

Abb. 564. M-Verlauf für die Temperaturerhöhung aus Abb. 561b

$$
\begin{aligned}
M_{1,5} &= +\,3{,}69 \text{ tm} & M_{5,1} &= +\;\;6{,}33 \text{ tm} & M_{7,3} &= +\;\;3{,}53 \text{ tm}\\
M_{2,6} &= +\,1{,}22 \;\;,, & M_{5,6} &= -\;\;6{,}33 \;\;,, & M_{7,6} &= +\,32{,}09 \;\;,,\\
M_{3,7} &= +\,2{,}13 \;\;,, & M_{6,2} &= +\;\;1{,}72 \;\;,, & M_{7,8} &= -\,35{,}63 \;\;,,\\
M_{4,8} &= -\,4{,}53 \;\;,, & M_{6,5} &= +\,20{,}03 \;\;,, & M_{8,4} &= -\,10{,}04 \;\;,,\\
& & M_{6,7} &= -\,21{,}75 \;\;,, & M_{8,7} &= +\,10{,}04 \;\;,,\;.
\end{aligned}
$$

Die Momente sind in Abb. 563 maßstäblich aufgetragen.

b) Temperaturerhöhung ($B^{(b)}$) gemäß Abb. 561b

$$
\begin{aligned}
M_{1,5} &= -\,0{,}83 \cdot 1{,}985 + 0{,}498 \cdot 11{,}96 & &= +\,4{,}31 \text{ tm}\\
M_{2,6} &= -\,0{,}79 \cdot 0{,}392 + 0{,}339 \cdot 11{,}96 - 1{,}85 & &= +\,1{,}89 \;\;,,\\
M_{3,7} &= +\,0{,}79 \cdot 0{,}197 + 0{,}339 \cdot 11{,}96 - 5{,}27 & &= -\,1{,}06 \;\;,,\\
M_{4,8} &= +\,0{,}68 \cdot 1{,}772 + 0{,}453 \cdot 11{,}96 - 10{,}85 & &= -\,4{,}22 \;\;,,\\
M_{5,1} &= -\,0{,}83 \cdot 2 \cdot 1{,}985 + 0{,}498 \cdot 11{,}96 & &= +\,2{,}66 \;\;,,\\
M_{5,6} &= +\,1{,}20\,(-\,2 \cdot 1{,}985 - 0{,}392) + 2{,}57 & &= -\,2{,}66 \;\;,,\\
M_{6,2} &= -\,0{,}79 \cdot 2 \cdot 0{,}392 + 0{,}339 \cdot 11{,}96 - 1{,}85 & &= +\,1{,}58 \;\;,,\\
M_{6,5} &= +\,1{,}20\,(-\,2 \cdot 0{,}392 - 1{,}985) + 2{,}57 & &= -\,0{,}75 \;\;,,\\
M_{6,7} &= +\,1{,}43\,(-\,2 \cdot 0{,}392 + 0{,}197) & &= -\,0{,}84 \;\;,,\\
M_{7,3} &= +\,0{,}79 \cdot 2 \cdot 0{,}197 + 0{,}339 \cdot 11{,}96 - 5{,}27 & &= -\,0{,}91 \;\;,,\\
M_{7,6} &= +\,1{,}43\,(2 \cdot 0{,}197 - 0{,}392) & &= +\,0{,}00 \;\;,,\\
M_{7,8} &= +\,1{,}35\,(2 \cdot 0{,}197 + 1{,}772) - 2{,}03 & &= +\,0{,}90 \;\;,,\\
M_{8,4} &= +\,0{,}68 \cdot 2 \cdot 1{,}772 + 0{,}453 \cdot 11{,}96 - 10{,}85 & &= -\,3{,}02 \;\;,,\\
M_{8,7} &= +\,1{,}35\,(2 \cdot 1{,}772 + 0{,}197) - 2{,}03 & &= +\,3{,}02 \;\;,,\;.
\end{aligned}
$$

Der zugehörige Momentenverlauf ist in Abb. 564 maßstäblich aufgetragen.

Zahlenbeispiel 14

Symmetrisches Vierendeel-Rahmentragwerk. Volle Einspannung der Säulenfüße, somit $\varphi_1 = \varphi_{1'} = 0$. Tragwerksabmessungen
siehe Abb. 565. Wegen symmetrischer Belastung
(Abb. 566) verbleiben nur fünf Unbekannte, und
zwar die vier Knotendrehwinkel φ_2, φ_3, φ_4, φ_5
und der Stabdrehwinkel ψ_1. Infolge Symmetrie
des Tragwerkes und der Belastung ist für die
Stäbe des mittleren Feldes $\psi_2 = 0$; man braucht
daher gemäß den Erläuterungen auf Seite 32 ff.
und 65 ff. nur eine Tragwerkshälfte (Abb. 567) in
Rechnung zu stellen.

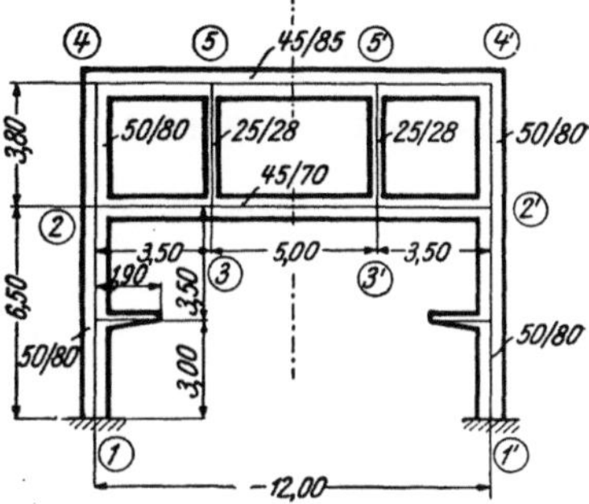

Abb. 565. Tragwerksabmessungen

Festwerttabelle

Stab	b/h (cm)	J (m⁴)	l (m)	$k = 1000\,J/l$
1—2	50/80	0,02133	6,50	3,28
2—3	45/70	0,01286	3,50	3,68
2—4	50/80	0,02133	3,80	5,61
3—3′	45/70	0,01286	5,00	2,57[1]
3—5	25/28	0,00046	3,80	0,12
4—5	45/85	0,02303	3,50	6,58
5—5′	45/85	0,02303	5,00	4,61[1]

[1] Für die Symmetriestäbe 3—3′ und 5—5′ gilt nach (41) $k'_{3,3'} = 0,5\,k_{3,3'} = 0,5 \cdot 2,57 =$
$= 1,29$ und $k'_{5,5'} = 0,5\,k_{5,5'} = 0,5 \cdot 4,61 = 2,30$.

Die k- und k'-Werte sind in der Festwertskizze (Abb. 567) eingetragen.

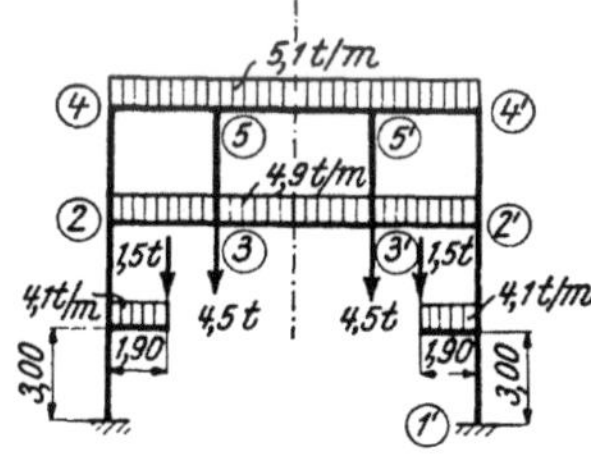

Abb. 566. Belastungsangaben

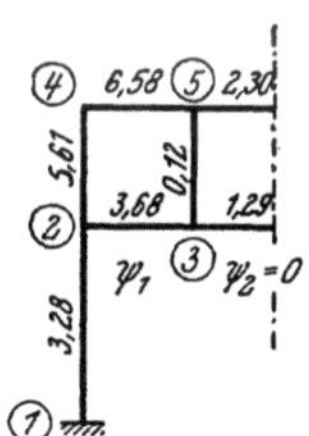

Abb. 567. Festwertskizze (k-
und k'-Zahlen)

Diagonalglieder d und D_1
Nach (45) ist

$$d_n = 2 \sum_i k_{n,i}\;;$$

für die Knoten 3 und 5 wird
nach (40)

$$d_n = d'_n = = 2\left(\sum_i k_{n,i} + k'_{n,n'}\right).$$

Damit erhält man

$$d_2 = 2\,(3,28 + 3,68 + 5,61) = 25,14;$$
$$d'_3 = 2\,(3,68 + 0,12 + 1,29) = 10,18;$$
$$d_4 = 2\,(5,61 + 6,58) = 24,38$$
$$d'_5 = 2\,(0,12 + 6,58 + 2,30) = 18,00\;.$$

Nach (129) ist das Diagonalglied der Verschiebungsgleichung

$$D_\nu = 6 \sum_\nu k\;;$$

somit wird

$$D_1 = 6\,(k_{2,3} + k_{4,5}) = 6\,(3,68 + 6,58) = 61,56\;.$$

Stabbelastungsglieder $\mathfrak{M}$

Nach Tafel 3 erhält man mit den Abständen $a = 3,00$ m und $b = 3,50$ m sowie mit dem
Kragarmmoment

$$M_K = +\,1,5 \cdot 1,9 + \frac{4,1 \cdot 1,9^2}{2} = +\,10,25 \text{ tm}$$

für Stab 1—2:

$$\mathfrak{M}_{1,2} = + M_K \cdot \frac{b}{l}\left(2 - \frac{3\,b}{l}\right) = + 10{,}25 \cdot \frac{3{,}5}{6{,}5}\left(2 - \frac{3 \cdot 3{,}5}{6{,}5}\right) = + 2{,}12 \text{ tm}$$

$$\mathfrak{M}_{2,1} = + M_K \cdot \frac{a}{l}\left(2 - \frac{3\,a}{l}\right) = + 10{,}25 \cdot \frac{3{,}0}{6{,}5}\left(2 - \frac{3 \cdot 3{,}0}{6{,}5}\right) = + 2{,}91 \text{ „ .}$$

Weiter wird nach Tafel 2

$$\mathfrak{M}_{2,3} = - \frac{4{,}9 \cdot 3{,}5^2}{12} = - 5{,}00 \text{ tm} ; \qquad \mathfrak{M}_{3,2} = + 5{,}00 \text{ tm}$$

$$\mathfrak{M}_{3,3'} = - \frac{4{,}9 \cdot 5{,}0^2}{12} = - 10{,}21 \text{ „}$$

$$\mathfrak{M}_{4,5} = - \frac{5{,}1 \cdot 3{,}5^2}{12} = - 5{,}21 \text{ „ } ; \qquad \mathfrak{M}_{5,4} = + 5{,}21 \text{ tm}$$

$$\mathfrak{M}_{5,5'} = - \frac{5{,}1 \cdot 5{,}0^2}{12} = - 10{,}62 \text{ „ } .$$

Knotenbelastungsglieder s

Nach (46 a)
$$s_n = \sum_i \mathfrak{M}_{n,i}$$

erhält man

$$s_2 = + 2{,}91 - 5{,}00 = - 2{,}09 \text{ tm}; \qquad s_4 = \qquad\qquad = - 5{,}21 \text{ tm}$$
$$s_3 = + 5{,}00 - 10{,}21 = - 5{,}21 \text{ „ } ; \qquad s_5 = + 5{,}21 - 10{,}62 = - 5{,}41 \text{ „ } .$$

Belastungsglied S_1 der Verschiebungsgleichung

Nach (130) ist allgemein für ein Feld v

$$S_\nu = \left[\frac{1}{2}\left(\Sigma P + \Sigma q \cdot e\right) - \Sigma P' - \Sigma q' \cdot e' - \sum_\nu \mathfrak{A}_l\right] l_\nu + \sum_\nu \left(\mathfrak{M}_l + \mathfrak{M}_r\right) .$$

Die Glieder $\Sigma P'$ und $\Sigma q' \cdot e'$ fallen hier weg, und man erhält

$$S_1 = \left[\frac{1}{2}\left(4{,}5 + 4{,}5 + 4{,}9 \cdot 12{,}0 + 5{,}1 \cdot 12{,}0\right) - \frac{(4{,}9 + 5{,}1)\,3{,}5}{2}\right] 3{,}5 = + 164{,}50 \text{ tm} .$$

Aufstellung der Gleichungen

Nach (123) gilt für die *Knotengleichungen* allgemein

$$d_n \varphi_n + \sum_i k_{n,i} \varphi_i + 3\,k_\nu\,\psi_\nu + 3\,k_{\nu+1}\,\psi_{\nu+1} + s_n = 0 ,$$

nach (128) für die *Verschiebungsgleichung*

$$\sum_\nu 3\,k\varphi_l + \sum_\nu 3\,k\varphi_r + D_\nu \psi_\nu + S_\nu = 0 .$$

Damit kann anhand der Festwertskizze (Abb. 567) die Aufstellung der Gleichungstabelle vorgenommen werden.

Gleichungstabelle

	φ_2	φ_3	φ_4	φ_5	ψ_1	B
φ_2	+ 25,14	+ 3,68	+ 5,61		+ 11,04	— 2,09
φ_3	+ 3,68	+ 10,18		+ 0,12	+ 11,04	— 5,21
φ_4	+ 5,61		+ 24,38	+ 6,58	+ 19,74	— 5,21
φ_5		+ 0,12	+ 6,58	+ 18,00	+ 19,74	— 5,41
ψ_1	+ 11,04	+ 11,04	+ 19,74	+ 19,74	+ 61,56	+ 164,50

Die Auflösung nach den Anweisungen Seite 198 ff. ergibt:

$$\varphi_2 = +\,1{,}486 \qquad \varphi_4 = +\,4{,}762 \qquad \psi_1 = -\,8{,}730\,.$$
$$\varphi_3 = +\,9{,}347 \qquad \varphi_5 = +\,8{,}071$$

Stabendmomente

Nach (7) ist allgemein für einen Stab 1—2

$$M_{1,2} = k\,(2\,\varphi_1 + \varphi_2 + 3\,\psi) + \mathfrak{M}_{1,2}$$

und für einen Symmetriestab 1—1′ gemäß (42)

$$M_{1,1'} = 2\,k'\varphi_1 + \mathfrak{M}_{1,1'}.$$

Damit kann anhand der Festwertskizze die Berechnung der Stabendmomente erfolgen.

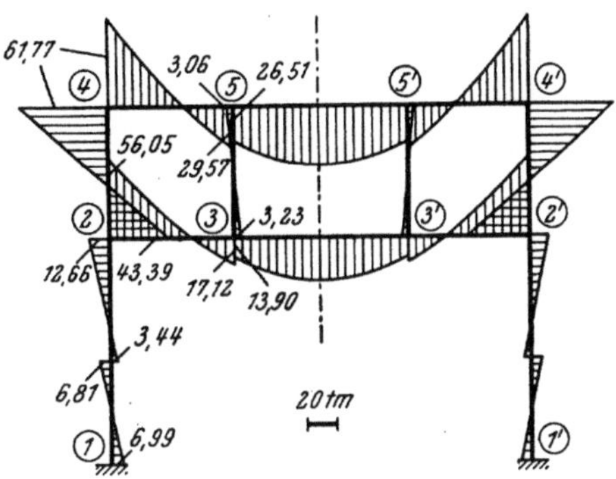

Abb. 568. *M*-Verlauf für lotrechte Belastung

$$
\begin{aligned}
M_{1,2} &= +\,3{,}28 \cdot 1{,}486 + 2{,}12 &&= +\ \ 6{,}99 \ \text{tm}\\
M_{2,1} &= +\,3{,}28 \cdot 2 \cdot 1{,}486 + 2{,}91 &&= +\,12{,}66 \ ,,\\
M_{2,3} &= +\,3{,}68\,(2 \cdot 1{,}486 + 9{,}347 - 3 \cdot 8{,}73) - 5{,}00 &&= -\,56{,}05 \ ,,\\
M_{2,4} &= +\,5{,}61\,(2 \cdot 1{,}486 + 4{,}762) &&= +\,43{,}39 \ ,,\\
M_{3,2} &= +\,3{,}68\,(2 \cdot 9{,}347 + 1{,}486 - 3 \cdot 8{,}73) + 5{,}00 &&= -\,17{,}12 \ ,,\\
M_{3,5} &= +\,0{,}12\,(2 \cdot 9{,}347 + 8{,}071) &&= +\ \ 3{,}23 \ ,,\\
M_{3,3'} &= +\,1{,}29 \cdot 2 \cdot 9{,}347 - 10{,}21 &&= +\,13{,}90 \ ,,\\
M_{4,2} &= +\,5{,}61\,(2 \cdot 4{,}762 + 1{,}486) &&= +\,61{,}77 \ ,,\\
M_{4,5} &= +\,6{,}58\,(2 \cdot 4{,}762 + 8{,}071 - 3 \cdot 8{,}73) - 5{,}21 &&= -\,61{,}77 \ ,,\\
M_{5,3} &= +\,0{,}12\,(2 \cdot 8{,}071 + 9{,}347) &&= +\ \ 3{,}06 \ ,,\\
M_{5,4} &= +\,6{,}58\,(2 \cdot 8{,}071 + 4{,}762 - 3 \cdot 8{,}73) + 5{,}21 &&= -\,29{,}57 \ ,,\\
M_{5,5'} &= +\,2{,}30 \cdot 2 \cdot 8{,}071 - 10{,}62 &&= +\,26{,}51 \ ,,\ .
\end{aligned}
$$

Diese Momente sind in Abb. 568 maßstäblich aufgetragen.

Zahlenbeispiel 15

Unsymmetrisches, lotrecht verschiebliches Tragwerk mit Gelenken. Tragwerksabmessungen und Belastungsangaben siehe Abb. 569 und Abb. 570. Volle Einspannung der Säulenfüße, daher $\varphi_1 = \varphi_2 = 0$. Es sind insgesamt sieben Unbekannte zu bestimmen, und zwar die sechs Knotendrehwinkel φ_3 bis φ_8 und die lotrechte Verschiebung δ der Knotenreihe 4—7.

Festwerttabelle

Stab	b/h (cm)	J (m⁴)	l (m)	$k = \dfrac{1000\,J}{l}$	$k^0 = \dfrac{750\,J}{l}$	$\bar{k} = \dfrac{3\,k}{l}$	$\bar{k}^0 = \dfrac{2\,k^0}{l}$
1—3, 2—5	40/70	0,01143	4,50	2,54	—	—	—
3—4	35/85	0,01791	4,00	4,48	—	3,360	—
3—6, 5—8	40/70	0,01143	4,00	2,86	—	—	—
4—5	35/85	0,01791	6,00	—	2,24	—	0,747
4—7	35/40	0,00187	4,00	0,47	—	—	—
6—7	35/75	0,01230	4,00	3,08	—	2,310	—
7—8	35/75	0,01230	6,00	—	1,54	—	0,513

Die Werte k, k^0 und $\bar{k}$, $\bar{k}^0$ (in Klammern) sind in der Festwertskizze Abb. 571 eingetragen.

Beiwerte $\varkappa'$ und K^0

Nach (153) ist allgemein

$$\varkappa'_n = \bar{k}'_{\nu+1} - \bar{k}'_\nu ,$$

wobei anstelle $\bar{k}'$ die erweiterten Stabfestwerte $\bar{k}$ oder $\bar{k}^0$ der im Knoten n fest angeschlossenen Stäbe zu setzen sind. Man erhält somit

$$\varkappa'_4 = \bar{k}^0_{4,5} - \bar{k}_{4,3} = 0{,}747 - 3{,}360 = -2{,}613 ; \qquad \varkappa'_7 = -\bar{k}_{7,6} = -2{,}310 .$$

Nach (156) ist allgemein

$$K^0_\nu = \frac{2}{l_\nu} \underset{e}{\Sigma} \bar{k}_\nu + \frac{1}{l_\nu} \underset{gr}{\Sigma} \bar{k}^0_\nu + \frac{1}{l_\nu} \underset{gl}{\Sigma} \bar{k}^0_\nu ,$$

daher für Feld I:

$$K^0_I = K_I = \frac{2}{4{,}0} (3{,}360 + 2{,}310) = 2{,}835$$

und für Feld II:

$$K^0_{II} = \frac{1}{6{,}0} (0{,}747 + 0{,}513) = 0{,}210 .$$

Diagonalglieder d bzw. d^0 und D^0

Nach (31) ist allgemein

$$d^0_n = 2 \left(\underset{i}{\Sigma} k_{n,i} + \underset{g}{\Sigma} k^0_{n,g} \right) ;$$

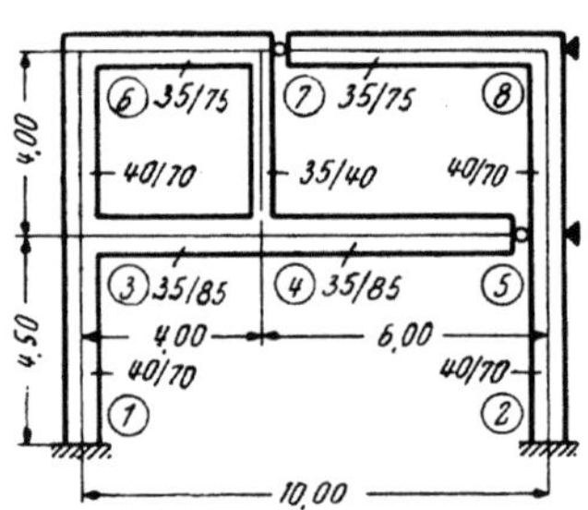

Abb. 569. Tragwerksabmessungen

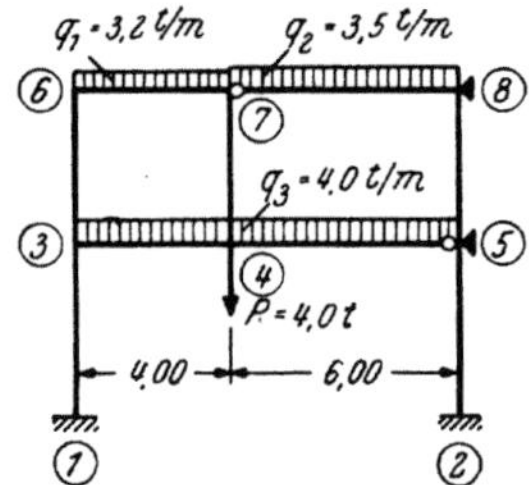

Abb. 570. Belastungs-
angaben

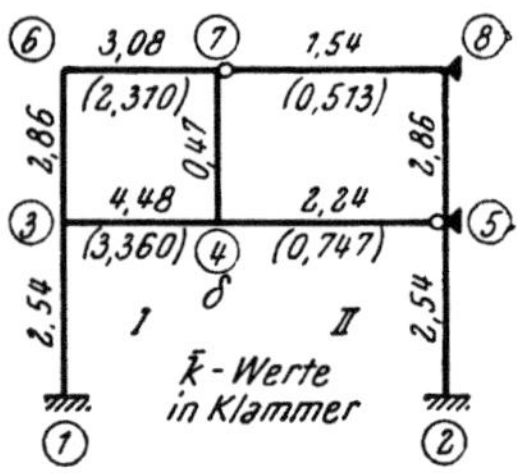

Abb. 571. Festwertskizze
(k-, k^0-, $\bar{k}$- und $\bar{k}^0$-Zahlen)

daraus wird für Knoten mit beidseitig fest angeschlossenen Stäben gemäß (45)

$$d^0_n = d_n = 2 \underset{i}{\Sigma} k_{n,i} .$$

Damit erhält man

$$d_3 = 2 (2{,}54 + 4{,}48 + 2{,}86) = 19{,}76; \qquad d_6 = 2 (2{,}86 + 3{,}08) = 11{,}88$$
$$d^0_4 = 2 (4{,}48 + 0{,}47 + 2{,}24) = 14{,}38; \qquad d_7 = 2 (0{,}47 + 3{,}08) = 7{,}10$$
$$d_5 = 2 (2{,}54 + 2{,}86) = 10{,}80; \qquad d^0_8 = 2 (2{,}86 + 1{,}54) = 8{,}80 .$$

Nach (157) ist allgemein

$$D^0_m = K^0_\nu + K^0_{\nu+1} ;$$

hier wird gemäß (159)

$$D^0 = K_I + K^0_{II} = 2{,}835 + 0{,}210 = 3{,}045 .$$

Stabbelastungsglieder $\mathfrak{M}$ bzw. $\mathfrak{M}^0$

Aus Tafel 2 bzw. 5 erhält man mit den Belastungsangaben in Abb. 570

$$\mathfrak{M}_{3,4} = -\frac{q_3 \, l^2}{12} = -\frac{4{,}0 \cdot 4{,}0^2}{12} = -5{,}33 \text{ tm} ; \qquad \mathfrak{M}_{4,3} = +5{,}33 \text{ tm}$$

$$\mathfrak{M}^0_{4,5} = -\frac{q_3 \, l^2}{8} = -\frac{4{,}0 \cdot 6{,}0^2}{8} = -18{,}00 \text{ ,,}$$

$$\mathfrak{M}_{6,7} = -\frac{q_1 \, l^2}{12} = -\frac{3,2 \cdot 4,0^2}{12} = -4,27 \text{ tm} \; ; \qquad \mathfrak{M}_{7,6} = +4,27 \text{ tm}$$

$$\mathfrak{M}^0_{8,7} = +\frac{q_2 \, l^2}{8} = +\frac{3,5 \cdot 6,0^2}{8} = +15,75 \text{ ,, } .$$

Knotenbelastungsglieder s bzw. s^0

Nach (32) ist allgemein

$$s^0_n = \sum_i \mathfrak{M}_{n,\,i} + \sum_g \mathfrak{M}^0_{n,\,g} \, ,$$

und für Knoten, deren Stäbe auf der Gegenseite fest angeschlossen sind, wird gemäß (46a)

$$s^0_n = s_n = \sum_i \mathfrak{M}_{n,\,i} \, .$$

Damit erhält man

$$
\begin{aligned}
s_3 &= = -5,33 \text{ tm}; & s_6 &= -4,27 \text{ tm}\\
s^0_4 &= +5,33 - 18,00 = -12,67 \text{ ,, } ; & s_7 &= +4,27 \text{ ,, }\\
& & s^0_8 &= +15,75 \text{ ,, } .
\end{aligned}
$$

Belastungsglied S^0 der Verschiebungsgleichung

Da im vorliegenden Fall für die beidseitig fest angeschlossenen Stäbe $\mathfrak{M}^l = -\mathfrak{M}^r$ ist und im Feld II nur Gelenkstäbe vorhanden sind, entfallen in (158) die $\mathfrak{M}_\nu$-, $\mathfrak{M}_{\nu+1}$- und $\mathfrak{M}^0_\nu$-Glieder. Somit gilt hier

$$S^0_m = -\sum P - \sum_\nu \mathfrak{A}^r_\nu - \sum_{\nu+1} \mathfrak{A}^l_{\nu+1} + \frac{1}{l_{\nu+1}} \sum_{gr} \mathfrak{M}^{0,\,l}_{\nu+1} + \frac{1}{l_{\nu+1}} \sum_{gl} \mathfrak{M}^{0,\,r}_{\nu+1} \, .$$

Damit wird anhand der Belastungskizze (Abb. 570) unter Verwendung der bereits ermittelten $\mathfrak{M}^0$-Werte

$$S^0 = -4,0 - (4,0 + 3,2)\frac{4,0}{2} - (4,0 + 3,5)\frac{6,0}{2} - \frac{18,00}{6,0} + \frac{15,75}{6,0} = -41,27 \text{ tm} \, .$$

Aufstellung der Gleichungen

Für die *Knotengleichungen* gilt nach (152) allgemein

$$d^0_n \varphi_n + \sum_i k_{n,\,i}\, \varphi_i + \bar{k}'_\nu\, \delta_{m-1} + \varkappa'_n \delta_m - \bar{k}'_{\nu+1}\, \delta_{m+1} + s^0_n = 0 \, .$$

Die *Verschiebungsgleichung* lautet nach (155) mit der Vereinfachung, daß hier die beiden Glieder $K^0_\nu\, \delta_{m-1}$ und $K^0_{\nu+1}\, \delta_{m+1}$ entfallen, weil die Verschiebungen $\delta_{m-1} = \delta_{m+1} = 0$ sind,

$$-\sum_\nu \bar{k}'_\nu\, \varphi_{m-1} + \sum \varkappa'_m\, \varphi_m + \sum_{\nu+1} \bar{k}'_{\nu+1}\, \varphi_{m+1} + D^0_m\, \delta_m + S^0_m = 0 \, .$$

Durch wiederholte Anwendung dieser Gleichungen kann anhand der Festwertskizze (Abb. 571) die Aufstellung der Gleichungstabelle vorgenommen werden. Dabei ist zu beachten, daß anstelle von $\bar{k}'$ entweder $\bar{k}$ oder $\bar{k}^0$ einzusetzen ist (nähere Erläuterungen siehe Seite 78ff.).

Gleichungstabelle

	φ_3	φ_4	φ_5	φ_6	φ_7	φ_8	δ	B
φ_3	+ 19,76	+ 4,48		+ 2,86			— 3,360	— 5,33
φ_4	+ 4,48	+ 14,38			+ 0,47		— 2,613	— 12,67
φ_5			+ 10,80			+ 2,86		—
φ_6	+ 2,86			+ 11,88	+ 3,08		— 2,310	— 4,27
φ_7		+ 0,47		+ 3,08	+ 7,10		— 2,310	+ 4,27
φ_8			+ 2,86			+ 8,80	+ 0,513	+ 15,75
δ	— 3,360	— 2,613		— 2,310	— 2,310	+ 0,513	+ 3,045	— 41,27

Die Auflösung nach den Anweisungen Seite 198f. ergibt:

$$\varphi_3 = + 3{,}971 \qquad \varphi_5 = + 1{,}053 \qquad \varphi_7 = + 7{,}815 \qquad \delta = + 31{,}61\,.$$
$$\varphi_4 = + 5{,}132 \qquad \varphi_6 = + 3{,}524 \qquad \varphi_8 = - 3{,}975$$

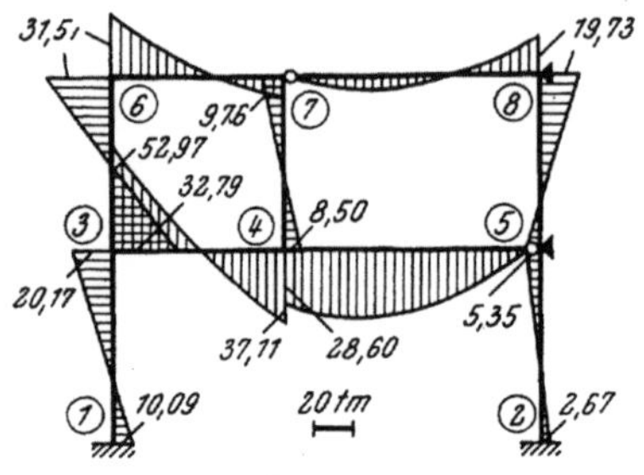

Abb. 572. *M*-Verlauf für lotrechte Belastung

Stabendmomente

Nach (10b) ist allgemein für einen beidseitig fest angeschlossenen Stab 1—2 mit den Stabendverschiebungen δ_1 und δ_2, wenn nach (12) für $3\,k/l = \bar{k}$ gesetzt wird,

$$M_{1,2} = k\,(2\,\varphi_1 + \varphi_2) + \bar{k}\,(\delta_1 - \delta_2) + \mathfrak{M}_{1,2}$$
$$M_{2,1} = k\,(2\,\varphi_2 + \varphi_1) + \bar{k}\,(\delta_1 - \delta_2) + \mathfrak{M}_{2,1}\,.$$

Für einen Stab 1—2 mit Gelenk bei 2 gilt allgemein nach (17b) unter gleichen Voraussetzungen, wenn nach (18) für $2\,k^0/l = \bar{k}^0$ gesetzt wird,

$$M_{1,2} = 2\,k^0\varphi_1 + \bar{k}^0\,(\delta_1 - \delta_2) + \mathfrak{M}^0_{1,2}\,.$$

Damit erhält man anhand der Festwertskizze (Abb. 571) folgende Momente:

$$
\begin{aligned}
M_{1,3} &= + 2{,}54 \cdot 3{,}971 & &= + 10{,}09 \text{ tm}\\
M_{2,5} &= + 2{,}54 \cdot 1{,}053 & &= + 2{,}67 \text{ ,,}\\
M_{3,1} &= + 2{,}54 \cdot 2 \cdot 3{,}971 & &= + 20{,}17 \text{ ,,}\\
M_{3,4} &= + 4{,}48\,(2 \cdot 3{,}971 + 5{,}132) - 3{,}360 \cdot 31{,}61 - 5{,}33 &&= - 52{,}97 \text{ ,,}\\
M_{3,6} &= + 2{,}86\,(2 \cdot 3{,}971 + 3{,}524) & &= + 32{,}79 \text{ ,,}\\
M_{4,3} &= + 4{,}48\,(2 \cdot 5{,}132 + 3{,}971) - 3{,}360 \cdot 31{,}61 + 5{,}33 &&= - 37{,}11 \text{ ,,}\\
M_{4,5} &= + 2 \cdot 2{,}24 \cdot 5{,}132 + 0{,}747 \cdot 31{,}61 - 18{,}00 & &= + 28{,}60 \text{ ,,}\\
M_{4,7} &= + 0{,}47\,(2 \cdot 5{,}132 + 7{,}815) & &= + 8{,}50 \text{ ,,}\\
M_{5,2} &= + 2{,}54 \cdot 2 \cdot 1{,}053 & &= + 5{,}35 \text{ ,,}\\
M_{5,8} &= + 2{,}86\,(2 \cdot 1{,}053 - 3{,}975) & &= - 5{,}35 \text{ ,,}\\
M_{6,3} &= + 2{,}86\,(2 \cdot 3{,}524 + 3{,}971) & &= + 31{,}51 \text{ ,,}\\
M_{6,7} &= + 3{,}08\,(2 \cdot 3{,}524 + 7{,}815) - 2{,}310 \cdot 31{,}61 - 4{,}27 &&= - 31{,}51 \text{ ,,}\\
M_{7,4} &= + 0{,}47\,(2 \cdot 7{,}815 + 5{,}132) & &= + 9{,}76 \text{ ,,}\\
M_{7,6} &= + 3{,}08\,(2 \cdot 7{,}815 + 3{,}524) - 2{,}310 \cdot 31{,}61 + 4{,}27 &&= - 9{,}76 \text{ ,,}\\
M_{8,5} &= + 2{,}86\,(- 2 \cdot 3{,}975 + 1{,}053) & &= - 19{,}73 \text{ ,,}\\
M_{8,7} &= - 2 \cdot 1{,}54 \cdot 3{,}975 + 0{,}513 \cdot 31{,}61 + 15{,}75 & &= + 19{,}73 \text{ ,,} \;.
\end{aligned}
$$

In Abb. 572 sind diese Momente maßstäblich aufgetragen.

Zahlenbeispiel 16[1]

Unsymmetrisches Vierendeel-Rahmentragwerk. Tragwerksabmessungen und Belastungsangaben siehe Abb. 573 und 574. Volle Einspannung bei 1, 2, 3, 8; daher

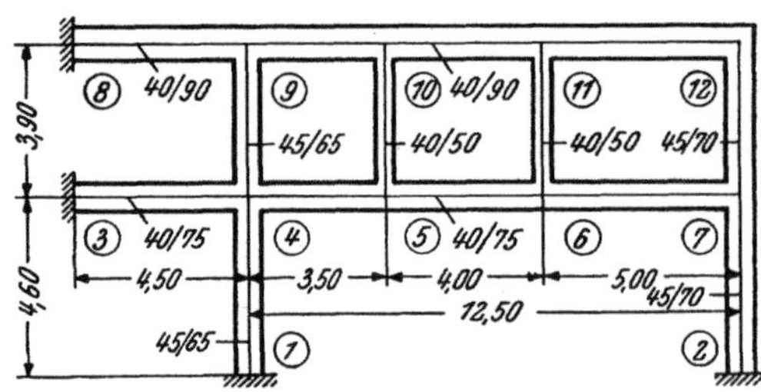

Abb. 573. Tragwerksabmessungen

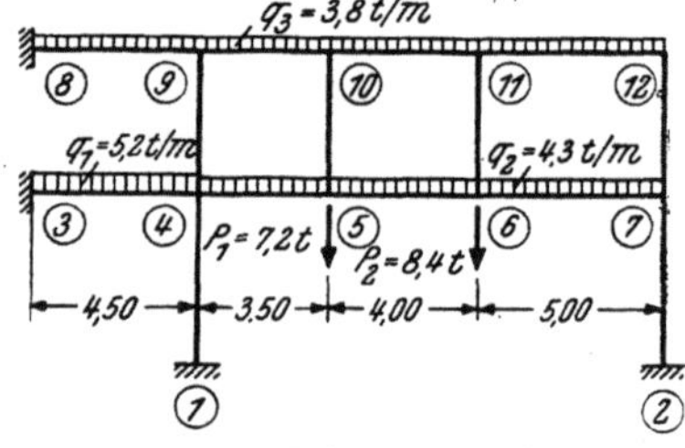

Abb. 574. Belastungsangaben

$\varphi_1 = \varphi_2 = \varphi_3 = \varphi_8 = 0$. Die beiden Knotenreihen 5—10 und 6—11 sind lotrecht verschieblich. Es sind also insgesamt z e h n Unbekannte zu ermitteln, nämlich die acht Knotendrehwinkel φ_4, φ_5, φ_6, φ_7, φ_9, φ_{10}, φ_{11}, φ_{12} und die zwei lotrechten Verschiebungen δ_1 und δ_2.

Festwerttabelle

Stab	b/h (cm)	J (m⁴)	l (m)	$k = 1000\,J/l$	$\bar{k} = 3\,k/l$
1—4	45/65	0,01030	4,60	2,24	—
2—7	45/70	0,01286	4,60	2,80	—
3—4	40/75	0,01406	4,50	3,12	—
4—5	40/75	0,01406	3,50	4,02	3,446
5—6	40/75	0,01406	4,00	3,52	2,640
6—7	40/75	0,01406	5,00	2,81	1,686
4—9	45/65	0,01030	3,90	2,64	—
5—10, 6—11	40/50	0,00417	3,90	1,07	—
7—12	45/70	0,01286	3,90	3,30	—
8—9	40/90	0,02430	4,50	5,40	—
9—10	40/90	0,02430	3,50	6,94	5,949
10—11	40/90	0,02430	4,00	6,08	4,560
11—12	40/90	0,02430	5,00	4,86	2,916

Sämtliche Werte k und $\bar{k}$ (in Klammern) sind in der Festwertskizze Abb. 575 eingetragen.

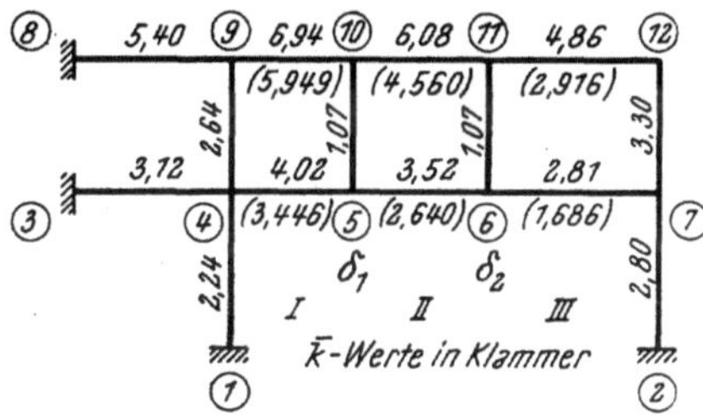

Abb. 575. Festwertskizze (k- und $\bar{k}$-Zahlen)

Beiwerte $\varkappa$ und K

Nach (144) ist allgemein

$$\varkappa_n = \bar{k}_{\nu+1} - \bar{k}_\nu\,,$$

also wird anhand der Festwertskizze

$$\varkappa_5 = 2,640 - 3,446 = -0,806 \qquad \varkappa_{10} = 4,560 - 5,949 = -1,389$$
$$\varkappa_6 = 1,686 - 2,640 = -0,954 \qquad \varkappa_{11} = 2,916 - 4,560 = -1,644\,.$$

Nach (149) ist

$$K_\nu = \frac{2}{l_\nu}\,\underset{\nu}{\Sigma}\,\bar{k}_\nu\,,$$

damit erhält man

$$\text{für Feld I:}\quad K_I = \frac{2}{3,5}\,(3,446 + 5,949) = 5,369$$

$$\text{,, \quad ,, II:}\quad K_{II} = \frac{2}{4,0}\,(2,640 + 4,560) = 3,600$$

$$\text{,, \quad ,, III:}\quad K_{III} = \frac{2}{5,0}\,(1,686 + 2,916) = 1,841\,.$$

Diagonalglieder d und D

Nach (45)

$$d_n = 2\,\underset{i}{\Sigma}\,k_{n,\,i}$$

ergeben sich anhand der Festwertskizze

$$d_4 = 2\,(2,24 + 3,12 + 4,02 + 2,64) = 24,04; \qquad d_9 = 2\,(2,64 + 5,40 + 6,94) = 29,96$$
$$d_5 = 2\,(4,02 + 3,52 + 1,07) \qquad\quad = 17,22; \qquad d_{10} = 2\,(1,07 + 6,94 + 6,08) = 28,18$$
$$d_6 = 2\,(3,52 + 2,81 + 1,07) \qquad\quad = 14,80; \qquad d_{11} = 2\,(1,07 + 6,08 + 4,86) = 24,02$$
$$d_7 = 2\,(2,80 + 2,81 + 3,30) \qquad\quad = 17,82; \qquad d_{12} = 2\,(3,30 + 4,86) \qquad\quad = 16,32.$$

Nach (150) ist allgemein

$$D_m = K_\nu + K_{\nu+1},$$

also hier

$$D_1 = K_I + K_{II} = 5{,}369 + 3{,}600 = 8{,}969$$
$$D_2 = K_{II} + K_{III} = 3{,}600 + 1{,}841 = 5{,}441.$$

Stabbelastungsglieder $\mathfrak{M}$

Nach Tafel 2 erhält man mit den Belastungsangaben in Abb. 574

$$\mathfrak{M}_{3,4} = -\frac{5{,}2 \cdot 4{,}5^2}{12} = -8{,}78 \text{ tm};\qquad \mathfrak{M}_{4,3} = +8{,}78 \text{ tm}$$

$$\mathfrak{M}_{4,5} = -\frac{4{,}3 \cdot 3{,}5^2}{12} = -4{,}39 \text{ ,, };\qquad \mathfrak{M}_{5,4} = +4{,}39 \text{ ,, }$$

$$\mathfrak{M}_{5,6} = -\frac{4{,}3 \cdot 4{,}0^2}{12} = -5{,}73 \text{ ,, };\qquad \mathfrak{M}_{6,5} = +5{,}73 \text{ ,, }$$

$$\mathfrak{M}_{6,7} = -\frac{4{,}3 \cdot 5{,}0^2}{12} = -8{,}96 \text{ ,, };\qquad \mathfrak{M}_{7,6} = +8{,}96 \text{ ,, }$$

$$\mathfrak{M}_{8,9} = -\frac{3{,}8 \cdot 4{,}5^2}{12} = -6{,}41 \text{ ,, };\qquad \mathfrak{M}_{9,8} = +6{,}41 \text{ ,, }$$

$$\mathfrak{M}_{9,10} = -\frac{3{,}8 \cdot 3{,}5^2}{12} = -3{,}88 \text{ ,, };\qquad \mathfrak{M}_{10,9} = +3{,}88 \text{ ,, }$$

$$\mathfrak{M}_{10,11} = -\frac{3{,}8 \cdot 4{,}0^2}{12} = -5{,}07 \text{ ,, };\qquad \mathfrak{M}_{11,10} = +5{,}07 \text{ ,, }$$

$$\mathfrak{M}_{11,12} = -\frac{3{,}8 \cdot 5{,}0^2}{12} = -7{,}92 \text{ ,, };\qquad \mathfrak{M}_{12,11} = +7{,}92 \text{ ,, }.$$

Knotenbelastungsglieder s

Nach (46a)

$$s_n = \sum_i \mathfrak{M}_{n,i}$$

erhält man

$$s_4 = +8{,}78 - 4{,}39 = +4{,}39 \text{ tm}\qquad s_9 = +6{,}41 - 3{,}88 = +2{,}53 \text{ tm}$$
$$s_5 = +4{,}39 - 5{,}73 = -1{,}34 \text{ ,, }\qquad s_{10} = +3{,}88 - 5{,}07 = -1{,}19 \text{ ,, }$$
$$s_6 = +5{,}73 - 8{,}96 = -3{,}23 \text{ ,, }\qquad s_{11} = +5{,}07 - 7{,}92 = -2{,}85 \text{ ,, }$$
$$s_7 = \phantom{+5{,}73 - 8{,}96} = +8{,}96 \text{ ,, }\qquad s_{12} = \phantom{+5{,}07 - 7{,}92} = +7{,}92 \text{ ,, }.$$

Belastungsglieder S *der Verschiebungsgleichungen*

Nach (151) wird unter Beachtung, daß hier für alle Riegel $\mathfrak{M}_l = -\mathfrak{M}_r$ ist,

$$S_m = -\sum_\nu P - \sum_\nu \mathfrak{A}^r_\nu - \sum_{\nu+1} \mathfrak{A}^l_{\nu+1}.$$

Somit ergibt sich für die Knotenreihe 5—10

$$S_1 = -7{,}2 - (4{,}3 + 3{,}8)\frac{3{,}5}{2} - (4{,}3 + 3{,}8)\frac{4{,}0}{2} = -37{,}58 \text{ t}$$

und für die Knotenreihe 6—11

$$S_2 = -8{,}4 - (4{,}3 + 3{,}8)\frac{4{,}0}{2} - (4{,}3 + 3{,}8)\frac{5{,}0}{2} = -44{,}85 \text{ t}.$$

Aufstellung der Gleichungen

Die *Knotengleichungen* lauten nach (142)

$$d_n \varphi_n + \sum k_{n,i}\varphi_i + \bar{k}_\nu \delta_{m-1} + \varkappa_n \delta_m - \bar{k}_{\nu+1}\delta_{m+1} + s_n = 0$$

und die *Verschiebungsgleichungen* nach (148)

$$-\underset{\nu}{\varSigma}\bar{k}_\nu\,\varphi_{m-1} + \varSigma\varkappa_m\,\varphi_m + \underset{\nu+1}{\varSigma}\bar{k}_{\nu+1}\,\varphi_{m+1} - K_\nu\,\delta_{m-1} + D_m\,\delta_m - K_{\nu+1}\,\delta_{m+1} + S_m = 0\,.$$

Unter Benutzung der Festwertskizze (Abb. 575) und der zahlenmäßig ermittelten Werte können die Gleichungen tabellarisch angeschrieben werden.

Gleichungstabelle

	φ_4	φ_5	φ_6	φ_7	φ_9	φ_{10}	φ_{11}	φ_{12}	δ_1	δ_2	B
φ_4	+24,04	+ 4,02			+ 2,64				−3,446		+ 4,39
φ_5	+ 4,02	+17,22	+ 3,52			+ 1,07			−0,806	−2,640	− 1,34
φ_6		+ 3,52	+14,80	+ 2,81			+ 1,07		+2,640	−0,954	− 3,23
φ_7			+ 2,81	+17,82				+ 3,30		+1,686	+ 8,96
φ_9	+ 2,64				+29,96	+ 6,94			−5,949		+ 2,53
φ_{10}		+ 1,07			+ 6,94	+28,18	+ 6,08		−1,389	−4,560	− 1,19
φ_{11}			+ 1,07			+ 6,08	+24,02	+ 4,86	+4,560	−1,644	− 2,85
φ_{12}				+ 3,30			+ 4,86	+16,32		+2,916	+ 7,92
δ_1	− 3,446	− 0,806	+ 2,640		− 5,949	− 1,389	+ 4,560		+8,969	−3,600	−37,58
δ_2		− 2,640	− 0,954	+ 1,686		− 4,560	− 1,644	+ 2,916	−3,600	+5,441	−44,85

Die Auflösung nach den Anweisungen Seite 198f. ergibt:

$$\varphi_4 = + 2{,}041 \qquad \varphi_6 = - 2{,}920 \qquad \varphi_{10} = + 6{,}759 \qquad \delta_1 = + 25{,}72$$
$$\varphi_5 = + 6{,}600 \qquad \varphi_7 = - 2{,}446 \qquad \varphi_{11} = - 2{,}675 \qquad \delta_2 = + 36{,}64\,.$$
$$\varphi_9 = + 3{,}277 \qquad \varphi_{12} = - 5{,}741$$

Stabendmomente

Allgemein ist für einen Stab 1—2 ohne Stabendverschiebungen nach (22)

$$M_{1,2} = k\,(2\,\varphi_1 + \varphi_2) + \mathfrak{M}_{1,2}$$

und für einen Stab 1—2 mit Stabendverschiebungen nach (10b), wenn für $3\,k/l = \bar{k}$ geschrieben wird,

$$M_{1,2} = k\,(2\,\varphi_1 + \varphi_2) + \bar{k}\,(\delta_1 - \delta_2) + \mathfrak{M}_{1,2}$$
$$M_{2,1} = k\,(2\,\varphi_2 + \varphi_1) + \bar{k}\,(\delta_1 - \delta_2) + \mathfrak{M}_{2,1}\,.$$

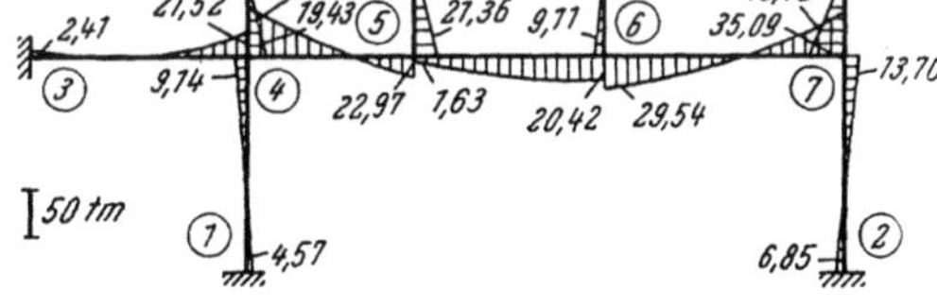

Abb. 576. M-Verlauf für lotrechte Belastung

Unter wiederholter Anwendung dieser Formeln erhält man anhand der Festwertskizze (Abb. 575)

$$
\begin{aligned}
M_{1,4} &= + 2{,}24 \cdot 2{,}041 &&= +\ 4{,}57 \text{ tm}\\
M_{2,7} &= - 2{,}80 \cdot 2{,}446 &&= -\ 6{,}85 \text{ ,,}\\
M_{3,4} &= + 3{,}12 \cdot 2{,}041 - 8{,}78 &&= -\ 2{,}41 \text{ ,,}\\
M_{4,1} &= + 2{,}24 \cdot 2 \cdot 2{,}041 &&= +\ 9{,}14 \text{ ,,}\\
M_{4,3} &= + 3{,}12 \cdot 2 \cdot 2{,}041 + 8{,}78 &&= + 21{,}52 \text{ ,,}\\
M_{4,5} &= + 4{,}02\,(2 \cdot 2{,}041 + 6{,}600) - 3{,}446 \cdot 25{,}72 - 4{,}39 &&= - 50{,}08 \text{ ,,}\\
M_{4,9} &= + 2{,}64\,(2 \cdot 2{,}041 + 3{,}277) &&= + 19{,}43 \text{ ,,}\\
M_{5,4} &= + 4{,}02\,(2 \cdot 6{,}600 + 2{,}041) - 3{,}446 \cdot 25{,}72 + 4{,}39 &&= - 22{,}97 \text{ ,,}\\
M_{5,6} &= + 3{,}52\,(2 \cdot 6{,}600 - 2{,}920) + 2{,}640\,(25{,}72 - 36{,}64) - 5{,}73 &&= +\ 1{,}63 \text{ ,,}\\
M_{5,10} &= + 1{,}07\,(2 \cdot 6{,}600 + 6{,}759) &&= + 21{,}36 \text{ ,,}\\
M_{6,5} &= + 3{,}52\,(- 2 \cdot 2{,}920 + 6{,}600) + 2{,}640\,(25{,}72 - 36{,}64) + 5{,}73 &&= - 20{,}42 \text{ ,,}\\
M_{6,7} &= + 2{,}81\,(- 2 \cdot 2{,}920 - 2{,}446) + 1{,}686 \cdot 36{,}64 - 8{,}96 &&= + 29{,}54 \text{ ,,}\\
M_{6,11} &= + 1{,}07\,(- 2 \cdot 2{,}920 - 2{,}675) &&= -\ 9{,}11 \text{ ,,}
\end{aligned}
$$

$$
\begin{aligned}
M_{7,2} &= -\,2{,}80 \cdot 2 \cdot 2{,}446 & &= -\,13{,}70 \text{ tm}\\
M_{7,6} &= +\,2{,}81\,(-\,2 \cdot 2{,}446 - 2{,}920) + 1{,}686 \cdot 36{,}64 + 8{,}96 & &= +\,48{,}79 \;,,\\
M_{7,12} &= +\,3{,}30\,(-\,2 \cdot 2{,}446 - 5{,}741) & &= -\,35{,}09 \;,,\\
M_{8,9} &= +\,5{,}40 \cdot 3{,}277 - 6{,}41 & &= +\,11{,}29 \;,,\\
M_{9,4} &= +\,2{,}64\,(2 \cdot 3{,}277 + 2{,}041) & &= +\,22{,}69 \;,,\\
M_{9,8} &= +\,5{,}40 \cdot 2 \cdot 3{,}277 + 6{,}41 & &= +\,41{,}80 \;,,\\
M_{9,10} &= +\,6{,}94\,(2 \cdot 3{,}277 + 6{,}759) - 5{,}949 \cdot 25{,}72 - 3{,}88 & &= -\,64{,}50 \;,,\\
M_{10,5} &= +\,1{,}07\,(2 \cdot 6{,}759 + 6{,}600) & &= +\,21{,}53 \;,,\\
M_{10,9} &= +\,6{,}94\,(2 \cdot 6{,}759 + 3{,}277) - 5{,}949 \cdot 25{,}72 + 3{,}88 & &= -\,32{,}57 \;,,\\
M_{10,11} &= +\,6{,}08\,(2 \cdot 6{,}759 - 2{,}675) + 4{,}560\,(25{,}72 - 36{,}64) - 5{,}07 & &= +\,11{,}06 \;,,\\
M_{11,6} &= +\,1{,}07\,(-\,2 \cdot 2{,}675 - 2{,}920) & &= -\;8{,}85 \;,,\\
M_{11,10} &= +\,6{,}08\,(-\,2 \cdot 2{,}675 + 6{,}759) + 4{,}560\,(25{,}72 - 36{,}64) + 5{,}07 & &= -\,36{,}16 \;,,\\
M_{11,12} &= +\,4{,}86\,(-\,2 \cdot 2{,}675 - 5{,}741) + 2{,}916 \cdot 36{,}64 - 7{,}92 & &= +\,45{,}02 \;,,\\
M_{12,7} &= +\,3{,}30\,(-\,2 \cdot 5{,}741 - 2{,}446) & &= -\,45{,}96 \;,,\\
M_{12,11} &= +\,4{,}86\,(-\,2 \cdot 5{,}741 - 2{,}675) + 2{,}916 \cdot 36{,}64 + 7{,}92 & &= +\,45{,}96 \;,,\; .
\end{aligned}
$$

Der zugehörige Momentenverlauf ist in Abb. 576 maßstäblich aufgetragen.

Zahlenbeispiel 17 (vgl. auch Nr. 26)

Lotrecht verschiebliches Tragwerk mit zurückgesetztem Obergeschoß. Tragwerksabmessungen und Belastungsangaben siehe Abb. 577 und 578. Volle Einspannung in den Knotenpunkten 1, 2, 6, 9; daher $\varphi_1 = \varphi_2 = \varphi_6 = \varphi_9 = 0$. Insgesamt sind sechs Unbekannte zu ermitteln, nämlich die fünf Knotendrehwinkel φ_3, φ_4, φ_5, φ_7, φ_8 und die lotrechte Verschiebung δ der Knotenreihe 4—7.

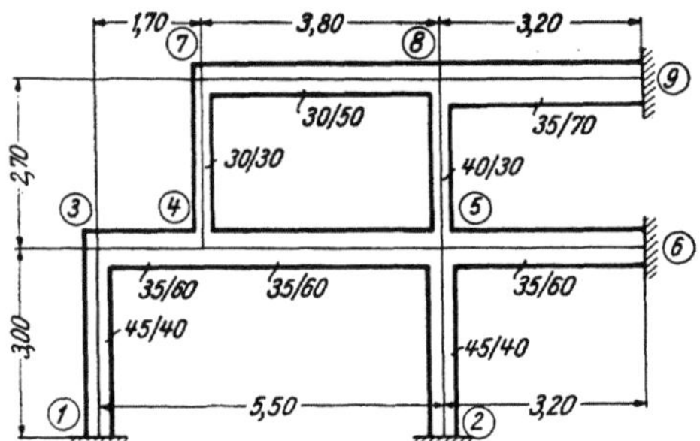

Abb. 577. Tragwerksabmessungen

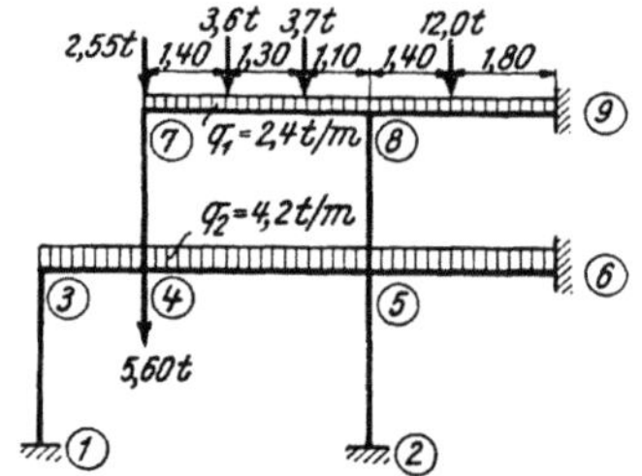

Abb. 578. Belastungsangaben

Festwerttabelle

Stab	b/h (cm)	J (m⁴)	l (m)	$k = 1000\,J/l$	$\bar{k} = 3\,k/l$
1—3, 2—5	45/40	0,00240	3,00	0,80	—
3—4	35/60	0,00630	1,70	3,71	6,55
4—5	35/60	0,00630	3,80	1,66	1,31
4—7	30/30	0,00068	2,70	0,25	—
5—6	35/60	0,00630	3,20	1,97	—
5—8	40/30	0,00090	2,70	0,33	—
7—8	30/50	0,00313	3,80	0,82	0,65
8—9	35/70	0,01000	3,20	3,12	—

Die Werte k und $\bar{k}$ (in Klammern) sind in der Festwertskizze Abb. 579 eingetragen.

Beiwerte $\varkappa$ und K

Nach (144) ist allgemein

$$\varkappa_n = \bar{k}_{\nu+1} - \bar{k}_\nu\,,$$

daher

$$\varkappa_4 = 1{,}31 - 6{,}55 = -5{,}24$$
$$\varkappa_7 = \qquad\qquad = +0{,}65 \; .$$

Nach (149) ist

$$K_\nu = \frac{2}{l_\nu}\, \varSigma_\nu \bar{k}_\nu \; ,$$

damit erhält man

für Feld I : $K_I = \dfrac{2}{1{,}7}\cdot 6{,}55 = 7{,}70$

für Feld II: $K_{II} = \dfrac{2}{3{,}8}\,(1{,}31+0{,}65) = 1{,}03 \; .$

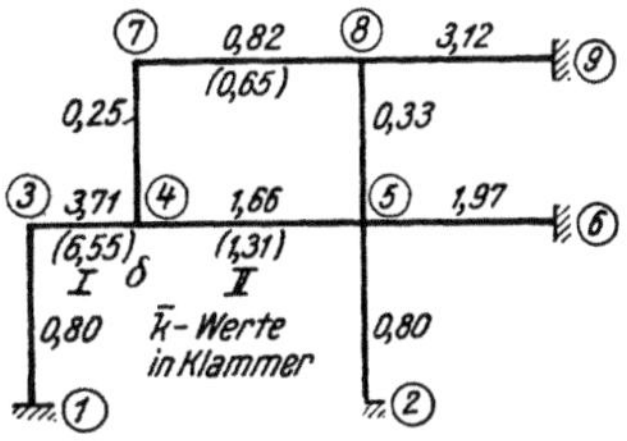

7   0,82   8   3,12   9
(0,65)
0,25
0,33
3   3,71   4   1,66   5   1,97   6
(6,55)
I   δ   (1,31)   II
0,80   k̄-Werte
in Klammer
0,80
1   2

Abb. 579. Festwertskizze (k- und $\bar{k}$-Zahlen)

Diagonalglieder d und D

Nach (45)

$$d_n = 2\,\varSigma_i k_{n,i}$$

wird

$$d_3 = 2\,(0{,}80 + 3{,}71) \qquad\qquad = 9{,}02; \qquad d_7 = 2\,(0{,}25 + 0{,}82) \qquad\qquad = 2{,}14$$
$$d_4 = 2\,(3{,}71 + 1{,}66 + 0{,}25) \quad = 11{,}24; \qquad d_8 = 2\,(0{,}33 + 0{,}82 + 3{,}12) = 8{,}54 \; .$$
$$d_5 = 2\,(0{,}80 + 1{,}66 + 1{,}97 + 0{,}33) = 9{,}52$$

Nach (150) wird allgemein

$$D_m = K_\nu + K_{\nu+1} \; ,$$

also

$$D = K_I + K_{II} = 7{,}70 + 1{,}03 = 8{,}73 \; .$$

Stabbelastungsglieder $\mathfrak{M}$

Anhand der Belastungsskizze (Abb. 578) erhält man nach Tafel 2 bzw. 4

$$\mathfrak{M}_{3,4} = -\frac{4{,}2\cdot 1{,}7^2}{12} = -1{,}01 \text{ tm}; \qquad\qquad \mathfrak{M}_{4,3} = +1{,}01 \text{ tm}$$

$$\mathfrak{M}_{4,5} = -\frac{4{,}2\cdot 3{,}8^2}{12} = -5{,}05 \;\text{,,} \; ; \qquad\qquad \mathfrak{M}_{5,4} = +5{,}05 \;\text{,.}$$

$$\mathfrak{M}_{5,6} = -\frac{4{,}2\cdot 3{,}2^2}{12} = -3{,}58 \;\text{,,} \; ; \qquad\qquad \mathfrak{M}_{6,5} = +3{,}58 \;\text{,,}$$

$$\mathfrak{M}_{7,8} = -\frac{2{,}4\cdot 3{,}8^2}{12} - \frac{3{,}6\cdot 1{,}4\cdot 2{,}4^2}{3{,}8^2} - \frac{3{,}7\cdot 2{,}7\cdot 1{,}1^2}{3{,}8^2} = -5{,}74 \;\text{,.}$$

$$\mathfrak{M}_{8,7} = +\frac{2{,}4\cdot 3{,}8^2}{12} + \frac{3{,}6\cdot 1{,}4^2\cdot 2{,}4}{3{,}8^2} + \frac{3{,}7\cdot 2{,}7^2\cdot 1{,}1}{3{,}8^2} = +6{,}11 \;\text{,.}$$

$$\mathfrak{M}_{8,9} = -\frac{2{,}4\cdot 3{,}2^2}{12} - \frac{12{,}0\cdot 1{,}4\cdot 1{,}8^2}{3{,}2^2} = -7{,}37 \;\text{,.}$$

$$\mathfrak{M}_{9,8} = +\frac{2{,}4\cdot 3{,}2^2}{12} + \frac{12{,}0\cdot 1{,}4^2\cdot 1{,}8}{3{,}2^2} = +6{,}18 \;\text{...}$$

Knotenbelastungsglieder s

Nach (46a)

$$s_n = \varSigma_i \mathfrak{M}_{n,i}$$

wird

$$s_3 = \qquad\qquad = -1{,}01 \text{ tm} \qquad s_7 = \qquad\qquad = -5{,}74 \text{ tm}$$
$$s_4 = +1{,}01 - 5{,}05 = -4{,}04 \;\text{,,} \qquad s_8 = +6{,}11 - 7{,}37 = -1{,}26 \;\text{,,} \; .$$
$$s_5 = +5{,}05 - 3{,}58 = +1{,}47 \;\text{,,}$$

Belastungsglied S der Verschiebungsgleichung

Nach (151) ist allgemein

$$S_m = -\Sigma P - \underset{\nu}{\Sigma}\,\mathfrak{A}^r_\nu - \underset{\nu+1}{\Sigma}\,\mathfrak{A}^l_{\nu+1} - \frac{1}{l_\nu}\,\underset{\nu}{\Sigma}\,(\mathfrak{M}^l_\nu + \mathfrak{M}^r_\nu) + \frac{1}{l_{\nu+1}}\,\underset{\nu+1}{\Sigma}\,(\mathfrak{M}^l_{\nu+1} + \mathfrak{M}^r_{\nu+1}).$$

Hieraus ergibt sich anhand der Belastungsskizze (Abb. 578)

$$S = -2{,}55 - 5{,}60 - \frac{4{,}2 \cdot 1{,}7}{2} - (4{,}2 + 2{,}4)\,\frac{3{,}8}{2} - \frac{3{,}6 \cdot 2{,}4}{3{,}8} - \frac{3{,}7 \cdot 1{,}1}{3{,}8} +$$

$$+ \frac{-5{,}74 + 6{,}11}{3{,}8} = -27{,}50 \text{ t.}$$

Aufstellung der Gleichungen

Die Knotengleichungen lauten nach (142)

$$d_n\,\varphi_n + \underset{i}{\Sigma}\,k_{n,i}\,\varphi_i + \bar{k}_\nu\,\delta_{m-1} + \varkappa_n\,\delta_m - \bar{k}_{\nu+1}\,\delta_{m+1} + s_n = 0$$

und die Verschiebungsgleichung nach (148) mit der Vereinfachung, daß hier die Glieder $K_\nu\delta_{m-1}$ und $K_{\nu+1}\delta_{m+1}$ entfallen, weil die beiden Verschiebungen δ_{m-1} und δ_{m+1} der benachbarten Knotenpunktreihen gleich Null sind,

$$-\underset{\nu}{\Sigma}\,\bar{k}_\nu\,\varphi_{m-1} + \Sigma\,\varkappa_m\,\varphi_m + \underset{\nu+1}{\Sigma}\,\bar{k}_{\nu+1}\,\varphi_{m+1} + D_m\,\delta_m + S_m = 0.$$

Damit kann unter Benutzung der Festwertskizze (Abb. 579) die Gleichungstabelle aufgestellt werden.

Gleichungstabelle

	φ_3	φ_4	φ_5	φ_7	φ_8	δ	B
φ_3	$+\ 9{,}02$	$+\ 3{,}71$				$-\ 6{,}55$	$-\ 1{,}01$
φ_4	$+\ 3{,}71$	$+\ 11{,}24$	$+\ 1{,}66$	$+\ 0{,}25$		$-\ 5{,}24$	$-\ 4{,}04$
φ_5		$+\ 1{,}66$	$+\ 9{,}52$		$+\ 0{,}33$	$+\ 1{,}31$	$+\ 1{,}47$
φ_7		$+\ 0{,}25$		$+\ 2{,}14$	$+\ 0{,}82$	$+\ 0{,}65$	$-\ 5{,}74$
φ_8			$+\ 0{,}33$	$+\ 0{,}82$	$+\ 8{,}54$	$+\ 0{,}65$	$-\ 1{,}26$
δ	$-\ 6{,}55$	$-\ 5{,}24$	$+\ 1{,}31$	$+\ 0{,}65$	$+\ 0{,}65$	$+\ 8{,}73$	$-\ 27{,}50$

Die Auflösung nach den Anweisungen Seite 198 ff. ergibt:

$$\begin{aligned}
\varphi_3 &= +\ 6{,}125; & \varphi_7 &= -\ 0{,}641 \\
\varphi_4 &= +\ 3{,}436; & \varphi_8 &= -\ 0{,}487 \\
\varphi_5 &= -\ 2{,}144; & \delta &= +\ 10{,}227\,.
\end{aligned}$$

Stabendmomente

Nach (10b) ist für einen Stab 1—2 mit den Stabendverschiebungen δ_1 und δ_2

$$M_{1,2} = k\left[2\,\varphi_1 + \varphi_2 + \frac{3\,(\delta_1 - \delta_2)}{l}\right] + \mathfrak{M}_{1,2}$$

$$M_{2,1} = k\left[2\,\varphi_2 + \varphi_1 + \frac{3\,(\delta_1 - \delta_2)}{l}\right] + \mathfrak{M}_{2,1}\,.$$

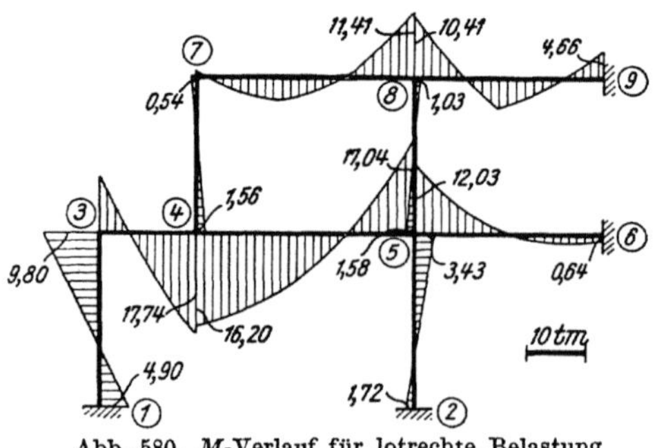

Abb. 580. M-Verlauf für lotrechte Belastung

Damit erhält man folgende Stabendmomente:

$M_{1,3} = +\ 4{,}90$ tm	$M_{5,2} = -\ 3{,}43$ tm	$M_{8,5} = -\ 1{,}03$ tm
$M_{2,5} = -\ 1{,}72$ „	$M_{5,4} = +\ 17{,}04$ „	$M_{8,7} = +\ 11{,}41$ „
$M_{3,1} = +\ 9{,}80$ „	$M_{5,6} = -\ 12{,}03$ „	$M_{8,9} = -\ 10{,}41$ „
$M_{3,4} = -\ 9{,}80$ „	$M_{5,8} = -\ 1{,}58$ „	$M_{9,8} = +\ 4{,}66$ „ .
$M_{4,3} = -\ 17{,}74$ „	$M_{6,5} = -\ 0{,}64$ „	
$M_{4,5} = +\ 16{,}20$ „	$M_{7,4} = +\ 0{,}54$ „	
$M_{4,7} = +\ 1{,}56$ „	$M_{7,8} = -\ 0{,}54$ „	

Diese Momente sind in Abb. 580 maßstäblich aufgetragen.

Zweiter Abschnitt

Rahmentragwerke mit Vouten

Vorbemerkung

Die in diesem Abschnitt zur Behandlung gelangenden Zahlenbeispiele wurden zum größten Teil bereits im ersten Abschnitt vollständig durchgerechnet. Hier werden wieder dieselben Längenabmessungen der einzelnen Rahmenstäbe und dieselben Belastungen gegeben; jedoch treten im Gegensatz zu früher nun bei einzelnen Stäben Vouten auf. Es empfiehlt sich daher, das Endergebnis, also die Momentenverteilung der Tragwerke mit Vouten und ohne Vouten, zu vergleichen, um den Einfluß der Veränderlichkeit der Stabquerschnitte auch zahlenmäßig ungefähr abschätzen zu können.

Will man aber auch die Formänderungswerte φ, ψ, $\varDelta$, δ in beiden Fällen miteinander vergleichen, so ist zu beachten, daß bei der Berechnung der Tragwerke ohne Vouten aus Zweckmäßigkeitsgründen in der Regel nach (35) der Reduktionsfaktor $z = 1000/2\,E$ verwendet worden ist, während bei den Tragwerken mit Vouten meist nach (218) $z = 1000/E$ gewählt wird. Es sind daher die unter dieser Voraussetzung ermittelten Formänderungsgrößen vorerst zu verdoppeln, damit sie unmittelbar mit den entsprechenden Werten aus der ersten Rechnung (ohne Vouten) verglichen werden können.

Auch bei der Berechnung von Tragwerken mit Vouten bestehen die Vorarbeiten in der Ermittlung der Stabfestwerte a, b, c bzw. a^0 und der Stabbelastungsglieder $\mathfrak{M}$ bzw. $\mathfrak{M}^0$. Diese Ausgangswerte können sehr einfach mit Hilfe der Zahlen- und Kurventafeln aus dem Dritten Teil des Buches zahlenmäßig bestimmt werden. Zur Erzielung einer guten Übersicht enthalten bei den einzelnen Zahlenbeispielen die Festwerttabellen in der letzten Spalte jeweils die Nummern jener Hilfstafeln, aus denen die Werte $\mathfrak{a}_1$, $\mathfrak{a}_2$ und $\mathfrak{b}$ für die zugehörigen Leitwerte λ und n entnommen sind.

I. Einführungsbeispiele: Ermittlung der Stabfestwerte a, b, c und a^0 sowie der Stabbelastungsglieder $\mathfrak{M}$ und $\mathfrak{M}^0$ mit Hilfe der Zahlen- und Kurventafeln

Es soll hier an einigen Fällen ausführlich gezeigt werden, wie die als Vorarbeit zur eigentlichen Rahmenberechnung aufzufassende zahlenmäßige Ermittlung der Ausgangswerte unter Benutzung der Zahlen- und Kurventafeln durchzuführen ist. Es kann dann bei den später folgenden Zahlenbeispielen, bei denen diese Arbeiten in der Regel tabellarisch erfolgen, auf lange Erläuterungen in jedem einzelnen Falle verzichtet werden, weil im wesentlichen immer derselbe Vorgang einzuhalten ist, wie er hier eingehend besprochen wird. Bei den Tafeln für Stäbe mit einseitigen Vouten ist zu beachten, daß der Stabfestwert a_1 grundsätzlich den Festwert auf der Voutenseite und a_2 den Festwert am voutenfreien Ende des Stabes bedeutet.

1. Stab mit beidseitig gleichen, geraden Vouten

Die Längen- und Querschnittsabmessungen sind aus Abb. 581, die Belastungen aus Abb. 582 zu entnehmen.

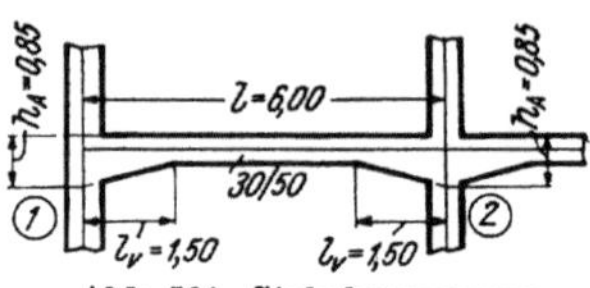

Abb. 581. Stababmessungen

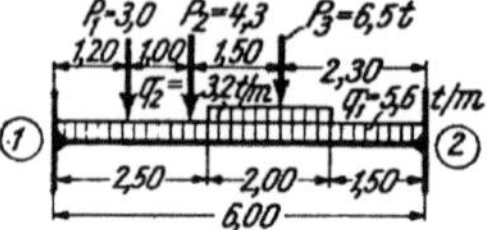

Abb. 582. Belastungsangaben

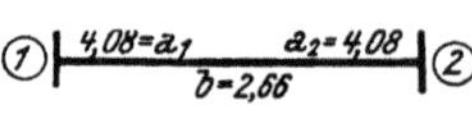

Abb. 583. Festwertskizze

A. Ermittlung der Stabfestwerte a, b, c

Aus Tafel 1 erhält man

für den unveränderlichen Stabbereich mit $b/h = 30/50$ (cm) .... $J_c = 0,003125$ m⁴,

für den Auflagerquerschnitt mit $b/h_A = 30/85$ (cm) .... $J_A = 0,015353$ „ ;

somit ist

$$\lambda = \frac{l_v}{l} = \frac{1,5}{6,0} = 0,25 \quad \text{und} \quad n = \frac{J_c}{J_A} = \frac{0,003125}{0,015353} = 0,204 \doteq 0,20\,.$$

Mit diesen Werten für λ und n erhält man aus Zahlentafel 9

$$\mathfrak{a} = 7,84; \qquad\qquad \mathfrak{b} = 5,10$$

und damit nach (220)

$$a_1 = a_2 = a = \frac{1000\,J_c}{l} \cdot \mathfrak{a} = \frac{1000 \cdot 0,003125}{6,0} \cdot 7,84 = 4,08$$

$$b = \frac{1000\,J_c}{l} \cdot \mathfrak{b} = \frac{1000 \cdot 0,003125}{6,0} \cdot 5,10 = 2,66\,.$$

Nach (185) ist

$$c_1 = c_2 = a + b = 4,08 + 2,66 = 6,74\,.$$

Die Festwerte a, b sind in der Festwertskizze Abb. 583 eingetragen, und zwar die a-Werte an den Stabenden, der b-Wert in der Stabmitte.

B. Ermittlung der Stabbelastungsglieder $\mathfrak{M}$

Nach Abb. 582 kommen im vorliegenden Fall drei Arten der Belastung vor, nämlich

    a) eine durchgehende Gleichlast $q_1 = 5,6$ t/m,

    b) eine gleichförmige Streckenlast $q_2 = 3,2$ t/m,

    c) drei Einzellasten $P_1 = 3,0$ t, $P_2 = 4,3$ t, $P_3 = 6,5$ t.

Die Ermittlung der Stabbelastungsglieder für diese drei Fälle soll anschließend getrennt behandelt werden.

a) Durchgehende Gleichlast $q_1 = 5{,}6\ \text{t/m}$

Aus Zahlentafel 17 oder aus Kurventafel 17a erhält man für die hier vorliegenden Leitwerte $\lambda = 0{,}25$ und $n = 0{,}20$ den Wert

$$\varkappa = 1{,}183$$

und damit

$$\mathfrak{M}_1 = -\varkappa\,\frac{q_1\,l^2}{12} = -1{,}183 \cdot \frac{5{,}6 \cdot 6{,}0^2}{12} = -19{,}87\ \text{tm};\qquad \mathfrak{M}_2 = +19{,}87\ \text{tm}\,.$$

b) Gleichförmige Streckenlast $q_2 = 3{,}2\ \text{t/m}$

Hier kommt man am besten durch Auswertung der $\mathfrak{M}$-Einflußlinie zum Ziel. Die entsprechende Einflußlinie für $\lambda = 0{,}25$ und $n = 0{,}20$ ist auf Tafel 23a enthalten. Es empfiehlt sich, die Auswertung so vorzunehmen, daß die jeweils zu ermittelnde Fläche stets in ein Trapez (F_1') und in ein Reststück (F_1'') zerlegt wird, wie in der schematischen Abb. 582a angedeutet ist. Es wird dann $F_1 = F_1' + F_1''$ bzw. $F_2 = F_2' + F_2''$. Damit erhält man für den vorliegenden Fall

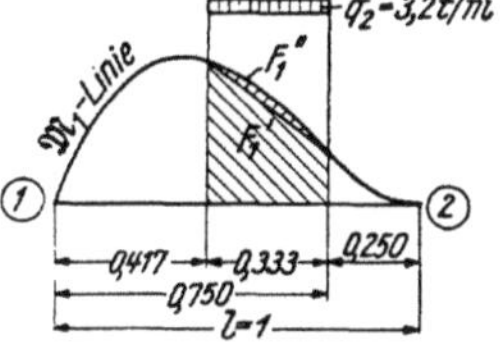

Abb. 582a. Auswertung der $\mathfrak{M}$-Einflußlinie bei Streckenlasten

$$F_1 = 0{,}0374 \quad \text{und} \quad F_2 = 0{,}0567,$$

wobei die Flächen F_1 und F_2 auf den Träger mit der Länge $l = 1$ bezogen sind. Nach (239) ergeben sich somit die der Streckenlast q_2 entsprechenden Belastungsglieder für den vorliegenden Träger mit $l = 6{,}0$ m:

$$\mathfrak{M}_1 = -F_1\,q_2\,l^2 = -0{,}0374 \cdot 3{,}2 \cdot 6{,}0^2 = -4{,}31\ \text{tm}$$
$$\mathfrak{M}_2 = +F_2\,q_2\,l^2 = +0{,}0567 \cdot 3{,}2 \cdot 6{,}0^2 = +6{,}53\ \text{,,}\,.$$

c) Drei Einzellasten $P_1 = 3{,}0\ \text{t}$, $P_2 = 4{,}3\ \text{t}$, $P_3 = 6{,}5\ \text{t}$

Es kann hier dieselbe Einflußlinie zur Auswertung benutzt werden wie vorher (auf Tafel 23a; $\lambda = 0{,}25$, $n = 0{,}20$). Nach (237) ist allgemein

$$\mathfrak{M}_1 = -\eta_1\,P\,l \quad \text{und} \quad \mathfrak{M}_2 = +\eta_2\,P\,l\,.$$

Die auf den Träger mit der Länge $l = 1$ bezogenen Maße sind in Abb. 582b enthalten. Damit erhält man für die drei Laststellungen

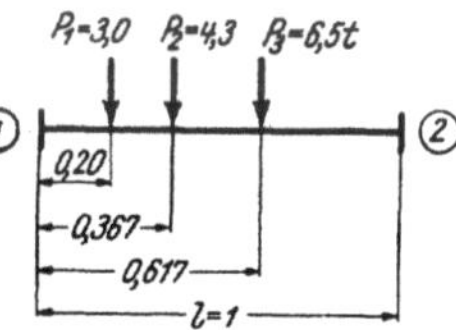

Abb. 582b. Auswertung der $\mathfrak{M}$-Einflußlinie bei Einzellasten

$$\eta_1 \ldots \ldots 0{,}158;\quad 0{,}191;\quad 0{,}099$$
$$\eta_2 \ldots \ldots 0{,}025;\quad 0{,}091;\quad 0{,}188$$

und somit

$$\mathfrak{M}_1 = -(0{,}158 \cdot 3{,}0 + 0{,}191 \cdot 4{,}3 + 0{,}099 \cdot 6{,}5) \cdot 6{,}0 = -11{,}63\ \text{tm}$$
$$\mathfrak{M}_2 = +(0{,}025 \cdot 3{,}0 + 0{,}091 \cdot 4{,}3 + 0{,}188 \cdot 6{,}5) \cdot 6{,}0 = +10{,}13\ \text{,,}\,.$$

d) Zusammenfassung

Bei gleichzeitiger Einwirkung der zunächst getrennt in Rechnung gestellten drei Belastungsarten erhält man:

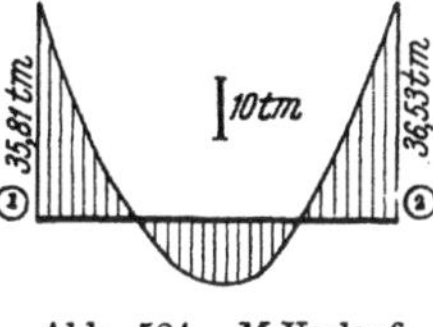

Abb. 584. M-Verlauf bei voller Einspannung

$$\mathfrak{M}_1 = -19{,}87 - 4{,}31 - 11{,}63 = -35{,}81\ \text{tm}$$
$$\mathfrak{M}_2 = +19{,}87 + 6{,}53 + 10{,}13 = +36{,}53\ \text{,,}\,.$$

Die Momentenverteilung für diesen Fall (beidseitig volle Einspannung) ist in Abb. 584 dargestellt.

2. Stab mit einseitig parabolischer Voute

Die Längen- und Querschnittsabmessungen sind in Abb. 585, die Belastungen in Abb. 586 angegeben.

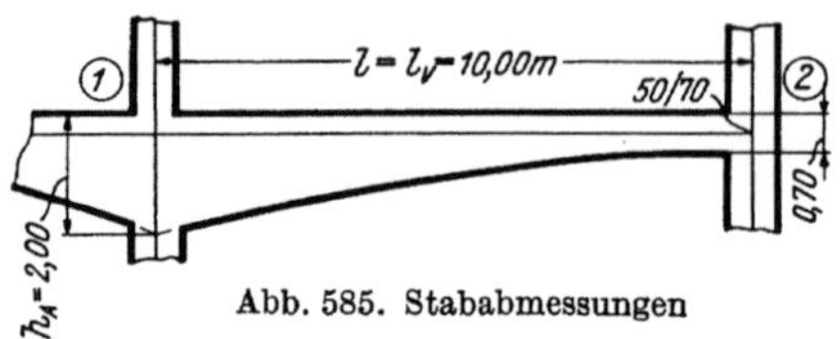

Abb. 585. Stababmessungen

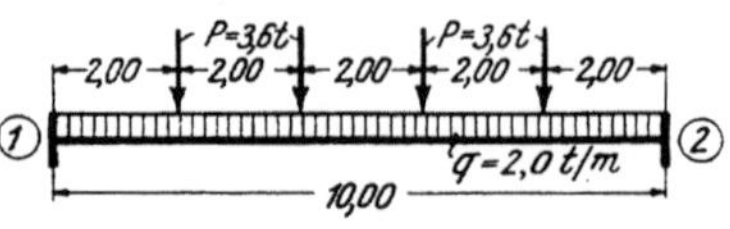

Abb. 586. Belastungsangaben

A. Ermittlung der Stabfestwerte a_1, a_2, b, c_1, c_2

Aus Tafel 1 erhält man

für den Voutenanfang mit $b/h = 50/70$ (cm) .... $J_c = 0{,}014292$ m⁴,

für den Auflagerquerschnitt mit $b/h_A = 50/200$ (cm) .... $J_A = 0{,}\dot{3}$ m⁴;

somit ist

$$\lambda = \frac{l_v}{l} = \frac{10{,}0}{10{,}0} = 1{,}0 \quad \text{und} \quad n = \frac{J_c}{J_A} = \frac{0{,}014292}{0{,}\dot{3}} = 0{,}043 \,.$$

Mit diesen beiden Leitwerten ergeben sich aus der Kurventafel 8a

$$\mathfrak{a}_1 = 28{,}00; \qquad \mathfrak{a}_2 = 6{,}30; \qquad \mathfrak{b} = 7{,}64$$

und damit nach (219)

$$a_1 = \frac{1000\, J_c}{l} \cdot \mathfrak{a}_1 = \frac{1000 \cdot 0{,}014292}{10{,}0} \cdot 28{,}0 = 40{,}0$$

$$a_2 = \frac{1000\, J_c}{l} \cdot \mathfrak{a}_2 = 9{,}0; \qquad b = \frac{1000\, J_c}{l} \cdot \mathfrak{b} = 10{,}9 \,.$$

Nach (185) ist

$$c_1 = a_1 + b = 40{,}0 + 10{,}9 = 50{,}9$$
$$c_2 = a_2 + b = 9{,}0 + 10{,}9 = 19{,}9.$$

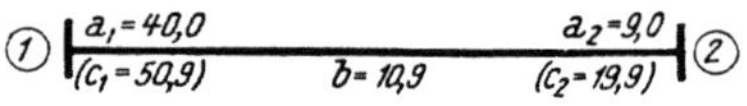

Die Festwerte a_1, a_2, b, c_1, c_2 sind in der Festwertskizze Abb. 587 eingetragen.

Abb. 587. Festwertskizze

B. Ermittlung der Stabbelastungsglieder $\mathfrak{M}$

Nach Abb. 586 besteht die Belastung aus einer durchgehenden Gleichlast q und aus vier Einzellasten P. Die beiden Belastungsfälle werden nachstehend getrennt behandelt.

a) Durchgehende Gleichlast $q = 2{,}0$ t/m

Aus Kurventafel 16a erhält man für $\lambda = 1{,}0$ und $n = 0{,}043$ die Werte

$$\varkappa_1 = 1{,}90 \quad \text{und} \quad \varkappa_2 = 0{,}545 \,.$$

Damit wird nach (234)

$$\mathfrak{M}_1 = -\varkappa_1 \frac{q\, l^2}{12} = -1{,}90 \cdot \frac{2{,}0 \cdot 10{,}0^2}{12} = -31{,}67 \text{ tm}$$

$$\mathfrak{M}_2 = +\varkappa_2 \frac{q\, l^2}{12} = +0{,}545 \cdot \frac{2{,}0 \cdot 10{,}0^2}{12} = +9{,}08 \text{ ,, .}$$

b) Vier Einzellasten $P = 3{,}6\,t$

Es gelangen hier am besten die Einflußlinien auf Tafel 22a zur Verwendung. Mit Rücksicht darauf, daß alle vier Einzellasten gleich groß sind, wird hier einfach

$$\mathfrak{M}_1 = - P\,l\,\Sigma\eta_1\,; \qquad \mathfrak{M}_2 = + P\,l\,\Sigma\eta_2\,.$$

Die Ordinaten η_1 bzw. η_2 unter den vier Lasten erhält man für die Leitwerte $\lambda = 1{,}0$ und $n = 0{,}043$ der Reihe nach mit

$$\eta_1 \ldots\ldots 0{,}170\,; \qquad 0{,}262\,; \qquad 0{,}237\,; \qquad 0{,}103$$
$$\eta_2 \ldots\ldots 0{,}007\,; \qquad 0{,}033\,; \qquad 0{,}074\,; \qquad 0{,}096\,.$$

Hierbei ist zwischen den Einflußlinien für $n = 0{,}03$ und $0{,}05$ schätzungsweise interpoliert worden. Damit ergibt sich

$$\mathfrak{M}_1 = - 3{,}6 \cdot 10{,}0\,(0{,}170 + 0{,}262 + 0{,}237 + 0{,}103) = - 27{,}79\ \text{tm}$$
$$\mathfrak{M}_2 = + 3{,}6 \cdot 10{,}0\,(0{,}007 + 0{,}033 + 0{,}074 + 0{,}096) = +\ 7{,}56\ \text{,,}\ .$$

c) Zusammenfassung

Bei gleichzeitiger Einwirkung der beiden Belastungsarten erhält man

$$\mathfrak{M}_1 = - 31{,}67 - 27{,}79 = - 59{,}46\ \text{tm}$$
$$\mathfrak{M}_2 = +\ 9{,}08 + 7{,}56 = + 16{,}64\ \text{,,}\ .$$

Die Momentenverteilung für diesen beidseitig fest eingespannt gedachten Stab unter dem Einfluß der Gesamtbelastung ist in Abb. 588 dargestellt.

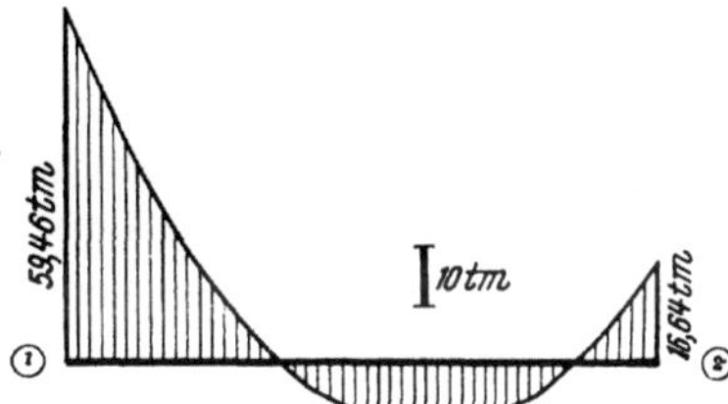

Abb. 588. *M*-Verlauf bei voller Einspannung

3. „Gelenkstab" mit einseitig parabolischer Voute

Die Längen- und Querschnittsabmessungen sind aus Abb. 589, die Belastungsangaben aus Abb. 590 zu entnehmen.

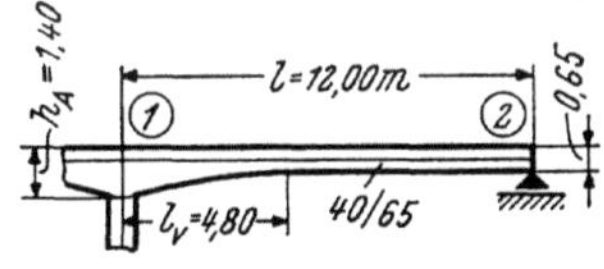

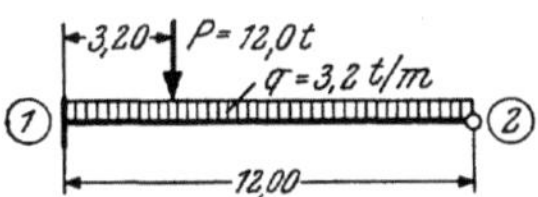

Abb. 589. Stababmessungen · Abb. 590. Belastungsangaben · Abb. 591. Festwertskizze

A. Ermittlung des Stabfestwertes $a^0{}_1$

Aus Tafel 1 erhält man

für den unveränderlichen Stabbereich mit $b/h = 40/65$ (cm) $\ldots\ldots J_c = 0{,}009154\ \text{m}^4$,

für den Auflagerquerschnitt mit $b/h_A = 40/140$ (cm) $\ldots\ldots\ldots J_A = 0{,}09147$ „ ;

somit wird

$$\lambda = \frac{l_v}{l} = \frac{4{,}8}{12{,}0} = 0{,}40 \quad \text{und} \quad n = \frac{J_c}{J_A} = \frac{0{,}009154}{0{,}09147} = 0{,}10\,.$$

Mit diesen beiden Leitwerten erhält man aus der Zahlentafel 12

$$\mathfrak{a}^0{}_1 = 5{,}44$$

und damit nach (221)

$$a^0{}_1 = \frac{1000\,J_c}{l} \cdot \mathfrak{a}^0{}_1 = \frac{1000 \cdot 0{,}009154}{12{,}0} \cdot 5{,}44 = 4{,}15\,.$$

Dieser Stabfestwert ist in der Festwertskizze Abb. 591 an der Voutenseite eingetragen.

B. Ermittlung des Stabbelastungsgliedes $\mathfrak{M}^0{}_1$

Die Belastung besteht aus einer durchgehenden Gleichlast $q = 3,2$ t/m und einer Einzellast $P = 12,0$ t (vgl. Abb. 590). Die beiden Lastfälle sind im folgenden getrennt behandelt.

a) Durchgehende Gleichlast $q = 3,2$ t/m

Mit den hier vorliegenden Leitwerten $\lambda = 0,40$ und $n = 0,10$ erhält man aus Zahlentafel 20 den Wert

$$\varkappa = 0,181 \; ;$$

damit wird nach (236)

$$\mathfrak{M}^0{}_1 = -\varkappa \, q \, l^2 = -0,181 \cdot 3,2 \cdot 12,0^2 = -83,40 \text{ tm} .$$

b) Einzellast $P = 12,0$ t

Man gelangt hier am besten durch Auswertung der $\mathfrak{M}^0$-Einflußlinie zum Ziel. Der auf den Träger mit der Länge $l = 1$ bezogene Abstand der Last P vom Auflager 1 beträgt 0,267 (vgl. Abb. 590a). An dieser Stelle erhält man aus der Kurventafel 26a für $\lambda = 0,40$ und $n = 0,10$ den Wert

$$\eta_1 = 0,227$$

und damit das Volleinspannmoment für $P = 12,0$ t nach (242)

$$\mathfrak{M}^0{}_1 = -\eta_1 \, P \, l = -0,227 \cdot 12,0 \cdot 12,0 = -32,69 \text{ tm} .$$

c) Zusammenfassung

Das Belastungsglied $\mathfrak{M}^0{}_1$ für die gegebene Belastung ergibt sich durch algebraische Addition der beiden Teilergebnisse. Es wird also

$$\mathfrak{M}^0{}_1 = -83,40 - 32,69 = -116,09 \text{ tm} .$$

Die Momentenverteilung unter der Wirkung beider Belastungen ist in Abb. 592 maßstäblich dargestellt.

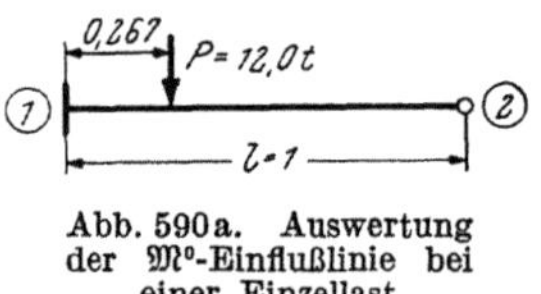

Abb. 590a. Auswertung der $\mathfrak{M}^0$-Einflußlinie bei einer Einzellast

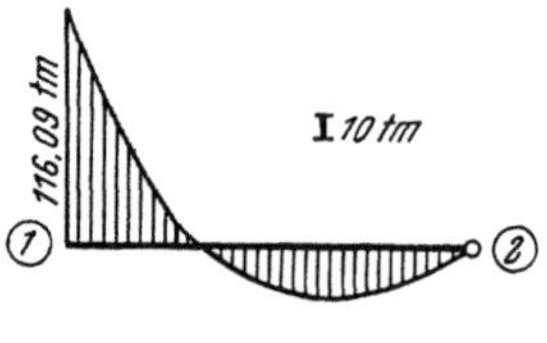

Abb. 592. M-Verlauf bei voller Einspannung des Stabendes 1

4. Säule mit Voute

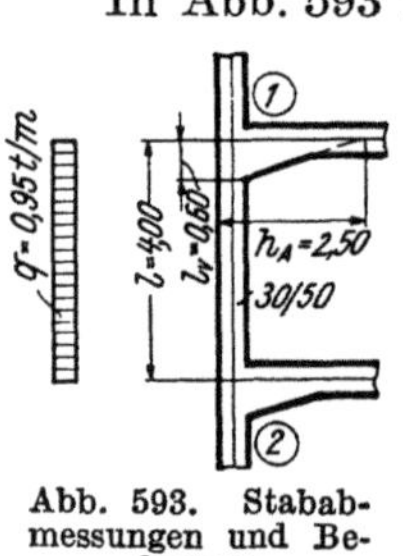

Abb. 593. Stababmessungen und Belastung

In Abb. 593 ist eine Säule als Glied eines Rahmentragwerkes mit der vorhandenen Belastung und allen erforderlichen Längen- und Querschnittsabmessungen dargestellt. Da es mitunter üblich ist, anstelle der Voute eine entsprechend kürzere starre Stabstrecke in Rechnung zu setzen, sollen nachstehend beide Arten zahlenmäßig durchgeführt und einander gegenübergestellt werden.

A. Ermittlung der Stabfestwerte a_1, a_2, b, c_1, c_2

a) Erste Art: Stab mit gerader Voute

Aus Tafel 1 ergibt sich

für den unveränderlichen Stabbereich mit $b/h = 30/50$ (cm)... $J_c = 0,003125$ m^4 ,
für den Auflagerquerschnitt mit $b/h_A = 30/250$ (cm) .... $J_A = 0,390625$ „ .
Somit ist

$$\lambda = \frac{l_v}{l} = \frac{0,6}{4,0} = 0,15 \quad \text{und} \quad n = \frac{J_c}{J_A} = \frac{0,003125}{0,390625} = 0,008 \,.$$

Mit diesen Werten für λ und n erhält man aus der Kurventafel 7a

$$\mathfrak{a}_1 = 7,00 \,; \quad \mathfrak{a}_2 = 4,60 \,; \quad \mathfrak{b} = 3,35$$

und damit nach (219)

$$a_1 = \frac{1000\, J_c}{l} \cdot \mathfrak{a}_1 = \frac{1000 \cdot 0,003125}{4,0} \cdot 7,00 = 5,47$$

$$a_2 = \frac{1000\, J_c}{l} \cdot \mathfrak{a}_2 = 3,59 \,; \qquad b = \frac{1000\, J_c}{l} \cdot \mathfrak{b} = 2,62;$$

sowie nach (185)

$$c_1 = a_1 + b = 5,47 + 2,62 = 8,09$$
$$c_2 = a_2 + b = 3,59 + 2,62 = 6,21 \,.$$

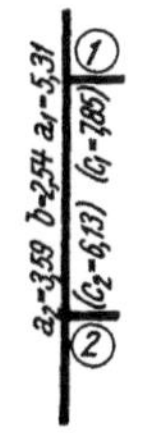

Sämtliche Festwerte sind in Abb. 593a eingetragen.

Abb. 593a.
Festwert-
skizze

b) Zweite Art: Stab mit starrer Strecke

Es wird als Ersatz für die Abschrägung eine unendlich starre Strecke mit der Länge $l_v = 0,50$ m angenommen (Abb. 594), so daß hier

$$\lambda = \frac{l_v}{l} = \frac{0,5}{4,0} = 0,125 \quad \text{und} \quad n = \frac{J_c}{J_A} = \frac{0,003125}{\infty} = 0 \,.$$

Aus Tafel 7a erhält man für die Leitwerte $\lambda = 0,125$ und $n = 0$

$$\mathfrak{a}_1 = 6,80 \,; \quad \mathfrak{a}_2 = 4,60 \,; \quad \mathfrak{b} = 3,25$$

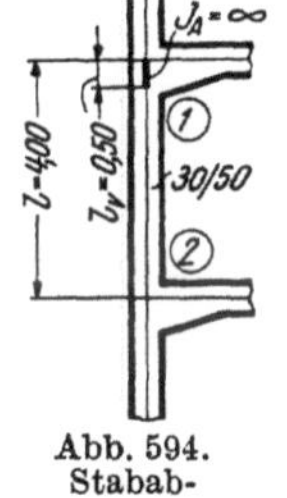

Abb. 594.
Stabab-
messungen

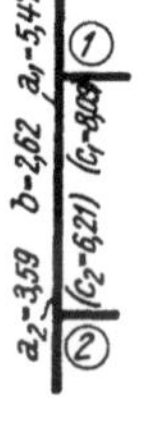

Abb. 594a.
Festwert-
skizze

und damit nach (219)

$$a_1 = \frac{1000\, J_c}{l} \cdot \mathfrak{a}_1 = \frac{1000 \cdot 0,003125}{4,0} \cdot 6,80 = 5,31$$

$$a_2 = \frac{1000\, J_c}{l} \cdot \mathfrak{a}_2 = 3,59 \,; \qquad b = \frac{1000\, J_c}{l} \cdot \mathfrak{b} = 2,54$$

und nach (185)

$$c_1 = a_1 + b = 5,31 + 2,54 = 7,85$$
$$c_2 = a_2 + b = 3,59 + 2,54 = 6,13 \,.$$

Diese Festwerte, die nur geringe Abweichungen gegenüber den für den Voutenstab berechneten Werten zeigen, sind in Abb. 594a eingetragen.

B. Ermittlung der Stabbelastungsglieder $\mathfrak{M}$

a) Erste Art: Stab mit gerader Voute

Aus Tafel 15a erhält man mit den vorliegenden Leitwerten $\lambda = 0,15$ und $n = 0,008$ die Werte

$$\varkappa_1 = 1,53 \quad \text{und} \quad \varkappa_2 = 0,76$$

und damit für die vorhandene Gleichlast $q = 0,95$ t/m unter Beachtung der Vorzeichenregel

$$\mathfrak{M}_1 = + \varkappa_1 \frac{q\,l^2}{12} = + 1,53 \cdot \frac{0,95 \cdot 4,0^2}{12} = + 1,94 \text{ tm}$$

$$\mathfrak{M}_2 = - \varkappa_2 \frac{q\,l^2}{12} = - 0,76 \cdot \frac{0,95 \cdot 4,0^2}{12} = - 0,96 \text{ ,, } .$$

b) Zweite Art: Stab mit starrer Strecke

Mit den Leitwerten $\lambda = 0,125$ und $n = 0$ erhält man aus Tafel 15a

$$\varkappa_1 = 1,52 \quad \text{und} \quad \varkappa_2 = 0,765$$

und damit unter Beachtung der Vorzeichenregel

$$\mathfrak{M}_1 = + \varkappa_1 \frac{q\,l^2}{12} = + 1,52 \cdot \frac{0,95 \cdot 4,0^2}{12} = + 1,92 \text{ tm}$$

$$\mathfrak{M}_2 = - \varkappa_2 \frac{q\,l^2}{12} = - 0,765 \cdot \frac{0,95 \cdot 4,0^2}{12} = - 0,97 \text{ ,, } ,$$

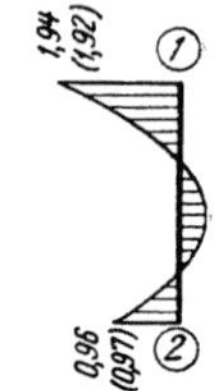

Abb. 595.
M-Verlauf
bei voller
Einspannung

also wieder nur geringe Abweichungen gegenüber früher. Die Momentenverteilung nach beiden Rechnungsarten ist in Abb. 595 für volle Einspannung eingetragen.

5. Stab mit verschiedenen Vouten an beiden Enden

Die Form des Stabes mit allen erforderlichen Maßangaben ist aus Abb. 596 ersichtlich.

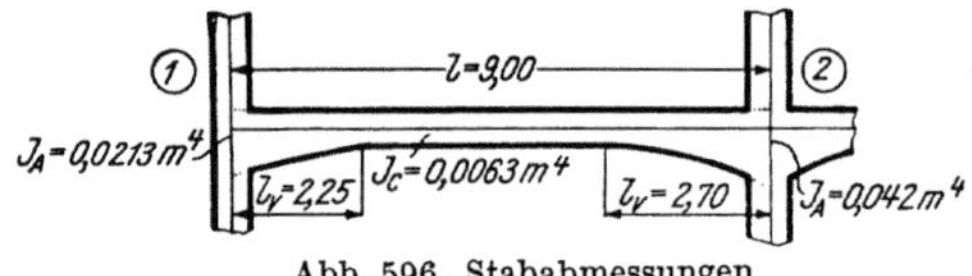

Abb. 596. Stababmessungen

A. Ermittlung der Stabfestwerte a_1, a_2, b, c_1, c_2

Auch in diesem Falle können die Zahlentafeln Verwendung finden. Die Festwerte a_1, a_2, b sind aber nicht direkt aus den Tafeln zu entnehmen, sondern nach (216) aus den Werten α_1, α_2 und β der in Abb. 596a, b dargestellten Ersatzstäbe „a" und „b" mit je einer Voute zu bestimmen. (Nähere Erläuterungen siehe Seite 103ff.)

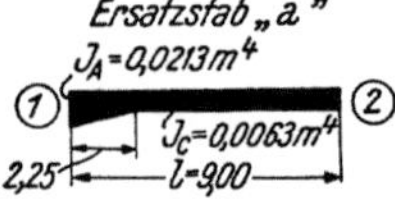

Abb. 596 a

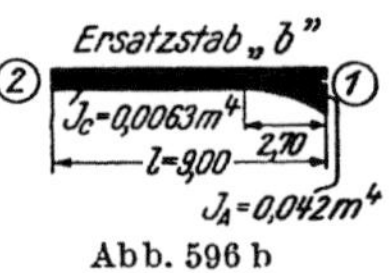

Abb. 596 b

Ersatzstab „a" mit *gerader* Voute. Nach Abb. 596a wird

$$\lambda = \frac{l_v}{l} = \frac{2,25}{9,0} = 0,25$$

$$n = \frac{J_c}{J_A} = \frac{0,0063}{0,0213} = 0,296 \doteq 0,30 .$$

Aus Tafel 27 erhält man mit diesen Leitwerten für den Ersatzstab „a":

$$\bar{\alpha}_1{}^{(a)} = 0,242 ; \quad \bar{\alpha}_2{}^{(a)} = 0,332$$

$$\bar{\beta}^{(a)} = 0,158 .$$

Ersatzstab „b" mit *parabolischer* Voute. Nach Abb. 596b wird

$$\lambda = \frac{l_v}{l} = \frac{2,7}{9,0} = 0,30$$

$$n = \frac{J_c}{J_A} = \frac{0,0063}{0,042} = 0,15 .$$

Aus Tafel 28 erhält man mit diesen Leitwerten für den Ersatzstab „b":

$$\bar{\alpha}_1{}^{(b)} = 0,227 ; \quad \bar{\alpha}_2{}^{(b)} = 0,332$$

$$\bar{\beta}^{(b)} = 0,156 .$$

Damit ergeben sich nach (216) die Winkelwerte $\bar{\alpha}_1$, $\bar{\alpha}_2$, $\bar{\beta}$ für die gegebene Stabform der Abb. 596, und zwar

$$\bar{\alpha}_1 = \bar{\alpha}_1{}^{(a)} + \bar{\alpha}_2{}^{(b)} - \frac{1}{3} = + 0{,}242 + 0{,}332 - 0{,}333 = + 0{,}241$$

$$\bar{\alpha}_2 = \bar{\alpha}_2{}^{(a)} + \bar{\alpha}_1{}^{(b)} - \frac{1}{3} = + 0{,}332 + 0{,}227 - 0{,}333 = + 0{,}226$$

$$\bar{\beta} = \bar{\beta}^{(a)} + \bar{\beta}^{(b)} - \frac{1}{6} = + 0{,}158 + 0{,}156 - 0{,}167 = + 0{,}147 \,.$$

Mit diesen Werten, die noch auf den Stab mit der Länge $l = 1$ bezogen sind, erhält man nach (175)

$$\mathfrak{a}_1 = \frac{\bar{\alpha}_2}{\bar{\alpha}_1 \bar{\alpha}_2 - \bar{\beta}^2} = \frac{0{,}226}{0{,}241 \cdot 0{,}226 - 0{,}147^2} = \frac{0{,}226}{0{,}0329} = 6{,}87$$

$$\mathfrak{a}_2 = \frac{\bar{\alpha}_1}{\bar{\alpha}_1 \bar{\alpha}_2 - \bar{\beta}^2} = \frac{0{,}241}{0{,}0329} = 7{,}33 \;; \qquad \mathfrak{b} = \frac{\bar{\beta}}{\bar{\alpha}_1 \bar{\alpha}_2 - \bar{\beta}^2} = \frac{0{,}147}{0{,}0329} = 4{,}47 \,.$$

Daraus folgt schließlich nach (219)

$$a_1 = \frac{1000\, J_c}{l} \cdot \mathfrak{a}_1 = \frac{1000 \cdot 0{,}0063}{9{,}0} \cdot 6{,}87 = 4{,}81$$

$$a_2 = \frac{1000\, J_c}{l} \cdot \mathfrak{a}_2 = 5{,}13 \;; \qquad b = \frac{1000\, J_c}{l} \cdot \mathfrak{b} = 3{,}13$$

und nach (185)

$$c_1 = a_1 + b = 4{,}81 + 3{,}13 = 7{,}94$$

$$c_2 = a_2 + b = 5{,}13 + 3{,}13 = 8{,}26 \,.$$

Diese Festwerte sind in Abb. 597 eingetragen.

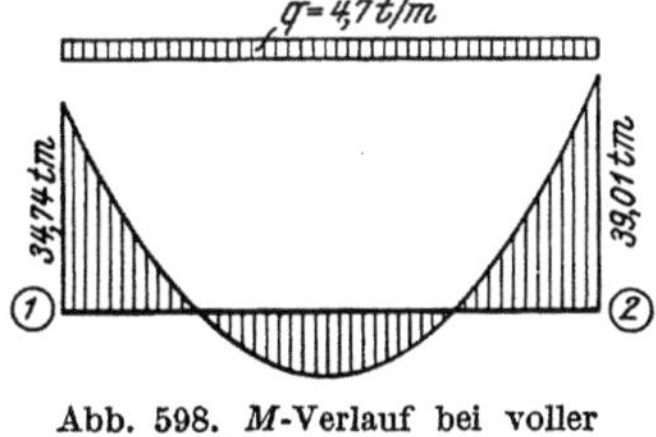

Abb. 597. Festwertskizze

B. Ermittlung der Stabbelastungsglieder $\mathfrak{M}$

Der Vorgang ist hier ähnlich wie bei der Ermittlung der Stabfestwerte. Es werden wieder zuerst für die Ersatzstäbe „a" und „b" mit je einer Voute sowie für den Ersatzstab „c" ohne Voute mit Hilfe der Zahlen- und Kurventafeln die der gegebenen Belastung (hier Gleichlast $q = 4{,}7$ t/m) entsprechenden Winkelwerte $\bar{\alpha}_1{}^{0(a)}$, $\bar{\alpha}_2{}^{0(a)}$; $\bar{\alpha}_1{}^{0(b)}$, $\bar{\alpha}_2{}^{0(b)}$ und $\bar{\alpha}_1{}^{0(c)}$, $\bar{\alpha}_2{}^{0(c)}$ bestimmt und damit nach (246a) die Winkelwerte $\bar{\alpha}_1{}^0$ und $\bar{\alpha}_2{}^0$ für die vorliegende Stabform mit ungleichen Vouten ermittelt. (Nähere Erläuterungen siehe Seite 112f.)

Abb. 598. M-Verlauf bei voller Einspannung

Ersatzstab „a" mit *gerader* Voute.	Ersatzstab „b" mit *parabolischer* Voute.
Aus Tafel 31 erhält man mit den Leitwerten $\lambda = 0{,}25$ und $n = 0{,}30$	Aus Tafel 32 erhält man mit den Leitwerten $\lambda = 0{,}30$ und $n = 0{,}15$
$\bar{\alpha}_1{}^{0(a)} = 0{,}0378$; $\bar{\alpha}_2{}^{0(a)} = 0{,}0411$.	$\bar{\alpha}_1{}^{0(b)} = 0{,}0372$; $\bar{\alpha}_2{}^{0(b)} = 0{,}0410$.

Für den Ersatzstab „c" *ohne* Vouten kann aus jeder der beiden Tafeln entnommen werden:

$$\bar{\alpha}_1{}^{0(c)} = \bar{\alpha}_2{}^{0(c)} = 0{,}0417 \,.$$

Damit wird nach (246a)

$$\bar{\alpha}_1{}^0 = \bar{\alpha}_1{}^{0(a)} + \bar{\alpha}_2{}^{0(b)} - \bar{\alpha}_1{}^{0(c)} = 0{,}0378 + 0{,}0410 - 0{,}0417 = 0{,}0371$$

$$\bar{\alpha}_2{}^0 = \bar{\alpha}_2{}^{0(a)} + \bar{\alpha}_1{}^{0(b)} - \bar{\alpha}_2{}^{0(c)} = 0{,}0411 + 0{,}0372 - 0{,}0417 = 0{,}0366 \,,$$

und die EJ_c-fachen Auflagerdrehwinkel ergeben sich für die Belastung $q = 4,7$ t/m mit

$$\alpha^0_1 = \bar{\alpha}^0_1 \, q \, l^3 = 0,0371 \cdot 4,7 \cdot 9,0^3 = 127,1$$
$$\alpha^0_2 = \bar{\alpha}^0_2 \, q \, l^3 = 0,0366 \cdot 4,7 \cdot 9,0^3 = 125,4 \; .$$

Damit erhält man schließlich nach (243) die Belastungsglieder

$$\mathfrak{M}_1 = -\frac{1}{l}\,(\mathfrak{a}_1\,\alpha^0_1 - \mathfrak{b}\,\alpha^0_2) = -\frac{1}{9,0}\,(6,87 \cdot 127,1 - 4,47 \cdot 125,4) = -34,74 \text{ tm}$$

$$\mathfrak{M}_2 = +\frac{1}{l}\,(\mathfrak{a}_2\,\alpha^0_2 - \mathfrak{b}\,\alpha^0_1) = -\frac{1}{9,0}\,(4,47 \cdot 127,1 - 7,33 \cdot 125,4) = +39,01 \;\; ,, \; .$$

Der zugehörige Momentenverlauf für den voll eingespannten Träger ist in Abb. 598 dargestellt.

6. Geneigte Rahmenstäbe mit Vouten

Bei solchen Stäben wird es oft nicht ganz klar sein, welche Werte als Vouten-

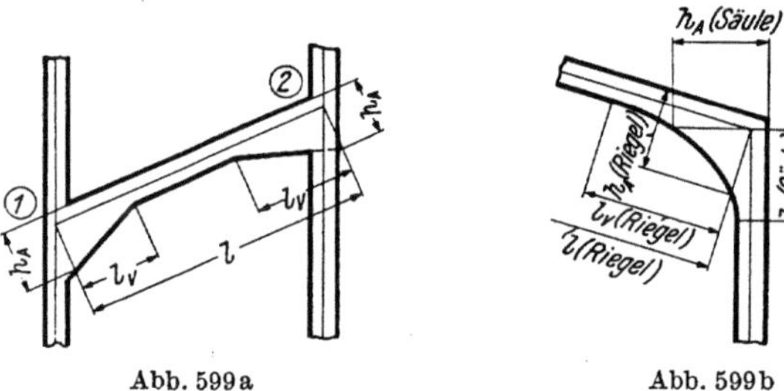

Abb. 599a   Abb. 599b

Abb. 599a, b. Geneigte Voutenstäbe

länge l_v und als Querschnittshöhe h_A am Auflager in Rechnung zu stellen sind. Die Abb. 599a und 599b zeigen, welche Annahmen in solchen Fällen getroffen werden können. Man kann natürlich auch irgendeine ungleichmäßige Auflagerverstärkung, so z. B. die Säulenverbreiterungen bei Pilzdecken, durch eine einfachere Voutenform oder auch durch eine kürzere, unendlich starre Strecke ersetzen. Die weitere Berechnung ist dann unter Benutzung der Hilfstafeln im Dritten Teil des Buches in der gewohnten Weise vorzunehmen.

II. Unverschiebliche Tragwerke

Zahlenbeispiel 18 (vgl. auch Nr. 1)

Rahmenteil mit Kragarm. Volle Einspannung in den Knotenpunkten 1, 3, 4; daher $\varphi_1 = \varphi_3 = \varphi_4 = 0$. Es ist also nur eine Unbekannte zu bestimmen, nämlich φ_2. Die Tragwerksabmessungen sind aus Abb. 600, die Belastungsan-

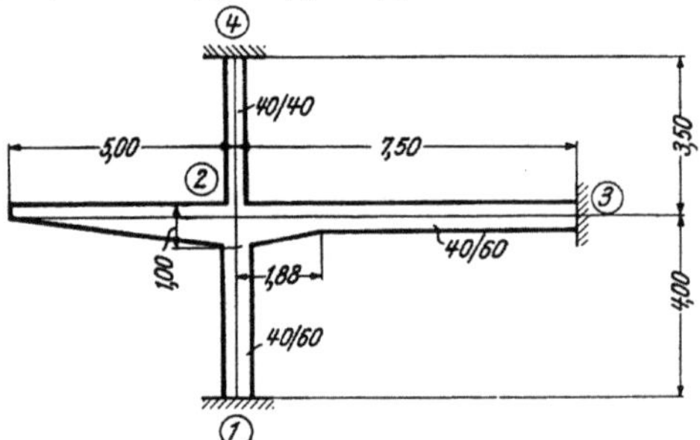

Abb. 600. Tragwerksabmessungen

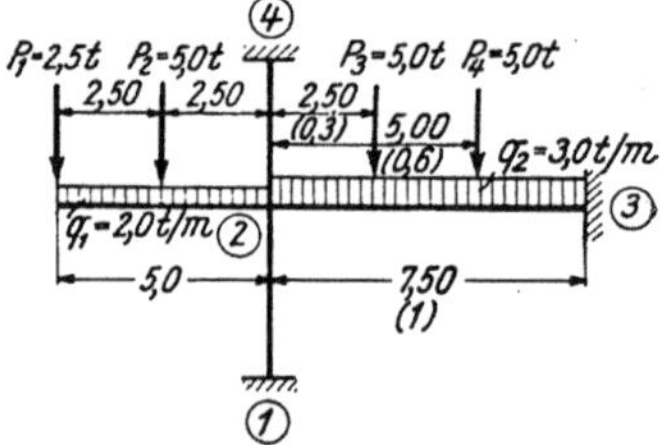

Abb. 601. Belastungsangaben

gaben aus Abb. 601 zu entnehmen. Bei der Berechnung soll die gerade Voute des Stabes 2—3 berücksichtigt werden. Die Durchführung der Rechnung erfolgt nach den Anweisungen Seite 116.

Die Ermittlung der „relativen" Festwerte a_1, a_2, b für die einzelnen Stäbe wird unter Benutzung der Hilfstafeln im Dritten Teil des Buches am besten in einer Tabelle vorgenommen, und zwar nach (219) aus

$$a_1 = \frac{1000\,J_c}{l} \cdot \mathfrak{a}_1 \;; \qquad a_2 = \frac{1000\,J_c}{l} \cdot \mathfrak{a}_2 \;; \qquad b = \frac{1000\,J_c}{l} \cdot \mathfrak{b} \;.$$

Die verwendeten Hilfstafeln sind in der letzten Spalte der nachstehenden Tabelle vermerkt.

Festwerttabelle

Stab	b/h (cm)	J_c (m⁴)	b/h_A (cm)	J_A (m⁴)	l (m)	l_v (m)
1—2	40/60	0,00720	40/60	0,00720	4,00	0
2—3	40/60	0,00720	40/100	0,03333	7,50	1,88
2—4	40/40	0,00213	40/40	0,00213	3,50	0

Stab	$\lambda = \dfrac{l_v}{l}$	$n = \dfrac{J_c}{J_A}$	$\mathfrak{a}_1$	$\mathfrak{a}_2$	$\mathfrak{b}$	a_1	a_2	b	Tafel
1—2	0	1	4	4	2	7,20	7,20	3,60	7
2—3	0,25	0,216	6,60	4,47	3,10	6,34	4,28	2,98	7a
2—4	0	1	4	4	2	2,44	2,44	1,22	7

Sämtliche Stabfestwerte sind in der Festwertskizze Abb. 602 eingetragen, und zwar die a-Werte an den Stabenden und die b-Werte in der Stabmitte. Bei Stäben mit einseitigen Vouten gehören die a_1-Werte stets auf die Voutenseite.

Diagonalglied d₂

Nach (251) ist allgemein

$$d_n = \sum_i a_{n,\,i},$$

daher laut Festwertskizze Abb. 602

$$d_2 = 7{,}20 + 6{,}34 + 2{,}44 = 15{,}98 \;.$$

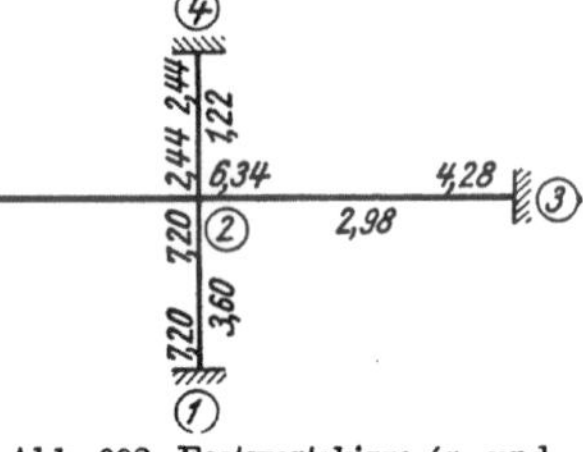

Abb. 602. Festwertskizze (a- und b-Werte)

Stabbelastungsglieder 𝔐

Stab 2—3 (einseitig gerade Voute mit $\lambda = 0{,}25$, $n = 0{,}216$, $l = 7{,}5$ m). Nach Tafel 15a ergeben sich für die durchgehende Gleichlast $q_2 = 3{,}0$ t/m unter Beachtung, daß $\varkappa_1$ stets zur Voutenseite gehört,

$$\mathfrak{M}_{2,3}{}^{(q_2)} = -\varkappa_1 \frac{q_2\,l^2}{12} = -1{,}39 \;\cdot\; \frac{3{,}0 \cdot 7{,}5^2}{12} = -19{,}60 \text{ tm}$$

$$\mathfrak{M}_{3,2}{}^{(q_2)} = +\varkappa_2 \frac{q_2\,l^2}{12} = +0{,}826 \cdot \frac{3{,}0 \cdot 7{,}5^2}{12} = +11{,}60 \text{ ,,}$$

und nach den Einflußlinientafeln 21a für die Einzellasten $P_3 = P_4 = 5{,}0$ t an den Orten $a/l = 2{,}5/7{,}5 = 0{,}\dot{3}$ bzw. $5{,}0/7{,}5 = 0{,}\dot{6}$

$$\mathfrak{M}_{2,3}{}^{(P_3)} = -\eta_1 P_3 l = -0{,}210 \cdot 5{,}0 \cdot 7{,}5 = -7{,}87 \text{ tm}$$
$$\mathfrak{M}_{3,2}{}^{(P_3)} = +\eta_2 P_3 l = +0{,}047 \cdot 5{,}0 \cdot 7{,}5 = +1{,}76 \text{ ,,}$$
$$\mathfrak{M}_{2,3}{}^{(P_4)} = -\eta_1 P_4 l = -0{,}113 \cdot 5{,}0 \cdot 7{,}5 = -4{,}24 \text{ ,,}$$
$$\mathfrak{M}_{3,2}{}^{(P_4)} = +\eta_2 P_4 l = +0{,}132 \cdot 5{,}0 \cdot 7{,}5 = +4{,}95 \text{ ,, .}$$

Somit erhält man für die Gesamtbelastung des Stabes 2—3

$$\mathfrak{M}_{2,3} = \mathfrak{M}_{2,3}^{(q_2)} + \mathfrak{M}_{2,3}^{(P_3)} + \mathfrak{M}_{2,3}^{(P_4)} = -19,60 - 7,87 - 4,24 = -31,71 \text{ tm}$$

$$\mathfrak{M}_{3,2} = \mathfrak{M}_{3,2}^{(q_2)} + \mathfrak{M}_{3,2}^{(P_3)} + \mathfrak{M}_{3,2}^{(P_4)} = +11,60 + 1,76 + 4,95 = +18,31 \text{ „} .$$

Kragarm:

$$\mathfrak{M}_{2,K} = + \frac{2,0 \cdot 5,0^2}{2} + 2,5 \cdot 5,0 + 5,0 \cdot 2,5 = +50,00 \text{ tm} .$$

Knotenbelastungsglied s_2

Nach (252) ist allgemein

$$s_n = \sum_i \mathfrak{M}_{n,i} + \sum \mathfrak{M}_{n,K} ,$$

daher

$$s_2 = \mathfrak{M}_{2,3} + \mathfrak{M}_{2,K} = -31,71 + 50,00 = +18,29 \text{ tm} .$$

Knotengleichung

Nach (250) ist allgemein

$$d_n \varphi_n + \sum_i b_{n,i} \varphi_i + s_n = 0 .$$

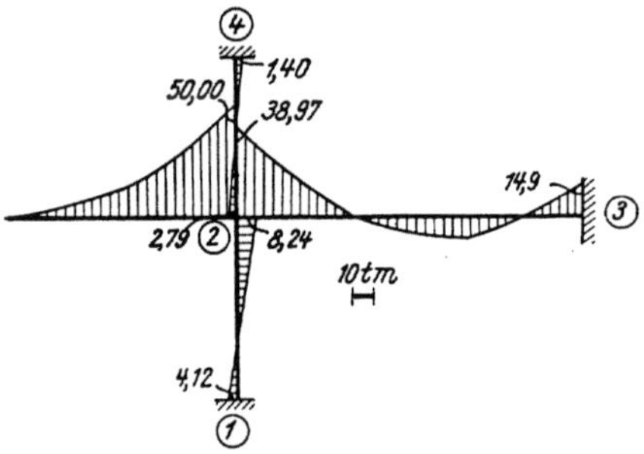

Da im vorliegenden Fall sämtliche dem Knoten 2 benachbarten Knotendrehwinkel gleich Null sind, so wird einfach

$$d_2 \varphi_2 + s_2 = 0 \quad \text{oder} \quad 15,98 \varphi_2 + 18,29 = 0$$

und daraus

$$\varphi_2 = -\frac{18,29}{15,98} = -1,145 .$$

Abb. 603. *M*-Verlauf für lotrechte Belastung

Stabendmomente

Gemäß (183) ist allgemein für einen Stab 1—2 mit $\psi = 0$

$$M_{1,2} = a_1 \varphi_1 + b \varphi_2 + \mathfrak{M}_{1,2} .$$

Damit ergeben sich unter Benutzung der Festwertskizze (Abb. 602)

$$\begin{aligned}
M_{1,2} &= -3,60 \cdot 1,145 & &= -4,12 \text{ tm}\\
M_{2,1} &= -7,20 \cdot 1,145 & &= -8,24 \text{ „}\\
M_{2,3} &= -6,34 \cdot 1,145 - 31,71 & &= -38,97 \text{ „}\\
M_{2,4} &= -2,44 \cdot 1,145 & &= -2,79 \text{ „}\\
M_{2,K} &= & &= +50,00 \text{ „}\\
M_{3,2} &= -2,98 \cdot 1,145 + 18,31 & &= +14,90 \text{ „}\\
M_{4,2} &= -1,22 \cdot 1,145 & &= -1,40 \text{ „} .
\end{aligned}$$

Diese Momente sind in Abb. 603 maßstäblich aufgetragen.

Zahlenbeispiel 19 (vgl. auch Nr. 2)

Unsymmetrischer, dreistieliger, zweigeschossiger Rahmenteil. Volle Einspannung in den Knotenpunkten 1, 2, 3, 7, 8, 9. Rahmen seitlich unverschieblich festgehalten, daher nur d r e i Unbekannte, und zwar $\varphi_4, \varphi_5, \varphi_6$. Tragwerksabmessungen und Belastungsangaben sind aus Abb. 604 zu entnehmen.

Bei der Berechnung sollen die geraden Vouten der Riegel 4—5 und 5—6 berücksichtigt werden. Bei den Säulen 1—4 und 2—5 sind am oberen Ende anstelle der Vouten starre Strecken mit den Längen $l_v = 0,36$ m bzw. $l_v = 0,40$ m anzunehmen; in diesem Bereich ist also $J_A = \infty$. Die Durchführung der Rechnung erfolgt wieder nach den Anweisungen Seite 116.

Die in der nachstehenden Festwerttabelle ermittelten „relativen" Stabfestwerte a_1, a_2, b erhält man nach (219) aus

$$a_1 = \frac{1000\,J_c}{l} \cdot \mathfrak{a}_1 ; \qquad a_2 = \frac{1000\,J_c}{l} \cdot \mathfrak{a}_2 ; \qquad b = \frac{1000\,J_c}{l} \cdot \mathfrak{b} .$$

Festwerttabelle

Stab	b/h (cm)	J_c (m⁴)	b/h_A (cm)	J_A (m⁴)	l (m)	l_v (m)
1—4	50/60	0,00900	50/∞	∞	4,00	0,36
2—5	60/60	0,01080	60/∞	∞	4,00	0,40
3—6	50/60	0,00900	50/60	0,00900	4,00	0
4—5	30/55	0,00416	30/90	0,01823	8,00	1,80
4—7, 6—9	50/50	0,00521	50/50	0,00521	3,50	0
5—6	30/55	0,00416	30/80	0,01280	6,00	1,50
5—8	55/55	0,00763	55/55	0,00763	3,50	0

Stab	$\lambda = \dfrac{l_v}{l}$	$n = \dfrac{J_c}{J_A}$	$\mathfrak{a}_1$	$\mathfrak{a}_2$	$\mathfrak{b}$	a_1	a_2	b	Tafel
1—4	0,09	0	5,90	4,40	2,85	13,24	9,90	6,41	7 a
2—5	0,10	0	6,09	4,44	2,96	16,44	12,00	7,99	7
3—6	0	1	4	4	2	9,00	9,00	4,50	7
4—5	0,225	0,228	7,00	7,00	4,45	3,64	3,64	2,31	9 a
4—7, 6—9	0	1	4	4	2	5,95	5,95	2,98	7
5—6	0,25	0,325	5,85	4,35	2,79	4,05	3,01	1,93	7 a
5—8	0	1	4	4	2	8,72	8,72	4,36	7

Alle Festwerte sind in der Festwertskizze Abb. 605 eingetragen, und zwar die a-Werte an den Stabenden, die b-Werte in der Stabmitte. Dabei ist zu beachten, daß sich der a_1-Wert bei einem Stab mit einseitiger Voute stets auf die Voutenseite bezieht.

Diagonalglieder d

Nach (251) ist allgemein

$$d_n = \sum_i a_{n,i} .$$

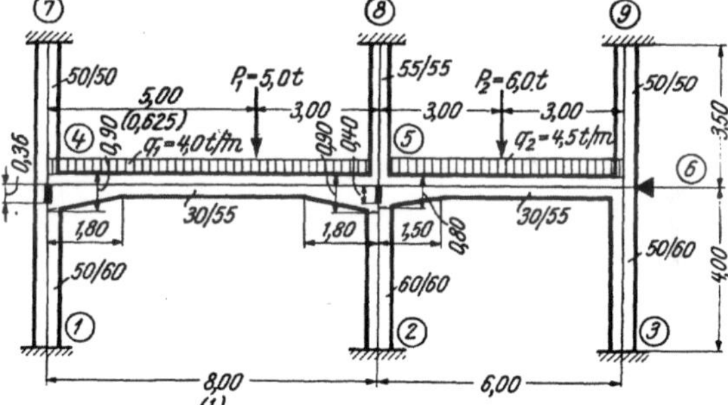

Abb. 604. Tragwerksabmessungen und Belastungsangaben

Anhand der Festwertskizze (Abb. 605) erhält man damit für den vorliegenden Fall

$$d_4 = 13{,}24 + 3{,}64 + 5{,}95 \qquad\quad = 22{,}83$$
$$d_5 = 16{,}44 + 3{,}64 + 4{,}05 + 8{,}72 = 32{,}85$$
$$d_6 = \;\;9{,}00 + 3{,}01 + 5{,}95 \qquad\quad = 17{,}96 .$$

Stabbelastungsglieder $\mathfrak{M}$

Die Beiträge für die verschiedenen Belastungen werden jeweils getrennt ermittelt und dann addiert.

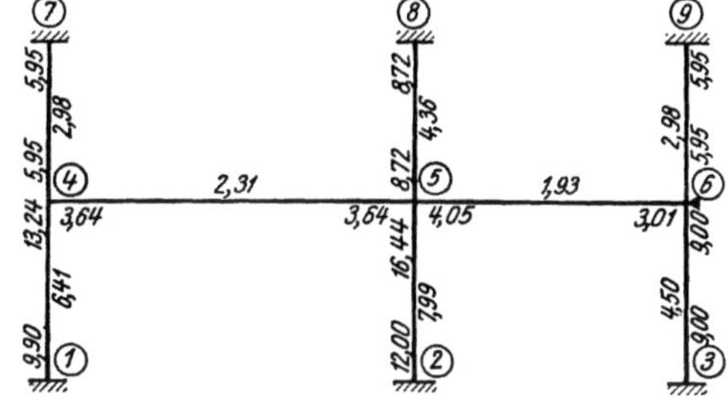

Abb. 605. Festwertskizze (a- und b-Werte)

Stab 4—5 (beidseitig gerade Vouten mit $\lambda = 0{,}225$, $n = 0{,}228$, $l = 8{,}0$ m). Nach Tafel 17a wird für die durchgehende Gleichlast $q_1 = 4{,}0$ t/m

$$\mathfrak{M}_{4,5}{}^{(q_1)} = -\varkappa\,\frac{q_1 l^2}{12} = -1{,}162 \cdot \frac{4{,}0 \cdot 8{,}0^2}{12} = -24{,}79 \text{ tm}; \qquad \mathfrak{M}_{5,4}{}^{(q_1)} = +24{,}79 \text{ tm} .$$

Aus den Einflußlinientafeln 23a ergibt sich für die Einzellast $P_1 = 5,0$ t an der Stelle $a/l =$
$= 5,0/8,0 = 0,625$ nach Interpolation

$$\mathfrak{M}_{4,5}^{(P_1)} = - \eta_1 P_1 l = - 0,091 \cdot 5,0 \cdot 8,0 = - 3,64 \text{ tm}$$
$$\mathfrak{M}_{5,4}^{(P_1)} = + \eta_2 P_1 l = + 0,186 \cdot 5,0 \cdot 8,0 = + 7,44 \text{ ,, } .$$

Somit erhält man für die Gesamtbelastung des Stabes 4—5

$$\mathfrak{M}_{4,5} = \mathfrak{M}_{4,5}^{(q_1)} + \mathfrak{M}_{4,5}^{(P_1)} = - 24,79 - 3,64 = - 28,43 \text{ tm}$$
$$\mathfrak{M}_{5,4} = \mathfrak{M}_{5,4}^{(q_1)} + \mathfrak{M}_{5,4}^{(P_1)} = + 24,79 + 7,44 = + 32,23 \text{ ,, } .$$

Stab 5—6 (einseitig gerade Voute mit $\lambda = 0,25$, $n = 0,325$, $l = 6,0$ m). Nach Tafel 15a
wird für $q_2 = 4,5$ t/m unter Beachtung, daß sich $\varkappa_1$ auf die Voutenseite bezieht,

$$\mathfrak{M}_{5,6}^{(q_2)} = - \varkappa_1 \frac{q_2 l^2}{12} = - 1,293 \cdot \frac{4,5 \cdot 6,0^2}{12} = - 17,45 \text{ tm}$$

$$\mathfrak{M}_{6,5}^{(q_2)} = + \varkappa_2 \frac{q_2 l^2}{12} = + 0,872 \cdot \frac{4,5 \cdot 6,0^2}{12} = + 11,77 \text{ ,, } .$$

Nach den Einflußlinientafeln 21a wird für $P_2 = 6,0$ t in Stabmitte

$$\mathfrak{M}_{5,6}^{(P_2)} = - \eta_1 P_2 l = - 0,171 \cdot 6,0 \cdot 6,0 = - 6,16 \text{ tm}$$
$$\mathfrak{M}_{6,5}^{(P_2)} = + \eta_2 P_2 l = + 0,105 \cdot 6,0 \cdot 6,0 = + 3,78 \text{ ,, } .$$

Somit erhält man für die Gesamtbelastung des Stabes 5—6

$$\mathfrak{M}_{5,6} = \mathfrak{M}_{5,6}^{(q_2)} + \mathfrak{M}_{5,6}^{(P_2)} = - 17,45 - 6,16 = - 23,61 \text{ tm}$$
$$\mathfrak{M}_{6,5} = \mathfrak{M}_{6,5}^{(q_2)} + \mathfrak{M}_{6,5}^{(P_2)} = + 11,77 + 3,78 = + 15,55 \text{ ,, } .$$

Knotenbelastungsglieder s

Nach (252a)
$$s_n = \sum_i \mathfrak{M}_{n,i}$$

erhält man

$$s_4 = \qquad\qquad\qquad = - 28,43 \text{ tm}$$
$$s_5 = + 32,23 - 23,61 = + 8,62 \text{ ,, }$$
$$s_6 = \qquad\qquad\qquad = + 15,55 \text{ ,, } .$$

Knotengleichungen

Nach (250) ist allgemein
$$d_n \varphi_n + \sum_i b_{n,i} \varphi_i + s_n = 0.$$

Damit kann unter Benutzung der Festwertskizze (Abb. 605) die Gleichungstabelle aufgestellt
werden.

Gleichungstabelle

	φ_4	φ_5	φ_6	B
φ_4	$+ 22,83$	$+ 2,31$		$- 28,43$
φ_5	$+ 2,31$	$+ 32,85$	$+ 1,93$	$+ 8,62$
φ_6		$+ 1,93$	$+ 17,96$	$+ 15,55$

Die Auflösung nach den Anweisungen Seite 198ff. ergibt:

$$\varphi_4 = + 1,276; \qquad \varphi_5 = - 0,303; \qquad \varphi_6 = - 0,833 .$$

Stabendmomente

Gemäß (183) ist allgemein für einen Stab 1—2

$$M_{1,2} = a_1 \varphi_1 + b \varphi_2 + \mathfrak{M}_{1,2} .$$

Damit ergeben sich unter Benutzung der Festwertskizze (Abb. 605):

$$\begin{aligned}
M_{1,4} &= +\ \ 6{,}41 \cdot 1{,}276 &&= +\ \ 8{,}18 \text{ tm}\\
M_{2,5} &= -\ \ 7{,}99 \cdot 0{,}303 &&= -\ \ 2{,}42 \text{ ,,}\\
M_{3,6} &= -\ \ 4{,}50 \cdot 0{,}833 &&= -\ \ 3{,}75 \text{ ,,}\\
M_{4,1} &= + 13{,}24 \cdot 1{,}276 &&= + 16{,}89 \text{ ,,}\\
M_{4,5} &= +\ \ 3{,}64 \cdot 1{,}276 - 2{,}31 \cdot 0{,}303 - 28{,}43 &&= - 24{,}48 \text{ ,,}\\
M_{4,7} &= +\ \ 5{,}95 \cdot 1{,}276 &&= +\ \ 7{,}59 \text{ ,,}\\
M_{5,2} &= - 16{,}44 \cdot 0{,}303 &&= -\ \ 4{,}98 \text{ ,,}\\
M_{5,4} &= -\ \ 3{,}64 \cdot 0{,}303 + 2{,}31 \cdot 1{,}276 + 32{,}23 &&= + 34{,}08 \text{ ,,}\\
M_{5,6} &= -\ \ 4{,}05 \cdot 0{,}303 - 1{,}93 \cdot 0{,}833 - 23{,}61 &&= - 26{,}45 \text{ ,,}\\
M_{5,8} &= -\ \ 8{,}72 \cdot 0{,}303 &&= -\ \ 2{,}64 \text{ ,,}\\
M_{6,3} &= -\ \ 9{,}00 \cdot 0{,}833 &&= -\ \ 7{,}50 \text{ ,,}\\
M_{6,5} &= -\ \ 3{,}01 \cdot 0{,}833 - 1{,}93 \cdot 0{,}303 + 15{,}55 &&= + 12{,}46 \text{ ,,}\\
M_{6,9} &= -\ \ 5{,}95 \cdot 0{,}833 &&= -\ \ 4{,}96 \text{ ,,}\\
M_{7,4} &= +\ \ 2{,}98 \cdot 1{,}276 &&= +\ \ 3{,}80 \text{ ,,}\\
M_{8,5} &= -\ \ 4{,}36 \cdot 0{,}303 &&= -\ \ 1{,}32 \text{ ,,}\\
M_{9,6} &= -\ \ 2{,}98 \cdot 0{,}833 &&= -\ \ 2{,}48 \text{ ,, } .
\end{aligned}$$

Diese Momente sind in Abb. 606 maßstäblich aufgetragen.

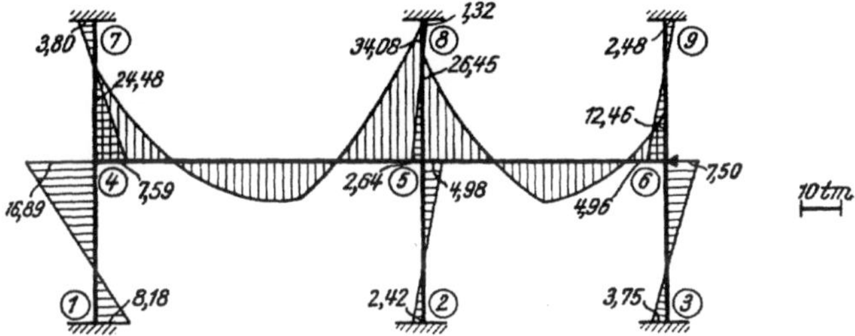

Abb. 606. M-Verlauf für lotrechte Belastung

Zahlenbeispiel 20[1] (vgl. auch Nr. 5)

Symmetrischer, dreistieliger Rahmenbinder mit Kragarmen. Volle Einspannung bei 1, 1′, 2. Tragwerksabmessungen und Belastungsangaben siehe Abb. 607 und 608. Wegen Symmetrie des Tragwerkes und der Belastung ist $\varphi_4 = 0$,

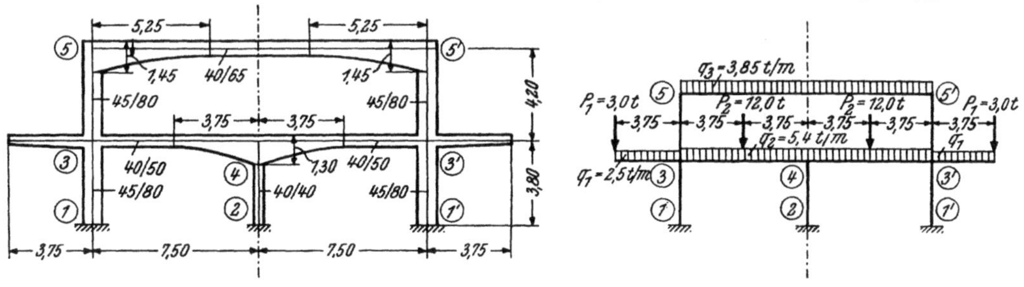

Abb. 607. Tragwerksabmessungen   Abb. 608. Belastungsangaben

so daß nur zwei Unbekannte zu ermitteln sind, und zwar φ_3 und φ_5. Die Berechnung kann daher auf eine Tragwerkshälfte gemäß Abb. 609 mit gedachter Einspannung bei 4 beschränkt werden, wobei die parabolischen Vouten der Riegel 3—4 und 5—5′ zu berücksichtigen sind. Es ist zu beachten, daß die Symmetrale hier zugleich

---

[1] Vgl. R. GULDAN: Die CROSS-Methode und ihre praktische Anwendung, Wien 1955; Seite 296 ff., Zahlenbeispiel 25

Knoten- und Stabsymmetrale ist; für den Symmetriestab 5—5' ist also die Steifigkeitszahl a' in Rechnung zu stellen. Im übrigen gelten die Anweisungen Seite 116.

Die in nachstehender Festwerttabelle ermittelten „relativen" Steifigkeitszahlen a_1, a_2, b erhält man nach (219) aus

$$a_1 = \frac{1000\,J_c}{l} \cdot \mathfrak{a}_1 \; ; \qquad a_2 = \frac{1000\,J_c}{l} \cdot \mathfrak{a}_2 \; ; \qquad b = \frac{1000\,J_c}{l} \cdot \mathfrak{b} \; .$$

Der für den Symmetriestab 5—5' maßgebende Wert a' ergibt sich nach (223a) aus

$$a' = \frac{1000\,J_c}{l} \cdot \mathfrak{a}' \; .$$

Festwerttabelle

Stab	b/h (cm)	J_c (m⁴)	b/h_A (cm)	J_A (m⁴)	l (m)	l_v (m)
1—3	45/80	0,01920	45/80	0,01920	3,80	0
2—4	40/40	0,00213	40/40	0,00213	3,80	0
3—4	40/50	0,00417	40/130	0,07323	7,50	3,75
3—5	45/80	0,01920	45/80	0,01920	4,20	0
5—5'	40/65	0,00915	40/145	0,10162	15,00	5,25

Stab	$\lambda = \dfrac{l_v}{l}$	$n = \dfrac{J_c}{J_A}$	$\mathfrak{a}_1\,(\mathfrak{a}')$	$\mathfrak{a}_2$	$\mathfrak{b}$	$a_1\,(a')$	a_2	b	Tafel
1—3	0	1	4	4	2	20,21	20,21	10,11	8
2—4	0	1	4	4	2	2,24	2,24	1,12	8
3—4	0,50	0,057	11,75	5,06	4,80	6,53	2,81	2,67	8
3—5	0	1	4	4	2	18,29	18,29	9,14	8
5—5'	0,35	0,090	(3,08)	—	—	(1,88)	—	—	14

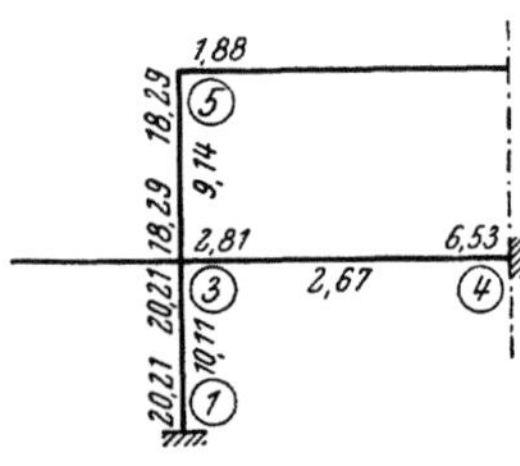

Abb. 609. Festwertskizze (a-, b- und a'-Werte)

Sämtliche Stabfestwerte sind in der Festwertskizze (Abb. 609) eingetragen. Beim Stab 3—4 bezieht sich der a_1-Wert auf die Voutenseite.

Diagonalglieder d

Nach (251) ist allgemein

$$d_n = \sum_i a_{n,i}$$

und für Knoten mit einem fest angeschlossenen Symmetriestab sinngemäß nach (40)

$$d'_n = \sum_i a_{n,i} + a'_{n,n'} \; .$$

Damit erhält man

$$d_3 = 20{,}21 + 2{,}81 + 18{,}29 = 41{,}31$$
$$d'_5 = 18{,}29 + 1{,}88 \qquad\quad = 20{,}17 \; .$$

Stabbelastungsglieder $\mathfrak{M}$

Stab 3—4 (einseitig parabolische Voute mit $\lambda = 0{,}50$, $n = 0{,}057$, $l = 7{,}5$ m). Nach Tafel 16 ist für die durchgehende Gleichlast $q_2 = 5{,}4$ t/m und nach Tafel 22 für die mittige Einzellast $P_2 = 12{,}0$ t

$$\mathfrak{M}_{3,4} = -\varkappa_2 \frac{q_2\,l^2}{12} - \eta_2 P_2 l = -0{,}674 \cdot \frac{5{,}4 \cdot 7{,}5^2}{12} - 0{,}073 \cdot 12{,}0 \cdot 7{,}5 =$$
$$= -17{,}06 - 6{,}57 = -23{,}63 \text{ tm}$$

$$\mathfrak{M}_{4,3} = +\varkappa_1 \frac{q_2\,l^2}{12} + \eta_1 P_2 l = +1{,}790 \cdot \frac{5{,}4 \cdot 7{,}5^2}{12} + 0{,}256 \cdot 12{,}0 \cdot 7{,}5 =$$
$$= +45{,}30 + 23{,}05 = +68{,}35 \text{ tm}.$$

Stab 5—5′ (beidseitig parabolische Vouten mit $\lambda = 0{,}35$, $n = 0{,}090$, $l = 15{,}0$ m). Nach Tafel 18 ist für die durchgehende Gleichlast $q_3 = 3{,}85$ t/m

$$\mathfrak{M}_{5,5'} = -\varkappa\,\frac{q_3\,l^2}{12} = -1{,}232 \cdot \frac{3{,}85 \cdot 15{,}0^2}{12} = -88{,}90 \text{ tm}.$$

Kragarm:

$$\mathfrak{M}_{3,K} = +\frac{q_1\,l^2}{2} + P_1 l = +\frac{2{,}5 \cdot 3{,}75^2}{2} + 3{,}0 \cdot 3{,}75 = +17{,}58 + 11{,}25 = +28{,}83 \text{ tm}.$$

Knotenbelastungsglieder s

Nach (252) ist allgemein

$$s_n = \sum_i \mathfrak{M}_{n,i} + \sum \mathfrak{M}_{n,K},$$

daher

$$s_3 = -23{,}63 + 28{,}83 = +\ 5{,}20 \text{ tm}$$
$$s_5 = \qquad\qquad\quad = -88{,}90 \text{ ,, }.$$

Knotengleichungen

Nach (250) ist allgemein

$$d_n\,\varphi_n + \sum_i b_{n,i}\,\varphi_i + s_n = 0.$$

Damit erhält man anhand der Festwertskizze (Abb. 609)

$$\text{für Knoten 3:}\qquad 41{,}31\,\varphi_3 + \ 9{,}14\,\varphi_5 + \ 5{,}20 = 0$$
$$\text{für Knoten 5:}\qquad \ 9{,}14\,\varphi_3 + 20{,}17\,\varphi_5 - 88{,}90 = 0.$$

Die Auflösung ergibt:

$$\varphi_3 = -1{,}224 \quad\text{und}\quad \varphi_5 = +4{,}962.$$

Stabendmomente

Nach (183) ist allgemein für einen Stab 1—2

$$M_{1,2} = a_1\,\varphi_1 + b\,\varphi_2 + \mathfrak{M}_{1,2};$$

für den Symmetriestab 5—5′ gilt nach (224)

$$M_{5,5'} = a'_{5,5'}\,\varphi_5 + \mathfrak{M}_{5,5'}.$$

Damit ergeben sich anhand der Festwertskizze (Abb. 609) folgende Stabendmomente:

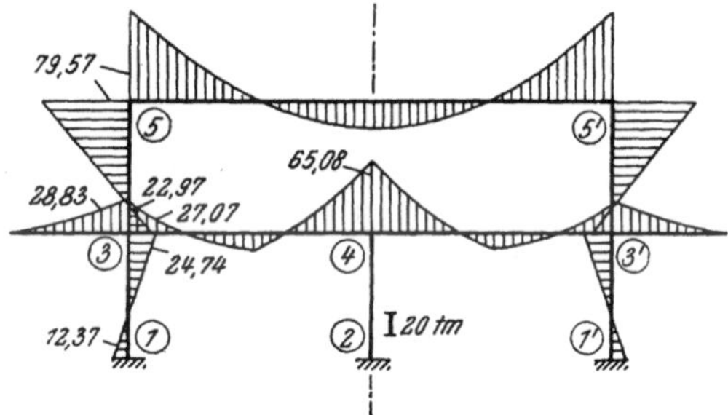

Abb. 610. *M*-Verlauf für lotrechte Belastung

$$
\begin{aligned}
M_{1,3} &= -10{,}11 \cdot 1{,}224 \cdot & &= -12{,}37 \text{ tm}\\
M_{3,1} &= -20{,}21 \cdot 1{,}224 & &= -24{,}74 \text{ ,,}\\
M_{3,4} &= -\ 2{,}81 \cdot 1{,}224 - 23{,}63 & &= -27{,}07 \text{ ,,}\\
M_{3,5} &= -18{,}29 \cdot 1{,}224 + 9{,}14 \cdot 4{,}962 & &= +22{,}97 \text{ ,,}\\
M_{3,K} &= & &= +28{,}83 \text{ ,,}\\
M_{4,3} &= -\ 2{,}67 \cdot 1{,}224 + 68{,}35 & &= +65{,}08 \text{ ,,}\\
M_{5,3} &= +18{,}29 \cdot 4{,}962 - 9{,}14 \cdot 1{,}224 & &= +79{,}57 \text{ ,,}\\
M_{5,5'} &= +\ 1{,}88 \cdot 4{,}962 - 88{,}90 & &= -79{,}57 \text{ ,, }.
\end{aligned}
$$

In Abb. 610 ist der gesamte Momentenverlauf maßstäblich aufgetragen.

Zahlenbeispiel 21

Symmetrischer, zweistöckiger Rahmen mit Fußgelenken und Pendelsäulen. Tragwerksabmessungen und Belastungsangaben siehe Abb. 611 und 612. Wegen Symmetrie des Tragwerkes und der Belastung kann die Rechnung auf eine

Tragwerkshälfte gemäß Abb. 613 beschränkt werden; somit brauchen nur die **zwei** Knotendrehwinkel φ_4 und φ_5 ermittelt zu werden. Die geraden Vouten der Riegel und Säulen sind in der Rechnung zu berücksichtigen.

Die „relativen" Stabfestwerte a_1, a_2, b ergeben sich nach (219) aus

$$a_1 = \frac{1000\,J_c}{l} \cdot \mathfrak{a}_1 \; ; \qquad a_2 = \frac{1000\,J_c}{l} \cdot \mathfrak{a}_2 \; ; \qquad b = \frac{1000\,J_c}{l} \cdot \mathfrak{b} \, .$$

Die „relativen" Stabfestwerte $a^0{}_1$ für die Gelenkstäbe erhält man nach (221) aus

$$a^0{}_1 = \frac{1000\,J_c}{l} \cdot \mathfrak{a}^0{}_1$$

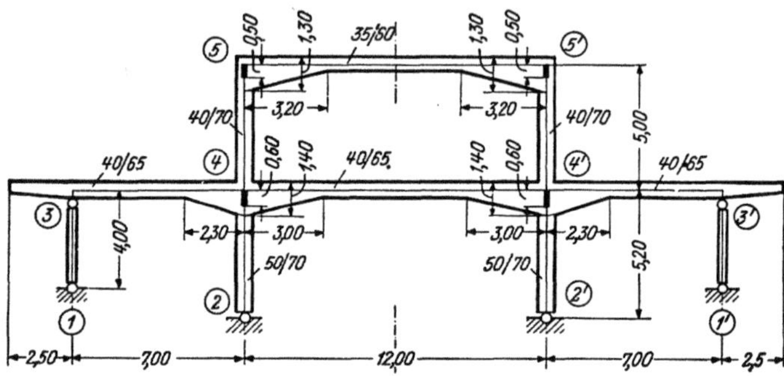

Abb. 611. Tragwerksabmessungen

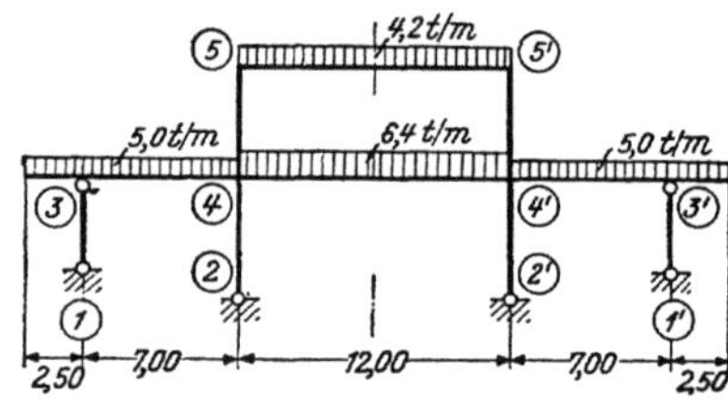

Abb. 612. Belastungsangaben

und die Festwerte a' für die Symmetriestäbe 4—4′ und 5—5′ nach (223a) aus

$$a' = \frac{1000\,J_c}{l} \cdot \mathfrak{a}' \, .$$

In der folgenden Tabelle ist die zahlenmäßige Ermittlung der „relativen" Stabfestwerte durchgeführt; die Ergebnisse sind in der Festwertskizze (Abb. 613) eingetragen. Bei Stäben mit einseitiger Voute beziehen sich die a_1-Werte auf die Voutenseite.

Festwerttabelle

Stab	b/h (cm)	J_c (m⁴)	b/h_A (cm)	J_A (m⁴)	l (m)	l_v (m)
2—4	50/70	0,01429	50/∞	∞	5,20	0,60
3—4	40/65	0,00915	40/140	0,09147	7,00	2,30
4—4′	40/65	0,00915	40/140	0,09147	12,00	3,00
4—5	40/70	0,01143	40/∞	∞	5,00	0,50
5—5′	35/60	0,00630	35/130	0,06408	12,00	3,20

Stab	$\lambda = \dfrac{l_v}{l}$	$n = \dfrac{J_c}{J_A}$	$\mathfrak{a}_1\ (\mathfrak{a}^0{}_1)\ [\mathfrak{a}']$	$\mathfrak{a}_2$	$\mathfrak{b}$	$\mathfrak{a}_1\ (\mathfrak{a}^0{}_1)\ [\mathfrak{a}']$	$\mathfrak{a}_2$	$\mathfrak{b}$	Tafel
2—4	0,115	0	(4,30)	—	—	(11,82)	—	—	11a
3—4	0,329	0,100	(5,98)	—	—	(7,82)	—	—	11a
4—4′	0,250	0,100	[2,99]	—	—	[2,28]	—	—	13
4—5	0,100	0	6,09	4,44	2,96	13,92	10,15	6,77	7
5—5′	0,267	0,098	[3,00]	—	—	[1,58]	—	—	13a

Diagonalglieder d′ bzw. d⁰′

Für Knoten 4, der auch Stäbe mit Gelenk auf der gegenüberliegenden Seite enthält, ist nach (256)

$$d^0{}_n = \sum_i a_{n,i} + \sum_g a^0{}_{n,g}$$

und unter Berücksichtigung des dort einmündenden Symmetriestabes sinngemäß nach (40a)

$$d^0{}_n{}' = \sum_i a_{n,i} + \sum_g a^0{}_{n,g} + a'{}_{n,n'} ;$$

daraus wird für Knoten 5 im Sinne von (40)

$$d^0{}_n{}' = d'{}_n = \sum_i a_{n,i} + a'{}_{n,n'} .$$

Damit erhält man

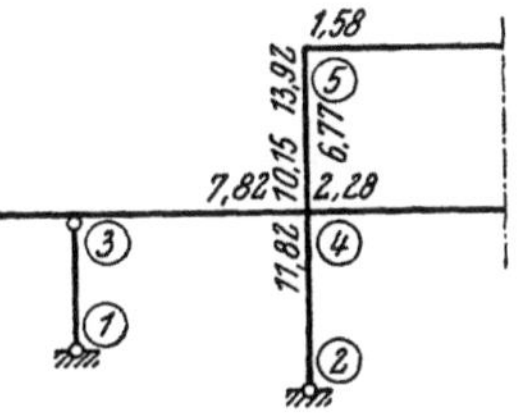

Abb. 613.   Festwertskizze
(a-, b-, a⁰- und a′-Werte)

$$d^0{}_4{}' = 10{,}15 + 11{,}82 + 7{,}82 + 2{,}28 = 32{,}07$$
$$d'{}_5 = 13{,}92 + 1{,}58 \qquad\qquad = 15{,}50 .$$

Stabbelastungsglieder $\mathfrak{M}$ bzw. $\mathfrak{M}^0$

Stab 3—4 (einseitig gerade Voute mit $\lambda = 0{,}329$, $n = 0{,}100$, $l = 7{,}0$ m). Nach Tafel 19a ist für die durchgehende Gleichlast $q = 5{,}0$ t/m

$$\mathfrak{M}^0{}_{4,3}{}^{(q)} = + \varkappa q l^2 = + 0{,}190 \cdot 5{,}0 \cdot 7{,}0^2 = + 46{,}55 \text{ tm.}$$

Den Beitrag für das linksdrehende, am Stabende 3 angreifende Moment

$$M_K = -\frac{5{,}0 \cdot 2{,}5^2}{2} = -15{,}63 \text{ tm}$$

erhält man mit Hilfe des γ-Wertes aus Tafel 39a, und zwar ist gemäß (526)

$$\mathfrak{M}^0{}_{4,3}{}^{(K)} = \gamma_{3,4} \cdot M_K = -0{,}846 \cdot 15{,}63 = -13{,}22 \text{ tm.}$$

Damit wird zusammengefaßt

$$\mathfrak{M}^0{}_{4,3} = \mathfrak{M}^0{}_{4,3}{}^{(q)} + \mathfrak{M}^0{}_{4,3}{}^{(K)} = + 46{,}55 - 13{,}22 = + 33{,}33 \text{ tm.}$$

Stab 4—4′ (beidseitig gerade Vouten mit $\lambda = 0{,}250$, $n = 0{,}100$, $l = 12{,}0$ m). Nach Tafel 15 wird für $q = 6{,}4$ t/m

$$\mathfrak{M}_{4,4'} = -\varkappa \frac{q l^2}{12} = -1{,}235 \cdot \frac{6{,}4 \cdot 12{,}0^2}{12} = -94{,}85 \text{ tm.}$$

Stab 5—5′ (beidseitig gerade Vouten mit $\lambda = 0{,}267$, $n = 0{,}098$, $l = 12{,}0$ m). Nach Tafel 15a wird für $q = 4{,}2$ t/m

$$\mathfrak{M}_{5,5'} = -\varkappa \frac{q l^2}{12} = -1{,}245 \cdot \frac{4{,}2 \cdot 12{,}0^2}{12} = -62{,}75 \text{ tm.}$$

Knotenbelastungsglieder s bzw. s^0

Nach (257) ist allgemein

$$s^0{}_n = \sum_i \mathfrak{M}_{n,i} + \sum_g \mathfrak{M}^0{}_{n,g} ;$$

dieser Ausdruck nimmt für Knoten ohne „Gelenkstäbe" von selbst die Form der Gl. (252a) an, und zwar

$$s^0{}_n = s_n = \sum_i \mathfrak{M}_{n,i} .$$

Somit ist

$$s^0{}_4 = + 33{,}33 - 94{,}85 = -61{,}52 \text{ tm}$$
$$s_5 = \qquad\qquad\qquad = -62{,}75 \text{ „ .}$$

Knotengleichungen

Nach (255) ist allgemein

$$d^0{}_n \varphi_n + \sum_i b_{n,i}\, \varphi_i + s^0{}_n = 0.$$

Damit können unter Benutzung der Festwertskizze (Abb. 613) die Knotengleichungen angeschrieben werden; man erhält

für Knoten 4: $32{,}07\, \varphi_4 + 6{,}77\, \varphi_5 - 61{,}52 = 0$

für Knoten 5: $6{,}77\, \varphi_4 + 15{,}50\, \varphi_5 - 62{,}75 = 0.$

Die Auflösung ergibt:

$$\varphi_4 = +\,1{,}172 \quad \text{und} \quad \varphi_5 = +\,3{,}536\,.$$

Stabendmomente

Nach (183) ist allgemein für einen Stab 1—2 ohne Gelenk

$$M_{1,2} = a_1 \varphi_1 + b\, \varphi_2 + \mathfrak{M}_{1,2}\,,$$

für einen Stab 1—2 mit Gelenk bei 2 nach (196)

$$M_{1,2} = a^0{}_1 \varphi_1 + \mathfrak{M}^0{}_1\,.$$

Für einen Symmetriestab n—n' gilt nach (224)

$$M_{n,\,n'} = a'_n \varphi_n + \mathfrak{M}_{n,\,n'}\,.$$

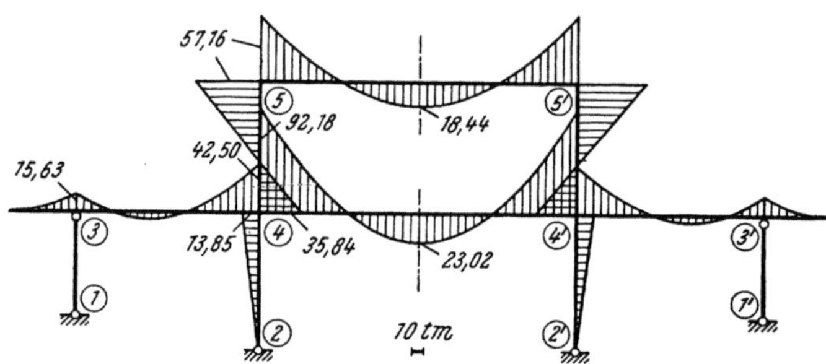

Abb. 614. M-Verlauf für den Rahmen mit Vouten

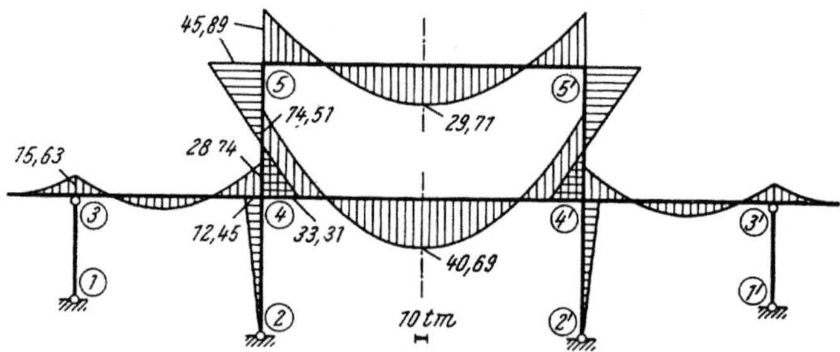

Abb. 615. M-Verlauf für den Rahmen ohne Vouten

Die entsprechende Anwendung dieser Formeln anhand der Festwertskizze (Abb. 613) ergibt:

$$
\begin{aligned}
M_{4,2} &= +\,11{,}82 \cdot 1{,}172 & &= +\,13{,}85 \text{ tm} \\
M_{4,3} &= +7{,}82 \cdot 1{,}172 + 33{,}33 & &= +\,42{,}50 \text{ ,,} \\
M_{4,4'} &= +2{,}28 \cdot 1{,}172 - 94{,}85 & &= -\,92{,}18 \text{ ,,} \\
M_{4,5} &= +\,10{,}15 \cdot 1{,}172 + 6{,}77 \cdot 3{,}536 & &= +\,35{,}84 \text{ ,,} \\
M_{5,4} &= +\,13{,}92 \cdot 3{,}536 + 6{,}77 \cdot 1{,}172 & &= +\,57{,}16 \text{ ,,} \\
M_{5,5'} &= +1{,}58 \cdot 3{,}536 - 62{,}75 & &= -\,57{,}16 \text{ ,, }.
\end{aligned}
$$

Diese Momente sind für das gesamte Tragwerk in Abb. 614 maßstäblich aufgetragen. Zum Vergleich ist in Abb. 615 auch der M-Verlauf wiedergegeben, der sich für das gleiche Tragwerk, jedoch ohne Vouten, ergibt.

Zahlenbeispiel 22[1] (vgl. auch Nr. 6)

Symmetrischer, dreifeldiger, zweigeschossiger Rahmenbinder mit auskragenden Riegeln. Volle Einspannung bei 1, 1′, 2, 2′. Tragwerksabmessungen

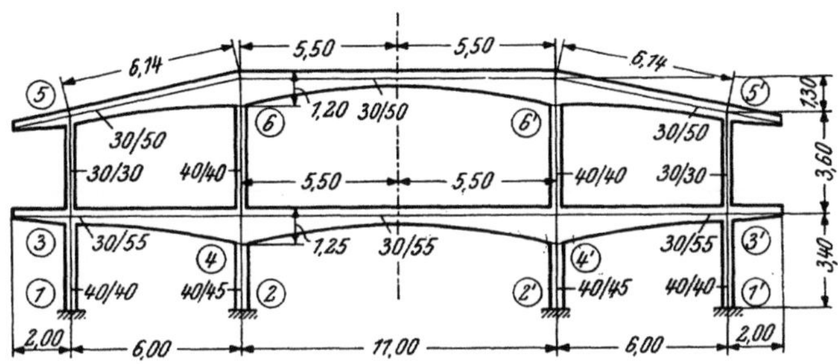

Abb. 616. Tragwerksabmessungen

und Belastungsangaben siehe Abb. 616 und 617. Wegen Symmetrie des Tragwerkes und der Belastung braucht die Berechnung nur für eine Tragwerkshälfte gemäß

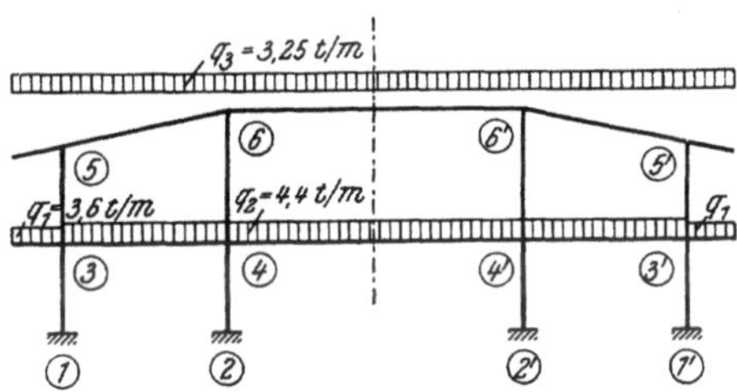

Abb. 617. Belastungsangaben

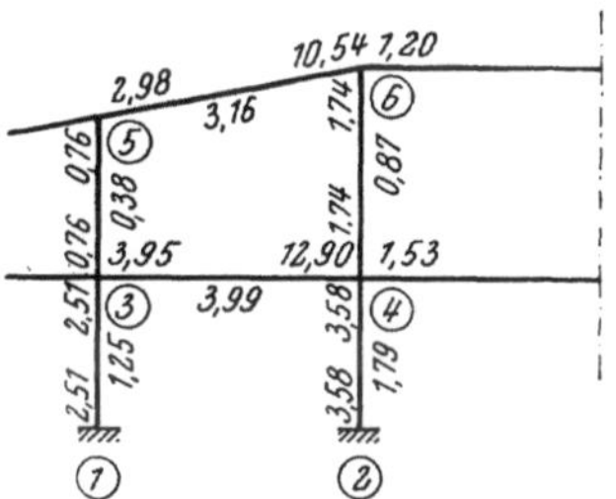

Abb. 618. Festwertskizze (a-, b- und a'-Werte)

Abb. 618 durchgeführt zu werden. Es sind **vier** Unbekannte zu bestimmen, und zwar φ_3, φ_4, φ_5, φ_6. Bei der Berechnung sollen die parabolischen Vouten der Riegel berücksichtigt werden.

Die „relativen" Stabfestwerte a_1, a_2, b in der nachstehenden Festwerttabelle ergeben sich mit den entsprechenden Hilfstafeln nach (219) aus

$$a_1 = \frac{1000\,J_c}{l} \cdot \mathfrak{a}_1\,; \qquad a_2 = \frac{1000\,J_c}{l} \cdot \mathfrak{a}_2\,; \qquad b = \frac{1000\,J_c}{l} \cdot \mathfrak{b}\,.$$

Für die Symmetriestäbe 4—4′ und 6—6′ sind die a'-Werte zu verwenden; diese erhält man nach (223a) aus

$$a' = \frac{1000\,J_c}{l} \cdot \mathfrak{a}'\,.$$

---

[1] Vgl. R. GULDAN: Die CROSS-Methode und ihre praktische Anwendung, Wien 1955; Seite 302ff., Zahlenbeispiel 27

Festwerttabelle

Stab	b/h (cm)	J_c (m⁴)	b/h_A (cm)	J_A (m⁴)	l (m)	l_v (m)
1—3	40/40	0,00213	40/40	0,00213	3,40	0
2—4	40/45	0,00304	40/45	0,00304	3,40	0
3—4	30/55	0,00416	30/125	0,04883	6,00	6,00
3—5	30/30	0,00068	30/30	0,00068	3,60	0
4—4'	30/55	0,00416	30/125	0,04883	11,00	5,50
4—6	40/40	0,00213	40/40	0,00213	4,90	0
5—6	30/50	0,00313	30/120	0,04320	6,14	6,14
6—6'	30/50	0,00313	30/120	0,04320	11,00	5,50

Stab	$\lambda = \dfrac{l_v}{l}$	$n = \dfrac{J_c}{J_A}$	$\mathfrak{a}_1\,(\mathfrak{a}')$	$\mathfrak{a}_2$	$\mathfrak{b}$	$\mathfrak{a}_1\,(\mathfrak{a}')$	$\mathfrak{a}_2$	$\mathfrak{b}$	Tafel
1—3	0	1	4	4	2	2,51	2,51	1,25	8
2—4	0	1	4	4	2	3,58	3,58	1,79	8
3—4	1,00	0,085	18,60	5,69	5,76	12,90	3,95	3,99	8
3—5	0	1	4	4	2	0,76	0,76	0,38	8
4—4'	0,50	0,085	(4,05)	—	—	(1,53)	—	—	14
4—6	0	1	4	4	2	1,74	1,74	0,87	8
5—6	1,00	0,072	20,67	5,84	6,19	10,54	2,98	3,16	8
6—6'	0,50	0,072	(4,23)	—	—	(1,20)	—	—	14

Die Stabfestwerte $\mathfrak{a}_1$, $\mathfrak{a}_2$, $\mathfrak{b}$ und $\mathfrak{a}'$ sind in der Festwertskizze (Abb. 618) eingetragen.

Diagonalglieder d bzw. d'

Nach (251) ist

$$d_n = \sum_i a_{n,i}$$

und für Knoten mit einmündendem Symmetriestab sinngemäß nach (40)

$$d'_n = \sum_i a_{n,i} + a'_{n,n'}.$$

Damit wird

$$
\begin{aligned}
d_3 &= 2{,}51 + 3{,}95 + 0{,}76 &&= 7{,}22 \\
d'_4 &= 3{,}58 + 12{,}90 + 1{,}74 + 1{,}53 &&= 19{,}75 \\
d_5 &= 0{,}76 + 2{,}98 &&= 3{,}74 \\
d'_6 &= 1{,}74 + 10{,}54 + 1{,}20 &&= 13{,}48 \,.
\end{aligned}
$$

Stabbelastungsglieder $\mathfrak{M}$

Stab 3—4 (einseitig parabolische Voute mit $\lambda = 1{,}00$, $n = 0{,}085$, $l = 6{,}0$ m). Aus Tafel 16 erhält man für $q_2 = 4{,}4$ t/m

$$\mathfrak{M}_{3,4} = -\varkappa_2 \frac{q_2\, l^2}{12} = -0{,}630 \cdot \frac{4{,}4 \cdot 6{,}0^2}{12} = -8{,}32 \text{ tm}$$

$$\mathfrak{M}_{4,3} = +\varkappa_1 \frac{q_2\, l^2}{12} = +1{,}680 \cdot \frac{4{,}4 \cdot 6{,}0^2}{12} = +22{,}18 \text{ ,, } .$$

Stab 4—4' (beidseitig parabolische Vouten mit $\lambda = 0{,}50$, $n = 0{,}085$, $l = 11{,}0$ m). Aus Tafel 18 erhält man für $q_2 = 4{,}4$ t/m

$$\mathfrak{M}_{4,4'} = -\varkappa \frac{q_2\, l^2}{12} = -1{,}261 \cdot \frac{4{,}4 \cdot 11{,}0^2}{12} = -55{,}90 \text{ tm} .$$

Stab 5—6 (einseitig parabolische Voute mit $\lambda = 1{,}00$, $n = 0{,}072$, $l = 6{,}0$ m). Aus Tafel 16 erhält man für $q_3 = 3{,}25$ t/m

$$\mathfrak{M}_{5,6} = -\varkappa_2 \frac{q_3\, l^2}{12} = -0{,}608 \cdot \frac{3{,}25 \cdot 6{,}0^2}{12} = -5{,}93 \text{ tm}$$

$$\mathfrak{M}_{6,5} = +\varkappa_1 \frac{q_3\, l^2}{12} = +1{,}734 \cdot \frac{3{,}25 \cdot 6{,}0^2}{12} = +16{,}91 \text{ ,, } .$$

Stab 6—6' (beidseitig parabolische Vouten mit $\lambda = 0{,}50$, $n = 0{,}072$, $l = 11{,}0$ m). Aus Tafel 18 erhält man für $q_3 = 3{,}25$ t/m

$$\mathfrak{M}_{6,6'} = -\varkappa\,\frac{q_3\,l^2}{12} = -\,1{,}274\,\cdot\,\frac{3{,}25\cdot 11{,}0^2}{12} = -\,41{,}80\ \text{tm}\ .$$

Kragarme:

$$\mathfrak{M}_{3,K} = +\,\frac{q_1\,l^2}{2} = +\,\frac{3{,}6\cdot 2{,}0^2}{2} = +\,7{,}20\ \text{tm}$$

$$\mathfrak{M}_{5,K} = +\,\frac{q_3\,l^2}{2} = +\,\frac{3{,}25\cdot 2{,}0^2}{2} = +\,6{,}50\ \text{,, }\ .$$

Knotenbelastungsglieder s

Nach (252) ist allgemein

$$s_n = \sum_i \mathfrak{M}_{n,i} + \sum \mathfrak{M}_{n,K}\,,$$

also

$$s_3 = -\ 8{,}32 +\ 7{,}20 = -\ 1{,}12\ \text{tm};\qquad s_5 = -\ 5{,}93 +\ 6{,}50 = +\ 0{,}57\ \text{tm}$$
$$s_4 = +\,22{,}18 - 55{,}90 = -\,33{,}72\ \text{,, };\qquad s_6 = +\,16{,}91 - 41{,}80 = -\,24{,}89\ \text{,, }\ .$$

Knotengleichungen

Nach (250) ist allgemein

$$d_n\,\varphi_n + \sum_i b_{n,i}\,\varphi_i + s_n = 0\,.$$

Damit können anhand der Festwertskizze (Abb. 618) die Gleichungen für die Knoten 3, 4, 5, 6 unmittelbar in Form einer Tabelle angeschrieben werden.

Gleichungstabelle

	φ_3	φ_4	φ_5	φ_6	B
φ_3	$+\ 7{,}22$	$+\ 3{,}99$	$+\ 0{,}38$		$-\ 1{,}12$
φ_4	$+\ 3{,}99$	$+\,19{,}75$		$+\ 0{,}87$	$-\,33{,}72$
φ_5	$+\ 0{,}38$		$+\ 3{,}74$	$+\ 3{,}16$	$+\ 0{,}57$
φ_6		$+\ 0{,}87$	$+\ 3{,}16$	$+\,13{,}48$	$-\,24{,}89$

Die Auflösung nach den Anweisungen Seite 198f. ergibt:

$$\varphi_3 = -\,0{,}713;\qquad \varphi_4 = +\,1{,}755;\qquad \varphi_5 = -\,1{,}925;\qquad \varphi_6 = +\,2{,}184\ .$$

Stabendmomente

Nach (183) ist allgemein für einen Stab 1—2

$$M_{1,2} = a_1\,\varphi_1 + b\,\varphi_2 + \mathfrak{M}_{1,2}\,;$$

für die Symmetriestäbe 4—4' und 6—6' gilt nach (224)

$$M_{n,n'} = a'_n\,\varphi_n + \mathfrak{M}_{n,n'}\,.$$

Anhand der Festwertskizze (Abb. 618) erhält man somit:

$$
\begin{aligned}
M_{1,3} &= -\ 1{,}25\cdot 0{,}713 & &= -\ 0{,}89\ \text{tm}\\
M_{2,4} &= +\ 1{,}79\cdot 1{,}755 & &= +\ 3{,}14\ \text{,,}\\[4pt]
M_{3,1} &= -\ 2{,}51\cdot 0{,}713 & &= -\ 1{,}79\ \text{,,}\\
M_{3,4} &= -\ 3{,}95\cdot 0{,}713 + 3{,}99\cdot 1{,}755 - 8{,}32 & &= -\ 4{,}13\ \text{,,}\\
M_{3,5} &= -\ 0{,}76\cdot 0{,}713 - 0{,}38\cdot 1{,}925 & &= -\ 1{,}27\ \text{,,}\\
M_{3,K} &= & &= +\ 7{,}20\ \text{,,}\\[4pt]
M_{4,2} &= +\ 3{,}58\cdot 1{,}755 & &= +\ 6{,}28\ \text{,,}\\
M_{4,3} &= +\,12{,}90\cdot 1{,}755 - 3{,}99\cdot 0{,}713 + 22{,}18 & &= +\,41{,}97\ \text{,,}\\
M_{4,4'} &= +\ 1{,}53\cdot 1{,}755 - 55{,}90 & &= -\,53{,}21\ \text{,,}\\
M_{4,6} &= +\ 1{,}74\cdot 1{,}755 + 0{,}87\cdot 2{,}184 & &= +\ 4{,}95\ \text{,,}
\end{aligned}
$$

$$
\begin{aligned}
M_{5,3} &= -\ 0{,}76 \cdot 1{,}925 - 0{,}38 \cdot 0{,}713 && = -\ 1{,}73 \text{ tm} \\
M_{5,6} &= -\ 2{,}98 \cdot 1{,}925 + 3{,}16 \cdot 2{,}184 - 5{,}93 && = -\ 4{,}77 \ ,, \\
M_{5,K} &= && = +\ 6{,}50 \ ,, \\
M_{6,4} &= +\ 1{,}74 \cdot 2{,}184 + 0{,}87 \cdot 1{,}755 && = +\ 5{,}33 \ ,, \\
M_{6,5} &= +\ 10{,}54 \cdot 2{,}184 - 3{,}16 \cdot 1{,}925 + 16{,}91 && = +\ 33{,}85 \ ,, \\
M_{6,6'} &= +\ 1{,}20 \cdot 2{,}184 - 41{,}80 && = -\ 39{,}18 \ ,, \ .
\end{aligned}
$$

In Abb. 619 ist der gesamte Momentenverlauf maßstäblich aufgetragen.

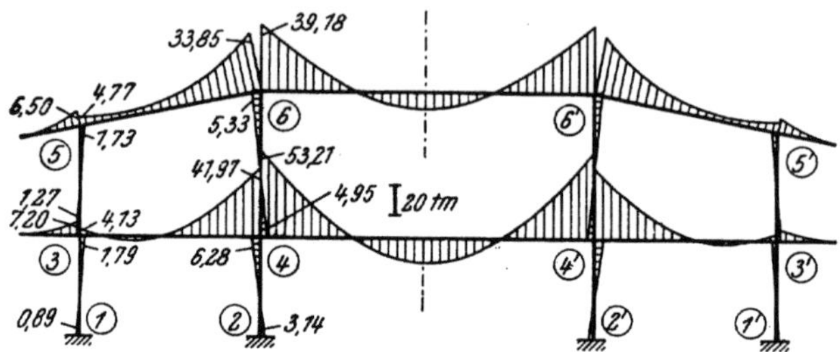

Abb. 619. M-Verlauf für lotrechte Belastung

III. Verschiebliche Tragwerke

Zahlenbeispiel 23 (vgl. auch Nr. 9)

Vierschiffiger, symmetrischer Hallenrahmen mit Fußgelenken. Tragwerksabmessungen siehe Abb. 620. Es sind bei den Riegeln die parabolischen

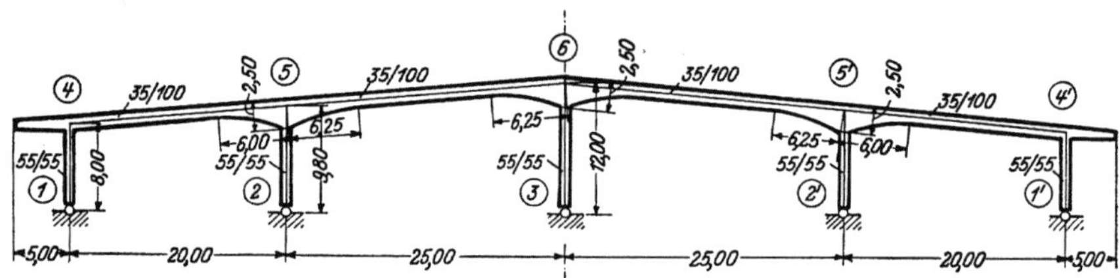

Abb. 620. Tragwerksabmessungen (starre Strecken an den oberen Enden der Mittelstiele 0,80 m)

Vouten, bei den Innensäulen am oberen Ende starre Strecken in Rechnung zu stellen. Zu untersuchen sind zwei Belastungsfälle:

    a) Lotrechte Belastung (Abb. 621a),

    b) Windbelastung (Abb. 621b).

Die in der nachstehenden Festwerttabelle enthaltenen „relativen" Stabfestwerte a_1, a_2, b der Riegel ergeben sich nach (219) aus

$$
a_1 = \frac{1000\,J_c}{l} \cdot \mathfrak{a}_1 ; \qquad a_2 = \frac{1000\,J_c}{l} \cdot \mathfrak{a}_2 ; \qquad b = \frac{1000\,J_c}{l} \cdot \mathfrak{b} ,
$$

die a^0-Werte für die Säulen nach (221) aus

$$
a^0{}_1 = \frac{1000\,J_c}{l} \cdot \mathfrak{a}^0{}_1 .
$$

Da im Lastfall b bei den Riegeln keine Δ-Werte auftreten, brauchen nur die erweiterten Stabfestwerte $\bar{a}^0$ nach (292) für die oberen Enden der Säulen bestimmt zu werden.

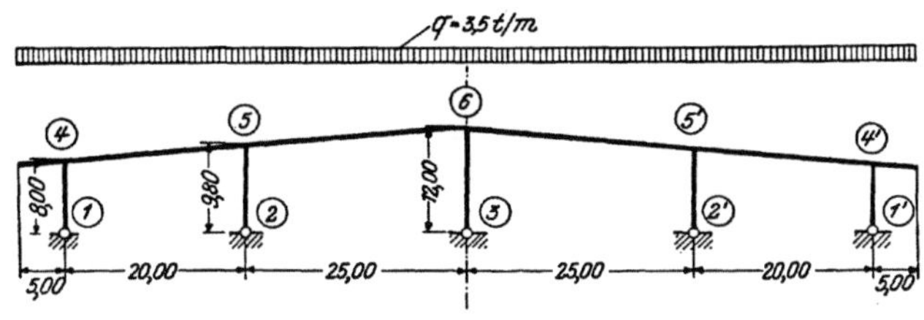

Abb. 621a. Lotrechte Belastung

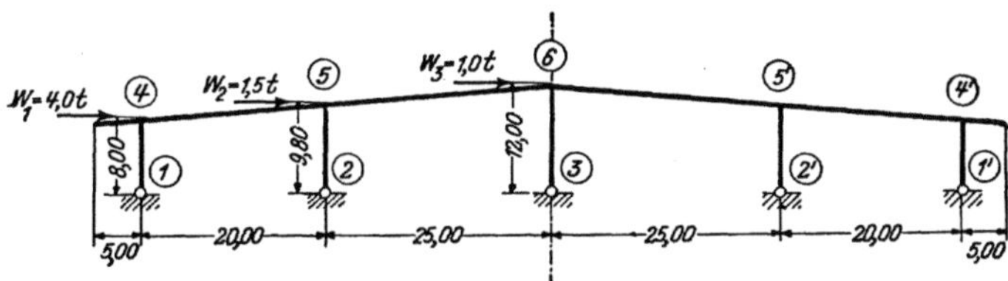

Abb. 621b. Windbelastung

Festwerttabelle

Stab	b/h (cm)	J_c (m⁴)	b/h_A (cm)	J_A (m⁴)	l (m)	l_v (m)
1—4	55/55	0,00763	55/55	0,00763	8,00	0
2—5	55/55	0,00763	55/∞	∞	9,80	0,80
3—6	55/55	0,00763	55/∞	∞	12,00	0,80
4—5	35/100	0,02917	35/250	0,45573	20,00	6,00
5—6	35/100	0,02917	35/250	0,45573	25,00	6,25

Stab	$\lambda = \dfrac{l_v}{l}$	$n = \dfrac{J_c}{J_A}$	$\mathfrak{a}_1\,(\mathfrak{a}^0{}_1)$	$\mathfrak{a}_2$	$\mathfrak{b}$	$\mathfrak{a}_1\,(\mathfrak{a}^0{}_1)$	$\mathfrak{a}_2$	$\mathfrak{b}$	$\bar{a}^0{}_0$	Tafel
1—4	0	1	(3,00)	—	—	(2,86)	—	—	0,358	12
2—5	0,08	0	(3,80)	—	—	(2,96)	—	—	0,302	12a
3—6	0,06	0	(3,60)	—	—	(2,29)	—	—	0,191	12a
4—5	0,30	0,064	7,58	4,64	3,48	11,06	6,77	5,08	—	8a
5—6	0,25	0,064	8,35	8,35	5,63	9,74	9,74	6,57	—	10a

Für die Länge der schrägen Stäbe wurden hier wegen des unbedeutenden Einflusses ihrer Neigung die runden Werte $l_{4,5} = 20,00$ m und $l_{5,6} = 25,00$ m verwendet.

a) Lotrechte Belastung (Abb. 621a)

Das vorliegende Tragwerk ist bei der gegebenen symmetrischen Belastung unverschieblich; es genügt also, nur eine Tragwerkshälfte gemäß Abb. 622 mit gedachter voller Einspannung bei 6 in Betracht

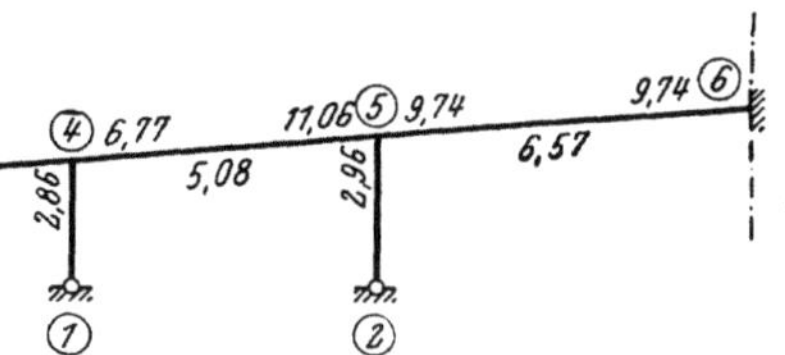

Abb. 622. Festwertskizze für den symmetrischen Lastfall (a-, b- und a⁰-Werte)

zu ziehen. Somit sind zwei Unbekannte zu bestimmen, nämlich φ_4 und φ_5. Die in der Festwerttabelle ermittelten Werte a_1, a_2, b und $a^0{}_1$ sind in der Festwert-skizze (Abb. 622) eingetragen.

Diagonalglieder d^0

Nach (256) ist allgemein

$$d^0{}_n = \sum_i a_{n,i} + \sum_g a^0{}_{n,g} \, .$$

Damit wird anhand der Festwertskizze

$$d^0{}_4 = \;\;6{,}77 + 2{,}86 \qquad\;\; = \;\;9{,}63$$
$$d^0{}_5 = 11{,}06 + 9{,}74 + 2{,}96 = 23{,}76 \, .$$

Stabbelastungsglieder $\mathfrak{M}$

Stab 4—5 (einseitig parabolische Voute mit $\lambda = 0{,}30$, $n = 0{,}064$, $l = 20{,}0$ m). Nach Tafel 16 a wird für $q = 3{,}5$ t/m unter Beachtung, daß sich $\varkappa_1$ auf die Voutenseite bezieht,

$$\mathfrak{M}_{4,5} = - \varkappa_2 \frac{q\,l^2}{12} = - 0{,}76 \cdot \frac{3{,}5 \cdot 20{,}0^2}{12} = - \;\;88{,}7 \;\text{tm}$$

$$\mathfrak{M}_{5,4} = + \varkappa_1 \frac{q\,l^2}{12} = + 1{,}55 \cdot \frac{3{,}5 \cdot 20{,}0^2}{12} = + 180{,}8 \;\text{,, .}$$

Stab 5—6 (beidseitig parabolische Vouten mit $\lambda = 0{,}25$, $n = 0{,}064$, $l = 25{,}0$ m). Nach Tafel 18 a wird für $q = 3{,}5$ t/m

$$\mathfrak{M}_{5,6} = - \varkappa \frac{q\,l^2}{12} = - 1{,}207 \cdot \frac{3{,}5 \cdot 25{,}0^2}{12} = - 220{,}0 \;\text{tm}; \qquad \mathfrak{M}_{6,5} = + 220{,}0 \;\text{tm.}$$

Kragarm:

$$\mathfrak{M}_{4,K} = + \frac{q\,l^2}{2} = + \frac{3{,}5 \cdot 5{,}0^2}{2} = + 43{,}8 \;\text{tm} \, .$$

Knotenbelastungsglieder s^0

Da alle Gelenkstäbe unbelastet sind, wird nach (257 a) bzw. (252)

$$s^0{}_n = s_n = \sum_i \mathfrak{M}_{n,i} + \sum \mathfrak{M}_{n,K} \, ;$$

daher

$$s^0{}_4 = s_4 = - \;\;88{,}7 + \;\;43{,}8 = - \;\;44{,}9 \;\text{tm}$$
$$s^0{}_5 = s_5 = + 180{,}8 - 220{,}0 = - \;\;39{,}2 \;\text{,, .}$$

Knotengleichungen

Nach (255) ist allgemein

$$d^0{}_n \varphi_n + \sum_i b_{n,i} \varphi_i + s^0{}_n = 0 \, .$$

Damit erhält man anhand der Festwertskizze (Abb. 622)

für Knoten 4: $9{,}63\,\varphi_4 + \;\;5{,}08\,\varphi_5 - 44{,}9 = 0$

für Knoten 5: $5{,}08\,\varphi_4 + 23{,}76\,\varphi_5 - 39{,}2 = 0 \, .$

Die Auflösung ergibt:

$$\varphi_4 = + 4{,}274 \quad \text{und} \quad \varphi_5 = + 0{,}736 \, .$$

Stabendmomente

Für die Riegel gilt gemäß (183)

$$M_{1,2} = a_1 \varphi_1 + b \varphi_2 + \mathfrak{M}_{1,2} \, .$$

Für die unbelasteten, einseitig gelenkig angeschlossenen Stiele gilt nach Seite 98, Formel 4d

$$M_{1,2} = a^0{}_1 \varphi_1 \, .$$

Damit erhält man anhand der Festwertskizze (Abb. 622)

$$
\begin{aligned}
M_{4,1} &= +\ 2{,}86 \cdot 4{,}274 & &= +\ 12{,}2 \ \text{tm}\\
M_{4,5} &= +\ 6{,}77 \cdot 4{,}274 + 5{,}08 \cdot 0{,}736 - 88{,}7 & &= -\ 56{,}0 \ ,,\\
M_{4,K} &= & &= +\ 43{,}8 \ ,,\\
M_{5,2} &= +\ 2{,}96 \cdot 0{,}736 & &= +\ 2{,}2 \ ,,\\
M_{5,4} &= +\ 11{,}06 \cdot 0{,}736 + 5{,}08 \cdot 4{,}274 + 180{,}8 & &= +\ 210{,}6 \ ,,\\
M_{5,6} &= +\ 9{,}74 \cdot 0{,}736 - 220{,}0 & &= -\ 212{,}8 \ ,,\\
M_{6,5} &= +\ 6{,}57 \cdot 0{,}736 + 220{,}0 & &= +\ 224{,}8 \ ,, .
\end{aligned}
$$

Diese Momente sind für das gesamte Tragwerk in Abb. 623 maßstäblich aufgetragen; zum Vergleich sind darin auch die Momente für den Rahmen ohne Vouten (siehe Zahlenbeispiel 9) strichliert angegeben.

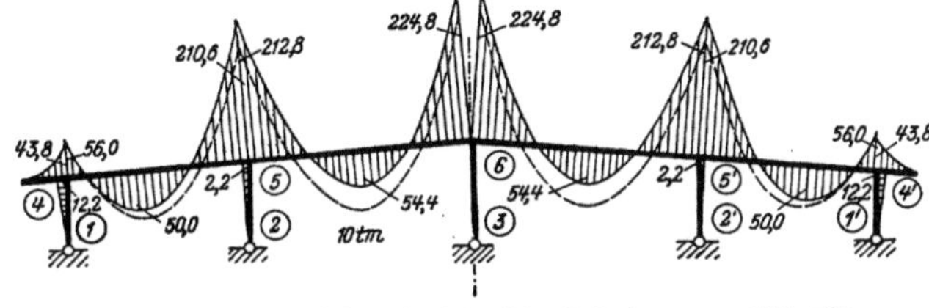

Abb. 623. M-Verlauf für die lotrechte Belastung aus Abb. 621a; (———) mit Voutenwirkung, (– – – –) ohne Voutenwirkung

b) Windbelastung (Abb. 621 b)

Bei dem vorliegenden Tragwerk kann dieser Lastfall für die Ermittlung der Momente durch den antimetrischen der Abb. 624 ersetzt werden (nähere Erläuterungen siehe Seite 49 ff.). Hierfür sind vier Unbekannte, nämlich φ_4, φ_5, φ_6, $\varDelta$ gemeinsam zu bestimmen. Die in der Festwerttabelle ermittelten Werte a_1, a_2, b, a^0_1 und $\bar{a}^0_0$ (in Klammern) sind in der Festwertskizze (Abb. 625) eingeschrieben; für den Mittelstiel 3—6 sind dabei im Sinne der Abb. 279 nur die halben Stabfestwerte in Rechnung zu stellen.

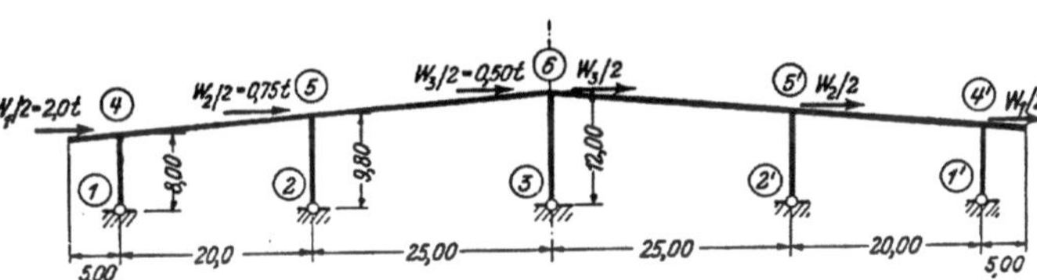

Abb. 624. Antimetrischer Lastfall

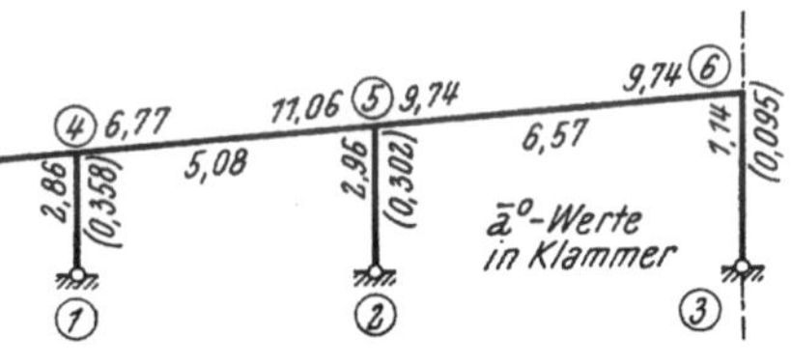

Abb. 625. Festwertskizze für den antimetrischen Lastfall (a-, b-, a^0- und $\bar{a}^0$-Werte)

Diagonalglieder d^0 und D^0

Aus Lastfall a können unverändert übernommen werden:

$$d^0_4 = 9{,}63 \quad \text{und} \quad d^0_5 = 23{,}76 \, .$$

Das Diagonalglied für Knoten 6 ergibt sich anhand der Festwertskizze (Abb. 625) nach (277) bzw. (293) mit

$$d^0_6 = 9{,}74 + 1{,}14 = 10{,}88 \, .$$

Nach (298) ist

$$D^0 = \sum \frac{\bar{a}^0_0}{l} \, ,$$

somit hier

$$D^0 = \frac{0{,}358}{8{,}0} + \frac{0{,}302}{9{,}8} + \frac{0{,}095}{12{,}0} = 0{,}0834 \, .$$

Belastungsglied S^0 der Verschiebungsgleichung

Nach (299) wird für den vorliegenden Fall einfach

$$S^0 = \sum_R P = +\ 2{,}0 + 0{,}75 + 0{,}5 = +\ 3{,}25 \ \text{t}.$$

Aufstellung der Gleichungen

Da alle Stäbe unbelastet sind, wird durchweg $s^0 = 0$; die allgemeine *Knotengleichung* (291) vereinfacht sich deshalb zu

$$d^0{}_n \varphi_n + \sum_i b_{n,i} \varphi_i + \bar{a}^0{}_0 \Delta = 0.$$

Für die *Verschiebungsgleichung* gilt nach (297)

$$\sum \bar{a}^0{}_0 \varphi_0 + D^0 \Delta + S^0 = 0.$$

Damit können unter Anwendung dieser gebrauchsfertigen Formeln anhand der Festwertskizze (Abb. 625) die Gleichungen tabellarisch aufgestellt werden.

Gleichungstabelle

	φ_4	φ_5	φ_6	Δ	B
φ_4	+ 9,63	+ 5,08		+ 0,358	—
φ_5	+ 5,08	+ 23,76	+ 6,57	+ 0,302	—
φ_6		+ 6,57	+ 10,88	+ 0,095	—
Δ	+ 0,358	+ 0,302	+ 0,095	+ 0,0834	+ 3,25

Die Auflösung der Gleichungen nach den Anweisungen Seite 198 f. ergibt:

$$\varphi_4 = + 1{,}668; \qquad \varphi_5 = + 0{,}153; \qquad \varphi_6 = + 0{,}318; \qquad \Delta = -47{,}03 .$$

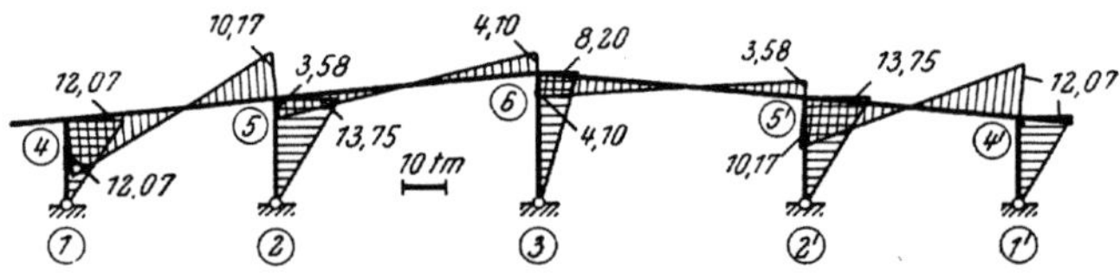

Abb. 626. M-Verlauf für die Windbelastung aus Abb. 621 b

Stabendmomente

Für die Riegel ist gemäß (183) mit $\mathfrak{M} = 0$

$$M_{1,2} = a_1 \varphi_1 + b \varphi_2$$

und für die Stiele gilt nach Seite 99, gemäß Formel 4 b

$$M_{1,2} = a^0{}_1 \varphi_1 + \bar{a}^0{}_0 \Delta .$$

Somit erhält man anhand der Festwertskizze (Abb. 625)

$$
\begin{aligned}
M_{4,1} &= + \; 2{,}86 \cdot 1{,}668 - 0{,}358 \cdot 47{,}03 &= -12{,}07 \text{ tm} \\
M_{4,5} &= + \; 6{,}77 \cdot 1{,}668 + 5{,}08 \cdot 0{,}153 &= +12{,}07 \; ,, \\
M_{5,2} &= + \; 2{,}96 \cdot 0{,}153 - 0{,}302 \cdot 47{,}03 &= -13{,}75 \; ,, \\
M_{5,4} &= + 11{,}06 \cdot 0{,}153 + 5{,}08 \cdot 1{,}668 &= +10{,}17 \; ,, \\
M_{5,6} &= + \; 9{,}74 \cdot 0{,}153 + 6{,}57 \cdot 0{,}318 &= + \; 3{,}58 \; ,, \\
M_{6,3} &= + \; 1{,}14 \cdot 0{,}318 - 0{,}095 \cdot 47{,}03 &= - \; 4{,}10 \; ,, \\
M_{6,5} &= + \; 9{,}74 \cdot 0{,}318 + 6{,}57 \cdot 0{,}153 &= + \; 4{,}10 \; ,, .
\end{aligned}
$$

Da sich diese Momente nur auf die linke Tragwerkshälfte unter der Wirkung der halben Belastung beziehen, erscheint das Moment für den Mittelstab 3—6 im M-Verlauf für das gesamte Tragwerk (Abb. 626) unter der Wirkung der gesamten waagrechten Belastung (vgl. Abb. 621 b und 624) in doppelter Größe, also

$$M_{6,3} = - 2 \cdot 4{,}10 = - 8{,}20 \text{ tm}.$$

Zahlenbeispiel 24[1] (vgl. auch Nr. 10)

Symmetrischer, dreigeschossiger, im unteren Stockwerk fünfstieliger Rahmenbinder. Volle Einspannung bei 1, 1′, 2, 2′, 3; Tragwerksabmessungen siehe Abb. 627. Es sind zwei Belastungsfälle zu untersuchen:

---

[1] Vgl. R. GULDAN: Die CROSS-Methode und ihre praktische Anwendung, Wien 1955; Seite 312 ff., Zahlenbeispiel 30

a) Lotrechte Belastung q_1, q_2, q_3, q_4 (Abb. 628a),

b) Waagrechte Knotenlasten P_1, P_2, P_3, P_4 (Abb. 628b).

Bei der Berechnung sind die geraden Vouten der Riegel zu berücksichtigen.

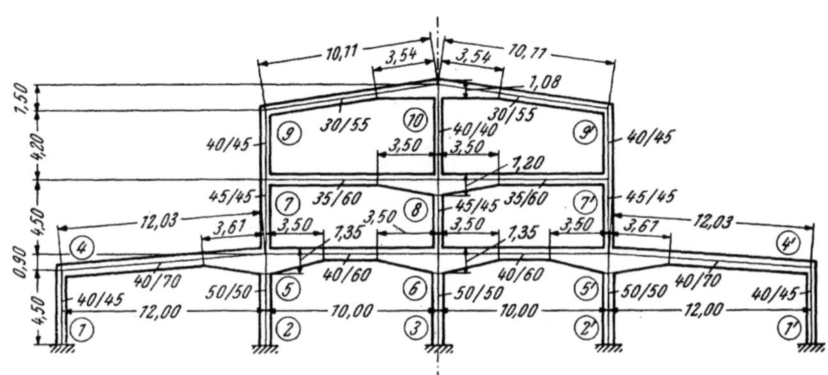

Abb. 627. Tragwerksabmessungen

Die in der nachstehenden Festwerttabelle enthaltenen „relativen" Steifigkeitszahlen a_1, a_2, b, $\bar{c}$ ergeben sich folgendermaßen:

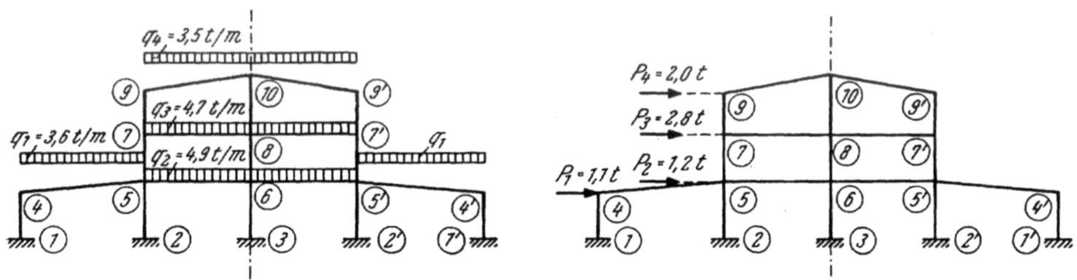

Abb. 628a. Lotrechte Belastung   Abb. 628b. Waagrechte Belastung

Nach (219) erhält man

$$a_1 = \frac{1000\,J_c}{l} \cdot \mathfrak{a}_1 \;; \qquad a_2 = \frac{1000\,J_c}{l} \cdot \mathfrak{a}_2 \;; \qquad b = \frac{1000\,J_c}{l} \cdot \mathfrak{b} \;;$$

nach (178) und (181)

$$c_1 = a_1 + b \;; \qquad c_2 = a_2 + b \quad \text{und} \quad \bar{c}_1 = \frac{c_1}{l} \;; \qquad \bar{c}_2 = \frac{c_2}{l} \,.$$

Die c- bzw. $\bar{c}$-Werte brauchen nur für die Stiele bestimmt zu werden.

Festwerttabelle

Stab	b/h (cm)	J_c (m⁴)	b/h_A (cm)	J_A (m⁴)	l (m)	l_v (m)	$\lambda = \dfrac{l_v}{l}$	$n = \dfrac{J_c}{J_A}$
1—4	40/45	0,00304	40/45	0,00304	4,50	0	0	1
2—5 3—6	50/50	0,00521	50/50	0,00521	5,40	0	0	1
4—5	40/70	0,01143	40/135	0,08201	12,03	3,61	0,30	0,139
5—6	40/60	0,00720	40/135	0,08201	10,00	3,50	0,35	0,088
5—7 6—8	45/45	0,00342	45/45	0,00342	4,50	0	0	1
7—8	35/60	0,00630	35/120	0,05040	10,00	3,50	0,35	0,125
7—9	40/45	0,00304	40/45	0,00304	4,20	0	0	1
8—10	40/40	0,00213	40/40	0,00213	5,70	0	0	1
9—10	30/55	0,00416	30/108	0,03149	10,11	3,54	0,35	0,132

Stab	λ	n	a_1	a_2	b	a_1	a_2	b	$\bar c_o$	$\bar c_u$	Tafel
1—4	0	1	4	4	2	2,70	2,70	1,35	0,900	0,900	7
2—5 3—6	0	1	4	4	2	3,86	3,86	1,93	1,072	1,072	7
4—5	0,30	0,139	8,08	4,68	3,64	7,68	4,45	3,46	—	—	7
5—6	0,35	0,088	15,10	15,10	11,29	10,87	10,87	8,13	—	—	9
5—7 6—8	0	1	4	4	2	3,04	3,04	1,52	1,013	1,013	7
7—8	0,35	0,125	9,25	4,79	4,02	5,83	3,02	2,53	—	—	7
7—9	0	1	4	4	2	2,90	2,90	1,45	1,036	1,036	7
8—10	0	1	4	4	2	1,49	1,49	0,75	0,393	0,393	7
9—10	0,35	0,132	9,10	4,77	3,96	3,74	1,96	1,63	—	—	7

a) Lotrechte Belastung q_1, q_2, q_3, q_4 (Abb. 628a)

Wegen Symmetrie des Tragwerkes und der Belastung erfolgt die Berechnung nur für eine Tragwerkshälfte gemäß Abb. 629 mit gedachter Einspannung bei 6, 8, 10. Es sind somit vier Unbekannte zu bestimmen, nämlich φ_4, φ_5, φ_7, φ_9. Die Stabfestwerte a_1, a_2, b sind in der Festwertskizze (Abb. 629) eingetragen; hierbei ist zu beachten, daß sich die a_1-Werte stets auf die Voutenseite beziehen. Es gelten die Anweisungen Seite 116.

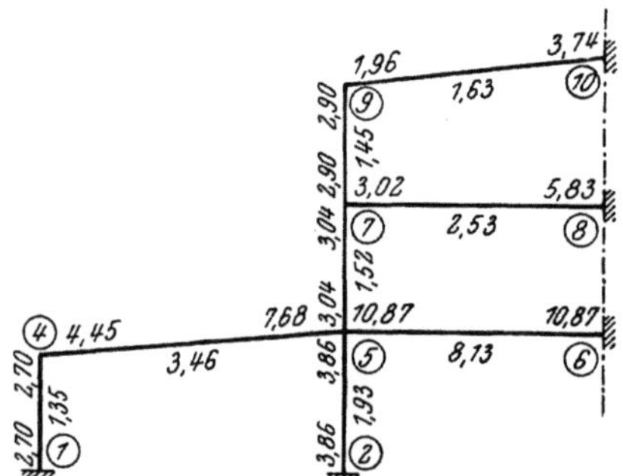

Abb. 629. Festwertskizze für den symmetrischen Lastfall (a- und b-Werte)

Diagonalglieder d

Nach (251) ist allgemein

$$d_n = \sum_i a_{n,i} \,;$$

somit wird anhand der Festwertskizze

$$
\begin{aligned}
d_4 &= 2,70 + 4,45 && = 7,15 \\
d_5 &= 3,86 + 7,68 + 10,87 + 3,04 &&= 25,45 \\
d_7 &= 3,04 + 3,02 + 2,90 && = 8,96 \\
d_9 &= 2,90 + 1,96 && = 4,86 \,.
\end{aligned}
$$

Stabbelastungsglieder 𝔐

Stab 4—5 (einseitig gerade Voute mit $\lambda = 0,30$, $n = 0,139$, $l = 12,0$ m). Nach Tafel 15 erhält man für $q_1 = 3,6$ t/m

$$\mathfrak{M}_{4,5} = -\varkappa_2 \frac{q_1\, l^2}{12} = -0{,}767 \cdot \frac{3{,}6 \cdot 12{,}0^2}{12} = -33{,}10 \text{ tm}$$

$$\mathfrak{M}_{5,4} = +\varkappa_1 \frac{q_1\, l^2}{12} = +1{,}547 \cdot \frac{3{,}6 \cdot 12{,}0^2}{12} = +66{,}80 \text{ ,, .}$$

Stab 5—6 (beidseitig gerade Vouten mit $\lambda = 0{,}35$, $n = 0{,}088$, $l = 10{,}0$ m). Nach Tafel 17 erhält man für $q_2 = 4{,}9$ t/m

$$\mathfrak{M}_{5,6} = -\varkappa \frac{q_2\, l^2}{12} = -1{,}283 \cdot \frac{4{,}9 \cdot 10{,}0^2}{12} = -52{,}40 \text{ tm}; \qquad \mathfrak{M}_{6,5} = +52{,}40 \text{ tm .}$$

Stab 7—8 (einseitig gerade Voute mit $\lambda = 0{,}35$, $n = 0{,}125$, $l = 10{,}0$ m). Nach Tafel 15 erhält man für $q_3 = 4{,}7$ t/m

$$\mathfrak{M}_{7,8} = -\varkappa_2 \frac{q_3\, l^2}{12} = -0{,}739 \cdot \frac{4{,}7 \cdot 10{,}0^2}{12} = -28{,}95 \text{ tm}$$

$$\mathfrak{M}_{8,7} = +\varkappa_1 \frac{q_3\, l^2}{12} = +1{,}621 \cdot \frac{4{,}7 \cdot 10{,}0^2}{12} = +63{,}50 \text{ ,, .}$$

Stab 9—10 (einseitig gerade Voute mit $\lambda = 0{,}35$, $n = 0{,}132$, $l = 10{,}0$ m). Nach Tafel 15 erhält man für $q_4 = 3{,}5$ t/m

$$\mathfrak{M}_{9,10} = -\varkappa_2 \frac{q_4\, l^2}{12} = -0{,}745 \cdot \frac{3{,}5 \cdot 10{,}0^2}{12} = -21{,}75 \text{ tm}$$

$$\mathfrak{M}_{10,9} = +\varkappa_1 \frac{q_4\, l^2}{12} = +1{,}606 \cdot \frac{3{,}5 \cdot 10{,}0^2}{12} = +46{,}80 \text{ ,, .}$$

Knotenbelastungsglieder s

Nach (252a) ist allgemein

$$s_n = \sum_i \mathfrak{M}_{n,i} \, ;$$

damit erhält man

$$s_4 = \qquad\qquad = -33{,}10 \text{ tm} \qquad\qquad s_7 = -28{,}95 \text{ tm}$$
$$s_5 = +66{,}80 - 52{,}40 = +14{,}40 \text{ ,,} \qquad\qquad s_9 = -21{,}75 \text{ ,, .}$$

Knotengleichungen

Nach (250) ist allgemein

$$d_n \varphi_n + \sum_i b_{n,i} \varphi_i + s_n = 0.$$

Damit können anhand der Festwertskizze (Abb. 629) die Gleichungen in Form einer Tabelle aufgestellt werden.

Gleichungstabelle

	φ_4	φ_5	φ_7	φ_9	B
φ_4	+ 7,15	+ 3,46			− 33,10
φ_5	+ 3,46	+ 25,45	+ 1,52		+ 14,40
φ_7		+ 1,52	+ 8,96	+ 1,45	− 28,95
φ_9			+ 1,45	+ 4,86	− 21,75

Die Auflösung nach den Anweisungen Seite 198 f. ergibt:

$$\varphi_4 = +5{,}338; \qquad \varphi_5 = -1{,}464; \qquad \varphi_7 = +2{,}895; \qquad \varphi_9 = +3{,}612 \text{ .}$$

Stabendmomente

Nach (183) ist allgemein für einen Stab 1—2

$$M_{1,2} = a_1 \varphi_1 + b \varphi_2 + \mathfrak{M}_{1,2} \, .$$

Somit erhält man anhand der Festwertskizze (Abb. 629)

$$
\begin{aligned}
M_{1,4} &= +\ 1{,}35 \cdot 5{,}338 & = +\ 7{,}21 \text{ tm}\\
M_{2,5} &= -\ 1{,}93 \cdot 1{,}464 & = -\ 2{,}83 \text{ „}\\
M_{4,1} &= +\ 2{,}70 \cdot 5{,}338 & = +\ 14{,}41 \text{ „}\\
M_{4,5} &= +\ 4{,}45 \cdot 5{,}338 - 3{,}46 \cdot 1{,}464 - 33{,}10 & = -\ 14{,}41 \text{ „}\\
M_{5,2} &= -\ 3{,}86 \cdot 1{,}464 & = -\ 5{,}65 \text{ „}\\
M_{5,4} &= -\ 7{,}68 \cdot 1{,}464 + 3{,}46 \cdot 5{,}338 + 66{,}80 & = +\ 74{,}03 \text{ „}\\
M_{5,6} &= -10{,}87 \cdot 1{,}464 - 52{,}40 & = -\ 68{,}31 \text{ „}\\
M_{5,7} &= -\ 3{,}04 \cdot 1{,}464 + 1{,}52 \cdot 2{,}895 & = -\ 0{,}05 \text{ „}\\
M_{6,5} &= -\ 8{,}13 \cdot 1{,}464 + 52{,}40 & = +\ 40{,}50 \text{ „}\\
M_{7,5} &= +\ 3{,}04 \cdot 2{,}895 - 1{,}52 \cdot 1{,}464 & = +\ 6{,}58 \text{ „}\\
M_{7,8} &= +\ 3{,}02 \cdot 2{,}895 - 28{,}95 & = -\ 20{,}21 \text{ „}\\
M_{7,9} &= +\ 2{,}90 \cdot 2{,}895 + 1{,}45 \cdot 3{,}612 & = +\ 13{,}63 \text{ „}\\
M_{8,7} &= +\ 2{,}53 \cdot 2{,}895 + 63{,}50 & = +\ 70{,}82 \text{ „}\\
M_{9,7} &= +\ 2{,}90 \cdot 3{,}612 + 1{,}45 \cdot 2{,}895 & = +\ 14{,}67 \text{ „}\\
M_{9,10} &= +\ 1{,}96 \cdot 3{,}612 - 21{,}75 & = -\ 14{,}67 \text{ „}\\
M_{10,9} &= +\ 1{,}63 \cdot 3{,}612 + 46{,}80 & = +\ 52{,}69 \text{ „} \cdot
\end{aligned}
$$

In Abb. 630 ist der gesamte M-Verlauf maßstäblich aufgetragen.

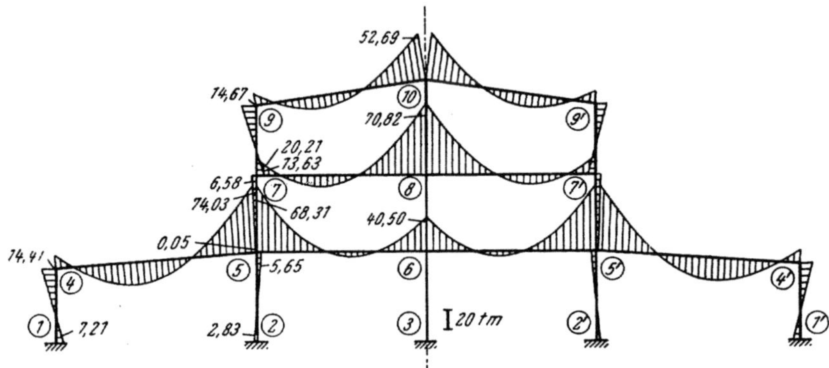

Abb. 630. M-Verlauf für die lotrechte Belastung aus Abb. 628a

b) Waagrechte Belastung P_1, P_2, P_3, P_4 (Abb. 628b)

Die waagrechte Belastung kann für die Ermittlung der Momente als antimetrisch wirkend aufgefaßt werden; hierfür braucht nur eine Tragwerkshälfte gemäß Abb. 631 mit der halben Belastung behandelt zu werden. Es sind insgesamt zehn Unbekannte gemeinsam zu bestimmen,

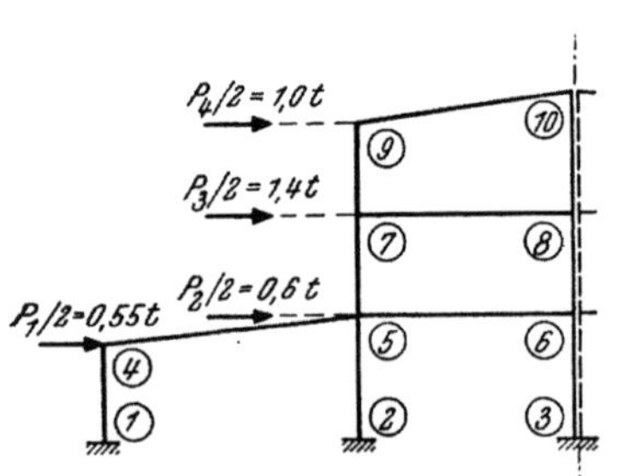

Abb. 631. Tragwerkshälfte mit halber waagrechter Belastung

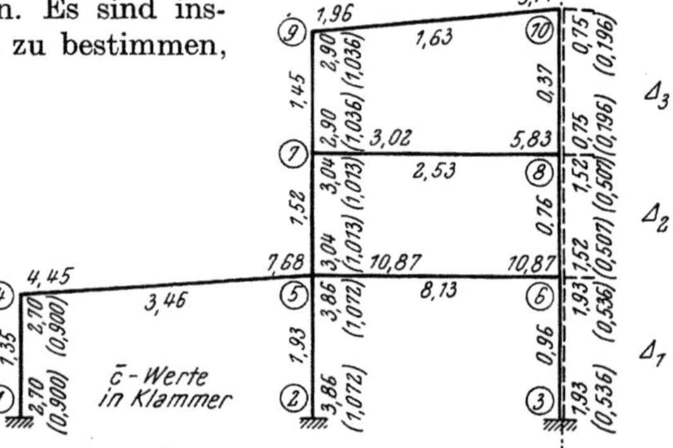

Abb. 632. Festwertskizze für den „antimetrischen" Lastfall (a-, b- und $\bar{c}$-Werte)

und zwar die sieben Knotendrehwinkel φ_4 bis φ_{10} und die drei Verschiebungsgrößen $\varDelta_1$, $\varDelta_2$, $\varDelta_3$. Für die in der Symmetrale liegenden Stäbe 3—6, 6—8, 8—10 sind dabei die Steifigkeitszahlen zu halbieren (nähere Erläuterungen siehe Seite 49); alle übrigen Festwerte bleiben unverändert. In Abb. 632 sind die Werte a_1, a_2, b und $\bar c$ (in Klammern) eingetragen.

Diagonalglieder d und D

Aus dem vorangehenden Lastfall können unverändert übernommen werden:

$$d_4 = 7{,}15; \qquad d_5 = 25{,}45; \qquad d_7 = 8{,}96; \qquad d_9 = 4{,}86 .$$

Für die Knoten 6, 8, 10 ergeben sich die d-Glieder aus (251) mit

$$\begin{aligned}
d_6 &= 1{,}93 + 10{,}87 + 1{,}52 = 14{,}32 \\
d_8 &= 1{,}52 + 5{,}83 + 0{,}75 = 8{,}10 \\
d_{10} &= 0{,}75 + 3{,}74 \qquad\quad = 4{,}49 .
\end{aligned}$$

Nach (270) ist allgemein für ein Stockwerk μ

$$D_\mu = \sum_\mu \frac{\bar c_o + \bar c_u}{l} \; ;$$

also wird unter Zuhilfenahme der Festwertskizze (Abb. 632)

für das 1. Stockwerk:
$$D_1 = \frac{2 \cdot 0{,}900}{4{,}5} + \frac{2 \cdot 1{,}072}{5{,}4} + \frac{2 \cdot 0{,}536}{5{,}4} = 0{,}996$$

,, ,, 2. ,, :
$$D_2 = \frac{2 \cdot 1{,}013}{4{,}5} + \frac{2 \cdot 0{,}507}{4{,}5} = 0{,}675$$

,, ,, 3. ,, :
$$D_3 = \frac{2 \cdot 1{,}036}{4{,}2} + \frac{2 \cdot 0{,}196}{5{,}7} = 0{,}562 .$$

Belastungsglieder S der Verschiebungsgleichungen

Da im vorliegenden Fall nur Knotenlasten vorhanden sind, wird nach (271) für ein Stockwerk μ einfach

$$S_\mu = \varSigma P .$$

Somit erhält man

für das 1. Stockwerk: $S_1 = + 0{,}55 + 0{,}6 + 1{,}4 + 1{,}0 = + 3{,}55 \,\text{t}$

,, ,, 2. ,, : $S_2 = + 1{,}4 \ + 1{,}0 \qquad\qquad = + 2{,}40 \,\text{t}$

,, ,, 3. ,, : $S_3 = \qquad\qquad\qquad\qquad = + 1{,}00 \,\text{t} .$

Aufstellung der Gleichungen

Da sämtliche Stäbe unbelastet sind, ist hier durchweg $s_n = 0$; damit vereinfacht sich die allgemeine *Knotengleichung* (265) zu

$$d_n \varphi_n + \underset{i}{\varSigma} b_{n,i} \varphi_i + \bar c_{n,\mu} \varDelta_\mu + \bar c_{n,\mu+1} \varDelta_{\mu+1} = 0 .$$

Für die *Verschiebungsgleichungen* gilt nach (269)

$$\underset{\mu}{\varSigma} \bar c_u \varphi_u + \underset{\mu}{\varSigma} \bar c_o \varphi_o + D_\mu \varDelta_\mu + S_\mu = 0 .$$

Durch wiederholte Anwendung dieser Gleichungen kann anhand der Festwertskizze (Abb. 632) die Aufstellung der Gleichungstabelle vorgenommen werden (siehe Seite 326).

Die Auflösung nach den Anweisungen Seite 198f. ergibt:

$$\begin{aligned}
\varphi_4 &= + 0{,}441 & \varphi_7 &= + 1{,}046 & \varDelta_1 &= - 4{,}318 \\
\varphi_5 &= + 0{,}212 & \varphi_8 &= + 0{,}141 & \varDelta_2 &= - 5{,}726 \\
\varphi_6 &= + 0{,}237 & \varphi_9 &= + 0{,}843 & \varDelta_3 &= - 5{,}280 . \\
& & \varphi_{10} &= - 0{,}087
\end{aligned}$$

Gleichungstabelle

	φ_4	φ_5	φ_6	φ_7	φ_8	φ_9	φ_{10}	Δ_1	Δ_2	Δ_3	B
φ_4	$+7{,}15$	$+3{,}46$						$+0{,}900$			—
φ_5	$+3{,}46$	$+25{,}45$	$+8{,}13$	$+1{,}52$				$+1{,}072$	$+1{,}013$		—
φ_6		$+8{,}13$	$+14{,}32$		$+0{,}76$			$+0{,}536$	$+0{,}507$		—
φ_7		$+1{,}52$		$+8{,}96$	$+2{,}53$	$+1{,}45$			$+1{,}013$	$+1{,}036$	—
φ_8			$+0{,}76$	$+2{,}53$	$+8{,}10$		$+0{,}37$		$+0{,}507$	$+0{,}196$	—
φ_9				$+1{,}45$		$+4{,}86$	$+1{,}63$			$+1{,}036$	—
φ_{10}					$+0{,}37$	$+1{,}63$	$+4{,}49$			$+0{,}196$	—
Δ_1	$+0{,}900$	$+1{,}072$	$+0{,}536$					$+0{,}996$			$+3{,}55$
Δ_2		$+1{,}013$	$+0{,}507$	$+1{,}013$	$+0{,}507$				$+0{,}675$		$+2{,}40$
Δ_3				$+1{,}036$	$+0{,}196$	$+1{,}036$	$+0{,}196$			$+0{,}562$	$+1{,}00$

Stabendmomente

Gemäß (180a) erhält man unter Beachtung, daß sämtliche Stäbe unbelastet sind, für einen Stab 1—2 mit $\mathfrak{M} = 0$

$$M_{1,2} = a_1 \varphi_1 + b \varphi_2 + \bar{c}_1 \Delta .$$

Damit wird anhand der Festwertskizze (Abb. 632)

$$
\begin{aligned}
M_{1,4} &= +\ 1{,}35 \cdot 0{,}441 - 0{,}900 \cdot 4{,}318 &&= -\ 3{,}29 \text{ tm} \\
M_{2,5} &= +\ 1{,}93 \cdot 0{,}212 - 1{,}072 \cdot 4{,}318 &&= -\ 4{,}22 \text{ ,,} \\
M_{3,6} &= +\ 0{,}96 \cdot 0{,}237 - 0{,}536 \cdot 4{,}318 &&= -\ 2{,}09 \text{ ,,} \\
M_{4,1} &= +\ 2{,}70 \cdot 0{,}441 - 0{,}900 \cdot 4{,}318 &&= -\ 2{,}70 \text{ ,,} \\
M_{4,5} &= +\ 4{,}45 \cdot 0{,}441 + 3{,}46 \cdot 0{,}212 &&= +\ 2{,}70 \text{ ,,} \\
M_{5,2} &= +\ 3{,}86 \cdot 0{,}212 - 1{,}072 \cdot 4{,}318 &&= -\ 3{,}81 \text{ ,,} \\
M_{5,4} &= +\ 7{,}68 \cdot 0{,}212 + 3{,}46 \cdot 0{,}441 &&= +\ 3{,}15 \text{ ,,} \\
M_{5,6} &= +\ 10{,}87 \cdot 0{,}212 + 8{,}13 \cdot 0{,}237 &&= +\ 4{,}23 \text{ ,,} \\
M_{5,7} &= +\ 3{,}04 \cdot 0{,}212 + 1{,}52 \cdot 1{,}046 - 1{,}013 \cdot 5{,}726 &&= -\ 3{,}57 \text{ ,,} \\
M_{6,3} &= +\ 1{,}93 \cdot 0{,}237 - 0{,}536 \cdot 4{,}318 &&= -\ 1{,}86 \text{ ,,} \\
M_{6,5} &= +\ 10{,}87 \cdot 0{,}237 + 8{,}13 \cdot 0{,}212 &&= +\ 4{,}30 \text{ ,,} \\
M_{6,8} &= +\ 1{,}52 \cdot 0{,}237 + 0{,}76 \cdot 0{,}141 - 0{,}507 \cdot 5{,}726 &&= -\ 2{,}44 \text{ ,,} \\
M_{7,5} &= +\ 3{,}04 \cdot 1{,}046 + 1{,}52 \cdot 0{,}212 - 1{,}013 \cdot 5{,}726 &&= -\ 2{,}30 \text{ ,,} \\
M_{7,8} &= +\ 3{,}02 \cdot 1{,}046 + 2{,}53 \cdot 0{,}141 &&= +\ 3{,}52 \text{ ,,} \\
M_{7,9} &= +\ 2{,}90 \cdot 1{,}046 + 1{,}45 \cdot 0{,}843 - 1{,}036 \cdot 5{,}280 &&= -\ 1{,}21 \text{ ,,} \\
M_{8,6} &= +\ 1{,}52 \cdot 0{,}141 + 0{,}76 \cdot 0{,}237 - 0{,}507 \cdot 5{,}726 &&= -\ 2{,}51 \text{ ,,} \\
M_{8,7} &= +\ 5{,}83 \cdot 0{,}141 + 2{,}53 \cdot 1{,}046 &&= +\ 3{,}47 \text{ ,,} \\
M_{8,10} &= +\ 0{,}75 \cdot 0{,}141 - 0{,}37 \cdot 0{,}087 - 0{,}196 \cdot 5{,}280 &&= -\ 0{,}96 \text{ ,,} \\
M_{9,7} &= +\ 2{,}90 \cdot 0{,}843 + 1{,}45 \cdot 1{,}046 - 1{,}036 \cdot 5{,}280 &&= -\ 1{,}51 \text{ ,,} \\
M_{9,10} &= +\ 1{,}96 \cdot 0{,}843 - 1{,}63 \cdot 0{,}087 &&= +\ 1{,}51 \text{ ,,} \\
M_{10,8} &= -\ 0{,}75 \cdot 0{,}087 + 0{,}37 \cdot 0{,}141 - 0{,}196 \cdot 5{,}280 &&= -\ 1{,}05 \text{ ,,} \\
M_{10,9} &= -\ 3{,}74 \cdot 0{,}087 + 1{,}63 \cdot 0{,}843 &&= +\ 1{,}05 \text{ ,,.}
\end{aligned}
$$

Diese Momente beziehen sich auf die linke Tragwerkshälfte unter der Wirkung der halben waagrechten Belastung. Da in der rechten Tragwerkshälfte das antimetrische Momentenbild auftritt, ergeben sich für das gesamte Tragwerk unter der Wirkung der gesamten waagrechten Belastung in den Stielen der Symmetrale die doppelten Werte der vorstehenden Rechnung, also

$$
\begin{aligned}
M_{3,6} &= -\ 2 \cdot 2{,}09 = -\ 4{,}18 \text{ tm} &\qquad M_{6,8} &= -\ 2 \cdot 2{,}44 = -\ 4{,}88 \text{ tm} \\
M_{6,3} &= -\ 2 \cdot 1{,}86 = -\ 3{,}72 \text{ ,,} &\qquad M_{8,6} &= -\ 2 \cdot 2{,}51 = -\ 5{,}02 \text{ ,,} \\
M_{8,10} &= -\ 2 \cdot 0{,}96 = -\ 1{,}92 \text{ tm} \\
M_{10,8} &= -\ 2 \cdot 1{,}05 = -\ 2{,}10 \text{ ,, .}
\end{aligned}
$$

In Abb. 633 ist der gesamte M-Verlauf maßstäblich aufgetragen.

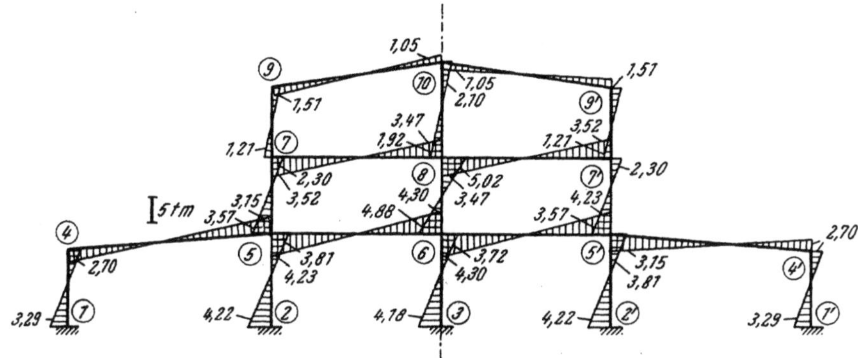

Abb. 633. M-Verlauf für die waagrechte Belastung aus Abb. 628b

Zahlenbeispiel 25 (vgl. auch Nr. 12)

Zweigeschossiger, im unteren Stockwerk dreistieliger Tribünenrahmen mit auskragendem Dachriegel. Volle Einspannung bei 1, 2, 3; damit ist $\varphi_1 = \varphi_2 = \varphi_3 = 0$. Es sind insgesamt fünf Knotendrehwinkel φ_4 bis φ_8 und zwei Verschiebungsgrößen $\varDelta_I$ und $\varDelta_{II}$ als Unbekannte

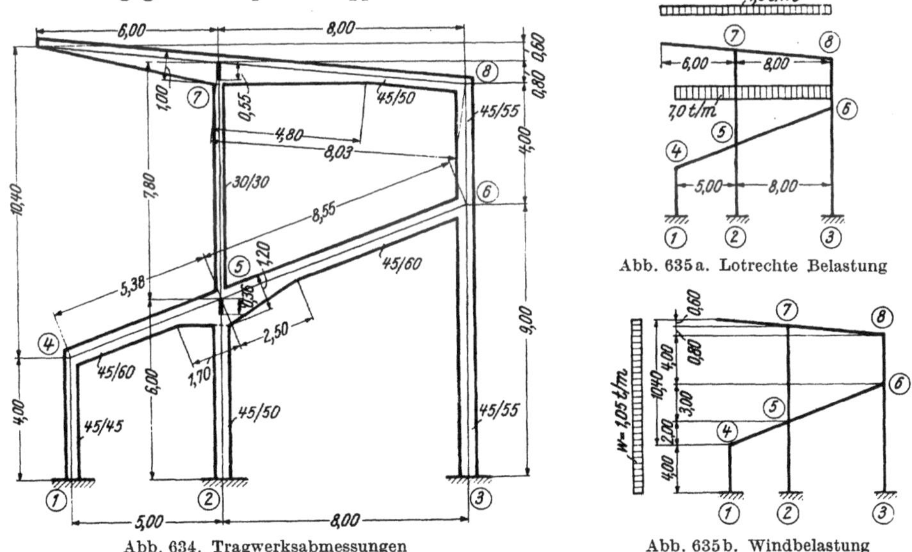

Abb. 634. Tragwerksabmessungen

Abb. 635a. Lotrechte Belastung

Abb. 635b. Windbelastung

gemeinsam zu bestimmen. Tragwerksabmessungen siehe Abb. 634. Bei den geneigten Stäben 4—5, 5—6 und 7—8 sind die einseitig geraden Vouten und bei den Säulen 2—5 und 5—7 am oberen Ende starre Strecken in Rechnung zu stellen. Zu behandeln sind zwei Fälle:

a) Lotrechte Belastung (Abb. 635a),

b) Windbelastung (Abb. 635b).

Da das vorliegende Tragwerk bei jeder Belastung waagrecht verschieblich ist, unterscheiden sich die Bedingungsgleichungen nur durch die Belastungsglieder.

Die hier zu untersuchenden Lastfälle können daher gleichzeitig in einer Gleichungstabelle behandelt werden.

Die in der nachstehenden Festwerttabelle enthaltenen Werte a_1, a_2, b und $\bar{c}$ ergeben sich wie folgt:

Nach (219)

$$a_1 = \frac{1000\,J_c}{l} \cdot \mathfrak{a}_1\;;\qquad a_2 = \frac{1000\,J_c}{l} \cdot \mathfrak{a}_2\;;\qquad b = \frac{1000\,J_c}{l} \cdot \mathfrak{b}\;;$$

nach (178) und (181)

$$c_1 = a_1 + b\;;\qquad c_2 = a_2 + b\quad \text{und}\quad \bar{c}_1 = \frac{c_1}{l}\;;\qquad \bar{c}_2 = \frac{c_2}{l}\,.$$

Die $\bar{c}$-Werte brauchen nur für die Säulen bestimmt zu werden, da bei den übrigen Stäben keine $\varDelta$-Werte auftreten.

Festwerttabelle

Stab	b/h (cm)	J_c (m⁴)	b/h_A (cm)	J_A (m⁴)	l (m)	l_v (m)	$\lambda = \dfrac{l_v}{l}$	$n = \dfrac{J_c}{J_A}$
1—4	45/45	0,00342	45/45	0,00342	4,00	0	0	1
2—5	45/50	0,00469	45/∞	∞	6,00	0,36	0,060	0
3—6	45/55	0,00624	45/55	0,00624	9,00	0	0	1
4—5	45/60	0,00810	45/120	0,06480	5,38	1,70	0,316	0,125
5—6	45/60	0,00810	45/120	0,06480	8,55	2,50	0,293	0,125
5—7	30/30	0,000675	45/∞	∞	7,80	0,55	0,070	0
6—8	45/55	0,00624	45/55	0,00624	4,00	0	0	1
7—8	45/50	0,00469	45/100	0,03750	8,03	4,80	0,598	0,125

Stab	λ	n	$\mathfrak{a}_1$	$\mathfrak{a}_2$	$\mathfrak{b}$	a_1	a_2	b	$\bar{c}_o$	$\bar{c}_u$	Tafel
1—4	0	1	4	4	2	3,42	3,42	1,71	1,285	1,285	7
2—5	0,060	0	5,15	4,26	2,55	4,02	3,33	1,99	1,002	0,887	7 a
3—6	0	1	4	4	2	2,77	2,77	1,39	0,462	0,462	7
4—5	0,316	0,125	8,65	4,75	3,81	13,02	7,15	5,74	—	—	7 a
5—6	0,293	0,125	8,20	4,70	3,68	7,76	4,45	3,48	—	—	7 a
5—7	0,070	0	5,36	4,27	2,64	0,464	0,370	0,228	0,089	0,077	7 a
6—8	0	1	4	4	2	6,24	6,24	3,12	2,340	2,340	7
7—8	0,598	0,125	14,20	5,07	5,03	8,30	2,96	2,94	—	—	7 a

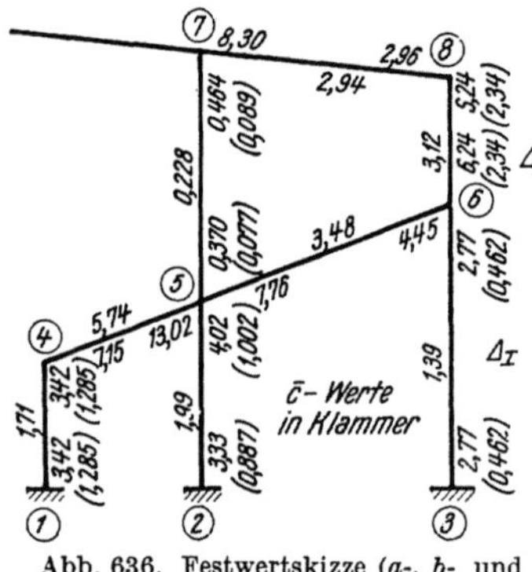

Abb. 636. Festwertskizze (a-, b- und $\bar{c}$-Werte)

In der Festwertskizze Abb. 636 sind die Stabfestwerte a_1, a_2, b, ferner auch die Werte $\bar{c}_o$ und $\bar{c}_u$ (in Klammern) eingetragen.

Diagonalglieder d und D

Nach (251)

$$d_n = \sum_i a_{n,i}$$

erhält man

$$
\begin{aligned}
d_4 &= 3,42 + 7,15 &&= 10,57\\
d_5 &= 4,02 + 13,02 + 7,76 + 0,370 &&= 25,17\\
d_6 &= 2,77 + 4,45 + 6,24 &&= 13,46\\
d_7 &= 0,464 + 8,30 &&= 8,76\\
d_8 &= 6,24 + 2,96 &&= 9,20\,.
\end{aligned}
$$

Nach (270) ist allgemein für ein Stockwerk μ

$$D_\mu = \sum_\mu \frac{\bar c_o + \bar c_u}{l} \; ;$$

also wird hier

für das 1. Stockwerk: $D_I = \dfrac{2 \cdot 1{,}285}{4{,}0} + \dfrac{1{,}002 + 0{,}887}{6{,}0} + \dfrac{2 \cdot 0{,}462}{9{,}0} = 1{,}060$

,, ,, 2. ,, : $D_{II} = \dfrac{0{,}089 + 0{,}077}{7{,}8} + \dfrac{2 \cdot 2{,}340}{4{,}0} = 1{,}191$.

a) Lotrechte Belastung (Abb. 635a)

Stabbelastungsglieder $\mathfrak{M}$

Stab 4—5 (einseitig gerade Voute mit $\lambda = 0{,}316$, $n = 0{,}125$, $l = 5{,}0$ m). Nach Tafel 15a wird für $q = 7{,}0$ t/m

$$\mathfrak{M}_{4,5} = - \varkappa_2 \frac{q\,l^2}{12} = - 0{,}75 \cdot \frac{7{,}0 \cdot 5{,}0^2}{12} = - 10{,}92 \text{ tm}$$

$$\mathfrak{M}_{5,4} = + \varkappa_1 \frac{q\,l^2}{12} = + 1{,}59 \cdot \frac{7{,}0 \cdot 5{,}0^2}{12} = + 23{,}2 \text{ ,, } .$$

Stab 5—6 (einseitig gerade Voute mit $\lambda = 0{,}293$, $n = 0{,}125$, $l = 8{,}0$ m). Nach Tafel 15a wird für $q = 7{,}0$ t/m

$$\mathfrak{M}_{5,6} = - \varkappa_1 \frac{q\,l^2}{12} = - 1{,}56 \cdot \frac{7{,}0 \cdot 8{,}0^2}{12} = - 58{,}3 \text{ tm}$$

$$\mathfrak{M}_{6,5} = + \varkappa_2 \frac{q\,l^2}{12} = + 0{,}76 \cdot \frac{7{,}0 \cdot 8{,}0^2}{12} = + 28{,}4 \text{ ,, } .$$

Stab 7—8 (einseitig gerade Voute mit $\lambda = 0{,}598$, $n = 0{,}125$, $l = 8{,}0$ m). Nach Tafel 15a wird für $q = 4{,}0$ t/m

$$\mathfrak{M}_{7,8} = - \varkappa_1 \frac{q\,l^2}{12} = - 1{,}64 \cdot \frac{4{,}0 \cdot 8{,}0^2}{12} = - 35{,}0 \text{ tm}$$

$$\mathfrak{M}_{8,7} = + \varkappa_2 \frac{q\,l^2}{12} = + 0{,}71 \cdot \frac{4{,}0 \cdot 8{,}0^2}{12} = + 15{,}16 \text{ ,, } .$$

Kragmoment:

$$\mathfrak{M}_{7,K} = + \frac{4{,}0 \cdot 6{,}0^2}{2} = + 72{,}0 \text{ tm} .$$

Knotenbelastungsglieder s

Nach (252)

$$s_n = \sum_i \mathfrak{M}_{n,i} + \sum \mathfrak{M}_{n,K}$$

erhält man

$s_4 = \phantom{+ 23{,}2 - 58{,}3} = - 10{,}92$ tm $\qquad s_7 = - 35{,}0 + 72{,}0 = + 37{,}0$ tm

$s_5 = + 23{,}2 - 58{,}3 = - 35{,}1$,, $\qquad s_8 = \phantom{- 35{,}0 + 72{,}0} = + 15{,}16$,, .

$s_6 = \phantom{+ 23{,}2 - 58{,}3} = + 28{,}4$,,

Die Belastungsglieder S für die Verschiebungsgleichungen sind durchweg Null, da nur lotrechte Belastungen vorhanden sind.

b) Windbelastung $w = 1{,}05$ t/m (Abb. 635b)

Stabbelastungsglieder $\mathfrak{M}$

Stab 1—4 (keine Vouten, $l = 4{,}0$ m). Nach Tafel 2 wird für $q = 1{,}05$ t/m

$$\mathfrak{M}_{1,4} = - \frac{q\,l^2}{12} = - \frac{1{,}05 \cdot 4{,}0^2}{12} = - 1{,}40 \text{ tm}; \qquad \mathfrak{M}_{4,1} = + 1{,}40 \text{ tm} .$$

Stab 4—5 (einseitig gerade Voute mit $\lambda = 0{,}316$, $n = 0{,}125$, $l = 2{,}0$ m). Nach Tafel 15a wird für $q = 1{,}05$ t/m

$$\mathfrak{M}_{4,5} = -\varkappa_2 \frac{q\,l^2}{12} = -0{,}75 \cdot \frac{1{,}05 \cdot 2{,}0^2}{12} = -0{,}26 \text{ tm}$$

$$\mathfrak{M}_{5,4} = +\varkappa_1 \frac{q\,l^2}{12} = +1{,}59 \cdot \frac{1{,}05 \cdot 2{,}0^2}{12} = +0{,}56 \text{ ,, .}$$

Stab 5—6 (einseitig gerade Voute mit $\lambda = 0{,}293$, $n = 0{,}125$, $l = 3{,}0$ m). Nach Tafel 15a wird für $q = 1{,}05$ t/m

$$\mathfrak{M}_{5,6} = -\varkappa_1 \frac{q\,l^2}{12} = -1{,}56 \cdot \frac{1{,}05 \cdot 3{,}0^2}{12} = -1{,}23 \text{ tm}$$

$$\mathfrak{M}_{6,5} = +\varkappa_2 \frac{q\,l^2}{12} = +0{,}76 \cdot \frac{1{,}05 \cdot 3{,}0^2}{12} = +0{,}60 \text{ ,, .}$$

Stab 6—8 (keine Vouten, $l = 4{,}0$ m). Mit $q = 1{,}05$ t/m ist wie bei Stab 1—4

$$\mathfrak{M}_{6,8} = -1{,}40 \text{ tm}; \quad \mathfrak{M}_{8,6} = +1{,}40 \text{ tm} .$$

Stab 7—8 (einseitig gerade Voute mit $\lambda = 0{,}598$, $n = 0{,}125$, $l = 0{,}8$ m). Nach Tafel 15a wird für den von unten mit $q = 1{,}05$ t/m belasteten Stab

$$\mathfrak{M}_{7,8} = +\varkappa_1 \frac{q\,l^2}{12} = +1{,}64 \cdot \frac{1{,}05 \cdot 0{,}8^2}{12} = +0{,}09 \text{ tm}$$

$$\mathfrak{M}_{8,7} = -\varkappa_2 \frac{q\,l^2}{12} = -0{,}71 \cdot \frac{1{,}05 \cdot 0{,}8^2}{12} = -0{,}04 \text{ ,, .}$$

Kragmoment:

$$\mathfrak{M}_{7,K} = -\frac{1{,}05 \cdot 0{,}6^2}{2} = -0{,}19 \text{ tm} .$$

Knotenbelastungsglieder s

Nach (252)

$$s_n = \sum_i \mathfrak{M}_{n,i} + \sum \mathfrak{M}_{n,K}$$

erhält man

$$s_4 = +1{,}40 - 0{,}26 = +1{,}14 \text{ tm} \qquad s_7 = -0{,}19 + 0{,}09 = -0{,}10 \text{ tm}$$
$$s_5 = +0{,}56 - 1{,}23 = -0{,}67 \text{ ,,} \qquad\quad s_8 = +1{,}40 - 0{,}04 = +1{,}36 \text{ ,, .}$$
$$s_6 = +0{,}60 - 1{,}40 = -0{,}80 \text{ ,,}$$

Belastungsglieder S der Verschiebungsgleichungen

Nach (271) wird hier unter Beachtung, daß $P = 0$ und bei den belasteten Säulen stets $\mathfrak{M}_o = -\mathfrak{M}_u$ ist, einfach

$$S_\mu = \sum q \cdot e + \sum_\mu \mathfrak{A}_o ;$$

damit erhält man

für das 1. Stockwerk: $\quad S_I = +1{,}05 \cdot 10{,}40 + \dfrac{1{,}05 \cdot 4{,}0}{2} = +13{,}02$ t

,, ,, 2. ,, $\quad : S_{II} = +1{,}05 \cdot 1{,}40 + \dfrac{1{,}05 \cdot 4{,}0}{2} = +3{,}57$ t .

Aufstellung der Gleichungen

Die *Knotengleichungen* lauten nach (265)

$$d_n \varphi_n + \sum_i b_{n,i} \varphi_i + \bar{c}_{n,\mu} \varDelta_\mu + \bar{c}_{n,\mu+1} \varDelta_{\mu+1} + s_n = 0$$

und die *Verschiebungsgleichungen* nach (269)

$$\sum_\mu \bar{c}_u \varphi_u + \sum_\mu \bar{c}_o \varphi_o + D_\mu \varDelta_\mu + S_\mu = 0.$$

Durch wiederholte Anwendung dieser Gleichungen kann anhand der Festwertskizze (Abb. 636) die Aufstellung der Gleichungstabelle vorgenommen werden. Die beiden Belastungsfälle unterscheiden sich nur durch die letzten Spalten dieser Tabelle.

Gleichungstabelle

	φ_4	φ_5	φ_6	φ_7	φ_8	Δ_I	Δ_{II}	$B^{(a)}$	$B^{(b)}$
φ_4	$+\,10{,}57$	$+\,5{,}74$				$+\,1{,}285$		$-\,10{,}92$	$+\,1{,}14$
φ_5	$+\,5{,}74$	$+\,25{,}17$	$+\,3{,}48$	$+\,0{,}228$		$+\,1{,}002$	$+\,0{,}077$	$-\,35{,}1$	$-\,0{,}67$
φ_6		$+\,3{,}48$	$+\,13{,}46$		$+\,3{,}12$	$+\,0{,}462$	$+\,2{,}340$	$+\,28{,}4$	$-\,0{,}80$
φ_7		$+\,0{,}228$		$+\,8{,}76$	$+\,2{,}94$		$+\,0{,}089$	$+\,37{,}0$	$-\,0{,}10$
φ_8			$+\,3{,}12$	$+\,2{,}94$	$+\,9{,}20$		$+\,2{,}340$	$+\,15{,}16$	$+\,1{,}36$
Δ_I	$+\,1{,}285$	$+\,1{,}002$	$+\,0{,}462$			$+\,1{,}060$		$-$	$+\,13{,}02$
Δ_{II}		$+\,0{,}077$	$+\,2{,}340$	$+\,0{,}089$	$+\,2{,}340$		$+\,1{,}191$	$-$	$+\,3{,}57$

Durch Auflösung nach den Anweisungen Seite 198 ff. erhält man

Für Lastfall a) Lotrechte Belastung ($B^{(a)}$) gemäß Abb. 635a

$$\varphi_4 = -0{,}079 \qquad \varphi_6 = -4{,}456 \qquad \Delta_I = +0{,}148$$
$$\varphi_5 = +2{,}014 \qquad \varphi_7 = -3{,}568 \qquad \Delta_{II} = +13{,}821\,.$$
$$\varphi_8 = -2{,}510$$

Für Lastfall b) Windbelastung ($B^{(b)}$) gemäß Abb. 635b

$$\varphi_4 = +1{,}755 \qquad \varphi_6 = +2{,}042 \qquad \Delta_I = -15{,}287$$
$$\varphi_5 = -0{,}008 \qquad \varphi_7 = -0{,}636 \qquad \Delta_{II} = -11{,}389\,.$$
$$\varphi_8 = +2{,}259$$

Stabendmomente

Nach (180a) ist allgemein für einen Stab 1—2

$$M_{1,2} = a_1\,\varphi_1 + b\,\varphi_2 + \bar{c}_1\,\Delta + \mathfrak{M}_{1,2}\,.$$

Damit erhält man anhand der Festwertskizze (Abb. 636):

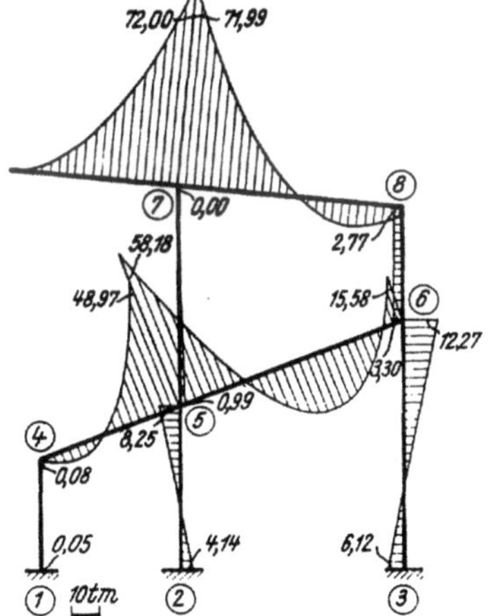

Abb. 637. M-Verlauf für die lotrechte Belastung aus Abb. 635a

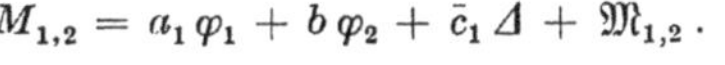

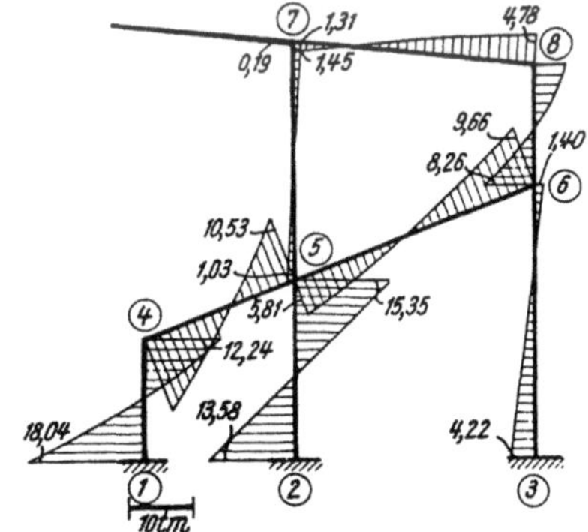

Abb. 638. M-Verlauf für die Windbelastung aus Abb. 635b

a) Für die lotrechte Belastung ($B^{(a)}$) gemäß Abb. 635a

$$M_{1,4} = +0{,}05 \text{ tm} \qquad M_{5,2} = +8{,}25 \text{ tm} \qquad M_{7,5} = 0{,}00 \text{ tm}$$
$$M_{2,5} = +4{,}14 \text{ ,,} \qquad M_{5,4} = +48{,}97 \text{ ,,} \qquad M_{7,8} = -71{,}99 \text{ ,,}$$
$$M_{3,6} = -6{,}12 \text{ ,,} \qquad M_{5,6} = -58{,}18 \text{ ,,} \qquad M_{7,K} = +72{,}00 \text{ ,,}$$
$$M_{4,1} = -0{,}08 \text{ ,,} \qquad M_{5,7} = +0{,}99 \text{ ,,} \qquad M_{8,6} = +2{,}77 \text{ ,,}$$
$$M_{4,5} = +0{,}08 \text{ ,,} \qquad M_{6,3} = -12{,}27 \text{ ,,} \qquad M_{8,7} = -2{,}77 \text{ ,, .}$$
$$M_{6,5} = +15{,}58 \text{ ,,}$$
$$M_{6,8} = -3{,}30 \text{ ,,}$$

Diese Momente sind in Abb. 637 maßstäblich aufgetragen.

b) Für die Windbelastung ($B^{(b)}$) gemäß Abb. 635 b

$$M_{1,4} = -18,04 \text{ tm} \qquad M_{5,2} = -15,35 \text{ tm} \qquad M_{7,5} = -1,31 \text{ tm}$$
$$M_{2,5} = -13,58 \text{ ,,} \qquad M_{5,4} = +10,53 \text{ ,,} \qquad M_{7,8} = +1,45 \text{ ,,}$$
$$M_{3,6} = -\ 4,22 \text{ ,,} \qquad M_{5,6} = +\ 5,81 \text{ ,,} \qquad M_{7,K} = -0,19 \text{ ,,}$$
$$\qquad\qquad\qquad\qquad M_{5,7} = -\ 1,03 \text{ ,,}$$
$$M_{4,1} = -12,24 \text{ ,,} \qquad\qquad\qquad\qquad\qquad M_{8,6} = -4,78 \text{ ,,}$$
$$M_{4,5} = +12,24 \text{ ,,} \qquad M_{6,3} = -\ 1,40 \text{ ,,} \qquad M_{8,7} = +4,78 \text{ ,, } .$$
$$\qquad\qquad\qquad\qquad M_{6,5} = +\ 9,66 \text{ ,,}$$
$$\qquad\qquad\qquad\qquad M_{6,8} = -\ 8,26 \text{ ,,}$$

In Abb. 638 sind diese Momente eingetragen.

Zahlenbeispiel 26 (vgl. auch Nr. 17)

Lotrecht verschiebliches Tragwerk mit zurückgesetztem Obergeschoß.
Tragwerksabmessungen und Belastungsangaben siehe Abb. 639 und 640. Infolge voller Einspannung in den Knotenpunkten 1, 2, 6, 9 ist $\varphi_1 = \varphi_2 = \varphi_6 = \varphi_9 = 0$, so daß insgesamt sechs Unbekannte, nämlich die fünf Knotendrehwinkel φ_3, φ_4,

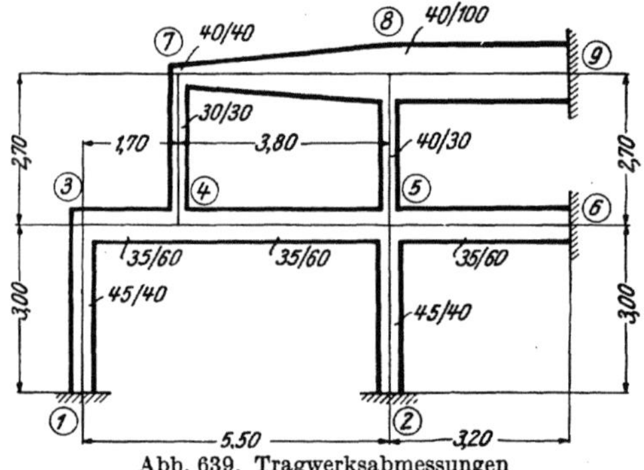

Abb. 639. Tragwerksabmessungen

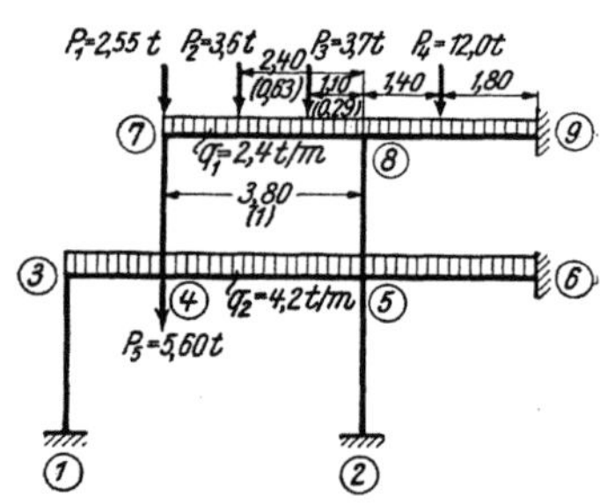

Abb. 640. Belastungsangaben

φ_5, φ_7, φ_8 und die Verschiebungsgröße δ der Knotenreihe 4—7 gemeinsam zu bestimmen sind.

Das Tragwerk enthält einen Stab mit veränderlichen Querschnitten; der Stab 7—8 weist eine über die ganze Länge reichende gerade Voute auf ($\lambda = l_v/l = 1$). Am linken Auflager ist $b/h = 40/40$ (cm), am rechten $40/100$ (cm); somit $J_c = 0,00213$ m⁴, $J_A = 0,03333$ m⁴ und

$$n = \frac{J_c}{J_A} = \frac{0,00213}{0,03333} = 0,064 \, .$$

Für $\lambda = 1$ und $n = 0,064$ ergeben sich aus Tafel 7a

$$\mathfrak{a}_1 = 32,6 \, ; \qquad \mathfrak{a}_2 = 8,2 \, ; \qquad \mathfrak{b} = 8,05 \, ,$$

für alle übrigen Stäbe ist gemäß (205) oder aus Tafel 7 für $\lambda = 0$ bzw. $n = 1$ $\mathfrak{a}_1 = \mathfrak{a}_2 = 4$ und $\mathfrak{b} = 2$.

Die in nachstehender Festwerttabelle enthaltenen Werte a, b und $\bar{c}$ werden wie folgt ermittelt:
Nach (219)

$$a_1 = \frac{1000 J_c}{l} \cdot \mathfrak{a}_1; \qquad a_2 = \frac{1000 J_c}{l} \cdot \mathfrak{a}_2; \qquad b = \frac{1000 J_c}{l} \cdot \mathfrak{b} \, ,$$

nach (178) und (181)

$$c_1 = a_1 + b \, ; \qquad c_2 = a_2 + b \quad \text{und} \quad \bar{c}_1 = \frac{c_1}{l} \, ; \qquad \bar{c}_2 = \frac{c_2}{l} \, .$$

Festwerttabelle

Stab	b/h (cm)	J_c (m^4)	l (m)	a_1	a_2	$\mathfrak{b}$	a_1	a_2	b	$\bar{c}_1$	$\bar{c}_2$	Tafel
1—3 2—5	45/40	0,00240	3,00	4	4	2	3,20	3,20	1,60	—	—	7
3—4	35/60	0,00630	1,70	4	4	2	14,82	14,82	7,41	13,076	13,076	7
4—5	35/60	0,00630	3,80	4	4	2	6,63	6,63	3,32	2,618	2,618	7
4—7	30/30	0,000675	2,70	4	4	2	1,00	1,00	0,50	—	—	7
5—6	35/60	0,00630	3,20	4	4	2	7,88	7,88	3,94	—	—	7
5—8	40/30	0,00090	2,70	4	4	2	1,33	1,33	0,67	—	—	7
7—8	40/40	0,00213	3,80	32,6	8,2	8,05	18,27	4,60	4,51	5,995	2,397	7 a
8—9	40/100	0,03333	3,20	4	4	2	41,66	41,66	20,83	—	—	7

In der Festwertskizze Abb. 641 sind die „relativen" Stabfestwerte a_1, a_2, b sowie (in Klammern) die erforderlichen Werte $\bar{c}_1$ und $\bar{c}_2$ eingetragen.

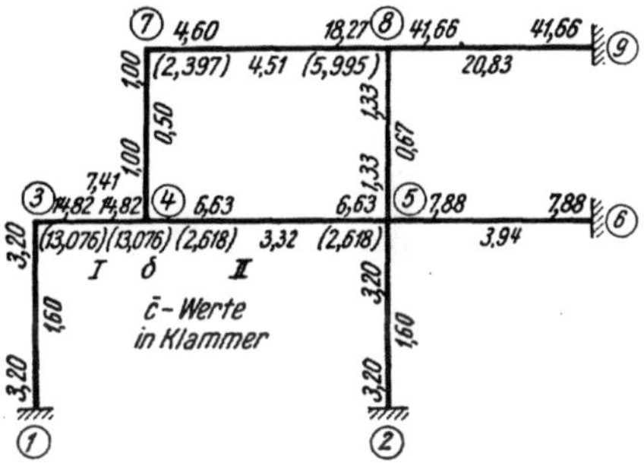

Abb. 641. Festwertskizze (a-, b- und $\bar{c}$-Werte)

Beiwerte $\varkappa$ und C

Nach (338) ist für einen lotrecht verschieblichen Knotenpunkt n zwischen den Feldern ν und $(\nu + 1)$ allgemein

$$\varkappa_n = \bar{c}_{n,\nu+1} - \bar{c}_{n,\nu} \, ,$$

daher

$$\varkappa_4 = + \, 2{,}618 - 13{,}076 = - \, 10{,}458$$
$$\varkappa_7 = \qquad\qquad = + \, 2{,}397 \, .$$

Nach (342) ist allgemein für ein Feld ν zwischen den Knotenreihen $(m-1)$ und m

$$C_\nu = \sum_\nu \frac{\bar{c}_{m-1,m} + \bar{c}_{m,m-1}}{l_\nu} \, ;$$

somit wird

für Feld I: $\quad C_I = \dfrac{2 \cdot 13{,}076}{1{,}7} = 15{,}383$

„ „ II: $\quad C_{II} = \dfrac{2 \cdot 2{,}618 + 2{,}397 + 5{,}995}{3{,}8} = 3{,}586 \, .$

Diagonalglieder d und D

Nach (251)

$$d_n = \sum_i a_{n,i}$$

erhält man anhand der Festwertskizze (Abb. 641)

$$d_3 = 3{,}20 + 14{,}82 \qquad\qquad\; = 18{,}02; \qquad d_7 = 1{,}00 + 4{,}60 \qquad\qquad = 5{,}60$$
$$d_4 = 14{,}82 + 6{,}63 + 1{,}00 \qquad = 22{,}45; \qquad d_8 = 1{,}33 + 18{,}27 + 41{,}66 = 61{,}26.$$
$$d_5 = 3{,}20 + 6{,}63 + 7{,}88 + 1{,}33 = 19{,}04$$

Nach (343) ist für eine verschiebliche Knotenreihe m zwischen den Feldern ν und $(\nu+1)$ allgemein

$$D_m = C_\nu + C_{\nu+1} \, ,$$

also für die Knotenreihe 4—7:

$$D = C_I + C_{II} = 15{,}383 + 3{,}586 = 18{,}969 \, .$$

Stabbelastungsglieder $\mathfrak{M}$

Für die Stäbe ohne Vouten können die $\mathfrak{M}$-Glieder aus dem Zahlenbeispiel 17 übernommen werden, weil dort mit derselben Belastung gerechnet wurde; also

$$\mathfrak{M}_{3,4} = - \, 1{,}01 \;\text{tm}; \qquad \mathfrak{M}_{4,5} = - \, 5{,}05 \;\text{tm}; \qquad \mathfrak{M}_{5,6} = - \, 3{,}58 \;\text{tm}; \qquad \mathfrak{M}_{8,9} = - \, 7{,}37 \;\text{tm}$$
$$\mathfrak{M}_{4,3} = + \, 1{,}01 \;\text{„}; \qquad \mathfrak{M}_{5,4} = + \, 5{,}05 \;\text{„}; \qquad \mathfrak{M}_{6,5} = + \, 3{,}58 \;\text{„}; \qquad \mathfrak{M}_{9,8} = + \, 6{,}18 \;\text{„} \, .$$

Stab 7—8 (einseitig gerade Voute mit $\lambda = 1$, $n = 0,064$, $l = 3,8$ m). Nach Tafel 15a wird für die durchgehende Gleichlast $q_1 = 2,4$ t/m

$$\mathfrak{M}_{7,8}{}^{(q_1)} = -\varkappa_2 \frac{q_1 \, l^2}{12} = -0,540 \cdot \frac{2,4 \cdot 3,8^2}{12} = -1,56 \text{ tm}$$

$$\mathfrak{M}_{8,7}{}^{(q_1)} = +\varkappa_1 \frac{q_1 \, l^2}{12} = +1,625 \cdot \frac{2,4 \cdot 3,8^2}{12} = +4,69 \text{ ,, } .$$

Nach der Einflußlinientafel 21a wird für die Einzellasten $P_2 = 3,6$ t und $P_3 = 3,7$ t an den Orten $a/l = 2,4/3,8 = 0,63$ bzw. $1,1/3,8 = 0,29$, von der Voutenseite aus gemessen,

$$\mathfrak{M}_{7,8}{}^{(P_2)} = -\eta_2 \, P_2 \, l = -0,078 \cdot 3,6 \cdot 3,8 = -1,07 \text{ tm}$$
$$\mathfrak{M}_{8,7}{}^{(P_2)} = +\eta_1 \, P_2 \, l = +0,180 \cdot 3,6 \cdot 3,8 = +2,46 \text{ ,, }$$
$$\mathfrak{M}_{7,8}{}^{(P_3)} = -\eta_2 \, P_3 \, l = -0,020 \cdot 3,7 \cdot 3,8 = -0,28 \text{ ,, }$$
$$\mathfrak{M}_{8,7}{}^{(P_3)} = +\eta_1 \, P_3 \, l = +0,198 \cdot 3,7 \cdot 3,8 = +2,78 \text{ ,, } .$$

Durch Zusammenfassung erhält man:

$$\mathfrak{M}_{7,8} = -1,56 - 1,07 - 0,28 = -2,91 \text{ tm}$$
$$\mathfrak{M}_{8,7} = +4,69 + 2,46 + 2,78 = +9,93 \text{ ,, } .$$

Knotenbelastungsglieder s

Nach (252a)

$$s_n = \sum_i \mathfrak{M}_{n,i}$$

erhält man

$$s_3 = = -1,01 \text{ tm} \qquad\qquad s_7 = = -2,91 \text{ tm}$$
$$s_4 = +1,01 - 5,05 = -4,04 \text{ ,, } \qquad\qquad s_8 = +9,93 - 7,37 = +2,56 \text{ ,, } .$$
$$s_5 = +5,05 - 3,58 = +1,47 \text{ ,, }$$

Belastungsglied S der Verschiebungsgleichung

Nach (345) ist allgemein für eine Knotenreihe m

$$S_m = -\sum P - \sum_{\nu} \mathfrak{A}^r{}_{\nu} - \sum_{\nu+1} \mathfrak{A}^l{}_{\nu+1} - \frac{1}{l_\nu} \sum_{\nu} (\mathfrak{M}^l{}_\nu + \mathfrak{M}^r{}_\nu) + \frac{1}{l_{\nu+1}} \sum_{\nu+1} (\mathfrak{M}^l{}_{\nu+1} + \mathfrak{M}^r{}_{\nu+1}).$$

Zahlenmäßig wird sich dieser Ausdruck nur durch das letzte Glied $\dfrac{1}{l_{7,8}} (\mathfrak{M}_{7,8} + \mathfrak{M}_{8,7})$ von jenem des Zahlenbeispiels 17 unterscheiden. Es wird

$$S = -2,55 - 5,60 - \frac{4,2 \cdot 1,7}{2} - \frac{4,2 \cdot 3,8}{2} - \frac{2,4 \cdot 3,8}{2} - \frac{3,6 \cdot 2,4}{3,8} - \frac{3,7 \cdot 1,1}{3,8} +$$
$$+ \frac{-2,91 + 9,93}{3,8} = -25,75 \text{ t } .$$

Aufstellung der Gleichungen

Knotengleichungen nach (336):

$$d_n \varphi_n + \sum_i b_{n,i} \varphi_i + \bar{c}_{n,\nu} \delta_{m-1} + \varkappa_n \delta_m - \bar{c}_{n,\nu+1} \delta_{m+1} + s_n = 0 .$$

Verschiebungsgleichung nach (341) mit der Vereinfachung, daß die Glieder $C_\nu \delta_{m-1}$ und $C_{\nu+1} \delta_{m+1}$ entfallen, da die Verschiebungen δ_{m-1} und δ_{m+1} der benachbarten Knotenreihen gleich Null sind:

$$-\sum_{\nu} \bar{c}_{m-1,m} \varphi_{m-1} + \sum \varkappa_m \varphi_m + \sum_{\nu+1} \bar{c}_{m+1,m} \varphi_{m+1} + D_m \delta_m + S_m = 0.$$

Damit kann anhand der Festwertskizze (Abb. 641) die Gleichungstabelle aufgestellt werden.

Gleichungstabelle

	φ_3	φ_4	φ_5	φ_7	φ_8	δ	B
φ_3	$+\,18{,}02$	$+\ 7{,}41$	·			$-\,13{,}076$	$-\ 1{,}01$
φ_4	$+\ \ 7{,}41$	$+\,22{,}45$	$+\ 3{,}32$	$+\,0{,}50$		$-\,10{,}458$	$-\ 4{,}04$
φ_5		$+\ 3{,}32$	$+\,19{,}04$		$+\ 0{,}67$	$+\ 2{,}618$	$+\ 1{,}47$
φ_7		$+\ 0{,}50$		$+\,5{,}60$	$+\ 4{,}51$	$+\ 2{,}397$	$-\ 2{,}91$
φ_8			$+\ 0{,}67$	$+\,4{,}51$	$+\,61{,}26$	$+\ 5{,}995$	$+\ 2{,}56$
δ	$-\,13{,}076$	$-\,10{,}458$	$+\ 2{,}618$	$+\,2{,}397$	$+\ 5{,}995$	$+\,18{,}969$	$-\,25{,}75$

Die Auflösung nach den Anweisungen Seite 198 ff. ergibt:

$$\varphi_3 = +\,2{,}631 \qquad \varphi_5 = -\,0{,}939 \qquad \varphi_8 = -\,0{,}375$$
$$\varphi_4 = +\,1{,}536 \qquad \varphi_7 = -\,1{,}207 \qquad \delta = +\,4{,}419\;.$$

Stabendmomente

Nach (182) ist allgemein für einen Stab 1—2 mit den Stabendverschiebungen δ_1 und δ_2, wenn nach (3) für $\psi = \dfrac{\delta_1 - \delta_2}{l}$ und gemäß (181) für $\dfrac{c}{l} = \bar{c}$ gesetzt wird,

$$M_{1,2} = a_1\,\varphi_1 + b\,\varphi_2 + \bar{c}_1\,(\delta_1 - \delta_2) + \mathfrak{M}_{1,2}$$
$$M_{2,1} = a_2\,\varphi_2 + b\,\varphi_1 + \bar{c}_2\,(\delta_1 - \delta_2) + \mathfrak{M}_{2,1}\;.$$

Damit ergeben sich unter Zuhilfenahme der Festwertskizze (Abb. 641) folgende Stabendmomente:

$$
\begin{aligned}
M_{1,3} &= +\ \ 4{,}21 \text{ tm} & M_{5,2} &= -\ \ 3{,}00 \text{ tm} & M_{7,4} &= -\ \ 0{,}44 \text{ tm} \\
M_{2,5} &= -\ \ 1{,}50 \ ,, & M_{5,4} &= +\,15{,}49 \ ,, & M_{7,8} &= +\ \ 0{,}44 \ ,, \\
M_{3,1} &= +\ \ 8{,}42 \ ,, & M_{5,6} &= -\,10{,}98 \ ,, & M_{8,5} &= -\ \ 1{,}13 \ ,, \\
M_{3,4} &= -\ \ 8{,}42 \ ,, & M_{5,8} &= -\ \ 1{,}50 \ ,, & M_{8,7} &= +\,24{,}12 \ ,, \\
M_{4,3} &= -\,14{,}51 \ ,, & M_{6,5} &= -\ \ 0{,}12 \ ,, & M_{8,9} &= -\,22{,}99 \ ,, \\
M_{4,5} &= +\,13{,}58 \ ,, & & & M_{9,8} &= -\ \ 1{,}63 \ ,, \ . \\
M_{4,7} &= +\ \ 0{,}93 \ ,, & & &
\end{aligned}
$$

Die Momente sind in Abb. 642 maßstäblich aufgetragen.

Zahlenbeispiel 27

Lotrecht und waagrecht verschiebliches Tragwerk mit auskragendem Obergeschoß (Abb. 643). Gelenkiger Anschluß bei 1; infolge voller Einspannung bei 2 ist $\varphi_2 = 0$. Die Belastungsangaben sind aus Abb. 644 ersichtlich. Da das Tragwerk lotrecht und waagrecht verschiebliche Knotenpunkte enthält, sind insgesamt a c h t Unbekannte gemeinsam zu ermitteln, und zwar die fünf Knotendrehwinkel φ_3, φ_4, φ_5, φ_6, φ_7, die lotrechte Verschiebung δ der Knoten-

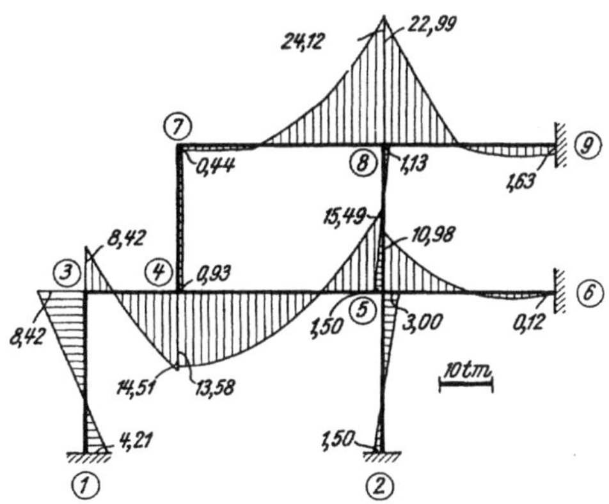

Abb. 642. M-Verlauf für lotrechte Belastung

reihe 3—6 und die den zwei Stockwerken entsprechenden Stabdrehwinkel ψ_1 und ψ_2. Bei der Berechnung sind die geraden Vouten der Riegel 3—4, 4—5 und die parabolischen Vouten des Riegels 6—7 zu berücksichtigen, für die Stiele 1—4, 3—6, 5—7 sind am oberen Ende anstelle der Vouten starre Strecken anzunehmen.

Die „relativen" Stabfestwerte a_1, a_2, b in der folgenden Tabelle erhält man nach (219) aus

$$a_1 = \frac{1000\,J_c}{l}\cdot \mathfrak{a}_1\,; \qquad a_2 = \frac{1000\,J_c}{l}\cdot \mathfrak{a}_2\,; \qquad b = \frac{1000\,J_c}{l}\cdot \mathfrak{b}$$

und den a^0-Wert für den Gelenkstab 1—4 nach (221) aus

$$a^0_1 = \frac{1000\,J_c}{l}\cdot \mathfrak{a}^0_1\,.$$

Weiter sind nach (178) und (181)

$$c_1 = a_1 + b\,; \qquad c_2 = a_2 + b \quad \text{und} \quad \bar{c}_1 = \frac{c_1}{l}\,; \qquad \bar{c}_2 = \frac{c_2}{l}\,.$$

Da sich der Riegel 4—5 nur in Richtung seiner Stabachse verschieben kann, brauchen die $\bar{c}$-Werte lediglich für die lotrecht verschieblichen Stäbe 3—4 und

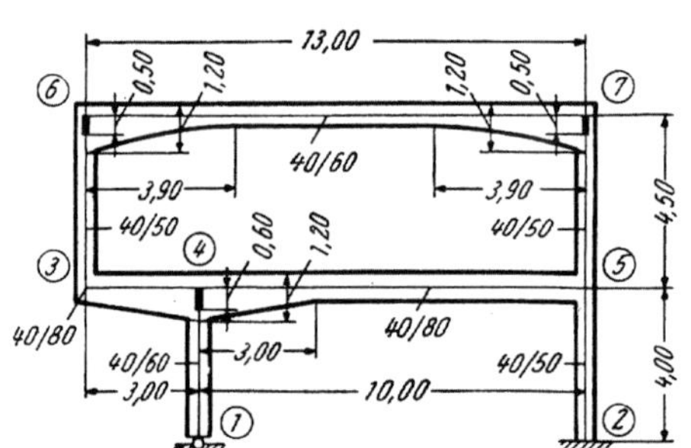

Abb. 643. Tragwerksabmessungen

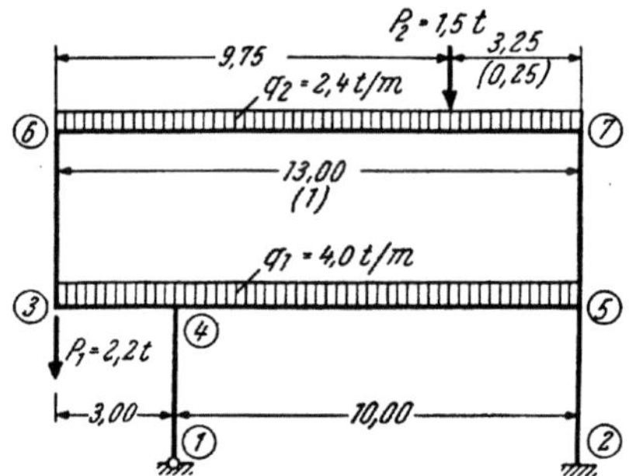

Abb. 644. Belastungsangaben

6—7 bestimmt zu werden, während für die geschoßweise gleich langen Säulen, die durchweg waagrechte Verschiebungen erleiden, die c- bzw. a^0-Werte benötigt werden.

Festwerttabelle

Stab	b/h (cm)	J_c (m⁴)	b/h_A (cm)	J_A (m⁴)	l (m)	l_v (m)	$\lambda = \dfrac{l_v}{l}$	$n = \dfrac{J_c}{J_A}$
1—4	40/60	0,00720	40/∞	∞	4,00	0,60	0,15	0
2—5	40/50	0,00417	40/50	0,00417	4,00	0	0	1
3—4	40/80	0,01707	40/120	0,05760	3,00	3,00	1	0,296
3—6, 5—7	40/50	0,00417	40/∞	∞	4,50	0,50	0,11	0
4—5	40/80	0,01707	40/120	0,05760	10,00	3,00	0,30	0,296
6—7	40/60	0,00720	40/120	0,05760	13,00	3,90	0,30	0,125

Stab	λ	n	$\mathfrak{a}_1(\mathfrak{a}^0_1)$	$\mathfrak{a}_2$	$\mathfrak{b}$	$a_1(a^0_1)$	a_2	b	c_o $[\bar{c}_1]$	c_u $[\bar{c}_2]$	Tafel
1—4	0,15	0	(4,88)	—	—	(8,78)	—	—	—	—	11
2—5	0	1	4	4	2	4,17	4,17	2,09	6,26	6,26	7
3—4	1	0,296	10,08	5,46	3,70	57,36	31,07	21,05	[26,14]	[17,37]	7
3—6, 5—7	0,11	0	6,40	4,49	3,09	5,93	4,16	2,86	8,79	7,02	8
4—5	0,30	0,296	6,43	4,42	2,99	10,98	7,54	5,10	—	—	7
6—7	0,30	0,125	8,10	8,10	5,35	4,49	4,49	2,96	[0,57]	[0,57]	10

In der Festwertskizze (Abb. 645) sind die „relativen" Stabfestwerte a_1, a_2, b und a^0_1 sowie in runden Klammern die erforderlichen Werte c_o und c_u für die Säulen und in eckigen Klammern die Werte $\bar{c}_1$ und $\bar{c}_2$ für die Riegel eingetragen.

Diagonalglieder d bzw. d^0 und D bzw. D^0
Nach (277) ist allgemein

$$d^0{}_n = \sum_i a_{n,i} + \sum_g a^0{}_{n,g} \; ;$$

daraus wird für Knoten, deren Stäbe auf der Gegenseite fest angeschlossen sind, gemäß (251) $d^0{}_n = d_n$. Somit erhält man anhand der Festwertskizze (Abb. 645)

$$\begin{aligned}
d_3 &= 31{,}07 + 4{,}16 &&= 35{,}23 \\
d^0{}_4 &= 57{,}36 + 10{,}98 + 8{,}78 &&= 77{,}12 \\
d_5 &= 4{,}17 + 7{,}54 + 4{,}16 &&= 15{,}87 \\
d_6 = d_7 &= 5{,}93 + 4{,}49 &&= 10{,}42 \; .
\end{aligned}$$

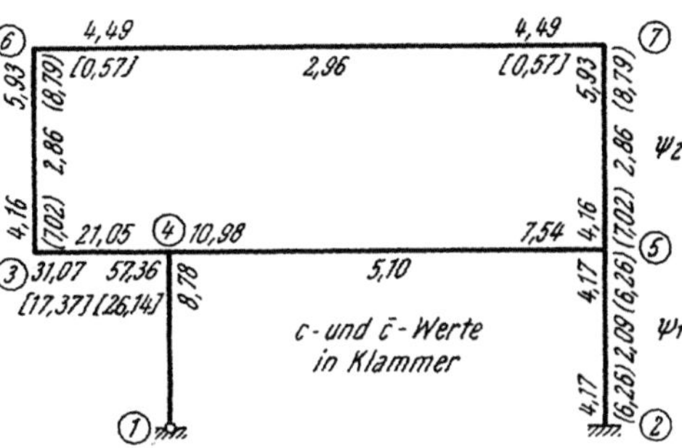

Abb. 645. Festwertskizze (a-, b-, a^0-, c- und $\bar{c}$-Werte)

Nach (343) ist für eine **lotrecht** verschiebliche Knotenreihe m zwischen den Feldern v und $(v+1)$

$$D_m = C_v + C_{v+1} \; .$$

Für die Knotenreihe 3—6 entfällt jedoch C_v, und unter Verwendung von (342a) wird anhand der Festwertskizze (Abb. 645)

$$D = C_{v+1} = \sum_{v+1} \frac{\bar{c}_{m+1,m} + \bar{c}_{m,m+1}}{l_{v+1}} = \frac{26{,}14 + 17{,}37}{3{,}0} + \frac{2 \cdot 0{,}57}{13{,}0} = 14{,}59 \; .$$

Nach (320) ist für ein **waagrecht** verschiebliches Stockwerk μ allgemein

$$D^0{}_\mu = \sum_e (c_o + c_u) + \sum_{gu} a^0{}_o + \sum_{go} a^0{}_u \; ;$$

damit erhält man anhand der Festwertskizze (Abb. 645)

für das 1. Stockwerk: $\qquad D^0{}_1 = 2 \cdot 6{,}26 + 8{,}78 = 21{,}30$

„ „ 2. „ : $\quad D^0{}_2 = D_2 = 2\,(8{,}79 + 7{,}02) = 31{,}62 \; .$

Stabbelastungsglieder $\mathfrak{M}$

Stab 3—4 (einseitig gerade Voute mit $\lambda = 1{,}00$, $n = 0{,}296$, $l = 3{,}0$ m). Nach Tafel 15 erhält man für $q_1 = 4{,}0$ t/m

$$\mathfrak{M}_{3,4} = -\varkappa_2 \frac{q_1 l^2}{12} = -0{,}774 \cdot \frac{4{,}0 \cdot 3{,}0^2}{12} = -2{,}32 \text{ tm}$$

$$\mathfrak{M}_{4,3} = +\varkappa_1 \frac{q_1 l^2}{12} = +1{,}259 \cdot \frac{4{,}0 \cdot 3{,}0^2}{12} = +3{,}78 \text{ „ } \cdot$$

Stab 4—5 (einseitig gerade Voute mit $\lambda = 0{,}30$, $n = 0{,}296$, $l = 10{,}0$ m). Nach Tafel 15 erhält man für $q_1 = 4{,}0$ t/m

$$\mathfrak{M}_{4,5} = -\varkappa_1 \frac{q_1 l^2}{12} = -1{,}341 \cdot \frac{4{,}0 \cdot 10{,}0^2}{12} = -44{,}70 \text{ tm}$$

$$\mathfrak{M}_{5,4} = +\varkappa_2 \frac{q_1 l^2}{12} = +0{,}851 \cdot \frac{4{,}0 \cdot 10{,}0^2}{12} = +28{,}35 \text{ „ } \cdot$$

Stab 6—7 (beidseitig parabolische Vouten mit $\lambda = 0{,}30$, $n = 0{,}125$, $l = 13{,}0$ m). Nach Tafel 18 und Einflußlinientafel 24a erhält man für $q_2 = 2{,}4$ t/m und $P_2 = 1{,}5$ t an der Stelle $a/l = 3{,}25/13{,}0 = 0{,}25$ nach Interpolation

$$\mathfrak{M}_{6,7} = -\varkappa \frac{q_2 l^2}{12} - \eta_1 P_2 l = -1{,}193 \cdot \frac{2{,}4 \cdot 13{,}0^2}{12} - 0{,}037 \cdot 1{,}5 \cdot 13{,}0 = -41{,}05 \text{ tm}$$

$$\mathfrak{M}_{7,6} = +\varkappa \frac{q_2 l^2}{12} + \eta_2 P_2 l = +1{,}193 \cdot \frac{2{,}4 \cdot 13{,}0^2}{12} + 0{,}185 \cdot 1{,}5 \cdot 13{,}0 = +43{,}95 \text{ „ } \cdot$$

Knotenbelastungsglieder s

Da nur beidseitig fest angeschlossene Stäbe belastet sind, wird nach (252a)

$$s_n = \sum_i \mathfrak{M}_{n,i}\,.$$

Somit ist

$$
\begin{aligned}
s_3 &= \qquad\qquad\quad = -\ 2,32 \text{ tm} \qquad\quad & s_6 &= -\ 41,05 \text{ tm}\\
s_4 &= +\ 3,78 - 44,70 = -\ 40,92 \text{ ,,} & s_7 &= +\ 43,95 \text{ ,, }\,.\\
s_5 &= \qquad\qquad\quad = +\ 28,35 \text{ ,,}
\end{aligned}
$$

Belastungsglied S der Verschiebungsgleichung

Gemäß (345) ist für eine **lotrecht** verschiebliche Knotenreihe m zwischen den Feldern ν und $(\nu + 1)$ mit jeweils ungleichen Stablängen allgemein

$$S_m = -\,\Sigma P - \sum_\nu \mathfrak{A}^r{}_\nu - \sum_{\nu+1} \mathfrak{A}^l{}_{\nu+1} - \sum_\nu \frac{\mathfrak{M}^l{}_\nu + \mathfrak{M}^r{}_\nu}{l_\nu} + \sum_{\nu+1} \frac{\mathfrak{M}^l{}_{\nu+1} + \mathfrak{M}^r{}_{\nu+1}}{l_{\nu+1}}\,.$$

Für die Knotenreihe 3—6 entfallen hier die auf das Feld ν bezogenen Beiträge; man erhält also anhand der Belastungsskizze (Abb. 644)

$$S = -\,2,2 - \frac{4,0 \cdot 3,0}{2} - \frac{2,4 \cdot 13,0}{2} - \frac{1,5 \cdot 3,25}{13,0} + \frac{-\,2,32 + 3,78}{3,0} +$$

$$+\ \frac{-\,41,05 + 43,95}{13,0} = -\ 23,47 \text{ t}\,.$$

Die Belastungsglieder S für die den beiden Stockwerken entsprechenden Verschiebungsgleichungen, welche die Bedingung $\Sigma H = 0$ zum Ausdruck bringen, sind durchweg Null, da nur lotrechte Belastungen vorhanden sind.

Aufstellung der Gleichungen

Die *Knotengleichungen* für lotrecht und waagrecht verschiebliche Tragwerke lauten nach (356) allgemein

$$d_n \varphi_n + \sum_i b_{n,i}\varphi_i + \bar{c}_{n,\nu}\delta_{m-1} + \varkappa_n \delta_m - \bar{c}_{n,\nu+1}\delta_{m+1} + c_{n,\mu}\psi_\mu + c_{n,\mu+1}\psi_{\mu+1} + s_n = 0\,.$$

Für die Knoten 3 und 6 entfällt das Glied $\bar{c}_{n,\nu}\delta_{m-1}$, weiter ist $\delta_{m+1} = 0$; beachtet man außerdem, daß nach (338) $\varkappa_n = \bar{c}_{n,\nu+1} - \bar{c}_{n,\nu}$ ist, so vereinfacht sich die vorstehende Gleichung zu

$$d_n \varphi_n + \sum_i b_{n,i}\varphi_i + \bar{c}_{n,\nu+1}\delta_m + c_{n,\mu}\psi_\mu + c_{n,\mu+1}\psi_{\mu+1} + s_n = 0\,.$$

Für den in lotrechter Richtung unverschieblichen Knoten 7 ist in der oben zitierten allgemeinen Knotengleichung (356) $\delta_m = 0$; weiter bleiben die Glieder $\bar{c}_{n,\nu+1}\delta_{m+1}$ und $c_{n,\mu+1}\psi_{\mu+1}$ unberücksichtigt. Damit erscheint die Knotengleichung für diesen Punkt in der Form

$$d_n \varphi_n + \sum_i b_{n,i}\varphi_i + \bar{c}_{n,\nu}\delta_{m-1} + c_{n,\mu}\psi_\mu + s_n = 0\,.$$

Für Knoten 4 ist in diesen Ausdruck gemäß den Erläuterungen Seite 148 anstelle d_n das Glied $d^0{}_n$ einzuführen und außerdem wegen des Gelenkstabes anstelle $c_{n,\mu}\psi_\mu$ das Glied $a^0{}_{n,\mu}\psi_\mu$ zu setzen. Somit gilt für Knoten 4 die Knotengleichung

$$d^0{}_n \varphi_n + \sum_i b_{n,i}\varphi_i + \bar{c}_{n,\nu}\delta_{m-1} + a^0{}_{n,\mu}\psi_\mu + s_n = 0\,.$$

Da der Knoten 5 und dessen Nachbarknoten keine lotrechten Verschiebungen erleiden, entfallen in der obigen Ausgangsgleichung die δ-Glieder. Damit nimmt die allgemeine Knotengleichung (356) die Form des Ausdruckes (260) an:

$$d_n \varphi_n + \sum_i b_{n,i}\varphi_i + c_{n,\mu}\psi_\mu + c_{n,\mu+1}\psi_{\mu+1} + s_n = 0\,.$$

Die *Verschiebungsgleichung* für die **lotrecht** verschiebliche Knotenreihe 3—6 nach (341) vereinfacht sich im vorliegenden Fall unter Beachtung, daß die Glieder $\bar{c}_{m-1,m}\varphi_{m-1}$, $C_\nu\delta_{m-1}$, $C_{\nu+1}\delta_{m+1}$ entfallen und daß weiter nach (344) hier $\varkappa_m = \bar{c}_{m,m+1}$ wird, zu

$$\Sigma\,\bar{c}_{m,m+1}\varphi_m + \sum_{\nu+1} \bar{c}_{m+1,m}\varphi_{m+1} + D_m\delta_m + S_m = 0\,.$$

Für das **waagrecht** verschiebliche Obergeschoß lautet die Verschiebungsgleichung nach (262) mit $S_\mu = 0$

$$\underset{\mu}{\Sigma} c_u \varphi_u + \underset{\mu}{\Sigma} c_o \varphi_o + D_\mu \psi_\mu = 0 \; ;$$

für das Untergeschoß gilt nach (319) unter Berücksichtigung des Gelenkstabes 1—4 und der bei 2 fest eingespannten Säule 2—5 ($\varphi_u = 0$) einfach

$$c_o \varphi_o + a^0{}_o \varphi_o + D^0{}_\mu \psi_\mu = 0 \, .$$

Damit können anhand der Festwertskizze (Abb. 645) die erforderlichen Bedingungsgleichungen tabellarisch aufgestellt werden.

Gleichungstabelle

	φ_3	φ_4	φ_5	φ_6	φ_7	δ	ψ_1	ψ_2	B
φ_3	$+\,35{,}23$	$+\,21{,}05$		$+\,2{,}86$		$+\,17{,}37$		$+\,7{,}02$	$-\,2{,}32$
φ_4	$+\,21{,}05$	$+\,77{,}12$	$+\,5{,}10$			$+\,26{,}14$	$+\,8{,}78$		$-\,40{,}92$
φ_5		$+\,5{,}10$	$+\,15{,}87$		$+\,2{,}86$		$+\,6{,}26$	$+\,7{,}02$	$+\,28{,}35$
φ_6	$+\,2{,}86$			$+\,10{,}42$	$+\,2{,}96$	$+\,0{,}57$		$+\,8{,}79$	$-\,41{,}05$
φ_7			$+\,2{,}86$	$+\,2{,}96$	$+\,10{,}42$	$+\,0{,}57$		$+\,8{,}79$	$+\,43{,}95$
δ	$+\,17{,}37$	$+\,26{,}14$		$+\,0{,}57$	$+\,0{,}57$	$+\,14{,}59$			$-\,23{,}47$
ψ_1		$+\,8{,}78$	$+\,6{,}26$				$+\,21{,}30$		—
ψ_2	$+\,7{,}02$		$+\,7{,}02$	$+\,8{,}79$	$+\,8{,}79$			$+\,31{,}62$	—

Die Auflösung nach den Anweisungen Seite 198f. ergibt:

$$\begin{aligned}
\varphi_3 &= -\,5{,}410 & \varphi_5 &= -\,1{,}150 & \varphi_7 &= -\,7{,}884 & \psi_1 &= +\,1{,}196 \\
\varphi_4 &= -\,2{,}081 & \varphi_6 &= +\,5{,}142 & \delta &= +\,11{,}885 & \psi_2 &= +\,2{,}219 \, .
\end{aligned}$$

Stabendmomente

Für die unbelasteten **Stiele** ist gemäß (182) mit $\mathfrak{M}_{1,2} = 0$ allgemein

$$M_{1,2} = a_1 \varphi_1 + b \varphi_2 + c_1 \psi \; ;$$

für einen Stab 1—2 mit Gelenk bei 2 gilt unter gleicher Voraussetzung nach (193)

$$M_{1,2} = a^0{}_1 (\varphi_1 + \psi) \, .$$

Nach (180a) ist allgemein für die **Riegel**, wenn für $\varDelta = \delta_1 - \delta_2 = \delta$ gesetzt wird,

$$\begin{aligned}
M_{1,2} &= a_1 \varphi_1 + b \varphi_2 + \bar{c}_1 \delta + \mathfrak{M}_{1,2} \\
M_{2,1} &= a_2 \varphi_2 + b \varphi_1 + \bar{c}_2 \delta + \mathfrak{M}_{2,1} \, .
\end{aligned}$$

Damit erhält man unter Zuhilfenahme der Festwertskizze (Abb. 645) folgende Momente:

$$\begin{aligned}
M_{2,5} &= -\,2{,}09 \cdot 1{,}150 + 6{,}26 \cdot 1{,}196 & &= +\,5{,}08 \text{ tm} \\
M_{3,4} &= -\,31{,}07 \cdot 5{,}410 - 21{,}05 \cdot 2{,}081 + 17{,}37 \cdot 11{,}885 - 2{,}32 & &= -\,7{,}77 \text{ ,,} \\
M_{3,6} &= -\,4{,}16 \cdot 5{,}410 + 2{,}86 \cdot 5{,}142 + 7{,}02 \cdot 2{,}219 & &= +\,7{,}78 \text{ ,,} \\
M_{4,1} &= +\,8{,}78 \,(-\,2{,}081 + 1{,}196) & &= -\,7{,}77 \text{ ,,} \\
M_{4,3} &= -\,57{,}36 \cdot 2{,}081 - 21{,}05 \cdot 5{,}410 + 26{,}14 \cdot 11{,}885 + 3{,}78 & &= +\,81{,}21 \text{ ,,} \\
M_{4,5} &= -\,10{,}98 \cdot 2{,}081 - 5{,}10 \cdot 1{,}150 - 44{,}70 & &= -\,73{,}41 \text{ ,,} \\
M_{5,2} &= -\,4{,}17 \cdot 1{,}150 + 6{,}26 \cdot 1{,}196 & &= +\,2{,}69 \text{ ,,} \\
M_{5,4} &= -\,7{,}54 \cdot 1{,}150 - 5{,}10 \cdot 2{,}081 + 28{,}35 & &= +\,9{,}07 \text{ ,,} \\
M_{5,7} &= -\,4{,}16 \cdot 1{,}150 - 2{,}86 \cdot 7{,}884 + 7{,}02 \cdot 2{,}219 & &= -\,11{,}76 \text{ ,,} \\
M_{6,3} &= +\,5{,}93 \cdot 5{,}142 - 2{,}86 \cdot 5{,}410 + 8{,}79 \cdot 2{,}219 & &= +\,34{,}52 \text{ ,,} \\
M_{6,7} &= +\,4{,}49 \cdot 5{,}142 - 2{,}96 \cdot 7{,}884 + 0{,}57 \cdot 11{,}885 - 41{,}05 & &= -\,34{,}52 \text{ ,,} \\
M_{7,5} &= -\,5{,}93 \cdot 7{,}884 - 2{,}86 \cdot 1{,}150 + 8{,}79 \cdot 2{,}219 & &= -\,30{,}54 \text{ ,,} \\
M_{7,6} &= -\,4{,}49 \cdot 7{,}884 + 2{,}96 \cdot 5{,}142 + 0{,}57 \cdot 11{,}885 + 43{,}95 & &= +\,30{,}54 \text{ ,, .}
\end{aligned}$$

Diese Momente sind in Abb. 646a maßstäblich aufgetragen; zum Vergleich ist in Abb. 646b der M-Verlauf wiedergegeben, den man für das gleiche Tragwerk bei derselben Belastung, jedoch ohne Vouten, erhält.

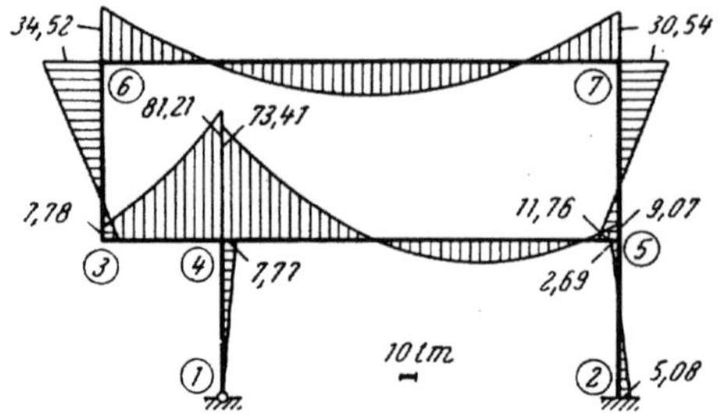

Abb. 646a. M-Verlauf für lotrechte Belastung mit Voutenwirkung

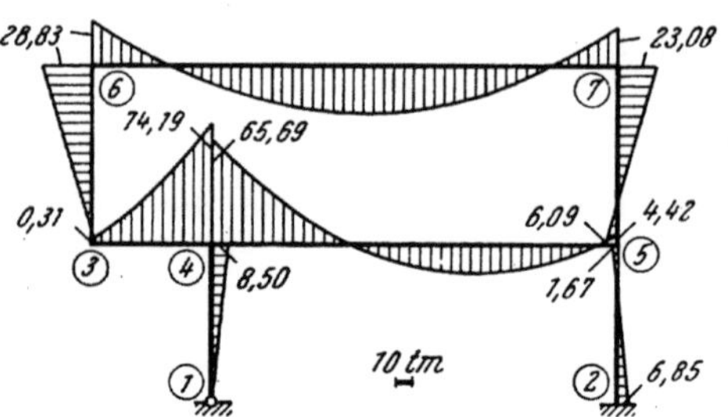

Abb. 646b. M-Verlauf für lotrechte Belastung ohne Voutenwirkung

Zahlenbeispiel 28

Unsymmetrischer, dreifeldiger Brückenrahmen mit frei gelagerten Enden und zwei Mittelsäulen; Tragwerksabmessungen siehe Abb. 647. Die Säulenfüße sind voll eingespannt, daher $\varphi_1 = \varphi_2 = 0$. Es sind die Momente infolge ständiger Belastung $q = 2{,}7$ t/m (Abb. 649a) und die Einflußlinien für die Stabanschlußmomente $M_{4,3}$ und $M_{4,5}$ nach Verfahren B zu ermitteln, wobei die geraden Vouten der Stäbe 3—4, 4—5, 5—6 und die starren Strecken an den oberen Enden der Säulen 1—4

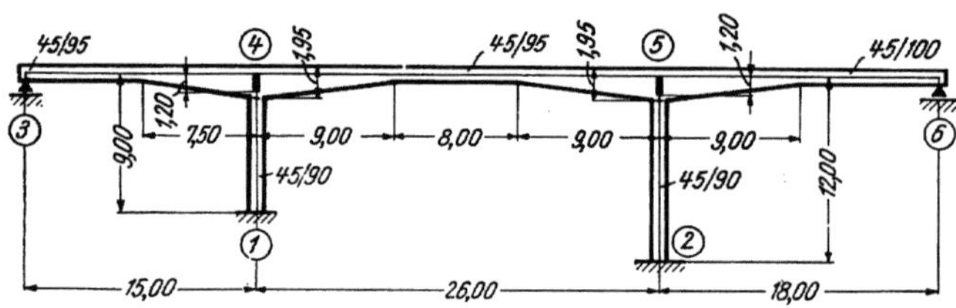

Abb. 647. Tragwerksabmessungen

und 2—5 rechnungsmäßig zu berücksichtigen sind. Insgesamt sind nur drei Unbekannte gemeinsam zu bestimmen, und zwar die zwei Knotendrehwinkel φ_4, φ_5 und die Verschiebungsgröße $\varDelta$ der Säulen. Die Ermittlung der Einflußlinien kann nach den Anweisungen Seite 159 f. erfolgen.

Die in nachstehender Festwerttabelle ausgewiesenen Werte a, b, $\bar{c}$ bzw. a^0 werden wie folgt berechnet: Nach (219) aus

$$a_1 = \frac{100\,J_c}{l} \cdot \mathfrak{a}_1 \; ; \qquad a_2 = \frac{100\,J_c}{l} \cdot \mathfrak{a}_2 \; ; \qquad b = \frac{100\,J_c}{l} \cdot \mathfrak{b}$$

und für die Gelenkstäbe nach (221) aus

$$a^0{}_1 = \frac{100\,J_c}{l} \cdot \mathfrak{a}^0{}_1 ,$$

wobei hier wegen der großen Querschnitte nach (218) sinngemäß $z = 100/E$ gewählt wurde.

Nach (178) und (181) sind

$$c_1 = a_1 + b \; ; \qquad c_2 = a_2 + b \quad \text{und} \quad \bar{c}_1 = \frac{c_1}{l} \; ; \qquad \bar{c}_2 = \frac{c_2}{l} .$$

Die Werte c_1 und $\bar{c}_2$ brauchen nur für die Säulen bestimmt zu werden, da bei den übrigen Stäben keine $\varDelta$-Werte auftreten.

Festwerttabelle

Stab	b/h (cm)	J_c (m⁴)	b/h_A (cm)	J_A (m⁴)	l (m)	l_v (m)	$\lambda = \dfrac{l_v}{l}$	$n = \dfrac{J_c}{J_A}$
1—4	45/90	0,0273	45/∞	∞	9,00	1,20	0,133	0
2—5	45/90	0,0273	45/∞	∞	12,00	1,20	0,10	0
3—4	45/95	0,0322	45/195	0,2781	15,00	7,50	0,50	0,12
4—5	45/95	0,0322	45/195	0,2781	26,00	9,00	0,35	0,12
5—6	45/100	0,0375	45/195	0,2781	18,00	9,00	0,50	0,135

Stab	λ	n	$a_1\,(a^0_1)$	a_2	b	$a_1\,(a^0_1)$	a_2	b	$\bar{c}_o$	$\bar{c}_u$	Tafel
1—4	0,133	0	7,15	4,62	3,40	2,17	1,40	1,03	0,356	0,270	7a
2—5	0,10	0	6,09	4,44	2,96	1,39	1,01	0,67	0,172	0,140	7
3—4	0,50	0,12	(7,94)	—	—	(1,70)	—	—	—	—	11
4—5	0,35	0,12	12,83	12,83	9,24	1,59	1,59	1,14	—	—	9
5—6	0,50	0,135	(7,62)	—	—	(1,59)	—	—	—	—	11a

In Abb. 648 sind die Festwerte a_1, a_2, b bzw. a^0_1 und (in Klammern) auch die Werte $\bar{c}_1$ und $\bar{c}_2$ eingetragen.

Diagonalglieder d^0 und D

Nach (277) ist

$$d^0{}_n = \sum_i a_{n,i} + \sum_g a^0{}_{n,g}$$

und somit

$$d^0{}_4 = 2,17 + 1,59 + 1,70 = 5,46$$
$$d^0{}_5 = 1,39 + 1,59 + 1,59 = 4,57 \ .$$

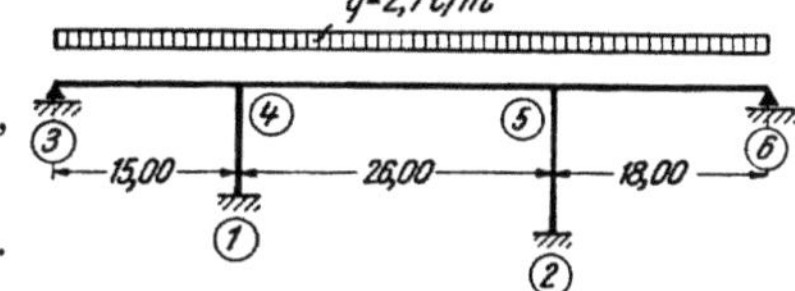

Abb. 648. Festwertskizze (a-, b-, a^0- und $\bar{c}$-Werte)

Nach (289)

$$D = \sum{}' \frac{\bar{c}_o + \bar{c}_u}{l}$$

erhält man hier anhand der Festwertskizze (Abb. 648)

$$D = \frac{0,356 + 0,270}{9,0} + \frac{0,172 + 0,140}{12,0} = 0,096 \ .$$

a) Lotrechte Belastung $q = 2,7\,\text{t/m}$ (Abb. 649a)

Stabbelastungsglieder $\mathfrak{M}$ bzw. $\mathfrak{M}^0$

Stab 3—4 (einseitig gerade Voute mit $\lambda = 0,50$, $n = 0,12$, $l = 15,0$ m). Nach Tafel 19 wird

$$\mathfrak{M}^0{}_{4,3} = + \varkappa q l^2 = + 0,197 \cdot 2,7 \cdot 15,0^2 = + 119,7 \ \text{tm} \ .$$

Stab 4—5 (beidseitig gerade Vouten mit $\lambda = 0,35$, $n = 0,12$, $l = 26,0$ m). Nach Tafel 17 wird

$$\mathfrak{M}_{4,5} = - \varkappa \frac{q l^2}{12} = - 1,256 \cdot \frac{2,7 \cdot 26,0^2}{12} = - 191,0 \ \text{tm}; \qquad \mathfrak{M}_{5,4} = + 191,0 \ \text{tm} \ .$$

Stab 5—6 (einseitig gerade Voute mit $\lambda = 0,50$, $n = 0,135$, $l = 18,0$ m). Nach Tafel 19a wird

$$\mathfrak{M}^0{}_{5,6} = - \varkappa q l^2 = - 0,193 \cdot 2,7 \cdot 18,0^2 = - 168,8 \ \text{tm} \ .$$

Abb. 649a. Belastungsangaben

Nach (278) ist

Knotenbelastungsglieder s^0

$$s^0{}_n = \sum_i \mathfrak{M}_{n,i} + \sum_g \mathfrak{M}^0{}_{n,g}\,;$$

somit wird hier

$$s^0{}_4 = -191{,}0 + 119{,}7 = -71{,}3 \text{ tm}$$
$$s^0{}_5 = +191{,}0 - 168{,}8 = +22{,}2 \text{ ,, } .$$

b) „Ideelle" Belastung zur Ermittlung der Einflußlinie für $M_{4,3}$
(Abb. 649b)

Diese Belastung besteht hier aus dem im Knoten 4 angreifenden Moment im Betrage von

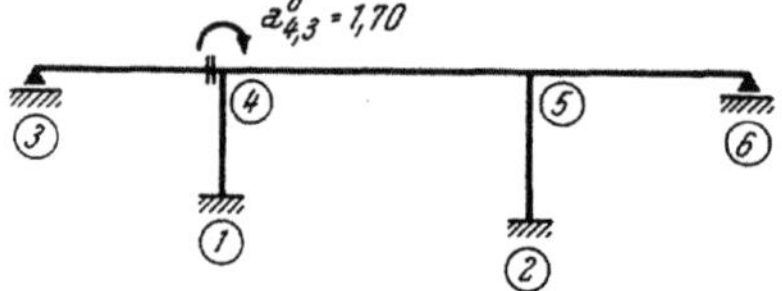

Abb. 649b. „Ideelle" Belastung für die
$M_{4,3}$-Einflußlinie

$$a^0{}_{4,3} = -1{,}70 \text{ tm} .$$

(Nähere Erläuterungen siehe Seite 154 ff.).

Knotenbelastungsglied $s^0{}_4$

Mit der „ideellen" Belastung erhält man nach (278)

$$s^0{}_4 = a^0{}_{4,3} = -1{,}70 \text{ tm} .$$

c) „Ideelle" Belastung zur Ermittlung der Einflußlinie für $M_{4,5}$
(Abb. 649c)

Die Belastung besteht hier aus den in den Knotenpunkten 4 bzw. 5 angreifenden Momenten im Betrage von

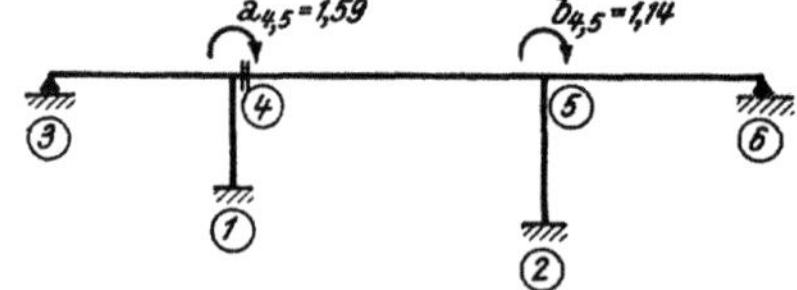

Abb. 649c. „Ideelle" Belastung für die
$M_{4,5}$-Einflußlinie

$$a_{4,5} = -1{,}59 \text{ tm} \quad \text{und} \quad b_{4,5} = -1{,}14 \text{ tm} .$$

Knotenbelastungsglieder s^0

Nach (278) ergeben sich

$$s^0{}_4 = s_4 = -1{,}59 \text{ tm} \quad \text{und} \quad s^0{}_5 = s_5 = -1{,}14 \text{ tm} .$$

Aufstellung der Gleichungen

Die *Knotengleichungen* lauten nach (276) unter Beachtung, daß hier $\varDelta_{n,g} = 0$ ist,

$$d^0{}_n \varphi_n + \sum_i \bar{b}_{n,i}\varphi_i + \sum_i \bar{c}_{n,i}\varDelta_{n,i} + s^0{}_n = 0 .$$

Da keine waagrechte Belastung vorhanden ist, wird das Belastungsglied S für die *Verschiebungs-gleichung* gleich Null; somit vereinfacht sich die Gl. (288) zu

$$\sum \bar{c}_o\,\varphi_o + D\varDelta = 0 .$$

Damit kann anhand der Festwertskizze (Abb. 648) die Gleichungstabelle für alle drei Belastungsfälle ($B^{(a)}$, $B^{(b)}$, $B^{(c)}$) gemeinsam aufgestellt werden.

Gleichungstabelle

	φ_4	φ_5	$\varDelta$	$B^{(a)}$	$B^{(b)}$	$B^{(c)}$
φ_4	$+5{,}46$	$+1{,}14$	$+0{,}356$	$-71{,}3$	$-1{,}70$	$-1{,}59$
φ_5	$+1{,}14$	$+4{,}57$	$+0{,}172$	$+22{,}2$	—	$-1{,}14$
$\varDelta$	$+0{,}356$	$+0{,}172$	$+0{,}096$	—	—	—

Die Auflösung nach den Anweisungen Seite 198 f. ergibt

für Lastfall a) Lotrechte Belastung ($B^{(a)}$) gemäß Abb. 649a

$$\varphi_4 = +18{,}09 \qquad \varphi_5 = -7{,}35 \qquad \varDelta = -53{,}68\,;$$

für Lastfall b) „Ideelle" Belastung für $M_{4,3}$ $(B^{(b)})$ gemäß Abb. 649 b

$$\varphi_4 = + 0{,}4162 \qquad \varphi_5 = - 0{,}0491 \qquad \Delta = - 1{,}4507;$$

für Lastfall c) „Ideelle" Belastung für $M_{4,5}$ $(B^{(c)})$ gemäß Abb. 649 c

$$\varphi_4 = + 0{,}3562 \qquad \varphi_5 = + 0{,}2254 \qquad \Delta = - 1{,}7183.$$

Stabendmomente infolge ständiger Belastung $q = 2{,}7$ t/m (Abb. 649 a)
Nach (180a) ist allgemein für einen Stab 1—2

$$M_{1,2} = a_1 \varphi_1 + b \varphi_2 + \bar{c}_1 \Delta + \mathfrak{M}_{1,2}.$$

Für einen Stab 1—2 mit Gelenk bei 2 gilt nach (196) bzw. nach Tafel IVa, Seite 99, Formel 4 c

$$M_{1,2} = a^0{}_1 \varphi_1 + \mathfrak{M}^0{}_{1,2}.$$

Damit ergeben sich anhand der Festwertskizze (Abb. 648) die Stabendmomente

$$\begin{aligned}
M_{1,4} &= + \ \ 4{,}1 \text{ tm} & M_{4,1} &= + \ \ 20{,}1 \text{ tm} & M_{5,2} &= - \ \ 19{,}4 \text{ tm} \\
M_{2,5} &= - 12{,}4 \ \text{,,} & M_{4,3} &= + 150{,}5 \ \text{,,} & M_{5,4} &= + 199{,}9 \ \text{,,} \\
& & M_{4,5} &= - 170{,}6 \ \text{,,} & M_{5,6} &= - 180{,}5 \ \text{,,} \ .
\end{aligned}$$

In Abb. 650a sind diese Momente maßstäblich aufgetragen.

Ermittlung der Einflußlinien für $M_{4,3}$ und $M_{4,5}$ nach Verfahren B
Der Ausdruck zur Ermittlung der $M_{m,n}$-Einflußlinienordinaten $\eta^*{}_{m,n}$ lautet nach (381)

$$\eta^*{}_{m,n} = y \pm y^{(\mathfrak{M})}{}_{m,n}.$$

Hierin bedeuten y die Ordinaten der Biegelinie infolge der „ideellen" Belastung und $y^{(\mathfrak{M})}{}_{m,n}$ die Ordinaten der Einfluß-
linie für $\mathfrak{M}_{m,n}$ bzw. $\mathfrak{M}^0{}_{m,n}$, die positiv einzuführen sind, wenn sich der zu untersuchende Querschnitt am rechten, und negativ, wenn er sich am linken Stabende befindet (nähere Erläuterungen siehe Seite 157 f.).

Die Einflußlinie für $\mathfrak{M}_{m,n}$ bzw. $\mathfrak{M}^0{}_{m,n}$, also für das Einspannmoment an der Stelle m des voll eingespannt gedachten Trägerfeldes m—n, erstreckt sich

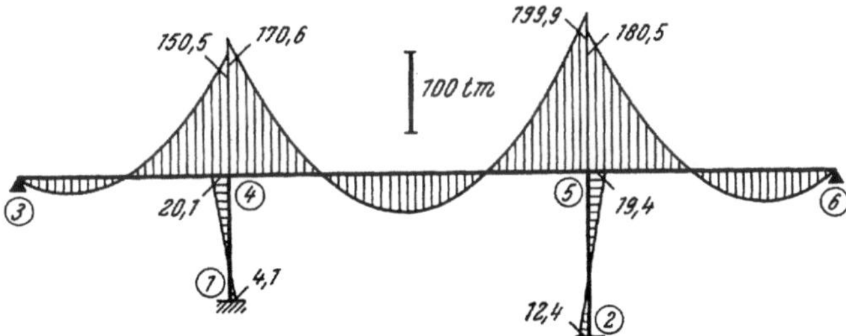

Abb. 650a. M-Verlauf für die durchgehende Gleichlast $q = 2{,}7$ t/m

nur über dieses Feld, so daß außerhalb desselben einfach nach (379) bzw. (381a)

$$\eta^*{}_{m,n} = y$$

wird. Die Ordinaten y und $y^{(\mathfrak{M})}{}_{m,n}$ können für Stäbe mit geraden oder parabolischen Vouten mit Hilfe der Einflußlinientafeln 21 bis 26 bzw. 21a bis 26a bestimmt werden.

Ermittlung der Ordinaten y

Es gelten die allgemeinen Ausführungen auf Seite 151 ff. über die Ermittlung der Biegelinien aus den Knotendrehwinkeln φ und den Knotenverschiebungen δ. Da im vorliegenden Fall die Knotenverschiebungen keinen Beitrag liefern, entfällt der in der allgemeinen Formel (366) enthaltene Wert y_2, und es wird einfach gemäß Gl. (366a) $y = y_1$. Somit ist nach (367)

$$y_1 = y = (\eta_1 \tau_1 - \eta_2 \tau_2) \, l$$

bzw. für Stäbe mit gelenkigem Anschluß nach (367a)

$$y_1 = y = \eta_1 \tau_1 \, l.$$

Ermittlung der Einflußlinie für $M_{4,3}$

Ort	Stab 3—4 $\lambda=0,50$; $n=0,12$; $l=15,0$ m; $\varphi_4=+0,4162$ (Tafel 25a)			Stab 4—5 $\lambda=0,35$; $n=0,12$; $l=26,0$ m; $\varphi_4=+0,4162$; $\varphi_5=-0,0491$ (Tafel 23a)				Stab 5—6 $\lambda=0,50$; $n=0,135$; $l=18,0$ m; $\varphi_5=-0,0491$ (Tafel 25a)		
	η_4	$\bar{y}=-\eta_4\varphi_4$ $(\bar{y}+\eta_4)$	$\eta^*_{4,3}=$ $=(\bar{y}+\eta_4)\,l$	η_4 η_5	$+\eta_4\varphi_4$ $-\eta_5\varphi_5$	$\bar{y}=$ $=\eta_4\varphi_4-\eta_5\varphi_5$	$\eta^*_{4,3}=\bar{y}\,l$	η_5	$\bar{y}=+\eta_5\varphi_5$	$\eta^*_{4,3}=\bar{y}\,l$
	(1)	(2)	(3)	(4)	(5)	(6)	(7)	(8)	(9)	(10)
1	0,094	$-0,0391$ $+0,0549$	$+0,823$	0,094 0,006	$+0,0391$ $+0,0003$	$+0,0394$	$+1,024$	0,093	$-0,0046$	$-0,083$
2	0,176	$-0,0733$ $+0,1027$	$+1,540$	0,163 0,025	$+0,0678$ $+0,0012$	$+0,0690$	$+1,794$	0,175	$-0,0086$	$-0,155$
3	0,246	$-0,1024$ $+0,1436$	$+2,154$	0,206 0,059	$+0,0857$ $+0,0029$	$+0,0886$	$+2,304$	0,243	$-0,0119$	$-0,214$
4	0,293	$-0,1219$ $+0,1711$	$+2,566$	0,206 0,114	$+0,0857$ $+0,0056$	$+0,0913$	$+2,374$	0,290	$-0,0142$	$-0,256$
5	0,317	$-0,1319$ $+0,1851$	$+2,776$	0,168 0,168	$+0,0699$ $+0,0082$	$+0,0781$	$+2,031$	0,309	$-0,0152$	$-0,274$
6	0,300	$-0,1249$ $+0,1751$	$+2,626$	0,114 0,206	$+0,0474$ $+0,0101$	$+0,0575$	$+1,495$	0,293	$-0,0144$	$-0,259$
7	0,252	$-0,1049$ $+0,1471$	$+2,206$	0,059 0,206	$+0,0246$ $+0,0101$	$+0,0347$	$+0,902$	0,246	$-0,0121$	$-0,218$
8	0,182	$-0,0757$ $+0,1063$	$+1,594$	0,025 0,163	$+0,0104$ $+0,0080$	$+0,0184$	$+0,478$	0,178	$-0,0087$	$-0,157$
9	0,093	$-0,0387$ $+0,0543$	$+0,814$	0,006 0,094	$+0,0025$ $+0,0046$	$+0,0071$	$+0,185$	0,092	$-0,0045$	$-0,081$

In Abb. 650b ist die $M_{4,3}$-Einflußlinie maßstäblich aufgetragen.

$$\textit{Ermittlung der Einflußlinie für } M_{4,5}$$

Ort	Stab 3—4 $\lambda = 0{,}50$; $n = 0{,}12$; $l = 15{,}0\,\text{m}$; $\varphi_4 = +\,0{,}3562$ (Tafel 25 a)			Stab 4—5 $\lambda = 0{,}35$; $n = 0{,}12$; $\varphi_4 = +\,0{,}3562$; $l = 26{,}0\,\text{m}$; $\varphi_5 = +\,0{,}2254$ (Tafel 23 a)				Stab 5—6 $\lambda = 0{,}50$; $n = 0{,}135$; $l = 18{,}0\,\text{m}$; $\varphi_5 = +\,0{,}2254$ (Tafel 25 a)		
	η_4	$\bar{y} = -\,\eta_4\varphi_4$	$\eta^*_{4,5} = \bar{y}\,l$	η_4 η_5	$+\,\eta_4\varphi_4$ $-\,\eta_5\varphi_5$	$\bar{y}$ $(\bar{y} - \eta_4)$	$\eta^*_{4,5} =$ $= (\bar{y} - \eta_4)\,l$	η_5	$\bar{y} = +\,\eta_5\varphi_5$	$\eta^*_{4,5} = \bar{y}\,l$
	(1)	(2)	(3)	(4)	(5)	(6)	(7)	(8)	(9)	(10)
1	0,094	— 0,0335	— 0,502	0,094 0,006	+ 0,0335 — 0,0014	+ 0,0321 — 0,0619	— 1,609	0,093	+ 0,0210	+ 0,378
2	0,176	— 0,0627	— 0,941	0,163 0,025	+ 0,0581 — 0,0056	+ 0,0525 — 0,1105	— 2,873	0,175	+ 0,0394	+ 0,709
3	0,246	— 0,0876	— 1,314	0,206 0,059	+ 0,0734 — 0,0133	+ 0,0601 — 0,1459	— 3,793	0,243	+ 0,0548	+ 0,986
4	0,293	— 0,1044	— 1,566	0,206 0,114	+ 0,0734 — 0,0257	+ 0,0477 — 0,1583	— 4,116	0,290	+ 0,0654	+ 1,177
5	0,317	— 0,1129	— 1,693	0,168 0,168	+ 0,0598 — 0,0379	+ 0,0219 — 0,1461	— 3,799	0,309	+ 0,0696	+ 1,253
6	0,300	— 0,1069	— 1,603	0,114 0,206	+ 0,0406 — 0,0464	— 0,0058 — 0,1198	— 3,115	0,293	+ 0,0660	+ 1,188
7	0,252	— 0,0898	— 1,347	0,059 0,206	+ 0,0210 — 0,0464	— 0,0254 — 0,0844	— 2,194	0,246	+ 0,0554	+ 0,997
8	0,182	— 0,0648	— 0,972	0,025 0,163	+ 0,0089 — 0,0367	— 0,0278 — 0,0528	— 1,373	0,178	+ 0,0401	+ 0,722
9	0,093	— 0,0331	— 0,496	0,006 0,094	+ 0,0021 — 0,0212	— 0,0191 — 0,0251	— 0,653	0,092	+ 0,0207	+ 0,373

In Abb. 650 c ist die $M_{4,5}$-Einflußlinie maßstäblich aufgetragen.

Da die Endtangentenwinkel τ hier identisch sind mit den Knotendrehwinkeln φ, können die vorstehenden Gleichungen in der Form

$$y = (\eta_1 \varphi_1 - \eta_2 \varphi_2)\, l = \bar{y}\, l$$

bzw. für „Gelenkstäbe"

$$y = \eta_1 \varphi_1\, l = \bar{y}\, l$$

Verwendung finden. Hierin bedeuten also η_1 und η_2 die aus den Hilfstafeln zu entnehmenden Ordinaten der Einflußlinien für $\mathfrak{M}_1$, $\mathfrak{M}_2$ bzw. $\mathfrak{M}^0{}_1$ für die jeweils vorliegende Stabform und l die Länge des Stabes.

Ermittlung der Ordinaten $y^{(\mathfrak{M})}{}_{m,\,n}$

Diese sind identisch mit den Ordinaten η der $\mathfrak{M}$- bzw. $\mathfrak{M}^0$-Einflußlinie; sie werden aber nur für jenes Feld benötigt, in dem der zu untersuchende Querschnitt liegt. Da nun die Tafelwerte $\eta_{m,\,n}$ auf einen Stab mit der Länge $l = 1$ bezogen sind, so ergeben sich gemäß (380) für ein Feld mit der Länge l die Ordinaten

$$y^{(\mathfrak{M})}{}_{m,\,n} = \pm\, \eta_{m,\,n}\, l\,.$$

Ermittlung der endgültigen Einflußlinien-Ordinaten

Die oben zitierte allgemeine Formel (381), die für das Feld mit dem zu untersuchenden Querschnitt gilt, kann nun für das praktische Rechnen in folgender Form Verwendung finden:

$$\eta^{*}{}_{m,\,n} = \bar{y}\, l \pm \eta_{m,\,n}\, l = (\bar{y} \pm \eta_{m,\,n})\, l\,.$$

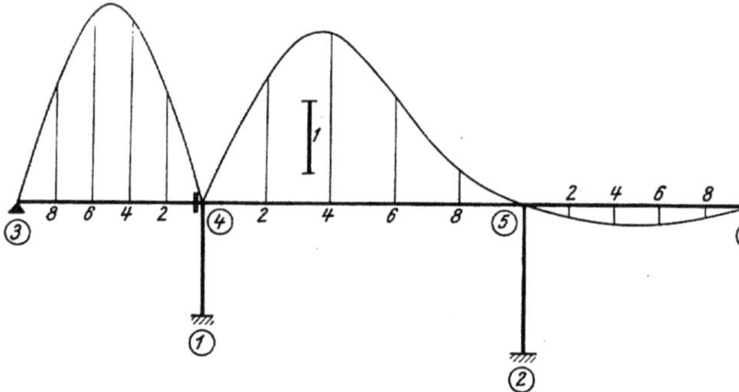

Abb. 650b. $M_{4,3}$-Einflußlinie

Für die übrigen Felder ist nach (381a) sinngemäß

$$\eta^{*}{}_{m,\,n} = \bar{y}\, l\,.$$

Die Auswertung dieser Ausdrücke erfolgt am besten tabellarisch, und zwar für jedes Feld getrennt.

Zahlenmäßige Durchführung der Rechnung

Dieser Vorgang kann anhand der beiden Tabellen auf Seite 344 und 345, in denen die Ermittlung der Einflußlinien für $M_{4,3}$ und $M_{4,5}$ zahlenmäßig durchgeführt ist, in allen Einzelheiten verfolgt werden. Die erforderlichen Daten sind im Tafelkopf angegeben.

Die den Leitwerten λ und n entsprechenden η-Werte der $\mathfrak{M}^0$-Einflußlinie für die einseitig gelenkig gelagerten Voutenstäbe 3—4 und 5—6 sind unter Beachtung, daß die Ortsbezeichnung stets bei der Voutenseite beginnt, aus Tafel 25a entnommen und in den Spalten (1) und (8) eingetragen; die Ordinaten η_4 und η_5 für Stab 4—5 sind aus Tafel 23a entnommen und in Spalte (4) angeschrieben. In den Spalten (2), (5), (9) werden die η-Werte

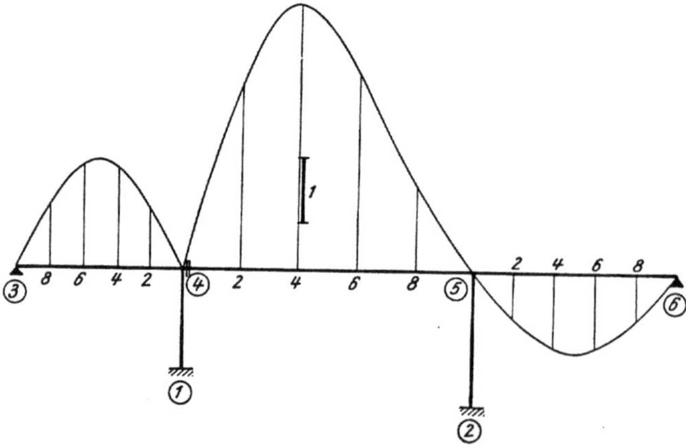

Abb. 650c. $M_{4,5}$-Einflußlinie

mit den für die „ideelle" Belastung bereits ermittelten Drehwinkeln φ verzerrt und für Stab 4—5 in Spalte (6) summiert; man erhält damit die $\bar{y}$-Werte. Der Summenausdruck $(\bar{y} \pm \eta_{m,\,n})$ für jenes Feld, das den zu untersuchenden Querschnitt enthält, ist bei der Ermittlung der Einflußlinie für $M_{4,3}$ im Feld

3—4 mit $(\bar{y} + \eta_4)$ einzuführen, weil es sich um einen Querschnitt am rechten Stabende handelt [siehe Seite 344, Spalte (2)]. Bei der Ermittlung der Einflußlinie für $M_{4,5}$ sind im Feld 4—5 die Werte $(\bar{y} - \eta_4)$ in Rechnung zu stellen, da sich der zu untersuchende Querschnitt am linken Stabende befindet [siehe Seite 345, Spalte (6)]. In den Spalten (3), (7), (10) ergeben sich schließlich jeweils die endgültigen Ordinaten η^* der gesuchten Einflußlinien. Die Endergebnisse sind durch Fettdruck hervorgehoben und in Abb. 650b und 650c aufgetragen (über die Art des Auftragens vgl. Seite 158f.).

Dritter Abschnitt

Der Durchlaufträger

I. Einführungsbeispiele: Ermittlung der Stabfestwerte a_1, a_2, b und der Belastungsglieder a^0_1, a^0_2 mit Hilfe der Zahlen- und Kurventafeln

Es soll hier zunächst wieder die Benutzung der Hilfstafeln zur zahlenmäßigen Berechnung der Stabfestwerte und Belastungsglieder für den durchlaufenden Träger mit Vouten an zwei Beispielen behandelt werden. Der Vorgang ist im wesentlichen derselbe wie bei der Ermittlung der Stabfestwerte und Belastungsglieder für Rahmentragwerke, so daß auch auf die eingehendere Behandlung dieser Aufgaben in der Einleitung des vorangehenden Abschnittes verwiesen werden kann und die folgenden Erörterungen etwas kürzer gefaßt werden dürfen.

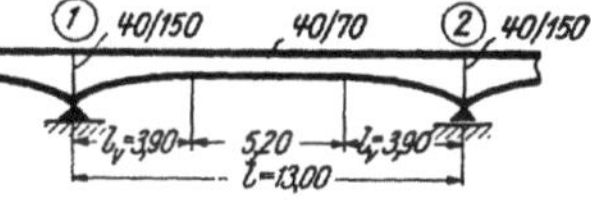

Abb. 651a. Stababmessungen

1. Stab mit beidseitig parabolischen Vouten

Die Längen- und Querschnittsabmessungen sowie die Belastungsangaben sind in Abb. 651a bzw. 651b eingetragen. Aus Zahlentafel 1 erhält man für den unveränderlichen Stabbereich mit

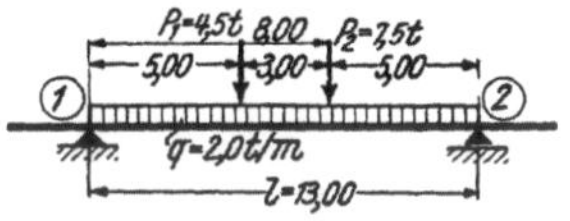

$$b/h = 40/70 \text{ (cm)} \ldots J_c = 0{,}0114 \text{ m}^4,$$

für den Auflagerquerschnitt mit

$$b/h_A = 40/150 \text{ (cm)} \ldots J_A = 0{,}1125 \text{ ,, .}$$

Abb. 651b. Belastungsangaben

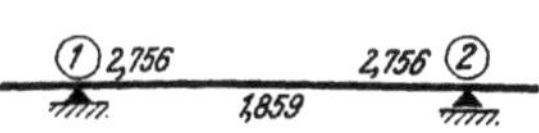

Abb. 651c. Stabfestwerte

Somit ist

$$\lambda = \frac{l_v}{l} = \frac{3{,}9}{13{,}0} = 0{,}30$$

und

$$n = \frac{J_c}{J_A} = \frac{0{,}0114}{0{,}1125} = 0{,}101 \doteq 0{,}10 \,.$$

A. Ermittlung der Stabfestwerte a, b

Mit den vorliegenden Leitwerten $\lambda = 0{,}30$ und $n = 0{,}10$ entnimmt man aus Zahlentafel 30

$$\bar{\alpha} = 0{,}212 \quad \text{und} \quad \bar{\beta} = 0{,}143 \,.$$

Diese Winkelwerte $\bar{\alpha}$ und $\bar{\beta}$ sind EJ_c-fach verzerrt und auf einen Stab mit der Länge $l = 1$ bezogen. Die wahren Werte würden lauten:

$$\alpha^* = \bar{\alpha} \frac{l}{EJ_c} \quad \text{und} \quad \beta^* = \bar{\beta} \frac{l}{EJ_c} \,.$$

Für die Rechnung verwendet man jedoch aus Zweckmäßigkeitsgründen die z-fach verzerrten Werte, wobei nach (435) $z = EJ_0$ gesetzt werden kann. Wählt man für $J_0 = J_c$, so wird

$$a = \alpha^* \cdot z = \bar{\alpha} \cdot l = 0{,}212 \cdot 13{,}0 = 2{,}756$$

$$b = \beta^* \cdot z = \bar{\beta} \cdot l = 0{,}143 \cdot 13{,}0 = 1{,}859 \ .$$

Diese Werte sind in Abb. 651 c so eingetragen, wie es für die weitere Berechnung zweckmäßig erscheint: a an den Stabenden und b in der Stabmitte.

B. Ermittlung der Belastungsglieder $\alpha^0{}_1$, $\alpha^0{}_2$

Es sind nach Abb. 651 b zwei Belastungsarten vorhanden:

a) Eine durchgehende Gleichlast $q = 2{,}0 \ \text{t/m}$,
b) die Einzellasten $P_1 = 4{,}5 \ \text{t}$ und $P_2 = 7{,}5 \ \text{t}$.

Die beiden Fälle werden getrennt behandelt.

a) Durchgehende Gleichlast $q = 2{,}0 \ \text{t/m}$

Nach Tafel 34 wird für $\lambda = 0{,}30$ und $n = 0{,}10$

$$\bar{\alpha}^0{}_1 = \bar{\alpha}^0{}_2 = \bar{\alpha}^0 = 0{,}0357 \ .$$

Diese EJ_c-fach verzerrten Werte beziehen sich wieder auf den Stab mit der Länge $l = 1$ und der Belastung $q = 1$. Die wahren Werte wären somit

$$\alpha^{0*} = \bar{\alpha}^0 \frac{q \, l^3}{EJ_c} \ .$$

Mit dem bereits festgelegten Verzerrungsfaktor $z = EJ_c$ ergibt sich das Belastungsglied in der für die Rechnung verwendeten Form:

$$\alpha^{0*} \cdot z = \bar{\alpha}^0 \, q \, l^3 = 0{,}0357 \cdot 2{,}0 \cdot 13{,}0^3 = 156{,}9 \ \text{tm}^2 \ .$$

b) Einzellasten $P_1 = 4{,}5 \ \text{t}$ und $P_2 = 7{,}5 \ \text{t}$

Aus der Einflußlinientafel 38 erhält man für die auf Zwölferteilung bezogenen Laststellungen

$$\frac{12 \, a}{l} = \frac{12 \cdot 5{,}0}{13{,}0} = 4{,}62 \quad \text{und} \quad \frac{12 \cdot 8{,}0}{13{,}0} = 7{,}38$$

mit den Leitwerten $\lambda = 0{,}30$ und $n = 0{,}10$ durch geradlinige Einschaltung folgende Einflußlinienordinaten

$$\text{für } \alpha^0{}_1: \quad \eta_1 \rightarrow 0{,}055 \ \text{und} \ 0{,}049$$
$$\text{für } \alpha^0{}_2: \quad \eta_2 \rightarrow 0{,}049 \ \text{und} \ 0{,}055 \ .$$

Damit ergibt sich wieder unter der Annahme von $z = EJ_c$

$$\alpha_1{}^{0*} \cdot z = \eta_1 \, P \, l^2 \quad \text{und} \quad \alpha_2{}^{0*} \cdot z = \eta_2 \, P \, l^2$$

und mit den obigen Zahlenwerten

$$\alpha_1{}^{0*} \cdot z = (0{,}055 \cdot 4{,}5 + 0{,}049 \cdot 7{,}5) \cdot 13{,}0^2 = 103{,}9 \ \text{tm}^2$$
$$\alpha_2{}^{0*} \cdot z = (0{,}049 \cdot 4{,}5 + 0{,}055 \cdot 7{,}5) \cdot 13{,}0^2 = 107{,}0 \ \text{,,} \ \ .$$

c) Zusammenfassung

Bei gleichzeitiger Einwirkung der unter a und b behandelten Belastungsarten ergibt sich

$$\alpha_1{}^{0*} \cdot z = 156{,}9 + 103{,}9 = 260{,}8 \ \text{tm}^2$$
$$\alpha_2{}^{0*} \cdot z = 156{,}9 + 107{,}0 = 263{,}9 \ \text{,, } .$$

2. Stab mit einseitig gerader Voute

Die Stababmessungen und Belastungsangaben sind aus Abb. 652a bzw. 652b zu entnehmen. Aus Zahlentafel 1 erhält man

für den unveränderlichen Stabbereich mit $b/h = 15/35$ (cm) ... $J_c = 0{,}000536 \ \text{m}^4$,

für den Auflagerquerschnitt mit $b/h_A = 15/60$ (cm) .... $J_A = 0{,}002700 \ \text{,, }$.

Somit ist

$$\lambda = \frac{l_v}{l} = \frac{1{,}5}{5{,}0} = 0{,}30$$

und

$$n = \frac{J_c}{J_A} = \frac{0{,}000536}{0{,}002700} = 0{,}199 \doteq 0{,}20 \ .$$

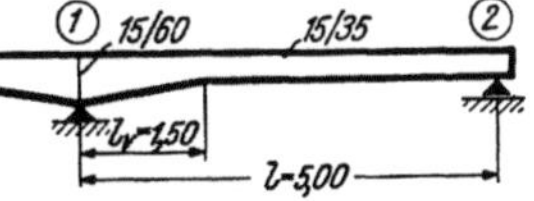

Abb. 652a. Stababmessungen

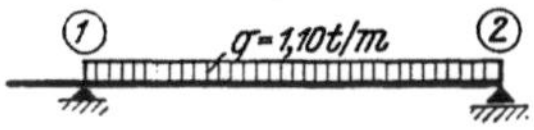

Abb. 652b. Belastungsangaben

A. Ermittlung der Stabfestwerte a_1, a_2, b

Mit den Leitwerten $\lambda = 0{,}30$ und $n = 0{,}20$ ergeben sich aus Tafel 27 die auf den Einheitsstab bezogenen EJ_c-fach verzerrten Winkelwerte

$$\bar{\alpha}_1 = 0{,}207 \ ; \quad \bar{\alpha}_2 = 0{,}330 \ ; \quad \bar{\beta} = 0{,}151 \ .$$

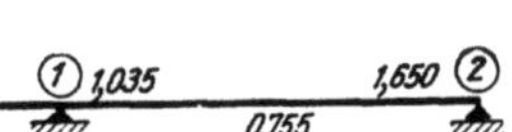

Abb. 652c. Stabfestwerte

Die wahren Werte für den Stab mit der Länge l sind daher

$$\alpha_1{}^* = \bar{\alpha}_1 \frac{l}{EJ_c} \ ; \quad \alpha_2{}^* = \bar{\alpha}_2 \frac{l}{EJ_c} \ ; \quad \beta^* = \bar{\beta} \frac{l}{EJ_c} \ .$$

Wählt man wieder den Verzerrungsfaktor $z = EJ_0 = EJ_c$, so erhält man die Rechnungswerte

$$a_1 = \alpha_1{}^* \cdot z = \bar{\alpha}_1 \cdot l = 0{,}207 \cdot 5{,}0 = 1{,}035$$
$$a_2 = \alpha_2{}^* \cdot z = \bar{\alpha}_2 \cdot l = 0{,}330 \cdot 5{,}0 = 1{,}650$$
$$b = \beta^* \cdot z = \bar{\beta} \cdot l = 0{,}151 \cdot 5{,}0 = 0{,}755 \ .$$

Diese Werte sind in Abb. 652c eingetragen.

B. Ermittlung der Belastungsglieder $\alpha^0{}_1$, $\alpha^0{}_2$

Für die Gleichlast $q = 1{,}1$ t/m erhält man mit den Leitwerten $\lambda = 0{,}30$ und $n = 0{,}20$ aus Tafel 31 die auf den Einheitsstab mit der Belastung $q = 1$ bezogenen, EJ_c-fach verzerrten Winkelwerte

$$\bar{\alpha}^0{}_1 = 0{,}0351 \quad \text{und} \quad \bar{\alpha}^0{}_2 = 0{,}0404 \ .$$

Die wahren Werte würden sich für den Stab mit der Länge l und der Belastung q mit

$$\alpha_1{}^{0*} = \bar{\alpha}^0{}_1 \frac{q \, l^3}{EJ_c} \quad \text{und} \quad \alpha_2{}^{0*} = \bar{\alpha}^0{}_2 \frac{q \, l^3}{EJ_c}$$

ergeben.

Mit dem bereits bei der Bestimmung der Werte α_1, α_2 und β festgelegten Verzerrungsfaktor $z = EJ_c$ erhält man die Rechnungswerte

$$\alpha_1^{0*} \cdot z = \bar{\alpha}_1^0 \, q \, l^3 = 0{,}0351 \cdot 1{,}1 \cdot 5{,}0^3 = 4{,}83 \text{ tm}^2$$

$$\alpha_2^{0*} \cdot z = \bar{\alpha}_2^0 \, q \, l^3 = 0{,}0404 \cdot 1{,}1 \cdot 5{,}0^3 = 5{,}56 \quad,, \quad .$$

II. Zahlenbeispiele

Zahlenbeispiel 29 (vgl. auch Nr. 30)

Unsymmetrischer Zweifeldträger mit durchgehend konstantem Querschnitt. Die Tragwerksabmessungen und Belastungsangaben sind aus Abb. 653 zu entnehmen. Es sind zwei Belastungsfälle zu behandeln, und zwar

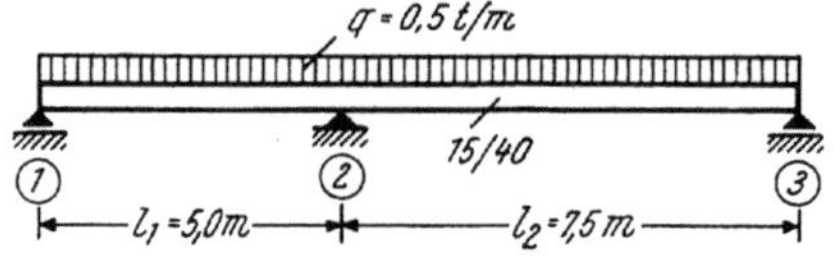

Abb. 653. Tragwerksabmessungen und Belastungsangaben

a) durchgehende Gleichlast $q = 0{,}5$ t/m,

b) ungleichmäßige Temperaturwirkung $\Delta t = t_u - t_o = -15°$.

a) Durchgehende Gleichlast $q = 0{,}5$ t/m

Nach (452) lautet die Dreimomentengleichung für den vorliegenden Fall wegen $M_1 = M_3 = 0$

$$2 M_2 (l_1 + l_2) + 6 (\alpha^0_{2,1} + \alpha^0_{2,3}) = 0 \, .$$

Nach Tafel 2 ist für durchgehende Gleichlast

$$\alpha^0_1 = \alpha^0_2 = \frac{q \, l^3}{24} \, ,$$

also

$$6 (\alpha^0_{2,1} + \alpha^0_{2,3}) = 6 \left(\frac{0{,}5 \cdot 5{,}0^3}{24} + \frac{0{,}5 \cdot 7{,}5^3}{24} \right) = 68{,}36 \text{ tm}^2 \, .$$

Weiter ist

$$l_1 + l_2 = 5{,}0 + 7{,}5 = 12{,}5 \text{ m} \, ,$$

womit die obige Gleichung einfach lautet:

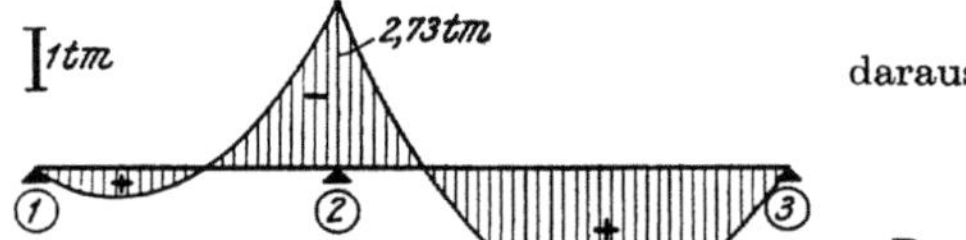

Abb. 654. M-Verlauf für die durchgehende Gleichlast $q = 0{,}5$ t/m

$$25{,}0 \, M_2 + 68{,}36 = 0 ;$$

daraus wird

$$M_2 = - \frac{68{,}36}{25{,}0} = - 2{,}73 \text{ tm} \, .$$

Der zugehörige M-Verlauf ist in Abb. 654 maßstäblich aufgetragen. Zum Vergleich ist diese M-Linie auch in Abb. 657 strichliert eingezeichnet, in welcher der M-Verlauf für dieselbe Belastung, jedoch unter Annahme von Vouten dargestellt ist.

b) Ungleichmäßige Temperaturwirkung

Es kann hier die Dreimomentengleichung in derselben Form Verwendung finden wie vorher:

$$2 M_2 (l_1 + l_2) + 6 (\alpha^0_{2,1} + \alpha^0_{2,3}) = 0 \, .$$

Es sind dabei nur die α^0-Werte infolge Temperaturwirkung neu zu bestimmen.

Nach (456) bzw. (456a) wird mit $J_1 = J_2 = 0{,}0008 \text{ m}^4$, $E = 2\,100\,000$ t/m² (für Beton), $\omega = 0{,}000012$, $h = 0{,}40$ m und $\Delta t = - 15°$

$$\alpha^0_{2,1} = \frac{EJ \cdot \omega \cdot \Delta t \cdot l_1}{2 \, h} \quad \text{und} \quad \alpha^0_{2,3} = \frac{EJ \cdot \omega \cdot \Delta t \cdot l_2}{2 \, h}$$

und somit

$$6\,(\alpha^0{}_{2,1} + \alpha^0{}_{2,3}) = \frac{3\,EJ \cdot \omega \cdot \varDelta t}{h}\,(l_1 + l_2) =$$

$$= -\,\frac{3 \cdot 2\,100\,000 \cdot 0{,}0008 \cdot 0{,}000012 \cdot 15}{0{,}40}\,(5{,}0 + 7{,}5) = -\,28{,}35 \text{ tm}^2\,.$$

Damit lautet die Gleichung für M_2:

$$25{,}0\,M_2 - 28{,}35 = 0\,;$$

daraus wird

$$M_2 = +\,\frac{28{,}35}{25{,}0} = +\,1{,}134 \text{ tm}\,.$$

Der zugehörige M-Verlauf ist aus Abb. 655 ersichtlich.

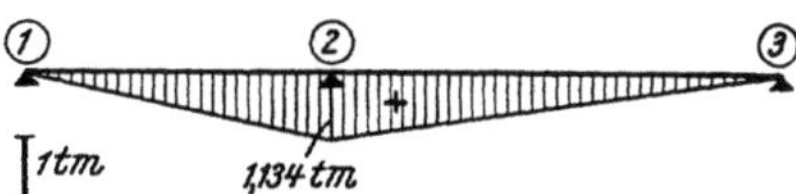

Abb. 655. M-Verlauf infolge ungleichmäßiger Temperaturwirkung

Zahlenbeispiel 30 (vgl. auch Nr. 29)

Unsymmetrischer Zweifeldträger mit geraden Vouten. Die Abmessungen des Tragwerks sind aus Abb. 656 zu entnehmen. Es ist wie im vorhergehenden Beispiel der M-Verlauf für eine durchgehende Gleichlast $q = 0{,}5$ t/m zu bestimmen und sodann die Einflußlinie für das Stützenmoment M_2 zu ermitteln.

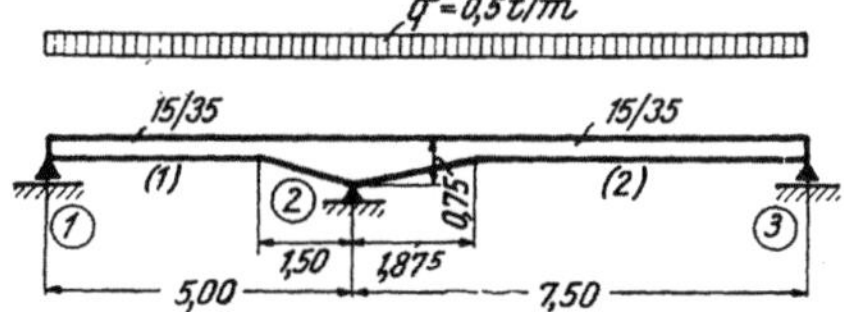

Abb. 656. Tragwerksabmessungen und Belastungsangaben

a) Durchgehende Gleichlast $q = 0{,}5$ t/m

Die Dreimomentengleichung für die Mittelstütze (2) lautet nach Gl. (431) unter Beachtung, daß hier $M_1 = M_3 = 0$ ist,

$$d_2\,M_2 + S_2 = 0\,.$$

Der Beiwert d_2 ergibt sich nach (433)

$$d_2 = a_{2,1} + a_{2,3} = \alpha^*{}_{2,1} \cdot z + \alpha^*{}_{2,3} \cdot z$$

und das Belastungsglied S_2 nach (434)

$$S_2 = \alpha^0{}^*{}_{2,1} \cdot z + \alpha^0{}^*{}_{2,3} \cdot z\,.$$

Hier kann der Verzerrungsfaktor $z = EJ_0 = EJ_c$ gewählt werden, da J_c in beiden Feldern vorkommt. Es ergeben sich also wie in den Einführungsbeispielen die Festwerte

für Stab (1): $a_{2,1} = \alpha^*{}_{2,1} \cdot z = \bar{\alpha}_{2,1} \cdot l_1 = \bar{\alpha}_1 \cdot l_1 = 0{,}179 \cdot 5{,}0 = 0{,}895$,

„   „   (2): $a_{2,3} = \alpha^*{}_{2,3} \cdot z = \bar{\alpha}_{2,3} \cdot l_2 = \bar{\alpha}_1 \cdot l_2 = 0{,}199 \cdot 7{,}5 = 1{,}493$.

Sie sind in der vorletzten Spalte der nachstehenden Festwerttabelle enthalten. Die Werte $\bar{\alpha}_1$ sind aus Tafel 27 für die Leitwerte $\lambda = 0{,}30$ und $n = 0{,}10$ bzw. $\lambda = 0{,}25$ und $n = 0{,}10$ entnommen und beziehen sich jeweils auf die Voutenseite des Stabes. Die Werte $\bar{\alpha}_2$ und $\bar{\beta}$ werden hier nicht benötigt.

Festwerttabelle

Stab	b/h (cm)	J_c (m⁴)	b/h_A (cm)	J_A (m⁴)	l (m)	l_v (m)	$\lambda = \dfrac{l_v}{l}$	$n = \dfrac{J_c}{J_A}$	$\bar{\alpha}_1$	$\bar{\alpha}_1 \cdot l$	Tafel
1—2	15/35	0,000536	15/75	0,005273	5,00	1,50	0,30	0,10	0,179	0,895	27
2—3	15/35	0,000536	15/75	0,005273	7,50	1,875	0,25	0,10	0,199	1,493	27

Mit den obigen Festwerten wird also

$$d_2 = 0{,}895 + 1{,}493 = 2{,}388\,.$$

Zur Ermittlung des Belastungsgliedes S_2 benötigt man die α^0-Werte, die zur Mittelstütze gehören.

Stab 1—2 (einseitig gerade Voute mit $\lambda = 0,30$, $n = 0,10$, $l_1 = 5,0$ m). Aus Tafel 31 ergibt sich mit den vorliegenden Leitwerten λ und n der der Voutenseite zugeordnete Winkelwert

$$\bar{\alpha}^0{}_1 = 0,0333.$$

Mit $z = EJ_c$ wird somit für $q = 0,5$ t/m

$$\alpha^0{}^*_{2,1} \cdot z = \bar{\alpha}^0{}_1\, q\, l_1{}^3 = 0,0333 \cdot 0,5 \cdot 5,0^3 = 2,08 \text{ tm}^2.$$

Stab 2—3 (einseitig gerade Voute mit $\lambda = 0,25$, $n = 0,10$, $l_2 = 7,5$ m). Aus Tafel 31 ergibt sich

$$\bar{\alpha}^0{}_1 = 0,0355.$$

Mit $z = EJ_c$ erhält man für $q = 0,5$ t/m

$$\alpha^0{}^*_{2,3} \cdot z = \bar{\alpha}^0{}_1\, q\, l_2{}^3 = 0,0355 \cdot 0,5 \cdot 7,5^3 = 7,49 \text{ tm}^2.$$

Das Belastungsglied S_2 ist also

$$S_2 = 2,08 + 7,49 = 9,57 \text{ tm}^2.$$

Die Dreimomentengleichung für die Mittelstütze (2) lautet somit zahlenmäßig

$$2,388\, M_2 + 9,57 = 0;$$

daraus wird

$$M_2 = -\frac{9,57}{2,388} = -4,01 \text{ tm}.$$

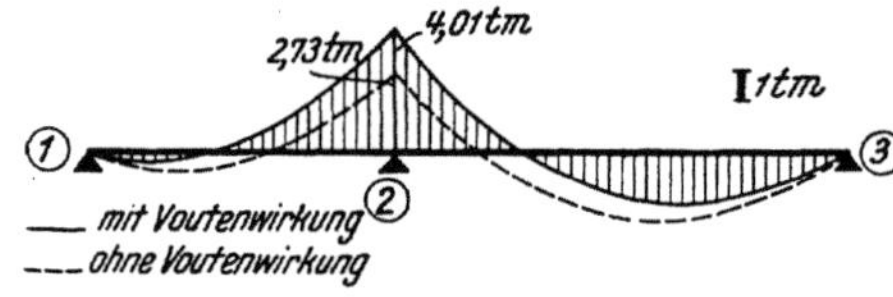

Abb. 657. *M*-Verlauf für die durchgehende Gleichlast $q = 0,5$ t/m

Der zugehörige M-Verlauf ist in Abb. 657 maßstäblich dargestellt. Dort sind zugleich auch die Momente aus dem vorangehenden Zahlenbeispiel strichliert eingetragen, um den Einfluß der Voutenwirkung besser zu veranschaulichen.

b) Einflußlinie für M_2

Es wird hier das auf Seite 193 ff. ausführlich behandelte Verfahren am $(n-1)$-fach statisch unbestimmten System durch Einschaltung eines Gelenkes bei Stütze (2) angewendet („Gelenkmethode"). Dadurch entstehen zwei frei aufliegende Träger mit den Spannweiten $l_1 = 5,0$ m und $l_2 = 7,5$ m (Abb. 658). Nach (477) ergeben sich die Einflußlinienordinaten für ein Feld (i) zwischen den Stützen (1) und (2) mit

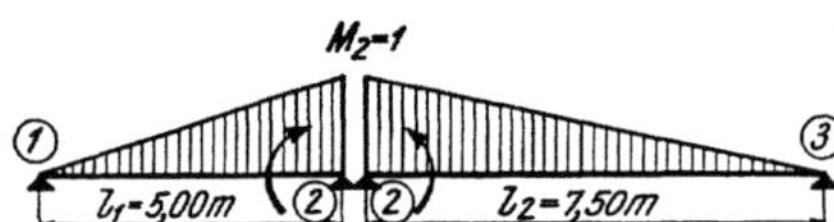

Abb. 658. *M*-Verlauf für das Doppelmoment $M_2 = 1$

$$\eta_M{}^{(i)} = (M_1\, \eta_1 + M_2\, \eta_2)\,\frac{l_i{}^2}{\gamma}.$$

Bei der Auswertung der Formel geht man für die einzelnen Felder getrennt vor. Um eine Übereinstimmung mit den Bezeichnungen der Hilfstafeln zu erhalten, wird festgesetzt, daß sich bei Feldern mit einseitigen Vouten M_1 auf die Voutenseite und M_2 auf die voutenfreie Seite bezieht. Damit wird

für Feld (1) wegen $M_1 = -1$ und $M_2 = 0$: $\quad \eta_M{}^{(1)} = -\eta_1 \cdot \dfrac{l_1{}^2}{\gamma}$,

„   „ (2) „ $M_1 = -1$ „. $M_2 = 0$: $\quad \eta_M{}^{(2)} = -\eta_1 \cdot \dfrac{l_2{}^2}{\gamma}$.

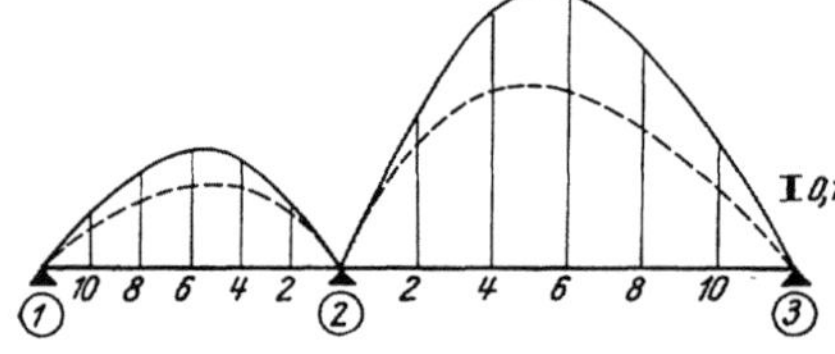

Abb. 659. M_2-Einflußlinie mit Voutenwirkung (———) und ohne Voutenwirkung (————)

Hierin bedeuten η_1 die aus Tafel 35 zu entnehmenden Ordinaten der Einflußlinien für die Auflagerdrehwinkel $\alpha^0{}_1$.

Der Wert γ ergibt sich nach (476) unter Beachtung, daß hier die nach den Stützen benannten Momente $M_1 = M_3 = 0$ sind, mit

$$\gamma = \bar{\alpha}_{2,1} \cdot l_1 + \bar{\alpha}_{2,3} \cdot l_2 = 0,895 + 1,493 = 2,388\,,$$

wobei die entsprechenden Werte $\bar{\alpha} \cdot l$ aus der vorletzten Spalte der Festwerttabelle entnommen sind.

In der zahlenmäßigen Auswertung der Ausdrücke für $\eta_M{}^{(1)}$ und $\eta_M{}^{(2)}$ kann noch eine kleine Vereinfachung vorgenommen werden. Es ist

$$\frac{l_1^2}{\gamma} = \frac{5{,}0^2}{2{,}388} = 10{,}47 \quad \text{und} \quad \frac{l_2^2}{\gamma} = \frac{7{,}5^2}{2{,}388} = 23{,}56 \,,$$

so daß

$$\eta_M^{(1)} = -10{,}47\,\eta_1 \quad \text{und} \quad \eta_M^{(2)} = -23{,}56\,\eta_1$$

wird. In der folgenden Tabelle ist nach diesen Formeln die zwölfteilige Einflußlinie für M_2 ausgerechnet.

Ermittlung der Einflußlinie für M_2

	Feld 1—2 $\lambda = 0{,}30$ $n = 0{,}10$ (Tafel 35) $\eta_M^{(1)} = -10{,}47\,\eta_1$		Feld 2—3 $\lambda = 0{,}25$ $n = 0{,}10$ (Tafel 35) $\eta_M^{(2)} = -23{,}56\,\eta_1$	
Ort	η_1	$\eta_M^{(1)} = -10{,}47\,\eta_1$	η_1	$\eta_M^{(2)} = -23{,}56\,\eta_1$
1	0,0145	— 0,152	0,0163	— 0,384
2	0,0280	— 0,293	0,0312	— 0,735
3	0,0399	— 0,418	0,0439	— 1,034
4	0,0484	— 0,507	0,0522	— 1,230
5	0,0525	— 0,550	0,0557	— 1,312
6	0,0526	— 0,551	0,0553	— 1,303
7	0,0492	— 0,515	0,0515	— 1,213
8	0,0427	— 0,447	0,0446	— 1,051
9	0,0340	— 0,356	0,0355	— 0,836
10	0,0238	— 0,249	0,0247	— 0,582
11	0,0122	— 0,128	0,0126	— 0,297

In Abb. 659 ist die Einflußlinie für M_2 dargestellt. Zum Vergleich ist dort die Einflußlinie für denselben Träger, jedoch o h n e Vouten, strichliert eingezeichnet.

Zahlenbeispiel 31

Symmetrischer Dreifeldträger mit parabolischen Vouten. Die Tragwerksabmessungen sind aus Abb. 660 zu ersehen. Es sind zu ermitteln:

a) Der M-Verlauf für eine durchgehende Gleichlast $q = 2{,}5$ t/m.

b) Die Einflußlinie für das Stützenmoment M_2.

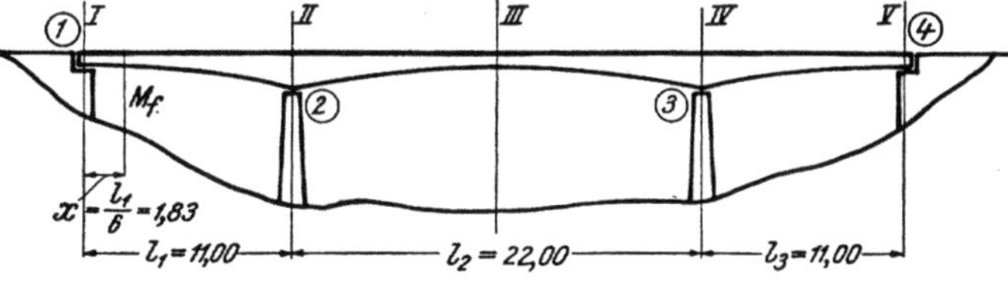

Abb. 660. Tragwerksabmessungen

c) Die Einflußlinie für das Feldmoment M_f im ersten Feld an der Stelle $x = l_1/6$ vom Auflager (1).

Die Ermittlung der Stabfestwerte erfolgt wieder tabellarisch.

Festwerttabelle

Stab	$J_c\,(\mathrm{m}^4)$	$J_A\,(\mathrm{m}^4)$	$l\,(\mathrm{m})$	$l_v\,(\mathrm{m})$	$\lambda = \dfrac{l_v}{l}$	$n = \dfrac{J_c}{J_A}$	$\bar{\alpha}_1$	$\bar{\alpha}_2$	$\bar{\beta}$	$\bar{\alpha}_1 \cdot l$	$\bar{\beta} \cdot l$	Tafel
1—2⎫ 3—4⎭	0,0265	0,5194	11,00	11,00	1,00	0,05	0,058	0,241	0,068	0,638	0,748	28
2—3	0,0265	0,5194	22,00	11,00	0,50	0,05	0,123	0,123	0,094	2,706	2,068	30

Die Berechnung der Trägheitsmomente J_c und J_A für die vorliegenden Plattenbalkenquerschnitte erfolgt nach der Formel

$$J = J_1 + J_2 + x^2 \frac{F_1 \cdot F_2}{F_1 + F_2} ,$$

wobei sich J_1 bzw. F_1 auf den Plattenteil und J_2 bzw. F_2 auf den Stegteil des Plattenbalkenquerschnittes beziehen und x den Abstand der beiden Flächenschwerpunkte bedeutet. Es ist also für den Querschnitt nach Abb. 661a

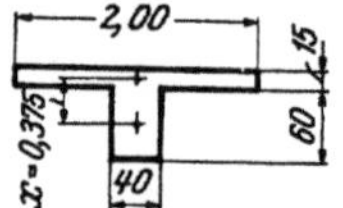

Querschnitt I, III, V

Abb. 661a

$$J_c = 0,0005625 + 0,00720 + 0,375^2 \cdot \frac{0,30 \cdot 0,24}{0,30 + 0,24} = 0,0265 \text{ m}^4$$

und ebenso mit Bezug auf Abb. 661b

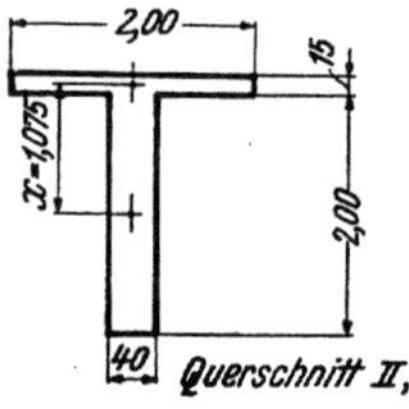

Querschnitt II, IV.

Abb. 661 b

Abb. 661a, b. Plattenbalkenquerschnitte zu Abb. 660

$$J_A = 0,0005625 + 0,2667 + 1,075^2 \cdot \frac{0,30 \cdot 0,80}{0,30 + 0,80} = 0,5194 \text{ m}^4 .$$

a) Durchgehende Gleichlast $q = 2,5$ t/m

Infolge Symmetrie ist $M_2 = M_3$, so daß nur die Dreimomentengleichung für M_2 benötigt wird. Sie lautet nach (431) unter Beachtung, daß hier $M_1 = 0$ und $M_3 = M_2$ ist,

$$(d_2 + b_2) M_2 + S_2 = 0 ,$$

wobei nach (433)

$$d_2 = a_{2,1} + a_{2,3} = \alpha^*_{2,1} \cdot z + \alpha^*_{2,3} \cdot z ;$$

nach (432) ist

$$b_2 = \beta_2^* \cdot z$$

und nach (434)

$$S_2 = \alpha^0{}^*_{2,1} \cdot z + \alpha^0{}^*_{2,3} \cdot z .$$

Die Winkelwerte $\alpha^*_{2,1}$, $\alpha^*_{2,3}$ und β_2^* sind in den beiden vorletzten Spalten der Festwerttabelle enthalten. Da J_c in allen Feldern gleich groß ist, kann wiederum $z = EJ_0 = EJ_c$ gewählt werden. Man erhält daher:

$$\alpha^*_{2,1} \cdot z = 0,638; \qquad \alpha^*_{2,3} \cdot z = 2,706; \qquad \beta_2^* \cdot z = 2,068.$$

Damit wird nach den vorstehenden Formeln

$$d_2 = 0,638 + 2,706 = 3,344 \quad \text{und} \quad b_2 = 2,068$$

sowie

$$d_2 + b_2 = 3,344 + 2,068 = 5,412 .$$

Bei der zahlenmäßigen Ermittlung des Belastungsgliedes S_2 sind zuerst die α^0-Werte für die einzelnen Stäbe zu bestimmen.

Stab 1—2 (einseitig parabolische Voute mit $\lambda = 1,00$, $n = 0,05$, $l_1 = 11,0$ m). Aus Tafel 32 ergibt sich der der Voutenseite zugeordnete Wert

$$\bar{\alpha}^0_1 = 0,0121 ;$$

mit $z = EJ_c$ wird für $q = 2,5$ t/m

$$\alpha^0{}^*_{2,1} \cdot z = \bar{\alpha}^0_1 q l_1^3 = 0,0121 \cdot 2,5 \cdot 11,0^3 = 40,3 \text{ tm}^2 .$$

Stab 2—3 (beidseitig parabolische Vouten mit $\lambda = 0,50$, $n = 0,05$, $l_2 = 22,0$ m). Aus Tafel 34 erhält man

$$\bar{\alpha}^0_1 = \bar{\alpha}^0_2 = \bar{\alpha}^0 = 0,0236 ;$$

mit $z = EJ_c$ wird für $q = 2,5$ t/m

$$\alpha^0{}^*_{2,3} \cdot z = \bar{\alpha}^0 q l_2^3 = 0,0236 \cdot 2,5 \cdot 22,0^3 = 628,2 \text{ tm}^2 ;$$

somit wird

$$S_2 = 40,3 + 628,2 = 668,5 \text{ tm}^2.$$

Die Dreimomentengleichung für die Stütze (2) lautet damit zahlenmäßig

$$5,412 \, M_2 + 668,5 = 0 ;$$

daraus wird

$$M_2 = - \frac{668,5}{5,412} = - 123,5 \text{ tm} .$$

Der zugehörige M-Verlauf ist in Abb. 662 maßstäblich aufgetragen. Zum Vergleich ist dort auch die M-Linie für dieselbe Belastung, jedoch unter Außerachtlassung der Voutenwirkung, eingezeichnet.

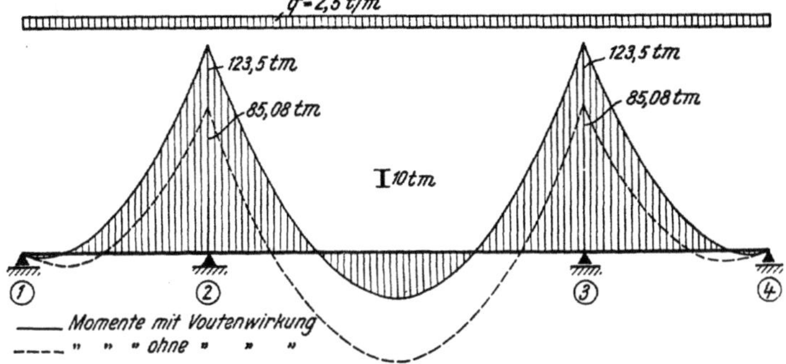

Abb. 662. M-Verlauf für die durchgehende Gleichlast $q = 2{,}5$ t/m

b) Einflußlinie für M_2

Auch hier soll das auf Seite 193ff. erläuterte Verfahren am $(n-1)$-fach statisch unbestimmten System benutzt werden („Gelenkmethode").

Durch Einschaltung eines Gelenkes bei Stütze (2), wo die beiden Momente $M = 1$ anzubringen sind, wird der gegebene Dreifeldträger in einen frei aufliegenden Träger und einen Zweifeldbalken zerlegt (Abb. 663a).

Es ist also zunächst der M-Verlauf infolge der Belastung $M = 1$ am Zweifeldträger $(2) — (3) — (4)$ zu bestimmen, um die gesuchte Einflußlinie als Biegelinie ermitteln zu können. Die Dreimomentengleichung für M_3 lautet nach (431) mit den Bezeichnungen der Abb. 663b unter Beachtung, daß $M_4 = 0$ und $S_3 = 0$ ist:

$$b_2 M_2 + d_3 M_3 = 0.$$

Nun ist hier $M_2 = -1$; weiter sind aus der vorangehenden Rechnung bereits bekannt:

$$b_2 = 2{,}068 \quad \text{und} \quad d_3 = d_2 = 3{,}344 .$$

Somit lautet die vorstehende Gleichung für M_3 zahlenmäßig

$$-2{,}068 + 3{,}344\, M_3 = 0 ;$$

daraus wird

$$M_3 = +\frac{2{,}068}{3{,}344} = +0{,}618 .$$

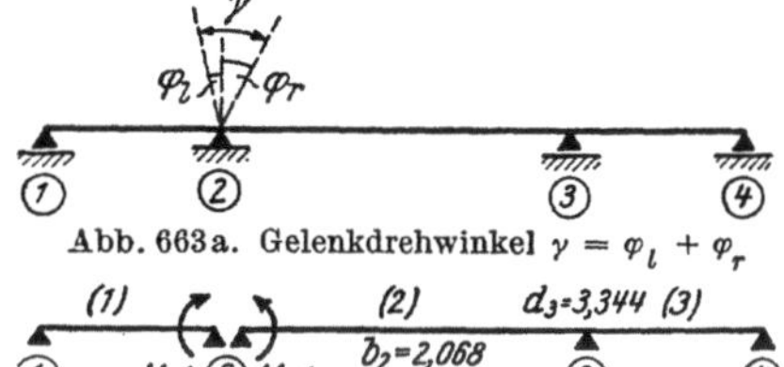

Abb. 663a. Gelenkdrehwinkel $\gamma = \varphi_l + \varphi_r$

Abb. 663b. Doppelmoment $M = 1$ im Gelenk bei Stütze (2)

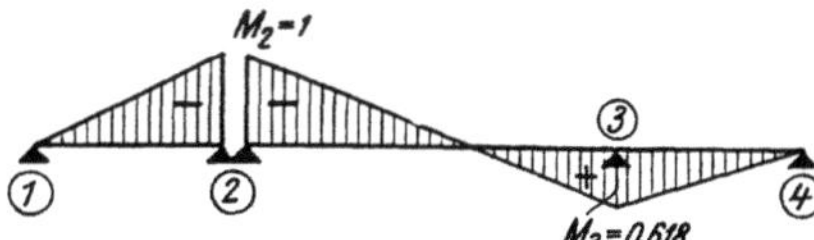

Abb. 663c. M-Verlauf für das Doppelmoment $M = 1$ aus Abb. 663b

Damit ist bereits der gesamte M-Verlauf gegeben (siehe Abb. 663c), für den die Biegelinie und der Winkelwert γ (Abb. 663a) zu bestimmen sind.

Die endgültigen Einflußlinienordinaten ergeben sich für ein Feld (i) zwischen den Stützen (1) und (2) nach (477) allgemein mit

$$\eta_M{}^{(i)} = (M_1 \eta_1 + M_2 \eta_2)\,\frac{l_i{}^2}{\gamma} .$$

Die Auswertung des vorstehenden Ausdruckes erfolgt wieder am besten tabellarisch, wobei die jeweiligen Werte für η_1 bzw. η_2 für die entsprechenden Stabformen aus den Einflußlinientafeln für α^0_1 bzw. α^0_2 zu entnehmen sind. Um eine Übereinstimmung in der Bezeichnung mit den zur Anwendung gelangenden Hilfstafeln zu erzielen und Irrtümer zu vermeiden, sei wieder festgesetzt, daß in der vorstehenden Formel M_1 bei Stäben mit einseitigen Vouten stets das Moment auf der Voutenseite und M_2 das Moment auf der voutenfreien Seite bedeutet. Unter dieser Voraussetzung wird

für Feld (1) wegen $M_1 = -1$; $M_2 = 0$: $\qquad \eta_M{}^{(1)} = -\eta_1 \cdot \dfrac{l_1{}^2}{\gamma}$;

„   „   (2) mit $M_1 = -1$; $M_2 = +0{,}618$: $\qquad \eta_M{}^{(2)} = (-\eta_1 + 0{,}618\, \eta_2)\,\dfrac{l_2{}^2}{\gamma}$;

23*

für Feld (3)   mit $M_1 = + 0{,}618;\ M_2 = 0:$ $\eta_M{}^{(3)} = + 0{,}618\,\eta_1 \cdot \dfrac{l_1{}^2}{\gamma}$.

Der Wert γ ergibt sich nach (476) unter Beachtung, daß $M_1 = 0$ ist, mit

$$\gamma = \bar\alpha_{2,1} \cdot l_1 + (\bar\alpha_{2,3} - M_3 \cdot \bar\beta_2)\, l_2 .$$

Aus der Festwerttabelle entnimmt man

$$\bar\alpha_{2,1} \cdot l_1 = 0{,}638; \qquad \bar\alpha_{2,3} \cdot l_2 = 2{,}706; \qquad \bar\beta_2 \cdot l_2 = 2{,}068$$

und aus Abb. 663c

$$M_3 = 0{,}618.$$

Damit erhält man

$$\gamma = 0{,}638 + 2{,}706 - 0{,}618 \cdot 2{,}068 = 2{,}066$$

und schließlich

$$\frac{l_1{}^2}{\gamma} = \frac{11{,}0^2}{2{,}066} = 58{,}57 \qquad \text{bzw.} \qquad \frac{l_2{}^2}{\gamma} = \frac{22{,}0^2}{2{,}066} = 234{,}27 .$$

Mit diesen Werten ergeben sich die Ausdrücke für die Einflußlinienordinaten η in den Feldern (1), (2) und (3) in einer zur tabellarischen Auswertung geeigneteren Form:

$$\eta_M{}^{(1)} = - 58{,}57\,\eta_1$$
$$\eta_M{}^{(2)} = 234{,}27\,(- \eta_1 + 0{,}618\,\eta_2)$$
$$\eta_M{}^{(3)} = + 0{,}618 \cdot 58{,}57\,\eta_1 = - 0{,}618\,\eta_M{}^{(1)} .$$

Die weitere Rechnung ist in der folgenden Tabelle durchgeführt.

Ermittlung der Einflußlinie für M_2

| | Feld 1—2 | | Feld 2—3 | | | Feld 3—4 |
| | $\lambda = 1{,}00$ $n = 0{,}05$ (Tafel 36) $\eta_M{}^{(1)} = - 58{,}57\,\eta_1$ | | $\lambda = 0{,}50$ $n = 0{,}05$ (Tafel 38) $\eta_M{}^{(2)} = 234{,}27\,(- \eta_1 + 0{,}618\,\eta_2)$ | | | |
Ort	η_1	$\eta_M{}^{(1)} = - 58{,}57\,\eta_1$	$-\eta_1$ $0{,}618\,\eta_2$	$A = -\eta_1 + 0{,}618\,\eta_2$	$\eta_M{}^{(2)} = 234{,}27\,A$	$\eta_M{}^{(3)} = - 0{,}618\,\eta_M{}^{(1)}$
1	0,0047	− 0,275	− 0,0101 + 0,0048	− 0,0053	− 1,242	+ 0,170
2	0,0089	− 0,521	− 0,0195 + 0,0096	− 0,0099	− 2,319	+ 0,322
3	0,0125	− 0,732	− 0,0279 + 0,0143	− 0,0136	− 3,186	+ 0,452
4	0,0156	− 0,914	− 0,0345 + 0,0186	− 0,0159	− 3,725	+ 0,565
5	0,0177	− 1,037	− 0,0383 + 0,0220	− 0,0163	− 3,819	+ 0,641
6	0,0189	− 1,107	− 0,0386 + 0,0239	− 0,0147	− 3,444	+ 0,684
7	0,0187	− 1,095	− 0,0356 + 0,0237	− 0,0119	− 2,788	+ 0,677
8	0,0174	− 1,019	− 0,0301 + 0,0213	− 0,0088	− 2,062	+ 0,630
9	0,0146	− 0,855	− 0,0232 + 0,0172	− 0,0060	− 1,406	+ 0,528
10	0,0106	− 0,621	− 0,0156 + 0,0121	− 0,0035	− 0,820	+ 0,384
11	0,0056	− 0,328	− 0,0078 + 0,0062	− 0,0016	− 0,375	+ 0,203

Die Einflußlinie für M_2 ist in Abb. 664 maßstäblich dargestellt. Gleichzeitig ist in dieser Abbildung die Einflußlinie für M_2 ohne Berücksichtigung der Voutenwirkung eingetragen.

c) **Einflußlinie für das Feldmoment M_f im ersten Feld**

Die Einflußlinie für M_f ist an der Stelle $x = l_1/6$ vom Auflager (1) zu ermitteln. Nach (383) erhält man mit den hier verwendeten Bezeichnungen unter Beachtung, daß $M_1 = 0$ ist,

$$M_f = M_2 \frac{x}{l_1} + M_0^{(x)} = 0{,}1\dot{6}\,M_2 + M_0^{(x)}.$$

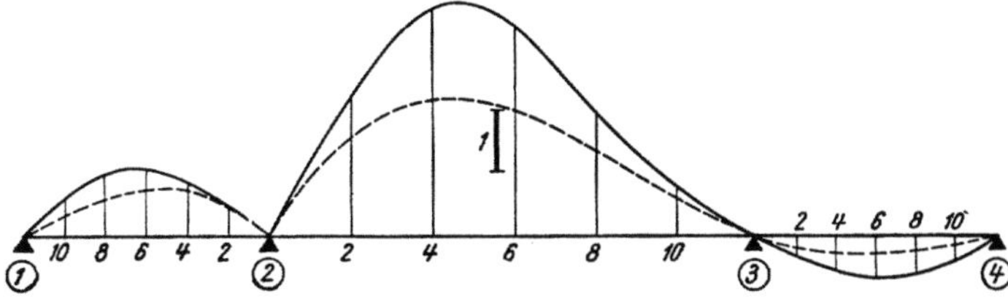

Abb. 664. M_2-Einflußlinie mit Voutenwirkung (———) und ohne Voutenwirkung (– – – –)

Setzt man in diesem Ausdruck anstelle von M_2 die bereits ermittelten Einflußlinienordinaten η_M und ebenso für $M_0^{(x)}$ die Ordinaten η_{M_0} ein, so gelangt man zu den Einflußlinienordinaten η_f von M_f. Die Einflußlinienwerte für $M_0^{(x)}$, die nur im ersten Feld auftreten, sind in Abb. 665 eingetragen. Für die tabellarische Auswertung ergibt sich also

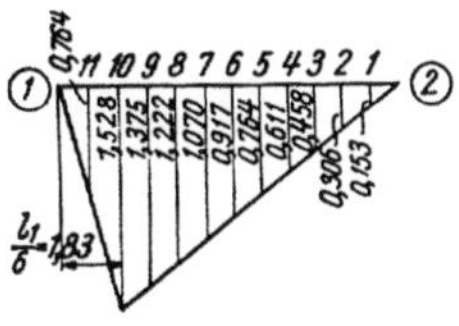

Abb. 665. Ordinaten der $M_0^{(x)}$-Einflußlinie im ersten Feld

für Feld (1): $\eta_f^{(1)} = 0{,}1\dot{6}\,\eta_M^{(1)} + \eta_{M_0}$

für Feld (2): $\eta_f^{(2)} = 0{,}1\dot{6}\,\eta_M^{(2)}$;   für Feld (3): $\eta_f^{(3)} = 0{,}1\dot{6}\,\eta_M^{(3)}$.

Ermittlung der Einflußlinie für das Feldmoment M_f

Ort	$\eta_M^{(1)}$ $0{,}1\dot{6}\,\eta_M^{(1)}$	η_{M_0}	$\eta_f^{(1)} = (1)+(2)$	$\eta_M^{(2)}$	$\eta_f^{(2)} = 0{,}1\dot{6}\,\eta_M^{(2)}$	$\eta_M^{(3)}$	$\eta_f^{(3)} = 0{,}1\dot{6}\,\eta_M^{(3)}$
	(1)	(2)	(3)	(4)	(5)	(6)	(7)
1	— 0,275 — 0,046	+ 0,153	+ 0,107	— 1,242	— 0,207	+ 0,170	+ 0,028
2	— 0,521 — 0,087	+ 0,306	+ 0,219	— 2,319	— 0,386	+ 0,322	+ 0,054
3	— 0,732 — 0,122	+ 0,458	+ 0,336	— 3,186	— 0,531	+ 0,452	+ 0,075
4	— 0,914 — 0,152	+ 0,611	+ 0,459	— 3,725	— 0,621	+ 0,565	+ 0,094
5	— 1,037 — 0,173	+ 0,764	+ 0,591	— 3,819	— 0,636	+ 0,641	+ 0,107
6	— 1,107 — 0,184	+ 0,917	+ 0,733	— 3,444	— 0,574	+ 0,684	+ 0,114
7	— 1,095 — 0,182	+ 1,070	+ 0,888	— 2,788	— 0,465	+ 0,677	+ 0,113
8	— 1,019 — 0,170	+ 1,222	+ 1,052	— 2,062	— 0,344	+ 0,630	+ 0,105
9	— 0,855 — 0,142	+ 1,375	+ 1,233	— 1,406	— 0,234	+ 0,528	+ 0,088
10	— 0,621 — 0,103	+ 1,528	+ 1,425	— 0,820	— 0,137	+ 0,384	+ 0,064
11	— 0,328 — 0,055	+ 0,764	+ 0,709	— 0,375	— 0,063	+ 0,203	+ 0,034

Feld 1—2: $\eta_f^{(1)} = 0{,}1\dot{6}\,\eta_M^{(1)} + \eta_{M_0}$; Feld 2—3: $\eta_f^{(2)} = 0{,}1\dot{6}\,\eta_M^{(2)}$; Feld 3—4: $\eta_f^{(3)} = 0{,}1\dot{6}\,\eta_M^{(3)}$

In Abb. 666 sind die Einflußlinien für das Feldmoment M_f mit und ohne Berücksichtigung der Voutenwirkung eingetragen.

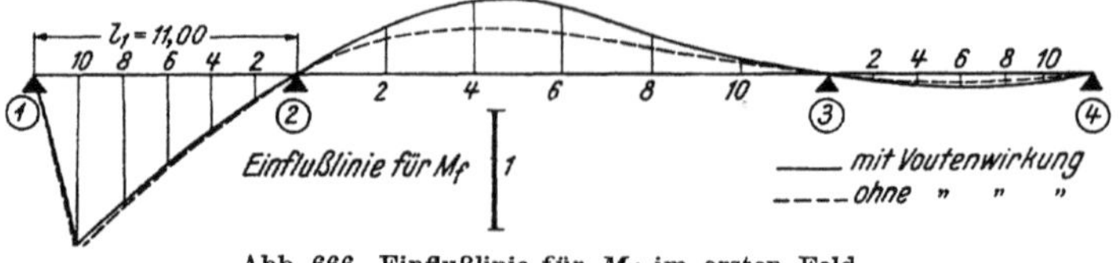

Abb. 666. Einflußlinie für M_f im ersten Feld

Vierter Abschnitt

Hochgradig statisch unbestimmte Rahmentragwerke

Im folgenden werden drei Zahlenbeispiele nach der im Ersten Teil auf Seite 205 ff. entwickelten „Reduktionsmethode" in allen wesentlichen Einzelheiten durchgerechnet. Für zwei dieser Beispiele (Nr. 33 und 34) sind überdies auf Seite 216 f. und 217 ff. sowohl der Rechnungsgang als auch die jeweilige Wahl der „reduzierten Systeme" und die Durchführung der „relativen Schätzung" eingehend dargelegt.

Es sei hier noch bemerkt, daß die Behandlung von hochgradig statisch unbestimmten Tragwerken mit Vouten in der gleichen Weise vor sich gehen kann.

Zahlenbeispiel 32

Symmetrischer, zehngeschossiger, dreistieliger Stockwerkrahmen mit symmetrischer Belastung (Abb. 667). Unbekannte: Die zehn Knotendrehwinkel φ_3, φ_5, φ_7, φ_9, φ_{11}, φ_{13}, φ_{15}, φ_{17}, φ_{19}, φ_{21}. Festwertskizze mit Querschnittsangaben siehe Abb. 668. Es sind die Momente nach der „Reduktionsmethode" (siehe Seite 205 ff.) zu ermitteln.

Diagonalglieder d

Nach (27) ist allgemein

$$d_n = 2 \sum_i k_{n,i} \, .$$

Damit ergeben sich anhand der Festwertskizze

$$d_3 = 2\,(4,39 + 2,13 + 3,90) = 20,84 \qquad d_5 = 2\,(3,90 + 2,13 + 3,74) = 19,54$$

und ebenso

$$d_7 = 17,30 \qquad d_{11} = 12,80 \qquad d_{15} = 9,12 \qquad d_{19} = 6,66$$
$$d_9 = 14,86 \qquad d_{13} = 10,60 \qquad d_{17} = 7,74 \qquad d_{21} = 3,30 \, .$$

Stabbelastungsglieder $\mathfrak{M}$ und Knotenbelastungsglieder s

Nach (28a) ist

$$s_n = \sum_i \mathfrak{M}_{n,i} \, .$$

Hiermit erhält man unter Benutzung der $\mathfrak{M}$-Formeln aus Tafel 2 bzw. 4 anhand der Belastungsskizze (Abb. 667):

$$s_3 = \mathfrak{M}_{3,4}{}^{(q)} + \mathfrak{M}_{3,4}{}^{(P)} = -\frac{4,8 \cdot 9,0^2}{12} - \frac{2 \cdot 5,0 \cdot 9,0}{9} = -42,4 \text{ tm}$$

$$s_5 = \mathfrak{M}_{5,6}{}^{(q)} + \mathfrak{M}_{5,6}{}^{(P)} = -\frac{4,5 \cdot 9,0^2}{12} - \frac{2 \cdot 4,4 \cdot 9,0}{9} = -39,2 \text{ ,,}$$

$$s_7 = \mathfrak{M}_{7,8}{}^{(q)} + \mathfrak{M}_{7,8}{}^{(P)} = -\frac{4,2 \cdot 9,0^2}{12} - \frac{3,5 \cdot 9,0}{8} = -32,3 \text{ ,,}$$

$$s_9 = \mathfrak{M}_{9,10}{}^{(q)} = -\frac{4,0 \cdot 9,0^2}{12} = -27,0 \text{ ,, } \cdot$$

und ebenso

$$s_{11} = \mathfrak{M}_{11,12} = -27{,}0 \text{ tm} \qquad s_{15} = \mathfrak{M}_{15,16} = -25{,}7 \text{ tm} \qquad s_{19} = \mathfrak{M}_{19,20} = -23{,}6 \text{ tm}$$

$$s_{13} = \mathfrak{M}_{13,14} = -25{,}7 \text{ ,,} \qquad s_{17} = \mathfrak{M}_{17,18} = -23{,}6 \text{ ,,} \qquad s_{21} = \mathfrak{M}_{21,22} = -20{,}3 \text{ ,, } .$$

Nach (26) ist allgemein

Knotengleichungen

$$d_n \varphi_n + \sum_i k_{n,i} \varphi_i + s_n = 0.$$

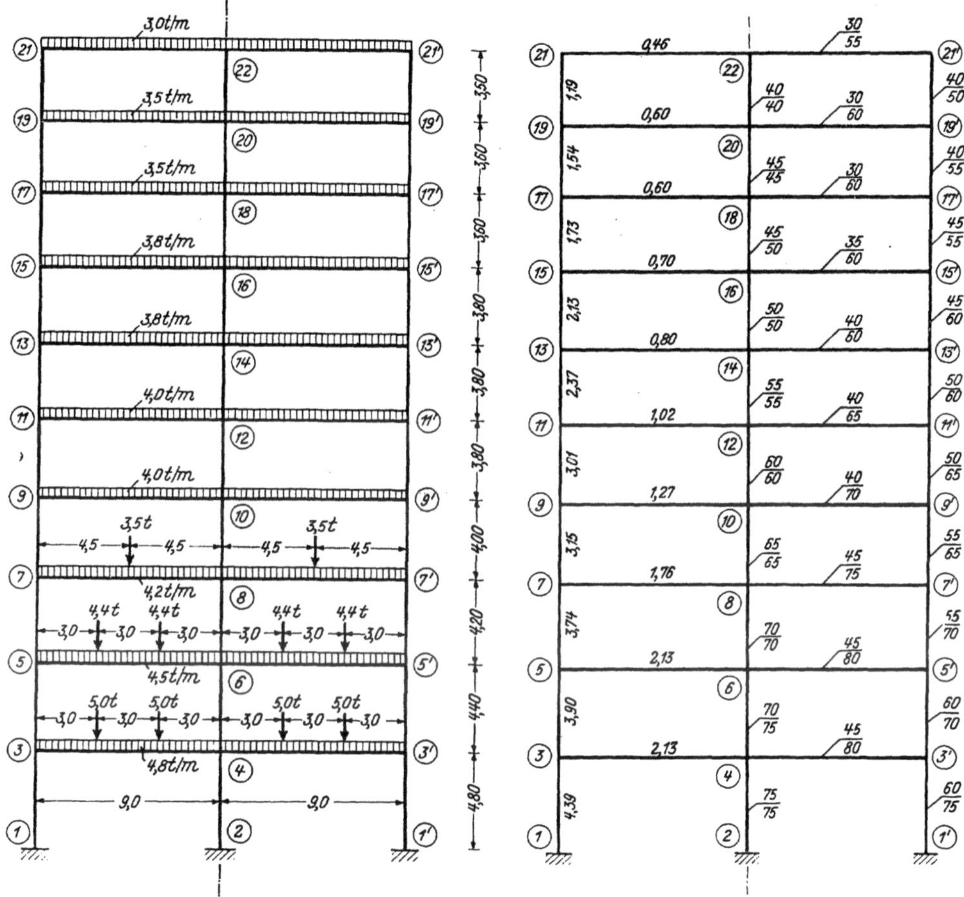

Abb. 667. Längen- und Belastungsangaben

Abb. 668. Festwertskizze (*k*-Zahlen) mit Querschnittsangaben

Damit können unter Zuhilfenahme der Festwertskizze die Knotengleichungen unmittelbar angeschrieben werden. Es ist hier zweckmäßig, die „Diagonalglieder" an die erste Stelle zu setzen.

$$(\varphi_3) \qquad 20{,}84\,\varphi_3 + 3{,}90\,\varphi_5 \qquad\qquad\qquad -42{,}4 = 0$$

$$(\varphi_5) \qquad 19{,}54\,\varphi_5 + 3{,}90\,\varphi_3 + 3{,}74\,\varphi_7 \qquad -39{,}2 = 0$$

$$(\varphi_7) \qquad 17{,}30\,\varphi_7 + 3{,}74\,\varphi_5 + 3{,}15\,\varphi_9 \qquad -32{,}3 = 0$$

$$(\varphi_9) \qquad 14{,}86\,\varphi_9 + 3{,}15\,\varphi_7 + 3{,}01\,\varphi_{11} \qquad -27{,}0 = 0$$

$$(\varphi_{11}) \qquad 12{,}80\,\varphi_{11} + 3{,}01\,\varphi_9 + 2{,}37\,\varphi_{13} \qquad -27{,}0 = 0$$

$$(\varphi_{13}) \qquad 10{,}60\,\varphi_{13} + 2{,}37\,\varphi_{11} + 2{,}13\,\varphi_{15} \qquad -25{,}7 = 0$$

$$(\varphi_{15}) \qquad 9{,}12\,\varphi_{15} + 2{,}13\,\varphi_{13} + 1{,}73\,\varphi_{17} \qquad -25{,}7 = 0$$

$$(\varphi_{17}) \qquad 7{,}74\,\varphi_{17} + 1{,}73\,\varphi_{15} + 1{,}54\,\varphi_{19} \qquad -23{,}6 = 0$$

$$(\varphi_{19}) \qquad 6{,}66\,\varphi_{19} + 1{,}54\,\varphi_{17} + 1{,}19\,\varphi_{21} \qquad -23{,}6 = 0$$

$$(\varphi_{21}) \qquad 3{,}30\,\varphi_{21} + 1{,}19\,\varphi_{19} \qquad\qquad\qquad -20{,}3 = 0 .$$

Erster Rechnungsgang

Als „reduziertes System" wird der untere Tragwerksteil (Abb. 669) mit den beiden Ausgangs-unbekannten φ_3 und φ_5 gewählt. In den zugehörigen Gleichungen tritt nur **eine** „überzählige" Unbekannte auf, nämlich φ_7. Diese kann hier durch eine „relative Schätzung" nach (483) in bezug auf φ_5 eliminiert werden. Danach ist

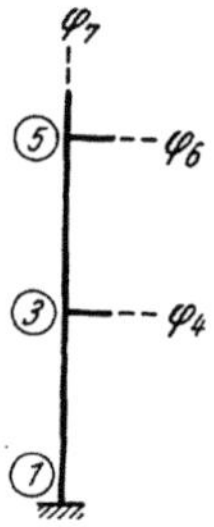

$$\varphi_r \doteq \frac{d_n}{d_r} \cdot \frac{s_r}{s_n} \cdot \varphi_n ,$$

also

$$\varphi_7 \doteq \frac{d_5}{d_7} \cdot \frac{s_7}{s_5} \cdot \varphi_5 = \frac{19,54 \cdot 32,3}{17,30 \cdot 39,2} \cdot \varphi_5 = 0,93\,\varphi_5 .$$

Durch Einführung dieses Wertes in Gleichung (φ_5) erhält man

$$19,54\,\varphi_5 + 3,90\,\varphi_3 + 3,74 \cdot 0,93\,\varphi_5 - 39,2 = 0$$

oder

$$23,02\,\varphi_5 + 3,90\,\varphi_3 - 39,2 = 0 .$$

Abb. 669.
„Reduziertes System"; Ausgangsunbekannte: φ_3, φ_5

Damit lauten die dem „reduzierten System" entsprechenden Ausgangsgleichungen in geordneter Schreibweise:

$$20,84\,\varphi_3 + 3,90\,\varphi_5 - 42,4 = 0$$
$$3,90\,\varphi_3 + 23,02\,\varphi_5 - 39,2 = 0 .$$

Die Auflösung ergibt: $\varphi_3' = 1,77$; $\varphi_5' = 1,40$.

Die Berechnung der übrigen Unbekannten erfolgt stufenweise aus je einer Gleichung. Die hierbei jeweils auftretenden überzähligen Unbekannten werden ebenfalls durch eine „relative Schätzung" nach (483) beseitigt. Diese Vorarbeit kann sofort für alle Unbekannten durchgeführt werden:

$$\varphi_9 \doteq \frac{d_7}{d_9} \cdot \frac{s_9}{s_7} \cdot \varphi_7 = \frac{17,30 \cdot 27,0}{14,86 \cdot 32,3} \cdot \varphi_7 = 0,97\,\varphi_7$$

$$\varphi_{11} \doteq \frac{d_9}{d_{11}} \cdot \frac{s_{11}}{s_9} \cdot \varphi_9 = \frac{14,86 \cdot 27,0}{12,80 \cdot 27,0} \cdot \varphi_9 = 1,16\,\varphi_9$$

und ebenso

$$\varphi_{13} \doteq 1,15\,\varphi_{11}; \quad \varphi_{15} \doteq 1,16\,\varphi_{13}; \quad \varphi_{17} \doteq 1,08\,\varphi_{15}; \quad \varphi_{19} \doteq 1,16\,\varphi_{17}; \quad \varphi_{21} \doteq 1,74\,\varphi_{19} .$$

Damit erhält man unter Verwendung der jeweils bereits ermittelten und der soeben „vorausgeschätzten" Unbekannten aus Gleichung (φ_7)

$$\varphi_7' = \frac{32,3 - 3,74 \cdot 1,40}{17,3 + 3,15 \cdot 0,97} = 1,33 ,$$

aus Gleichung (φ_9)

$$\varphi_9' = \frac{27,0 - 3,15 \cdot 1,33}{14,86 + 3,01 \cdot 1,16} = 1,24$$

und auf die gleiche Weise aus den Gleichungen (φ_{11}) bis (φ_{21})

$$\varphi_{11}' = 1,50; \quad \varphi_{13}' = 1,69; \quad \varphi_{15}' = 2,01; \quad \varphi_{17}' = 2,11; \quad \varphi_{19}' = 2,33; \quad \varphi_{21}' = 5,31 .$$

Zweiter Rechnungsgang

Hier wird auf die Annahme eines „reduzierten Systems" verzichtet und die Berechnung sämtlicher Unbekannten sofort stufenweise unter direkter Benutzung der Werte aus dem ersten Rechnungsgang durchgeführt. Man erhält aus Gleichung (φ_3)

$$\varphi_3'' = \frac{1}{20,84} (- 3,90 \cdot 1,40 + 42,4) = 1,77 ,$$

aus Gleichung (φ_5)

$$\varphi_5'' = \frac{1}{19,54} (- 3,90 \cdot 1,77 - 3,74 \cdot 1,33 + 39,2) = 1,40$$

und ebenso aus den Gleichungen (φ_7) bis (φ_{21})

$$\varphi_7{}'' = 1{,}34$$
$$\varphi_9{}'' = 1{,}23$$
$$\varphi_{11}{}'' = 1{,}51$$
$$\varphi_{13}{}'' = 1{,}68$$
$$\varphi_{15}{}'' = 2{,}03$$
$$\varphi_{17}{}'' = 2{,}13$$
$$\varphi_{19}{}'' = 2{,}10$$
$$\varphi_{21}{}'' = 5{,}39 \; .$$

Ein Vergleich der Ergebnisse aus beiden Rechnungsgängen zeigt nur im oberen Rahmenteil noch fühlbare Abweichungen. Es wird daher in diesem Bereich (für φ_{15}, φ_{17}, φ_{19}, φ_{21}) ein dritter Rechnungsgang vorgenommen.

Dritter Rechnungsgang

Es gelangen auch hier die zuletzt erhaltenen Ergebnisse direkt zur Verwendung. Man erhält aus Gleichung (φ_{15})

$$\varphi_{15}{}''' = \frac{1}{9{,}12}\,(-\,2{,}13 \cdot 1{,}68 - 1{,}73 \cdot 2{,}13 + 25{,}7) = 2{,}02 \,,$$

aus Gleichung (φ_{17})

$$\varphi_{17}{}''' = \frac{1}{7{,}74}\,(-\,1{,}73 \cdot 2{,}02 - 1{,}54 \cdot 2{,}10 + 23{,}6) = 2{,}18$$

und ebenso aus den Gleichungen (φ_{19}) und (φ_{21})

$$\varphi_{19}{}''' = 2{,}08; \quad \varphi_{21}{}''' = 5{,}40.$$

In der folgenden Tabelle sind alle Werte aus den drei Rechnungsgängen zusammengestellt.

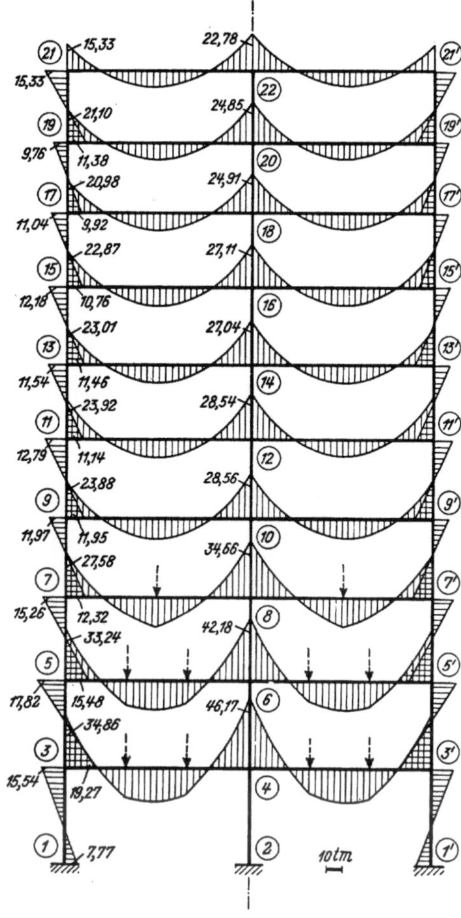

Abb. 670. M-Verlauf für lotrechte Belastung

Ergebnisse der Rechnungsgänge

	φ_3	φ_5	φ_7	φ_9	φ_{11}	φ_{13}	φ_{15}	φ_{17}	φ_{19}	φ_{21}
I. Rechnungsgang	1,77	1,40	1,33	1,24	1,50	1,69	2,01	2,11	2,33	5,31
II. „	1,77	1,40	1,34	1,23	1,51	1,68	2,03	2,13	2,10	5,39
III. „	—	—	—	—	—	—	2,02	2,18	2,08	5,40

Stabendmomente

Nach (22) ist für einen Stab 1—2 allgemein

$$M_{1,2} = k\,(2\,\varphi_1 + \varphi_2) + \mathfrak{M}_{1,2} \,.$$

Damit erhält man mit den zuletzt ermittelten, bereits hinreichend genauen φ-Werten:

$M_{1,3} = +\ 7{,}77$ tm	$M_{6,5} = +\ 42{,}18$ tm	$M_{10,9} = +\ 28{,}56$ tm
$M_{3,1} = +\ 15{,}54$ „	$M_{7,5} = +\ 15{,}26$ „	$M_{11,9} = +\ 12{,}79$ „
$M_{3,4} = -\ 34{,}86$ „	$M_{7,8} = -\ 27{,}58$ „	$M_{11,12} = -\ 23{,}92$ „
$M_{3,5} = +\ 19{,}27$ „	$M_{7,9} = +\ 12{,}32$ „	$M_{11,13} = +\ 11{,}14$ „
$M_{4,3} = +\ 46{,}17$ „	$M_{8,7} = +\ 34{,}66$ „	$M_{12,11} = +\ 28{,}54$ „
$M_{5,3} = +\ 17{,}82$ „	$M_{9,7} = +\ 11{,}97$ „	$M_{13,11} = +\ 11{,}54$ „
$M_{5,6} = -\ 33{,}24$ „	$M_{9,10} = -\ 23{,}88$ „	$M_{13,14} = -\ 23{,}01$ „
$M_{5,7} = +\ 15{,}48$ „	$M_{9,11} = +\ 11{,}95$ „	$M_{13,15} = +\ 11{,}46$ „

$$M_{14,13} = + 27{,}04 \text{ tm} \qquad M_{18,17} = + 24{,}91 \text{ tm}$$
$$M_{15,13} = + 12{,}18 \text{ ,,} \qquad M_{19,17} = + \ 9{,}76 \text{ ,,}$$
$$M_{15,16} = - 22{,}87 \text{ ,,} \qquad M_{19,20} = - 21{,}10 \text{ ,,}$$
$$M_{15,17} = + 10{,}76 \text{ ,,} \qquad M_{19,21} = + 11{,}38 \text{ ,,}$$
$$M_{16,15} = + 27{,}11 \text{ ,,} \qquad M_{20,19} = + 24{,}85 \text{ ,,}$$
$$M_{17,15} = + 11{,}04 \text{ ,,} \qquad M_{21,19} = + 15{,}33 \text{ ,,}$$
$$M_{17,18} = - 20{,}98 \text{ ,,} \qquad M_{21,22} = - 15{,}33 \text{ ,,}$$
$$M_{17,19} = + \ 9{,}92 \text{ ,,} \qquad M_{22,21} = + 22{,}78 \text{ ,, } .$$

Diese Momente sind in Abb. 670 für das gesamte Tragwerk maßstäblich aufgetragen.

Zahlenbeispiel 33

(Erläuterungen siehe Seite 216 f.)

Symmetrischer, zehngeschossiger, vierstieliger Stockwerkrahmen mit waagrechter Belastung. Die Längen- und Belastungsangaben sind in der Festwertskizze Abb. 671 enthalten, in welcher bereits sämtliche Steifigkeitszahlen k bzw. $k'' = 1{,}5\,k$ für die Symmetriestäbe (siehe Seite 49 ff.) und (in Klammern) die Werte $3\,k$ der Säulen eingetragen sind. Wegen voller Einspannung der Säulenfüße ist $\varphi_1 = \varphi_2 = 0$.

Die vorliegende Belastung ergibt ein antimetrisches Momentenbild, d. h. es braucht in der Berechnung nur eine Tragwerkshälfte mit der halben Belastung in Betracht gezogen zu werden (siehe Seite 47 ff.). Dabei ist zu berücksichtigen, daß $\varphi_4' = \varphi_4$, $\varphi_6' = \varphi_6$, ..., $\varphi_{22}' = \varphi_{22}$, so daß insgesamt 30 Unbekannte zu bestimmen sind, und zwar die 20 Knotendrehwinkel φ_3 bis φ_{22} und die 10 Stabdrehwinkel ψ_1 bis ψ_{10}. Die Berechnung soll nach der auf Seite 205 ff. entwickelten „Reduktionsmethode" durchgeführt werden.

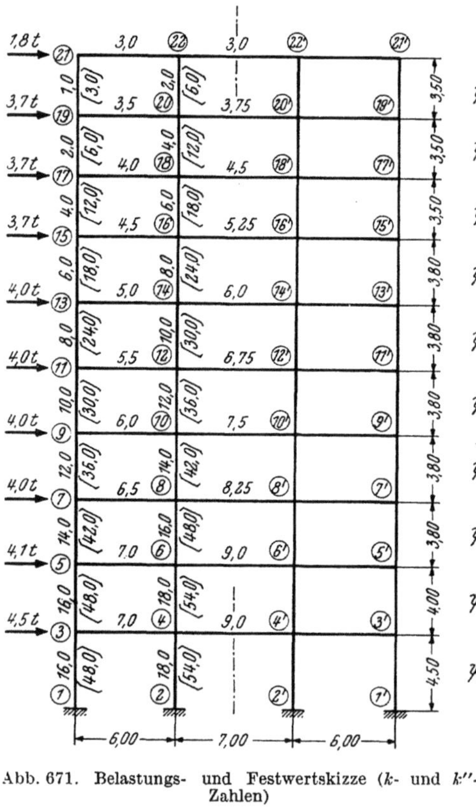

Diagonalglieder d bzw. d'' und D

Für die Knotenreihe 3—21 gilt nach (45) der allgemeine Ansatz

$$d_n = 2 \sum_i k_{n,i} \, ,$$

während für die der Symmetrale benachbarte Knotenreihe 4—22 der Ausdruck (66)

$$d''_n = 2 \left(\sum_i k_{n,i} + k''_{n,n'} \right)$$

anzuwenden ist. Damit erhält man anhand der Festwertskizze z. B.

$$d_3 = 2\,(16 + 7 + 16) = 78; \qquad d''_4 = 2\,(18 + 7 + 18 + 9) = 104$$

Abb. 671. Belastungs- und Festwertskizze (k- und k''-Zahlen)

und in gleicher Weise:

$$
\begin{array}{lllll}
d_5 = 74 & d_9 = 56 & d_{13} = 38 & d_{17} = 20 & d_{21} = 8 \\
d''_6 = 100 & d''_{10} = 79 & d''_{14} = 58 & d''_{18} = 37 & d''_{22} = 16 \; . \\
d_7 = 65 & d_{11} = 47 & d_{15} = 29 & d_{19} = 13 & \\
d''_8 = 89{,}5 & d''_{12} = 68{,}5 & d''_{16} = 47{,}5 & d''_{20} = 26{,}5 &
\end{array}
$$

Nach (59) erhält man das Diagonalglied D_μ der Verschiebungsgleichung für ein Stockwerk μ allgemein mit

$$ D_\mu = 6 \underset{\mu}{\Sigma} k \; . $$

Unter Beachtung, daß sich der Summenausdruck hier nur auf eine Tragwerkshälfte bezieht, ergeben sich für die einzelnen Stockwerke

$$
\begin{array}{lll}
D_1 = D_2 = 6\,(16 + 18) = 204 & D_5 = 6\,(10 + 12) = 132 & D_8 = 6\,(4 + 6) = 60 \\
D_3 = 6\,(14 + 16) = 180 & D_6 = 6\,(\;8 + 10) = 108 & D_9 = 6\,(2 + 4) = 36 \\
D_4 = 6\,(12 + 14) = 156 & D_7 = 6\,(\;6 + \;8) = \;\;84 & D_{10} = 6\,(1 + 2) = 18 \; .
\end{array}
$$

Belastungsglieder S der Verschiebungsgleichungen

Die Werte $\mathfrak{M}$ und s sind hier durchweg Null, da sämtliche Stäbe unbelastet sind. Die Belastungsglieder S_μ der Verschiebungsgleichungen ergeben sich nach (60) für ein Stockwerk μ sehr einfach mit

$$ S_\mu = (\Sigma P)\, l_\mu \; , $$

weil alle übrigen Glieder Null sind. Da nur die halbe Belastung in Rechnung zu setzen ist, erhält man der Reihe nach, beim obersten Stockwerk beginnend:

$$
\begin{array}{ll}
S_{10} = + \,0{,}5 \cdot \;\;1{,}8 \cdot 3{,}5 = + \;\;3{,}15 \text{ tm} & S_5 = + \,0{,}5 \cdot 20{,}9 \cdot 3{,}8 = + \,39{,}71 \text{ tm} \\
S_9 = + \,0{,}5 \cdot \;\;5{,}5 \cdot 3{,}5 = + \;\;9{,}63 \;,, & S_4 = + \,0{,}5 \cdot 24{,}9 \cdot 3{,}8 = + \,47{,}31 \;,, \\
S_8 = + \,0{,}5 \cdot \;\;9{,}2 \cdot 3{,}5 = + \,16{,}10 \;,, & S_3 = + \,0{,}5 \cdot 28{,}9 \cdot 3{,}8 = + \,54{,}91 \;,, \\
S_7 = + \,0{,}5 \cdot 12{,}9 \cdot 3{,}8 = + \,24{,}51 \;,, & S_2 = + \,0{,}5 \cdot 33{,}0 \cdot 4{,}0 = + \,66{,}00 \;,, \\
S_6 = + \,0{,}5 \cdot 16{,}9 \cdot 3{,}8 = + \,32{,}11 \;,, & S_1 = + \,0{,}5 \cdot 37{,}5 \cdot 4{,}5 = + \,84{,}38 \;,, \; .
\end{array}
$$

Aufstellung der Gleichungen

Die *Knotengleichungen* lauten nach (51) unter Beachtung, daß hier durchweg $s = 0$ ist,

$$ d_n \varphi_n + \underset{i}{\Sigma} k_{n,i}\,\varphi_i + 3\,k_\mu \psi_\mu + 3\,k_{\mu+1}\psi_{\mu+1} = 0 \; ; $$

für die *Verschiebungsgleichungen* gilt nach (58)

$$ \underset{\mu}{\Sigma} 3\,k\,\varphi_u + \underset{\mu}{\Sigma} 3\,k\,\varphi_o + D_\mu \psi_\mu + S_\mu = 0 \; . $$

Damit kann unter Zuhilfenahme der Festwertskizze Abb. 671 die Aufstellung der Gleichungen vorgenommen werden, wobei aber hier auf die Tabellenform verzichtet und jeweils das Diagonalglied an die erste Stelle gesetzt wird.

Bedingungsgleichungen

$$
\begin{array}{lllllll}
(\varphi_3) & 78\,\varphi_3 & + \;\;7\,\varphi_4 & + 16\,\varphi_5 & + 48\,\psi_1 & + 48\,\psi_2 & = 0 \\
(\varphi_4) & 104\,\varphi_4 & + \;\;7\,\varphi_3 & + 18\,\varphi_6 & + 54\,\psi_1 & + 54\,\psi_2 & = 0 \\
(\varphi_5) & 74\,\varphi_5 & + 16\,\varphi_3 & + \;\;7\,\varphi_6 & + 14\,\varphi_7 & + 48\,\psi_2 & + 42\,\psi_3 & = 0 \\
(\varphi_6) & 100\,\varphi_6 & + 18\,\varphi_4 & + \;\;7\,\varphi_5 & + 16\,\varphi_8 & + 54\,\psi_2 & + 48\,\psi_3 & = 0 \\
(\varphi_7) & 65\,\varphi_7 & + 14\,\varphi_5 & + \;\;6{,}5\,\varphi_8 & + 12\,\varphi_9 & + 42\,\psi_3 & + 36\,\psi_4 & = 0 \\
(\varphi_8) & 89{,}5\,\varphi_8 & + 16\,\varphi_6 & + \;\;6{,}5\,\varphi_7 & + 14\,\varphi_{10} & + 48\,\psi_3 & + 42\,\psi_4 & = 0 \\
(\varphi_9) & 56\,\varphi_9 & + 12\,\varphi_7 & + \;\;6\,\varphi_{10} & + 10\,\varphi_{11} & + 36\,\psi_4 & + 30\,\psi_5 & = 0 \\
(\varphi_{10}) & 79\,\varphi_{10} & + 14\,\varphi_8 & + \;\;6\,\varphi_9 & + 12\,\varphi_{12} & + 42\,\psi_4 & + 36\,\psi_5 & = 0 \\
(\varphi_{11}) & 47\,\varphi_{11} & + 10\,\varphi_9 & + \;\;5{,}5\,\varphi_{12} & + \;\;8\,\varphi_{13} & + 30\,\psi_5 & + 24\,\psi_6 & = 0 \\
(\varphi_{12}) & 68{,}5\,\varphi_{12} & + 12\,\varphi_{10} & + \;\;5{,}5\,\varphi_{11} & + 10\,\varphi_{14} & + 36\,\psi_5 & + 30\,\psi_6 & = 0 \\
(\varphi_{13}) & 38\,\varphi_{13} & + \;\;8\,\varphi_{11} & + \;\;5\,\varphi_{14} & + \;\;6\,\varphi_{15} & + 24\,\psi_6 & + 18\,\psi_7 & = 0 \\
(\varphi_{14}) & 58\,\varphi_{14} & + 10\,\varphi_{12} & + \;\;5\,\varphi_{13} & + \;\;8\,\varphi_{16} & + 30\,\psi_6 & + 24\,\psi_7 & = 0 \\
(\varphi_{15}) & 29\,\varphi_{15} & + \;\;6\,\varphi_{13} & + \;\;4{,}5\,\varphi_{16} & + \;\;4\,\varphi_{17} & + 18\,\psi_7 & + 12\,\psi_8 & = 0 \\
(\varphi_{16}) & 47{,}5\,\varphi_{16} & + \;\;8\,\varphi_{14} & + \;\;4{,}5\,\varphi_{15} & + \;\;6\,\varphi_{18} & + 24\,\psi_7 & + 18\,\psi_8 & = 0 \\
(\varphi_{17}) & 20\,\varphi_{17} & + \;\;4\,\varphi_{15} & + \;\;4\,\varphi_{18} & + \;\;2\,\varphi_{19} & + 12\,\psi_8 & + \;\;6\,\psi_9 & = 0 \\
(\varphi_{18}) & 37\,\varphi_{18} & + \;\;6\,\varphi_{16} & + \;\;4\,\varphi_{17} & + \;\;4\,\varphi_{20} & + 18\,\psi_8 & + 12\,\psi_9 & = 0
\end{array}
$$

$$
\begin{aligned}
(\varphi_{19}) \quad & 13\,\varphi_{19} + 2\,\varphi_{17} + 3{,}5\,\varphi_{20} + 1\,\varphi_{21} + 6\,\psi_9 + 3\,\psi_{10} && = 0 \\
(\varphi_{20}) \quad & 26{,}5\,\varphi_{20} + 4\,\varphi_{18} + 3{,}5\,\varphi_{19} + 2\,\varphi_{22} + 12\,\psi_9 + 6\,\psi_{10} && = 0 \\
(\varphi_{21}) \quad & 8\,\varphi_{21} + 1\,\varphi_{19} + 3\,\varphi_{22} + 3\,\psi_{10} && = 0 \\
(\varphi_{22}) \quad & 16\,\varphi_{22} + 2\,\varphi_{20} + 3\,\varphi_{21} + 6\,\psi_{10} && = 0 \\
(\psi_1) \quad & 204\,\psi_1 + 48\,\varphi_3 + 54\,\varphi_4 && + 84{,}38 = 0 \\
(\psi_2) \quad & 204\,\psi_2 + 48\,\varphi_3 + 54\,\varphi_4 + 48\,\varphi_5 + 54\,\varphi_6 && + 66{,}00 = 0 \\
(\psi_3) \quad & 180\,\psi_3 + 42\,\varphi_5 + 48\,\varphi_6 + 42\,\varphi_7 + 48\,\varphi_8 && + 54{,}91 = 0 \\
(\psi_4) \quad & 156\,\psi_4 + 36\,\varphi_7 + 42\,\varphi_8 + 36\,\varphi_9 + 42\,\varphi_{10} && + 47{,}31 = 0 \\
(\psi_5) \quad & 132\,\psi_5 + 30\,\varphi_9 + 36\,\varphi_{10} + 30\,\varphi_{11} + 36\,\varphi_{12} && + 39{,}71 = 0 \\
(\psi_6) \quad & 108\,\psi_6 + 24\,\varphi_{11} + 30\,\varphi_{12} + 24\,\varphi_{13} + 30\,\varphi_{14} && + 32{,}11 = 0 \\
(\psi_7) \quad & 84\,\psi_7 + 18\,\varphi_{13} + 24\,\varphi_{14} + 18\,\varphi_{15} + 24\,\varphi_{16} && + 24{,}51 = 0 \\
(\psi_8) \quad & 60\,\psi_8 + 12\,\varphi_{15} + 18\,\varphi_{16} + 12\,\varphi_{17} + 18\,\varphi_{18} && + 16{,}10 = 0 \\
(\psi_9) \quad & 36\,\psi_9 + 6\,\varphi_{17} + 12\,\varphi_{18} + 6\,\varphi_{19} + 12\,\varphi_{20} && + 9{,}63 = 0 \\
(\psi_{10}) \quad & 18\,\psi_{10} + 3\,\varphi_{19} + 6\,\varphi_{20} + 3\,\varphi_{21} + 6\,\varphi_{22} && + 3{,}15 = 0 \; .
\end{aligned}
$$

Erster Rechnungsgang

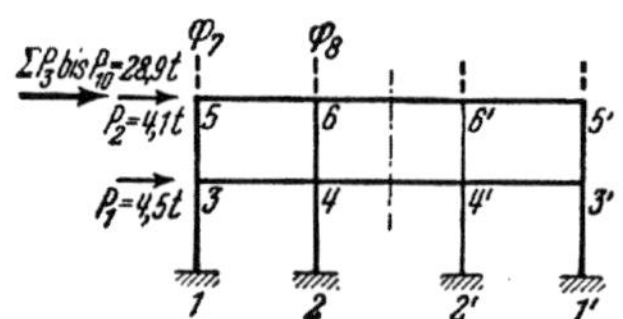

Abb. 672. „Reduziertes System" für den ersten Rechnungsgang; Ausgangsunbekannte: φ_3, φ_4, φ_5, φ_6, ψ_1, ψ_2, ψ_3

Als „reduziertes System" wird der in Abb. 672 dargestellte untere Tragwerksteil gewählt, wofür insgesamt **sieben Ausgangsunbekannte**, nämlich die Knotendrehwinkel φ_3, φ_4, φ_5, φ_6 und die Stabdrehwinkel ψ_1, ψ , ψ_3 gemeinsam zu bestimmen sind. Wie aus den zugehörigen Bedingungsgleichungen des Gesamtsystems hervorgeht, sind hier nur zwei überzählige Unbekannte vorhanden, und zwar φ_7 und φ_8, die nach dem Ansatz (494) vorläufig $\varphi_7 \doteq \varphi_5$ und $\varphi_8 \doteq \varphi_6$ geschätzt werden.

Damit kann nun das „reduzierte Gleichungssystem I" angeschrieben werden, worin die Verschiebungsgleichung für ψ_3 noch durch 2 dividiert wurde, um völlige Symmetrie im Gleichungsaufbau zu erreichen.

Reduziertes Gleichungssystem I

	$\varphi_3{}'$	$\varphi_4{}'$	$\varphi_5{}'$	$\varphi_6{}'$	$\psi_1{}'$	$\psi_2{}'$	$\psi_3{}'$	B
$\varphi_3{}'$	+ 78	+ 7	+ 16		+ 48	+ 48		—
$\varphi_4{}'$	+ 7	+ 104		+ 18	+ 54	+ 54		—
$\varphi_5{}'$	+ 16		+ 88	+ 7		+ 48	+ 42	—
$\varphi_6{}'$		+ 18	+ 7	+ 116		+ 54	+ 48	—
$\psi_1{}'$	+ 48	+ 54			+ 204			+84,38
$\psi_2{}'$	+ 48	+ 54	+ 48	+ 54		+ 204		+66,00
$\psi_3{}'$			+ 42	+ 48			+ 90	+27,46

Die Auflösung dieser Gleichungen nach den Anweisungen Seite 198 ff. ergibt die Ausgangsunbekannten für den **ersten Rechnungsgang**:

$$\varphi_3{}' = +1{,}074 \qquad \varphi_5{}' = +1{,}083 \qquad \psi_1{}' = -0{,}912 \qquad \psi_3{}' = -1{,}320\;.$$
$$\varphi_4{}' = +0{,}927 \qquad \varphi_6{}' = +0{,}957 \qquad \psi_2{}' = -1{,}330$$

Die übrigen Unbekannten werden stufenweise aus je einer Gleichung ermittelt, wobei die Schätzung der überzähligen Unbekannten nach den Ansätzen (491a)

$$\varphi_{n+1} \doteq 2\,\varphi_n - \varphi_{n-1}$$

und (491)

$$\psi_{n+1} \doteq 2\,\psi_n - \psi_{n-1}$$

durchgeführt wird. Die Berechnung geschieht in der Weise, daß — von unten nach oben fortschreitend — immer abwechselnd zwei Knotendrehwinkel und ein Stabdrehwinkel bestimmt werden. Die Gleichungen sind jeweils den Bedingungsgleichungen des Gesamtsystems zu entnehmen.

Ermittlung von φ_7' aus Gleichung (φ_7). Geschätzt: $\varphi_8' \doteq 2\varphi_6' - \varphi_4' = 2 \cdot 0{,}957 - 0{,}927 = 0{,}987$; $\varphi_9' \doteq 2\varphi_7' - \varphi_5' = 2\varphi_7' - 1{,}083$; $\psi_4' \doteq 2\psi_3' - \psi_2' = -2 \cdot 1{,}320 + 1{,}330 = -1{,}310$. Somit

$$\varphi_7' = \frac{-14 \cdot 1{,}083 - 6{,}5 \cdot 0{,}987 + 12 \cdot 1{,}083 + 42 \cdot 1{,}320 + 36 \cdot 1{,}310}{65 + 2 \cdot 12} = +1{,}060.$$

Ermittlung von φ_8' aus Gleichung (φ_8). Geschätzt: $\varphi_{10}' \doteq 2\varphi_8' - \varphi_6' = 2\varphi_8' - 0{,}957$; $\psi_4' \doteq -1{,}310$. Somit

$$\varphi_8' = \frac{-16 \cdot 0{,}957 - 6{,}5 \cdot 1{,}060 + 14 \cdot 0{,}957 + 48 \cdot 1{,}320 + 42 \cdot 1{,}310}{89{,}5 + 2 \cdot 14} = +0{,}927.$$

Ermittlung von ψ_4' aus Gleichung (ψ_4). Geschätzt: $\varphi_9' \doteq 2\varphi_7' - \varphi_5' = 2 \cdot 1{,}060 - 1{,}083 = +1{,}037$; $\varphi_{10}' \doteq 2\varphi_8' - \varphi_6' = 2 \cdot 0{,}927 - 0{,}957 = +0{,}897$. Somit

$$\psi_4' = \frac{-36 \cdot (1{,}060 + 1{,}037) - 42 \cdot (0{,}927 + 0{,}897) - 47{,}31}{156} = -1{,}278.$$

Ermittlung von φ_9' aus Gleichung (φ_9). Geschätzt: $\varphi_{10}' \doteq 2\varphi_8' - \varphi_6' = 2 \cdot 0{,}927 - 0{,}957 = +0{,}897$; $\varphi_{11}' \doteq 2\varphi_9' - \varphi_7' = 2\varphi_9' - 1{,}060$; $\psi_5' \doteq 2\psi_4' - \psi_3' = -2 \cdot 1{,}278 + 1{,}320 = -1{,}236$. Somit

$$\varphi_9' = \frac{-12 \cdot 1{,}060 - 6 \cdot 0{,}897 + 10 \cdot 1{,}060 + 36 \cdot 1{,}278 + 30 \cdot 1{,}236}{56 + 2 \cdot 10} = +0{,}995.$$

Ermittlung von φ_{10}' aus Gleichung (φ_{10}). Geschätzt: $\varphi_{12}' \doteq 2\varphi_{10}' - \varphi_8' = 2\varphi_{10}' - 0{,}927$; $\psi_5' \doteq -1{,}236$. Somit

$$\varphi_{10}' = \frac{-14 \cdot 0{,}927 - 6 \cdot 0{,}995 + 12 \cdot 0{,}927 + 42 \cdot 1{,}278 + 36 \cdot 1{,}236}{79 + 2 \cdot 12} = +0{,}877.$$

Ermittlung von ψ_5' aus Gleichung (ψ_5). Geschätzt: $\varphi_{11}' \doteq 2\varphi_9' - \varphi_7' = 2 \cdot 0{,}995 - 1{,}060 = +0{,}93$; $\varphi_{12}' \doteq 2\varphi_{10}' - \varphi_8' = 2 \cdot 0{,}877 - 0{,}927 = +0{,}827$. Somit

$$\psi_5' = \frac{1}{132}\,[-30\,(0{,}995 + 0{,}930) - 36\,(0{,}877 + 0{,}827) - 39{,}71] = -1{,}202.$$

In derselben Weise erhält man aus den übrigen Bedingungsgleichungen:

$$\varphi_{11}' = +0{,}898 \qquad \varphi_{13}' = +0{,}827 \qquad \varphi_{15}' = +0{,}676 \qquad \varphi_{17}' = +0{,}448 \qquad \varphi_{19}' = +0{,}233$$
$$\varphi_{12}' = +0{,}794 \qquad \varphi_{14}' = +0{,}733 \qquad \varphi_{16}' = +0{,}620 \qquad \varphi_{18}' = +0{,}448 \qquad \varphi_{20}' = +0{,}266$$
$$\psi_6' = -1{,}138 \qquad \psi_7' = -1{,}031 \qquad \psi_8' = -0{,}847 \qquad \psi_9' = -0{,}621 \qquad \psi_{10}' = -0{,}333$$
$$\varphi_{21}' = +0{,}064; \qquad \varphi_{22}' = +0{,}080.$$

Zweiter Rechnungsgang

Diesem wird das „reduzierte System" der Abb. 673 mit den drei Ausgangsunbekannten φ_5, φ_7, ψ_3 zugrunde gelegt. Die in den zugehörigen Gleichungen enthaltenen überzähligen Unbekannten φ_3, φ_6, φ_8, φ_9, ψ_2, ψ_4 werden nach (493) mit den Werten des ersten Rechnungsganges als Funktion der Ausgangsunbekannten ausgedrückt. Danach erhält man

$$\varphi_3'' \doteq \frac{\varphi_3'}{\varphi_5'} \cdot \varphi_5'' = \frac{1{,}074}{1{,}083} \cdot \varphi_5'' = 0{,}992\,\varphi_5''; \qquad \varphi_9'' \doteq \frac{\varphi_9'}{\varphi_7'} \cdot \varphi_7'' = 0{,}939\,\varphi_7''$$

$$\varphi_6'' \doteq \frac{\varphi_6'}{\varphi_5'} \cdot \varphi_5'' = \frac{0{,}957}{1{,}083} \cdot \varphi_5'' = 0{,}884\,\varphi_5''; \qquad \psi_2'' \doteq \frac{\psi_2'}{\psi_3'} \cdot \psi_3'' = 1{,}008\,\psi_3''$$

$$\varphi_8'' \doteq \frac{\varphi_8'}{\varphi_7'} \cdot \varphi_7'' = \frac{0{,}927}{1{,}060} \cdot \varphi_7'' = 0{,}875\,\varphi_7''; \qquad \psi_4'' \doteq \frac{\psi_4'}{\psi_3'} \cdot \psi_3'' = 0{,}968\,\psi_3''.$$

Reduziertes Gleichungssystem II

	φ_5''	φ_7''	ψ_3''	B
φ_5''	96,06	14,0	90,38	—
φ_7''	14,0	81,96	76,85	—
ψ_3''	84,43	84,0	180,0	54,91

Führt man diese Werte in die Ausgangsgleichungen ein, so erhält man das „reduzierte Gleichungssystem II".

Die Auflösung ergibt die Ausgangswerte für den **zweiten Rechnungsgang**:

$$\varphi_5'' = + 1{,}038; \qquad \varphi_7'' = + 1{,}003; \qquad \psi_3'' = - 1{,}259\,.$$

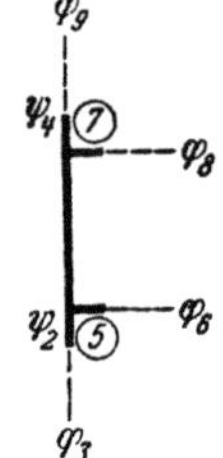

Abb. 673. „Reduziertes System" für den zweiten Rechnungsgang; Ausgangsunbekannte: φ_5, φ_7, ψ_3

Die weitere Berechnung, in der die noch fehlenden Unbekannten im zweiten Rechnungsgang wieder stufenweise aus je einer Gleichung zu ermitteln sind, erfolgt in der Weise, daß bei der Bestimmung von φ_6'', ψ_2'', φ_4'', φ_3'', ψ_1'' die aus dem ersten Rechnungsgang vorliegenden Werte direkt eingeführt werden, weil sie größtenteils dem ersten „reduzierten System" angehörten und voraussichtlich eine ausreichende Genauigkeit besitzen. Man erhält sonach:

$$\varphi_6'' = \frac{1}{100}\,(- 18 \cdot 0{,}927 - 7 \cdot 1{,}038 - 16 \cdot 0{,}927 + 54 \cdot 1{,}33 + 48 \cdot 1{,}259) =$$
$$= + 0{,}938$$

$$\psi_2'' = \frac{1}{204}\,[- 48\,(1{,}074 + 1{,}038) - 54\,(0{,}927 + 0{,}938) - 66] = - 1{,}314$$

und ebenso $\qquad \varphi_4'' = + 0{,}920; \qquad \varphi_3'' = + 1{,}072; \qquad \psi_1'' = - 0{,}910.$

Bei der Ermittlung der übrigen Unbekannten wird die Schätzung der überzähligen Größen wieder nach (493) vorgenommen:

$$\varphi_9'' \doteq \frac{0{,}995}{1{,}060} \cdot \varphi_7'' = 0{,}939\,\varphi_7''; \qquad \varphi_{10}'' \doteq \frac{0{,}877}{0{,}927} \cdot \varphi_8'' = 0{,}945\,\varphi_8'';$$

$$\psi_4'' \doteq \frac{1{,}278}{1{,}320} \cdot \psi_3'' = 0{,}967\,\psi_3'';$$

$$\varphi_{11}'' \doteq \frac{0{,}898}{0{,}995} \cdot \varphi_9'' = 0{,}903\,\varphi_9''; \qquad \varphi_{12}'' \doteq \frac{0{,}794}{0{,}877} \cdot \varphi_{10}'' = 0{,}905\,\varphi_{10}'';$$

$$\psi_5'' \doteq \frac{1{,}202}{1{,}278} \cdot \psi_4'' = 0{,}942\,\psi_4''\ \text{usw.}$$

Damit ergeben sich

$$\varphi_8'' = \frac{- 16 \cdot 0{,}938 - 6{,}5 \cdot 1{,}003 + 1{,}259\,(48 + 42 \cdot 0{,}967)}{89{,}5 + 14 \cdot 0{,}945} = + 0{,}875$$

$$\psi_4'' = \frac{- 36 \cdot 1{,}939 \cdot 1{,}003 - 42 \cdot 1{,}945 \cdot 0{,}875 - 47{,}31}{156} = - 1{,}211$$

und ebenso $\qquad \varphi_9'' = + 0{,}935; \qquad \varphi_{10}'' = + 0{,}824; \qquad \psi_5'' = - 1{,}132\ \text{usw.}$

Dritter und vierter Rechnungsgang

Zum Vergleich wurden noch zwei weitere Rechnungswiederholungen ohne Anwendung eines „reduzierten Systems" durchgeführt. Sämtliche Unbekannten wurden dabei also stufenweise aus je einer Gleichung ermittelt, und zwar im **dritten** Rechnungsgang die Winkel φ_5, φ_6, ψ_2, φ_4, φ_3, ψ_1 unter direkter Anwendung der Ergebnisse aus dem **zweiten** Rechnungsgang, die übrigen Unbekannten wie früher unter Zuhilfenahme der Verhältniswerte der zuletzt erhaltenen Unbekannten nach (493). Im **vierten** Rechnungsgang gelangten die Ergebnisse des **dritten** Rechnungsganges durchweg direkt zur Anwendung.

Sämtliche Ergebnisse sind in der folgenden Tabelle zusammengestellt:

Ergebnisse der Rechnungsgänge

	I.R.G.	II.R.G.	III.R.G.	IV.R.G.
φ_3	+ 1,074	+ 1,072	+ 1,070	+ 1,069
φ_4	+ 0,927	+ 0,920	+ 0,922	+ 0,922
φ_5	+ 1,083	+ 1,038	+ 1,058	+ 1,062
φ_6	+ 0,957	+ 0,938	+ 0,934	+ 0,936
φ_7	+ 1,060	+ 1,003	+ 0,999	+ 1,004
φ_8	+ 0,927	+ 0,875	+ 0,882	+ 0,880
φ_9	+ 0,995	+ 0,935	+ 0,920	+ 0,923
φ_{10}	+ 0,877	+ 0,824	+ 0,818	+ 0,813
φ_{11}	+ 0,898	+ 0,835	+ 0,839	+ 0,842
φ_{12}	+ 0,794	+ 0,752	+ 0,743	+ 0,742
φ_{13}	+ 0,827	+ 0,757	+ 0,742	+ 0,734
φ_{14}	+ 0,733	+ 0,669	+ 0,657	+ 0,652
φ_{15}	+ 0,676	+ 0,603	+ 0,584	+ 0,580
φ_{16}	+ 0,620	+ 0,547	+ 0,528	+ 0,525
φ_{17}	+ 0,448	+ 0,397	+ 0,397	+ 0,401
φ_{18}	+ 0,448	+ 0,390	+ 0,384	+ 0,391
φ_{19}	+ 0,233	+ 0,209	+ 0,211	+ 0,212
φ_{20}	+ 0,266	+ 0,239	+ 0,243	+ 0,243
φ_{21}	+ 0,064	+ 0,068	+ 0,067	+ 0,067
φ_{22}	+ 0,080	+ 0,079	+ 0,081	+ 0,080
ψ_1	— 0,912	— 0,910	— 0,910	— 0,909
ψ_2	— 1,330	— 1,314	— 1,316	— 1,315
ψ_3	— 1,320	— 1,259	— 1,265	— 1,271
ψ_4	— 1,278	— 1,211	— 1,208	— 1,204
ψ_5	— 1,202	— 1,132	— 1,124	— 1,126
ψ_6	— 1,138	— 1,053	— 1,043	— 1,038
ψ_7	— 1,031	— 0,938	— 0,917	— 0,911
ψ_8	— 0,847	— 0,754	— 0,733	— 0,737
ψ_9	— 0,621	— 0,576	— 0,576	— 0,581
ψ_{10}	— 0,333	— 0,323	— 0,330	— 0,329

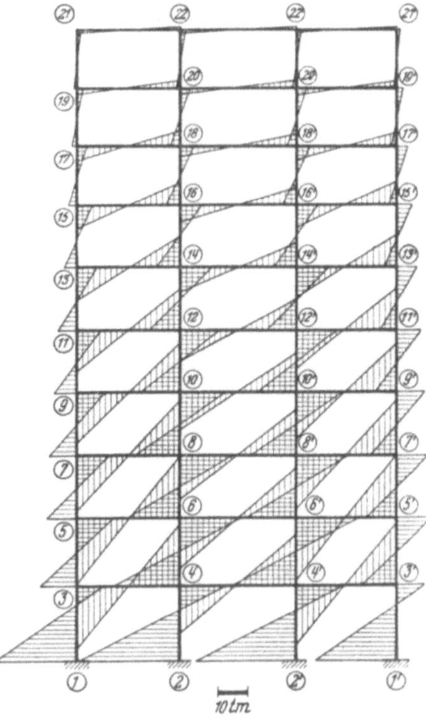

Abb. 674. *M*-Verlauf für waagrechte Belastung

Stabendmomente

Mit $\mathfrak{M} = 0$ ist nach (7) für einen Stab 1—2

$$M_{1,2} = k\,(2\,\varphi_1 + \varphi_2 + 3\,\psi)$$

und nach (68) für einen Symmetriestab 1—1′

$$M_{1,1'} = 2\,k''\,\varphi_1 .$$

Danach ergeben sich anhand der Festwertskizze (Abb. 671) unter Verwendung der Werte aus dem vierten Rechnungsgang folgende Stabendmomente:

$$M_{1,3} = -\ 26,53 \text{ tm}$$
$$M_{2,4} = -\ 32,49 \text{ „}$$
$$M_{3,1} = -\ 9,42 \text{ „}$$
$$M_{3,4} = +\ 21,42 \text{ „}$$
$$M_{3,5} = -\ 11,92 \text{ „}$$
$$M_{4,2} = -\ 15,89 \text{ „}$$
$$M_{4,3} = +\ 20,39 \text{ „}$$
$$M_{4,4'} = +\ 16,60 \text{ „}$$
$$M_{4,6} = -\ 20,97 \text{ „}$$
$$M_{5,3} = -\ 12,03 \text{ „}$$
$$M_{5,6} = +\ 21,42 \text{ „}$$
$$M_{5,7} = -\ 9,59 \text{ „}$$
$$M_{6,4} = -\ 20,72 \text{ „}$$
$$M_{6,5} = +\ 20,54 \text{ „}$$
$$M_{6,6'} = +\ 16,85 \text{ „}$$
$$M_{6,8} = -\ 16,98 \text{ „}$$

$$M_{7,5} = -\ 10,40 \text{ tm}$$
$$M_{7,8} = +\ 18,77 \text{ „}$$
$$M_{7,9} = -\ 8,17 \text{ „}$$
$$M_{8,6} = -\ 17,87 \text{ „}$$
$$M_{8,7} = +\ 17,97 \text{ „}$$
$$M_{8,8'} = +\ 14,52 \text{ „}$$
$$M_{8,10} = -\ 14,55 \text{ „}$$
$$M_{9,7} = -\ 9,14 \text{ „}$$
$$M_{9,10} = +\ 15,95 \text{ „}$$
$$M_{9,11} = -\ 6,90 \text{ „}$$
$$M_{10,8} = -\ 15,48 \text{ „}$$
$$M_{10,9} = +\ 15,29 \text{ „}$$
$$M_{10,10'} = +\ 12,20 \text{ „}$$
$$M_{10,12} = -\ 12,11 \text{ „}$$
$$M_{11,9} = -\ 7,71 \text{ „}$$
$$M_{11,12} = +\ 13,35 \text{ „}$$
$$M_{11,13} = -\ 5,57 \text{ „}$$

$$M_{12,10} = -\ 12,95 \text{ tm}$$
$$M_{12,11} = +\ 12,80 \text{ „}$$
$$M_{12,12'} = +\ 10,03 \text{ „}$$
$$M_{12,14} = -\ 9,76 \text{ „}$$
$$M_{13,11} = -\ 6,43 \text{ „}$$
$$M_{13,14} = +\ 10,60 \text{ „}$$
$$M_{13,15} = -\ 4,11 \text{ „}$$
$$M_{14,12} = -\ 10,67 \text{ „}$$
$$M_{14,13} = +\ 10,19 \text{ „}$$
$$M_{14,14'} = +\ 7,82 \text{ „}$$
$$M_{14,16} = -\ 7,23 \text{ „}$$
$$M_{15,13} = -\ 5,03 \text{ „}$$
$$M_{15,16} = +\ 7,58 \text{ „}$$
$$M_{15,17} = -\ 2,60 \text{ „}$$
$$M_{16,14} = -\ 8,25 \text{ „}$$
$$M_{16,15} = +\ 7,34 \text{ „}$$

$$M_{16,16'} = + 5{,}51 \text{ tm} \qquad M_{18,18'} = + 3{,}52 \text{ tm} \qquad M_{20,20'} = + 1{,}82 \text{ tm}$$
$$M_{16,18} = - 4{,}62 \text{ ,,} \qquad M_{18,20} = - 2{,}87 \text{ ,,} \qquad M_{20,22} = - 0{,}84 \text{ ,,}$$
$$M_{17,15} = - 3{,}32 \text{ ,,} \qquad M_{19,17} = - 1{,}84 \text{ ,,} \qquad M_{21,19} = - 0{,}64 \text{ ,,}$$
$$M_{17,18} = + 4{,}77 \text{ ,,} \qquad M_{19,20} = + 2{,}33 \text{ ,,} \qquad M_{21,22} = + 0{,}64 \text{ ,,}$$
$$M_{17,19} = - 1{,}46 \text{ ,,} \qquad M_{19,21} = - 0{,}50 \text{ ,,} \qquad M_{22,20} = - 1{,}17 \text{ ,,}$$
$$M_{18,16} = - 5{,}42 \text{ ,,} \qquad M_{20,18} = - 3{,}46 \text{ ,,} \qquad M_{22,21} = + 0{,}68 \text{ ,,}$$
$$M_{18,17} = + 4{,}73 \text{ ,,} \qquad M_{20,19} = + 2{,}44 \text{ ,,} \qquad M_{22,22'} = + 0{,}48 \text{ ,, .}$$

In Abb. 674 sind diese Momente für das gesamte Tragwerk maßstäblich aufgetragen.

Zahlenbeispiel 34

(Erläuterungen siehe Seite 217 ff.)

Symmetrisches, lotrecht verschiebliches, sechsgeschossiges und sechsstieliges Rahmentragwerk aus Stahlbeton und Stahl mit symmetrischer Belastung. Die Tragwerksabmessungen und Belastungsangaben sind in Abb. 675 enthalten. Die stark gezeichneten Stäbe zwischen den Knotenpunkten 5 und 5' sowie die Säulen 3—6 bzw. 3'—6' bestehen aus Stahl, während der übrige Teil des Rahmentrag-

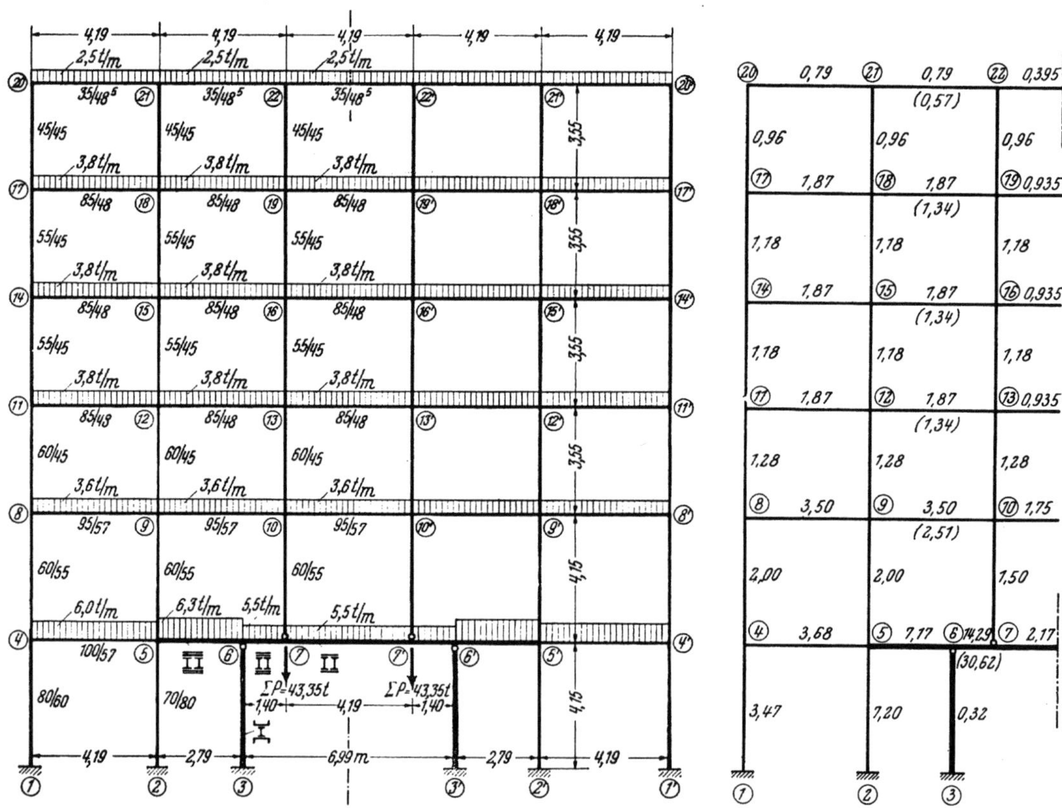

Abb. 675. Tragwerksabmessungen und Belastungsangaben

Abb. 676. Festwertskizze (k-, k⁰- und k′-Zahlen)

werkes in Stahlbeton ausgeführt ist. In den Knotenpunkten 6 und 7 bzw. 6' und 7' sind die Säulen gelenkig angeschlossen. Der Momentenverlauf ist für die angegebene Belastung nach der „Reduktionsmethode" zu ermitteln.

Wegen voller Einspannung in 1, 2 und 3 ist $\varphi_1 = \varphi_2 = \varphi_3 = 0$. Als Unbekannte sind daher 19 Knotendrehwinkel (φ_4 bis φ_{22}) und die Verschiebung δ der Knotenreihe 7—22 zu bestimmen.

In der Festwerttabelle sind die Werte $k = \dfrac{1000\,J}{l} \cdot \dfrac{E}{E_b}$ für sämtliche Stäbe ermittelt, wobei nach (35) sinngemäß $z = \dfrac{1000}{2\,E_b}$ angenommen ist. Es tritt hier also die Verschiedenheit der Dehnungszahlen E_e und E_b für Stahl und Beton in Erscheinung, weshalb in der Tabelle auch eine Spalte mit dem Verhältniswert $\dfrac{E}{E_b}$ mitgeführt wird, der für Stäbe aus Beton den Wert 1 und für Stahlstäbe den Wert 10 annimmt. Weiter sind für jene Stäbe, die eine Verdrehung erleiden, auch die Werte $\bar{k} = \dfrac{3\,k}{l}$ angegeben.

Festwerttabelle

Stab	b/h (cm)	J (m⁴)	l (m)	$\dfrac{E}{E_b}$	$k = \dfrac{1000\,J}{l} \cdot \dfrac{E}{E_b}$	$k^0 = 0{,}75\,k$ $(k' = 0{,}5\,k)$	$\bar{k} = \dfrac{3\,k}{l}$
1—4	80/60	0,01440	4,15	1	3,47	—	—
2—5	70/80	0,02987	4,15	1	7,20	—	—
3—6		0,00018	4,15	10	0,43	0,32	—
4—5	100/57	0,01543	4,19	1	3,68	—	—
5—6		0,00200	2,79	10	7,17	—	—
6—7		0,00200	1,40	10	14,29	—	30,62
7—7′		0,00182	4,19	10	4,34	(2,17)	—
4—8, 5—9, 7—10	60/55	0,00832	4,15	1	2,00	1,50	—
8—9, 9—10, 10—10′	95/57	0,01466	4,19	1	3,50	(1,75)	2,51
8—11, 9—12, 10—13	60/45	0,00456	3,55	1.	1,28	—	—
11—12, 12—13, 13—13′ 14—15, 15—16, 16—16′ 17—18, 18—19, 19—19′	85/48	0,00783	4,19	1	1,87	(0,935)	1,34
11—14, 12—15, 13—16 14—17, 15—18, 16—19	55/45	0,00418	3,55	1	1,18	—	—
17—20, 18—21, 19—22	45/45	0,00342	3,55	1	0,96	—	—
20—21, 21—22, 22—22′	35/48,5	0,00333	4,19	1	0,79	(0,395)	0,57

Sämtliche Werte k, k^0 bzw. k' und die erforderlichen $\bar{k}$-Werte (in Klammern) sind in der Festwertskizze Abb. 676 eingetragen.

Diagonalglieder d bzw. d⁰ und d′

Nach (27) ist allgemein

$$d_n = 2 \sum_i k_{n,i}\,.$$

Für die der Symmetrale benachbarten Knoten gilt nach (40)

$$d'_n = 2 \left(\sum_i k_{n,i} + k'_{n,n'} \right)$$

bzw. nach (40a) unter Berücksichtigung gelenkiger Stabanschlüsse

$$d^0{}_n{}' = 2 \left(\sum_i k_{n,i} + \sum_g k^0{}_{n,g} + k'_{n,n'} \right).$$

Damit erhält man anhand der Festwertskizze (Abb. 676):

$$\begin{aligned}
d_4 &= 2(\ 3{,}47 + 3{,}68 + 2{,}00) &&= 18{,}30 \\
d_5 &= 2(\ 7{,}20 + 3{,}68 + 7{,}17 + 2{,}00) &&= 40{,}10 \\
d_6 &= 2(\ 7{,}17 + 14{,}29) &&= 42{,}92 \\
d'_7 &= 2(14{,}29 + 2{,}17) &&= 32{,}92 \\
d_8 &= 2(\ 2{,}00 + 3{,}50 + 1{,}28) &&= 13{,}56 \\
d_9 &= 2(\ 2{,}00 + 3{,}50 + 3{,}50 + 1{,}28) &&= 20{,}56 \\
d^0_{10}{}' &= 2(\ 3{,}50 + 1{,}28 + 1{,}50 + 1{,}75) &&= 16{,}06\ .
\end{aligned}$$

Ebenso ergeben sich

$$\begin{array}{llll}
d_{11} = \ 8{,}66 & d_{14} = \ 8{,}46 & d_{17} = \ 8{,}02 & d_{20} = 3{,}50 \\
d_{12} = 12{,}40 & d_{15} = 12{,}20 & d_{18} = 11{,}76 & d_{21} = 5{,}08 \\
d'_{13} = 10{,}53 & d'_{16} = 10{,}33 & d'_{19} = \ 9{,}89 & d'_{22} = 4{,}29\ .
\end{array}$$

Stabbelastungsglieder $\mathfrak{M}$

Diese sind ebenfalls tabellarisch zusammengestellt. Sie ergeben sich durchweg gemäß Tafel 2 nach der Formel

$$\mathfrak{M}_{links} = -\ \mathfrak{M}_{rechts} = -\ \frac{q\,l^2}{12}\ .$$

Stab	l (m)	q (t/m)	$\mathfrak{M}_l$ (tm)	$\mathfrak{M}_r$ (tm)
4—5	4,19	6,0	— 8,78	+ 8,78
5—6	2,79	6,3	— 4,09	+ 4,09
6—7	1,40	5,5	— 0,90	+ 0,90
7—7′	4,19	5,5	— 8,05	+ 8,05
8—9, 9—10, 10—10′	4,19	3,6	— 5,27	+ 5,27
11—12, 12—13, 13—13′ 14—15, 15—16, 16—16′ 17—18, 18—19, 19—19′	4,19	3,8	— 5,56	+ 5,56
20—21, 21—22, 22—22′	4,19	2,5	— 3,66	+ 3,66

Knotenbelastungsglieder s

Nach (46a)

$$s_n = \sum_i \mathfrak{M}_{n,i}$$

erhält man

$$\begin{array}{llll}
s_4 = & = -\ 8{,}78 \text{ tm} & s_8 = & = -\ 5{,}27 \text{ tm} \\
s_5 = +\ 8{,}78 - 4{,}09 = +\ 4{,}69 \ ,, & & s_{11} = s_{14} = s_{17} = & = -\ 5{,}56 \ ,, \\
s_6 = +\ 4{,}09 - 0{,}90 = +\ 3{,}19 \ ,, & & s_{20} = & = -\ 3{,}66 \ ,,\ . \\
s_7 = +\ 0{,}90 - 8{,}05 = -\ 7{,}15 \ ,, & & &
\end{array}$$

Aufstellung der Gleichungen

Die *Knotengleichungen* für lotrecht verschiebliche Tragwerke haben nach (142) allgemein folgende Form:

$$d_n \varphi_n + \sum_i k_{n,i}\, \varphi_i + \overline{k}_\nu\, \delta_{m-1} + \varkappa_n\, \delta_m - \overline{k}_{\nu+1}\, \delta_{m+1} + s_n = 0.$$

Für die Knotenreihe 7—22 ist $\delta_{m-1} = 0$ und $\delta_m = \delta_{m+1} = \delta$ zu setzen. Beachtet man weiter, daß nach (144) $\varkappa_n = \overline{k}_{\nu+1} - \overline{k}_\nu$ ist, so nimmt die Knotengleichung mit den d'-Gliedern folgende Form an:

$$d'_n \varphi_n + \sum_i k_{n,i}\, \varphi_i - \overline{k}_\nu\, \delta + s_n = 0\ ;$$

darin ist bei Knoten 10 anstelle d'_n das Glied $d^0_n{}'$ einzuführen.

Für die Knotenpunkte 6 und 9—21 ist $\delta_{m-1} = \delta_m = 0$ und $\delta_{m+1} = \delta$ zu setzen. Die Knotengleichung für diese Reihe erscheint daher in der Form

$$d_n \varphi_n + \sum_i k_{n,i} \varphi_i - \overline{k}_{\nu+1} \delta + s_n = 0 \,.$$

Für die Knotenpunkte 5 und 4—20 entfallen sämtliche δ-Werte; die Knotengleichungen für diese Punkte vereinfachen sich also zu

$$d_n \varphi_n + \sum_i k_{n,i} \varphi_i + s_n = 0 \,.$$

Die *Verschiebungsgleichung* für die Knotenreihe 7—22 lautet nach (148)

$$- \sum_\nu \overline{k}_\nu \varphi_{m-1} + \sum \varkappa_m \varphi_m + \sum_{\nu+1} \overline{k}_{\nu+1} \varphi_{m+1} - K_\nu \delta_{m-1} + D_m \delta_m - K_{\nu+1} \delta_{m+1} + S_m = 0 \,.$$

Im vorliegenden Fall ergeben sich hierin aber noch einige Vereinfachungen. Infolge Symmetrie sind die Verschiebungen der Knotenreihen 7—22 und 7′—22′ gleich groß, also $\delta_m = \delta_{m+1}$, während die Knotendrehwinkel φ dieser beiden Reihen paarweise gleich groß, aber entgegengesetzt gerichtet sind, somit $\varphi_m = - \varphi_{m+1}$. Da weiter die Knotenreihe 5—21 unverschieblich ist, wird $\delta_{m-1} = 0$. Beachtet man weiter, daß gemäß (144) $\varkappa_m = \overline{k}_{\nu+1} - \overline{k}_\nu$ und nach (150) $D_m = K_\nu + K_{\nu+1}$ ist, so kann die Verschiebungsgleichung für die Knotenreihe 7—22 in folgender Form benutzt werden:

$$- \sum_\nu \overline{k}_\nu \varphi_{m-1} - \sum_\nu \overline{k}_\nu \varphi_m + K_\nu \delta_m + S_m = 0 \,.$$

Hierin ist gemäß (149)

$$K_\nu = 2 \sum_\nu \frac{\overline{k}_\nu}{l_\nu} = 2 \left(\frac{30,62}{1,40} + \frac{2,51 + 3 \cdot 1,34 + 0,57}{4,19} \right) = 47,13$$

und nach (151) für die Knotenreihe 7—22 mit der Vereinfachung, daß die $\mathfrak{M}$-Glieder entfallen, da sie paarweise gleich groß und entgegengesetzt gerichtet sind:

$$S_m = - \sum P - \sum_\nu \mathfrak{A}^r_\nu - \sum_{\nu+1} \mathfrak{A}^l_{\nu+1} =$$

$$= - 43,35 - 5,5 \cdot \frac{1,40 + 4,19}{2} - 3,6 \cdot 4,19 - 3 \cdot 3,8 \cdot 4,19 - 2,5 \cdot 4,19 = - 132,05 \text{ t} \,.$$

Damit können anhand der gebrauchsfertig aufgestellten Knoten- und Verschiebungsgleichungen unter Zuhilfenahme der Festwertskizze (Abb. 676) die erforderlichen 20 Bedingungsgleichungen angeschrieben werden. Die Diagonalglieder sind wieder jeweils an die erste Stelle gesetzt.

Bedingungsgleichungen

$$
\begin{aligned}
(\varphi_4) \quad & 18,30\,\varphi_4 + 3,68\,\varphi_5 + 2,00\,\varphi_8 && - 8,78 = 0 \\
(\varphi_5) \quad & 40,10\,\varphi_5 + 3,68\,\varphi_4 + 7,17\,\varphi_6 + 2,00\,\varphi_9 && + 4,69 = 0 \\
(\varphi_6) \quad & 42,92\,\varphi_6 + 7,17\,\varphi_5 + 14,29\,\varphi_7 - 30,62\,\delta && + 3,19 = 0 \\
(\varphi_7) \quad & 32,92\,\varphi_7 + 14,29\,\varphi_6 - 30,62\,\delta && - 7,15 = 0 \\
(\varphi_8) \quad & 13,56\,\varphi_8 + 2,00\,\varphi_4 + 3,50\,\varphi_9 + 1,28\,\varphi_{11} && - 5,27 = 0 \\
(\varphi_9) \quad & 20,56\,\varphi_9 + 2,00\,\varphi_5 + 3,50\,\varphi_8 + 3,50\,\varphi_{10} + 1,28\,\varphi_{12} - 2,51\,\delta && = 0 \\
(\varphi_{10}) \quad & 16,06\,\varphi_{10} + 3,50\,\varphi_9 + 1,28\,\varphi_{13} - 2,51\,\delta && = 0 \\
(\varphi_{11}) \quad & 8,66\,\varphi_{11} + 1,28\,\varphi_8 + 1,87\,\varphi_{12} + 1,18\,\varphi_{14} && - 5,56 = 0 \\
(\varphi_{12}) \quad & 12,40\,\varphi_{12} + 1,28\,\varphi_9 + 1,87\,\varphi_{11} + 1,87\,\varphi_{13} + 1,18\,\varphi_{15} - 1,34\,\delta && = 0 \\
(\varphi_{13}) \quad & 10,53\,\varphi_{13} + 1,28\,\varphi_{10} + 1,87\,\varphi_{12} + 1,18\,\varphi_{16} - 1,34\,\delta && = 0 \\
(\varphi_{14}) \quad & 8,46\,\varphi_{14} + 1,18\,\varphi_{11} + 1,87\,\varphi_{15} + 1,18\,\varphi_{17} && - 5,56 = 0 \\
(\varphi_{15}) \quad & 12,20\,\varphi_{15} + 1,18\,\varphi_{12} + 1,87\,\varphi_{14} + 1,87\,\varphi_{16} + 1,18\,\varphi_{18} - 1,34\,\delta && = 0 \\
(\varphi_{16}) \quad & 10,33\,\varphi_{16} + 1,18\,\varphi_{13} + 1,87\,\varphi_{15} + 1,18\,\varphi_{19} - 1,34\,\delta && = 0 \\
(\varphi_{17}) \quad & 8,02\,\varphi_{17} + 1,18\,\varphi_{14} + 1,87\,\varphi_{18} + 0,96\,\varphi_{20} && - 5,56 = 0 \\
(\varphi_{18}) \quad & 11,76\,\varphi_{18} + 1,18\,\varphi_{15} + 1,87\,\varphi_{17} + 1,87\,\varphi_{19} + 0,96\,\varphi_{21} - 1,34\,\delta && = 0 \\
(\varphi_{19}) \quad & 9,89\,\varphi_{19} + 1,18\,\varphi_{16} + 1,87\,\varphi_{18} + 0,96\,\varphi_{22} - 1,34\,\delta && = 0 \\
(\varphi_{20}) \quad & 3,50\,\varphi_{20} + 0,96\,\varphi_{17} + 0,79\,\varphi_{21} && - 3,66 = 0 \\
(\varphi_{21}) \quad & 5,08\,\varphi_{21} + 0,96\,\varphi_{18} + 0,79\,\varphi_{20} + 0,79\,\varphi_{22} - 0,57\,\delta && = 0 \\
(\varphi_{22}) \quad & 4,29\,\varphi_{22} + 0,96\,\varphi_{19} + 0,79\,\varphi_{21} - 0,57\,\delta && = 0 \\
(\delta) \quad & - 30,62\,(\varphi_6 + \varphi_7) - 2,51\,(\varphi_9 + \varphi_{10}) - 1,34\,(\varphi_{12} + \varphi_{13} + \varphi_{15} + \varphi_{16} + \\
& \qquad + \varphi_{18} + \varphi_{19}) - 0,57\,(\varphi_{21} + \varphi_{22}) + 47,13\,\delta - 132,05 = 0 \,.
\end{aligned}
$$

Erster Rechnungsgang

Der in Abb. 677 dargestellte Tragwerksteil wird als „reduziertes System" gewählt. Für dieses sind die 7 Knotendrehwinkel φ_4, φ_5, φ_6, φ_7, φ_8, φ_9, φ_{10} und die Verschiebung δ der Knotenreihe 7—22 als Ausgangsunbekannte gemeinsam zu bestimmen. Die zugehörigen Gleichungen werden aus den Bedingungsgleichungen des Gesamtsystems entnommen. In den Knotengleichungen für φ_8, φ_9, φ_{10} ist nur je eine überzählige Unbekannte, nämlich φ_{11}, φ_{12} bzw. φ_{13} durch „relative Schätzung" zu beseitigen. In der Verschiebungsgleichung tritt dagegen eine größere Anzahl von überzähligen Unbekannten auf, und zwar φ_{12}, φ_{13}, φ_{15}, φ_{16}, φ_{18}, φ_{19}, φ_{21}, φ_{22}, die durch Ausgangsunbekannte auszudrücken sind.

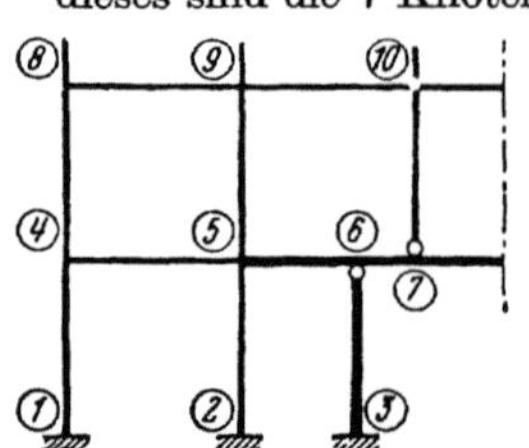

Abb. 677. „Reduziertes System" für den ersten Rechnungsgang

Die „relative Schätzung" wird in der Weise vorgenommen, daß jeweils nur die an ein und demselben Stiel gelegenen Knotendrehwinkel zueinander ins Verhältnis gesetzt werden. Man erhält so

nach (495)　　$\varphi_8 : \varphi_{11} : \varphi_{14} : \varphi_{17} : \varphi_{20} \doteq 1 : 1{,}65 : 1{,}69 : 1{,}78 : 2{,}69$

„　(496)　　$\varphi_9 : \varphi_{12} : \varphi_{15} : \varphi_{18} : \varphi_{21} \doteq 1 : 0{,}89 : 0{,}90 : 0{,}93 : 0{,}92$

„　(497)　　$\varphi_{10} : \varphi_{13} : \varphi_{16} : \varphi_{19} : \varphi_{22} \doteq 1 : 0{,}81 : 0{,}83 : 0{,}87 : 0{,}85.$

Mit Hilfe dieser Schätzungswerte können die überzähligen Glieder in den Ausgangsgleichungen ersetzt werden, und zwar

in der Knotengleichung (φ_8) :　　$1{,}28\,\varphi_{11} = 1{,}28 \cdot 1{,}65\,\varphi_8 = 2{,}11\,\varphi_8$

„　„　　„　　(φ_9) :　　$1{,}28\,\varphi_{12} = 1{,}28 \cdot 0{,}89\,\varphi_9 = 1{,}14\,\varphi_9$

„　„　　„　　(φ_{10}) :　　$1{,}28\,\varphi_{13} = 1{,}28 \cdot 0{,}81\,\varphi_{10} = 1{,}04\,\varphi_{10}$

in der Verschiebungsgleichung (δ) : $-\,1{,}34\,(\varphi_{12} + \varphi_{13} + \varphi_{15} + \varphi_{16} + \varphi_{18} + \varphi_{19}) -$

$-\,0{,}57\,(\varphi_{21} + \varphi_{22}) = -\,1{,}34\,(0{,}89\,\varphi_9 + 0{,}81\,\varphi_{10} + 0{,}90\,\varphi_9 + 0{,}83\,\varphi_{10} +$

$+\,0{,}93\,\varphi_9 + 0{,}87\,\varphi_{10}) - 0{,}57\,(0{,}92\,\varphi_9 + 0{,}85\,\varphi_{10}) = -\,4{,}17\,\varphi_9 - 3{,}85\,\varphi_{10}\,.$

Damit ergibt sich das tabellarisch zusammengestellte „reduzierte Gleichungssystem I".

Reduziertes Gleichungssystem I

	φ_4'	φ_5'	φ_6'	φ_7'	φ_8'	φ_9'	φ_{10}'	δ'	B
φ_4'	$+18{,}30$	$+\,3{,}68$			$+\,2{,}00$				$-8{,}78$
φ_5'	$+\,3{,}68$	$+40{,}10$	$+\,7{,}17$			$+\,2{,}00$			$+4{,}69$
φ_6'		$+\,7{,}17$	$+\,42{,}92$	$+\,14{,}29$				$-30{,}62$	$+3{,}19$
φ_7'			$+\,14{,}29$	$+\,32{,}92$				$-30{,}62$	$-7{,}15$
φ_8'	$+\,2{,}00$				$+15{,}67$	$+\,3{,}50$			$-5{,}27$
φ_9'		$+\,2{,}00$			$+\,3{,}50$	$+\,21{,}70$	$+\,3{,}50$	$-\,2{,}51$	—
φ_{10}'						$+\,3{,}50$	$+17{,}10$	$-\,2{,}51$	—
δ'			$-30{,}62$	$-30{,}62$		$-\,6{,}68$	$-\,6{,}36$	$+\,47{,}13$	$-132{,}05$

Durch Auflösung nach den Anweisungen Seite 198 ff. erhält man die Ausgangswerte für den ersten Rechnungsgang:

$\varphi_4' = +\,0{,}822$　　$\varphi_6' = +\,7{,}60$　　$\varphi_8' = -\,0{,}144$　　$\varphi_{10}' = +\,1{,}965$

$\varphi_5' = -\,1{,}635$　　$\varphi_7' = +\,11{,}58$　　$\varphi_9' = +\,1{,}679$　　$\delta' = +\,15{,}75\,.$

Die übrigen Unbekannten ergeben sich stufenweise aus je einer Gleichung, wobei wieder die jeweils auftretenden überzähligen Unbekannten zu schätzen sind. Wie aus den in (495) bis (497) aufgestellten Proportionen hervorgeht, sind in den meisten Fällen die unmittelbar übereinanderliegenden Knotendrehwinkel wertmäßig weniger verschieden zu erwarten, so daß sie der Einfachheit halber für die erste Schätzung in der Regel gleich groß angenommen werden können. Nur dort, wo größere Unterschiede bestehen, werden diese auch in der Schätzung berücksichtigt.

Nach diesen Gesichtspunkten kann die Bestimmung der noch fehlenden Unbekannten erfolgen, wobei der Reihe nach die Bedingungsgleichungen des Gesamtsystems zu benutzen sind.

Ermittlung von φ_{11}' *aus Gleichung* (φ_{11}). Geschätzt: $\varphi_{12}' \doteq 0{,}89\,\varphi_9'$; $\varphi_{14}' \doteq \varphi_{11}'$. Somit

$$\varphi_{11}' = \frac{+\,5{,}56 + 1{,}28 \cdot 0{,}144 - 1{,}87 \cdot 0{,}89 \cdot 1{,}679}{8{,}66 + 1{,}18} = +\,0{,}300\,.$$

Ermittlung von φ_{12}' *aus Gleichung* (φ_{12}). Geschätzt: $\varphi_{13}' \doteq 0{,}81\,\varphi_{10}'$; $\varphi_{15}' \doteq \varphi_{12}'$. Somit

$$\varphi_{12}' = \frac{1{,}34 \cdot 15{,}75 - 1{,}28 \cdot 1{,}679 - 1{,}87 \cdot 0{,}300 - 1{,}87 \cdot 0{,}81 \cdot 1{,}965}{12{,}40 + 1{,}18} = +\,1{,}130\,.$$

Ermittlung von φ_{13}' *aus Gleichung* (φ_{13}). Geschätzt: $\varphi_{16}' \doteq \varphi_{13}'$. Somit

$$\varphi_{13}' = \frac{+\,1{,}34 \cdot 15{,}75 - 1{,}28 \cdot 1{,}965 - 1{,}87 \cdot 1{,}130}{10{,}53 + 1{,}18} = +\,1{,}407\,.$$

Auf dieselbe Weise erhält man

aus Gleichung (φ_{14}) mit $\varphi_{15}' \doteq \varphi_{12}'$ und $\varphi_{17}' \doteq \dfrac{1{,}78}{1{,}69}\varphi_{14}'$: $\varphi_{14}' = +\,0{,}319$

,,   ,, (φ_{15}) ,, $\varphi_{16}' \doteq 0{,}83\,\varphi_{10}'$ und $\varphi_{18}' \doteq \varphi_{15}'$: $\varphi_{15}' = +\,1{,}205$

,,   ,, (φ_{16}) ,, $\varphi_{19}' \doteq \varphi_{16}'$ .... : $\varphi_{16}' = +\,1{,}494$

,,   ,, (φ_{17}) ,, $\varphi_{18}' \doteq \varphi_{15}'$ und $\varphi_{20}' \doteq \dfrac{2{,}69}{1{,}78}\varphi_{17}'$: $\varphi_{17}' = +\,0{,}309$

,,   ,, (φ_{18}) ,, $\varphi_{19}' \doteq \varphi_{16}'$ und $\varphi_{21}' \doteq \varphi_{18}'$ ... : $\varphi_{18}' = +\,1{,}282$

,,   ,, (φ_{19}) ,, $\varphi_{22}' \doteq \varphi_{19}'$ .... : $\varphi_{19}' = +\,1{,}562$

,,   ,, (φ_{20}) ,, $\varphi_{21}' \doteq \varphi_{18}'$ .... : $\varphi_{20}' = +\,0{,}672$

,,   ,, (φ_{21}) ,, $\varphi_{22}' \doteq \varphi_{19}'$ .... : $\varphi_{21}' = +\,1{,}178$

,,   ,, (φ_{22}) .... : $\varphi_{22}' = +\,1{,}526\,.$

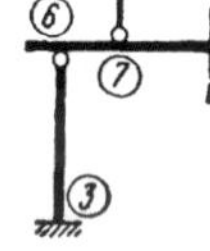

Abb. 678.
„Reduziertes System" für den zweiten Rechnungsgang

Zweiter Rechnungsgang

Als „reduziertes System" wird der in Abb. 678 dargestellte Tragwerksteil gewählt, für welchen nur **drei** Ausgangsunbekannte gemeinsam zu bestimmen sind, nämlich φ_6'', φ_7'' und δ''. Die hierzu erforderlichen Gleichungen werden den Bedingungsgleichungen des Gesamtsystems entnommen. Für die überzähligen Unbekannten werden diesmal die aus dem **ersten** Rechnungsgang erhaltenen Werte direkt verwendet. Damit ergeben sich die neuen Absolutglieder

für die Knotengleichung (φ_6): $7{,}17\,\varphi_5 + 3{,}19 \doteq -\,7{,}17 \cdot 1{,}635 + 3{,}19 = -\,8{,}53$;

,,   ,,   Verschiebungsgleichung (δ): $-\,2{,}51\,(\varphi_9 + \varphi_{10}) - 1{,}34\,(\varphi_{12} + \varphi_{13} + \varphi_{15} + \varphi_{16} + \varphi_{18} +$
$+\,\varphi_{19}) - 0{,}57\,(\varphi_{21} + \varphi_{22}) - 132{,}05 \doteq -\,2{,}51\,(1{,}679 + 1{,}965) - 1{,}34\,(1{,}130 + 1{,}407 +$
$+\,1{,}205 + 1{,}494 + 1{,}282 + 1{,}562) - 0{,}57\,(1{,}178 + 1{,}526) - 132{,}05 = -\,153{,}57.$

Die Gleichung (φ_7) bleibt vollständig unverändert, weil sie nur Ausgangsunbekannte enthält. Somit kann das „reduzierte Gleichungssystem II" unmittelbar in Tabellenform angeschrieben werden.

Reduziertes Gleichungssystem II

	φ_6''	φ_7''	δ''	B
φ_6''	$+\,42{,}92$	$+\,14{,}29$	$-\,30{,}62$	$-\quad 8{,}53$
φ_7''	$+\,14{,}29$	$+\,32{,}92$	$-\,30{,}62$	$-\quad 7{,}15$
δ''	$-\,30{,}62$	$-\,30{,}62$	$+\,47{,}13$	$-\,153{,}57$

Durch Auflösung nach den Anweisungen Seite 198 ff. erhält man die Ausgangswerte für den **zweiten Rechnungsgang**:

$$\varphi_6'' = +\,7{,}48; \qquad \varphi_7'' = +\,11{,}42; \qquad \delta'' = +\,15{,}54.$$

Die übrigen Werte werden wieder aus je einer Gleichung ermittelt, wobei auch hier auf weitere Schätzungen verzichtet wird und für die überzähligen Unbekannten die Werte aus dem **ersten** bzw., soweit bereits bekannt, aus dem **zweiten** Rechnungsgang direkt eingesetzt werden. Man erhält so aus den Bedingungsgleichungen des Gesamtsystems:

$$\varphi_5{}'' = \frac{1}{40,10}\,(-\,3,68 \cdot 0,822 - 7,17 \cdot 7,48 - 2,00 \cdot 1,679 - 4,69) \qquad = -1,614$$

$$\varphi_4{}'' = \frac{1}{18,30}\,(+\,3,68 \cdot 1,614 + 2,00 \cdot 0,144 + 8,78) \qquad = +0,820$$

$$\varphi_8{}'' = \frac{1}{13,56}\,(-\,2,00 \cdot 0,820 - 3,50 \cdot 1,679 - 1,28 \cdot 0,300 + 5,27) \qquad = -0,194$$

$$\varphi_9{}'' = \frac{1}{20,56}\,(+\,2,00 \cdot 1,614 + 3,50 \cdot 0,194 - 3,50 \cdot 1,965 - 1,28 \cdot 1,130 + 2,51 \cdot 15,54) = +1,682$$

$$\varphi_{10}{}'' = \frac{1}{16,06}\,(-\,3,50 \cdot 1,682 - 1,28 \cdot 1,407 + 2,51 \cdot 15,54) \qquad = +1,950$$

$$\varphi_{11}{}'' = \frac{1}{8,66}\,(+\,1,28 \cdot 0,194 - 1,87 \cdot 1,130 - 1,18 \cdot 0,319 + 5,56) \qquad = +0,383$$

$$\varphi_{12}{}'' = \frac{1}{12,40}\,(-\,1,28 \cdot 1,682 - 1,87 \cdot 0,383 - 1,87 \cdot 1,407 - 1,18 \cdot 1,205 + 1,34 \cdot 15,54) = +1,121$$

$$\varphi_{13}{}'' = \frac{1}{10,53}\,(-\,1,28 \cdot 1,950 - 1,87 \cdot 1,121 - 1,18 \cdot 1,494 + 1,34 \cdot 15,54) \qquad = +1,374$$

$$\varphi_{14}{}'' = \frac{1}{8,46}\,(-\,1,18 \cdot 0,383 - 1,87 \cdot 1,205 - 1,18 \cdot 0,309 + 5,56) \qquad = +0,294$$

und ebenso

$$\varphi_{15}{}'' = +\,1,200 \qquad \varphi_{17}{}'' = +\,0,271 \qquad \varphi_{19}{}'' = +\,1,544 \qquad \varphi_{21}{}'' = +\,1,158$$
$$\varphi_{16}{}'' = +\,1,463 \qquad \varphi_{18}{}'' = +\,1,263 \qquad \varphi_{20}{}'' = +\,0,705 \qquad \varphi_{22}{}'' = +\,1,506.$$

Die Ergebnisse aus beiden Rechnungsgängen sind in der folgenden Tabelle zusammengestellt.

Ergebnisse

	Erster Rechnungsgang	Zweiter Rechnungsgang
φ_4	+ 0,822	+ 0,820
φ_5	− 1,635	− 1,614
φ_6	+ 7,60	+ 7,48
φ_7	+ 11,58	+ 11,42
φ_8	− 0,144	− 0,194
φ_9	+ 1,679	+ 1,682
φ_{10}	+ 1,965	+ 1,950
φ_{11}	+ 0,300	+ 0,383
φ_{12}	+ 1,130	+ 1,121
φ_{13}	+ 1,407	+ 1,374
φ_{14}	+ 0,319	+ 0,294
φ_{15}	+ 1,205	+ 1,200
φ_{16}	+ 1,494	+ 1,463
φ_{17}	+ 0,309	+ 0,271
φ_{18}	+ 1,282	+ 1,263
φ_{19}	+ 1,562	+ 1,544
φ_{20}	+ 0,672	+ 0,705
φ_{21}	+ 1,178	+ 1,158
φ_{22}	+ 1,526	+ 1,506
δ	+ 15,75	+ 15,54

Obwohl einzelne Werte aus dem **zweiten** Rechnungsgang noch merkliche Abweichungen gegenüber den Ergebnissen des **ersten** zeigen, wird hier von der Durchführung eines **dritten** Rechnungsganges abgesehen und sofort zur Ermittlung der Momente geschritten.

Ermittlung der Stabendmomente

Nach (7) ist allgemein für einen Stab 1—2

$$M_{1,2} = k\,(2\,\varphi_1 + \varphi_2 + 3\,\psi) + \mathfrak{M}_{1,2}$$

und nach (42) für einen Symmetriestab z. B.

$$M_{7,7'} = 2\,k'\,\varphi_7 + \mathfrak{M}_{7,7'}\,.$$

Für den einseitig gelenkig angeschlossenen Stab 7—10 gilt nach (19) mit $\mathfrak{M}^0 = 0$

$$M_{10,7} = 2\,k^0\,\varphi_{10}\,.$$

Damit kann anhand der Festwertskizze (Abb. 676) mit den Ergebnissen des **zweiten** Rechnungsganges die Ermittlung der Momente vorgenommen werden. Der Wert $3\,\psi$ ergibt sich für den Stab 6—7 mit

$$3\,\psi_{6,7} = -\frac{3\,\delta}{l_{6,7}} = -\frac{3 \cdot 15,54}{1,40} = -33,3\,.$$

Für die darüberliegenden Riegel dieses Feldes wird

$$3\,\psi = -\,\frac{3\cdot 15,54}{4,19} = -\,11,13\,.$$

Die so erhaltenen Stabendmomente lauten:

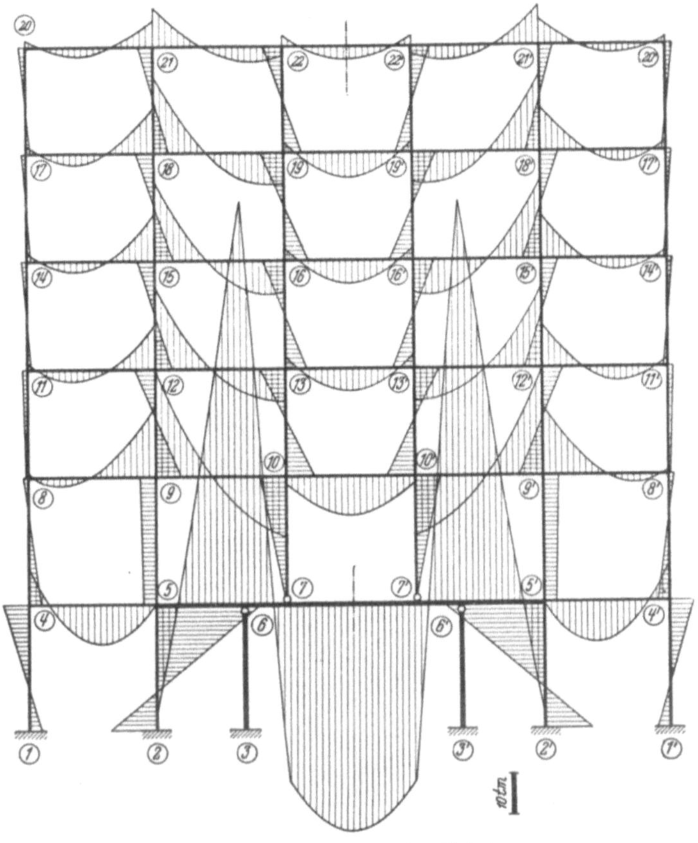

$$M_{1,4} = +\ 2,85\ \text{tm}$$
$$M_{2,5} = -\ 11,62\ \text{,,}$$

$$M_{4,1} = +\ 5,69\ \text{,,}$$
$$M_{4,5} = -\ 8,68\ \text{,,}$$
$$M_{4,8} = +\ 2,89\ \text{,,}$$

$$M_{5,2} = -\ 23,24\ \text{,,}$$
$$M_{5,4} = -\ 0,08\ \text{,,}$$
$$M_{5,6} = +\ 26,40\ \text{,,}$$
$$M_{5,9} = -\ 3,09\ \text{,,}$$

$$M_{6,5} = +\ 99,78\ \text{,,}$$
$$M_{6,7} = -\ 99,78\ \text{,,}$$

$$M_{7,6} = -\ 41,68\ \text{,,}$$
$$M_{7,7'} = +\ 41,51\ \text{,,}$$

$$M_{8,4} = +\ 0,86\ \text{,,}$$
$$M_{8,9} = -\ 0,74\ \text{,,}$$
$$M_{8,11} = -\ 0,01\ \text{,,}$$

$$M_{9,5} = +\ 3,50\ \text{,,}$$
$$M_{9,8} = +\ 16,37\ \text{,,}$$
$$M_{9,10} = -\ 25,61\ \text{,,}$$
$$M_{9,12} = +\ 5,74\ \text{,,}$$

$$M_{10,7} = +\ 5,85\ \text{tm}$$
$$M_{10,9} = -\ 14,15\ \text{,,}$$
$$M_{10,10'} = +\ 1,55\ \text{,,}$$
$$M_{10,13} = +\ 6,75\ \text{,,}$$

Abb. 679. M-Verlauf für lotrechte Belastung

$$M_{11,8} = +\ 0,73\ \text{,,}$$
$$M_{11,12} = -\ 2,03\ \text{,,}$$
$$M_{11,14} = +\ 1,25\ \text{,,}$$

$$M_{12,9} = +\ 5,02\ \text{,,}$$
$$M_{12,11} = +\ 10,47\ \text{,,}$$
$$M_{12,13} = -\ 19,60\ \text{,,}$$
$$M_{12,15} = +\ 4,06\ \text{,,}$$

$$M_{13,10} = +\ 6,01\ \text{,,}$$
$$M_{13,12} = -\ 8,01\ \text{,,}$$
$$M_{13,13'} = -\ 2,99\ \text{,,}$$
$$M_{13,16} = +\ 4,97\ \text{,,}$$

$$M_{14,11} = +\ 1,15\ \text{,,}$$
$$M_{14,15} = -\ 2,22\ \text{,,}$$
$$M_{14,17} = +\ 1,01\ \text{,,}$$

$$M_{15,12} = +\ 4,15\ \text{tm}$$
$$M_{15,14} = +\ 10,60\ \text{,,}$$
$$M_{15,16} = -\ 19,14\ \text{,,}$$
$$M_{15,18} = +\ 4,32\ \text{,,}$$

$$M_{16,13} = +\ 5,07\ \text{,,}$$
$$M_{16,15} = -\ 7,53\ \text{,,}$$
$$M_{16,16'} = -\ 2,82\ \text{,,}$$
$$M_{16,19} = +\ 5,28\ \text{,,}$$

$$M_{17,14} = +\ 0,99\ \text{,,}$$
$$M_{17,18} = -\ 2,19\ \text{,,}$$
$$M_{17,20} = +\ 1,20\ \text{,,}$$

$$M_{18,15} = +\ 4,40\ \text{,,}$$
$$M_{18,17} = +\ 10,80\ \text{,,}$$
$$M_{18,19} = -\ 18,74\ \text{,,}$$
$$M_{18,21} = +\ 3,54\ \text{,,}$$

$$M_{19,16} = +\ 5,37\ \text{tm}$$
$$M_{19,18} = -\ 7,09\ \text{,,}$$
$$M_{19,19'} = -\ 2,67\ \text{,,}$$
$$M_{19,22} = +\ 4,41\ \text{,,}$$

$$M_{20,17} = +\ 1,61\ \text{,,}$$
$$M_{20,21} = -\ 1,63\ \text{,,}$$

$$M_{21,18} = +\ 3,43\ \text{,,}$$
$$M_{21,20} = +\ 6,04\ \text{,,}$$
$$M_{21,22} = -\ 9,43\ \text{,,}$$

$$M_{22,19} = +\ 4,37\ \text{,,}$$
$$M_{22,21} = -\ 1,84\ \text{,,}$$
$$M_{22,22'} = -\ 2,47\ \text{,, .}$$

In Abb. 679 sind diese Momente maßstäblich aufgetragen. Ihre Genauigkeit ist trotz des geringen Rechenaufwandes durchaus befriedigend, wie die Proben $\Sigma M = 0$ in den einzelnen Knotenpunkten und $\Sigma V = 0$ in der Knotenreihe 7—22 zeigen.

Dritter Teil

Hilfstafeln

Trägheitsmomente
von Rechtecksquerschnitten in dm⁴

$$J_s = \frac{b\,h^3}{12}$$

b(cm) \ h(cm)	10	15	20	25	30	35	40	45	50	55	60	65	70	75	80	85	90	95	100
10	0,083	0,281	0,667	1,302	2,250	3,573	5,333	7,594	10,417	13,86	18,00	22,89	28,58	35,16	42,67	51,18	60,75	71,45	83,33
15	0,125	0,422	1,000	1,953	3,375	5,359	8,000	11,391	15,625	20,80	27,00	34,33	42,88	52,73	64,00	76,77	91,13	107,17	125,00
20	0,167	0,563	1,333	2,604	4,500	7,146	10,667	15,188	20,833	27,73	36,00	45,77	57,17	70,31	85,33	102,35	121,50	142,90	166,67
25	0,208	0,703	1,667	3,255	5,625	8,932	13,333	18,984	26,042	34,66	45,00	57,21	71,46	87,89	106,67	127,94	151,88	178,62	208,33
30	0,250	0,844	2,000	3,906	6,750	10,719	16,000	22,781	31,250	41,59	54,00	68,66	85,75	105,47	128,00	153,53	182,25	214,34	250,00
35	0,292	0,984	2,333	4,557	7,875	12,505	18,667	26,578	36,458	48,53	63,00	80,10	100,04	123,05	149,33	179,12	212,63	250,07	291,67
40	0,333	1,125	2,667	5,208	9,000	14,292	21,333	30,375	41,667	55,46	72,00	91,54	114,33	140,63	170,67	204,71	243,00	285,79	333,33
45	0,375	1,266	3,000	5,859	10,125	16,078	24,000	34,172	46,875	62,39	81,00	102,98	128,63	158,20	192,00	230,30	273,38	321,52	375,00
50	0,417	1,406	3,333	6,510	11,250	17,865	26,667	37,969	52,083	69,32	90,00	114,43	142,92	175,78	213,33	255,89	303,75	357,24	416,67
55	0,458	1,547	3,667	7,161	12,375	19,651	29,333	41,766	57,292	76,26	99,00	125,87	157,21	193,36	234,67	281,47	334,13	392,96	458,33
60	0,500	1,688	4,000	7,813	13,500	21,438	32,000	45,563	62,500	83,19	108,00	137,31	171,50	210,94	256,00	307,06	364,50	428,69	500,00
65	0,542	1,828	4,333	8,464	14,625	23,224	34,667	49,359	67,708	90,12	117,00	148,76	185,79	228,52	277,33	332,65	394,88	464,41	541,67
70	0,583	1,969	4,667	9,115	15,750	25,010	37,333	53,156	72,917	97,05	126,00	160,20	200,08	246,09	298,67	358,24	425,25	500,14	583,33
75	0,625	2,109	5,000	9,766	16,875	26,797	40,000	56,953	78,125	103,98	135,00	171,64	214,38	263,67	320,00	383,83	455,63	535,86	625,00
80	0,667	2,250	5,333	10,417	18,000	28,583	42,667	60,750	83,333	110,92	144,00	183,08	228,67	281,25	341,33	409,42	486,00	571,58	666,67
85	0,708	2,391	5,667	11,068	19,125	30,370	45,333	64,547	88,542	117,85	153,00	194,53	242,96	298,83	362,67	435,01	516,38	607,31	708,33
90	0,750	2,531	6,000	11,719	20,250	32,156	48,000	68,344	93,750	124,78	162,00	205,97	257,25	316,41	384,00	460,59	546,75	643,03	750,00
95	0,792	2,672	6,333	12,370	21,375	33,943	50,667	72,141	98,958	131,71	171,00	217,41	271,54	333,98	405,33	486,18	577,13	678,76	791,67
100	0,833	2,813	6,667	13,021	22,500	35,729	53,333	75,938	104,167	138,65	180,00	228,85	285,83	351,56	426,67	511,77	607,50	714,48	833,33

Tafel 1 (Fortsetzung)

Trägheitsmomente von Rechtecksquerschnitten in dm⁴

b (cm) \ h (cm)	105	110	115	120	125	130	135	140	145	150	155	160	165	170	175	180	185	190	200
10	96,5	110,9	126,7	144,0	162,8	183,1	205,0	228,7	254,1	281,3	310,3	341,3	374,3	409,4	446,6	486,0	527,6	571,6	666,7
15	144,7	166,4	190,1	216,0	244,1	274,6	307,5	343,0	381,1	421,9	465,5	512,0	561,5	614,1	669,9	729,0	791,5	857,4	1000,0
20	192,9	221,8	253,5	288,0	325,5	366,2	410,1	457,3	508,1	562,5	620,6	682,7	748,7	818,8	893,2	972,0	1055,3	1143,2	1333,3
25	241,2	277,3	316,8	360,0	406,9	457,7	512,6	571,7	635,1	703,1	775,8	853,3	935,9	1023,4	1116,5	1215,0	1319,1	1429,0	1666,7
30	289,4	332,8	380,2	432,0	488,3	549,2	615,1	686,0	762,2	843,8	931,0	1024,0	1123,0	1228,3	1339,8	1458,0	1582,9	1714,7	2000,0
35	337,6	388,2	443,6	504,0	569,7	640,8	717,6	800,3	889,2	984,4	1086,1	1194,7	1310,2	1433,0	1563,2	1701,0	1846,7	2000,5	2333,3
40	385,9	443,7	507,0	576,0	651,0	732,3	820,1	914,7	1016,2	1125,0	1241,3	1365,3	1497,4	1637,7	1786,5	1944,0	2110,5	2286,3	2666,7
45	434,1	499,1	570,3	648,0	732,4	823,9	922,6	1029,0	1143,2	1265,6	1396,5	1536,0	1684,5	1842,4	2009,8	2187,0	2374,4	2572,1	3000,0
50	482,3	554,6	633,7	720,0	813,8	915,4	1025,2	1143,3	1270,3	1406,3	1551,6	1706,7	1871,7	2047,1	2233,1	2430,0	2638,2	2857,9	3333,3
55	530,6	610,0	697,1	792,0	895,2	1007,0	1127,7	1257,7	1397,3	1546,9	1706,8	1877,3	2058,9	2251,8	2456,4	2673,0	2902,0	3143,7	3666,7
60	578,8	665,5	760,4	864,0	976,6	1098,5	1230,2	1372,0	1524,3	1687,5	1861,9	2048,0	2246,1	2456,5	2679,7	2916,0	3165,8	3429,5	4000,0
65	627,0	721,0	823,8	936,0	1057,9	1190,0	1332,7	1486,3	1651,3	1828,1	2017,1	2218,7	2433,2	2661,2	2903,0	3159,0	3429,6	3715,3	4333,3
70	675,3	776,4	887,2	1008,0	1139,3	1281,6	1435,2	1600,7	1778,4	1968,8	2172,3	2389,3	2620,4	2865,9	3126,3	3402,0	3693,4	4001,1	4666,7
75	723,5	831,9	950,5	1080,0	1220,7	1373,1	1537,7	1715,0	1905,4	2109,4	2327,4	2560,0	2807,6	3070,6	3349,6	3645,0	3957,3	4286,9	5000,0
80	771,8	887,3	1013,9	1152,0	1302,1	1464,7	1640,3	1829,3	2032,4	2250,0	2482,6	2730,7	2994,8	3275,3	3572,9	3888,0	4221,1	4572,7	5333,3
85	820,0	942,8	1077,3	1224,0	1383,5	1556,2	1742,8	1943,7	2159,4	2390,6	2637,7	2901,3	3181,9	3480,0	3796,2	4131,0	4484,9	4858,5	5666,7
90	868,2	998,3	1140,7	1296,0	1464,8	1647,7	1845,3	2058,0	2286,5	2531,3	2792,9	3072,0	3369,1	3684,8	4019,5	4374,0	4748,7	5144,2	6000,0
95	916,5	1053,7	1204,0	1368,0	1546,2	1739,3	1947,8	2172,3	2413,5	2671,9	2948,1	3242,7	3556,3	3889,5	4242,8	4617,0	5012,5	5430,0	6333,3
100	964,7	1109,2	1267,4	1440,0	1627,6	1830,8	2050,3	2286,7	2540,5	2812,5	3103,2	3413,3	3743,4	4094,2	4466,1	4860,0	5276,4	5715,8	6666,7

Tafel 2

Belastungsglieder $\mathfrak{M}_1\ \mathfrak{M}_2$ und $\alpha^0_1\ \alpha^0_2$

für Stäbe ohne Vouten

Gleichmäßig verteilte Streckenlasten

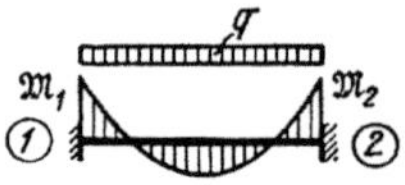

$\mathfrak{M}_1$ und $\mathfrak{M}_2$ (= Volleinspannmomente des beidseitig fest eingespannten Trägers)

α^0_1 und α^0_2 (= EJ-fach verzerrte Auflagerdrehwinkel des frei aufliegenden Trägers)

Kreuzlinienabschnitte: $K^0_1 = \dfrac{6\,\alpha^0_2}{l}$; $K^0_2 = \dfrac{6\,\alpha^0_1}{l}$

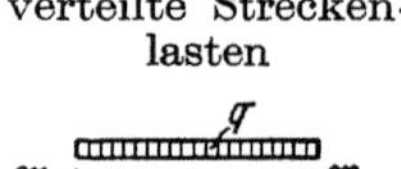
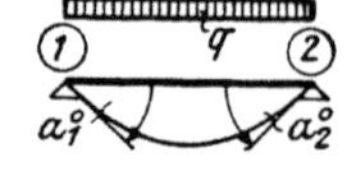

Nr.	Belastungsart, M_0-Flächen	$\mathfrak{M}_1\ \mathfrak{M}_2$	$\alpha^0_1\ \alpha^0_2$
1	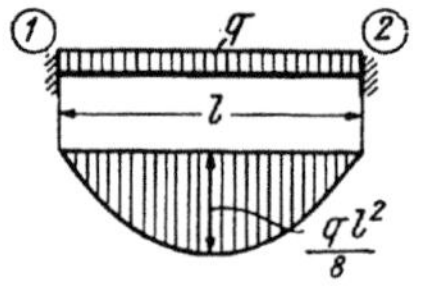	$\mathfrak{M}_1 = -\ \mathfrak{M}_2 = -\dfrac{q\,l^2}{12}$	$\alpha^0_1 = \alpha^0_2 = \dfrac{q\,l^3}{24}$
2	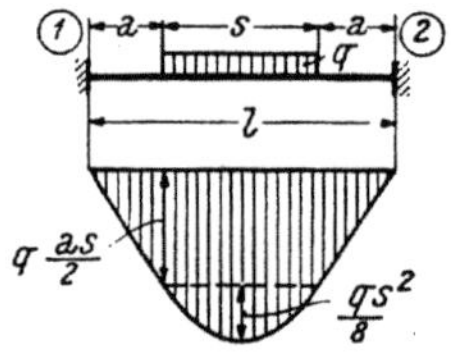	$\mathfrak{M}_1 = -\ \mathfrak{M}_2 = -\dfrac{q\,s}{24\,l}(3l^2 - s^2)$ für $s = \dfrac{l}{2}:\mathfrak{M}_1 = -\mathfrak{M}_2 = -\dfrac{11ql^2}{192}$ für $s = \dfrac{l}{3}:\mathfrak{M}_1 = -\mathfrak{M}_2 = -\dfrac{13ql^2}{324}$ für $s = \dfrac{l}{4}:\mathfrak{M}_1 = -\mathfrak{M}_2 = -\dfrac{47ql^2}{1536}$	$\alpha^0_1 = \alpha^0_2 = \dfrac{q\,s}{48}(3l^2 - s^2)$ für $s = \dfrac{l}{2} : \alpha^0_1 = \alpha^0_2 = \dfrac{11ql^3}{384}$ für $s = \dfrac{l}{3} : \alpha^0_1 = \alpha^0_2 = \dfrac{13ql^3}{648}$ für $s = \dfrac{l}{4} : \alpha^0_1 = \alpha^0_2 = \dfrac{47ql^3}{3072}$
3	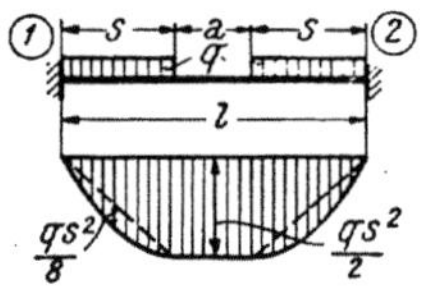	$\mathfrak{M}_1 = -\ \mathfrak{M}_2 = -\dfrac{qs^2}{6\,l}(2l+a)$ für $a = s = \dfrac{l}{3}:$ $\mathfrak{M}_1 = -\ \mathfrak{M}_2 = -\dfrac{7\,q\,l^2}{162}$	$\alpha^0_1 = \alpha^0_2 = \dfrac{q\,s^2}{12}(2l+a)$ für $a = s = \dfrac{l}{3}:$ $\alpha^0_1 = \alpha^0_2 = \dfrac{7\,q\,l^3}{324}$
4	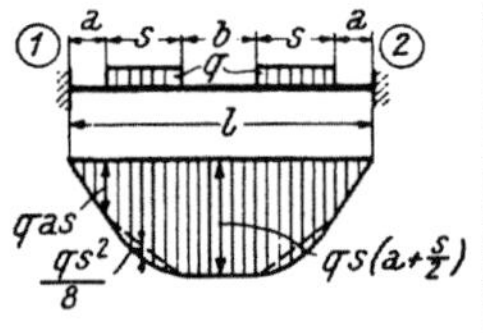	$\mathfrak{M}_1 = -\ \mathfrak{M}_2 =$ $= -\dfrac{q\,s}{12\,l}[3l^2 - 3(b+s)^2 - s^2]$ für $a = s = b = \dfrac{l}{5}:$ $\mathfrak{M}_1 = -\ \mathfrak{M}_2 = -\dfrac{31\,q\,l^2}{750}$	$\alpha^0_1 = \alpha^0_2 =$ $= \dfrac{q\,s}{24}[3l^2 - 3(b+s)^2 - s^2]$ für $a = s = b = \dfrac{l}{5}:$ $\alpha^0_1 = \alpha^0_2 = \dfrac{31\,q\,l^3}{1500}$
5	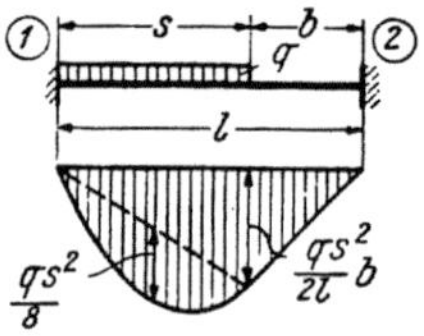	$\mathfrak{M}_1 = -\dfrac{q\,s^2}{12\,l^2}[2l(3l-4s)+3s^2]$ $\mathfrak{M}_2 = +\dfrac{q\,s^3}{12\,l^2}(4l - 3s)$ für $s = b = \dfrac{l}{2}: \mathfrak{M}_1 = -\dfrac{11ql^2}{192}$ $\mathfrak{M}_2 = +\dfrac{5\,q\,l^2}{192}$	$\alpha^0_1 = \dfrac{q\,s^2}{24\,l}(2l - s)^2$ $\alpha^0_2 = \dfrac{q\,s^2}{24\,l}(2l^2 - s^2)$ für $s = b = \dfrac{l}{2} : \alpha^0_1 = \dfrac{9\,q\,l^3}{384}$ $\alpha^0_2 = \dfrac{7\,q\,l^3}{384}$
6	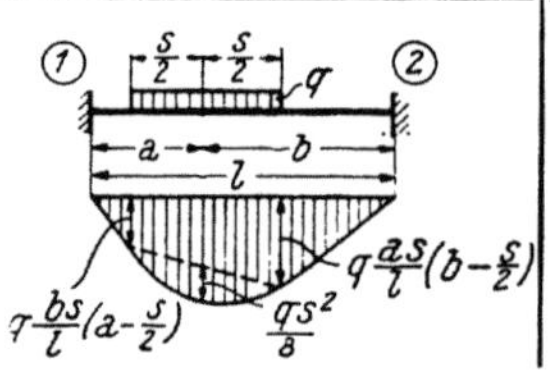	$\mathfrak{M}_1 = -\dfrac{q\,s}{12\,l^2}[12ab^2+s^2(l-3b)]$ $\mathfrak{M}_2 = +\dfrac{q\,s}{12\,l^2}[12a^2b+s^2(l-3a)]$	$\alpha^0_1 = \dfrac{q\,b\,s}{24\,l}[4a(b+l) - s^2]$ $\alpha^0_2 = \dfrac{q\,a\,s}{24\,l}[4b(a+l) - s^2]$

Tafel 3

Dreiecklasten
Momentenangriff
Temperaturwirkung

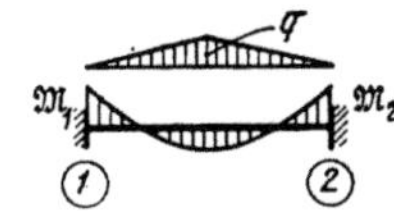

Belastungsglieder $\mathfrak{M}_1\,\mathfrak{M}_2$ und $\alpha^0{}_1\,\alpha^0{}_2$

für Stäbe ohne Vouten

$\mathfrak{M}_1$ und $\mathfrak{M}_2$ (= Volleinspannmomente des beidseitig fest eingespannten Trägers)

$\alpha^0{}_1$ und $\alpha^0{}_2$ (= EJ-fach verzerrte Auflagerdrehwinkel des frei aufliegenden Trägers)

Kreuzlinienabschnitte: $K^0{}_1 = \dfrac{6\,\alpha^0{}_2}{l}$; $\quad K^0{}_2 = \dfrac{6\,\alpha^0{}_1}{l}$

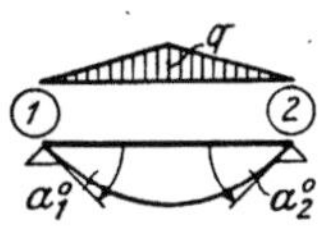

Nr.	Belastungsart, M_0-Flächen	$\mathfrak{M}_1\ \mathfrak{M}_2$	$\alpha^0{}_1\ \alpha^0{}_2$
7		$\mathfrak{M}_1 = -\,\mathfrak{M}_2 = -\,\dfrac{5\,q\,l^2}{96}$	$\alpha^0{}_1 = \alpha^0{}_2 = \dfrac{5\,q\,l^3}{192}$
8		$\mathfrak{M}_1 = -\,\mathfrak{M}_2 = -\dfrac{q\,s}{24\,l}\,(3\,l^2 - 2\,s^2)$ für $a = s = \dfrac{l}{4}$: $\mathfrak{M}_1 = -\,\mathfrak{M}_2 = -\,\dfrac{23\,q\,l^2}{768}$	$\alpha^0{}_1 = \alpha^0{}_2 = \dfrac{q\,s}{48}\,(3\,l^2 - 2\,s^2)$ für $a = s = \dfrac{l}{4}$: $\alpha^0{}_1 = \alpha^0{}_2 = \dfrac{23\,q\,l^3}{1536}$
9		$\mathfrak{M}_1 = -\,\mathfrak{M}_2 = -\,\dfrac{q\,l^2}{32}$	$\alpha^0{}_1 = \alpha^0{}_2 = \dfrac{q\,l^3}{64}$
10		$\mathfrak{M}_1 = -\,\mathfrak{M}_2 = -\,\dfrac{q\,s}{8\,l}\,(l^2 - 2\,s^2)$ für $a = s = \dfrac{l}{4}$: $\mathfrak{M}_1 = -\,\mathfrak{M}_2 = -\,\dfrac{7\,q\,l^2}{256}$	$\alpha^0{}_1 = \alpha^0{}_2 = \dfrac{q\,s}{16}\,(l^2 - 2\,s^2)$ für $a = s = \dfrac{l}{4}$: $\alpha^0{}_1 = \alpha^0{}_2 = \dfrac{7\,q\,l^3}{512}$
11		$\mathfrak{M}_1 = -\,\mathfrak{M}_2 = -\,\dfrac{q\,s^2}{12\,l}\,(2\,l - s)$ für $s = b = \dfrac{l}{3}$: $\mathfrak{M}_1 = -\,\mathfrak{M}_2 = -\,\dfrac{5\,q\,l^2}{324}$	$\alpha^0{}_1 = \alpha^0{}_2 = \dfrac{q\,s^2}{24}\,(2\,l - s)$ für $s = b = \dfrac{l}{3}$: $\alpha^0{}_1 = \alpha^0{}_2 = \dfrac{q\,l^3}{648}$
12		$\mathfrak{M}_1 = -\,\dfrac{q\,s}{12\,l}\,[6\,a\,(l - a) + s\,(2\,b + 3\,s)]$ für $a = b = s = \dfrac{l}{5}$: $\mathfrak{M}_1 = -\,\mathfrak{M}_2 = -\,\dfrac{29\,q\,l^2}{1500}$	$\alpha^0{}_1 = \alpha^0{}_2 = \dfrac{q\,s}{24}\,[6\,a\,(l - a) + s\,(2\,b + 3\,s)]$ für $a = b = s = \dfrac{l}{5}$: $\alpha^0{}_1 = \alpha^0{}_2 = \dfrac{29\,q\,l^3}{3000}$

T a f e l 3 (Fortsetzung)

Belastungsglieder $\mathfrak{M}_1\,\mathfrak{M}_2$ und $\alpha^0{}_1\,\alpha^0{}_2$ bzw. $K^0{}_1\,K^0{}_2$

Nr.	Belastungsart, M_0-Flächen	$\mathfrak{M}_1\,\mathfrak{M}_2$	$\alpha^0{}_1\,\alpha^0{}_2$
13		$\mathfrak{M}_1=-\mathfrak{M}_2=-\dfrac{q\,s^2}{12\,l}(4\,l-3\,s)$ für $s=b=\dfrac{l}{3}:$ $\mathfrak{M}_1=-\mathfrak{M}_2=-\dfrac{q\,l^2}{36}$	$\alpha^0{}_1=\alpha^0{}_2=\dfrac{q\,s^2}{24}(4\,l-3\,s)$ für $s=b=\dfrac{l}{3}:$ $\alpha^0{}_1=\alpha^0{}_2=\dfrac{q\,l^3}{72}$
14		$\mathfrak{M}_1=-\mathfrak{M}_2=$ $=-\dfrac{q\,s}{12\,l}[6a(l-a)+s(4b+5s)]$ für $a=s=b=\dfrac{l}{5}:$ $\mathfrak{M}_1=-\mathfrak{M}_2=-\dfrac{11\,q\,l^2}{500}$	$\alpha^0{}_1=\alpha^0{}_2=$ $=\dfrac{q\,s}{24}[6a(l-a)+s(4b+5s)]$ für $a=s=b=\dfrac{l}{5}:$ $\alpha^0{}_1=\alpha^0{}_2=\dfrac{11\,q\,l^3}{1000}$
15		$\mathfrak{M}_1=-\mathfrak{M}_2=-\dfrac{17\,q\,l^2}{384}$	$\alpha^0{}_1=\alpha^0{}_2=\dfrac{17\,q\,l^3}{768}$
16		$\mathfrak{M}_1=-\mathfrak{M}_2=-\dfrac{5\,q\,l^2}{128}$	$\alpha^0{}_1=\alpha^0{}_2=\dfrac{5\,q\,l^3}{256}$
17		$\mathfrak{M}_1=-\mathfrak{M}_2=$ $=-\dfrac{q}{12\,l}[l^3-a^2(2\,l-a)]$ für $a=b=\dfrac{l}{3}:$ $\mathfrak{M}_1=-\mathfrak{M}_2=-\dfrac{11\,q\,l^2}{162}$	$\alpha^0{}_1=\alpha^0{}_2=\dfrac{q}{24}[l^3-a^2(2\,l-a)]$ für $a=b=\dfrac{l}{3}:$ $\alpha^0{}_1=\alpha^0{}_2=\dfrac{11\,q\,l^3}{324}$
18		$\mathfrak{M}_1=-\dfrac{q\,l^2}{20}$ $\mathfrak{M}_2=+\dfrac{q\,l^2}{30}$	$\alpha^0{}_1=\dfrac{q\,l^3}{45}$ $\alpha^0{}_2=\dfrac{7\,q\,l^3}{360}$
19		$\mathfrak{M}_1=-\dfrac{q\,s^2}{30\,l^2}[10a^2+s(5a+s)]$ $\mathfrak{M}_2=+\dfrac{q\,s^3}{20\,l^2}(5a+s)$ für $s=a=\dfrac{l}{2}:\ \mathfrak{M}_1=-\dfrac{q\,l^2}{30}$ $\mathfrak{M}_2=+\dfrac{3\,q\,l^2}{160}$	$\alpha^0{}_1=\dfrac{q\,s^2}{360\,l}[40a^2+7s(5a+s)]$ $\alpha^0{}_2=\dfrac{q\,s^2}{180\,l}[10a^2+4s(5a+s)]$ für $s=a=\dfrac{l}{2}:\ \alpha^0{}_1=\dfrac{41\,q\,l^3}{2880}$ $\alpha^0{}_2=\dfrac{17\,q\,l^3}{1440}$

Tafel 3 (Fortsetzung)

Belastungsglieder $\mathfrak{M}_1\ \mathfrak{M}_2$ und $\alpha^0_1\ \alpha^0_2$ bzw. $K^0_1\ K^0_2$

Nr.	Belastungsart, M_0-Flächen	$\mathfrak{M}_1\ \mathfrak{M}_2$	$\alpha^0_1\ \alpha^0_2$
20	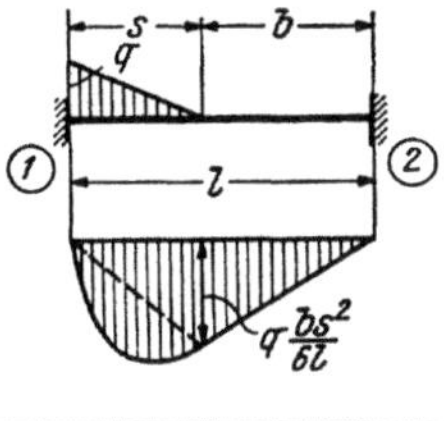	$\mathfrak{M}_1 = -\frac{q s^2}{60 l^2}(10 b l + 3 s^2)$ $\mathfrak{M}_2 = +\frac{q s^3}{60 l^2}(5 b + 2 s)$ für $s = b = \frac{l}{2}$: $\mathfrak{M}_1 = -\frac{23 q l^2}{960}$ $\mathfrak{M}_2 = +\frac{7 q l^2}{960}$	$\alpha^0_1 = \frac{q s^2}{360 l}[5b(4l+s)+8s^2]$ $\alpha^0_2 = \frac{q s^2}{360 l}[10b(l+s)+7s^2]$ für $s = b = \frac{l}{2}$: $\alpha^0_1 = \frac{53 q l^3}{5760}$ $\alpha^0_2 = \frac{37 q l^3}{5760}$
21	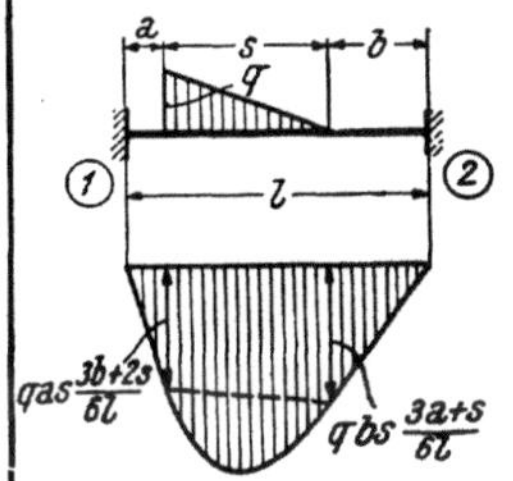	$\mathfrak{M}_1 = -\frac{q s}{60 l^2}[10b^2(3a+s)+$ $+s^2(15a+10b+3s)+40abs]$ $\mathfrak{M}_2 = +\frac{q s}{60 l^2}[10a^2(3b+2s)+$ $+s^2(10a+5b+2s)+20abs]$ für $a = s = b = \frac{l}{3}$: $\mathfrak{M}_1 = -\frac{q l^2}{45}$; $\mathfrak{M}_2 = +\frac{29 q l^2}{1620}$	$\alpha^0_1 = \frac{q s}{360 l}[10 a^2 (3b+2s)+$ $+ 20 b^2 (3a+s) + s^2 (40a +$ $+ 25 b + 8 s) + 100 a b s]$ $\alpha^0_2 = \frac{q s}{360 l}[20 a^2 (3b+2s) +$ $+ 10 b^2 (3a+s) + s^2 (35a+$ $+ 20 b + 7 s) + 80 a b s]$ für $a = s = b = \frac{l}{3}$: $\alpha^0_1 = \frac{101 q l^3}{9720}$; $\alpha^0_2 = \frac{47 q l^3}{4860}$
22	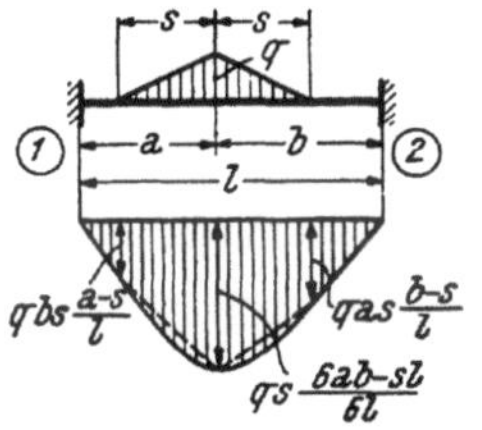	$\mathfrak{M}_1 =$ $= -\frac{q s}{6 l^2}[6ab^2 + s^2(a-2b)]$ $\mathfrak{M}_2 =$ $= +\frac{q s}{6 l^2}[6a^2 b + s^2(b-2a)]$	$\alpha^0_1 = \frac{q b s}{12 l}[2a(b+l) - s^2]$ $\alpha^0_2 = \frac{q a s}{12 l}[2b(a+l) - s^2]$
23	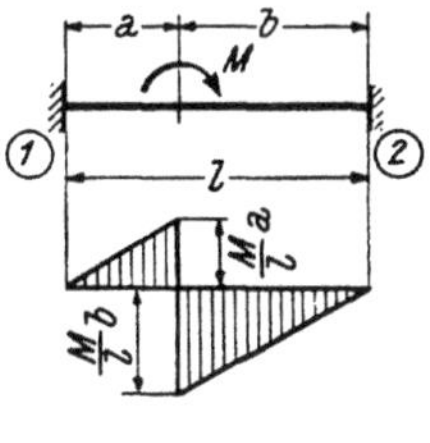	$\mathfrak{M}_1 = +M\frac{b}{l}\left(2 - \frac{3b}{l}\right)$ $\mathfrak{M}_2 = +M\frac{a}{l}\left(2 - \frac{3a}{l}\right)$ für $a = 0$: $\mathfrak{M}_1 = -M$; $\mathfrak{M}_2 = 0$ für $a = \frac{l}{2}$: $\mathfrak{M}_1 = \mathfrak{M}_2 = +\frac{M}{4}$ für $a = l$: $\mathfrak{M}_1 = 0$; $\mathfrak{M}_2 = -M$	$\alpha^0_1 = M\frac{l}{6}\left(\frac{3b^2}{l^2} - 1\right)$ $\alpha^0_2 = M\frac{l}{6}\left(1 - \frac{3a^2}{l^2}\right)$ für $a = 0$: $\alpha^0_1 = M\frac{l}{3}$; $\alpha^0_2 = M\frac{l}{6}$ für $a = \frac{l}{2}$: $\alpha^0_1 = -\alpha^0_2 = -\frac{Ml}{24}$ für $a = l$: $\alpha^0_1 = -M\frac{l}{6}$ $\alpha^0_2 = -M\frac{l}{3}$
24	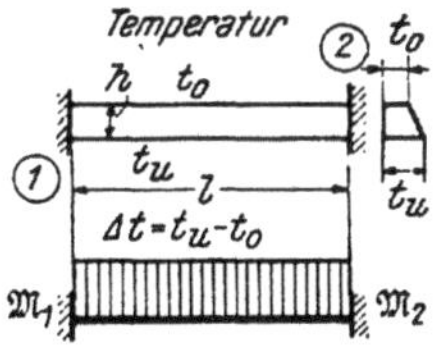	$\mathfrak{M}_1 = -\frac{E J \omega \cdot \Delta t}{h}$ $\mathfrak{M}_2 = +\frac{E J \omega \cdot \Delta t}{h}$	$\alpha^0_1 = \alpha^0_2 = +\frac{l E J \omega \cdot \Delta t}{2 h}$

Tafel 4

Einzellasten
Einflußlinien

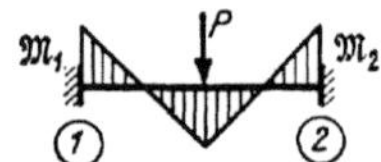

Belastungsglieder $\mathfrak{M}_1\,\mathfrak{M}_2$ und $\alpha^0_1\,\alpha^0_2$

für Stäbe ohne Vouten

$\mathfrak{M}_1$ und $\mathfrak{M}_2$ (= Volleinspannmomente des beidseitig fest eingespannten Trägers)

α^0_1 und α^0_2 (= EJ-fach verzerrte Auflagerdrehwinkel des frei aufliegenden Trägers)

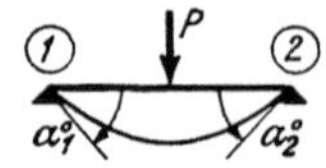

Kreuzlinienabschnitte: $K^0_1 = \dfrac{6\,\alpha^0_2}{l}$; $K^0_2 = \dfrac{6\,\alpha^0_1}{l}$

Nr.	Belastungsart, M_0-Flächen	$\mathfrak{M}_1\,\mathfrak{M}_2$	$\alpha^0_1\,\alpha^0_2$
25	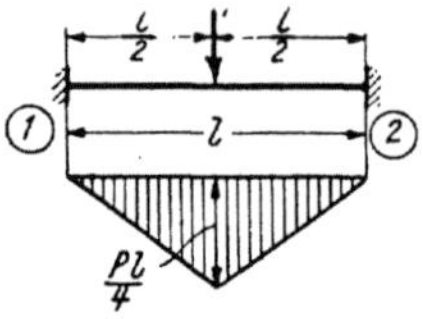	$\mathfrak{M}_1 = -\,\mathfrak{M}_2 = -\,\dfrac{P\,l}{8}$	$\alpha^0_1 = \alpha^0_2 = \dfrac{P\,l^2}{16}$
26	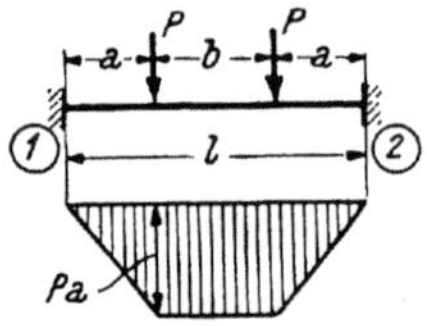	$\mathfrak{M}_1 = -\,\mathfrak{M}_2 = -\,\dfrac{P\,a\,(l-a)}{l}$ für $a = b = \dfrac{l}{3}$: $\mathfrak{M}_1 = -\,\mathfrak{M}_2 = -\,\dfrac{2\,P\,l}{9}$	$\alpha^0_1 = \alpha^0_2 = \dfrac{P\,a\,(l-a)}{2}$ $\alpha^0_1 = \alpha^0_2 = \dfrac{P\,l^2}{9}$
27	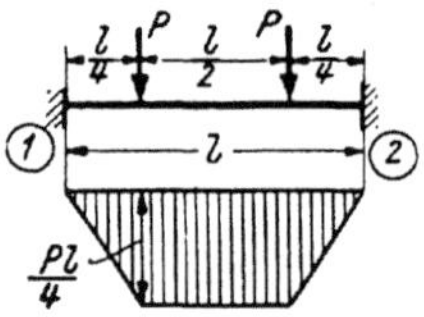	$\mathfrak{M}_1 = -\,\mathfrak{M}_2 = -\,\dfrac{3\,P\,l}{16}$	$\alpha^0_1 = \alpha^0_2 = \dfrac{3\,P\,l^2}{32}$
28	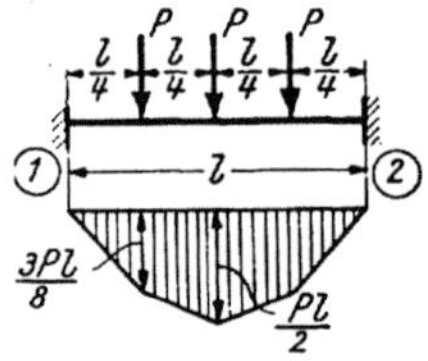	$\mathfrak{M}_1 = -\,\mathfrak{M}_2 = -\,\dfrac{5\,P\,l}{16}$	$\alpha^0_1 = \alpha^0_2 = \dfrac{5\,P\,l^2}{32}$
29	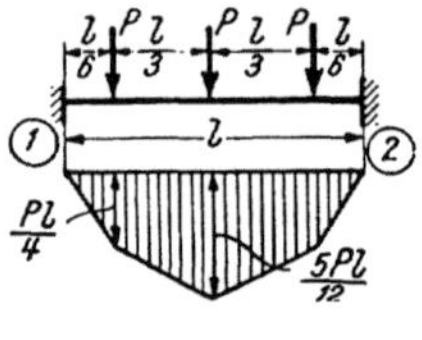	$\mathfrak{M}_1 = -\,\mathfrak{M}_2 = -\,\dfrac{19\,P\,l}{72}$	$\alpha^0_1 = \alpha^0_2 = \dfrac{19\,P\,l^2}{144}$
30	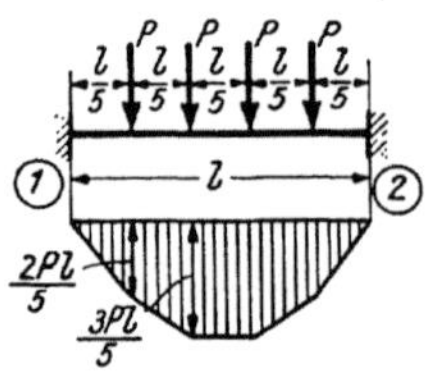	$\mathfrak{M}_1 = -\,\mathfrak{M}_2 = -\,\dfrac{2\,P\,l}{5}$	$\alpha^0_1 = \alpha^0_2 = \dfrac{P\,l^2}{5}$

T a f e l 4 (Fortsetzung)

Belastungsglieder $\mathfrak{M}_1\,\mathfrak{M}_2$ und $\alpha^0{}_1\,\alpha^0{}_2$ bzw. $K^0{}_1\,K^0{}_2$

Nr.	Belastungsart, M_0-Flächen	$\mathfrak{M}_1\,\mathfrak{M}_2$	$\alpha^0{}_1\,\alpha^0{}_2$
31		$\mathfrak{M}_1 = -\,\mathfrak{M}_2 = -\dfrac{11\,Pl}{32}$	$\alpha^0{}_1 = \alpha^0{}_2 = \dfrac{11\,Pl^2}{64}$
32		$\mathfrak{M}_1 = -\,\mathfrak{M}_2 = -\dfrac{Pl}{12}\cdot\dfrac{n^2-1}{n}$	$\alpha^0{}_1 = \alpha^0{}_2 = \dfrac{Pl^2}{24}\cdot\dfrac{n^2-1}{n}$
33		$\mathfrak{M}_1 = -\,\mathfrak{M}_2 = -\dfrac{Pl}{24}\cdot\dfrac{2n^2+1}{n}$	$\alpha^0{}_1 = \alpha^0{}_2 = \dfrac{Pl^2}{48}\cdot\dfrac{2n^2+1}{n}$
34		$\mathfrak{M}_1 = -\dfrac{Pab^2}{l^2}$ $\mathfrak{M}_2 = +\dfrac{Pa^2b}{l^2}$	$\alpha^0{}_1 = \dfrac{Pab}{6\,l}(b+l)$ $\alpha^0{}_2 = \dfrac{Pab}{6\,l}(a+l)$

Einflußlinien für $\mathfrak{M}_1\,\mathfrak{M}_2$	Einflußlinien für $\alpha^0{}_1\,\alpha^0{}_2$

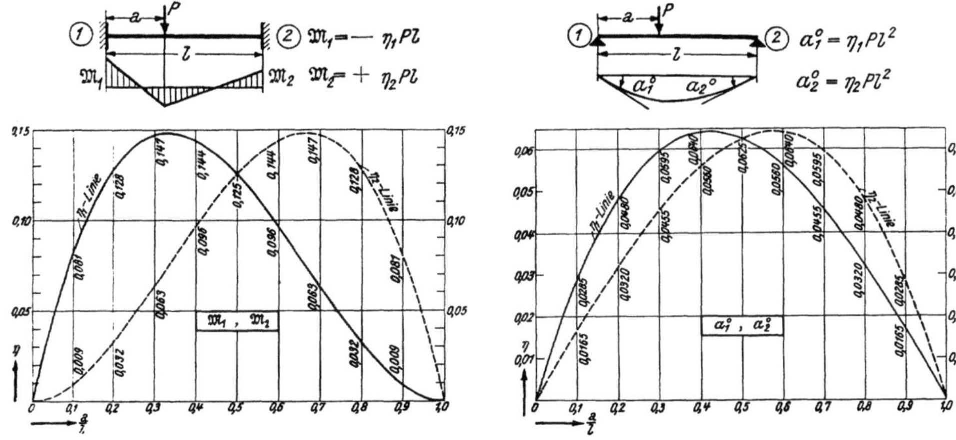

Tafel 5

Gleichmäßig
verteilte
Streckenlasten

Einzellasten
Einflußlinien

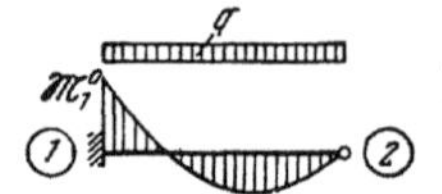

Belastungsglieder $\mathfrak{M}^0{}_1$

für „Gelenkstäbe" ohne Vouten

$\mathfrak{M}^0{}_1$ (= Volleinspannmoment des einseitig gelenkig angeschlossenen Trägers)

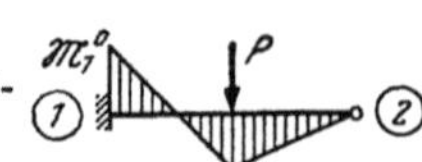

Nr.	Belastungsfall	Belastungsglieder $\mathfrak{M}^0{}_1$
1	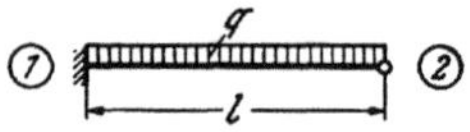	$\mathfrak{M}^0{}_1 = -\dfrac{q\,l^2}{8}$
2	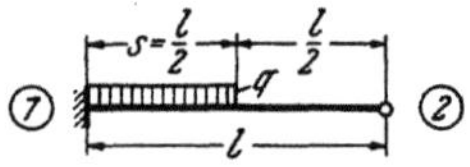	$\mathfrak{M}^0{}_1 = -\dfrac{9\,q\,l^2}{128}$
3	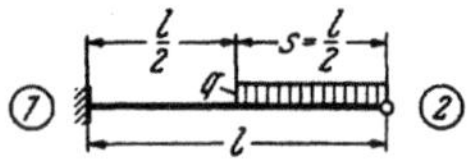	$\mathfrak{M}^0{}_1 = -\dfrac{7\,q\,l^2}{128}$
4	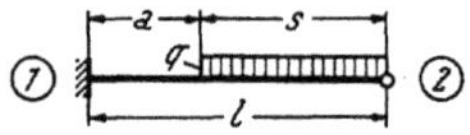	$\mathfrak{M}^0{}_1 = -\dfrac{q\,s^2}{8\,l^2}\,(2\,l^2 - s^2)$
5	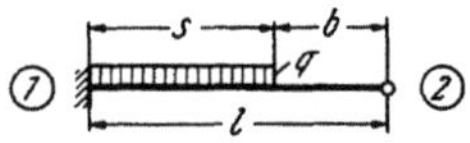	$\mathfrak{M}^0{}_1 = -\dfrac{q\,s^2}{8\,l^2}\,(4\,b\,l + s^2)$
6	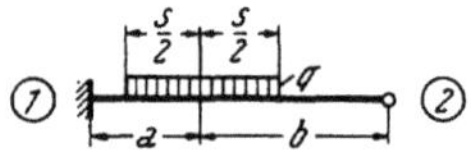	$\mathfrak{M}^0{}_1 = -\dfrac{q\,b\,s}{8\,l^2}\,(4\,a^2 + 8\,a\,b - s^2)$
7	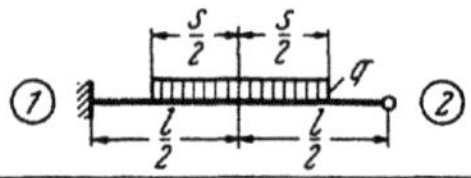	$\mathfrak{M}^0{}_1 = -\dfrac{q\,s}{16\,l}\,(3\,l^2 - s^2)$
8	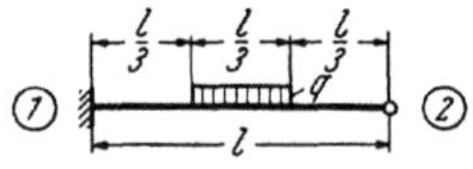	$\mathfrak{M}^0{}_1 = -\dfrac{13\,q\,l^2}{216}$
9	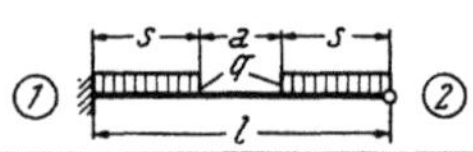	$\mathfrak{M}^0{}_1 = -\dfrac{q\,s^2}{4\,l}\,(2\,l + a);\ \text{ für }\ s = a = \dfrac{l}{3}:\ \mathfrak{M}^0{}_1 = -\dfrac{7\,q\,l^2}{108}$
10	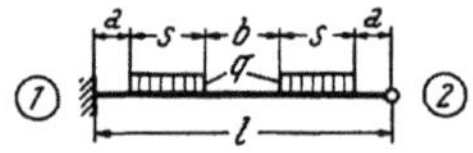	$\mathfrak{M}^0{}_1 = -\dfrac{q\,s}{8\,l}\,[3\,l^2 - 3\,(b + s)^2 - s^2]$
11	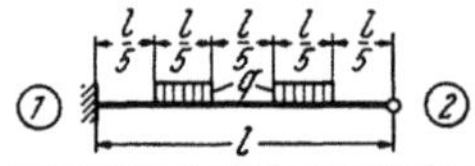	$\mathfrak{M}^0{}_1 = -\dfrac{31\,q\,l^2}{500}$
12	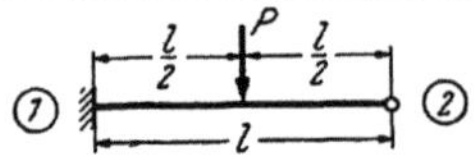	$\mathfrak{M}^0{}_1 = -\dfrac{3\,P\,l}{16}$

T a f e l 5 (Fortsetzung)

Belastungsglieder $\mathfrak{M}^0{}_1$ für „Gelenkstäbe"

Nr.	Belastungsfall	Belastungsglieder $\mathfrak{M}^0{}_1$
13		$\mathfrak{M}^0{}_1 = -\dfrac{3\,P\,a\,(l-a)}{2\,l}$; für $a = b = \dfrac{l}{3}$: $\mathfrak{M}^0{}_1 = -\dfrac{P\,l}{3}$
14		$\mathfrak{M}^0{}_1 = -\dfrac{9\,P\,l}{32}$
15		$\mathfrak{M}^0{}_1 = -\dfrac{15\,P\,l}{32}$
16		$\mathfrak{M}^0{}_1 = -\dfrac{19\,P\,l}{48}$
17		$\mathfrak{M}^0{}_1 = -\dfrac{3\,P\,l}{5}$
18		$\mathfrak{M}^0{}_1 = -\dfrac{33\,P\,l}{64}$
19		$\mathfrak{M}^0{}_1 = -\dfrac{P\,l}{8} \cdot \dfrac{n^2 - 1}{n}$
20		$\mathfrak{M}^0{}_1 = -\dfrac{P\,l}{16} \cdot \dfrac{2\,n^2 + 1}{n}$
21		$\mathfrak{M}^0{}_1 = -\dfrac{P\,a\,b}{2\,l^2}\,(b + l)$

Einflußlinie für $\mathfrak{M}^0{}_1$

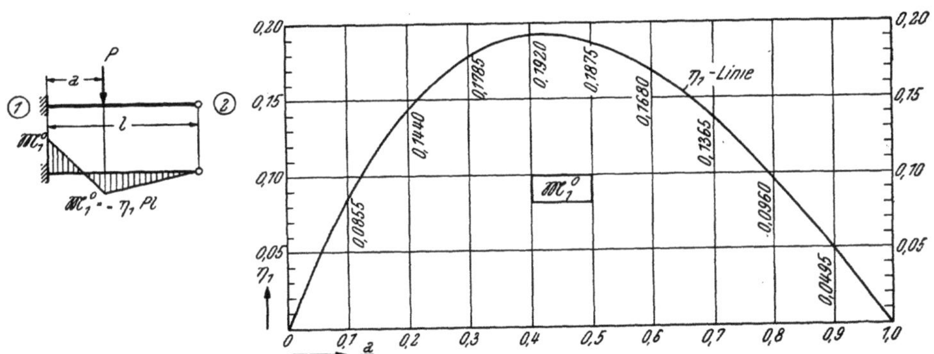

25*

Tafel 6
Dreiecklasten
Momentenangriff
Temperaturwirkung

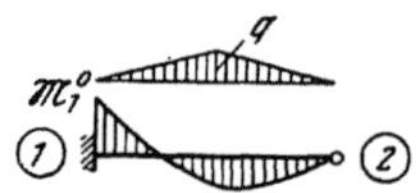

Belastungsglieder $\mathfrak{M}^0_1$
für „Gelenkstäbe" ohne Vouten
$\mathfrak{M}^0_1$ ($=$ Volleinspannmoment des einseitig gelenkig angeschlossenen Trägers)

Nr.	Belastungsfall	Belastungsglieder $\mathfrak{M}^0_1$
1	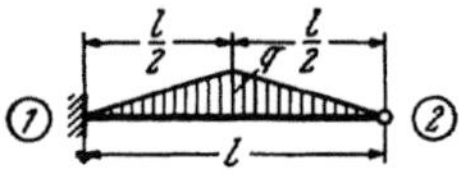	$\mathfrak{M}^0_1 = - \dfrac{5\,q\,l^2}{64}$
2	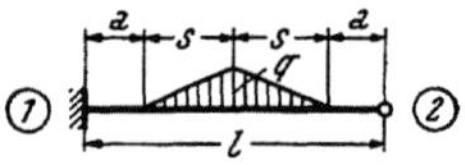	$\mathfrak{M}^0_1 = - \dfrac{q\,s}{16\,l}(3\,l^2 - 2\,s^2);$ für $a = s = \dfrac{l}{4}:$ $\mathfrak{M}^0_1 = - \dfrac{23\,q\,l^2}{512}$
3	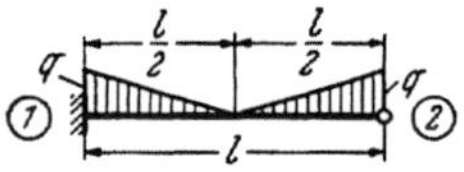	$\mathfrak{M}^0_1 = - \dfrac{3\,q\,l^2}{64}$
4	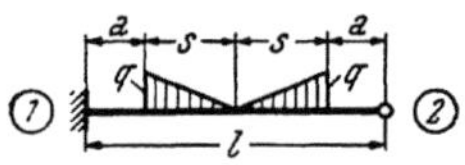	$\mathfrak{M}^0_1 = - \dfrac{3\,q\,s}{16\,l}(l^2 - 2\,s^2);$ für $a = s = \dfrac{l}{4}:$ $\mathfrak{M}^0_1 = - \dfrac{21\,q\,l^2}{512}$
5	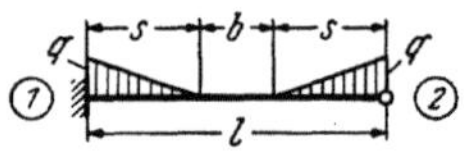	für $s = b = l/3:$ für $s = l/4:$ $\mathfrak{M}^0_1 = - \dfrac{q\,s^2}{8\,l}(2\,l - s);$ $\mathfrak{M}^0_1 = - \dfrac{5\,q\,l^2}{216};$ $\mathfrak{M}^0_1 = - \dfrac{7\,q\,l^2}{512}$
6	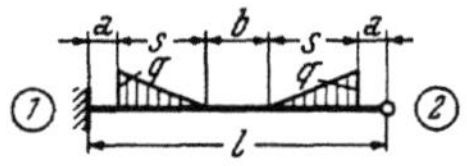	für $a = b = s = l/5:$ $\mathfrak{M}^0_1 = - \dfrac{q\,s}{8\,l}[6\,a\,(l - a) + s\,(2\,b + 3\,s)];$ $\mathfrak{M}^0_1 = - \dfrac{29\,q\,l^2}{1000}$
7	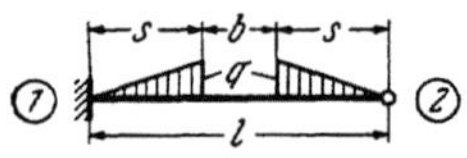	$\mathfrak{M}^0_1 = - \dfrac{q\,s^2}{8\,l}(4\,l - 3\,s);$ für $s = b = \dfrac{l}{3}:$ $\mathfrak{M}^0_1 = - \dfrac{q\,l^2}{24}$
8	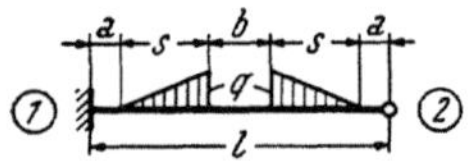	für $a = b = s = l/5:$ $\mathfrak{M}^0_1 = - \dfrac{q\,s}{8\,l}[6\,a\,(l - a) + s\,(4\,b + 5\,s)];$ $\mathfrak{M}^0_1 = - \dfrac{33\,q\,l^2}{1000}$
9	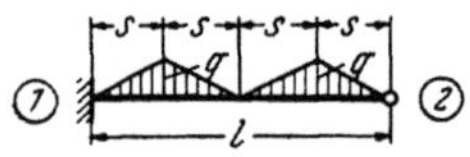	$\mathfrak{M}^0_1 = - \dfrac{17\,q\,l^2}{256}$
10	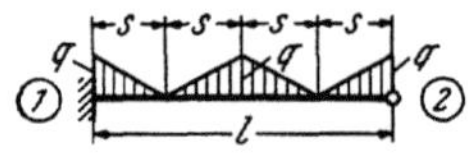	$\mathfrak{M}^0_1 = - \dfrac{15\,q\,l^2}{256}$
11	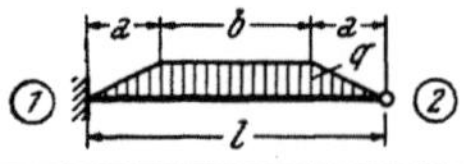	für $a = b = l/3:$ $\mathfrak{M}^0_1 = - \dfrac{q}{8\,l}[l^3 - a^2\,(2\,l - a)];$ $\mathfrak{M}^0_1 = - \dfrac{33\,q\,l^2}{324}$
12	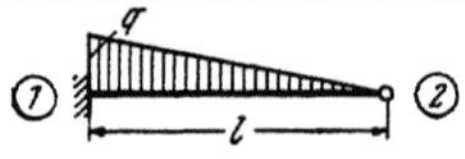	$\mathfrak{M}^0_1 = - \dfrac{q\,l^2}{15}$

T a f e l 6 (Fortsetzung)

Belastungsglieder $\mathfrak{M}^0{}_1$ für „Gelenkstäbe"

Nr.	Belastungsfall	Belastungsglieder $\mathfrak{M}^0{}_1$
13		$\mathfrak{M}^0{}_1 = -\dfrac{7\,q\,l^2}{120}$
14		für $s = b = l/2$: $\mathfrak{M}^0{}_1 = -\dfrac{q\,s^2}{120\,l^2}(40\,b^2 + 35\,b\,s + 7\,s^2);\quad \mathfrak{M}^0{}_1 = -\dfrac{41\,q\,l^2}{960}$
15		für $s = l/2$: $\mathfrak{M}^0{}_1 = -\dfrac{q\,s^2}{120\,l^2}(20\,l^2 - 15\,l\,s + 3\,s^2);\quad \mathfrak{M}^0{}_1 = -\dfrac{53\,q\,l^2}{1920}$
16		$\mathfrak{M}^0{}_1 = -\dfrac{q\,s^2}{30\,l^2}(5\,l^2 - 3\,s^2);\ \text{für } s = \dfrac{l}{2}:\ \mathfrak{M}^0{}_1 = -\dfrac{17\,q\,l^2}{480}$
17		$\mathfrak{M}^0{}_1 = -\dfrac{q\,s^2}{120\,l^2}(10\,l^2 - 3\,s^2);\ \text{für } s = \dfrac{l}{2}:\ \mathfrak{M}^0{}_1 = -\dfrac{37\,q\,l^2}{1920}$
18		$\mathfrak{M}^0{}_1 = -\dfrac{q\,s}{120\,l^2}\big[10\,a^2(3\,b + 2\,s) + 20\,a\,(3\,b^2 + 2\,s^2) +$ $+ 5\,b\,s\,(4\,b + 5\,s) + 4\,s\,(25\,a\,b + 2\,s^2)\big]$ für $a = s = b = \dfrac{l}{3}:\ \mathfrak{M}^0{}_1 = -\dfrac{101\,q\,l^2}{3240}$
19		$\mathfrak{M}^0{}_1 = -\dfrac{q\,s}{120\,l^2}\big[10\,a^2\,(3\,b + s) + 20\,a\,(3\,b^2 + s^2) +$ $+ 5\,b\,s\,(8\,b + 7\,s) + s\,(80\,a\,b + 7\,s^2)\big]$ für $a = s = b = \dfrac{l}{3}:\ \mathfrak{M}^0{}_1 = -\dfrac{47\,q\,l^2}{1620}$
20		für $b = l/2$: $\mathfrak{M}^0{}_1 = -\dfrac{q\,s^2}{4\,l^2}(4\,l^2 - 7\,l\,s + 3\,s^2);\quad \mathfrak{M}^0{}_1 = -\dfrac{39\,q\,l^2}{1024}$
21		$\mathfrak{M}^0{}_1 = -\dfrac{q\,s^2}{4\,l^2}(2\,l^2 - 3\,s^2);\ \text{für } a = \dfrac{l}{2}:\ \mathfrak{M}^0{}_1 = -\dfrac{29\,q\,l^2}{1024}$
22		$\mathfrak{M}^0{}_1 = -\dfrac{q}{120\,l}(b + l)(7\,l^2 - 3\,b^2)$
23		für $b = \dfrac{l}{2}:\quad \mathfrak{M}^0{}_1 = +\dfrac{M}{8}$ $\mathfrak{M}^0{}_1 = +\dfrac{M}{2}\left(1 - \dfrac{3\,b^2}{l^2}\right);\quad \text{für } b = 0:\quad \mathfrak{M}^0{}_1 = +\dfrac{M}{2}$
24		$\mathfrak{M}^0{}_1 = -\dfrac{1{,}5\,E\,J\,\omega \cdot \varDelta t}{h}$

Tafel 7

Einseitig gerade Vouten

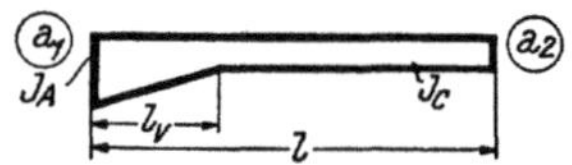

Stabfestwerte $a_1\,a_2\,b$

$$\lambda = \frac{l_v}{l} \qquad n = \frac{J_c}{J_A}$$

Obere Zahl a_1

Mittlere Zahl a_2

Untere Zahl b

λ \ n	1,00	0,90	0,80	0,70	0,60	0,50	0,40	0,30	0,20	0,15	0,12
1,00	4,00 / 4,00 / 2,00	4,30 / 4,08 / 2,08	4,74 / 4,24 / 2,25	5,23 / 4,38 / 2,39	5,88 / 4,55 / 2,58	6,74 / 4,77 / 2,83	7,99 / 5,05 / 3,17	9,94 / 5,44 / 3,67	13,55 / 6,05 / 4,51	16,90 / 6,54 / 5,22	20,07 / 6,94 / 5,85
0,90	4,00 / 4,00 / 2,00	4,30 / 4,06 / 2,08	4,71 / 4,18 / 2,23	5,19 / 4,27 / 2,36	5,80 / 4,40 / 2,54	6,63 / 4,55 / 2,76	7,80 / 4,74 / 3,06	9,63 / 4,99 / 3,50	12,97 / 5,37 / 4,22	16,02 / 5,65 / 4,83	18,88 / 5,88 / 5,36
0,80	4,00 / 4,00 / 2,00	4,29 / 4,05 / 2,08	4,69 / 4,13 / 2,21	5,14 / 4,21 / 2,35	5,73 / 4,30 / 2,52	6,52 / 4,42 / 2,73	7,62 / 4,56 / 3,02	9,33 / 4,75 / 3,45	12,40 / 5,03 / 4,15	15,17 / 5,24 / 4,75	17,73 / 5,40 / 5,27
0,70	4,00 / 4,00 / 2,00	4,29 / 4,04 / 2,09	4,66 / 4,11 / 2,21	5,09 / 4,17 / 2,35	5,65 / 4,25 / 2,51	6,38 / 4,34 / 2,73	7,41 / 4,46 / 3,02	8,97 / 4,62 / 3,44	11,72 / 4,86 / 4,14	14,13 / 5,05 / 4,73	16,32 / 5,20 / 5,24
0,60	4,00 / 4,00 / 2,00	4,27 / 4,04 / 2,09	4,62 / 4,10 / 2,21	5,02 / 4,15 / 2,34	5,54 / 4,22 / 2,51	6,21 / 4,30 / 2,72	7,13 / 4,41 / 3,01	8,50 / 4,56 / 3,42	10,84 / 4,78 / 4,09	12,82 / 4,96 / 4,64	14,55 / 5,10 / 5,11
0,50	4,00 / 4,00 / 2,00	4,25 / 4,04 / 2,09	4,56 / 4,09 / 2,21	4,93 / 4,14 / 2,34	5,39 / 4,20 / 2,50	5,98 / 4,28 / 2,70	6,76 / 4,38 / 2,97	7,91 / 4,52 / 3,35	9,76 / 4,73 / 3,95	11,26 / 4,89 / 4,42	12,52 / 5,01 / 4,81
0,45	4,00 / 4,00 / 2,00	4,24 / 4,04 / 2,09	4,53 / 4,08 / 2,20	4,87 / 4,14 / 2,33	5,30 / 4,20 / 2,48	5,84 / 4,27 / 2,68	6,55 / 4,37 / 2,93	7,56 / 4,50 / 3,29	9,16 / 4,70 / 3,83	10,42 / 4,84 / 4,25	11,46 / 4,96 / 4,59
0,40	4,00 / 4,00 / 2,00	4,23 / 4,04 / 2,09	4,49 / 4,08 / 2,19	4,81 / 4,13 / 2,32	5,20 / 4,19 / 2,46	5,68 / 4,26 / 2,64	6,31 / 4,36 / 2,88	7,19 / 4,48 / 3,20	8,54 / 4,66 / 3,69	9,57 / 4,79 / 4,05	10,40 / 4,89 / 4,34
0,35	4,00 / 4,00 / 2,00	4,21 / 4,04 / 2,08	4,45 / 4,08 / 2,18	4,74 / 4,13 / 2,30	5,08 / 4,18 / 2,43	5,51 / 4,25 / 2,60	6,05 / 4,34 / 2,81	6,80 / 4,45 / 3,10	7,91 / 4,61 / 3,52	8,72 / 4,72 / 3,82	9,36 / 4,81 / 4,06
0,30	4,00 / 4,00 / 2,00	4,19 / 4,03 / 2,08	4,40 / 4,07 / 2,17	4,66 / 4,12 / 2,27	4,96 / 4,17 / 2,40	5,32 / 4,23 / 2,55	5,78 / 4,31 / 2,73	6,39 / 4,41 / 2,98	7,27 / 4,55 / 3,33	7,90 / 4,65 / 3,57	8,38 / 4,72 / 3,76
0,25	4,00 / 4,00 / 2,00	4,16 / 4,03 / 2,07	4,35 / 4,07 / 2,15	4,57 / 4,11 / 2,24	4,82 / 4,15 / 2,35	5,12 / 4,21 / 2,48	5,49 / 4,28 / 2,64	5,98 / 4,36 / 2,84	6,65 / 4,48 / 3,12	7,11 / 4,56 / 3,31	7,46 / 4,61 / 3,45
0,20	4,00 / 4,00 / 2,00	4,14 / 4,03 / 2,06	4,29 / 4,06 / 2,13	4,47 / 4,09 / 2,21	4,67 / 4,13 / 2,30	4,91 / 4,18 / 2,40	5,20 / 4,24 / 2,53	5,56 / 4,31 / 2,69	6,05 / 4,40 / 2,90	6,37 / 4,46 / 3,04	6,61 / 4,50 / 3,14
0,15	4,00 / 4,00 / 2,00	4,11 / 4,02 / 2,05	4,23 / 4,05 / 2,11	4,36 / 4,08 / 2,17	4,51 / 4,11 / 2,24	4,69 / 4,15 / 2,32	4,90 / 4,19 / 2,41	5,15 / 4,24 / 2,52	5,48 / 4,31 / 2,67	5,69 / 4,35 / 2,77	5,84 / 4,38 / 2,83
0,10	4,00 / 4,00 / 2,00	4,08 / 4,02 / 2,04	4,16 / 4,04 / 2,08	4,25 / 4,06 / 2,12	4,35 / 4,08 / 2,17	4,46 / 4,10 / 2,22	4,59 / 4,13 / 2,28	4,75 / 4,17 / 2,35	4,94 / 4,21 / 2,44	5,07 / 4,24 / 2,50	5,15 / 4,25 / 2,54
0,05	4,00 / 4,00 / 2,00	4,04 / 4,01 / 2,02	4,08 / 4,02 / 2,04	4,13 / 4,03 / 2,06	4,18 / 4,04 / 2,09	4,23 / 4,06 / 2,11	4,29 / 4,07 / 2,14	4,36 / 4,09 / 2,18	4,45 / 4,11 / 2,22	4,50 / 4,12 / 2,24	4,54 / 4,13 / 2,26
0,00	4,00 / 4,00 / 2,00	4,00 / 4,00 / 2,00	4,00 / 4,00 / 2,00	4,00 / 4,00 / 2,00	4,00 / 4,00 / 2,00	4,00 / 4,00 / 2,00	4,00 / 4,00 / 2,00	4,00 / 4,00 / 2,00	4,00 / 4,00 / 2,00	4,00 / 4,00 / 2,00	4,00 / 4,00 / 2,00

$$a_1^* = \frac{E J_c}{l}\, a_1$$
$$a_2^* = \frac{E J_c}{l}\, a_2$$
$$b^* = \frac{E J_c}{l}\, b$$

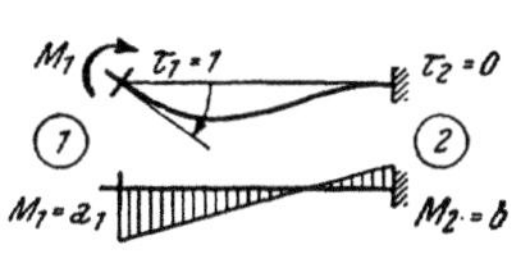

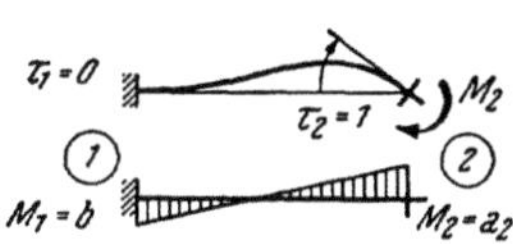

λ＼n	0,10	0,08	0,06	0,05	0,04	0,03	0,02	0,01	0,005	0
1,00	23,11	27,43	34,37	39,63	47,20	59,17	81,51	141,57	247,26	∞
	7,29	7,68	8,38	8,81	9,37	10,15	11.37	13,85	16,93	∞
	6,42	7,14	8,35	9,17	10,29	11,95	14,76	21,22	30,59	∞
0,90	21,60	25,45	31,49	36,03	42,50	52,58	70,99	118,55	197,46	—
	6,07	6,29	6,63	6,84	7,10	7,45	7,97	8,93	10,02	—
	5,84	6,47	7,43	8,10	9,01	10,34	12,57	17,66	24,99	—
0,80	20,13	23,51	28,68	32,51	37,88	46,06	60,45	95,02	146,04	1220,00
	5,55	5,72	5,97	6,13	6,34	6,62	7,05	7,89	8,90	20,00
	5,74	6,37	7,31	7,97	8,87	10,18	12,38	17,28	23,97	130,00
0,70	18,33	21,10	25,23	28,21	32,26	38,21	48,08	69,27	95,73	324,44
	5,33	5,49	5,72	5,87	6,06	6,33	6,74	7,51	8,36	13,33
	5,70	6,31	7,20	7,82	8,65	9,84	11,74	15,63	20,23	53,33
0,60	16,11	18,19	21,18	23,25	25,97	29,76	35,63	46,74	58,52	122,50
	5,22	5,37	5,58	5,72	5,90	6,13	6,47	7,07	7,64	10,00
	5,52	6,06	6,82	7,34	8,00	8,92	10,30	12,82	15,38	27,50
0,50	13,61	15,02	16,96	18,24	19,86	22,00	25,09	30,34	35,22	56,00
	5,12	5,26	5,43	5,54	5,68	5,86	6,10	6,50	6,84	8,00
	5,14	5,56	6,13	6,51	6,97	7,58	8,44	9,85	11,13	16,00
0,45	12,34	13,44	14,95	15,91	17,11	18,66	20,83	24,33	27,44	39,73
	5,06	5,17	5,33	5,43	5,54	5,69	5,89	6,19	6,45	7,27
	4,87	5,23	5,70	6,01	6,37	6,85	7,50	8,52	9,40	12,56
0,40	11,09	11,94	13,07	13,78	14,64	15,74	17,22	19,54	21,51	28,89
	4,98	5,08	5,21	5,29	5,39	5,50	5,66	5,89	6,08	6,67
	4,57	4,86	5,24	5,48	5,76	6,12	6,60	7,33	7,93	10,00
0,35	9,89	10,52	11,35	11,86	12,47	13,22	14,22	15,73	16,97	21,45
	4,88	4,97	5,07	5,14	5,22	5,31	5,43	5,60	5,74	6,15
	4,25	4,48	4,77	4,95	5,16	5,43	5,77	6,28	6,68	8,05
0,30	8,77	9,22	9,81	10,17	10,58	11,09	11,75	12,72	13,49	16,21
	4,78	4,84	4,93	4,98	5,04	5,11	5,20	5,32	5,42	5,71
	3,90	4,08	4,30	4,43	4,59	4,78	5,02	5,36	5,64	6,53
0,25	7,73	8,05	8,45	8,69	8,97	9,30	9,73	10,33	10,81	12,44
	4,66	4,71	4,78	4,81	4,86	4,91	4,97	5,06	5,13	5,33
	3,56	3,69	3,85	3,94	4,05	4,18	4,34	4,57	4,75	5,33
0,20	6,80	7,01	7,27	7,43	7,60	7,81	8,07	8,44	8,73	9,69
	4,53	4,57	4,62	4,64	4,67	4,71	4,75	4,81	4,86	5,00
	3,22	3,31	3,42	3,48	3,55	3,64	3,75	3,90	4,01	4,38
0,15	5,96	6,09	6,25	6,35	6,45	6,57	6,73	6,94	7,10	7,64
	4,40	4,43	4,46	4,48	4,50	4,52	4,55	4,59	4,62	4,71
	2,89	2,94	3,01	3,06	3,10	3,15	3,22	3,31	3,38	3,60
0,10	5,22	5,29	5,38	5,43	5,48	5,55	5,63	5,74	5,82	6,09
	4,27	4,28	4,30	4,31	4,32	4,34	4,35	4,38	4,39	4,44
	2,57	2,60	2,64	2,67	2,69	2,72	2,76	2,81	2,84	2,96
0,05	4,57	4,60	4,63	4,65	4,68	4,70	4,73	4,78	4,81	4,91
	4,13	4,14	4,15	4,15	4,16	4,16	4,17	4,18	4,19	4,21
	2,28	2,29	2,31	2,32	2,33	2,34	2,35	2,37	2,39	2,44
0,00	4,00	4,00	4,00	4,00	4,00	4,00	4,00	4,00	4,00	4,00
	4,00	4,00	4,00	4,00	4,00	4,00	4,00	4,00	4,00	4,00
	2,00	2,00	2,00	2,00	2,00	2,00	2,00	2,00	2,00	2,00

T a f e l 8

Einseitig parabol. Vouten

Stabfestwerte $a_1\, a_2\, b$

$$\lambda = \frac{l_v}{l} \qquad\qquad n = \frac{J_c}{J_A}$$

Obere Zahl a_1

Mittlere Zahl a_2

Untere Zahl b

λ \\ n	1,00	0,90	0,80	0,70	0,60	0,50	0,40	0,30	0,20	0,15	0,12
1,00	4,00 4,00 2,00	4,28 4,06 2,09	4,61 4,12 2,20	5,01 4,20 2,33	5,52 4,29 2,49	6,19 4,40 2,70	7,12 4,54 2,97	8,52 4,72 3,36	10,95 5,01 4,00	13,08 5,22 4,52	15,00 5,40 4,97
0,90	4,00 4,00 2,00	4,27 4,05 2,09	4,58 4,10 2,20	4,97 4,17 2,32	5,45 4,24 2,48	6,08 4,34 2,68	6,94 4,45 2,94	8,23 4,61 3,31	10,44 4,85 3,91	12,33 5,02 4,40	14,01 5,17 4,81
0,80	4,00 4,00 2,00	4,25 4,04 2,09	4,55 4,09 2,19	4,91 4,15 2,32	5,36 4,21 2,47	5,95 4,30 2,66	6,74 4,40 2,91	7,91 4,54 3,26	9,87 4,75 3,83	11,51 4,90 4,29	12,95 5,03 4,67
0,70	4,00 4,00 2,00	4,24 4,04 2,09	4,52 4,08 2,19	4,85 4,14 2,31	5,27 4,20 2,45	5,80 4,27 2,64	6,51 4,36 2,87	7,54 4,49 3,21	9,23 4,68 3,74	10,61 4,82 4,15	11,79 4,94 4,50
0,60	4,00 4,00 2,00	4,22 4,04 2,08	4,47 4,08 2,18	4,78 4,13 2,29	5,15 4,18 2,43	5,62 4,25 2,60	6,24 4,34 2,82	7,12 4,45 3,13	8,52 4,63 3,60	9,62 4,76 3,96	10,55 4,86 4,26
0,50	4,00 4,00 2,00	4,20 4,03 2,08	4,42 4,07 2,17	4,69 4,12 2,27	5,01 4,17 2,40	5,41 4,23 2,55	5,93 4,31 2,75	6,65 4,42 3,02	7,75 4,57 3,42	8,59 4,68 3,72	9,27 4,77 3,96
0,45	4,00 4,00 2,00	4,18 4,03 2,08	4,39 4,07 2,16	4,64 4,11 2,26	4,93 4,16 2,38	5,30 4,22 2,52	5,76 4,30 2,71	6,40 4,39 2,95	7,35 4,53 3,31	8,06 4,64 3,57	8,64 4,71 3,78
0,40	4,00 4,00 2,00	4,17 4,03 2,07	4,36 4,07 2,15	4,58 4,11 2,24	4,85 4,15 2,35	5,17 4,21 2,49	5,59 4,28 2,65	6,14 4,37 2,87	6,95 4,49 3,19	7,54 4,58 3,42	8,01 4,65 3,60
0,35	4,00 4,00 2,00	4,15 4,03 2,07	4,33 4,06 2,14	4,53 4,10 2,23	4,76 4,14 2,32	5,04 4,19 2,44	5,40 4,26 2,59	5,87 4,34 2,79	6,55 4,45 3,06	7,03 4,53 3,25	7,41 4,59 3,40
0,30	4,00 4,00 2,00	4,14 4,03 2,06	4,29 4,06 2,13	4,46 4,09 2,20	4,67 4,13 2,29	4,91 4,18 2,40	5,21 4,23 2,53	5,60 4,30 2,69	6,15 4,40 2,92	6,53 4,47 3,08	6,83 4,52 3,20
0,25	4,00 4,00 2,00	4,12 4,02 2,05	4,25 4,05 2,11	4,40 4,08 2,18	4,57 4,12 2,25	4,77 4,16 2,34	5,01 4,20 2,45	5,32 4,26 2,59	5,75 4,34 2,77	6,05 4,40 2,90	6,27 4,44 2,99
0,20	4,00 4,00 2,00	4,10 4,02 2,04	4,20 4,04 2,09	4,32 4,07 2,15	4,46 4,10 2,21	4,62 4,13 2,28	4,81 4,17 2,37	5,05 4,22 2,48	5,37 4,28 2,62	5,59 4,33 2,72	5,75 4,36 2,79
0,15	4,00 4,00 2,00	4,08 4,02 2,04	4,16 4,04 2,07	4,25 4,06 2,12	4,35 4,08 2,17	4,47 4,10 2,22	4,61 4,13 2,29	4,78 4,17 2,36	5,00 4,22 2,47	5,15 4,25 2,54	5,26 4,27 2,58
0,10	4,00 4,00 2,00	4,05 4,01 2,03	4,11 4,03 2,05	4,17 4,04 2,08	4,24 4,06 2,11	4,32 4,07 2,15	4,41 4,09 2,19	4,51 4,12 2,25	4,65 4,15 2,31	4,74 4,17 2,35	4,81 4,18 2,38
0,05	4,00 4,00 2,00	4,03 4,01 2,01	4,06 4,01 2,03	4,09 4,02 2,04	4,12 4,03 2,06	4,16 4,04 2,08	4,20 4,05 2,10	4,25 4,06 2,12	4,32 4,08 2,16	4,36 4,09 2,18	4,39 4,09 2,19
0,00	4,00 4,00 2,00	4,00 4,00 2,00	4,00 4,00 2,00	4,00 4,00 2,00	4,00 4,00 2,00	4,00 4,00 2,00	4,00 4,00 2,00	4,00 4,00 2,00	4,00 4,00 2,00	4,00 4,00 2,00	4,00 4,00 2,00

$$a_1{}^* = \frac{E\,J_c}{l}\,a_1$$

$$a_2{}^* = \frac{E\,J_c}{l}\,a_2$$

$$b^* = \frac{E\,J_c}{l}\,b$$

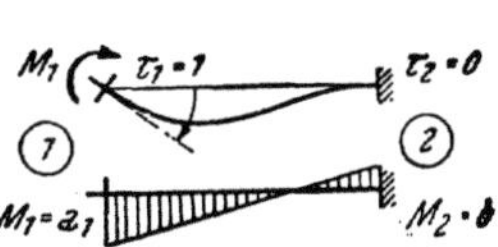

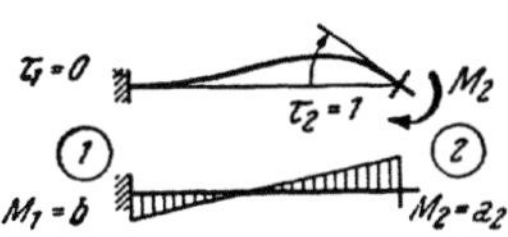

λ \ n	0,10	0,08	0,06	0,05	0,04	0,03	0,02	0,01	0,005	0
1,00	16,77	19,21	22,87	25,53	29,20	34,67	44,16	66,43	99,40	∞
	5,55	5,74	5,99	6,16	6,38	6,67	7,11	7,94	8,88	∞
	5,36	5,89	6,65	7,18	7,87	8,86	10,49	13,91	18,38	∞
0,90	15,55	17,64	20,73	22,94	25,95	30,35	37,77	54,38	77,38	—
	5,29	5,44	5,65	5,78	5,96	6,18	6,53	7,17	7,87	—
	5,18	5,66	6,35	6,82	7,44	8,31	9,72	12,60	16,21	—
0,80	14,25	15,99	18,50	20,27	22,63	26,01	31,53	43,20	58,15	1220,00
	5,14	5,27	5,45	5,57	5,72	5,92	6,22	6,76	7,35	20,00
	5,01	5,45	6,07	6,49	7,04	7,80	8,99	11,35	14,14	130,00
0,70	12,84	14,22	16,17	17,51	19,27	21,71	25,56	33,18	42,16	324,44
	5,03	5,16	5,32	5,42	5,55	5,73	5,98	6,43	6,90	13,33
	4,80	5,19	5,72	6,08	6,53	7,16	8,11	9,90	11,88	53,33
0,60	11,35	12,39	13,82	14,77	16,00	17,66	20,16	24,81	29,86	122,50
	4,94	5,05	5,19	5,28	5,39	5,53	5,74	6,09	6,44	10,00
	4,51	4,84	5,27	5,55	5,91	6,39	7,09	8,34	9,64	27,50
0,50	9,85	10,58	11,56	12,20	13,00	14,05	15,57	18,24	20,94	56,00
	4,84	4,93	5,04	5,11	5,20	5,31	5,47	5,72	5,96	8,00
	4,16	4,41	4,73	4,95	5,21	5,54	6,02	6,84	7,63	16,00
0,45	9,12	9,72	10,50	11,01	11,64	12,46	13,62	15,59	17,53	39,73
	4,78	4,86	4,96	5,02	5,09	5,19	5,32	5,53	5,72	7,27
	3,96	4,17	4,45	4,62	4,84	5,11	5,50	6,14	6,74	12,56
0,40	8,40	8,88	9,51	9,90	10,39	11,01	11,88	13,32	14,70	28,89
	4,71	4,78	4,86	4,92	4,98	5,06	5,17	5,34	5,49	6,67
	3,74	3,92	4,15	4,29	4,47	4,69	4,99	5,49	5,94	10,00
0,35	7,72	8,09	8,58	8,88	9,24	9,71	10,35	11,38	12,34	21,45
	4,64	4,69	4,77	4,81	4,86	4,93	5,02	5,15	5,27	6,15
	3,52	3,67	3,85	3,97	4,11	4,28	4,51	4,89	5,23	8,05
0,30	7,06	7,35	7,72	7,94	8,21	8,55	9,01	9,73	10,40	16,21
	4,56	4,60	4,66	4,70	4,74	4,79	4,86	4,97	5,06	5,71
	3,30	3,41	3,56	3,65	3,75	3,89	4,06	4,34	4,58	6,53
0,25	6,45	6,66	6,93	7,09	7,28	7,52	7,84	8,34	8,78	12,44
	4,47	4,51	4,56	4,58	4,62	4,66	4,71	4,79	4,86	5,33
	3,07	3,16	3,27	3,34	3,42	3,51	3,64	3,84	4,01	5,33
0,20	5,88	6,03	6,21	6,32	6,46	6,62	6,83	7,16	7,45	9,69
	4,38	4,41	4,45	4,47	4,49	4,52	4,56	4,62	4,66	5,00
	2,84	2,91	2,99	3,04	3,09	3,16	3,25	3,39	3,51	4,38
0,15	5,35	5,44	5,56	5,64	5,72	5,82	5,96	6,16	6,34	7,64
	4,29	4,31	4,33	4,35	4,37	4,39	4,41	4,45	4,48	4,71
	2,62	2,67	2,72	2,75	2,79	2,84	2,90	2,99	3,06	3,60
0,10	4,86	4,91	4,98	5,02	5,07	5,13	5,21	5,32	5,41	6,09
	4,19	4,21	4,22	4,23	4,24	4,25	4,27	4,29	4,31	4,44
	2,41	2,43	2,47	2,49	2,51	2,54	2,57	2,62	2,66	2,96
0,05	4,41	4,44	4,47	4,48	4,50	4,53	4,56	4,61	4,65	4,91
	4,10	4,11	4,11	4,12	4,12	4,13	4,14	4,15	4,16	4,21
	2,20	2,21	2,23	2,24	2,25	2,26	2,27	2,30	2,32	2,44
0,00	4,00	4,00	4,00	4,00	4,00	4,00	4,00	4,00	4,00	4,00
	4,00	4,00	4,00	4,00	4,00	4,00	4,00	4,00	4,00	4,00
	2,00	2,00	2,00	2,00	2,00	2,00	2,00	2,00	2,00	2,00

Tafel 9

Beidseitig gerade Vouten

Stabfestwerte $a\,b$

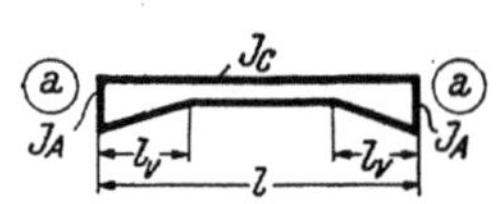

$$\lambda = \frac{l_v}{l} \qquad n = \frac{J_c}{J_A}$$

Obere Zahl a $a^* = \dfrac{E\,J_c}{l}\,a$

Untere Zahl b $b^* = \dfrac{E\,J_c}{l}\,b$

λ \ n	1,00	0,90	0.80	0,70	0,60	0,50	0,40	0,30	0,20	0,15	0,12
0,50	4,0 2,0	4,29 2,19	4,67 2,43	5,12 2,73	5,69 3,12	6,47 3,66	7,56 4,43	9,26 5,68	12,36 8,04	15,20 10,28	17,86 12,43
0,45	4,0 2,0	4,28 2,18	4,63 2,42	5,05 2,71	5,59 3,09	6,31 3,61	7,31 4,35	8,84 5,52	11,58 7,71	14,04 9,75	16,31 11,67
0,40	4,0 2,0	4,26 2,18	4,59 2,41	4,98 2,68	5,48 3,04	6,13 3,53	7,02 4,21	8,37 5,28	10,72 7,22	12,77 8,97	14,62 10,57
0,35	4,0 2,0	4,25 2,17	4,54 2,39	4,90 2,64	5,35 2,98	5,92 3,42	6,70 4,03	7,86 4,96	9,79 6,59	11,41 7,99	12,83 9,24
0,30	4,0 2,0	4,22 2,16	4,49 2,36	4,81 2,59	5,20 2,89	5,69 3,27	6,35 3,80	7,30 4,58	8,82 5,87	10,03 6,92	11,05 7,83
0,25	4,0 2,0	4,20 2,14	4,43 2,32	4,70 2,52	5,03 2,78	5,44 3,10	5,97 3,53	6,71 4,14	7,84 5,10	8,69 5,85	9,38 6,45
0,20	4,0 2,0	4,17 2,13	4,36 2,27	4,58 2,44	4,85 2,65	5,17 2,91	5,58 3,24	6,12 3,69	6,90 4,35	7,46 4,84	7,89 5,21
0,15	4,0 2,0	4,13 2,10	4,28 2,22	4,45 2,35	4,65 2,51	4,88 2,69	5,17 2,93	5,53 3,23	6,03 3,65	6,37 3,94	6,62 4,16
0,10	4,0 2,0	4,09 2,07	4,20 2,15	4,31 2,24	4,44 2,35	4,59 2,47	4,76 2,61	4,98 2,79	5,26 3,02	5,44 3,17	5,57 3,28
0,05	4,0 2,0	4,05 2,04	4,10 2,08	4,16 2,13	4,22 2,18	4,29 2,23	4,37 2,30	4,47 2,37	4,58 2,47	4,65 2,53	4,70 2,57
0	4,0 2,0	4,00 2,00	4,00 2,00	4,00 2,00	4,00 2,00	4,00 2,00	4,00 2,00	4,00 2,00	4,00 2,00	4,00 2,00	4,00 2,00

λ \ n	0,12	0,10	0,08	0,06	0,05	0,04	0,03	0,02	0,01	0,005	0
0,50	17,86 12,43	20,40 14,52	24,02 17,55	29,73 22,38	34,05 26,11	40,24 31,53	50,01 40,19	68,16 56,57	116,72 101,44	202,00 182,02	∞ ∞
0,45	16,31 11,67	18,44 13,51	21,43 16,14	26,06 20,26	29,49 23,37	34,33 27,81	41,77 34,71	55,08 47,25	88,24 79,06	140,41 129,89	— —
0,40	14,62 10,57	16,32 12,08	18,64 14,17	22,14 17,35	24,65 19,67	28,09 22,87	33,16 27,65	41,67 35,76	60,45 53,89	85,01 77,87	375,5 370,0
0,35	12,83 9,24	14,10 10,38	15,77 11,90	18,21 14,13	19,88 15,68	22,09 17,75	25,18 20,66	30,00 25,25	39,30 34,19	49,45 44,04	114,4 107,9
0,30	11,05 7,83	11,93 8,62	13,05 9,64	14,62 11,07	15,65 12,03	16,96 13,24	18,70 14,87	21,23 17,26	25,57 21,39	29,74 25,39	49,38 44,38
0,25	9,38 6,45	9,95 6,97	10,66 7,60	11,61 8,46	12,20 9,01	12,98 9,72	13,86 10,54	15,14 11,73	17,16 13,62	18,92 15,28	26,00 22,00
0,20	7,89 5,21	8,24 5,52	8,66 5,89	9,20 6,38	9,53 6,67	9,92 7,03	10,40 7,46	11,02 8,03	11,96 8,90	12,73 9,60	15,56 12,22
0,15	6,62 4,16	6,82 4,33	7,05 4,53	7,34 4,78	7,51 4,93	7,70 5,10	7,94 5,31	8,24 5,58	8,67 5,96	9,00 6,26	10,14 7,29
0,10	5,57 3 28	5,67 3,36	5,78 3,46	5,92 3,58	5,99 3,64	6,08 3,72	6,19 3,81	6,32 3,92	6,50 4,08	6,64 4,20	7,11 4,61
0,05	4,70 2,57	4,74 2,60	4,78 2,63	4,83 2,67	4,86 2,70	4,89 2,72	4,93 2,75	4,97 2,79	5,03 2,84	5,08 2,88	5,23 3,00
0	4,00 2,00	4,00 2,00	4,00 2,00	4,00 2,00	4,00 2,00	4,00 2,00	4,00 2,00	4,00 2,00	4,00 2,00	4,00 2,00	4,00 2,00

Beidseitig parabol. Vouten

Stabfestwerte $a\,b$

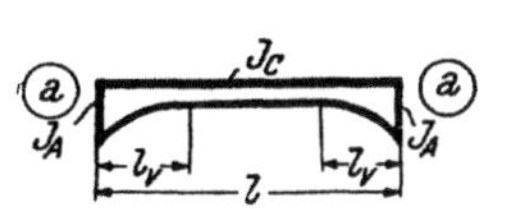

$\lambda = \dfrac{l_v}{l}$ Obere Zahl $\mathfrak{a}$ $a^* = \dfrac{E\,J_c}{l}\,\mathfrak{a}$

$n = \dfrac{J_c}{J_A}$ Untere Zahl $\mathfrak{b}$ $b^* = \dfrac{E\,J_c}{l}\,\mathfrak{b}$

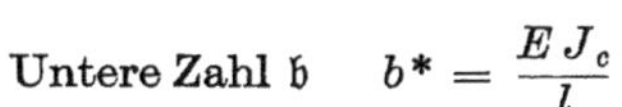

λ \ n	1,00	0,90	0,80	0,70	0,60	0,50	0,40	0,30	0,20	0,15	0,12
0,50	4,0 2,0	4,23 2,16	4,51 2,35	4,84 2,59	5,25 2,89	5,78 3,29	6,51 3,84	7,58 4,68	9,38 6,14	10,92 7,42	12,28 8,57
0,45	4,0 2,0	4,22 2,15	4,47 2,34	4,78 2,56	5,16 2,84	5,64 3,21	6,30 3,71	7,24 4,47	8,81 5,75	10,11 6,85	11,24 7,82
0,40	4,0 2,0	4,20 2,14	4,44 2,32	4,72 2,52	5,06 2,78	5,49 3,12	6,07 3,57	6,89 4,23	8,21 5,33	9,28 6,24	10,19 7,03
0,35	4,0 2,0	4,18 2,13	4,40 2,29	4,65 2,48	4,95 2,71	5,33 3,01	5,83 3,40	6,52 3,97	7,61 4,88	8,46 5,60	9,17 6,22
0,30	4,0 2,0	4,16 2,12	4,35 2,26	4,57 2,43	4,84 2,63	5,16 2,89	5,58 3,22	6,15 3,69	7,01 4,41	7,67 4,97	8,19 5,43
0,25	4,0 2,0	4,14 2,11	4,30 2,23	4,49 2,37	4,71 2,55	4,98 2,76	5,32 3,03	5,77 3,40	6,43 3,95	6,91 4,36	7,29 4,69
0,20	4,0 2,0	4,12 2,09	4,25 2,19	4,40 2,31	4,58 2,45	4,79 2,62	5,05 2,83	5,39 3,11	5,87 3,50	6,20 3,79	6,46 4,01
0,15	4,0 2,0	4,09 2,07	4,19 2,15	4,31 2,24	4,44 2,35	4,60 2,47	4,78 2,62	5,02 2,81	5,34 3,08	5,56 3,26	5,72 3,40
0,10	4,0 2,0	4,06 2,05	4,13 2,11	4,21 2,17	4,30 2,24	4,40 2,32	4,52 2,41	4,66 2,53	4,85 2,68	4,98 2,79	5,07 2,86
0,05	4,0 2,0	4,03 2,03	4,07 2,06	4,11 2,09	4,15 2,12	4,20 2,16	4,26 2,21	4,32 2,26	4,41 2,33	4,46 2,37	4,50 2,40
0	4,0 2,0	4,00 2,00	4,00 2,00	4,00 2,00	4,00 2,00	4,00 2,00	4,00 2,00	4,00 2,00	4,00 2,00	4,00 2,00	4,00 2,00

λ \ n	0,12	0,10	0,08	0,06	0,05	0,04	0,03	0,02	0,01	0,005	0
0,50	12,28 8,57	13,52 9,64	15,21 11,10	17,69 13,29	19,47 14,88	21,90 17,06	25,46 20,30	31,52 25,87	45,32 38,79	65,09 57,58	∞ ∞
0,45	11,24 7,82	12,25 8,70	13,61 9,89	15,56 11,63	16,94 12,87	18,77 14,53	21,40 16,94	25,69 20,92	34,89 29,56	46,95 41,06	— —
0,40	10,19 7,03	10,99 7,72	12,05 8,65	13,52 9,97	14,54 10,89	15,86 12,09	17,71 13,79	20,61 16,47	26,40 21,91	33,33 28,49	375,5 370,0
0,35	9,17 6,22	9,78 6,75	10,56 7,44	11,64 8,40	12,36 9,05	13,27 9,88	14,52 11,02	16,39 12,74	19,90 16,01	23,75 19,64	114,4 107,9
0,30	8,19 5,43	8,64 5,82	9,20 6,31	9,95 6,98	10,44 7,42	11,05 7,97	11,86 8,70	13,03 9,77	15,10 11,67	17,21 13,64	49,38 44,38
0,25	7,29 4,69	7,60 4,96	7,99 5,30	8,49 5,74	8,81 6,02	9,20 6,37	9,71 6,82	10,42 7,46	11,60 8,54	12,75 9,59	26,00 22,00
0,20	6,46 4,01	6,67 4,19	6,92 4,41	7,24 4,68	7,44 4,86	7,68 5,07	7,99 5,34	8,40 5,70	9,07 6,30	9,68 6,85	15,56 12,22
0,15	5,72 3,40	5,85 3,51	6,00 3,64	6,20 3,80	6,31 3,90	6,45 4,02	6,62 4,17	6,85 4,37	7,21 4,68	7,52 4,96	10,14 7,29
0,10	5,07 2,86	5,14 2,92	5,22 2,99	5,32 3,08	5,39 3,13	5,46 3,19	5,54 3,26	5,66 3,36	5,83 3,51	5,98 3,63	7,11 4,61
0,05	4,50 2,40	4,53 2,43	4,56 2,46	4,61 2,49	4,63 2,51	4,66 2,53	4,69 2,56	4,74 2,60	4,80 2,65	4,86 2,70	5,23 3,00
0	4,00 2,00	4,00 2,00	4,00 2,00	4,00 2,00	4,00 2,00	4,00 2,00	4,00 2,00	4,00 2,00	4,00 2,00	4,00 2,00	4,00 2 00

Stabfestwerte $a_1\, a_2\, b$
Stabfestwert a_1

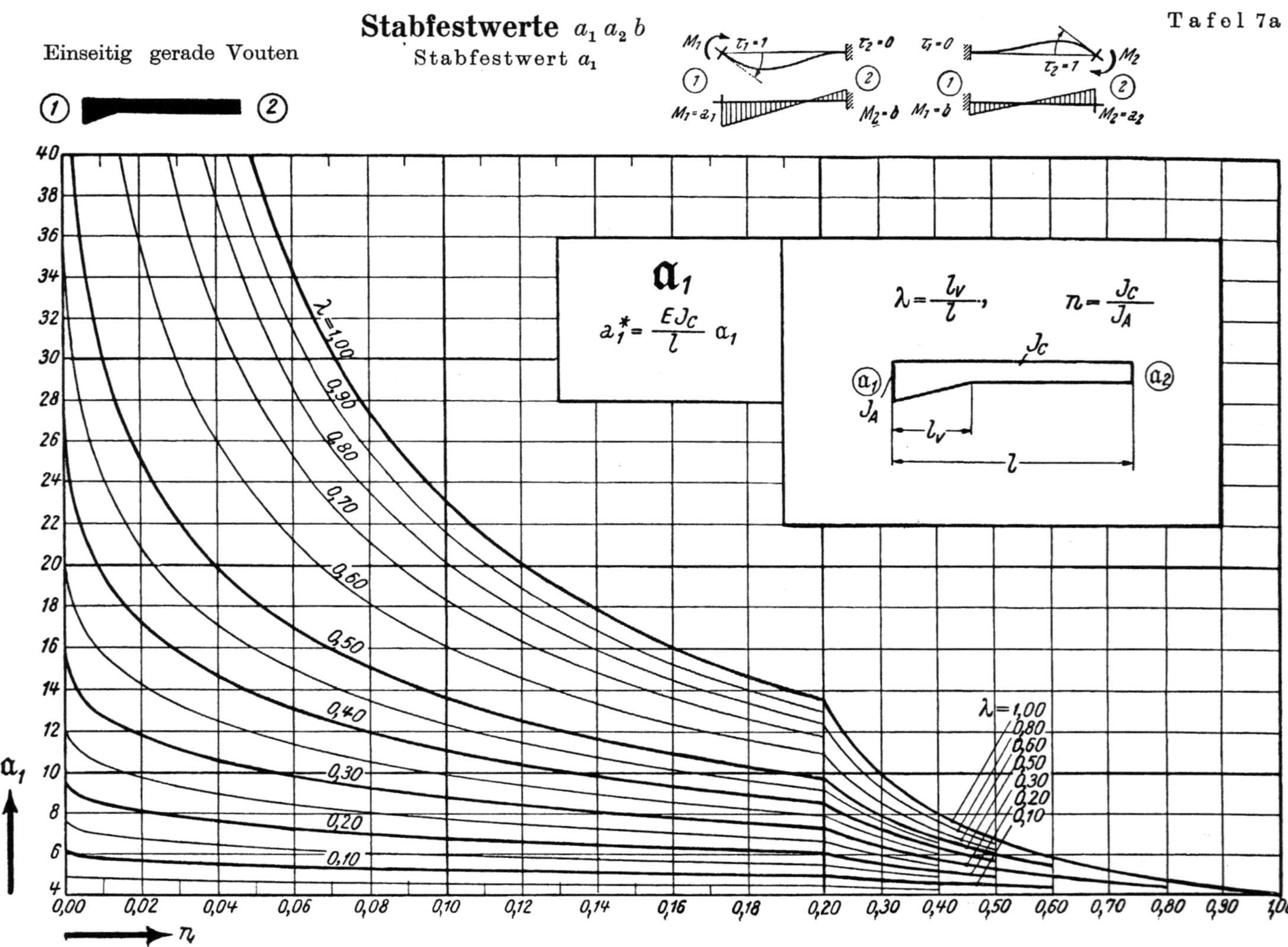

Einseitig gerade Vouten Stabfestwert a_2 Tafel 7a (Fortsetzung)

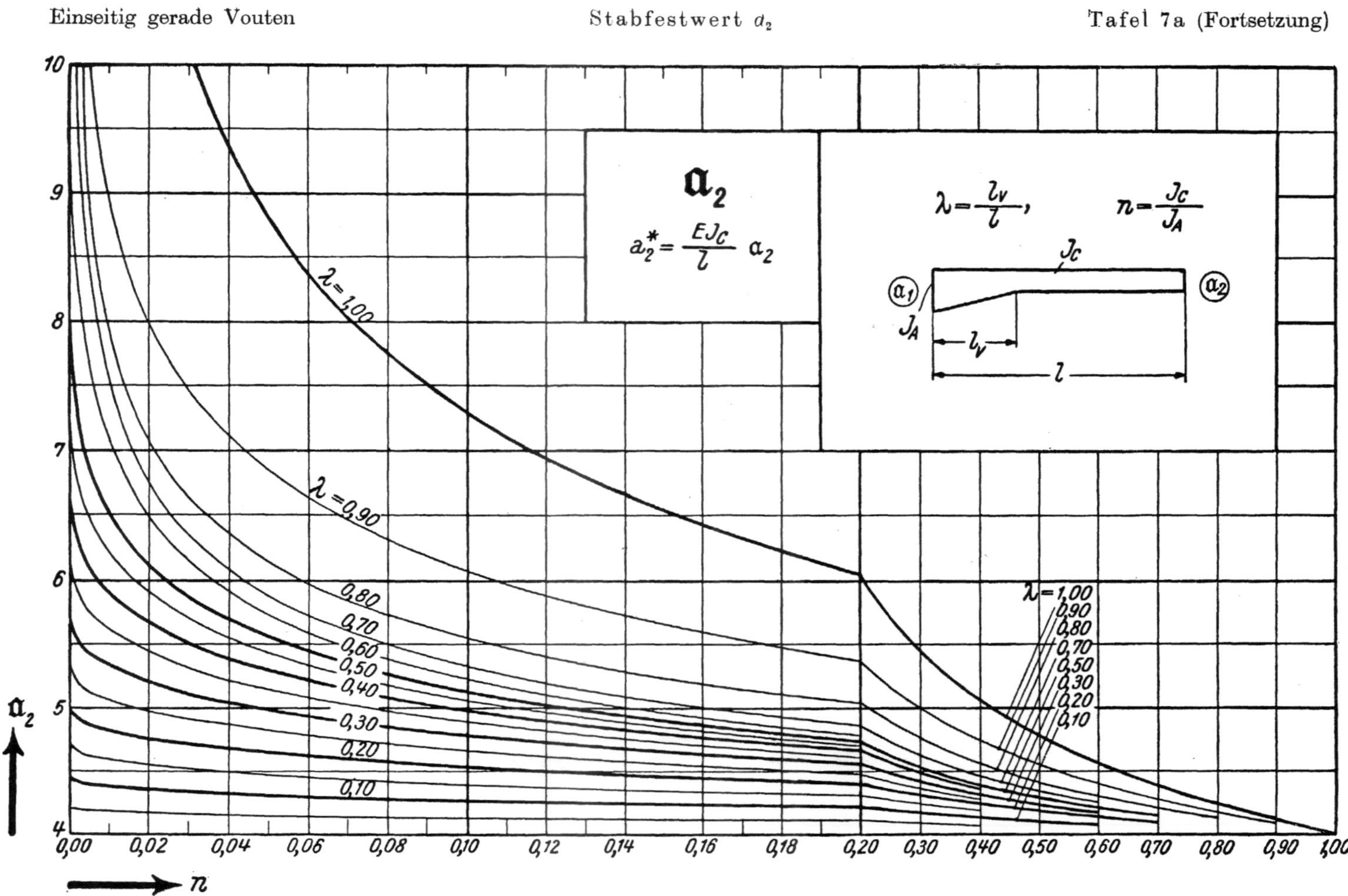

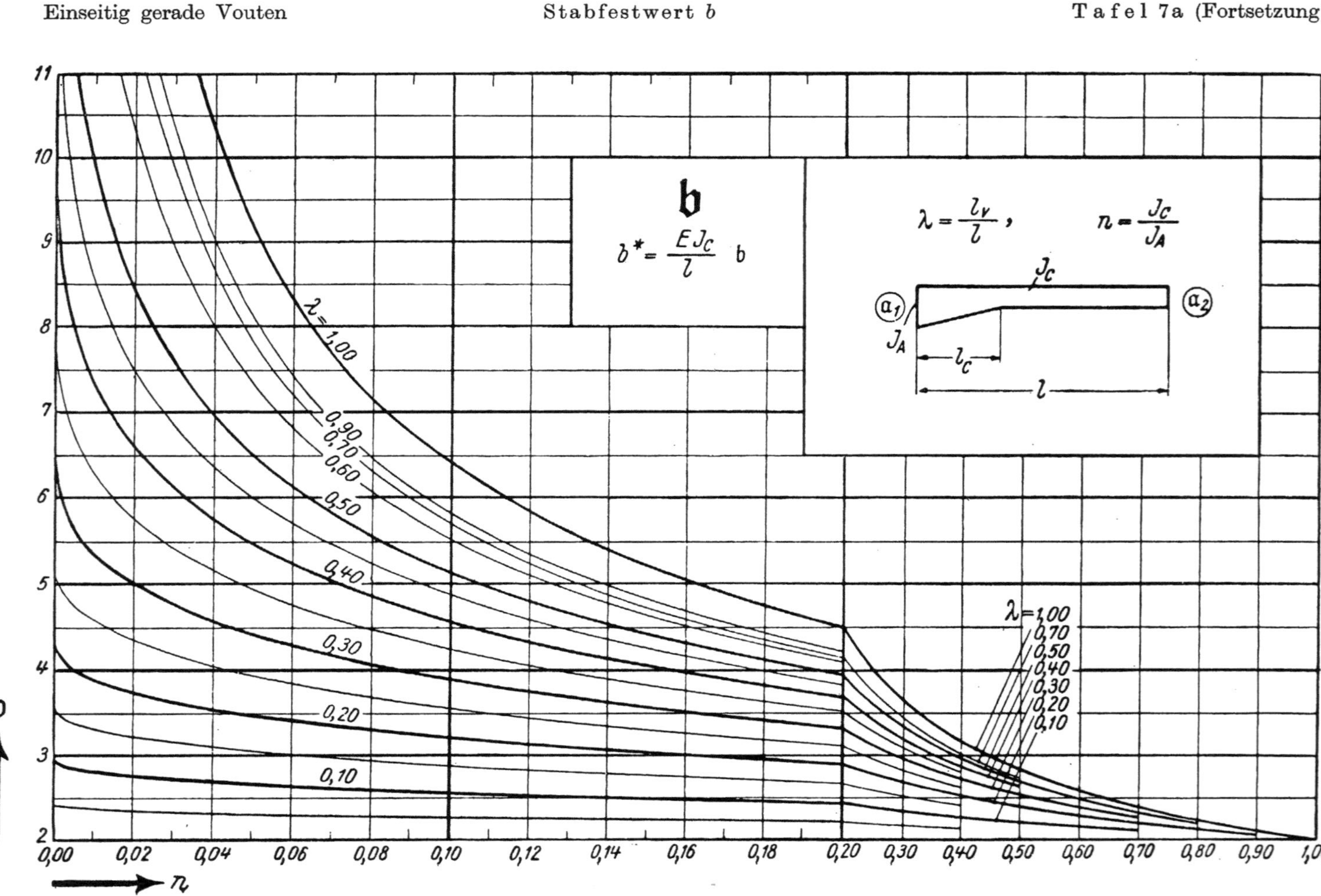

b
$b^* = \dfrac{E J_c}{l}\, b$
$\lambda = \dfrac{l_v}{l}$, $n = \dfrac{J_c}{J_A}$
J_c
α_1
α_2
J_A
l_c
l
$\lambda = 1,00$
0,90
0,70
0,60
0,50
0,40
0,30
0,20
0,10
$\lambda = 1,00$
0,70
0,50
0,40
0,30
0,20
0,10
b
11
10
9
8
7
6
5
4
3
2
0,00 0,02 0,04 0,06 0,08 0,10 0,12 0,14 0,16 0,18 0,20 0,30 0,40 0,50 0,60 0,70 0,80 0,90 1,00
n
Hilfstafeln

Tafel 8a

Stabfestwerte $a_1\,a_2\,b$
Stabfestwert a_1

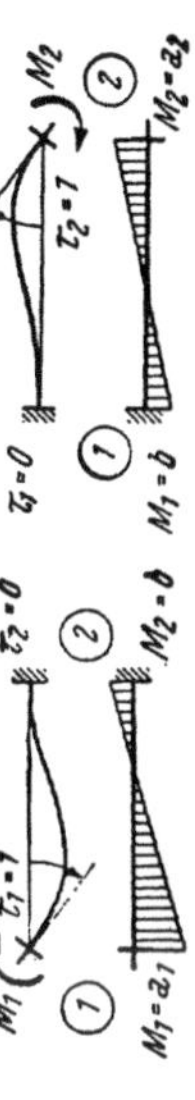

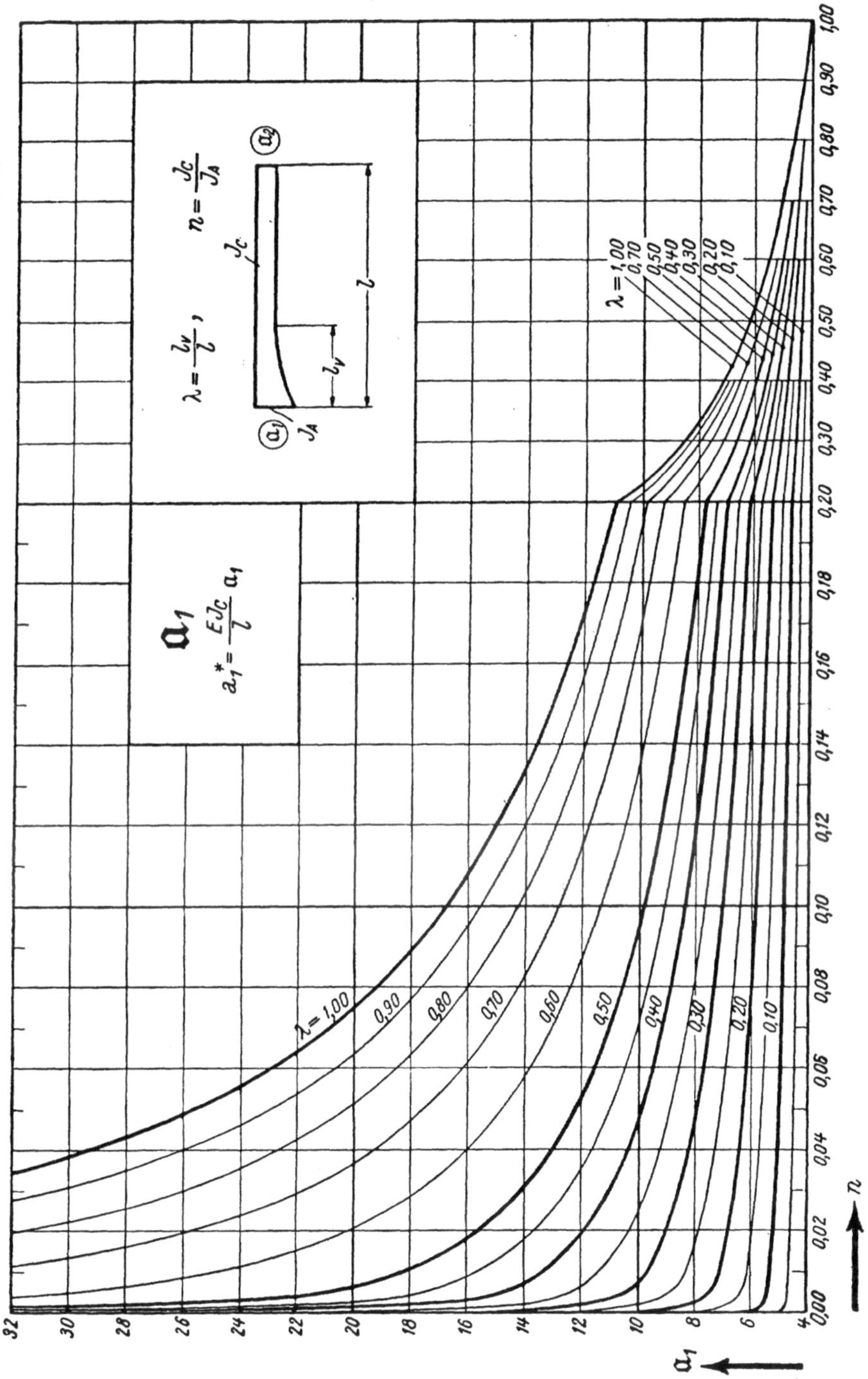

Einseitig parabol. Vouten

$$a_1 \qquad a_1^{*} = \frac{EJ_c}{l}\,a_1$$

$$\lambda = \frac{l_v}{l}, \qquad n = \frac{J_c}{J_A}$$

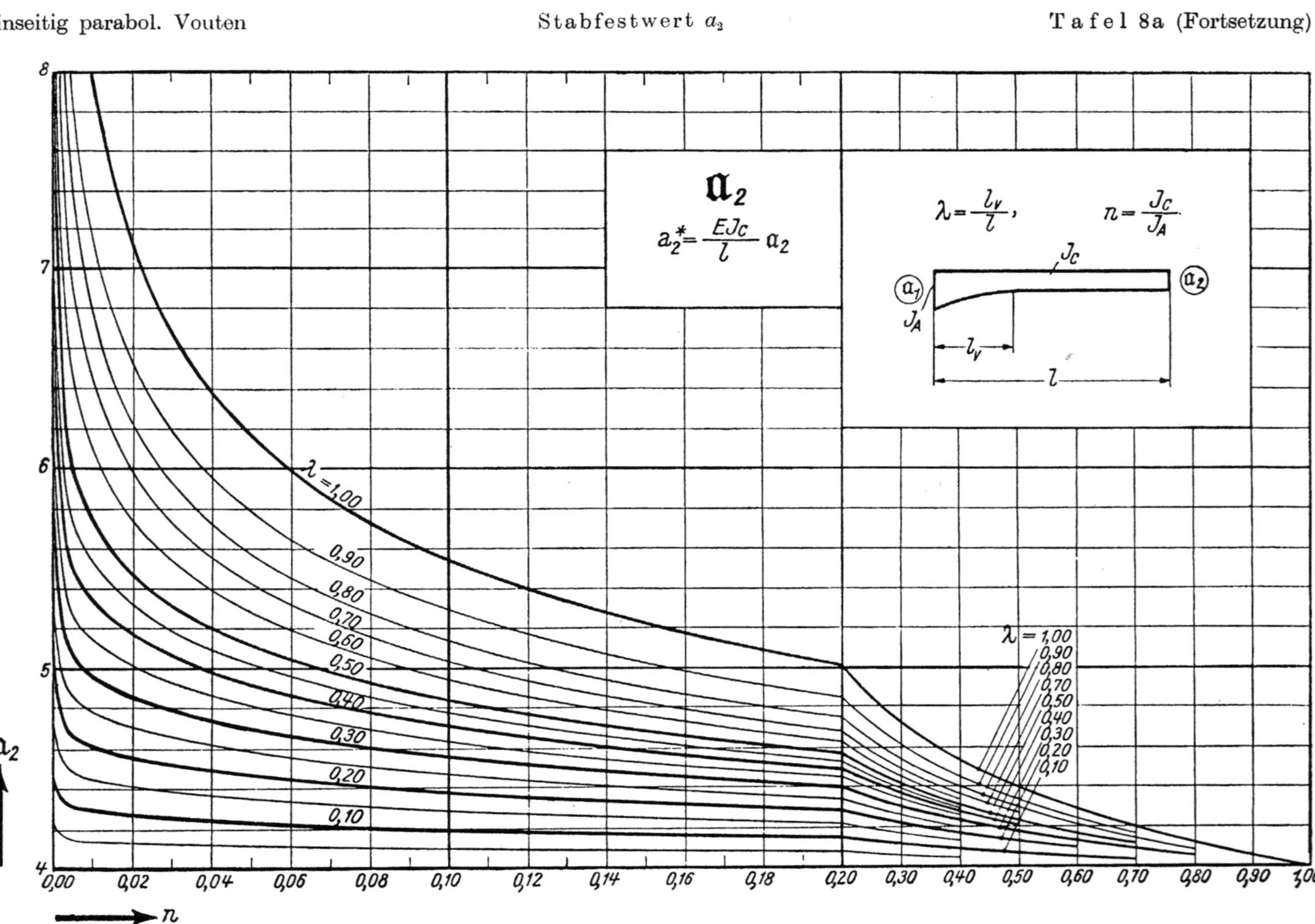
$\mathfrak{a}_2$
$a_2^* = \dfrac{EJ_C}{l}\, a_2$
$\lambda = \dfrac{l_v}{l}$, $n = \dfrac{J_C}{J_A}$
J_C
a_1
J_A
a_2
l_v
l
$\lambda = 1,00$
0,90
0,80
0,70
0,60
0,50
0,40
0,30
0,20
0,10
$\lambda = 1,00$
0,90
0,80
0,70
0,50
0,40
0,30
0,20
0,10
a_2
n

Einseitig parabol. Vouten   Stabfestwert b   Tafel 8a (Fortsetzung)

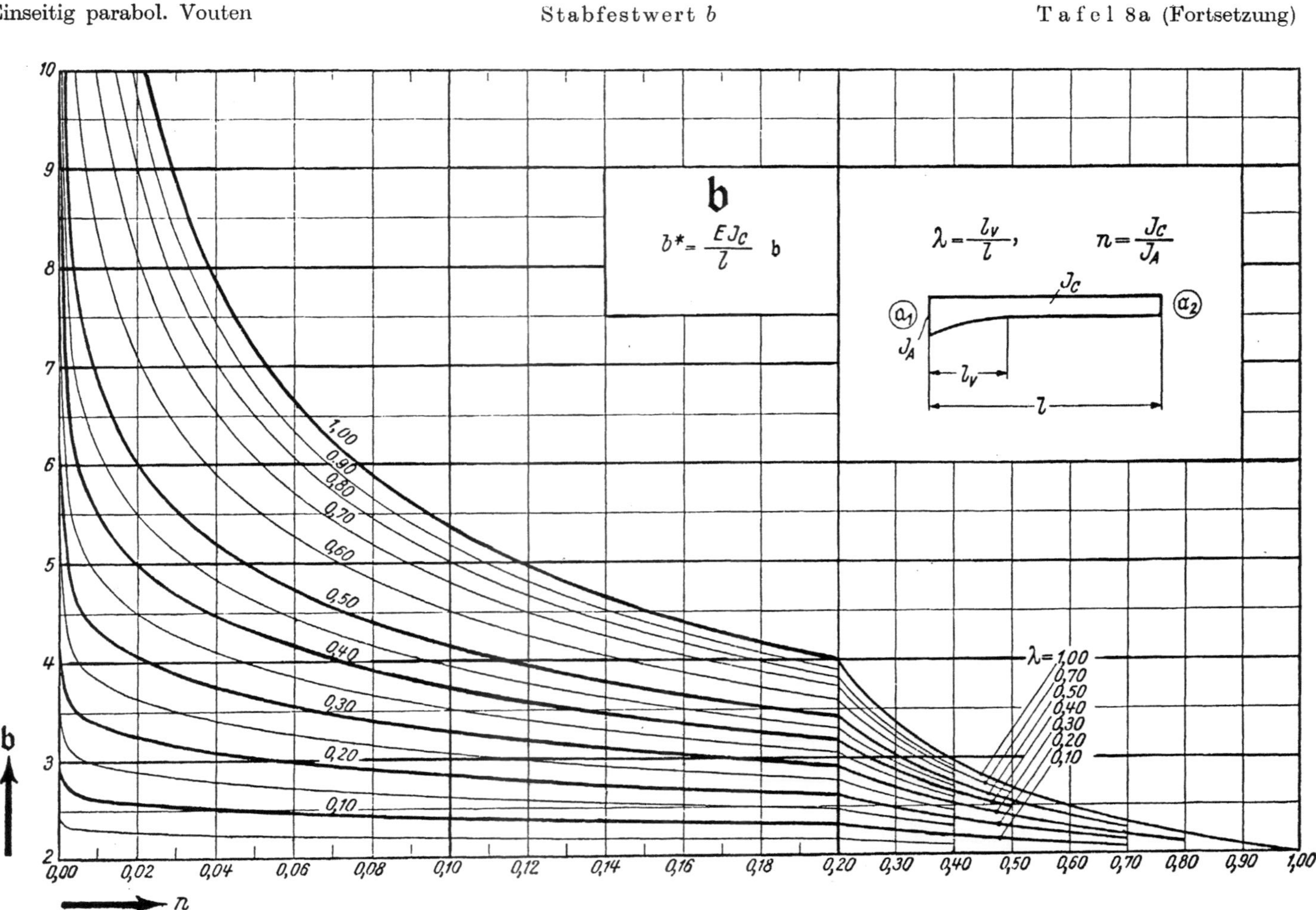

Stabfestwerte ab

Stabfestwert a

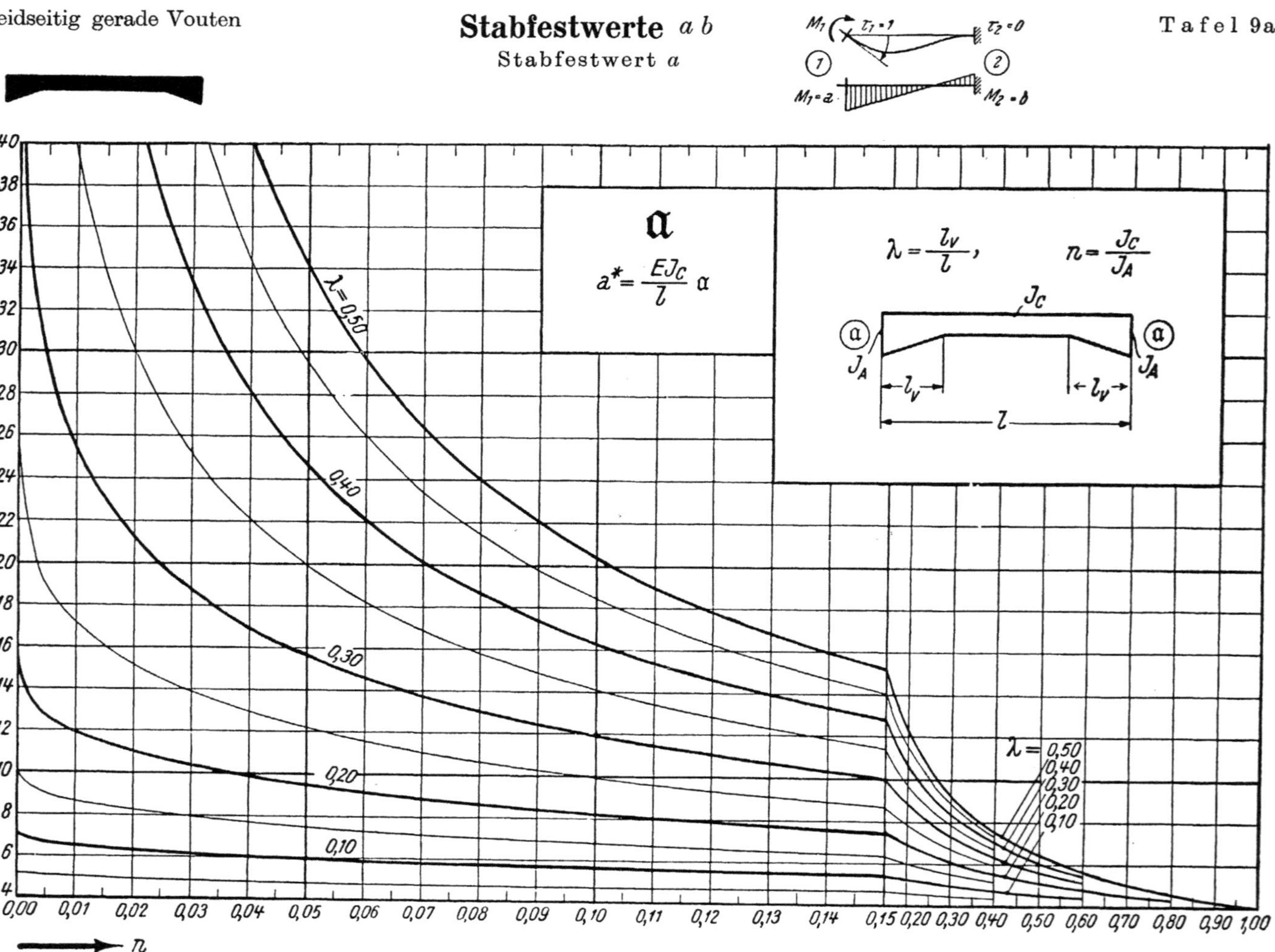

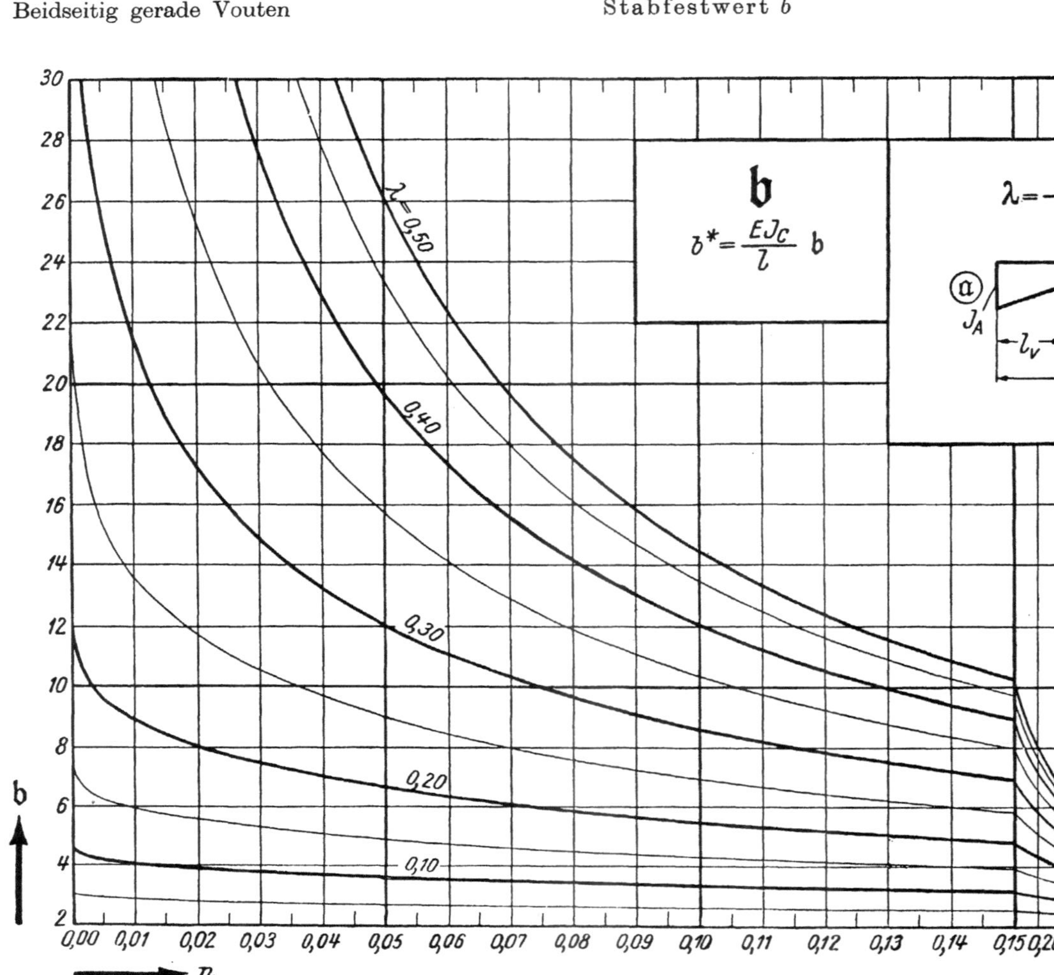
b
$b^* = \dfrac{EJ_C}{l}\, b$
$\lambda = \dfrac{l_v}{l}, \qquad n = \dfrac{J_C}{J_A}$
J_C
J_A
J_A
l_v
l_v
l
$\lambda = 0,50$
0,40
0,30
0,20
0,10
$\lambda = 0,50$
0,40
0,30
0,20
0,10
b
n

Beidseitig parabol. Vouten

Stabfestwerte ab
Stabfestwert a

Tafel 10a

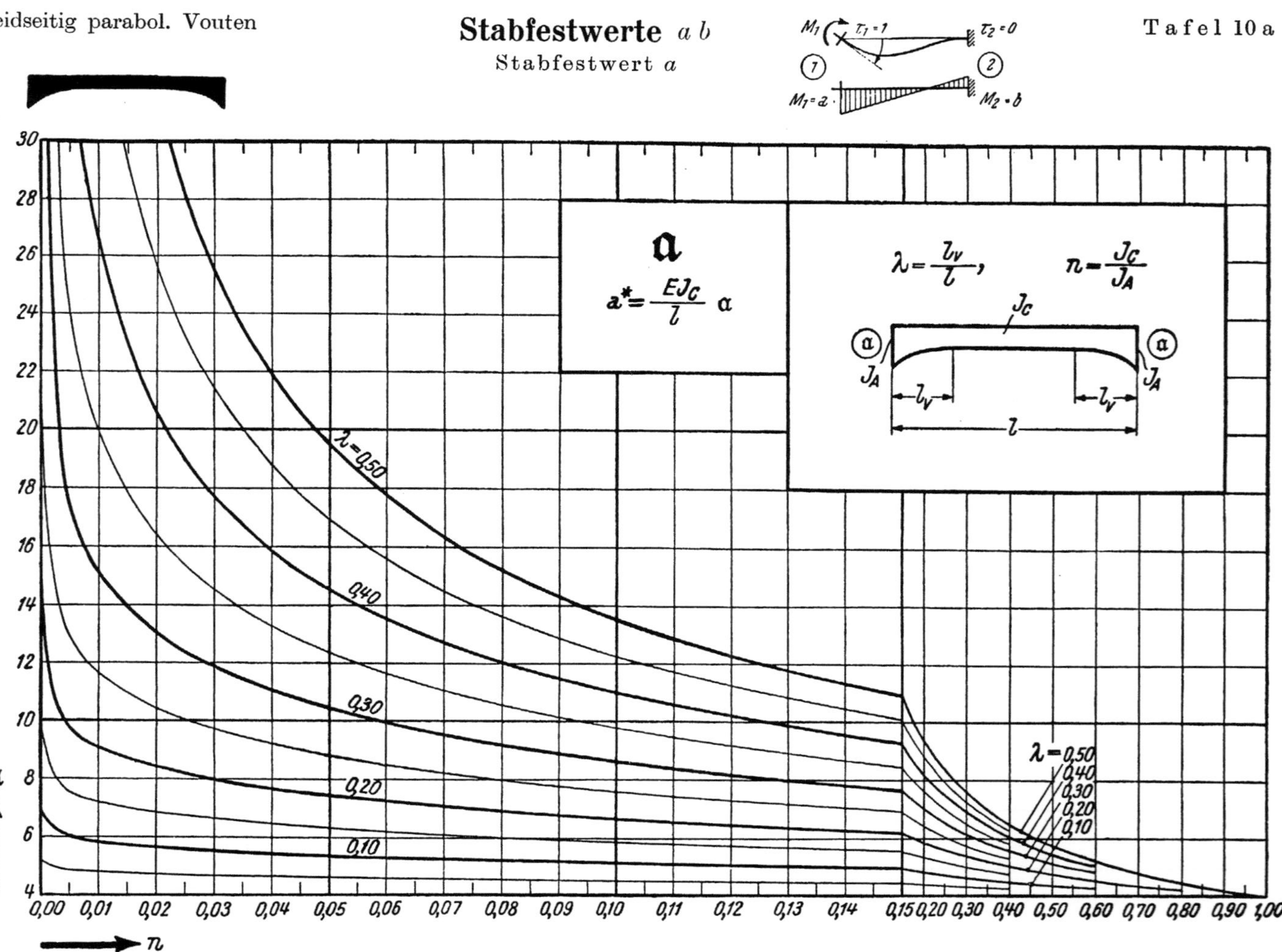

Tafel 10a (Fortsetzung)

Beidseitig parabol. Vouten — Stabfestwert b

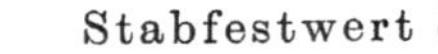

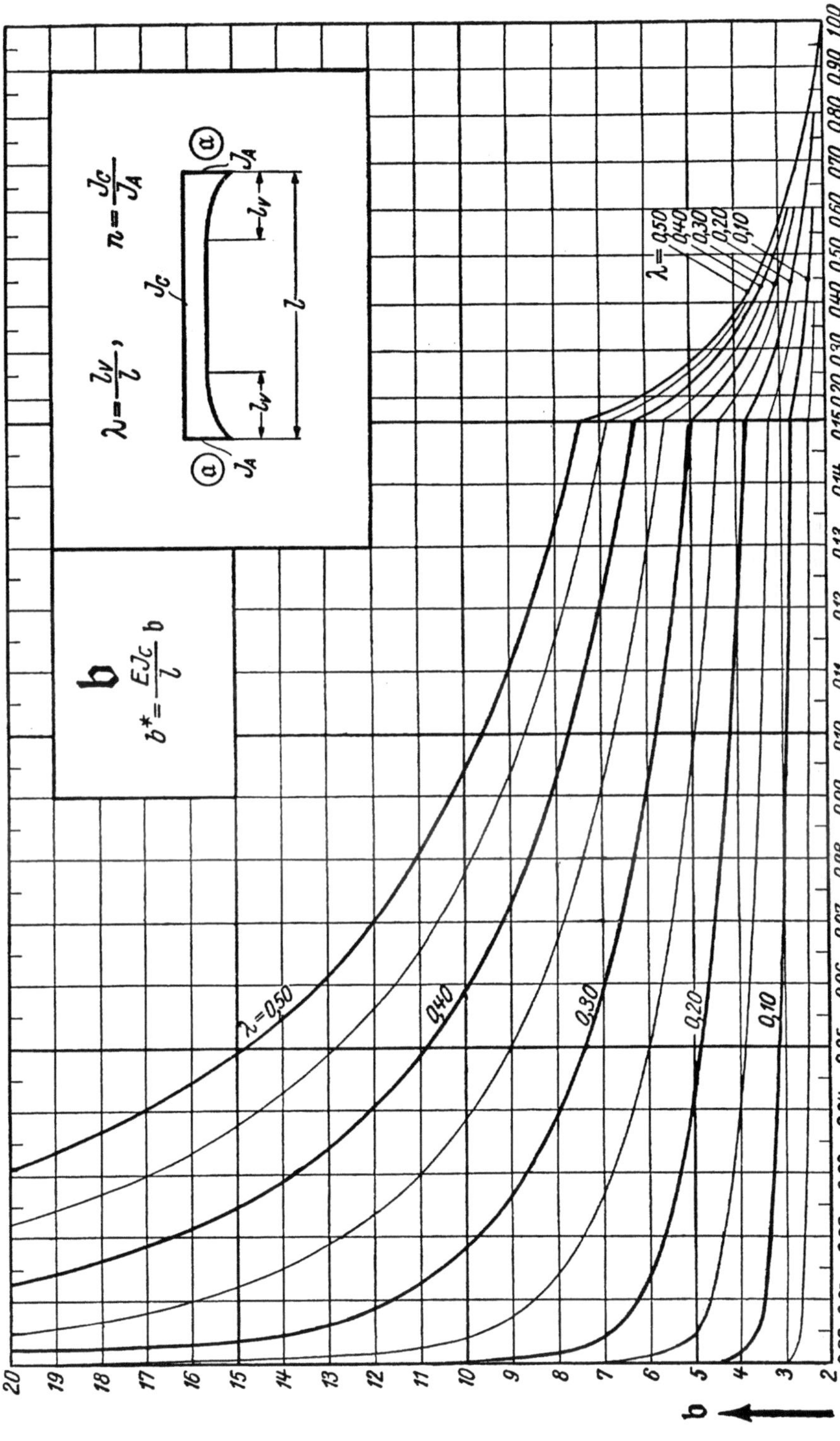

Tafel 11

Stabfestwerte $a^0{}_1$
für „Gelenkstäbe"

Einseitig gerade Vouten

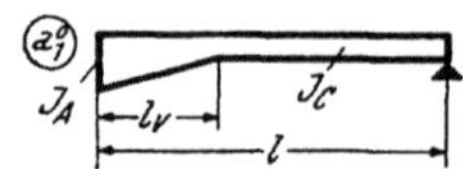

$$\lambda = \frac{l_v}{l} \qquad\qquad a_1{}^0{}^* = \frac{E\,J_c}{l}\,a^0{}_1$$

$$n = \frac{J_c}{J_A} \qquad\qquad \text{Tafelwerte: } a^0{}_1$$

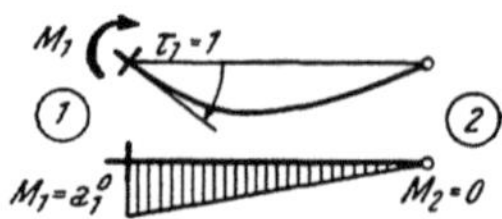

λ \ n	1,00	0,90	0,80	0,70	0,60	0,50	0,40	0,30	0,20	0,15	0,12
1,00	3,00	3,24	3,55	3,92	4,41	5,05	5,99	7,46	10,20	12,74	15,18
0,90	3,00	3,24	3,52	3,88	4,35	4,95	5,81	7,19	9,62	11,90	14,08
0,80	3,00	3,23	3,50	3,83	4,26	4,83	5,62	6,85	9,01	10,87	12,66
0,70	3,00	3,21	3,46	3,77	4,17	4,67	5,38	6,41	8,20	9,71	10,99
0,60	3,00	3,19	3,42	3,70	4,05	4,48	5,08	5,95	7,35	8,47	9,43
0,50	3,00	3,17	3,38	3,61	3,91	4,27	4,76	5,43	6,45	7,25	7,94
0,45	3,00	3,15	3,34	3,56	3,83	4,15	4,59	5,15	6,02	6,71	7,19
0,40	3,00	3,14	3,31	3,51	3,75	4,03	4,41	4,90	5,62	6,14	6,54
0,35	3,00	3,13	3,28	3,46	3,66	3,92	4,22	4,63	5,21	5,62	5,95
0,30	3,00	3,12	3,25	3,40	3,57	3,79	4,05	4,39	4,83	5,15	5,38
0,25	3,00	3,10	3,22	3,34	3,48	3,66	3,86	4,13	4,48	4,72	4,88
0,20	3,00	3,09	3,17	3,28	3,39	3,52	3,69	3,88	4,13	4,31	4,42
0,15	3,00	3,07	3,13	3,22	3,30	3,39	3,51	3,65	3,82	3,94	4,02
0,10	3,00	3,04	3,09	3,14	3,19	3,26	3,33	3,42	3,52	3,58	3,64
0,05	3,00	3,02	3,05	3,07	3,11	3,13	3,16	3,21	3,25	3,28	3,30
0	3,00	3,00	3,00	3,00	3,00	3,00	3,00	3,00	3,00	3,00	3,00

λ \ n	0,12	0,10	0,08	0,06	0,05	0,04	0,03	0,02	0,01	0,005	0
1,00	15,18	17,45	20,79	26,04	30,12	35,84	45,05	62,50	111,00	200,00	∞
0,90	14,08	16,03	18,81	23,21	26,37	31,25	38,50	50,00	83,30	143,00	—
0,80	12,66	14,29	16,41	19,80	22,38	25,71	30,30	38,50	58,80	83,30	333,00
0,70	10,99	12,20	13,89	16,13	17,73	19,85	22,73	27,78	37,00	47,60	111,00
0,60	9,43	10,31	11,36	12,82	13,85	15,10	16,75	19,28	23,26	27,78	47,60
0,50	7,94	8,47	9,09	10,00	10,64	11,36	12,27	13,51	15,38	17,24	23,81
0,45	7,19	7,63	8,13	8,85	9,26	9,80	10,42	11,24	12,66	13,70	18,18
0,40	6,54	6,90	7,30	7,81	8,06	8,47	8,93	9,52	10,42	11,11	13,89
0,35	5,95	6,21	6,49	6,85	7,09	7,35	7,69	8,06	8,70	9,17	10,87
0,30	5,38	5,59	5,78	6,06	6,21	6,41	6,62	6,84	7,30	7,63	8,77
0,25	4,88	5,01	5,15	5,35	5,46	5,59	5,75	5,92	6,21	6,41	7,09
0,20	4,42	4,50	4,61	4,74	4,81	4,90	5,00	5,13	5,29	5,43	5,85
0,15	4,02	4,07	4,13	4,22	4,26	4,31	4,37	4,46	4,55	4,63	4,88
0,10	3,64	3,66	3,70	3,76	3,77	3,80	3,85	3,88	3,94	3,98	4,12
0,05	3,30	3,31	3,33	3,36	3,37	3,38	3,39	3,40	3,42	3,45	3,50
0	3,00	3,00	3,00	3,00	3,00	3,00	3,00	3,00	3,00	3,00	3,00

Stabfestwerte $a^0{}_1$

Einseitig parabol. Vouten — für „Gelenkstäbe"

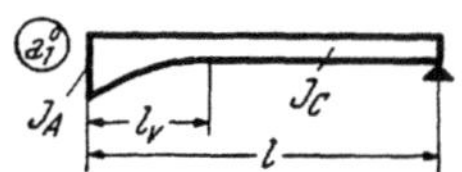

$$\lambda = \frac{l_v}{l} \qquad a_1^{0*} = \frac{E J_c}{l}\, a^0{}_1$$

$$n = \frac{J_c}{J_A} \qquad \text{Tafelwerte: } a^0{}_1$$

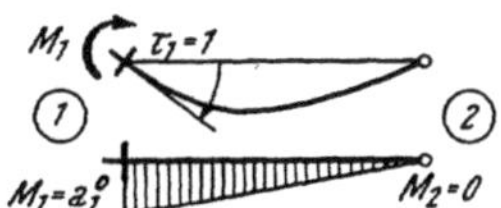

$\lambda \diagdown n$	1,00	0,90	0,80	0,70	0,60	0,50	0,40	0,30	0,20	0,15	0,12
1,00	3,00	3,20	3,43	3,72	4,07	4,53	5,18	6,14	7,76	9,17	10,42
0,90	3,00	3,19	3,40	3,66	4,00	4,43	5,00	5,85	7,30	8,48	9,52
0,80	3,00	3,18	3,38	3,62	3,92	4,31	4,81	5,56	6,76	7,75	8,62
0,70	3,00	3,16	3,34	3,56	3,83	4,17	4,61	5,24	6,25	7,04	7,69
0,60	3,00	3,15	3,31	3,50	3,73	4,03	4,41	4,93	5,71	6,33	6,83
0,50	3,00	3,13	3,27	3,44	3,62	3,88	4,17	4,59	5,18	5,62	5,99
0,45	3,00	3,12	3,25	3,39	3,57	3,79	4,07	4,43	4,93	5,32	5,59
0,40	3,00	3,11	3,23	3,36	3,52	3,70	3,94	4,26	4,70	5,00	5,24
0,35	3,00	3,10	3,20	3,32	3,46	3,62	3,82	4,08	4,44	4,70	4,88
0,30	3,00	3,08	3,18	3,28	3,39	3,53	3,70	3,92	4,20	4,43	4,57
0,25	3,00	3,07	3,15	3,24	3,33	3,45	3,58	3,76	3,98	4,15	4,26
0,20	3,00	3,06	3,12	3,19	3,27	3,36	3,46	3,60	3,77	3,88	3,97
0,15	3,00	3,04	3,09	3,15	3,21	3,27	3,34	3,44	3,56	3,65	3,70
0,10	3,00	3,03	3,06	3,10	3,14	3,18	3,23	3,29	3,37	3,41	3,45
0,05	3,00	3,01	3,03	3,05	3,07	3,09	3,12	3,15	3,18	3,21	3,22
0	3,00	3,00	3,00	3,00	3,00	3,00	3,00	3,00	3,00	3,00	3,00

$\lambda \diagdown n$	0,12	0,10	0,08	0,06	0,05	0,04	0,03	0,02	0,01	0,005	0
1,00	10,42	11,57	13,16	15,50	17,18	19,49	22,88	28,65	46,70	62,50	∞
0,90	9,52	10,53	11,76	13,51	14,83	16,67	19,23	23,26	32,26	43,50	—
0,80	8,62	9,35	10,31	11,73	12,66	13,89	15,63	18,52	24,39	31,25	333,00
0,70	7,69	8,26	9,01	10,05	10,75	11,63	12,82	14,49	17,86	21,74	111,00
0,60	6,83	7,25	7,75	8,48	8,93	9,54	10,31	11,36	13,33	15,38	47,60
0,50	5,99	6,29	6,62	7,09	7,41	7,81	8,26	8,93	10,10	11,11	23,81
0,45	5,59	5,85	6,14	6,49	6,76	7,04	7,41	7,94	8,77	9,62	18,18
0,40	5,24	5,44	5,65	5,95	6,14	6,37	6,67	7,04	7,69	8,26	13,89
0,35	4,88	5,05	5,24	5,48	5,62	5,78	5,99	6,29	6,76	7,14	10,87
0,30	4,57	4,67	4,83	5,00	5,10	5,24	5,41	5,62	5,95	6,25	8,77
0,25	4,26	4,35	4,44	4,58	4,66	4,76	4,88	5,03	5,26	5,46	7,09
0,20	3,97	4,03	4,12	4,22	4,27	4,33	4,41	4,51	4,67	4,81	5,85
0,15	3,70	3,75	3,80	3,86	3,89	3,94	3,98	4,05	4,17	4,24	4,88
0,10	3,45	3,47	3,51	3,55	3,56	3,58	3,62	3,66	3,72	3,77	4,12
0,05	3,22	3,23	3,25	3,26	3,27	3,28	3,29	3,31	3,33	3,36	3,50
0	3,00	3,00	3,00	3,00	3,00	3,00	3,00	3,00	3,00	3,00	3,00

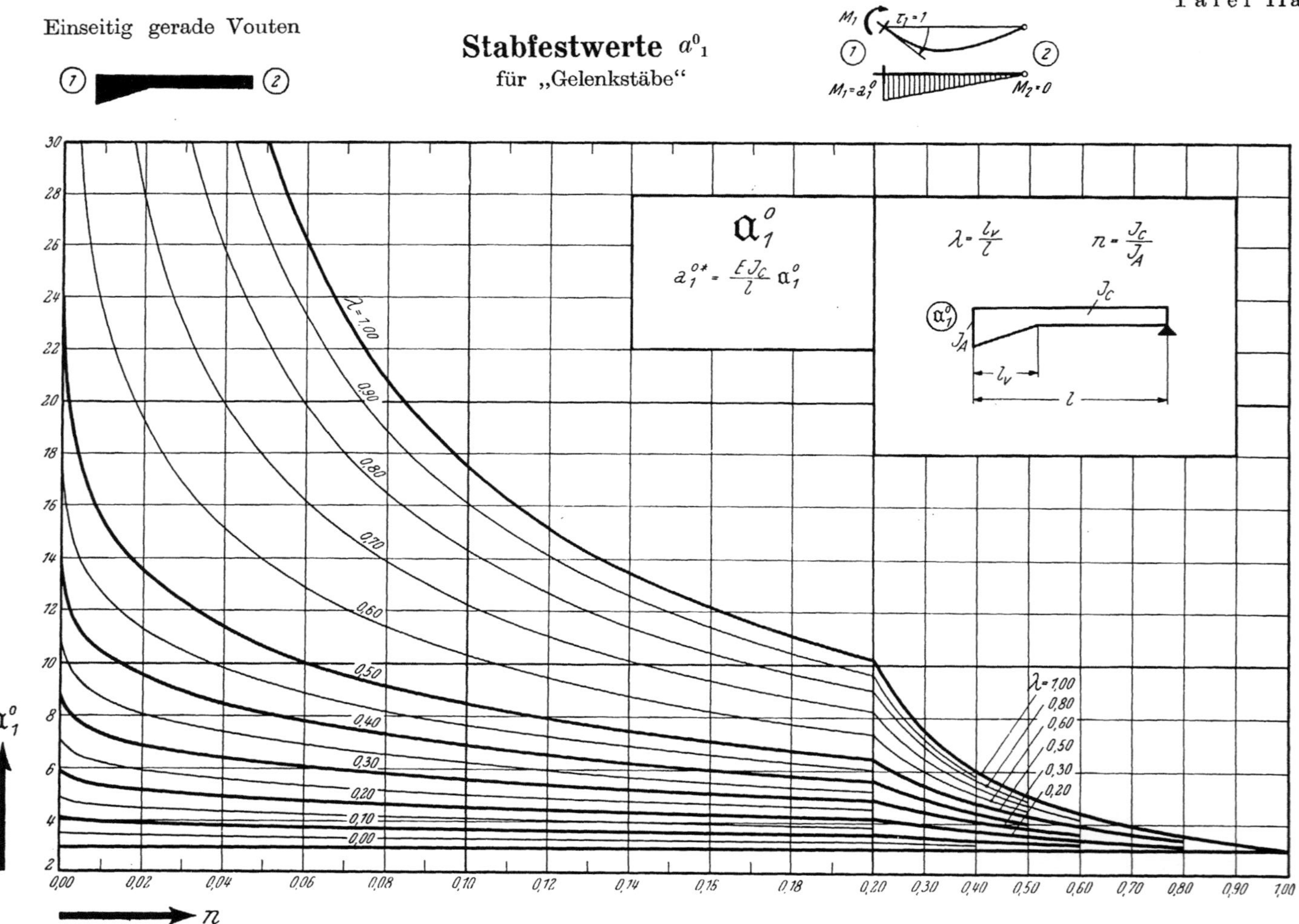

Einseitig gerade Vouten
Stabfestwerte a_1^0
für „Gelenkstäbe"
α_1^0
$a_1^{0*} = \frac{E J_c}{l}\, \alpha_1^0$
$\lambda = \frac{l_v}{l}$
$n = \frac{J_c}{J_A}$
J_c
J_A
l_v
l
M_1
$\tau_1 = 1$
$M_1 = a_1^0$
$M_2 = 0$
a_1^0
$\lambda = 1,00$
0,90
0,80
0,70
0,60
0,50
0,40
0,30
0,20
0,10
0,00
$\lambda = 1,00$
0,80
0,60
0,50
0,30
0,20
n
30
28
26
24
22
20
18
16
14
12
10
8
6
4
2
0,00
0,02
0,04
0,06
0,08
0,10
0,12
0,14
0,16
0,18
0,20
0,30
0,40
0,50
0,60
0,70
0,80
0,90
1,00

Tafel 12a

Stabfestwerte α^0_1

für „Gelenkstäbe"

Einseitig parabol. Vouten

$$\alpha^0_1$$

$$a_1^{0*} = \frac{EJ_c}{l}\,\alpha_1^0$$

$$\lambda = \frac{l_v}{l} \qquad n = \frac{J_c}{J_A}$$

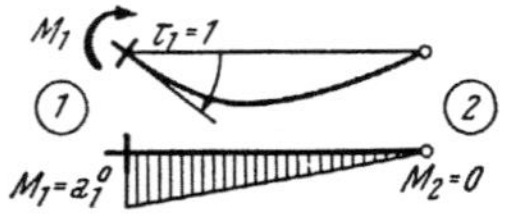

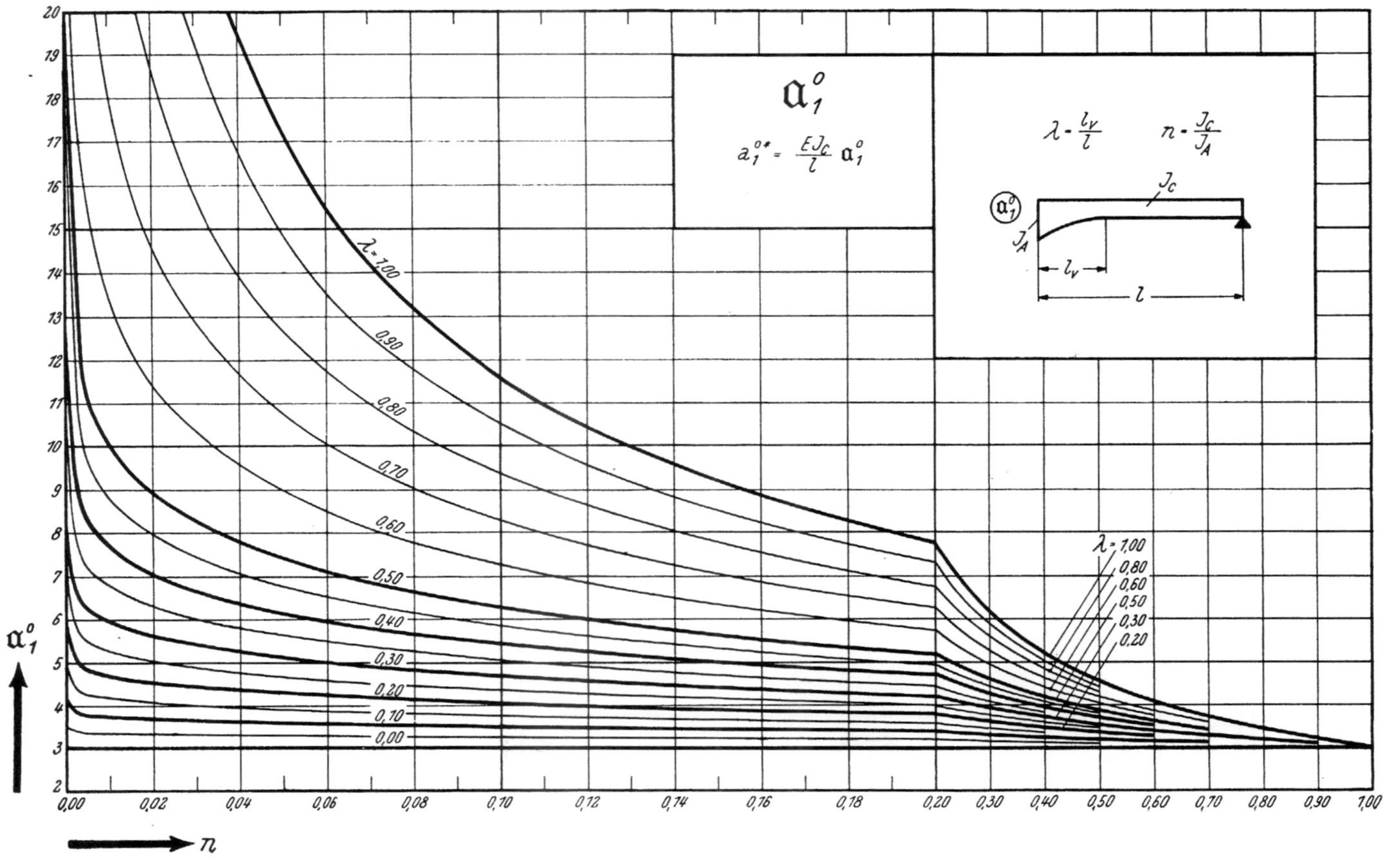

T a f e l 13

Beidseitig gerade
Vouten

Stabfestwerte a'

für „Symmetriestäbe" bei
symmetrischer Belastung

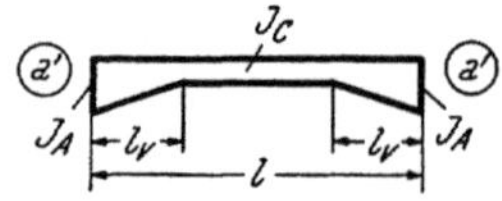

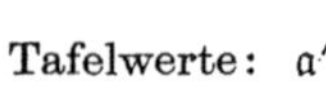

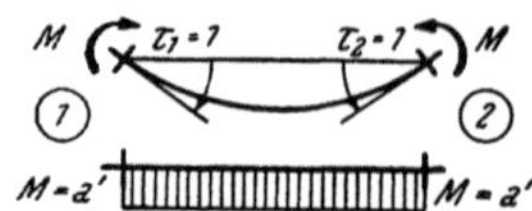

$$\lambda = \frac{l_v}{l} \qquad a'^* = \frac{E J_c}{l} a'$$

$$n = \frac{J_c}{J_A} \qquad \text{Tafelwerte:} \quad a'$$

λ \ n	1,00	0,90	0,80	0,70	0,60	0,50	0,40	0,30	0,20	0,15	0,12
0,50	2,00	2,10	2,23	2,39	2,57	2,81	3,13	3,58	4,32	4,92	5,41
0,45	2,00	2,10	2,21	2,34	2,50	2,70	2,96	3,31	3,88	4,27	4,64
0,40	2,00	2,09	2,18	2,30	2,43	2,60	2,81	3,09	3,51	3,81	4,05
0,35	2,00	2,07	2,16	2,26	2,37	2,51	2,67	2,89	3,19	3,42	3,58
0,30	2,00	2,06	2,13	2,22	2,31	2,42	2,55	2,72	2,95	3,11	3,21
0,25	2,00	2,05	2,11	2,17	2,25	2,34	2,44	2,56	2,73	2,85	2,92
0,20	2,00	2,04	2,09	2,14	2,20	2,27	2,34	2,43	2,55	2,62	2,67
0,15	2,00	2,03	2,07	2,11	2,15	2,19	2,24	2,31	2,39	2,43	2,47
0,10	2,00	2,02	2,04	2,07	2,09	2,12	2,16	2,19	2,24	2,27	2,29
0,05	2,00	2,01	2,02	2,03	2,05	2,06	2,07	2,09	2,11	2,13	2,14
0	2,00	2,00	2,00	2,00	2,00	2,00	2,00	2,00	2,00	2,00	2,00

λ \ n	0,12	0,10	0,08	0,06	0,05	0,04	0,03	0,02	0,01	0,005	0
0,50	5,41	5,89	6,49	7,34	7,94	8,72	9,81	11,60	15,38	20,00	∞
0,45	4,64	4,93	5,29	5,78	6,11	6,53	7,09	7,81	9,17	10,53	20,00
0,40	4,05	4,24	4,48	4,78	4,98	5,21	5,51	5,91	6,54	7,14	10,00
0,35	3,58	3,72	3,88	4,08	4,20	4,33	4,50	4,76	5,10	5,41	6,67
0,30	3,21	3,31	3,42	3,55	3,63	3,72	3,83	3,97	4,18	4,35	5,00
0,25	2,92	2,99	3,06	3,14	3,19	3,25	3,32	3,41	3,53	3,64	4,00
0,20	2,67	2,72	2,76	2,82	2,85	2,89	2,93	2,99	3,07	3,13	3,33
0,15	2,47	2,49	2,53	2,56	2,58	2,60	2,62	2,66	2,70	2,74	2,86
0,10	2,29	2,30	2,32	2,34	2,35	2,36	2,38	2,40	2,42	2,44	2,50
0,05	2,14	2,14	2,15	2,16	2,16	2,17	2,17	2,18	2,19	2,20	2,22
0	2,00	2,00	2,00	2,00	2,00	2,00	2,00	2,00	2,00	2,00	2,00

Stabfestwerte a'

für „Symmetriestäbe" bei symmetrischer Belastung

Beidseitig parabol. Vouten

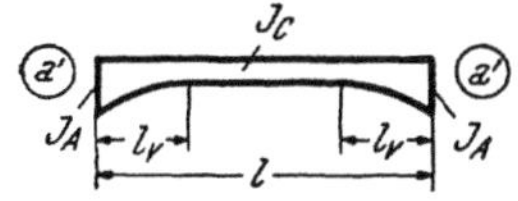

$$\lambda = \frac{l_v}{l} \qquad a'^* = \frac{E J_c}{l}\, a'$$

$$n = \frac{J_c}{J_A} \qquad \text{Tafelwerte: } a'$$

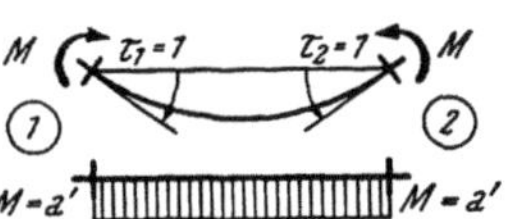

$\lambda \diagdown n$	1,00	0,90	0,80	0,70	0,60	0,50	0,40	0,30	0,20	0,15	0,12
0,50	2,00	2,07	2,15	2,25	2,36	2,49	2,67	2,90	3,24	3,50	3,70
0,45	2,00	2,06	2,13	2,22	2,32	2,43	2,58	2,77	3,06	3,26	3,42
0,40	2,00	2,06	2,12	2,19	2,27	2,37	2,50	2,66	2,89	3,05	3,17
0,35	2,00	2,05	2,11	2,16	2,24	2,32	2,43	2,56	2,73	2,85	2,95
0,30	2,00	2,04	2,09	2,14	2,20	2,26	2,35	2,46	2,60	2,69	2,76
0,25	2,00	2,03	2,07	2,12	2,16	2,22	2,28	2,36	2,48	2,54	2,60
0,20	2,00	2,03	2,06	2,09	2,13	2,17	2,22	2,28	2,36	2,41	2,45
0,15	2,00	2,02	2,04	2,07	2,10	2,12	2,16	2,20	2,26	2,29	2,32
0,10	2,00	2,01	2,03	2,04	2,06	2,08	2,11	2,13	2,17	2,19	2,20
0,05	2,00	2,00	2,01	2,02	2,03	2,04	2,05	2,06	2,08	2,09	2,10
0	2,00	2,00	2,00	2,00	2,00	2,00	2,00	2,00	2,00	2,00	2,00

$\lambda \diagdown n$	0,12	0,10	0,08	0,06	0,05	0,04	0,03	0,02	0,01	0,005	0
0,50	3,70	3,89	4,11	4,40	4,61	4,84	5,17	5,64	6,49	7,46	∞
0,45	3,42	3,55	3,72	3,93	4,07	4,24	4,46	4,78	5,32	5,88	20,00
0,40	3,17	3,27	3,39	3,55	3,65	3,77	3,92	4,14	4,48	4,85	10,00
0,35	2,95	3,03	3,13	3,24	3,31	3,39	3,51	3,65	3,88	4,12	6,67
0,30	2,76	2,82	2,89	2,97	3,02	3,09	3,16	3,26	3,42	3,57	5,00
0,25	2,60	2,64	2,69	2,75	2,79	2,82	2,88	2,96	3,06	3,15	4,00
0,20	2,45	2,48	2,52	2,56	2,58	2,61	2,65	2,70	2,77	2,83	3,33
0,15	2,32	2,34	2,36	2,39	2,40	2,43	2,45	2,48	2,53	2,56	2,86
0,10	2,20	2,21	2,23	2,25	2,26	2,27	2,28	2,30	2,32	2,35	2,50
0,05	2,10	2,10	2,11	2,12	2,12	2,12	2,13	2,14	2,15	2,16	2,22
0	2,00	2,00	2,00	2,00	2,00	2,00	2,00	2,00	2,00	2,00	2,00

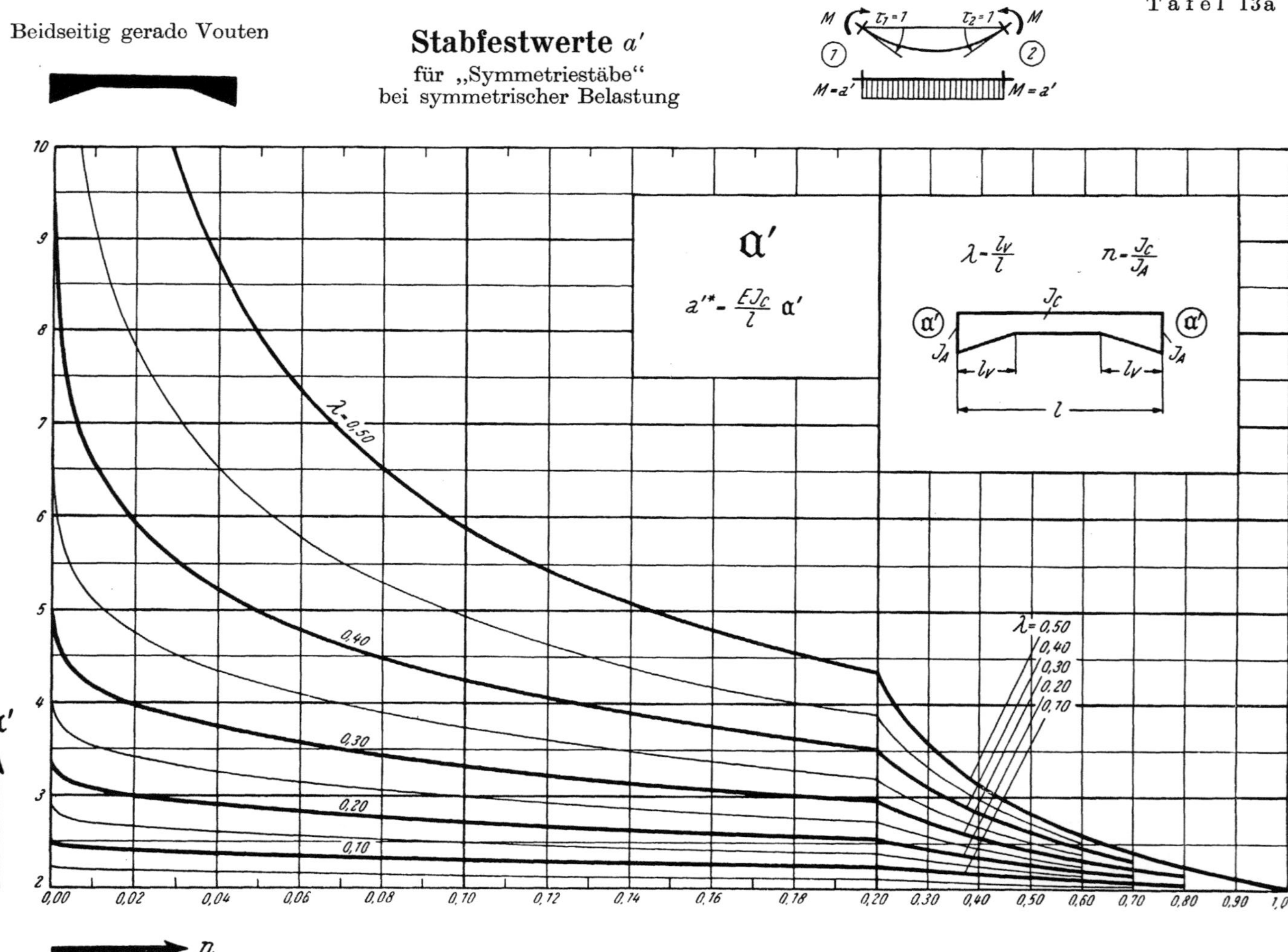
Beidseitig gerade Vouten
Stabfestwerte a'
für „Symmetriestäbe"
bei symmetrischer Belastung
$\tau_1 = 1$
$\tau_2 = 1$
M
M
(1)
(2)
$M = a'$
$M = a'$
a'
$a'^* = \dfrac{EJ_c}{l}\,a'$
$\lambda = \dfrac{l_V}{l}$
$n = \dfrac{J_c}{J_A}$
J_c
a'
a'
J_A
J_A
l_V
l_V
l
$\lambda = 0.50$
0.40
0.30
0.20
0.10
$\lambda = 0.50$
0.40
0.30
0.20
0.10
a'
10
9
8
7
6
5
4
3
2
0.00
0.02
0.04
0.06
0.08
0.10
0.12
0.14
0.16
0.18
0.20
0.30
0.40
0.50
0.60
0.70
0.80
0.90
1.00
n

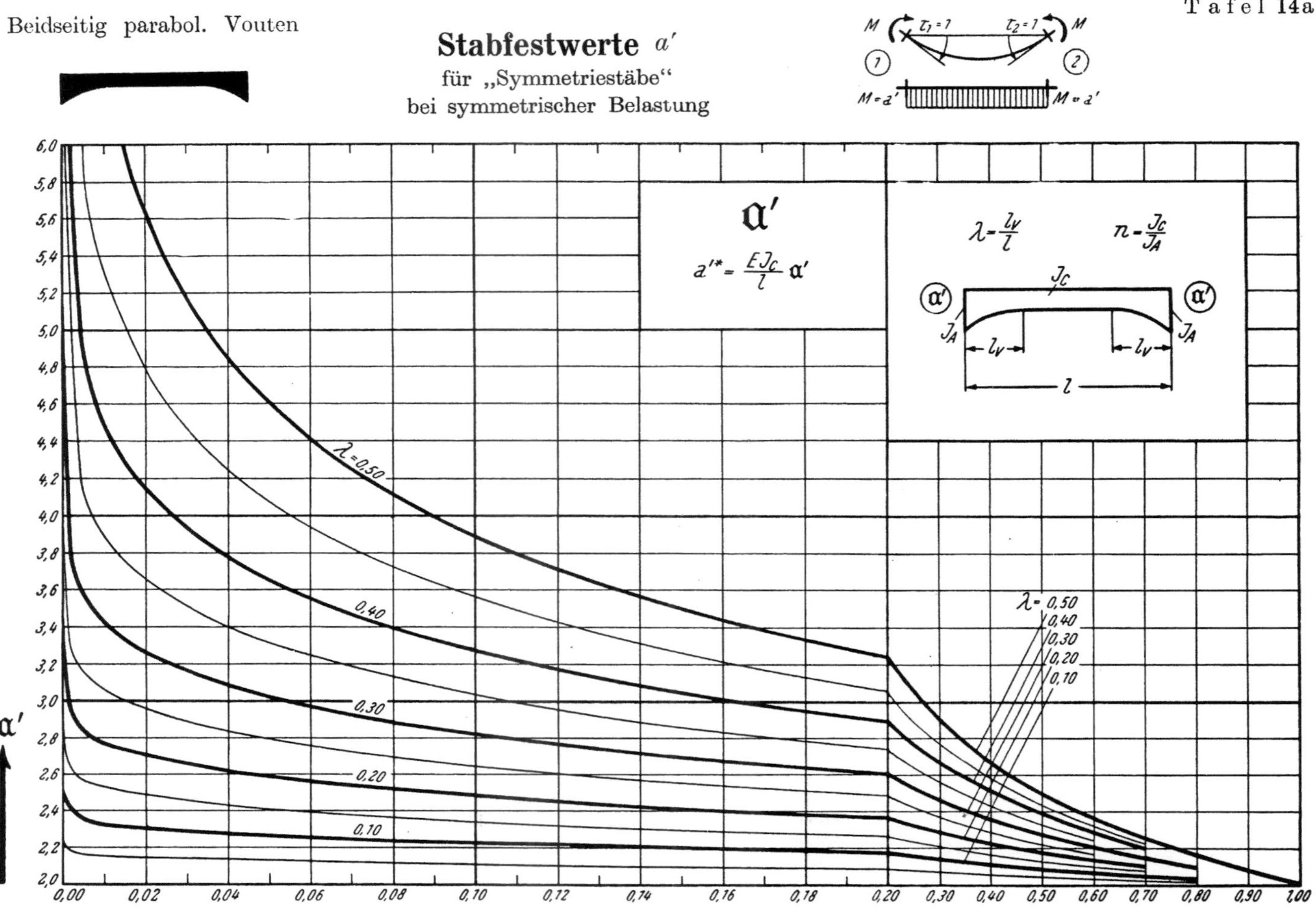

Tafel 14a
Beidseitig parabol. Vouten
Stabfestwerte a'
für „Symmetriestäbe"
bei symmetrischer Belastung
$a'^{*} = \dfrac{EJ_c}{l}\, a'$
$\lambda = \dfrac{l_v}{l}$
$n = \dfrac{J_c}{J_A}$
$\lambda = 0{,}50$
0,40
0,30
0,20
0,10
6,0
5,8
5,6
5,4
5,2
5,0
4,8
4,6
4,4
4,2
4,0
3,8
3,6
3,4
3,2
3,0
2,8
2,6
2,4
2,2
2,0
0,00
0,02
0,04
0,06
0,08
0,10
0,12
0,14
0,16
0,18
0,20
0,30
0,40
0,50
0,60
0,70
0,80
0,90
1,00

Tafel 15

Einseitig gerade Vouten

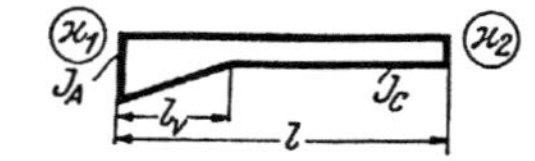

$\lambda = \dfrac{l_v}{l}$

$n = \dfrac{J_c}{J_A}$

Belastungsglieder $\mathfrak{M}_1\ \mathfrak{M}_2$

(= Volleinspannmomente am beidseitig fest eingesp. Träger) für durchgehende Gleichlast

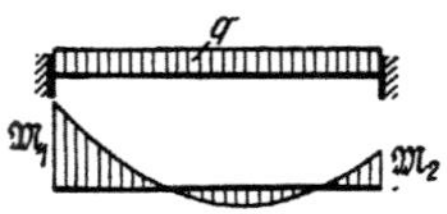

Obere Zahl $\varkappa_1$ $\mathfrak{M}_1 = -\ \varkappa_1\dfrac{q\,l^2}{12}$

Untere Zahl $\varkappa_2$ $\mathfrak{M}_2 = +\ \varkappa_2\dfrac{q\,l^2}{12}$

λ＼n	1,00	0,90	0,80	0,70	0,60	0,50	0,40	0,30	0,20	0,15	0,12	0,10	0,08	0,06	0,05	0,04	0,03	0,02	0,01	0,005	0
1,00	1,0 1,0	1,018 0,978	1,043 0,955	1,071 0,931	1,110 0,897	1,146 0,865	1,193 0,826	1,255 0,777	1,348 0,709	1,416 0,663	1,469 0,629	1,513 0,602	1,571 0,566	1,638 0,531	1,683 0,507	1,739 0,479	1,812 0,445	1,916 0,400	2,095 0,331	2,274 0,272	6,000 0,000
0,90	1,0 1,0	1,020 0,978	1,046 0,954	1,077 0,929	1,116 0,896	1,157 0,863	1,209 0,822	1,278 0,772	1,381 0,704	1,456 0,658	1,516 0,624	1,566 0,597	1,629 0,565	1.711 0,528	1,764 0,504	1,830 0,477	1,916 0,444	2,042 0,401	2,266 0,336	2,502 0,280	5,410 0,010
0,80	1,0 1,0	1,022 0,979	1,049 0,959	1,081 0,934	1,120 0,904	1,164 0,873	1,219 0,836	1,293 0,789	1,404 0,727	1,487 0,685	1,553 0,654	1,609 0,629	1,679 0,600	1,773 0,564	1,834 0,542	1,911 0,516	2,014 0,485	2,167 0,442	2,448 0,375	2,754 0,314	4,840 0,040
0,70	1,0 1,0	1,024 0,982	1,052 0,963	1,085 0,941	1,126 0,915	1,173 0,887	1,232 0,853	1,313 0,810	1,435 0,752	1,527 0,713	1,602 0,683	1,665 0,659	1,745 0,631	1,852 0,594	1,923 0,572	2,012 0,545	2,131 0,511	2,306 0,465	2,619 0,391	2,938 0,323	4,290 0,090
0,60	1,0 1,0	1,026 0,983	1,056 0,966	1,091 0,947	1,134 0,924	1,184 0,898	1,249 0,866	1,338 0,826	1,471 0,770	1,572 0,731	1,653 0,701	1,722 0,676	1,809 0,647	1,923 0,610	1,997 0,587	2,090 0,559	2,211 0,523	2,382 0,476	2,667 0,401	2,926 0,337	3,760 0,160
0,50	1,0 1,0	1,028 0,984	1,061 0,968	1,097 0,951	1,142 0,930	1,196 0,905	1,266 0,874	1,359 0,835	1,498 0,779	1,601 0,740	1,683 0,710	1,751 0,686	1,835 0,657	1,943 0,620	2,012 0,598	2,095 0,571	2,200 0,538	2,342 0,494	2,559 0,430	2,739 0,379	3,250 0,250
0,45	1,0 1,0	1,027 0,985	1,059 0,969	1,100 0,952	1,145 0,931	1,200 0,907	1,271 0,877	1,364 0,838	1,502 0,783	1,602 0,745	1,681 0,716	1,746 0,692	1,825 0,664	1,925 0,629	1,987 0,608	2,062 0,583	2,154 0,552	2,276 0,512	2,457 0,456	2,601 0,412	3,003 0,303
0,40	1,0 1,0	1,026 0,985	1,059 0,970	1,101 0,953	1,147 0,933	1,202 0,909	1,272 0,879	1,364 0,841	1,496 0,788	1,591 0,751	1,665 0,723	1,724 0,701	1,796 0,675	1,885 0,642	1,940 0,623	2,004 0,600	2,083 0,572	2,185 0,538	2,332 0,489	2,445 0,452	2,760 0,360
0,35	1,0 1,0	1,026 0,985	1,058 0,971	1,101 0,954	1,146 0,934	1,200 0,911	1,267 0,882	1,355 0,846	1,479 0,795	1,566 0,760	1,632 0,735	1,685 0,714	1,747 0,690	1,824 0,661	1,871 0,644	1,925 0,624	1,990 0,600	2,072 0,571	2,189 0,530	2,277 0,500	2,523 0,423
0,30	1,0 1,0	1,025 0,986	1,060 0,972	1,098 0,956	1,141 0,937	1,193 0,914	1,256 0,887	1,337 0,853	1,449 0,806	1,526 0,775	1,583 0,752	1,628 0,734	1,681 0,713	1,745 0,688	1,782 0,673	1,826 0,656	1,878 0,636	1,943 0,612	2,033 0,578	2,100 0,554	2,290 0,490
0,25	1,0 1,0	1,024 0,987	1,057 0,973	1,093 0,958	1,133 0,940	1,180 0,919	1,237 0,894	1,309 0,863	1,406 0,822	1,471 0,794	1,518 0,775	1,555 0,759	1,597 0,742	1,648 0,718	1,681 0,709	1,712 0,695	1,752 0,679	1,801 0,660	1,868 0,634	1,919 0,615	2,063 0,563
0,20	1,0 1,0	1,023 0,988	1,052 0,976	1,084 0,962	1,119 0,946	1,160 0,927	1,209 0,905	1,270 0,878	1,349 0,840	1,400 0,821	1,438 0,805	1,466 0,792	1,498 0,779	1,537 0,763	1,559 0,753	1,581 0,743	1,614 0,730	1,650 0,715	1,698 0,695	1,734 0,681	1,840 0,640
0,15	1,0 1,0	1,022 0,990	1,045 0,979	1,071 0,967	1,100 0,954	1,133 0,938	1,172 0,920	1,219 0,899	1,279 0,872	1,316 0,855	1,344 0,843	1,364 0,834	1,387 0,823	1,414 0,811	1,430 0,804	1,447 0,797	1,467 0,788	1,492 0,777	1,525 0,763	1,549 0,753	1,623 0,723
0,10	1,0 1,0	1,016 0,993	1,034 0,984	1,053 0,975	1,074 0,965	1,098 0,954	1,125 0,941	1,157 0,926	1,196 0,907	1,221 0,896	1,238 0,888	1,251 0,882	1,266 0,875	1,282 0,867	1,292 0,863	1,303 0,858	1,315 0,852	1,330 0,846	1,350 0,837	1,364 0,830	1,410 0,810
0,05	1,0 1,0	1,009 0,996	1,019 0,991	1,029 0,986	1,041 0,980	1,053 0,974	1,067 0,967	1,084 0,959	1,103 0,950	1,115 0,944	1,123 0,940	1,129 0,937	1,136 0,934	1,144 0,930	1,148 0,928	1,153 0,926	1,159 0,923	1,165 0,920	1,175 0,916	1,181 0,913	1,203 0,903
0	1,0 1,0	1,0 1,0	1,0 1,0	1,0 1,0	1,0 1,0	1,0 1,0	1,0 1,0	1,0 1,0	1,0 1,0	1,0 1,0	1,0 1,0	1,0 1,0	1,0 1,0	1,0 1,0	1,0 1,0	1,0 1,0	1,0 1,0	1,0 1,0	1,0 1,0	1,0 1,0	1,0 1,0

Einseitig parabol. Vouten $\lambda = \dfrac{l_v}{l}$ **Belastungsglieder** $\mathfrak{M}_1\,\mathfrak{M}_2$ Obere Zahl $\varkappa_1$ $\mathfrak{M}_1 = -\,\varkappa_1\,\dfrac{q\,l^2}{12}$

$n = \dfrac{J_c}{J_A}$ (= Volleinspannmomente am beidseitig fest eingesp. Träger) für durchgehende Gleichlast Untere Zahl $\varkappa_2$ $\mathfrak{M}_2 = +\,\varkappa_2\,\dfrac{q\,l^2}{12}$

Obere Zahl $\varkappa_1$, untere Zahl $\varkappa_2$.

λ \ n	1,00	0,90	0,80	0,70	0,60	0,50	0,40	0,30	0,20	0,15	0,12	0,10	0,08	0,06	0,05	0,04	0,03	0,02	0,01	0,005	0
1,00	1,0 1,0	1,025 0,983	1,053 0,963	1,086 0,941	1,124 0,916	1,170 0,887	1,229 0,852	1,307 0,808	1,421 0,748	1,505 0,707	1,572 0,676	1,628 0,652	1,697 0,622	1,789 0,586	1,847 0,563	1,920 0,536	2,012 0,504	2,153 0,458	2,391 0,389	2,632 0,327	6,000 0,000
0,90	1,0 1,0	1,025 0,984	1,054 0,965	1,088 0,944	1,127 0,921	1,175 0,893	1,235 0,860	1,316 0,818	1,434 0,760	1,521 0,721	1,590 0,691	1,648 0,667	1,720 0,638	1,814 0,603	1,875 0,581	1,951 0,555	2,047 0,523	2,191 0,478	2,436 0,410	2,683 0,349	5,410 0,010
0,80	1,0 1,0	1,026 0,985	1,056 0,967	1,090 0,948	1,130 0,926	1,179 0,899	1,241 0,869	1,323 0,829	1,444 0,774	1,534 0,736	1,604 0,708	1,663 0,685	1,737 0,657	1,833 0,622	1,894 0,601	1,971 0,576	2,069 0,544	2,212 0,501	2,454 0,432	2,694 0,373	4,840 0,040
0,70	1,0 1,0	1,027 0,986	1,057 0,970	1,092 0,952	1,133 0,931	1,183 0,906	1,246 0,877	1,330 0,839	1,452 0,786	1,542 0,750	1,613 0,723	1,672 0,700	1,744 0,674	1,839 0,640	1,900 0,619	1,974 0,595	2,069 0,564	2,205 0,522	2,432 0,457	2,648 0,399	4,290 0,090
0,60	1,0 1,0	1,027 0,987	1,058 0,971	1,093 0,954	1,135 0,935	1,185 0,912	1,248 0,883	1,331 0,847	1,452 0,797	1,540 0,762	1,609 0,736	1,665 0,715	1,734 0,689	1,825 0,657	1,880 0,638	1,948 0,614	2,035 0,585	2,156 0,546	2,353 0,486	2,534 0,433	3,760 0,160
0,50	1,0 1,0	1,027 0,987	1,057 0,973	1,093 0,957	1,134 0,938	1,183 0,916	1,244 0,889	1,324 0,855	1,439 0,808	1,520 0,776	1,583 0,751	1,634 0,731	1,696 0,708	1,775 0,679	1,824 0,661	1,883 0,640	1,956 0,614	2,057 0,579	2,215 0,527	2,355 0,482	3,250 0,250
0,45	1,0 1,0	1,027 0,988	1,057 0,974	1,091 0,958	1,131 0,940	1,179 0,919	1,239 0,893	1,316 0,860	1,425 0,815	1,501 0,784	1,560 0,761	1,607 0,742	1,664 0,720	1,736 0,693	1,781 0,676	1,834 0,656	1,899 0,632	1,988 0,601	2,126 0,553	2,246 0,513	3,003 0,303
0,40	1,0 1,0	1,026 0,988	1,055 0,975	1,089 0,960	1,128 0,942	1,174 0,922	1,230 0,897	1,303 0,866	1,405 0,823	1,475 0,794	1,529 0,772	1,572 0,755	1,623 0,735	1,688 0,710	1,727 0,695	1,774 0,677	1,831 0,655	1,908 0,627	2,025 0,585	2,127 0,549	2,760 0,360
0,35	1,0 1,0	1,025 0,989	1,053 0,976	1,085 0,961	1,122 0,945	1,165 0,925	1,218 0,902	1,286 0,873	1,378 0,833	1,442 0,807	1,490 0,787	1,528 0,771	1,572 0,754	1,629 0,731	1,663 0,717	1,703 0,701	1,752 0,682	1,817 0,657	1,915 0,620	1,999 0,590	2,523 0,423
0,30	1,0 1,0	1,024 0,989	1,050 0,977	1,080 0,964	1,114 0,948	1,154 0,930	1,202 0,909	1,263 0,882	1,345 0,846	1,401 0,822	1,442 0,805	1,475 0,791	1,514 0,775	1,561 0,755	1,590 0,744	1,623 0,730	1,664 0,714	1,718 0,692	1,796 0,662	1,866 0,635	2,290 0,490
0,25	1,0 1,0	1,022 0,990	1,046 0,979	1,073 0,967	1,103 0,953	1,139 0,936	1,181 0,917	1,234 0,893	1,305 0,862	1,352 0,842	1,387 0,826	1,414 0,815	1,446 0,801	1,484 0,785	1,508 0,775	1,535 0,763	1,568 0,750	1,610 0,732	1,674 0,706	1,727 0,685	2,063 0,563
0,20	1,0 1,0	1,019 0,991	1,040 0,981	1,063 0,970	1,090 0,958	1,120 0,944	1,156 0,928	1,200 0,908	1,258 0,882	1,296 0,864	1,323 0,852	1,345 0,843	1,370 0,832	1,400 0,818	1,418 0,811	1,439 0,801	1,464 0,791	1,496 0,777	1,544 0,756	1,585 0,740	1,840 0,640
0,15	1,0 1,0	1,016 0,993	1,033 0,984	1,052 0,976	1,073 0,966	1,097 0,954	1,125 0,941	1,159 0,925	1,203 0,905	1,231 0,892	1,252 0,882	1,268 0,875	1,286 0,867	1,308 0,857	1,321 0,851	1,336 0,844	1,354 0,836	1,377 0,826	1,412 0,811	1,440 0,798	1,623 0,723
0,10	1,0 1,0	1,011 0,994	1,024 0,988	1,037 0,982	1,052 0,975	1,069 0,967	1,089 0,957	1,112 0,946	1,142 0,932	1,160 0,923	1,174 0,917	1,184 0,912	1,196 0,907	1,210 0,900	1,219 0,896	1,228 0,892	1,240 0,886	1,254 0,879	1,276 0,870	1,294 0,861	1,410 0,810
0,05	1,0 1,0	1,006 0,997	1,013 0,994	1,020 0,990	1,028 0,986	1,037 0,982	1,047 0,977	1,059 0,971	1,074 0,964	1,083 0,959	1,090 0,956	1,095 0,954	1,102 0,951	1,108 0,948	1,112 0,946	1,116 0,944	1,122 0,941	1,129 0,938	1,139 0,933	1,147 0,929	1,203 0,903
0	1,0 1,0	1,0 1,0	1,0 1,0	1,0 1,0	1,0 1,0	1,0 1,0	1,0 1,0	1,0 1,0	1,0 1,0	1,0 1,0	1,0 1,0	1,0 1,0	1,0 1,0	1,0 1,0	1,0 1,0	1,0 1,0	1,0 1,0	1,0 1,0	1,0 1,0	1,0 1,0	1,0 1,0

Tafel 17

Belastungsglieder $\mathfrak{M}_1\,\mathfrak{M}_2$

(= Volleinspannmomente am beidseitig fest eingesp. Träger) für durchgehende Gleichlast

Beidseitig gerade Vouten

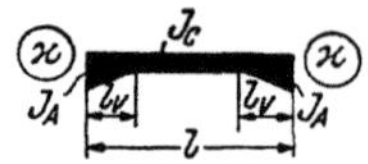

$$\lambda = \frac{l_v}{l}$$

$$n = \frac{J_c}{J_A}$$

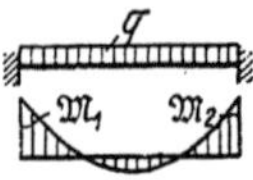

$$\mathfrak{M}_1 = -\,\mathfrak{M}_2 = -\,\varkappa\,\frac{q\,l^2}{12}$$

Tafelwerte: $\varkappa$

λ \ n	1,00	0,90	0,80	0,70	0,60	0,50	0,40	0,30	0,20	0,15	0,12
0,50	1,000	1,012	1,028	1,044	1,062	1,084	1,109	1,141	1,183	1,211	1,231
0,45	1,000	1,013	1,031	1,048	1,068	1,091	1,119	1,154	1,199	1,229	1,251
0,40	1,000	1,014	1,032	1,050	1,072	1,096	1,125	1,160	1,207	1,237	1,259
0,35	1,000	1,015	1,033	1,052	1,073	1,097	1,126	1,161	1,207	1,236	1,256
0,30	1,000	1,015	1,032	1,051	1,072	1,095	1,123	1,156	1,199	1,225	1,244
0,25	1,000	1,015	1,031	1,048	1,068	1,090	1,115	1,145	1,183	1,207	1,223
0,20	1,000	1,013	1,028	1,043	1,061	1,080	1,102	1,128	1,160	1,180	1,194
0,15	1,000	1,011	1,023	1,036	1,051	1,067	1,084	1,105	1,131	1,146	1,157
0,10	1,000	1,008	1,017	1,027	1,037	1,049	1,062	1,077	1,094	1,104	1,112
0,05	1,000	1,005	1,010	1,015	1,020	1,027	1,033	1,041	1,050	1,056	1,060
0	1,000	1,000	1,000	1,000	1,000	1,000	1,000	1,000	1,000	1,000	1,000

λ \ n	0,12	0,10	0,08	0,06	0,05	0,04	0,03	0,02	0,01	0,005	0
0,50	1,231	1,247	1,267	1,289	1,302	1,318	1,337	1,361	1,395	1,422	1,500
0,45	1,251	1,269	1,289	1,312	1,326	1,342	1,362	1,385	1,419	1,442	1,495
0,40	1,259	1,276	1,296	1,318	1,331	1,347	1,364	1,385	1,413	1,434	1,480
0,35	1,256	1,272	1,290	1,311	1,323	1,337	1,352	1,371	1,396	1,413	1,455
0,30	1,244	1,257	1,274	1,293	1,303	1,315	1,329	1,345	1,367	1,382	1,420
0,25	1,223	1,235	1,249	1,265	1,274	1,284	1,296	1,310	1,328	1,340	1,375
0,20	1,194	1,204	1,215	1,228	1,236	1,244	1,253	1,265	1,280	1,290	1,320
0,15	1,157	1,164	1,173	1,183	1,189	1,195	1,203	1,211	1,223	1,231	1,255
0,10	1,112	1,117	1,123	1,130	1,134	1,138	1,143	1,149	1,157	1,163	1,180
0,05	1,060	1,062	1,065	1,069	1,071	1,073	1,076	1,079	1,083	1,086	1,095
0	1,000	1,000	1,000	1,000	1,000	1,000	1,000	1,000	1,000	1,000	1,000

Belastungsglieder $\mathfrak{M}_1 \, \mathfrak{M}_2$

Beidseitig parabol. Vouten

(= Volleinspannmomente am beidseitig fest eingesp. Träger) für durchgehende Gleichlast

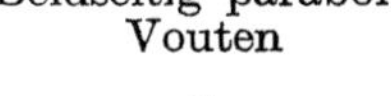

$$\lambda = \frac{l_v}{l} \qquad n = \frac{J_c}{J_A}$$

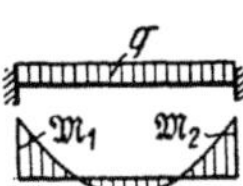

$$\mathfrak{M}_1 = -\,\mathfrak{M}_2 = -\,\varkappa\,\frac{q\,l^2}{12}$$

Tafelwerte: $\varkappa$

λ \ n	1,00	0,90	0,80	0,70	0,60	0,50	0,40	0,30	0,20	0,15	0,12
0,50	1,000	1,014	1,029	1,046	1,065	1,087	1,113	1,145	1,186	1,213	1,233
0,45	1,000	1,014	1,029	1,046	1,066	1,088	1,113	1,145	1,185	1,212	1,231
0,40	1,000	1,014	1,029	1,046	1,064	1,086	1,111	1,141	1,180	1,206	1,224
0,35	1,000	1,013	1,028	1,044	1,062	1,082	1,106	1,135	1,172	1,195	1,212
0,30	1,000	1,013	1,026	1,041	1,058	1,077	1,099	1,125	1,159	1,180	1,196
0,25	1,000	1,011	1,024	1,038	1,053	1,070	1,089	1,113	1,142	1,161	1,174
0,20	1,000	1,010	1,021	1,033	1,046	1,060	1,077	1,097	1,122	1,137	1,149
0,15	1,000	1,008	1,017	1,026	1,037	1,049	1,062	1,078	1,097	1,109	1,118
0,10	1,000	1,006	1,012	1,019	1,027	1,035	1,044	1,055	1,069	1,077	1,083
0,05	1,000	1,003	1,007	1,010	1,014	1,019	1,024	1,029	1,037	1,041	1,044
0	1,000	1,000	1,000	1,000	1,000	1,000	1,000	1,000	1,000	1,000	1,000

λ \ n	0,12	0,10	0,08	0,06	0,05	0,04	0,03	0,02	0,01	0,005	0
0,50	1,233	1,248	1,266	1,287	1,299	1,314	1,331	1,352	1,384	1,408	1,500
0,45	1,231	1,246	1,263	1,283	1,295	1,309	1,326	1,346	1,376	1,400	1,495
0,40	1,224	1,238	1,254	1,273	1,285	1,298	1,313	1,333	1,360	1,383	1,480
0,35	1,212	1,225	1,240	1,258	1,268	1,280	1,294	1,312	1,338	1,358	1,455
0,30	1,196	1,207	1,221	1,237	1,246	1,257	1,269	1,285	1,308	1,326	1,420
0,25	1,174	1,185	1,196	1,210	1,218	1,227	1,238	1,252	1,272	1,288	1,375
0,20	1,149	1,157	1,167	1,178	1,185	1,193	1,202	1,213	1,230	1,243	1,320
0,15	1,118	1,125	1,132	1,141	1,146	1,152	1,160	1,168	1,181	1,192	1,255
0,10	1,083	1,088	1,093	1,099	1,103	1,107	1,112	1,118	1,127	1,134	1,180
0,05	1,044	1,047	1,049	1,053	1,054	1,057	1,059	1,062	1,067	1,071	1,095
0	1,000	1,000	1,000	1,000	1,000	1,000	1,000	1,000	1,000	1,000	1,000

Tafel 15a

Einseitig gerade
Vouten

Belastungsglieder $\mathfrak{M}_1\ \mathfrak{M}_2$

(= Volleinspannmomente am beidseitig fest
eingesp. Träger) für durchgehende Gleichlast

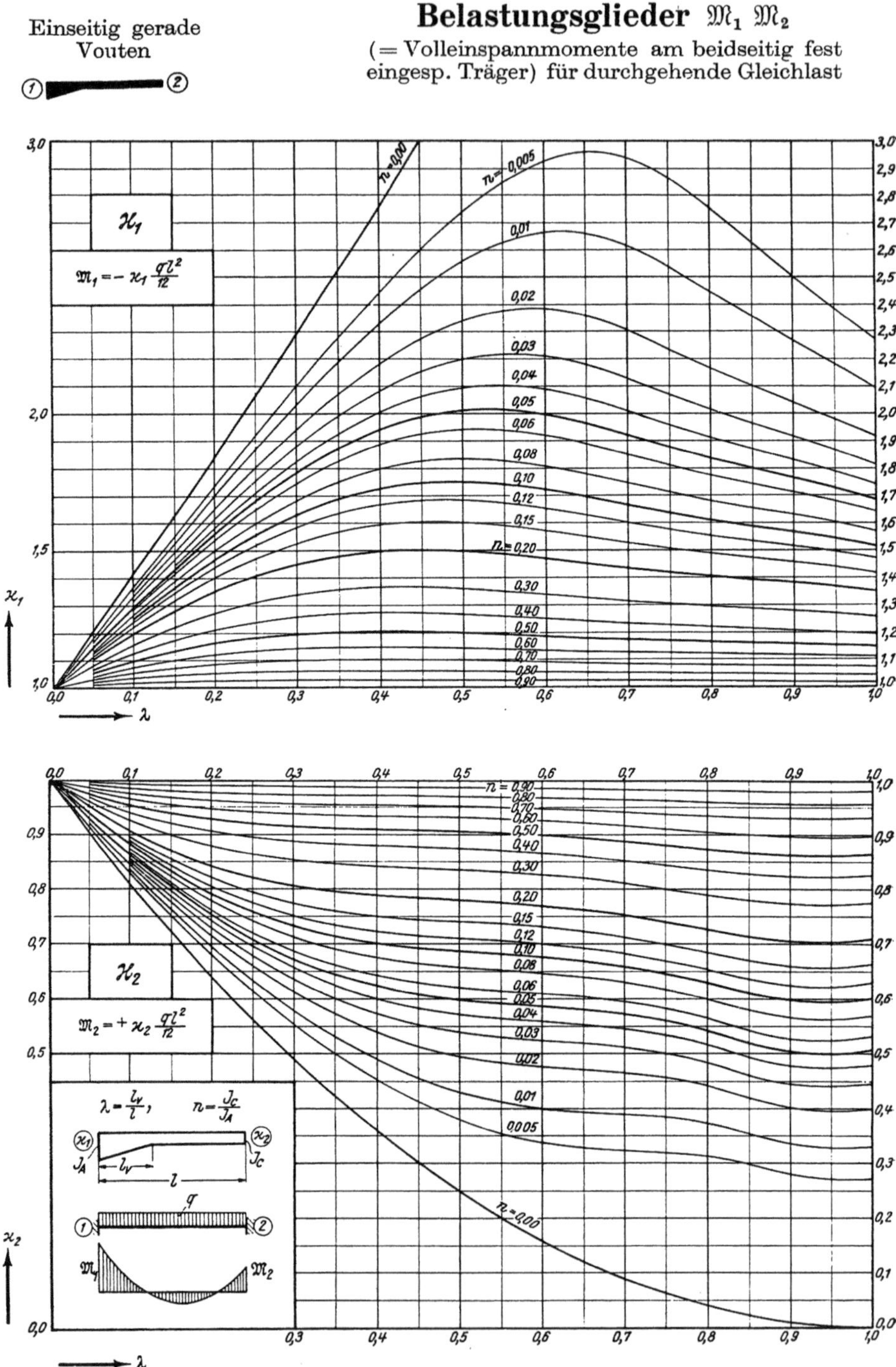

Einseitig parabol.
Vouten

Belastungsglieder $\mathfrak{M}_1\,\mathfrak{M}_2$

(= Volleinspannmomente am beidseitig fest
eingesp. Träger) für durchgehende Gleichlast

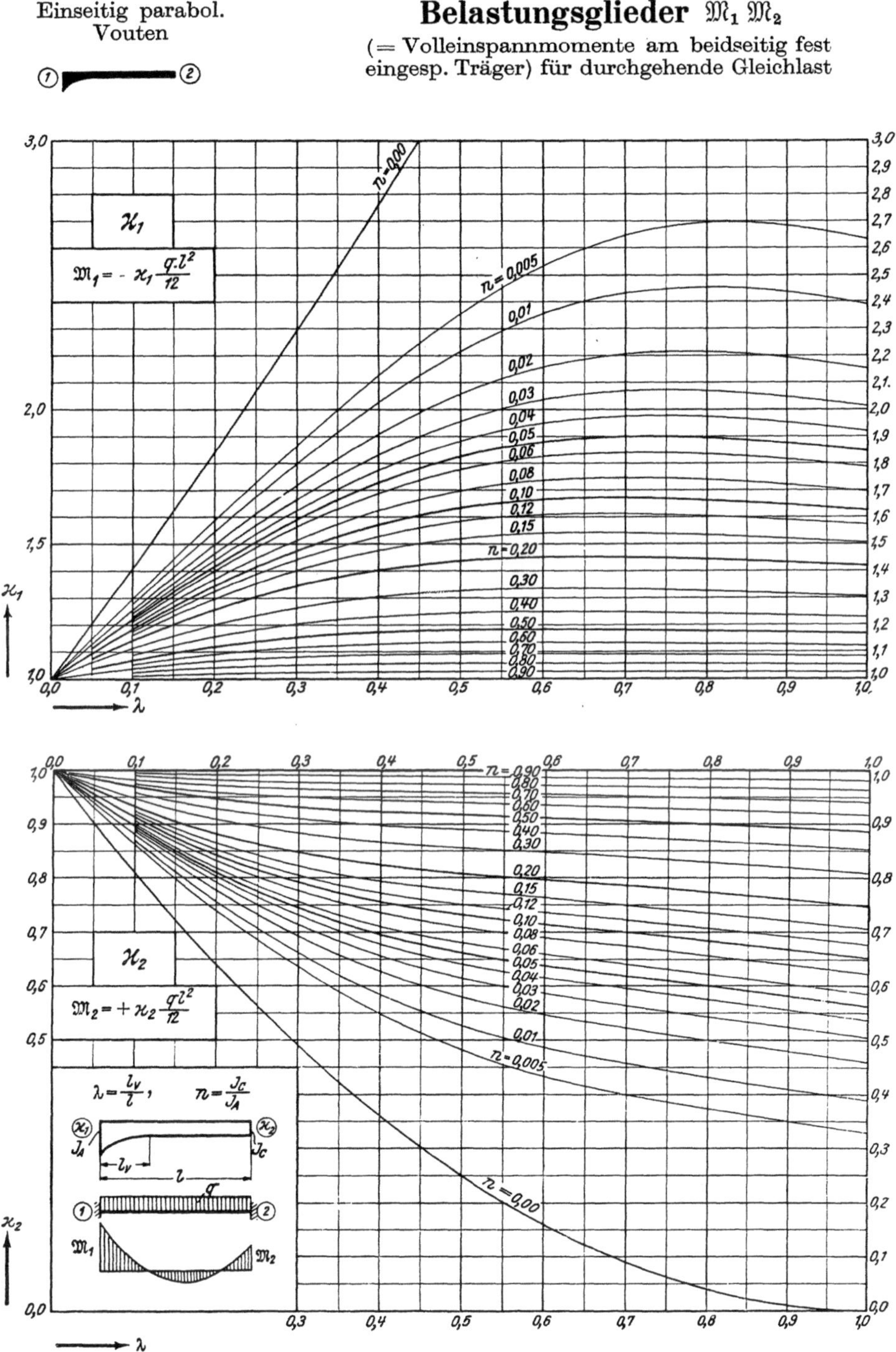

Tafel 17a

Beidseitig gerade
Vouten

Belastungsglieder $\mathfrak{M}_1\,\mathfrak{M}_2$

(= Volleinspannmomente am beidseitig fest
eingesp. Träger) für durchgehende Gleichlast

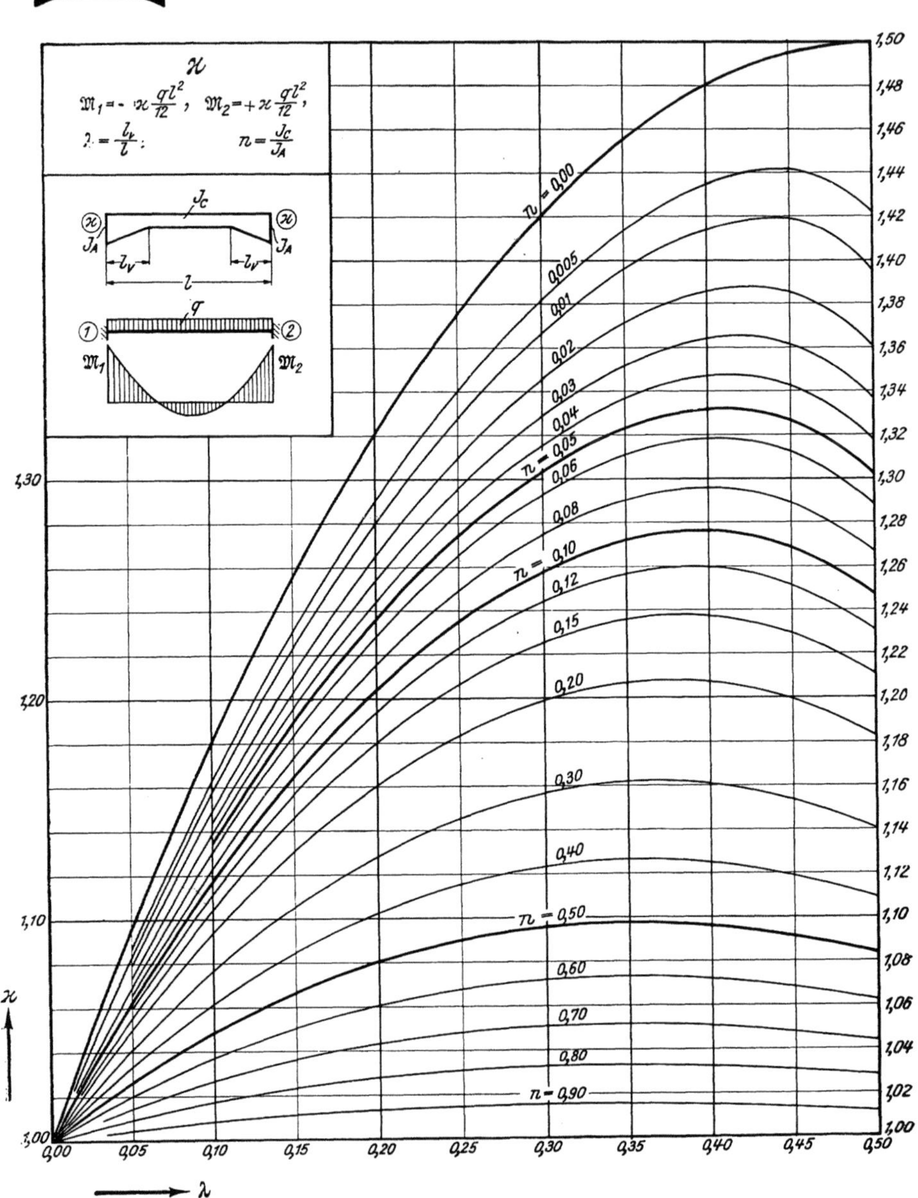

Beidseitig parabol.
Vouten

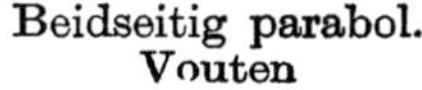

Belastungsglieder $\mathfrak{M}_1 \mathfrak{M}_2$

(= Volleinspannmomente am beidseitig fest
eingesp. Träger) für durchgehende Gleichlast

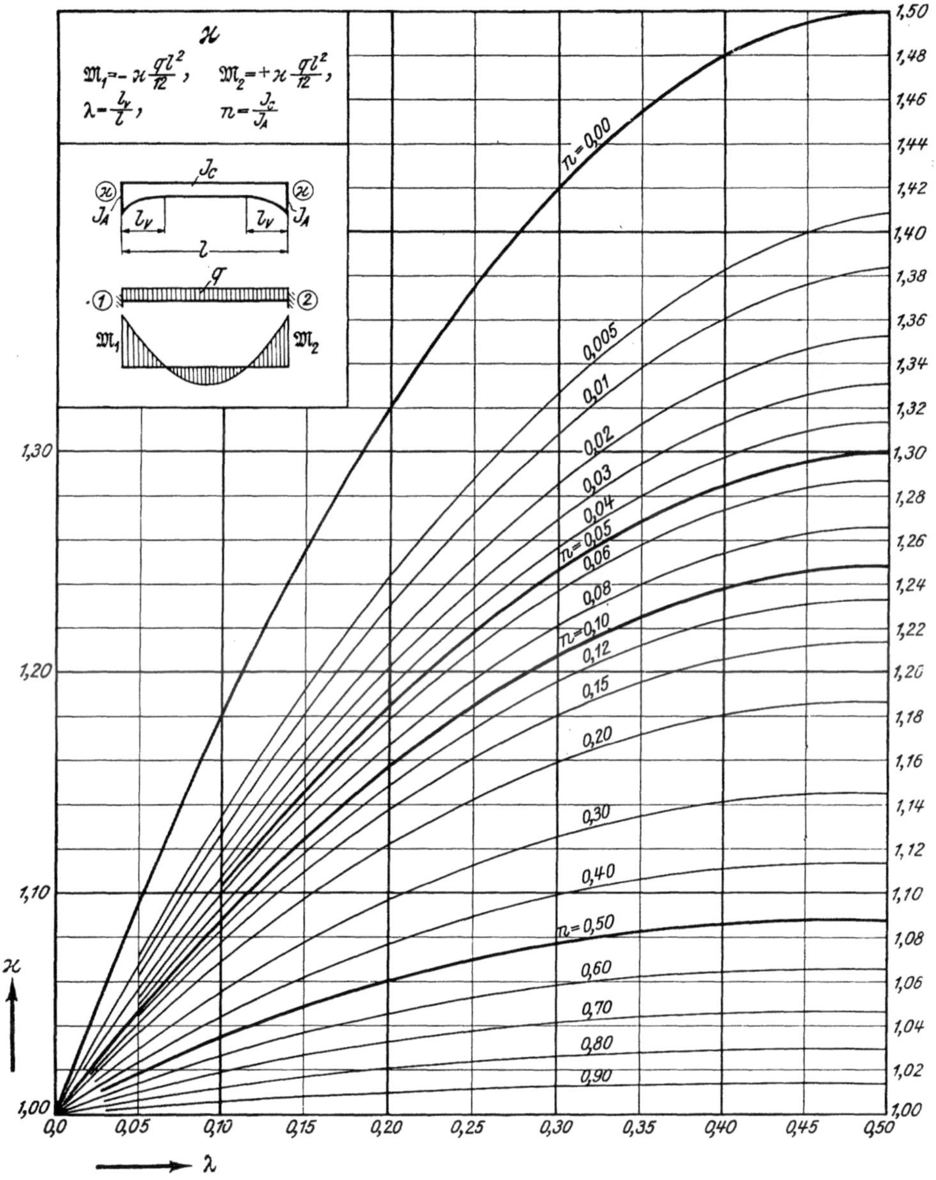

T a f e l 19

Einseitig gerade
Vouten

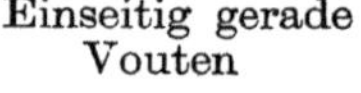

$$\lambda = \frac{l_v}{l}$$

$$n = \frac{J_c}{J_A}$$

Belastungsglieder $\mathfrak{M}^0{}_1$

für „Gelenkstäbe" (= Volleinspannmomente am einseitig gelenkig angeschlossenen Träger) bei durchgehender Gleichlast

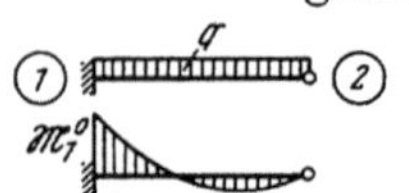

$$\mathfrak{M}^0{}_1 = -\varkappa\, q\, l^2$$

Tafelwerte: $\varkappa$

λ \ n	1,00	0,90	0,80	0,70	0,60	0,50	0,40	0,30	0,20	0,15	0,12
1,00	0,125	0,126	0,129	0,132	0,135	0,138	0,142	0,148	0,156	0,162	0,167
0,90	0,125	0,127	0,129	0,133	0,136	0,140	0,145	0,152	0,161	0,168	0,174
0,80	0,125	0,127	0,130	0,134	0,138	0,142	0,148	0,156	0,167	0,176	0,183
0,70	0,125	0,128	0,131	0,135	0,139	0,144	0,151	0,160	0,173	0,183	0,191
0,60	0,125	0,128	0,132	0,136	0,140	0,146	0,153	0,163	0,177	0,188	0,196
0,50	0,125	0,128	0,132	0,136	0,141	0,147	0,155	0,165	0,179	0,189	0,197
0,45	0,125	0,128	0,132	0,136	0,141	0,147	0,155	0,165	0,178	0,188	0,195
0,40	0,125	0,128	0,132	0,136	0,141	0,147	0,154	0,164	0,177	0,185	0,192
0,35	0,125	0,128	0,132	0,136	0,141	0,146	0,153	0,162	0,174	0,181	0,188
0,30	0,125	0,128	0,132	0,135	0,140	0,145	0,151	0,159	0,170	0,177	0,182
0,25	0,125	0,128	0,131	0,135	0,139	0,143	0,149	0,156	0,165	0,171	0,175
0,20	0,125	0,128	0,130	0,134	0,137	0,141	0,146	0,152	0,159	0,163	0,167
0,15	0,125	0,127	0,129	0,132	0,135	0,138	0,142	0,146	0,152	0,155	0,157
0,10	0,125	0,127	0,128	0,130	0,132	0,135	0,137	0,140	0,144	0,146	0,147
0,05	0,125	0,126	0,127	0,128	0,129	0,130	0,131	0,133	0,135	0,136	0,136
0	0,125	0,125	0,125	0,125	0,125	0,125	0,125	0,125	0,125	0,125	0,125

λ \ n	0,12	0,10	0,08	0,06	0,05	0,04	0,03	0,02	0,01	0,005	0
1,00	0,167	0,170	0,175	0,181	0,184	0,189	0,195	0,203	0,217	0,231	0,500
0,90	0,174	0,178	0,184	0,192	0,197	0,203	0,211	0,223	0,244	0,267	0,463
0,80	0,183	0,188	0,196	0,205	0,212	0,219	0,230	0,245	0,272	0,300	0,425
0,70	0,191	0,198	0,206	0,217	0,224	0,233	0,244	0,260	0,286	0,310	0,388
0,60	0,196	0,203	0,212	0,222	0,229	0,237	0,248	0,262	0,283	0,300	0,350
0,50	0,197	0,204	0,211	0,220	0,226	0,233	0,241	0,252	0,268	0,280	0,313
0,45	0,195	0,201	0,208	0,217	0,222	0,228	0,235	0,244	0,257	0,267	0,294
0,40	0,192	0,197	0,204	0,211	0,215	0,221	0,227	0,234	0,245	0,253	0,275
0,35	0,188	0,192	0,198	0,204	0,208	0,212	0,217	0,223	0,232	0,238	0,256
0,30	0,182	0,186	0,190	0,195	0,198	0,202	0,206	0,211	0,218	0,223	0,238
0,25	0,175	0,178	0,182	0,186	0,188	0,191	0,194	0,198	0,203	0,207	0,219
0,20	0,167	0,169	0,172	0,175	0,177	0,179	0,182	0,185	0,188	0,191	0,200
0,15	0,157	0,159	0,161	0,163	0,165	0,166	0,168	0,170	0,173	0,175	0,181
0,10	0,147	0,149	0,150	0,151	0,152	0,153	0,154	0,155	0,157	0,158	0,163
0,05	0,136	0,137	0,138	0,139	0,139	0,139	0,140	0,140	0,141	0,142	0,144
0	0,125	0,125	0,125	0,125	0,125	0,125	0,125	0,125	0,125	0,125	0,125

Belastungsglieder $\mathfrak{M}^0_1$

Einseitig parabol. Vouten

für „Gelenkstäbe" (= Volleinspannmomente am einseitig gelenkig angeschlossenen Träger) bei durchgehender Gleichlast

$$\lambda = \frac{l_v}{l}$$

$$n = \frac{J_c}{J_A}$$

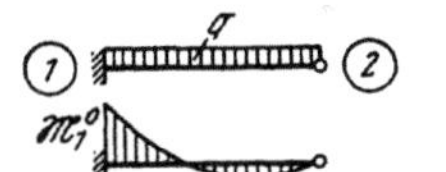

$$\mathfrak{M}^0_1 = - \varkappa\, q\, l^2$$

Tafelwerte: $\varkappa$

λ \ n	1,00	0,90	0,80	0,70	0,60	0,50	0,40	0,30	0,20	0,15	0,12
1,00	0,125	0,128	0,131	0,134	0,138	0,143	0,149	0,157	0,168	0,176	0,183
0,90	0,125	0,128	0,131	0,134	0,139	0,144	0,150	0,159	0,171	0,179	0,186
0,80	0,125	0,128	0,131	0,135	0,139	0,145	0,151	0,160	0,172	0,182	0,188
0,70	0,125	0,128	0,131	0,135	0,140	0,145	0,152	0,161	0,173	0,182	0,189
0,60	0,125	0,128	0,131	0,135	0,140	0,145	0,152	0,161	0,173	0,181	0,188
0,50	0,125	0,128	0,131	0,135	0,140	0,145	0,151	0,159	0,170	0,178	0,184
0,45	0,125	0,128	0,131	0,135	0,139	0,144	0,150	0,158	0,168	0,176	0,181
0,40	0,125	0,128	0,131	0,134	0,139	0,143	0,149	0,156	0,166	0,172	0.177
0,35	0,125	0,128	0,131	0,134	0,138	0,142	0,147	0,154	0,163	0,168	0,173
0,30	0,125	0,128	0,130	0,133	0,137	0,141	0,145	0,151	0,159	0,164	0,168
0,25	0,125	0,127	0,130	0,132	0,135	0,139	0,143	0,148	0,155	0,159	0,162
0,20	0,125	0,127	0,129	0,131	0,134	0,137	0,140	0,145	0,150	0,153	0,156
0,15	0,125	0,127	0,128	0,130	0,132	0,134	0,137	0,141	0,144	0,147	0,149
0,10	0,125	0,126	0,127	0,129	0,130	0,132	0,134	0,136	0,138	0,140	0,141
0,05	0,125	0,126	0,126	0,127	0,128	0,129	0,130	0,131	0,132	0,133	0,133
0	0,125	0,125	0,125	0,125	0,125	0,125	0,125	0,125	0,125	0,125	0,125

λ \ n	0,12	0,10	0,08	0,06	0,05	0,04	0,03	0,02	0,01	0,005	0
1,00	0,183	0,188	0,195	0,203	0,209	0,215	0,224	0,236	0,256	0,276	0,500
0,90	0,186	0,192	0,199	0,208	0,213	0,220	0,229	0,242	0,263	0,283	0,463
0,80	0,188	0,194	0,201	0,211	0,216	0,223	0,232	0,245	0,265	0,284	0,425
0,70	0,189	0,195	0,202	0,211	0,216	0,223	0,231	0,243	0,261	0,278	0,388
0,60	0,188	0,193	0,200	0,208	0,213	0,218	0,226	0,236	0,252	0,265	0,350
0,50	0,184	0,189	0,194	0,201	0,205	0,210	0,216	0,225	0,237	0,248	0,313
0,45	0,181	0,185	0,190	0,197	0,200	0,205	0,210	0,217	0,228	0,238	0,294
0,40	0,177	0,181	0,186	0,191	0,194	0,199	0,203	0,209	0,219	0,227	0,275
0,35	0,173	0,176	0,180	0,185	0,188	0,191	0,195	0,201	0,209	0,215	0,256
0,30	0,168	0,171	0,174	0,178	0,181	0,183	0,187	0,191	0,198	0,203	0,238
0,25	0,162	0,165	0,167	0,171	0,173	0,175	0,178	0,181	0,187	0,191	0,219
0,20	0,156	0,158	0,160	0,163	0,164	0,166	0,168	0,171	0,175	0,178	0,200
0,15	0,149	0,150	0,152	0,154	0,155	0,156	0,158	0,160	0,163	0,165	0,181
0,10	0,141	0,142	0,144	0,145	0,146	0,146	0,147	0,149	0,151	0,152	0,163
0,05	0,133	0,134	0,134	0,135	0,136	0,136	0,136	0,137	0,138	0,139	0,144
0	0,125	0,125	0,125	0,125	0,125	0,125	0,125	0,125	0,125	0,125	0,125

Tafel 19a

Einseitig gerade
Vouten

Belastungsglieder $\mathfrak{M}^0{}_1$

für „Gelenkstäbe" (= Volleinspannmomente am einseitig gelenkig angeschlossenen Träger) bei durchgehender Gleichlast

$$\mathfrak{M}^0{}_1 = -\,\varkappa\,q\,l^2$$

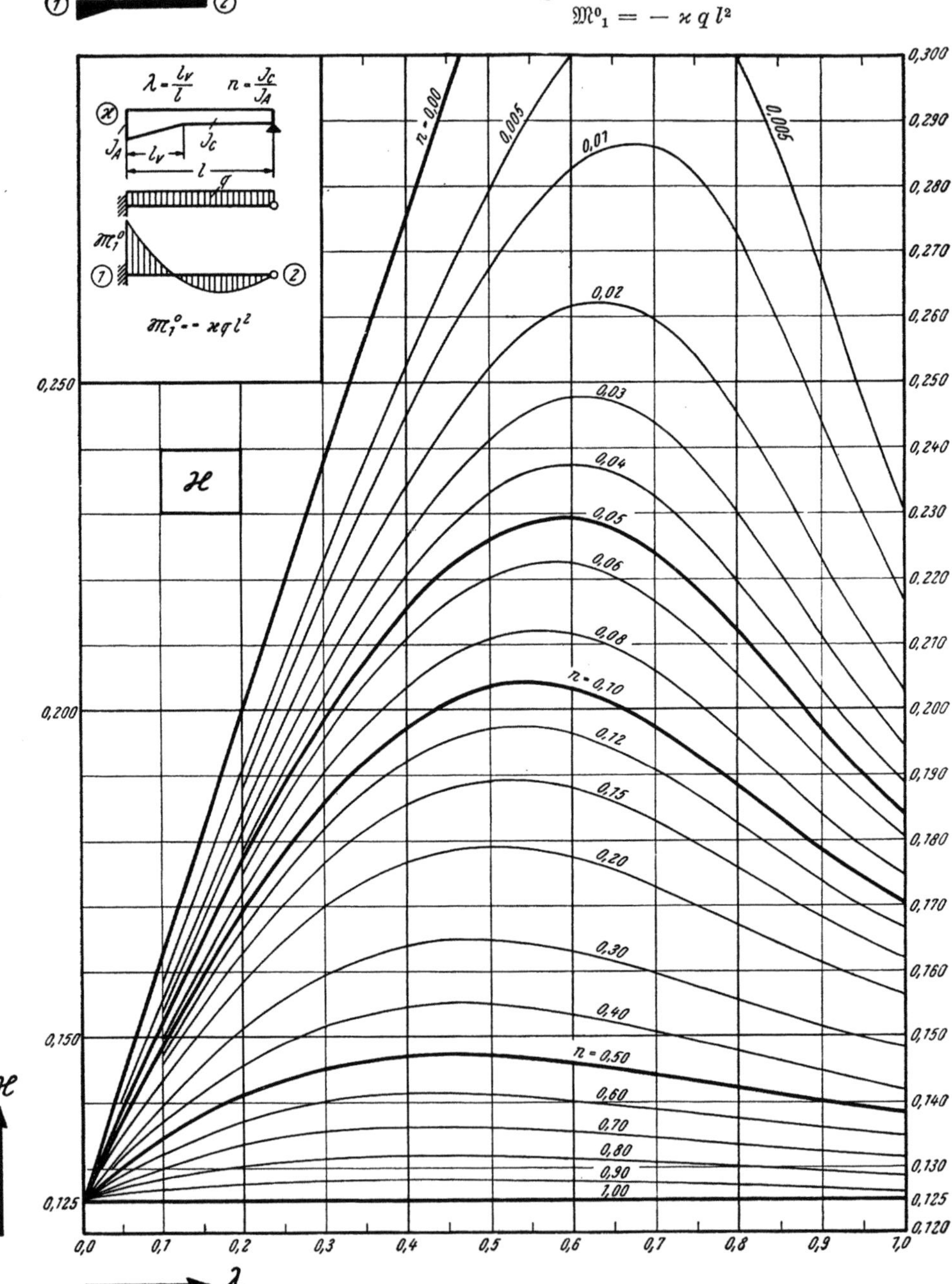

Belastungsglieder $\mathfrak{M}^{0}_{1}$

Einseitig parabol. Vouten

für „Gelenkstäbe" (= Volleinspannmomente am einseitig gelenkig angeschlossenen Träger) bei durchgehender Gleichlast

$$\mathfrak{M}^{0}_{1} = -\,\varkappa\,q\,l^2$$

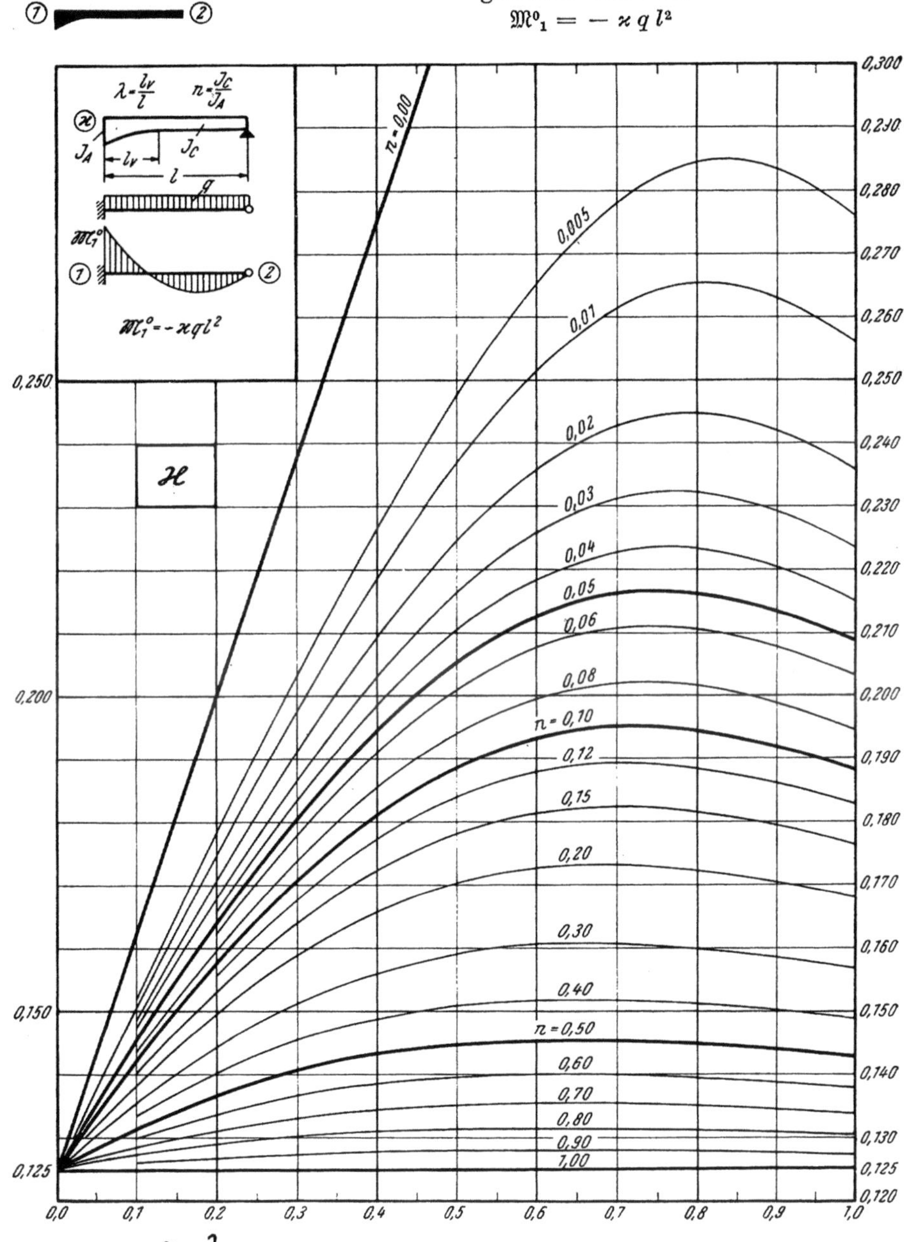

Tafel 21

Einseitig gerade Vouten

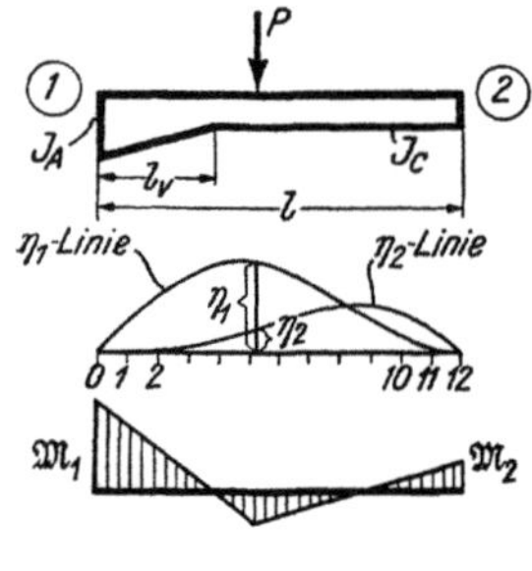

Einflußlinien
für die Belastungsglieder $\mathfrak{M}_1\,\mathfrak{M}_2$

(= Volleinspannmomente am beidseitig fest eingespannten Träger)

$$\lambda = \frac{l_v}{l} \qquad \text{Obere Zahl } \eta_1 \qquad \mathfrak{M}_1 = -\,\eta_1\,P\,l$$

$$n = \frac{J_c}{J_A} \qquad \text{Untere Zahl } \eta_2 \qquad \mathfrak{M}_2 = +\,\eta_2\,P\,l$$

λ	n	1	2	3	4	5	6	7	8	9	10	11
	0,00	0,083 —	0,167 —	0,250 —	0,333 —	0,417 —	0,500 —	0,583 —	0,667 —	0,750 —	0,833 —	0,917 —
	0,03	077 001	141 005	190 011	225 020	241 031	245 043	229 055	194 068	147 075	088 074	029 056
	0,05	077 002	138 006	186 014	215 025	229 037	227 051	208 065	173 078	126 085	074 081	024 058
1,00	0,10	076 002	134 009	176 019	202 032	210 048	202 065	180 081	147 092	103 098	057 090	018 061
	0,20	075 002	129 012	167 025	186 042	190 061	180 080	156 097	123 108	084 111	044 098	013 065
	0,50	075 003	126 015	156 034	169 056	167 080	153 101	127 119	097 128	064 126	034 107	010 067
	1,00	070 007	116 023	141 047	148 074	142 101	125 125	101 142	074 148	047 141	023 116	007 070
	0,00	0,083 —	0,167 —	0,250 —	0,333 —	0,417 —	0,500 —	0,521 012	0,444 037	0,313 063	0,167 074	0,048 058
	0,03	080 001	156 004	222 009	279 017	318 030	332 047	301 070	238 091	161 101	082 096	023 065
	0,05	080 001	153 005	215 012	263 023	293 039	298 058	267 081	209 100	140 108	072 099	019 066
0,50	0,10	079 002	146 008	200 018	238 032	256 052	251 074	220 096	169 113	112 117	057 104	017 066
	0,20	076 003	137 011	183 025	211 043	220 066	208 089	177 111	135 124	088 125	044 108	013 068
	0,50	074 004	126 018	159 037	174 062	172 088	157 110	130 129	096 139	062 133	031 113	009 069
	1,00	070 007	116 023	141 047	148 074	142 101	125 125	101 142	074 148	047 141	023 116	007 070

Obere Zahl η_1
Untere Zahl η_2

Einseitig gerade Vouten
Einflußlinien für $\mathfrak{M}_1$ $\mathfrak{M}_2$

λ	n	1	2	3	4	5	6	7	8	9	10	11
0,40	0,00	0,083 —	0,167 —	0,250 —	0,333 —	0,416 001	0,440 014	0,399 038	0,316 065	0,212 085	0,109 087	0,032 062
	0,03	082 000	159 002	228 008	286 017	320 031	311 054	269 079	206 099	134 109	069 099	020 065
	0,05	081 001	155 004	219 011	271 022	296 039	284 063	245 087	186 106	123 112	063 101	018 066
	0,10	080 001	149 007	205 017	246 031	260 053	245 077	208 100	157 116	103 119	051 105	015 067
	0,20	077 003	140 011	187 025	216 044	222 067	206 092	172 113	130 126	084 126	041 109	012 068
	0,50	074 005	126 018	161 037	176 061	175 087	157 111	129 130	096 139	061 134	030 113	008 069
	1,00	070 007	116 023	141 047	148 074	142 101	125 125	101 142	074 148	047 141	023 116	007 070
0,35	0,00	0,083 —	0,167 —	0,250 —	0,333 —	0,393 006	0,391 027	0,342 054	0,264 080	0,174 095	0,088 092	0,025 063
	0,03	083 000	160 002	229 008	285 017	306 036	291 060	246 085	186 105	122 112	061 101	018 066
	0,05	081 001	156 004	221 011	270 023	286 043	269 068	227 092	171 110	111 116	056 103	016 066
	0,10	080 001	150 007	207 017	246 032	256 054	237 079	199 103	148 119	097 121	048 106	014 067
	0,20	077 002	141 010	190 024	216 044	220 068	201 094	167 115	125 128	080 128	039 109	011 068
	0,50	074 005	127 018	162 037	177 061	174 087	156 112	128 130	094 140	061 134	030 113	008 069
	1,00	070 007	116 023	141 047	148 074	142 101	125 125	101 142	074 148	047 141	023 116	007 070
0,30	0,00	0,083 —	0,167 —	0,250 —	0,327 002	0,358 016	0,341 041	0,291 067	0,222 091	0,143 103	0,073 096	0,021 063
	0,03	082 000	160 002	230 008	278 020	287 042	266 068	223 093	167 111	108 116	054 104	015 067
	0,05	081 001	156 004	221 011	264 025	270 048	250 074	209 097	155 115	101 119	050 105	015 066
	0,10	080 001	151 007	209 016	243 034	246 058	225 083	187 107	138 122	089 124	045 107	013 067
	0,20	078 002	142 010	190 025	215 045	215 070	194 096	161 117	119 130	077 128	038 110	011 068
	0,50	073 005	128 018	163 037	177 061	173 088	154 112	126 131	093 140	060 134	029 113	008 069
	1,00	070 007	116 023	141 047	148 074	142 101	125 125	101 142	074 148	047 141	023 116	007 070

T a f e l 21 (Fortsetzung)

Einseitig gerade Vouten · Einflußlinien für $\mathfrak{M}_1$ $\mathfrak{M}_2$ · Obere Zahl η_1 · Untere Zahl η_2

λ	n	1	2	3	4	5	6	7	8	9	10	11
0,25	0,00	0,083 —	0,167 —	0,250 —	0,307 009	0,320 029	0,295 055	0,249 084	0,186 104	0,120 111	0,061 102	0,018 065
	0,03	082 000	161 002	228 009	263 025	265 050	242 076	201 100	149 117	097 120	048 106	013 067
	0,05	081 001	157 004	221 012	252 030	252 055	229 081	190 105	141 120	091 122	046 106	013 067
	0,10	081 001	152 007	207 018	234 037	232 063	209 089	173 111	128 125	082 126	041 108	011 068
	0,20	079 002	143 010	190 025	211 047	208 073	187 098	153 120	113 131	073 130	036 110	010 068
	0,50	074 005	129 018	163 037	176 062	171 089	152 113	124 132	091 141	058 135	029 113	008 069
	1,00	070 007	116 023	141 047	148 074	142 101	125 125	101 142	074 148	047 141	023 116	007 070
0,20	0,00	0,083 —	0,167 —	0,240 003	0,279 019	0,278 042	0,254 070	0,210 096	0,156 113	0,100 118	0,049 104	0,013 067
	0,03	083 001	160 003	218 012	243 032	240 058	216 085	178 108	131 123	085 124	042 108	012 068
	0,05	082 001	157 005	212 015	235 036	231 062	208 089	171 112	126 125	081 125	040 108	011 068
	0,10	081 001	151 008	201 020	220 042	216 068	193 095	158 117	117 129	075 128	037 110	010 068
	0,20	079 002	143 011	186 026	202 050	197 077	176 102	144 123	106 134	068 131	033 111	009 069
	0,50	074 005	129 018	162 037	173 063	167 090	148 115	120 133	088 142	056 136	028 114	008 069
	1,00	070 007	116 023	141 047	148 074	142 101	125 125	101 142	074 148	047 141	023 116	007 070
0,10	0,00	0,083 —	0,156 005	0,198 022	0,211 045	0,205 073	0,183 100	0,149 120	0,108 133	0,069 130	0,035 110	0,011 068
	0,03	083 002	147 008	184 027	196 051	190 079	168 105	137 125	100 136	064 132	031 112	009 069
	0,05	082 002	145 009	181 028	193 053	186 081	165 106	134 127	098 137	063 132	031 112	008 069
	0,10	081 002	141 011	175 031	187 056	180 083	159 109	129 129	095 138	061 134	030 113	008 069
	0,20	079 003	136 014	168 034	178 060	171 087	152 112	123 132	090 141	058 135	028 113	008 069
	0,50	075 006	126 018	154 040	163 067	156 094	138 119	112 137	082 144	052 137	026 115	007 070
	1,00	070 007	116 023	141 047	148 074	142 101	125 125	101 142	074 148	047 141	023 116	007 070

Einseitig parabol. Vouten

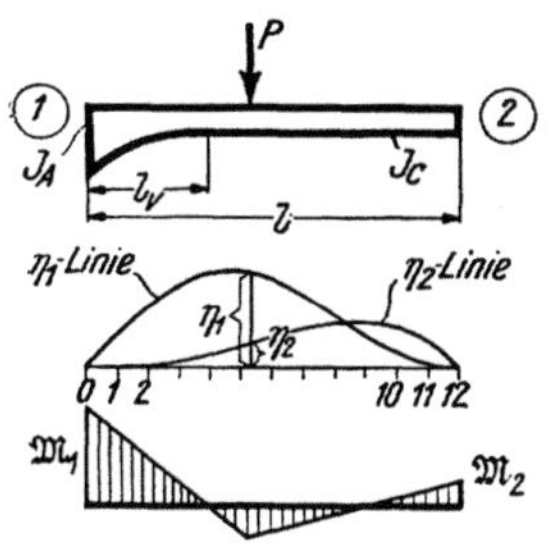

Einflußlinien
für die Belastungsglieder $\mathfrak{M}_1\ \mathfrak{M}_2$
(= Volleinspannmomente am beidseitig fest eingespannten Träger)

$$\lambda = \frac{l_v}{l} \qquad \text{Obere Zahl } \eta_1 \qquad \mathfrak{M}_1 = -\,\eta_1\,P\,l$$

$$n = \frac{J_c}{J_A} \qquad \text{Untere Zahl } \eta_2 \qquad \mathfrak{M}_2 = +\,\eta_2\,P\,l$$

λ	n	1	2	3	4	5	6	7	8	9	10	11
	0,00	0,083 —	0,167 —	0,250 —	0,333 —	0,417 —	0,500 —	0,583 —	0,667 —	0,750 —	0,833 —	0,917 —
	0,03	080 001	151 004	207 010	254 019	279 031	286 045	265 063	221 080	159 091	088 088	027 062
	0,05	078 001	146 006	200 013	240 024	259 039	259 055	235 074	194 090	136 098	073 093	022 063
1,00	0,10	078 002	141 008	188 019	220 033	231 050	224 070	199 089	158 104	108 109	057 099	016 065
	0,20	076 003	135 011	176 025	199 042	204 063	191 085	166 103	128 117	085 119	043 104	012 067
	0,50	070 006	122 019	154 037	168 060	166 085	151 108	125 126	094 136	060 132	030 111	008 069
	1,00	070 007	116 023	141 047	148 074	142 101	125 125	101 142	074 148	047 141	023 116	007 070
	0,00	0,083 —	0,167 —	0,250 —	0,333 —	0,417 —	0,500 —	0,521 012	0,444 037	0,313 063	0,167 074	0,048 058
	0,03	082 000	157 003	222 010	269 021	293 039	281 062	242 086	184 105	120 112	062 100	018 065
	0,05	082 001	154 005	216 013	259 026	274 047	260 071	222 095	168 112	110 117	055 104	016 067
0,50	0,10	079 002	148 008	202 018	235 035	244 058	228 083	193 105	144 120	094 122	047 106	014 067
	0,20	078 002	141 011	187 025	211 046	212 070	195 095	162 116	122 129	078 128	038 110	011 068
	0,50	074 004	127 017	161 037	175 061	171 088	153 112	126 131	093 140	060 135	029 113	008 069
	1,00	070 007	116 023	141 047	148 074	142 101	125 125	101 142	074 148	047 141	023 116	007 070

Tafel 22 (Fortsetzung)

Einseitig parabol. Vouten   Obere Zahl η_1

Einflußlinien für $\mathfrak{M}_1\ \mathfrak{M}_2$ Untere Zahl η_2

λ	n	1	2	3	4	5	6	7	8	9	10	11
0,40	0,00	0,083 —	0,167 —	0,250 —	0,333 —	0,416 001	0,440 014	0,399 038	0,316 065	0,212 085	0,109 087	0,032 062
	0,03	082 000	160 000	224 010	268 024	280 044	259 071	218 095	164 113	105 117	053 104	016 066
	0,05	081 001	156 004	215 013	253 030	260 052	240 077	202 101	151 117	097 120	048 106	014 067
	0,10	080 001	149 008	203 018	233 037	234 062	215 087	178 110	133 124	085 125	043 108	012 068
	0,20	078 002	141 011	186 026	208 047	207 073	188 098	154 119	115 131	074 129	037 110	011 068
	0,50	074 004	126 018	160 037	172 061	170 089	151 113	123 132	091 141	058 135	029 113	008 069
	1,00	070 007	116 023	141 047	148 074	142 101	125 125	101 142	074 148	047 141	023 116	007 070
0,35	0,00	0,083 —	0,167 —	0,250 —	0,333 —	0,393 006	0,391 027	0,342 054	0,264 080	0,174 095	0,088 092	0,025 063
	0,03	082 000	159 003	222 011	260 026	265 050	243 076	204 099	152 116	097 121	048 106	014 067
	0,05	081 001	155 005	215 014	248 031	251 055	229 081	190 104	141 120	090 123	046 106	013 068
	0,10	080 001	149 008	201 020	228 039	228 065	207 090	171 112	126 127	081 126	041 108	012 068
	0,20	078 002	142 011	185 026	205 048	203 075	182 101	150 121	111 132	070 131	035 111	010 068
	0,50	074 005	126 018	160 038	172 062	168 090	149 114	122 133	090 141	057 135	028 114	008 069
	1,00	070 007	116 023	141 047	148 074	142 101	125 125	101 142	074 148	047 141	023 116	007 070
0,30	0,00	0,083 —	0,167 —	0,250 —	0,327 002	0,358 016	0,341 041	0,291 067	0,222 091	0,143 103	0,073 096	0,021 063
	0,03	082 001	159 003	218 013	249 030	249 055	226 082	188 105	138 121	090 123	045 106	013 068
	0,05	082 000	155 005	211 016	239 034	238 060	215 086	177 109	131 124	084 125	042 108	012 067
	0,10	080 001	150 007	199 021	221 042	218 068	196 094	161 116	119 129	076 129	038 109	011 068
	0,20	078 002	141 011	184 027	202 050	197 077	176 103	144 123	106 135	068 132	034 111	010 069
	0,50	074 005	126 018	160 038	172 063	166 090	147 115	120 133	088 142	056 136	028 114	008 069
	1,00	070 007	116 023	141 047	148 074	142 101	125 125	101 142	074 148	047 141	023 116	007 070

T a f e l 22 (Fortsetzung)

Obere Zahl η_1
Untere Zahl η_2

Einseitig parabol. Vouten
Einflußlinien für $\mathfrak{M}_1$ $\mathfrak{M}_2$

λ	n	1	2	3	4	5	6	7	8	9	10	11
0,25	0,00	0,083 —	0,167 —	0,250 —	0,307 009	0,320 029	0,295 055	0,249 084	0,186 104	0,120 111	0,061 102	0,018 065
	0,03	082 000	158 004	212 015	236 036	233 061	210 088	172 111	128 125	081 126	041 108	011 068
	0,05	082 001	154 006	205 018	227 039	223 065	200 092	164 114	121 127	077 128	039 109	011 068
	0,10	080 001	148 008	194 023	212 046	207 072	185 098	152 119	112 132	072 130	036 110	010 069
	0,20	078 002	141 012	180 029	196 053	190 080	169 106	139 125	101 136	065 133	032 112	009 069
	0,50	074 005	125 018	159 038	170 064	163 091	145 116	118 134	086 143	055 136	027 114	007 070
	1,00	070 007	116 023	141 047	148 074	142 101	125 125	101 142	074 148	047 141	023 116	007 070
0,20	0,00	0,083 —	0,167 —	0,240 003	0,279 019	0,278 042	0,254 070	0,210 096	0,156 113	0,100 118	0,049 104	0,013 067
	0,03	081 000	155 006	202 019	220 042	215 069	192 095	157 117	115 130	074 128	036 110	010 068
	0,05	081 001	151 007	196 022	213 045	207 072	185 098	151 119	111 132	071 129	035 110	010 069
	0,10	079 001	146 009	187 026	201 050	195 077	174 103	142 123	104 135	067 131	033 111	009 069
	0,20	077 003	140 013	170 033	188 056	182 083	161 104	131 128	096 138	062 133	030 113	008 069
	0,50	073 005	125 019	157 039	167 066	160 093	142 117	115 135	084 143	054 137	026 114	007 070
	1,00	070 007	116 023	141 047	148 074	142 101	125 125	101 142	074 148	047 141	023 116	007 070
0,10	0,00	0,083 —	0,156 005	0,198 022	0,211 045	0,205 073	0,183 100	0,149 120	0,108 133	0,069 130	0,035 110	0,011 068
	0,03	077 003	141 011	174 031	185 057	178 084	157 110	128 129	094 139	060 134	029 113	008 069
	0,05	077 003	139 012	171 032	181 058	174 086	154 111	125 130	092 140	059 134	029 113	008 069
	0,10	075 003	135 014	166 035	176 061	169 088	150 113	121 132	089 141	057 135	028 114	008 069
	0,20	075 004	131 016	160 037	170 064	163 091	144 116	177 134	085 143	055 136	027 114	007 070
	0,50	073 006	123 020	150 042	159 069	152 096	134 121	109 138	080 146	051 138	025 115	007 070
	1,00	070 007	116 023	141 047	148 074	142 101	125 125	101 142	074 148	047 141	023 116	007 070

Tafel 23

Beidseitig gerade Vouten

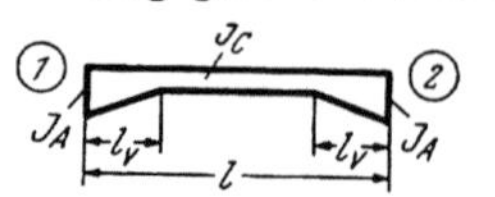

$$\lambda = \frac{l_v}{l}$$

$$n = \frac{J_c}{J_A}$$

Einflußlinien für die Belastungsglieder $\mathfrak{M}_1\,\mathfrak{M}_2$

(= Volleinspannmomente am beidseitig fest eingespannten Träger)

λ	n	1	2	3	4	5	6	7	8	9	10	11
0,50	0	0,083 —	0,167 —	0,250 —	0,333 —	0,417 —	0,500 500	— 0,417	— 0,333	— 0,250	— 0,167	— 0,083
	0,03	078 004	142 019	192 044	222 082	222 135	191 191	135 222	082 222	044 192	019 142	004 078
	0,05	077 005	139 021	185 047	210 085	211 132	183 183	132 211	085 210	047 185	021 139	005 077
	0,10	076 005	136 020	178 047	198 085	197 128	171 171	128 197	085 198	047 178	020 136	005 076
	0,20	074 006	131 022	168 048	185 082	181 121	158 158	121 181	082 185	048 168	022 131	006 074
	0,50	073 006	123 024	151 051	163 082	157 114	139 139	114 157	082 163	051 151	024 123	006 073
	1,00	070 007	116 023	141 047	148 074	142 101	125 125	101 142	074 148	047 141	023 116	007 070
0,40	0	0,083 —	0,167 —	0,250 —	0,333 —	0,406 009	0,225 225	0,009 406	— 0,333	— 0,250	— 0,167	— 0,083
	0,03	081 003	149 014	205 035	241 071	240 125	192 192	125 240	071 241	035 205	014 149	003 081
	0,05	079 003	146 016	198 039	229 075	226 127	186 186	127 226	075 229	039 198	016 146	003 079
	0,10	078 004	141 019	186 044	211 080	206 127	174 174	127 206	080 211	044 186	019 141	004 078
	0,20	075 005	134 021	174 047	192 081	188 122	161 161	122 188	081 192	047 174	021 134	005 075
	0,50	074 006	126 023	155 049	168 079	161 112	141 141	112 161	079 168	049 155	023 126	006 074
	1,00	070 007	116 023	141 047	148 074	142 101	125 125	101 142	074 148	047 141	023 116	007 070
0,35	0	0,083 —	0,167 —	0,250 —	0,333 —	0,348 058	0,212 212	0,058 348	— 0,333	— 0,250	— 0,167	— 0,083
	0,03	081 002	152 012	211 030	246 065	240 118	187 187	118 240	065 246	030 211	012 152	002 081
	0,05	080 002	148 014	204 034	235 068	226 122	181 181	122 226	068 235	034 204	014 148	002 080
	0,10	078 003	142 017	192 039	215 076	207 123	171 171	123 207	076 215	039 192	017 142	003 078
	0,20	076 005	136 019	176 045	194 080	188 120	160 160	120 188	080 194	045 176	019 136	005 076
	0,50	074 006	126 022	157 048	169 078	162 111	141 141	111 162	078 169	048 157	022 126	006 074
	1,00	070 007	116 023	141 047	148 074	142 101	125 125	101 142	074 148	047 141	023 116	007 070

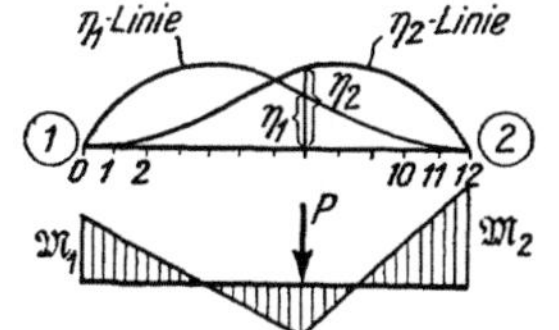

Tafel 23 (Fortsetzung)

Obere Zahl η_1
Untere Zahl η_2

$$\mathfrak{M}_1 = - \eta_1 \, P \, l$$
$$\mathfrak{M}_2 = + \eta_2 \, P \, l$$

λ	n	1	2	3	4	5	6	7	8	9	10	11
	0	0,083 —	0,167 —	0,250 —	0,322 009	0,298 087	0,200 200	0,087 298	0,009 322	— 0,250	— 0,167	— 0,083
	0,03	082 001	156 008	217 025	249 058	230 117	180 180	117 230	058 249	025 217	008 156	001 082
	0,05	081 002	153 010	208 030	236 064	220 117	175 175	117 220	064 236	030 208	010 153	002 081
0,30	0,10	079 003	145 015	195 036	216 072	203 120	167 167	120 203	072 216	036 195	015 145	003 079
	0,20	076 005	137 018	179 042	196 077	186 118	157 157	118 186	077 196	042 179	018 137	005 076
	0,50	074 006	127 022	157 047	169 077	161 110	140 140	110 161	077 169	047 157	022 127	006 074
	1,00	070 007	116 023	141 047	148 074	142 101	125 125	101 142	074 148	047 141	023 116	007 070
	0	0,083 —	0,167 —	0,250 000	0,290 030	0,259 102	0,188 188	0,102 259	0,030 290	0,000 250	— 0,167	— 0,083
	0,03	083 001	158 006	218 022	238 060	217 115	172 172	115 217	060 238	022 218	006 158	001 083
	0,05	081 002	154 009	210 026	228 064	211 115	168 168	115 211	064 228	026 210	009 154	002 081
0,25	0,10	080 002	148 012	197 033	211 071	196 117	162 162	117 196	071 211	033 197	012 148	002 080
	0,20	078 003	140 017	181 040	194 074	182 115	153 153	115 182	074 194	040 181	017 140	003 078
	0,50	074 006	126 021	157 046	168 076	160 109	139 139	109 160	076 168	046 157	021 126	006 074
	1,00	070 007	116 023	141 047	148 074	142 101	125 125	101 142	074 148	047 141	023 116	007 070
	0	0,083 —	0,167 —	0,238 008	0,256 048	0,229 110	0,175 175	0,110 229	0,048 256	0,008 238	— 0,167	— 0,083
	0,03	081 001	154 006	207 027	222 064	203 113	163 163	113 203	064 222	027 207	006 154	001 081
	0,05	080 001	151 008	201 030	214 067	197 114	160 160	114 197	067 214	030 201	008 151	001 080
0,20	0,10	078 002	145 012	190 035	202 070	188 114	155 155	114 188	070 202	035 190	012 145	002 078
	0,20	076 003	136 017	177 040	188 074	176 112	149 149	112 176	074 188	040 177	017 136	003 076
	0,50	073 006	125 021	157 045	166 075	158 108	137 137	108 158	075 166	045 157	021 125	006 073
	1,00	070 007	116 023	141 047	148 074	142 101	125 125	101 142	074 148	047 141	023 116	007 070

T a f e l 24
Beidseitig parabol. Vouten

$$\lambda = \frac{l_v}{l}$$

$$n = \frac{J_c}{J_A}$$

Einflußlinien für die Belastungsglieder $\mathfrak{M}_1\,\mathfrak{M}_2$

(= Volleinspannmomente am beidseitig fest eingespannten Träger)

λ	n	1	2	3	4	5	6	7	8	9	10	11
0,50	0	0,083 / —	0,167 / —	0,250 / —	0,333 / —	0,417 / —	0,500 / 500	— / 0,417	— / 0,333	— / 0,250	— / 0,167	— / 0,083
	0,03	080 / 002	150 / 013	206 / 033	234 / 070	228 / 123	184 / 184	123 / 228	070 / 234	033 / 206	013 / 150	002 / 080
	0,05	080 / 002	147 / 014	199 / 036	225 / 072	215 / 124	178 / 178	124 / 215	072 / 225	036 / 199	014 / 147	002 / 080
	0,10	079 / 003	141 / 018	187 / 041	206 / 078	199 / 122	168 / 168	122 / 199	078 / 206	041 / 187	018 / 141	003 / 079
	0,20	076 / 004	135 / 020	174 / 044	190 / 079	182 / 119	156 / 156	119 / 182	079 / 190	044 / 174	020 / 135	004 / 076
	0,50	074 / 005	124 / 022	155 / 047	167 / 077	159 / 110	139 / 139	110 / 159	077 / 167	047 / 155	022 / 124	005 / 074
	1,00	070 / 007	116 / 023	141 / 047	148 / 074	142 / 101	125 / 125	101 / 142	074 / 148	047 / 141	023 / 116	007 / 070
0,40	0	0,083 / —	0,167 / —	0,250 / —	0,333 / —	0,406 / 009	0,225 / 225	0,009 / 406	— / 0,333	— / 0,250	— / 0,167	— / 0,083
	0,03	082 / 001	154 / 009	210 / 029	238 / 064	222 / 120	178 / 178	120 / 222	064 / 238	029 / 210	009 / 154	001 / 082
	0,05	080 / 002	149 / 012	201 / 034	224 / 069	212 / 120	172 / 172	120 / 212	069 / 224	034 / 201	012 / 149	002 / 080
	0,10	079 / 003	143 / 016	192 / 039	208 / 074	197 / 119	163 / 163	119 / 197	074 / 208	039 / 192	016 / 143	003 / 079
	0,20	076 / 004	138 / 018	176 / 043	191 / 077	180 / 117	154 / 154	117 / 180	077 / 191	043 / 176	018 / 138	004 / 076
	0,50	073 / 005	124 / 022	155 / 046	167 / 076	159 / 109	138 / 138	109 / 159	076 / 167	046 / 155	022 / 124	005 / 073
	1,00	070 / 007	116 / 023	141 / 047	148 / 074	142 / 101	125 / 125	101 / 142	074 / 148	047 / 141	023 / 116	007 / 070
0,35	0	0,083 / —	0,167 / —	0,250 / —	0,333 / —	0,348 / 058	0,212 / 212	0,058 / 348	— / 0,333	— / 0,250	— / 0,167	— / 0,083
	0,03	082 / 000	156 / 008	210 / 027	234 / 063	216 / 118	173 / 173	118 / 216	063 / 234	027 / 210	008 / 156	000 / 082
	0,05	081 / 002	150 / 011	203 / 031	221 / 069	206 / 119	168 / 168	119 / 206	069 / 221	031 / 203	011 / 150	002 / 081
	0,10	080 / 002	145 / 014	190 / 036	206 / 072	193 / 117	160 / 160	117 / 193	072 / 206	036 / 190	014 / 145	002 / 080
	0,20	077 / 004	137 / 018	177 / 041	189 / 075	179 / 115	151 / 151	115 / 179	075 / 189	041 / 177	018 / 137	004 / 077
	0,50	073 / 005	124 / 021	156 / 046	166 / 076	158 / 109	137 / 137	109 / 158	076 / 166	046 / 156	021 / 124	005 / 073
	1,00	070 / 007	116 / 023	141 / 047	148 / 074	142 / 101	125 / 125	101 / 142	074 / 148	047 / 141	023 / 116	007 / 070

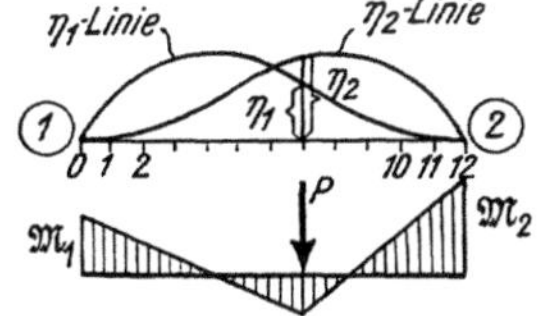

T.a f e l 24 (Fortsetzung)

Obere Zahl η_1 $\mathfrak{M}_1 = -\,\eta_1\,P\,l$

Untere Zahl η_2 $\mathfrak{M}_2 = +\,\eta_2\,P\,l$

λ	n	1	2	3	4	5	6	7	8	9	10	11
0,30	0	0,083 —	0,167 —	0,250 —	0,322 009	0,298 087	0,200 200	0,087 298	0,009 322	— 0,250	— 0,167	— 0,083
	0,03	082 001	156 007	210 025	225 065	209 115	167 167	115 209	065 225	025 210	007 156	001 082
	0,05	082 002	151 011	202 030	216 068	200 116	163 163	116 200	068 216	030 202	011 151	002 082
	0,10	080 003	146 013	189 036	202 072	189 115	157 157	115 189	072 202	036 189	013 146	003 080
	0,20	078 004	138 017	175 041	187 075	176 113	149 149	113 176	075 187	041 175	017 138	004 078
	0,50	073 005	124 021	156 046	165 076	157 108	136 136	108 157	076 165	046 156	021 124	005 073
	1,00	070 007	116 023	141 047	148 074	142 101	125 125	101 142	074 148	047 141	023 116	007 070
0,25	0	0,083 —	0,167 —	0,250 000	0,290 030	0,259 102	0,188 188	0,102 259	0,030 290	0,000 250	— 0,167	— 0,083
	0,03	082 001	155 008	204 028	216 066	197 114	161 161	114 197	066 216	028 204	008 155	001 082
	0,05	081 001	151 010	196 032	208 069	192 114	158 158	114 192	069 208	032 196	010 151	001 081
	0,10	080 002	146 012	186 036	196 072	182 114	152 152	114 182	072 196	036 186	012 146	002 080
	0,20	078 003	138 016	173 041	183 074	171 112	146 146	112 171	074 183	041 173	016 138	003 078
	0,50	073 005	123 020	154 046	164 075	156 107	135 135	107 156	075 164	046 154	020 123	005 073
	1,00	070 007	116 023	141 047	148 074	142 101	125 125	101 142	074 148	047 141	023 116	007 070
0,20	0	0,083 —	0,167 —	0,238 008	0,256 048	0,229 110	0,175 175	0,110 229	0,048 256	0,008 238	— 0,167	— 0,083
	0,03	082 001	152 008	192 033	203 069	187 112	154 154	112 187	069 203	033 192	008 152	001 082
	0,05	081 001	149 010	187 035	197 070	182 112	152 152	112 182	070 197	035 187	010 149	001 081
	0,10	080 002	140 014	178 038	188 072	175 111	147 147	111 175	072 188	038 178	014 140	002 080
	0,20	077 003	131 017	168 042	178 074	167 109	142 142	109 167	074 178	042 168	017 131	003 077
	0,50	073 005	123 020	153 046	162 075	154 106	133 133	106 154	075 162	046 153	020 123	005 073
	1,00	070 007	116 023	141 047	148 074	142 101	125 125	101 142	074 148	047 141	023 116	007 070

Tafel 21a

Einseitig gerade Vouten

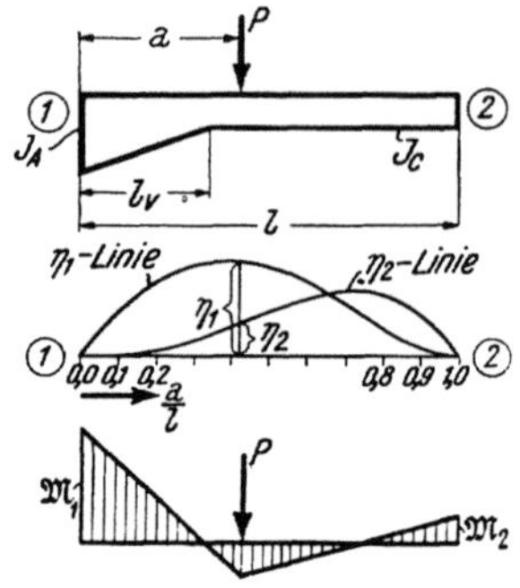

Einflußlinien
für die Belastungsglieder
$\mathfrak{M}_1 \ \mathfrak{M}_2$

(= Volleinspannmomente am beidseitig fest eingespannten Träger)

$$\lambda = \frac{l_v}{l} \qquad\qquad \mathfrak{M}_1 = - \eta_1 \, P \, l$$

$$n = \frac{J_c}{J_A} \qquad\qquad \mathfrak{M}_2 = + \eta_2 \, P \, l$$

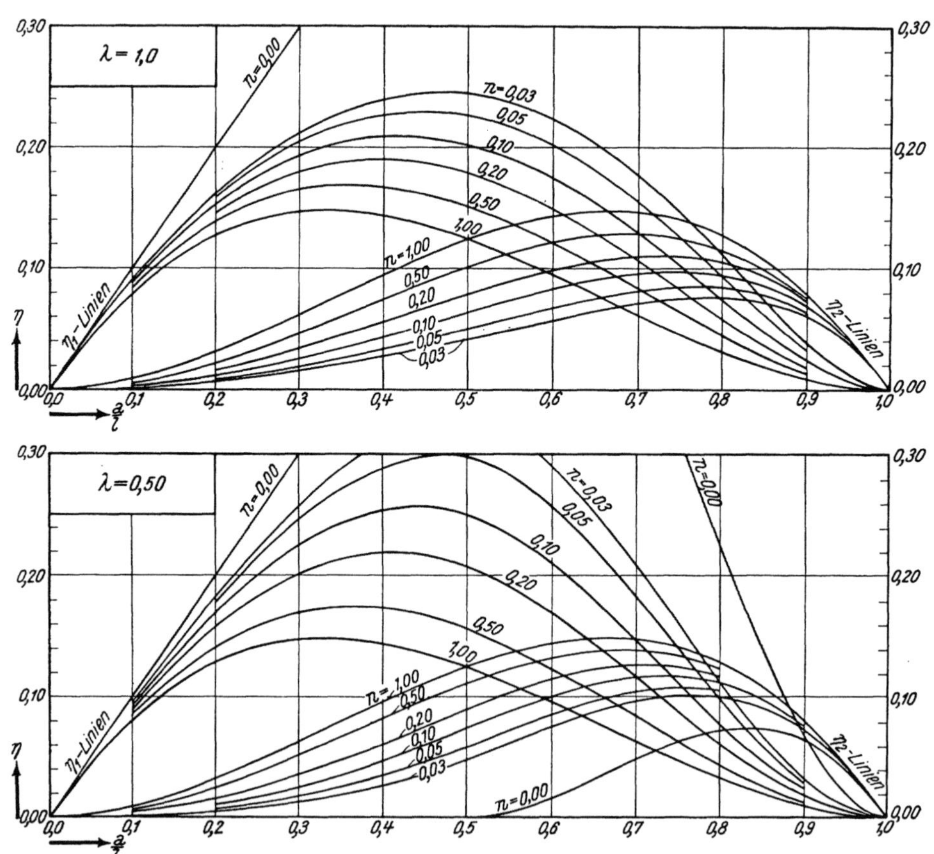

Einflußlinien für $\mathfrak{M}_1\ \mathfrak{M}_2$

$$\mathfrak{M}_1 = -\,\eta_1\,P\,l \qquad \mathfrak{M}_2 = +\,\eta_2\,P\,l$$

Einseitig gerade Vouten

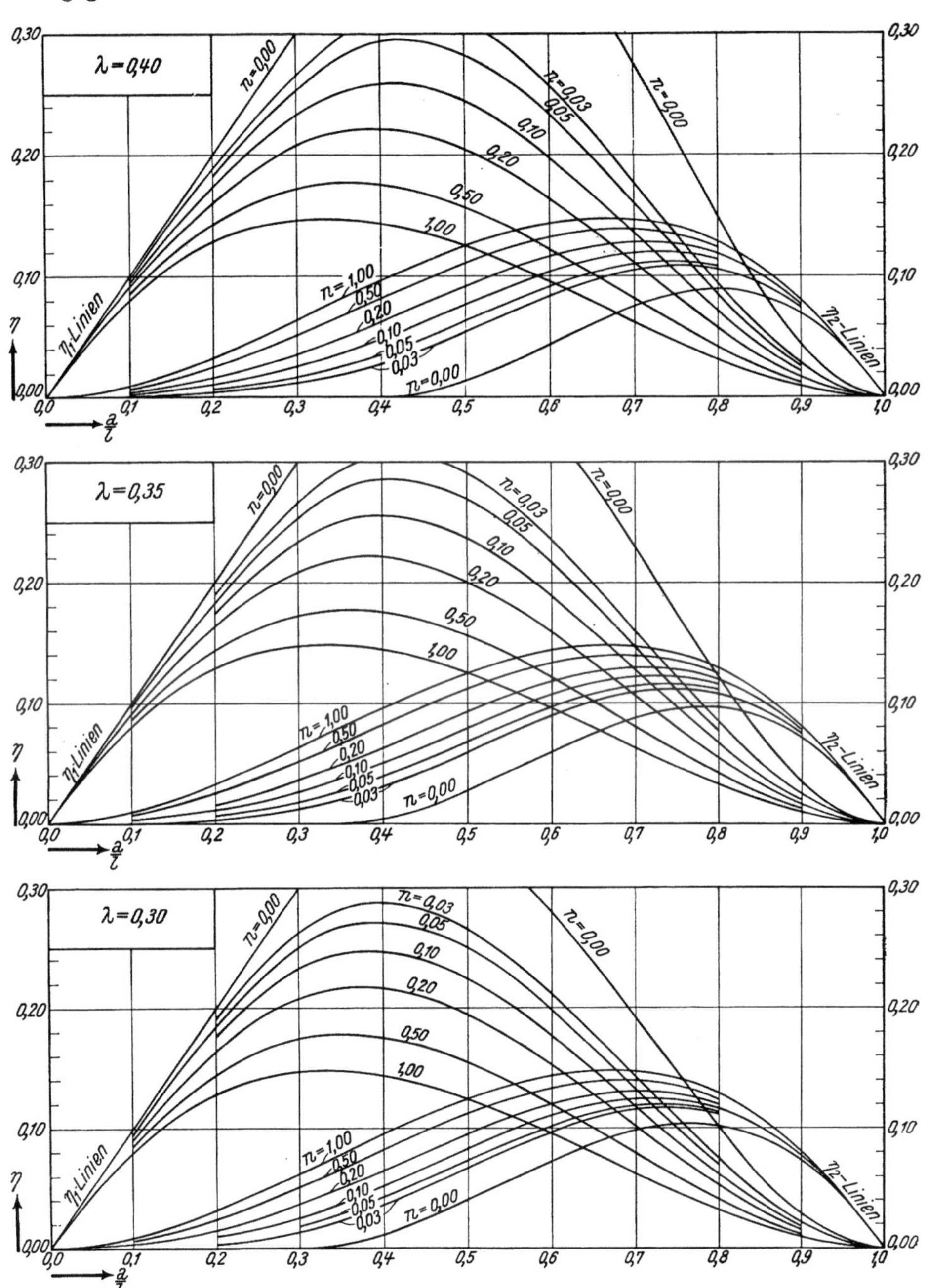

Tafel 21a (Fortsetzung)

Einflußlinien für $\mathfrak{M}_1$ $\mathfrak{M}_2$

$$\mathfrak{M}_1 = -\,\eta_1\,P\,l \qquad \mathfrak{M}_2 = +\,\eta_2\,P\,l$$

Einseitig gerade Vouten

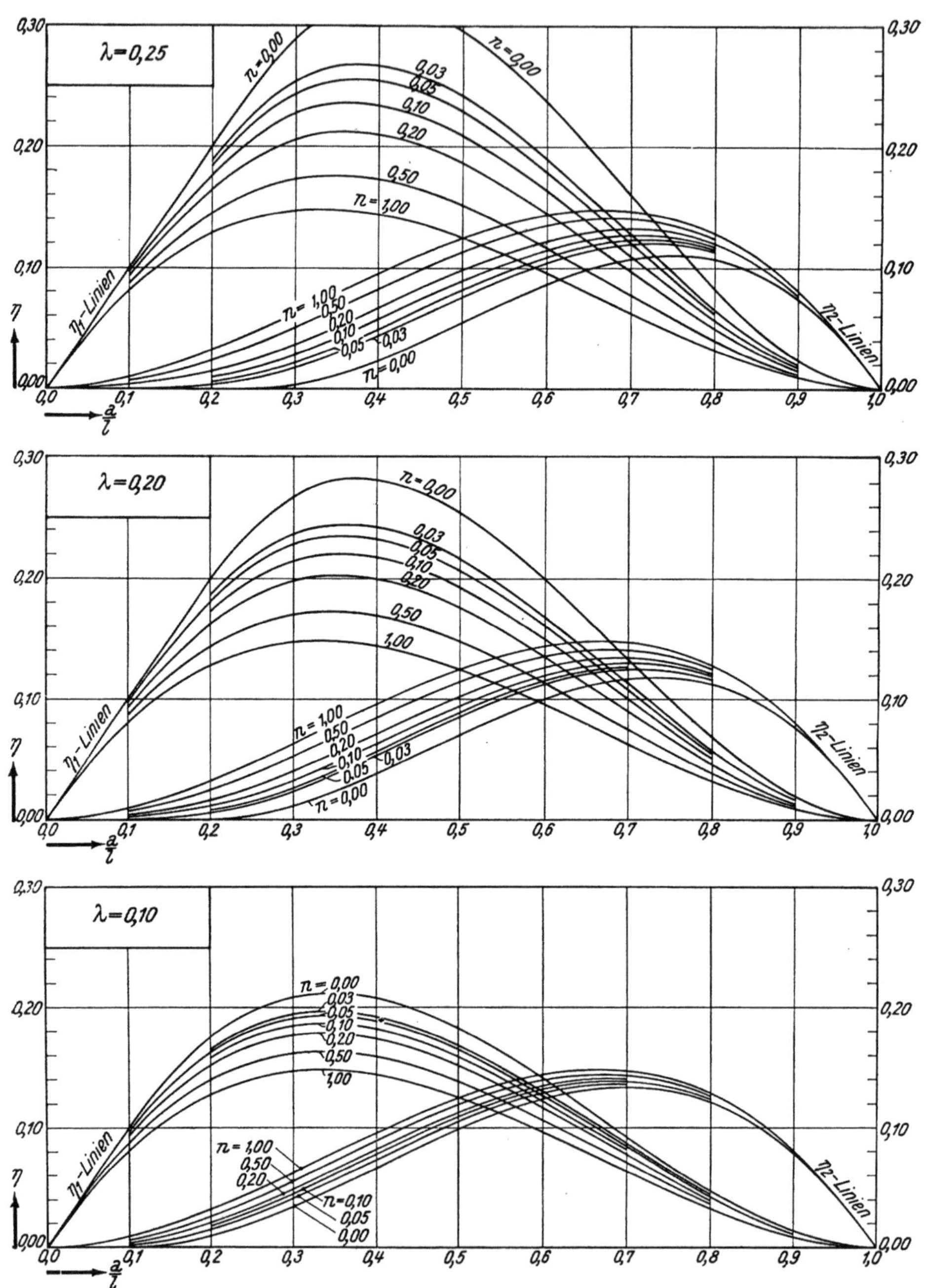

Einseitig parabol. Vouten

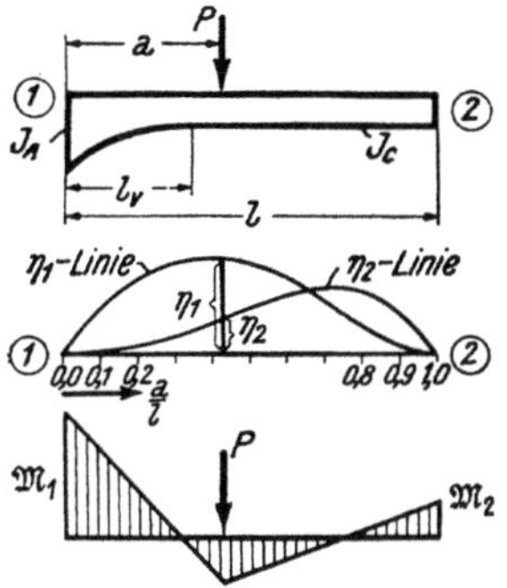

Einflußlinien
für die Belastungsglieder
$$\mathfrak{M}_1 \; \mathfrak{M}_2$$

(= Volleinspannmomente am beidseitig fest eingespannten Träger)

$$\lambda = \frac{l_v}{l} \qquad\qquad \mathfrak{M}_1 = -\,\eta_1 \, P \, l$$

$$n = \frac{J_c}{J_A} \qquad\qquad \mathfrak{M}_2 = +\,\eta_2 \, P \, l$$

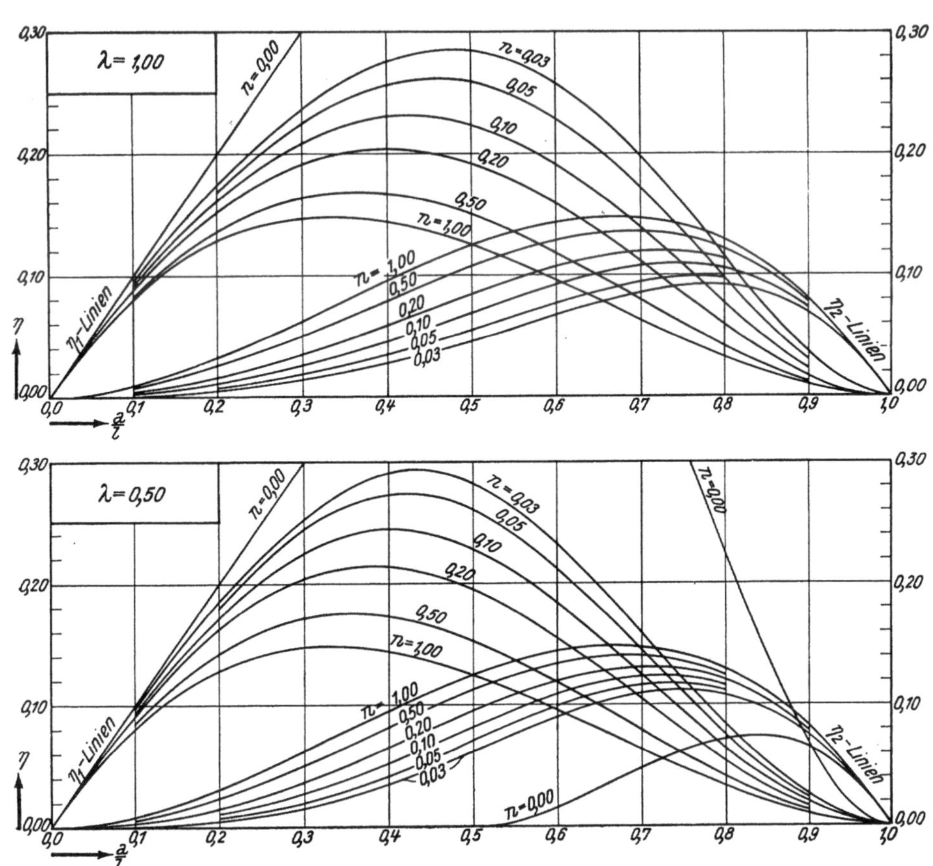

Tafel 22a (Fortsetzung)

Einflußlinien für $\mathfrak{M}_1$ $\mathfrak{M}_2$

$$\mathfrak{M}_1 = -\,\eta_1\,P\,l \qquad \mathfrak{M}_2 = +\,\eta_2\,P\,l$$

Einseitig parabol. Vouten

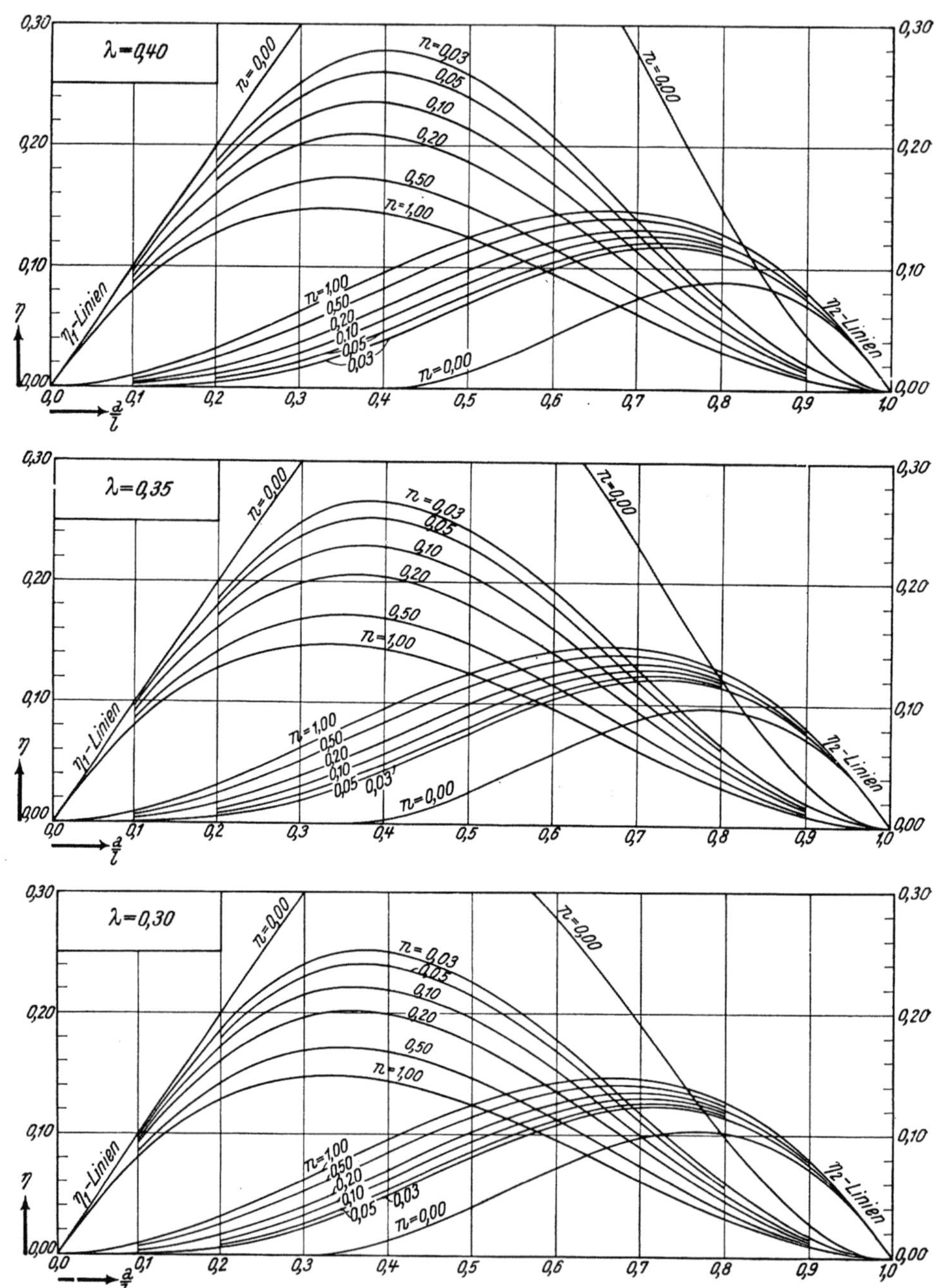

Einflußlinien für $\mathfrak{M}_1$ $\mathfrak{M}_2$

$$\mathfrak{M}_1 = -\eta_1\,P\,l \qquad \mathfrak{M}_2 = +\eta_2\,P\,l$$

Einseitig parabol. Vouten

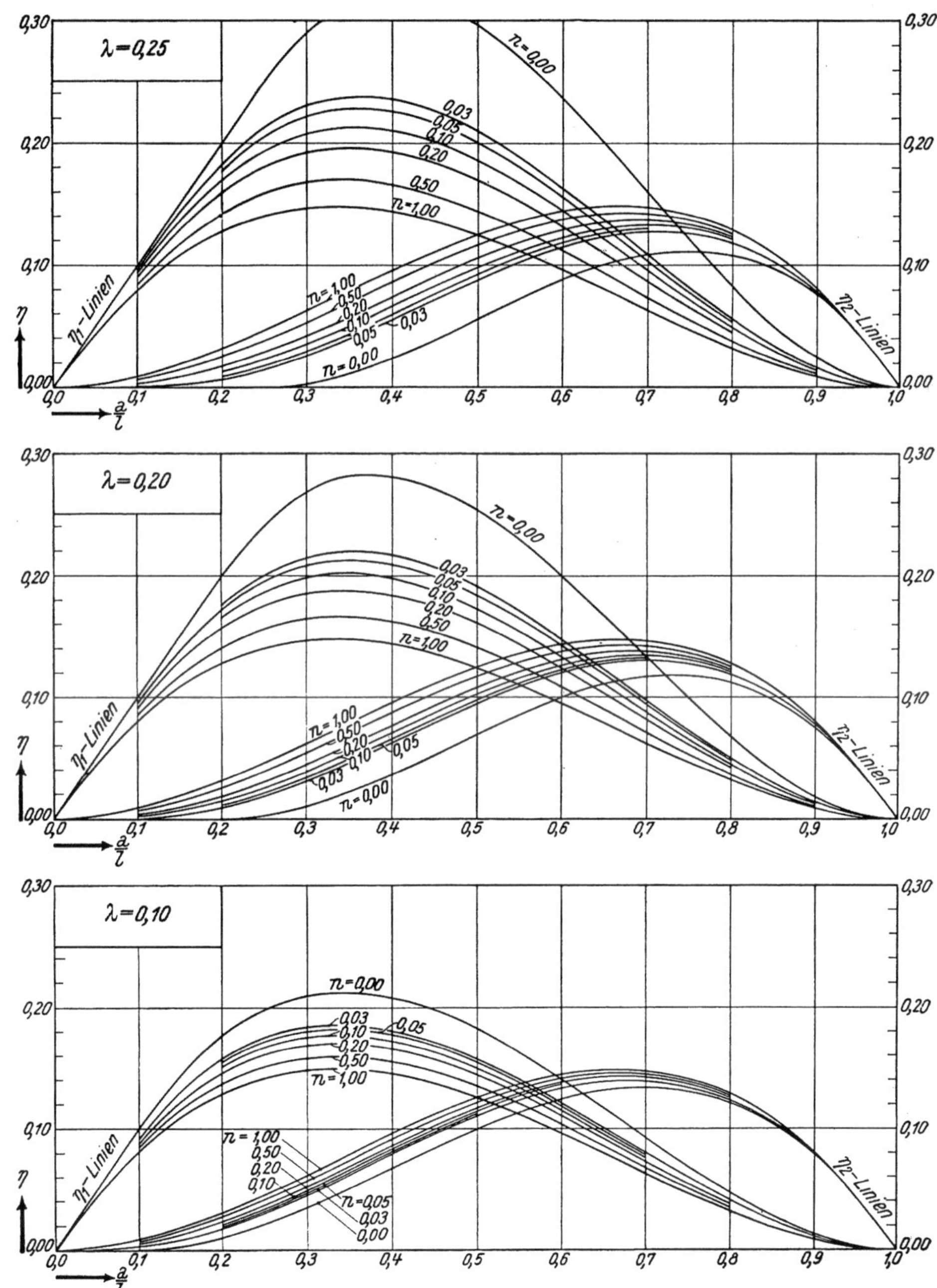

Tafel 23a

Beidseitig
gerade Vouten

Einflußlinien für die
Belastungsglieder $\mathfrak{M}_1\ \mathfrak{M}_2$

(= Volleinspannmomente am beidseitig
fest eingespannten Träger)

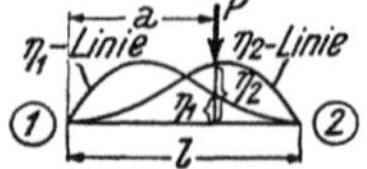

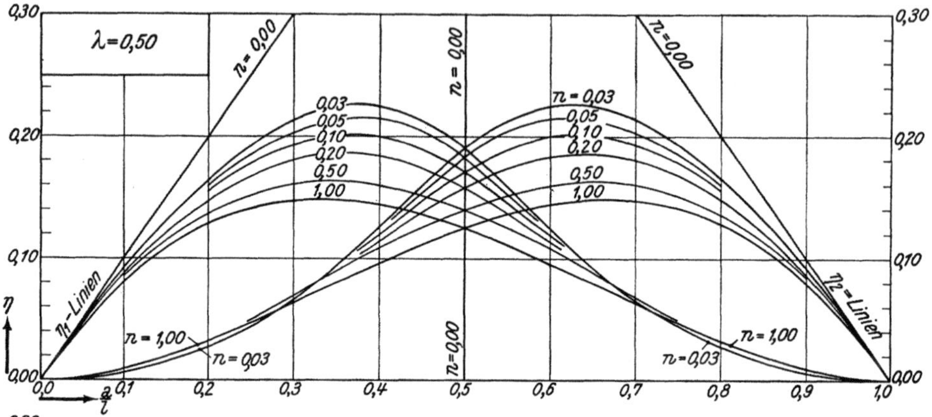

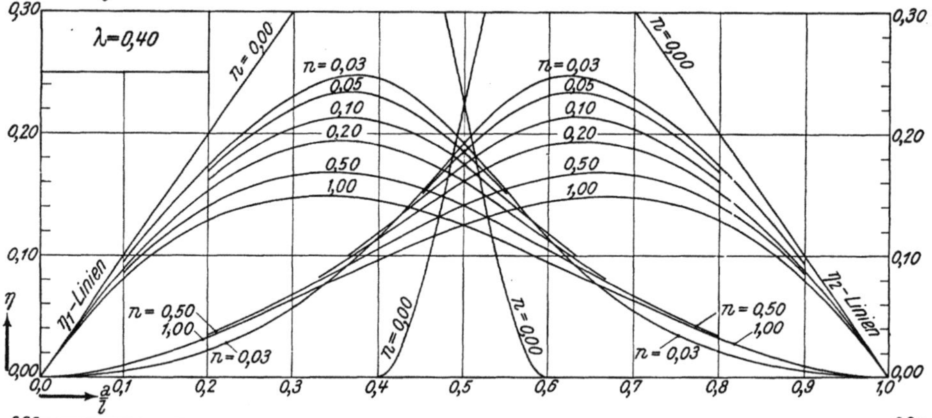

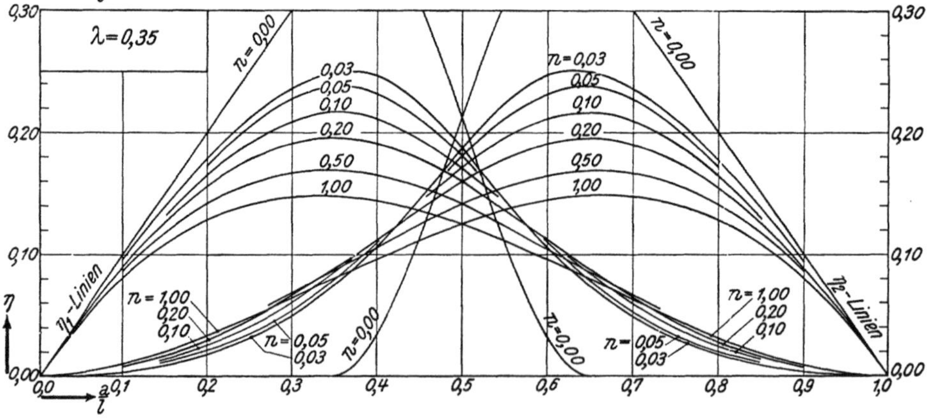

T a f e l 23a (Fortsetzung)

$$\lambda = \frac{l_v}{l} \qquad \mathfrak{M}_1 = -\,\eta_1\,P\,l$$

$$n = \frac{J_c}{J_A} \qquad \mathfrak{M}_2 = +\,\eta_2\,P\,l$$

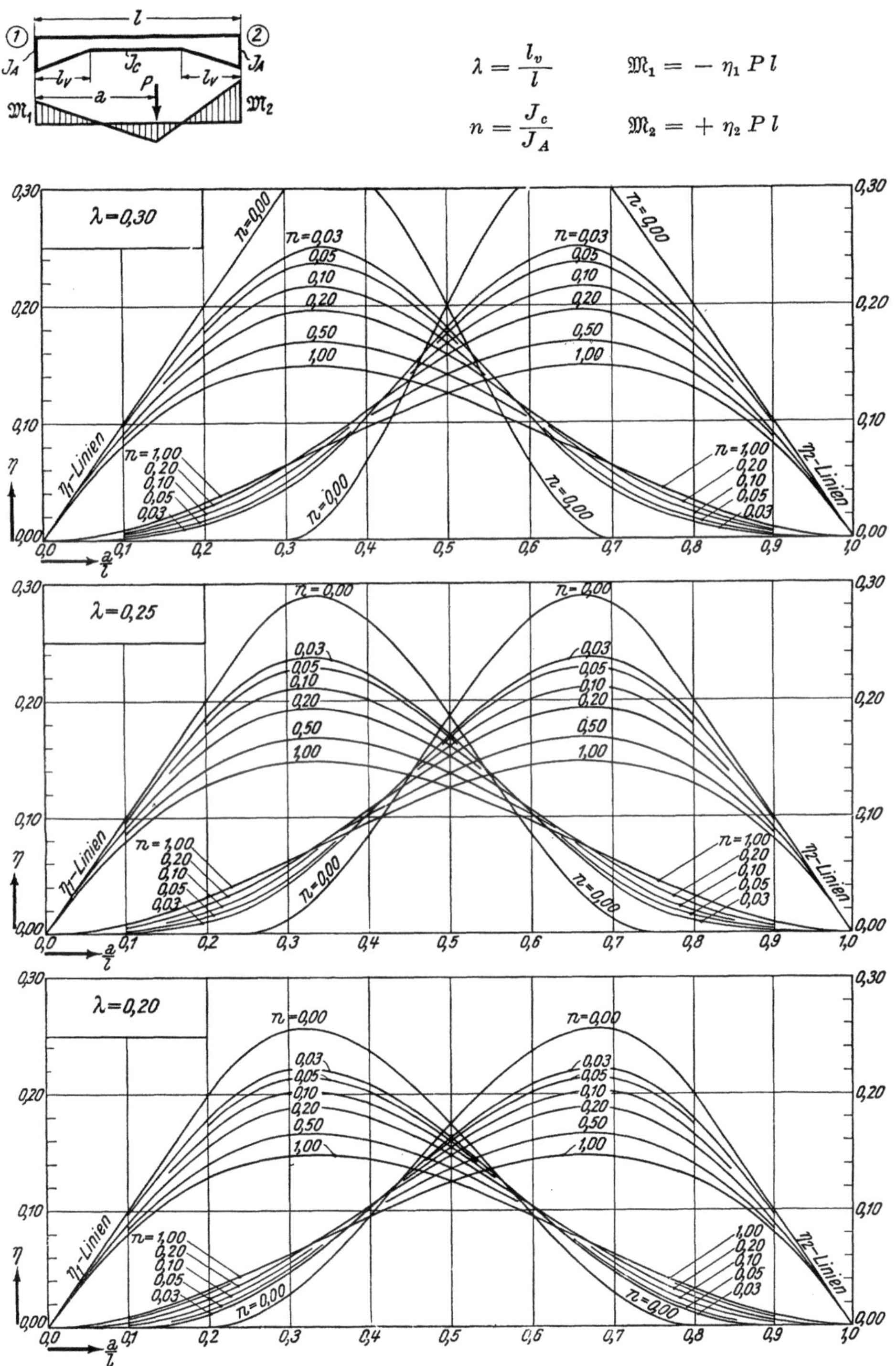

Tafel 24a

Beidseitig
parabol. Vouten

Einflußlinien für die
Belastungsglieder $\mathfrak{M}_1 \ \mathfrak{M}_2$

(= Volleinspannmomente am beidseitig
fest eingespannten Träger)

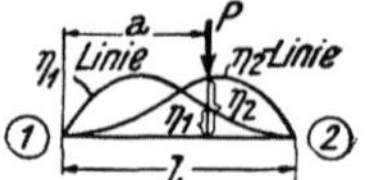

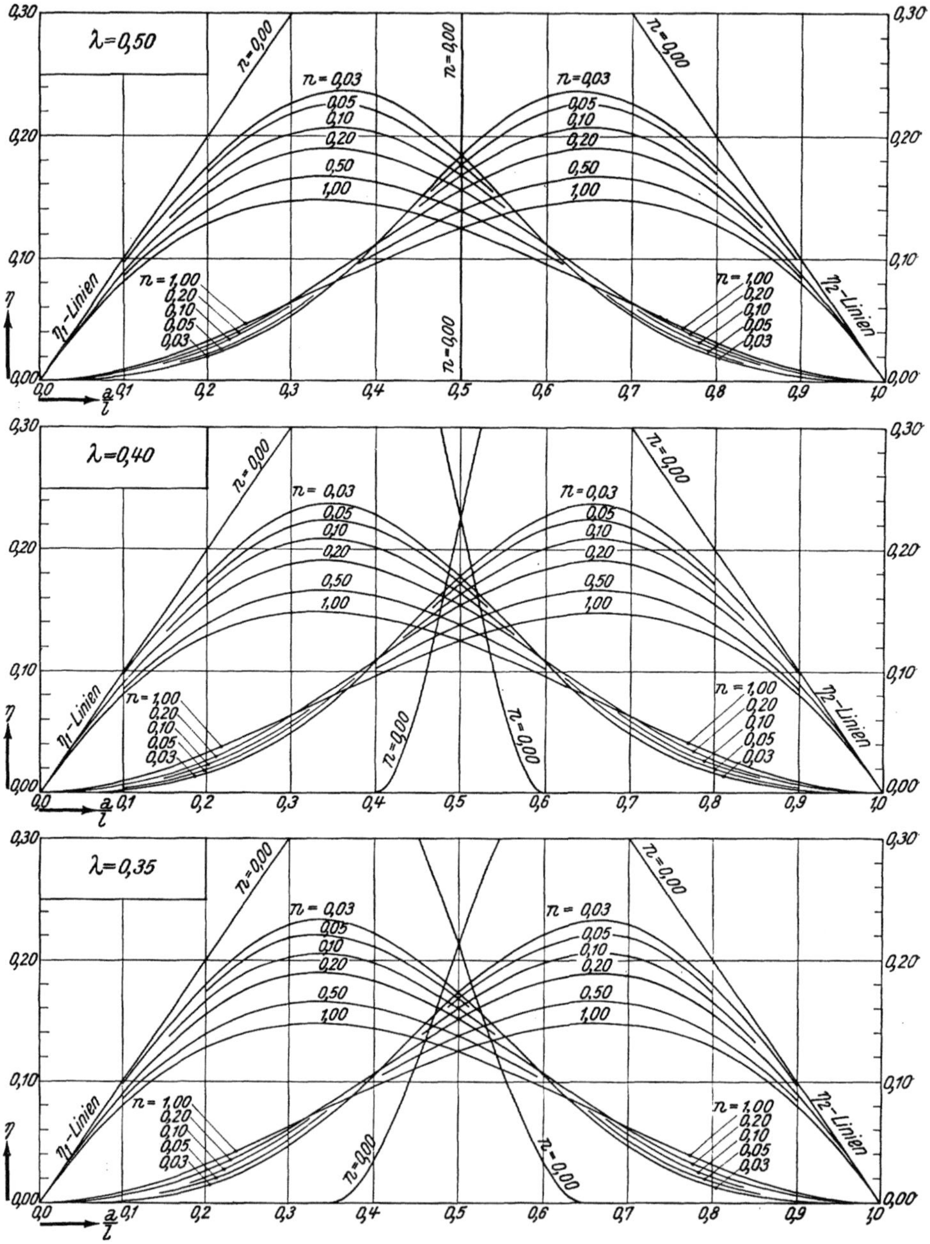

$$\lambda = \frac{l_v}{l} \qquad \mathfrak{M}_1 = - \eta_1\, P\, l$$

$$n = \frac{J_c}{J_A} \qquad \mathfrak{M}_2 = + \eta_2\, P\, l$$

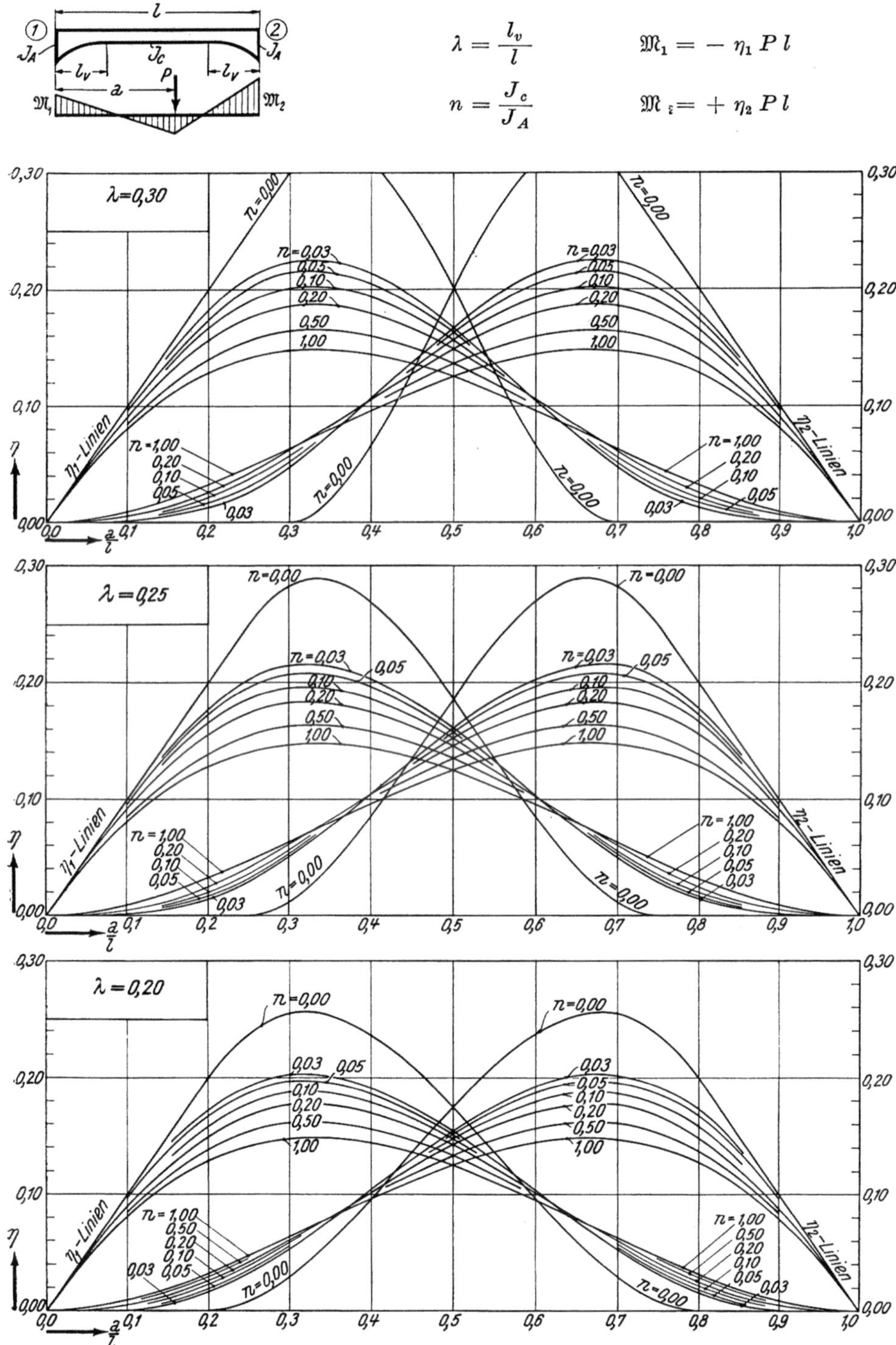

Tafel 25

Einseitig gerade Vouten

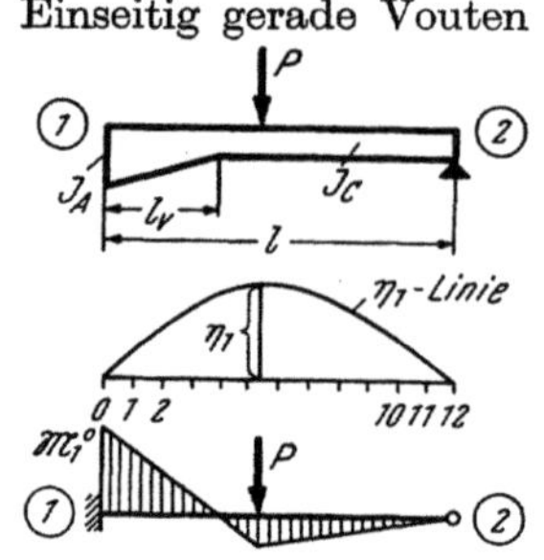

Einflußlinien
für die Belastungsglieder $\mathfrak{M}^0_1$

bei „Gelenkstäben" (= Volleinspannmomente
am einseitig gelenkig angeschlossenen Träger)

$$\lambda = \frac{l_v}{l}$$

$$n = \frac{J_c}{J_A}$$

$$\mathfrak{M}^0_1 = -\,\eta_1\,P\,l$$

Tafelwerte: η_1

λ	n	1	2	3	4	5	6	7	8	9	10	11
	0	0,083	0,167	0,250	0,333	0,417	0,500	0,583	0,667	0,750	0,833	0,917
	0,03	080	147	203	249	278	296	294	274	235	175	095
	0,05	079	144	201	241	268	280	276	254	215	158	084
1,00	0,10	078	142	193	230	252	259	251	228	189	136	072
	0,20	078	138	186	217	236	240	228	204	167	117	062
	0,50	077	135	176	202	215	213	198	173	139	098	050
	1,00	074	128	165	185	193	188	172	148	118	081	042
	0	0,083	0,167	0,250	0,333	0,417	0,500	0,545	0,518	0,439	0,315	0,164
	0,03	081	161	234	301	357	393	392	356	292	206	107
	0,05	081	159	229	290	339	366	362	327	267	188	007
0,50	0,10	081	154	218	270	309	326	317	283	230	162	084
	0,20	079	146	204	247	275	282	270	239	192	134	070
	0,50	077	137	182	213	228	226	211	184	146	102	053
	1,00	074	128	165	185	193	188	172	148	118	081	042
	0	0,083	0,167	0,250	0,333	0,417	0,461	0,456	0,414	0,339	0,239	0,125
	0,03	082	161	237	305	355	371	357	316	255	179	092
	0,05	082	159	230	294	336	349	335	296	239	168	086
0,40	0,10	081	155	221	274	309	316	300	264	212	147	077
	0,20	079	149	207	251	275	279	262	230	184	127	066
	0,50	077	137	184	214	229	226	210	182	144	100	051
	1,00	074	128	165	185	193	188	172	148	118	081	042

Tafelwerte: η_1 — Einseitig gerade Vouten — T a f e l 25 (Fortsetzung)

Einflußlinien für $\mathfrak{M}^0_1$ bei „Gelenkstäben"

λ	n	1	2	3	4	5	6	7	8	9	10	11
	0	0,083	0,167	0,250	0,333	0,401	0,426	0,413	0,369	0,298	0,208	0,108
	0,03	083	162	237	302	343	352	333	293	237	164	086
	0,05	082	160	232	292	327	335	316	277	223	155	080
0,35	0,10	081	156	222	274	303	306	289	252	202	140	072
	0,20	079	149	208	250	272	273	255	223	178	122	063
	0,50	077	138	185	214	227	225	208	180	143	099	050
	1,00	074	128	165	185	193	188	172	148	118	081	042
	0	0,083	0,167	0,250	0,329	0,376	0,388	0,368	0,326	0,261	0,183	0,093
	0,03	082	162	238	297	326	330	310	271	217	151	078
	0,05	082	160	231	286	313	316	295	257	207	143	074
0,30	0,10	081	157	222	271	293	293	274	238	190	132	068
	0,20	080	149	208	248	266	264	247	214	171	119	061
	0,50	077	139	185	214	226	221	205	177	141	097	050
	1,00	074	128	165	185	193	188	172	148	118	081	042
	0	0,083	0,167	0,250	0,316	0,349	0,350	0,332	0,290	0,231	0,163	0,083
	0,03	082	163	236	284	308	307	286	249	199	138	070
	0,05	082	160	231	277	297	295	276	239	191	133	068
0,25	0,10	082	157	221	262	280	277	258	224	178	124	063
	0,20	080	150	207	244	259	255	237	204	164	113	057
	0,50	077	140	185	213	223	219	202	174	138	096	049
	1,00	074	128	165	185	193	188	172	148	118	081	042
	0	0,083	0,167	0,243	0,296	0,316	0,315	0,294	0,255	0,203	0,140	0,072
	0,03	083	162	227	268	285	282	262	226	181	126	065
	0,05	083	161	223	262	278	275	255	220	175	121	062
0,20	0,10	083	157	215	250	264	261	241	209	166	115	058
	0,20	080	150	203	235	248	243	225	194	154	106	055
	0,50	077	139	183	209	219	214	196	170	134	094	048
	1,00	074	128	165	185	193	188	172	148	118	081	042
	0	0,083	0,159	0,213	0,241	0,254	0,250	0,229	0,197	0,156	0,108	0,056
	0,03	083	152	201	228	240	234	215	185	147	101	052
	0,05	083	151	198	226	236	231	213	183	145	100	051
0,10	0,10	082	148	194	221	230	225	207	178	142	098	050
	0,20	081	144	188	213	221	217	200	172	136	094	048
	0,50	078	136	176	199	207	202	186	160	126	088	045
	1,00	074	128	165	185	193	188	172	148	118	081	042

T a f e l 26

Einseitig parabol. Vouten

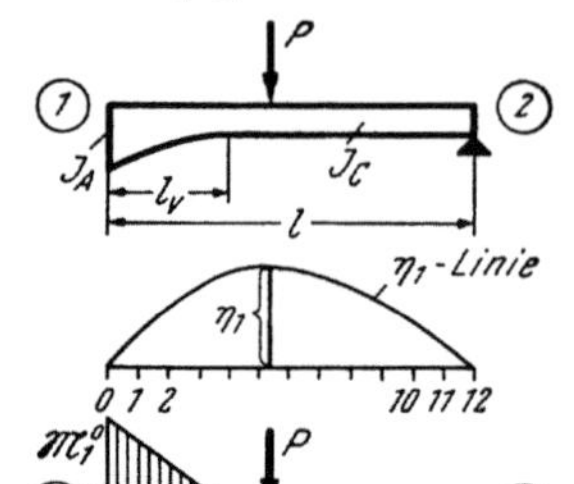

Einflußlinien
für die Belastungsglieder $\mathfrak{M}^0{}_1$

bei „Gelenkstäben" (= Volleinspannmomente am einseitig gelenkig angeschlossenen Träger)

$$\lambda = \frac{l_v}{l}$$

$$n = \frac{J_c}{J_A}$$

$$\mathfrak{M}^0{}_1 = - \eta_1 \, P \, l$$

Tafelwerte: η_1

λ	n	1	2	3	4	5	6	7	8	9	10	11
1,00	0	0,083	0,167	0,250	0,333	0,417	0,500	0,583	0,667	0,750	0,833	0,917
	0,03	081	156	220	279	320	346	349	327	280	205	109
	0,05	080	153	215	268	305	323	321	299	250	181	095
	0,10	080	149	206	252	279	292	285	258	213	153	079
	0,20	078	144	196	233	254	259	248	221	180	126	066
	0,50	074	134	177	205	218	217	202	177	141	098	050
	1,00	074	128	165	185	193	188	172	148	118	081	042
0,50	0	0,083	0,167	0,250	0,333	0,417	0,500	0,545	0,518	0,439	0,315	0,164
	0,03	082	160	232	291	334	346	332	294	237	166	086
	0,05	082	159	229	284	319	329	314	276	223	156	081
	0,10	081	155	218	265	294	299	283	247	199	138	072
	0,20	080	149	206	245	264	266	249	219	174	120	062
	0,50	076	137	183	212	224	221	205	177	141	097	050
	1,00	074	128	165	185	193	188	172	148	118	081	042
0,40	0	0,083	0,167	0,250	0,333	0,417	0,461	0,456	0,414	0,339	0,239	0,125
	0,03	082	163	233	290	321	325	306	269	213	149	077
	0,05	082	160	226	279	305	307	290	253	202	140	072
	0,10	081	155	217	262	283	284	265	232	184	129	066
	0,20	079	149	205	241	259	258	239	208	166	115	059
	0,50	076	137	182	210	223	218	201	174	138	096	049
	1,00	074	128	165	185	193	188	172	148	118	081	042

Tafelwerte: η_1 Einseitig parabol. Vouten   T a f e l 26 (Fortsetzung)
Einflußlinien für $\mathfrak{M}^0{}_1$ bei „Gelenkstäben"

λ	n	1	2	3	4	5	6	7	8	9	10	11
	0	0,083	0,167	0,250	0,333	0,401	0,426	0,413	0,369	0,298	0,208	0,108
	0,03	082	162	232	283	308	309	290	253	202	140	072
	0,05	082	159	227	274	296	296	276	240	192	134	069
0,35	0,10	081	155	216	258	277	275	256	222	177	123	064
	0,20	079	150	203	238	255	251	233	202	160	111	057
	0,50	077	137	182	208	220	215	199	172	136	094	048
	1,00	074	128	165	185	193	188	172	148	118	081	042
	0	0,083	0167	0,250	0,329	0,376	0,388	0,368	0,326	0,261	0,183	0,093
	0,03	083	161	229	273	294	293	273	237	190	131	068
	0,05	082	159	223	265	285	282	262	227	181	126	064
0,30	0,10	081	155	214	251	267	264	245	212	169	117	060
	0,20	079	148	202	235	248	244	226	196	156	108	056
	0,50	077	136	182	208	218	213	196	170	134	094	048
	1,00	074	128	165	185	193	188	172	148	118	081	042
	0	0,083	0,167	0,250	0,316	0,349	0,350	0,332	0,290	0,231	0,163	0,083
	0,03	083	161	223	263	279	276	256	222	176	122	062
	0,05	083	158	218	255	270	267	247	214	170	119	061
0,25	0,10	081	154	210	244	256	252	234	203	161	112	057
	0,20	079	149	199	230	241	237	219	188	150	104	053
	0,50	077	135	180	206	214	210	193	166	132	091	046
	1,00	074	128	165	185	193	188	172	148	118	081	042
	0	0,083	0,167	0,243	0,296	0,316	0,315	0,294	0,255	0,203	0,140	0,072
	0,03	082	159	215	249	263	258	239	206	164	113	058
	0,05	082	156	211	244	256	252	232	200	159	110	057
0,20	0,10	080	152	204	233	245	241	222	192	152	105	054
	0,20	079	146	194	222	233	228	209	181	143	099	050
	0,50	076	136	179	203	211	207	190	163	130	089	046
	1,00	074	128	165	185	193	188	172	148	118	081	042
	0	0,083	0,159	0,213	0,241	0,254	0,250	0,229	0,197	0,156	0,108	0,056
	0,03	079	148	193	219	228	223	205	177	140	097	049
	0,05	079	146	190	215	225	219	202	174	138	096	049
0,10	0,10	077	143	186	211	220	215	197	170	135	094	048
	0,20	077	140	181	206	214	209	192	165	131	091	046
	0,50	076	134	172	196	203	198	182	157	124	086	044
	1,00	074	128	165	185	193	188	172	148	118	081	042

Tafel 25a

Einseitig gerade Vouten

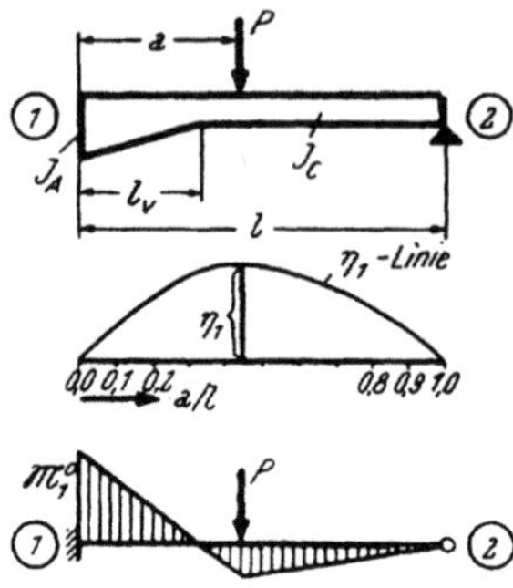

Einflußlinien
für die Belastungsglieder $\mathfrak{M}^0{}_1$

bei „Gelenkstäben" (= Volleinspannmomente
am einseitig gelenkig angeschlossenen Träger)

$$\lambda = \frac{l_v}{l}$$

$$n = \frac{J_c}{J_A}$$

$$\mathfrak{M}^0{}_1 = - \eta_1\, P\, l$$

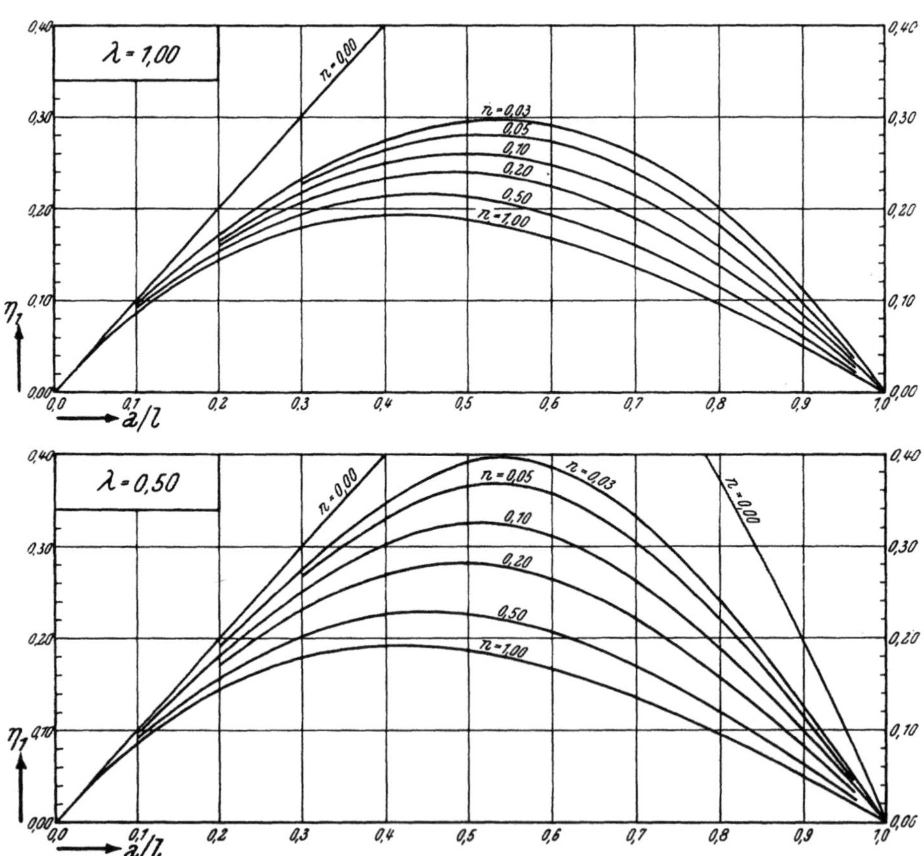

Einseitig gerade Vouten

Einflußlinien für $\mathfrak{M}^0{}_1$ bei „Gelenkstäben"

$$\mathfrak{M}^0{}_1 = - \eta_1 \, P \, l$$

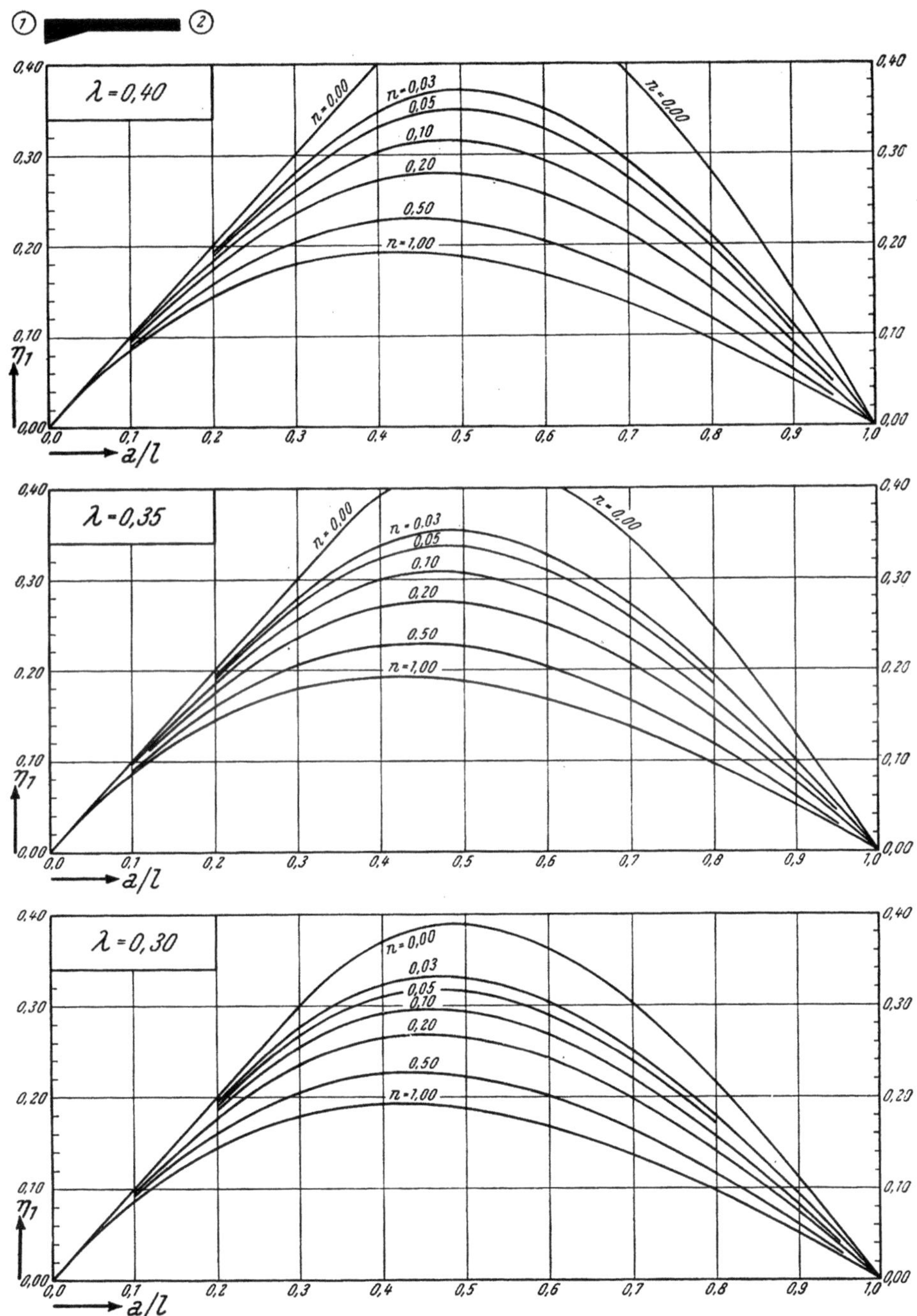

Tafel 25a (Fortsetzung)

Einseitig gerade Vouten

Einflußlinien für $\mathfrak{M}^0_1$ bei „Gelenkstäben"

$$\mathfrak{M}^0_1 = -\eta_1 P l$$

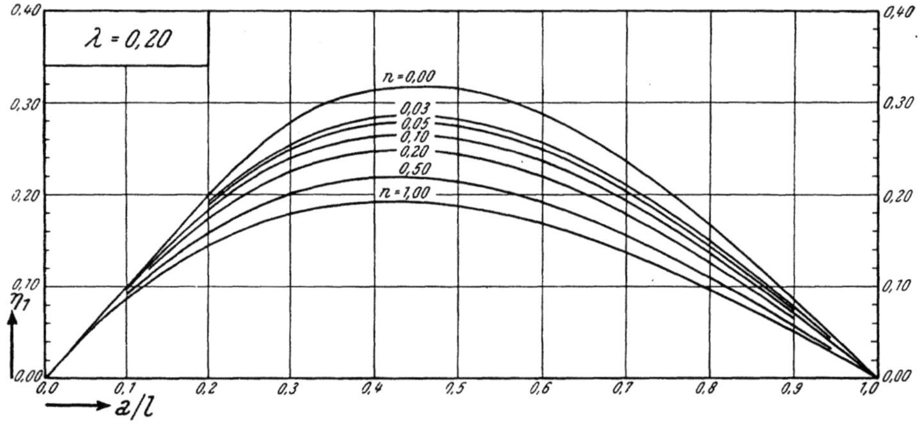

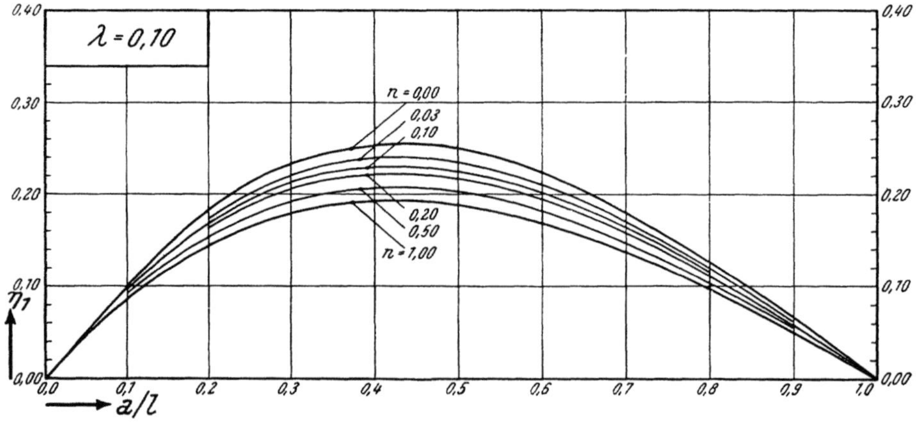

1
2

λ = 0,25
n = 0,00
0,03
0,05
0,10
0,20
0,50
n = 1,00
η1
a/l
0,00
0,10
0,20
0,30
0,40
0,0
0,1
0,2
0,3
0,4
0,5
0,6
0,7
0,8
0,9
1,0

λ = 0,20
n = 0,00
0,03
0,05
0,10
0,20
0,50
n = 1,00
η1
a/l
0,00
0,10
0,20
0,30
0,40
0,0
0,1
0,2
0,3
0,4
0,5
0,6
0,7
0,8
0,9
1,0

λ = 0,10
n = 0,00
0,03
0,10
0,20
0,50
n = 1,00
η1
a/l
0,00
0,10
0,20
0,30
0,40
0,0
0,1
0,2
0,3
0,4
0,5
0,6
0,7
0,8
0,9
1,0

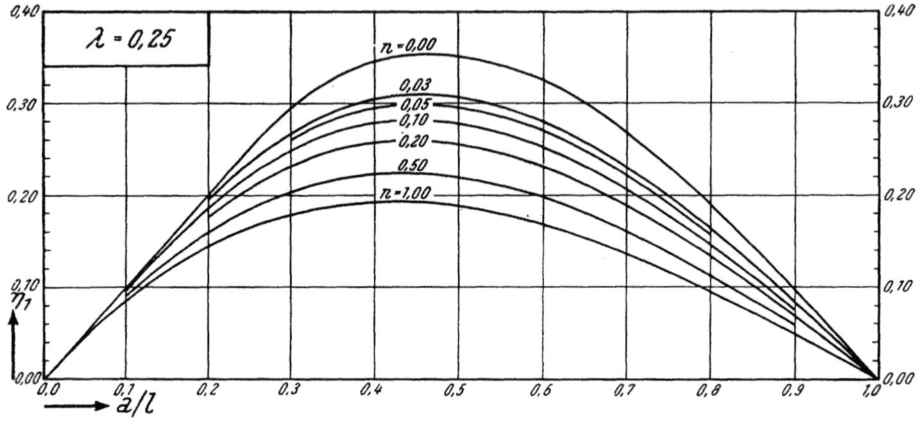

Einseitig parabol. Vouten

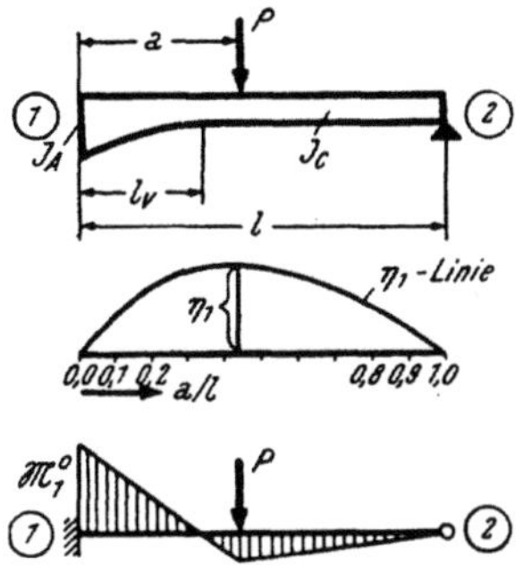

Einflußlinien
für die Belastungsglieder $\mathfrak{M}^0{}_1$

bei „Gelenkstäben" (= Volleinspannmomente
am einseitig gelenkig angeschlossenen Träger)

$$\lambda = \frac{l_v}{l}$$

$$n = \frac{J_c}{J_A}$$

$$\mathfrak{M}^0{}_1 = -\,\eta_1\,P\,l$$

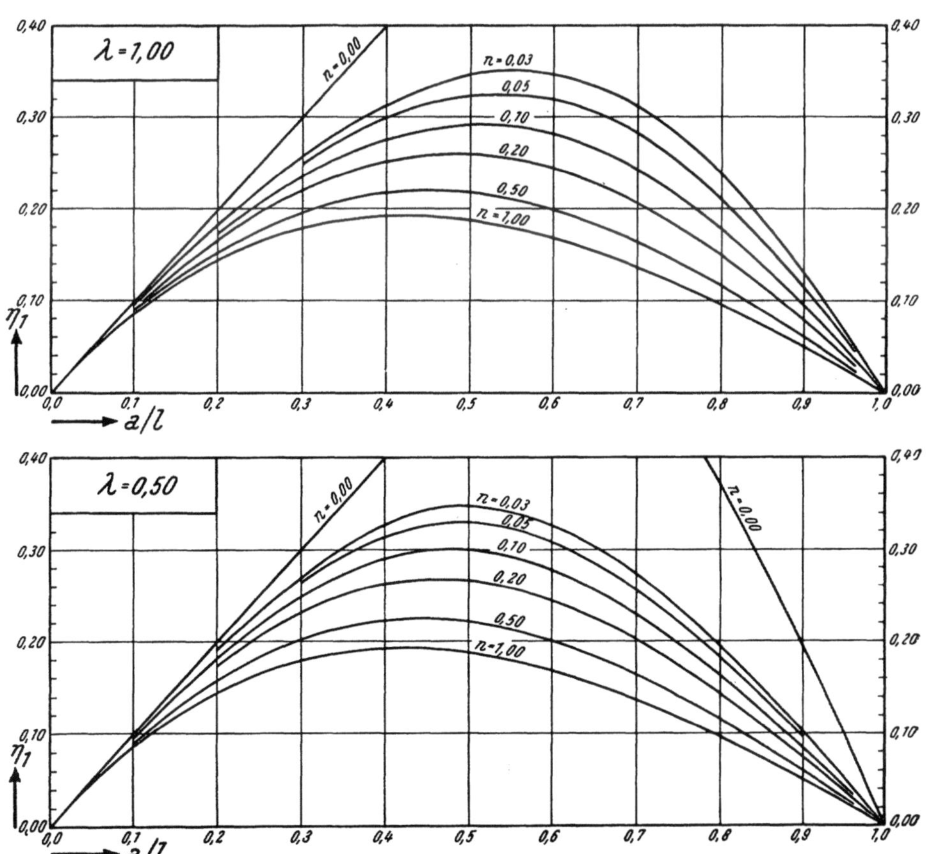

Tafel 26a (Fortsetzung)

Einseitig parabol. Vouten

Einflußlinien für $\mathfrak{M}^0{}_1$ bei „Gelenkstäben"

$$\mathfrak{M}^0{}_1 = -\,\eta_1\,P\,l$$

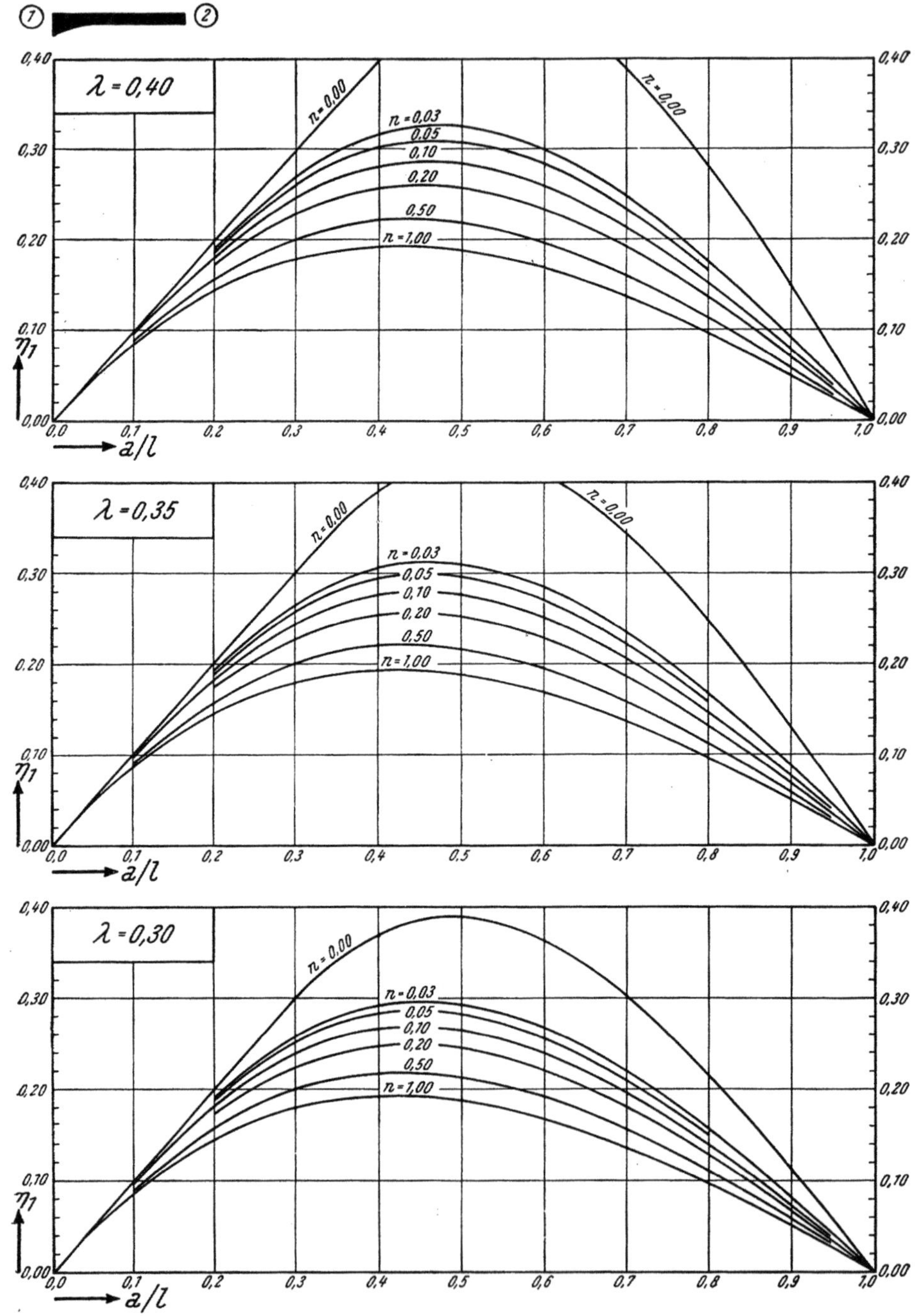

T a f e l 26a (Fortsetzung)

Einseitig parabol. Vouten

Einflußlinien für $\mathfrak{M}^0_1$ bei „Gelenkstäben"

$\mathfrak{M}^0_1 = - \eta_1 P l$

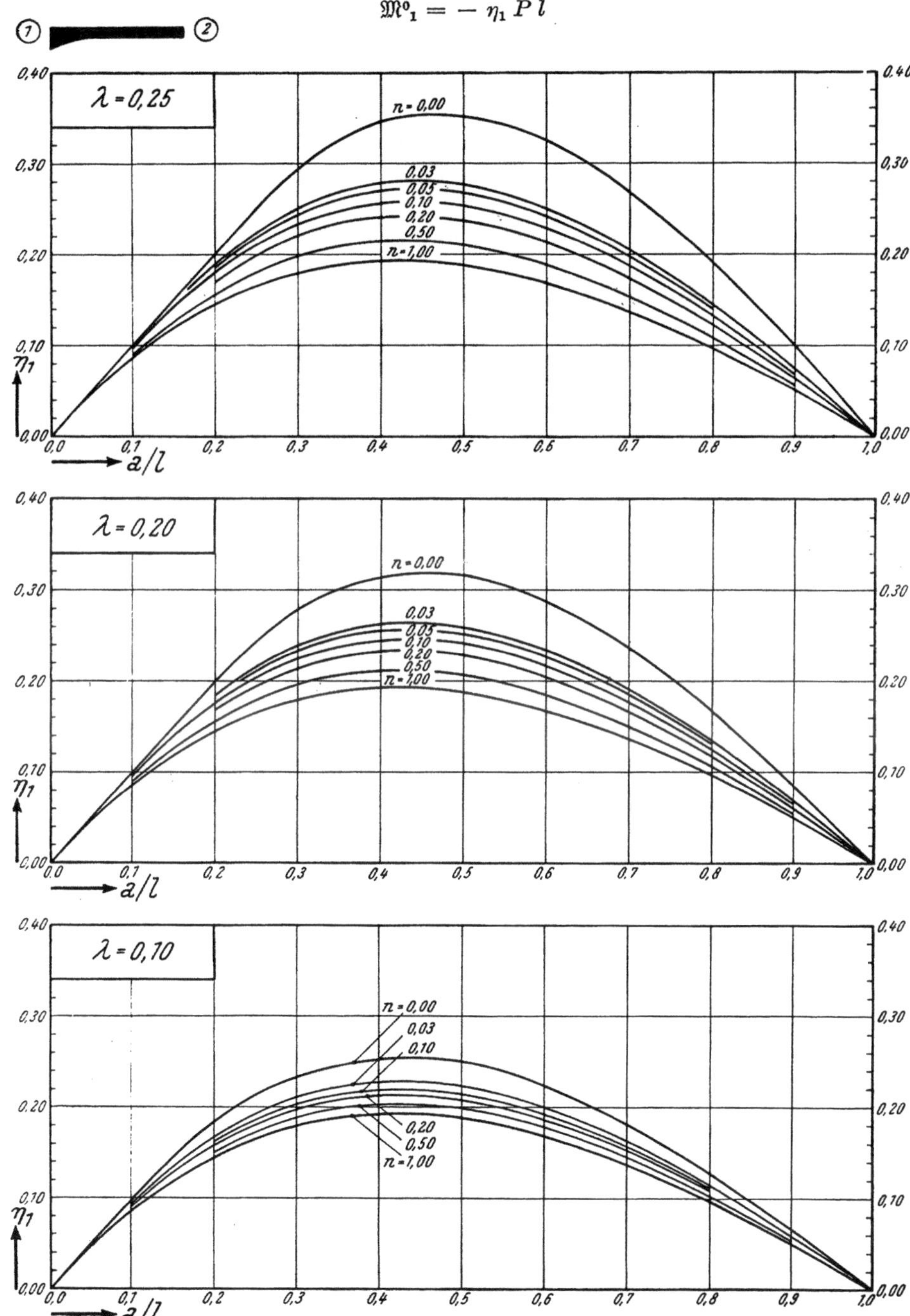

Tafel 27

Einseitig gerade Vouten

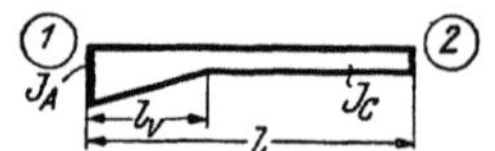

$$\lambda = \frac{l_v}{l} \qquad n = \frac{J_c}{J_A}$$

Stabwinkelwerte $\alpha_1\,\alpha_2\,\beta$

für den *Durchlaufträger* (= Endtangentenwinkel der Biegelinie am frei aufliegenden Träger inf. $M = +1$)

λ \\ n	1,00	0,90	0,80	0,70	0,60	0,50	0,40	0,30	0,20	0,15	0,12
1,00	0,33̇3̇	0,309	0,282	0,255	0,227	0,198	0,167	0,134	0,098	0,079	0,066
	33̇3̇	325	315	305	293	279	264	245	219	203	191
	16̇6̇	157	149	139	129	117	105	090	073	063	056
0,90	33̇3̇	309	284	258	230	202	172	139	104	084	071
	33̇3̇	327	320	312	304	294	283	269	250	238	230
	16̇6̇	158	151	142	133	122	111	098	081	072	065
0,80	33̇3̇	310	286	261	235	207	178	146	111	092	079
	33̇3̇	329	324	319	313	306	298	288	275	267	260
	16̇6̇	160	153	145	137	128	118	106	092	083	077
0,70	33̇3̇	312	289	265	240	214	186	156	122	103	091
	33̇3̇	331	327	323	319	315	309	303	294	289	285
	16̇6̇	161	155	149	142	135	126	116	104	097	091
0,60	33̇3̇	313	292	270	247	223	197	168	136	118	106
	33̇3̇	332	329	327	325	322	318	314	309	305	303
	16̇6̇	162	158	153	147	141	134	126	117	110	106
0,50	33̇3̇	315	296	277	256	234	210	184	155	138	126
	33̇3̇	332	331	330	328	327	325	322	319	317	316
	16̇6̇	163	160	156	152	148	142	136	129	124	121
0,45	33̇3̇	317	299	281	261	241	218	194	166	149	139
	33̇3̇	333	332	331	330	328	327	325	323	321	320
	16̇6̇	164	161	158	154	151	146	141	135	131	128
0,40	33̇3̇	318	302	285	267	248	227	204	178	163	153
	33̇3̇	333	332	331	331	330	329	328	326	325	324
	16̇6̇	164	162	160	157	154	150	146	141	138	135
0,35	33̇3̇	319	305	289	273	255	237	216	192	178	168
	33̇3̇	333	333	332	332	331	330	330	328	328	327
	16̇6̇	165	163	161	159	156	154	150	146	144	142
0,30	33̇3̇	321	308	294	280	264	247	228	207	194	186
	33̇3̇	333	333	333	332	332	331	331	330	330	329
	16̇6̇	165	164	162	161	159	157	154	151	149	148
0,25	33̇3̇	323	311	299	287	273	259	242	223	212	205
	33̇3̇	333	333	333	333	332	332	332	332	331	331
	16̇6̇	166	165	164	162	161	160	158	155	154	154
0,20	33̇3̇	324	315	305	295	284	271	258	242	232	226
	33̇3̇	333	333	333	333	333	333	333	332	332	332
	16̇6̇	166	165	165	164	163	162	161	159	158	158
0,15	33̇3̇	326	319	311	303	295	285	274	262	254	249
	33̇3̇	333	333	333	333	333	333	333	333	333	333
	16̇6̇	166	166	166	165	165	164	163	162	162	161
0,10	33̇3̇	329	324	318	313	307	300	292	284	279	275
	33̇3̇	333	333	333	333	333	333	333	333	333	333
	16̇6̇	167	166	166	166	166	165	165	165	164	164
0,05	33̇3̇	331	328	326	322	319	316	312	308	305	303
	33̇3̇	333	333	333	333	333	333	333	333	333	333
	16̇6̇	167	167	167	166	166	166	166	166	166	166
0,00	33̇3̇	33̇3̇	33̇3̇	33̇3̇	33̇3̇	33̇3̇	33̇3̇	33̇3̇	33̇3̇	33̇3̇	33̇3̇
	33̇3̇	33̇3̇	33̇3̇	33̇3̇	33̇3̇	33̇3̇	33̇3̇	33̇3̇	33̇3̇	33̇3̇	33̇3̇
	16̇6̇	16̇6̇	16̇6̇	16̇6̇	16̇6̇	16̇6̇	16̇6̇	16̇6̇	16̇6̇	16̇6̇	16̇6̇

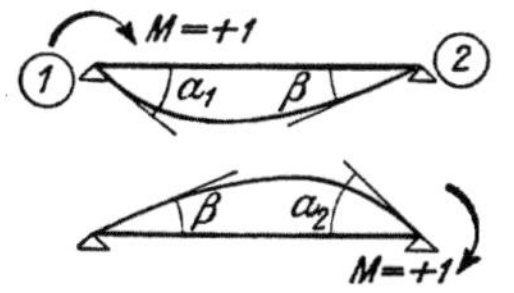

Obere Zahl $\bar{\alpha}_1$ $\qquad$ $\alpha_1{}^* = \dfrac{\alpha_1}{EJ_c} = \bar{\alpha}_1\,\dfrac{l}{EJ_c}$

Mittlere Zahl $\bar{\alpha}_2$ $\qquad$ $\alpha_2{}^* = \dfrac{\alpha_2}{EJ_c} = \bar{\alpha}_2\,\dfrac{l}{EJ_c}$

Untere Zahl $\bar{\beta}$ $\qquad$ $\beta{}^* = \dfrac{\beta}{EJ_c} = \bar{\beta}\,\dfrac{l}{EJ_c}$

λ \ n	0,12	0,10	0,08	0,06	0,05	0,04	0,03	0,02	0,01	0,005	0
1,00	0,066	0,057	0,048	0,038	0,033	0,028	0,022	0,016	0,009	0,005	—
	191	182	172	157	150	140	129	115	094	076	—
	056	050	045	038	035	031	026	021	014	009	—
0,90	071	063	053	043	038	032	026	020	012	007	0,000
	230	223	216	205	199	193	185	174	159	146	090
	065	060	055	048	045	041	036	031	024	018	005
0,80	079	070	061	051	045	039	033	026	017	012	003
	260	256	251	243	239	235	229	222	211	202	163
	077	073	068	062	059	055	051	045	038	033	017
0,70	091	082	072	062	056	050	044	036	027	021	009
	285	281	278	273	271	267	263	258	251	245	219
	091	087	083	078	075	072	068	063	057	052	036
0,60	106	097	088	078	072	066	060	052	043	036	021
	303	301	298	295	294	292	289	286	282	278	261
	106	103	099	095	093	090	087	083	076	073	059
0,50	126	118	110	100	094	088	082	074	065	058	042
	316	314	313	311	310	309	308	306	303	302	292
	121	119	116	113	111	108	106	103	099	095	083
0,45	139	131	123	113	108	102	096	089	079	073	055
	320	320	319	317	317	316	315	313	311	310	303
	128	126	124	121	119	118	115	113	109	106	096
0,40	153	145	137	128	123	118	112	105	096	090	072
	324	324	323	322	322	321	320	319	318	317	312
	135	134	132	129	128	126	125	122	119	117	108
0,35	168	161	154	146	141	136	130	124	115	109	092
	327	327	326	326	325	325	325	324	323	322	319
	142	140	139	137	136	135	133	131	129	127	120
0,30	186	179	173	165	161	156	151	148	137	131	114
	329	329	329	329	328	328	328	327	327	326	324
	148	147	146	144	143	142	141	140	138	136	131
0,25	205	199	194	187	183	179	174	169	161	156	141
	331	331	331	331	330	330	330	330	330	329	328
	154	152	151	150	150	149	148	147	146	145	141
0,20	226	222	217	211	208	204	200	195	189	184	171
	332	332	332	332	332	332	332	332	331	331	331
	158	157	157	156	156	155	155	154	153	152	149
0,15	249	246	242	237	235	232	229	224	220	216	205
	333	333	333	333	333	333	333	333	333	332	332
	161	161	161	160	160	160	160	159	159	158	157
0,10	275	273	270	266	265	263	260	258	254	251	243
	333	333	333	333	333	333	333	333	333	333	333
	164	164	164	164	164	164	163	163	163	163	162
0,05	303	302	300	298	297	296	295	294	292	290	286
	333	333	333	333	333	333	333	333	333	333	333
	166	166	166	166	166	166	166	166	166	166	166
0,00	$33\dot{3}$	$33\dot{3}$	$33\dot{3}$	$33\dot{3}$	$33\dot{3}$	$33\dot{3}$	$33\dot{3}$	$33\dot{3}$	$33\dot{3}$	$33\dot{3}$	$33\dot{3}$
	$33\dot{3}$	$33\dot{3}$	$33\dot{3}$	$33\dot{3}$	$33\dot{3}$	$33\dot{3}$	$33\dot{3}$	$33\dot{3}$	$33\dot{3}$	$33\dot{3}$	$33\dot{3}$
	$16\dot{6}$	$16\dot{6}$	$16\dot{6}$	$16\dot{6}$	$16\dot{6}$	$16\dot{6}$	$16\dot{6}$	$16\dot{6}$	$16\dot{6}$	$16\dot{6}$	$16\dot{6}$

Tafel 28

Einseitig parabol. Vouten $\lambda = \dfrac{l_v}{l}$ **Stabwinkelwerte** $\alpha_1\ \alpha_2\ \beta$

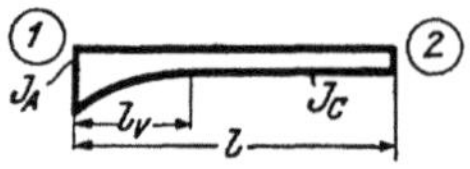

$$n = \frac{J_c}{J_A}$$

für den *Durchlaufträger* (= Endtangentenwinkel der Biegelinie am frei aufliegenden Träger inf. $M = +\,1$)

$\lambda \diagdown n$	1,00	0,90	0,80	0,70	0,60	0,50	0,40	0,30	0,20	0,15	0,12
1,00	0,333	0,313	0,292	0,269	0,246	0,221	0,193	0,163	0,129	0,109	0,096
	333	330	326	322	317	311	303	294	282	273	267
	166	161	156	150	143	135	127	116	103	094	088
0,90	333	314	294	273	250	226	200	171	137	118	105
	333	331	328	325	321	317	312	305	296	289	285
	166	162	157	152	146	139	132	123	111	103	098
0,80	333	315	296	276	255	232	208	180	148	129	116
	333	332	330	327	325	322	318	313	307	303	299
	166	163	159	154	149	144	137	129	119	113	108
0,70	333	317	299	281	261	240	217	191	160	142	130
	333	332	331	329	328	326	323	320	316	313	310
	166	164	160	157	153	148	143	136	128	122	118
0,60	333	318	302	286	268	248	227	203	175	158	147
	333	333	332	331	330	328	327	325	322	320	319
	166	164	162	159	156	152	148	143	136	132	129
0,50	333	320	306	291	276	258	240	218	193	178	167
	333	333	332	332	331	330	330	328	327	326	325
	166	165	163	161	159	156	153	149	144	141	139
0,45	333	321	308	295	280	264	246	226	203	188	179
	333	333	333	332	332	331	331	330	329	328	327
	166	165	164	162	160	158	155	152	148	145	143
0,40	333	322	310	298	284	270	254	235	213	200	191
	333	333	333	333	332	332	331	331	330	329	329
	166	166	164	163	161	159	157	155	152	149	148
0,35	333	323	313	301	289	276	262	245	225	213	205
	333	333	333	333	333	332	332	332	331	331	331
	166	166	165	164	162	161	159	157	155	153	152
0,30	333	325	315	305	295	283	270	255	238	227	219
	333	333	333	333	333	333	333	332	332	332	332
	166	166	165	164	163	162	161	160	158	156	155
0,25	333	326	318	309	300	290	279	266	251	242	235
	333	333	333	333	333	333	333	333	333	332	332
	166	166	166	165	164	164	163	162	160	159	159
0,20	333	327	321	314	306	298	289	278	265	258	252
	333	333	333	333	333	333	333	333	333	333	333
	166	166	166	166	165	165	164	163	162	162	161
0,15	333	329	324	318	312	306	299	291	281	275	270
	333	333	333	333	333	333	333	333	333	333	333
	166	166	166	166	166	166	165	165	164	164	164
0,10	333	330	327	323	319	315	310	304	297	293	290
	333	333	333	333	333	333	333	333	333	333	333
	166	167	166	166	166	166	166	166	166	165	165
0,05	333	332	330	328	326	324	321	318	315	312	311
	333	333	333	333	333	333	333	333	333	333	333
	166	167	167	167	167	167	166	166	166	166	166
0,00	333	333	333	333	333	333	333	333	333	333	333
	333	333	333	333	333	333	333	333	333	333	333
	166	166	166	166	166	166	166	166	166	166	166

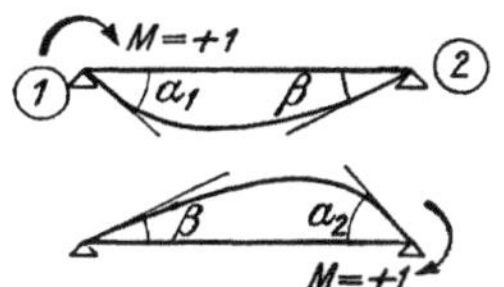

Obere Zahl $\bar{\alpha}_1$ $\alpha_1{}^* = \dfrac{\alpha_1}{EJ_c} = \bar{\alpha}_1 \dfrac{l}{EJ_c}$

Mittlere Zahl $\bar{\alpha}_2$ $\alpha_2{}^* = \dfrac{\alpha_2}{EJ_c} = \bar{\alpha}_2 \dfrac{l}{EJ_c}$

Untere Zahl $\bar{\beta}$ $\beta^* = \dfrac{\beta}{EJ_c} = \bar{\beta}\,\dfrac{l}{EJ_c}$

λ \\ n	0,12	0,10	0,08	0,06	0,05	0,04	0,03	0,02	0,01	0,005	0
1,00	0,096	0,086	0,076	0,065	0,058	0,051	0,044	0,035	0,024	0,016	—
	267	261	255	246	241	235	227	217	199	183	—
	088	084	078	072	068	063	058	051	042	034	—
0,90	105	095	085	074	067	060	052	043	031	023	0,000
	285	281	276	270	266	262	256	248	235	223	090
	098	094	089	083	079	075	070	064	055	047	005
0,80	116	107	097	085	079	072	064	054	041	032	003
	299	296	293	289	286	283	279	274	265	256	163
	108	104	100	095	092	088	084	078	069	062	017
0,70	130	121	111	100	093	086	078	069	056	046	009
	310	309	306	304	302	300	297	293	287	282	219
	118	115	112	107	105	102	098	093	086	079	036
0,60	147	138	129	118	112	105	097	088	075	065	021
	319	318	316	315	313	312	310	308	304	301	261
	129	126	123	120	118	115	112	108	102	097	059
0,50	167	159	151	141	135	128	121	112	099	090	042
	325	324	323	322	322	321	320	319	317	315	292
	139	137	135	132	130	129	126	123	119	115	083
0,45	179	171	163	154	148	142	135	126	114	104	055
	327	327	326	325	325	324	324	323	321	320	303
	143	142	140	138	136	135	133	130	126	123	096
0,40	191	184	177	168	163	157	150	142	130	121	072
	329	329	328	328	327	327	327	326	325	324	312
	148	146	145	143	142	141	139	137	134	131	108
0,35	205	198	191	183	178	173	167	159	148	140	092
	331	330	330	330	329	329	329	328	328	327	319
	152	151	150	148	147	146	145	143	141	138	120
0,30	219	214	207	200	196	191	185	178	168	160	114
	332	331	331	331	331	331	330	330	330	329	324
	155	155	154	153	152	151	150	149	147	145	131
0,25	235	230	225	218	215	210	205	199	190	183	141
	332	332	332	332	332	332	332	332	331	331	328
	159	158	157	157	156	156	155	154	153	151	141
0,20	252	248	243	238	235	231	227	222	214	208	171
	333	333	333	333	333	333	333	332	332	332	331
	161	161	161	160	160	159	159	158	157	157	149
0,15	270	267	264	259	257	254	251	247	240	236	205
	333	333	333	333	333	333	333	333	333	333	332
	164	163	163	163	163	162	162	162	161	161	157
0,10	290	288	285	282	281	279	276	273	269	265	243
	333	333	333	333	333	333	333	333	333	333	333
	165	165	165	165	165	165	165	164	164	164	162
0,05	311	310	308	307	306	305	304	302	300	298	286
	333	333	333	333	333	333	333	333	333	333	333
	166	166	166	166	166	166	166	166	166	166	166
0,00	333˙	333˙	333˙	333˙	333˙	333˙	333˙	333˙	333˙	333˙	333˙
	333˙	333˙	333˙	333˙	333˙	333˙	333˙	333˙	333˙	333˙	333˙
	166˙	166˙	166˙	166˙	166˙	166˙	166˙	166˙	166˙	166˙	166˙

T a f e l 29

Beidseitig gerade Vouten

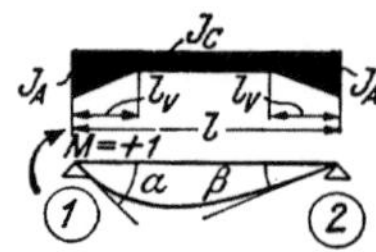

Stabwinkelwerte $\alpha\,\beta$

für den *Durchlaufträger* (= Endtangentenwinkel der Biegelinie am frei aufliegenden Träger inf. $M = +\,1$)

$$\lambda = \frac{l_v}{l} \qquad n = \frac{J_c}{J_A}$$

Obere Zahl $\bar\alpha$ $\alpha^* = \dfrac{\alpha}{EJ_c} = \bar\alpha\,\dfrac{l}{EJ_c}$

Untere Zahl $\bar\beta$ $\beta^* = \dfrac{\beta}{EJ_c} = \bar\beta\,\dfrac{l}{EJ_c}$

λ \\ n		1,00	0,90	0,80	0,70	0,60	0,50	0,40	0,30	0,20	0,15	0,12
0,50	$\bar\alpha$	0,333̇	0,314	0,294	0,273	0,251	0,227	0,202	0,173	0,140	0,121	0,109
	$\bar\beta$	166̇	160	153	146	138	129	118	106	091	082	076
0,45	$\bar\alpha$	333̇	316	297	278	258	236	212	186	155	138	126
	$\bar\beta$	166̇	161	156	149	142	135	126	116	103	096	090
0,40	$\bar\alpha$	333̇	317	300	283	264	244	222	198	171	154	144
	$\bar\beta$	166̇	162	158	152	147	141	133	125	115	108	104
0,35	$\bar\alpha$	333̇	319	304	288	271	253	234	212	187	172	162
	$\bar\beta$	166̇	163	160	155	151	146	140	134	126	120	117
0,30	$\bar\alpha$	333̇	321	307	293	279	263	245	226	204	191	182
	$\bar\beta$	166̇	164	161	158	155	151	147	142	135	132	129
0,25	$\bar\alpha$	333̇	322	311	299	286	273	258	241	222	210	203
	$\bar\beta$	166̇	165	163	161	158	155	152	149	144	141	139
0,20	$\bar\alpha$	333̇	324	315	305	294	283	271	257	241	231	225
	$\bar\beta$	166̇	165	164	163	161	159	157	155	152	150	149
0,15	$\bar\alpha$	333̇	326	319	311	303	294	285	274	261	254	249
	$\bar\beta$	166̇	166	165	164	163	162	161	160	158	157	156
0,10	$\bar\alpha$	333̇	329	324	318	313	306	300	292	284	278	275
	$\bar\beta$	166̇	166	166	166	165	165	164	164	163	162	162
0,05	$\bar\alpha$	333̇	331	328	326	323	319	316	312	308	305	303
	$\bar\beta$	166̇	167	167	166	166	166	166	166	166	166	165
0,00	$\bar\alpha$	333̇	333̇	333̇	333̇	333̇	333̇	333̇	333̇	333̇	333̇	333̇
	$\bar\beta$	166̇	166̇	166̇	166̇	166̇	166̇	166̇	166̇	166̇	166̇	166̇

λ \\ n		0,12	0,10	0,08	0,06	0,05	0,04	0,03	0,02	0,01	0,005	0.00
0,50	$\bar\alpha$	0,109	0,099	0,089	0,078	0,071	0,064	0,056	0,047	0,035	0,026	0,000
	$\bar\beta$	076	071	065	059	055	050	045	039	030	024	000
0,45	$\bar\alpha$	126	117	108	097	091	085	077	069	057	049	025
	$\bar\beta$	090	086	081	076	072	069	064	059	052	046	025
0,40	$\bar\alpha$	144	136	127	117	112	106	099	091	081	073	051
	$\bar\beta$	104	100	097	092	089	086	083	078	072	067	049
0,35	$\bar\alpha$	162	155	147	138	133	128	122	114	105	098	077
	$\bar\beta$	117	114	111	107	105	103	100	096	091	087	073
0,30	$\bar\alpha$	182	175	168	160	156	151	145	139	130	124	105
	$\bar\beta$	129	127	124	121	120	118	116	113	109	106	095
0,25	$\bar\alpha$	203	197	191	184	180	176	171	165	158	152	135
	$\bar\beta$	139	138	136	134	133	132	130	128	125	123	115
0,20	$\bar\alpha$	225	220	215	209	206	203	198	194	187	182	168
	$\bar\beta$	149	148	147	145	144	143	142	141	139	138	132
0,15	$\bar\alpha$	249	245	241	237	234	231	228	224	219	215	204
	$\bar\beta$	156	156	155	154	154	153	153	152	151	150	146
0,10	$\bar\alpha$	275	272	270	266	265	263	260	257	254	251	243
	$\bar\beta$	162	162	161	161	161	161	160	160	159	159	157
0,05	$\bar\alpha$	303	302	300	298	297	296	295	294	292	290	286
	$\bar\beta$	165	165	165	165	165	165	165	165	165	165	164
0,00	$\bar\alpha$	333̇	333̇	333̇	333̇	333̇	333̇	333̇	333̇	333̇	333̇	333̇
	$\bar\beta$	166̇	166̇	166̇	166̇	166̇	166̇	166̇	166̇	166̇	166̇	166̇

Beidseitig parabol. Vouten

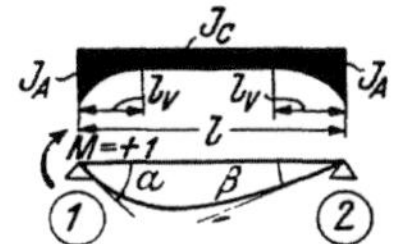

Stabwinkelwerte $\alpha\,\beta$

für den *Durchlaufträger*
(= Endtangentenwinkel
der Biegelinie am frei
aufliegenden Träger inf.
$M = +\,1$)

$\lambda = \dfrac{l_v}{l} \qquad n = \dfrac{J_c}{J_A}$

Obere Zahl $\bar\alpha \qquad \alpha^* = \dfrac{\alpha}{E J_c} = \bar\alpha\,\dfrac{l}{E J_c}$

Untere Zahl $\bar\beta \qquad \beta^* = \dfrac{\beta}{E J_c} = \bar\beta\,\dfrac{l}{E J_c}$

λ \ n	1,00	0,90	0,80	0,70	0,60	0,50	0,40	0,30	0,20	0,15	0,12
0,50	0,333̇ 166̇	0,320 163	0,305 159	0,290 155	0,273 151	0,256 145	0,236 139	0,213 132	0,186 122	0,170 115	0,159 111
0,45	333̇ 166̇	321 164	308 161	293 157	278 153	262 149	244 144	223 138	198 129	183 124	172 120
0,40	333̇ 166̇	322 164	310 162	297 159	283 156	268 152	252 148	233 143	210 136	196 132	187 129
0,35	333̇ 166̇	323 165	312 163	301 161	289 158	275 155	260 152	243 148	223 143	210 139	202 137
0,30	333̇ 166̇	324 165	315 164	305 162	294 160	282 158	269 156	254 153	236 149	225 146	218 144
0,25	333̇ 166̇	326 166	318 165	309 163	300 162	290 161	279 159	266 157	250 154	241 152	234 151
0,20	333̇ 166̇	327 166	321 165	314 165	306 164	298 163	288 162	278 160	265 158	257 157	252 156
0,15	333̇ 166̇	329 166	324 166	318 165	312 165	306 164	299 164	291 163	281 162	275 161	270 161
0,10	333̇ 166̇	330 167	327 166	323 166	319 166	315 166	310 165	304 165	297 164	293 164	290 164
0,05	333̇ 166̇	332 167	330 167	328 167	326 167	324 166	321 166	318 166	315 166	312 166	311 166
0,00	333̇ 166̇	333̇ 166̇	333̇ 166̇	333̇ 166̇	333̇ 166̇	333̇ 166̇	333̇ 166̇	333̇ 166̇	333̇ 166̇	333̇ 166̇	333̇ 166̇

λ \ n	0,12	0,10	0,08	0,06	0,05	0,04	0,03	0,02	0,01	0,005	0,00
0,50	0,159 111	0,150 107	0,141 103	0,130 097	0,123 094	0,116 090	0,108 086	0,097 080	0,083 071	0,071 063	0,000 000
0,45	172 120	165 117	156 113	146 109	140 106	133 103	125 099	115 094	102 086	091 079	025 025
0,40	187 129	180 126	172 123	162 120	157 117	151 115	143 112	134 107	122 101	111 095	051 049
0,35	202 137	195 135	188 132	179 130	175 128	169 126	162 123	154 120	143 115	133 110	077 073
0,30	218 144	212 143	205 141	198 139	193 137	188 136	182 134	175 131	165 127	156 124	105 095
0,25	234 151	229 150	224 148	217 147	213 146	209 145	204 143	197 141	188 139	181 136	135 115
0,20	252 156	248 155	243 155	237 154	234 153	231 152	226 151	221 150	213 148	207 146	168 132
0,15	270 161	267 160	263 160	259 159	257 159	254 158	250 158	246 157	240 156	235 155	204 146
0,10	290 164	288 164	285 163	282 163	281 163	279 163	276 163	273 162	269 162	265 161	243 157
0,05	311 166	310 166	308 166	307 166	306 166	305 166	304 166	302 166	300 165	298 165	286 164
0,00	333̇ 166̇	333̇ 166̇	333̇ 166̇	333̇ 166̇	333̇ 166̇	333̇ 166̇	333̇ 166̇	333̇ 166̇	333̇ 166̇	333̇ 166̇	333̇ 166̇

Tafel 27a

Stabwinkelwerte $\alpha_1\,\alpha_2\,\beta$

für den *Durchlaufträger* (= Endtangentenwinkel der Biegelinie am frei aufliegenden Träger infolge $M = +1$)

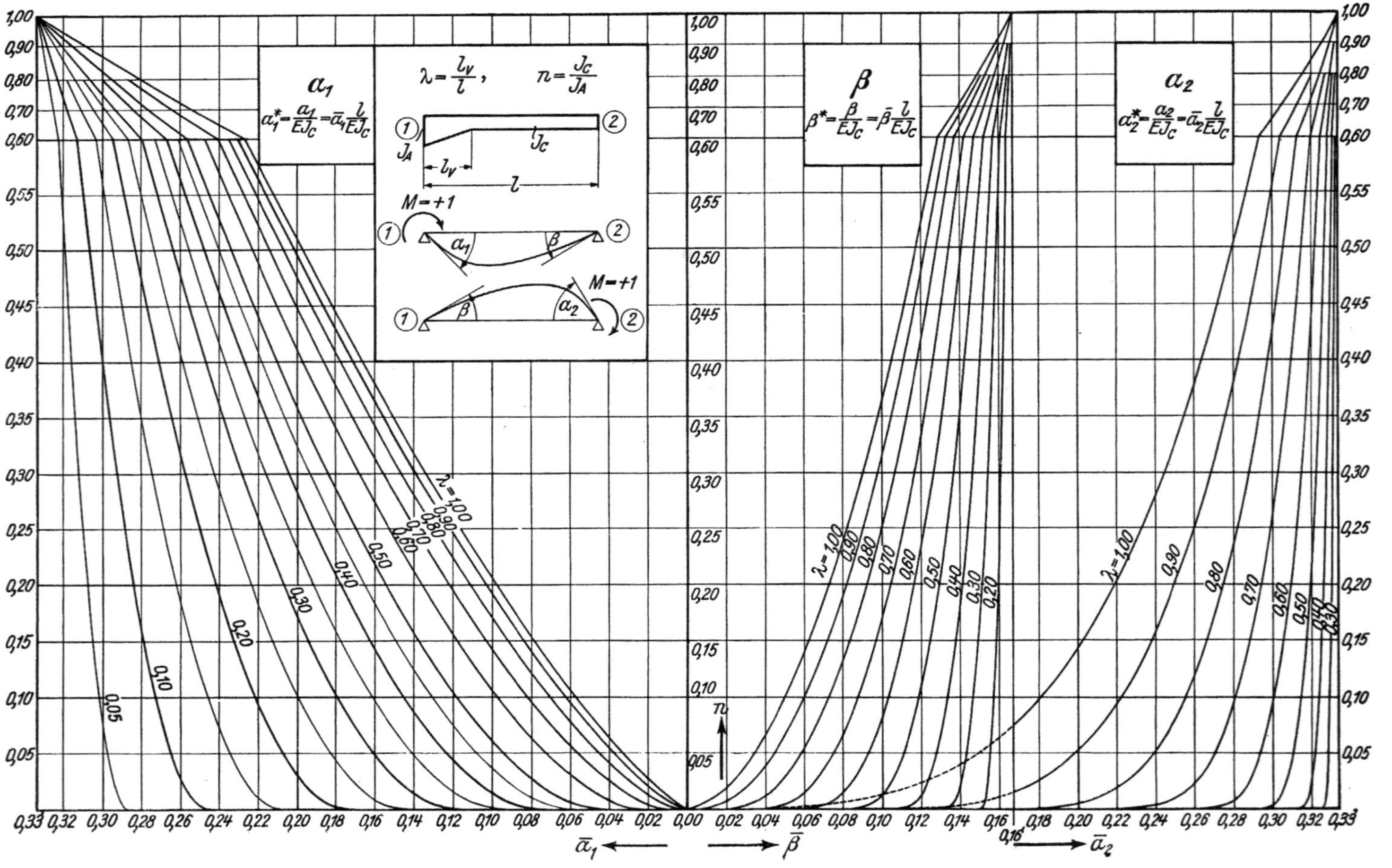

Einseitig gerade Vouten

Einseitig parabol. Vouten

Stabwinkelwerte $\alpha_1\,\alpha_2\,\beta$

für den *Durchlaufträger* (= Endtangentenwinkel der Biegelinie am frei aufliegenden Träger infolge $M = +1$)

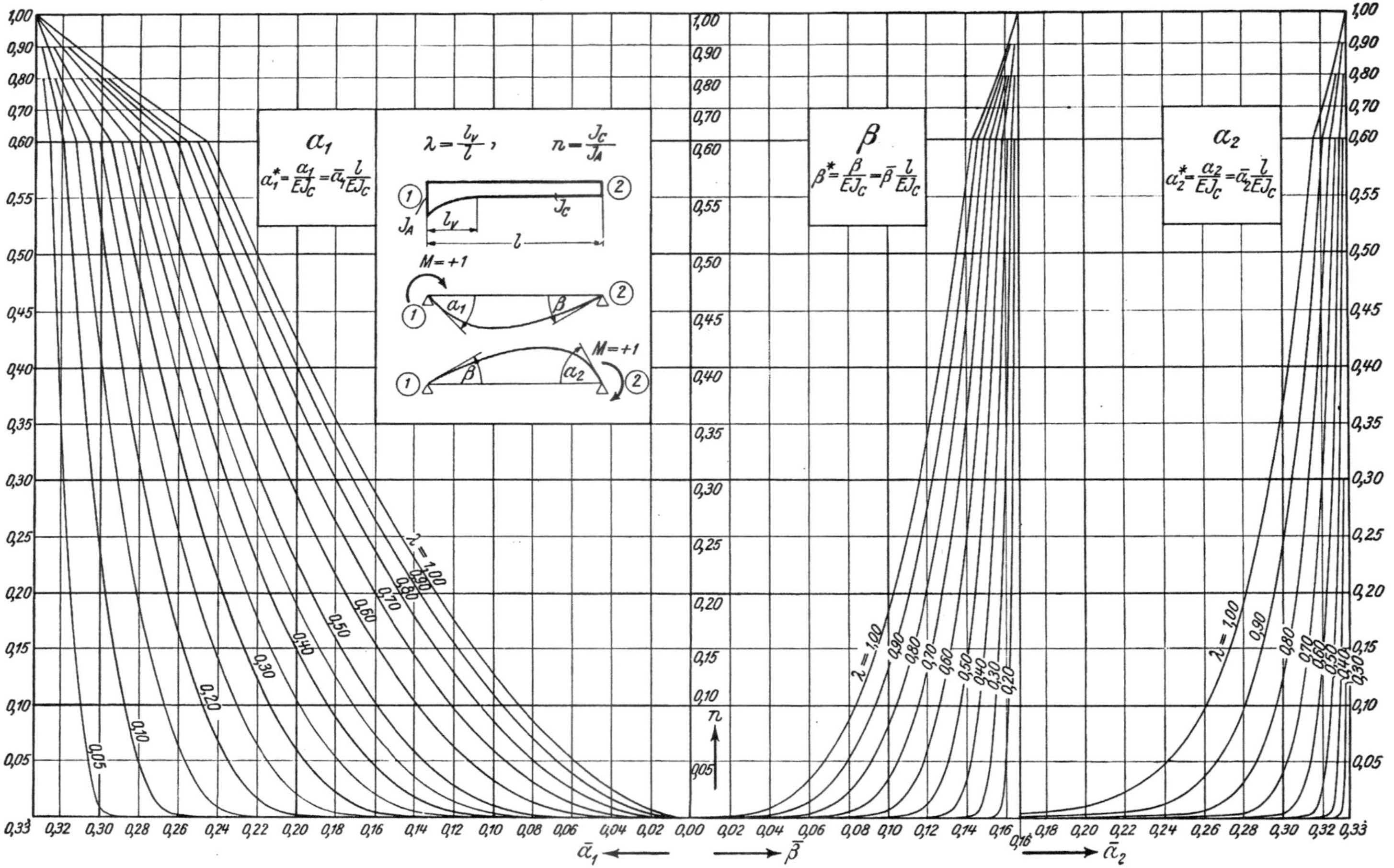

Tafel 28a

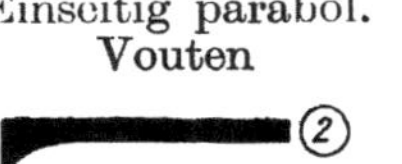

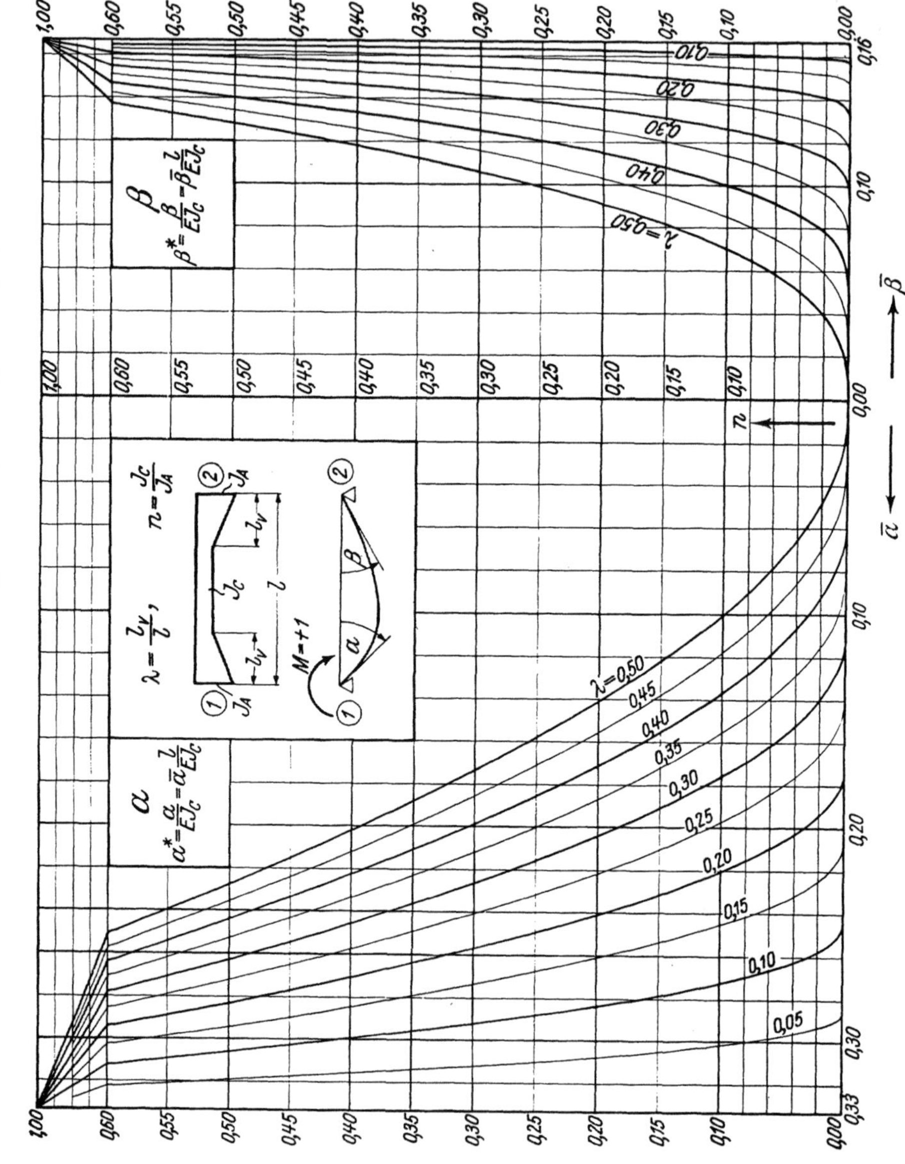
Tafel 29a
Stabwinkelwerte α β
für den Durchlaufträger (= Endtangentenwinkel der
Biegelinie am frei aufliegenden Träger infolge M = + 1)
Beidseitig gerade
Vouten
$\alpha^* = \dfrac{\alpha}{EJ_c} = \bar{\alpha}\dfrac{l}{EJ_c}$
$\beta^* = \dfrac{\beta}{EJ_c} = \bar{\beta}\dfrac{l}{EJ_c}$
$\lambda = \dfrac{l_v}{l}, \quad n = \dfrac{J_c}{J_A}$
$M = +1$
λ=0,50
0,45
0,40
0,35
0,30
0,25
0,20
0,15
0,10
0,05
λ=0,50
0,40
0,30
0,20
0,10
$\bar{\alpha}$
$\bar{\beta}$
n

Tafel 30a

Beidseitig parabol. Vouten

Stabwinkelwerte $\alpha\,\beta$

für den *Durchlaufträger* (= Endtangentenwinkel der Biegelinie am frei aufliegenden Träger infolge $M = +1$)

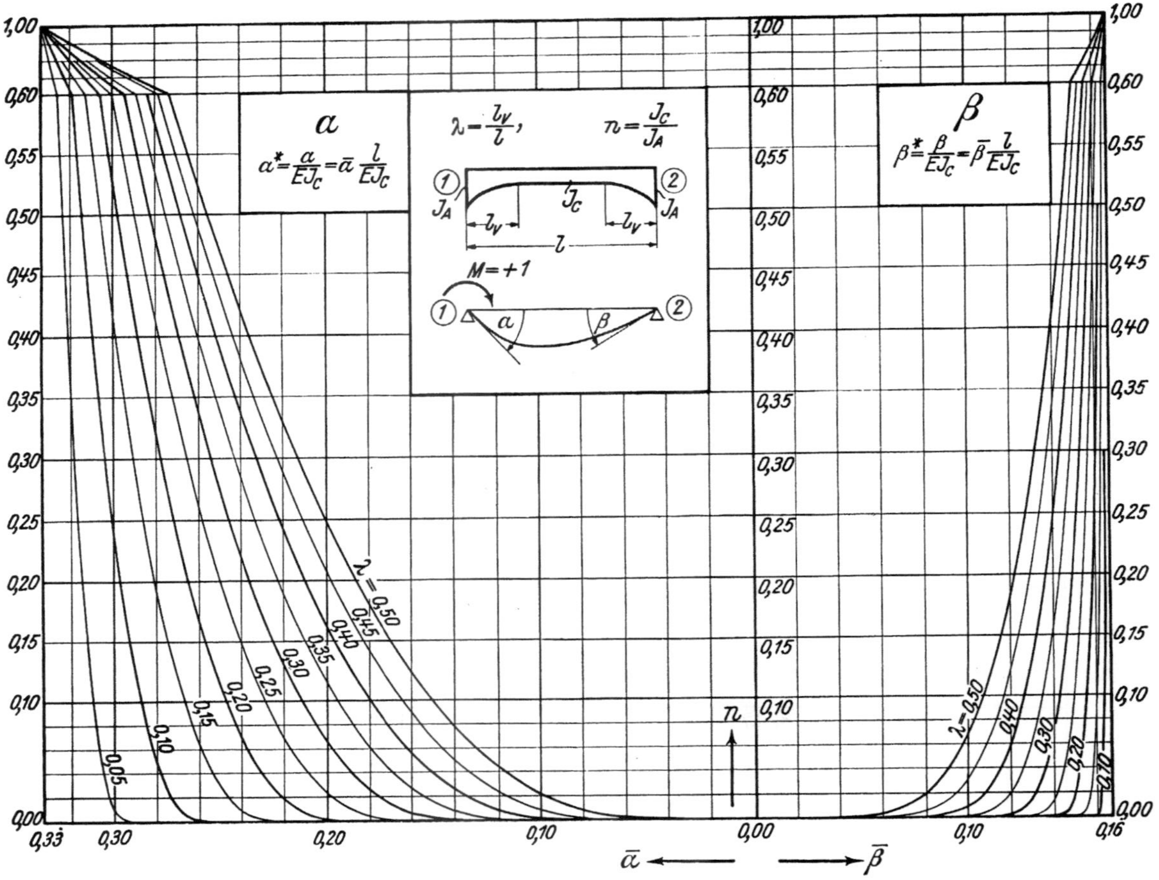

Tafel 31

Einseitig gerade Vouten

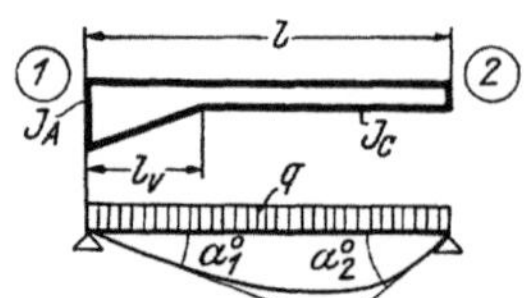

Belastungsglieder $\alpha^0{}_1\,\alpha^0{}_2$

für den *Durchlaufträger* (= Endtangentenwinkel der Biege-linie am frei aufliegenden Träger) infolge durchgehender Gleichlast

λ \ n	1,00	0,90	0,80	0,70	0,60	0,50	0,40	0,30	0,20	0,15	0,12
1,00	0,0416̇ 0416̇	0,0392 0401	0,0364 0382	0,0336 0361	0,0306 0338	0,0273 0314	0,0238 0286	0,0198 0253	0,0153 0212	0,0127 0186	0,0110 0168
0,90	0416̇ 0416̇	0394 0403	0369 0387	0342 0369	0313 0350	0282 0329	0249 0305	0211 0277	0167 0241	0141 0218	0124 0202
0,80	0416̇ 0416̇	0396 0405	0373 0393	0348 0379	0323 0364	0294 0347	0263 0327	0228 0304	0186 0274	0162 0255	0145 0242
0,70	0416̇ 0416̇	0398 0408	0378 0398	0357 0388	0334 0377	0309 0364	0281 0349	0249 0332	0211 0309	0188 0294	0173 0284
0,60	0416̇ 0416̇	0401 0411	0384 0404	0366 0397	0347 0389	0326 0380	0302 0370	0275 0357	0242 0341	0222 0330	0208 0323
0,50	0416̇ 0416̇	0405 0413	0391 0409	0377 0405	0362 0399	0345 0393	0326 0387	0304 0379	0277 0368	0260 0362	0249 0357
0,45	0416̇ 0416̇	0406 0414	0394 0411	0382 0407	0369 0403	0354 0399	0338 0394	0319 0388	0295 0380	0281 0375	0271 0371
0,40	0416̇ 0416̇	0408 0415	0398 0412	0388 0410	0377 0407	0364 0404	0350 0400	0334 0396	0314 0390	0302 0386	0293 0383
0,35	0416̇ 0416̇	0409 0415	0402 0414	0393 0412	0384 0410	0374 0408	0363 0405	0349 0402	0333 0398	0323 0395	0316 0393
0,30	0416̇ 0416̇	0411 0416	0405 0414	0398 0413	0391 0412	0383 0411	0374 0409	0364 0407	0351 0404	0343 0402	0337 0401
0,25	0416̇ 0416̇	0412 0416	0408 0415	0403 0414	0398 0414	0392 0413	0386 0412	0378 0411	0368 0409	0362 0408	0358 0407
0,20	0416̇ 0416̇	0414 0416	0411 0416	0408 0415	0404 0415	0400 0415	0396 0414	0390 0414	0384 0413	0380 0412	0377 0412
0,15	0416̇ 0416̇	0415 0416	0414 0416	0412 0416	0409 0416	0407 0416	0404 0416	0401 0415	0397 0415	0394 0415	0393 0414
0,10	0416̇ 0416̇	0416 0416	0415 0416	0414 0416	0413 0416	0412 0416	0411 0416	0409 0416	0407 0416	0406 0416	0405 0416
0,05	0416̇ 0416̇	0416 0417	0416 0417	0416 0416	0416 0416	0415 0416	0415 0416	0415 0416	0414 0416	0414 0416	0414 0416
0	0416̇ 0416̇	0416̇ 0416̇	0416̇ 0416̇	0416̇ 0416̇	0416̇ 0416̇	0416̇ 0416̇	0416̇ 0416̇	0416̇ 0416̇	0416̇ 0416̇	0416̇ 0416̇	0416̇ 0416̇

T a f e l 31 (Fortsetzung)

$$\lambda = \frac{l_v}{l} \qquad n = \frac{J_c}{J_A}$$

Obere Zahl $\bar{\alpha}^0{}_1$ $\qquad \alpha^0{}_1{}^* = \dfrac{\alpha^0{}_1}{EJ_c} = \bar{\alpha}^0{}_1 \dfrac{q\,l^3}{EJ_c}$

Untere Zahl $\bar{\alpha}^0{}_2$ $\qquad \alpha^0{}_2{}^* = \dfrac{\alpha^0{}_2}{EJ_c} = \bar{\alpha}^0{}_2 \dfrac{q\,l^3}{EJ_c}$

λ \ n	0,12	0,10	0,08	0,06	0,05	0,04	0,03	0,02	0,01	0,005	0
1,00	0,0110 0168	0,0098 0155	0,0084 0140	0,0069 0122	0,0061 0112	0,0053 0100	0,0043 0087	0,0033 0071	0,0020 0050	0,0012 0035	— —
0,90	0124 0202	0112 0190	0098 0176	0083 0159	0074 0150	0065 0139	0055 0126	0044 0111	0029 0089	0020 0073	0,0002 0022
0,80	0145 0242	0133 0232	0119 0220	0104 0206	0095 0198	0086 0188	0076 0177	0063 0163	0048 0144	0037 0129	0013 0075
0,70	0173 0284	0161 0276	0149 0267	0134 0255	0126 0249	0117 0241	0106 0232	0094 0221	0078 0205	0066 0193	0035 0145
0,60	0208 0323	0198 0317	0187 0311	0173 0303	0166 0298	0157 0292	0148 0286	0136 0278	0120 0266	0109 0256	0075 0219
0,50	0249 0357	0240 0353	0231 0349	0220 0343	0213 0340	0206 0337	0198 0332	0188 0327	0174 0319	0164 0312	0130 0287
0,45	0271 0371	0263 0368	0255 0365	0245 0361	0239 0358	0233 0355	0225 0352	0216 0348	0204 0342	0194 0337	0163 0316
0,40	0293 0383	0287 0381	0280 0379	0271 0375	0266 0374	0260 0372	0254 0369	0246 0366	0235 0361	0227 0358	0198 0342
0,35	0316 0393	0310 0392	0304 0390	0297 0388	0293 0386	0288 0385	0283 0383	0276 0381	0267 0378	0260 0375	0235 0364
0,30	0337 0401	0333 0400	0328 0399	0322 0398	0319 0397	0315 0396	0311 0395	0306 0393	0298 0391	0292 0389	0272 0382
0,25	0358 0407	0355 0407	0351 0406	0347 0405	0344 0405	0341 0404	0338 0403	0334 0403	0328 0401	0324 0400	0308 0396
0,20	0377 0412	0374 0411	0372 0411	0369 0411	0367 0410	0365 0410	0363 0410	0360 0409	0356 0408	0353 0408	0341 0403
0,15	0393 0414	0391 0414	0390 0414	0388 0414	0387 0414	0386 0414	0384 0414	0383 0413	0380 0413	0378 0413	0371 0412
0,10	0405 0416	0405 0416	0404 0416	0403 0416	0403 0416	0402 0416	0401 0416	0401 0416	0399 0416	0398 0415	0395 0415
0,05	0414 0416	0413 0416	0413 0416	0413 0416	0413 0416	0413 0416	0413 0416	0412 0416	0412 0416	0412 0416	0411 0416
0	0416 0416	0416 0416	0416 0416	0416 0416	0416 0416	0416 0416	0416 0416	0416 0416	0416 0416	0416 0416	0416 0416

T a f e l 32

Einseitig parabol. Vouten

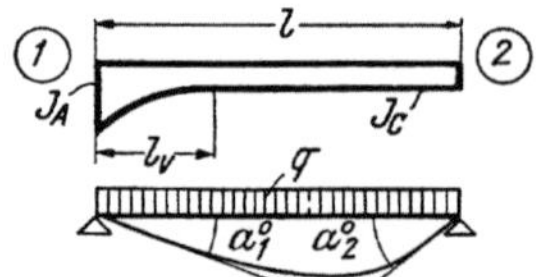

Belastungsglieder $\alpha^0_1\ \alpha^0_2$

für den *Durchlaufträger* (= Endtangentenwinkel der Biegelinie am frei aufliegenden Träger) infolge durchgehender
Gleichlast

λ \\ n	1,00	0,90	0,80	0,70	0,60	0,50	0,40	0,30	0,20	0,15	0,12
1,00	0,0416̇	0,0399	0,0381	0,0361	0,0339	0,0315	0,0288	0,0256	0,0217	0,0192	0,0175
	0416̇	0408	0398	0388	0376	0362	0345	0325	0298	0279	0266
0,90	0416̇	0401	0385	0367	0347	0325	0300	0271	0234	0211	0195
	0416̇	0410	0402	0394	0384	0372	0359	0342	0320	0305	0293
0,80	0416̇	0404	0389	0374	0356	0336	0314	0288	0255	0234	0219
	0416̇	0412	0406	0399	0391	0383	0372	0359	0342	0330	0321
0,70	0416̇	0405	0393	0380	0365	0348	0329	0306	0278	0259	0246
	0416̇	0413	0409	0404	0398	0392	0384	0375	0362	0353	0346
0,60	0416̇	0408	0398	0387	0375	0361	0345	0326	0302	0287	0276
	0416̇	0414	0412	0408	0404	0400	0395	0388	0379	0373	0368
0,50	0416̇	0410	0402	0394	0384	0374	0362	0347	0328	0316	0307
	0416̇	0415	0414	0412	0409	0406	0403	0399	0393	0389	0386
0,45	0416̇	0411	0404	0397	0389	0380	0370	0357	0341	0331	0323
	0416̇	0416	0415	0413	0411	0409	0406	0403	0399	0396	0394
0,40	0416̇	0412	0406	0401	0394	0387	0378	0367	0354	0345	0339
	0416̇	0416	0415	0414	0412	0411	0409	0407	0404	0402	0400
0,35	0416̇	0413	0409	0404	0398	0392	0385	0377	0366	0359	0354
	0416̇	0416	0416	0415	0414	0413	0411	0410	0408	0406	0405
0,30	0416̇	0414	0410	0407	0403	0398	0393	0386	0378	0372	0368
	0416̇	0416	0416	0416	0415	0414	0413	0412	0411	0410	0409
0,25	0416̇	0414	0412	0410	0406	0403	0399	0394	0388	0384	0381
	0416̇	0416	0416	0416	0416	0415	0415	0414	0413	0413	0412
0,20	0416̇	0415	0414	0412	0410	0408	0405	0402	0398	0395	0393
	0416̇	0416	0416	0416	0416	0416	0416	0415	0415	0415	0414
0,15	0416̇	0416	0415	0414	0413	0411	0410	0408	0405	0404	0402
	0416̇	0416	0416	0416	0416	0416	0416	0416	0416	0416	0416
0,10	0416̇	0416	0416	0416	0415	0414	0413	0413	0411	0411	0410
	0416̇	0416	0416	0416	0416	0416	0416	0416	0416	0416	0416
0,05	0416̇	0416	0416	0416	0416	0416	0416	0416	0415	0415	0415
	0416̇	0416	0416	0416	0416	0416	0416	0416	0416	0416	0416
0	0416̇	0416̇	0416̇	0416̇	0416̇	0416̇	0416̇	0416̇	0416̇	0416̇	0416̇
	0416̇	0416̇	0416̇	0416̇	0416̇	0416̇	0416̇	0416̇	0416̇	0416̇	0416̇

Tafel 32 (Fortsetzung)

$$\lambda = \frac{l_v}{l} \qquad n = \frac{J_c}{J_A}$$

Obere Zahl $\bar{\alpha}^0_1$ $\qquad \alpha_1{}^0* = \dfrac{\alpha^0_1}{EJ_c} = \bar{\alpha}^0_1 \dfrac{q\,l^3}{EJ_c}$

Untere Zahl $\bar{\alpha}^0_2$ $\qquad \alpha_2{}^0* = \dfrac{\alpha^0_2}{EJ_c} = \bar{\alpha}^0_2 \dfrac{q\,l^3}{EJ_c}$

λ \ n	0,12	0,10	0,08	0,06	0,05	0,04	0,03	0,02	0,01	0,005	0
1,00	0,0175 0266	0,0163 0255	0,0148 0243	0,0131 0227	0,0121 0218	0,0110 0207	0,0098 0193	0082 0175	0,0061 0148	0,0045 0124	— —
0,90	0195 0293	0183 0284	0169 0274	0153 0261	0143 0253	0132 0243	0120 .0231	0104 0216	0082 0191	0064 0170	0,0002 0022
0,80	0219 0321	0208 0314	0195 0305	0179 0294	0170 0288	0160 0280	0147 0271	0132 0258	0110 0238	0092 0220	0013 0075
0,70	0246 0346	0236 0341	0224 0334	0210 0326	0202 0322	0192 0316	0181 0308	0167 0299	0145 0283	0128 0269	0035 0145
0,60	0276 0368	0267 0365	0257 0360	0245 0355	0238 0351	0230 0347	0220 0342	0207 0335	0188 0324	0172 0314	0075 0219
0,50	0307 0386	0300 0384	0292 0381	0283 0378	0277 0375	0270 0373	0262 0370	0251 0365	0235 0358	0222 0351	0130 0287
0,45	0323 0394	0317 0392	0310 0390	0302 0387	0297 0385	0291 0383	0283 0381	0274 0378	0260 0372	0248 0367	0163 0316
0,40	0339 0400	0333 0399	0328 0397	0320 0395	0316 0394	0311 0392	0305 0391	0297 0388	0285 0384	0274 0380	0198 0342
0,35	0354 0405	0350 0404	0345 0403	0339 0402	0335 0401	0331 0400	0326 0399	0320 0397	0309 0394	0301 0391	0235 0364
0,30	0368 0409	0365 0409	0361 0408	0356 0407	0354 0406	0350 0406	0346 0405	0341 0404	0333 0402	0326 0400	0272 0382
0,25	0381 0412	0379 0412	0376 0411	0372 0411	0370 0410	0368 0410	0365 0410	0361 0409	0355 0408	0350 0407	0308 0396
0,20	0393 0414	0391 0414	0389 0414	0387 0414	0385 0413	0384 0413	0382 0413	0379 0413	0375 0412	0371 0411	0341 0403
0,15	0402 0416	0402 0416	0400 0415	0399 0415	0398 0415	0397 0415	0396 0415	0394 0415	0392 0415	0390 0414	0371 0412
0,10	0410 0416	0410 0416	0409 0416	0408 0416	0408 0416	0408 0416	0407 0416	0406 0416	0405 0416	0404 0416	0395 0415
0,05	0415 0416	0415 0416	0415 0416	0415 0416	0414 0416	0414 0416	0414 0416	0414 0416	0414 0416	0413 0416	0411 0416
0	0416̇ 0416̇	0416̇ 0416̇	0416̇ 0416̇	0416̇ 0416̇	0416̇ 0416̇	0416̇ 0416̇	0416̇ 0416̇	0416̇ 0416̇	0416̇ 0416̇	0416̇ 0416̇	0416̇ 0416̇

Tafel 33

Beidseitig gerade Vouten

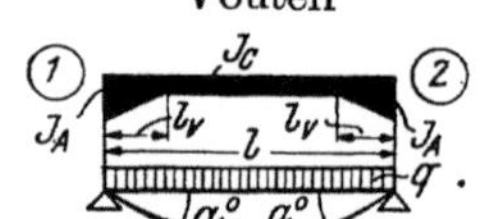

Belastungsglieder α^0

für den *Durchlaufträger* (= Endtangentenwinkel der Biegelinie am frei aufliegenden Träger) infolge durchgehender Gleichlast

$$\lambda = \frac{l_v}{l} \qquad n = \frac{J_c}{J_A} \qquad \alpha^{0*} = \frac{\alpha^0}{EJ_c} = \bar{\alpha}^0\,\frac{q\,l^3}{EJ_c}$$

Tabellenwerte: $\bar{\alpha}^0$

λ \ n	1,00	0,90	0,80	0,70	0,60	0,50	0,40	0,30	0,20	0,15	0,12
0,50	0,0416	0,0400	0,0384	0,0365	0,0344	0,0321	0,0296	0,0266	0,0228	0,0205	0,0189
0,45	0416	0403	0389	0373	0356	0337	0315	0290	0258	0239	0225
0,40	0416	0405	0394	0381	0367	0351	0334	0313	0287	0271	0260
0,35	0416	0408	0399	0388	0377	0365	0351	0334	0314	0301	0292
0,30	0416	0410	0403	0395	0387	0378	0367	0354	0339	0329	0322
0,25	0416	0412	0407	0401	0395	0389	0381	0372	0361	0354	0349
0,20	0416	0414	0410	0407	0403	0398	0393	0387	0380	0375	0372
0,15	0416	0415	0413	0411	0409	0406	0403	0400	0395	0393	0391
0,10	0416	0416	0415	0414	0413	0412	0410	0409	0407	0406	0405
0,05	0416	0416	0416	0416	0416	0415	0415	0415	0414	0414	0414
0,00	0416	0416	0416	0416	0416	0416	0416	0416	0416	0416	0416

λ \ n	0,12	0,10	0,08	0,06	0,05	0,04	0,03	0,02	0,01	0,005	0,00
0,50	0,0189	0,0177	0,0163	0,0146	0,0137	0,0126	0,0113	0,0098	0,0076	0,0059	0,0000
0,45	0225	0215	0203	0189	0181	0171	0161	0147	0129	0114	0062
0,40	0260	0251	0242	0230	0223	0215	0206	0195	0180	0167	0123
0,35	0292	0285	0278	0268	0263	0257	0250	0240	0228	0218	0182
0,30	0322	0317	0311	0303	0299	0295	0289	0282	0272	0265	0237
0,25	0349	0345	0341	0335	0332	0329	0325	0320	0313	0307	0287
0,20	0372	0369	0366	0363	0361	0359	0356	0353	0348	0344	0330
0,15	0391	0389	0387	0385	0384	0383	0381	0380	0377	0374	0366
0,10	0405	0404	0403	0402	0402	0401	0400	0400	0398	0397	0393
0,05	0414	0413	0413	0413	0413	0413	0412	0412	0412	0412	0411
0,00	0416	0416	0416	0416	0416	0416	0416	0416	0416	0416	0416

Beidseitig parabol. Vouten

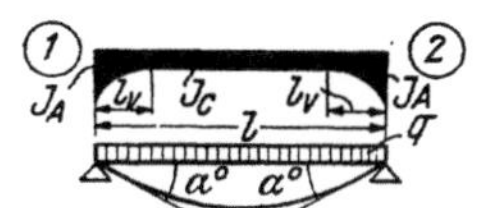

Belastungsglieder α^0

für den *Durchlaufträger* (= Endtangentenwinkel der Biegelinie am frei aufliegenden Träger) infolge durchgehender Gleichlast

$$\lambda = \frac{l_v}{l} \qquad n = \frac{J_c}{J_A} \qquad \alpha^0{}^* = \frac{\alpha^0}{EJ_c} = \bar\alpha^0\,\frac{q\,l^3}{EJ_c}$$

Tabellenwerte: $\bar\alpha^0$

λ \ n	1,00	0,90	0,80	0,70	0,60	0,50	0,40	0,30	0,20	0,15	0,12
0,50	0,0416	0,0408	0,0399	0,0388	0,0377	0,0363	0,0348	0,0329	0,0305	0,0289	0,0277
0,45	0416	0409	0402	0393	0383	0372	0359	0344	0323	0310	0300
0,40	0416	0411	0404	0397	0390	0381	0370	0358	0341	0330	0322
0,35	0416	0412	0407	0402	0395	0388	0380	0370	0357	0348	0342
0,30	0416	0413	0409	0405	0401	0395	0389	0382	0372	0365	0360
0,25	0416	0414	0412	0409	0405	0402	0397	0392	0385	0380	0376
0,20	0416	0415	0413	0411	0409	0407	0404	0400	0396	0393	0390
0,15	0416	0416	0415	0414	0412	0411	0409	0407	0405	0403	0401
0,10	0416	0416	0416	0415	0415	0414	0413	0412	0411	0410	0410
0,05	0416	0416	0416	0416	0416	0416	0416	0416	0415	0415	0415
0,00	0416	0416	0416	0416	0416	0416	0416	0416	0416	0416	0416

λ \ n	0,12	0,10	0,08	0,06	0,05	0,04	0,03	0,02	0,01	0,005	0
0,50	0,0277	0,0268	0,0257	0,0244	0,0236	0,0226	0,0215	0,0200	0,0177	0,0156	0,0000
0,45	0300	0292	0283	0272	0265	0257	0248	0235	0215	0198	0062
0,40	0322	0316	0308	0299	0293	0287	0279	0268	0252	0238	0123
0,35	0342	0337	0331	0324	0319	0314	0308	0300	0287	0275	0182
0,30	0360	0357	0352	0347	0343	0339	0334	0328	0318	0309	0237
0,25	0376	0374	0371	0367	0364	0361	0358	0353	0346	0340	0287
0,20	0390	0388	0386	0384	0382	0380	0378	0375	0370	0366	0330
0,15	0401	0400	0399	0398	0397	0396	0394	0393	0390	0387	0366
0,10	0410	0409	0409	0408	0408	0407	0406	0406	0404	0403	0393
0,05	0415	0415	0415	0414	0414	0414	0414	0414	0414	0413	0411
0,00	0416	0416	0416	0416	0416	0416	0416	0416	0416	0416	0416

Belastungsglieder $\alpha^0_1\ \alpha^0_2$

für den *Durchlaufträger* (= Endtangentenwinkel der Biegelinie am frei aufliegenden Träger) infolge durchgehender Gleichlast

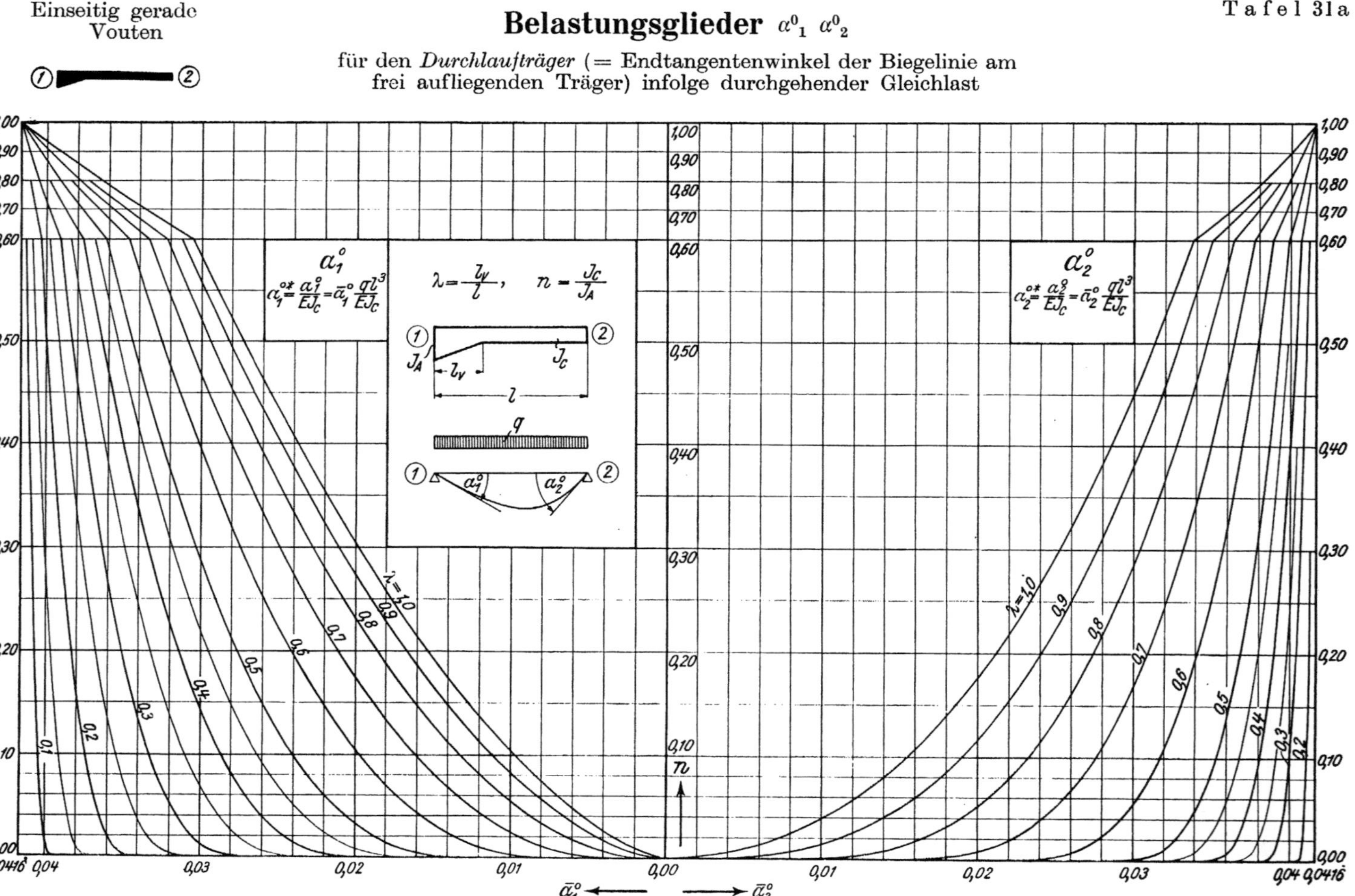

Tafel 32a
Belastungsglieder $\alpha^0_1\ \alpha^0_2$
für den Durchlaufträger (= Endtangentenwinkel der Biegelinie am frei aufliegenden Träger) infolge durchgehender Gleichlast
Einseitig parabol. Vouten
α^0_2
$\alpha^{0*}_2 = \dfrac{\alpha^0_2}{EJ_C} = \bar{\alpha}^0_2\,\dfrac{ql^3}{EJ_C}$
α^0_1
$\alpha^{0*}_1 = \dfrac{\alpha^0_1}{EJ_C} = \bar{\alpha}^0_1\,\dfrac{ql^3}{EJ_C}$
$\lambda = \dfrac{l_V}{l}\ ,\quad n = \dfrac{J_C}{J_A}$
$\leftarrow \bar{\alpha}^0_2$
$\bar{\alpha}^0_1 \rightarrow$
$\lambda = 1,0$
0,9
0,8
0,7
0,6
0,5
0,4
0,3
0,2
0,1

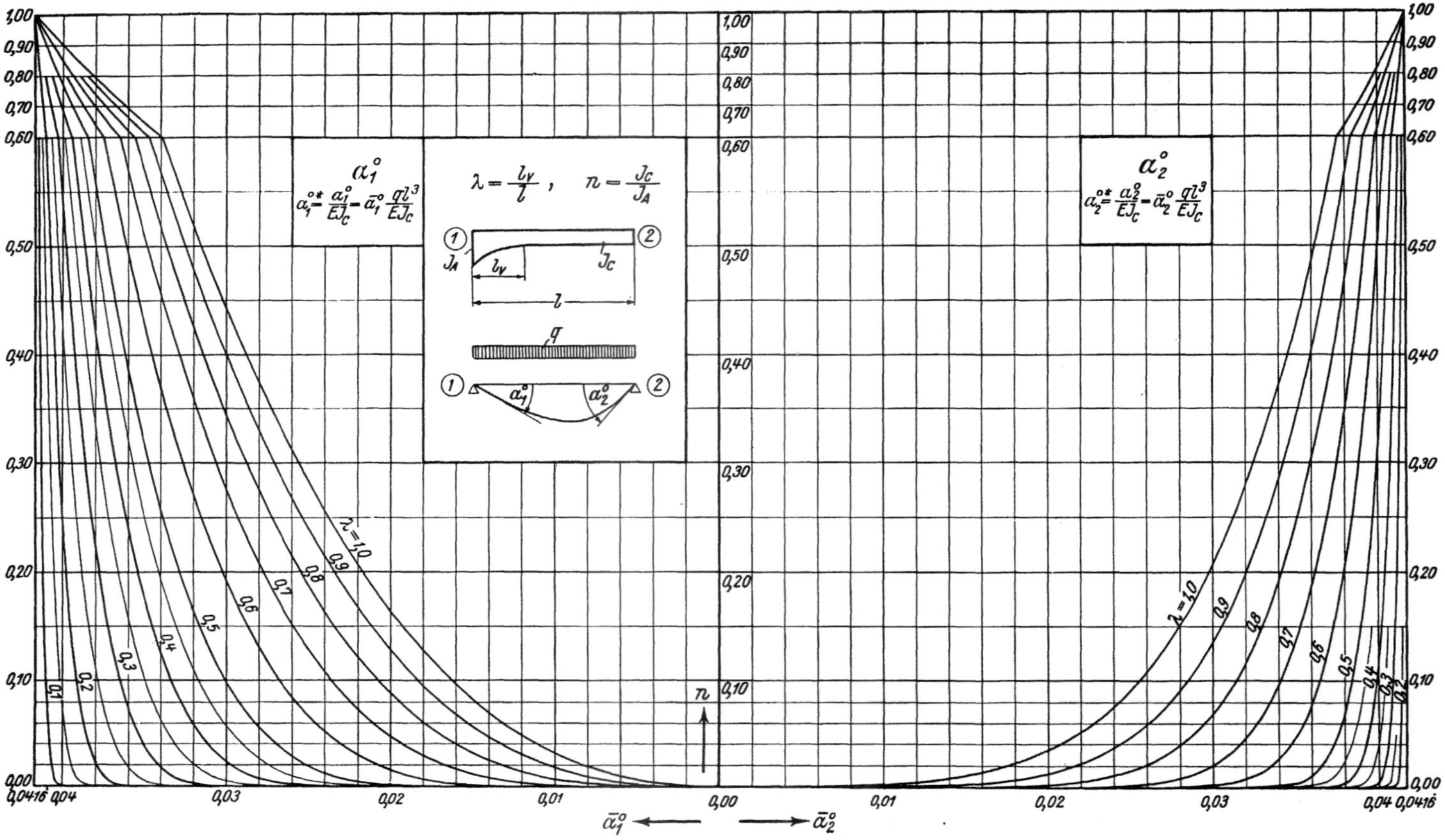

Tafel 33a

Beidseitig gerade
Vouten

Belastungsglieder α^0

für den *Durchlaufträger* (= Endtangentenwinkel der Biegelinie am frei aufliegenden
Träger) infolge durchgehender Gleichlast

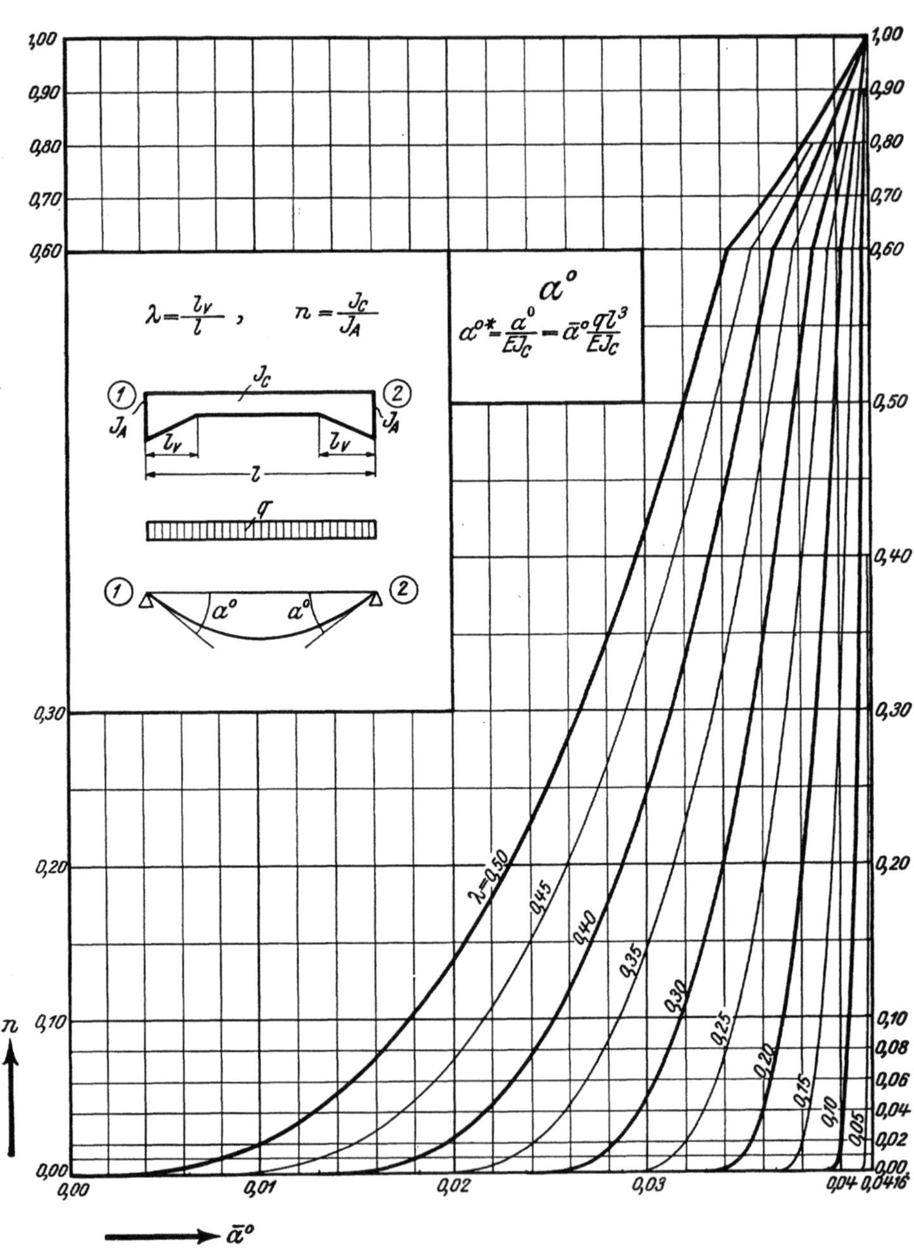

Tafel 34 a

Beidseitig parabol.
Vouten

Belastungsglieder α^0

für den *Durchlaufträger* (= Endtangentenwinkel der Biegelinie am frei aufliegenden Träger) infolge durchgehender Gleichlast

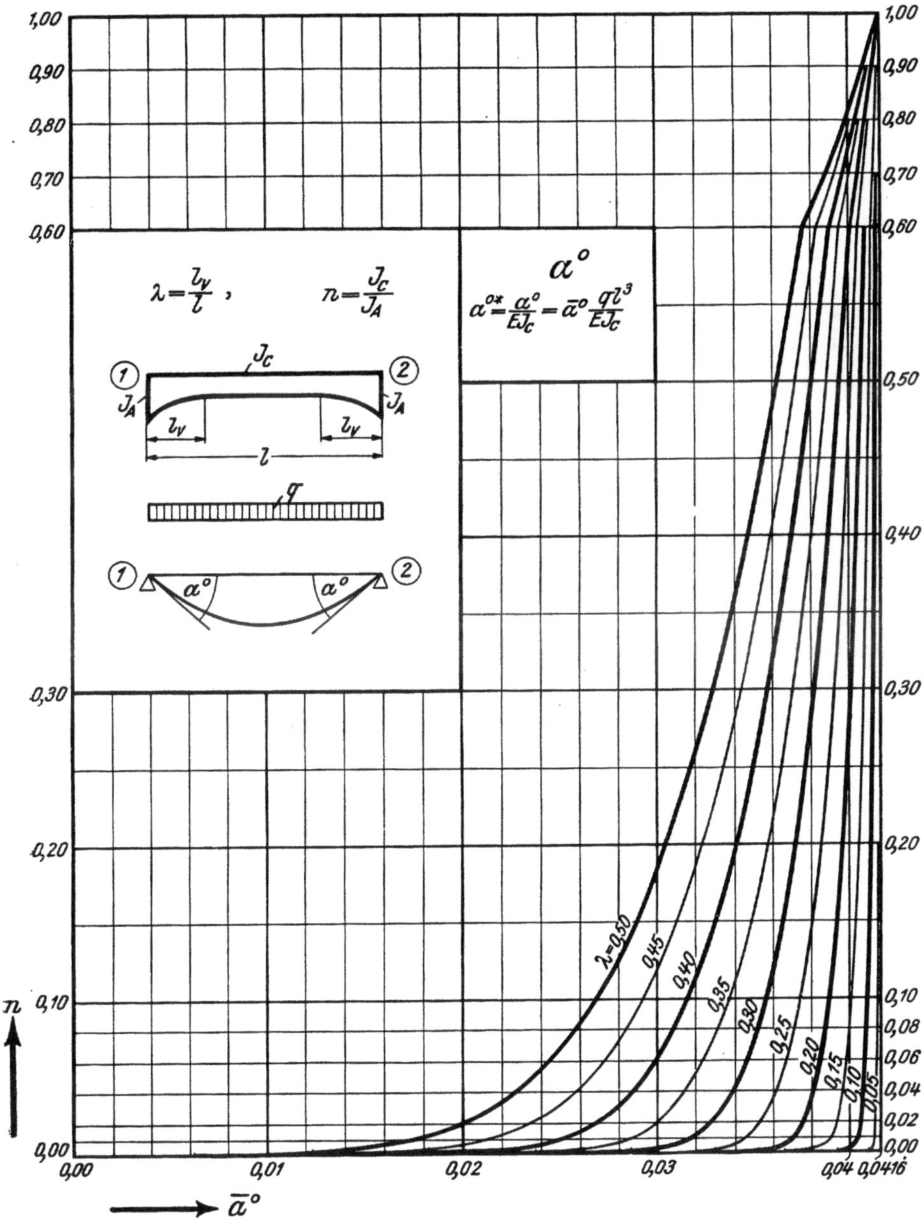

Tafel 35

Einseitig gerade Vouten

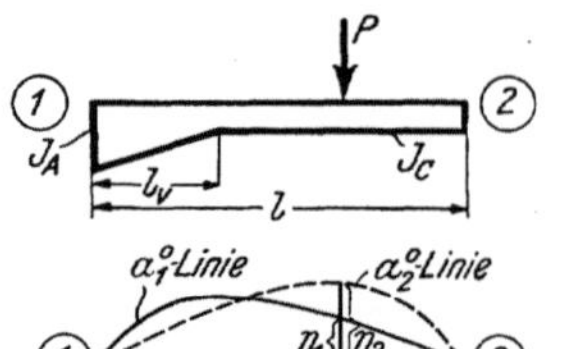

Einflußlinien
der Belastungsglieder $\alpha^0_1\,\alpha^0_2$

für den *Durchlaufträger* (= Endtangentenwinkel der Biegelinie am frei aufliegenden Träger)

$$\lambda = \frac{l_v}{l} \qquad \text{Obere Zahl } \eta_1 \qquad \alpha_1{}^0{}^* = \frac{1}{EJ_c}\,\eta_1\,P\,l^2$$

$$n = \frac{J_c}{J_A} \qquad \text{Untere Zahl } \eta_2 \qquad \alpha_2{}^0{}^* = \frac{1}{EJ_c}\,\eta_2\,P\,l^2$$

Each cell gives the obere Zahl η_1 (top) over the untere Zahl η_2 (bottom).

λ	n	1	2	3	4	5	6	7	8	9	10	11
1,00	0,00	—	—	—	—	—	—	—	—	—	—	—
	0,03	0,0018 0023	0,0033 0044	0,0045 0065	0,0055 0084	0,0062 0104	0,0066 0119	0,0065 0132	0,0061 0138	0,0052 0136	0,0039 0119	0,0021 0079
	0,05	0026 0029	0048 0058	0067 0085	0080 0111	0089 0135	0093 0156	0092 0170	0085 0177	0072 0171	0053 0147	0028 0095
	0,10	0044 0044	0081 0083	0111 0123	0132 0160	0144 0193	0149 0220	0144 0237	0131 0242	0109 0230	0078 0192	0041 0121
	0,20	0075 0060	0135 0121	0182 0177	0213 0229	0231 0272	0234 0306	0223 0326	0199 0327	0163 0304	0115 0248	0060 0151
	0,50	0152 0097	0266 0190	0348 0277	0400 0355	0423 0418	0420 0462	0391 0482	0342 0472	0275 0427	0192 0338	0098 0199
	1,00	0244 0138	0424 0270	0547 0390	0617 0494	0641 0574	0625 0625	0574 0641	0494 0617	0390 0547	0270 0424	0138 0244
0,50	0,00	0,0035 0069	0,0070 0139	0,0104 0208	0,0139 0277	0,0174 0347	0,0209 0417	0,0227 0469	0,0216 0478	0,0183 0445	0,0131 0355	0,0068 0209
	0,03	0067 0088	0131 0176	0192 0264	0247 0349	0293 0429	0322 0497	0321 0535	0292 0532	0240 0482	0169 0382	0087 0223
	0,05	0076 0092	0150 0184	0216 0275	0273 0362	0319 0444	0345 0510	0341 0546	0308 0541	0251 0489	0177 0386	0091 0225
	0,10	0095 0099	0182 0197	0258 0293	0319 0383	0364 0467	0385 0531	0374 0563	0334 0554	0271 0500	0190 0393	0099 0228
	0,20	0121 0107	0227 0213	0315 0315	0382 0410	0424 0493	0437 0553	0417 0582	0369 0570	0297 0511	0208 0401	0107 0232
	0,50	0180 0124	0321 0244	0428 0357	0498 0459	0532 0542	0530 0591	0495 0613	0430 0595	0343 0528	0238 0413	0123 0238
	1,00	0244 0138	0424 0270	0547 0390	0617 0494	0641 0574	0625 0625	0574 0641	0494 0617	0390 0547	0270 0424	0138 0244

Anm.: Die Kreuzlinienabschnitte sind allgemein $K^0_1 = \dfrac{\alpha^0_2}{\beta}$; $K^0_2 = \dfrac{\alpha^0_1}{\beta}$; ($\beta$ siehe Tafel 27 bis 30).

Obere Zahl η_1
Untere Zahl η_2

Einseitig gerade Vouten
Einflußlinien für $\alpha^0_1\,\alpha^0_2$

T a f e l 35 (Fortsetzung)

λ	n	1	2	3	4	5	6	7	8	9	10	11
0,40	0,00	0,0060 0090	0,0120 0180	0,0180 0270	0,0240 0360	0,0299 0450	0,0332 0519	0,0328 0550	0,0299 0547	0,0244 0494	0,0173 0399	0,0089 0227
	0,03	0092 0104	0182 0207	0266 0311	0340 0409	0397 0498	0415 0560	0399 0587	0354 0574	0286 0515	0201 0403	0104 0233
	0,05	0101 0106	0197 0212	0285 0289	0362 0417	0415 0505	0431 0566	0413 0592	0364 0578	0294 0516	0206 0404	0106 0233
	0,10	0118 0111	0226 0222	0320 0328	0399 0430	0449 0518	0459 0577	0435 0601	0383 0585	0308 0522	0215 0409	0111 0236
	0,20	0141 0117	0265 0232	0367 0343	0446 0446	0490 0532	0495 0588	0466 0611	0408 0592	0326 0529	0227 0412	0117 0238
	0,50	0191 0130	0340 0253	0455 0369	0530 0472	0565 0554	0560 0608	0520 0627	0450 0606	0358 0536	0248 0419	0127 0241
	1,00	0244 0138	0424 0270	0547 0390	0617 0494	0641 0574	0625 0625	0574 0641	0494 0617	0390 0547	0270 0424	0138 0244
0,35	0,00	0,0076 0099	0,0153 0200	0,0229 0299	0,0302 0399	0,0368 0491	0,0391 0557	0,0378 0583	0,0337 0571	0,0277 0511	0,0192 0400	0,0098 0231
	0,03	0108 0111	0212 0221	0309 0330	0394 0436	0446 0524	0458 0581	0434 0605	0382 0589	0308 0525	0215 0410	0111 0237
	0,05	0115 0113	0225 0225	0327 0337	0412 0441	0462 0528	0471 0585	0445 0608	0391 0591	0314 0527	0219 0412	0113 0238
	0,10	0131 0117	0251 0233	0358 0345	0442 0450	0488 0536	0494 0592	0464 0615	0406 0596	0326 0530	0226 0414	0117 0239
	0,20	0152 0121	0287 0241	0399 0357	0480 0462	0522 0545	0522 0601	0488 0621	0425 0601	0339 0535	0235 0417	0121 0240
	0,50	0197 0132	0352 0258	0472 0376	0547 0479	0581 0560	0573 0614	0531 0632	0459 0610	0365 0539	0253 0421	0129 0242
	1,00	0244 0138	0424 0270	0547 0390	0617 0494	0641 0574	0625 0625	0574 0641	0494 0617	0390 0547	0270 0424	0138 0244
0,30	0,00	0,0095 0109	0,0191 0218	0,0286 0327	0,0376 0434	0,0430 0520	0,0446 0578	0,0422 0601	0,0373 0583	0,0302 0525	0,0209 0407	0,0106 0232
	0,03	0124 0117	0246 0234	0359 0350	0448 0458	0493 0542	0497 0597	0467 0619	0410 0600	0328 0534	0227 0415	0117 0239
	0,05	0132 0119	0258 0238	0372 0354	0461 0461	0504 0546	0508 0600	0477 0620	0415 0601	0332 0534	0231 0417	0119 0240
	0,10	0145 0122	0280 0244	0399 0361	0484 0467	0525 0550	0526 0604	0492 0625	0427 0604	0340 0537	0238 0418	0122 0241
	0,20	0165 0125	0310 0249	0430 0368	0513 0474	0550 0556	0547 0610	0509 0628	0440 0607	0352 0539	0245 0420	0125 0242
	0,50	0201 0133	0367 0263	0489 0382	0565 0484	0596 0565	0586 0618	0541 0635	0468 0612	0371 0541	0257 0422	0131 0243
	1,00	0244 0138	0424 0270	0547 0390	0617 0494	0641 0574	0625 0625	0574 0641	0494 0617	0390 0547	0270 0424	0138 0244

T a f e l 35 (Fortsetzung)   Einseitig gerade Vouten   Obere Zahl η_1
Einflußlinien für $\alpha^0{}_1\,\alpha^0{}_2$ Untere Zahl η_2

λ	n	1	2	3	4	5	6	7	8	9	10	11
0,25	0,00	0,0117 0117	0,0235 0235	0,0352 0352	0,0444 0461	0,0492 0546	0,0492 0595	0,0464 0618	0,0405 0596	0,0325 0533	0,0224 0411	0,0117 0239
	0,03	0144 0123	0287 0246	0409 0366	0495 0473	0534 0556	0534 0610	0498 0629	0433 0607	0346 0538	0240 0419	0123 0242
	0,05	0150 0124	0294 0249	0421 0369	0503 0475	0542 0557	0541 0611	0503 0629	0437 0608	0349 0539	0243 0420	0124 0242
	0,10	0163 0126	0312 0253	0439 0373	0522 0478	0557 0561	0553 0614	0515 0632	0446 0609	0355 0541	0247 0420	0126 0242
	0,20	0179 0129	0336 0257	0464 0378	0543 0482	0577 0565	0570 0616	0528 0635	0458 0612	0363 0542	0252 0422	0129 0243
	0,50	0210 0136	0382 0268	0505 0384	0580 0488	0609 0569	0597 0621	0551 0638	0475 0615	0376 0543	0261 0423	0133 0243
	1,00	0244 0138	0424 0270	0547 0390	0617 0494	0641 0574	0625 0625	0574 0641	0494 0617	0390 0547	0270 0424	0138 0244
0,20	0,00	0,0142 0124	0,0285 0249	0,0416 0370	0,0505 0479	0,0542 0560	0,0540 0612	0,0502 0631	0,0435 0607	0,0347 0540	0,0240 0420	0,0124 0243
	0,03	0168 0132	0325 0257	0456 0378	0536 0483	0571 0565	0564 0616	0523 0635	0453 0612	0360 0541	0250 0422	0128 0243
	0,05	0172 0133	0334 0261	0463 0380	0543 0484	0576 0565	0569 0618	0527 0635	0457 0612	0363 0541	0251 0422	0129 0243
	0,10	0181 0134	0347 0264	0476 0382	0554 0486	0586 0567	0578 0619	0534 0636	0462 0613	0367 0542	0254 0422	0130 0243
	0,20	0194 0136	0363 0265	0491 0384	0568 0488	0598 0569	0588 0621	0543 0638	0469 0614	0372 0542	0258 0423	0132 0243
	0,50	0218 0137	0395 0268	0519 0387	0593 0491	0620 0571	0607 0623	0559 0640	0482 0616	0381 0544	0264 0424	0135 0244
	1,00	0244 0138	0424 0270	0547 0390	0617 0494	0641 0574	0625 0625	0574 0641	0494 0617	0390 0547	0270 0424	0138 0244
0,10	0,00	0,0202 0135	0,0385 0268	0,0513 0389	0,0586 0492	0,0615 0572	0,0603 0625	0,0557 0641	0,0478 0618	0,0378 0545	0,0263 0423	0,0137 0244
	0,03	0219 0135	0397 0268	0523 0389	0596 0493	0623 0573	0609 0624	0560 0641	0483 0617	0382 0544	0265 0424	0137 0244
	0,05	0220 0136	0400 0269	0525 0389	0598 0493	0624 0573	0610 0624	0562 0641	0484 0617	0383 0544	0265 0424	0137 0244
	0,10	0223 0136	0403 0269	0528 0390	0600 0493	0627 0573	0612 0624	0563 0641	0485 0617	0384 0544	0266 0424	0137 0244
	0,20	0228 0137	0408 0269	0532 0390	0604 0493	0630 0573	0615 0624	0566 0641	0487 0617	0386 0544	0267 0424	0137 0244
	0,50	0240 0137	0416 0270	0540 0390	0611 0494	0636 0574	0620 0625	0570 0641	0491 0617	0388 0544	0268 0424	0138 0244
	1,00	0244 0138	0424 0270	0547 0390	0617 0494	0641 0574	0625 0625	0574 0641	0494 0617	0390 0547	0270 0424	0138 0244

Einseitig parabol. Vouten

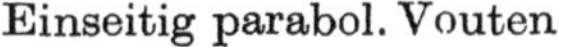

Einflußlinien
der Belastungsglieder $\alpha^0{}_1\ \alpha^0{}_2$

für den *Durchlaufträger* (= Endtangentenwinkel der Biegelinie am frei aufliegenden Träger)

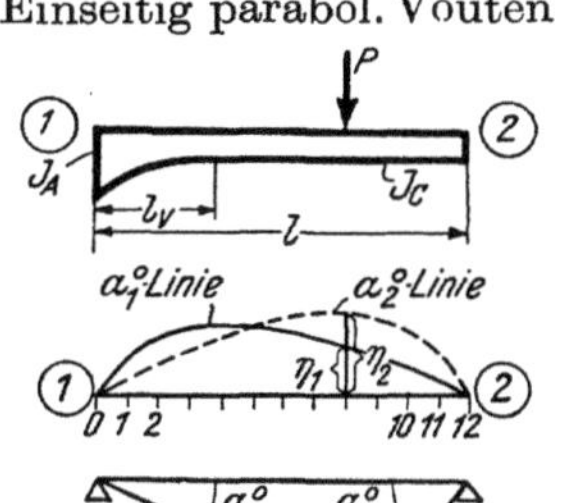

$$\lambda = \frac{l_v}{l} \qquad n = \frac{J_c}{J_A}$$

Obere Zahl η_1 Untere Zahl η_2

$$\alpha_1{}^0* = \frac{1}{EJ_c}\,\eta_1\,P\,l^2 \qquad \alpha_2{}^0* = \frac{1}{EJ_c}\,\eta_2\,P\,l^2$$

λ	n	1	2	3	4	5	6	7	8	9	10	11
	0,00	— —	— —	— —	— —	— —	— —	— —	— —	— —	— —	— —
	0,03	0,0036 0048	0,0068 0097	0,0097 0144	0,0122 0190	0,0140 0233	0,0151 0270	0,0153 0298	0,0143 0311	0,0122 0299	0,0090 0251	0,0048 0156
	0,05	0047 0056	0089 0113	0125 0168	0156 0220	0177 0269	0189 0309	0187 0338	0174 0347	0146 0330	0106 0274	0056 0168
1,00	0,10	0069 0069	0129 0139	0178 0205	0216 0268	0241 0323	0251 0369	0246 0398	0223 0403	0185 0375	0132 0306	0069 0184
	0,20	0101 0085	0185 0170	0252 0250	0300 0324	0328 0388	0334 0436	0321 0463	0286 0462	0232 0424	0164 0339	0084 0202
	0,50	0162 0113	0293 0222	0389 0324	0452 0414	0480 0487	0478 0539	0447 0561	0390 0548	0311 0492	0218 0386	0111 0225
	1,00	0244 0138	0424 0270	0547 0390	0617 0494	0641 0574	0625 0625	0574 0641	0494 0617	0390 0547	0270 0424	0138 0244
	0,00	0,0035 0069	0,0070 0139	0,0104 0208	0,0139 0277	0,0174 0347	0,0209 0417	0,0227 0469	0,0216 0478	0,0183 0445	0,0131 0355	0,0068 0209
	0,03	0099 0104	0194 0208	0280 0310	0353 0408	0403 0493	0419 0554	0401 0580	0355 0568	0287 0509	0201 0399	0104 0231
	0,05	0111 0108	0214 0217	0308 0322	0384 0422	0431 0508	0444 0568	0423 0594	0373 0579	0300 0518	0210 0406	0108 0235
0,50	0,10	0129 0114	0246 0227	0348 0337	0423 0436	0468 0521	0476 0580	0450 0603	0394 0587	0316 0524	0220 0409	0114 0237
	0,20	0153 0120	0287 0237	0395 0351	0472 0453	0511 0537	0514 0593	0481 0615	0420 0596	0335 0531	0232 0414	0120 0237
	0,50	0198 0130	0355 0255	0474 0372	0548 0476	0579 0557	0572 0611	0530 0630	0458 0608	0364 0538	0252 0420	0129 0242
	1,00	0244 0138	0424 0270	0547 0390	0617 0494	0641 0574	0625 0625	0574 0641	0494 0617	0390 0547	0270 0424	0138 0244

T a f e l 36 (Fortsetzung)   Einseitig parabol. Vouten   Obere Zahl η_1
Einflußlinien für $\alpha^0_1\ \alpha^0_2$ Untere Zahl η_2

λ	n	1	2	3	4	5	6	7	8	9	10	11
0,40	0,00	0,0060 0090	0,0120 0180	0,0180 0270	0,0240 0360	0,0299 0450	0,0332 0519	0,0328 0550	0,0299 0547	0,0244 0494	0,0173 0399	0,0089 0227
	0,03	0124 0116	0244 0231	0349 0344	0434 0450	0482 0535	0487 0592	0459 0614	0402 0596	0322 0530	0224 0413	0116 0238
	0,05	0134 0118	0260 0236	0369 0349	0453 0454	0497 0540	0501 0595	0471 0616	0412 0598	0329 0533	0229 0415	0118 0239
	0,10	0149 0122	0286 0243	0401 0358	0484 0463	0523 0548	0525 0602	0489 0623	0426 0602	0340 0536	0237 0418	0122 0240
	0,20	0170 0126	0318 0250	0436 0367	0517 0471	0553 0555	0550 0609	0511 0627	0444 0606	0353 0538	0245 0420	0126 0241
	0,50	0206 0131	0369 0261	0491 0378	0566 0494	0600 0565	0589 0618	0544 0635	0470 0612	0373 0541	0258 0422	0132 0243
	1,00	0244 0138	0424 0270	0547 0390	0617 0494	0641 0574	0625 0625	0574 0641	0494 0617	0390 0547	0270 0424	0138 0244
0,35	0,00	0,0076 0099	0,0153 0200	0,0229 0299	0,0302 0399	0,0368 0491	0,0391 0557	0,0378 0583	0,0337 0571	0,0277 0511	0,0192 0400	0,0098 0231
	0,03	0138 0120	0270 0241	0387 0358	0473 0464	0515 0548	0516 0602	0484 0622	0422 0602	0336 0537	0234 0418	0120 0241
	0,05	0146 0122	0284 0244	0403 0362	0487 0467	0529 0551	0529 0605	0493 0624	0428 0604	0342 0537	0239 0418	0122 0241
	0,10	0161 0125	0307 0250	0428 0368	0511 0473	0549 0556	0546 0609	0508 0628	0440 0607	0351 0540	0244 0419	0125 0241
	0,20	0180 0129	0336 0255	0458 0375	0537 0478	0573 0562	0565 0615	0525 0633	0455 0610	0361 0542	0251 0421	0129 0242
	0,50	0213 0136	0377 0263	0503 0384	0579 0486	0609 0568	0597 0620	0550 0637	0475 0614	0376 0542	0261 0423	0133 0243
	1,00	0244 0138	0424 0270	0547 0390	0617 0494	0641 0574	0625 0625	0574 0641	0494 0617	0390 0547	0270 0424	0138 0244
0,30	0,00	0,0095 0109	0,0191 0218	0,0286 0327	0,0376 0434	0,0430 0520	0,0446 0578	0,0422 0601	0,0373 0583	0,0302 0525	0,0209 0407	0,0106 0232
	0,03	0152 0125	0299 0249	0424 0370	0508 0475	0545 0557	0542 0611	0506 0629	0439 0608	0350 0539	0242 0419	0125 0242
	0,05	0161 0126	0312 0252	0436 0372	0520 0477	0556 0559	0552 0613	0512 0631	0445 0610	0355 0541	0246 0421	0126 0242
	0,10	0173 0128	0331 0255	0456 0376	0537 0481	0571 0563	0565 0616	0524 0634	0453 0611	0361 0543	0251 0421	0128 0243
	0,20	0189 0131	0353 0260	0479 0380	0558 0484	0590 0566	0580 0618	0536 0636	0464 0614	0369 0544	0256 0423	0131 0243
	0,50	0218 0137	0386 0265	0515 0386	0589 0490	0617 0570	0604 0622	0556 0639	0480 0615	0380 0543	0263 0423	0134 0244
	1,00	0244 0138	0424 0270	0547 0390	0617 0494	0641 0574	0625 0625	0574 0641	0494 0617	0390 0547	0270 0424	0138 0244

Obere Zahl η_1 — Einseitig parabol. Vouten — T a f e l 36 (Fortsetzung)
Untere Zahl η_2 — Einflußlinien für $\alpha^0{}_1\ \alpha^0{}_2$

λ	n	1	2	3	4	5	6	7	8	9	10	11
0,25	0,00	0,0117 0117	0,0235 0235	0,0352 0352	0,0444 0461	0,0492 0546	0,0492 0595	0,0464 0618	0,0405 0596	0,0325 0533	0,0224 0411	0,0117 0239
	0,03	0169 0129	0330 0257	0459 0378	0539 0484	0574 0564	0567 0616	0526 0636	0456 0612	0358 0543	0251 0422	0129 0243
	0,05	0177 0130	0339 0259	0469 0380	0548 0484	0581 0565	0573 0619	0531 0636	0459 0612	0364 0544	0253 0422	0130 0244
	0,10	0187 0131	0354 0261	0483 0383	0560 0487	0592 0568	0582 0620	0540 0638	0465 0614	0370 0544	0263 0422	0131 0244
	0,20	0200 0133	0372 0265	0499 0385	0576 0489	0604 0569	0593 0622	0548 0638	0473 0616	0375 0545	0260 0423	0133 0244
	0,50	0223 0138	0400 0265	0524 0388	0597 0492	0624 0572	0610 0623	0561 0640	0484 0616	0383 0544	0265 0424	0135 0244
	1,00	0244 0138	0424 0270	0547 0390	0617 0494	0641 0574	0625 0625	0574 0641	0494 0617	0390 0547	0270 0424	0138 0244
0,20	0,00	0,0142 0124	0,0285 0249	0,0416 0370	0,0505 0479	0,0542 0560	0,0540 0612	0,0502 0631	0,0435 0607	0,0347 0540	0,0240 0420	0,0124 0243
	0,03	0184 0132	0362 0265	0489 0384	0566 0488	0596 0569	0586 0621	0542 0638	0468 0615	0371 0543	0257 0423	0132 0243
	0,05	0192 0134	0366 0265	0495 0385	0571 0489	0601 0570	0591 0621	0545 0638	0471 0615	0373 0543	0259 0423	0132 0243
	0,10	0198 0135	0377 0266	0505 0386	0580 0490	0609 0571	0597 0622	0550 0639	0475 0615	0376 0543	0261 0423	0133 0244
	0,20	0209 0135	0393 0269	0515 0388	0589 0491	0617 0572	0604 0623	0556 0640	0480 0616	0380 0544	0263 0424	0134 0244
	0,50	0226 0137	0404 0269	0532 0389	0604 0493	0630 0573	0615 0624	0566 0641	0487 0617	0386 0544	0267 0424	0137 0244
	1,00	0244 0138	0424 0270	0547 0390	0617 0494	0641 0574	0625 0625	0574 0641	0494 0617	0390 0547	0270 0424	0138 0244
0,10	0,00	0,0202 0135	0,0385 0268	0,0513 0389	0,0586 0492	0,0615 0572	0,0603 0625	0,0557 0641	0,0478 0618	0,0378 0545	0,0263 0423	0,0137 0244
	0,03	0225 0135	0407 0269	0532 0390	0604 0493	0630 0573	0615 0624	0565 0641	0487 0617	0385 0544	0267 0424	0136 0244
	0,05	0229 0135	0409 0269	0533 0390	0605 0493	0631 0573	0616 0625	0566 0641	0488 0617	0386 0544	0267 0424	0136 0244
	0,10	0233 0136	0412 0270	0536 0390	0607 0493	0633 0574	0618 0625	0568 0641	0489 0617	0387 0544	0268 0424	0137 0244
	0,20	0236 0136	0415 0270	0539 0390	0610 0494	0635 0574	0620 0625	0569 0641	0490 0617	0388 0545	0268 0424	0137 0244
	0,50	0240 0137	0420 0270	0543 0391	0614 0494	0638 0574	0622 0625	0572 0641	0492 0617	0389 0545	0269 0424	0138 0244
	1,00	0244 0138	0424 0270	0547 0390	0617 0494	0641 0574	0625 0625	0574 0641	0494 0617	0390 0547	0270 0424	0138 0244

T a f e l 37

Beidseitig gerade Vouten

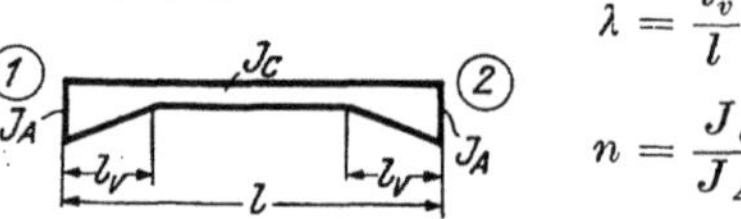

$$\lambda = \frac{l_v}{l}$$

$$n = \frac{J_c}{J_A}$$

Einflußlinien
der Belastungsglieder $\alpha^0{}_1\,\alpha^0{}_2$

für den *Durchlaufträger* (= Endtangentenwinkel der Biegelinie am frei aufliegenden Träger)

λ	n	1	2	3	4	5	6	7	8	9	10	11
0,50	0	— —	— —	— —	— —	— —	— —	— —	— —	— —	— —	— —
	0,03	0,0046 0038	0,0089 0075	0,0128 0112	0,0162 0146	0,0186 0177	0,0194 0194	0,0177 0186	0,0146 0162	0,0112 0128	0,0075 0089	0,0038 0046
	0,05	0057 0045	0111 0091	0158 0135	0196 0176	0223 0210	0230 0230	0210 0223	0176 0196	0135 0158	0091 0111	0045 0057
	0,10	0079 0059	0150 0117	0210 0173	0257 0224	0286 0266	0291 0291	0266 0286	0224 0257	0173 0210	0117 0150	0059 0079
	0,20	0110 0076	0204 0151	0279 0221	0334 0284	0364 0335	0365 0365	0335 0364	0284 0334	0221 0279	0151 0204	0076 0110
	0,50	0167 0108	0311 0213	0409 0310	0477 0396	0504 0461	0495 0495	0461 0504	0396 0477	0310 0409	0213 0311	0108 0167
	1,00	0244 0138	0424 0270	0547 0390	0617 0494	0641 0574	0625 0625	0574 0641	0494 0617	0390 0547	0270 0424	0138 0244
0,40	0	0,0042 0041	0,0085 0082	0,0127 0123	0,0169 0164	0,0210 0205	0,0225 0225	0,0205 0210	0,0164 0169	0,0123 0127	0,0082 0085	0,0041 0042
	0,03	0081 0069	0159 0137	0233 0205	0297 0269	0342 0323	0349 0349	0323 0342	0269 0297	0205 0233	0137 0159	0069 0081
	0,05	0091 0074	0178 0148	0256 0220	0323 0288	0367 0344	0373 0373	0344 0367	0288 0323	0220 0256	0148 0178	0074 0091
	0,10	0109 0083	0210 0167	0296 0246	0365 0320	0407 0379	0410 0410	0379 0407	0320 0365	0246 0296	0167 0210	0083 0109
	0,20	0134 0095	0253 0189	0350 0279	0421 0359	0460 0424	0459 0459	0424 0460	0359 0421	0279 0350	0189 0253	0095 0134
	0,50	0189 0119	0334 0233	0447 0338	0521 0429	0551 0500	0543 0543	0500 0551	0429 0521	0338 0447	0233 0334	0119 0189
	1,00	0244 0138	0424 0270	0547 0390	0617 0494	0641 0574	0625 0625	0574 0641	0494 0617	0390 0547	0270 0424	0138 0244
0,35	0	0,0064 0060	0,0129 0122	0,0193 0182	0,0257 0242	0,0308 0295	0,0318 0318	0,0295 0308	0,0242 0257	0,0182 0193	0,0122 0129	0,0060 0064
	0,03	0100 0083	0196 0166	0287 0247	0364 0324	0410 0383	0414 0414	0383 0410	0324 0364	0247 0287	0166 0196	0083 0100
	0,05	0109 0087	0212 0174	0308 0259	0385 0338	0428 0399	0432 0432	0399 0428	0338 0385	0259 0308	0174 0212	0087 0109
	0,10	0125 0095	0241 0189	0342 0279	0420 0363	0461 0426	0461 0461	0426 0461	0363 0420	0279 0342	0189 0241	0095 0125
	0,20	0148 0104	0279 0207	0385 0305	0463 0393	0501 0459	0498 0498	0459 0501	0393 0463	0305 0385	0207 0279	0104 0148
	0,50	0196 0123	0351 0240	0468 0351	0542 0444	0572 0517	0563 0563	0517 0572	0444 0542	0351 0468	0240 0351	0123 0196
	1,00	0244 0138	0424 0270	0547 0390	0617 0494	0641 0574	0625 0625	0574 0641	0494 0617	0390 0547	0270 0424	0138 0244

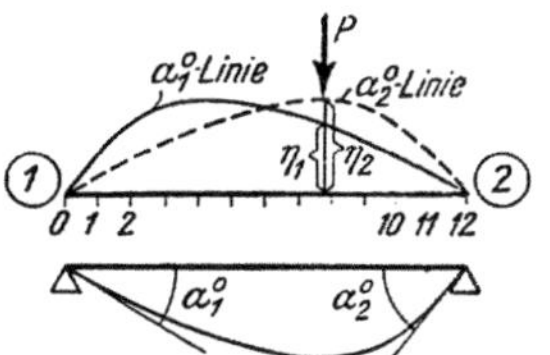

Obere Zahl η_1 $\qquad$ $\alpha_1{}^0{}^* = \dfrac{1}{EJ_c}\,\eta_1\,P\,l^2$

Untere Zahl η_2 $\qquad$ $\alpha_2{}^0{}^* = \dfrac{1}{EJ_c}\,\eta_2\,P\,l^2$

λ	n	1	2	3	4	5	6	7	8	9	10	11
0,30	0	0,0087 0079	0,0176 0158	0,0263 0237	0,0348 0314	0,0396 0374	0,0400 0400	0,0374 0396	0,0314 0348	0 0237 0263	0,0158 0176	0,0079 0087
	0,03	0120 0096	0236 0192	0344 0287	0429 0373	0470 0436	0471 0471	0436 0470	0373 0429	0287 0344	0192 0236	0096 0120
	0,05	0128 0099	0250 0199	0361 0296	0445 0382	0484 0447	0483 0483	0447 0484	0382 0445	0296 0361	0199 0250	0099 0128
	0,10	0141 0105	0274 0210	0388 0310	0470 0400	0508 0468	0504 0504	0468 0508	0400 0470	0310 0388	0210 0274	0105 0141
	0,20	0161 0113	0305 0224	0423 0329	0503 0421	0538 0492	0533 0533	0492 0538	0421 0503	0329 0423	0224 0305	0113 0161
	0,50	0203 0127	0367 0250	0483 0361	0560 0457	0589 0532	0579 0579	0532 0589	0457 0560	0361 0483	0250 0367	0127 0203
	1,00	0244 0138	0424 0270	0547 0390	0617 0494	0641 0574	0625 0625	0574 0641	0494 0617	0390 0547	0270 0424	0138 0244
0,25	0	0,0112 0095	0,0226 0191	0,0339 0287	0,0427 0373	0,0468 0435	0,0469 0469	0,0435 0468	0,0373 0427	0,0287 0339	0,0191 0226	0,0095 0112
	0,03	0142 0108	0278 0216	0402 0321	0485 0412	0521 0480	0517 0517	0480 0521	0412 0485	0321 0402	0216 0278	0108 0142
	0,05	0148 0110	0289 0221	0414 0327	0496 0419	0532 0487	0527 0527	0487 0532	0419 0496	0327 0414	0221 0289	0110 0148
	0,10	0160 0115	0309 0229	0433 0337	0513 0431	0548 0501	0542 0542	0501 0548	0431 0513	0337 0433	0229 0309	0115 0160
	0,20	0178 0120	0333 0238	0459 0349	0537 0444	0569 0517	0560 0560	0517 0569	0444 0537	0349 0459	0238 0333	0120 0178
	0,50	0211 0132	0380 0253	0499 0370	0575 0468	0606 0546	0595 0595	0546 0606	0468 0575	0370 0499	0253 0380	0132 0211
	1,00	0244 0138	0424 0270	0547 0390	0617 0494	0641 0574	0625 0625	0574 0641	0494 0617	0390 0547	0270 0424	0138 0244
0,20	0	0,0139 0110	0,0281 0220	0,0410 0328	0,0494 0418	0,0530 0487	0,0525 0525	0,0487 0530	0,0418 0494	0,0328 0410	0,0220 0281	0,0110 0139
	0,03	0162 0117	0314 0231	0449 0348	0531 0443	0564 0514	0556 0556	0514 0564	0443 0531	0348 0449	0231 0314	0117 0162
	0,05	0166 0118	0323 0234	0457 0352	0538 0447	0570 0519	0562 0562	0519 0570	0447 0538	0352 0457	0234 0323	0118 0166
	0,10	0175 0120	0338 0241	0473 0358	0550 0454	0581 0527	0572 0572	0527 0581	0454 0550	0358 0473	0241 0338	0120 0175
	0,20	0188 0123	0353 0248	0487 0365	0565 0463	0599 0538	0584 0584	0538 0599	0463 0565	0365 0487	0248 0353	0123 0188
	0,50	0216 0133	0387 0259	0516 0378	0589 0477	0619 0557	0606 0606	0557 0619	0477 0589	0378 0516	0259 0387	0133 0216
	1,00	0244 0138	0424 0270	0547 0390	0617 0494	0641 0574	0625 0625	0574 0641	0494 0617	0390 0547	0270 0424	0138 0244

31*

Tafel 38

Beidseitig parabol. Vouten

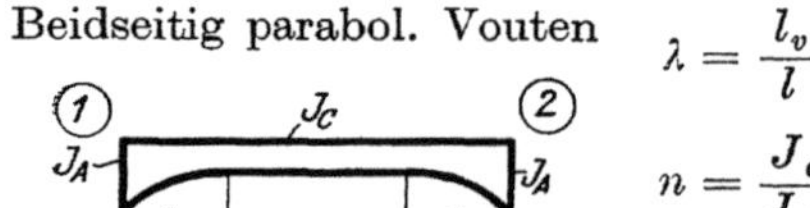

$$\lambda = \frac{l_v}{l}$$

$$n = \frac{J_c}{J_A}$$

Einflußlinien
der Belastungsglieder $\alpha^0{}_1 \; \alpha^0{}_2$

für den *Durchlaufträger* (= Endtangentenwinkel der Biegelinie am frei aufliegenden Träger)

λ	n	1	2	3	4	5	6	7	8	9	10	11
0,50	0	— —	— —	— —	— —	— —	— —	— —	— —	— —	— —	— —
	0,03	0,0088 0071	0,0173 0143	0,0250 0212	0,0313 0277	0,0351 0328	0,0356 0356	0,0328 0351	0,0277 0313	0,0212 0250	0,0143 0173	0,0071 0088
	0,05	0101 0078	0195 0156	0279 0232	0345 0301	0383 0356	0386 0386	0356 0383	0301 0345	0232 0279	0156 0195	0078 0101
	0,10	0122 0089	0231 0178	0324 0261	0393 0337	0430 0397	0431 0431	0397 0430	0337 0393	0261 0324	0178 0231	0089 0122
	0,20	0147 0101	0275 0201	0379 0295	0449 0378	0484 0443	0481 0481	0443 0484	0378 0449	0295 0379	0201 0275	0101 0147
	0,50	0196 0120	0349 0236	0465 0345	0539 0440	0566 0512	0557 0557	0512 0566	0440 0539	0345 0465	0236 0349	0120 0196
	1,00	0244 0138	0424 0270	0547 0390	0617 0494	0641 0574	0625 0625	0574 0641	0494 0617	0390 0547	0270 0424	0138 0244
0,40	0	0,0042 0041	0,0085 0082	0,0127 0123	0,0169 0164	0,0210 0205	0,0225 0225	0,0205 0210	0,0164 0169	0.0123 0127	0,0082 0085	0,0041 0042
	0,03	0118 0093	0231 0185	0333 0276	0412 0357	0452 0420	0454 0454	0420 0452	0357 0412	0276 0333	0185 0231	0093 0118
	0,05	0128 0097	0249 0195	0355 0289	0433 0372	0473 0437	0472 0472	0437 0473	0372 0433	0289 0355	0195 0249	0097 0128
	0,10	0145 0105	0278 0210	0390 0307	0467 0396	0505 0463	0500 0500	0463 0505	0396 0467	0307 0390	0210 0278	0105 0145
	0,20	0166 0113	0314 0225	0428 0330	0506 0421	0538 0492	0533 0533	0492 0538	0421 0506	0330 0428	0225 0314	0113 0166
	0,50	0204 0125	0366 0248	0486 0360	0564 0458	0593 0535	0581 0581	0535 0593	0458 0564	0360 0486	0248 0366	0125 0204
	1,00	0244 0138	0424 0270	0547 0390	0617 0494	0641 0574	0625 0625	0574 0641	0494 0617	0390 0547	0270 0424	0138 0244
0,35	0	0,0064 0060	0,0129 0122	0,0193 0182	0,0257 0242	0,0308 0295	0,0318 0318	0,0295 0308	0,0242 0257	0,0182 0193	0,0122 0129	0,0060 0064
	0,03	0134 0102	0262 0205	0375 0303	0457 0391	0495 0457	0494 0494	0457 0495	0391 0457	0303 0375	0205 0262	0102 0134
	0,05	0143 0106	0277 0212	0394 0313	0474 0403	0511 0470	0509 0509	0470 0511	0403 0474	0313 0394	0212 0277	0106 0143
	0,10	0159 0112	0302 0222	0421 0328	0500 0419	0535 0489	0530 0530	0489 0535	0419 0500	0328 0421	0222 0302	0112 0159
	0,20	0177 0119	0331 0236	0453 0344	0530 0438	0563 0511	0554 0554	0511 0563	0438 0530	0344 0453	0236 0331	0119 0177
	0,50	0209 0127	0374 0251	0501 0369	0575 0467	0604 0546	0590 0590	0546 0604	0467 0575	0369 0501	0251 0374	0127 0209
	1,00	0244 0138	0424 0270	0547 0390	0617 0494	0641 0574	0625 0625	0574 0641	0494 0617	0390 0547	0270 0424	0138 0244

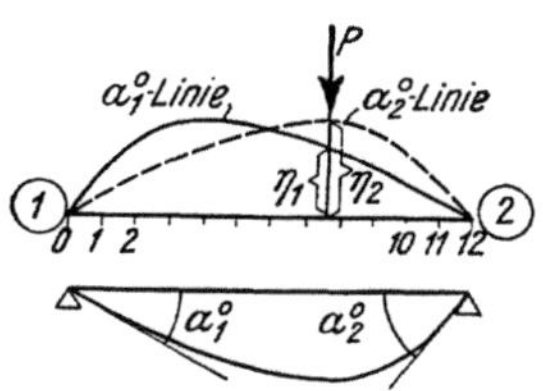

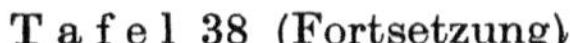

Obere Zahl η_1 $\qquad$ $\alpha_1{}^0* = \dfrac{1}{EJ_c}\,\eta_1\,P\,l^2$

Untere Zahl η_2 $\qquad$ $\alpha_2{}^0* = \dfrac{1}{EJ_c}\,\eta_2\,P\,l^2$

λ	n	1	2	3	4	5	6	7	8	9	10	11
	0	0,0087 0079	0,0176 0158	0,0263 0237	0,0348 0314	0,0396 0374	0,0400 0400	0,0374 0396	0,0314 0348	0,0237 0263	0,0158 0176	0,0079 0087
	0,03	0154 0111	0294 0222	0418 0328	0498 0420	0534 0488	0529 0529	0488 0534	0420 0498	0328 0418	0222 0294	0111 0154
	0,05	0159 0114	0306 0228	0431 0335	0511 0428	0545 0498	0540 0540	0498 0545	0428 0511	0335 0431	0228 0306	0114 0159
0,30	0,10	0171 0118	0327 0236	0452 0347	0531 0441	0564 0512	0555 0555	0512 0564	0441 0531	0347 0452	0236 0327	0118 0171
	0,20	0187 0123	0351 0245	0476 0358	0553 0455	0583 0528	0574 0574	0528 0583	0455 0553	0358 0476	0245 0351	0123 0187
	0,50	0214 0130	0383 0256	0513 0377	0586 0476	0614 0553	0599 0599	0553 0614	0476 0586	0377 0513	0256 0383	0130 0214
	1,00	0244 0138	0424 0270	0547 0390	0617 0494	0641 0574	0625 0625	0574 0641	0494 0617	0390 0547	0270 0424	0138 0244
	0	0,0112 0095	0,0226 0191	0,0339 0287	0,0427 0373	0,0468 0435	0,0469 0469	0,0435 0468	0,0373 0427	0,0287 0339	0,0191 0226	0,0095 0112
	0,03	0168 0119	0327 0238	0455 0349	0534 0444	0566 0515	0559 0559	0515 0566	0444 0534	0349 0455	0238 0327	0119 0168
	0,05	0175 0121	0337 0242	0465 0354	0544 0450	0574 0522	0565 0565	0522 0574	0450 0544	0354 0465	0242 0337	0121 0175
0,25	0,10	0185 0124	0353 0247	0480 0360	0556 0458	0586 0532	0577 0577	0532 0586	0458 0556	0360 0480	0247 0353	0124 0185
	0,20	0200 0128	0371 0252	0497 0369	0572 0468	0600 0543	0589 0589	0543 0600	0468 0572	0369 0497	0252 0371	0128 0200
	0,50	0220 0132	0389 0256	0520 0379	0596 0481	0624 0561	0608 0608	0561 0624	0481 0596	0379 0520	0256 0389	0132 0220
	1,00	0244 0138	0424 0270	0547 0390	0617 0494	0641 0574	0625 0625	0574 0641	0494 0617	0390 0547	0270 0424	0138 0244
	0	0,0139 0110	0,0281 0220	0,0410 0328	0,0494 0418	0,0530 0487	0,0525 0525	0,0487 0530	0,0418 0494	0,0328 0410	0,0220 0281	0,0110 0139
	0,03	0187 0125	0356 0248	0485 0365	0563 0462	0593 0537	0582 0582	0537 0593	0462 0563	0365 0485	0248 0356	0125 0187
	0,05	0191 0126	0364 0251	0491 0368	0569 0466	0598 0541	0587 0587	0541 0598	0466 0569	0368 0491	0251 0364	0126 0191
0,20	0,10	0201 0128	0374 0255	0501 0372	0578 0471	0606 0547	0594 0594	0547 0606	0471 0578	0372 0501	0255 0374	0128 0201
	0,20	0209 0130	0385 0260	0512 0377	0588 0477	0615 0554	0602 0602	0554 0615	0477 0588	0377 0512	0260 0385	0130 0209
	0,50	0225 0134	0399 0264	0528 0383	0604 0487	0631 0566	0612 0612	0566 0631	0487 0604	0383 0528	0264 0399	0134 0225
	1,00	0244 0138	0424 0270	0547 0390	0617 0494	0641 0574	0625 0625	0574 0641	0494 0617	0390 0547	0270 0424	0138 0244

Einseitig gerade Vouten

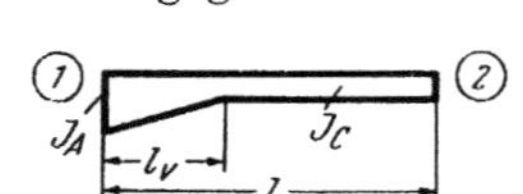

$$\lambda = \frac{l_v}{l} \qquad n = \frac{J_c}{J_A}$$

Überleitungszahlen $\gamma_{1,2}$ und $\gamma_{2,1}$

Obere Zahl $\gamma_{1,2}$
Untere Zahl $\gamma_{2,1}$

$M_{2,1}'' = \gamma_{1,2} \cdot M_{1,2}'$

$M_{1,2}'' = \gamma_{2,1} \cdot M_{2,1}'$

λ \ n	1,00	0,90	0,80	0,70	0,60	0,50	0,40	0,30	0,20	0,15	0,12	0,10	0,08	0,06	0,05	0,04	0,03	0,02	0,01	0,005	0
1,00	0,500	0,485	0,472	0,457	0,439	0,420	0,397	0,369	0,333	0,309	0,292	0,278	0,260	0,243	0,231	0,218	0,202	0,181	0,150	0,124	—
	0,500	0,508	0,526	0,546	0,567	0,593	0,628	0,675	0,746	0,798	0,843	0,881	0,930	0,996	1,041	1,098	1,177	1,298	1,532	1,807	—
0,90	0,500	0,484	0,472	0,455	0,437	0,416	0,392	0,363	0,325	0,302	0,284	0,270	0,254	0,236	0,225	0,212	0,197	0,177	0,149	0,127	—
	0,500	0,512	0,531	0,553	0,577	0,607	0,646	0,701	0,786	0,855	0,912	0,962	1,029	1,121	1,184	1,269	1,388	1,577	1,978	2,494	—
0,80	0,500	0,475	0,472	0,457	0,439	0,419	0,396	0,370	0,335	0,313	0,297	0,285	0,271	0,255	0,245	0,234	0,221	0,205	0,182	0,164	0,107
	0,500	0,515	0,535	0,558	0,586	0,618	0,662	0,726	0,825	0,907	0,976	1,034	1,114	1,225	1,300	1,399	1,538	1,756	2,190	2,693	6,500
0,70	0,500	0,487	0,475	0,462	0,445	0,427	0,408	0,384	0,353	0,335	0,321	0,311	0,299	0,285	0,277	0,268	0,258	0,244	0,226	0,211	0,164
	0,500	0,517	0,538	0,563	0,591	0,629	0,677	0,745	0,851	0,937	1,008	1,069	1,149	1,259	1,332	1,427	1,555	1,742	2,081	2,420	4,000
0,60	0,500	0,489	0,478	0,467	0,452	0,438	0,422	0,402	0,377	0,362	0,351	0,343	0,333	0,322	0,316	0,308	0,300	0,289	0,274	0,263	0,225
	0,500	0,519	0,539	0,565	0,595	0,633	0,683	0,750	0,856	0,936	1,002	1,057	1,129	1,222	1,283	1,356	1,455	1,592	1,813	2,013	2,750
0,50	0,500	0,492	0,484	0,474	0,462	0,452	0,439	0,424	0,405	0,393	0,384	0,378	0,370	0,361	0,357	0,351	0,345	0,336	0,325	0,316	0,286
	0,500	0,520	0,539	0,565	0,595	0,631	0,678	0,741	0,835	0,904	0,960	1,010	1,057	1,129	1,175	1,227	1,294	1,384	1,515	1,627	2,000
0,45	0,500	0,493	0,486	0,478	0,468	0,458	0,448	0,436	0,418	0,408	0,401	0,395	0,389	0,382	0,378	0,372	0,367	0,360	0,350	0,343	0,316
	0,500	0,519	0,539	0,563	0,591	0,628	0,671	0,731	0,815	0,878	0,925	0,962	1,010	1,069	1,107	1,150	1,204	1,273	1,376	1,457	1,727
0,40	0,500	0,494	0,488	0,481	0,473	0,466	0,456	0,446	0,432	0,423	0,417	0,412	0,407	0,401	0,398	0,393	0,389	0,383	0,375	0,369	0,346
	0,500	0,519	0,537	0,561	0,587	0,620	0,661	0,714	0,792	0,846	0,888	0,918	0,957	1,006	1,036	1,072	1,113	1,166	1,245	1,304	1,500
0,35	0,500	0,495	0,481	0,485	0,478	0,472	0,465	0,456	0,445	0,438	0,434	0,429	0,426	0,420	0,417	0,414	0,411	0,406	0,399	0,394	0,375
	0,500	0,517	0,534	0,557	0,581	0,612	0,648	0,697	0,764	0,809	0,844	0,871	0,901	0,941	0,963	0,991	1,023	1,063	1,121	1,164	1,308
0,30	0,500	0,497	0,493	0,488	0,483	0,479	0,473	0,466	0,458	0,452	0,449	0,446	0,443	0,438	0,436	0,433	0,431	0,427	0,421	0,418	0,403
	0,500	0,517	0,533	0,552	0,576	0,602	0,633	0,676	0,732	0,768	0,797	0,816	0,843	0,872	0,890	0,911	0,935	0,965	1,008	1,041	1,143
0,25	0,500	0,498	0,495	0,491	0,487	0,484	0,480	0,475	0,469	0,466	0,463	0,461	0,458	0,456	0,453	0,452	0,449	0,446	0,442	0,440	0,429
	0,500	0,516	0,528	0,547	0,566	0,589	0,616	0,651	0,696	0,726	0,748	0,764	0,783	0,805	0,819	0,833	0,851	0,873	0,903	0,926	1,000
0,20	0,500	0,498	0,497	0,494	0,492	0,489	0,486	0,483	0,479	0,477	0,475	0,474	0,472	0,470	0,468	0,467	0,466	0,464	0,462	0,459	0,452
	0,500	0,514	0,525	0,540	0,557	0,574	0,597	0,624	0,659	0,682	0,698	0,711	0,724	0,740	0,750	0,760	0,773	0,790	0,810	0,825	0,875
0,15	0,500	0,499	0,498	0,497	0,496	0,495	0,492	0,489	0,487	0,486	0,485	0,485	0,483	0,482	0,481	0,480	0,479	0,478	0,477	0,476	0,471
	0,500	0,512	0,520	0,532	0,545	0,559	0,575	0,595	0,620	0,636	0,646	0,657	0,666	0,675	0,683	0,689	0,697	0,708	0,721	0,732	0,765
0,10	0,500	0,500	0,500	0,499	0,499	0,498	0,497	0,495	0,494	0,493	0,493	0,492	0,492	0,491	0,491	0,491	0,491	0,490	0,489	0,488	0,486
	0,500	0,508	0,515	0,522	0,532	0,542	0,552	0,564	0,580	0,590	0,596	0,602	0,609	0,614	0,620	0,623	0,627	0,635	0,642	0,647	0,667
0,05	0,500	0,500	0,500	0,500	0,500	0,499	0,499	0,499	0,499	0,499	0,499	0,499	0,499	0,499	0,499	0,498	0,497	0,497	0,497	0,497	0,497
	0,500	0,504	0,508	0,511	0,517	0,520	0,526	0,533	0,540	0,544	0,547	0,552	0,553	0,557	0,559	0,560	0,563	0,564	0,567	0,570	0,579
0	0,500	0,500	0,500	0,500	0,500	0,500	0,500	0,500	0,500	0,500	0,500	0,500	0,500	0,500	0,500	0,500	0,500	0,500	0,500	0,500	0,500
	0,500	0,500	0,500	0,500	0,500	0,500	0,500	0,500	0,500	0,500	0,500	0,500	0,500	0,500	0,500	0,500	0,500	0,500	0,500	0,500	0,500

Einseitig parabol. Vouten

$$\lambda = \frac{l_v}{l} \qquad n = \frac{J_c}{J_A}$$

Überleitungszahlen $\gamma_{1,2}$ und $\gamma_{2,1}$

Obere Zahl $\gamma_{1,2}$
Untere Zahl $\gamma_{2,1}$

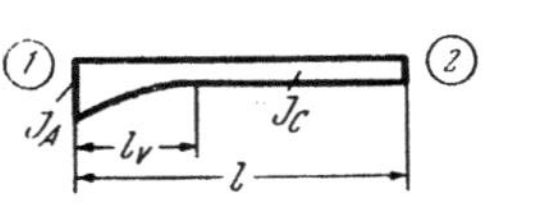

λ \ n	1,00	0,90	0,80	0,70	0,60	0,50	0,40	0,30	0,20	0,15	0,12	0,10	0,08	0,06	0,05	0,04	0,03	0,02	0,01	0,005	0
1,00	0,500 / 0,500	0,488 / 0,515	0,478 / 0,534	0,465 / 0,558	0,451 / 0,587	0,436 / 0,614	0,416 / 0,654	0,394 / 0,712	0,365 / 0,798	0,346 / 0,866	0,331 / 0,920	0,320 / 0,966	0,307 / 1,026	0,291 / 1,110	0,281 / 1,166	0,270 / 1,234	0,256 / 1,328	0,238 / 1,475	0,209 / 1,752	0,185 / 2,070	— / —
0,90	0,500 / 0,500	0,490 / 0,517	0,479 / 0,537	0,467 / 0,556	0,454 / 0,585	0,441 / 0,618	0,423 / 0,661	0,402 / 0,718	0,375 / 0,806	0,357 / 0,877	0,343 / 0,931	0,333 / 0,979	0,321 / 1,040	0,306 / 1,124	0,297 / 1,180	0,287 / 1,248	0,274 / 1,345	0,257 / 1,489	0,232 / 1,757	0,209 / 2,060	— / —
0,80	0,500 / 0,500	0,491 / 0,518	0,481 / 0,538	0,470 / 0,559	0,460 / 0,587	0,448 / 0,619	0,432 / 0,661	0,413 / 0,718	0,388 / 0,806	0,373 / 0,876	0,361 / 0,928	0,352 / 0,975	0,341 / 1,034	0,328 / 1,114	0,320 / 1,165	0,311 / 1,231	0,300 / 1,318	0,285 / 1,445	0,263 / 1,679	0,243 / 1,924	0,107 / 6,500
0,70	0,500 / 0,500	0,493 / 0,517	0,484 / 0,535	0,474 / 0,558	0,465 / 0,586	0,455 / 0,618	0,441 / 0,658	0,426 / 0,715	0,405 / 0,799	0,392 / 0,861	0,382 / 0,911	0,374 / 0,953	0,365 / 1,006	0,354 / 1,075	0,347 / 1,122	0,339 / 1,177	0,330 / 1,250	0,317 / 1,356	0,298 / 1,540	0,282 / 1,722	0,164 / 4,000
0,60	0,500 / 0,500	0,494 / 0,516	0,488 / 0,534	0,480 / 0,555	0,472 / 0,581	0,464 / 0,612	0,452 / 0,650	0,440 / 0,703	0,423 / 0,778	0,412 / 0,834	0,404 / 0,877	0,397 / 0,913	0,391 / 0,958	0,381 / 1,015	0,376 / 1,051	0,369 / 1,097	0,362 / 1,156	0,352 / 1,235	0,336 / 1,370	0,323 / 1,497	0,225 / 2,750
0,50	0,500 / 0,500	0,496 / 0,516	0,491 / 0,533	0,485 / 0,551	0,479 / 0,576	0,472 / 0,603	0,464 / 0,638	0,454 / 0,684	0,441 / 0,748	0,433 / 0,795	0,427 / 0,830	0,422 / 0,860	0,417 / 0,895	0,410 / 0,939	0,405 / 0,967	0,401 / 1,002	0,394 / 1,043	0,387 / 1,101	0,375 / 1,196	0,364 / 1,280	0,286 / 2,000
0,45	0,500 / 0,500	0,498 / 0,515	0,492 / 0,531	0,488 / 0,549	0,483 / 0,572	0,476 / 0,597	0,470 / 0,630	0,461 / 0,672	0,450 / 0,731	0,443 / 0,772	0,438 / 0,803	0,434 / 0,829	0,429 / 0,858	0,424 / 0,897	0,420 / 0,920	0,416 / 0,951	0,410 / 0,985	0,404 / 1,033	0,394 / 1,111	0,384 / 1,178	0,316 / 1,727
0,40	0,500 / 0,500	0,498 / 0,514	0,494 / 0,530	0,490 / 0,545	0,486 / 0,566	0,480 / 0,591	0,475 / 0,620	0,468 / 0,658	0,459 / 0,711	0,453 / 0,747	0,449 / 0,774	0,446 / 0,794	0,441 / 0,820	0,436 / 0,854	0,433 / 0,872	0,430 / 0,898	0,426 / 0,925	0,420 / 0,964	0,412 / 1,028	0,404 / 1,082	0,346 / 1,500
0,35	0,500 / 0,500	0,498 / 0,513	0,496 / 0,527	0,492 / 0,543	0,489 / 0,560	0,485 / 0,582	0,480 / 0,608	0,474 / 0,643	0,467 / 0,688	0,462 / 0,719	0,459 / 0,741	0,456 / 0,759	0,453 / 0,783	0,449 / 0,810	0,446 / 0,825	0,444 / 0,845	0,441 / 0,868	0,436 / 0,898	0,430 / 0,950	0,423 / 0,992	0,375 / 1,308
0,30	0,500 / 0,500	0,499 / 0,511	0,497 / 0,525	0,495 / 0,538	0,492 / 0,555	0,488 / 0,574	0,485 / 0,598	0,481 / 0,626	0,475 / 0,664	0,472 / 0,689	0,469 / 0,708	0,466 / 0,724	0,464 / 0,741	0,461 / 0,764	0,460 / 0,777	0,457 / 0,791	0,455 / 0,812	0,451 / 0,833	0,446 / 0,873	0,440 / 0,905	0,403 / 1,143
0,25	0,500 / 0,500	0,499 / 0,510	0,499 / 0,521	0,497 / 0,534	0,494 / 0,547	0,492 / 0,563	0,489 / 0,583	0,486 / 0,608	0,482 / 0,638	0,479 / 0,659	0,477 / 0,673	0,476 / 0,687	0,474 / 0,701	0,472 / 0,717	0,471 / 0,729	0,469 / 0,740	0,467 / 0,753	0,464 / 0,773	0,460 / 0,802	0,457 / 0,825	0,429 / 1,000
0,20	0,500 / 0,500	0,499 / 0,509	0,499 / 0,517	0,498 / 0,528	0,496 / 0,539	0,494 / 0,552	0,493 / 0,567	0,491 / 0,588	0,488 / 0,612	0,486 / 0,628	0,485 / 0,640	0,484 / 0,649	0,483 / 0,660	0,482 / 0,672	0,481 / 0,680	0,480 / 0,688	0,478 / 0,699	0,476 / 0,713	0,474 / 0,734	0,471 / 0,753	0,452 / 0,875
0,15	0,500 / 0,500	0,500 / 0,508	0,499 / 0,512	0,498 / 0,522	0,497 / 0,532	0,496 / 0,541	0,495 / 0,555	0,494 / 0,566	0,493 / 0,585	0,492 / 0,598	0,491 / 0,604	0,491 / 0,611	0,490 / 0,620	0,489 / 0,628	0,489 / 0,632	0,488 / 0,638	0,487 / 0,647	0,486 / 0,658	0,485 / 0,672	0,483 / 0,683	0,471 / 0,765
0,10	0,500 / 0,500	0,500 / 0,506	0,499 / 0,509	0,499 / 0,515	0,499 / 0,520	0,498 / 0,528	0,497 / 0,536	0,497 / 0,546	0,496 / 0,557	0,496 / 0,564	0,496 / 0,569	0,496 / 0,575	0,496 / 0,581	0,495 / 0,585	0,495 / 0,589	0,494 / 0,592	0,493 / 0,598	0,492 / 0,603	0,491 / 0,611	0,491 / 0,617	0,486 / 0,667
0,05	0,500 / 0,500	0,500 / 0,501	0,500 / 0,506	0,500 / 0,508	0,500 / 0,511	0,500 / 0,515	0,499 / 0,519	0,499 / 0,522	0,499 / 0,529	0,499 / 0,533	0,498 / 0,536	0,498 / 0,537	0,498 / 0,538	0,498 / 0,543	0,498 / 0,544	0,498 / 0,546	0,497 / 0,547	0,497 / 0,548	0,497 / 0,554	0,497 / 0,558	0,497 / 0,579
0	0,500 / 0,500	0,500 / 0,500	0,500 / 0,500	0,500 / 0,500	0,500 / 0,500	0,500 / 0,500	0,500 / 0,500	0,500 / 0,500	0,500 / 0,500	0,500 / 0,500	0,500 / 0,500	0,500 / 0,500	0,500 / 0,500	0,500 / 0,500	0,500 / 0,500	0,500 / 0,500	0,500 / 0,500	0,500 / 0,500	0,500 / 0,500	0,500 / 0,500	0,500 / 0,500

Tafel 41

Überleitungszahlen γ

Beidseitig gerade
Vouten

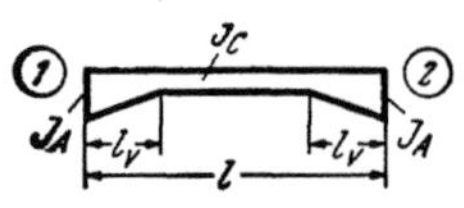

$$\lambda = \frac{l_v}{l}$$

$$n = \frac{J_c}{J_A}$$

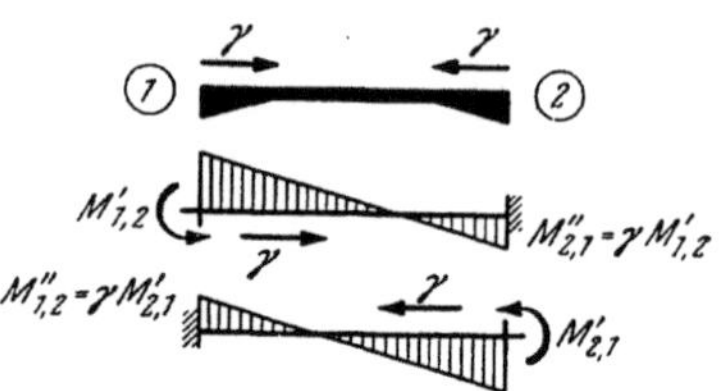

Tafelwerte: γ

λ \ n	1,00	0,90	0,80	0,70	0,60	0,50	0,40	0,30	0,20	0,15	0,12
0,50	0,500	0,509	0,521	0,533	0,548	0,566	0,586	0,613	0,651	0,676	0,696
0,45	0,500	0,511	0,524	0,537	0,553	0,572	0,595	0,624	0,666	0,694	0,716
0,40	0,500	0,512	0,526	0,538	0,556	0,576	0,600	0,631	0,674	0,702	0,723
0,35	0,500	0,512	0,526	0,539	0,557	0,578	0,602	0,632	0,673	0,700	0,720
0,30	0,500	0,512	0,526	0,538	0,556	0,575	0,598	0,627	0,666	0,690	0,709
0,25	0,500	0,511	0,524	0,536	0,553	0,570	0,591	0,617	0,651	0,673	0,688
0,20	0,500	0,510	0,521	0,532	0,546	0,563	0,581	0,603	0,630	0,649	0,660
0,15	0,500	0,508	0,517	0,527	0,539	0,552	0,567	0,584	0,605	0,619	0,628
0,10	0,500	0,506	0,512	0,520	0,529	0,538	0,548	0,560	0,574	0,584	0,590
0,05	0,500	0,504	0,507	0,512	0,516	0,520	0,526	0,531	0,539	0,544	0,547
0	0,500	0,500	0,500	0,500	0,500	0,500	0,500	0,500	0,500	0,500	0,500

λ \ n	0,12	0,10	0,08	0,06	0,05	0,04	0,03	0,02	0,01	0,005	0
0,50	0,696	0,712	0,731	0,753	0,767	0,784	0,804	0,830	0,869	0,901	1,000
0,45	0,716	0,733	0,753	0,777	0,793	0,810	0,831	0,858	0,896	0,925	0,994
0,40	0,723	0,740	0,760	0,784	0,798	0,814	0,834	0,858	0,892	0,916	0,975
0,35	0,720	0,736	0,755	0,776	0,789	0,804	0,821	0,842	0,870	0,891	0,943
0,30	0,709	0,723	0,739	0,757	0,769	0,781	0,795	0,813	0,837	0,854	0,899
0,25	0,688	0,701	0,713	0,729	0,739	0,749	0,761	0,775	0,794	0,808	0,846
0,20	0,660	0,670	0,680	0,694	0,700	0.709	0,717	0,729	0,744	0,754	0,785
0,15	0,628	0,635	0,642	0,651	0,657	0,662	0,669	0,677	0,687	0,696	0,719
0,10	0,590	0,594	0,599	0,605	0,608	0,612	0,616	0,620	0,628	0,633	0,648
0,05	0,547	0,549	0,550	0,553	0,556	0,556	0,558	0,561	0,565	0,570	0,574
0	0,500	0,500	0,500	0,500	0,500	0,500	0,500	0,500	0,500	0,500	0,500

Überleitungszahlen γ

Beidseitig parabol.
Vouten

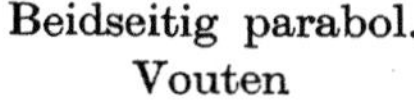

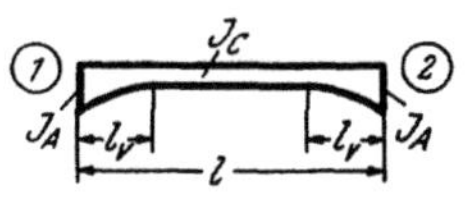

$$\lambda = \frac{l_v}{l}$$

$$n = \frac{J_c}{J_A}$$

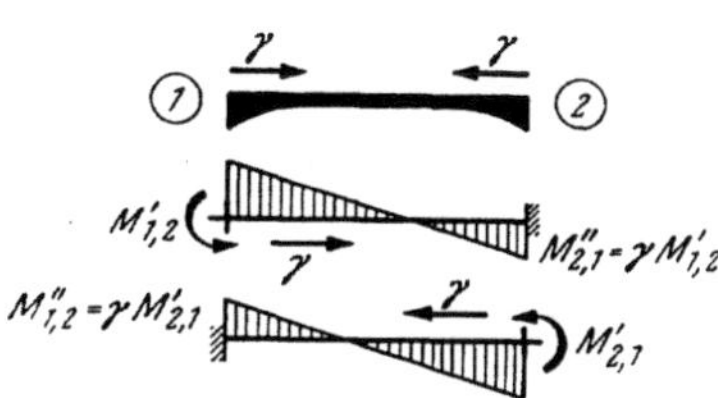

Tafelwerte: γ

λ \ n	1,00	0,90	0,80	0,70	0,60	0,50	0,40	0,30	0,20	0,15	0,12
0,50	0,500	0,510	0,522	0,535	0,551	0,569	0,590	0,618	0,655	0,680	0,698
0,45	0,500	0,510	0,522	0,535	0,550	0,569	0,589	0,616	0,653	0,678	0,696
0,40	0,500	0,510	0,522	0,534	0,549	0,568	0,587	0,614	0,649	0,672	0,690
0,35	0,500	0,510	0,521	0,533	0,548	0,565	0,583	0,609	0,641	0,662	0,678
0,30	0,500	0,510	0,520	0,532	0,544	0,560	0,577	0,600	0,629	0,648	0,663
0,25	0,500	0,509	0,519	0,528	0,541	0,554	0,570	0,589	0,614	0,631	0,643
0,20	0,500	0,507	0,516	0,525	0,536	0,547	0,560	0,576	0,597	0,611	0,621
0,15	0,500	0,506	0,514	0,521	0,529	0,538	0,548	0,560	0,577	0,586	0,594
0,10	0,500	0,504	0,510	0,515	0,521	0,527	0,534	0,543	0,553	0,560	0,564
0,05	0,500	0,502	0,506	0,509	0,511	0,514	0,518	0,523	0,528	0,531	0,533
0	0,500	0,500	0,500	0,500	0,500	0,500	0,500	0,500	0,500	0,500	0,500

λ \ n	0,12	0,10	0,08	0,06	0,05	0,04	0,03	0,02	0,01	0,005	0
0,50	0,698	0,713	0,731	0,751	0,764	0,779	0,797	0,821	0,856	0,885	1,000
0,45	0,696	0,710	0,727	0,747	0,760	0,774	0,792	0,814	0,847	0,875	0,994
0,40	0,690	0,703	0,718	0,737	0,749	0,762	0,779	0,799	0,830	0,855	0,975
0,35	0,678	0,690	0,705	0,722	0,732	0,745	0,759	0,777	0,805	0,827	0,943
0,30	0,663	0,674	0,686	0,702	0,711	0,721	0,734	0,750	0,773	0,793	0,899
0,25	0,643	0,653	0,663	0,676	0,683	0,692	0,702	0,716	0,736	0,752	0,846
0,20	0,621	0,628	0,637	0,646	0,653	0,660	0,668	0,679	0,695	0,708	0,785
0,15	0,594	0,600	0,607	0,613	0,618	0,623	0,630	0,638	0,649	0,660	0,719
0,10	0,564	0,568	0,573	0,579	0,581	0,584	0,588	0,594	0,602	0,607	0,648
0,05	0,533	0,536	0,538	0,540	0,542	0,543	0,545	0,549	0,552	0,556	0,574
0	0,500	0,500	0,500	0,500	0,500	0,500	0,500	0,500	0,500	0,500	0,500

Tafel 39a

Überleitungszahlen $\gamma_{1,2}$ und $\gamma_{2,1}$

Einseitig gerade Vouten

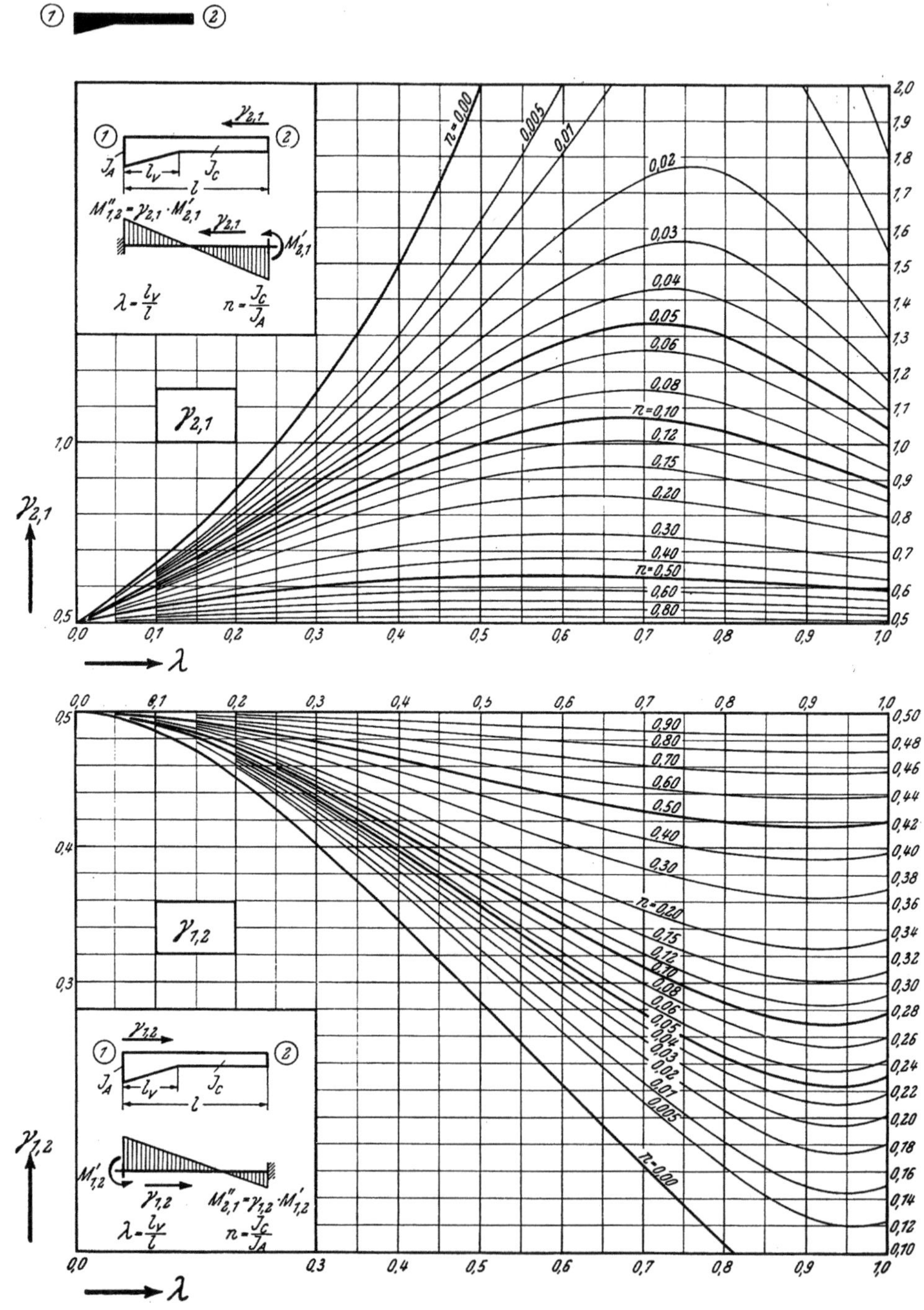

Tafel 40a

Überleitungszahlen $\gamma_{1,2}$ und $\gamma_{2,1}$

Einseitig parabol. Vouten

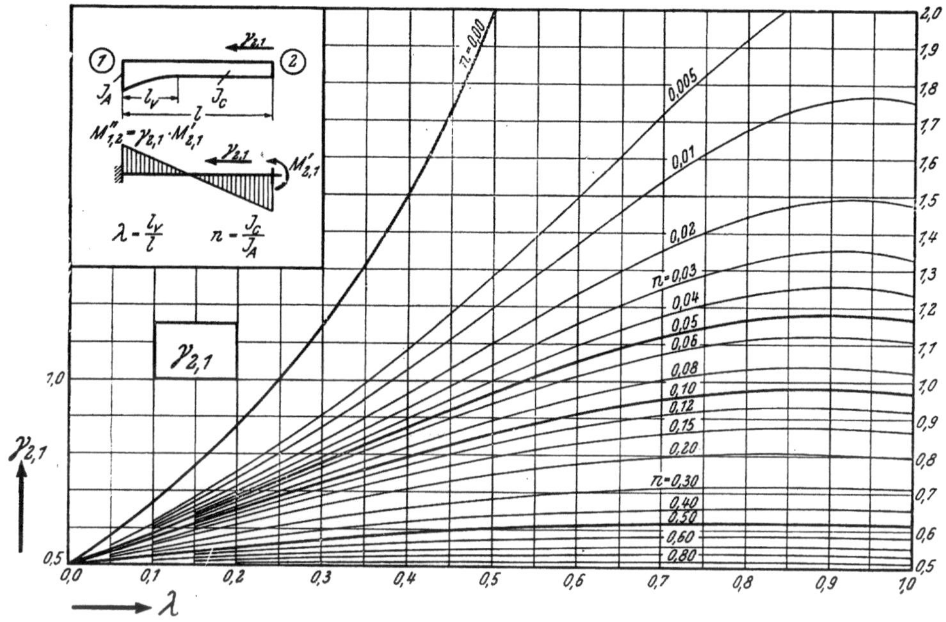

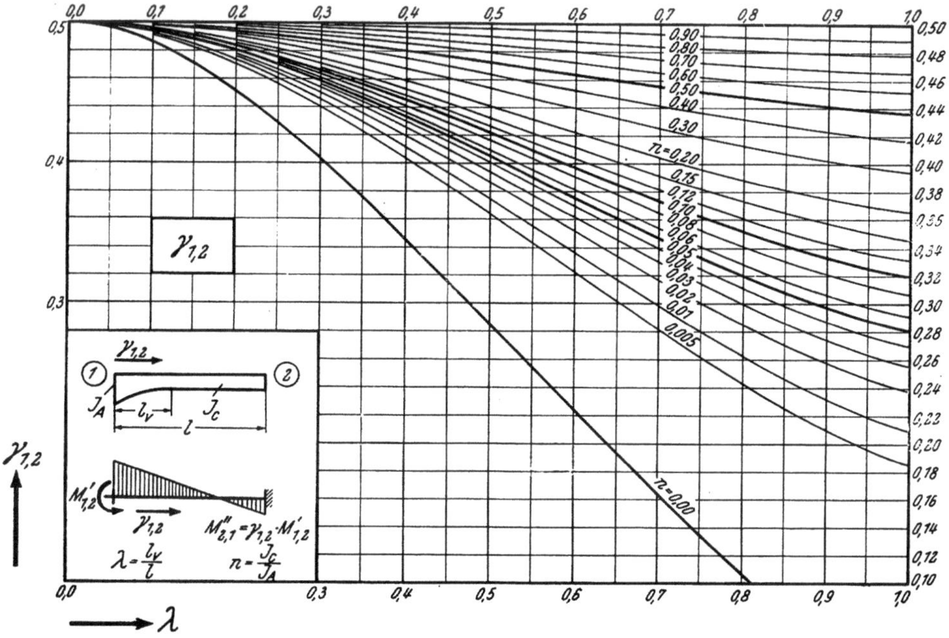

Tafel 41a

Überleitungszahlen γ

Beidseitig gerade Vouten

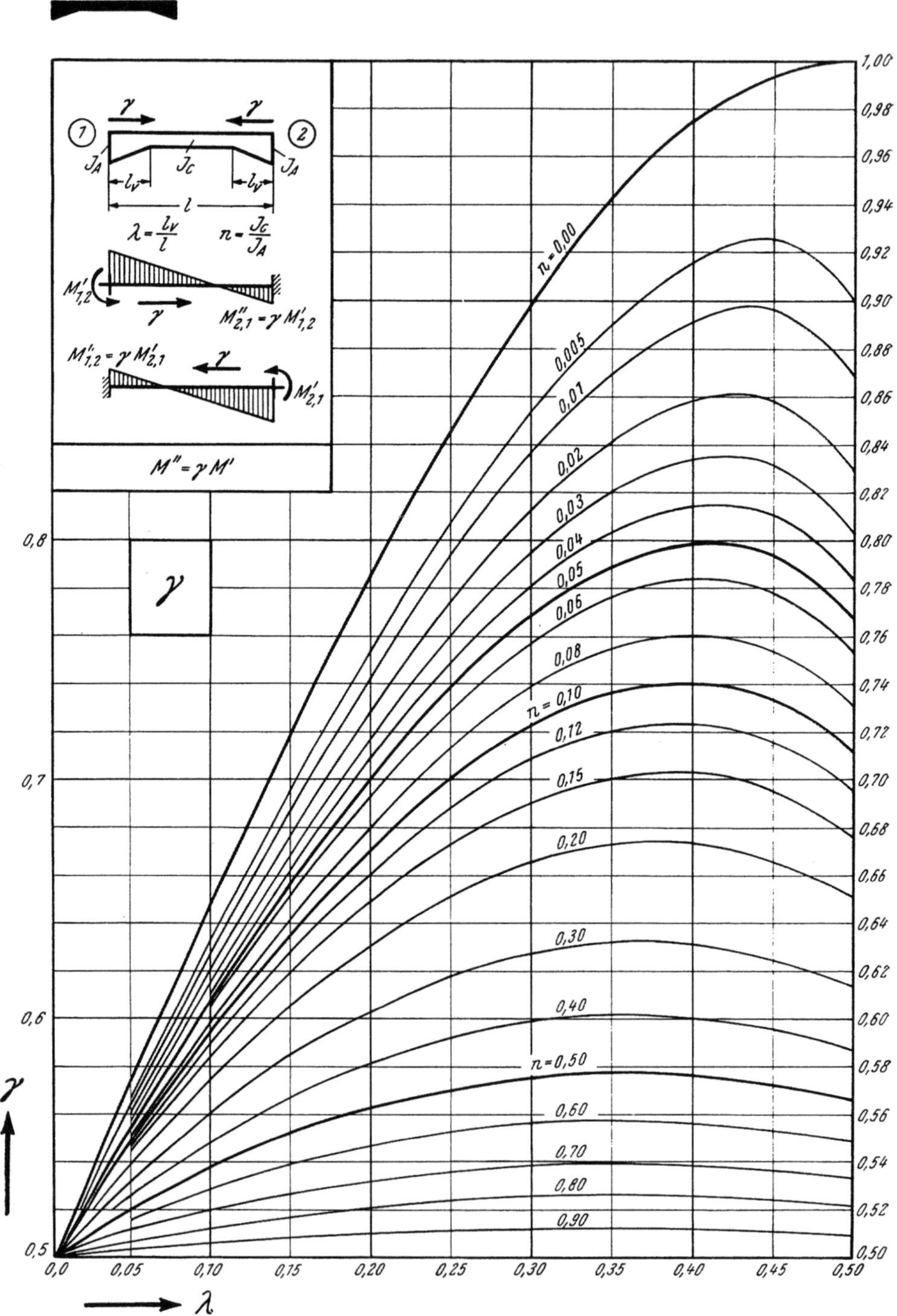

Überleitungszahlen γ

Beidseitig parabol. Vouten

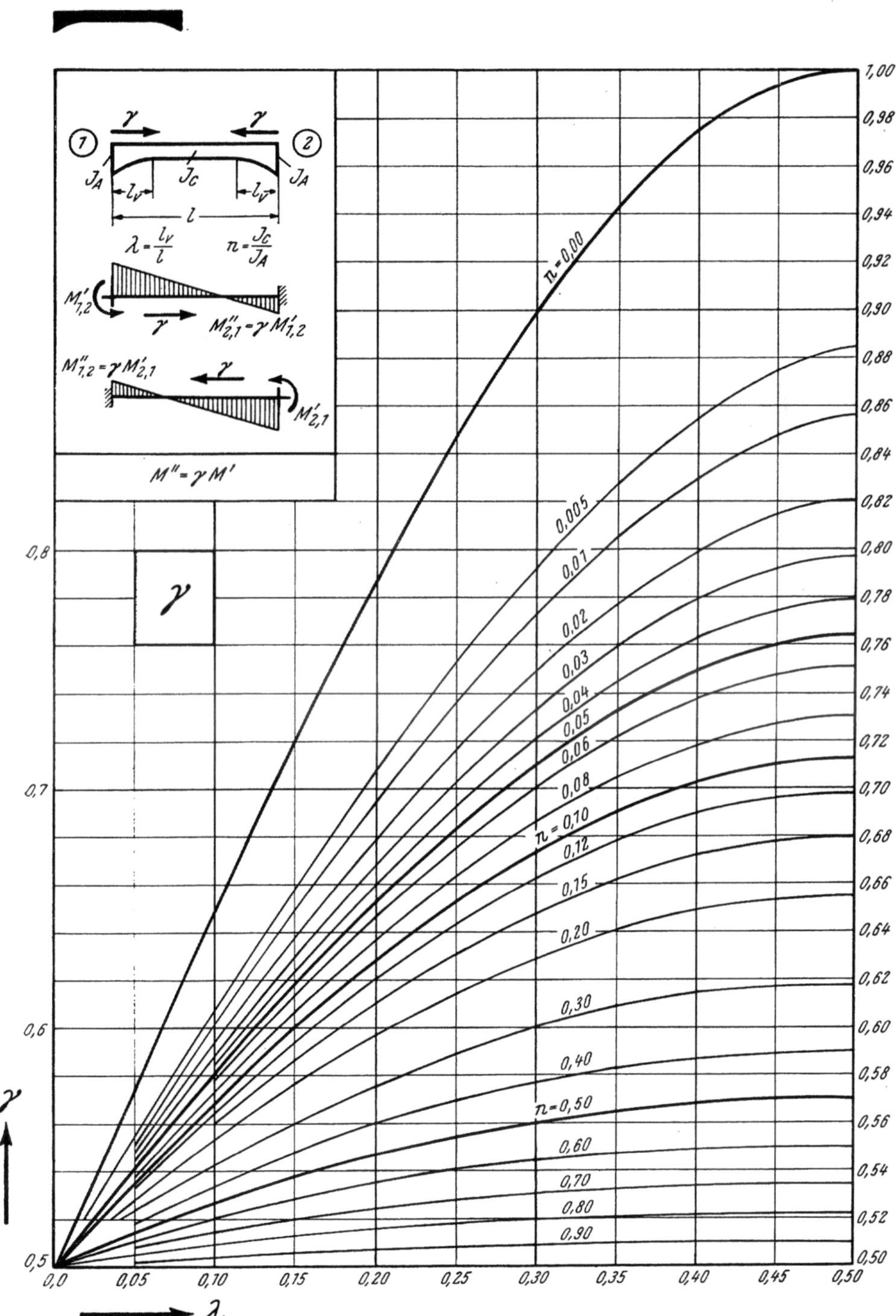

Tafel 43

Symmetrisches Gleichungssystem
Gekürztes Auflösungsverfahren
Muster I
(Bildmäßige Darstellung)

Gleich.	Rechnungsgang	x_1	x_2	x_3	x_4	x_5	B	Zeile Nr.
(x_1)	$(\mathrm{I})=(1)$	D_1	2	3	4	5	B_1	(1)
(x_2)			D_2	3	4	5	B_2	(2)
(x_3)				D_3	4	5	B_3	(3)
(x_4)					D_4	5	B_4	(4)
(x_5)						D_5	B_5	(5)
(x_2)	$-\dfrac{2}{D_1}\times(\mathrm{I})$		$\dot{2}$	$\dot{3}$	$\dot{4}$	$\dot{5}$	$\dot{B_1}$	(6)
(x_3)	$-\dfrac{3}{D_1}\times(\mathrm{I})$			$\ddot{3}$	$\ddot{4}$	$\ddot{5}$	$\ddot{B_1}$	(7)
(x_4)	$-\dfrac{4}{D_1}\times(\mathrm{I})$				$\dddot{4}$	$\dddot{5}$	$\dddot{B_1}$	(8)
(x_5)	$-\dfrac{5}{D_1}\times(\mathrm{I})$					$\ddddot{5}$	$\ddddot{B_1}$	(9)
	$(\mathrm{II})=\textstyle\sum(x_2)$	d_2	3	4	5		b_2	$(10)=(2)+(6)$
(x_3)	$-\dfrac{3}{d_2}\times(\mathrm{II})$			$\dot{3}$	$\dot{4}$	$\dot{5}$	$\dot{b_2}$	(11)
(x_4)	$-\dfrac{4}{d_2}\times(\mathrm{II})$				$\ddot{4}$	$\ddot{5}$	$\ddot{b_2}$	(12)
(x_5)	$-\dfrac{5}{d_2}\times(\mathrm{II})$					$\dddot{5}$	$\dddot{b_2}$	(13)
	$(\mathrm{III})=\textstyle\sum(x_3)$			d_3	4	5	b_3	$(14)=(3)+(7)+(11)$
(x_4)	$-\dfrac{4}{d_3}\times(\mathrm{III})$				$\dot{4}$	$\dot{5}$	$\dot{b_3}$	(15)
(x_5)	$-\dfrac{5}{d_3}\times(\mathrm{III})$					$\ddot{5}$	$\ddot{b_3}$	(16)
	$(\mathrm{IV})=\textstyle\sum(x_4)$				d_4	5	b_4	$(17)=(4)+(8)+(12)+(15)$
(x_5)	$-\dfrac{5}{d_4}\times(\mathrm{IV})$					$\dot{5}$	$\dot{b_4}$	(18)
	$(\mathrm{V})=\textstyle\sum(x_5)$					d_5	b_5	$(19)=(5)+(9)+(13)+(16)+(18)$

Ermittlung der Unbekannten: aus (V):　$x_5=\dfrac{-b_5}{d_5}$

„ (IV):　$x_4=\dfrac{-b_4-x_5\cdot 5}{d_4}$

„ (III):　$x_3=\dfrac{-b_3-x_5\cdot 5-x_4\cdot 4}{d_3}$

„ (II):　$x_2=\dfrac{-b_2-x_5\cdot 5-x_4\cdot 4-x_3\cdot 3}{d_2}$

„ (I):　$x_1=\dfrac{-B_1-x_5\cdot 5-x_4\cdot 4-x_3\cdot 3-x_2\cdot 2}{D_1}$

(Beschreibung siehe Seite 198 f.)

Symmetrisches Gleichungssystem   T a f e l 43 a
Zahlenbeispiel
Gekürzte Auflösung nach Muster I (siehe Tafel 43)

Gleich.	Rechnungsgang	x_1	x_2	x_3	x_4	x_5	B	Zeile Nr.
(x_1)	$(\mathrm{I}) = (1)$	$+\,26{,}50$	$+\,2{,}15$	$+\,3{,}40$	$+\,1{,}92$	$-\,6{,}84$	$+\,42{,}3$	(1)
(x_2)			$+\,32{,}40$	$+\,2{,}88$	$+\,3{,}05$	$-\,5{,}75$	$+\,26{,}5$	(2)
(x_3)				$+\,38{,}80$	$+\,2{,}85$	$-\,7{,}05$	$-\,5{,}4$	(3)
(x_4)					$+\,29{,}10$	$-\,4{,}90$	$-\,52{,}6$	(4)
(x_5)						$+\,54{,}00$	$+\,15{,}7$	(5)
(x_2)	$-\dfrac{2{,}15}{26{,}50}\cdot(\mathrm{I})$		$-\,0{,}175$	$-\,0{,}276$	$-\,0{,}156$	$+\,0{,}555$	$-\,3{,}43$	(6)
(x_3)	$-\dfrac{3{,}40}{26{,}50}\cdot(\mathrm{I})$			$-\,0{,}436$	$-\,0{,}246$	$+\,0{,}878$	$-\,5{,}43$	(7)
(x_4)	$-\dfrac{1{,}92}{26{,}50}\cdot(\mathrm{I})$				$-\,0{,}139$	$+\,0{,}495$	$-\,3{,}07$	(8)
(x_5)	$+\dfrac{6{,}84}{26{,}50}\cdot(\mathrm{I})$					$-\,1{,}765$	$+\,10{,}91$	(9)
	$(\mathrm{II}) = \sum(x_2)$		$+\,32{,}22$	$+\,2{,}60$	$+\,2{,}89$	$-\,5{,}19$	$+\,23{,}07$	(10) = (2) + (6)
(x_3)	$-\dfrac{2{,}60}{32{,}22}\cdot(\mathrm{II})$			$-\,0{,}210$	$-\,0{,}233$	$+\,0{,}419$	$-\,1{,}86$	(11)
(x_4)	$-\dfrac{2{,}89}{32{,}22}\cdot(\mathrm{II})$				$-\,0{,}259$	$+\,0{,}466$	$-\,2{,}07$	(12)
(x_5)	$+\dfrac{5{,}19}{32{,}22}\cdot(\mathrm{II})$					$-\,0{,}836$	$+\,3{,}72$	(13)
	$(\mathrm{III}) = \sum(x_3)$			$+\,38{,}15$	$+\,2{,}37$	$-\,5{,}75$	$-\,12{,}69$	(14) = (3) + (7) + (11)
(x_4)	$-\dfrac{2{,}37}{38{,}15}\cdot(\mathrm{III})$				$-\,0{,}147$	$+\,0{,}357$	$+\,0{,}79$	(15)
(x_5)	$+\dfrac{5{,}75}{38{,}15}\cdot(\mathrm{III})$					$-\,0{,}867$	$-\,1{,}91$	(16)
	$(\mathrm{IV}) = \sum(x_4)$				$+\,28{,}55$	$-\,3{,}58$	$-\,56{,}95$	(17) = (4) + (8) + (12) + (15)
(x_5)	$+\dfrac{3{,}58}{28{,}55}\cdot(\mathrm{IV})$					$-\,0{,}449$	$-\,7{,}14$	(18)
	$(\mathrm{V}) = \sum(x_5)$					$+\,50{,}08$	$+\,21{,}28$	(19) = (5) + (9) + (13) + (16) + (18)

Aus Gl. (V): $\quad x_5 = \dfrac{-\,21{,}28}{50{,}08} = -\,0{,}425$

,, ,, (IV): $\quad x_4 = \dfrac{+\,56{,}95 - 3{,}58\cdot 0{,}425}{28{,}55} = +\,\dfrac{55{,}43}{28{,}55} = +\,1{,}942$

,, ,, (III): $\quad x_3 = \dfrac{+\,12{,}69 - 5{,}75\cdot 0{,}425 - 2{,}37\cdot 1{,}942}{38{,}15} = +\,\dfrac{5{,}65}{38{,}15} = +\,0{,}148$

,, ,, (II): $\quad x_2 = \dfrac{-\,23{,}07 - 5{,}20\cdot 0{,}425 - 2{,}89\cdot 1{,}942 - 2{,}60\cdot 0{,}148}{32{,}22} = -\,\dfrac{31{,}27}{32{,}22} = -\,0{,}971$

,, ,, (I): $\quad x_1 = \dfrac{-\,42{,}30 - 6{,}84\cdot 0{,}425 - 1{,}92\cdot 1{,}942 - 3{,}40\cdot 0{,}148 + 2{,}15\cdot 0{,}971}{26{,}50} =$

$$= -\,\dfrac{47{,}35}{26{,}50} = -\,1{,}787.$$

Tafel 44

Symmetrisches Gleichungssystem
Gekürztes Auflösungsverfahren
Muster II
(Bildmäßige Darstellung)

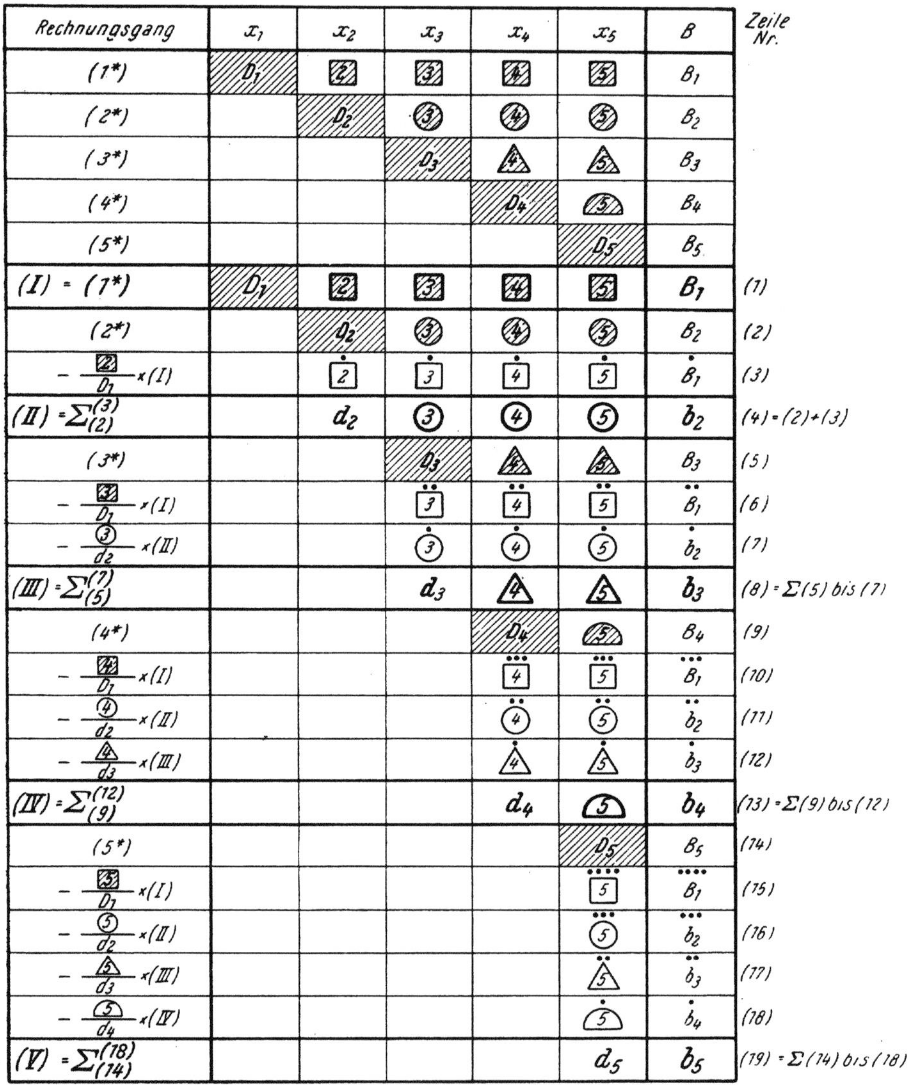

Rechnungsgang	x_1	x_2	x_3	x_4	x_5	B	Zeile Nr.
(1*)	▨D_1	□2	□3	□4	□5	B_1	
(2*)		▨D_2	○3	○4	○5	B_2	
(3*)			▨D_3	△4	△5	B_3	
(4*)				▨D_4	◠5	B_4	
(5*)					▨D_5	B_5	
(I) = (1*)	▨D_1	□2	□3	□4	□5	B_1	(1)
(2*)		▨D_2	○3	○4	○5	B_2	(2)
$-\dfrac{□2}{D_1}\cdot(I)$		□2̇	□3̇	□4̇	□5̇	$\dot B_1$	(3)
(II) = $\Sigma\binom{(3)}{(2)}$		d_2	○3	○4	○5	b_2	(4) = (2)+(3)
(3*)			▨D_3	△4	△5	B_3	(5)
$-\dfrac{□3}{D_1}\cdot(I)$			□3̈	□4̈	□5̈	$\ddot B_1$	(6)
$-\dfrac{○3}{d_2}\cdot(II)$			○3̇	○4̇	○5̇	$\dot b_2$	(7)
(III) = $\Sigma\binom{(7)}{(5)}$			d_3	△4	△5	b_3	(8) = Σ(5) bis (7)
(4*)				▨D_4	◠5	B_4	(9)
$-\dfrac{□4}{D_1}\cdot(I)$				□4⋯	□5⋯	$\dddot B_1$	(10)
$-\dfrac{○4}{d_2}\cdot(II)$				○4̈	○5̈	$\ddot b_2$	(11)
$-\dfrac{△4}{d_3}\cdot(III)$				△4	△5	$\dot b_3$	(12)
(IV) = $\Sigma\binom{(12)}{(9)}$				d_4	◠5	b_4	(13) = Σ(9) bis (12)
(5*)					▨D_5	B_5	(14)
$-\dfrac{□5}{D_1}\cdot(I)$					□5⁗	B_1⁗	(15)
$-\dfrac{○5}{d_2}\cdot(II)$					○5⋯	$\dddot b_2$	(16)
$-\dfrac{△5}{d_3}\cdot(III)$					△5	$\ddot b_3$	(17)
$-\dfrac{◠5}{d_4}\cdot(IV)$					◠5	$\dot b_4$	(18)
(V) = $\Sigma\binom{(18)}{(14)}$					d_5	b_5	(19) = Σ(14) bis (18)

Ermittlung der Unbekannten x_5 bis x_1 rückläufig aus (V) bis (I) (vgl. auch Tafel 43)

(Beschreibung siehe Seite 199f.)

Symmetrisches Gleichungssystem Tafel 44a

Zahlenbeispiel

Gekürzte Auflösung nach Muster II (siehe Tafel 44)

Rechnungsgang	x_1	x_2	x_3	x_4	x_5	B	Zeile Nr.
(1*)	$+\,26{,}50$	$+\,2{,}15$	$+\,3{,}40$	$+\,1{,}92$	$-\,6{,}84$	$+\,42{,}3$	
(2*)		$+\,32{,}40$	$+\,2{,}88$	$+\,3{,}05$	$-\,5{,}75$	$+\,25{,}5$	
(3*)			$+\,38{,}80$	$+\,2{,}85$	$-\,7{,}05$	$-\,5{,}4$	
(4*)				$+\,29{,}10$	$-\,4{,}90$	$-\,52{,}6$	
(5*)					$+\,54{,}00$	$+\,15{,}7$	
$(\mathrm{I}) = (1^*)$	$+\,26{,}50$	$+\,2{,}15$	$+\,3{,}40$	$+\,1{,}92$	$-\,6{,}84$	$+\,42{,}3$	(1)
(2*)		$+\,32{,}40$	$+\,2{,}88$	$+\,3{,}05$	$-\,5{,}75$	$+\,26{,}5$	(2)
$-\dfrac{2{,}15}{26{,}50}\cdot(\mathrm{I})$		$-\,0{,}175$	$-\,0{,}276$	$-\,0{,}156$	$+\,0{,}555$	$-\,3{,}43$	(3)
$(\mathrm{II}) = \sum_{(2)}^{(3)}$		$+\,32{,}22$	$+\,2{,}60$	$+\,2{,}89$	$-\,5{,}19$	$+\,23{,}07$	(4) = (2) + (3)
(3*)			$+\,38{,}80$	$+\,2{,}85$	$-\,7{,}05$	$-\,5{,}4$	(5)
$-\dfrac{3{,}40}{26{,}50}\cdot(\mathrm{I})$			$-\,0{,}436$	$-\,0{,}246$	$+\,0{,}878$	$-\,5{,}43$	(6)
$-\dfrac{2{,}60}{32{,}22}\cdot(\mathrm{II})$			$-\,0{,}210$	$-\,0{,}233$	$+\,0{,}419$	$-\,1{,}86$	(7)
$(\mathrm{III}) = \sum_{(5)}^{(7)}$			$+\,38{,}15$	$+\,2{,}37$	$-\,5{,}75$	$-\,12{,}69$	(8) = (5) bis (7)
(4*)				$+\,29{,}10$	$-\,4{,}90$	$-\,52{,}60$	(9)
$-\dfrac{1{,}92}{26{,}50}\cdot(\mathrm{I})$				$-\,0{,}139$	$+\,0{,}495$	$-\,3{,}07$	(10)
$-\dfrac{2{,}89}{32{,}22}\cdot(\mathrm{II})$				$-\,0{,}259$	$+\,0{,}466$	$-\,2{,}07$	(11)
$-\dfrac{2{,}37}{38{,}15}\cdot(\mathrm{III})$				$-\,0{,}147$	$+\,0{,}357$	$+\,0{,}79$	(12)
$(\mathrm{IV}) = \sum_{(9)}^{(12)}$				$+\,28{,}55$	$-\,3{,}58$	$-\,56{,}95$	(13) = (9) bis (12)
(5*)					$+\,54{,}00$	$+\,15{,}70$	(14)
$+\dfrac{6{,}84}{26{,}50}\cdot(\mathrm{I})$					$-\,1{,}765$	$+\,10{,}91$	(15)
$+\dfrac{5{,}19}{32{,}22}\cdot(\mathrm{II})$					$-\,0{,}836$	$+\,3{,}72$	(16)
$+\dfrac{5{,}75}{38{,}15}\cdot(\mathrm{III})$					$-\,0{,}867$	$-\,1{,}91$	(17)
$+\dfrac{3{,}58}{28{,}55}\cdot(\mathrm{IV})$					$-\,0{,}449$	$-\,7{,}14$	(18)
$(\mathrm{V}) = \sum_{(14)}^{(18)}$					$+\,50{,}08$	$+\,21{,}28$	(19) = (14) bis (18)

Ermittlung der Unbekannten (vgl. auch Tafel 43a):

aus (V): $x_5 = -\,0{,}425$ aus (III): $x_3 = +\,0{,}148$ aus (I): $x_1 = -\,1{,}787$.

„ (IV): $x_4 = +\,1{,}942$ „ (II): $x_2 = -\,0{,}971$

Unsymmetrisches Gleichungssystem

Gekürztes Auflösungsverfahren
Muster III

(Bildmäßige Darstellung)

Gleich	Rechnungsgang	x_1	x_2	x_3	x_4	x_5	B	Zeile Nr.
(x_1)	$(I)=(1)$	D_1	▨2	▨3	▨4	▨5	B_1	(1)
(x_2)		①1	D_2	③	④	⑤	B_2	(2)
(x_3)		△1	△2	D_3	△4	△5	B_3	(3)
(x_4)		◠1	◠2	◠3	D_4	◠5	B_4	(4)
(x_5)		◇1	◇2	◇3	◇4	D_5	B_5	(5)
(x_2)	$-\dfrac{①}{D_1}\times(I)$		$\boxed{2}^{·}$	$\boxed{3}^{·}$	$\boxed{4}^{·}$	$\boxed{5}^{·}$	$\dot{b}_1$	(6)
(x_3)	$-\dfrac{△}{D_1}\times(I)$		$\boxed{2}^{··}$	$\boxed{3}^{··}$	$\boxed{4}^{··}$	$\boxed{5}^{··}$	$\ddot{b}_1$	(7)
(x_4)	$-\dfrac{◠}{D_1}\times(I)$		$\boxed{2}^{···}$	$\boxed{3}^{···}$	$\boxed{4}^{···}$	$\boxed{5}^{···}$	$\dddot{b}_1$	(8)
(x_5)	$-\dfrac{◇}{D_1}\times(I)$		$\boxed{2}^{····}$	$\boxed{3}^{····}$	$\boxed{4}^{····}$	$\boxed{5}^{····}$	$\ddddot{b}_1$	(9)
	$(II)=\sum(x_2)$		d_2	③	④	⑤	b_2	$(10)=(2)+(6)$
(x_3)	$-\dfrac{\sum(x_{3,2})}{d_2}\times(II)$			$③^{·}$	$④^{·}$	$⑤^{·}$	$\dot{b}_2$	(11)
(x_4)	$-\dfrac{\sum(x_{4,2})}{d_2}\times(II)$			$③^{··}$	$④^{··}$	$⑤^{··}$	$\ddot{b}_2$	(12)
(x_5)	$-\dfrac{\sum(x_{5,2})}{d_2}\times(II)$			$③^{···}$	$④^{···}$	$⑤^{···}$	$\dddot{b}_2$	(13)
	$(III)=\sum(x_3)$			d_3	△4	△5	b_3	$(14)=(3)+(7)+(11)$
(x_4)	$-\dfrac{\sum(x_{4,3})}{d_3}\times(III)$				$△4^{·}$	$△5^{·}$	$\dot{b}_3$	(15)
(x_5)	$-\dfrac{\sum(x_{5,3})}{d_3}\times(III)$				$△4^{··}$	$△5^{··}$	$\ddot{b}_3$	(16)
	$(IV)=\sum(x_4)$				d_4	◠5	b_4	$(17)=(4)+(8)+(12)+(15)$
(x_5)	$-\dfrac{\sum(x_{5,4})}{d_4}\times(IV)$					$◠5^{·}$	$\dot{b}_4$	(18)
	$(V)=\sum(x_5)$					d_5	b_5	$(19)=(5)+(9)+(13)+(16)+(18)$

Ermittlung der Unbekannten: aus (V): $\quad x_5=\dfrac{-b_5}{d_5}$

$\qquad\qquad$ „ (IV): $\quad x_4=\dfrac{-b_4-x_5\cdot ◠5}{d_4}$

$\qquad\qquad$ „ (III): $\quad x_3=\dfrac{-b_3-x_5\cdot △5-x_4\cdot △4}{d_3}$

$\qquad\qquad$ „ (II): $\quad x_2=\dfrac{-b_2-x_5\cdot ⑤-x_4\cdot ④-x_3\cdot ③}{d_2}$

$\qquad\qquad$ „ (I): $\quad x_1=\dfrac{-b_1-x_5\cdot ▨5-x_4\cdot ▨4-x_3\cdot ▨3-x_2\cdot ▨2}{D_1}$

(Beschreibung siehe Seite 200f.)

Unsymmetrisches Gleichungssystem   T a f e l 45 a

Zahlenbeispiel
Gekürzte Auflösung nach Muster III (siehe Tafel 45)

Gleich.	Rechnungsgang	x_1	x_2	x_3	x_4	x_5	B	Zeile Nr.
(x_1)	$(I) = (1)$	$+\,62,14$	$+\,7,46$	$+\,4,48$	$-\,2,04$	$-\,9,86$	$+\,51,4$	(1)
(x_2)			$+\,5,27$	$+\,49,35$	$+\,4,08$	$-\,3,56$	$-\,2,19$	(2)
(x_3)			$+\,3,46$	$+\,5,03$	$+\,35,64$	$+\,3,15$	$-\,2,22$	(3)
(x_4)			$+\,1,94$	$+\,3,72$	$+\,4,08$	$+\,28,76$	$-\,1,77$	(4)
(x_5)			$-\,2,16$	$-\,4,38$	$+\,3,55$	$+\,10,14$	$+\,44,18$	(5)
(x_2)	$-\dfrac{5,27}{62,14}\cdot(I)$		$-\,0,633$	$-\,0,380$	$+\,0,173$	$+\,0,836$	$-\,4,36$	(6)
(x_3)	$-\dfrac{3,46}{62,14}\cdot(I)$		$-\,0,415$	$-\,0,249$	$+\,0,114$	$+\,0,549$	$-\,2,86$	(7)
(x_4)	$-\dfrac{1,94}{62,14}\cdot(I)$		$-\,0,233$	$-\,0,140$	$+\,0,064$	$+\,0,308$	$-\,1,60$	(8)
(x_5)	$+\dfrac{2,16}{62,14}\cdot(I)$		$+\,0,259$	$+\,0,156$	$-\,0,071$	$-\,0,343$	$+\,1,79$	(9)
	$(II) = \sum(x_2)$		$+\,48,72$	$+\,3,70$	$-\,3,39$	$-\,1,35$	$-\,42,46$	(10) = (2) + (6)
(x_3)	$-\dfrac{4,62}{48,72}\cdot(II)$			$-\,0,351$	$+\,0,321$	$+\,0,128$	$+\,4,03$	(11)
(x_4)	$-\dfrac{3,49}{48,72}\cdot(II)$			$-\,0,265$	$+\,0,243$	$+\,0,097$	$+\,3,04$	(12)
(x_5)	$+\dfrac{4,12}{48,72}\cdot(II)$			$+\,0,313$	$-\,0,287$	$-\,0,114$	$-\,3,59$	(13)
	$(III) = \sum(x_3)$			$+\,35,04$	$+\,3,59$	$-\,1,54$	$+\,18,37$	(14) = (3) + (7) + (11)
(x_4)	$-\dfrac{3,68}{35,04}\cdot(III)$				$-\,0,377$	$+\,0,162$	$-\,1,93$	(15)
(x_5)	$-\dfrac{4,02}{35,04}\cdot(III)$				$-\,0,412$	$+\,0,177$	$-\,2,11$	(16)
	$(IV) = \sum(x_4)$				$+\,28,69$	$-\,1,20$	$-\,5,09$	(17) = (4) + (8) + (12) + + (15)
(x_5)	$-\dfrac{9,37}{28,69}\cdot(IV)$					$+\,0,392$	$+\,1,66$	(18)
	$(V) = \sum(x_5)$					$+\,44,29$	$-\,31,05$	(19) = (5) + (9) + (13) + + (16) + (18)

Aus Gl.   (V): $x_5 = \dfrac{+\,31,05}{44,29} = +\,0,701$

„   „   (IV): $x_4 = \dfrac{+\,5,09 + 1,20\cdot0,701}{28,69} = +\,\dfrac{5,93}{28,69} = +\,0,207$

„   „   (III): $x_3 = \dfrac{-\,18,37 + 1,54\cdot0,701 - 3,59\cdot0,207}{35,04} = -\,\dfrac{18,03}{35,04} = -\,0,515$

„   „   (II): $x_2 = \dfrac{+\,42,46 + 1,35\cdot0,701 + 3,39\cdot0,207 + 3,70\cdot0,515}{48,72} = +\,\dfrac{46,01}{48,72} = +\,0,944$

„   „   (I): $x_1 = \dfrac{-\,51,4 + 9,86\cdot0,701 + 2,04\cdot0,207 + 4,48\cdot0,515 - 7,46\cdot0,944}{62,14} =$

$$= -\,\dfrac{48,80}{62,14} = -\,0,785.$$

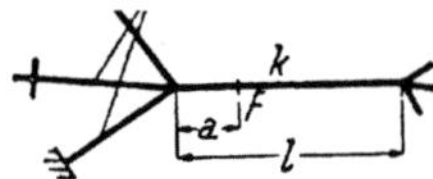

Obere Zahl: bei voller Einspannung aller Widerlagerstäbe

Mittlere Zahl: **Mittelwert** (bei mittlerer Einspannung bzw. verschiedenartiger Lagerung der einzelnen Widerlagerstäbe)

$K = \Sigma k_w$

Untere Zahl: bei gelenkiger Lagerung aller Widerlagerstäbe

k/K	a/l	k/K	a/l	k/K	a/l	k/K	a/l	k/K	a/l	k/K	a/l	k/K	a/l	k/K	a/l
0,0	0,333 **333** 333	0,5	0,267 **258** 250	1,0	0,222 **211** 200	1,5	0.1905 **1786** 1667	2,0	0,1667 **1548** 1428	5,0	0,0952 **0861** 0769	10	0,0556 **0495** 0435	20	0,0303 **0268** 0232
0,1	318 **315** 313	0,6	256 **247** 238	1,1	215 **204** 192	1,6	1852 **1733** 1613	2,5	1481 **1366** 1250	6,0	0833 **0750** 0667	12	0476 **0423** 0370	30	0208 **0184** 0159
0,2	303 **299** 294	0,7	247 **237** 227	1,2	208 **197** 185	1,7	1802 **1682** 1563	3,0	1333 **1222** 1111	7,0	0741 **0665** 0588	14	0417 **0370** 0323	40	0159 **0140** 0120
0,3	290 **284** 278	0,8	238 **228** 217	1,3	202 **190** 179	1,8	1754 **1635** 1515	3,5	1212 **1106** 1000	8,0	0667 **0596** 0526	16	0370 **0328** 0286	50	0128 **0113** 0097
0,4	278 **270** 263	0,9	230 **219** 208	1,4	196 **184** 172	1,9	1709 **1590** 1471	4,0	1111 **1010** 0909	9,0	0606 **0541** 0476	18	0333 **0295** 0256	100	0065 **0057** 0049

Tafel 47

Ausgangsmomente $M_1 M_2$ symmetrisch belasteter Rahmenstäbe[2]

aus den Festpunktabständen $a_1 a_2$

$$M_1 = \frac{\varkappa_1 K^0}{100}; \quad M_2 = \frac{\varkappa_2 K^0}{100}$$

Obere Zahl $\varkappa_1$

Untere Zahl $\varkappa_2$

(Kreuzlinienabschnitte K^0 siehe Tafel 2 bis 4)

Jede Zelle: obere Zahl $\varkappa_1$, untere Zahl $\varkappa_2$.

a_1/l \ a_2/l	0,00	0,02	0,04	0,06	0,08	0,10	0,12	0,14	0,16	0,18	0,20	0,22	0,24	0,26	0,28	0,30	0,32	0,33
0,00	0,00 0,00	0,00 2,04	0,00 4,17	0,00 6,38	0,00 8,70	0,00 11,1	0,00 13,6	0,00 16,3	0,00 19,0	0,00 22,0	0,00 25,0	0,00 28,2	0,00 31,6	0,00 35,1	0,00 38,9	0,00 42,9	0,00 47,1	0,00 50,0
0,02	2,04 0,00	2,00 2,00	1,96 4,09	1,91 6,26	1,86 8,53	1,82 10,9	1,77 13,4	1,71 16,0	1,66 18,7	1,60 21,6	1,54 24,6	1,47 27,8	1,40 31,1	1,35 34,7	1,26 38,4	1,18 42,4	1,09 46,5	1,03 49,5
0,04	4,17 0,00	4,09 1,96	4,00 4,00	3,91 6,13	3,82 8,36	3,72 10,7	3,62 13,1	3,51 15,7	3,40 18,4	3,28 21,2	3,16 24,2	3,03 27,4	2,89 30,7	2,74 34,2	2,59 37,9	2,42 41,8	2,25 46,0	2,13 48,9
0,06	6,38 0,00	6,26 1,91	6,13 3,91	6,00 6,00	5,86 8,19	5,71 10,5	5,56 12,9	5,40 15,4	5,23 18,1	5,05 20,8	4,87 23,8	4,67 26,9	4,46 30,2	4,23 33,6	4,00 37,3	3,75 41,3	3,48 45,4	3,30 48,3
0,08	8,70 0,00	8,53 1,86	8,36 3,82	8,19 5,86	8,00 8,00	7,81 10,2	7,60 12,6	7,39 15,1	7,16 17,7	6,92 20,4	6,67 23,3	6,40 26,4	6,12 29,6	5,82 33,1	5,50 36,8	5,16 40,6	4,80 44,8	4,54 47,7
0,10	11,1 0,00	10,9 1,82	10,7 3,72	10,5 5,71	10,2 7,81	10,0 10,0	9,74 12,3	9,47 14,7	9,19 17,3	8,89 20,0	8,57 22,9	8,23 25,9	7,88 29,1	7,50 32,5	7,10 36,1	6,67 40,0	6,21 44,1	5,88 47,0
0,12	13,6 0,00	13,4 1,77	13,1 3,62	12,9 5,56	12,6 7,60	12,3 9,74	12,0 12,0	11,7 14,4	11,3 16,9	11,0 19,5	10,6 22,4	10,2 25,3	9,75 28,5	9,29 31,9	8,80 35,5	8,28 39,3	7,71 43,4	7,31 46,3
0,14	16,3 0,00	16,0 1,71	15,7 3,51	15,4 5,40	15,1 7,39	14,7 9,47	14,4 11,7	14,0 14,0	13,6 16,5	13,2 19,1	12,7 21,8	12,3 24,8	11,7 27,9	11,2 31,2	10,6 34,8	10,0 38,6	9,33 42,7	8,86 45,5
0,16	19,0 0,00	18,7 1,66	18,4 3,40	18,1 5,23	17,7 7,16	17,3 9,19	16,9 11,3	16,5 13,6	16,0 16,0	15,5 18,5	15,0 21,3	14,5 24,1	13,9 27,2	13,2 30,5	12,6 34,0	11,9 37,8	11,1 41,8	10,5 44,7
0,18	22,0 0,00	21,6 1,60	21,2 3,28	20,8 5,05	20,4 6,92	20,0 8,89	19,5 11,0	19,1 13,2	18,5 15,5	18,0 18,0	17,4 20,6	16,8 23,5	16,1 26,5	15,4 29,7	14,7 33,2	13,8 36,9	13,0 41,0	12,3 43,8
0,20	25,0 0,00	24,6 1,54	24,2 3,16	23,8 4,87	23,3 6,67	22,9 8,57	22,4 10,6	21,8 12,7	21,3 15,0	20,6 17,4	20,0 20,0	19,3 22,8	18,6 25,7	17,8 28,9	16,9 32,3	16,0 36,0	15,0 40,0	14,3 42,8
0,22	28,2 0,00	27,8 1,47	27,4 3,03	26,9 4,67	26,4 6,40	25,9 8,23	25,3 10,2	24,8 12,3	24,1 14,5	23,5 16,8	22,8 19,3	22,0 22,0	21,2 24,9	20,3 28,0	19,4 31,4	18,3 35,0	17,2 39,0	16,4 41,8
0,24	31,6 0,00	31,1 1,40	30,7 2,89	30,2 4,46	29,6 6,12	29,1 7,88	28,5 9,75	27,9 11,7	27,2 13,9	26,5 16,1	25,7 18,6	24,9 21,2	24,0 24,0	23,0 27,0	22,0 30,3	20,9 33,9	19,6 37,8	18,7 40,6
0,26	35,1 0,00	34,7 1,35	34,2 2,74	33,6 4,23	33,1 5,82	32,5 7,50	31,9 9,29	31,2 11,2	30,5 13,2	29,7 15,4	28,9 17,8	28,0 20,3	27,0 23,0	26,0 26,0	24,9 29,2	23,6 32,7	22,3 36,6	21,3 39,3
0,28	38,9 0,00	38,4 1,26	37,9 2,59	37,3 4,00	36,8 5,50	36,1 7,10	35,5 8,80	34,8 10,6	34,0 12,6	33,2 14,7	32,3 16,9	31,4 19,4	30,3 22,0	29,2 24,9	28,0 28,0	26,7 31,4	25,2 35,2	24,1 37,9
0,30	42,9 0,00	42,4 1,18	41,8 2,42	41,3 3,75	40,6 5,16	40,0 6,67	39,3 8,28	38,6 10,0	37,8 11,9	36,9 13,8	36,0 16,0	35,0 18,3	33,9 20,9	32,7 23,6	31,4 26,7	30,0 30,0	28,4 33,7	27,2 36,3
0,32	47,1 0,00	46,5 1,09	46,0 2,25	45,4 3,48	44,8 4,80	44,1 6,21	43,4 7,71	42,7 9,33	41,8 11,1	41,0 13,0	40,0 15,0	39,0 17,2	37,8 19,6	36,6 22,3	35,2 25,2	33,7 28,4	32,0 32,0	30,7 34,6
0,33	50,0 0,00	49,5 1,03	48,9 2,13	48,3 3,30	47,7 4,54	47,0 5,88	46,3 7,31	45,5 8,86	44,7 10,5	43,8 12,3	42,8 14,3	41,8 16,4	40,6 18,7	39,3 21,3	37,9 24,1	36,3 27,2	34,6 30,7	33,3 33,3

Festpunktabstände a für Rahmenstäbe[1]

und Überleitungszahlen γ

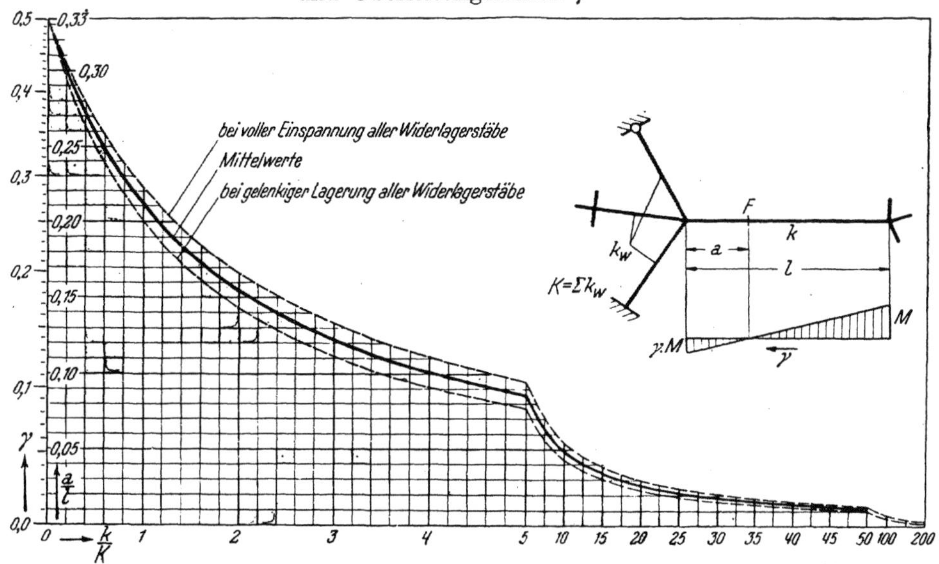

Ausgangsmomente $M_1\,M_2$ symmetrisch belasteter Rahmenstäbe[2]

aus den Festpunktabständen $a_1\,a_2$

(Kreuzlinienabschnitte K^0 siehe Tafel 2 bis 4)

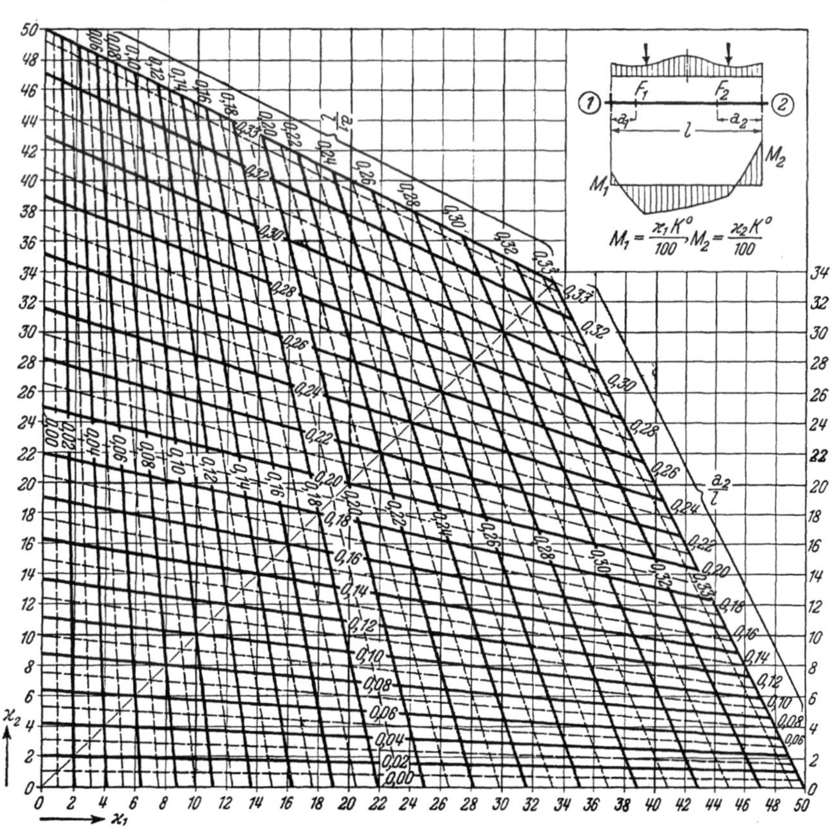

[1] Erläuterungen siehe Seite 220 f. — [2] Erläuterungen siehe Seite 224 f.